气候变化与水循环水资源

王守荣　巢清尘　石　英　陈宝君　编著

气象出版社
China Meteorological Press

内 容 简 介

本书着力介绍地球系统、气候系统的知识，系统阐述了气候、水文、水资源的内在联系，介绍了作者在国内较早开展气候-水文耦合模拟的结果，概述了国内外多学科交叉研究的科学计划和研究成果，提炼了未来多学科交叉研究的前沿问题。系统论述了全球和中国气候变化的趋势、归因、特征和最新的科学结论，全面阐述了气候变化背景下气候、水文极端事件的变化趋势，评估了气候和水文变化对陆地、海洋和冰冻圈生态环境的影响，提出了在可持续发展框架下应对气候变化和水资源问题的措施。

本书可作为气候、水文科学的教材，也可供从事水文气象学科研、业务工作的专家学者参考。

图书在版编目（CIP）数据

气候变化与水循环水资源 / 王守荣等编著. -- 北京：气象出版社，2023.9

ISBN 978-7-5029-7986-7

Ⅰ. ①气… Ⅱ. ①王… Ⅲ. ①气候变化－关系－水循环－水资源管理－研究－中国 Ⅳ. ①P339②TV213.4

中国国家版本馆CIP数据核字(2023)第107358号

气候变化与水循环水资源

Qihou Bianhua yu Shuixunhuan Shuiziyuan

出版发行：气象出版社
地　　址：北京市海淀区中关村南大街46号　　**邮政编码**：100081
电　　话：010-68407112(总编室)　010-68408042(发行部)
网　　址：http://www.qxcbs.com　　**E-mail**：qxcbs@cma.gov.cn
责任编辑：王萃萃　　**终　　审**：张　斌
责任校对：张硕杰　　**责任技编**：赵相宁
封面设计：楠竹文化
印　　刷：北京建宏印刷有限公司
开　　本：787 mm×1092 mm　1/16　　**印　　张**：46
字　　数：1174千字　　**彩　　插**：19
版　　次：2023年9月第1版　　**印　　次**：2023年9月第1次印刷
定　　价：260.00元

序

人类赖以生存的地球系统由大气圈、水圈、岩石圈和生物圈（包括人类自身）构成，是一个十分复杂的非线性系统，存在着各圈层之间物理、化学和生物三大基本过程等相互作用以及人与地球系统之间的相互作用。气候是大气圈的重要物理表征，水资源是水圈的重要组成部分，水循环是大气圈、水圈和生物圈共有的重要物理过程，气候和水循环、水资源不仅与地球系统各圈层之间物理、化学和生物相互作用密切相关，而且与人类活动紧密关联。因此，研究气候、气候变化和水循环、水资源，不仅对于加深对地球系统的认识具有重要的科学价值，而且对于改善人与自然的关系，促进可持续发展，具有重要的社会和环境意义。

工业化以来，由于自然因素和人类活动的综合作用，地球环境发生了前所未有的变化，大气和水文状态与工业化以前相去甚远，特别是以全球变暖为标志的气候变化对经济社会可持续发展提出了严峻的挑战，因而受到国际社会和各国政府的普遍关注。20 世纪下半叶以来，国际社会采取了积极的响应行动，制定了一系列的国际公约，实施了一系列科学研究计划和科学评估计划，取得了许多重要的科学成果，出版了诸多的科学论著和评估报告。在气候变化对水循环、水资源影响的领域，政府间气候变化专门委员会（IPCC）在历次科学评估报告中均有专门的论述，2008 年还专门编辑出版了一部技术报告。如何从水文气象学的视野，从大气科学和水文科学结合的角度，系统介绍气候和水循环的科学原理，论述气候和水文相互作用的机理和过程，阐述气候和水文观测、预报及耦合模拟技术，综述气候和水文及相关领域科学探索和科学评估进展，提出应对气候变化和水资源短缺的措施，是专业学者和广大读者共同的期盼。本书正是在这样的背景下编撰出版的一部集国内外气候、水文研究成果和评估结论的专著。

本书以水文气象学的核心问题——水循环为纽带，阐述气候系统各圈层的相互作用和交互影响，论述气候-水文耦合模拟技术方法和研究进展，叙述全球和中国气候变化的背景，介绍全球、中国及主要流域水循环状况和变化趋势，分析气候、水文变化的自然变率和人类活动的归因，较好地体现了学科“交叉性”的特色。

本书系统介绍了政府间气候变化专门委员会（IPCC）科学评估报告的进展，重点阐述最近发布的第六次评估报告（AR6）的主要结论，引用联合国教科文组织

(UNESCO)世界水发展报告(WWDR)的最新评估结果和数据，综述近期的水文气象研究进展和重要成果，收入作者近期气候-水文模拟和预估结果，因而本书具有较好的“新颖性”。

本书既阐述了全球和各大洲气候、水文变化趋势，反映了世界研究的前沿和成果，又重点介绍了中国气候、水文特征和变化规律。在篇章的安排上，既有气候、水文的监测、预测和模拟预估，又有大气、海洋、冰冻圈、生物圈的相互作用和影响，还有科学应对气候、水文变化的措施，因而本书具有较好的“综合性”。

本书在阐述气候、水循环基本原理的基础上，给出了大量观测试验的科学数据，引用了国际模式比较计划 CMIP5 和 CMIP6 模拟预测结果，论述了 IPCC 科学评估、WWDR 水资源评估以及其他重大科学计划的权威结论，阐述了国内外减缓、适应战略措施，对于我们贯彻应对气候变化碳达峰、碳中和“双碳战略”，确立和守住水资源开发利用控制、用水效率控制和水功能区限制纳污“三条红线”，具有较好的“应用性”价值。

本书由从事气候、水文研究及气象业务、管理的专家，基于多年国内外合作研究与评估实践，汇集国内外最新研究成果编写而成，可作为气候、水文科学的教材，也可供从事水文气象学科研、业务工作的专家学者参考。

丁一汇

2022 年 11 月 9 日

丁一汇，中国工程院院士。

前言

工业革命以来，人类活动颠覆了地球的原有面貌，生态环境发生了前所未有的变化，造成了大量的温室气体排放，土地利用和土地覆盖急剧改变，以全球变暖为标志的气候变化成为全球可持续发展的热点问题。气候变化是气候系统各圈层相互作用的结果，包括大气圈、水圈和生物圈交互作用和影响。气候变化对水循环、水资源和生态系统具有显著的影响，而水循环、水资源的变化又会对气候变化产生反馈，共同影响生物圈包括人类自身。为加强大气-水文-生态交叉学科的研究，揭示气候和水循环变化趋势，评估气候变化、水循环过程和生态系统的交互影响，科学应对气候变化、水资源短缺和相应的生态环境问题，作者潜心五载，撰写了此专著。

国际上有一些气候变化与水资源的专著，如IPCC技术评估报告《气候变化与水》(Climate and Water)，但多是一些评估结论，而且论述的是全球和各大洲的概况。国内也有一些气候变化与中国水资源的专著，且各具特色，但基本上是论述中国的变化及归因。本专著的特点是全面论述全球和中国气候变化及水循环、水资源趋势、规律和归因，而且突出多学科交叉研究特色，系统阐述了气候、水文、水资源的内在联系，论述了大气圈、水圈和生物圈交互作用和影响，既提交了作者交叉学科的研究成果，又综述了国内外交叉学科的研究进展和前沿问题。本专著主要涵盖以下五方面的内容。

(1)本专著以全面贯彻落实习近平总书记关于积极应对气候变化和加强生态文明建设的重要论述为指引，针对国家应对气候变化、保障水资源和生态安全的重大需求，深入开展气候、水文、水资源、生态系统跨学科研究和探索，重点反映国内外关于气候变化和水文、水资源演变的权威论断和最新结果，系统论述气候变化与水循环变化的机理和相互作用，科学评估气候变化和水资源变化对生态系统和社会发展的影响。

(2)本专著在论述气候学、水文学研究进展的基础上，系统阐述了气候、水文、水资源的内在联系，论述了开展气候-水文交叉学科研究的重要性和必要性，介绍了作者气候-水文耦合模拟预测的结果，概述了国内外多学科交叉研究的科学计划和研究成果，提炼了未来多学科交叉研究的前沿问题。

(3)本专著在论述地球系统和气候系统基本原理的基础上，系统阐述全球和中国气候概况和特征，探索全球和中国气候变化趋势，重点讨论气候变化和水循环变化的归因，探究气候系统自然变率的作用和时空特征，突出人类活动对气候变暖、水资源短缺和气候、水文极端事件的影响。

(4)本专著全面介绍了地球水圈(包括大气水、陆地水、海洋水和冰冻圈水)，系统阐述了全球和中国(包括区域、流域)水循环的机理、特征和变化趋势，论述了全球和中国水系统、水资源的概况和演变，系统评估了气候变化对水循环、水资源的影响，介绍了国内外权威的评估结论和数据。

(5)本专著深入评估了气候变化和水资源变化对全球和中国极端事件、生态系统和社会发展影响；系统讨论了气候、水循环、生态系统的相互作用；提出在可持续发展的框架下应对气候变化和水资源短缺问题，强化适应、减缓气候、水文极端事件的科学支撑。

本专著共有15章，大体上可分为四个部分：第一部分为概述部分，阐述气候学、水文学的进展及交叉学科特点，介绍重大国际科学计划；第二部分为动态过程，阐述全球和中国气候、水循环状态，评估气候变化对水循环、水资源的影响，探讨气候、水循环变化的自然归因和人类活动驱动；第三部分为影响，在介绍全球和中国冰冻圈、海洋、生态系统概况的基础上，评估气候变化和人类活动对其综合影响；第四部分为应对，论述气候、水文监测、预测的紧密联系和耦合模拟的进展，提出在可持续发展的框架下应对气候变化和水资源问题的措施。

本专著的撰写和出版，得到各方面的大力支持。主要作者参加了公益性行业(气象)科研专项“黄河流域短期气候、水文集成预测方法研究”(GYHY201006038)、国家重点研发计划项目“人工影响天气技术集成综合科学试验与示范应用”(2019YFC1510300)、国家自然科学基金面上项目“新排放情景下中国区域气候变化的模拟”(41375104)、国家重点研发计划项目“气候变化风险的全球治理与国内应对关键问题研究”(2018YFC1509000)的科研或咨询工作。本专著的很多内容，实际上就是这些项目的成果，在此对这些项目一并表示衷心感谢！在本著作的撰写过程中，得到丁一汇、徐祥德、刘春蓁、李栋梁等老师的热心指导，得到李集明、高学杰、徐影、梁有叶、韩钦梅、李太宇、王萃萃、黄红丽、康丽莉、柳春等同志的鼎力相助，在此也表示衷心感谢！

作者

2023年2月

目 录

第1章 绪 论

1.1 研究气候和水文水资源的重要性

人类赖以生存的地球系统由大气圈、水圈、岩石圈和生物圈(包括人类自身)构成,是一个十分复杂的非线性系统,存在着各圈层之间物理、化学和生物三大基本过程等相互作用以及人与地球系统之间的相互作用。气候是大气圈的重要物理表征,淡水资源是水圈的重要组成部分,气候和水资源不仅与地球系统各圈层之间物理、化学和生物相互作用密切相关,而且与人类活动紧密关联。因此,研究气候、气候变化和水循环、水资源,不仅对于加深对地球系统的认识具有重要的科学价值,而且对于改善人与自然的关系,促进可持续发展,具有重要的社会意义。

按照经典的定义,气候是大气的长期状态,即大气长时间内气象要素和天气现象的平均或统计状态。时间尺度为月、季、年、数年到数百年以上。气候以冷、暖、干、湿等特征来衡量,通常由某一时期的平均值和离差值表征。世界气象组织(WMO)规定30年是气候的标准时段。按此规定,气候就是30年的大气状态。在气象学中一般用若干个气象要素(如温度、降水、云量、风向、风速等)来表示这种长期状况(张家诚 等,1985)。随着气候系统理论的形成,对气候的定义也有了拓展和更新。政府间气候变化专门委员会(IPCC)将气候的定义分为狭义和广义两类。狭义上的气候通常被定义为平均天气状态,或在更严格意义上,则被定义为对某个时期(从几个月到几千年乃至几百万年不等)相关变量的均值和变率进行统计描述。根据世界气象组织的规定,求出这些变量均值的时间长度一般为30年。相关变量通常指地表变量,如温度、降水和风。广义上的气候是指气候系统的状态,包括其统计学意义上的描述。气候系统是由五个主要部分组成的高度复杂的系统:大气圈、水圈、冰冻圈、岩石圈、生物圈,以及它们之间的相互作用。气候系统随时间演变的过程受到自身内部动力学的影响,还受到外部强迫影响,诸如火山喷发、太阳活动变化和人为强迫影响,如不断变化的大气成分和土地利用变化等(IPCC,2014a;IPCC,2014b;IPCC,2014c)。

由上述气候的广义定义可知,研究气候和气候系统具有重要的意义。第一,气候状况与人类的生活和生产活动息息相关,人类的衣食住行、农业生产、城镇建设、健康保护等均要关注天气状况和气候条件。第二,极端天气和气候事件及其引发的气象灾害如台风、暴雨、洪涝、旱灾、高温热浪、沙尘暴、雪灾、冰雹等会给人类生命财产造成严重的损失,防灾减灾,趋利避害,是人类发展与生俱来的课题。第三,全球范围以气候变暖为特征的气候变化,改变了极端天气和气候事件发生的频率和强度,影响着社会、经济的可持续发展,如何认识和应对气候变化,采取减缓和适应措施,成为当今世界的热点问题(丁一汇,2013)。第四,人类社会和气候系统相互作用，人类活动对气候变化有不容忽视的影响，工业革命以来的温室气体排放和土地利用的改变，成为气候变暖的主导因素。反过来，气候变化又标志着气候系统的调整和变化，进而影响为人类提供各种服务功能的生态环境。因此，如何建立人与自然的和谐关系，加强生态环境保护，推进生态文明建设，成为当前应对气候变化和保护地球家园的紧迫课题。

水是地球上所有生命的摇篮。在亿万年前的海洋里，孕育了最初的蛋白质，从而开始了地球上漫长的生命旅程。从单细胞到多细胞，从无脊椎到有脊椎，从水生到两栖乃至陆生，生命在经历了漫长的进化后，其某些形式才得以摆脱对水作为生存环境的依赖。尽管如此，水仍然是生命存在不可缺少的物质。地球上的生物体内都含有大量的水分，哺乳类动物含有约65%的水，鱼类含水75%，藻类含水95%，水母含水则多至95%～98%。一个成年人体内的水占体重的65%～70%，它存在于血液、淋巴、细胞之中，心、肺、肾中约有80%是水，骨骼中平均为30%，牙齿珐琅质中0.3%。而在生物液体中，如唾液、胃液、尿中有95%～99%是水。水既是构成生物体的物质基础，又是生命协调过程不可缺少的物质，新陈代谢、光合作用都离不开水。生物可以通过水从外界吸取养分，获得生存与运动所需的热量，又可以通过水排泄体内代谢的废物和散发多余的热量，达到养分、水分与体温的平衡。生物体内的水分平衡一旦被打破，其生存状态必将受到损害。一个健康人缺水1%～2%，便觉口渴；缺水5%时就会皮肤皱褶，神志不清；当缺水14%～15%时，人的生命将很难维持。

既然生命起源于水的世界，水又从何而来？科学界对水的来源持有不同的看法。有的科学家认为水来自地球内部，是为自生说；有的则认为水来自地球以外宇宙空间，即外生说。自生说为水提供了5种不同的来源：一是地球形成后，氢、氧等气体通过各种物理和化学作用所生成；二是在玄武岩先熔化后冷却形成原始地壳的时候产生；三是地球深处岩浆所释放；四是火山喷发所释(可占现代全球大洋水的一半)；五是地球内部矿物脱水分解出部分水，或者释放出的一氧化碳(CO)、二氧化碳(CO_2)等气体在高温下与氢作用而生成水。外生说则认为水可能是太阳系中的球粒陨石带到地球的，这种陨石一般含水0.5%～5%，也有的高达10%以上；另一种可能性是太阳风达到地球大气圈上层，带来大量的氢核、碳核、氧核等原子核，与大气圈中的电子结合成氢原子、碳原子、氧原子等，再通过不同的化学反应变成水分子。

水孕育了生命，也孕育了文明，文明往往发源于大河流域，因为这里为农耕和畜牧提供了足够的水源。在交通落后的古代，水道是最便利的运输途径。此外，人们还开辟运河作为自然河流的连贯与延伸。河流不仅为文明提供了滋养之源，还是防范外来入侵的天然屏障。自然之水构造了丰富的景象，比如说同样是雨，有细若游丝、飘风沾絮，也有覆盆倾倒、阶如川流。西湖的澄碧、漓江的清亮、九寨沟的明净、黄龙的瑰灿，水幻化出缤纷色彩，还有峡谷惊湍、平原静流、山巅飞瀑、洞中暗河，无不牵引着人心。水给人类带来生命和福祉，也给人类带来困扰和灾难。降水多寡的极端就是洪涝和干旱，威胁人类的生存和生活。海上台风、风暴潮间或海啸的发生，夺去了难以计数的生命和财产。人类自身的无序发展，又带来了水资源利用的新难题。人口爆炸式的增长和经济发展使得需水量急剧增加，人口迁移和经济不合理布局加剧了水资源供需的失衡，人类活动造成的环境污染严重损害水质，水安全问题日益紧迫。围绕水文、水循环和水资源问题，国际国内发起了一系列的科学计划，取得了很多科学成果和应用成果，但仍然有大量科学问题和社会问题有待深入研究，诸如水文过程及其变化的机理和机制，水循环变化趋势及驱动因子，水资源分布变化及规律，水资源供需失衡的动因及对策，水资源可持续利用战略等，都是科技界、决策者和社会大众普遍关注的课题(王守荣 等，2003)。

大气圈和水圈同属地球系统和气候系统，气候和水文不仅与地球系统和气候系统各圈层间物理、化学和生物相互作用过程紧密关联，而且两者之间相互交叉和包容，有着千丝万缕的联系。气候状况与蒸发、散发、水气输送、降水、土壤湿度、水分下渗等水文要素和水文过程息息相关；反之，水文过程和水文状态也与温度、气压、空气湿度、风力、日照等气候要素和气候条件紧密相关。气候变化是自然因素和人类因素通过气候系统各圈层相互作用的结果，反过来又对各圈层和人类社会施加影响，包括对水文过程、水文状态的影响以及对人类社会供需水的影响。近几十年来，随着国际社会对全球环境变化（全球变化）特别是气候变化的关注，对气候、水文交叉学科研究不断深入，水文气象学和水文气候学也应运而生。关于气候变化对水循环水资源的影响或是水文、水循环对气候变化的响应，更是成为科学研究和科学评估的热点领域。但是，正如地球系统和气候系统各圈层间非线性相互作用过程十分复杂一样，气候和水之间的物理、化学和生物相互作用过程也十分复杂，充满了科学不确定性，还有大量的科学问题有待研究和回答。

1.2 气候学发展历程及学科前沿

气候学与其他自然科学一样，是随着人类对自然界认识和理解的深化、社会发展的进程和科学技术的进步而逐步发展起来的，经历了从定性到定量、从简单到复杂、从低级到高级的演变过程。当今，研究气候系统的机理，认识气候变化的规律，评估气候变化的影响，识别应对气候变化的途径和措施，又提出一批紧迫的前沿课题。

1.2.1 国际气候学发展历程

气候学是研究气候的形成、空间分布、变化规律、气候系统各圈层之间以及与人类活动相互作用，并在此基础上进行预测预估的学科。随着科学的发展，气候从几个要素简单平均状态的概念转变为全球气候系统的概念，气候学的研究对象也自然而然地扩展为全球气候系统。由于人类活动日益影响地球的气候，气候改变又反过来影响社会的发展。因此，气候学的研究在20世纪的最后20～30 a发生了革命性的变革。纵观气候学的发展历程，大致经历了以下五个阶段：古典气候学阶段、地理气候学阶段、天气气候学阶段、动力气候学阶段和现代气候学阶段（丁一汇，2013；缪启龙 等，2010）。

1.2.1.1 古典气候学阶段

虽然世界公认的人类文化发源地有四处，但气象的发源地只有两处，一个是西方的希腊，一个是东方的中国（王鹏飞，2001）。对于气候的认识和记载，也最早见诸希腊和中国的书刊典籍。在古希腊，气候（climate）是斜度的意思，指的是地球表面弯曲的程度（张家诚，1991）。早期的希腊哲学家们相信从北到南天气的差别就是由于地表斜度不同造成的。这可以说是“气候”两个字的来源。最早对气候的记载可以追溯到公元前6世纪。古希腊科学家把地球表面的气候划分为三个类别和五个气候带（一个热带、两个温带和两个寒带），这些概念至今仍然沿用。在古希腊史诗及希伯来人写的《旧约全书》中，就有天气谚语，印度《吠陀经》及底格里斯与幼发拉底河流域的泥板楔形文字也有这方面的记载。公元前400年希波克拉底（Hippocrates）写了一本名为《空气、水与土地》的书，这可能是世界上第一部气候志著作。公元前350年亚里士多德（Aristotle）的《气象学》一书可能是最早的气象学论著（Stephen et al.，2011）。中国对于气候的记载可以追踪到二三千年以前。在甲骨文中已经有了春、秋、冬字，金文中又有了夏字。《诗经》中“豳风”已经对一年之中各月的物候与农事作了详细的介绍。春秋战国时代，为了便于掌握农事活动，将一年分为24个节气和72候，三候为气，各候各气都有其自然特征，合称气候（王绍武，2001）。中国关于洪水、干旱、河冰等气候灾害的记载在世界各国也算是最早的国家之一，2000多年前就有了这方面的记录。

1.2.1.2　地理气候学阶段

这一阶段的主要标志是气候要素的地理分布，并进行特征的描述。随着15世纪欧洲航海活动的开展，对于各地气候的观测和记载更为丰富。到了17世纪，随着科学和工业的发展，以温度计（1612年）和气压表（1643年）为标志的气象观测仪器相继问世，开始了系统的气象观测和资料收集工作。到了18—19世纪，气象学者基于物理学原理对大量的观测资料进行分析、归纳和总结，对气候的认识逐步由感性上升为理性，具有科学形态的气候学即告诞生。此后，气候学的理论不断深化，内容不断丰富，其间1802—1940年的重要进展如表1.1所列（Stephen et al.，2011）。

19世纪出现了几位气候学的奠基人。1817年德国人A. von Humboldt（1769—1859年）根据全球57个气象站的观测资料，首先采用等温线的概念，绘制出世界上第一幅全球年平均温度分布图，并据此得出欧亚大陆东岸和西岸的气候差异。此外，他还根据植物与气候的关系，把全球划分为16个气候区。奥地利J. F. von Hann（1839—1921年）编写了三卷《气候学手册》，是气候学的最早的经典著作，第一卷为普通气候学（1883年出版），第二、三卷为区域气候学。俄罗斯人A. N. Boenkob（1842—1916年）于1884年出版了《全球气候与俄罗斯气候》一书，对太阳辐射、水分循环、下垫面对气候的影响作了全面的分析。1900年德国人Kppen（1846—1940年）提出一个完整而简明的数值气候分类方法，把全球气候分为5大类，或称A、B、C、D、E型，又根据植被及气温、降水量分为11个副型，并可进一步细分，这种分类方法称为柯本（Kppen）气候分类，至今仍被广泛采用（Stephen et al.，2011）。

表1.1　1802—1940年气候学发展重要事件（资料来源：Stephen et al.，2011）

年份	事件
1802	Howard 和 Lamark 首次提出云系分类
1814	Bessel 对气候（气压）资料进行谐波分析
1817	Humboldt 绘制出世界上第一幅全球年平均温度分布图
1818	Howard 出版《伦敦气候》
1827	Dove 提出风暴定律
1841	Espy 论述风暴移动
1844	Gaspard de Coriolis 表述科里奥利力（地转偏向力）
1845	Berhaus 绘制出世界上第一幅全球年降水图
1848	Dove 出版世界上第一批月平均温度图
1859	Ferrel 开创大气运动模型
1862	Renou 绘制首幅（东欧）平均气压图
1864	Croll 阐述地球运行与气候变化
1870	Brault 发明风玫瑰图

续表

年份	事件
1879	Supan 出版世界温度带图
1883	Hann 出版著名的《气候学手册》
1900	Kppen 首次提出气候分类概念
1913	发现臭氧层
1918	Kppen 出版世界气候分类著作，后被广泛使用
1919	Douglass 出版树轮年代学著作
1925	开始用飞机系统资料
1928	首次使用探空仪
1930	Kppen 和 Geiger 出版《气候学手册》
1931	Thornthwaite 出版气候分类著作
1940	首次探讨急流特性

1.2.1.3 天气气候学阶段

从 19 世纪到 20 世纪初，随着资料的积累和研究领域的扩大，气候学日趋活跃。但是，在 20 世纪 30 年代以前，气候学基本上没有突破平均的概念，统计学是其主要的方法工具。从 20 世纪 30 年代开始，随着社会经济发展特别是军事上对气象的特殊需求，加之新技术的出现和探测手段的改进，催生了天气气候学。第二次世界大战期间，由于军事行动需要准确的天气预报，在天气图上标注高压、低压、气团、气旋和锋面等要素和现象，把天气学的基本概念引进到气候学的研究中，于是形成了天气气候学，亦称物理气候学。这一阶段也有几位奠基人，如贝吉龙(Bergeron)于 1930 年首先提出了天气气候学的概念，沃克(Sir G. Walker)于 1924—1937 年完成了一系列的“世界天气”研究，提出世界三大涛动：北大西洋涛动、北太平洋涛动及南方涛动。有关大气涛动的研究在 20 世纪晚期得到了进一步的发展，成为气候学研究的中心课题(Stephen et al.，2011)。

1.2.1.4 动力气候学阶段

随着天气气候学的发展，人们对大气运动的认识不断深化，逐步把动力气象学的理论引入到气候学研究中，进一步认识了大气环流在气候形成中的作用，于是诞生了动力气候学。动力气候学以流体力学和热力学为基础，从大气动力学方程、热力学方程和连续方程出发，在一定初始条件和边界条件下经过适当的简化，用数值方法对方程组进行数值求解，阐明大气运动的气候现象，解释气候形成和气候变化的物理机制。这为人们更好地掌握气候和气候变化的规律，开展气候变率和气候变化预测提供了更有物理内涵的重要方法。这一阶段还有一个重要的特点是气象卫星资料的应用，使人们获得了大量无法直接观测的高山、荒漠、海洋、极地等气象资料，不仅为数值模拟提供了丰富的资料集，而且也催生新的气候学分支，即卫星气象学(王绍武，2001)。

1.2.1.5 现代气候学阶段

20 世纪经历了从经典气候学到现代气候学的革命。之所以称之为革命，就是气候学的基本概念、研究对象和研究方法均发生了根本的变化。首先是概念的变化。经典气候学有 3 个基本的概念：一是气候包括3个基本要素，即温（温度）、湿（降水）、压（地面气压）；二是如果有了30 a 3个基本要素的平均值，即可代表一个地区的气候；三是气候形成有三个要素，即太阳辐射、海陆分布和大气环流。这3个基本概念先后受到严重挑战，首先受到挑战的是气候平均值的概念。后两个概念是相辅相成的，中心问题是：气候是局地的，还是全球性的？显然，局地的气候与全球的气候是紧密关联的，要掌握气候及气候变化的规律，就要研究全球性各种因素的影响。气候形成的3个要素固然是气候形成的直接原因，但是要了解气候异常与气候变化的成因及进行气候预测，却不能仅限于研究3个要素。其次是研究对象的变化，这也是最重要的变化，即从研究局地几个要素简单平均状态转变为研究全球气候系统。第三是研究方法的变化，即用气候动力学和统计学相结合的方法来研究气候（王绍武，2001）。

王绍武（2000）曾列举了20世纪气候学理论研究的十大成就，详见表1.2，并指出真正意义上的现代气候学阶段是从20世纪中后期完整提出全球气候系统的概念开始的。

表1.2　20世纪理论研究的十项成就（资料来源：王绍武，2000）

序号	时间	研究内容	代表人物
1	20世纪20—30年代	三大涛动	Walker
2	20世纪30年代	大气长波	Rossby
3	20世纪40—50年代	平均环流	Namias
4	20世纪60年代	沃克环流	Bjerknes
5	20世纪70年代	温室效应	Manabe
6	20世纪80年代	月平均环流预测	Miyakoda
7	20世纪80—90年代	ENSO理论	Suarez, Schop
8	20世纪80—90年代	ENSO预测	Cane, Zebiak
9	20世纪90年代	温盐环流	Delworth
10	20世纪90年代	季平均环流预测	Ming Ji

1.2.2　中国气候学研究历程

中国气候研究已经历约一个世纪（丁一汇，2013），大体可分为经典气候研究时期和现代气候研究时期。经典气候研究时期为20世纪前期，现代气候研究时期自20世纪50年代至今。现代气候研究时期又可以分为两段：20世纪50年代初—70年代末；20世纪80年代至今（王绍武，2001）。

1.2.2.1　经典气候学研究时期

中国的气候研究可以追溯到历史时期，中国古代气象包含很多气候观察和研究的成果，中国二十四节气的确定和应用就是杰出的代表，被世人誉为堪比中国四大发明的气象发明。但中国较系统的气候研究始于20世纪初，其基本特征是根据历史资料开展研究。这一时期中国老一代气候学家进行了基础性、开创性的研究，并取得了很多重要成果。经典研究时期的领域可归纳为以下6个方面（丁一汇，2013；王绍武，2001）。

（1）气候志

竺可桢（1922）发表了《南京之气候》一文，详细描述了温度、降水、湿度、气压、风、云和天气

7个要素，论述了地理条件等对南京气候的影响。卢鋈(1952)编著出版了《中国气候总论》一书，这是对中国气候最早的全面阐述。这本书共有9章：①地理条件；②气流；③季风与锋面；④大气扰动(气旋、台风、雷雨)；⑤温度；⑥湿度、雾与霾；⑦云、日照和降水；⑧气候变化与长期预报；⑨气候区划。中国这些气候志的代表作，在国内国际均有重要影响。

(2)气候区划

气候区划与气候志的研究紧密关联。1931年，竺可桢撰写了《中国气候区域论》，指出划分中国气候区域的要点：①分类必须简单而明确；②分区界必须与自然区域及季风影响符合；③同时考虑温度和降水的年变程。卢鋈(1952)总体上把握这些原则，把中国划分为10个气候区：①东北；②塞外草原；③新疆山区；④西北沙漠；⑤华北；⑥华中；⑦华南；⑧海南；⑨西南；⑩西藏。

(3)气候变化

竺可桢(1924,1931,1973)根据大量史料，1924年撰写了《南宋时期我国气候之揣测》，1931年又撰写了《中国气候区域论》，具有鲜明的中国特色。1973年，竺可桢以80多岁的高龄，撰写出版了《中国近五千年来气候变迁的初步研究》，具有里程碑的意义，在国内引起很大反响。书中的很多论点，被后来的研究多次证实，得到广泛的引用和传播。

(4)天气气候

天气气候是这一时期重要的研究内容，李宪之(1955a,1955b)的论文《东亚寒潮侵袭的研究》(1955a)和《台风的研究》(1955b)，分别对侵袭东亚寒潮的路径、带来的天气、演变规律和台风路径、频率、灾害进行了系统研究。这些研究的基本结论，至今仍有现实意义，在国内外常被引用。

(5)季风

中国是季风盛行的国家，季风也是早期气候学的一个核心问题。竺可桢(1934)的《东南季风与中国之雨量》一文开中国季风研究之先河，论述东南季风与梅雨的关系。张宝堃(1934)基于中国气候受季风影响而四季分明的特点，根据5 d平均气温定义了四季：冬季5 d平均气温，＜10 ℃；春季5 d平均气温10～22 ℃；夏季5 d平均气温＞22 ℃；秋季5 d平均气温10～22 ℃。这一标准至今仍然沿用。涂长望等 (1944)发表了《中国夏季风之进退》，首次提出以湿球位温定义夏季风的进退，开始认识到中国东部夏季风之北跳及撤退的突发性以及与长江流域梅雨的关系。

(6)长期预报

长期预报即短期气候预测也是这一时期气候学研究的一个方面，涂长望是代表人物。他研究了三大涛动与中国气候的关系，并由此探寻长期预报的途径。1937年，涂长望发表了《中国天气与世界大气的浪动及其长期预告中国夏季旱涝之应用》(Tu,1937)，他根据降水量的特点把中国东部分为11个区，再建立每个区与前期三大涛动的关系。他的很多研究结论，与现代观测完全吻合。

1.2.2.2 现代气候学研究时期

如上所述，现代气候研究时期又可以分为两段：20世纪50年代初—70年代末；20世纪80年代至今。

20世纪50年代初—70年代末。这一段时间气候学研究的重要基础是气候台站网的建立。20世纪初气象台站只有50个左右，1940年增加到300多个，到1960前后已增加至2800个。大量的观测资料和由此诞生的完整的气候图集，为以后的气候学研究奠定了基础。这一时期气候学研究主要体现在气候区划、季风、大气环流、长期预报、气候变化等方面。

20 世纪 80 年代至今。这一时期国际上气候学研究有几点明显的时代特征：第一，气候变化研究成为热点问题，先后发起了一系列国际科学计划，聚集世界著名科学家开展国际合作研究；第二，数值天气预报技术不断进步，大气环流模式日臻成熟，推动了全球气候系统模式和地球系统模式的发展；全球观测系统逐步拓展，通过国际合作建立了较为完善的气候资料库和大数据，发展了多种全球再分析资料系统（丁一汇，2013；王绍武，2001）。在国际现代气候学研究的背景下，中国气候学研究也步入了新的研究阶段，取得了许多重要的研究成果。

1.2.3　现代气候学学科体系和研究进展

1.2.3.1　气候学学科体系

气候学在发展过程中，研究对象和内容不断丰富和扩展，现代气候学的学科体系可谓十分庞大。以其研究目的划分，可分为理论气候学、区域气候学和应用气候学；以其科学原理和研究方法划分，可分为物理气候学、天气气候学、统计气候学、动力气候学；以其研究尺度划分，可分为大气候学、中气候学、局地气候学和小气候学；以其研究时段的长短划分，可分为地质时期气候学、历史时期气候学和近代气候学等。此外，根据气候学在国民经济建设中的应用，结合各相应专业的特点，形成各应用气候学的分支，如农业气候学、林业气候学、建筑气候学、医疗气候学、航海气候学、航空气候学等。

气候学研究内容很广泛，主要包括：气候学概论，涵盖气候学原理、气候特征的时间和空间分布、演变和分类等；气候监测，主要研究气候监测的范围和内容，通过监测准确地了解气候系统各部分的现状和变化，特别关注气候异常的征兆和重大气候灾害；气候变化，主要研究气候在各个时期的变化特征、演变规律和原因；气候预测，主要研究气候演变规律和可预测性，确定预测内容，设计预测方法，建立预报系统和验证方法；物理气候学与动力气候学，把地球气候看作是一个物理系统，主要以动力学和热力学的理论和方法研究气候形成和变化的规律，内容涵盖辐射平衡、热量平衡、能量平衡、动量循环、水分循环、碳循环以及人类活动与气候演变的关系等；天气气候学，研究多年间大气环流的一般状态及其变动的规律性，如环流的分型及其出现的频率，天气系统的频率、强度和路径，大范围气候异常与大气环流的关系等；应用气候学，研究内容涵盖气候资源利用，气候灾害风险评估，气候环境分析、评定和区划，以及城市气候、农业气候、森林气候、海洋气候、军事气候、医疗气候、建筑气候和旅游气候等专业气候。

1.2.3.2　国际气候学研究进展

为了推动气候学发展和应对气候变化，国际社会迄今已召开了三届世界气候大会。第一届世界气候大会于 1979 年举行，主题为“世界气候大会——气候与人类”，推动建立了“世界气候计划”（WCP）、“世界气候研究计划”（WCRP）和政府间气候变化专门委员会（IPCC）。1990 年举行的第二届世界气候大会主题为“全球气候变化及相应对策”，促成了《联合国气候变化框架公约》（UNFCCC）的出台以及全球气候观测系统的建立。第三届世界气候大会于 2009 年召开，主题是“气候预测和信息为决策服务”，决定建立“全球气候服务框架”。在世界气候大会的推动下，国际社会发起和实施了一系列重大的气候科学计划。国际科学联盟理事会（ICSU）在全球变化研究领域先后启动了世界气候研究计划（WCRP）、国际地圈生物圈计划（IGBP）、国际全球环境变化人文因素计划（IHDP）、国际生物多样性计划（DIVERSITAS）四大科学计划。2001年这四大科学计划联合召开第一次全球变化开放科学大会，发表了《阿姆斯特丹宣言》，决定成立地球科学联盟(ESSP)，促进地球系统集成研究。2008年国际科学联盟理事会(ICSU)对ESSP的进展进行全面评估，2010年与国际社会科学理事会(ISSC)共同制订了未来地球系统科学发展的整体战略，提出了“未来地球”(Future Earth)计划的动议。“未来地球”计划确立了动态地球、全球发展、向可持续性发展转变三项研究主题，重点加强观测系统、资料系统、地球系统模拟能力、基础理论研究能力等八项交叉能力建设。这些重大科学计划，集中世界一流科学家，应用现代化的卫星、雷达和地基观测系统及信息系统，研发先进的地球系统模式和气候系统模式，取得了前所未有的重大成果，极大地推动了气候学的进展。

关于现代气候学研究，王绍武等(2005)指出有3个特点：一是从气候变化入手研究气候，即研究范围从短期气候延伸到历史气候乃至地质气候，时间谱从月、季、年延伸到年代、世纪、千年、万年甚至更长。现代气候是从变动中认识气候，而不仅仅局限于研究气候的平均值，这就深化了对气候变化规律的认识，推动了气候预测的研究。二是从气候系统来研究气候，即通过研究大气圈、水圈、冰雪圈、岩石圈、生物圈及其相互作用来认识气候，因为仅仅研究大气不可能认识气候形成的全过程以及演变规律，也不可能从物理机制入手进行气候预测。三是用动力气候学来研究气候，这是现代气候学的灵魂。从统计角度研究气候，可以认识气候的特征，但不可能深入认识气候形成的过程。物理研究对辐射平衡和热量平衡进行分析，但只是地点之间静态的对比，对大气环流未予考虑。动力气候学通过研究气候系统的大气动力过程、热力过程和流体力学，对气候形成及演变进行模拟，并以气候学观点研究和解释大气环流，日益受到地学界的重视。

黄荣辉等(2016)指出，从20世纪70年代后期起，大气科学研究取得的一个突破性进展是人们认识到气候变化不仅仅是由大气内部的动力、热力过程所造成，更重要的是由气候系统中各圈层相互作用的结果。因此，20世纪70年代末以后，气候系统动力学与气候预测变成大气科学中一个具有重要意义的科学问题，其主要进展体现在以下几个方面。

(1)气候变化与气候系统动力学研究的发展

科学家充分认识到，要弄清楚不同时间尺度气候变率和气候变化的成因和趋势，就要深刻认识气候系统各圈层相互作用的动力、热力和化学过程。为此，一方面，必须进行长时间和具有足够空间分辨率的观测。另一方面，必须利用观测资料、理论和数值模式来分析研究陆-气耦合的气候子系统、海-气耦合的气候子系统及冰雪-大气耦合的气候子系统等对气候变化的作用。由于计算机技术的迅速发展以及卫星遥感技术的不断进步，同时人们对大气、海洋的热力和动力特性，以及陆面、冰雪热力特性认识的提高，现在已经可以用气候数值模式模拟甚至在某种程度上预测季度和年际时间尺度的气候变率，以及预估更长时间尺度的由温室气体增加引起的气候变化(黄荣辉 等，2016)。

(2)数值模式和气候系统、地球系统数值模拟研究

从20世纪70年代开始，科学家们已经开始把大气、海洋、冰雪和陆面四个圈层作为一个整体来考虑，这实际上是一个物理气候系统。基于气候系统模式，科学家可以更深刻地理解控制气候变化的各子系统相互作用以及与生物圈、人类活动相互作用的物理、水文、化学和生物过程(黄荣辉 等，2016)。进入21世纪，人们的视野从物理气候系统扩展到了地球系统，进一步考虑生态系统、空间天气和固体地球系统，通过研究圈层内部的物理、化学和生物地球化学过程以及圈层之间的能量、动量和物质交换来了解地球能量过程、生态过程和新陈代谢过程的

运行规律。人们越来越重视诸如碳、氮循环等生物地球化学耦合过程在气候系统中的作用及人类活动对这些循环过程的影响。地球系统模式基于地球各圈层中的物理、化学和生物过程建立起来的数学方程组，然后用数值计算方法求解，编制成一种大型综合性计算程序。地球系统模式是迄今为止最复杂和最具综合性的科学数值模拟工具，是地球系统科学理论和知识的集大成(王会军 等,2004)。

(3)短期气候预测及无缝隙预报研究

由于计算机技术的迅速进步和中期天气数值模式技术的发展，人们已经可能预报 10 d 的天气演变。但是，还没有成熟、有效的方法进行月以上时间尺度的短期气候预测。为此，季—年际时间尺度的气候变率在什么空间尺度上才可以预测，成为 20 世纪 90 年代以来气候学研究的重要课题。国际上许多气候研究中心都在发展动力过程和热力过程协调一致的全球大气-海洋-冰面-陆面-生态系统耦合模式，以研究从区域到全球的季—年际时间尺度的气候变率预测理论和模式。其中，月—季时间尺度的气候变率预测受到重点关注，在许多国家开展试验，并在某种程度上取得成功，对 ENSO 事件的发生及其气候效应也能作出有一定准确率的预测(黄荣辉 等,2014)。

2014 年，首次世界天气开放科学大会(WWOSC-2014)以“地球系统无缝隙预报:从分钟到月”为主题(Brunet et al. ,2015)，明确提出了无缝隙预报的发展方向，指出当今的天气预报和气候预测将逐步转变为无缝隙的天气-气候预报。2015 年，WMO 第十七次世界气象大会提出了“无缝隙全球资料加工和预报系统(GDPFS)”的发展目标，即构建从分钟到年代际，从局地到全球的全覆盖、无缝隙 GDPFS。2017 年，地球系统科学家学会(SYES)联合世界气候研究计划(WCRP)、世界天气研究计划(WWRP)和全球大气观测计划(GAW)创建的地球系统科学前沿白皮书(Rauser et al. ,2017)，更是将无缝隙预报作为未来几十年科学界指导方针的重要指标，提出从分钟到世纪时间尺度、从米到全球空间尺度的预报发展趋势。2019 年，WMO 第十八次世界气象大会再次强调在 GDPFS 的框架下，持续推进从分钟到年代际，从局地到全球，从天气、水、气候到环境及其影响的全覆盖、无缝隙全球数据处理和预报系统。GDPFS 近期的研究目标是在次季节—年际气候预测方面取得突破，为逐步实现天气、气候预报预测一体化和无缝隙预报奠定基础。

气候变化的研究是当前气候学研究的热点问题。这个问题不仅引起科学界极大的关注，而且也引起了各国民众和政府的重视，并成为国际上外交关注的问题。丁一汇等(2016)指出，近几十年来气候变化基本事实和科学成因等方面的研究不断深入和扩展，并促进了跨学科的地球系统科学的快速发展。尤其是自 1988 年以来，政府间气候变化专门委员会(IPCC)组织编写了 6 次气候变化评估报告，对推动气候变化科学本身的深入发展与扩大政府和公众对气候变化的科学认知上做出重大贡献。IPCC 6 次评估报告的结果表明，现代气候变化的基本事实和基本认知得到了大量观测事实、理论分析和气候系统模式数值模拟的一致支持，至少在 5 个方面取得了相当高度的共识:①地球系统多种观测数据表明地表和对流层大气的温度明显升高，近百年全球气候在显著变暖;②全球气候变化是自然因素和人类活动共同作用的结果，但 20 世纪后半叶以来，人类活动是全球变暖的主因;③预计 21 世纪全球将持续变暖，气候极端事件的频率、持续时间和范围将增加;④气候变化对自然系统和社会系统都产生了重要影响，未来的影响利弊共存，但随着增温量值和速率的明显增加，负面影响将可能加深加重，给人类社会的可持续发展和生存环境带来更大的风险，因而，2 ℃阈值问题作为全球进行减排行动的第一个量化约束指标日益受到各国政府和科技界的重视；⑤气候变化科学是典型的发展中学科，目前我们对复杂的气候系统的认知水平有限，一些定量的估算和结论有不确定性，并且将来还会不断有新的科学问题出现。

1.2.3.3　中国气候学研究进展

丁一汇等(2016)指出，根据中国的气候特征和地理特征，中国气候研究主要关注的核心问题包括气候的形成、气候变化、气候预测、季风、青藏高原的作用、厄尔尼诺与南方涛动(ENSO)、气候与自然和人为因素的关系、气候区划、应用气候等。黄建平等(2019)回顾了1949年开始70年以来中国在气候和气候变化研究领域的发展概况，从气候研究、青藏高原对中国气候的影响、季风对中国气候的影响、大气活动中心与西风带对中国气候的影响、气候动力学与气候模式的发展和气候变化研究等方面进行了梳理和总结，并特别指出以下几方面的突出成就。

(1)中国是世界气候脆弱区之一，由于气候异常带来的气候灾害，尤其是旱涝灾害比较严重。研究这些气候灾害的形成机理和预测理论，是一项重要的前沿科学研究问题。中国科学家利用长时间尺度资料，统计分析了气候的冷暖和旱涝变化，对气候灾害以及极端气候事件的形成机理进行了系统的研究，奠定了中国气候灾害预测的物理基础。

(2)中国科学家在20世纪50年代，就关注到青藏高原独特的地形对大气环流和天气气候的影响，开创了青藏高原气象学；提出了青藏高原大地形经典的动力和热力作用理论，揭示了青藏高原强迫导致对流层低层与高层环流，以及热带与副热带季风环流的耦合增强，系统阐述了青藏高原动力和热力作用对亚洲季风的年代际、年际和季节内变化的显著影响，开展了青藏高原地-气耦合系统变化及其全球气候效应的系统研究，极大地推动了大气科学及地学等交叉学科在青藏高原前沿性研究领域的发展。

(3)中国科学家通过研究青藏高原冰芯所记录的气候环境变化与全球变化的关系，在野外考察、室内分析和科学理论上都有新的建树和创新。在国际上首次建立了整个青藏高原地区降水中稳定氧同位素比率和降水时气温关系的定量模型；基于高分辨率冰芯记录(50 a时间间隔)，阐明了青藏高原过去10多万年来气候变化特征和一系列重大气候突变事件；提出青藏高原大气甲烷浓度变化幅度比极地地区更大，而季风强弱变化会对甲烷浓度变化起重要影响，揭示了冰芯中微生物群落密度变化与气候变化的关系，提出了通过微生物变化研究过去气候变化的新指标；提出西风的加强和季风的减弱是青藏高原及其周边地区冰川退缩的主要驱动力。

(4)中国科学家在季风研究领域取得了原创性的、国际领先的成果，特别是东亚季风的研究在国际上占主导地位。提出了热力适应和青藏高原影响的“感热驱动气泵”理论，证明了海陆热力差异和大地形对亚洲夏季风不同分支系统形成的不同贡献，在国际上首次把亚洲夏季风暴发分为有机联结的三个阶段，系统性地提出了东亚季风系统及其变异机理，指出东亚季风是一个与南亚季风系统既有联系又有区别、相互独立的环流系统，证明了由于中高纬度的强地转性和斜压性使其海气相互作用的特征与热带显著不同。

(5)中国科学家从20世纪50年代起，在大气环流变化方面就进行了许多国际领先的研究，首先提出东亚大气环流季节转换是突变的，完善和发展了Rossby的大气运动的地转适应理论，发展了半地转适应、球面大气适应和有外源的地转适应等理论；提出了影响中国夏季旱涝的北半球夏季大气环流异常的东亚/太平洋型遥相关及其理论；在国际上率先揭示了El Niño通过西北太平洋反气旋异常而影响东亚季风的机理；首先提出亚洲大陆基本可划分为主要受中纬度西风环流控制的“西风亚洲”和主要受季风环流控制的“季风亚洲”。

(6)中国科学家最早提出对流加热反馈是激发产生热带季节内振荡的重要机制,完善了热带大气季节内振荡的CISK波理论,提出了大气低频遥相关的理论及动力学机制。自20世纪70年代末,中国就开始发展气候模式,并将其应用于气候过程的模拟研究,建立了气候动力学的理论框架,在国际上率先开展了跨季度数值气候预测,建立了短期数值气候预测系统,并应用于中国夏季旱涝预测业务,第二代短期气候预测模式系统已投入业务运行。中国有多个气候系统模式参加了第五次、第六次国际耦合模式比较计划。

(7)中国科学家参加和组织IPCC科学评估活动,在研究发现和传播有关人类活动影响地球气候重要科学结论方面做出了重要贡献,从而为人类积极应对气候变化的行动奠定了坚实的基础。关于中国气候与环境演变的研究,中国西部环境演变评估的研究,以及中国气候变化国家评估,在国际上产生了广泛影响。在气候变化的研究领域,中国科学家取得了多项世界领先的研究成果,在国际上的话语权越来越重要。

1.2.3.4 气候学和气候变化研究前沿问题

2014年9月,IPCC联合世界气候研究计划(WCRP),在瑞士召开了一次特别的研讨会,总结过去气候变化科学研究中的经验教训。此次会议针对IPCC最新评估报告中的关键不确定性,梳理并总结了未来气候变化研究的主要科学方向和面临的主要挑战,讨论了如何与WCRP结合并解决这些问题。在此次会议上与会专家提出,未来气候变化科学研究的重大挑战应包括如下8个主题(孙颖 等,2015)。

(1)云、环流与气候敏感度。无论是在全球还是在区域尺度,气候敏感度和大气环流变化均制约了气候对人为强迫响应的多个方面。WCRP重大挑战项目“云、环流与气候敏感度”的最终目的是增进预测全球及区域尺度气候变化的能力。为此,该项目确定4项重点:①什么控制着风暴路径的位置、强度和变率?②什么控制着热带雨带的位置、强度和变率?③对流在云反馈中起到什么作用?④对流云团在气候中起到什么作用?相关工作从4个方面开展:发展新的观测资料;扩展并开发古气候的代用记录;推进地球系统模式(ESM)的发展;提出新的分析框架和试验方法。

(2)理解和预测极端天气气候事件。理解极端天气气候事件的频率、强度、空间范围、持续时间和发生地点的变化情况对制定气候变化适应及减缓的战略措施非常重要。从1950年开始,观测到的极端天气和气候事件就在发生变化,包括极端暖事件的增加和极端冷事件的减少,更多陆地区域的极端降水增加。但是,当前在理解过去的变化并对未来进行预估时,仍然存在很多挑战。WCRP气候极端事件重大挑战项目已经识别出一系列科学问题,以推进气候极端事件的研究工作,包括规范必要的观测数据来表征和监测极端事件,以及发展合适的方法比较观测与模拟。以观测和模式开发为重点是推进这一挑战项目的关键步骤。

(3)冰冻圈变化。冰冻圈是气候系统中一个重要的组成部分,其相关的一些科学问题非常重要。WCRP重大挑战项目“冰冻圈的变化”涵盖了广泛的议题,目标指向冰冻圈的各个构成要素和不同时间尺度的关键过程,包括冰冻圈及其在气候系统中作用的重要问题,并涉及一些人们了解甚少、依靠难以观测的小尺度物理量进行研究的过程。冰冻圈变化的研究已取得了重大进展,但仍有大量科学问题需要探索。从近期来看,冰冻圈变化的研究有待解决的问题有:缺少对冰冻圈各构成要素检测归因的研究;观测和模拟的南极海冰范围变化趋势存在量上的差异,观测的南极海冰范围增加,但模拟结果减少;目前尚无文献对全球冰川物质平衡的人为影响做出检测与归因；已经观测到南极冰盖的快速质量损失，但是相关的检测与归因工作至今不能检测出这一现象。为应对这些挑战，WCRP 气候与冰冻圈（CliC）核心项目已启动了应对重大挑战的特定活动，并且已经取得一定进展。

(4)区域气候信息。IPCC 提出适应和减缓两个目标，这两个目标都要求具备区域到地方的气候信息。但是，当涉及提供当前或未来的区域气候信息时，IPCC 提供的信息会有局限性，体现在以下几种形式。第一，模式可能不能恰当地表征观测到的趋势，包括空间分布和变化的量值，这可能出现在 50 a 甚至更长的时间尺度。第二，年代际时间尺度上的自然变率对于适应以及理解当前和预测的区域气候变化很重要，但年代际预测是一个新的研究领域，目前在陆地区域的预测技巧尚未令人信服。第三，全球大气环流模式具有局限性，降尺度技术可以部分解决，但尽管无论是动力还是统计降尺度都无法全球克服模式的局限性。为解决这一问题，WCRP 区域气候信息重大挑战项目团队建议：从为风险管理和政策制定提供信息的角度出发，对区域气候信息加以考虑，重点关注跨区域和跨时间尺度的相关活动。这些活动将产生更多区域到地方尺度的具有科学确凿性的气候信息，并有助于使用这些信息。

(5)区域海平面上升及其对沿海地区的影响。全球海平面上升是人为气候变化引发的最严重的社会后果之一。从现阶段来看，海平面研究中存在的主要不确定性及差距主要包括：尚未完全理解观测到的全球和区域海平面变化的原因；尚未完全理解对深海变暖及其对海平面上升的贡献；尚未完全理解过去的区域海平面变率；对海平面检测与归因的理解仍不深刻；全球长期平均海平面预估存在很大不确定性；缺少对年代际海平面预估与预见方面的知识。为解决这些关键差距和不确定性，满足应对海平面变化的迫切需求，WCRP 设立"区域海平面上升及海岸影响"重大挑战项目。其总体目标是：定量理解区域到地方海平面变化的自然和人为机制，推进综合海平面监测所需观测系统的建设，推动海平面预测和预估的发展，为适应和减排工作提供决策参考。主要研究工作包括：历史海平面估算的综合性方法（古气候时间尺度）；对当代快速冰盖动力学的过程理解；当代区域海平面变率及变化原因；区域海平面的可预测性；用于海岸区管理的海平面科学。

(6)水资源可利用量。水资源可利用量的主要驱动因子包括：降水及控制降水的各种过程（如稳定的高压系统、ENSO、热带气旋、对流、陆气相互作用），陆面水文过程（即影响土壤水分、径流和陆地蒸散量的过程）以及人类对其的影响。水资源可利用量重大挑战项目主要考虑的科学问题包括：降水的哪些特征影响了水资源可利用量，这些特征如何变化？陆面过程和人类用水量在影响水资源可利用量的变化中起到什么作用？新的观测数据如何用于检测与归因水资源可利用量的变化，并且如何约束气候变化预估？水资源可利用量的关键驱动因子在次季节尺度到年代际尺度的可预测性如何？为应对这些问题，解决措施主要包括：对全球能量和水的收支计算进行闭合，减少相关的不确定性估计，确定降水不确定性的区域性根源，提供气象干旱主要驱动因子的全球分布图；在国际模式比较计划（CMIP6）中考虑针对陆面强迫及反馈的试验，特别是增加对陆地水资源可利用量进行模拟的试验；实施全球降水观测计划；对特定关键区域的干旱情况进行早期预警和监测。

(7)生物地球化学、气溶胶和大气化学。以往 WCRP 中缺少以生物地球化学为出发点的重大挑战项目。生物地球化学与气候科学密切相关，需要考虑相关的科学问题，比如气候变化与空气污染的相互影响以及气候对生物地球化学过程及其反馈的敏感度。关于气候变化和空气污染的问题，仍然面临很多挑战，包括相关过程的识别和量化，环境变化对空气污染的影响和排放对大气成分和气候的影响，以及综合考虑空气污染和气候变化减排最优战略的科学基础等。关于气候对生物地球化学过程及其反馈的敏感度，其挑战包括对相关过程的识别和量化，如何将排放、影响到决策信息整个链条纳入考虑，以及如何考虑脆弱性、适应和减排的潜在影响等。针对这些问题，解决的方案主要包括：推进生物地球化学和生态系统变量的空间—时间变率的监测与分析，从而量化趋势和自然变率，特别是对实测结果的量化；发展方法学，以解决地球系统模式存在的不足或对碳、甲烷、氮氧化物和大气化学的表征缺失问题；研究碳、水、氧和地球示踪剂的同位素循环，以便对生物地球化学和水循环更好地进行量化；改进并更好地利用历史和古气候信息，以对气候-温室气体的敏感性和响应做出限定；理解和量化多种因素对生物地球化学和生态系统的影响。

(8)理解年代际变化：归因与预测。这一主题也属于以往 WCRP 重大挑战项目中缺乏的重要问题。现阶段认识的主要差距包括以下几个方面：变暖停滞，尽管有很多关于变暖停滞的文章发表，但仍然缺乏综合性的研究更新现有的认识；年代际预测，需要优化初始化与模式集合的方法，同时需要发展偏差调整、标准化和预测评估的最优方法；气候模式中使用的强迫，有些模式模拟中缺失最新的一些强迫因素信息，在有卫星观测之前的部分信息也是缺失的，有关火山强迫存在很大的不确定性，在模拟试验中对流层气溶胶强迫存在很大的不确定性；预估，现阶段的预估结果缺失火山活动的可能影响，并且缺少用于综合各种不同近期预测信息的方法学；事件与个例的归因研究，如当前对关于大西洋年代际变率（AMV ）的理解还存在很大的差距；地球系统的可预测性，加强对碳循环年际到年代际变化的理解和预测，考虑海洋或陆地生物圈碳吸收对碳循环变化的影响，在科学上是非常重要的。

2018 年，WCRP 制订了 2019—2028 年 10 年战略规划（World Climate Research Programme Strategic Plan 2019—2028）。为满足 UNFCCC 履约谈判特别是巴黎协定实施的需求，WCRP 正在经历着从关注纯粹的科学到强调需求引导、自然科学与社会科学并重的理念转换。新的 10 年战略规划指出：今天，气候研究的背景已经改变。解决气候变化的原因和影响的办法必须建立在自然科学家和社会科学家、民间社会以及各级政治领导之间的合作对话之上。与以往一样，WCRP 将继续提供有关气候系统及其如何变化的基本科学证据。与此同时，气候研究，包括气候系统基础科学，正在迅速进化，以便更好地理解和预测从几周到几年内的时间尺度上的气候变率。在这种情况下，WCRP 的作用是促进气候研究的国际协调，这是支持一个更具韧性的社会所必需的。为此 WCRP 确立了未来 10 年的 4 项目标：①深化对气候系统过程、变率和变化的基本认识；②预测气候系统的近期演变；③提升预测气候系统未来变化路径的能力；④支持自然科学与社会科学相结合的理论与实践进展。

1.3 水文学发展历程和学科前沿

1.3.1 水文学发展历程

水文学是研究地球上水的起源、存在、分布、循环运动等变化规律，并运用这些规律为人类服务的知识体系。水文学以地球表面不同时间和空间尺度的水文循环过程为核心研究内容，旨在揭示包括降水、蒸发、下渗、土壤水运动及径流等过程在内的水循环运动基本规律。

水文科学是一门既古老又年轻的学科，最早可以追溯到公元前 3000 多年前。人类在生产和生活实践中，特别是在与水旱灾害作斗争的过程中，对经常遇到的各种水文现象进行观察、测量、思考和探索，在深化认识和积累经验的基础上，吸取了其他学科的新思想、新方法，研究水文和水循环规律，探讨水文理论和方法，并经历了一个由萌芽到成熟、由定性到定量、由经验到理论的历史发展过程，逐渐形成了水文科学。水文学的发展大体可分为四个时期（陈家琦，1986；黄锡荃，1993；徐宗学 等，2010）。

(1)萌芽时期（远古至公元14世纪末）。本阶段有两个显著的特点，一是开始了原始的水文观测。世界上最早的水位观测出现在中国和埃及。公元前3000多年前，古埃及已开始在尼罗河观测水位。在中国，公元前约22世纪，大禹治水已“随山刊木”（即立木于河中）以观测水位，以后都江堰的“石人”、隋代的石刻水则、宋代的水碑、明代的“乘沙量水器”等相继出现，表明古代水文观测不断进步。最早的雨量观测于公元前4世纪首先在印度出现，中国于秦代已开始有呈报雨量的制度，到公元1247年，已有了较科学的雨量器和雨深计算方法，并开始用“竹笼验雪”计算平地降雪深度。二是对水文现象作定性描述及原始水文知识的积累。《吕氏春秋》《水经注》等古代著作中，系统记载了中国各大河流的源流、水情等概况，并记载着水文循环的初步概念及其他水文知识。

(2)奠基时期（15—19世纪）。欧洲文艺复兴及产业革命带来的科学思想的解放和科学技术的进步，为水文科学体系的形成奠定了重要的基础。本阶段亦有两个重要的特征，一是近代水文仪器开始出现，水文观测进入定量器测阶段。1424年中国和朝鲜先后开始统一制作和使用标准测雨器。以后自计雨量计（C. 雷恩等，1663年）、蒸发器（E. 哈雷，1687年）、流速仪（T.G. 埃利斯，1870年）等仪器相继发明，各种水文站也应运而生。19世纪以来，各国普遍建立水文站网和制定统一的观测规范，从而为水文现象实测、定量研究和科学实验提供了条件。二是近代水文科学理论逐步形成。1674年P. 佩罗对塞纳河径流量估算及降雨量、径流量的对比分析，提出水量平衡概念，后来发展成为水文科学最基本的科学原理之一。1738年D.I. 伯努利发表水流能量方程。1775年A. de谢才发表明渠均匀流公式。1802年J. 道尔顿发表计算水面蒸发的公式。1851年T.J. 摩尔凡尼提出汇流和汇流系数概念，并提出计算最大流量的著名推理公式。1856年H.-P.-G. 达西基于牛顿力学创立地下水渗流理论的基本定理——达西定律。1865年，中国在长江汉口段设立水位站，开创了中国现代水位观测的新纪元。1871年，法国科学家Saint-Venant提出水流连续方程组——圣维南方程组。1889年，爱尔兰科学家Manning提出了著名的水力学计算公式——Manning公式。达西定律为研究土壤水、地下水动力学以及地下水资源的形成与演化奠定了基础，Manning公式和圣维南方程组为研究河道和坡面洪水运动以及流域汇流规律奠定了基础。随之，水文学著作开始出现，水文科学体系已逐渐形成。

(3)应用水文学兴起时期（自20世纪初—20世纪50年代）。这一时期，水文科学在观测方法、理论体系、研究领域等方面继续取得新成就，但最重要的进展是应用水文学的兴起。第一次世界大战后，各国经济恢复与发展，防洪、航运、发电、工农业需水等各种建设向水文学提出了大量的新课题，不少产汇流理论、计算公式，大大改进了水文计算和水文预报的方法。如1914年，美国水文学家Hazen首先用正态概率格纸选配流量频率曲线，把概率理论引入水文计算；1924年，美国水文学家福斯特提出皮尔逊Ⅲ型频率曲线分析方法；1931年，苏联水文学家Velikanov提出等流时线的概念；1932年，美国水文学家Sherman提出了单位线的概念；1935年，美国水文学家Horton提出下渗理论曲线——Horton下渗公式；1935年，美国水文学家 MaCarthy 提出用于河道流量演算的马斯京根法;1945 年,美国水文学家 Clark 首先提出瞬时单位线的概念。在此期间,水文站在世界范围内发展成为国家规模的水文站网。这些成就为应用水文学的兴起在资料条件、理论基础和方法论等方面奠定了基础,并率先形成了水文学最重要的分支学科——工程水文学。接着,水文学的其他分支学科,如农业水文学、森林水文学、城市水文学也相应兴起。1949 年《应用水文学》(R. K. 林斯雷等)、《应用水文学原理》(D. 姜斯登等)等专著出版,总结了这一时期的成就,使水文学开始直接为生产和生活服务,标志着应用水文学的诞生和兴起。

(4)现代水文学时期(20 世纪 50 年代以来)。20 世纪后半叶,随着世界各国经济的快速发展,尤其是 60 年代、70 年代电子计算机的发明和应用,在全世界范围内引发了以计算机技术为核心的信息革命,使现代科学技术得到了突飞猛进的发展,与此相对应,水文科学也得到了前所未有的迅猛发展。随着科学技术的发展,雷达测雨、中子散射法测土壤含水、放射性示踪测流、同位素测沙、卫星遥感传送资料等,使人们能获得使用通常方法无法取得的水文信息,拥有现代化设备的实验室使人们有可能对水文现象的物理过程了解得更深透;水文模拟、水文随机分析和系统分析方法,使人们研究水文现象的能力显著增大;计算机的应用,更使水文测验、水文模拟、水文研究的自动化成为可能。随着社会生产规模空前扩大,生活与生产用水不断增多,环境污染趋向严重,水资源的紧张,迫使水文学特别侧重于水资源的研究。研究工作中既着眼水量,也着眼水质;既注意洪水,也注意枯水;不仅研究一条河流、一个流域的水文特性,还要研究跨流域、跨地区的水资源综合调度利用中的水文问题。这一时期水文学的发展有许多新的特色,主要体现在三个方面。一是现代科学技术迅速渗透到水文学的各个方面,使得水文学的研究方法取得了突破性的进展,科技创新提升了水文学的研究水平。二是随着经济发展和社会进步,人类生产、生活对水资源的需求越来越迫切,水文学研究领域正朝着水资源开发利用的方向发展。三是大规模人类生产、生活活动对水循环、气候条件乃至地球环境产生重大影响。近年来,随着全球气候变化日益受到重视,以研究气候变化对水文循环的影响为主要内容的全球变化水文学正在成为国际水文学界研究的热点领域。有力地促进了水文科学和气候科学、环境科学等交叉发展,水文科学与其他科学之间的边缘学科正在兴起,并不断分化出新的分支学科。从现代水文学的发展趋势看,其社会属性日益增强。因此,水文学将正在成为兼具自然科学、技术科学和社会科学特性的一门综合性科学。

1.3.2 水文学学科体系

水文学既是地球科学的一个独立的基础学科,并且与大气科学、地理科学、环境科学、资源科学、生态科学等关系非常密切;同时又是一门应用科学,为水利、农业、林业、交通、海洋、环境等部门服务(王浩,2010)。水文学的研究领域十分宽广,从大气到海洋,从陆地表面到地下,都是水文科学的研究对象;水圈同大气圈、岩石圈和生物圈等地球自然圈层的相互关系,也是水文学的研究领域;水文科学不仅研究水量,而且研究水质,不仅研究现时水情的瞬息变化,而且探求地球上水的生命史,预测其未来的演变趋势(徐宗学 等,2010)。

按照中国目前的学科分类,水文学属于地球科学的二级学科,同时也属于水利工程一级学科下面的五个二级学科之一。虽然仅仅是一门二级学科,但其分支科学十分庞大,内容十分广泛,按照不同分类标准有许多不同的分支学科(王浩,2010)。按其研究方法不同分为地理水文学、系统水文学、随机水文学、遥感水文学、实验水文学、同位素水文学、数字水文学等;按其研究对象不同可以分为流域水文学、海洋水文学、河流水文学、沼泽水文学、湖泊水文学、河口水文学、冰川水文学、湿地水文学、干旱水文学、水文气象学、地下水水文学等;按其应用范围不同可以分为工程水文学、农业水文学、城市水文学、环境水文学、森林水文学、生态水文学等。水文学科中有很多交叉学科,如水文气象学、生态水文学、海洋水文学、冰川水文学、农业水文学等。水文气象学研究大气圈和水圈的相互关系,包括大气中的水文循环和水量平衡,以降水、蒸散、凝结为主要方式的大气与下垫面的水分交换,暴雨、干旱等灾害发生、发展规律,是水文学和气象学的交叉学科(徐宗学 等,2010)。

20 世纪后半叶以来,世界科技创新步伐加快,新技术新方法不断涌现,也推动水文学科出现了一些新的分支,主要有随机水文学、模湖水文学、系统水文学、遥感水文学、同位素水文学等。近些年来,地理水文学和水资源水文学发展很快,成为现代水文学的热门学科。地理水文学以自然地理学原理与现代自然地理学的新思想为基础,同时吸取地学相邻学科(包括地质学、气象学、地貌学、土壤学、地植土壤学、地植物学及人文地理学等)的基本知识和技术方法,对各种水文现象和水文过程开展研究。地理水文研究具有宏观性、综合性及区域性三大特点。水资源水文学作为一门自然、技术和社会综合科学的出现,标志着水文科学进入了一个崭新的发展时期(黄锡荃,1993;夏军 等,2006)。

随着科学技术的发展,水文学学科体系也发生了变化。王浩(2010)结合水文水资源研究发展和国内外水问题及其基本科学识别,提出现代水文水资源的学科体系可划分为环节层、过程层、调控层、海陆循环层和地球科学层 5 个层次(图 1.1)。在环节层,主要包括降水、蒸发、入渗、产流、汇流、补给、排泄等天然水循环环节,以及取水、供水、用水、耗水、排水、再生处理和再生水利用等人工侧枝水循环(或社会水循环)环节,亦分别为传统水文学和水资源学的主体研究内容。在对各水文环节进行有机整合的基础上,形成大气过程、地表过程、土壤过程、地下水过程等基本天然水循环过程和原水调度、原水分配、用户用水、污水排放收集和再生水配置等基本人工侧枝水循环过程,构成现代水文水资源学科体系的过程层。面向水资源应用,对天然水循环过程和人工侧枝水循环过程进行耦合,形成"自然-人工"二元驱动下水循环过程,即为调控层研究的主体。在调控层的研究中,还需要进一步对水循环伴生的水化学、水沙和生态过程的演变及流域/区域尺度上水循环的资源、环境和生态效应进行研究,并提出相应的调控措施。调控层是现代水文水资源学科研究的关键所在。在流域水循环的基础上,形成陆地水循环。陆地水循环研究与海洋水循环研究相结合,可对全球水循环的演变机制及规律进行识别,构成现代水文水资源研究的海陆循环层。全球水循环研究与生物圈、大气圈、岩石圈的研究相整合,即构成了整个地球科学层的研究内容。

1.3.3 水文学研究发展趋势和前沿问题

1.3.3.1 水文学研究发展趋势

王浩(2010)指出,纵观国内外水文水资源相关研究发展历程,现代水文水资源研究进一步拓宽了其研究思路,革新了传统研究范式,在研究对象、技术途径和观测实验手段等方面均有新的突破。

(1)总体思路的转变

水文水资源学总体思路实现从"还原"向"综合交叉"的转变。20 世纪 90 年代之前,水文水资源学在"还原论"科学思维方式的指导下,对水循环的各要素过程乃至环节进行高度细化。

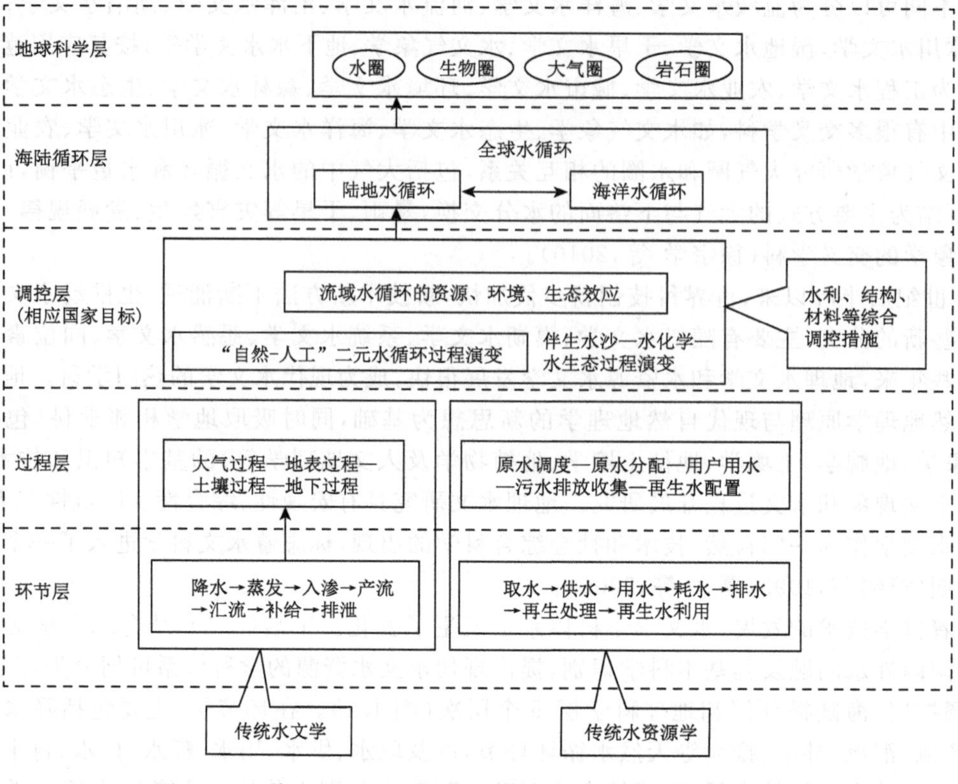

图 1.1　现代水文水资源学科体系构成(资料来源:王浩,2010)

在上述研究思路的影响下,水文水资源学在降水、产流、汇流、入渗、土壤水运动、地下水补给与排泄、蒸发等水文环节的科学认知方面取得了长足的进步,产生了一大批新的水文理论和技术。但水文水资源学的相关理论和技术难以满足区域整体水循环演变过程识别、多水源的联合配置与调度、全球气候变化影响评价以及水生态修复与水环境保护等方面实践需求。

自 20 世纪 90 年以来,水文水资源学紧密围绕水问题解决的实践需求,从"还原细化"研究向"综合交叉"研究转变。主要有以下 5 个方面的发展趋势:①面向水环境保护和饮水安全保障,水文水资源学与环境科学之间开展了大量交叉研究,为从源头治理水环境提供了大量技术支撑;②为进行退化生态系统修复和河流健康维系,水文水资源学与生命科学之间开展了大量交叉研究,相关研究命题成为国际研究的前沿和热点问题,生态水文学的产生,就是水文水资源与生命科学综合交叉研究新产物;③为提高水资源的调度管理效率,促进水利信息化,水文水资源学与信息科学的交叉研究受到学术界的普遍关注,并开展了诸如数字流域及其他数学模拟与仿真方面的研究;④为解决水资源的综合管理问题,近年来,水文水资源学进一步融合经济学、社会学及管理学等有关社会学科新理论和新方法,构建现代水利管理的理论与技术体系;⑤为解决水文观测数据缺乏、提高水文预报精度和延长水文预报预见期的实践需求,水文水资源学与大气科学和对地观测科学进行深入合作,初步形成了陆-气耦合模式支撑的水文观测与预测预报技术体系。

(2)研究对象的转变

水文水资源学研究对象实现从单一水文环节向二元水循环过程转变。现代水文水资源研究突破传统的“还原”研究思路，将天然水循环和社会水循环环节进行有机整合，形成二元水循环过程。从天然水循环的角度来看，在传统的水文水资源研究中，重点关注的是水循环的地表过程、土壤过程和地下水过程，在一定程度上割裂了水循环过程的整体特征。现代水文水资源研究则根据水循环发生的垂直分层，将水循环过程划分为四个基本过程(大气过程、地表过程、土壤过程和地下水过程)进行研究。通过加强陆-气耦合研究，体现了水循环上述四个基本过程相互作用的有机性和整体性。从社会水循环的角度来看，传统水文水资源研究重点关注的是原水调度与分配，忽略了其他过程，导致水资源的利用效率不高、水环境难以从源头上得以保护等弊端的凸现。现代水文水资源学研究，将社会水循环划分为原水调度、原水分配、用户用水、污水排放收集和再生水配置等基本过程。从各要素过程和相互作用机制入手，进行水资源科学配置与调度，充分提高了水资源的利用效率和效益，也为从源头治理水污染提供了有效途径。

(3)研究范式的转变

水文水资源学研究范式实现从“天然”一元向“自然-人工”二元演变转变。传统水文水资源研究“天然”一元范式，重点关注天然水循环过程，不能满足变化环境下水安全维系的需要。“自然-人工”二元研究范式，通过水循环驱动力的分离评价，明晰天然和人工各项影响因素对水循环的影响程度及作用方式，进而提出进行水循环调控的基本切入点。通过自然、人工各项驱动力的耦合研究，从整体上明确水循环演变的驱动机制，并对变化环境下水循环的演变趋势进行科学预测，提出面向水安全维系的综合调控措施。

(4)技术途径的转变

水文水资源学研究技术途径实现从物理模型向“原型观测＋数值模型”相结合的转变。

物理模型是传统水文水资源研究的关键技术途径，但受到样品采集、实验环境条件控制、模型比例缩放等诸多环节的影响，物理模型往往难以客观描述水循环的真实过程。为客观描述变化环境下水循环的演变规律，在现代水文水资源研究中，高度注重野外原型观测实验，在大量原型观测实验数据的知识挖掘的基础上，获取水循环客观演变规律。同时，在计算技术快速发展的支持下，水循环的数值模拟成为现代水文水资源学最为关键的技术途径。数值模拟可对历史系列的水循环过程进行有效模拟再现，还可根据驱动机制及其他条件的变化，对水循环的未来演变趋势进行模拟预测，为有关决策提供依据。同时，在现代水文水资源学研究中，还充分发挥原型观测与数值模拟各自优点，进行两种技术途径的有机结合。

(5)观测试验的转变

水文水资源学观测实验实现从“点”“面”监测到“立体”原型观测的转变。传统的水文水资源观测实验主要依托于地面水文站网、地下水观测井(群)、气象台站、水质监测站/断面四大体系，其中水文站网又包括水位站、水文站和雨量站等。受到部门管理权限和分工的制约，中国水文水资源观测实验实际上主要依托于水利部门管辖的地面水文站网(点)，难以与其他观测体系所获得实验观测数据进行整合。对于水文要素的空间分布而言，在点状信息向面状信息的转化过程中，往往会带来很大的误差。随着遥感技术在水利观测与监测中的应用，获取面状水文要素信息成为可能。然而，在将遥感所获得的光谱信息向水文水资源信息转化的过程中，需要通过下垫面的观测信息进行定量识别。在现代水文水资源研究中，需要有水循环的大气过程、地表过程、土壤过程和地下水过程的监测实验信息做支撑，水文水资源的观测实验也逐渐从“点”“面”监测过渡到“天-地”一体化的立体原型观测。

1.3.3.2 水文学研究的前沿问题

从20世纪下半叶以来，国际社会对水循环特征及气候变化对水文、水资源影响极为重视，发起了一系列的科学计划和科学评估计划，以提升科学水平，支撑应对措施。联合国教科文组织(UNESCO)和世界气象组织(WMO)于20世纪70年代相继发起国际水文计划(IHP)及水文和水资源计划(HWRP)，地球科学联盟(ESSP)于21世纪之初发起水系统项目(GWSP)。后来，GWSP又被“未来地球”(Future Earth)科学计划所属的未来可持续水资源计划(SWFP)取代。此外，国际地圈生物圈计划(IGBP)中的水文循环的生物圈方面(BAHC)、世界气候研究计划(WCRP)中的全球能量水循环实验(GEWEX)在水循环研究和试验方面也很具代表性。在水文、水资源科学评估方面，IPCC关于气候变化对水循环水资源影响评估、UNESCO世界水资源评估计划、世界银行水资源与气候变化风险评估项目等具有全球性的影响。上述科学计划或项目中，BAHC已完成既定目标并告结束，GEWEX已在气候变化科学计划中论述，IPCC关于气候变化对水循环水资源影响评估将在以后各章中展开论述。这些重大科学计划和评估计划的实施，取得了举世瞩目的重要成果，极大地推动了水文学的发展，同时也提出了当前和未来研究的一系列前沿问题。

长期以来，水文学研究多集中于认识不同时空尺度的水量平衡及水文循环要素特征，但随着全球气候变化和人类活动对水循环影响的日益加剧，以及极端气候、水文事件对人类生产生活的影响日趋频繁，水文学关注的重点是变化环境下水文循环的演变机理、变化规律及其水资源效应(杨大文 等，2018；王浩，2010)。“未来地球”科学计划在规划“未来可持续水计划”(Sustainable Water Future Programme，SWFP)的过程中，分析了未来水文学研究面临的四大需求：生成强有力的新知识，增强水资源安全，支撑有效的管理，加强水循环和水资源监测，提出了未来水文学发展的四个方向：全球水循环和水资源的状态和演变趋势；水作为全球变化的标志；水治理转型；能力发展和咨询评估(Claudia et al.，2013)。综合国内外的研讨动态，未来水文学研究有如下一些前沿问题。

(1)水文循环演变机理和演变规律研究

在全球气候变化和人类活动的影响下，近百年陆面水文循环过程发生了显著的变化。国际上对此作了大量研究并取得不少成果，但降水、蒸发及径流等水文循环要素的具体变化的机理和规律仍不甚清楚。伴随全球气温上升，过去几十年全球降雨却没有发生显著变化。理论上，气温上升会导致蒸发能力和实际蒸发量增强，但全球不同地区蒸发皿长期观测资料却显示蒸发量呈现下降趋势，即所谓“蒸发悖论”(Roderick et al.，2002)。径流量通常受到气象驱动、人类活动和陆表覆被变化等多种因素的影响，其变化趋势因数据来源而异，因不确定性较大而难以准确评估(Labat et al.，2004；Dai，2011)。受限于观测数据的覆盖度和数据质量，当前全面评估水文循环变化特征还存在较大的不确定性。在全球降水、径流、干旱面积等关键水文参量的整体变化趋势方面，采用不同的数据和分析可能会得到不同的结论(杨大文 等，2018)。所以，需着力加强水文循环演变机理和演变规律的研究，其核心任务就是客观评价不同时空尺度上水循环各要素过程发生的趋势性、周期性、随机性等演变规律，定量识别驱动水循环演变的各项自然和人工影响因素的贡献及作用方式(王浩，2010)。

(2)基于物理机制的分布式水文模式研究

相对于传统水文研究的集总式水平衡分析模拟技术而言，基于物理机制的分布式水文模拟，可定量描述不同时空尺度上各水文要素过程，被认为是识别水循环演变规律的有效技术途径，是当前国内外水文研究的重点领域之一(王浩，2010)。当前，基于物理机制的分布式水文模式在研究和推广中尚存在以下问题(胡和平 等，2007)：① 大尺度流域水循环过程的物理概化及整体模拟；② 天然水循环过程与人工水侧支循环过程的耦合模拟；③ 不同尺度水文参数及过程的时空分异的有效描述；④ 极端水文事件的快速响应与精确预测、分析；⑤ 尺度转换问题；⑥ 水文过程及其伴生过程的综合/耦合模拟；⑦ 参数获取及实时更新问题。

(3)多源观测-模式同化技术研究

多源观测和模式数据同化是提高陆地水文循环模拟以及预测精度的重要途径。日益丰富的多源观测数据是水文学向大数据时代发展的必然趋势，采用不同来源、不同时空尺度的观测数据可对陆地水文循环进行多尺度解析与集成。水文模型因存在参数、输入以及结构误差而不可避免地表现出不确定性，而数据同化技术则可利用多源观测信息来约束、修正和优化模拟状态变量，进而提高水文循环模拟和预报精度。近年来，集合卡尔曼滤波(EnKF)、集合平方根滤波(EnSRF)等多种数据同化算法在水文循环模拟中得到广泛应用，通过同化土壤含水量、径流量、蒸散量等观测信息，理论上可改善模拟和预报精度。但事实上由于模型结构和同化算法存在差异，实际改进效果也不尽相同，因此结合流域水文特征和多源观测数据实际情况，选择合理的模型结构及有效的同化算法成为研究重点。未来伴随大数据、人工智能、机器学习等领域的新理论和新技术，综合水文循环多源观测和多过程模拟的数据同化技术将成为未来水文学发展的重要方向(杨大文 等，2018)。

(4)大气-陆面-水文-社会耦合研究

水文循环变化机制涉及多种自然和人为过程，包括陆-气水热交互过程与机制、生态过程与水文过程双向耦合机制、冰冻圈水文过程和高原湖泊变化机制、城市化对地表产汇流机制的影响、人-水协同演化机制等。所以，要深刻认识水文循环变化的机理和规律，预测未来水文循环的趋势，就要开展大气-陆面-水文-社会耦合研究。其中，陆-气耦合、生态-水文过程耦合以及在水文模式中耦合人类用水参数化方案的研究是关键课题。

为认识陆-气水热交互过程与机制，近几十年国内外开展了大量水循环陆-气耦合模拟研究。当前水循环陆-气耦合研究包括单向嵌套(数据传递)、部分双向耦合以及基于物理机制的紧密双向耦合三种研究方式；但多数研究属于单向嵌套或部分耦合，即利用含有陆面过程的大气模式的输出(主要是温度、降水和蒸发)驱动水文模式，而水文模式输出的径流、土壤湿度等未对大气模式形成反馈(郭生练 等，1997)。自21世纪以来，国内外水文学界加强了双向耦合模拟研究。水循环陆-气耦合模式研究，有助于解决下述水文问题：① 无资料流域水文预报；② 建立洪水干旱预警系统；③ 研究气候与水文要素的相互反馈，模拟大尺度流域的水文气候过程，认识流域尺度水文循环，进行流域水资源综合评价和水资源管理；④ 水文模式模拟的径流和土壤湿度分布有利于改进和提高大气模式预报精度(王浩，2010)。

陆地生态系统是地球生态系统的重要组成部分，它与水文循环过程相互影响。一方面，水文循环通过降水、下渗、汇流等物理过程为陆生生态系统提供水分、养分，影响生态系统的演替；另一方面，陆生生态系统的变化，如植被的生长、发育、凋萎等过程又将改变下垫面条件，继而对陆面蒸散、截留、土壤水分运动等水文过程产生影响(杨大文 等，2018)。由于人类非理性的水资源开发活动，在一定的时空尺度上过多地影响、占用和控制了水资源，导致生态系统的用水量被挤占而出现生态退化；与此同时，人类的土地资源开发活动，导致影响地表产汇流过程的下垫面条件发生改变而使得水文情势被改变（王浩，2010）。由此可见，生态过程与水文过程归属于一个紧密耦合的复杂系统，针对两者的联合研究是必然趋势。因此，生态-水文过程的耦合研究成为水文科学中的一个热点研究领域。1992 年召开的国际水和环境会议首次将生态水文学作为独立学科，并将揭示不同尺度和变化环境条件下植被与水的相互作用关系作为该学科研究的核心内容。

随着人们对水文循环变化机理认识的深入，水文模式也逐渐趋于复杂，实现多要素、多过程的综合模拟成为现阶段水文模式发展的目标。受益于前期水文模式发展和观测资料的长期积累，在水文模式中耦合人类用水参数化方案（如水库、灌溉）成为可能，从而可以定量评估人类活动对水文过程的影响。模式参数是影响模式模拟和预测能力的重要因素，然而日益复杂的模式结构常包含过于冗余的模式参数，在观测数据信息有限的条件下，导致模式模拟存在显著的不确定性。为此，近年来发展出广义似然不确定性估计、贝叶斯概率模型估计和蒙特卡罗模拟等方法，用于模式参数不确定性分析（杨大文 等，2018）。

（5）水文循环变化趋势预测研究

预估气候变化对水文循环的影响，对人类科学认识气候变化对陆面水文过程的影响、制定适应性应对措施具有重大战略意义。此类预估研究的基本框架为：将大气环流模式（GCMs）提供的未来不同情景下的气候输出降尺度处理到与陆面水文模型相匹配的时空精度，然后驱动陆面水文模型估算未来不同情景下的水文循环变化（王浩，2010）。在此过程中，降尺度方法选择、水文模型选择以及预估结果不确定分析等受到关注（徐宗学 等，2010），但目前预估结果仍存在较大不确定性。同样，多模式评估结果显示全球径流随升温大体呈线性变化，但变化趋势存在区域差异。近几十年来，伴随社会经济迅速发展和人口数量剧增，人类活动也成为驱动水文循环变化的关键因子，如何区分变化环境下自然与人类活动的影响是研究热点。传统方法通常是将两者看作相对独立的组分，通过设计敏感性对比实验，简单分离两者的相对贡献。然而，地球系统是一个复杂的巨系统，陆地水文循环与陆地表层其他系统间存在复杂的交互过程。为此，发展地球系统模式，集成自然-社会-生态-水文模拟，有助于准确评估环境变化条件下陆地水文循环的变化趋势（杨大文 等，2018）。

（6）水文循环变化的自然与社会影响研究

全球气候变化将影响到大气、海洋和陆地的相互作用过程，全球气候变化与全球水危机、洪旱灾害等极端事件有着密切的关系，这是因为由此引起的地球上太阳辐射分布的改变将影响到天然蒸发、大气中的水汽输送和降水的时空分布（徐宗学 等，2010）。研究表明，气候变化导致降水分布的变化和极端事件的增加，极端降水事件增加可引发洪涝灾害风险升高，干旱事件的增加会对生态系统和社会经济可持续发展构成威胁（IPCC，2014a）；由于温度升高，冰川退缩及冰雪融化以及降水分布的变化会导致径流情势发生改变（IPCC，2019b）；海平面上升则可能导致土地淹没、盐渍化、海水入侵、海岸带生态受损等一系列风险（丁一汇，2013）；此外，环境变化还可能引起或加剧东南亚、南亚、中亚、北非等地区的水冲突。同时，未来水资源管理将从单一部门水安全评价转变为跨部门水安全与水资源管理，水资源安全不单单是水资源系统自身的安全，还涉及粮食、生态、能源等方面安全，影响人类正常生产、生活以及社会安定，需要深入研究水系统安全与粮食、能源、生态环境安全协同变化机制，注重揭示水资源-能源-粮食、气候-水资源-能源-生态等的纽带关系(杨大文 等,2018)。

展望未来,杨大文等(2018)指出,伴随人们对水文循环过程更全面、更深入的认识,以及观测和模拟技术的发展,水文学关注点正在从就水论水,转向在自然地理综合分析框架下以水文循环为纽带开展多尺度、多过程的现代水文综合研究。研究问题呈现明显的多学科交叉趋势,所采用的技术手段更加先进与新颖,这些转变将给今后几十年的水文研究带来全新的面貌。未来重点研究领域将集中在三个方面:①水文循环变化与气候变化的相互作用。陆地水文循环过程受到大气环流水汽输送及其变化的直接影响,未来将重点研究大气环流过程中水汽输送途径,大尺度水汽来源解析与变化,以及陆-气耦合关系等关键科学问题。冰冻圈是水文循环变化与气候变化相互作用的敏感区域,未来冰冻圈水文过程研究将进一步向机理分析、数值模拟方向发展,进而开展冰冻圈-水圈-大气圈-生物圈相互作用的模拟研究。陆地水文循环变化与人类社会发展密切相关,未来陆-气耦合模型还需加强陆面过程模型中对水文循环时空演变的描述,陆地水文循环模拟精度尚待提高,以准确预估未来水文循环变化。②人类活动对水文循环变化的影响。目前仅有部分水文模型能够考虑社会经济取用水、工程调节等人类用水活动,未来开展社会需水-工程调节-生态用水等关键过程综合集成研究仍是水文学发展面临的重大挑战。③水文循环与环境变化相互作用。加强水文循环与环境变化相互作用综合集成研究,是准确预估未来水文循环变化效应的基础。以自然地理综合分析视角来看,未来水文学研究将逐渐发展转变为强调多要素、多过程、多尺度、多界面、自然和社会科学的综合交叉集成研究范式,以准确评估水文循环变化及其效应。

1.4　气候与水文变化科学认识不确定性

气候变化和水文变化受自然因素和人为因素的综合影响,其机理十分复杂。虽然科学界对于气候变化和水文变化开展了持久和深入的研究,并且在认识机理、分析趋势、探索规律等方面取得了一定的进展,但仍存在许多科学上的不确定性。对于这些不确定性,一方面需继续探索,另一方面在预测和评估中需妥善处理。

1.4.1　气候变化科学认识不确定性

受气候系统的复杂性和我们认知限制的影响,目前在对气候系统的认识、观测、模拟和气候变化的预估及影响评估等方面还存在很多科学上的不确定性。

1.4.1.1　气候系统变化观测及观测资料的不确定性

气候资料包括古气候代用资料和器测资料。就古气候而言,多种古气候代用资料分析存在偏差,有待进一步校订。很多地区古气候代用资料也十分缺乏,不利于对现代气候变化的历史演变和原因进行深入研究。器测时期观测资料的质量存在误差,尤其是 20 世纪前 50 年缺乏高质量的全球观测资料。城市化对气象台站资料的影响需要进一步评价和订正,这种带有系统偏差的观测资料在用于气候变化研究时,会产生一定的不确定性,在一些地区对某些敏感变量的研究结果甚至造成较严重的干扰。此外,气象观测资料也会因观测仪器的改变、台站的迁移、观测规范的修改等产生非均一性,进而影响单站和局地气候变化相关研究结果(葛全胜等,2010)。

据政府间气候变化专门委员会第 5 次评估报告(IPCC,2013;IPCC,2014a)的结果,对流层升温及其垂直结构的变化速率观测结果为中、低信度，平流层变冷速率及其垂直结构的观测结果为低信度。由于资料不完整，1951 年之前的全球陆地降水变化为低信度，1951 年之后的降水变化具有中等信度。对全球尺度云变率和趋势的观测在很大程度上是模棱两可的，因此具有低信度。由于缺乏直接观测，方法存在不确定性和缺少选择，以及由于地域不一致性，观测到的全球尺度干旱或干燥（少雨）趋势具有低信度。由于年际至年代际尺度的变率很大，而且各资料集之间仍有差异，因此目前不可能得出关于大尺度大气环流长期变化的确凿结论。对海洋次表面温度的不同全球估值在不同时间和不同时期存在差异，这表明历史记录依旧无法清晰描述温度和上层含热量（0～700 m）的次年代变率特征。2005 年之前，洋面 700 m 以下深度的空间采样和时间采样十分稀少，以至于无法给出年均全球海洋温度和热含量估值。洋面 2000 m 以下的观测范围仍十分有限，并阻碍了对全球海洋热含量和碳含量变化给出更确凿的估值。这还制约了深海变暖驱动海平面上升的量化研究。由于观测时间序列短，观测数量有限，既难以确切衡量与气候相关的海洋环流特征（如经向翻转环流），又不足以评估十年期乃至更长时期的趋势。在南极，现有的资料不足以评估海冰的许多特征（如厚度和体积）的变化。全球尺度上，尚未全面评估冰裂线处融化和冰山崩塌导致的冰量损失。在估算的冰川冰量损失中，最大不确定性来自南极，而且冰盖周围冰-海洋相互作用的观测记录依然匮乏（葛全胜 等，2010；孙颖 等，2015）。

1.4.1.2　气候变化驱动因子中的不确定性

气候变化驱动因子包括自然因子和人为因子，对这两类因子目前均存在许多科学认识上的不确定性。据 IPCC AR5 的结果，在气溶胶-云相互作用以及相关辐射强迫中存在的不确定性依然很大。虽然人们对某些相关的大气过程有了更好的认识，并有了全球卫星监测，但气溶胶强迫中的不确定性依然是人为强迫不确定性的主要因子。云反馈可能为正反馈，但对其量化仍然困难。古气候重建和地球系统模式表明，气候与碳循环之间存在正反馈，但反馈强度（尤其是对陆地而言）的信度依然低（石英 等，2016；IPCC，2013）。

1.4.1.3　排放情景的不确定性

温室气体排放情景描绘了未来世界发展的各种可能性。温室气体排放水平的不确定性是造成未来气候预测不确定性的重要来源，它是与未来技术发展和社会经济政策的不确定性相关联的。其不确定性主要来自两个方面，一是温室气体排放量估算的不确定性：化石燃料燃烧所释放的 CO_2 排放量、固定源所排放 CH_4、N_2O 的排放量以及流动源所排放的 CH_4、N_2O 排放量计算方法中的不确定性；未来各种能源政策对未来温室气体排放量影响的不确定性；技术的差异或先进与否对温室气体排放量估算的影响；新型能源开发对温室气体排放量估算的影响。二是未来温室气体排放清单与排放情景中的不确定性：排放清单本身并不能完整反映过去和未来的温室气体排放状况，一般都只是过去有限时段内的排放量，而且对未来的排放情景一般都是依据现有的数据和假设条件得到的预估数据（徐影，2016；葛全胜 等，2010）。

1.4.1.4　气候模式的不确定性

气候模式在近几十年不断发展的同时，其不确定性问题也一直存在。目前模式中存在的不确定性主要来源于三个方面。一是模式参数化的不确定性，目前模式中不确定的过程包括气溶胶-云-辐射的耦合、生态系统对气候变化的响应与反馈等。二是气溶胶气候效应的不确定性，从模式估算的大气顶端气溶胶辐射强迫值的量级可以看出，即使是对同一气溶胶成分来说，模拟出的辐射强迫值可以相差数倍，从而会导致模拟出的气溶胶气候效应有很大差异。三是气候系统内部各圈层相互作用和反馈的不确定性，限于目前气候模式发展水平，对气候系统的描述、气候系统的内部变率以及地球生物化学过程等反馈机制的认识上都存在着一定的不确定性（石英 等，2016；葛全胜 等，2010）。

1.4.1.5 气候变化预估的不确定性

气候预测的不确定性主要有三个来源：①情景的不确定性，即未来温室气体排放的不确定性；②气候系统内部的自然变率的不确定性；③表征气候过程的不确定性，即气候模式的结构框架不确定性。IPCC第四次评估报告（IPCC，2007）中指出，在使用气候模式进行未来气候变化预估时，近期预估结果的不确定性主要来源于模式的不确定性和气候系统内部变率，但随着时间的推移，情景不确定性所占的比例越来越大，到21世纪末所占比例达到80%以上。

在区域尺度上，气候变化预估的不确定性则更大，一些在全球模式中有时可以被忽略的因素，如土地利用和植被改变、气溶胶强迫等，都会对区域和局地尺度气候产生很大影响。另一不确定性主要来自于全球模式提供的侧边界场的可靠性，全球模式对大的环流模拟产生的偏差，会被引入到区域模式的模拟，在某些情况下还会被放大。此外，目前观测资料的局限性，也在区域模式的检验和发展中增加了不确定性（石英 等，2016）。

1.4.1.6 气候变化影响评估的不确定性

由于自然气候系统极其复杂，目前人们对气候系统的认识有限，加之物质及水文循环过程的复杂性和观测的局限性，要准确地预估未来社会经济、人口增长、环境和技术进步等具体情况几乎是不可能的。气候变化影响评估结果，特别是对未来影响的评估结果，给出的只是一种或几种可能的变化趋势和方向。因此，气候变化影响评估结果中尚含有一定的不确定性。不确定性的来源主要有四个方面，一是观测资料的不确定性；二是未来气候变化预估的不确定性；三是未来社会经济情景的不确定性；四是影响评估模型的不确定性。影响评估模型的不确定性主要来自模型结构、模型参数及模型输入的非气候要素。在未来的研究和工作中，需要在评估前对产生不确定性的来源进行全面的识别和研究，在评估过程中，对于来源不同的输入数据要进行必要的质量控制，对选择的模型也要进行严格的验证、改进和完善。同时，对评估过程中总的不确定性需要进行综合评估（孟玉婧，2016）。

1.4.2 水文变化科学认识不确定性

水文变化科学上的不确定性与气候变化科学上的不确定性有相似之处，但也有其自身的特点。

1.4.2.1 水文变化不确定性的来源与种类

水文变化科学上的不确定性主要来源于水文驱动因素及水文过程的复杂性以及人类科学认知的局限性。水文变化科学上的不确定性大致可分为如下几类（王文圣 等，2011）。

（1）自然科学不确定性。主要包括水文系统观测及观测资料的不确定性，对水文变化自然驱动因子认识的不确定性，对水循环过程认识的不确定性，水文预测不确定性以及对整个水文系统认识的局限性等方面的内容。

（2）社会科学不确定性。主要是与水文系统相关的社会因素的不确定性，包括人口增长、分布与迁徙的不确定性，农业等产业发展的不确定性，生活、生态用水的不确定性，水市场交易的不确定性,技术创新及其应用的不确定性,水资源政策及管理效果的不确定性等方面的内容。

1.4.2.2 水文变化关键驱动因子的不确定性

如前所述,水文变化是诸多自然和社会驱动因子综合作用的结果。对这些驱动因子研究的不确定性,决定了水文研究的不确定性。在水文变化研究中,以下几个驱动因子的不确定性尤为突出(尹雄锐 等,2006;王文圣 等,2011)。

(1)气候变化的不确定性。气候条件直接决定了水文和水资源状况,气候变化包含的温度、降水、辐射、蒸发等方面的变化必然会导致水循环要素的变化,气候极端事件的变化也将加大水文灾害的风险,气候变化研究的各种不确定性也带来了水文研究的不确定性。

(2)农业发展的不确定性。农业是用水最多的产业,大量的淡水用于农田灌溉。很难精确预测未来农业发展的态势,因而农业用水量也充满了变数。据 WWDR4 估计,2020—2030 年期间,农业用水量将由 21 世纪初的 31000 亿 m^3 提高至 45000 亿 m^3。

(3)人口变化的不确定性。人口变化包括人口增长、城镇化等因素带来的人口迁移、人口结构改变等方面的变化,这些变化将增加对淡水的需求,加重水资源污染,加大水资源压力。人口变化具有很大的不确定性,也会带来水资源研究和决策的不确定性。据联合国有关机构预测,到 2034 年,世界人口将达到 79 亿左右;到 2050—2060 年,达到 91.5 亿左右;到 21 世纪末,甚至可能高达 104.6 亿左右。

(4)科学技术的不确定性。科学技术对于水资源开源节流具有重要作用。水库和水坝的修建,可以调节和存储水资源,也会带来社会和生态风险。节水技术可以减少用水量,在一定程度上缓解水资源压力。清洁技术的应用,可以减轻水资源污染。海水淡化技术的应用,也许是未来应对淡水短缺的方向。但所有这些科技创新都充满了不确定性。

1.4.2.3 水文模拟的不确定性

水文过程是一个复杂的动态过程,它的发生与发展取决于气象因素和地理因素。水文模拟是定量分析流域水资源和地下水资源变化的重要手段,它一般采用确定性方法,根据物质平衡和能量平衡,对水文参数进行一定的概化处理,对结果采用均值等方式进行表达。但由于受水文过程复杂多变,以及各种水文地质参数等因素的影响,致使水文模拟的结果具有很大的不确定性。水文模拟的不确定性包括资料的不确定性、水文模型筛选的不确定性和模型本身的不确定性等方面的内容。水文模拟不确定性的核心是水文模型的不确定性。水文模型种类繁多,性能各异,但均需相应地输入自然、地理、气象和社会、经济等信息,输出特定的模拟信息,模型都有特定的结构、方程、公式、参数,还要给出初始条件。因此,水文模型的不确定性大体上可以分为 4 类,即模型结构不确定性、模型参数不确定性、模型初始条件不确定性以及模型输入资料不确定性。在水文模型与气候模式进行耦合或嵌套作气候、水文预测或影响评估时,模型不确定性进一步扩大和延伸,未来气候情景、气候模式模拟过程、降尺度过程的不固定性也反映在水文模拟过程之中。层层累加的不确定性最终反映在水文模型的输出中,对决策者和用户应用模拟结果提出了挑战(王文圣 等,2011)。

1.4.2.4 水文影响评估的不确定性

评估全球变化对水文循环的影响,对人类科学认识气候变化对陆面水文过程的影响、制定适应性应对措施具有重大战略意义。此类评估工作的基本框架为:将大气环流模式(GCMs)

提供的未来不同情景下的气候输出降尺度处理到与陆面水文模型相匹配的时空精度，然后驱动陆面水文模型估算未来不同情景下的水文循环变化。在此过程中，降尺度方法选择、水文模型选择以及预估结果不确定分析等受到关注，但目前预估结果仍存在较大不确定性。基于多个气候模式预估结果显示，未来全球极端降水将随升温而增加，但不同模式之间结果差异显著，表现出降水预估结果可靠性较差。同样，多模式评估结果显示全球径流随升温大体呈线性变化，但变化趋势存在区域差异。近几十年来，伴随社会经济迅速发展和人口数量剧增，人类活动也成为驱动水文循环变化的关键因子，如何区分变化环境下自然与人类活动的影响是研究热点。传统方法通常是将两者看作相对独立的组分，通过设计敏感性对比实验，简单分离两者的相对贡献。然而，地球系统是复杂的巨系统，陆地水文循环与陆地表层其他系统间存在复杂的交互过程。为此，发展集成自然-社会-生态等多过程的陆面水文模型，有助于准确评估环境变化条件下陆地水文循环的变化趋势。

第2章 全球气候变化

2.1 地球系统与气候系统

2.1.1 地球系统及地球系统科学

2.1.1.1 地球系统

1974 年国际上首次提出了气候系统(Climate System)的概念。1979 年第一届世界气候大会明确提出应将气候系统的五个圈层(大气圈、水圈、冰冻圈、岩石圈、生物圈)结合起来研究。20 世纪 80 年代初进一步提出了地球系统(Earth System)的概念,气候变化的研究也随之扩充为全球变化的研究。气候系统实际上就是地球系统的表层系统。对气候变化,特别是对中长期气候变化原因的研究,不能仅限于气候系统,而需扩大到地球系统。人们逐渐认识到,气候变化是地球系统各子系统相互作用在大气圈中的反映,气候系统与深层地球系统是相互联系、密不可分的。

地球圈层分为地球外圈和地球内圈两大部分。地球外圈可进一步划分为四个基本圈层,即大气圈、水圈、生物圈和岩石圈;地球内圈可进一步划分为三个基本圈层,即地幔圈、外核液体圈和固体内核圈。此外在地球外圈和地球内圈之间还存在一个软流圈,它是地球外圈与地球内圈之间的一个过渡圈层,位于地面以下平均深度约 150 km 处。这样,整个地球总共包括八个圈层,其中岩石圈、软流圈和地球内圈一起构成了所谓的固体地球。对于地球外圈中的大气圈、水圈和生物圈,以及岩石圈的表面,一般用直接观测和测量的方法进行研究。而地球内圈,主要用地球物理的方法,例如地震学、重力学和高精度现代空间测地技术观测的反演等进行研究。地球各圈层在分布上有一个显著的特点,即固体地球内部与表面之上的高空基本上是上下平行分布的,而在地球表面附近,各圈层则是相互渗透甚至相互重叠的,其中生物圈表现最为显著,其次是水圈(郑国光 等,2016)。

地球系统是由地球自然圈层构成的系统。地球系统是由岩石圈、大气圈、水圈、生物圈和人类社会组成的作为整体的地球,包括了自地核到地球外层空间的广阔范围,是一个复杂的巨系统。对于地球系统有两种理解:①把地球看成一个由相互作用的地核、地幔、岩石圈、水圈、大气圈、冰冻圈和生物圈等组成的系统。这是一种广义的地球系统概念。②把地球看成一个由相互作用的大气圈、水圈、岩石圈(包括冰冻圈)和生物圈等组成的系统。这一种狭义的地球系统概念,也是人们经常使用的地球系统概念。地球系统包含了下部固体地球系统、上部的物理气候系统和全球生态系统,分别控制着水循环、生物地球化学循环和能量循环。这三个循环相互有机地联系成为一个完整的体系(郑国光 等,2016)。

在地球系统的四个圈层即岩石圈、大气圈、水圈、生物圈中，各自所占质量之比为岩：水：气：生≈10^6：10^3：10^0：10^{-2}，固体圈占有 99.9%的质量，在地球系统的演化中处于中心地位。地球内部充斥着气体，有人认为在地球系统中存在着五个气圈，大气圈只是其中之一，而且其质量很小，如上地幔气圈的质量比大气圈要大 83 倍。地球五个气圈之间不断地进行着气体交换，特别是地内气体与大气圈之间的交换，可通过物质和能量的交换明显影响气候变化。

2.1.1.2　地球系统科学

地球系统科学的概念最早由美国国家航空航天局(NASA)于 1983 年提出。此后科学家明确提出地球物理过程与生物过程相互作用的观点，进而形成了地球系统的思想。美国地球系统科学委员会(Earth System Science Committee)在 1988 年出版《地球系统科学》一书，标志着“地球系统科学”思想和概念正式形成。到 20 世纪 90 年代，这一观点逐渐成为地学界共识，联合国的《21 世纪议程》更将地球科学作为可持续发展战略的科学基础之一。

地球系统科学从传统的地球科学脱胎而来。人类的生活要从环境中获取食物、能源，故必然关心所居住的环境，对所立足的地球产生求知欲，于是逐渐形成了地球科学的各分支，如气象学、海洋学、地理学、地质学、生态学等。然而，这些学科是对地球的某一组成部分的分门别类的研究。但是，由于地球的空间广域性，形成的时间悠久性和组成其要素的复杂性，尽管有的学科的研究已达定量、半定量化的研究水平，但仍不能完整地认识地球，传统地学面临着挑战。用系统的、多要素相互联系、相互作用的观点去研究、认识地球，越来越为有识之士所倡导。

地球系统科学是一门重点研究地球各组成部分之间相互作用的科学。地球系统科学将地球的各组成部分视为一个统一的动力系统，将加深人们对地球组成部分相互作用的理解。这一观点构筑在传统学科之上，其本质是强调物理和动力特征的相互作用，这种作用在空间尺度上从毫米级到地球的周长，在时间跨度上从数秒钟到数十亿年。地球系统的概念主要包括如下内涵，即地球是一个由两台发动机构成和驱动的系统。一台是太阳辐射发动机，地球得到太阳辐射能，其总功率的量级为 10^{17} W，驱动和维持着地表的风化，剥蚀、沉积过程和大气、海洋的运动以及生物的生灭等；另一台是地球内部发动机，为地球内部的发射性和原生热，其总功率量级为 10^{13} W，它虽然比太阳发动机小 4 个量级，却驱动和维持着地球岩石圈的运动。

气候系统　地球系统　地球系统科学

气候系统是由五个主要部分组成的高度复杂的系统：大气圈、水圈、冰冻圈、岩石圈、生物圈，以及它们之间的相互作用。气候系统随时间演变的过程受到自身内部动力学的影响，还受到外部强迫影响，诸如火山喷发、太阳活动变化和人为强迫影响，如不断变化的大气成分和土地利用变化等。

来源：IPCC，2013

地球系统是指地球物理、化学、生物过程的集成。地球系统由陆地、海洋、大气圈和极地组成，包括地球的各种自然循环——碳循环、水循环、氮循环、磷循环、硫循环等以及地球深部的过程。生命也是地球系统的重要组成部分，生命对碳循环、水循环、氮循环和氧循环等过程具有影响。当今，地球系统已把人类社会和经济系统包括在内。在很多情况下，人类活动已成为地球系统变化的主要驱动力。

来源：IGBP，2004

> 地球系统科学包括物理、化学、生物、数学、应用等学科，应用跨学科的综合方法，把地球作为一个集成的系统进行研究，深入探索地球物理、化学、生物过程以及人类系统之间的相互作用如何决定地球过去、现在和未来状态。地球系统科学为我们认识赖以生存的地球和寻求人类发展的可持续性提供科学基础。
>
> 来源：Martin et al.，2002

地球系统科学的研究由四部分构成：现象的观测和数据的积累；对观测数据进行分析和解释，从物理、化学和生物学的规律出发，建立有关地球过程的定量关系；在前两项的基础上建立概念模型和数学(数值)模型(和实验)；验证模型，并用它对未来的变化趋势进行统计预测和预报。研究目的是了解地球系统所涉及的过程，各组成部分之间的联系和相互作用，维持充足的自然资源供给，减轻自然灾害，调节全球环境变化并使危害降到最小，获取在全球尺度上对整个地球系统的科学理解(郑国光 等，2016)。

地球气候系统模式能够合理描述多圈层相互作用的物理和化学过程，使得大气科学和地球气候系统科学成为一门"可实验的科学"。地球气候系统模式是近 30 余年来地学领域发展最快的一个前沿方向，已经成为理解气候变化机理的重要工具和预测、预估未来气候的不可或缺的手段。地球气候系统模式是开展多学科、多圈层集成研究的重要平台，其发展是国际地学领域特别是全球变化领域竞争的前沿，模式发展水平的高低已经成为衡量一个国家科技综合实力的重要指标之一(周天军 等，2020)。

2.1.2 气候系统的构成及其演化

气候系统是由大气圈、水圈、冰冻圈、岩石圈、生物圈五个主要部分组成的高度复杂的系统。气候系统随时间演变的过程既受到自身内部的动力学影响，也受到外部强迫的影响(如火山爆发、太阳变化、人类活动引起的大气成分的变化和土地利用的变化等)。气候系统是地球系统的主要组成部分之一，气候系统研究侧重于物理过程，但与地球系统中的化学过程和生物过程有紧密的关系(秦大河 等，2012)。因此，对气候系统的研究应以地球系统科学为指导。

2.1.2.1 大气圈

随着地球的形成和演化，地球大气经历原始大气、次生大气和现代大气三个阶段的演化进程。原始大气的形成与星系的形成密切有关。大约距今 46 亿 a 前，地球起源于太阳系星系，原始大气的组成与现在的木星和火星上的大气相似，其成分可能以氢和氦为主，并含有甲烷、水汽、氨、氖、氪和氩。次生大气由地球内部的气体排放上升形成。放射衰变和引力放热使地球处于溶融状态，在重力作用下发生物质分离，各种原先在地球内部的气体上升到地表，进而积累形成笼罩地球的次生大气。次生大气维持时间在距今 45 亿～20 亿 a 之间，其成分以二氧化碳、一氧化碳、甲烷和氨为主。次生大气没有分子状态的氧存在，这是因为地壳调整刚开始，地表金属铁很多，氧很易和金属铁化合而不能在大气中留存，因此次生大气属于铁氧性还原大气。次生大气形成时，水汽大量排入大气，当时地表温度较高，大气不稳定对流的发展很盛，强烈的对流使水汽上升凝结，风雨闪电频仍，地表出现了江河湖海等水体，这对此后出现生命并进而形成现代大气有很重要意义。现代大气由次生大气转化形成，同生命现象的发展关系最为密切。在距今 30 亿～35 亿 a 前，大气圈、水圈和岩石圈已演变成型。在地球和太阳能作用下，简单的有机物化合为复杂的有机物，并逐渐形成蛋白质。大约在距今 34 亿 a 前，首先在海洋中出现无氧呼吸的原始菌类，并逐渐演化出由叶绿素起光合作用的藻类，吸收二氧化碳，放出氧气。据估计，在古代末期的大森林时代氧气是现在的 3 倍。生物残体经微生物分解，放出氮气，致使次生大气逐渐演变成以氮和氧为主的现代大气。由此，也有人把现代大气称为氧化大气。此外，由于太阳紫外线的光化学作用，使水汽分解为氢和氧，大气中游离氧增多，约在距今 4 亿 a 前形成臭氧层。在臭氧层的保护作用下，地球生态才得以形成。

现代大气由各种气体和微粒组成，包括干洁空气、水蒸气、尘埃（郑国光 等，2016）。

(1)干洁空气。干洁空气的主要成分是氮、氧、氩和二氧化碳。这四种气体占空气总容积的 99.98%，而氖、氦、氪、氩、氙、臭氧等稀有气体的总含量不足 0.02%（表 2.1）。干洁空气各成分间的百分比数从地面直到 85 km 高度间，基本上稳定不变。这是由于这层大气中对流、湍流运动盛行，使得不同高度、不同地区间气体得到充分交换和混合的结果。而到 85 km 以上的高层大气中，对流、湍流运动受到抑制，分子的扩散作用超过湍流扩散作用，大气的组分受地球重力分离作用，氢、氦等较轻成分的百分比数相对增多，气体间的混合比趋于不稳定。干洁空气各成分的临界温度很低，在自然界大气的温度、压力变化范围内都呈气态存在。

氮按容积占干洁空气的 78.09%，是大气中最多的成分，由于其化学性质不活泼，在自然条件下很少同其他成分进行化合作用而呈氮化合物状态存在，只有在豆科植物根瘤菌的作用下才能改变为能被植物体吸收的化合物。氮是地球上生命体的重要成分，是工业、农业化肥的原料。

氧占空气总容积的 20.95%，是大气中的次多成分。它的化学性质活泼，大多数以氧化物形式存在于自然界中。氧是一切生物体进行生命过程所必需的成分。

二氧化碳在大气中含量甚少，平均为空气总容积的 0.03%。它是通过海洋和陆地中有机物的生命活动、土壤中有机体的腐化、分解以及化石燃料的燃烧而进入大气的。因而，主要集中在大气低层（11～20 km 以下），20 km 以上就很少了。它是植物进行光合作用的原料，据统计，每年因光合作用用去的二氧化碳占全球二氧化碳总量的 3%。它对太阳短波辐射的吸收性能较差，而对地面长波辐射却能强烈吸收，同时它本身也向外放射长波辐射，因而对大气中的温度变化具有重要的影响。近年来，由于工业蓬勃发展，化石燃料燃烧量迅速增长，森林覆盖面积减少，二氧化碳在大气中的含量有增加趋势。

臭氧在大气中含量很少，主要集中在 15～35 km 间的气层中，尤以 20～30 km 处浓度最大，称臭氧层。大气中臭氧主要是由于大气中的氧分子在太阳紫外辐射（0.1～0.24 μm 波段）照射下发生光解作用，光解的氧原子又同其他氧分子发生化合作用而形成的。臭氧在太阳紫外线照射下也不稳定，可能同光解的氧原子相互碰撞再解离为氧分子。因而臭氧的形成和解离过程是同时进行、相互联系的，并大体处于平衡状态。在臭氧层以上的高空，随着高度的增高，太阳短波辐射的强度明显增大，氧分子光解的强度也随之增大，到 55～60 km 高度，氧分子几乎完全光解，以致数量太少，难以形成臭氧。而臭氧层以下的大气中，又因太阳紫外辐射的大部分已被上层氧分子吸收，透射过来的紫外线强度大大减弱，可光解的氧分子数量便迅速减少，可能生成的臭氧数量也明显减少。因而，只有在 20～30 km 高度，氧分子和光解的氧原子的数量大体相当，形成臭氧浓度最大的臭氧层。臭氧层能大量吸收太阳辐射中的紫外波段，这不仅增加了高层大气热能，同时也保护了地面的生命免受紫外线辐射伤害，得以繁衍生息。

表 2.1 干洁空气中的成分(85 km 以下)(资料来源:郑国光 等,2016)

气体成分	在干洁空气中的含量		分子量	临界温度/℃
	体积分数	质量分数		
氮(N_2)	78.09	75.52	28.02	−147.2
氧(O_2)	20.95	23.15	30.00	−118.9
氩(Ar)	0.93	1.28	39.88	−122.0
二氧化碳(CO_2)	0.03	0.05	44.00	31.0
氖(Ne)	1.8×10^{-3}	—	20.18	−228.0
氦(He)	5.24×10^{-4}	—	4.00	−257.9
氪(Hr)	1.0×10^{-4}	—	83.75	−63.0
氢(H_2)	5.0×10^{-5}	—	2.02	−240.0
氙(Xe)	8.0×10^{-6}	—	131.10	16.6
臭氧(O_3)	1.0×10^{-6}	—	48.00	−5.0
氡(Rn)	6.0×10^{-18}	—	222.00	—
甲烷(CH_4)	—	—	16.04	—
干洁空气	100	100	28.97	—

(2)水汽。水汽是低层大气中的重要成分,含量不多,只占大气总容积的 0～4%,是大气中含量变化最大的气体。大气中水汽主要来自地表海洋和江河湖等水体表面蒸发和植物体的蒸腾,并通过大气垂直运动输送到大气高层。因而大气中水汽含量自地面向高空逐渐减少,到 1.5～2 km 高度,大气中水汽平均含量仅为地表的一半,到 5 km 高度,已减少到地面的1/10,到 10～12 km,含量就微乎其微了。大气中水汽含量在水平方向上也有差异,一般而言,海洋上空多于陆地,低纬多于高纬,湿润、植物茂密的地表多于干旱、植物稀疏的地表。

(3)气溶胶杂质。杂质是悬浮在大气中的固态、液态的微粒,主要来源于有机物燃烧的烟粒、风吹扬起的尘土、火山灰尘、宇宙尘埃、海水浪花飞溅起的盐粒、植物花粉、细菌微生物以及工业排放物等等。大多集中在大气底层。其中大的颗粒很快降回地表或被降水冲掉,小的微粒通过大气垂直运动可扩散到对流层高层,甚至平流层中,能在大气中悬浮 1～3 a,甚至更长时间。大气气溶胶杂质对太阳辐射和地面辐射具有一定吸收和散射作用,影响着大气温度变化。气溶胶杂质大部分是吸湿性的,往往可以成为水汽凝结核,影响云的形成。

上述大气圈成分的变化对地球的辐射收支有不同的作用。温室气体通过拦截一部分射出长波辐射而使气候变暖。大气气溶胶可把一部分太阳辐射散射向太空而引起地面冷却,但黑碳气溶胶可吸收太阳短波辐射而使地表与大气增暖(直接作用)。另外,气溶胶也可作为一种凝结核而形成云滴,如此也影响辐射收支(间接作用)。

大气圈没有确切的上界,在离地表 2000～16000 km 高空仍有稀薄的气体和基本粒子,在地下,土壤和某些岩石中也会有少量气体,它们也可认为是大气圈的一个组成部分。大气总质量约 5.3×10^{15} t,其中 50%集中在离地 5.5 km 低空大气层内,而离地 36～1000 km 的高空大气层只占大气总质量的 1%。据卫星观测资料推算,大气上边界为 2000～3000 km。观测资料表明,地球大气的物理性质(成分、温度、气压、电荷等)在垂直方向上有显著差异。据此,可将大气分为对流层、平流层、中间层、热层和散逸层(图 2.1)。

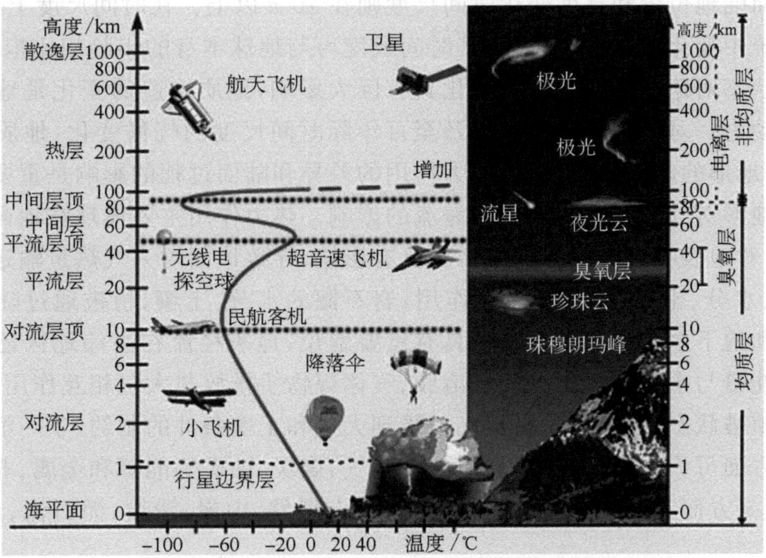

图 2.1　大气分层与大气温度廓线(资料来源:丁一汇,2010)

大气圈是气候系统中最不稳定,变化最快的部分。大气圈受到其他四个圈层的直接作用与影响,气候系统中其他圈层变化产生的最后影响结果都会反映在大气圈中。大气圈不仅受自然变率的影响和约束,而且与人类活动关系十分密切。人类生活在大气圈中,大气圈的状态和变化直接影响着人类的生存环境和各种活动。

2.1.2.2　水圈

地球地壳表面镶嵌着水圈,从太空观测,地球宛如一颗硕大的水球,这也是地球区别于其他星球的重要标志。地球水圈是一个连续而不规则的圈层,包括液态、固态和气态三种形态,分布于海洋、陆地和大气之中。水圈的质量虽然不到地球质量的 4/10000,但水圈在人类赖以生存的自然环境中却起着至关重要的作用。海洋占地球面积的 71%左右,相当于陆地面积的 2.45 倍,海水约为 13.38 亿 km^3,占地球水总储存量的 96.5%。海洋不仅是水圈水量的主要组成部分,而且对于气候具有重要影响。海水是咸水,而与生产和生活用水息息相关的淡水则主要分布于陆地上的河流、湖泊、冰川和地下水等水体中。淡水总量为 3502.9 万 km^3,仅占地球储水量的 2.53%,而实际可取用的淡水不到地球水总储存量的 1%。水循环把水圈中所有液态、固态和气态水联系在一起,并且与大气圈、冰冻圈和生物圈有明显的相互作用。有关水圈的构成和特性将在“地球水圈和水资源”一章中详细讨论。

2.1.2.3　岩石圈

岩石圈是指地壳和地幔顶部的坚硬岩石组成的地球外壳,包括山脉、洋底、地表岩层、沉积物和土壤。岩石圈的厚度差异很大,其范围为 50～125 km 以上,平均约为 75 km。岩石圈之下是软流圈,软流圈处于接近岩石熔点温度(约 1400 ℃)下的软弱状态,坚硬的岩石圈有可能在软而可塑的软流圈中产生位移或滑动。岩石圈在大陆部分厚,在海洋部分薄,薄弱岩石圈很容易产生破裂,而厚的岩石圈则趋于结合在一起,这样就会形成岩石的板块及其运动。岩石圈和与气候变化最密切相关的部分是陆面的植被与土壤以及相关联的陆面过程。

岩石圈变化的时间尺度很长,如山脉形成的时间尺度为 10^5～10^8 a,大陆漂移的时间尺度

为 $10^6 \sim 10^9$ a，而陆地位置和高度变化时间尺度则在 10^9 a 以上。在时间尺度上，岩石圈特征的变化是气候系统中变化最缓慢的成分，其时间长度可与地球本身的年龄相比拟。

岩石圈的状态对地质时期的气候变化具有巨大影响，地质构造的变化是地质时期的气候变化的主要驱动力。对于季节到年代际乃至百年际时间尺度的气候变化，地质构造的变化可以忽略不计，而地形的动力作用、地表热力作用的差异和陆面过程的影响是重要因素。动力作用主要是陆面地形对气流和洋底地形对海流的影响。热力作用主要体现在地面对大气热量的输送，不同地形对地表吸收太阳辐射的多寡具有影响，导致地面对大气热量输送的差异。陆面过程包括大气、水分、土壤、植被的相互作用，岩石圈的水分、土壤、植被通过陆面过程影响气候。地表径流和地下水在全球水循环中具有重要地位，地表径流在高纬地区还可影响海洋海流。土壤通过能量与水分循环过程及气溶胶、气体等物质排放与大气相互作用，这种相互作用受土壤类型和植被状态的影响，而植被又要受到大气和土壤条件的制约（丁一汇，2013）。

岩石圈一方面可为人类社会提供石油、天然气、煤炭、铀矿等能源和金属、非金属矿藏以及地下水资源；另一方面又为人类社会带来地震、火山爆发、山崩、滑坡、泥石流、地面沉降、沙尘暴等自然灾害。

2.1.2.4 生物圈

生物圈是指地球上有生命活动的领域及其居住环境的整体，包括陆地和海洋所有的生态系统和人类本身，是地球特有的圈层。生物圈在地面以上达到大致 23 km 的高度，其中包括平流层的下部和整个对流层。在地面以下延伸至 10 km 的深处，包括岩石圈和水圈。绝大多数生物通常生存在地表之上和海表以下各约 100 m 的范围。生物圈主要由生命物质、生物生存性物质和生物惰性物质三部分组成。生命物质又称活质，是生物有机体的总和；生物生存性物质是生命物质所组成的有机矿物质相互作用的生成物，如煤、石油、泥炭和土壤腐殖质；生物惰性物质是指大气底层的气体、沉积岩、黏土矿物和水。生物圈存在的基本条件是：可以获得来自太阳的充足光能；存在大量可供生物利用的液态水；具备适宜生命活动的温度条件；提供生命物质所需要的各种营养元素，包括 O_2、CO_2、N、C、K、Ca、Fe、S 等（丁一汇，2013）。

生物界对气候最敏感，它本身也会影响气候变化。生物圈生物过程与物理和化学过程及其相互作用对地球气候具有重要影响。生命对于大气和海洋的 CO_2 平衡、气溶胶粒子的产生、气体成分和盐类物质的化学平衡等都有很重要的作用。植物是气候的产物，反过来对气候产生影响。植物直接影响地面的粗糙度、反射率和水循环过程，调节和控制大气、陆地和海洋之间的温室气体通量，影响全球碳循环和碳贮存，植物这些作用都会对气候变化产生影响。动物适应气候状况和植物条件而生存，动物群落的构成和活动又会影响自然生态系统。人类对于气候和生态环境的影响之大是一般动物无与伦比的，这在后面的章节中将要专门讨论。

2.1.2.5 冰冻圈

冰冻圈为地球上的低温圈，是在一定低温条件下由固态水冰川、冰盖、积雪（包括季节性雪被）、海冰、河湖冰等以及地下冰掺杂的多年冻土、季节冻土等组成的特殊圈层。地球上各种水分的总量约为 13.86 亿 km^3，其中 2.15％为冰雪，冰雪占了全球总淡水量的 80％。冰、雪、冻土主要分布在高纬度和两极地区，在中、低纬高山和高原也广泛分布，特别在以青藏高原为主体的亚洲冰冻圈在全球变化中有独特的作用。永久冻土则主要分布在欧亚大陆和北美地区高纬地带，其中厚度最深的大陆冰原位于西伯利亚地区，厚度约达到 1500 m。当前，多年冰雪覆盖了全球海洋面积的 7%，大陆冰盖和山地冰川约占陆地面积的 11%，多年冻土占陆地面积的 24%，季节性冰雪在 1 月覆盖陆地面积的 15%，在 7 月覆盖 9%，而季节冻土更为广泛。就目前来说，海冰面积和陆冰面积的比是 10∶7，并且海冰的平均厚度要比陆冰的厚度小得多。平均来看，北半球季节性冰雪的面积约为 $5.5\times10^{7}\ km^2$，占陆地总面积的 55%，而雪盖面积约为 $4.7\times10^{7}\ km^2$，占陆地总面积的 47%（李维京 等，2016）。陆地雪盖有季节和年际变化，海冰也有季节到年代际的变化，而大陆冰原和冰川的变化则要缓慢得多。

由于冰冻圈物理特性与没有冰雪覆盖时的陆地和海洋不同，因此形成一种非常特殊的下垫面，它和气候系统的其他圈层共同对大气环流、降水以及温度都产生了很大的影响。冰雪对太阳辐射有很高的反射率且具有很高的相变潜热和巨大的储量，冰冻圈对气候的影响仅次于海洋。从全球尺度看，冰冻圈及其变化的作用主要表现在对地表辐射平衡、热量平衡、水循环、海平面变化、生物地球化学循环和温室气体源汇等具有重要影响。从区域尺度看，由于冰冻圈的地理分布及其他因素的差异，冰冻圈对气候的影响具有显著的区域特征。冰冻圈对大气环流亦有重要影响，主要表现为对气候模态和大气活动中心的影响。例如对气候型 PNA（太平洋-北美遥相关型）和 NAO（北大西洋涛动）的影响，这些气候型中的低压系统部分扩展到了极区，即达到了冰冻圈的主要中心区。当低压系统扩展到极地区时，冰雪分布对其产生重要影响。低压系统一旦发生变化，整个气候模态将变化，并通过遥相关关系把这种极区的影响向其他地区扩展，造成了大范围大气环流的变化（李维京 等，2016）。有关冰冻圈与海洋和气候的相互影响也将在后面的章节中专门讨论。

2.1.3　气候系统各圈层相互作用

气候系统的各圈层不是独立存在的，它们之间发生着明显的相互作用，如图 2.2 所示。这种相互作用不但有物理的、化学的和生物的，还具有不同的时间与空间尺度，从而使气候系统成为一个非常复杂的系统。气候系统的各个圈层虽然在组成、物理化学特征、性质和结果状态

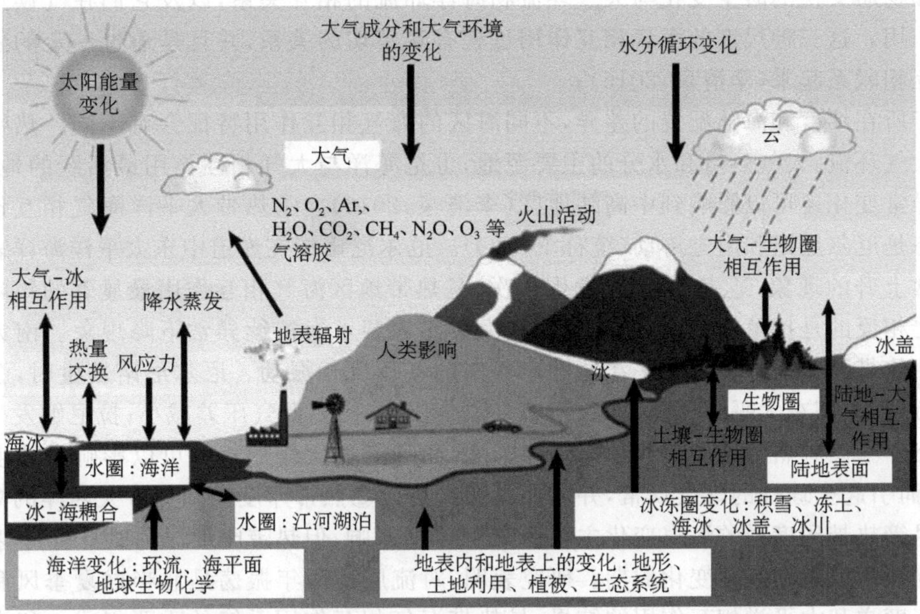

图 2.2　气候系统各组成部分、过程和相互作用示意图（资料来源：IPCC，2007）

上有明显的差别，但是它们都是通过质量、热量和动量通量相互联系在一起，因而这些圈层是一个开放的相互联系的系统。

2.1.3.1　海气相互作用

(1)海气相互作用过程与效应

海气相互作用是发生在海洋与大气之间的热力、动力、水文、生物、化学等一系列复杂过程，其时间尺度从几分钟到几千年、空间尺度从几米到几千千米。海气相互作用首先表现在通过海洋和大气交界面的各种物理量的交换，包括热量、动量、水分、盐粒、尘埃和其他微粒物质，以及二氧化碳气体和电荷等的交换。海洋对大气的主要作用是给予大气热量和水汽，海洋向大气输送热量和水汽的速率主要取决于洋面温度及大气边界层中的风以及温度和湿度的垂直分布。大气则主要通过向下的动量输送(风应力)产生风生洋流和海水的上下翻涌运动。海洋的流场、温度和盐度场均受到低层大气风场以及温度和湿度结构的影响，但最重要的是大气通过风应力对海洋的动力作用，即风生流、海浪等，例如西风漂流、信风洋流和季风洋流等都是与大气环流相对应的海洋环流。大气对海洋的动力作用不仅直接影响到海洋表层，而且还可以传到海洋中较深的水层。海气交换不仅对天气过程的形成有重要影响，而且对长期气候过程有巨大作用(丁一汇，2010)。

根据大气和海洋对交换过程的影响和交换过程对大气和海洋反馈的时空尺度，一般将海气相互作用分为小(湍流)尺度、天气尺度和行星尺度三种尺度过程。小尺度相互作用主要研究海洋和大气边界层的结构，湍流运动的规律，以及通过海气交界面各物理量的湍流输送，包括海洋上大气边界层的物理结构，以及边界层内的热量、水分和动量的交换机制和测定方法等。天气尺度相互作用主要研究区域性的海气交换过程对海上天气系统(如台风、东海气旋和强对流等)的发生发展和气团变性等的影响，以及在天气系统作用下海洋热结构和运动状况(如风暴潮、海浪和海水涌升现象等)的变化。行星尺度相互作用主要研究半球或全球性的海-气能量和物质交换的时空变化与大气环流和海洋环流的相互关系，以及它们在气候形成和变化中的作用。这三种尺度的海气相互作用过程有着密切的关系，并且是通过一定的物理过程或机制互相联系起来(李清泉，2016)。

由于所在纬度和海陆配置的差异，不同海区的海气相互作用特征会有不同。热带海洋是海洋和大气环流、大气热量和水分的主要源地，也是海洋与大气相互作用最活跃的地区，热带海洋的异常变化还可以影响到中高纬地区(李清泉，2016)。①热带太平洋海气相互作用。最显著模态是厄尔尼诺和南方涛动(统称 ENSO)。厄尔尼诺指在赤道中东太平洋海洋表层水温持续异常上升的现象，通常 2～7 a 发生一次，是热带地区海气相互作用最显著的年际变化特征。与之相反的是拉尼娜现象，即赤道中东太平洋表层水温持续异常下降现象。南方涛动是指南半球热带西太平洋和东太平洋地区东西向的气压反相振动。厄尔尼诺发生时，会出现南方涛动负位相，即东太平洋气压下降、西太平洋气压上升，东西气压差减小；拉尼娜发生时则相反。ENSO 不仅对热带地区大气和海洋有影响，而且通过大气遥相关可以影响中纬度的大气环流，进而引起全球性的气候反常，并波及社会经济。②热带印度洋和热带大西洋的海气相互作用。尽管热带印度洋的海温变化主要受 ENSO 的影响，但热带印度洋仍然具有自身的海洋-大气相互作用模态和年际变化周期。研究表明，对流层准两年振荡是北半球夏季风和冬季风与热带印度洋和太平洋相互作用的结果，是热带海气相互作用系统的重要组成。印度洋本身的海气耦合模态对应着海表面温度分布的偶极子模态，印度洋次表层海温异常也存在偶极子模态。ENSO 通过大气桥和印度尼西亚贯穿流等影响热带印度洋，这种影响可以比作热带印度洋被 ENSO 进行了“充电”，即热带印度洋海温年际变化的主模态是 ENSO“充电”的结果。热带大西洋主要存在两种海气耦合的模态，分别是周期为 4 a 左右的赤道纬向模态和在年际到年代际变化尺度上都存在的经向模态。厄尔尼诺事件也可以导致大西洋信风减弱，减少海洋潜热的释放，从而引起热带北大西洋海温的变化；在厄尔尼诺事件发生后大约 3～6 个月，热带北大西洋的海表面温度正异常达到最大。此外，由于沃克环流（Walker cell）的反向以及太平洋-北美遥相关型的影响，导致北大西洋上空为异常下沉气流所控制，使北大西洋上空的云量减少，到达海面的短波辐射增加，也会引起海温的升高。③热带外海气相互作用。主要表现为大气对海洋的强迫，中纬度海温对大气的强迫作用较弱。冬季热带外海洋的海表面温度和大尺度大气环流存在很强的相互关系。它来自两个方面：一是热带海洋状况的变化所引起的热带和热带外大气的相互作用，二是热带外大气环流变化对海洋的影响。在中纬度地区，无论在北太平洋还是北大西洋，月-季节平均海温距平的主要年际变率模态都和大气环流距平的主导模态存在显著的相关关系。这种关系在冬季最强，并且在大气超前海洋一个月时表现得最为显著。在中纬度地区，负的海温距平伴有表层西风的增强；对于正的海温距平，则反之。

海洋和大气作为气候系统的两个重要成员，其相互作用调控着全球的能量平衡和水循环，对大气和海洋的环流和运动具有重要的调谐作用，对温室效应也有重要的影响，从而对气候变化、自然环境和人类活动产生巨大影响。海洋对大气运动和气候变化的影响，可归纳为四个方面。

①海气相互作用对地球大气系统热力平衡具有重要影响。全球海洋吸收的太阳辐射约占进入地球大气层顶太阳总辐射的 70%左右，其中的 85%左右存贮在海洋的表层（混合层）中。这些热量以潜热、长波辐射和感热交换的形式输送给大气，驱动大气的运动。因此，海洋热状况的变化，对大气运动的热量供给产生重要影响。此外，海洋环流在大气系统的能量输送和平衡中起着重要作用，大气系统热量的径向输送由大气环流和海洋环流共同完成。

②海洋对全球水汽循环具有重要影响。海水水量约占地球总水量的 96.5%，全球蒸发的 86%、全球降水的 78%集中于海洋，其蒸发和降水的变化不仅对陆表水循环具有影响，而且对大气中的水汽含量、水汽输送和热量收支具有影响。

③海洋对大气运动具有重要的调节作用。海水具有巨大的热惯性，海水比热容较空气和土壤比热容大得多。1 g 海水升温 1 ℃所需的热量为 3.9 J，此热量可分别使 1 g 土壤和 1 g 空气升温 1.9 ℃和 3.9 ℃。海洋的这一特性，一方面使其具有较强的“记忆”能力，可以通过海气相互作用，把大气的变化信息储存于海洋中，然后再反过来影响大气运动；另一方面，海洋的热惯性使的海洋状况的变化较大气状况的变化具有滞后效应。另外，由于海洋尤其是热带海洋变化具有低频慢过程，通过海气耦合作用，可使大气中较高频率的变化转化为较低频率的变化。

④海洋对于温室效应具有缓解作用。一方面，海洋对于辐射强迫的响应是缓慢的，可以长达几年或几十年，通过海气相互作用对大气增温有缓解作用。另一方面，海洋尤其是热带海洋蒸发和增温作用导致热带大气对流层上层的水汽含量增加，可以通过水汽递减率反馈大气增温。此外，在全球碳循环过程中，海洋碳储存对于大气中温室气体的含量产生影响，从而对大气增温具有反馈作用（丁一汇，2010）。

(2)温盐环流与大气的相互作用及效应

在海气相互作用中,温盐环流与大气的相互作用及效应具有独特的地位。温盐环流(Thermohaline Circulation,THC)又称热盐环流或经向翻转环流(Meridional Overturning Circulation,MOC),是全球大尺度海洋环流的组成部分,主要由海洋表层热和淡水通量作用产生的密度梯度所驱动,将低密度上层海水向较高密度的中层及深层海水输送,并将这些海水再带回海洋上层。

温盐环流主要由北大西洋和南大洋的深层水团形成来驱动。在加勒比海和北大西洋,由近表面盛行风驱动的高温、高盐墨西哥湾流(北大西洋漂流)从赤道向北流动,沿途由于蒸发等作用逐渐冷却,海水温度下降,密度增加,到高纬度地区(挪威海及其附近区域)沉降,形成北大西洋深层水,并在中低层向南流动,在南非和南极之间进入印度洋,另一部分绕过澳大利亚进入太平洋,最古老的深层冷水大约 1000 a 后在北太平洋涌升到表层。在这个过程中,温盐环流成为全球范围能量和物质输送、交换的重要通道,因此又被称为“大洋传送带”或“全球传送带”。

由于白令海峡的阻隔,北冰洋盆地的深层水难以向太平洋流动,对全球温盐环流的贡献很弱。在南大洋,来自南极大陆冰盖的强烈下坡风可以将新生成的海冰吹开,形成开阔水面区域。没有海冰覆盖的开阔水域将经历强烈冷却,同时海冰也可以重新生成,表层水会变得异常咸,密度很大;高盐度的海水冰点低,可以融化其下的海冰,最后滴落下沉,形成南极底层水。南极底层水团密度十分高,在向北和东流动过程中,处于北大西洋深层水团之下。

大西洋深层水的外流致使海平面比太平洋略低,导致热带太平洋温暖、低盐的表层水向西流往印度洋,并继续在南非和南极之间西流进入大西洋,再向北流动直达挪威海及其附近海域,蒸发冷却、沉降,完成一个连续的全球温盐环流圈。

温盐环流通过向极地地区输送热量和控制大气中 CO_2 浓度,在全球气候系统中扮演着重要角色。北大西洋漂流的维持和强度在很大程度上取决于挪威海地区的深层水形成过程。在蒸发、降水、融冰和大陆径流等因素影响下,包括挪威海在内的北大西洋深层水形成速率会发生变化,温盐环流及其表层的北大西洋漂流减弱甚至消失,并对北大西洋特别是西欧、北欧和北极地区气候造成重大影响。有研究认为,更新世末次冰期冰消期的“新仙女木事件”很可能是由于北美大陆冰盖消融过程中一次巨大的冰前湖泊溃决,导致巨量淡水注入北大西洋,北大西洋深层水形成过程停滞造成的。此外,温盐环流的变化也控制着全球碳循环和大气中 CO_2 浓度,并进而影响地球气候的长期变化(任国玉,2016)。

2.1.3.2　陆气相互作用

发生在陆地表面的热力、动力、水文以及生物物理、化学等一系列复杂过程,以及这些过程与大气之间互相影响、互相制约的现象。它包括了全球气候系统五大圈中几乎所有的圈层,是影响大气环流和气候变化的基本物理、生化过程之一。

(1)陆气相互作用的尺度

陆气相互作用的时间尺度可以从微秒到百万年尺度,空间尺度可以从分子到全球。在不同的时间和空间尺度上,包含的过程与内容有所不同。在短时/局地尺度:辐射截留与光合作用,气体交换与表面应力变化;季节/区域尺度:降水与蒸腾,干旱遥相关的滞后的相互作用;年际/全球尺度:气候对生物圈持续干旱的影响;年代际/全球尺度:大气化学与生物圈响应;百万年尺度/全球:冰期,耦合系统的进化演变。图 2.3 给出详细的陆气相互作用涉及的过程及相应的时间尺度(Pitman,2003;郑国光 等,2016)。

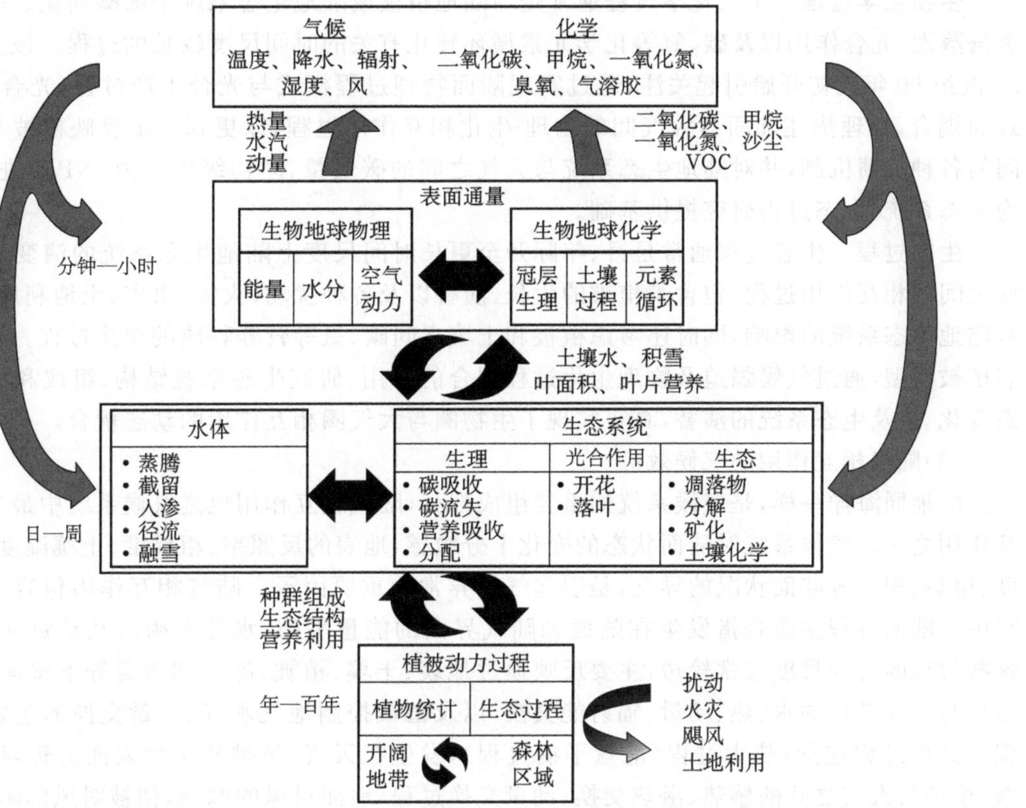

图 2.3　陆气相互作用过程及时间尺度示意图(资料来源:Pitman,2003)

(2)陆气相互作用的过程

陆气相互作用的研究包括两方面的基本问题,一是陆气界面的动力、热力等传输交换过程的研究,二是建立描述这些陆气过程的数学模式,这已成为气候乃至气候系统模式中一个重要的物理和生物化学过程数学模式。研究的内容从初期的物理过程研究延伸并拓展到生物圈生物化学过程的研究,形成了对整个陆地物理、生物、化学循环的研究分支。在短期气候及其预测方面,关注的重点主要集中在陆面物理过程方面;在气候变化研究中,则需要关注物理和生化过程。围绕陆面与大气在不同时、空尺度的相互作用,主要涉及如下几个方面(郑国光 等,2016)。

物理过程　物理过程主要是发生在陆面和陆气界面的能量平衡、水分平衡以及动量交换过程,时间尺度通常较短。该类过程主要反映通过植被、土壤、湖泊、冻土和雪盖等下垫面的水、热运动,与大气进行水、热、能量、辐射传输的交换以及植被控制地气界面水汽、能量交换的生物物理过程,具体包括:①热力过程(能量平衡过程):发生在大气、植被和土壤表面的辐射收支、土壤和植被与大气间的感热和潜热交换;②动量交换过程:地面对气流的摩擦拖曳,植被对气流的阻挡;③水文过程:降水的截留和入渗、表面蒸发与凝结植物的蒸腾、地表径流、土壤水冻融、冰雪融化等,及其与能量过程的相互作用;④物质交换过程:水汽、其他化学气体和气溶胶的向上输送,大气垂悬物的沉落等。近年来,包括水文过程与能量过程相互作用及更紧密耦合的陆面物理过程研究正在加强。

生物化学过程　生物化学过程通常是与陆地植被或陆地生态系统中的碳同化、气孔传导、蒸腾蒸发、光合作用以及碳、氮等化学元素循环转化有关的时间尺度较长的过程。该类过程从20世纪90年代初开始引起关注，通过实现陆面物理过程模式与光合生产过程（光合作用）模式的耦合，合理描述陆面与大气间的物理-生化相互作用过程，以更真实地反映植被与大气之间的各种反馈机制，并对陆地生态系统与大气之间的碳通量、净初级生产力（NPP）进行评估，为生态系统、生态过程研究提供基础。

生态过程　生态过程通常是月、年际乃至更长时间尺度上陆地生态系统的演变及其与气候之间的相互作用过程，包含了植被的生长、演替以及各种扰动（火灾、虫灾、土地利用等）过程对陆地生态系统的影响，同时还考虑植被和土壤之间碳、氮等营养物质的交换过程。目前的动态植被模型，通过气候强迫及物理生化过程耦合的作用，研究生态系统结构、组成和成分的动态变化，以及生态系统的演替，真正实现了生物圈与大气圈相互作用的动态耦合。

（3）陆气相互作用的气候效应

陆地同海洋一样，是气候系统的重要组成部分，陆气相互作用也是气候系统中最基本的相互作用之一。气候系统对陆面状态的变化十分敏感，地表的反照率、粗糙度、土壤湿度、土壤温度、植被、积雪等陆面状况的异常，是引起气候异常的重要因子。陆气相互作用包容在陆面过程中。陆面过程主要是指发生在陆面和陆气界面的能量平衡、水分平衡以及动量交换过程。这些过程的时间尺度通常较短，主要反映通过地表、土壤、植被、冻土和雪盖等下垫面的水、热运动与大气进行的水、热、动量、辐射能交换，以及植被控制地气水气、能量交换的生物物理过程。具体过程包括：热力过程（能量平衡过程），发生在天气、植被和土壤表面的辐射过程，土壤、植被与大气之间的感热、潜热交换；动量交换过程，地面对风的摩擦，植被对风的阻挡；水文过程，降水，蒸发，植物的蒸腾，凝结，地表径流，冰雪融化等；物质交换过程，水汽、CO_2 及其他气体和气溶胶向上的输送，大气悬浮物的沉降。陆气相互作用集中体现在以下几个方面（丁一汇，2010）。

地表反照率与辐射平衡　不同地表状况的反照率有很大的差异，如雪面反照率为60%～90%，平整耕地的反照率为15%～30%，有植被的地面反照率为10%～20%。由于反照率的不同，地面获得太阳辐射也不同。地表反照率与辐射平衡紧密关联，进而会影响气候状态。

土壤的温度与湿度　对应不同的地理条件和气候条件，土壤的温度与湿度特征有很大的差异。反过来，土壤的温度与湿度状况对气候又有显著的反馈作用。土壤的热容量远大于空气，土壤的热状况及其变化通过大气的陆面下边界与大气交换热量，是能量循环的一个重要侧面。土壤温度是地表热状况的直接反映，土壤温度尤其是深层土壤温度的异常，可以持久影响大气。土壤温度的变化直接影响地气之间的感热通量和辐射通量，从而对气候产生反馈作用。土壤湿度的变化会改变地表的蒸发，从而影响地气之间的水分交换及大气中的潜热释放。这些过程同大气运动相互影响。对气候变化具有反馈作用。

植被　地表大部被植被覆盖，植被是决定陆面特征的主要因素之一，也是地球气候系统中极为重要且可变的组成部分。气候条件决定植被状态和分布，反过来植被又通过生物物理过程和生物地球化学过程对气候产生反馈作用。植被的生理及形态特征对陆面过程具有十分重要的影响（图2.4），具体表现为：对降水和辐射的拦截作用，对辐射的吸收，蒸散，改变土壤湿度，改变地表粗糙度（改变动量输送），生物通量输送等。

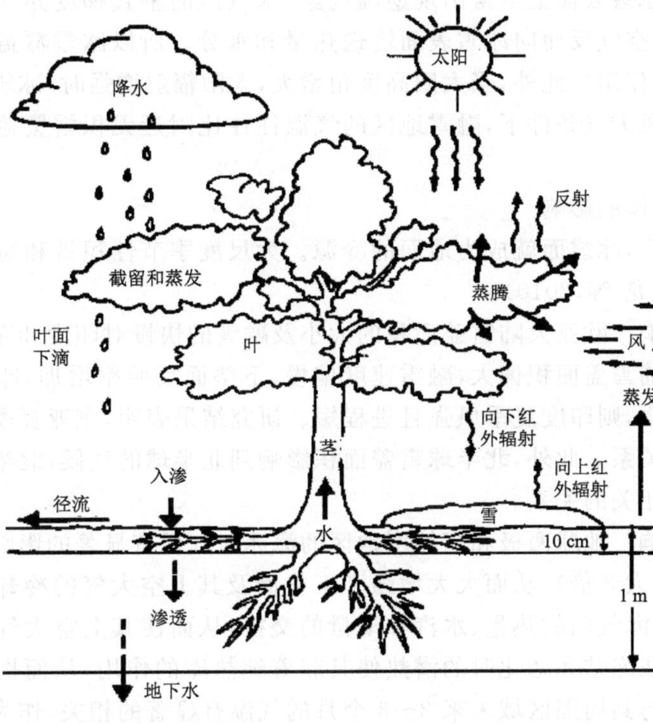

图 2.4 植被影响气候的基本物理过程(资料来源:缪启龙 等,2018)

2.1.3.3 冰冻圈与大气相互作用

冰冻圈是气候系统的冷源,它不仅使冰雪覆盖地区的气温降低,而且通过大气环流的作用,影响其他地区的气温。冰雪覆盖面积的季节变化,使得全球平均气温也发生相应的季节变化,如1月全球平均气温远低于7月。其实1月地球接近近日点,1月天文辐射量比7月约高7%,1月全球平均气温低的根本原因是1月全球冰雪覆盖面积大。南、北半球平均气温均与冰雪覆盖面积呈反相关系,冰雪面积大,平均气温则低。

(1)冰雪的致冷效应

冰雪的降温效应十分显著,而气温降低又有利于冰雪面积的扩大和持久,冰雪和气温之间有明显的负反馈关系。冰雪的致冷效应主要由以下因素造成(丁一汇,2010)。

冰雪表面的辐射特性 冰雪表面对太阳辐射反照率很高,一般新雪或紧密而干洁的雪面反照率可达86%～95%,有空隙、带灰色的湿雪反照率则降低至45%左右。大陆冰原的反照率与雪面相近,海冰表面反照率为40%～65%。地面长波辐射多为灰体,而冰雪的长波辐射与黑体相当,比灰体长波辐射更强,这就使得冰雪表面的辐射亏损进一步加大,使冰雪表面更易变冷。

冰雪与大气间的能量交换特性 冰雪表面与大气间的能量交换很微弱,冰雪对太阳辐射的透射率和导热率都很小。当冰雪的厚度达到50 cm时,地表与大气之间的热量交换基本被切断。北极海冰的厚度平均为3 cm,南极海冰的厚度平均为1 cm,大陆冰原的厚度更大,因此大气就几乎得不到地表的热量输送。特别是海冰的隔离效应,极大地削弱了海洋向大气的感热和潜热输送,成为又一个致冷因素。冰雪表面的饱和水汽压比同温度的水面低,冰雪供给空气的水分甚少。相反冰雪表面上空常出现逆温现象，水汽压的垂直梯度亦往往是冰雪表面比低空空气层还低，这样空气反而向冰雪表面输送热量和水分。所以冰雪覆盖不仅对空气有致冷的作用，还有致干的作用。此外，当太阳高度角增大，太阳辐射增强时，冰雪融化还需要消耗大量热能。在春季无风天气条件下，融雪地区的气温往往比附近无积雪覆盖区的气温低数十摄氏度。

(2)冰雪覆盖对气候的影响

冰雪覆盖形成之后，冰雪面就成为地面的冷源。大尺度季节性积雪和海冰对大气环流和气候有显著影响(缪启龙 等，2010)。

积雪对气候的影响 欧亚大陆雪盖面积的大小及融雪的快慢对印度和东亚夏季风活动关系密切。春季欧亚大陆雪盖面积偏大，融雪速度偏慢，下垫面反照率增加，印度夏季风环流减弱，季风进程偏长；反之，则印度夏季风强且进程短。研究结果表明，东亚夏季风强度与欧亚大陆雪盖存在负相关的关系。此外，北半球雪盖面积影响到北半球的气候，北半球的温度与北半球雪盖面积亦存在负相关的关系。

海冰对气候的影响 地球两极和高纬度地区的海冰对气候有显著的影响。海冰有很大的反射率(平均比海面约大 3 倍)，从而大大增强了下垫面及其上空大气的冷却程度。海冰将海水与大气隔开，阻碍了海气间的热量、水汽和动量的交换，从而使其上空大气的显热和潜热加热都大大减少。海冰在冻结和融化时的潜热使其起着纯热库的作用，从而推迟了高纬地区温度的季节变化。海冰与其周围区域未来 2～3 个月的气温有显著的相关，作为哈得来环流的冷极，它对整个大气环流也有不可忽视的影响。南、北极地区的大气-冰-海洋-生物通过反馈、生物地化循环、深层大洋环流、能量和污染物质的输运以及冰的物质平衡等影响着整个地球系统。研究结果表明，北极海冰能影响到气候的冷暖，一般认为重冰年气温和海温均低，反之则偏高。南极是全球最冷的地方，是启功大气热机的最大冷源。南极海冰和雪盖对全球大气环流和气候有显著影响，对气旋的生成和路径有密切的联系。

冰雪覆盖对旱涝的影响 青藏高原雪盖与欧亚大陆雪盖面积有很高的相关，相关系数高达 0.85。研究结果表明，青藏高原冬季积雪与中国长江中下游汛期旱涝呈正相关关系。此外，雪线位置和积雪深度与春夏旱涝也有一定关系。在苏联南部，春季雪线过早后撤，一般会出现旱情。

2.1.3.4 生态系统与气候相互作用

生态系统是由生物和非生物环境及其内部之间相互作用组成的功能单位。一个给定的生态系统的组成部分以及其空间界限取决于定义生态系统的目的：在某些情况下，它们比较集中，而在另外一些情况下比较分散。生态系统的边界可随时间变化。生态系统嵌套在其他生态系统内，而且其范围可以从很小一块到整个生物圈。气候条件决定生态系统的分布和演化，生态系统反过来又影响气候的状况及其变化。气候与生态系统相互作用主要通过生物物理过程和生物地球化学循环两条错综复杂的途径发生，生物物理过程反映了陆地生态系统与大气之间的辐射、热量、水和动量交换；生物地球化学循环是指植物或土壤中碳、氮、硫等元素在无机和有机形态之间的转化过程，与 CO_2、CH_4、N_2O 等温室气体的产生和消耗以及气溶胶的形成密切相关。陆地生态系统与气候系统处于动态平衡过程之中，一个系统发生变化会引发另一系统的响应，后者又将反馈到前者，如此往复循环(周广胜，2016)。

(1)生态系统的构成与特性

生态系统是由生物和非生物两大部分或非生物环境、生产者、消费者和分解者四种基本成分组成。非生物环境包括光、热、气、水、土和营养成分等，是生物生活的场所和物质以及生物能量的源泉，可统称为生命支持系统。生产者指绿色植物等自养生物，包括树木、草和水域中的藻类等，可进行光合作用制造有机物质。消费者是指各种动物，它们不能直接利用太阳能来生产食物，只能直接或间接地以绿色植物为食，并从中获得能量。分解者主要是细菌和真菌等微生物，其主要功能是把动植物的有机残体分解成简单的无机物。这些简单的无机物在回归环境后可被生产者重新利用，因此分解者亦称还原者。三种生物成分与非生物的环境联系在一起，共同组成一个生态学的功能单位——生态系统(周广胜，2016)(表 2.2)。

表 2.2　生态系统组成成分(资料来源：郑国光 等，2016)

生态系统	I. 非生物部分（生命支持系统）	非生物环境	能源：太阳能、其他能源
			气候：光照、温度、降水、风等
			基质和介质：岩石、土壤、水、空气等
		物质代谢原料	CO_2、H_2O、O_2、N_2 等
			无机盐（矿物质原料）
			腐殖质、脂肪、蛋白质、碳水化合物等
	II. 生物部分	生产者	绿色植物、光合细菌、化能细菌等
		消费者（动物）	食草动物：一级消费者
			一级食肉动物：二级消费者
			二级食肉动物：三级消费者
			杂食动物：杂食消费者
			腐食消费者
			其他消费者
		分解者（还原者）	微生物：细菌、真菌等

生态系统可根据能量和物质的运动状况、生物、非生物成分进行类型划分。根据组成生态系统的生物成分，生态系统可划分成如下类型。

①植物生态系统。主要是由植物和无机环境构成的生态系统。在系统中以绿色植物为主，吸收太阳能进行光合作用。这是最基础的生态系统，如森林、草地等生态系统。

②动物生态系统。由植物生态系统和动物所组成的生态系统，在系统中动物起主导作用，以动物取食植物而获得能量为主要过程，如鱼塘、畜牧等生态系统。

③微生物生态系统。主要由细菌、真菌等微生物和无机环境所形成的生态系统，在系统中以微生物为主进行有机物质的分解，是物质循环中起重要作用的生态系统，如落叶层、活性污泥等生态系统。

④人类生态系统。是以人群为主体的生态系统，如城市、乡镇等生态系统。

按照生态系统的非生物成分和特征，从宏观上可将生态系统分为陆地生态系统和水域生态系统。通常，陆地生态系统可依据其组成成分、植被特点等进一步划分；水域生态系统亦可根据地理和物理状态进一步划分。

各种生态系统都有其一定的生物群体和生物栖息的环境，进行着能量交换和物质循环。

在一定时间和相对稳定的条件下，生态系统各组成成分的结构与功能均处于相互适应与协调的动态之中。生态系统具有如下基本特征。

①具有特定的空间概念。生态系统通常与一定的空间相联系，包含该地区和范围，反映了一定的地区特性和空间结构，以生物为主体呈网络式的多维空间结构。

②是复杂有序的大系统。由于自然界中生物的多样性和相互关系的复杂性决定了生态系统是一个极其复杂的，由多个要素、多变量构成的系统。而且，由于不同变量及其不同的组合以及这种不同组合在一定变量动态之中又构成了很多亚系统。

③具有明确功能的单元。生态系统不是生物分类学单元，而是一个功能单元。这表现生态系统的能量与物质交换两个方面。首先是能量的流动，绿色植物通过光合作用将太阳能转变为化学能贮藏在植物体内，然后再转给其他动物，这样营养就从一个取食类群转移到另一个取食类群，最后由分解者重新释放到环境中。其次，在生态系统内部生物与生物之间、生物与环境之间不断地进行着、周而复始的复杂而有规律的物质交换。

④是开放系统且具有自动调控功能。任何一个生态系统都是开放的，不断地有物质和能量的流进和输出。生态系统自动调控主要表现在三个方面：第一是同种生物的种群密度的调控，这是在有限空间内比较普遍存在的种群变动规律；第二是异种生物种群之间的数量调控，多出现于植物与动物、动物与动物之间，常有食物链关系；第三是生物与环境之间的相互适应的调控。

⑤具有动态的、生命的特征。生态系统和自然界的许多事物一样具有发生、形成和发展的过程，可分为幼期、成长期和成熟期，表现出鲜明的历史性特点，从而使生态系统表现出自身特有的整体演化规律（周广胜，2016）。

(2)气候对生态系统的作用

气候变化将改变辐射、温度和降水等气候要素的时空分布，导致动植物生存环境发生变化，进而影响陆地生态系统的地理分布、物候、组成、结构、生态系统生产力等。例如，改变物种组成和分布、群落结构和演替过程，改变物候，影响森林植被的生长期和生产力，加速荒漠化、湿地萎缩和草场退化，增加濒危物种等。所有观测证据表明，陆地生态系统正在受到区域气候变化的影响，特别是温度升高的影响。观测到的主要影响包括：树叶发芽、鸟类迁徙和产卵等春季特有现象出现时间提前；动植物物种的地理分布朝两极和高海拔地区推移；许多区域春季已出现植被“返青”提前的趋势，这与近期变暖而使生长季延长有关。气候变暖使北半球气候带普遍北移，中国陆地生态系统格局在近十几年内的变化总体趋势是北方荒漠化仍在继续增加；北方地区草地呈现减少的趋势，气候变暖将使中国北方牧区的各类草原界限东移；热带亚热带森林增加，温带森林和北方森林显著减少；中国北部和东北部农田增加，东部和东南沿海农田急剧减少，气候变暖将增加各地的热量资源，使作物潜在生长季延长，多熟种植北界北移。

气候与生物多样性 地球自然生态系统经过6亿多年的进化与演变，目前已有数百万种生物物种共同生活在地球上。尽管气候变化并非是生物多样性变化的唯一因素，但所有的生物物种都受到气候的控制。随着气候条件的不断变化，物种也随之适应、迁徙或者灭绝，同时也可能有新的物种诞生。通常，动物比植物适应能力更强，因为它们更易于迁徙到新的、气候更适宜的地区生存（丁一汇，2010）。

气候与生态系统初级生产力 天气、气候对生态系统最重要的影响是对其初级生产力的影响。初级生产力是指植物通过光合作用生产的生物量。初级生产力的变化会改变植物与植物之间的竞争，造成能量流和养分循环的物理反馈，进而导致动物群的响应。另一方面，大气中 CO_2 浓度的增加会加强光合作用和提高生产力，增加植物根部的碳供给，提高根菌的活动能力，增加氮的固化作用，有利于植物生长(赵东升 等，2011)。

(3)生态系统对气候变化的反馈

生态系统通过生物物理过程和生物地球化学循环对气候过程产生反馈。生物物理过程是受植被形态特征(如冠层高度、结构和叶面积)和生理活动(如蒸腾作用)所影响的辐射、热量、水和动量交换过程。生物地球化学循环是指碳、氮、硫等元素在无机和有机形态之间的转化过程，它们与 CO_2、CH_4、N_2O 等温室气体的产生和消耗以及气溶胶体的形成密切相关(周广胜，2016)。生态系统对气候的影响十分显著而又极其复杂。大致说来，生态的气候效应有以下几个方面：生态系统影响和太阳辐射和地表及大气的能量收支，对气候状况起到调控作用；生态系统可以通过吸收或排放各种气体，影响大气成分的构成，调控温室效应，从而影响局地、区域和全球的气候；生态系统的地理分布可以改变生物化学循环、碳循环和水循环等过程，对全球和区域不同时空尺度的气候产生影响。近年来，大气环流模式、全球生态系统模型和卫星遥感观测证实了生态系统的变化可在局地、区域至全球各种尺度上对气候产生作用，是影响气候变化的重要因素，陆地生态系统格局、动态和功能的变化深刻影响着全球气候变化的过程和跨度。

2.2　气候变化的归因

2.2.1　气候变率与气候变化

2.2.1.1　天气和气候

天气(weather)和气候(climate)紧密关联，但二者之间存在着重要的区别。天气是在某一瞬间或较短时段内大气中各种气象要素(如气温、气压、湿度、降水、风、云、雾、霾、能见度等)的空间分布及其伴随的现象(如雷电、台风、暴雨、寒潮、冰雹等)的综合状态。天气过程是重要天气及其相应的天气系统发生发展和结束的全部演变过程，如暴雨天气过程、梅雨天气过程、大风天气过程、寒潮天气过程、雾霾天气过程等。天气过程具有不同的时空尺度，尺度较大的天气过程是尺度较小的天气过程的背景，制约着尺度较小的天气过程的发展。尺度较小的天气过程也可对尺度较大的天气过程产生反馈作用，影响其进程。天气在短时间内是经常不断变化着的。人们日常生活离不开天气。农业、渔业、水利、航空、航海、陆地交通、人体健康等各项活动都重视天气，特别重视灾害性天气，因为灾害性天气对人民生命财产、生活和生产活动以及资源环境会造成危害。灾害性天气主要包括暴雨、大风、热带气旋、沙尘暴、冰雹、寒潮和强冷空气活动、霜冻、高温、暴风雪、雾、霾等。中国地域辽阔，自然条件复杂，而且属于典型的季风气候区，因此灾害性天气种类繁多，且频繁发生(丁一汇，2010)。

传统的气候概念是指气候因素的统计特征。主要反映全球或某一地区冷、暖、干、湿等基本特征，通常由某一时期的平均值和相对平均值的离差值(气象上称距平值)表征。为确定气候特征，世界气象组织(WMO)统一规定，以 1961—1990 年 30 a 平均为标准(normal)，并建议从现在开始逐步改用 1971—2000 年平均为标准。20 世纪 70 年代以来，现代气候的概念在两方面有了转变和发展，一是气候由大气状态的平均态概念发展为“气候变化”的概念；二是气候从一个局地的、低层大气特征的概念转变为全球气候系统的概念，强调了气候系统五个圈层（大气圈、水圈、冰冻圈、岩石圈和生物圈）的相互作用是气候变化的最为重要的驱动因子（王绍武，2001）。

由于太阳辐射在地球表面分布的差异，以及海、陆、山脉、森林等不同性质的下垫面在到达地表的太阳辐射的作用下所产生的物理过程不同，使气候除具有温度大致按纬度分布的特征外，还具有明显的地域性特征。按水平尺度大小，气候可分为大气候、中气候与小气候。大气候是指全球性和大区域的气候，如：热带雨林气候、地中海型气候、极地气候、高原气候等；中气候是指较小自然区域的气候，如：森林气候、城市气候、山地气候以及湖泊气候等；小气候是指更小范围的气候，如：贴地气层和小范围特殊地形下（如一个山头或一个谷地）的气候。

2.2.1.2 气候变率

气候变率（climatic variability）指气候状态的时间变化率，是一定时间范围内某种时间尺度气候变化的程度和特征。气候变率涵盖从月、季、年的短期气候到上万年的地质期气候变化，其时间尺度是气候的全覆盖，分为短期变化、中期变化、长期变化、超长期变化、历史期变化和地质期变化6种类型（徐影，2016），详见表2.3。

表2.3 不同时间尺度的气候变率（资料来源：郑国光 等，2016）

气候变率类型	时间长度	变化原因	检测手段
短期变化	月或季	大气环流异常	观测资料
中期变化	几年（年际变化）	系统内部相互作用	观测资料
长期变化	几十年（年代际变化）	太阳辐射、火山、人类活动	观测资料
超长期变化	几百年（世纪变化）	太阳辐射、火山	冰蕊、年轮、史料
历史期变化	千年	大陆漂移、地球轨道参数等	史料、地质证据
地质期变化	万年	大陆漂移、地球轨道参数等	地质证据

研究气候变率主要集中在两种时间尺度（季到年际、十年到百年）的气候演变特征和气候变率的成因。实际上季与年际有相对的独立性，尽管其形成的物理过程可能有许多共同之处。季或季节间即几个季时间尺度的气候变率受大气环流及气候的季节变化影响。例如隔季相关，其形成就与冷热源的季节变化有密切关系。对于时间尺度为几个季的气候变率形成的物理机制的认识至今还很不够，但这种尺度气候变率的研究对短期气候预测有重要的意义。

年际气候变率 是时间尺度在几年的气候变率，时间尺度在年以上、10 a以下的气候变率的研究，主要有QBO（准两年振荡）、ENSO及5～6 a振荡。QBO专指赤道平流层纬向风的准两年交替。最早认为其周期约为26个月，其实这主要是20世纪50年代的情况，60年代之后到90年代初周期增长到29个月，QBO是气候系统中准周期性变化最明显的特征。ENSO是当前讨论年际气候变率时最受人关注的内容。一般认为厄尔尼诺的重现期在2～7 a之间平均周期为3～4 a。但是，分析SOI或赤道东太平洋SST的谱均会发现，其有两个谱峰，一个为2 a左右，一个在4～5 a之间，且谱峰随时间变化。20世纪20年代到40年代是一个厄尔尼诺低频期，1880—1920年期间ENSO以2～3 a周期为主，1940—1960年期间以6 a周期为主，1960年之后则以4 a周期为主。不仅ENSO本身的频率有变化，ENSO的气候影响也有年代际变化，研究年际气候变率时，需要注意年代际气候变率。

年代际气候变率 是十年以上到百年以下时间尺度的气候变率。可以根据时间尺度分为

3 个谱段，10 a 左右、20～30 a 及 80 a。这是 20 世纪 90 年代中期才提出来的一个名词。提出这个问题有两个方面的原因；第一，年代际的变化对研究气候变化有重要的影响。例如，气候变暖是一个热门问题。但是，人们发现 1951—1975 年的近四分之一个世纪，特别在北半球气温明显下降，这段时间温室气体继续增加，显然，气温下降与温室效应的增强无关。但是究竟是什么原因使气候变冷还不清楚。第二，人们发现年际气候变率也有年代际变化作为背景，一个突出的例子就是 ENSO，1920—1950 年间的 ENSO 特征与 1920 年之前以及 1950 年以后有很大不同。因此在研究年际变率时，也需要注意年际变率的年代际变化。年代际变率集中于两个时间尺度，一个在 20～30 a，一个在 50～70 a。更长时间尺度的变化可以归于百年尺度气候变率。更短时间尺度的变化可以称为年代尺度或十年尺度气候变率(decadal climate variability)。10 a 左右的气候变率常称为年代(或十年)气候变率(decadal variability)。如赤道大西洋耦极型有 15 a 左右的振荡。20～30 a 气候振荡在气候系统中占重要地位，是年代际变率(inter-decadal variability)的主要频率，如大气环流的 22～23 a 周期、气候的 36 a(或 35～40 a)周期。此外，较为突出的是 80 a 左右的周期，如东亚夏季风有 80 a 周期，这种时间尺度的变化有时亦称为百年变率。有人提出 170～180 a 周期也很重要。这些均可归入 10～100 a 尺度气候变率的范畴(王绍武 等，2005)。

2.2.1.3　气候变化

气候变化(climate change)是指气候平均状态和离差(距平)两者中的一个或两者一起出现了统计意义上显著的变化。离差值增大，表明气候变化的幅度增大，气候状态不稳定性增加，气候变化敏感性也增大(图 2.5)。气候变化可导致极端事件的发生频率、强度、空间范围及持续时间发生改变，并可导致前所未有的极端事件。气候模式输出的结果也证明，由于人为气候强迫，主要是大气圈内人为排放的温室气体浓度和气溶胶浓度增加，一些极端事件已经发生改变。例如，人为影响已导致全球极端日最低和最高气温增加及全球极端降水的加强。当气候变量的整体分布发生改变时，平均气候态的改变与极端事件的改变可能有所不同，若均值向暖方向偏移，冷的极端事件就会减少，而极端暖事件频率显著增加(图 2.6a)；当气候平均状态的波动幅度增大时，可能导致极端气候事件数量增加(图 2.6b)；图 2.6c 中表明极端值向着分布中更暖一侧非对称性增加。气候变化还会改变大尺度环流格局，进而影响不同区域的极端气候事件发生规律。

地球上的气候已有 46 亿 a 的历史，且始终在变化着。根据时间尺度，也考虑到形成原因，气候变化可以分为 4 大类：10^4 a 以上的冰期间冰期旋回；10^2～10^3 a 的气候振荡；10^1 a 的年代际气候变率；短期气候变化，时间尺度为 10^{-1}～10^0 a，即月—年。研究气候变化，必须全面关注这 4 大类问题。

气候系统的非线性可导致气候突变，有时称之为快速气候变化、突发事件甚至称之为意外事件。突发这个术语通常指这些事件的时间尺度快于产生强迫作用的典型时间尺度。然而，并非所有的气候突变需受到外部强迫。已提到的一些可能的突发事件包括温盐环流的大规模重组、冰川的快速消融、多年冻土层的大规模融化或土壤呼吸作用增加导致碳循环变化加快。其他事件也许确实无法预料，这些事件是由于某个非线性系统的强烈、快速变化的强迫作用所引起的。

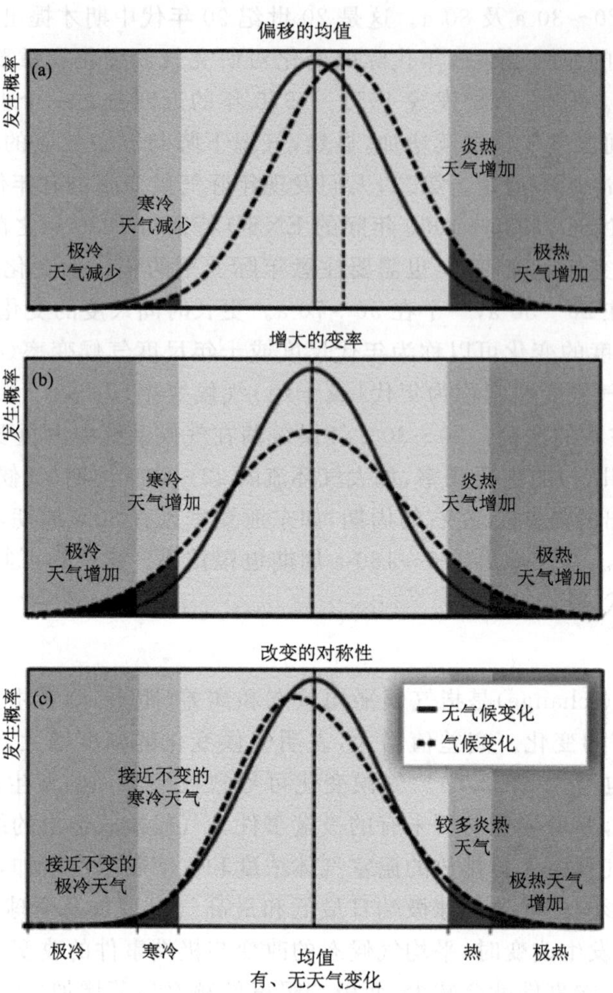

图 2.5　温度分布变化对极端气候的影响(资料来源:IPCC,2012)

(a)整个分布朝着较暖气候单纯变化的影响;(b)温度变率加大而无平均值变化的影响;(c)分布形态改变后的影响。在图(a)和图(c)的例子中,朝着分布中较热部分发生非对称变化

气候　气候变率　气候变化　气候突变

狭义上的气候通常被定义为平均天气状态,或在更严格意义上,则被定义为对某个时期(从几个月到几千年乃至几百万年不等)相关变量的均值和变率进行统计描述。根据世界气象组织的规定,求出这些变量均值的时间长度一般为 30 a。相关变量通常指地表变量,如温度、降水和风。广义上的气候是指气候系统的状态,包括其统计学意义上的描述。

气候变率指在单一天气事件以外的各种空间和时间尺度上的气候平均状态的变化,以及其他相关统计量(如标准差、极端事件的发生率等)的变化。气候变率可能是由气候系统内部的自然过程(内部变率)所造成,也可能是由自然或人为外部强迫(外部变率)所导致。

> 气候变化指气候状态的变化，这种变化可根据气候特征的均值和/或变率的变化进行识别（如采用统计检验方法），而且这种变化会持续一段时间，通常为几十年或更长时间。气候变化可能归因于自然的内部过程或外部强迫，如太阳活动周期的改变、火山喷发，以及人类活动对大气成分或土地利用的持续改变。注意到联合国气候变化框架公约（UNFCCC）第一条将气候变化定义为“直接或间接地归因于人类活动的气候变化，而人类活动改变了全球大气成分，这种气候变化是同期观测到的自然气候变率之外的变化”。因此，UNFCCC 明确区分了可归因于人类活动改变大气成分后的气候变化和可归因于自然原因的气候变率。
>
> 突变是指一个系统受影响部分的变化大幅超过在近期的变化速率。气候突变是指在几十年或更短时间气候系统发生的大尺度变化，这一变化至少持续（或者预期持续）几十年，并使人类系统和自然系统受到很大干扰。
>
> （资料来源：IPCC，2013）

2.2.2　自然因素对气候变化的作用

地球气候的形成与地球大气的起源同步，是日地系统综合作用的结果。地球气候系统的状态及其变化主要由太阳辐射、地球自转率及自转特征和气候系统各圈层的相互作用共同决定。不同时间尺度的气候变化其原因（归因）也不尽相同，但从根本上来说，气候变化归因只有两种，一是自然的原因，二是人类活动的影响。自然原因包括太阳辐射变化、地球海陆板块迁移、火山活动等自然外界强迫和气候系统内部圈层的交互耦合作用。人类活动的影响主要包括人为增加的温室气体和气溶胶等排放以及对土地覆盖的改变和对生态系统的破坏。随着人口的不断膨胀和经济的快速增长，人类活动对气候变化的强迫愈发显著。

导致气候变化有诸多因子，这些因子分成两类。一类是外部因子，它们不受或基本不受气候系统状况的影响，也可以说气候系统对这些因子没有反馈作用。人类活动因具有一定的独立性，在一定程度上也可认为是外部因子。另一类是内部因子，涉及气候系统内部复杂的反馈过程，即气候系统各圈层间的正、负反馈过程，是年际及年代际气候变率的主要原因。外部因子强迫包括太阳活动、地球轨道和旋转速度等天文因子，大陆漂移、造山运动和火山爆发等大地构造因子，以及温室气体和气溶胶排放、森林植被破坏等人类活动因子。气候系统内部子系统之间的相互作用和反馈，是形成年际、年代际、世纪以及千年尺度变率的重要原因。例如大气圈的变化可以影响大气中的水汽、冰雪、温度垂直分布、云的分布等，而这些要素的变化又可以反过来影响气候（丁一汇，2010）。此外，气候系统中还存在其他许多类型的反馈过程，包括各个子系统之间的相互作用如海洋与大气之间反馈、植被变化引起的生物地球化学反馈等等。不同因子影响气候变化的时间尺度也不同，具体情况见图 2.6。内部因子对气候变化的作用已在气候系统一章和本章上一节中论述，因而不再赘述，本节主要论述外部因子对气候变化的作用。

2.2.2.1　地球轨道参数变化

太阳辐射是地球气候系统的能量的主要来源，太阳辐射的变化导致气候系统发生变化。米兰科维奇（Milankovitch，1941）提出的地球轨道参数气候变化的理论，可以解释古气候变化

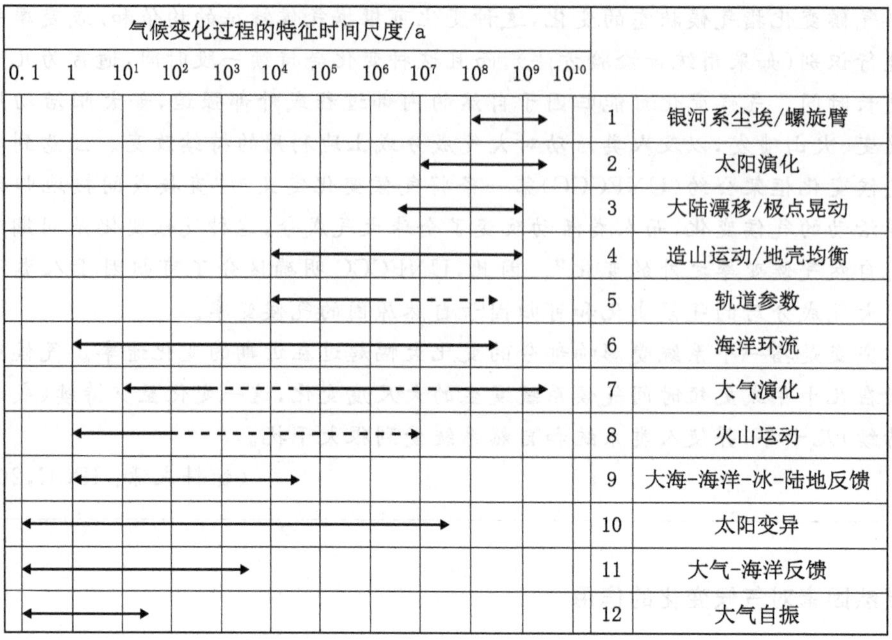

图 2.6　不同气候变化因子对应的时间尺度(资料来源:缪启龙 等,2010)

和地球上冰期和间冰期交替变化的现象。米兰科维奇理论的要点是,由于天体间引力的影响,导致的地球公转轨道三要素(偏心率、地轴倾斜度、岁差)的周期性变化。这些要素的变化改变地球与太阳的关系。虽然到达地球的太阳辐射变化很小,但地球大气圈顶部太阳辐射随纬度和季节配置的周期性变化却很大,从而形成气候波动。当地轴倾斜度减小,北半球夏季地球处在远日点时有利于冰期气候的出现。这样的轨道要素配置将导致北半球高纬区夏季太阳辐射量的减小。

地球围绕太阳不停地公转,其轨道如图 2.7 所示。地球绕太阳公转的轨道是椭圆形而不是圆形,使地球在离太阳近的时候,得到的辐射就多,远离时少。如今地球在 1 月离太阳最近,称此位置为近日点,7 月离太阳最远,称为远日点。而地球围绕太阳运动的轨道每 10 万 a,就会从略微的椭圆形变成近乎圆形(偏心率从 0.067 变到接近 0,目前为 0.0167)。公转轨道的这一周期变化是由于太阳、月亮及其他行星对地球的万有引力造成的(郑国光 等,2016)。

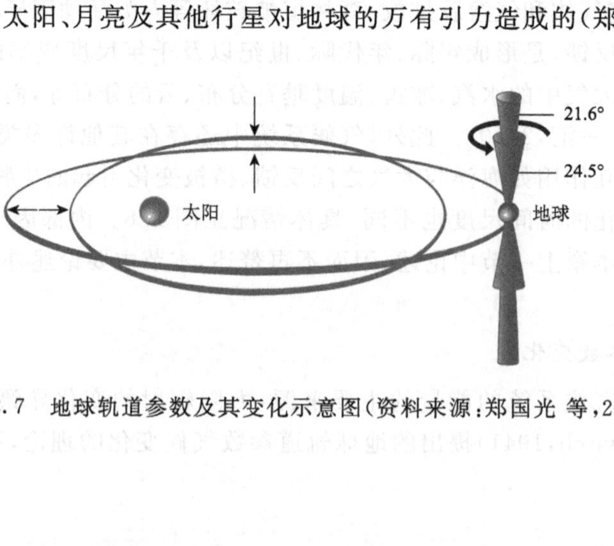

图 2.7　地球轨道参数及其变化示意图(资料来源:郑国光 等,2016)

地球公转时，地轴是倾斜的，即赤道面与地球公转轨道面（黄道面）存在交角，称为黄赤交角，又称为地轴倾斜度，是产生四季的原因。由于黄赤交角的存在，各地受到太阳的照射情况就会不一样。有时太阳直射，有时太阳斜射，这样在一年中也就出现了冷热不同的四季变化。如果地轴没有倾斜，太阳光永远直射赤道，地球上就不会出现四季了。黄赤交角的周期变化，会导致回归线和极圈的纬度发生变化，从而改变地球上的季节。地轴倾斜度增大时，高纬度夏季接受太阳辐射增加，冬季减少，气温年较差增大。地轴倾斜度减少时，高纬度冬暖夏凉，气温年较差减少。夏季温度低更有利于冰川发展。地轴的倾角，每经过 4.1 万 a 与垂直方向之间的角度从 21.6°变化到 24.5°，如今的地轴斜角为 23.5°，并处于减少的过程中（丁一汇，2010；郑国光 等，2016）。

太阳和月亮对地球具有引力，使得地球在公转时自转轴就像一个顺时针自转的陀螺摆动，进而使地球公转面和赤道面的交点（即二分点）都沿着黄道向西缓慢移动，见图 2.8。地球从春分的时刻出发，绕太阳转了一周，当地球在轨道上回到原先位置时，自转轴的方向已经变化了，也就是说，地球并不是处于最开始的那个春分点。当然这种运动十分缓慢，大约用 2.6 万 a 的时间地球的自转轴才会在空间划过一周。春分点的位置，会影响季节的起止时间，也会使近日点和远日点的时间发生变化。春分点的位置在地球公转轨道上移动称为进动（也称岁差）。此外由于受木星及土星引力的影响，整个地球公转轨道在宇宙空间中也存在进动现象。两者综合作用使春分点的进动周期由 2.6 万 a 缩短至 2.1 万 a。春分节气的时间，每隔 70 a 就要推迟 1 d。现在北半球夏季远日，冬季近日，夏季比冬季长 8 d。大约 1 万 a 后，就会变成冬季远日，夏季近日，冬季反而会比夏季长 8 d。也就是说，相对不太冷而且较短促的冬季，将会变成相对寒冷而且较长的冬季（丁一汇，2010；郑国光 等，2016）。

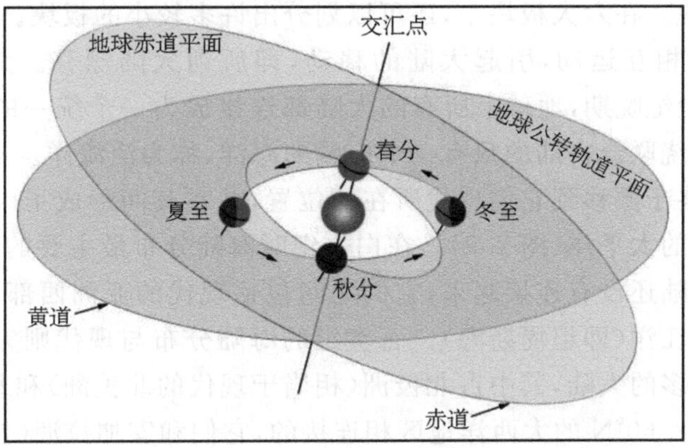

图 2.8　岁差成因示意图（资料来源：丁一汇，2010）

米兰科维奇理论的核心是强调了一个敏感区，即北半球高纬区。此区夏季太阳辐射量的减小将触发冰期气候。因此，可视其为单因素触发模型。敏感区内气候变冷后，由于冰雪的高反照率，其信号被进一步放大、传输，进而影响其他地区。米兰科维奇本人在轨道参数变化、太阳辐射能量变化计算的基础上，着重强调了触发机制和冰盖的信号放大机制，但他并没有说明北半球高纬度信号通过什么机制被传输。

气候变化轨道驱动的发现，使古气候研究进入了定量探索变化机理的新阶段。然而经典版本的米兰科维奇学说只考虑北半球高纬区的辐射量变化，与新发现的地质记录和热带过程在现代气候中所起的作用相矛盾:①一些低纬地区并没有明显的10万a冰量周期,而是以2万a岁差周期为主,表明北半球冰盖的扩张、收缩变化并没有完全控制低纬度地区的气候变化;②在最近几次冰消期时,南半球和低纬区的温度增高,要早于北半球冰盖的融化,表明冰消期的触发机制并非是北半球高纬夏季太阳辐射;③大气CO_2浓度在第二冰消期的增加同南极升温相一致,表明该时大气CO_2浓度增加亦有可能早于北半球冰盖消融;④南半球的末次冰盛期有可能早于北半球。这就说明单一敏感区触发驱动机制已难以圆满解释所有观察事实,而多驱动因子相互作用一类的模型将被研制。只有当大量高分辨率、精确定年、具定量特征的气候变化记录获得以后,并且具备对比不同区域、气候系统不同组成部分变化的相位关系时,我们对第四纪冰期旋回机制的理解才能更接近真实(丁仲礼,2006)。

2.2.2.2 地球海陆板块迁移和地形变化

地球岩石圈是由可运动的刚性板块组成的,板块运动所导致的海底扩张与大陆漂移使得地球的大陆一直处在拼合与破裂的旋回性运动之中,从而在不同的地质历史时期形成不同的大洋盆地与海陆分布形式,即所谓"沧海桑田",这会对气候变化造成巨大的影响。20世纪60年代,地质学界提出岩石圈板块构造学说,把海底扩张、大陆漂移、造山运动、火山与地震等一系列地质现象都纳入一个统一的动力学模式中,可以解释全球性的构造运动的过程和相互作用(丁一汇,2010)。

板块构造学说认为,地球的岩石圈不是整体一块,而是被一些构造活动带如大洋中脊和裂谷、海沟、转换断层等分割成相互独立的构造单元。这些构造单元或岩石圈的块体,称为板块。板块内部是比较稳定的区域,各板块之间的结合处则是相对活动的地带。对全球构造的基本格局起控制作用的有六大板块:太平洋板块,亚欧板块,美洲板块,非洲板块,大西洋(或印度洋)板块和南极洲板块。在六大板块中,还可以划分出许多较小的板块。

由于板块之间的相互运动,引起大陆的移动,即所谓大陆漂移。大陆漂移学说认为在2亿~3亿a前的石炭纪晚期,地球上所有的大陆都连接成为一个统一的巨大陆块,称为联合古陆(或泛大陆)。围绕联合古陆的只有一个广阔的海洋,称为泛海洋。从中生代开始,联合古陆发生分裂,各大陆终于漂移到它们现代所在的位置,并在其间形成了大西洋和印度洋,同时泛海洋缩小成为现代的太平洋(图2.9)。在白垩纪时海陆分布最主要的特点是当时的亚欧大陆和阿拉伯及非洲大陆还没有连接起来,它们之间包括现代的亚洲西部、欧洲南部、非洲及青藏高原在内还是一片汪洋(即坦堤斯海)。石炭纪的海陆分布与现代则完全不同,在北半球当时有三块比现代小得多的大陆,其中古北极洲(相当于现代的北美洲)和北大西洋(包括现代的格陵兰和西欧)在40°—60°N的大西洋地区相连接的,它们和安加拉洲(包括现代的西伯利亚、蒙古、中国北部及北美洲的阿拉斯加)共同组成了劳亚古陆。在劳亚古陆之南是坦堤斯海,中国华南地区当时为此海中之一岛。在南北半球,除南极洲外,由现在的南美洲、非洲、印度和澳大利亚共同组成了冈瓦纳大陆。

自第三纪开始,海陆分布才具有现代的格局。那时北极和南极的位置虽与低纬度隔绝,但尚不到现代的程度。当时白令海峡还较宽广,有利于洋流直接通过。到第四纪以后,北极在大陆包围中已处于半封闭状态,而南极则已移到南极洲内部,处于完全封闭状态。在石炭纪时,南极恰好位于25°S附近,具有热带和亚热带森林气候特征。石炭—二叠纪大冰期的影响范围主要是在南半球,除印度外,北半球到目前为止还没有找到可靠的冰川遗迹,地质学家对此表示很难理解,然而大陆漂移及板块构造学说对此却能作出令人满意的解释(缪启龙 等,2010)。

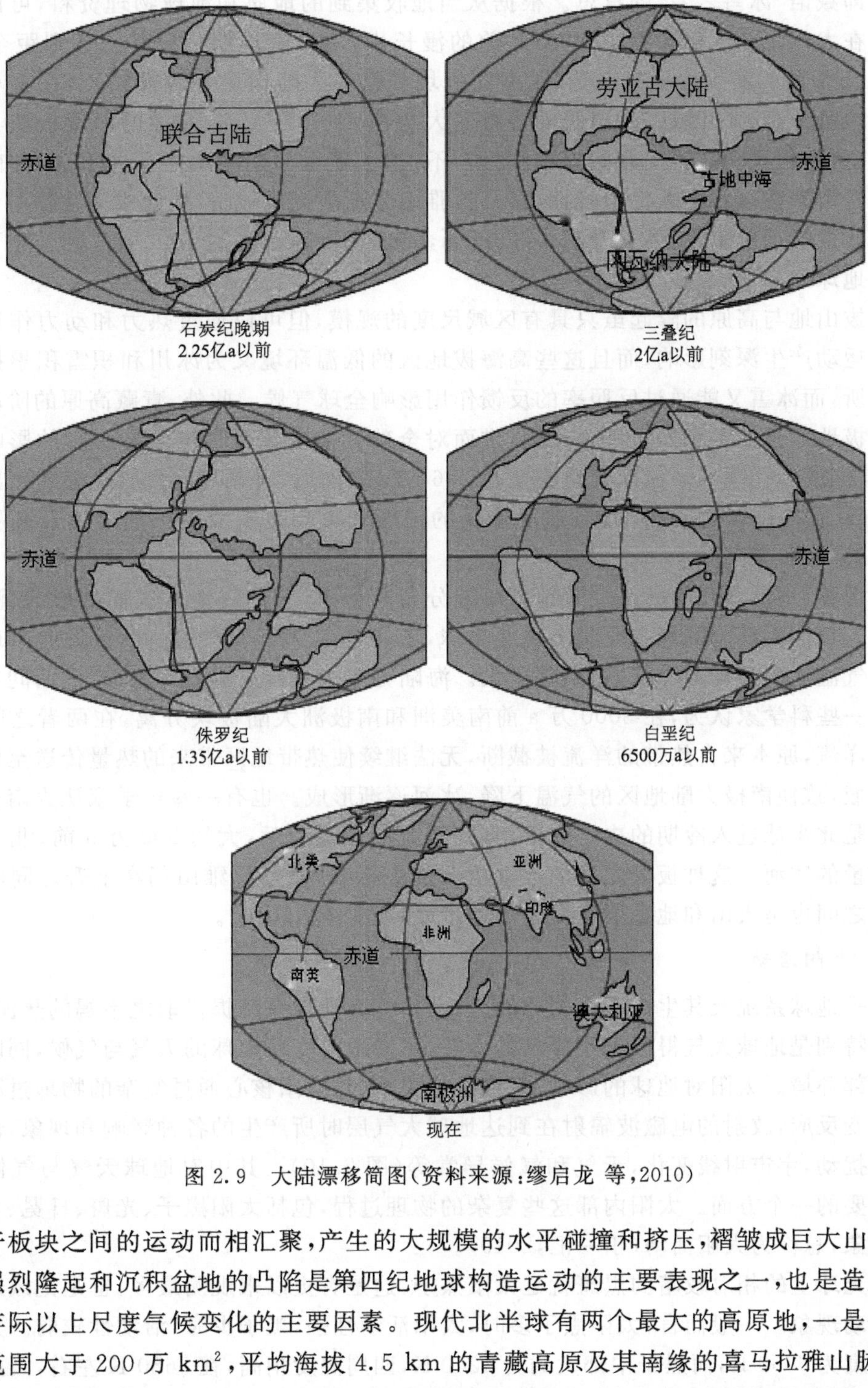

图 2.9　大陆漂移简图(资料来源:缪启龙 等,2010)

由于板块之间的运动而相汇聚,产生的大规模的水平碰撞和挤压,褶皱成巨大山系。高原山地的强烈隆起和沉积盆地的凸陷是第四纪地球构造运动的主要表现之一,也是造成第四纪发生万年际以上尺度气候变化的主要因素。现代北半球有两个最大的高原地,一是位于亚洲南部的范围大于 200 万 km^2,平均海拔 4.5 km 的青藏高原及其南缘的喜马拉雅山脉,二是位于美国西部以科罗拉多高原为中心、从内华达到落基山的广大山地。在漫长的地质时代中,中国并不像现代这样位于亚欧大陆的东南部,而是海陆交错,直到中生代的三叠纪都是如此。之后虽然大陆面积增大,但是中国西南部仍是一片汪洋大海,所以气候温暖而潮湿。目前位于中国与尼泊尔交接处的,其中珠穆朗玛峰是世界最高峰,附近群山林立,有“世界屋脊”之称,所谓喜马拉雅即藏语“冰雪之乡”的意思。根据从当地收集到的地质和地球物理资料，可以说明喜马拉雅山在大约距今5亿a到4000万a前的漫长岁月里，曾长期是海洋。直到距今约7000万～4000万a前的新生代早第三纪，印度洋板块和欧亚大陆板块相碰撞挤压，在喜马拉雅造山运动中地势升高，才变成一片温暖的浅海。大约在4000万a前，北漂的印度板块与亚洲板块继续相碰撞，使喜马拉雅山开始露出水面。不过，上新世早期时山体还并不高，山南山北的动物可以自由来往。到上新世中晚期，喜马拉雅山才渐渐挺拔峻峭，从此成为动物不可逾越的障碍。上新世晚期以来，山体又升高了3000 m，而现在群峰已高达7000 m以上，终于成了白雪皑皑的地球之巅。

高海拔山地与高原的隆起虽只具有区域尺度的规模，但可以通过热力和动力作用对全球大气环流运动产生深刻影响，而且这些高海拔地区的低温环境又为冰川和积雪积累提供了大范围的场所，而冰雪又能通过反照率的反馈作用影响全球气候。此外，青藏高原的阶段性隆起还可能与极地冰盖的扩张发生耦合作用，进而对全球气候变化过程产生进一步的影响。东亚与印度、非洲的现代季风环流系统也正是在2.6 MaBP前后，青藏高原急剧隆起并超出一定高度(2000 m)后才得以建立的，此后东亚季风的强度和影响范围随高原的继续升高不断加大(丁一汇，2010)。

板块漂移、地形变化不断改变着地球海陆分布的形态，它们对地球气候的形成、演变具有重大影响。目前大部分陆地主要集中在北半球，尤其是在30°—60°N之间，因此北半球中纬度地区冬季气温比南半球冬季低，年温差也大。海陆分布也直接影响海洋环流，进而间接影响气候变化。一些科学家认为，在3000万a前南美洲和南极洲大陆板块分离，在两者之间形成了绕南极的洋流，原本来自热带的洋流被截断，无法继续使热带地区带来的热量传送至南极大陆附近的海域，致使南极大陆地区的气温下降，冰河逐渐形成。也有一些科学家认为南极地区的洋流并不是北半球进入冷期的决定因素，直到青藏高原隆起后，大约500万a前，北半球才开始出现大量的冰河。这种板块之间的运动至今仍在持续，喜马拉雅山仍在上升。同时这种运动的板块之间也是火山和地震频繁发生的地带(缪启龙 等，2010)。

2.2.2.3 太阳活动

太阳是地球系统及其生命系统的原动力，太阳能为地球系统提供取之不竭的热源，驱动着地球系统特别是地球大气得以永不停息的运转，不断地改变着地球的天气与气候，同时改变着地球的外部环境。太阳对地球的影响，简称日地关系，是太阳核心通过复杂的物理过程引起的巨大核聚变反应，放射的电磁波辐射在到达地球大气层时所产生的各种影响和现象，例如地磁和电离层扰动，宇宙射线变化，天气和气候异常等(图2.10)。其中对地球天气与气候的影响是其中主要的一个方面。太阳内部这些复杂的物理过程，包括太阳黑子、光斑、日冕、日珥以及耀斑等现象，总称为太阳活动(丁一汇，2019)。

太阳光球上的相对较暗的黑斑就是太阳黑子，这是有史以来观测最多，也是记载最长的一种太阳活动现象。一般而言，太阳黑子多时，太阳活动性强，黑子少时，活动性较弱。太阳光球表面的温度为6050 K，而黑子中部大约为4240 K，四周温度稍高，在5680 K左右，因此黑子看起来更像是太阳上的黑点。光斑是出现在太阳表面边缘的大块明亮区域，比光球温度高100～300 K。它的变化与太阳黑子关系密切。观测发现太阳黑子增多时光斑也增加，这样太阳辐射也增加，由此可以抵消一部分黑子增加造成的辐射减少。耀斑，也称色球爆发，是太阳活动中最剧烈的现象。它出现在色球—日冕过渡区的不稳定过程中，向阳面突出并迅速发展的

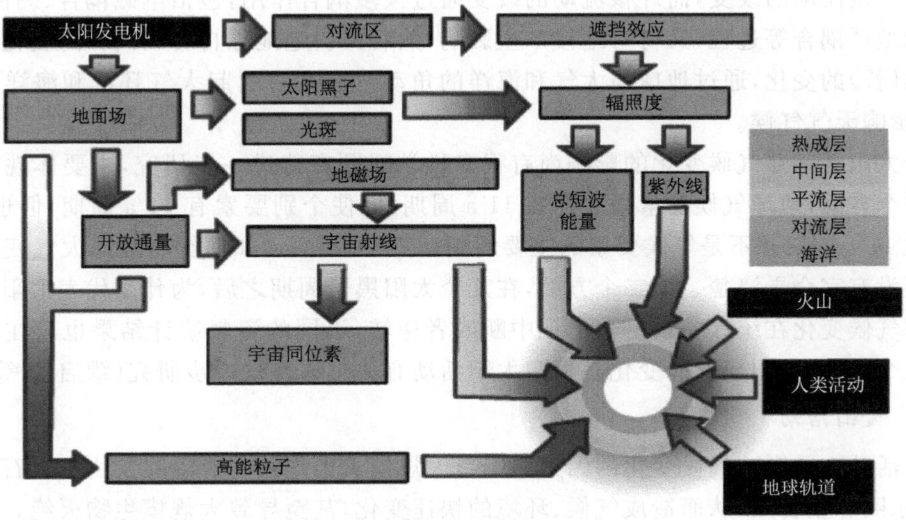

图 2.10　太阳活动对地球气候强迫示意图(资料来源:丁一汇,2019)

亮斑,在短时间内释放大量能量、粒子和电磁辐射。它也与太阳黑子关系密切。在太阳活动的 11 a 高峰,耀斑活动也比较频繁,数目增多。

太阳黑子的变化具有周期性,平均周期为 11.1 a,变动于 7.3～16.1 a 之间,太阳黑子11 a 周期又称太阳活动周。太阳黑子的磁场极性有 22 a 周期,即由两个完整的 11 a 周期组成的一个黑子极性反转的周期。

太阳辐射是地球表层一切物理、化学与生物过程的能源,因而也是气候形成的最重要的因子。根据多年来的观测和分析研究,可以将太阳活动对天气和气候变化的影响归纳成三种可能途径。

(1)太阳活动→地球大气电离程度→大气经圈环流→天气气候变化。观测研究已表明,在太阳黑子的高峰期,地球大气的电离程度比较强,尤其是在高纬度地区。这样,在电磁场的作用下,高纬度大气电离化的增强将导致高纬地区大气直接经圈环流的加强,经圈环流的加强使空气的南北交换加强,大气活动中心会明显增强,全球的降水量可能增多。太阳活动所引起的大气电离程度的变化还必然引起高层大气中离子含量的改变,高离子含量的空气被带到对流层,从而还可能改变凝结核的数量,最后可能影响到云和降水过程。

(2)太阳活动→紫外辐射→臭氧层→平流层热状况→天气气候变化。卫星观测表明,平流层上层的臭氧混合比与太阳辐射加热有明显的正相关关系,太阳辐射加热强,在 200 hPa 高度处的臭氧混合比就高。这样,太阳活动(太阳黑子多)所引起的辐射量(尤其是紫外辐射)的增加将使得平流层的臭氧量及其分布发生变化,从而引起平流层热状况的变化。平流层热状况的变化必将引起平流层温度场的变化,平流层大气环流亦将发生变化,进而通过行星波的异常影响对流层大气环流的改变,最终引起天气气候的变化。因为行星波可以通过对流层顶而垂直传播。

(3)太阳活动→地球磁场→地球自转速度→大气和海洋环流→天气气候变化。太阳活动引起地球磁场的变化,磁场的变化将引起地壳内部磁流体(溶浆)运动的改变。因为地球外核是以铁镍为主要成分的熔融态合金,其黏滞度近似于水,也可视为磁流体。地球磁场的变化将引起地球外核流动的改变，而外核流动的改变通过核幔耦合作用，包括电磁耦合、黏性耦合、热力耦合和地形耦合等过程，又将对地幔产生影响，然后又引起地球自转（日长）的变化。地球自转速度（日长）的变化，通过地球与大气和海洋的角动量交换将引起大气环流和海洋环流的变化，最终影响天气气候。

关于太阳活动对气候变化的影响尚有很多科学问题有待进一步研究，主要体现在三个方面。第一个方面，地球气候要素很少存在 11 a 周期，即使个别要素有 11 a 周期，但也不稳定，也就是说 11 a 周期并不是气候要素的主要周期，对于太阳活动如何影响地球大气变化的物理机制也还没有完全弄清楚。第二个方面，在几个太阳黑子周期之后，为什么代表太阳活动的各种指标与气候变化在统计关系上会出现中断或者逆转，不同的资料统计结果也存在相反的结果。第三个方面，太阳辐射的变化是否与太阳活动有关也有待进一步研究（缪启龙 等，2010）。

2.2.2.4 火山活动

火山活动也是影响气候变化的因素之一。大规模火山作用将大量喷发物由岩石圈输送至大气圈、水圈和生物圈，从而造成气候、环境的快速变化，甚至导致大规模生物灭绝。火山喷发之后，向高空喷放出大量硫化物气溶胶和尘埃。这些火山灰和气溶胶可在平流层中漂浮 2～3 a，个别可能存留 10 a 以上。它们可以散射太阳辐射，增加大气的反照率，也就减少了到达地面的直接太阳辐射，从而导致地球表面变冷，因此火山爆发对气候的影响也称为“阳伞效应”。强火山喷发后数年内一般会出现全球范围的降温，其降温幅度在 0.3～1.0 ℃。同时，这些火山灰和气溶胶又吸收太阳辐射和地面长波辐射，使平流层增暖。此外，气溶胶还会破坏平流层臭氧，从而减少紫外辐射吸收（丁一汇，2010）。

火山喷发对气候的影响主要表现在气温和降水两方面。火山活动对气候的影响可以从短期和长期两个方面考虑。一般单个火山喷发的影响从几个月到 1～2 a，最多不超过 3 a。由于在很短的时间范围内，地球气候又会受到很多其他因素的影响，比如海温、大气环流等。因此，提取受火山活动影响的那部分气候变化信息也就非常困难。根据很多学者的研究发现火山活动对短期气候的影响主要有以下特点（缪启龙 等，2010）。

（1）较大的火山喷发后 1～2 a，全球和半球年平均温度降低约 0.3 ℃，之后缓慢回升，4～5 a达到正常水平。

（2）南、北半球的火山喷发影响各不相同。一般而言，北半球的火山喷发可以使全球气温最大降温出现在 3 个月后，而南半球则要推迟到 19～20 个月之后。不过，北半球火山喷发影响时间较短，南半球则影响时间较长；北半球的火山喷发可影响到南半球的气温变化，但南半球的火山喷发影响范围并未涉及北半球。

（3）火山喷发主要影响夏季气温。日本气候学家指出日本夏季低温与火山活动具有密切关系，日本历史上有名的四个冷年均与强火山喷发相联系，并且分析得出东亚冷夏与前一年火山喷发的相关达 67％。

（4）重大的火山喷发也常伴随着某些地区的降水异常。火山喷发产生的火山灰和二氧化硫气体使大气中吸湿性凝结核增加，对降水的发生和加强产生催化作用。另外，火山喷发产生的大量水汽有利于局部地区水汽达到过饱和状态。此外，由于火山喷发形成的气溶胶影响太阳辐射，间接改变大气环流，从而引起降水量及其分布的变化。火山爆发的附近地区多强的阵性降雨，这由火山爆发时伴有强的上升气流和水汽的喷出所致。这些地区雷电也特别多，机理尚不很清楚。

当考虑火山活动的长期变化时，火山活动集中时期或者沉寂时期会影响几十年甚至几百年时间尺度的气候变化。总体而言，火山活动长期变化与气候变化的关系可以归纳为以下两点。

(1)火山活动和气候时间序列关系较好。火山活动频繁期基本对应大气的冷期，火山休眠期则对应大气的暖期。比如，显著增暖的20世纪20—40年代，就几乎没有发生强火山喷发事件。对于近百年的气温变化，火山活动能够解释其方差的40%以上。

(2)火山喷发对夏季北半球气温下降影响最强烈，在北美和欧亚大陆北部的降温也很明显。

火山爆发和地震一样至今还无法预测，因而当今的气候模式对未来几年和几十年的预测都没有把火山爆发因素考虑在内，除非火山已经爆发。因此，火山爆发是气候变化过程中的一个重要的不确定因素。

2.2.2.5 地外物(小行星、巨型陨石等)的撞击

在地球演化史中，地外物对地球的撞击频繁发生，尤其是在地球演化史的早期更是如此。近代，人类也亲眼目睹了1994年彗木撞击和1908年发生的通古斯彗星爆炸事件。当地外物以宇宙速度撞击地球时，将产生一系列的物理、化学和地质作用过程。通过地球大气层时，小行星体的外壳因受超高温和超高压作用而爆炸、气化、熔融和粉碎，在高空出现耀眼的发光现象，其强大的冲击波使地面可燃烧的物质燃烧，引发森林大火甚至全球森林大火，导致大量的烟尘和炭黑等有机微粒物质弥散于大气中撞击体本身所携带的一些有毒物质如镍等重金属，可使地球环境恶化，生物中毒死亡。在撞击区域的上空，小行星体整体爆炸而气化，有时可留下少许残余物。强大的冲击波使直径约等于撞击体体积20倍范围内的靶岩物质碎裂、粉碎、熔融、气化和溅射及形成一些冲击矿物如柯石英和纳米级金刚石等，如靶岩含有硅质成分，可导致巨大的往上运动的蘑菇云状气体柱，大量的气化物质和微细的熔融溅射物质及撞击释放出的一些气体将通过这个通道被输送到平流层及近地空间，屏蔽太阳辐射，使地面急剧降温，形成漫长而黑暗的冬天，抑制植物的光合作用致使某些动物的食物链中断。根据撞击能量的大小和不同靶岩区的岩性特点，对地球的气候和环境将产生不同程度的影响，导致不同程度的生物绝灭事件(欧阳自远 等，1995)。

除了上述环境效应外，巨大的撞击作用对地球的气候变化有着深远的影响。这些变化不仅能直接导致全球气候发生短时间尺度的改变，而且更为重要的是会触发地球内部过程和地表格局发生重大变化，从而诱发全球气候产生进一步的改变。研究表明，地质历史上巨大陨石冲击的时间与大陆分离和海底扩张方向改变的时间基本是一致的。而地球在2.6 MaBP前后进入第四纪大冰期，也与发生在第三纪与第四纪之交的多次地外物对地球的撞击事件相吻合。

欧阳自远等(1995)计算了新生代六次巨大撞击作用的能量、产生的尘埃量和在平流层中的尘埃密度表，利用零维能量平衡模式，模拟新生代六次巨大撞击作用产生的气候效应图。撞击作用的气候效应与撞击能量关系密切，能量最大的65 MaBP撞击事件降温效应最明显，温度最低可降至225 K(−48 ℃)，降温效应持续近3 a，恢复至撞击前温度需14 a时间，整个降温效应持续17 a左右。其余几次撞击事件引起类似的降温效应，只是温度下降的幅度不同，持续时间也略有差异。

2.2.2.6 气候系统内部变率

气候变化的成因，除了气候系统外部强迫(自然强迫如前述太阳活动和火山活动等以及人

为强迫)以外,气候系统各圈层内在变化以及各圈层相互作用产生的内部变率,也是重要的成因。即使没有外部强迫,气候也会有各种尺度的变化。

关于气候系统内部变率的定义和范畴,丁一汇等(2008)指出,气候系统内部变率主要是由大气内部的变率和气候系统各圈层之间的耦合变率造成,统称为气候的内部变率(应该指出,气候的内部变率有时也可以由外强迫产生,例如火山爆发与太阳活动),这种变率本质上是由大气波动的形成、传播、振荡和不稳定发展造成的,它们不但可以通过波能的传播或波导影响下游的天气气候异常,而且可以发生定常性传播,使一个地区的天气或气候异常传播到很远的地区(即大气遥相关),另外,在耦合强迫或人类活动产生的气候变化背景下,大气中出现大尺度静止性振荡,表现为此起彼伏的"翘翘板"形式的变化,这种现象被称为大气涛动,它们可形成优势的气候异常模态,它们也是大气波动变化的一种形式,能够产生天气变化和气候异常的大气波动最主要的是大尺度行星波,其次是重力波,声波的作用可以忽略。

由大气圈和其他圈层相互作用产生的变率称之为耦合气候变率,主要表现为气候系统内部通过(海洋—陆地—大气—海冰)相互作用而产生的自然振荡(周天军 等,2019)。在特定条件下,这些相互作用所产生的变率模态和大气内部动力过程产生的变率模态具有不同的性质(丁一汇,2010)。

(1)大气与海洋的耦合

海气相互作用最显著的模态为 ENSO(El Niño-Southern Oscillation)。ENSO 是发生于赤道东太平洋地区的风场和海面温度振荡。ENSO 是低纬度的海气相互作用现象,在海洋方面表现为厄尔尼诺—拉尼娜的转变,在大气方面表现为南方涛动。ENSO 具有 2~7 a 的准周期,存在中性、暖性(正)、冷性(负)3 个相位 。中性相位的 ENSO 代表气候平均态,标志为赤道东太平洋的"冷舌";当 ENSO 处于正相位期时,哈得来环流增强、沃克环流减弱、赤道太平洋信风减弱、赤道暖流减弱、赤道逆流增强、赤道东太平洋沿岸冷水上翻活动减弱、温跃层深度增加、海面温度异常升高;当 ENSO 处于负相位期时,各项特征变化相反。ENSO 的强度通常按海面温度异常的强度或南方涛动指数定义。ENSO 具有锁相特征,其相位通常在春夏季发展,并在冬季达到峰值,可持续数月至 3 a 左右。数值模拟结果认为,太阳辐射的季节性变化、亚洲季风、全球变暖等因素与 ENSO 有关。厄尔尼诺和拉尼娜事件,会在世界很多区域引起极端的天气(比如洪水和干旱)。同时,ENSO 带动的温暖海水,影响鱼类的成群移动,破坏珊瑚礁的生长。在厄尔尼诺现象发生当年,容易在西北太平洋和东北太平洋形成威力强大的台风和飓风。

ENSO 影响下的全球大气环流异常不受大气内部动力过程的控制,其影响的时间也较长,北半球夏季出现的热带海温异常通常要持续到第二年冬春季。因此,可以通过统计预测方法或海气耦合模式对冬季异常进行预测。这两种预测方法对 ENSO 的预测具有提前 1 a 的显著技巧。基于对海温异常的预测,与其相关的降水、温度,以及受影响的粮食产量、石油价格等可以通过诸多统计方法和动力模式进行预测(丁一汇,2010)。

除 ENSO 外,与海洋环流有关的海气相互作用对气候也有深远的影响。海洋环流分为风生流和温盐环流,温盐环流时间尺度较长。千年时间尺度的气候变化,可能与温盐环流的中断和重新形成相联系。最近,年代际时间尺度的气候变率引起学术界的广泛讨论。从观测中发现温盐环流有显著的年代际变率,北大西洋深层水(NADW)的形成特征、北大西洋的温度、盐度以及环流特征都表现出明显的年代际变率。最近的研究还发现,海洋年代际模态如太平洋年代际振荡(IPO)以及大西洋多年代际变率(AMO),也对全球气候起显著的调控作用,这些海洋模态的位相调控全球增暖的加速或减缓。如不少研究发现,1998—2014年的全球增暖停滞(减缓),很可能与IPO处于冷相位有关(缪启龙 等,2018)。

(2)大气圈与生物圈的耦合

大气与海洋的耦合主要在冬季对北半球气候产生影响,而海洋在其中起重要作用。热带以外地区的干旱和沙漠化现象主要发生在温暖季节。著名的"沙碗"事件是20世纪30年代发生在北美的持续性干旱事件,对美国大部产生了严重的影响。北美大草原及中西部地区在1931—1939年异常强的高温及干旱,日最高气温超过了40℃。频繁的沙尘暴从大草原吹至东部沿海,大量的表层土随之流失,太空也因沙尘暴而变得昏暗。ENSO循环对干旱发生的频率有重要影响。在ENSO循环的暖事件期间,热带大陆的诸多地区往往更易发生频繁的干旱,而热带以外的夏半年则通常在的ENSO循环冷事件期间易发生干旱。由此可见,年际尺度的干旱与ENSO循环有一定的联系。但是,季节—年际尺度上的干旱主要受大气环流自由振荡激发;生物圈对大气环流自由振荡的正反馈效应则对持续性干旱起维持或加强作用;而大气环流的自由振荡最后又使持续性干旱结束。持续几周的异常干热天气将使表层土壤水分流失,而通过根系吸收水分的植物获得的水分也随之减少。随着这些植物的叶面水分蒸腾的降低,空气湿度也随之降低,导致降水进一步减少,此即为正反馈效应。植物的枯萎也将对水文产生影响。由于植物的根部系统受损,雨后地面水分流失更快,植物通过根部吸收的土壤营养将减少。一旦水分平衡被破坏,只有更长时间的降水才能恢复水分平衡。因此,诸如"沙碗"事件等的干旱气候一旦建立起来,将通过反馈效应持续下去,直至足够长时间的暴风雨使植物重新修复后才能结束(丁一汇,2010)。

(3)大气圈与冰冻圈的耦合

大气和冰冻圈的耦合使得地面气温有如下反馈效应:地面气温升高,则冰雪覆盖面积减小,地面反照率降低,地面吸收的太阳辐射增加,地面气温进一步升高,形成正反馈。冰雪反照率反馈效应在高纬度地区的地面气温变率中起重要作用。这种反馈效应在地面气温的年循环和季节内—冰期时间尺度的变化中非常显著(丁一汇,2010)。

由于冰雪的高反照率和相变潜热以及巨大的冰储量,冰冻圈在地球气候系统中发挥着极为重要的作用。冰冻圈各组分的快速变化对地表能量平衡、大气环流、海洋环流、水循环、海平面变化、碳源、碳汇乃至区域社会经济都有深远影响。冰雪变化通过影响能量平衡及水循环过程改变区域或全球尺度的气候动力过程进而影响气候变化;冰量变化通过改变海洋盐度和温度影响大洋环流、改变全球气候格局;多年冻土变化不仅通过改变地—气水热交换过程影响气候系统,而且还会通过改变冻土碳库影响全球碳循环和气候变化。冰冻圈变化还对海平面上升有显著贡献,近年来冰冻圈融化和海水热膨胀是海平面上升的主要贡献者(秦大河 等,2014b)。

(4)大气圈与地壳的耦合

火山喷发是碳酸—硅酸盐循环的一部分。在千年时间尺度上,碳酸—硅酸盐循环在调节全球地面温度,其机制是,当地面气温异常高时,$CaSiO_3$的风化作用将会加速,为碳酸盐的形成提供更多的钙离子;碳酸盐的形成将吸收更多的大气碳氧化物(如CO_2),使大气的温室效应减弱,进而使地面气温降低,形成负反馈效应(丁一汇,2010)。

2.2.3 人类活动对气候变化的影响

尽管观测资料和气候模式仍然存在不确定性，但是越来越多的证据表明，对20世纪50年代以来的气候变化，人类活动对全球变暖的影响是主要归因。政府间气候变化专门委员会(IPCC)六次评估报告的结论清楚地表明了国际科学界在检测归因研究领域所取得的重要进展。IPCC第一次评估报告(FAR)指出，人类活动产生的各种排放正在使大气中的温室气体浓度显著增加，这将增强温室效应，从而使地表升温。IPCC第二次评估报告(SAR)的结论表明，人类活动已经对全球气候系统造成了"可以辨别"的影响，降水的变化与地球表面正在变暖的气候是一致的(如更活跃的水循环及更多的严重降水事件和降水时间的改变)。IPCC第三次评估报告(TAR)表明，过去50 a期间大部分观测到的变暖可能是由于温室气体浓度的增加，观测到的北半球高纬度降水变化与模式对人类强迫响应的模拟结果间存在定性的一致性。IPCC第四次评估报告(AR4)指出，近半个世纪以来的全球变暖"很可能"是由于人为温室气体浓度增加所导致，可辨别的人类活动影响扩展到了气候的其他方面，包括海洋变暖、大陆尺度的平均温度、温度极值以及风场。IPCC第五次评估报告(AR5)的结论表明，极有可能人为影响是造成观测到的20世纪中叶以来变暖的主要原因，可检测到的1961年以来对流层升温以及平流层下部相应降温的模态，很可能是人为影响特别是温室气体和平流层臭氧损耗所导致的。人为强迫很可能对全球海洋上层热含量增加，全球水循环变化，日极端温度频率和强度变化，北极海冰的损耗以及全球平均海平面上升做出贡献。人类影响也可能对冰川退缩，格陵兰冰盖表面冰量损耗加剧及北半球春季积雪减少做出了贡献(孙颖 等,2013)。相比IPCC第五次评估报告，IPCC第六次评估报告(AR6)反映出更多气候系统分量的变化，包括区域气候和极端事件的变化，可归因于人类活动的影响。关于温度变化的归因评估结果指出，相较于1850—1900年平均，人类活动造成的2010—2019年全球平均地表温升的可能范围为0.8～1.3 ℃，最佳估计值为1.07 ℃。自20世纪中叶以来观测到的全球陆地平均降水的可能增多及其在1980年后增速加快很可能是人类活动造成的。几乎可以肯定的是，全球海洋上层(0～700 m)自20世纪70年代以来已经变暖，并且极有可能人类活动是主要驱动因素。人类活动很可能是20世纪90年代以来全球冰川退缩以及2010—2019年相比于1979—1988年北极海冰面积减少的主要驱动力。人类活动造成的气候变化已经影响到全球每个区域的很多天气和气候极端事件(IPCC,2021)。

2.2.3.1 人类活动与环境变化

从地质学的角度看，人类生活的地质时期是新生代第四纪中的全新世。全新世是在一万多年前最近的一个冰川期结束后来临的，与其他地质世周期百万年甚至千万年相比，这似乎是一个刚刚开始的地质时期。因为在过去的200多年中，人类已经成为主导的地质学因素。

(1)人类社会的变化

人类诞生已有二三百万年的历史，人类一直依赖地球系统提供的各种资源生存和发展。早期的猿人摄取各种天然的资源维系生存，从天然大气中吸入氧气，从河流、湖泊中获取水源，从树上摘得果实，靠打猎获得肉食。近1万a以来，现代智人开始利用土地从事农业生产，挖掘地壳中的矿石冶炼铁器，但直到200多年前，人类还是主要利用可再生资源作为燃料和生活用品。近200多年以来，人类开始使用不可再生的化石燃料(煤炭、石油、天然气等)资源并大量开采使用其他矿业资源。这些不可再生资源的大量使用，推动了人口增长和经济发展，引发了工业革命和绿色革命。工业革命推动经济增长和社会进步，同时也进一步加剧了不可再生资源的使用。绿色革命提升了农业生产的水平，同时也伴随着土地、水资源等资源的大量使用和化肥、农药等化学产品的发明和利用。近 200 多年以来，人类一方面从地球系统摄取各种资源，另一方面又向地球系统输出各种人为物品，如人类活动排放温室气体和有害气体进入大气，排放废水进入河流、湖泊、海洋和地下含水层，丢弃的垃圾更是到处可见。人类社会已成为地球系统的主宰。

最近 2000 a(公元 1—2010 年)世界人口和人均 GDP(国内生产总值)增长趋势见图 2.12。事实上，在人类发展的历史上，有 90%的时期世界人口均不足 500 万。农业革命以后，大约经历了 1 万 a 的时间，到 1800 年左右，世界人口才接近 10 亿。100 多年之后，到 1930 年左右，世界人口翻了一番，达到 20 亿。再往后，在不到 100 a 的时间内，世界人口猛增了 50 多亿。20 世纪 60 年代以后，人口增长的速率明显加快，并逐渐走向增速峰值。世界人口从 50 亿增加至 60 亿只用了 13 a(1987—1999 年)，从 60 亿增加至 70 亿亦用了 13 a(1999—2011 年)。此后人口增长的速率有所放缓，但每年仍是净增长，平均增加 8000 万(2016 年为 8000 万)，相当于联邦德国当今的总人口。

人均 GDP 增长趋势与人口增长趋势大致相同，但其快速增长时期的到来比人口快速增长稍晚，大约出现在 19 世纪初期，且增长的分布极不均衡。直至 19 世纪末，世界人口总量和人均 GDP 仍处在很低的水平，人类对地球系统的影响也维系在很低的程度。此后特别是 20 世纪 50 年代以来，世界人口总量和人均 GDP 呈现了爆炸式的增长，人类对地球系统的影响已达到极大的水平。1950—2010 期间，世界人口年均增长率约为 1.69%，世界 GDP 年均增长率约为 4%，世界人均 GDP 年增长率约为 2.21%(图 2.11 中的插图)。世界 GDP 年均增长率约为

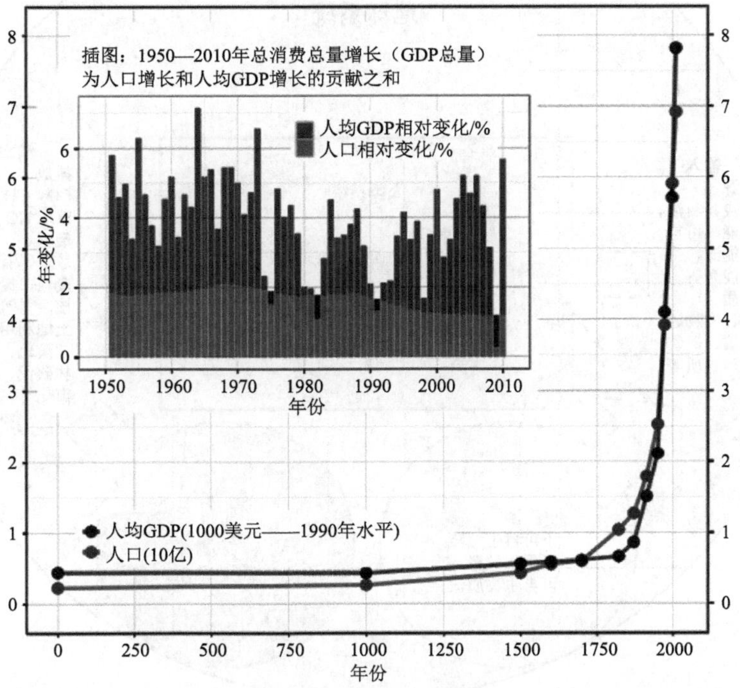

图 2.11　公元 1—2010 年世界人口总量和人均 GDP 变化趋势(资料来源：Safa et al.，2016)
(插图为 1950—2010 年世界 GDP 总量与世界人口和人均 GDP 增长速率)

4%，意味着人类向地球系统输出各种人为物品（即人类对地球系统的影响）每 17 a 就翻一番。近几十年，人口增长对地球系统的直接影响趋于稳定，而人均 GDP 增长对地球系统的影响虽有波动，但是迅速增加。

未来，世界人口总量和人均资源消耗还会增加。大约每隔 13～15 a，世界人口总量就会增加 10 亿人，到 2100 年可能达到 112 亿（联合国的中估计水平）至 166 亿（联合国的高估计水平）。预计到 2040 年世界人均 GDP 年增长率约为 3.3%～3.8%，大约 20 a 就会翻一番（Safa et al.，2016）。

（2）人类社会变化的环境效应

人类系统与地球系统具有双向的相互作用和反馈关系。人类系统依赖地球系统获取生活资源、能源和生态系统的服务，支撑生存和发展；同时又向地球系统排放温室气体和有害气体，输出各种垃圾和废物，改变土地利用和覆盖，通过各种过程影响地球系统；地球系统受到人类系统的干扰，对人类提供的资源和生态系统服务也会改变（图 2.12）。人类社会的进展对环境的影响是多方面的，而且随着经济社会发展的加速，其影响的程度也会加深。地球 30%～50%的陆地资源已经被人类所占用。与此同时，人类饲养家畜的数量达到 14 亿，它们产生的甲烷也对热带雨林产生破坏作用。人类对水资源的消费量已经比 100 a 前增加了 9 倍，水坝的修建和河流的改道非常普遍，陆地水生环境经历了史无前例的改变。渔业已经捕杀了超过 25%的浅海生物，35%的温带大陆架渔业资源（Safa et al.，2016）。

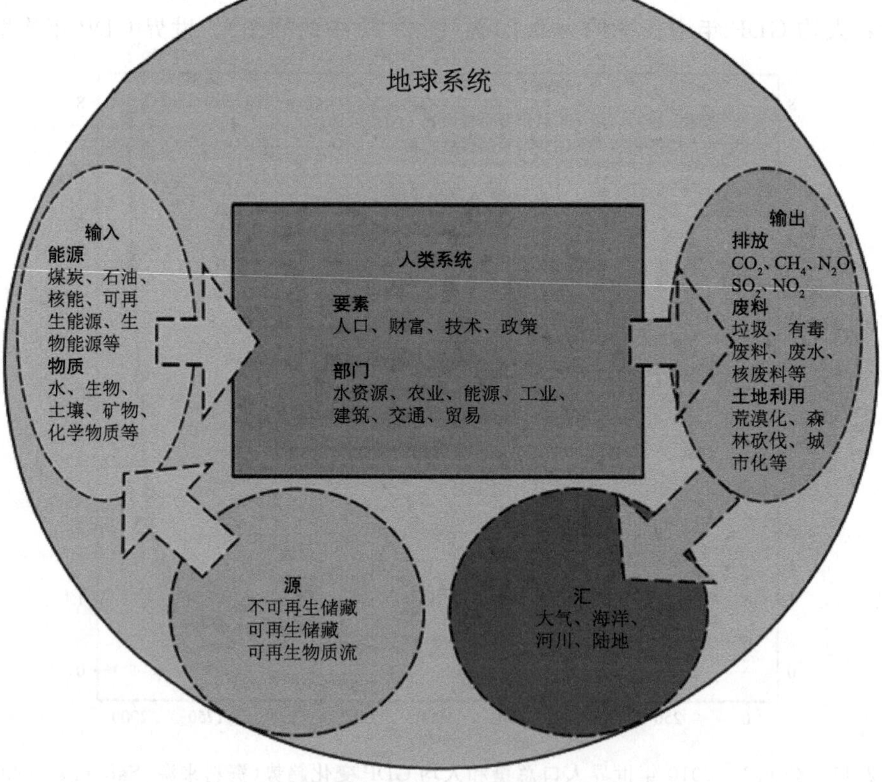

图 2.12　人类系统与地球系统相互作用示意图（资料来源：Safa et al.，2016）

据估计，人类直接占用的全球植被净初级净生产力高达 55%，而受人类活动影响的比例则更高。人类活动还对全球光合作用的总生产力产生了净负面影响，随着城市化进程的加速，越来越多的最多产的土地成为城市扩张用地，植被变成了楼房和路面。人类大量利用生物质作为食物、饲料、纤维、燃料和材料，已成为全球碳、氮、磷和其他营养物质生物地球化学循环的主要成分。用于这些生物质生产的土地比例的增加，导致生物多样性的减少，未来生物质利用量会继续增加，生物多样性的压力也会越来越大。由于人口增长和收入增加，全球粮食需求急剧增长，预计 2050 年的粮食需求是 2000 年的两倍或更多。人类对土地的耕种和开发利用也加速了对土壤的侵蚀，这比自然速率要快 15 倍。人类活动还造成渔业枯竭，森林砍伐，草场减少，含水层下降，过度放牧、森林砍伐又导致沙漠化的蔓延。而这些自然变化又会通过蒸散和光照反射的变化影响全球和地区的气候变化。

工业革命以来，人类进入了化石燃料时代。化石燃料的大量燃烧，加之土地利用和土地覆盖的显著变化，温室气体排放量急剧增加，造成了全球变暖，冰川和冻土消融，海平面持续抬升，生态环境恶化。目前，大气中 CO_2、CH_4 和 N_2O 的浓度分别比工业化以前增长了 40%、150%和 20%，达到近 80 万 a 以来的最高水平。大气中的氨的浓度更是高达工业化以前的 3 倍。人类活动产生的活性氮比所有自然过程加起来都要多，这从根本上改变了全球氮循环(Canfield et al.，2010)。

自 20 世纪 50 年代以来，社会经济发展趋势与其对地球系统的影响在同步加速。如人类活动几乎在每一种主要的金属循环中都起着重要作用，导致大气中微量金属物成分增加，甚至造成陆地和水环境直接的微量金属污染。煤炭燃烧是大气中 Cr、Hg、Mn、Sb、Se、Sn 和 Tl 排放的主要来源，原油燃烧是 Ni 和 V 排放的主要来源，石油燃烧是 Pb 排放的主要来源，有色金属生产过程则是 As、Cd、Cu、In 和 Zn 排放的最大来源。

人口增长影响环境资源的主要渠道是城市化进程。城市化是经济增长的引擎，任何一个国家从贫困到中等收入水平的转变均会经历一个快速城市化的时期。城市地区经济增长率高，收入和消费水平也高，同时对各种资源的需求和消耗也大，环境压力在不断提升。

人类社会的发展与科学技术的进步紧密关联，科学技术进步是第一生产力，是社会经济发展的引领，是现代化水平的根本标志。然而，科学技术的进步对于环境变化既有正面的作用，同时又有负面的影响。一方面，技术创新是全球可持续发展的关键驱动力；另一方面，技术进步经常会产生意想不到的环境后果，远远超出人们最好的科学分析和预测能力，最明显的例证是化石燃料的发现、利用、燃烧对气候系统的影响。现有的技术创新效果分析往往无法捕捉到新技术的系统影响特别是重要的负面和反弹效应，也低估了技术扩散的环境问题，尤其是在农业技术创新方面。汽车和电力是 20 世纪两项最重要的技术突破，带来的社会进步毋庸讳言，但对环境和资源的影响会持续整个 21 世纪。

2.2.3.2　人类活动影响气候的方式和效应

人类活动影响气候的方式主要有三方面。一是人类对矿物燃料的利用及农业和工业生产排放大量的二氧化碳等温室气体，大气中温室气体浓度的增加导致气候变暖。二是人类活动带来大气中气溶胶浓度的变化，导致气候状况的改变。三是人类社会的发展不断改变土地利用和土地覆盖，直接或间接地改变了地球辐射平衡，造成气候变化。城市化是改变土地利用和土地覆盖的典型案例，对气候有特殊的效应。

(1)温室气体

温室气体中的大部分在大气中有非常长的生命，二氧化碳(CO_2)的生命期为50～200 a，甲烷(CH_4)为12～17 a，氧化亚氮(N_2O)为150 a，CFC-12为130 a。这些气体一旦进入大气，几乎无法清除，只有靠自然过程使它们逐渐消失。由于它们在大气中的长生命期，温室气体的影响是长久的而且是全球性的。据IPCC(2021)的结论，大气中主要温室气体的浓度已上升到过去至少80万a以来前所未有的水平。2019年二氧化碳、甲烷和氧化亚氮浓度分别为409.9(±0.4)ppm*、1866.3(±3.3)ppb**和332.1(±0.4)ppb，分别比1750年增加(131.6±2.9)ppm(47.3%)、(1137±10) ppb(156%)和(62±6) ppb(23.0%)。

二氧化碳(CO_2)。CO_2是一种自然存在的大气成分，它在大气、海洋和陆地之间循环，由于矿物燃料的燃烧，每年有5～7 Gt的CO_2被排放到大气中；另一方面由于砍伐森林，每年又有2 Gt的CO_2被排放到大气中，虽然这些多余的碳中有一部分可以被海洋吸收，但是大气中的碳仍然每年增加3 Gt，约为总量的0.5%。由于表层海洋与深层海洋之间的碳交换速度比较慢，大气中CO_2重新达到稳定状态需要50～200 a。

甲烷(CH_4)。CH_4是仅次于CO_2辐射贡献的长生命期温室气体。自工业革命以来，CH_4浓度已增至2倍多。工业化时代以来大气中CH_4的增加主要是由人为活动引起的，反刍动物数量的大幅度增长、化石燃料开采和利用产生的排放、稻田农业的扩大以及垃圾填埋场和废弃物产生的排放是人为CH_4的主要来源，人为排放占总排放量的50%～65%。最近几十年，大气中CH_4的增加一直在变化。在20世纪90年代的大约10 a中，CH_4浓度相对稳定，但从2007年起开始再次增加。关于再次增加的确切驱动因子仍然有争议。天然湿地CH_4排放受气候驱动的波动是全球CH_4排放年际变率的主要驱动因子。此外，在火灾高发年，生物质焚烧排放会稍微增加CH_4浓度。

卤烃。卤烃主要包括由碳、氢、氯及氟构成的卤烃化合物，如CFC-11和CFC-12等，被用作冷冻液体、泡沫替代品、溶剂和其他用途。卤烃气体浓度的增长主要是缘于人类活动，自然过程变化占的比重很小。卤烃气体虽然在大气中含量甚微，但对地球温室效应的影响是非常大的，原因在于它们对地表8～12 μm的长波辐射能量吸收很强，而自然气体对这个波段的吸收很弱。卤烃气体在平流层被紫外线分解，释放氯、溴并参与破坏臭氧层，造成平流层臭氧的耗减。自保护臭氧层国际公约实施以来，氯氟碳化物的含量正在减少。

氧化亚氮(N_2O)。N_2O是由土壤和水中的生物产生的，人工肥料的使用、矿物燃料的燃烧等一系列人类活动将增加N_2O的排放。冰芯资料研究表明，N_2O浓度在过去2000 a保持大约285 ppb不变，随后呈现非常快的增长，到2011年已高达332.1 ppb，为工业革命前的1.2倍。1950年以来，N_2O大约以0.26%/a的速率呈现线性增长趋势。随着CFC-12的缓慢减少，N_2O将取代CFC-12成为第三位对辐射贡献的长生命期温室气体。

臭氧(O_3)。工业革命以来，对流层O_3在增加，平流层O_3在减少。对流层O_3的增加主要由人类活动排放的一氧化碳、碳氢化合物和氧化亚氮通过光化学反应生成。对流层和低层平流层的O_3是有效的温室气体，但不是长生命期温室气体，在大气中通过化学反应不断生成又不断被清除。对流层臭氧增加引起的强迫的估计值为+0.35 W/m^2。平流层臭氧下降可能

---

* ppm=10^{-6}。

** ppb=10^{-9}。

是因为人类活动排放的卤烃破坏了臭氧的光化学反应，在南极洲上空造成了臭氧空洞。据估计，平流层臭氧的大量消耗已经造成负的辐射强迫（−0.15 W/m^2）。

（2）气溶胶

气溶胶是悬浮在空气中的微小颗粒（直径在0.001～10 μm）的总称，大气中的气溶胶是由大气介质与混合在大气中的固态和液态颗粒物组成的多相（固、液、气三种相态）体系，是大气中唯一的非气体成分，也是大气中的微量成分。大气气溶胶包括自然过程产生和人类活动产生两种。自然气溶胶有火山灰、尘灰、海盐气溶胶等。人为气溶胶主要包括硫酸盐、矿物燃料有机碳、矿物燃料黑碳、生物质能燃烧、矿产灰尘气溶胶等。自然气溶胶在大气中的含量、分布和光学特性在一段较长的时期内可以看作不变，但与温室气体相比，其生命期要短得多（一般只有几天到2周时间，且空间分布很不均匀）。自然界中的气溶胶主要来源于地表、大气自身产生和外部空间注入。其中最重要的自然源是地表源，有一些气溶胶粒子来自地层深处，通过火山的喷发进入大气，并且可以直接到达平流层（15～50 km）。人为气溶胶自工业革命以来，特别是20世纪50年代以来增加迅猛。

气溶胶对气候辐射强迫的过程可分为两类，即气溶胶-辐射相互作用和气溶胶-云相互作用，或称为直接效应和间接效应。直接效应就是气溶胶通过对短波和长波辐射的散射或吸收，直接影响地气系统的辐射平衡。其辐射强迫大小与气溶胶的光学特性、垂直和水平方向上的分布密切相关。气溶胶的间接效应是指通过气溶胶改变大气中云的微物理过程，从而改变云的辐射特性、云量和云的寿命，进而影响地气系统的辐射平衡。

大气气溶胶的重要组成部分是黑碳和有机碳，它们来源于燃烧不充分的燃料所排放的细颗粒物和气态碳化合物（沉积在固体颗粒物上）。黑碳气溶胶对于太阳辐射有强烈的吸收作用，可以吸收的波长范围从可见光到近红外，其单位质量的吸收系数比沙尘高两个量级（100倍），因此，尽管大气气溶胶中黑碳气溶胶所占的比例较小，但是它对区域和全球气候变化以及生态环境的影响十分明显。

气溶胶对大气辐射的总效应与温室气体相反，产生冷却作用，总有效辐射强迫评估为−0.90 W/m^2。尽管气溶胶强迫存在很大的不确定性，但可以肯定的是，气溶胶抵消了很大部分的温室气体的强迫。冰芯取样数据表明，受排放的影响，北半球中纬度地区大气气溶胶从1700年到20世纪最后25 a呈增长趋势，此后呈下降趋势，而在全球其他地区的观测趋势为低信度。卫星遥感和地面观测资料表明，自2000年以来北半球中纬度地区和南半球大陆气溶胶光学厚度主要呈负趋势，但南亚和东非地区呈正趋势。就全球整体趋势而言，气溶胶丰度减少，因而正有效辐射强迫增加，负有效辐射强迫变小（IPCC，2021）。

（3）土地利用

①土地利用和土地覆盖变化效应

一方面，土地利用和土地覆盖的变化直接造成陆面物理特性的变化，改变了陆表和大气之间的能量和物质交换，影响了地表的能量平衡，从而影响区域气候特征。另一方面，植被类型、密度和有关土壤特性的变化通常可引起陆地碳储存及其通量的变化，进而使大气温室气体含量发生变化。

人为改变大尺度的植被特性可影响地表反照率。农田的反照率与自然地表有很大的不同，尤其是森林。森林地表的反射率一般比开阔地要低，这是因为在森林上空有较大的叶片，入射辐射在森林冠层内多次反射，导致反射率降低。这种效应在雪地尤其明显，因为开阔地面容易全部被雪覆盖，从而具有高反射率，但树木仍然可在积雪外面，甚至被积雪覆盖的森林反照率也相对较低。地表反照率也会因为人为气溶胶覆盖于表面而改变，尤其是置于雪地上的黑炭气溶胶，将降低地表反照率。

改变陆地覆盖还会影响一些其他物理属性，例如地表比辐射率、土壤湿度和地表粗糙度，它们将通过陆气间的各种能量交换，如潜热、感热通量的变化，改变地表能量和水汽收支，直接影响近地面大气温度、湿度、降水和风速，并对局地、区域气候产生一定的影响。

土地利用的变化还可通过其他机制改变气候，陆地覆盖物变化可能对二氧化碳、甲烷、生物燃烧气溶胶和灰尘气溶胶的排放产生影响，例如19世纪的农业发展，改变了地表覆盖，造成19世纪大气温室气体（CO_2、CH_4及N_2O）的增加。

②城市化效应

世界范围的城市化进程大幅度改变了土地利用和覆盖，这种特殊的土地利用格局对局地气候也可产生显著影响。随着城市的出现和不断扩大，使得密集的建筑物取代了自然的地表面，地面粗糙度大大增加，地表风速减小，建筑物参差不齐又导致湍流加大。不渗水的道路和建筑材料取代了天然的土壤，减少了蒸发和空气湿度，大大加快了径流，降低了地表反照率，而热传导和热容变大。这就改变了地表热量和水分收支各项的相对大小，加上城市中工业生产和居民生活释放出大量人为热量和废气，使得城市气温比周围郊区高。这一现象通常称为"城市热岛效应"或"城市热岛"。城市热岛强度是夜间大于白天，日落以后城郊温差迅速增大，形成"湿岛"；日出以后又明显减小，形成"干岛"。

由于城市空气中尘埃和其他吸湿性核较多，在条件适合时，即使空气中水汽未达饱和，相对湿度仅达70%～80%，城市中也会出现雾，所以城市的雾多于郊区。有些城市汽车尾气排放的废气，在强烈阳光照射下，还会形成一种以臭氧醛类和过氧乙酰硝酸酯（PAN）等为主要成分的浅蓝色烟雾，称为"光化学烟雾"，这种雾危害人体健康。

由于城市热岛效应，市区中心空气受热不断上升，四周郊区相对较冷的空气向城区辐合补充，而在城市热岛中心上升的空气又在一定高度向四周郊区辐散下沉以补偿郊区低空的空缺，这样就形成了一种局地环流，称为城市热岛环流。加上城市空气中又有较多的粉尘等凝结核，因此云量比郊区多，城市中及其下风方向的降水量也比其他地区多。另外，城市中由于大量使用能源，向大气中排放出许多二氧化硫和氧化氮，在一系列复杂的化学反应下，形成硫酸和硝酸，通过成雨过程和冲刷过程成为酸雨降落。酸雨可导致土壤贫瘠，森林生长速率减慢，微生物活动受到抑制，刺激人的咽喉和眼睛。

2.2.3.3 温室气体浓度与人为碳排放增长趋势

（1）温室气体浓度演变趋势

①过去4.5亿a以来CO_2浓度演变趋势

IPCC AR6（IPCC，2021）指出，从大陆和海洋沉积物中提取同位素，并利用改进的分析技术和采样分辨率，提升了对过去4.5亿a CO_2浓度长期变化趋势的认知[图2.13（彩）]。

在石炭纪和二叠纪的长期间隔内，CO_2浓度与1750年接近。在三叠纪（距今2.519亿～2.013亿a）中距今2.2亿～2.0亿a期间，CO_2浓度达到最大值2000～5000 ppm。在距今5600万a的古新世—始新世极热期间（PETM）的0.3万～2万a中，CO_2浓度从900 ppm左右迅速上升到2000 ppm左右。在这一事件中，估计几千年的累积速率为0.3～1.5 Pg/a，至少要比现代百年累积速率低4～5倍。基于硼和碳同位素数据及其他代用指标，早始新世气候

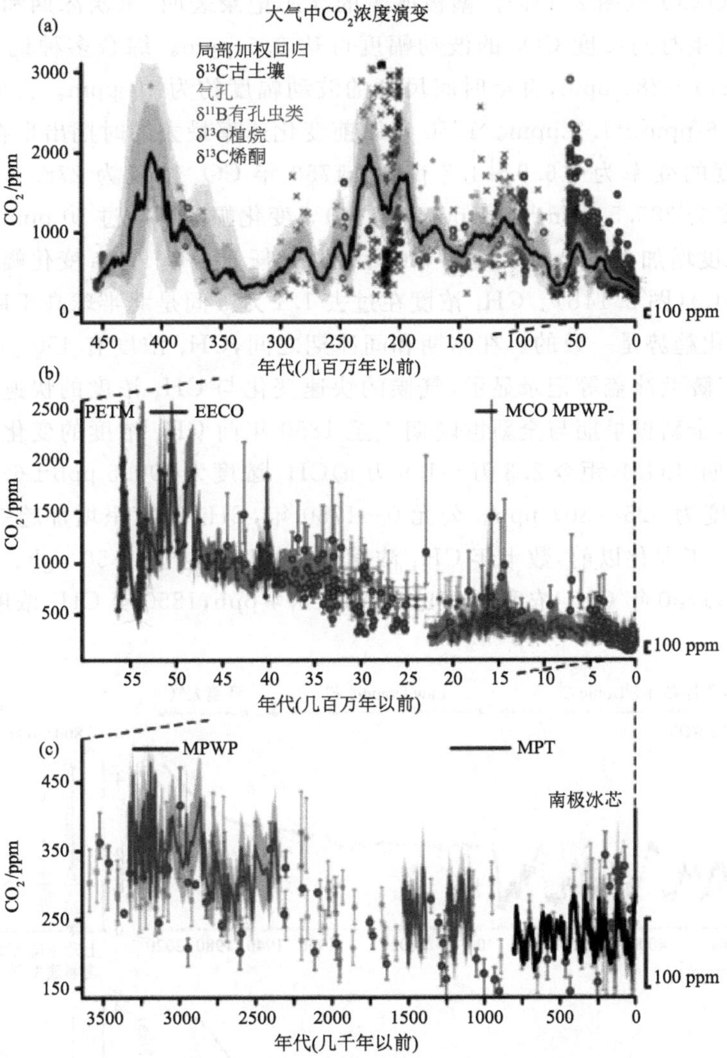

图 2.13(彩)　过去 4.5 亿 a CO_2 浓度演变趋势(资料来源:IPCC,2021)

适宜期(EECO,距今约 5000 万 a),CO_2 浓度达 1150～2500 ppm。之后 CO_2 浓度处于长期的下降趋势,下降速率约为 16 ppm/a(图 2.13)。CO_2 浓度最后一次达到 1000 ppm(未来到 2100 年在高排放情景下大气 CO_2 浓度有可能达到 1000 ppm)是在始新世—渐新世转换(距今 3350 万 a)之前,此后气候变冷,导致了南极冰盖(AIS)的首次大规模扩展。在中上新世暖期(MPWP,距今 330 万～300 万 a),大气 CO_2 浓度为 290～450 ppm。最近的一项高分辨率硼同位素研究显示,在 MPWP 期间,在轨道时间尺度上,CO_2 浓度循环量为 330～390 ppm,平均约为 370 ppm。高分辨率采样(大约 3000 a 一个样本)表明,MPWP 的海洋同位素 KM5c 间冰期,CO_2 浓度为 360～420 ppm。MPWP 之后,大气 CO_2 浓度下降,下降速率为 30 ppm/百万 a。在距今 80 万～120 万 a 间,冰期—间冰期循环频率由 4 万 a 向 10 万 a 转变,导致冰期 CO_2 浓度下降。在过去的 200 多万年间,大气 CO_2 浓度均没有现在的浓度高(IPCC,2021)。

②过去 80 万 a 以来混合温室气体浓度演变趋势

(a)二氧化碳(CO_2)(图 2.14a)。南极冰盖的冰芯记录表明,末次冰期和末次消冰转折期至工业化以前,百年时间尺度 CO_2 的波动幅度可达 9.6 ppm。综合多种记录,公元 0—1850 年,CO_2 浓度为 274～285 ppm,百年时间尺度的波动幅度约为 10 ppm。公元 970—1130 年,CO_2 浓度增加 4.6 ppm±1.7 ppm。1750 年以前变化速率最大的时期出现在公元 1600 年前后,百年时间尺度的变率为－6.9～4.7 ppm。1750 年 CO_2 浓度为 278.3 ppm±2.9 ppm,1850 年 CO_2 浓度为 285.5 ppm±2.1 ppm,这 100 a 变化幅度不超过 10 ppm。1850 年至今的 170 a 间,CO_2 浓度增加 125 ppm,超过了 80 万 a 以来任何一个 170 a 变化幅度。

(b)甲烷(CH_4)(图 2.14b)。CH_4 浓度在过去 1.1 万 a 间是北半球高于南半球,但两半球百年和千年的变化趋势是一致的。在冰期和间冰期之间,CH_4 浓度有 450 ppb 的振荡。在千年时间尺度上,格陵兰冰盖等记录显示,气候的快速变化与 CH_4 浓度的快速变化相对应。在百年时间尺度上,全新世早期与全新世晚期直至 1850 年前 CH_4 浓度的变化速率没有显著的不同。末次盛冰期(LGM,距今 2.3 万～1.9 万 a)CH_4 浓度为 390.5 ppb±6.0 ppb。公元 0—1850 年,CH_4 浓度为 625～807 ppb。公元 0—1750 年,CH_4 浓度呈增加趋势,其平均速率为 0.5 ppb/(10 a)。工业化以前,数十年 CH_4 浓度变化幅度可达 30～50 ppb。据南极和格陵兰冰盖的冰芯记录,1750 年 CH_4 浓度为 729.2 ppb±9.4 ppb,1850 年 CH_4 浓度为 807.6 ppb±13.8 ppb。

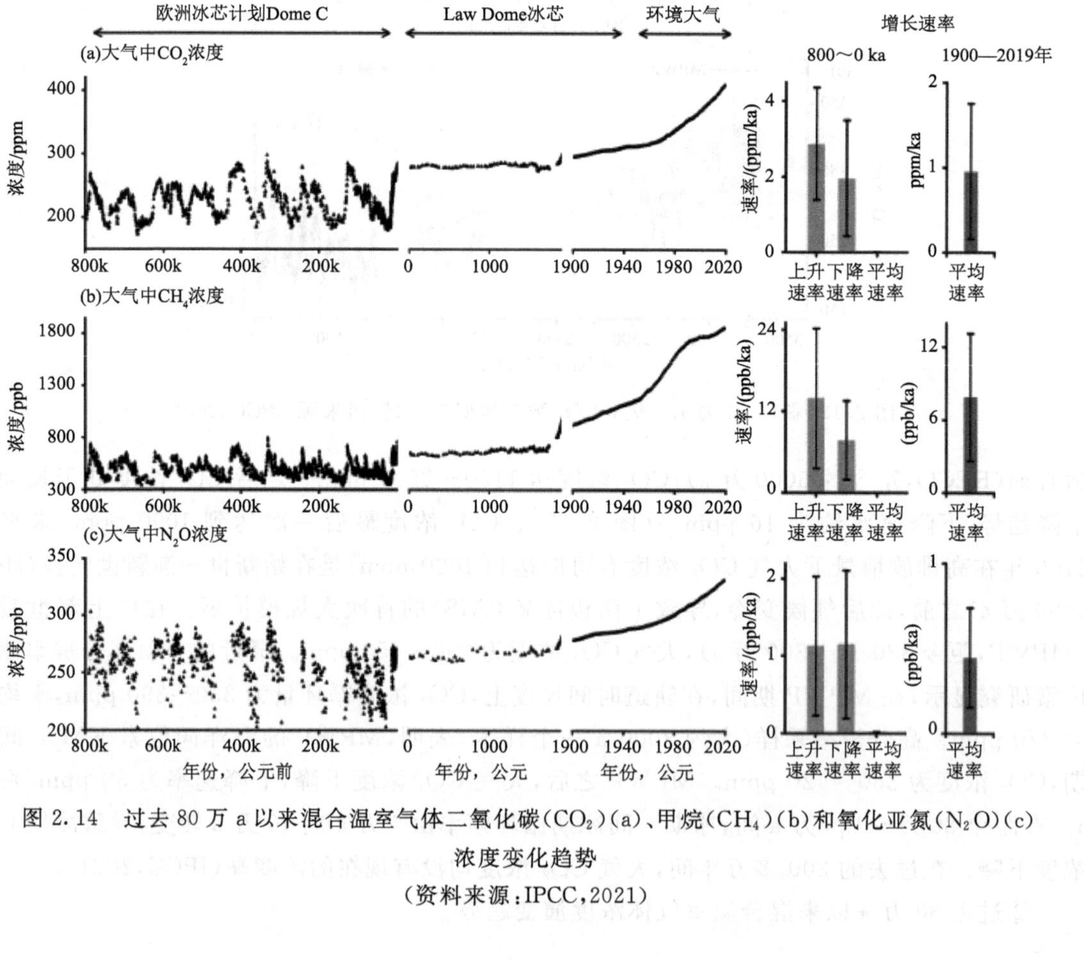

图 2.14　过去 80 万 a 以来混合温室气体二氧化碳(CO_2)(a)、甲烷(CH_4)(b)和氧化亚氮(N_2O)(c)浓度变化趋势

(资料来源:IPCC,2021)

(c)氧化亚氮(N_2O)(图 2.14c)。N_2O 的浓度随着间冰期和冰期的转化而变化。在末次冰川终结期间,变化最快的增加速率是 30 ppb/(200 a),比当今变化速率低一个数量级。在末次盛冰期(LGM),N_2O 的浓度为 208.5 ppb± 7.7 ppb。全新世 6000~8000 a N_2O 的浓度最低,为 257 ppb±6.6 ppb。最新的高分辨率记录表明,在最近 2000 a 期间,数百年 N_2O 的浓度波动为 5～10 ppb(图 2.14)。公元 600 年浓度最低,为 261 ppb±4 ppb。工业排放的 N_2O 很可能自 1900 年开始增加。综合多种冰芯记录,1750 年 N_2O 浓度为 270.1 ppb±6.0 ppb,1850 年 N_2O 浓度为 272.1 ppb±5.7 ppb。

综上所述,当前大气中二氧化碳(CO_2)、甲烷(CH_4)和氧化亚氮(N_2O)的浓度大大超过了冰芯记录的过去 80 万 a 最高浓度(IPCC,2021)。

③现代混合温室气体浓度变化趋势

(a)二氧化碳(CO_2)。CO_2 观测资料表明,自 1958 年以来,CO_2 浓度为增加趋势,反映 CO_2 源和汇之间的不平衡。20 世纪 60 年代 CO_2 浓度增长速率加快,且年际变率明显,如 1997—1998 年和 2015—2016 年两次 El Niño 事件期间,CO_2 浓度增长速率均达到峰值。2000—2011 年 CO_2 浓度增长速率为 2.0 ppm/a,2011—2019 年上升至 2.4 ppm/a,这一速率是有观测资料以来最高的。虽然各观测网络 CO_2 浓度观测值有差异,但 2011 年以来平均增长幅度却趋同,均为 5%。全球 2019 年 CO_2 浓度为 409.9 ppm±0.4 ppm。

(b)甲烷(CH_4)。2019 年全球 CH_4 浓度为 1866.3 ppb±3.3 ppb,相对 2011 年增加 3.5%。不同观测网络有差异,增长幅度为 3.3%～3.9%。观测资料表明,CH_4 浓度有显著的时间变率:20 世纪 70 年代—90 年代末,CH_4 浓度为下降趋势;1999—2006 年 CH_4 浓度只有微量的变化;自 2006 年,CH_4 浓度恢复增长的态势。CH_4 浓度的波动源自复杂的 CH_4 源和汇。

(c)氧化亚氮(N_2O)。2011 年 N_2O 的浓度为 324.2 ppb±0.1 ppb,2019 年为 332.1 ppb±0.4 ppb,2019 年比 2011 年增长 2.4%。1995—2011 年,N_2O 浓度年均增长 0.79 ppb/a±0.05 ppb/a。近年来,N_2O 浓度增长速率加快,2012—2019 年,年均增长 0.96 ppb/a±0.05 ppb/a。

④卤代温室气体浓度变化趋势

卤代温室气体包括氯氟烃(CFCs)、氢氯氟碳化物(HCFCs)、氢氟碳化合物(HFCs)、全氟化碳(PFCs)、六氟化硫(SF_6)、三氟化氮(NF_3)等。IPCC AR5(IPCC,2013)指出,CFCs 浓度有所下降,而 HCFCs、HFCs、PFCs、SF_6、NF_3 等均有所增长。IPCC AR6(IPCC,2021)肯定了 AR5 的趋势结论,同时指出卤代温室气体有效辐射强迫总体上是增长的。然而,自 2011 年以来卤代温室气体有效辐射强迫平均年增长率比 20 世纪 70 年代和 20 世纪 80 年代低了 7 倍。2019 年卤代温室气体总有效辐射强迫为 0.41 W/m^2±0.07 W/m^2,其中 CFCs、HCFCs、HFCs 和其他卤代温室气体有效辐射强迫分别为 0.28 W/m^2、0.06 W/m^2、0.04 W/m^2 和 0.03 W/m^2。

⑤其他短寿命气体浓度变化趋势

(a)平流层水汽。平流层水汽的变化对驱动年际气候变率具有重要作用。一个单站的水汽观测表明,自 1980 年以来平流层水汽含量增加了 25%。而大量的卫星遥感资料表明,20 世纪 80 年代后期以来平流层水汽含量变化甚微,这就使得趋势检测复杂化,即便是器测时期亦是如此。估计由 CH_4 氧化产生的平流层水汽的有效辐射强迫为 0.05 W/m^2±0.05 W/m^2。

(b)平流层臭氧。相对 1964—1980 年平流层臭氧平均值,1980—1995 年极地以外(60° S—60°N)平流层臭氧量增加了 2.5%;2000 年以后平流层臭氧量趋于稳定;2014—2017 年平流层臭氧量减少了2.2%。大量的臭氧损耗在春季持续出现在南极，在特别寒冷的年份，也出现在北极。

(c)对流层臭氧。有限的同位素证据表明，1850年以来对流层臭氧明显增加，1850—2005年间增幅低于40%。依据稀疏的历史地表、低海拔数据，自20世纪中期以来，北半球对流层臭氧增加了30%～70%。自20世纪90年代中期以来，北半球中纬度地表、低海拔对流层臭氧变化不定，而在热带地区有所增加，增长速率为2%/(10 a)～17%/(10 a)。自20世纪90年代中期以来，在北半球中纬度大部分地区，自由对流层臭氧有所增加，增长速率为2%/(10 a)～7%/(10 a)；在北半球和南半球热带取样地区，自由对流层臭氧亦有所增加，增长速率为2%/(10 a)～12%/(10 a)。由于南半球地面观测覆盖的范围有限，所以无法确定其对流层臭氧纬向趋势。而对流层臭氧柱的观测表明，在南半球中纬度地区，其增加速率不到5%。

(2)人为碳排放增长趋势

人为CO_2排放包括化石燃料燃烧排放和土地利用净排放。2010—2019年，人为CO_2年均排放量为10.9 Pg/a±0.9 Pg/a。人为CO_2排放分布在三个系统内：大气占46%，其增长速率为5.1 Pg/a±0.02 Pg/a；海洋占23%，其增长速率为2.5 PgC/a±0.6 PgC/a；陆地植被占31%，其增长速率为3.4 PgC/a±0.9 PgC/a。在所有的人为CO_2排放中，化石燃料燃烧占81%～91%，其余为土地利用、土地覆盖和土地管理的改变所致(图2.15)。

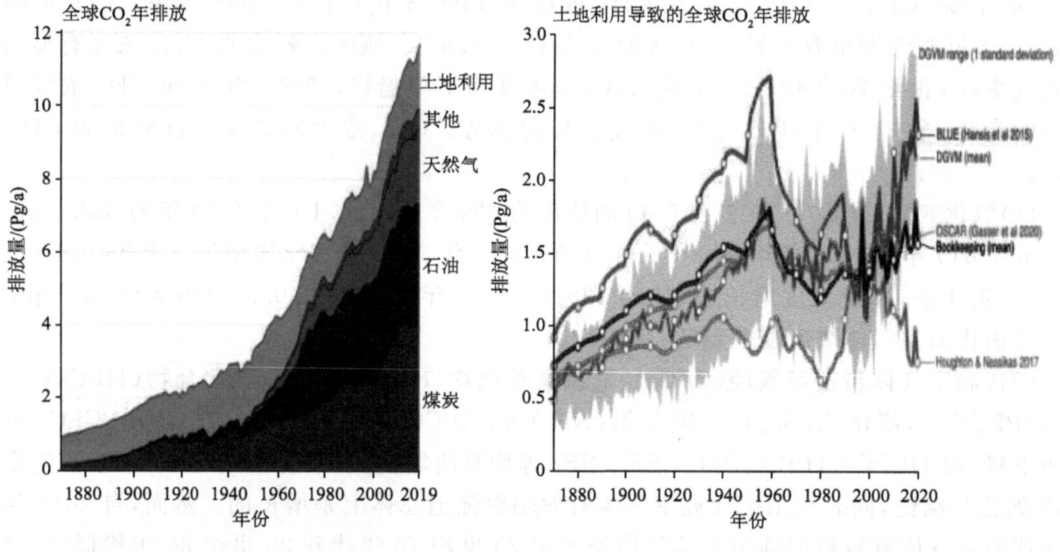

图2.15　工业化以来人为温室气体排放(资料来源：IPCC，2021)

自工业化以来，化石燃料燃烧CO_2排放总体上持续增加，其间由于爆发全球经济危机或社会不稳定有短暂的停顿(图2.16)。在最近的10 a(2010—2019年)中，化石燃料燃烧CO_2排放量年均达9.6 Pg±0.5 Pg，占人为CO_2排放总量的86%。2019年，化石燃料燃烧CO_2排放量高达9.9 Pg±0.5 Pg，这一结果还不包括水泥生产过程中碳酸作用形成的0.2 Pg。20世纪90年代，化石燃料燃烧CO_2排放增长速率为0.9%/a；21世纪最初10年，增长速率高达3.0%/a；2010—2019年，增长速率降至1.2%/a，归因于煤炭使用的减少。21世纪最初10年燃煤排放的CO_2增加速率为4.8%/a，21世纪10年代降低至0.4%/a。石油使用排放的CO_2增加速率在21世纪最初10年和21世纪10年代均为1.1%/a。天然气使用排放的CO_2增加速率在 21 世纪最初 10 年为 2.5%/a，在 21 世纪 10 年代为 2.4%/a，但 2015 年以来增加至 3%/a。2020 年，由于全球新冠肺炎的流行，估计化石燃料 CO_2 排量比 2019 年减少了 7%。

自 1850 年至 20 世纪中期，土地利用相关的 CO_2 排放呈增长趋势。之后趋势逆转，有几十年呈下降势头。自 20 世纪 80 年代以来，不同资料集的差异极大，趋势不明显（图 2.15）。2010—2019 年，年均排放量估计为 1.6 Pg±0.7 Pg。

2.2.3.4 人类活动的有效辐射强迫效应

辐射强迫指由于气候变化外部驱动因子的变化（如二氧化碳浓度或太阳辐射量的变化）而造成的对流层或大气层顶净辐射通量（向上辐射与向下辐射的差）发生的变化。有时尽管内部驱动因子是气候变化的结果，但也被作为强迫看待，如古气候中的气溶胶或温室气体变化。传统的辐射强迫是用固定在未受扰动值上的所有对流层特性计算的；若受到扰动，则在平流层温度重新调整到辐射动力平衡之后再进行计算。在不考虑平流层温度变化的情况下，辐射强迫被称为瞬时强迫。如果计入快速调整的话，则辐射强迫被称为有效辐射强迫（IPCC，2013）。有效辐射强迫（ERF）量化了由地球系统和人类活动施加的扰动（如温室气体或气溶胶浓度的变化、入射太阳辐射的变化或土地利用的变化）后获得或损失的能量。因此，它是地球 TOA 能量收支变化的根本驱动因素。ERF 表示为在对流层和平流层温度、水汽、云和一些地表性质的调整之后，大气顶（TOA）处净向下辐射通量的变化但不包括地表温度变化的辐射响应（IPCC，2021）。

工业化以来（1750—2019 年）的总人为 ERF 为 2.72（1.96～3.48）W/m^2。与 1750—2011 年 AR5 估算值相比，这一估算值增加了 0.43 W/m^2。这一增加包括 2011 年以来混合良好的温室气体（包括卤化物种）的大气浓度增加了＋0.34 W/m^2，辐射效率的向上修正增加了＋0.15 W/m^2，对臭氧和平流层水汽 ERF 的重新评价为＋0.10 W/m^2。温室气体造成的 0.59 W/m^2 的 ERF 增加部分被对气溶胶总 ERF 的约束性更好的评估所抵消。土地利用变化、在冰雪上沉积吸收光线的颗粒、航空和尾迹引起的卷云引起的地表反射率的变化也对工业时代的总人为 ERF 有贡献，分别为－0.20（－0.30～－0.10）W/m^2（中等置信）、＋0.08（0～0.18）W/m^2（低置信）和＋0.06 (0.02～0.10) W/m^2（IPCC，2021）。

工业化以来（1750—2019 年），人为排放的温室气体及其前体物对 ERF 的贡献为 3.84（3.46～4.22）W/m^2，其中，均匀混合温室气体的贡献为 3.32（3.03～3.61）W/m^2，剩余部分来自臭氧（包括对流层和平流层）和平流层水汽（来自甲烷氧化）变化的贡献。在均匀混合温室气体的 ERF 中，CO_2 的贡献为 2.16（1.90～2.41）W/m^2，CH_4 为 0.54（0.43～0.65）W/m^2，卤代烃为 0.41（0.33～0.49）W/m^2，N_2O 为 0.21（0.18～0.24）W/m^2（图 2.16）。与 IPCC AR5（1750—2011 年）相比，均匀混合温室气体的 ERF 增加了 0.49 W/m^2，这主要是由于自 2011 年以来 CO_2，CH_4，N_2O 和卤代烃的浓度增加导致 ERF 分别增加了 0.27 W/m^2、0.02 W/m^2、0.02 W/m^2 和 0.01 W/m^2。此外，CO_2，CH_4，N_2O 和卤代烃辐射效率的变化（包括调整）导致 ERF 额外增加了 0.15 W/m^2。臭氧的 ERF 为 0.47（0.24～0.71) W/m^2，与 IPCC AR5 相比存在大幅增加，这是因为 IPCC AR6 对臭氧前体物排放进行了修正并且更好地解释了对流层臭氧前体物对平流层状态的影响。平流层水汽的 ERF 为 0.05（0.00～0.10) W/m^2，相比于 IPCC AR5 略有下降。

工业化以来（1750—2019 年），气溶胶的 ERF 为－1.1（－1.7～－0.4）W/m^2。其中，由气

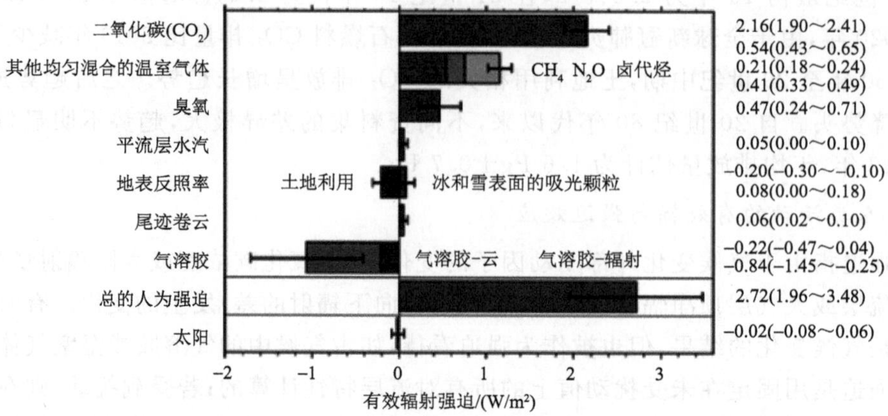

图 2.16　1750—2019 年不同因子的有效辐射强迫的变化和不确定性

（资料来源：张华 等，2021；IPCC，2021）

溶胶-云相互作用产生的有效辐射强迫（ERFaci）贡献了大部分总气溶胶 ERF，估计值为 −0.84（−1.45～0.25）W/m²，剩余部分来自气溶胶-辐射相互作用产生的有效辐射强迫（ERFari）估计值为 −0.22（−0.47～0.04）W/m²。得益于对相关过程理解的不断加深和对模式、观测资料的深入分析，总气溶胶 ERF 的估计相较于 AR5 在数值上有所增加，而不确定性有所减小。相较于 IPCC AR5 ERFaci 的估计值增加，而 ERFari 的估计值减小。

工业化以来（1750—2019 年），人为活动总的 ERF 为 2.72（1.96～3.48）W/m²。该估计值相较于 IPCC AR5（1750—2011 年）增加了 0.43 W/m²。土地利用变化，冰、雪表面吸收性颗粒沉积以及飞机引起的尾迹卷云也对工业革命以来的总人为 ERF 有贡献，分别贡献 −0.20（−0.3～−0.10）W/m²、+0.08（0～0.18）W/m² 和 +0.06（0.02～0.10）W/m²。土地利用强迫是指直接由人类活动而非气候过程引起的地表性质变化，土地利用变化会影响地表反照率、植被表面的蒸腾作用、大气中温室气体的排放或清除，以及沙尘和生物挥发性有机化合物（BVOCs）的排放。目前很少有气候模式量化研究土地利用变化产生的 ERF。

1750—2019 年 ERF 对地表气温（GSAT）变化的贡献见图 2.17（彩），非 CO_2 温室气体强迫（其他均匀混合的温室气体和 O_3）导致的 GSAT 在全球平均上已经被气溶胶导致的 GSAT 冷却趋势大致抵消。自 1980 年以来，气溶胶的冷却趋势已经稳定下来，并且可能已经开始逆转。因此，在过去几十年中，气候长期变暖的速度已经超过了仅考虑 CO_2 时的预期速度。纵观历史记录，特别是 1930 年以前的记录，火山喷发造成的冷却主导了年代际变化。1750—2019 年间人为强迫引起的 GSAT 变化为 1.29（0.99～1.65）℃，其中，均匀混合温室气体导致的 GSAT 变化为 1.58（1.17～2.17）℃，O_3 变化导致的 GSAT 变化为 0.23（0.11～0.39）℃，气溶胶导致的 GSAT 变化为 −0.50（−0.96～−0.22）℃，地表反照率变化导致的 GSAT 变化为 −0.06（−0.15～0.01）℃，太阳和火山活动导致的 GSAT 变化为 −0.02（−0.06～0.02）℃（张华 等，2021；IPCC，2021）。

2.2.3.5　未来的趋势和挑战

据 IPCC AR5 的预估，未来气候变暖的趋势会持续，如果不做出比目前更大的减缓气候变化的努力，即使采取适应措施，到 21 世纪末，气候变化仍将导致高风险至很高风险的严重、广

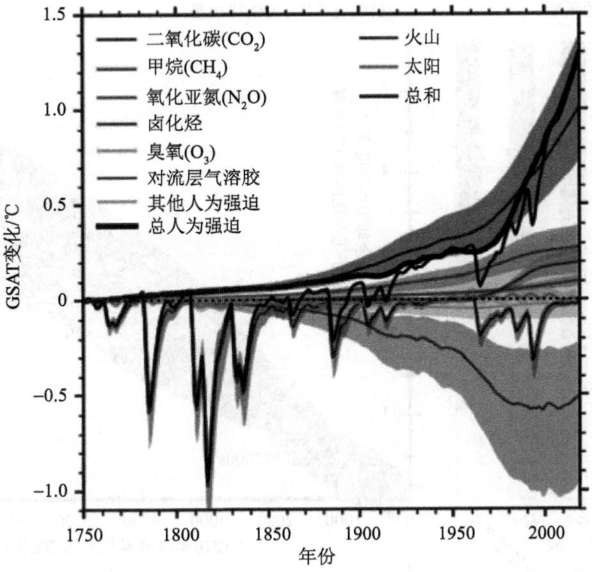

图 2.17(彩)　1750—2019 年间不同强迫因子对全球平均地表气温(GSAT)的贡献以及不确定性
(资料来源:张华 等,2021;IPCC,2021)

泛和不可逆的全球影响。如果没有额外的减缓行动,预估 2100 年的全球平均地表温度与工业时代前水平相比将高出 3.7～4.8 ℃;在使用气候响应中值第 5 至第 95 百分位范围时,温度区间为 2.5～7.8 ℃。与温度上升 4 ℃或更高有关的风险包括:对独特和受到威胁的系统的严重和广泛影响、大量物种灭绝、对全球和区域粮食安全的大风险以及进而对人类常见活动的制约、触发临界点的可能性增大,以及在某些情况下适应的潜力受限。当温度高于工业化之前水平 1 ℃或 2 ℃以上时,某些气候变化风险处于中等至高水平,例如对独特和受到威胁的系统的风险,以及与极端天气事件有关的风险。

在未来几十年显著减少 GHG 排放,可限制 21 世纪下半叶及之后的变暖,从而显著减轻气候变化的风险。全球地表平均温升主要取决于累积排放量,而它又与不同时间尺度的排放有关(图 2.18)。要限制未来气候变化的风险,就要控制 CO_2 的累积排放。此类限制要求全球 CO_2 净排放最终降到零(图 2.18a,b),这就需要未来几十年大幅削减 GHG 排放量(图 2.18c)。但是即或同时开展减缓和适应,残余损害带来的某些风险也是不可避免的。

目前,国际社会达成共识,未来要尽量将人类造成的温升幅度总量控制在不超过 1861—1880 年期间温度的 2 ℃甚至 1.5 ℃。多模式结果显示,如果要在概率高于 66%的情况下不超过 2 ℃,则需要将自 1870 年以来所有人为来源的 CO_2 累积排放量控制在约 2900 Gt CO_2(在 2550～3150 Gt CO_2)以下,而到 2011 年累积排放量已达 1900 Gt CO_2 左右。

未来控制升温不超过 2 ℃,大体对应将 2100 年 CO_2 当量浓度保持在约 450 ppm 或以下的排放情景。这就意味着到 2050 年时,全球人为 GHG 排放比 2010 年减少 40%～70%;到 2100 年,其排放水平接近零。如果到 2100 年将升温限制在 1.5 ℃,到 2100 年 CO_2 当量浓度应低于 430 ppm,且 2050 年减排比 2010 年低 70%～95%。这是更加严峻的挑战。

未来控制排放和升温,其目标是减少气候变化对社会、经济和生态系统带来的风险。IPCC 把主要风险概括为 5 个方面,称为五条关切理由(图 2.18a)。

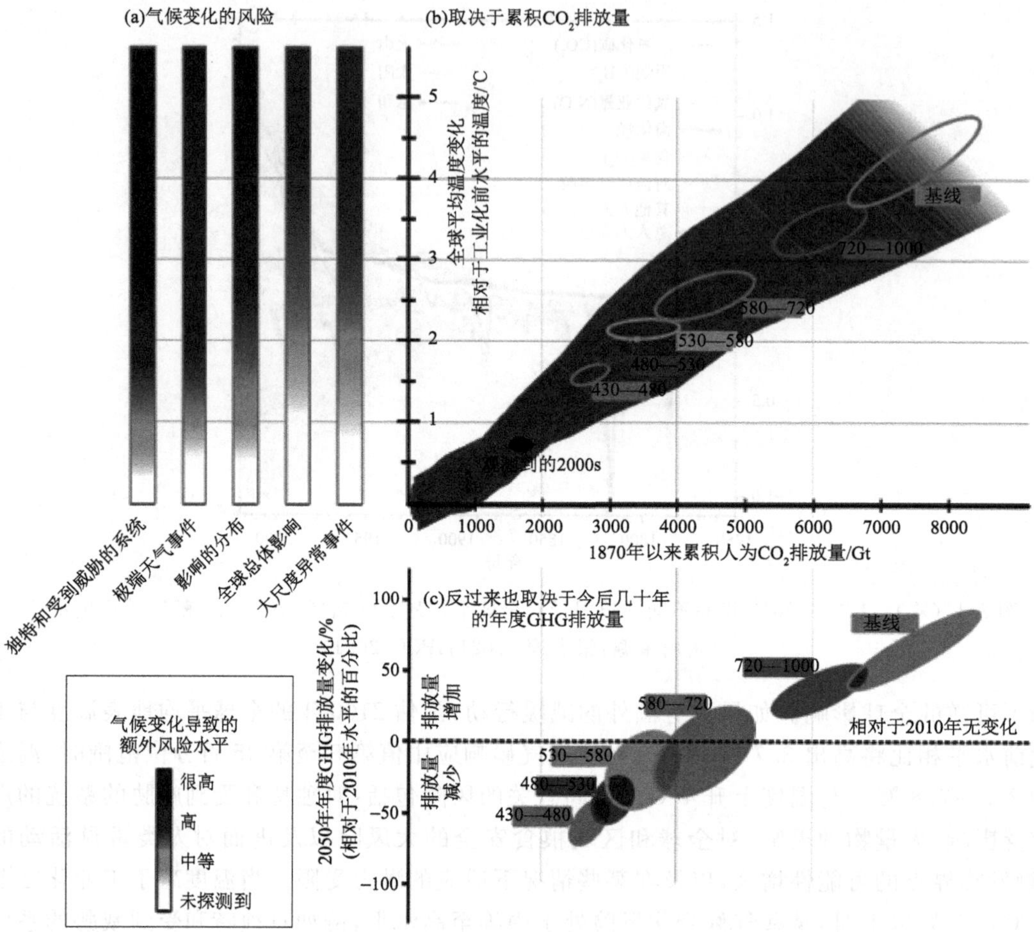

图 2.18　到 2050 年，气候变化、温度变化、累积的二氧化碳（CO_2）排放量以及年温室气体（GHG）排放变化等风险之间的关系（资料来源：IPCC，2014c）

(a)限制关切理由中的风险；(b)意味着限制 CO_2 累积排放量；(c)可在未来几十年限制温室气体年排放量。说明：(a)重建了五个关切理由。(b)将温度变化与从 1870 年以来的累积 CO_2 排放量挂钩。它们都是在基线和五个情景类别（六个椭圆形）下，基于耦合模式互比项目第 5 阶段（CMIP5）模拟（烟羽状）和基于一个简易气候模式（2100 年中值气候响应）。椭圆形中的数值为不同情景下 2100 年 CO_2 浓度（单位为 ppm）。(c)表示各情景类别累积 CO_2 排放量（单位：Gt）与其到 2050 年 GHG 年排放量的相关变化之间的关系，以相对于 2010 年的百分比变化表示。这些椭圆形对应图(b)中所列的相同情景类别，且以类似方法建立

(1)独特和受到威胁的系统。一些生态系统和文化已经受到了气候变化带来的风险。如果气温大概升高 1 ℃，独特并有可能受到带来严重后果威胁的系统数量会增加。很多系统的适应能力有限，尤其是那些和北冰洋海冰和珊瑚礁相关的系统，很容易在温度升高 2 ℃时有高风险。除了大规模变暖带来的风险，陆地物种也对变暖速度敏感，而海洋物种对海洋酸化的速度和程度敏感，海岸系统对海平面上升敏感。

(2)极端天气事件。极端事件（如热浪、强降雨和海岸洪水）相关的气候变化风险已经为中等。气温每升高 1 ℃，风险都会加大。某些极端事件相关的风险（如极度炎热）随着气候变暖而逐步加大。

(3)影响的分布。风险在不同人群和地区之间并非平均分配;一般来说,风险对于所有地方的弱势群体和社区都更大。因为观测到的气候变化影响存在地区差异,尤其是作物产量方面,所以风险已经为中等。基于预估的地区农作物产量下降和可用水资源减少,气温升高超过 2 ℃时不平均分配影响带来的风险加大。

(4)全球总体影响。全球总体影响风险在气温升高 0～2 ℃时为中等,反映出对于地球生物多样性和全球整体经济的影响。在气温升高 3 ℃时大规模的生物多样性损失,加上生态系统商品和服务的损失,会带来高风险。随着气温升高,总体经济损失加剧(证据有限,高一致性),但是对于气温升高超过 3 ℃的情况还缺乏定量预测。

(5)大尺度异常事件。随着气候变暖,一些物理系统和生态系统会受到突发和不可逆变化带来的风险。有迹象表明温水珊瑚礁和北极生态系统已经经历了不可逆的体系变化,与这些临界点相关的风险在温度升高 0～1 ℃时为中等。冰盖损耗可能引发大型不可逆的海平面上升,气温上升 1～2 ℃时风险急剧上升,气温上升超过 3 ℃时风险变为高水平。对于超过约 0.5 ℃但是低于约 3.5 ℃的某种临界以上持续升温,1000 a 或者更长时间内格陵兰冰盖会几乎全部消失,最终导致全球平均海平面上升 7 m。

2.3 古气候及变化特征

自地球大气生成约 10 亿 a 来,地球上的气候一直处于不断的变化之中,冷、暖和干、湿交替发生,时空变幻极其复杂。根据气候变化的时间尺度及检测手段、资料来源、主要特征和成因,可将古气候变化划分为地质时期、历史时期两个阶段。

2.3.1 地质时期的气候变迁

2.3.1.1 地球古气候的年代划分及代用记录

地质时期即地质年代,是指地壳上不同时期的岩石和地层,在形成过程中的时间(年龄)和顺序。古气候学家据大量的研究成果,汇聚成地质年表(表 2.4)。地质年表中最大的时间单位是宙(eon),宙下是代(era),代下分纪(period),纪下分世(epoch),世下分期(age),期下分时(chron)。年表虽有时间的概念,也就是说,当获悉该化石是何宙、代、纪、世、期或时的遗物,间接可知道它形成的粗略时间(当然是很粗略的估计值)。事实上,年表的时间单位是完全人为性划分的,与日历中的年月日不同,它不能使人了解每个宙、代、纪、世、期或时经历的准确时间。虽然地球有 46 亿 a 的历史,但根据地质学的研究,人们目前还只能了解到距今约 10 亿 a 之内的这段历史。

20 世纪以前没有器测资料,研究古气候只能借助代用记录。采集自然环境演变过程中在树木年轮、冰芯、孢粉、黄土、石笋、珊瑚、湖泊沉积、沙漠沉积、海洋沉积、地层中的生物遗存以及历史文献和考古证据中的关于过去气候和环境变化的证据和信息,加以科学分析,并按年代测定结果将之转换为定量的数据表示(如指数值、等级值等),即为古气候的代用记录。代用记录可用以推断气候要素值,建立从季节到年、十年乃至千年、万年不同时间分辨率的气候要素序列等。

表 2.4　地球古气候史的地质年代表(资料来源:缪启龙 等,2010)

宙	代	纪	世	年代开始(百万年前)	主要事件
显生宙	新生代	第四纪	全新世	0.011430±0.00013	人类繁荣
			更新世	1.806±0.005	冰河时期,大量大型哺乳动物灭绝 人类进化到现代状态
		新近纪	上新世	5.332±0.005	人类的人猿祖先出现
			渐新世	33.9±0.1	
		古近纪	渐新世	33.9±0.1	大部分哺乳动物目崛起
			始新世	55.8±0.2	
			古新世	65.5±0.3	
	中生代	白垩纪		99.6±0.9	恐龙的繁荣和灭绝 白垩纪—第三纪灭绝事件,地球上 45%生物灭绝 有胎盘的哺乳动物出现
		侏罗纪		199.6±0.6	有袋类哺乳动物出现 鸟类出现 裸子植物繁荣 被子植物出现
		三叠纪		251.0±0.4	恐龙出现 卵生哺乳动物出现
	古生代	泥盆纪		416.0±2.8	鱼类繁荣 两栖动物出现 昆虫出现 种子植物出现 石松和木贼出现
		志留纪		443.7±1.5	陆生的裸蕨植物出现
		奥陶纪		488.3±1.7	鱼类出现;海生藻类繁盛
		寒武纪		542.0±1.0	寒武纪生命大爆炸
元古宙	新元古代	埃迪卡拉纪		630 +5/−30	多细胞生物出现
		成冰纪		850	发生雪球事件
		拉伸纪		1000	罗迪尼亚古陆形成
	中元古代	狭带纪		1200	
		延展纪		1400	
		盖层纪		1600	
	古元古代	固结纪		1800	
		造山纪		2050	
		层侵纪		2300	
		成铁纪		2500	
太古宙	新太古代			2500	第一次冰河期
	中太古代			3200	

续表

宙	代	纪	世	年代开始(百万年前)	主要事件
太古宙	古太古代			3600	蓝绿藻出现
	始太古代			3800	
冥古宙	早雨海代			3850	地球上出现第一个生物——细菌
	酒神代			3950	古细菌出现
	原生代			4150	地球上出现海洋
	隐生代			4570	地球形成

2.3.1.2　地质时期的气候特征

地质时期的气候变化是指万年以上时间尺度的气候变化。地质时期气候变化的幅度很大，在亿年以上时间尺度的大冰期与大间冰期的交替变化中，全球平均温度的变幅超过 10 ℃。地质时期的气候经历了大冰期和大间冰期的反复过程。地球上曾经有过冰期的想法开始于 18 世纪末到 19 世纪初。有一批学者认为过去地球上的冰曾比今天多，因为一些显然不是本地的石头出现在法国北部的冰川峡谷。Agassiz(1840)宣称曾经有一个与现代格陵兰冰盖相当的大冰盖覆盖了阿尔卑斯山及所有现在地面有漂流物的国家，包括斯堪的纳维亚、德国北部及英格兰大部，并称之为大冰期(Great Ice Age)。1909 年 Penck 等发表了里程碑式的论文，他们根据阿尔卑斯山北坡的冰川遗迹，指出曾经出现过 4 个冰期(王绍武，2013)

对于震旦纪以前大冰期的反复来临，地质学家虽有研究，但知之甚少。从震旦纪开始，地质学家根据地层中的生物演变和地壳构造等研究，已经确定至今发生的三次大冰期和大间冰期的时间：震旦纪大冰期，距今 6 亿 a 前；寒武—石炭纪大间冰期，距今 3 亿～6 亿 a；石炭—二叠纪大冰期，距今 2.5 亿～3 亿 a；三叠—第三纪大间冰期，距今 2.5 亿～200 万 a；第四纪大冰期，距今 250 万 a 至现在(缪启龙 等，2010)。

图 2.19 给出利用各种气候代用资料重建的整个地球气候史上温度和降水变化的特征曲线，其中的冷暖、干湿只是相对现在的状况，并不是确切的数值。从图 2.20 可以看出，地质年代大冰期和大间冰期交替出现，存在相对的冷暖和干湿差别，但以气候温暖为主，大冰期和大间冰期变温幅度平均约为 10 ℃。大冰期时平均温度为 3～7 ℃，地球陆地冰雪面积占大陆总面积的 20%～30%，远远超过当前 11%的比例，北半球 50°N 以北也均为冰雪覆盖。大间冰期温度变幅为 8～12 ℃，地球明显增暖，两极无冰。

缪启龙等(2010)概括了三次大冰期和大间冰期的气候特征。

(1)震旦纪大冰期气候

震旦纪大冰期气候发生在早古生代，距今约 6 亿 a 前。这次冰期的影响范围几乎遍及世界五大洲。在这一时期，中国、印度以及欧洲的芬兰、格陵兰东部，北美的大湖地区和非洲的中部等地的地层中均发现冰碛层。在震旦纪时期，中国的东南部和中部为大冰期气候；而在黄河以北的广大地区则是温暖、干燥的气候特征。

(2)寒武纪—石炭纪大间冰期气候

寒武纪—石炭纪大间冰期发生在距今 3～6 亿 a，涵盖寒武纪、奥陶纪、志留纪、泥盆纪和石炭纪五个地质时期。在此期间，整个地球处于温暖期，但也有相对的冷暖转换。从寒武纪开始，气候温暖，干湿区域特征明显。直到志留纪—泥盆纪时，出现了变冷的趋势，这是大间冰期

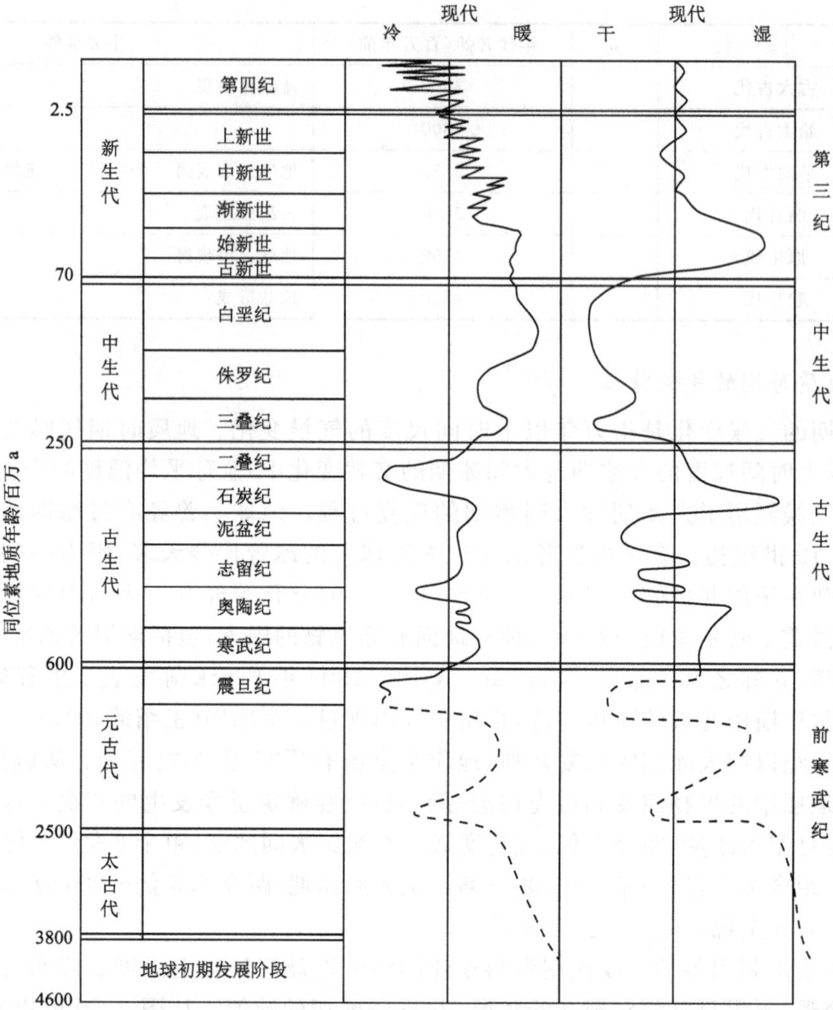

图 2.19　地球气候史上全球平均温度和降水的特征曲线(资料来源:缪启龙 等,2010)
以现在全球平均值为基准,虚线表示资料空白时期,时间标尺是由下至上逐渐放大

中相对寒冷的阶段。但自泥盆纪中期开始,气候又回暖,气温快速攀升,且一直持续到石炭纪。石炭纪气候温暖湿润,利于森林的生长和扩展,此时甚至在大陆内部也出现了茂密的森林。石炭纪形成的森林后来埋入地下成为煤层,这也是地质时期最为重要的成煤阶段之一,故石炭纪也被称为"成煤纪"。

(3)石炭—二叠纪大冰期气候

石炭—二叠纪大冰期发生在距今 2.5 亿～3 亿 a。地质资料表明,这次冰川气候主要影响南半球,北半球除印度以外,其他地区至今尚未发现此时期冰川存在的确切证据。在这一时期,地球的气候分布带仍然很明显。北半球的中国西部、西伯利亚、北欧和北美等地均为干燥带,北半球其他地区为温暖、湿润的气候。对于石炭—二叠纪大冰期气候分布的成因,科学界至今尚无定论。一些学者认为这与当时地球大陆板块的分布有关。

(4)三叠纪—第三纪大间冰期气候

三叠纪—第三纪大间冰期发生在距今 2.5 亿～250 万 a,包括三叠纪、侏罗纪、白垩纪以及新生代的第三纪。三叠纪时期气候温暖、干燥，之后的侏罗纪气候由干热变得温暖而湿润，有利于植物的生长，这一时期成为继石炭纪之后的第二个重要的成煤期。到侏罗纪后期，欧亚大陆的干燥气候带又重新出现。白垩纪时期干燥气候持续且加剧，到白垩纪后期，帕米尔高原、昆仑山、费尔干和塔吉克西部已呈现沙漠和半沙漠特征。中国的干燥气候带也有所扩张，但并未遍及全国。从新生代的早第三纪开始，地球气候又普遍增暖。到晚第三纪时，东亚地区气候变得湿润，中国从内蒙古到秦岭为广袤的森林和草原。

(5)第四纪大冰期气候

第四纪大冰期开始于距今约 250 万 a 前，是距今最近的一次大冰期，也是可获得地质资料最丰富的一个时代。这一时期已基本形成了现代的地理条件，在地球古气候史研究中占有十分重要的地位，是研究整个地质年代气候的基础和出发点。

2.3.1.3　第四纪气候特征

第四纪属新生代，开始于距今约 250 万 a 前。而人类的形成和进化也是开始于数百万年以前，所以第四纪气候对于人类的成长和社会发展实在是太重要了。同时，第四纪在地球历史上是一个有鲜明气候特征的时期，这时海陆的分布、青藏高原的隆起已接近现代的格局。因此，研究第四纪气候具有重要的现实意义。第四纪为世界规模的大冰川期，其影响范围十分广大，在欧洲、美洲以及亚洲都有发现，并有明显的证据可供考查。在第四纪大冰期期间也存在亚冰期与亚间冰期的冷暖反复交替(表 2.5)。

表 2.5　第四纪大冰期中各次亚冰期和亚间冰期的对照表(资料来源:缪启龙 等,2010)

冰期 地区	阿尔 卑斯山	斯堪的 纳维亚	英国	北美	新西兰	中国	距今年数/ 万 a
冰期	武木	卫斯塞里安	德文森	威斯康星	奥梯兰	大理	12～1
间冰期	里斯—武木	艾娜	埃波斯为契	桑加蒙	奥曲林	庐山大理	
冰期	里斯	萨里安	基平	伊利诺安	卫门	庐山	37～24
间冰期	明德—里斯	豪斯他因	豪客斯安	雅奥斯	特兰吉安	大蛄庐山	
冰期	明德	埃尔斯特利安	安古林	堪萨斯	卫蒙干	大蛄	80～58
间冰期	群智—明德	克日梅尔	克鲁梅里安	阿佛唐尼安	维维兰	鄱阳—大蛄	
冰期	群智	维地思	贝汶坦	内布拉斯加	波里坎	鄱阳	120～90
间冰期	多脑—群智						
冰期	多脑						

科学家大多认为第四纪冰期—间冰期旋回的成因是地球轨道要素的周期性变化，包括地轴倾斜度 4.1 万 a 周期、地球轨道偏心率 40 万 a 和 10 万 a 周期及岁差 1.9 万 a 和 2.3 万 a 的周期变化。事实证明，10 万 a 周期及 4.1 万 a 周期是第四纪气候变化的主旋律。特别是 10 万 a周期是距我们最近的 42 万 a 的主要特征。除了距今 1.15 万 a 至今是间冰期气候温暖外，12 万～13 万 a 前、24 万 a 前、32 万～33 万 a 前及 41 万～42 万 a 前均为间冰期。但是间冰期的长短并不固定，24 万 a 前的间冰期最短可能只有几千年，而 41 万～42 万 a 前的间冰期可能长达 2.8 万 a。不过，一般间冰期只占冰期—间冰期旋回长度的 20%左右(王绍武，2011)。

里斯亚冰期是第四纪各次冰期中最寒冷的一次，当时冰川迅速向低纬度扩张，亚欧大陆北部和北美广大地区都被冰川所覆盖，形成三个大陆冰川中心，即欧洲的斯堪的纳维亚、北美的格陵兰和亚洲的西伯利亚。里斯亚冰期时大陆有 2/10～3/10 的面积被冰川覆盖，陆上冰川体积达 3300 万 km^3，气候十分寒冷。

距今最近一次是由亚间冰期到亚冰期的转变，即从里斯—武木亚间冰期到武木亚冰期的转变。图 2.20 给出近 15 万 a 南极温度和海平面高度距平的变化，可以看到距今 13 万 a 前的末次亚间冰期的气温高出现代不到 3 ℃；其后为缓慢降温，约 7 万 a 前的剧烈降温标志末次武木亚冰期的开始；到 2 万 a 前，末次亚冰期发展到极盛时期，气温比现代低 10 ℃左右；到 9000 a 前的早全新世，气温急剧回升，比现代高近 1 ℃以上，进入现代亚间冰期。这次气候的变化代表末次亚冰期完成一次旋回，由此可以推论，现代气候更接近于末次亚间冰期（缪启龙 等，2010）。

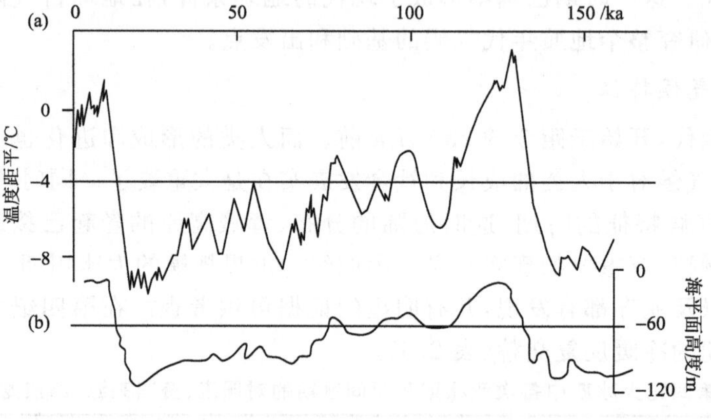

图 2.20　近 15 万 a 的全球气候变化（缪启龙 等，2010）（横坐标单位 ka 表示距今千年数）
(a)南极温度距平，大（小）于 0 表示高（低）于现代的度数；(b)海平面高度（反映大陆冰雪体积），负值表示低于现代的高度(m)

第四纪气候包括更新世气候和全新世气候，更新世气候开始于距今约 250 万 a 前，全新世气候为末次冰期结束后的温暖的气候时段，开始于距今约 11.5 万 a 直到现在。全新世以新仙女木事件结束为开端，是第四纪冰期—间冰期旋回中的现代间冰期时段（王绍武，2011）。

全新世有两个显著的气候特征，首先是气候温暖，北半球劳伦泰冰盖与斯堪的纳维亚冰盖消融，仅存格陵兰冰盖和各地的高山冰川。全新世开始，北半球高玮夏季接收到的太阳辐射多，冬季接收到的太阳辐射少。早全新世距今 10 万～8 万 a 期间北大西洋及邻近的极区温度较现代高 2 ℃以上。靠近冰盖的北欧及北美温度变化稍有滞后，北欧及北美西北部最暖期出现在距今 7 万～5 万 a，比现代高 0.5～2.0 ℃。早全新世北半球的温带森林普遍向北扩展。

全新世气候的另一个特点是亚非季风区气候湿润，最突出的是非洲。早全新世大约一直到金字塔时期（距今 4.5 万 a），撒哈拉陆地上有湖泊、植被，许多地区为萨瓦纳气候或热带（副热带）草原气候，全然不是现在这样极端干旱的沙漠地貌。大量的古气候研究证明，早全新世从阿拉伯半岛到孟加拉湾气候都比较湿润，且西南季风强盛。

从距今 8.5 万～8.0 万 a 到 4.0 万～3.5 万 a 为全新世中期，全球气候达到较现代更为温暖的水平，又称全新世大暖期（Megathermal），其中温暖的鼎盛阶段出现在距今 7.2 万～6.0 万 a，当时中高纬度地区陆上温度可以较现代高 2～3 ℃以上，中国华南温度比现代高 1 ℃，长江流域高 2 ℃，西北、东北可能高 3 ℃，青藏高原南部可高出 4～5 ℃，伴随夏季风的扩张，降水量大幅增加，湖面普遍升高。大暖期内也有多次的气候与环境波动。

2.3.2 历史时期的气候变化

历史时期的气候是自人类文明出现以来但尚无仪器观测资料的历史时期的气候。历史时期的时间上限并无定论，过去不少学者认为是从第四纪大冰期中的大理(武木)亚冰期的最近一次副冰期之后的 1 万 a 至有器测资料的"冰后期"气候。后来有学者提出，从人类文明出现的角度，1 万 a 的时间尺度不合适。他们提出，中国历史时期的气候应使自仰韶文化以来约 5000 多年间的气候，而其他国家则是公元前 4000 年埃及文化出现以来的气候。但无论时间上限怎么定，历史时期都是涵盖在全新世之中，所以全新世是地质时期和历史时期的交叉结合部(王绍武,2011)。

2.3.2.1 过去 1 万 a 气候特征

距今 1 万 a，气候变化的基本特征是初期转暖，中期达到最暖，后期又转凉。温度变化大致上可分为 3 个阶段：全球温度不稳定升温的新温暖期(中全新世以前)、维持稳定高温的大温暖期(中全新世)以及不稳定降温的晚温暖期(中全新世以后)(图 2.21)。该时期全球平均温度变幅在 2 ℃范围内(缪启龙 等,2010)。

虽然历史时期气候基本是气候回暖时期，但期间普遍存在从百年到千年时间尺度的气候变化。O. Leistol 根据 1 万 a 来的挪威雪线(图 2.22)，将冰后期以来的气候划分为四个寒冷期，具体情况如下。

第一寒冷期发生在距今 9000～8000 a，公元前 6300 年左右为主要寒冷期，此时正处于武木亚冰期最近一次副冰期的残余阶段；

第二寒冷期发生于距今 7000～3500 a 的气候温暖时期中间的一次相对短暂的气候寒冷期，主要寒冷期时段位于公元前 3400 年前后；

第三寒冷期发生于距今 3000～1900 a，主要寒冷时段位于公元前 830 年前后，这次寒冷期又称为新冰期；

第四寒冷期发生于公元 1500—1900 年间，主要寒冷时段位于公元 1725 年前后，欧洲称这次寒冷期为现代小冰期。

在每两次寒冷期之间为相对温暖期：第一温暖期主要发生在距今 7000 a 前后；第二温暖期主要发生在距今 4000 a 前后；第三温暖期发生在距今 1100～700 a 之间。由于前两次温暖期之间的第二寒冷期降温幅度较小，故这两次温暖期又往往统一称为"气候最适时期"或"高温期"(Climatic Optimum)，也就是全新世的大温暖期。第三次温暖期通常被称为"第二次气候最适期"。

一般认为气候最适宜期发生在距今 8000～3000 a 前。王绍武等(2005)总结了气候最适宜期的特征，主要表现为以下几点。

(1)气候带北移。北大西洋近 3000 a 来副热带高压冬季在 30°N，夏季在 32°N，但全新世中期冬季达到 42°N，夏季达到 50°N。近 3000 a 来副极地低压带冬季在 70°N，全新世中期北移到 80°N 附近。这说明至少北大西洋气候带在全新世中期明显北移。

(2)山地冰川强烈后退，雪线升高。例如西藏东南部若果冰川冰舌末端比现代高 600～700 m。当时海拔 3800～4000 m 生长着针叶混交林，目前这样的森林只分布在海拔 2500～3000 m 的高度。

(3)海平面高度上升。根据中国渤海古海蚀阶地和贝壳的分布推算全新世中期海平面比现代高 2～4 m。

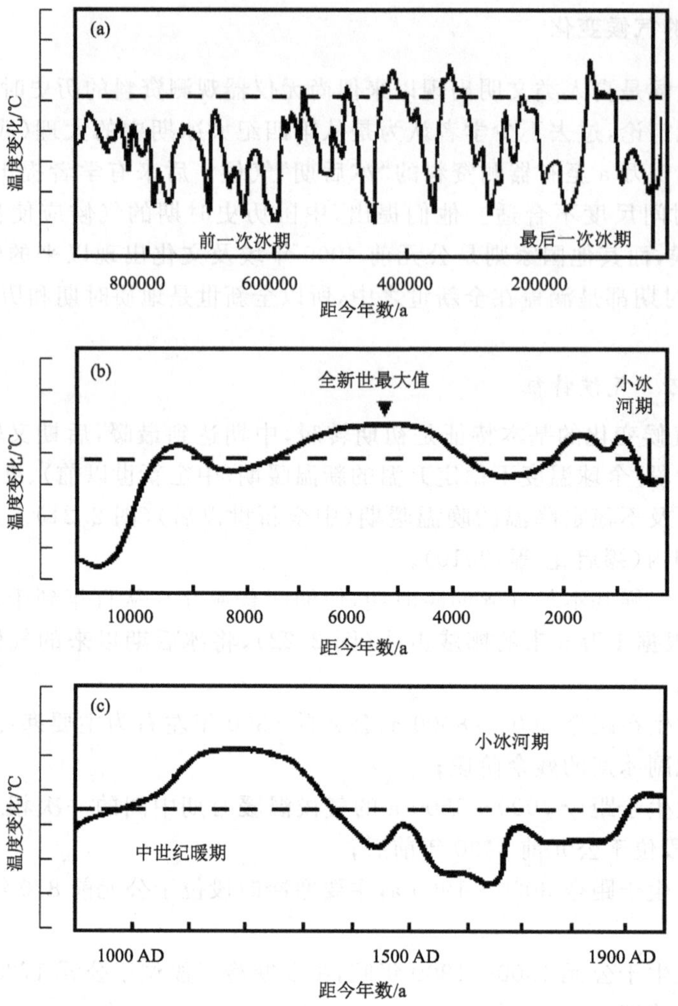

图 2.21　更新世以来 3 种时间尺度的全球温度变化(资料来源:IPCC,1990)

(a)近 100 万 a;(b)近 1 万 a;(c)近 1000 a(虚线表示 20 世纪开始时的温度状况;AD 表示公元)

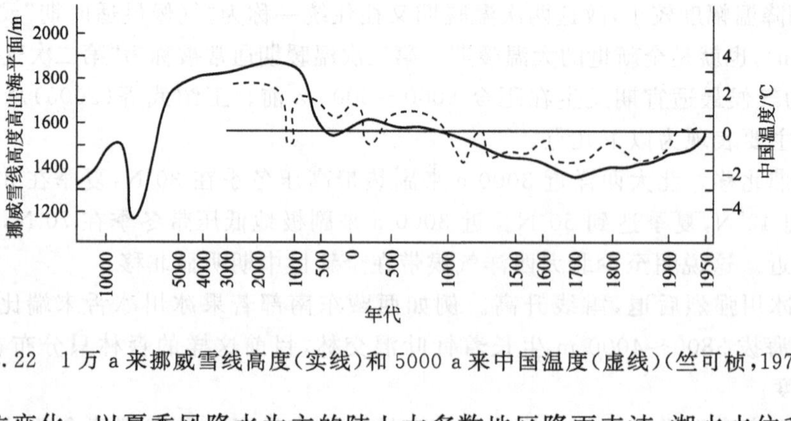

图 2.22　1 万 a 来挪威雪线高度(实线)和 5000 a 来中国温度(虚线)(竺可桢,1973)

(4)湖水位变化。以夏季风降水为主的陆上大多数地区降雨丰沛,湖水水位升高。例如内蒙古岱海,全新世中期湖面比现代湖水水位高 40 m,面积达 431 km^2,是现代湖面积的 3.2 倍。

但以冬季风降水为主的地区，湖泊水位大多下降，如美国西部大盆地(Great Basin)，众多湖泊在全新世中期干枯消失。里海的水位在全新世中期比全新世早期和现代要低 20 m。

(5)流沙活动减弱。中国黄土高原地区，全新世中期曾经广泛形成一层黑垆土型土壤，厚 0.5～1.0 m，标志着当时西北季风退缩，东南季风推进，气候湿润。北非撒哈拉沙漠的南界比现代向北退缩达 5 个纬度之多，反映流沙活动大幅度缩小。

(6)森林植被变化。温带落叶阔叶林植被形成。森林界限向高纬及高山推进。在北美洲大约 100°W，现代森林界限处于 61°N 附近，全新世中期，曾经向北推进 250～300 km，达到64°N附近。欧洲阿尔卑斯山树木生长上限，比现代高 300～400 m。说明当时夏季温度高、降水丰沛。

(7)亚热带动物群向北迁移。根据亚热带动物亚洲象、苏门犀的遗骨判断，全新世中期中国东部亚热带界限曾北移到黄河流域。在印度的塔尔沙漠，非洲撒哈拉沙漠，全新世中期亦有象、犀和水牛生存。

(8)新石器农业文化的繁荣。中国黄河、埃及尼罗河流域、中东的两河流域和印度河流域，全新世中期时新石器文化迅速兴起，形成人类社会发展史上的四大文明。这可能与当时处于气候最适宜期有关。

2.3.2.2　公元前 4000 年以来气候特征

自公元前 4000 年以来，全球范围的气候经历了多次冷暖干湿的变迁。张德二(2016)提出，通过对文化发达较早或所获得气候变迁证据较明显的地区，如埃及尼罗河流域、欧洲和北极等地区的历史资料的分析，可将世界历史气候变迁划分为以下几个时期。

(1)大西洋期(公元前 4050 年至公元前 2650 年)，也称气候适宜期，平均气温比现代高 2.5 ℃，尼罗河水位比现代高 12～20 m，热带半雨区雨量约为现代 3 倍。

(2)亚北方早期(公元前 2650 年至公元前 2050 年)，气候转寒，以北极海的不冻水面结冰为标志海平面约比现代低 4 m。

(3)亚大西洋期(公元前 2050 年至公元 800 年)，气候一度转暖，继而变冷，存在多个次一级的冷暖干湿波动。

(4)中世纪温暖期(公元 800—1300 年)，出现世界性的海平面升高，赤道雨量丰富，由历史文献记录和树轮、冰芯资料表明，此时期在欧洲、北美和北大西洋地区气候温暖而湿润。

(5)小冰期(公元 1300—1900 年)气候转为寒冷，欧洲的山地冰川大规模前进、高山雪线下降。小冰期间北半球中纬度地区年平均气温的多年平均值约比 20 世纪中期低 1.0 ℃左右，极地可能低 1.5～2.0 ℃。

(6)现代温暖期(1900 年—)全球气候转暖。

2.3.3　古气候参照时期及特征

未来便于对当代气候、未来的气候变化趋势与古气候进行比对，预知气候变化可能带来的环境效应，IPCC WGI AR6(IPCC，2021)首次提出古气候参照时期并阐述其气候特征和环境效应。WGI AR6 选取的时间尺度为当前的地质年代，即新生代(古新世，起始时间选为距今 6000 万 a)以来至公元前 2000 年，其间包括 9 个古气候参照时期，分别为：古新世—始新世极热期(Paleocene-Eocene thermal maximum)；早始新世气候适宜期(Early Eocene climatic optimum)；中新世气候适宜期(Miocene climatic optimum)；中上新世暖期(Mid-Pliocene warm period)；末次间冰期(Last interglacial)；末次盛冰期(Last glacial maximum)；末次冰期—间冰期转变(Last glacial-interglacial transition);全新世中期(Mid Holocene);近千年(Last millennium)[图 2.23(彩)]。参照时期代表的是比现在更热或更冷的时期以及气候迅速变化的时期,其中一些时期未来预估的气候有某些相似的特征。参照时期被用来回答与过去自然气候变化有关的各种问题,其中多数还可用作评估气候模式在不同气候强迫下模拟性能的标准,同时也提供了与各种辐射强迫和地理变化相关的海洋-大气环流变化的认知。各参照时期所处的年代及气候、生态概况参见表 2.6,古气候参照时期及现代参照时期的全球温度、海平面高度和大气 CO_2 浓度值等见图 2.24(彩)。

表 2.6　古气候参照时期及气候、生态概况(资料来源:IPCC,2021)

参照时期	年代	气候、水体状态概略(相对于 1850—1900 年)
古新世—始新世极热期(PETM)	距今 5590 万～5570 万 a	始新世初期发生的地质上快速、大规模的变暖事件,当时大量的碳被释放到海洋大气系统中,降低了海洋 pH 值和氧气含量。陆生动植物群落组成发生变化,物种分布向极地方向转移。许多深海物种灭绝,热带珊瑚礁减少
早始新世气候适宜期(EECO)	距今 5300 万～4900 万 a	长期的"温室"期,大气 CO_2 浓度＞1000 ppm,类似于 21 世纪末的 SSP5-8.5 情景值。由于构造板块的运动,大陆的位置与现在有些不同;极地没有冰,高纬度地区比赤道地区更温暖。尽管存在季节性极地黑暗,近热带森林可生长在 70°S
中新世气候适宜期(MCO)	距今 1690 万～1470 万 a	长期温暖期,大气 CO_2 浓度 400～600 ppm,类似于 21 世纪末的 SSP2-4.5 情景值。大陆地理与现代地理大体相似。有时北极的海冰可能已经消失,而南极冰盖(AIS)则要少得多,或者可能已经消失。新生代礁发育高峰期
中上新世暖期(MPWP)	距今 330 万～300 万 a	大气 CO_2 浓度与现在相似的暖期。北极要温暖很多,但热带的温度仅稍微温暖一点。海平面很高。林木线延伸到北半球大陆的北部海岸线。又称"皮亚森暖期"
末次间冰期(LIG)	距今 12.9 万～11.6 万 a	最近的间冰期,类似于全新世中期,但具有更明显的季节性日照循环。北部高纬度地区更加温暖,海冰减少。格陵兰岛和南极西部冰盖更少,海平面更高。季风增强。北方森林延伸到格陵兰岛,亚热带动物如河马占领了英国。珊瑚礁沿纬度方向扩张,向赤道方向收缩
末次盛冰期(LGM)	距今 2.3 万～1.9 万 a	最近的冰期,全球气温低,两极的气温降低更显著。冰盖覆盖了北美和欧亚大陆西北部的大部分地区,海平面也相应地降低了。大气中 CO_2 浓度较低;更多的碳被隔离在海洋内部。降水在大多数地区普遍较低;大气灰尘更多,许多植物种类的范围收缩成冰川避难所;世界范围内的森林面积和珊瑚礁分布都在减少
末次冰期—间冰期转变(LDT)	距今 1.8 万～1.1 万 a	最后一次大冰期之后的变暖,伴随着两极地区冰冻圈范围的减小。海平面、海洋经向翻转环流和大气 CO_2 浓度在两个主要阶段升高或增强。温带和北方的物种范围向北扩展,物种周转量很大,巨型动物的数量减少或灭绝
全新世中期(MH)	距今 6500～5500 a	现代间冰期中期,CO_2 浓度与工业时代开始时相似,但轨道配置导致了水循环的变暖和转变,尤其是北半球(NH)季风的变化。其大致的时期为现代间冰期至工业时代开始之前,GMST 位于峰值。季风减弱与水文气候变化有关的温带树木种群的崩溃,导致了北非草原生物群落规模的损失
近千年	公元 850—1850 年	与以前的参考时期相比,这一时期的气候变化在年至百年尺度上得到了更好的观测和记录。气候变化是由太阳、火山、土地覆盖和人类活动驱动的,包括 1750 年以来温室气体的强烈增加

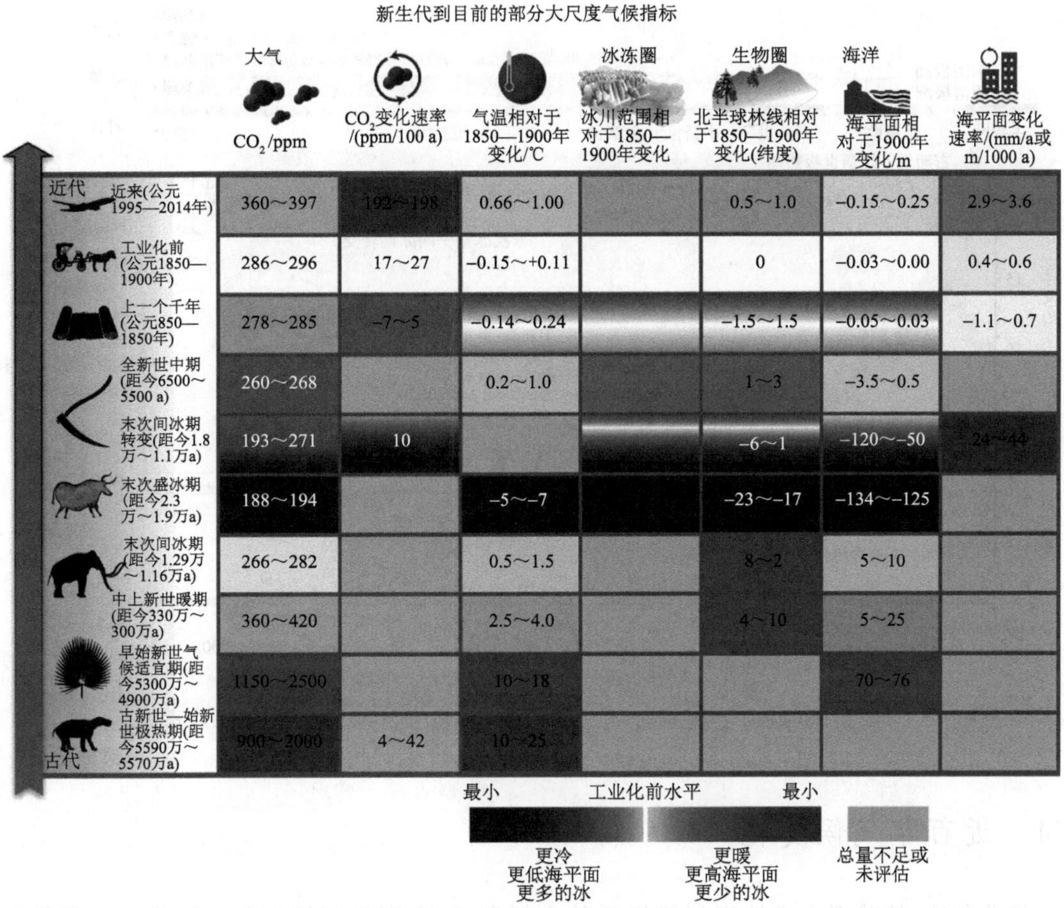

图 2.23(彩) 新生代古气候期和近期参照期的大尺度典型气候指标(资料来源:IPCC,2021)

全球平均地表温度(GMST)是衡量气候系统变化的关键指标。在新生代,气温在数千万年的时间里普遍下降,导致了冰盖的形成。在过去的 200 万 a 里,气候在冰期和间冰期之间波动旋回。从距今 6600 万 a 到目前,GMST 变化大体上可分为如下几个冷暖交替的阶段[图 2.24(彩)]:①在新生代的前 1500 万 a 转变为增温趋势,以古新世—始新世极热期为间隔;②从大约距今 5000 万 a 开始,出现了长达数千万年的变冷趋势,这主要是地球板块漂移所致,板块漂移推动了造山、侵蚀和火山活动,并重新配置了海洋通道,所有这些最终将大气中的碳转移到其他圈层的碳库储存,大气中温室气体浓度下降,并导致了大约距今 3500 万~3000 万 a 的南极冰盖(AIS)的形成和持续;③由地壳构造、冰反照率、海洋环流、陆地覆盖和温室气体之间相互作用等气候反馈加强的冷却,导致冰盖在北半球(NH)大约 300 万 a 的形成和发展;④冰期—间冰期的旋回,以地球天文结构(轨道)的缓慢变化为节奏,并受全球碳循环和冰盖在数万至数十万年时间尺度上的变化所调节,这在过去的 100 万 a 里尤其突出;⑤从末次间冰期到现在的间冰期(全新世)的逐渐和突然的转变,伴随着分散的冰盖破裂,扰乱了海洋环流;⑥全新世中期之后,持续的变暖紧跟着轻微的降温,火山活动和其他因素造成了叠加在大趋势之上的 100 a 至 10 a 尺度的波动;⑦最近的变暖与人为温室气体的积累有关(IPCC,2021)。

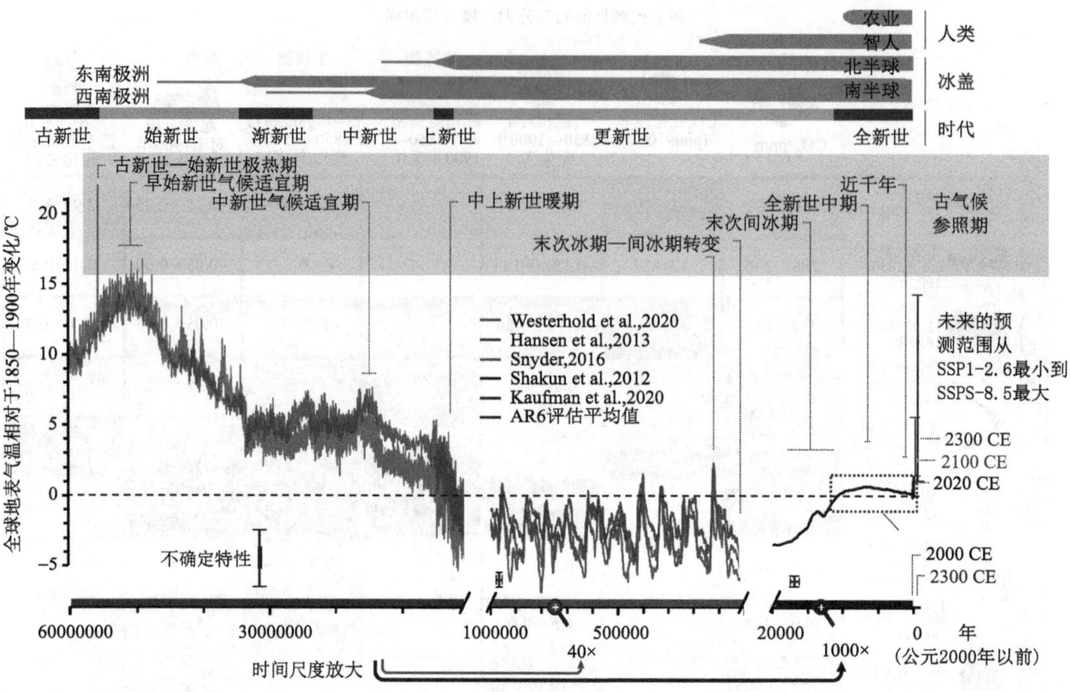

图 2.24(彩) 过去 6000 万 a 全球温度演变(资料来源：IPCC,2021)

2.4 近百年气候变化

如前所述,地球至今正处于气候温暖的全新世中,亦即处于第四纪大冰期的亚间冰期之中。第四纪大冰期至今仅仅为 200 多万年,其时间尺度还远远小于地球气候史上任何一次大冰期的时间尺度,前两次大冰期均持续上千万年。由此可以断定第四纪大冰期还没有结束,现代气候可能是处于当今亚间冰期最温暖时期的后部,可以预见在未来数百年之内,地球也不会进入下一个亚冰期。世界各地的气象观测台站在近一二百年中逐渐建立,大量观测资料的出现为研究现代气候变化提供了科学依据。工业革命以来的气候变暖,主要是人类活动驱动的。本节主要讨论气温、降水的变化,而有关极端事件以及冰冻圈、海洋、海平面、水循环等方面的内容,则在以后专门讨论。

2.4.1 全球气温变化趋势

工业革命以来,全球正经历着以气候变暖为突出标志的气候变化,其升温幅度之高,是过去 2000 a 之最(图 2.25)。IPCC WGI AR6(IPCC,2021)指出,相对于 1850—1900 年,2001—2020 年这 20 a 平均的全球地表气温(GSAT)升高了 0.99 (0.84～1.10)℃,而 2011—2020 年 10 a 平均 GSAT 已经上升 1.09 (0.95～1.20)℃。1850 年以来,最近 40 年的每个 10 a 的 GSAT 都相继比此前的任何一个 10 a 要暖(IPCC,2021)。陆地增温大于海洋,陆表温度上升 1.59 (1.34～1.83)℃,海面温度上升 0.88 (0.68～1.01)℃。2011—2020 年是有完整气象观测记录以来最暖的 10 年；20 世纪 80 年代以来，每个连续 10 a 都比前一个 10 a 更暖。长序列观测资料和再分析数据集综合分析表明，全球变暖趋势仍将持续。

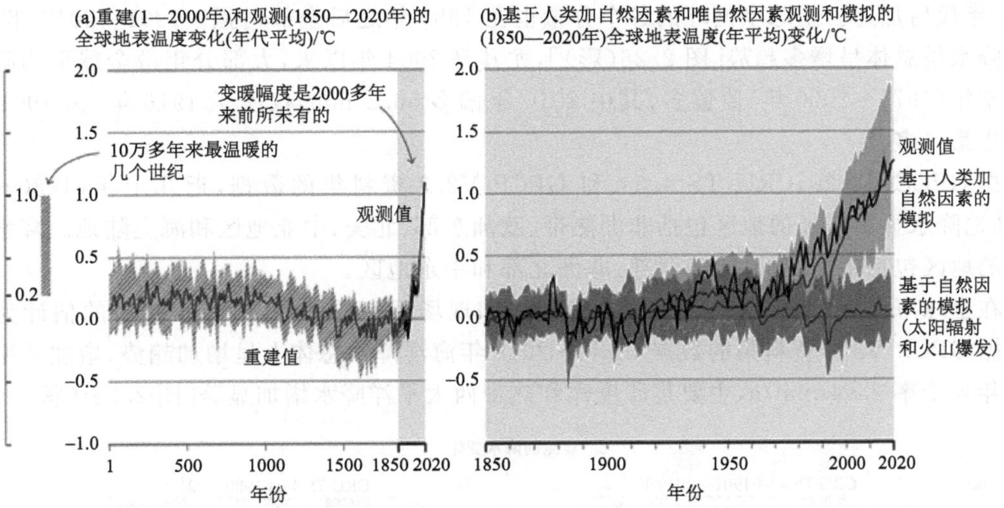

图 2.25　过去 2000 a(a)和 1850—2020 年(b)全球平均温度距平(资料来源：IPCC，2021)

从 1850—1900 年期间至 2010—2019 年期间，人类活动造成的 GSAT 上升的可能范围为 0.8～1.3 ℃，最佳估计为 1.07 ℃。温室气体很可能导致了 1～2 ℃的升温，其他人类活动(主要是气溶胶)导致了 0.0～0.8 ℃的降温，自然因素的驱动的气温变化范围是－0.1～0.1 ℃，气候系统内部变率导致气温变化范围是－0.2～0.2 ℃。

自 20 世纪中期以来，对流层一直在变暖。自 2001 年以来，热带对流层上层变暖的速度快于地表气温，但 2001 年之前的变化趋势为低信度。20 世纪中期以来，平流层低层在变冷。然而，大多数资料集显示，自 20 世纪 90 年代中期以来，平流层较低的温度已经稳定下来，在过去 20 a 里没有显著变化。自 1980 年以来，平流层中上层的温度很可能有所下降，但对下降幅度的估计为低信度。大气中混合温室气体很可能是 1979 年以来对流层变暖的主要驱动因素，而极有可能的是，从 1979 年到 20 世纪 90 年代，人类造成的平流层臭氧臭氧损耗是平流层低层变冷的主要驱动因素。

从海洋和冰冻圈的变化来看，1850—1900 年以来，2011—2020 年间全球平均海洋表面温度升高了 0.88 ℃；过去一个世纪全球海洋的增暖在末次间冰期结束以来(约 1.1 万 a)最快；2011—2020 年平均北极海冰面积达到 1850 年以来最小，夏季北极海冰的面积至少是过去 1000 a 里最小的；20 世纪 50 年代以来全球几乎同步的冰川退缩至少在过去 2000 a 未曾发生。全球海平面上升速率持续增大，1901—1971 年间海平面平均上升速率为 1.3(0.6～2.1) mm/a，1971—2006 年间增加至 1.9(0.8～2.9) mm/a，在 2006—2018 年间进一步增加至 3.7(3.2～4.2) mm/a。充分一致的证据表明，1900 年以来的全球平均海平面上升在近 3000 a 的历史上比任何一个世纪的都要快。生物圈变化的评估虽然受制于遥感观测数据的时间长度和数据均一性问题，但研究表明，20 世纪 70 年代以来的陆地生态系统的变化与全球变暖相一致。气候区向两极极地移动，1950 年以来北半球热带外地区生长季的长度平均延长了 2 d。

2.4.2　全球降水变化趋势

全球陆地降水在 1950 年以前的趋势信度较低。20 世纪中叶以来很可能增加，且在 20 世纪 80 年代后加速。全球水循环的各个分量也在 1980 年之后全部增强。1901—2017 年，全球平均降水量总体呈增多趋势[图 2.26(彩)]，尤其是 2004 年以来，大部分年份全球平均降水量均较常年(1971—2000 年)值偏多，其中 2010 年偏多 56.2 mm，仅次于 1916 年，为 1901 年以来历史第二多。

据 GPCC V2020，CRU TS 4.04 和 GPCP V2.3 资料集的数据，近几十年(1980—2019 年)陆地降水显著增加的地区包括非洲热带、欧洲东部、北美、中亚地区和海上陆地。降水显著减少的地区包括南美中部、北美西部、非洲北部和中东地区。

在全球海洋上，由于卫星反演的不确定性和现场观测的不足，对降水趋势的估计为低信度。据 GPCP V2.3 资料集的数据，1980—2019 年海洋降水总体上呈增加趋势，增加速率为每 10 a 年均变率 2.94 mm/a，主要是印度洋和热带西太平洋降水增加显著[图 2.26f(彩)]。

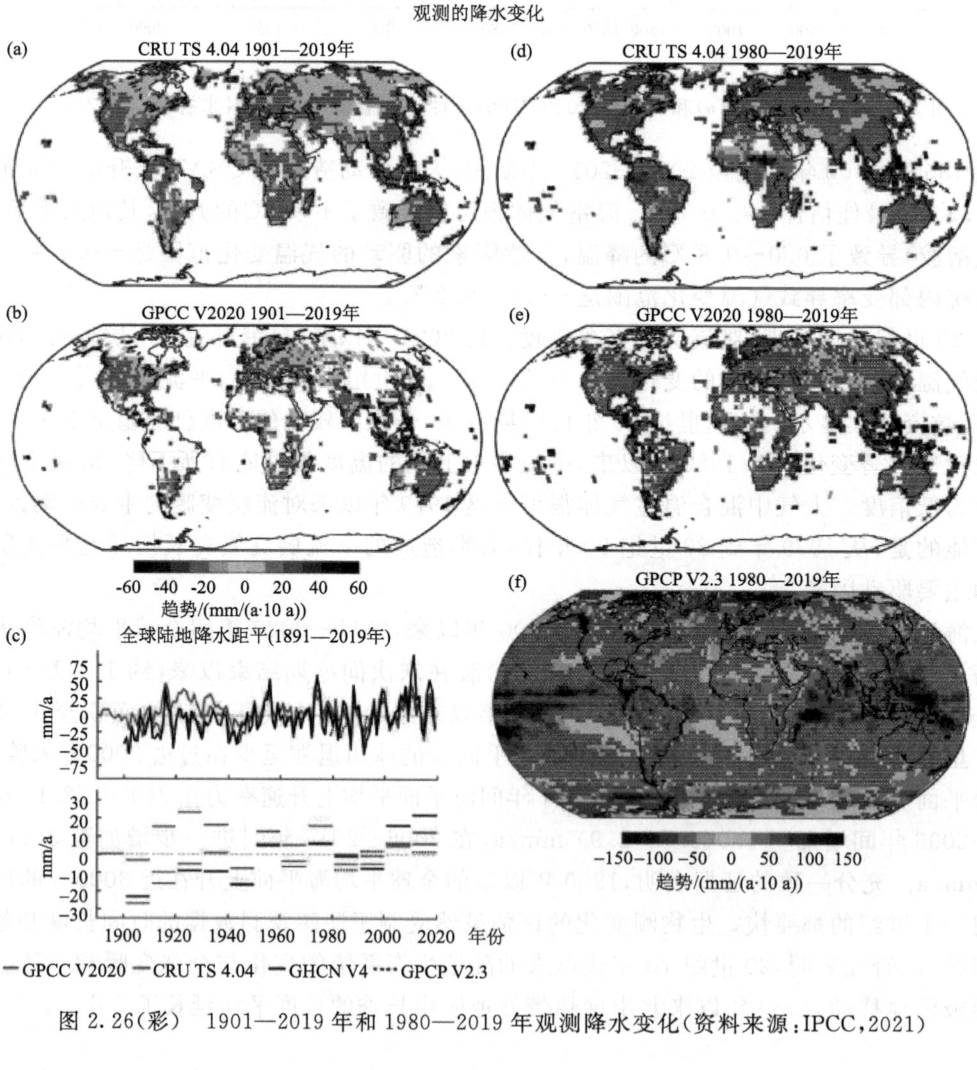

图 2.26(彩)　1901—2019 年和 1980—2019 年观测降水变化(资料来源：IPCC，2021)

2.5 未来气候变化趋势

如前所述，气候变化预估是在设定的自然因素（太阳活动、火山活动）和人类活动（人口变化与社会经济发展、人为排放温室气体和气溶胶、土地利用，等）等外源强迫下，基于气候模式的模拟结果，对未来几十年至百年时间尺度上气候系统如何变化进行展望。

2.5.1 温室气体排放情景和社会经济情景

预估未来气候变化需要构建未来社会、经济变化的情景，由此衍生出温室气体排放情景，可以是温室气体浓度情景、温室气体排放情景、辐射强迫情景等。

温室气体排放情景简称排放情景（emission scenario），是建立在一系列科学假设基础之上，为了对未来气候状态时间、空间分布形式进行合理描述而假定的人为温室气体和气溶胶等的排放情况。情景描绘了未来世界发展的各种可能性，它由许多相互关联的变量组成，在一系列连贯的有关主要发展驱动因素及其相互关系的假设或理论基础上，形成对未来世界的总体描述，输入到气候模式，从而用于对未来气候变化的预估。排放情景的主要决定因素包括人口增长、经济发展、技术进步、环境条件和社会管理等。

IPCC 第一次评估（FAR）使用了 4 种排放情景：A 情景（照常排放情景），B 情景（低排放量情景），C 情景（控制政策情景）和 D 情景（加速的政策情景）。第二次评估（SAR）采用了 6 种 IS92 排放情景（IS92a－f）。2000 年 IPCC 发布了《排放情景特别报告》（SRES），SRES 由 A1、A2、B1、B2 情景家族组成，包含 6 组解释型情景（B1、A1T，B2，A1B、A2 和 A1F1），共 40 个温室气体排放参考情景（曹丽格 等，2012）。其中，SRES A2 代表高排放情景，SRES A1B 代表中排放情景，SRES B1 代表低排放情景。SRES 情景在第三次评估（TAR）和第四次评估（AR4）中得到应用。IPCC 在第 5 次评估（AR5）中，又发展了一套新情景，称作典型浓度路径（RCPs），以相对于 1750 年的 2100 年近似总辐射强迫来表示。典型浓度路径包括 RCP2.6、RCP4.5、RCP6.0 和 RCP8.5 共 4 种情景。与 SRES 情景中没有考虑气候政策不同，RCPs 可以代表一系列 21 世纪的气候政策。RCPs 主要包括 4 种情景，分别称为 RCP8.5、RCP6.0、RCP4.5 和 RCP2.6。其中前 3 个情景大体与 SRES A2、A1B 和 B1 相对应。这些情景是用相对于 1750 年的 2100 年的近似总辐射强迫来表示的，在 RCP2.6 情景下为 2.6 W/m^2，在 RCP 4.5 情景下为 4.5 W/m^2，在 RCP6.0 情景下为 6.0 W/m^2，在 RCP8.5 情景下的 8.5 W/m^2。这 4 个情景中，一个为极低强迫水平的减缓情景（RCP2.6），两个为中等稳定化情景（RCP4.5 和 RCP6.0），一个为温室气体排放非常高的情景（RCP8.5）（巢清尘 等，2014）。

社会经济情景的设定是气候变化影响研究的重要环节。在历次 IPCC 评估报告中，气候情景经历了不断的更新与发展，由最初的维持社会经济状况不变到改变人口、经济等要素再到 IS92 中简单设定高、中、低 3 种变化模式，并考虑能源、土地利用等相关的温室气体排放，直到共享社会经济路径（SSPs）的提出，IPCC 的气候变化情景由简单描述走向了定量化的评估，将原有的社会经济假设上升到情景的高度，反映了温室气体排放与社会经济发展的关联，更好地满足气候变化影响、适应与减缓研究的需要（姜彤 等，2020b）。

共享社会经济路径（SSPs）共有 5 个情景，分别是 SSP1、SSP2、SSP3、SSP4 和 SSP5。SSP1（Sustainability）为可持续路径，面临实现可持续发展、气候变化挑战较低的世界，映射

SRES B1/A1T 情景；SSP2（Middle of the Road）为中间路径，面临中等气候变化挑战，映射 SRES B2 情景；SSP3（Regional Rivalry）为区域竞争路径，局部发展或不一致发展，面临高的气候变化挑战，映射 SRES A2 情景；SSP4（Inequality）为不均衡路径，以适应挑战为主，映射 SRES A2 情景；SSP5（Fossil-fueled Development）为以化石燃料为主发展路径，映射 SRES A1FI 情景。为加强温室气体排放情景和社会经济情景之间的联系和比较，IPCC 情景组提供了有关 SRES 情景、RCPs 和 SSPs 间的对应信息（图 2.27），其中 SRES A2 情景相当于 RCP8.5 气候情景和 SSP3 或 SSP4 社会经济情景；B2 情景相当于 RCP6.0 气候情景和 SSP2 社会经济情景；B1 情景相当于 RCP4.5 气候情景和 SSP1 社会经济情景；A1FI 情景相当于 RCP 8.5 气候情景和 SSPs 社会经济情景；没有具体的 SRES 情景与 RCP2.6 相对应。

适宜的挑战			低	中等	高	高	低
			SSP1	SSP2	SSP3	SSP4	SSP5
	参考	SRES	B1/A1T	B2	A2	[A2]	A1F1
RCP	8.5 W/m²	A2			A2	[A2]	
	6.0 W/m²	A1B/B2		B2			
	4.5 W/m²	B1	B1	←	SRES的减缓情景		→
	2.6 W/m²	—	←	SRES的减缓情景		→	

图 2.27　RCPs、SRES 和 SSPs 的相互关系与映射（资料来源：张杰 等，2013）

IPCC 在第 6 次评估（IPCC，2021）中，对未来气候变化进行了预估。未来变化是相较于当前气候（1995—2014 年）以及工业革命前（1850—1900 年）两个基准态计算得到。气候预估情景的主体是国际耦合模式比较计划第六阶段（CMIP6）采用的情景，即共享社会经济路径（SSPs）。SSPs 共包括 5 种情景，按照人为辐射强迫值由低到高分别是 SSP1-1.9、SSP1-2.6、SSP2-4.5、SSP3-7.0 和 SSP5-8.5。SSP 后的第一个数字表示假设的共享社会经济路径，第二个数字表示到 2100 年的近似全球有效辐射强迫值。AR6 除采用 SSPs 情景外，第四章的部分预估结果还视情况引用了 CMIPS 模式在典型浓度路径（RCPs）情景下的预估结果（周天军 等，2021）。

2.5.2　未来温度变化预估

据 IPCC AR6（IPCC，2021）预估，未来在所有情景下，至少到 21 世纪中叶全球地表气温（GSAT）将继续上升，上升幅度将超过 1.5 ℃和 2 ℃，除非在未来几十年中采取特别的减缓措施，大幅度减少 CO_2 和其他温室气体排放。相对 1850—1900 年，到 2081—2100 年在低排放情景 SSP1-1.9 下，GSAT 将上升 1.0～1.8 ℃；在中排放情景 SSP2-4.5 下，GSAT 将上升 2.1～3.5 ℃；在高排放情景 SSP5-8.5 下，GSAT 将上升 3.5～5.7 ℃[图 2.28a（彩）]。上一次全球 GSAT 比 1850—1900 年高出 2.5 ℃，那是在 300 万年以前。

在近期预估中（2021—2040 年），相较于 1850—1900 年的平均值，在 SSPS-8.5 情景下，GSAT 的 20 a 平均值很可能升高 1.5 ℃，这一温升在 SSP2-4.5 和 SSP3-7.0 情景下也可能发生，在 SSP1-1.9 和 SSP1-2.6 情景中多半可能发生。

超过 1.5 ℃阈值的中心估计在 21 世纪 30 年代初，可能性在 40%～60%，这比《全球升温 1.5 ℃特别报告》的可能范围（2030—2052 年）的中点早了大约 10 a。

CMIP6 模式预估的 GSAT 的变化范围比 AR6 报告给出的评估结果范围要宽许多；而且，

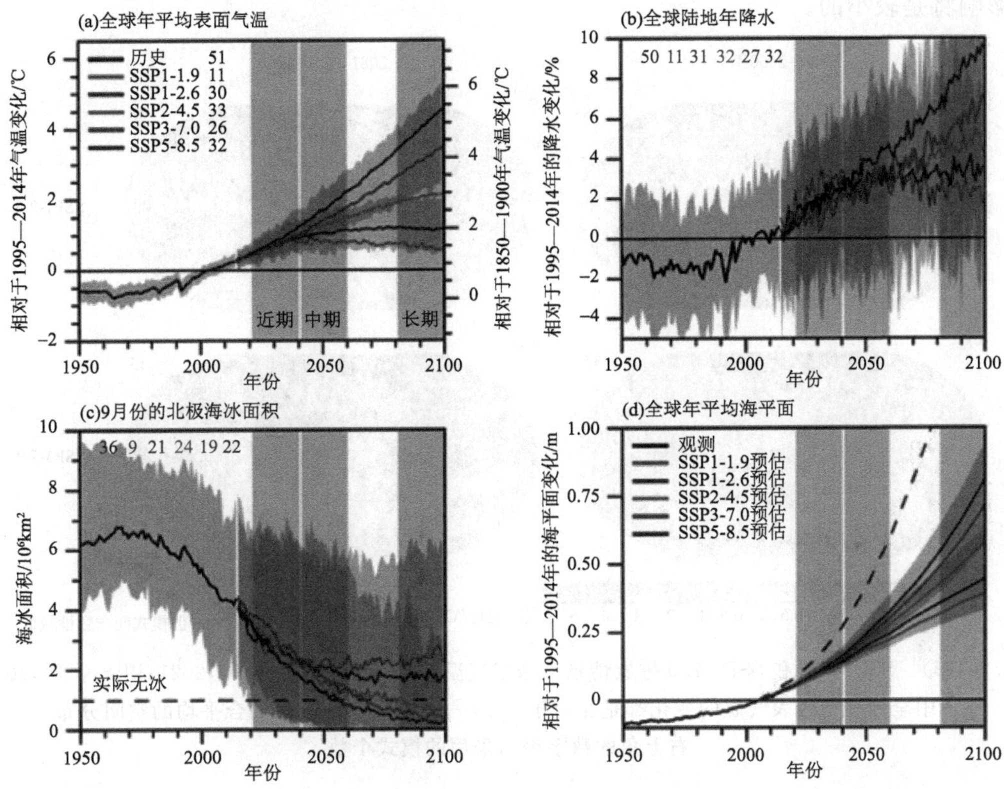

图 2.28(彩) 基于 CMIP6 的历史模拟和未来预估的试验所关注的全球气候变化的物理指标

(资料来源:IPCC,2021;周天军 等,2021)

(a)图中的全球平均表面气温为相对于 1995—2014 年的变化,如果相对于 1850—1900 年,整体提高 0.82℃。(a)、(b)图上的数字表示使用的模式个数。SSP1-2.6 和 SSP3-7.0 情景周围的阴影表示 5%~95%的范围

CMIP6 模式预估的全球平均增温幅度比 CMIP5 模式结果高。温度偏高的原因,约一半是由于 CMIP6 模式的气候敏感度普遍比 CMIP5 模式高,另一半是对名义上可比的排放情景(例如 CMIP5 的 RCP8.5 和 CMIP6 的 SSP5-8.5),实际上 CMIP6 的有效辐射强迫更高。

几乎可以确定的是,21 世纪陆表的增温幅度将继续高于海洋,北极的增温幅度将明显高于全球平均值。北极对流层低层的增温速率很可能超过全球平均的升温速率。

在未来几十年里,所有地区的气候变化都将加剧;相比 1995—2014 年,到 21 世纪中期(2041—2060 年),全球平均温度将在 SSP3-7.0 和 SSP5-8.5 两种非减缓情景下升高 1.3 ℃和 1.5 ℃,在 SSP1-1.9、SSP1-2.6 和 SSP2-4.5 情景将分别升高 0.7 ℃、0.9 ℃和 1.1 ℃。21 世纪中期,不同情景下全球绝大多数陆地和海洋的气温都比基准期 1995—2014 年要高,其中,中高纬地区,包括北美洲、欧洲和中北亚及中国升温幅度更为显著[图 2.29(彩)]。

未来类似于 1991 年皮纳图博火山喷发那样规模的火山喷发可导致次年全球平均表面气温迅速下降大约 0.5 ℃,在其后几年内方可恢复。较大规模的火山喷发,或者几座火山在一段时间内密集喷发,将导致产生更大和更持久的影响。未来可能的太阳辐射变化可影响 GMST 增加的速率,但是具有高信度的是,与大气中不断增加的 GHG 浓度的影响相比,太阳辐射变

化的影响将是较小的。

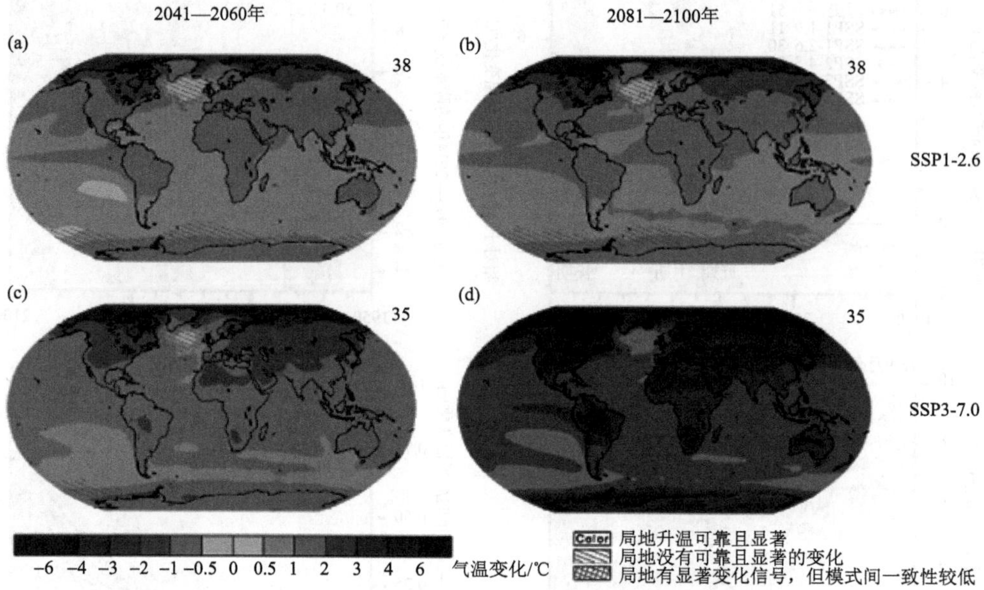

图 2.29(彩) SSP1-2.6 和 SSP3-7.0 排放情景下未来气温变化(资料来源：IPCC，2021；周天军 等，2021)
图中全球平均地表气温的变化都是相对于 1995—2014 年的多模式集合平均的空间分布
右上角的数字表示采用的模式个数

2.5.3 未来降水变化预估

全球增温背景下，随着 GSAT 的上升，21 世纪全球陆地的年平均降水将增加。基于 CMIP6 模式结果，2081—2100 年相对于 1995—2014 年，全球陆地年平均降水量在低排放情景(SSP1-1.9)下将增加 −0.2%～4.7%；在 SSP1-1.9、SSP2-4.5 和 SSP3-7.0 情景下分别增加 0.0%～6.6%、1.5%～8.3%和 0.5%～9.6%；高排放情景(SSP5-8.5)下将增加 0.9%～12.9%。

随着 GSAT 的上升，21 世纪降水变化呈显著的区域差异和季节性对比[图 2.30(彩)]。伴随着增温的加剧，陆地上将会有更多地区面临降水的显著增加或减少。受温室气体引起的增暖影响，高纬度地区和热带海洋降水很可能增加，大部分季风区降水可能增加，但在副热带大部分地区降水可能减少。随着全球增暖，陆地大部分地区降水的年际变率将增强。

近期的降水预估结果存在不确定性，主要受气候系统内部变率、模式不确定性以及自然和人为气溶胶强迫不确定性的影响。在近期预估结果中，不同 SSP 情景下，降水的变化没有明显差异。在大多数情景下，人为气溶胶强迫减少，有助于增加 GSAT 和全球陆地平均降水。

在北半球热带外陆地区域，SSP5-8.5 情景下降水将在 21 世纪中期增加 1.5%～8.8%，SSP1-2.6 下将增加 0.6%～7.3%。而在大西洋亚热带地区，SSP3-7.0 和 SSP5-8.5 情景下降水反而减少约 10%，SSP1-1.9、SSP1-2.6 和 SSP2-4.5 情景下的变化不大。就全球不同粮食产区降水变化的差异来看，非洲的降水增幅最大，北美洲、欧洲和中北亚和中国也呈现出明显的增加趋势，而南美洲北部为减少，南部增加，南亚及大洋洲地区以增加为主，但模式间的不确定性较大。

作为对温室气体引起的增暖响应，全球陆地季风降水可能会增加，尤其是北半球季风区，尽管北半球季风环流可能会减弱，但降水会增加。从长期(2081—2100 年)来看，季风降水变

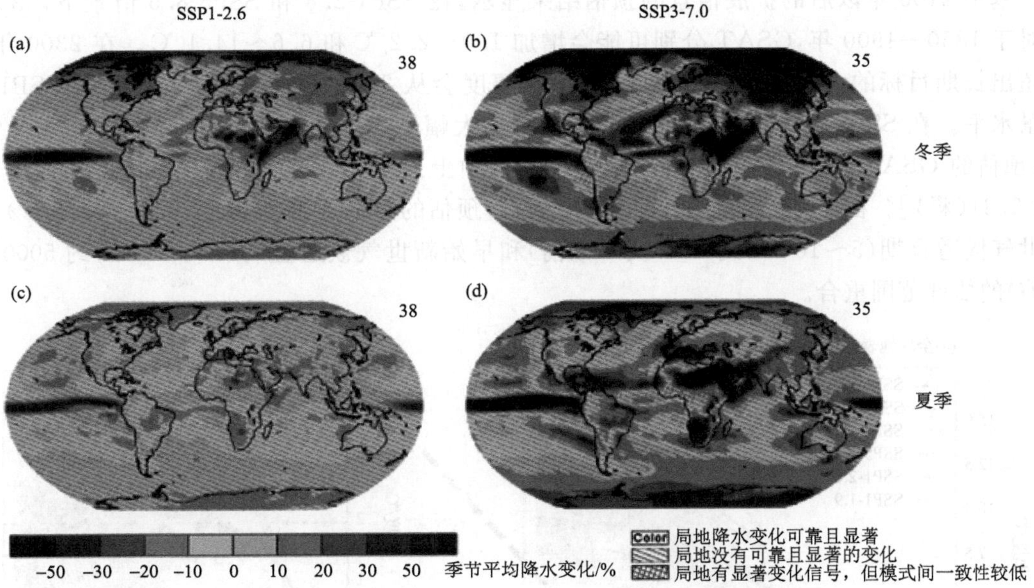

图 2.30(彩)　2081—2100 年季节平均降水变化预估(资料来源:IPCC,2021;周天军 等,2021)
图中预估的 2081—2100 年变化是相对于 1995—2014 年,冬季为 12 月—次年 2 月平均,夏季为 6—8 月平均

化将呈现南北不对称与东西不对称,其中南北不对称体现为北半球降水的增加较南半球更多。东西不对称体现为亚非季风区降水增加,而北美季风区降水减少。由于气候系统内部变率(如大西洋多年代际变率和太平洋年代际变率)及模式不确定性,全球季风降水和环流的近期预估具有不确定性。

21 世纪可能至少会发生一次大型的火山爆发。一次火山爆发不仅将使 GSAT 在接下来的数年内降低,同时还会使全球平均陆地降水减少、季风环流与极端降水出现变化,并改变许多区域气候影响驱动因子的特征。

此外,极端高温和降水事件将越来越频繁;气候变化将影响降雨分布,在高纬度地区,降水可能增加,而亚热带的大部分地区则可能减少;进一步的变暖将加剧多年冻土的融化、季节性积雪的损失、冰川和冰盖的融化、夏季北极海冰的损失等。

2.5.4　2100 年以后气候变化特征

自 AR5 以来,地球系统模式的试验证明,在年代际尺度,CO_2 零排放的持续性(即在所有 CO_2 停止排放后 GSAT 的继续额外升温)较小,在 10 a 时间尺度上幅度可能小于 0.3 ℃,但这种额外的变化可能是正值或负值。与《全球升温 1.5 ℃特别报告》一致的是,在评估针对全球 1.5 ℃和 2 ℃温升水平的剩余碳排放空间时,来自 CO_2 零排放持续性造成的排放空间贡献的估计值的中位数为零。

暂时超过特定的全球温升水平,例如 2 ℃,对气候系统产生的影响将会持续到 2100 年以后。在一个大气 CO_2 浓度先增加到峰值,然后降低的情景中(SSP5-3.4-OS),GSAT 等某些气候指标开始下降,但在 2100 年不会完全降低到 CO_2 峰值之前的水平。尽管 CO_2 的浓度降低到 2040 年的水平,但直至 2100 年,所有模式中的全球海平面高度(GMSL)都会持续升高。

基于2100年以后的扩展情景的预估结果显示，在SSP1-2.6和SSP5-8.5情景下，2300年相对于1850—1900年，GSAT分别可能会增加1.0～2.2 ℃和6.6～14.1 ℃。在2300年，短暂超出长期目标的SSP5-3.4-OS情景下，增暖幅度会从2060年的峰值减弱到类似SSP1-2.6情景水平。在SSP5-8.5情景下，陆地降水会持续大幅增多。到23世纪末，在SSP2-4.5情景下，预估的GSAT升温幅度（2.3～4.6 ℃）是自中上新世（约3百万a以前）以来前所未有[图2.31（彩）]。在23世纪末，SSP5-8.5情景下，预估的GSAT升温幅度（6.6～14.1 ℃）与中新世气候适宜期（5～10 ℃，约1500万a以前）和早始新世气候适宜期（10～18 ℃，约5000万a以前）的估计范围重合。

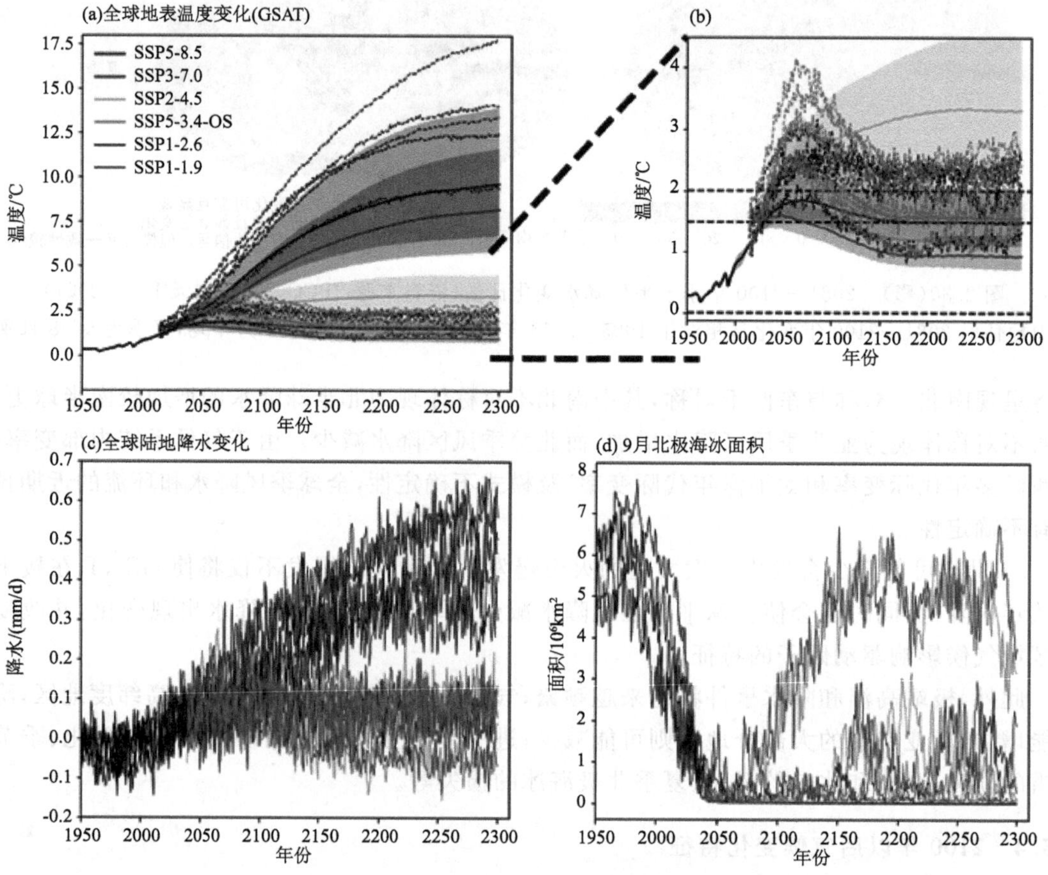

图2.31（彩）　基于扩展SSP情景的2300年气候预估（资料来源：IPCC，2021）

（a）GSAT相对于1850—1900年的变化；（b）低排放情景GSAT变化放大展示；

（c）全球陆地降水变化；（d）9月北极海冰面积变化

第 3 章　中国气候变化

气候及气候变化具有全球、区域和局地特征。全球气候变化虽有许多共同趋势，但各地特有的地理条件和环流特征等又决定其气候变化特征有很大的差异。中国位于世界最大的大陆——亚欧大陆东部，又在世界最大的大洋——太平洋西岸，西南距印度洋也较近，因此中国的气候受大陆、大洋的影响非常显著。中国大陆从东部沿海到西部青藏高原有四个地理大台阶，各地气候又受地形的制约。因而，中国的气候和气候变化也有诸多自身的特征。

3.1　中国气候基本特征

3.1.1　中国的自然地理环境

自然地理环境是由气候、地貌、水文、土壤、植被、动物等自然地理要素所组成的自然综合体，气候与其他要素相互制约、相互影响。在气候的形成和变化过程中，海陆分布是形成现代大气环流的根本因子，起决定性的作用。在海陆分布相对固定时，地形和地表类型则起关键作用。地形和地表虽然不会从根本上改变全球大气环流的基本形势，但是对气候要素场会产生调整作用并引起量的改变（丁一汇，2013）。陆地下垫面强迫对局地气候具有直接的重要作用。在决定气候形成和变化的过程中，海陆分布起了决定性作用；在海陆分布固定时，地形和地表类型会对气候要素场产生一定程度的调整和量的改变。数值模拟结果表明，青藏高原的隆升是西北干旱气候形成的重要因子。

3.1.1.1　中国的地理位置及气候带划分

中国地处欧亚大陆东部，西倚“世界屋脊”青藏高原，东临浩瀚的太平洋，西北深入亚洲内陆，海陆分布的热力影响极为明显，各地区气候差异很大，并在相同纬度带具有独特的气候特征。中国北起黑龙江江心，南到南沙群岛的曾母暗沙，南北相距 5500 km；西起帕米尔高原，东至黑龙江和乌苏里江汇合处，东西相距约 5200 km。因此，我国东部与西部、南部和北部的气候迥然不同。

中国处于 3°52′—53°31′N 的中低纬度位置，北回归线穿过华南地区；中国的经度位置大致为 73°40′—135°5′E，东西跨经度近 62°。中国南北跨纬度 49°15′，不同纬度的太阳入射角和昼夜长短差别很大。海南和漠河两地太阳入射角相差 30°以上，海南岛一年内最短白昼和最长白昼相差约 2 h，而漠河一年内最短白昼和最长白昼相差约 10 h。

中国的中、低纬度位置，还决定着其所处的行星风带。在行星风系上，亚热带（气象上称副热带）多属回归线信风带。但是，与世界上同纬度的许多地区不同，中国的亚热带地区并不表现为荒漠或者干草原，而是因海陆分布和青藏高原隆起的巨大影响，由占据了主导地位的夏季风在高温季节带来丰沛降水形成了温暖湿润的气候，并成为中国最重要的农业生产基地。在行星风系上，温带多属西风带，在中国华北和东北地区，往往在大气层下部 1～2 km 高度内，盛行冬夏迭换的季风，其上则以西风为主。因此，当地主要天气系统往往自西向东运行（丁一汇，2013）。

中国气候学家对于中国气候带的划分进行了大量的研究工作，1959 年中国科学院自然区划工作委员会根据日平均气温稳定≥10 ℃期间的积温及最冷候气温，或根据最冷月气温、极端最低气温等指标，把中国划分为赤道带、热带、亚热带、暖温带、温带、寒温带 6 个气候带和一个高原气候区。《中国自然地理》编辑委员会 1985 年对区划方案进行了充实和修订，将全国划分为热带、亚热带、暖温带、中温带和寒温带 5 个气候带和一个特殊的青藏高原区，详见表 3.1。由于中国 98％的陆地区域位于 20°—50°N，温带（暖温带、中温带和寒温带）和亚热带分别占国土总面积的 45.6％和 26.1％，是中国主要的气候带类型。

表 3.1 中国气候带的划分及对应耕作（资料来源：丁一汇，2013）

温度带	＞10 ℃积温 /(℃·d)	生长期 /d	分布范围	耕作制度	主要农作物
热带	＞8000	365	海南全省和滇、粤、台三省南部	水稻一年二熟	水稻、甘蔗、天然橡胶等
亚热带	4500～8000	220～365	秦岭—淮河以南，青藏高原以东	一年二至三熟	水稻、冬麦、棉花、油菜等
暖温带	3400～4500	170～220	黄河中、下游大部分地区及南疆	一年一熟至两年三熟	冬麦、玉米、棉花、花生等
中温带	1600～3400	100～170	东北、内蒙古大部分地区及北疆	一年一熟	春麦、玉米、亚麻、大豆、甜菜等
寒温带	＜1600	＜100	黑龙江省北部及内蒙古东北部	一年一熟	春麦、马铃薯等
青藏高原区	＜2000（大部分地区）	0～100	青藏高原	部分地区一年一熟	青稞等

郑景云等（2013a）把日平均气温稳定≥10 ℃的日数、年干燥度、7 月平均气温作为划分温度带、干湿区、气候区的主要指标，把 1 月平均气温、年降水量作为温度带、干湿区划分的辅助指标，并参考日平均气温稳定≥10 ℃的积温及极端最低气温的多年平均值等指标，根据全国 1981—2010 年 658 个站逐日观测资料，将我国划分为 12 个温度带（寒温带、中温带、暖温带、北亚热带、中亚热带、南亚热带、边缘热带、中热带、赤道热带、高原亚寒带、高原温带、高原亚热带）、24 个干湿区、56 个气候区。

寒温带　是温带中最冷，也是我国东部地区中最冷的气候带，主要位于大兴安岭北部。这里日平均气温稳定≥10 ℃的日数在 100 d 以下，日平均气温稳定≥10 ℃的积温不足 1600 ℃·d，最冷 1 月平均气温＜－30 ℃，年极端最低气温多年平均值在－44 ℃以下。

中温带　是我国 12 个气候带中面积最大的一个，主要分布在东北大部、华北、西北的部分地区。这里日平均气温稳定≥10 ℃的日数在 100～170 d，日平均气温稳定≥10 ℃的积温在 1600～3400 ℃·d，最冷 1 月平均气温在－30～－6 ℃，年极端最低气温多年平均值在－44～－25 ℃。

暖温带　分东西两大块。东部在中温带和北亚热带之间，主要位于华北平原一带地区；西部主要在新疆塔里木、吐鲁番盆地。本区日平均气温稳定≥10 ℃的日数在 170～220 d，日平均气温稳定≥10 ℃的积温在 3200～4800 ℃·d，最冷 1 月平均气温在 −12～0 ℃，年极端最低气温多年平均值在 −25～−10 ℃。

北亚热带　主要包括大别山和苏北平原，长江中下游平原，秦巴山地和黔西北、川西南、滇北高原，北亚热带北界是我国重要的气候分界线。本区日平均气温稳定≥10 ℃的日数一般在 220～240 d，其中云贵高原为 210～225 d，日平均气温稳定≥10 ℃的积温在 4500～5300 ℃·d，其中云贵高原在 3500～4500 ℃·d，最冷 1 月平均气温在 0～4 ℃，年极端最低气温多年平均值在 −14～−4 ℃。

中亚热带　是我国亚热带中最宽的一个地带，长江以南与云贵川高原的大部分地区尽属本带。本区日平均气温稳定≥10 ℃的日数在 240～285 d，其中云贵高原为 225～285 d，日平均气温稳定≥10 ℃的积温在 5100～6500 ℃·d，其中云贵高原在 4000～5000 ℃·d，最冷 1 月平均气温在 4～10 ℃，年极端最低气温多年平均值在 −6～0 ℃，其中云贵高原在 −4～0 ℃。

南亚热带　位于中亚热带和边缘热带之间。本区日平均气温稳定≥10 ℃的日数在 285～365 d，日平均气温稳定≥10 ℃的积温在 6400～8000 ℃·d，其中云南高原在 5000～7500 ℃·d，最冷 1 月平均气温在 10～15 ℃，其中云南高原在 9～15 ℃，年极端最低气温多年平均值在 0～5 ℃，其中云南高原在 0～2 ℃。

边缘热带　热带分区中最靠北的一个气候带，主要包括台湾南部山地平原，雷州半岛和海南的低山丘陵，滇南山地。本区日平均气温稳定≥10 ℃的日数达 365 d，日平均气温稳定≥10 ℃的积温在 8000～9000 ℃·d，其中云南高原在 7500～8000 ℃·d，最冷 1 月平均气温在 15～18 ℃，其中云南高原高于 13 ℃，年极端最低气温多年平均值在 5～8 ℃，其中云南高原高于 2 ℃。

中热带　主要包括琼南低地与东、中、西沙诸岛。本区日平均气温稳定≥10 ℃的日数达 365 d，日平均气温稳定≥10 ℃的积温在 9000～10000 ℃·d，最冷 1 月平均气温在 18～24 ℃，年极端最低气温多年平均值在 8～20 ℃。

赤道热带　主要包括南沙群岛。该区日平均气温稳定≥10 ℃的日数达 365 d，日平均气温稳定≥10 ℃的积温在 10000 ℃·d 以上，最冷 1 月平均气温在 24 ℃以上，年极端最低气温多年平均值大于 20 ℃。

高原亚寒带　大体在冈底斯山、念青唐古拉山以北、通天河河源以东，地域辽阔，包括西藏那曲至青海阿尼玛卿山、青海东南隅，平均海拔 4500～4800 m，是青藏高原主要牧区之一。该区日平均气温稳定≥10 ℃的日数少于 50 d，1 月平均气温在 −18～−10 ℃，7 月平均气温低于 11 ℃。

高原温带　主要包括青藏高原的东部边缘，金沙江、澜沧江、怒江流域高山峡谷区，中喜马拉雅山以北雅鲁藏布江、拉萨河、尼洋河、年楚河流域有较宽阔的河谷，还有青海湟水、黄河流域。这一带地形复杂，高差悬殊，平均海拔高度 2700～3700 m，日平均气温稳定≥10 ℃的日数在 50～180 d，1 月平均气温 −12～0 ℃，7 月平均气温 11～18 ℃。

高原亚热带　藏东南为喜马拉雅山南翼外缘低山地区，谷地多在 1000 m 直至 100 余米。夏季受西南气流影响，降水丰沛，冬季寒冷气流受高大山体阻挡，气温远较同纬度地区高，气候异常温暖湿润，具有亚热带气候的特征。全年日平均气温稳定≥10 ℃的日数 180～350 d，

1月平均气温高于0 ℃,7月平均气温在18～24 ℃。

3.1.1.2 中国海陆架构及干湿地区划分

海陆分布、太阳辐射和地理纬度是影响大气环流的三大因素。海陆分布是形成现代大气环流的根本因子,海陆热力差异是季风形成的根本原因。因此,中国所处的海陆位置在气候的形成中起着决定性的作用。

中国位于欧亚大陆东海岸的地理位置,使得西风带海洋性气候影响微弱,再加上地转偏向力的作用,中国的沿岸流及台湾暖流(黑潮)对海陆温差调节作用不显著。因而,即使在东部季风区,大陆性气候特征也较突出:夏季较世界各地同纬度地区要热,而冬季较同纬度地区要冷(丁一汇,2013)。

大气中的水汽主要来自暖湿的海洋季风,因而中国降水量的分布大致与距海远近成比例:距海越远,降水越少,气候越干旱。以降水量为参考指标,从东南到西北,将全国可划分为4类地区:湿润地区、半湿润地区、半干旱地区和干旱地区(表3.2)。

表3.2 中国干湿地区的划分(资料来源:丁一汇,2013)

类型	年降水量/mm	干湿状况	分布地区	植被	土地利用
湿润区	＞800	降水量＞蒸发量	秦岭—淮河以南、青藏高原南部、内蒙古东北部、东北三省东部	森林	以水田为主的农业
半湿润区	＞400	降水量＜蒸发量	东北平原、华北平原、黄土高原大部、青藏高原东南部	森林、草原	以旱地为主的农业
半干旱区	＜400	降水量＜蒸发量	内蒙古高原、黄土高原的一部分、青藏高原大部	草原	草原牧业、灌溉农业
干旱区	＜200	降水量＜蒸发量	新疆、内蒙古高原西部、青藏高原西北部	荒漠	高山牧业、绿洲灌溉农业

3.1.1.3 中国的地貌结构

中国地貌的基本类型按形态可划分为山地、高原、丘陵、盆地和平原五大类。其中,丘陵、盆地面积分别占全国土地总面积的9.9%和11.98%,山地、高原和丘陵约占全国土地总面积的65%。中国地貌的总体轮廓是西高东低,自西向东逐级下降,形成层层降低的三个阶梯状斜面(丁一汇,2013)。

中国是一个多山的国家,山脉纵横交错,构成了中国地貌的骨架。受地质构造的控制,中国的山脉走向可以分为5种主要类型。①南北走向的山脉,位于中国的中部地区,自北向南主要有贺兰山、六盘山以及横断山脉等;②东西走向的山脉,由北向南主要有三列:天山—阴山—燕山;昆仑山—秦岭—大别山;南岭;③北东走向的山脉,自西向东分为西列、东列和外列,西列包括大兴安岭、太行山、巫山、武陵山、雪峰山等,东列包括长白山、武夷山,外列为分布在台湾岛上的山脉;④北西走向的山脉,分布于中国西部,主要有阿尔泰山、祁连山、喀喇昆仑山、可可西里山、唐古拉山、冈底斯山、念青唐古拉山等;⑤弧形山脉,主要是大陆边缘地区的喜马拉雅山脉。东西走向的山脉往往是气候上的重要分界线,东北—西南或南北走向的山脉阻碍季风深入内陆,也对暴雨的生成有重要作用。此外,中小尺度的地形差异和土壤、植被等地表类型不同对局地和区域气候气候的形成和变化也有重要影响。

中国地势西高东低，呈阶梯状分布。从青藏高原向东直到近海海域，可以分为 4 个阶梯。

第一阶梯，青藏高原。青藏高原面积 2.4×10^6 km^2，占中国陆地面积的 1/4，是世界上最高和最年轻的高原，平均海拔 4000 m 以上。高原上有一系列山脉，海拔均在 5000 m 以上，主要有喜马拉雅山系、冈底斯—念青唐古拉山系、喀喇昆仑—唐古拉山系、昆仑—巴颜喀拉山系和阿尔金—祁连山系。青藏高原上绝大多数湖泊海拔在 4000 m 以上，面积在 1.0 km^2 以上的湖泊总面积为 44993.3 km^2，约占全国湖泊总面积的 49.5%。

第二阶梯，青藏高原外围至大兴安岭—太行山—武陵山一线之间。主要包括内蒙古高原、鄂尔多斯高原、黄土高原、云贵高原等广阔的高原（海拔在 1500～2500 m，部分高峰海拔达 2500～3000 m），塔里木盆地、准噶尔盆地（海拔 1000 m 左右）、四川盆地（海拔 500 m 以下）等大盆地以及其间的天山山脉（海拔 4000～5000 m）等高大山地。

第三阶梯，大兴安岭—太行山—武陵山一线以东是第三梯级地形，以平原丘陵和低山为主，有少数中山。东北平原、华北平原和长江中下游平原多在海拔 200 m 以下；长江以南为低山丘陵，内有河谷平原；在这些平原与丘陵以东的长白山、千山、鲁中山地等海拔在 500～1500 m。

第四阶梯，海域大陆架。西起中国海岸线，东界是海水 200 m 等深线。整个海域大陆架十分平坦，平均水深 50～100 m，近岸处小于 20 m，大陆架边缘水深一般在 140～200 m。

起伏多山的地表，使气候复杂多样。山脉的绝对高度和相对高度的综合效应，使得山脉两侧气温悬殊。各区山地垂直带谱不同，特别是高原上有山地突起，盆地中有低谷凹下，使气候的地带性规律复杂化。西北地区，由于高山的壁障使闭塞盆地十分干旱，但高山上截取的大量水汽成为干旱区的水源，使干旱区中出现不少沃土绿洲和成片的草坡、山林。

青藏高原对中国气候的影响尤为明显，高原本身不仅通过对周围大气的直接加热和冷却作用，形成独特的高原寒冷气候，明显地破坏了气候按纬向呈地带性分布的一般规律，还通过和大气环流的相互作用，影响到周围地区的气候特征。高原的突出地形容易加强它南北两侧的气流和其东侧的气流，能引起 5000 m 以下西风气流的绕流、分支和汇合，直接对中国东部气候季节变化和雨带位置起着制约作用，还对南北气流和水分交换起阻碍和扰动作用。因此，冬季有利于北侧蒙古冷空气的积累加强及沿其东侧向南的侵袭，加强了冬季风。夏季又阻挡了印度洋暖湿空气直接向北的输送，但却有利于高原东侧偏南气流的盛行，因而高原对中国西北地区冬冷夏热的干旱气候形成及中国东部温湿季节变化明显的季风气候的形成起了重要作用。中国季风结构复杂亦与青藏高原有关，在高原附近对流层低层，中国东部主要是海陆季风。在中低层高原附近受高原上气压系统的控制形成高原季风，冬季表现为高原北侧和东侧为西风，南侧为东风，夏季正相反。对流层上层还有冬夏间西风和东风带的季节交替，它们相互影响和制约。高原季风有加强和扩大中国东部季风活动范围、影响其进退速度的作用（廖要明，2016）。

3.1.2 中国气候的主要特征

中国气候主要有四大特征，即显著的季风特色，明显的大陆性气候，多样的气候类型和极端气候事件频发（丁一汇，2013；廖要明，2016）。

3.1.2.1 季风气候特征显著

如前所述，独特的地理位置决定中国气候受大陆、大洋的影响非常显著，中国是一个具有典型季风气候的国家，拥有冷干冬季和暖湿夏季。冬季盛行从大陆吹向海洋的偏北风，夏季盛行从海洋吹向陆地的偏南风。因此中国的气候具有夏季高温多雨、冬季寒冷少雨，高温期与多雨期一致的季风气候特征。

由于大陆和海洋热力特性的差异，冬季严寒的亚洲内陆形成一个冷性高气压，东方和南方的海洋上相对成为一个热性低气压，高气压区的空气要流向低气压区，就形成我国冬季多偏北和西北风；相反夏季大陆热于海洋，高温的大陆成为低气压区，凉爽的海洋成为高气压区，因此，中国夏季盛行从海洋吹向大陆的东南风或西南风。由于大陆来的风带来干燥气流，海洋来的风带来湿润空气，所以降水多发生在偏南风盛行的夏半年5—9月。可见，中国的季风特色不仅反映在风向的转换，也反映在干湿的变化上。“冬冷夏热，冬干夏雨”是中国季风气候的主要特点。这种雨热同季的气候特点对农业生产十分有利，冬季作物已收割或停止生长，一般并不需要太多水分，夏季作物生长旺盛，正是需要大量水分的季节。中国降水量的季节分配与同纬度其他地带相比，在副热带范围内和美国东部、印度相似，但与同纬度的北非相比，那里是极端干燥的沙漠气候，年雨量仅110 mm，而中国华南年雨量在1500 mm以上，撒哈拉沙漠北部地区降水只有200 mm，而中国长江流域年雨量可达1200 mm，黄河流域年雨量600 mm左右，比同纬度的地中海多1/3，而且地中海地区雨水集中在秋冬。

基于不同纬度带和地理位置，中国季风气候可以划分为3种类型，即热带季风气候、亚热带季风气候、温带季风气候。热带季风气候主要包括台湾省的南部、雷州半岛和海南岛等地。年积温≥8000 ℃·d，最冷月平均气温不低于16 ℃，年极端最低气温多年平均不低于5 ℃，极端最低气温一般不低于0 ℃，终年无霜。华北和华南地区属于亚热带季风气候。年积温在4500～8000 ℃·d，最冷月平均气温−8～0 ℃，是副热带与温带之间的过渡地带，夏季气温相当高(候平均气温≥25 ℃至少有6个候，即30 d)，冬季气温相当低。温带季风气候出现在35—55°N的欧亚大陆东岸，包括华北和东北。冬季这里受来自高纬内陆偏北风的影响，盛行极地大陆气团，寒冷干燥；夏季受基地海洋气团或变性热带海洋气团影响，盛行东和东南风，暖热多雨，雨热同季。年降水量1000 mm左右，约有2/3集中于夏季。全年四季分明，天气多变，随纬度的增高，冬、夏气温变幅相应增大，而降水逐渐减少。我国内蒙古和新疆北部等地属于此种类型的气候。年积温1600～3400 ℃·d，最冷月平均气温在−28～−8 ℃，夏季候平均气温多数仍超过22 ℃，但超过25 ℃的已很少见。

3.1.2.2 大陆性气候特征明显

由于陆地的热容量较海洋小，所以当太阳辐射减弱或消失时，大陆又比海洋容易降温，因此，大陆温差比海洋大，这种特性称之为大陆性。大陆性气候最显著的特征，是气温年较差或气温日较差很大。中国背靠世界上最大的陆地(亚欧大陆)，内陆地区面积大，深受大陆气团影响，突出表现于气温年较差大、降水集中于夏季、降水的强度和变化幅度大。与世界上同纬度地区的平均气温相比，冬季气温偏低，夏季气温偏高，气温年较差大，而且由南向北，气温年较差愈大。全国平均气温7月与1月的差值达26.9 ℃。冬季中国是世界上同纬度最冷的国家，1月平均气温东北地区比同纬度平均要偏低15～20 ℃，黄淮流域偏低10～15 ℃，长江以南偏低6～10 ℃，华南沿海也偏低5 ℃。夏季则是世界上同纬度平均最暖的国家(沙漠除外)，7月是中国大部分地区最热的月份，而且南北温差小。7 月平均气温东北比同纬度平均偏高 4 ℃，华北偏高 2.5 ℃，长江中下游偏高 1.5～2 ℃（廖要明，2016）。同时，中国降水主要集中在夏季，具有雨热同季的特点。冬季，我国南方温暖、北方寒冷，南北气温差别大。即使在我国东部的季风区，大陆性气候特征也较突出。西部地区温度空间差异大，新疆吐鲁番盆地平均气温超过 24 ℃，而青藏高原的五道梁仅 5.4 ℃。全国气温年较差北方大于南方，内陆大于沿海，平原大于山地、高原。在沿海地区及岛屿，因受海洋的调节，冬暖夏凉，则气温年较差比同纬度的内陆地区要小些。

3.1.2.3　气候类型复杂多样

中国幅员辽阔，纬度跨度大，距海远近差距大，加之地势高低不同，地形类型及山脉走向多样，因而气温和降水的组合多种多样，形成了多种多样的气候。最北的漠河位于 53°N 以北，属寒温带，最南的南沙群岛位于 3°N，属赤道热带气候，青藏高原 4500 m 以上的地区四季常冬，南海诸岛终年皆夏，云南中部四季如春，其余绝大部分地区四季分明。从气候类型看，东部属季风气候（又可分为温带季风气候、亚热带季风气候和热带季风气候），西北部属温带大陆性气候，青藏高原属高寒气候。从温度带划分看，有热带、亚热带、暖温带、中温带、寒温带和青藏高原区。从干湿地区划分看，有湿润地区、半湿润地区、半干旱地区、干旱地区之分。而且同一个温度带内，可含有不同的干湿区；同一个干湿地区中又含有不同的温度带。因此在相同的气候类型中，也会有热量与干湿程度的差异。地形的复杂多样，也使气候更具多样性。

3.1.2.4　极端气候事件频发

中国是世界上自然灾害最为严重的国家之一，也是极端气候事件发生频率与强度较高，造成损失十分严重的少数国家之一。干旱、暴雨洪涝、台风、高温热浪、低温冷冻害和雪灾、冰雹等极端天气气候事件，每年都会给我国社会、经济和生态环境造成较大的人员伤亡和经济损失。而且近年来随着经济的高速发展，自然灾害特别是气象灾害造成的损失亦呈上升发展趋势，直接影响着社会和经济的发展。

3.1.3　中国主要气候要素特征

3.1.3.1　气温

气温是气候学中最重要的气象要素之一，也是地理、生态和环境中的最重要的因子之一。与同纬度地带相比，中国冬寒夏热，气温年较差大，且越向高纬、内陆地区气温年较差越大。受纬度和地形的影响，中国年平均气温自南向北逐渐降低。从图 3.1（彩）看出，中国年平均气温的分布，在东半部地形较平坦地区受纬度影响明显，北冷南暖，从东北北部（漠河为－3.8 ℃）至南海诸岛（西沙为 27.0 ℃）相差 30 ℃以上。海南、广西、广东和福建南部等沿海地区年平均气温最高，一般在 20～25 ℃；江南、江淮、江汉和西南大部等地年平均气温主要在 15～20 ℃；而华北平原至秦岭一带年平均气温在 10～15 ℃；东北和华北北部等地平均气温在 0～10 ℃；东北北部年平均气温最低，在 0 ℃以下。西半部受地形影响显著，年平均气温差异很大，形成垂直气候带。塔里木盆地和吐鲁番盆地年平均气温在 10～15 ℃，青藏高原大部、天山山脉及其以北地区、祁连山等高原和山地地区年平均气温在 0～10 ℃，青藏高原唐古拉山脉和巴颜喀拉山脉的年平均气温最低在 0 ℃以下（廖要明，2016）。

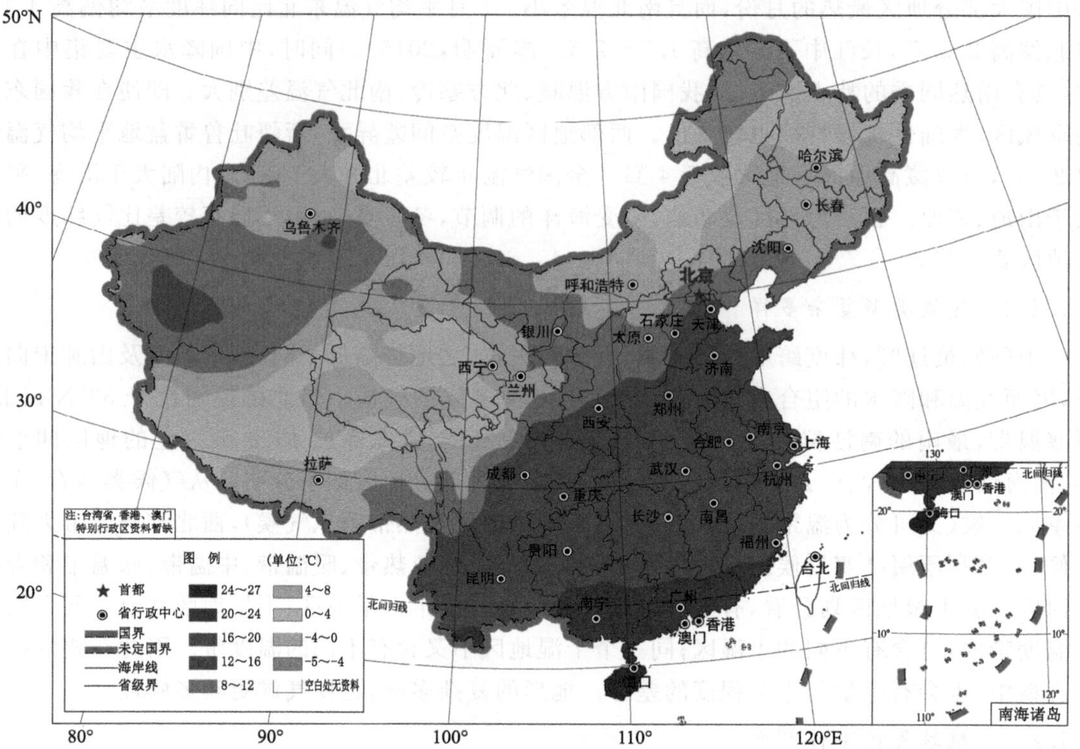

图 3.1(彩)　中国年平均气温分布图(1981—2010 年平均)(资料来源:郑国光 等,2016)

中国四季气温差异较大,逐月平均气温参见表 3.3。

冬季,受大陆季风气候影响,中国是世界同纬度地区最冷的地方,平均气温最低,且气温南北差异最大,最北端的漠河和最南端的海南岛南端的三亚冬季平均气温相差近 50 ℃。东部地区等温度线与纬度线基本平行,0 ℃线沿秦岭和淮河将东部地区分为“冷”“暖”两级,秦岭和淮河以北气温在 0 ℃以下,其中华北和东北南部气温在 −10~0 ℃,内蒙古中东部和东北大部气温在 −20~−10 ℃,东北北部部分地区气温低于 −20 ℃。秦岭和淮河以南气温在 0 ℃以上,其中江淮、江汉、江南大部和西南地区大部气温在 0~10 ℃,华南大部和云南中南部气温在 10~15 ℃,华南南部和海南气温最高,在 15~20 ℃。西部地区受地形影响,西北地区大部和青藏高原大部冬季平均气温主要 −10~0 ℃,其中新疆北部、青藏高原中部和东北局部气温在 −10~15 ℃,新疆北部局部地区在 −15 ℃以下。

春季,中国大部分地区气温迅速回暖,全国大部分地区气温在 0 ℃以上,仅东北北部局部、青藏高原唐古拉山脉和巴颜喀拉山脉春季平均气温在 0 ℃以下。在东部地区,东北大部和华北北部的平均气温在 0~10 ℃,华北平原、秦岭和淮河一线及其以南地区平均气温在 10 ℃以上;四川盆地、长江中下游及其以南地区平均气温在 15~20 ℃,华南大部和云南南部平均气温超过 20 ℃。西部地区的塔里木盆地和吐鲁番盆地春季平均气温在 10~15 ℃,局部地区超过 15 ℃;青藏高原大部、新疆北部和内蒙古大部平均气温在 0~10 ℃,仅青藏高原中部部分地区气温在 0 ℃以下。

夏季,随着太阳辐射的增加,日照时间变长,中国大部分地区平均气温迅速上升。同时受东南夏季风影响,使得中国大部分地区成为世界同纬度上除了沙漠地区以外最热的地方。在东部地区，东北大部、华北北部和西南大部气温在 20～25 ℃，华北平原及其以南大部分地区气温在 25～30 ℃；西部地区受地形影响各地夏季温度差异较大，塔里木盆地和吐鲁番盆地夏季气温在 25 ℃以上，而青藏高原大部平均气温在 10～15 ℃，青藏高原唐古拉山脉和巴颜喀拉山脉夏季平均气温低于 10 ℃，其他地区平均气温在 15～25 ℃。

秋季，随着太阳直射点的南移，接受的太阳辐射逐渐减少，平均气温也开始逐渐降低。此时，影响中国的冬季风也开展逐渐增强，使得北方地区降温速度比南方地区快，南北温差加大。在东部地区，东北和华北北部气温在 0～10 ℃，东北北部局部地区气温降至 0 ℃以下；华北平原至秦岭地区气温在 10～15 ℃；江淮、江汉、江南和西南地区东部和南部等地气温在 15～20 ℃；华南地区气温在 20～25 ℃。西部的塔里木盆地和吐鲁番盆地秋季平均气温在 10～15 ℃；青藏高原大部平均气温在 0～10 ℃，青藏高原唐古拉山脉和巴颜喀拉山脉秋季平均气温低于 0 ℃，其他地区平均气温在 5～10 ℃。

表 3.3　中国逐月平均气温

月份	1月	2月	3月	4月	5月	6月	7月	8月	9月	10月	11月	12月
平均气温/℃	−5.0	−1.7	4.1	11.0	16.2	20.0	21.9	20.8	16.6	10.3	2.9	−3.2

3.1.3.2　降水

中国幅员辽阔，跨纬度较广，加之地势高低不同，地形类型及山脉走向多样，因而各地降水量分布不均，空间差异性较大，总体呈现从东南沿海向西北内陆逐渐减少的特点。中国年降水量的分布[图 3.2(彩)]与夏季风的关系最为密切。400 mm 年等雨量线大致与夏季风影响所及的界限相当，800 mm 年等雨量线大致与秦岭淮河一线相平行。年降水量的分布，西北大部以及内蒙古大部、西藏西部等地在 400 mm 以下，其中西北内陆地区除新疆西北部达 200～400 mm 外，大部分地区在 200 mm 以下，是中国的少雨区，塔里木盆地、柴达木盆地西北边缘许多地区在 50 mm 以下，成为干旱中心；华北大部及内蒙古东北部、黑龙江大部、吉林西部、辽宁西部、陕西中北部、甘肃南部、青海南部、西藏东部等地在 400～600 mm；全国其余大部分地区在 600 mm 以上，其中长白山地区可达 800～1000 mm，是东北降水量最多之地，华南、江南大部、江淮西南部及重庆东部、贵州南部、云南南部等地普遍在 1200～2000 mm，部分地区达 2000 mm 以上。青藏高原的降水东南多、西北少，高原西北部部分地区年降水量不足 100 mm（廖要明，2016）。

中国年降水日数（日降水量≥0.1 mm）的空间分布与降水量分布总体一致，基本遵循大兴安岭—阴山—贺兰山—巴颜喀拉山—冈底斯山界限划分的季风区与非季风区分布，由东南沿海向西北内陆地区递减。东南大部分地区年降水日数在 100～150 d，其中长江中下游地区、四川中部、西藏南部、云南西南部等地年雨日可达 150～200 d，甚至可能超过 200 d；而西北地区雨日普遍不足 70 d，特别是在新疆的柴达木盆地及塔里木盆地等地区，年降水日数不足 25 d。

中国四季降水量的空间分布特点基本与年降水量分布特点相仿，均呈现降水量在西北地区相对最少，向东南方向递增的特点，但不同季节降水量的量级差异较大（表 3.4）：夏季为大部分地区降水集中期，夏季风的进退决定我国主要雨带的位置，其中 7 月平均降水量达到全年最高值；冬季是全国大部分地区降水量最少的季节，其中 12 月降水量为全年最低值。

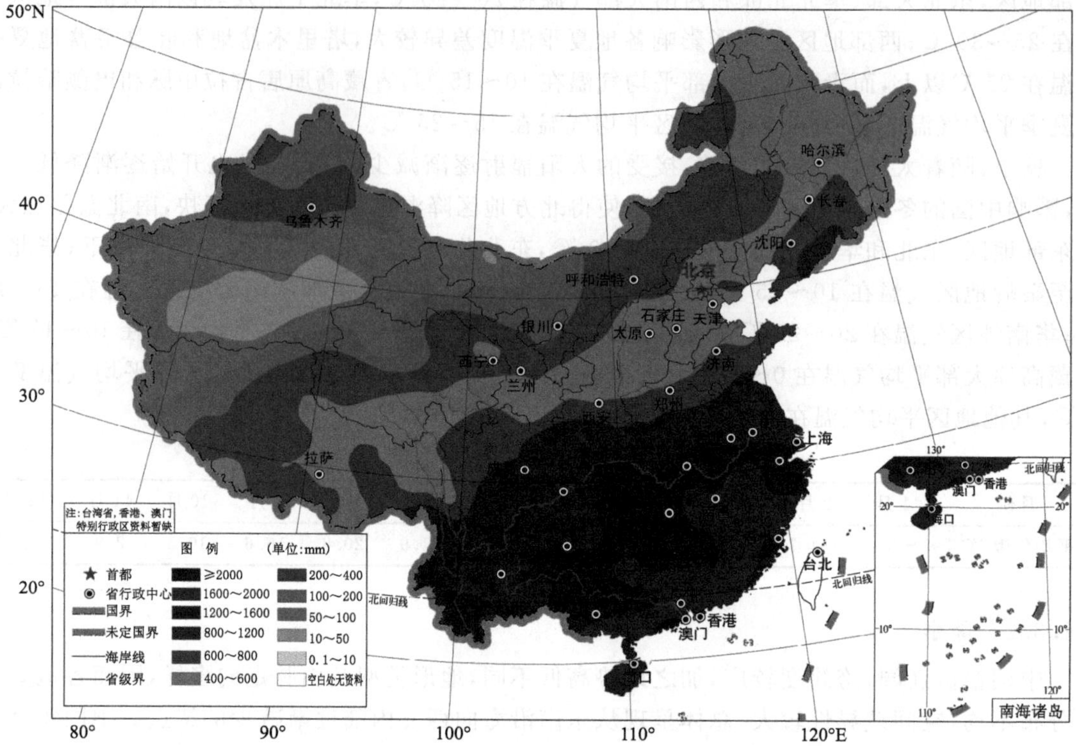

图 3.2(彩)　中国年平均降水量分布图(1981—2010 年平均)(资料来源:郑国光 等,2016)

表 3.4　中国逐月平均降水量

月份	1月	2月	3月	4月	5月	6月	7月	8月	9月	10月	11月	12月
平均降水量/mm	13.2	17.4	29.5	44.7	69.5	99.9	120.6	105.3	65.3	35.8	18.8	10.5

春季,新疆塔里木盆地及青藏高原西部局地降水量不足 10 mm,为全国降水量最少的地区;西藏中部及西部、新疆北部、内蒙古大部、青海西北部、甘肃北部及宁夏北部降水量为 10～50 mm;西藏东部、青海东南部、甘肃中南部、宁夏南部、陕西北部、陕西大部、京津冀地区、辽宁西部、吉林西部及黑龙江大部的降水量为 50～100 mm;西藏东部局部、四川大部、西南地区东部、云南北部、西北地区东南部至黄淮地区、辽宁东部及吉林东部降水量为 100～200 mm;云南南部、华南地区、江汉地区、江淮地区及江南地区的降水量为 200 mm 以上,其中江南中南部及华南中北部降水量为 600～800 mm。

夏季受季风盛行影响,中国大部分地区处于四季中降水量最多的季节。从夏季降水量空间分布来看,新疆大部、西藏地区西北部、青海北部、甘肃北部至内蒙古西部降水量小于 100 mm;西藏中东部、青海南部、西南地区北部、西北地区东部、华北地区、黄淮北部、内蒙古中东部及东北中北部降水量为 200～400 mm;云南中北部、西南地区东部、江南中西部、江汉地区、黄淮南部及江淮地区等地降水量为 400～600 mm;云南南部、华南大部、江南东部等地降水量为 600～800 mm,部分地区降水量大于 800 mm。

秋季,新疆大部、西藏西北部、青海北部、甘肃北部、内蒙古中西部及宁夏西北部降水量为 10～50 mm,其中在新疆南部至西藏地区西北部局地降水量小于 10 mm;西藏中部、青海中部、甘肃中部、宁夏中南部、内蒙古东部、华北大部及东北西部等地降水量为50～100 mm；西藏东部、青海南部、四川西北部、西北地区东南部、黄淮地区、江汉地区、江淮东部及东北东部等地降水量为100～200 mm；西南地区南部及东部、江南大部、江淮西部及华南地区降水量为400～600 mm，其中海南中东部降水量为600～800 mm。

冬季，新疆中南部、西藏北部及中部、西北地区中部、内蒙古大部、华北北部及东北西部部分地区降水量为1～10 mm；新疆北部、西藏西南部及东南部、西南地区中部、西北地区东南部、黄淮北部、华北中部及南部、内蒙古东部部分地区以及东北的东部及北部地区降水量为10～50 mm；西南地区东部、华南地区西部、江汉地区及江淮地区降水量为50～100 mm；江南大部及华南中东部降水量为100～200 mm，部分地区降水量达200 mm以上。

3.1.3.3 相对湿度

中国年平均相对湿度分布由东南向西北递减。相对湿度小于50%的地区大致分布在新疆塔里木和准噶尔盆地、内蒙古中西部、甘肃西部、青海的西北部、西藏的中西部，其中沙漠、戈壁地区及西藏西部地区气候干燥，相对湿度低于40%，青海冷湖最低，为29%。华北中北部、河套地区及内蒙古东南部、吉林和辽宁的西部、青海西南部和东北部、西藏东北部、新疆天山及其以北地区为50%～60%，大兴安岭的北部、东北大部、华北南部、黄淮北部、陕甘南部以及四川中部、西藏东南部一带相对湿度为60%～70%，淮河流域及秦岭以南大部分地区相对湿度超过70%，其中从四川东南部、重庆大部、贵州大部、湖南东北部和西南部、江西中部至福建北部一带、两广南部及海南岛和云南最南部、华东沿海等部分地区年平均相对湿度超过80%（廖要明，2016）。

中国四季平均相对湿度的分布特点与年平均分布基本一致，南方地区最湿而新疆东部和南部、青海西北部、甘肃西北部、内蒙古西部、西藏西北部最干。四季的平均相对湿度分布差异不大，但总的来看，夏季最湿；江南南部至华南大部在春季相对湿度最大，而西北地区在春季相对湿度最小；新疆北部和内蒙古东北部的相对湿度则是在冬季最大。

3.1.3.4 风

中国受季风气候影响，冬季盛行从大陆吹向海洋的偏北风，夏季盛行从海洋吹向陆地的偏南风。冬季盛行的偏北风与寒潮的爆发和南侵有密切关系。冷空气入侵时受地形影响，盛行风向差异甚大，如华南盛行东北风，东北中部盛行西南风。夏季近地面盛行风向和冬季正好相反，伴随着东亚夏季风的爆发和向北推进，东部多数地区盛行偏南风。从平均风速来看，北方风大，南方风小；沿海风大，内陆风小；高原、山地风大，盆地、谷地风小。阴山以北、沿海和青藏高原大部分地区年平均风速一般在3 m/s以上，其中内蒙古中部、新疆西北部及沿海部分地区年平均风速超过4 m/s。中国40°N以南大部分地区年平均风速较小，多在2 m/s以下。四川盆地和云南南部地区风速最弱，全年静风日超过40%，局部地区达70%。中国大部分地区春季是一年风速最大的季节，其次是冬季和夏季，秋季风速最小（廖要明，2016）。

中国四季平均风速的分布特点与年平均风速基本一致，主要为东南部和中部地区及新疆西部风速小，而北方大部及西藏、云南等地风速大，其中东北地区中部、新疆东部、内蒙古西部和中部、西藏中部等地风速最大。在四个季节中，春季平均风速最大，可达4 m/s以上；春季和冬季风速次之，大风速区域的平均风速一般可达3.5～4 m/s，仅有局部区域在4 m/s以上；秋季平均风速最小，最大风速一般在3～3.5 m/s，局部区域在3.5 m/s以上。

3.1.3.5 日照

中国年日照时数基本呈北多南少、西多东少的特征。四川东部、重庆、湖南西部、贵州、广西北部年日照时数最短，不到 1500 h；西北东南部、东北东部、华北南部、黄淮、江淮、江南中部和东部、华南大部、西南中部和南部等地一般有 1500～2500 h；西北大部、东北西部、华北北部及内蒙古、西藏大部的年日照时数一般有 2500～3000 h，其中新疆东部、青海西北部、甘肃西北部、内蒙古西部和中北部、西藏西南部年日照时数最长，达 3000～3200 h，部分区域在3200 h以上。

中国四季日照时数的分布特点与年均日照时数基本一致，西南东部至江南西部和华南西北部日照最少而新疆东部、青海北部、甘肃西北部、内蒙古西部和中北部、西藏西南一带日照最为充沛。在四个季节中，夏季日照时数最长，全国大部在 400 h 以上，西北大部、东北西部及内蒙古、西藏西部可达 700～800 h，新疆、甘肃西北部和内蒙古的部分地区超过 900 h。其次是春季和秋季，相比较而言，南方地区春季的日照时数较秋季短，而北方地区的春季日照时数较秋季长。冬季的日照时数最短，西南地区东部的日照时数不足 200 h，北方大部的日照时数普遍有 400～600 h，其中，甘肃西北部、青海北部、内蒙古西部、西藏大部、云南西北部等地有 600～700 h，部分地区 700 h 以上。

3.1.4 中国雨带

中国季风性气候显著，雨带的开始和结束与南海夏季风活动、东亚副热带夏季风进程以及东亚副热带降水密切相关。中国雨带的演变根据雨季的变化可划分为 6 个阶段：一般江南(长江以南地区)3—5 月为春季连阴雨，华南 4—6 月为前汛期降水，江南到淮河以南 6—7 月中旬为梅雨季降水，7 月下旬—8 月上旬为华北雨季。9—10 月为华西秋雨，5—10 月为西南雨季(赵振国 等，1996；王遵娅 等，2008)。中国雨带进程时空分布如图 3.3(彩)所示。

春季中国主要雨带位于长江以南及华南地区。长江以南的这段多雨时期被称为“江南春季连阴雨”，降水强度超过 6 mm/d。春季是冬季到夏季的过渡季节，北方冷空气频繁南下，冷暖空气交绥处能长时间停滞、徘徊于长江中下游流域或长江以南的江南或华南。当锋面和切变线的位置偏南时，会造成南方出现低温连阴雨；当偏北时，则造成长江中下游南北地区出现低温连阴雨。华南地区经历则年内的第一个多雨期，即“华南前汛期”，5 月中旬前后，随着南海夏季风的爆发，华南进入前汛期后期，降水强度进一步增强，中心强度为 16 mm/d。

夏季雨带随着东亚夏季风向北推进，6 月中旬左右随副热带高压脊线北抬，华南前汛期结束，而长江中下游“梅雨”开始。梅雨是初夏时节从中国江淮流域到韩国、日本一带雨期较长的连阴雨天气，期间暴雨、大暴雨天气过程频繁出现，降水连绵不断，多雨闷热易生霉，谓之“霉雨”。因此时正是江南梅子成熟的季节，所以又称为“梅雨”。梅雨降水强度可达到 10 mm/d，整个梅雨过程一般会持续到 7 月中旬。之后，雨带随东亚夏季风继续向北推进，7 月中下旬—8 月上中旬华北地区进入一年当中降水最活跃时期，称为“华北雨季”。虽然华北雨季雨强较华南、江南、江淮等要弱，一般为 5 mm/d，但降水多为对流性降雨，分布极为不均，局地强度大，并伴随雷电大风等天气，有时也会出现冰雹。由于受季风气候影响，各年华北雨季长度不一，强弱变化差异显著，因此夏季旱涝灾害比较频繁。

秋季进入 9 月以后，西北太平洋副热带高压西侧或西北侧的西南气流将南海和印度洋上的暖湿空气源源不断地输送到华西地区，使这一带地区具备了比较丰沛的水汽条件。同时随着冷空气不断从高原北侧东移或从中国东部地区向西部地区倒灌，冷暖空气在中国西部地区频频交汇，于是便形成了“华西秋雨”。华西秋雨期间，四川、重庆、贵州、云南以及渭河、汉水流域为主的陕西、陇南地区，常常是细雨霏霏，阴雨绵绵（周兵，2016）。

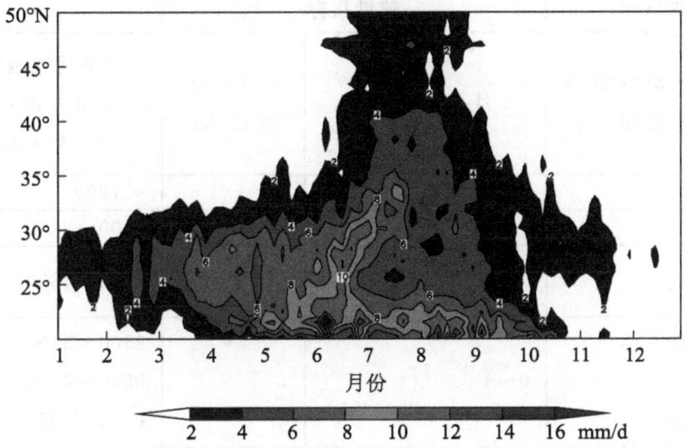

图 3.3（彩）　中国雨带进程时空分布图（资料来源：郑国光 等，2016）

3.1.5　中国气候区划

气候区划以气候区域分异规律和各地气候特征为基础，将特定地域（如世界、国家或地区）气候按特定指标体系和标准划分气候区。气候区划（Climate regionalization）和气候分类既密切相关，又有本质区别。气候分类旨在刻画不同地域气候的相似性，揭示气候的区域分异规律。而气候区划旨在刻画地域气候的差异性，揭示各地气候成因和特征的区别，为各地或各行业因地制宜地利用气候资源，趋利避害，制定适应气候变化的措施提供依据。

中国气候区划工作由竺可桢开创，其发展大致经历 3 个阶段。一是 20 世纪 20—50 年代初，区划方法和指标多借鉴当时欧美的气候分类方法，如采用年或月平均气温、年降水量等指标，结合自然景观地带分布状况划分气候类型区。其代表性工作有：竺可桢（1979）的《中国气候区域论》、涂长望等（1936，1938）的《中国气候区域》及《Koeppen 范式的中国气候区域》、卢鋈（1946）的《中国气候区域新论》及陶诗言（1949）的《中国各地水分需要量之分析与中国气候区域之新分类》。二是 20 世纪 50—80 年代中期，在借鉴欧美气候分类方法基础上，发展形成了适合中国自然环境与气候特征的区划方案，包括温度带、干湿区、气候区三个等级。因这一时期气候区划的主要目的是为国家农业生产和经济建设布局服务，故区划指标选用和划分标准多以农业生产、水利建设等为依据确定。其中温度带划分指标为：日平均气温稳定≥10 ℃积温及最冷候气温、最冷月气温、极端最低气温；干湿区划分指标为：干燥度及降水量；且在借鉴国外干燥度算法时，根据中国季风气候特点修订其中的经验系数。张宝堃等（1959）结合中国地形特点和行政区划状况，第一次编制了中国气候的三级区划方案。此后，中央气象局根据 1951—1960 年全国各地气象观测资料，以各季干燥度或日平均气温稳定≥10 ℃积温（东北地区）、最热月平均气温（青藏高原）等指标划分三级气候区界线，对区划方案进行了充实和修订。后来，中央气象局又根据 1951—1970 年和 1951—1980 年的资料分别在 1979 年和 1994 年对区划界线进行了更新，最终将全国划分为 10 个气候带（其中青藏高原称“高原气候区域”）、22 个气候大区、45 个气候区（表 3.5）。三是 20 世纪 80 年代初以来，在气候系统概念确立后，气候区划工作更注重气候区作为一个区域系统的独立性、主导气候成因一致性与区域气候征一致性的结合以及非地带性特征的刻画。

表 3.5　中国气候区划的划分指标及其标准(资料来源:郑国光 等,2016)

温度带划分指标与标准	主要指标	辅助指标		参考指标	
	日平均气温稳定≥10 ℃的日数/d	1 月平均气温/℃	7 月平均气温/℃	日平均气温稳定≥10 ℃的积温/(℃·d)	年极端最低气温多年平均值/℃
寒温带	<100	<−30		<1600	<−44
中温带	100～170	−30～−6		1600～3400	−44～−25
暖温带	170～220	−12～0		3200～4800	−25～−10
北亚热带	220～240 210～225 (云贵高原)①	0～4		4500～5300 3500～4500 (云贵高原)	−14～−10 至 −6～−4 (云贵高原)
中亚热带	240～285 225～285 (云贵高原)	4～10		5100～6500 4000～5000 (云贵高原)	−6～0 −4～0 (云贵高原)
南亚热带	285～365	10～15 9～15 (云南高原)		6400～8000 5000～7500 (云南高原)	0～5 0～2 (云南高原)
边缘热带	365	15～18 >13～15		8000～9000 7500～8000 (云南高原)	5～8 >2 (云南高原)
中热带	365	18～24 (云南高原)		9000～10000	8～20
赤道热带	365	>24		>10000	>20
高原②亚寒带	<50	−18～−10 ～−12	<11		
高原温带	50～180	−10～0	11～18		
高原亚热带山地	180～350	>0	18～24		

干湿区划分指标与标准	湿润	半湿润	半干旱	干旱
主要指标:年干燥度	≤1.00	1.00～1.50	1.50～4.00 1.50～5.00 (青藏高原)	≥4.00 ≥5.00 (青藏高原)
辅助指标:年降水量/mm	>800～900 >600～650(东北、川西山地)	400～900 400～600(东北)	200～500	<200～250

气候区划分指标与标准	Ta③	Tb	Tc	Td	Te	Tf	Tg
7 月平均气温/℃	≤18	18～20	20～22	22～24	24～26	26～28	≥28

注:①指在云贵高原用该标准划分中亚热带,其他含义同;②指青藏高原;③ Ta、Tb、Tc、Td、Te、Tf、Tg 为气候区代码,分别对应其下的 7 月平均气温。

丁一汇(2013)、郑景云等(2013a,2013b)根据 1981—2010 年 658 个站观测资料,给出了新的气候区划。采用的气候区划方法是先根据青藏高原和中国其他区域的自然地域分异特征,将青藏高原划分为一个独立的自然单元;然后再分别根据青藏高原和其他区域的气候特征,进行三个等级的气候区划分。在选取指标时,以日平均气温稳定≥10 ℃的日数作为一级指标划分温度带,揭示中国气候的纬向和垂直分异特征;以干燥度作为二级指标划分干湿区,揭示气候经向分异特征;以最热月气温作为三级指标划分气候区,揭示中国气候的非地带性特征;并分别以 1 月平均气温、年降水量作为温度带、干湿区划分的辅助指标,以日平均气温稳定≥10 ℃的积温及极端最低气温的多年平均值作为划分温度带的参考指标。然后根据观测资料新编的气候区划,将全国分为 12 个温度带、24 个干湿区、56 个气候区,结果见图 3.4(彩)。各区的位置及代表站的气候指标值见表 3.6。

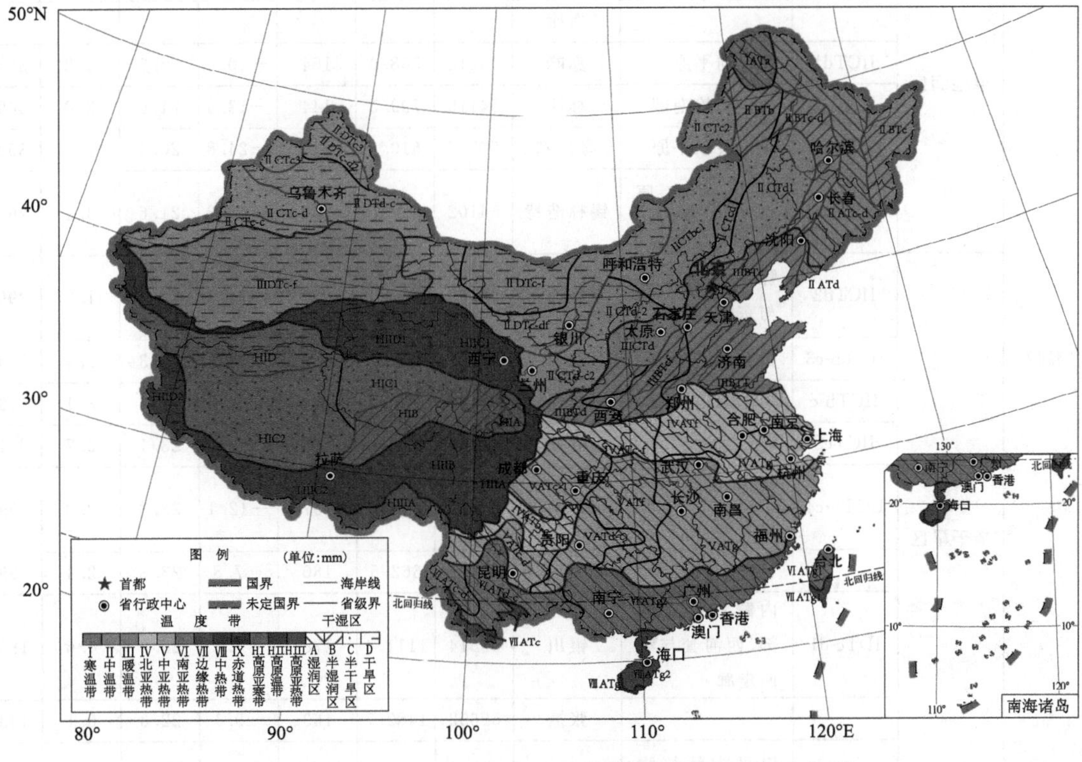

图 3.4(彩)　1981—2010 中国气候区划简图(资料来源:郑国光 等,2016)

表 3.6　中国 1981—2010 年的气候区划结果 (资料来源:郑景云 等,2013a;郑景云 等,2013b)

温度带	干湿区	气候区代码	所在位置	代表站点及其海拔高度与主要、辅助气候指标值							
				站点名称	编号	海拔/m	≥10 ℃日数/d	1 月气温/℃	7 月气温/℃	年干燥度	年降水量/mm
寒温带	湿润区	IATa	大兴安岭北部	图里河	50434	732.6	93	−28.4	16.8	1.0	440

续表

温度带	干湿区	气候区代码	所在位置	代表站点及其海拔高度与主要、辅助气候指标值							
				站点名称	编号	海拔/m	≥10 ℃日数/d	1月气温/℃	7月气温/℃	年干燥度	年降水量/mm
中温带	湿润区	IIATc-d	小兴安岭与长白山	伊春	50774	240.9	126	−21.3	20.9	0.8	626
		IIBTc	三江平原及其以南山地	宝清	50888	83.0	147	−16.8	22.2	1.4	491
	半湿润区	IIBTc-d	松辽平原	长春	54161	236.8	158	−14.7	23.2	1.3	577
		IIBTb	大兴安岭中部	额尔古纳右旗	50425	581.4	113	−27.8	19.6	1.4	361
		IICTd1	西辽河平原	赤峰	54218	568.0	164	−10.4	23.7	2.2	370
		IICTc1	大兴安岭南部	林西	54115	799.5	144	−13.5	21.6	2.0	369
		IICTb-c1	呼伦贝尔平原	海拉尔	50527	610.2	119	−24.8	20.4	1.7	352
		IICTb-c2	内蒙古高原东部	锡林浩特	54102	1003	131	−18.8	21.6	3.1	264
	半干旱区	IICTd2	鄂尔多斯高原与东河套	呼和浩特	53463	1063.0	160	−11.0	23.3	1.8	396
		IICTb-c3	黄土高原西部	海源	53806	1854	148	−6.2	20.3	2.4	359
		IICTb-c	阿尔泰山地	青河	51186	1218	124	−21.5	19.6	3.1	189
		IICTc2	塔城盆地	塔城	51133	534.9	158	−9.7	23.1	2.7	291
		IICTb-c4	天山天地与伊犁谷地	乌鲁木齐	51463	935	157	−12.1	23.8	2.8	299
				伊宁	51431	662.5	180	−7.8	23.3	2.4	299
		IDTc-d1	内蒙古高原西部、西河套与河西走廊	银川	53614	1111.4	178	−7.2	23.9	4.6	183
				张掖	52652	1482.7	163	−9.1	22.3	6.1	133
		IIDTe-f	巴丹吉林与腾格里沙漠	额济纳旗	52267	940.5	176	−10.6	27.5	34.2	33
	干旱区	IIDTd-e	准噶尔盆地	奇台	51379	793.5	152	−17.0	22.7	4.2	201
		IIDTc-d2	萨吾尔山、额尔齐斯谷地	福海	51068	501	154	−18.6	23.4	5.6	131
		IIDTb-c	天山南麓	阿克苏	51628	1103.8	196	−7.2	24.1	9.8	80
暖温带	湿润区	IIIATd	辽东低山丘陵	庄河	54584	34.8	181	−7.3	23.2	0.9	736
		IIIBTe	燕山低山丘陵与辽东半岛	锦州	54337	65.9	188	−7.6	24.6	1.4	568
		IIIBTf	华北平原与山东半岛	济南	54823	170.3	222	−0.3	27.5	1.5	693

续表

温度带	干湿区	气候区代码	所在位置	代表站点及其海拔高度与主要、辅助气候指标值							
				站点名称	编号	海拔/m	≥10 ℃日数/d	1月气温/℃	7月气温/℃	年干燥度	年降水量/mm
暖温带	半湿润区	IIIBTe-f	汾渭平原山地	西安	57036	397.5	219	0.3	27.1	1.3	561
		IIIBTd	黄土高原南部	铜川	53947	978.9	181	−2.8	23.3	1.4	568
	半干旱区	IIICTd	黄土高原东部与太行山地	太原	53772	778.3	186	−5.0	24.0	1.8	423
	干旱区	IIIDTe-f	塔里木与东疆盆地	敦煌	52418	1139	179	−7.9	25.2	22.5	40
北亚热带	湿润区	IVATf	大别山与苏北平原	信阳	57297	114.5	227	2.4	27.3	0.7	1106
		IVATg	长江下游平原	芜湖	58334	14.8	238	3.4	28.7	0.7	1225
		IVATe-f	秦巴山地	安康	57245	290.8	236	3.7	27.0	0.9	824
				黔西	57803	1231.4	223	3.8	23.1	0.6	944
		IVATb-c	黔西北、川西南、滇北高原	越西	56475	1659.5	212	4.0	21.1	0.6	1115
				丽江	56651	2392.4	223	6.4	18.2	1.0	980
中亚热带	湿润区	VATg	江汉平原及江南丘陵	南昌	58606	46.9	250	5.5	29.5	0.5	1613
		VATf	湘鄂西山地	沅陵	57655	151.6	243	5.1	27.6	0.5	1385
		VATd-e	贵州高原山地	兴义	57902	1378.5	245	6.5	22.2	0.6	1322
		VATe-f	四川盆地及其东南山地	成都	56294	506.1	256	5.9	25.6	0.7	834
		VATc-d	滇东、中山地及	会理	56671	1787.3	265	7.3	20.9	0.7	1162
			横断山南段山地	华坪	56664	1244.8	345	11.8	24.3	1.0	1088
南亚热带	湿润区	VIATg1	台湾北部山地平原	台北				16.1	29.6		
		VIATg2	闽粤桂低山平原	广州	59287	41.0	330	13.9	28.9	0.5	1801
		VIATd-e	滇中南山地及金沙江谷地	景东	56856	1162	348	11.6	23.6	0.7	1154
		VIATc-d	滇西南山地	临沧	56951	1502.4	349	11.7	21.7	0.7	1149
边缘热带	湿润区	VIIATg1	台湾南部山地平原	恒春				20.7	28.4		2022
		VIIATg2	琼雷低山丘陵	海口	59758	63.5	363	18.0	28.8	0.6	1697
		VIIATe	滇南山地	勐腊	56969	631.9	365	16.5	25.0	0.6	1513

续表

温度带	干湿区	气候区代码	所在位置	代表站点及其海拔高度与主要、辅助气候指标值							
				站点名称	编号	海拔/m	≥10 ℃日数/d	1月气温/℃	7月气温/℃	年干燥度	年降水量/mm
中热带	湿润区	VIIIATg	琼南低地与东、中、西沙诸岛	三亚	59948	6.0	365	21.7	28.6	0.8	1453
赤道热带	湿润区	IXATg	南沙群岛	缺资料							
高原亚寒带	湿润区	HIA	若尔盖高原	若尔盖	56079	3439.6	26	−9.6	11.2	0.9	643
	半湿润区	HIB	果洛那曲高山谷地	达日	56046	3967.0	14	−12.0	9.8	1.1	558
	半干旱区	HIC1	青南高原	五道梁	52908	4612.0	1	−16.2	6.0	2.0	302
		HIC2	羌塘高原	申扎	55472	4672.0	15	−9.4	10.0	2.6	325
	干旱区	HID	昆仑山高原	缺资料							
高原温带	湿润区	HIIA	横断山脉东、南部	康定	56374	2615.7	115	−1.9	15.7	0.7	858
	半湿润区	HIIB	横断山脉中、北部	昌都	56137	3306.0	135	−1.6	16.3	1.4	489
	半干旱区	HIIC1	祁连青东高山盆地	西宁	52866	2295.2	140	−7.3	17.4	1.6	398
		HIIC2	藏南高山谷地	拉萨	55591	3648.9	158	−0.6	16.2	2.0	439
	干旱区	HIID1	柴达木盆地与昆仑山北翼	大柴旦	52713	3173.2	95	−12.6	16.2	8.2	93
		HIID2	阿里山地高原	狮泉河	55228	4278.6	85	−12.0	14.4	13.4	66
高原亚热带	湿润区	HIIIA	东喜马拉雅山南翼至横断山西南缘山地	察隅	56434	2327.6	193	4.7	19.0	0.9	792

3.2 第四纪中国气候变化

对于地球地质时期的气候变化，第2章已作了专门讨论。实际上，人们至今对地球和中国第四纪以前的气候变化知之甚少，故本章以第四纪为起点，讨论中国的古气候。第四纪开始于距今260万a前，其气候特征是冰期—间冰期旋回，旋回的时间长度也在发生变化。距今260万～160万a期间，4.1万a周期最为显著，其次为40万a周期；距今160万～80万a期间，仍以4.1万a周期占绝对优势；近80万a期间则以10万a周期最为主。丁一汇(2013)、王绍武(2011)对中国第四纪气候变化的研究进行综述，指出中国的气候在第四纪各个时间尺度上的变化在许多方面与全球变化具有共同特征，但由于中国地理环境独特，因而其气候在第四纪的演变也具有自身的特性，主要表现在两个方面：一是与青藏高原隆起相联系的现代季风形成与演化，二是在响应全球性的冰期—间冰期气候旋回变化时，由于冬、夏季风环流的彼此消长，因而所呈现的冷干和暖湿交替变化更为显著。

3.2.1　中国现代季风气候的形成与演变

在距今约 2200 万 a 前后，控制中国大陆的大气环流系统由行星风系为主导开始向季风系转变。此后至距今 600 万 a 前后，季风环流呈现逐步增强趋势。到第四纪初，青藏高原急剧隆起至 2000 m 以上，由于大高原对大气环流具有热力和动力作用，蒙古、西伯利亚一带冬季不再易受暖平流的影响，冷空气得以聚集成为强大的冷高压。位于高原以南的印度次大陆因地形屏障而受冷空气影响较小，热低压得以兴盛和维持。因此，印度季风与东亚的现代季风环流系统得以建立，且其强度和影响范围不断随高原的继续升高而加大。黄土—古土壤交替及其相关分析记录表明，中国的季风系统在万年以上尺度的演变有三个重要的转折点：一是 2.6 MaBP 前后，黄土堆积取代红黏土，标志着冬季风环流的强盛，而此时可能也是冬、夏季风环流强度开始呈互为消长式波动的时期；二是大致在 1.6 MaBP 前后，黄土平均堆积速率明显增加、平均粒径变粗，这意味着冬季风的强度比以前略有增加，且气候从 400 ka、66 ka 及 23 ka 等多种周期转变为 41 ka 为主导周期；三是 0.8 MaBP 前后，磁化率和粒度的变化幅度均比以前明显增大，变化周期由 4 万 a 为主转变为以 10 万 a 为主，反映出季风环流的变动幅度明显增大，且周期性变化特征更为明显，同时周期长度也加长（王绍武，2011；丁一汇，2013）。

现代季风环流格局的形成破坏了原来基本呈纬向平直的行星风系对东亚近地层的控制，使中国东部成为受季风环流控制，季节变化显著的季风区。在现代季风形成之后，热量、水分条件的空间分布与季节变化呈现出与现代相似的特点，因而地理环境的东西分异特征也得以进一步加强，从而形成了与现代基本相似的自然地理环境分异格局。中国西北内陆干旱区的形成与发展是青藏高原隆起的另一产物。因为西北内陆地区本就与大西洋和北冰洋等水汽源地距离遥远，且受东部夏季风影响微弱而少雨干旱，而青藏高原的隆起又再从三个方面强化了这一地区的干旱程度，使得西北内陆盆地成为世界上最干旱的区域，造就了独特的荒漠环境。一是大高原阻挡了西南暖湿气流携带的水汽进入内陆；二是高原与新疆干旱区之间所产生的地区性环流使高原以北夏季受下沉气流控制；三是高原对冬季风的阻挡作用使干冷空气不能顺利南下，从而集聚在西北内陆，使这里的冬季较同纬度其他地区更为寒冷。荒漠是黄土的物源，荒漠向大气输送大量的尘埃物质，在强西北气流（现代冬季风）的搬运下向东输送，在东部的半干旱地区沉积形成黄土，在黄土沉积最为集中的甘肃、陕西、山西等地形成黄土高原（张兰生，1984）。

3.2.2　中国第四纪冰期—间冰期旋回气候特征

青藏高原强烈隆起加大了中国冬夏气候的差异，使得中国大多数地区冬季较同纬度其他地区更为干冷，而夏季则更为暖湿。以冷干—暖湿的周期性振荡为主要表现形式的冰期与间冰期气候旋回是中国第四纪气候变化的重要特征，其中冷暖波动幅度达 10 ℃以上。这在中国黄土剖面中有极为清晰的表现：冰期时，冬季风强劲，气候干冷，中国北方广泛沉积黄土；间冰期时，夏季风相对偏强，气候暖湿，则发育土壤，从而形成了层次清晰的黄土层与古土壤层的交替。陕西宝鸡的黄土剖面中有37次黄土—古土壤交替，表明2.6 MaBP以来东亚季风气候曾出现过37次冷干—暖湿旋回。中国黄土—古土壤序列与深海氧同位素记录之间存在良好的对应关系，其中温暖湿润的古土壤发育期均对应于指示间冰期环境的$\delta^{18}O$的奇数(负偏高值)阶段，而冷干的黄土发育期均对应于指示冰期环境的$\delta^{18}O$的偶数(正偏高值)阶段。表明中国万年以上尺度的冷干—暖湿旋回与全球第四纪的冰期间冰期阶段性旋回是一致的(丁一汇，2013)。

与深海氧同位素序列一样，在黄土—古土壤序列中也可检测出地球轨道参数变化的几个特征周期，即412 ka、100 ka的偏心率周期，41 ka的地轴倾斜率周期，以及23 ka和19 ka的岁差周期。但是在不同阶段，主导周期有明显的差别，其中2.6～1.6 MaBP期间，412 ka、66 ka、41 ka、23 ka等多种周期并存，且以41 ka的周期最为明显；1.6～1.2 MaBP期间，41 ka的周期振荡占据了绝对主导地位，其他周期尺度的能谱则非常微弱；1.2～0.8 MaBP期间，41 ka与100 ka的周期共存；0.8 MaBP以后，主导周期变为100 ka、41 ka及其他周期尺度的能谱明显变弱。

此外，在黄土—古土壤序列的诸多理化指标中，磁化率的变化主要指示夏季风变化，而粒度的变化又主要反映风力强度(主要是冬季风)的变化。北京斋堂黄土剖面显示：由粒度代表的冬季风记录的变化都先于由磁化率代表的夏季风记录的变化，表明在冰期和间冰期之间的转折时期，冬、夏季风在千年尺度上存在明显的位相差，而这可能也是热带太平洋海气系统的状态调整滞后于高纬陆地气候系统调整的反映(熊向发 等，1996)。

3.2.3　末次盛冰期中国的气候特征

末次盛冰期(Last Glacial Maximum，简称LGM)系指末次冰期相当于深海氧同位素第二阶段(对应于中国黄土序列中的L1-1)中气候最冷、冰川规模最大的时段，其时间在21 kaBP(相当于^{14}C年代18 kaBP)前后，是距今最近的一个与现代气候环境反差最大的时期。这一时期全球平均气温比现代低5～10 ℃，降水普遍比现代少。由于中国自然环境的独特性，冰期时中国并没有像西欧、北美那样形成大规模的冰盖，但西部山地，如阿尔泰山、天山、祁连山、贡嘎山、玉龙山、四川西部和青藏高原等，均发育了山岳冰川。盛冰期随冬季风增强与夏季风减弱，中国形成更为显著的冷干环境，出现了显著的多年冻土扩展与自然地带的南移、干旱区扩展与黄土堆积区扩大等现象；且有约1/3的边缘海因海面下降而成为陆地(丁一汇，2013)。

与间冰期相比，末次盛冰期期间中国各地虽然都出现了不同程度的降温，但降温幅度的时空差异极大，有显著的冬季降温大于夏季、高纬降温大于低纬的特征。在东部地区，从北到南降温幅度差异可能更大。其中东北地区年平均气温较今低10 ℃，以上，华北地区低10 ℃左右，华中地区低8～9 ℃，而华南地区只低2～4 ℃。那时，中国东部地区最北部的年平均气温达−15 ℃以下。在西部地区，西北地区年平均气温较今低10 ℃以上，西南地区低7 ℃，略小于东部同纬度地区)，青藏高原低6～9 ℃。冬季降温更为强烈，夏季降温幅度较小，且南北差异也略小(张兰生，1980)。

末次盛冰期时，中国高空风场全年可能都维持与现代冬季季风环流相似的形势。当时地面夏季风活动范围的北界只能到达江南丘陵南部和云贵高原中部，这也就是控制中国东部降水的主要因子——副热带锋当时所能到达的最北位置，相应地也并没有与现代夏季降水相似的降水场出现。综合各种研究成果可以推断，末次盛冰期时，中国绝大部分地区降水量都较现代少，虽然幅度在不同地区有一定差异，但总体上较今明显要干；估计当时全国大半地区降水量少于 200 mm。200 mm 等雨量线大体从东北的松嫩平原西部、经长城沿线、向西延伸到青海的共和盆地，与马兰黄土堆积的北缘相当，此线以西属荒漠气候，除新疆北部部分地区外，年降水量均在 200 mm 以下，而广义上的荒漠带在北方连为一体（董光荣 等，1997）。华北大部分地区和东北中部地区退化为草原气候，降水量在 200～400 mm，成为季风尾闾区；而江淮地区的降水量在 500～600 mm，但长江以南的大多数地区降水仍可达 1000 mm 以上。由于降水显著减少，即使是东部地区的气候也较现代明显偏干；但在青藏高原西北部、新疆等西部地区，尽管多数地区降水较现代少，但由于冰期的强烈降温与冰冻季节的延长，蒸发显著减少，因而使得这些地区的相对湿度明显高于现代，气候反而相对湿润，而这也与当时西部的大多数湖泊均出现高湖面现象对应。

末次盛冰期时欧亚大陆冷源加强，产生了强盛的冬季风，迫使西风带加强并南移，估计移动幅度可达 10 个纬度，因而其影响范围也明显东扩；但同时，北太平洋反气旋也明显西伸，幅度接近 20 个经度，因而中国东部及沿海多被反气旋控制；而西部成为北太平洋反气旋活动的边缘区；这使得中国东部气候总体变干，西部反而变得相对湿润（刘健 等，2002）。

3.3　全新世中国气候变化

3.3.1　全新世气候变化的阶段性

全新世为间冰期，气候以温暖为基本特征。在气候突然变冷的新仙女木事件结束之后，全球气候迅速变暖，距今最近的冰期结束，并进入全新世间冰期。地球气候系统，特别是大气—陆地—海洋之间的各种反馈机制在一个新的平衡状态下保持相对稳定，气候也进入相对稳定的状态，因而气候变率也明显减小。

一般认为，全新世的气候变化可分为早期的增暖、中期的温暖和晚期的转冷三个基本阶段。其中早期以迅速增暖为主要特征；而中期则是一个较现代更为温暖且相对稳定的时期，故通常也称为“全新世大暖期”（Megathermal）；大暖期过后，气候进入全新世后期的降温阶段，气候以小幅的波动式变冷变干为主要特征。

中国的全新世气候变化还存在明显的千年周期振荡特征。从时间尺度看，中国千年际的气候波动在全新世期间主要有 2300～3000 a、1300～1500 a 与 1000 a 三个准周期。其中以 1300～1500 a 最为显著，而这也与北大西洋深海沉积物所指示的气候突变事件重现周期（1470±500）a 基本对应。此外，也还存在约 500 a、200 a 等百年尺度的准周期。如在全新世期间，中国共出现多个持续时间不同的寒冷时段或事件，其中长寒冷时段一般持续 400～800 a，通常由 2 个（或 2 个以上）长达百年以上的冷峰组成；短寒冷时段一般持续 100～200 a。从这些寒冷时段与寒冷事件出现的时间间隔看，它们的重现期最长间隔 1600 a，最短间隔 1100 a，平均为 1310 a；其中大多数为 1300～1500 a，说明冷暖波动具有显著的 1300～1500 a 周期旋回。从各个千年冷暖旋回的过程看，每个完整的千年旋回既包含一个持续时间较长的寒冷时段，也包括一个持续时间较短的寒冷事件，它们与出现在这些寒冷时段及寒冷事件间的温暖时段与温暖事件构成了一个完整的千年冷暖旋回。而对比根据北大西洋有关记录等确定的全新世寒冷事件（Bond et al.，1997），以及国内学者根据冰芯、湖泊沉积和泥炭沉积等高分辨率序列所识别出的寒冷事件,可以看出这些记录所识别的寒冷事件主要集中在每个千年冷暖旋回的长寒冷时段中(王绍武,2011;丁一汇,2013)。

3.3.2　全新世大暖期中国气候特征

全新世大暖期在中国大约始于 8.5 kaBP,至 3.0 kaBP 结束,其间最暖时段的全国年均气温比近百年约高 2 ℃。虽然全新世大暖期总体上暖于现代,但期间也存在多次气候波动与剧烈降温事件。其中 8.5～7.2 kaBP,气候以升温与不稳定冷、暖交替为主要特征,其间升温明显,但同时也在 7.8 kaBP 和 7.3 kaBP 前后出现了两次明显降温,说明气候波动剧烈。7.2～6.0 kaBP 是大暖期中最稳定、最温暖的阶段,也称大暖期盛期(megathermal maximum)。6.0～5.0 kaBP 是气候剧烈波动且伴随显著降温转干的阶段。5.0～3.0 kaBP 为气候波动相对和缓的亚稳定暖湿期。但从整个全新世大暖期气候波动过程看,4.0 kaBP 之前中国绝大部分地区气候仍然比今温暖、湿润。而 4.0 kaBP 以后,大多数地区气候转冷趋干、气候一度出现恶化。鉴于 40 kaBP 前后气候的较大差异,也有人将全新世大暖期结束的时间定在 4.0 kaBP 或 3.5 kaBP。

虽然全新世大暖期总体上暖于现代,但是大暖期时的升温不仅具有明显的区域差异,而且还具有显著的季节差异。从地区差异来看,在全新世大暖期盛期,青藏高原地区增温幅度最大,估计当时年气温较今高 4～5 ℃。而东部地区年均气温较现代约高 2.5 ℃,但增幅北方大于南方,其中,长江流域以南大体在 2 ℃以下,长城以外地区在 3 ℃以上,青藏高原南部可高出 4～5 ℃。与全球同纬度其他地区相比,中国可能是升温最大的地区之一。从季节差异看,中国大暖期冬季的升温程度远高于夏季,其中北方地区冬季升温值可高于年均温升温值的 70% 至 1 倍,相当于当时中国东部大范围的冬季平均气温较今高 4～5 ℃。

全新世大暖期期间,伴随夏季风的扩张,降水量大幅增长,各地普遍出现高湖面。大暖期盛期是中国原始农业文化最发达的时期,其间,旱作区与稻作区北界位置均到较今偏北 2～3 个纬度;同期森林—草原分界线位置也较今偏西偏北;中国北部及新疆、西藏等地的内陆湖泊普遍出现高湖面和湖水淡化现象,沙地和黄土地区普遍发育古土壤。据估计,当时中国北方地区的年降水量多年平均至少较今多 100～200 mm;而长江中下游地区的年降水量多年平均达 1500～1800 mm,较今多 200～400 mm (王绍武,2011;丁一汇,2013)。

3.4　中国历史气候变化特征

中国历史气候概指自仰韶文化以来约 5000 多年间的气候。张德二(2016)指出,中国近 5000 a 的气候变化总体上呈现波动式变冷的趋势,前 2000 a 相对温暖,大部分时间的 1 月份温度比现今高 3～5 ℃,只是在距今 4000 a 时气候曾一度转寒;后 3000 a 中有一系列的冷暖波动,年平均温度波动约 2 ℃。最近的 2000 a 时段由于有气候变化的自然证据和人文证据并存,高分辨的古气候记录较丰富,取得的研究成果也多。其中两个重要的暖、冷气候时段,即中世纪温暖期和小冰期,尤其引人关注。

3.4.1　中国近 5000 a 气候特征

竺可桢(1973)对中国近 5000 a 气候变化作了开创性的研究,他于 1973 年发表了著名的

《中国近五千年来气候变迁的初步研究》学术论文，展示了具有世界影响力的研究成果。竺可桢(1973)指出，历史时期的世界气候是有变迁的，非常丰富的中国历史文献为研究中国古代气候创造了极为有利的条件。他根据历史和考古发掘材料，证明中国在近 5000 a，即从仰韶文化时代到河南安阳殷墟时代，年平均温度比现在高 2 ℃左右。在这以后，年平均温度有 2～3 ℃的摆动，寒冷时期出现在公元前 1000 年（殷末周初）、公元 400 年(六朝)、公元 1200 年(南宋)和公元 1700 年(明末清初)时代。汉唐两代则是比较温暖的时代。这种气候变迁有一定的规律，世界性的气候变冷时先从太平洋西岸开始，由日本、中国东部逐渐向西移到西欧。温度回升时则自西向东行。

竺可桢对历史气候的研究，主要依据史料。此后，大量代用资料不断涌现，为深入研究历史气候创造了条件。葛全胜等(2011)出版《中国历朝气候变化》一书，对中国近 5000 a 气候变化作了系统的描述。

中国约在 8.5 kaBP 进入大暖期，8.5～7.2 kaBP 以升温为主要特征，7.2～6.0 kaBP 温度最高且保持稳定，6.0～5.0 kaBP 开始降温，气候波动较大，4.2～4.0 kaBP 出现明显的冷事件。中国从此时也开始了夏、商、周三朝。时至今日大约经历了 13 个气候阶段(表 3.7)，总共约 4 ka 时间，每个阶段 300～400 a 不等。在这 13 个气候阶段中，暖、温阶段为 7 个，超过半数，偏凉阶段为 7 个，冷的阶段只有 1 个。

表 3.7 近 4000 a 中国东部的气候简史(资料来源:葛全胜 等,2011)

序号	朝代	纪元	距今/ka	时间尺度/a	气候
1	夏—初商	2050—1500BC	4.00～3.50BP	500	暖
2	中商	1550—1300BC	3.50～3.30BP	200	凉
3	殷商	1350—1050BC	3.30～3.00BP	300	温
4	西周	1050—750BC	3.00～2.70BP	300	凉
5	春秋	750—450BC	2.70～2.40BP	300	温
6	战国	450—150BC	2.40～2.10BP	300	凉
7	西汉(两汉?)	150BC—AD200	2.10～1.75BP	350	温
8	魏晋南北朝	AD200—550	1.75～1.40BP	350	凉
9	隋朝	AD550—750	1.40～1.20BP	200	暖
10	五代	AD750—900	1.20～1.05BP	150	凉
11	宋元	AD900—1300	1.05～0.65BP	400	暖
12	明清	AD1300—1900	0.65～0.05BP	600	冷
13	民国以来	AD1900—2000	0.05BP～0.05AP	100	暖

中国近 5000 a 具体气温变化如图 3.5 所示。4.2～4.0 kaBP 的冷事件在古气候代用资料中有明显的反映。四个冰芯中有三个 $\delta^{18}O$ 显示有一个冷期(图 3.5f,h,i)，几个山洞石笋 $\delta^{18}O$ 则说明夏季风减弱(图 3.5b,c,d,e)。进入夏朝之后到商朝的初期，是为中国的仰韶文化时期，气候温暖，这从冰芯、石笋的 $\delta^{18}O$ 中清晰可见(图 3.5b,f,h,i)。此后进入中商冷期，四个冰芯均与一定程度的反映(图 3.5f,g,h,i)，在莲花洞和董哥洞 D_4 石笋 $\delta^{18}O$ 中表现尤为突出。

大约在 1300 BC 盘庚迁殷，气候变暖，直至武王伐纣。然后在商末 3.0 ka 前后有一次降温，这在几个冰芯序列上均有反映。西周初气候回暖，以后一段时间气候不稳定，直到春秋时期气候才变得温和，到战国时期气候又转凉，这在四个冰芯中亦均有反映。近 42～3 kaBP 有了更多的古气候序列，自西汉到民国以来又经历了 7 个冷暖交替的阶段。

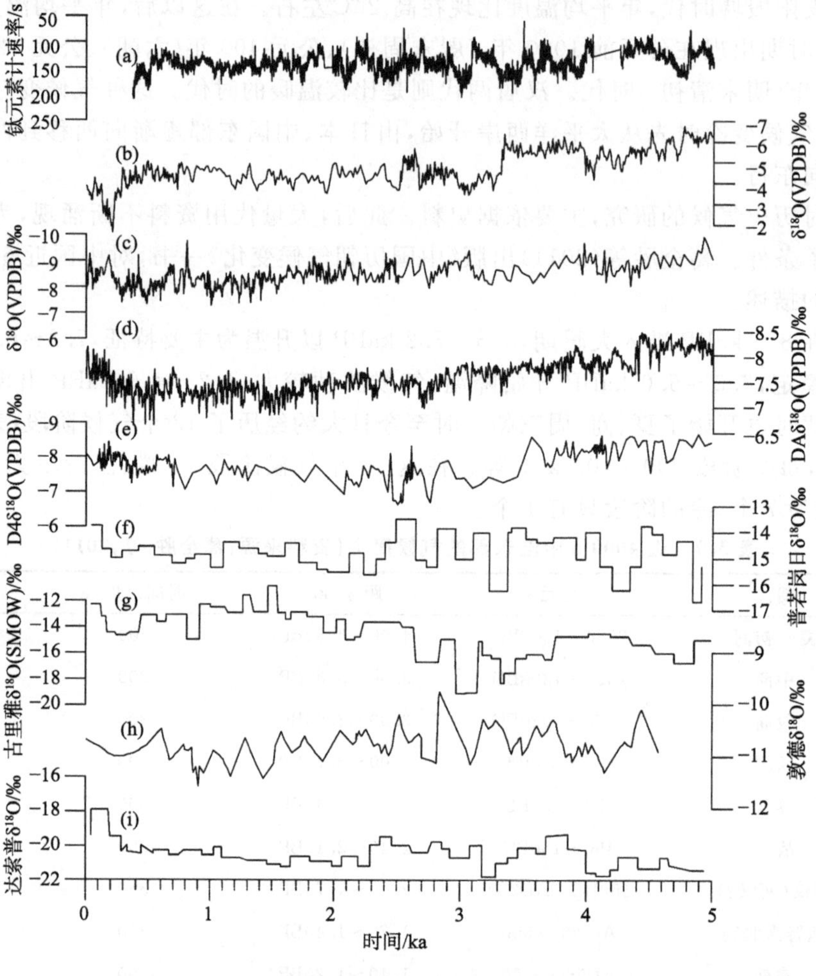

图 3.5　中国近 5000 a 气候变化的古气候记录证据(资料来源：葛全胜 等，2011)

(a)广东湖光玛珥岩钛元素；(b)湖南莲花洞石笋 $\delta^{18}O$；(c)湖北和尚洞石笋 $\delta^{18}O$；(d)贵州董哥洞 DA 石笋 $\delta^{18}O$；(e)贵州董哥洞 D_4 石笋 $\delta^{18}O$；(f)普若冈日冰芯 $\delta^{18}O$；(g)古里雅冰芯 $\delta^{18}O$；(h)敦德冰芯 $\delta^{18}O$；(i)达索普冰芯 $\delta^{18}O$

3.4.2　中国近 3000 a 气候特征

3.4.2.1　温度变化特征

过去 3000 a 是气候变化史中一个极具特殊意义的时间段，在这一时段内，文字记载与自然档案等多种气候变化代用资料并存，为重建这一阶段气候变化史提供了重要的资料基础。以往的研究对近 2000 a 的研究居多，但葛全胜等(2011)年利用丰富的资料和史料，提供了中国近 3000 a 温度变化的古气候变化证据，如图 3.6 所示。

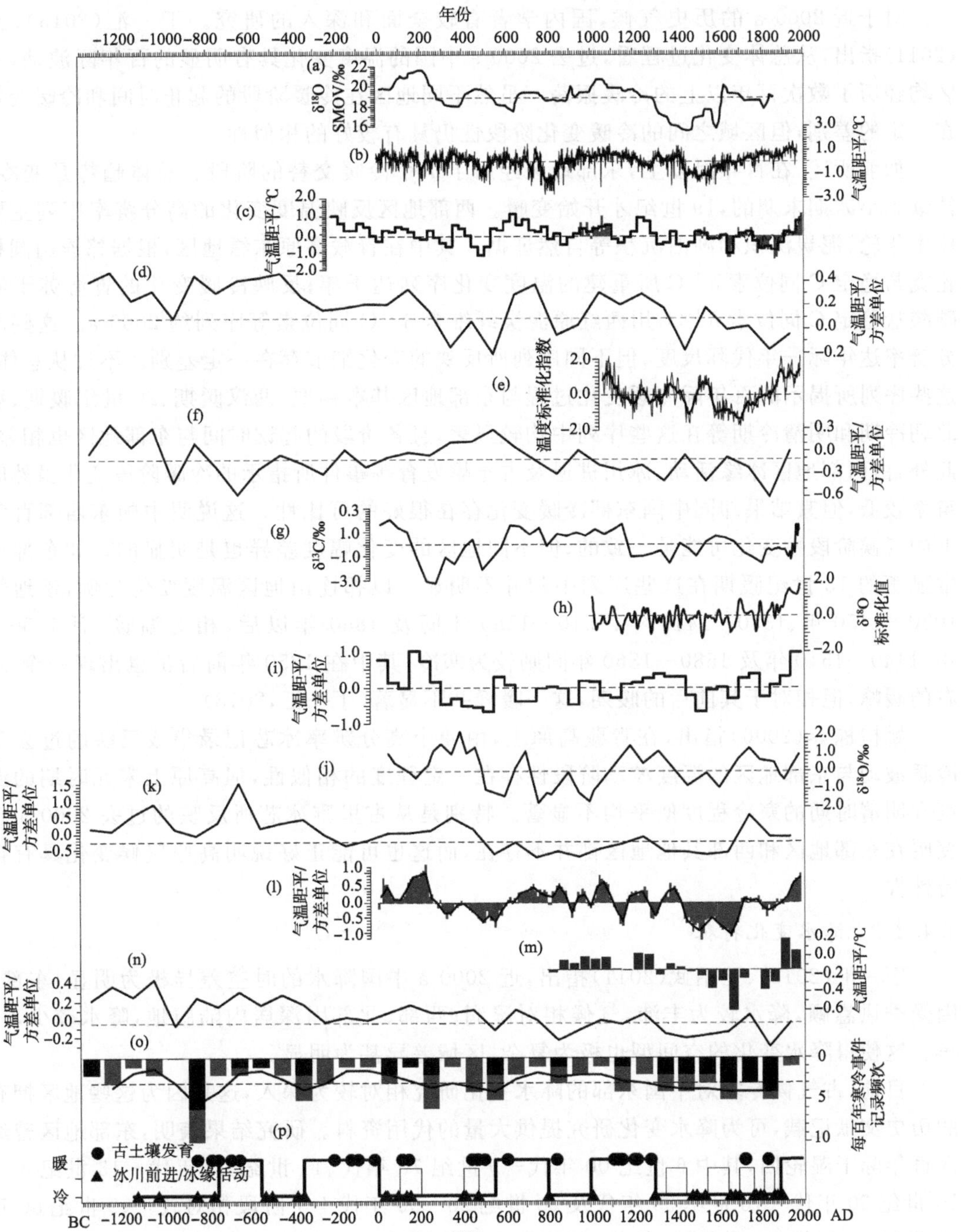

图 3.6　中国近 3000 a 温度变化的古气候证据(资料来源:葛全胜 等,2011)

(a)吉林金川 $\delta^{18}O$;(b)北京石花洞 $\delta^{18}O$;(c)中国东部冬半年气温;(d) 中国东部温度集成;(e)祁连山中部气温;(f)中国西北温度集成;(g)青海苏干湖 $\delta^{13}C$;(h)青藏高原冰芯 $\delta^{18}O$;(i)青藏高原温度集成;(j)四川红原泥炭 $\delta^{18}O$;(k)青藏高原气温集成;(l)中国气温集成;(m)文献记载重建的中国东部温度;(n)中国温度集成;(o)每百年寒冷事件频次;(p)根据冰川(三角)和土壤(圆点)划分的冷暖阶段,细线为冷期中的暖事件对于近2000 a的历史气候，国内学者有较全面和深入的研究。丁一汇(2013)、王绍武(2011)指出，从总体变化过程看，过去2000 a中国的温度变化具有明显的百年际波动，不同地区均经历了数次百年以上的冷暖振荡。虽然不同地区在冷暖阶段的起止时间和冷暖变幅也存在一定的差别，但区域之间的冷暖变化阶段性仍具有较好的相似性。

如前所述，在百年尺度上，东部地区经历了7个冷暖交替的阶段。总体趋势是变冷，一直持续到小冰期末期的，19世纪才开始变暖。西部地区反映温度变化的高分辨率序列主要来自树木年轮、泥炭沉积和湖泊沉积等自然证据。其中在青藏高原东缘地区，根据祁连山圆柏树轮轮宽与稳定C同位素δ^{13}C所重建的温度变化序列达千年；反映冷暖变化的青海苏干湖沉积碳酸盐稳定C同位素δ^{13}C，川西红原泥炭纤维素δ^{18}O同位素等序列约2000 a。这些序列的分辨率达年际—年代际尺度，但不同序列所反映的变化细节存在一定差别。不过从总体上看，这些序列所揭示的百年际冷暖变化过程与东部地区基本相似，两汉暖期、20世纪暖期、魏晋南北朝冷期和明清冷期等在这些序列中均较显著，且各阶段的起讫时间与东部地区也相差不大。此外，由西部地区冰缘活动、冰川进退及古土壤发育等事件所指示的冷暖阶段变化虽然时间分辨率较低，但其结果却同中国东部冷暖变化存在很好的可比性。这说明中国东西部百年际以上的气候阶段性变化可能是一致的；但不同地区的变化幅度差异也是明显的。如东部地区非常显著的13世纪暖期在这些序列中却并不明显。以祁连山地区温度变化为例，该地气候在1050—1150年、1350—1440年、1510—1580年间及1860年以后，相对温暖；而1150—1350年、1440—1510年及1580—1860年间则较为寒冷；其中在1250年前后虽也出现一个30 a左右的暖峰，但相对于其前后的暖期，这一暖峰并不显著(丁一汇，2013)。

姚檀栋等(2006)指出，在青藏高原上，由4个高分辨率冰芯记录集成反映的过去1000 a冷暖波动与东部地区的温度波动阶段性存在一定程度的相似性，但高原上宋元时期的温暖程度和明清时期的寒冷程度似乎均不显著。特别是从古里雅冰芯所反映的过去2000 a趋势性变暖在东部地区和西部其他地区都并不存在，而这也可能正好说明高原气候变化具有自身的特殊性。

3.4.2.2　降水变化特征

丁一汇(2013)、王绍武(2011)指出，近2000 a中国降水的时空差异极为明显：东部、南部因受季风惠顾，降水较为丰沛，气候相对湿润；西部、北部因深居内陆腹地，降水较少，气候干旱。这使得降水变化的空间型也极为复杂，区域差异甚为明显。

目前，古气候专家对中国东部的降水变化研究相对较为深入，这是因为这些地区拥有丰富的历史文献记载，可为降水变化研究提供大量的代用资料。研究结果表明，东部地区曾经历多次百年际干湿轮回，其中6世纪00年代—9世纪70年代、11世纪00年代—13世纪30年代、15世纪30年代—16世纪30年代及20世纪20—90年代4个阶段相对较干；9世纪80年代—10世纪90年代、13世纪40年代—15世纪20年代与16世纪40年代—20世纪10年代3个阶段相对湿润；而且每个百年际阶段又均包括数个年代际干湿波动。如20世纪20年代以来，东部虽然总体趋干，但其间的年代际波动却极为显著，其中20—30年代偏干，40—70年代偏湿，80年代以来又再次转干。

中国东部干湿变化的另一个特征是区域之间的变化位相不同步，因而会导致干湿格局出现阶段性的改变。如约在15世纪50年代—18世纪00年代及19世纪00年代—20世纪90年代，江南地区和华北地区的多年代际变化往往存在相反的变化趋势；而在1450年以前，这种反相变化则不甚明显。郑景云等(2005)指出,江南和江淮地区在11—13世纪与18—20世纪的多年代变化趋势也以反相居多,这可能与中国的干湿分异格局在过去2000 a中存在变化有关。因为从干湿分异格局看,2—11世纪,中国东部干湿分异大约以115°E为界,西(西北)干而东(东南)湿;12—15世纪,干湿的东西分异与南北分异并存,但仍以东西分异为主;而至16—19世纪,东部地区干湿的区域差异则基本变为南北分异,即约以35°N为界,北干南湿。王绍武(2011)指出,在过去1000 a中,中国东部多雨带位置在长江中下游与黄淮地区之间也还存在此消彼长的关系,其中在相对温暖的11世纪、13—15世纪和20世纪多雨带位于长江中下游地区的频率相对较高;而在相对寒冷16—19世纪,多雨带位于黄淮地区的频率较高。

西北干旱区的降水变化同样存在百年际波动,这在柴达木东部的降水变化及青海湖水位、古里雅冰芯冰川积累量、黑河出山口流量等多个降水变化代用序列中都得到了证实。如邵雪梅等(2003)根据柴达木东部树轮年表重建的公元566—2002年的年降水量表明:这一地区的降水存在明显的150~250 a尺度的低频波动。其中公元566—800年,降水在波动中下降,640—800年是一个明显的干期;800年以后,降水增加,800—1090年间,降水虽有一定程度波动,但总体较为湿润;此后,降水变率虽然明显增大,但仍呈现明显的百年际波动,每个周期约持续200 a;直至1800年以后,降水又在波动中逐渐增加。从整个1437年的降水变化看,1429—1519年、1634—1741年降水显著偏少,是两个最为干旱的百年;而1520—1633年、1933—2002年降水明显偏多,是两个最为湿润的百年。

张丕远等(1994)指出,在百年际降水变化这一低频信号的背景下,无论是东部季风区还是西部干旱区,降水(干湿)变化都有较为明显的年代际周期波动。其中尤以准35 a、22 a、11 a的周期信号最为多见。然而由于降水变化极为复杂,在过去2000 a中,某一长度的准周期信号并不是持续不变的。如中国东部地区在280—1230年间,降水变化的准周期特征就较弱。柴达木东部的降水变化在1100—1800年间准200 a的周期信号极为明显,但自1800年以后,准120 a的周期信号却最为显著。而1644—2004年间中国洪涝受灾范围变化的主周期在1833年以前也主要表现为世纪周期,但在1834—1920年间,在这一世纪周期变化的背景下又叠加了显著的准20 a波动;而1921年以后,则以20~30 a的准周期波动最为突出;黄河中下游地区降水量变化的主周期也在20世纪初出现过明显的变化,其中1736—1915年,这一地区降水的年代际变化以22~25 a为主要周期,而1915年以后,这一周期信号便开始减弱,至20世纪40年代后期,这一周期信号完全消失,代之出现了35~40 a的周期。

图3.7(彩)为葛全胜等(2011)给出的中国过去2000 a重大旱涝发生年数。从图中可见,中国气候并不总是在暖湿—冷干之间变化。有些时期多大旱,有些时期多大涝,还有一些时期大旱大涝均较多,这就说明温度变化和湿度变化之间有一定的独立性。至少在年际、年代际时间尺度上,干旱并不总是伴随寒冷,洪涝也不总是出现在温暖时期。从图中还可以看出旱涝的演变趋势,中世纪暖期时旱涝不稳定,10世纪到11世纪时先是涝多于旱,后来转为旱多于涝。小冰期时华北、江淮、江南普遍是涝多于旱,其中公元1650—1900尤为突出。再往前魏晋南北朝时气候温凉,旱涝均较多,但旱的次数超过涝,可以说是冷干时期。明朝干旱突出,清朝气候湿润。此外,从邵雪梅等(2003)降水与干湿变化重建结果中还可以得知,由于降水变率大,中国常发生大范围的极端连旱与连涝事件。如在公元500—2000年期间,中国东部地区就出现过16次极端连旱事件和18次极端连涝事件,这些事件至少持续3 a以上,而且几乎遍及整个东部地区。其中,影响范围最广、干旱程度最严重的连旱事件在1634—1644年,连涝事件出现

在 1422—1425 年。从这些事件的时间分布看：12—14 世纪没有出现极端连涝事件；而 17 世纪后期—20 世纪，尽管也分别在 1719—1723 年、1875—1878 年及 1927—1930 年等数度出现大范围的极端连旱事件，但与历史上曾经出现的严重极端连旱事件相比，这些事件的严重程度则相对较弱。

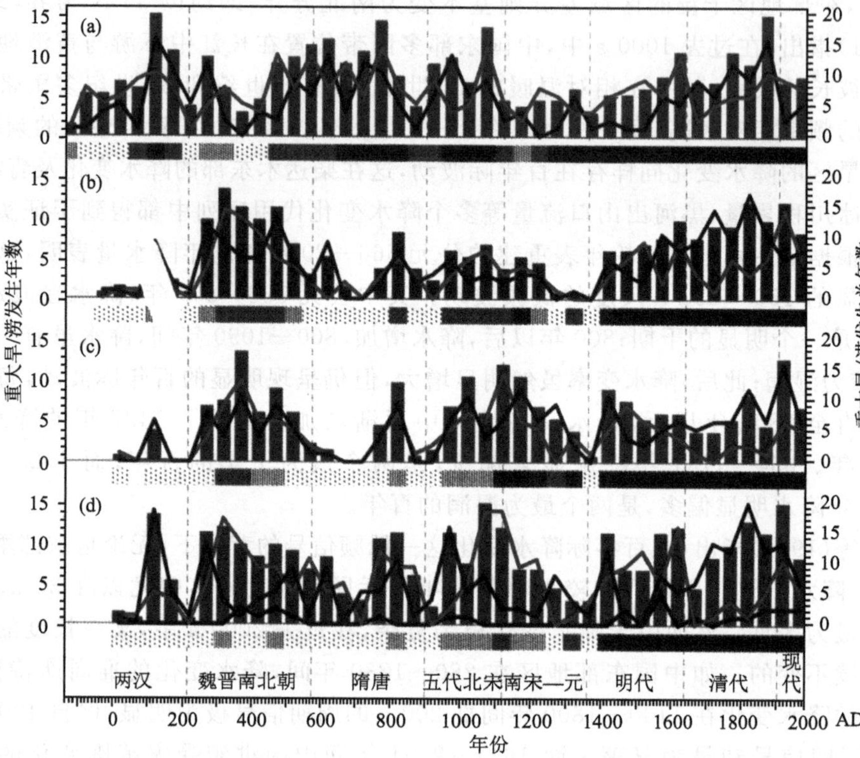

图 3.7(彩)　中国近 2000 a 东部每 50 a 重大旱涝事件发生年数(资料来源：葛全胜 等，2011)
(a)华北；(b)江淮；(c)江南；(d)东部。红线代表大旱，蓝线代表大涝，黑线代表东部旱涝并发，灰色竖柱为大旱大涝总年数，黑色横柱为置信度，颜色越深置信度越高

张德二(1980)根据历史文献记载重建的中国近 500 a 旱涝序列和逐年旱涝分布图(1470—2000 年)，是研究过去 500 a 降水变化的基础资料。它包含分布于全国的 120 个站点，但以 100°E 以东的资料连续性好，所以多用于揭示东部地区的降水变化。在这基础上展开的中国 500 a 旱涝的系统研究指出我国降水变化的时间变率大、区域差异大的特点，各区域降水变化的 2～3 a 的准两年振荡是过去 500 a 间各区域降水变化的基本特征，而准 22 a 和准 33 a 周期则在部分区域明显。由中国近 500 a 的逐年旱涝空间分布型的统计表明，在中国降水的 6 种分布型中，出现次数最多的是北旱南涝型，其余依次是全国涝型、南北旱长江涝型、全国旱型、南北涝长江旱型，出现次数最少的是北涝南旱型。旱涝型存在阶段性，某一时段以某几个型为主，另一时段以另几个型为主，北方偏旱(涝)和南方偏涝(旱)交替出现。

3.4.3 中世纪暖期和小冰期气候特征

3.4.3.1 中世纪暖期气候特征

张德二(2016)指出,20世纪90年代中国学者已提出9世纪初—13世纪中国存在与欧洲中世纪暖期相对应的温暖气候。近年的研究进一步证实中国确实存在中世纪暖期,且中东部地区十分显著。根据冰芯、树轮、湖泊沉积物和冰川波动等各种代用资料集成研究表明,中国西部地区也明显存在中世纪暖期。中国的中世纪暖期存在于公元900—1300年之间,但不是一个持续的暖期。从中国东部这一阶段的重建结果来看,中世纪暖期间存在一个长达近百年(12世纪10—90年代)的相对寒冷时段,其冬半年气温较1951—1980年均值约低0.3 ℃。关于中世纪暖期温暖程度,不同重建结果之间存在较大差异。有人认为,10世纪30年代—14世纪10年代中国东中部冬半年气温较1951—1980年高0.2 ℃,其中10世纪60年代—12世纪00年代及13世纪00—80年代是这一温暖阶段中最为温暖的两个时段,其冬半年气温较1951—1980年分别高0.3 ℃和0.6 ℃;13世纪30—50年代是其中最暖的30 a,其冬半年气温较1951—1980年约高0.9 ℃。有人认为在气候最为温暖的13世纪中叶(即1250年前后),华北地区的年平均气温较现代高1~2 ℃;还有人据文献记载推算中世纪暖期华中地区的年平均气温高于现代0.9~1.0 ℃,1月平均气温高于现代0.6 ℃,极端最低气温多年平均较现代约高3.5 ℃。石笋证据表明,北京中世纪5—8月的温度与现今相近;树轮证据显示青藏高原地区公元1200—1400年夏季温度是1000 a来最暖的时期,比现今(20世纪)高约1.2 ℃,其间最暖的13世纪比平均值高出1.6 ℃。

中世纪暖期中国的干湿状况存在显著的区域差异。自11—13世纪中期,东部地区气候相对较干,其中,长江以北地区显著偏干。宋代(包括南宋)四川涪陵、云阳长江枯水位记载最多,黄河决溢次数较少,是中国过去3000 a来第二大湖泊萎缩时期。在西部地区,古里雅冰芯累积量指示了中世纪暖期的干旱环境;而在西部季风边缘区对树轮和石笋的研究结果则显示降水增加,中国北方的农牧交错带上和附近沙漠带等季风边缘区也表现出类似的特点,当时古土壤发育,许多内陆湖泊出现高湖面,流沙活动减弱,植被盖度增加。

从气候变化影响看,在这一温暖气候阶段中,中国亚热带作物及冬麦类越冬作物的种植北界均较现代偏北1~2个纬度;长江三角洲、珠江三角洲等沿海低地地区普遍受到海面上升和海水入侵的严重影响。其中两宋时期,中国长江三角洲地区最高海面位置可能较现代海面高0.4~0.7 m;受高海面影响,太湖流域东流水势受阻,由古娄江、古东江和吴淞江三江排水变为只剩吴淞江一路,东北和东南方向的出海通道基本不通,海岸后缘洼地出现了空前严重的洪涝灾害,太湖地区大片耕田沦为浅湖。

3.4.3.2 小冰期气候特征

张德二(2016)指出,据历史文献记录和冰芯、树轮等代用气候记录的研究结果表明,中国东中部地区的寒冷阶段起于14世纪初,迄于19世纪末,持续时间约600 a,其间共包括4个持续百年左右的寒冷时段(即14世纪20—70年代,15世纪10—90年代,16世纪60—17世纪90年代,18世纪90年代—19世纪90年代)和3个持续数十年的相对温暖时段(即14世纪80年代—15世纪00年代,16世纪00—50年代,18世纪00—80年代);寒冷与温暖时段之间的温度波动幅度较大。以冬半年气温计,中国东中部地区整个寒冷期(14世纪20年代—20世纪

10 年代)平均较 1951—1980 年均值约低 0.4 ℃,其中最冷(17 世纪 50—70 年代)的 30 a 约低 1.1 ℃。在西部地区,从青藏高原地区 4 个高分辨率冰芯记录集成的 $\delta^{18}O$ 记录看,虽然自 15 世纪前期开始,气候有转冷趋势,并多次出现明显的降温(其中冷谷分别位于 16 世纪前期、17 世纪后期、18 世纪后期及 19 世纪前期),但从总体上看,这一阶段的寒冷程度与其前(即 11—13 世纪)的冷暖状况相比降温幅度不大,只是冷暖波动幅度较大。19 世纪中期以后,这一地区的气候就开始持续转暖。这说明,与中国其他地区在 15—19 世纪均出现持续寒冷气候相比,青藏高原地区在小冰期期间的气候降温幅度较小。

中国小冰期的降水与干湿变化同样具有显著的区域差异。东中部地区 14—15 世纪前期相对偏湿,15 世纪中期—17 世纪末相对偏干,18 世纪初—19 世纪末又转向湿润。同时干湿的南北分异特征增强,这一时段内的南北干湿在多年代(60～80 a)尺度上常呈反位相变化,表现为当华北地区转向相对湿润时,长江以南地区往往转向相对干旱;反之当华北地区转向相对干旱时,长江以南地区往往转向相对湿润。西北干旱区在小冰期内相对湿润,区内高大山系降水较多,西昆仑山古里雅冰芯积累量增大,天山山间湖泊水位回升,祁连山敦德冰芯孢粉总浓度增加;盆地内流系统水量也出现了相应的变化——塔里木盆地克里雅河和塔里木河流量增大,准噶尔盆地艾比湖水位上升,巴丹吉林沙漠地下水补给量上升,居延海入湖水量增大,湖面扩展,青海湖盆地降水增加,有效湿度增大,苏干湖水体盐度降低,入湖水量/蒸发量之比升高等。青藏高原东南部受夏季风影响的边缘地带,小冰期内部存在次一级的干湿波动,两个湿度较高的时期出现在 16 世纪和 18 世纪,分别与小冰期内部的两个相对温暖时期有很好的对应。

3.5 中国近百年气候变化特征

3.5.1 气温变化

1901—2019 年,中国地表年平均气温呈显著上升趋势,并伴随明显的年代际波动,期间中国地表年平均气温上升了 1.27 ℃(中国气象局气候变化中心,2020)(图 3.8)。其中 1951—2019 年中国地表年平均气温呈显著上升趋势,升温速率为 0.24 ℃/(10 a),为全球同期平均 0.12 ℃/(10 a)的 2 倍。近 20 a 是 20 世纪初以来的最暖时期。1951—2019 年,中国地表年平均最高气温、最低气温也呈显著上升趋势,平均每 10 a 升高 0.18 ℃和 0.32 ℃。

随着更多观测资料分析特别是气候序列均一化方面的进展,越来越多研究发现,近百年中国气候变暖趋势远高于全球平均水平。严中伟等(2020)基于均一化的气温观测序列集,对中国百年变暖趋势进行研究和再评估,其研究结果表明,1900 年以来中国气温升高趋势为 1.3～1.7 ℃/(100 a)。丁一汇等(2016)指出,综合 1873—2012 年中国区域器测地表气温(SAT)年平均距平变化序列的结果,可认为中国地表气温近百年变化的下限是 0.90 ℃,1.52 ℃是上限,取其中值为 1.20 ℃。

1961—2019 年,中国八大区域(华北、东北、华东、华中、华南、西南、西北和青藏地区)地表年平均气温均呈显著上升趋势,但区域间差异明显。青藏地区增温速率最大,平均每 10 a 升高 0.37 ℃;华北、东北和西北地区次之,升温速率依次为 0.33 ℃/(10 a),0.30 ℃/(10 a)和 0.30 ℃/(10 a);华东地区平均每 10 a 升高 0.25 ℃;华中、华南和西南地区升温幅度相对较缓,增温速率依次为 0.19 ℃/(10 a)、0.17 ℃/(10 a)和 0.16 ℃/(10 a)。

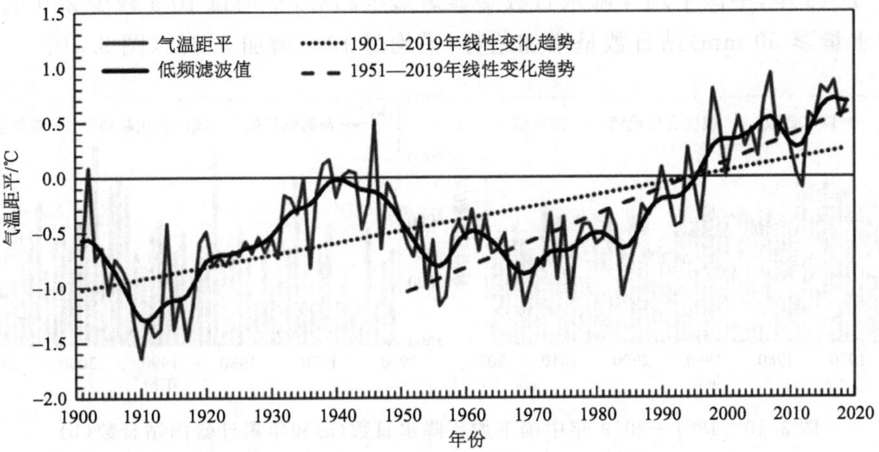

图 3.8　1901—2019 年中国地表年平均气温距平（资料来源：中国气象局气候变化中心，2020）

从空间分布上看，相对于 1995—2014 年，中国各地区年均气温都表现为增加趋势，中国年均气温增幅总体上从东南向西北逐渐变大，北方地区增温幅度大于南方地区，青藏高原地区、新疆北部及东北部分地区增温较为明显，增温幅度具有一定区域性特征。

3.5.2　降水

1901—2019 年，中国平均年降水量无明显趋势性变化，但存在显著的 20～30 a 尺度的年代际振荡，其中 20 世纪 10 年代、30 年代、50 年代和 90 年代降水偏多，20 世纪最初 10 a、20 年代、40 年代、60 年代降水偏少。1961—2019 年，中国平均年降水量呈微弱的增加趋势，且年代际变化特征明显（图 3.9）。20 世纪 80—90 年代中国平均年降水量以偏多为主，21 世纪最初 10 a 总体偏少，2012 年以来降水持续偏多。2016 年、1998 年和 1973 年是排名前三位的降水高值年，2011 年、1986 年和 2009 年是排名前三位的降水低值年。

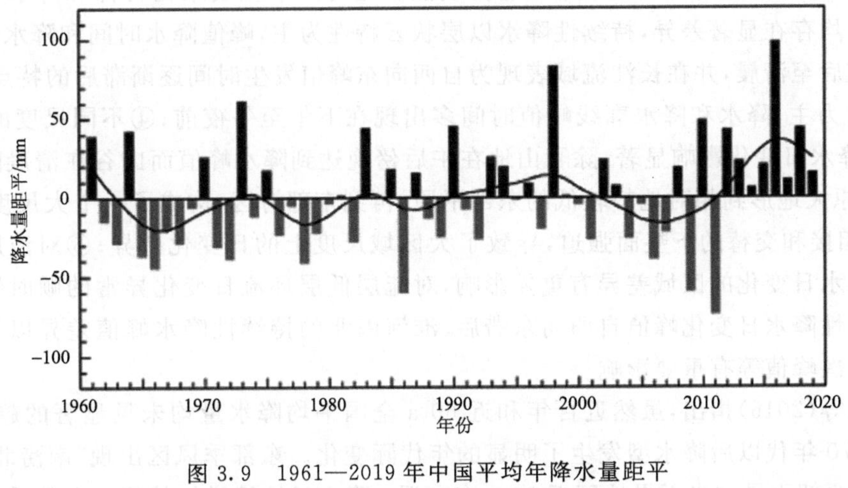

图 3.9　1961—2019 年中国平均年降水量距平
（资料来源：中国气象局气候变化中心，2020）

1961—2019 年，中国平均年降水日数呈显著减少趋势，平均每 10 a 减少 2.0 d。而年累计暴雨（日降水量≥ 50 mm）站日数呈增加趋势，平均每 10 a 增加 3.8%（图 3.10）。

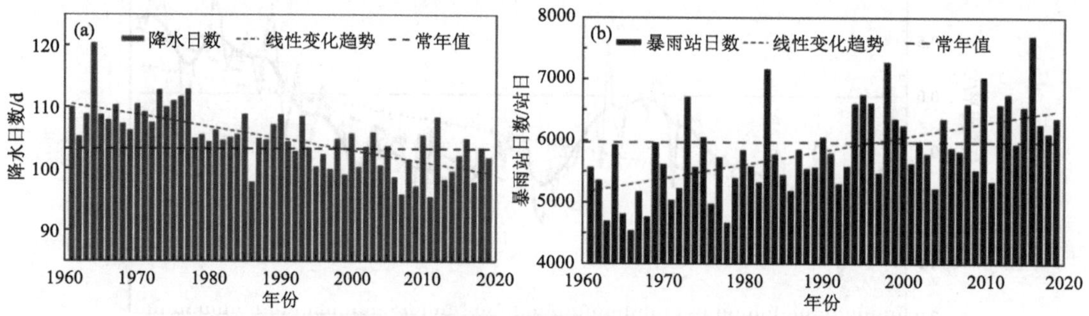

图 3.10　1961—2019 年中国平均年降水日数(a)和年累计暴雨站日数(b)

（资料来源：中国气象局气候变化中心，2020）

1961—2019 年，中国八大区域年降水量变化趋势差异明显。青藏地区年降水量呈显著增多趋势，平均每 10 a 增加 10.4 mm；西南地区年降水量总体呈减少趋势，但 2015 年以来降水以偏多为主；华北、东北、华东、华中、华南和西北地区年降水量无明显线性变化趋势，但均存在年代际波动变化。21 世纪初以来，西北、东北和华北地区年降水量波动上升，东北和华东地区降水量年际波动幅度增大。

宇如聪等(2014)在总结中国降水日变化最新主要研究成果的基础上，给出了中国降水日变化的整体气候特征和区域差异：①中国降水日变化有鲜明的区域特征，中国大陆东南和东北地区的降水日峰值都集中出现在下午，西南地区多在午夜达到降水峰值，长江中上游地区的降水多出现在清晨，江淮、黄淮地区呈现出清晨、午后双峰并存，青藏高原大部分地区是下午和午夜峰值并存；②降水日变化存在显著的季节变化，暖季午后峰值更为突出，冷季清晨峰值更突出，由于夏季风雨带的季节内北进和南撤，暖季降水具有鲜明的季节内演变，季风活跃（间歇）期的日降水峰值多发生在清晨（下午）；③持续性和短时降水在云结构特性和降水日峰值发生时间两方面均存在显著差异，持续性降水以层状云特性为主，峰值降水时间和降水廓线峰值大多位于午夜后至清晨，并在长江流域表现为自西向东峰值发生时间逐渐滞后的特点，短时降水以对流降水为主，降水和降水廓线峰值时间多出现在下午至午夜前；④不同尺度的山-谷风和海-陆风对降水日变化影响显著，除了山地在午后傍晚达到降水峰值而山谷在清晨降水最多的特征外，高原大地形到相对地势较低的东部平原，再到东部海区，构成了一个大尺度的“山-谷”和“陆-海”相接和交替的下垫面强迫，导致了大区域尺度上的日变化差异；⑤对流层低层环流日变化对降水日变化的区域差异有重要影响，对流层低层环流日变化异常的顺时针转向对长江流域持续性降水日变化峰值自西向东滞后、淮河南北的持续性降水峰值差异以及华南夏季降水的清晨次峰值等有重要影响。

丁一汇等(2016)指出，虽然近百年和近 60 a 全国平均降水量均未见显著的趋势性变化，但 20 世纪 70 年代以后降水型发生了明显的年代际变化。东部季风区出现“南涝北旱”的降水异常型，而西部干旱和半干旱地区近 30 a 在变湿，降水呈持续增加趋势。东部季风区降水格局的变化与东亚夏季风年代际减弱（40 a 与 60～80 a 周期）密切有关，其直接的后果是使季风向北水汽输送减弱。对于西部地区的变湿与降水增加的成因目前尚无定论，也没有确切的证据表明中国这种降水型变化与人类活动密切有关。所谓“湿者愈湿，干者愈干”“暖者愈湿”或“副热带向北扩展”的结果，都无法合理解释这种区域降水格局长期变化的特征。

3.5.3　其他气候变量变化特征

(1)风速变化

据第三次气候变化国家评估报告(气候变化国家评估报告编写委员会，2015)的结果，1956—2012 年，中国年均风速呈显著减少趋势，且通过信度 0.001 显著性检验。20 世纪 50 年代—60 年代中期，年均风速逐渐减少，60 年代中期风速有短暂的增加。20 世纪 60 年代—21 世纪初，风速呈十分显著的线性下降趋势，2002 年之后风速下降趋势趋缓。从区域分布上看，大部分地区风速呈减小趋势，少数风速增加的区域主要位于贵州东北部、重庆和陕西南部，增加幅度在 0.1 m/(s・10 a)以下。东北地区大部、内蒙古中北部、华北东部、长江下游地区以及甘肃北部、新疆西北部风速呈显著减小趋势，变化速率一般在—2.0 m/(s・10 a)以上。1956—2012 年，中国四季平均风速均呈减小趋势，冬春季减小幅度较大，演变在—0.1 m/(s・10 a)以上。近 30 a 冬春季平均风速减小速率有所下降，而夏季没有变化，一直以—0.07 m/(s・10 a))的速率递减(任国玉 等，2015)。

据中国气象局气候变化中心(2020)的研究结果，1961—2019 年，中国平均风速总体呈减小趋势(图 3.11)，平均每 10 a 减少 0.12 m/s。20 世纪 60 年代—90 年代初期为持续正距平，之后转为负距平；但近 5 a 出现小幅回升。2019 年，中国平均风速较常年值偏小 0.1 m/s。

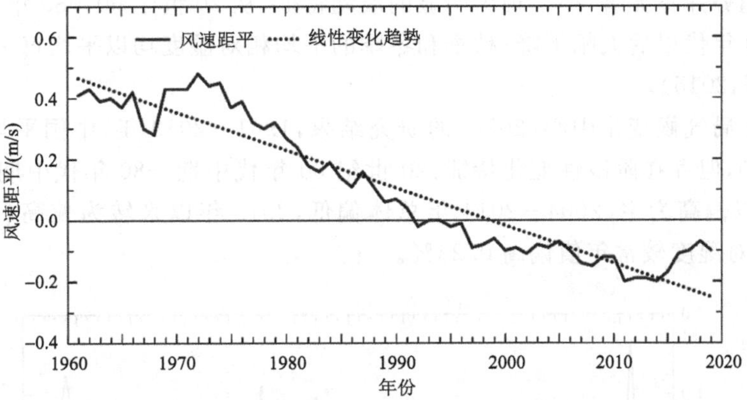

图 3.11　1961—2019 年中国平均风速距平(资料来源：中国气象局气候变化中心，2020)

(2)日照变化

1961—2012 年，中国平均日照时数明显减少，平均减少速率达 34 h/10 a。20 世纪 60—80 年代中后期，中国平均年日照时数较气候平均值偏多，但这段时期内日照时数迅速减少。在 20 世纪 90 年代以后，中国平均年日照时数较气候平均值偏少，减少趋势有所放缓。中国平均的四季日照时数也呈现出不同程度的减少。其中，春季日照时数在 1961—2015 年间仅表现出弱的减少趋势，平均每 10 a 仅减少 2.2 h；而夏季日照时数在近几十年的减少趋势最为明显，平均每 10 a 减少 2 h；秋季和冬季日照时数也表现除了显著的减少趋势，减少速度分别为平均 10 a 减少 9 h 和 10 h。20 世纪 90 年代以前日照时数减少尤为显著，此后的 20 多年减少速率趋缓(任国玉 等，2015)。

据中国气象局气候变化中心(2020)的研究结果,1961—2019 年,中国平均年日照时数呈现显著减少趋势,平均每 10 a 减少 32.8 h。2019 年,中国平均年日照时数为 2369.2 h,较常年值偏少 40.0 h(图 3.12)。

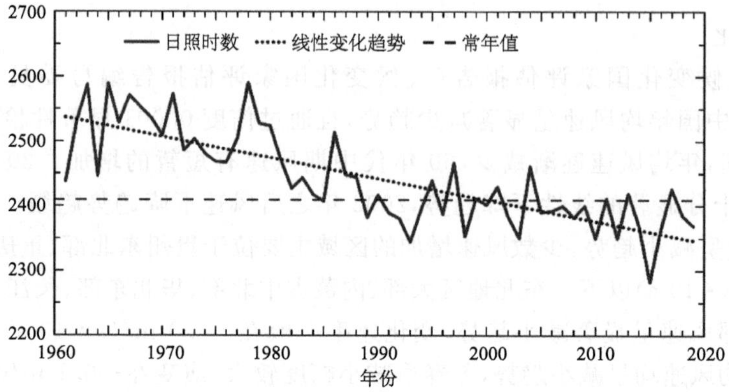

图 3.12　1961—2019 年中国平均年日照时数距平(资料来源:中国气象局气候变化中心,2020)

(3)相对湿度

1961—2012 年,中国年平均相对湿度并没有表现出明显的变化趋势,但年代际变化特征比较明显。1965—1986 年以偏低为主,1987—2003 年以偏高为主,而 2004 年以后又变为偏低为主。中国春季平均相对湿度表现出了显著的下降趋势,平均每 10 a 下降 0.8%;夏季平均相对湿度的下降趋势并不显著,但表现出明显的波动特征,从 20 世纪 60—80 年代末相对湿度有所增加,而在 90 年代以后大幅下降;秋季和冬季的平均相对湿度均以平均每 10 a0.5%的速度下降(任国玉 等,2015)。

据中国气象局气候变化中心(2020)的研究结果,1961—2019 年,中国平均相对湿度总体无明显增减趋势,但存在阶段性变化特征:20 世纪 60 年代中期—80 年代中期相对湿度偏低,1989—2003 年以偏高为主,2004—2014 年总体偏低,2015 年以来转为偏高(图 3.13)。2019 年,中国平均相对湿度较常年值偏高 0.23%。

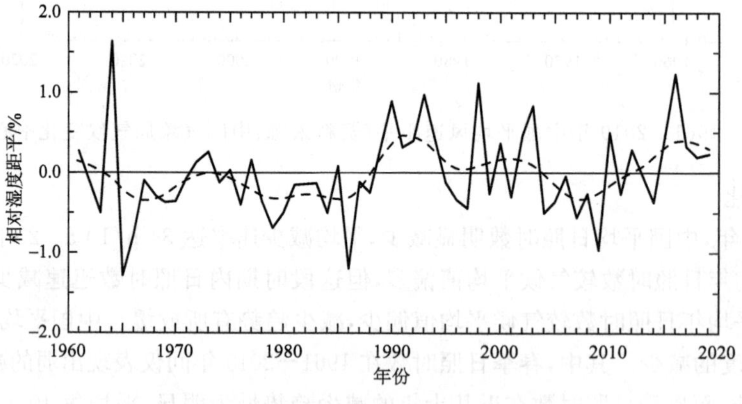

图 3.13　1961—2019 年中国平均相对湿度距平(折线为逐年距平值,虚线为低频滤波值)
(资料来源:中国气象局气候变化中心,2020)

3.5.4　中国与全球气候变暖特征的比较

中国独特的地理位置和地形特点使得中国的气候变化与全球气候变化既有一致性，又有自身的独特性。图 3.14 为 1902—2012 年全球陆地、北半球陆地（HadCRUT4）和中国平均气温（T 序列）距平序列。从图中可见，这三条曲线的变化趋势总体上是一致的，中国温度序列与全球陆地和北半球陆地温度序列的相关系数达 0.77～0.79。但是，中国温度变化的波动明显高于全球和北半球。20 世纪 40 年代的升温，中国增暖幅度最大，其次为北半球，全球平均幅度再次，这就意味着南半球增温幅度最小。此后 60 年代中期的降温中国也比北半球和全球平均明显。1901—2012 年，中国平均增温 1.02 ℃，全球陆地增温 1.06 ℃，北半球陆地增温 1.17 ℃，中国增温的速率低于北半球和全球陆地增温速率。但从 20 世纪 80 年代以来，中国线性增温速率为 0.38 ℃/(10 a)，北半球为 0.33 ℃/(10 a)，全球平均为 0.26 ℃/(10 a)，中国增温速率明显高于北半球和全球陆地增温速率（任国玉 等，2015）。

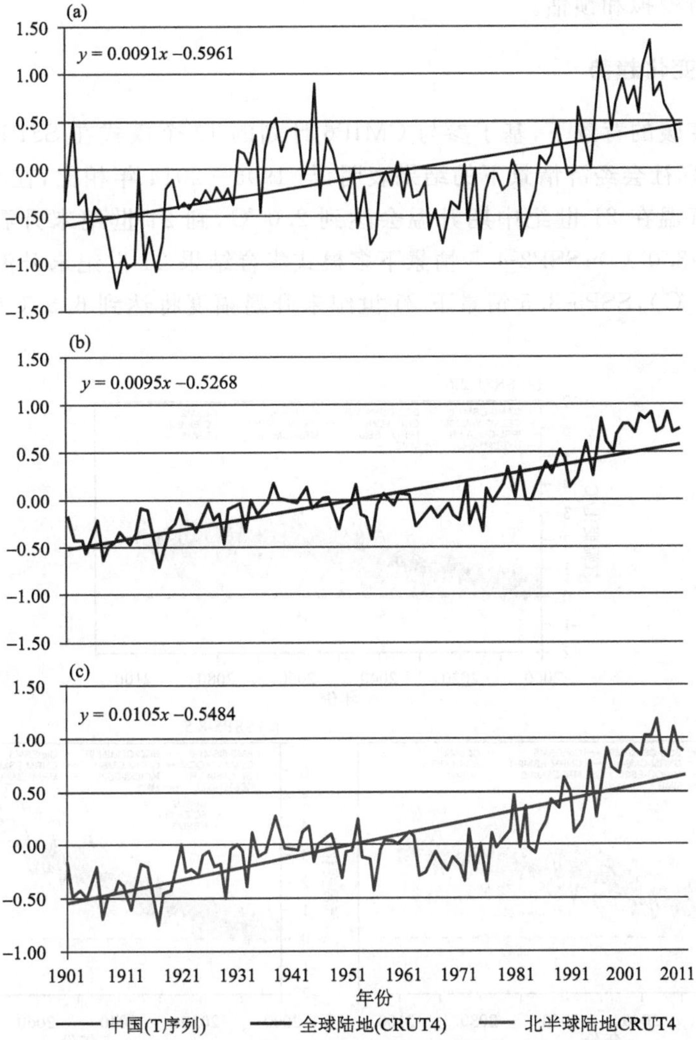

图 3.14　1902—2012 年中国（a）、全球（b）和北半球陆地（c）年平均气温距平

（资料来源：气候变化国家评估报告编写委员会，2015）

严中伟等(2020)指出,早年构建的中国气温序列中,20 世纪 40 年代前异常偏高,除了战乱期间观测缺失严重及记录代表性问题外,主要是 50 年代前后很多台站迁址导致早期气温观测值系统性偏高所致,从而低估长期变暖趋势。40 年代前后部分区域确实偏暖,但由于不同区域气温波动位相不一致,因而大范围平均序列中并不明显。这一事实可与近年发展的"北极暖-大陆冷"等气候变化动力学理论以及一些区域气温代用资料相印证。近百年来中国气温变化与全球或北半球陆地平均气温变化相当一致,即总体呈上升趋势,但中国趋势较大;20 世纪 40 年代前后有一个微弱偏高的波动。然而,早期研究的中国气温序列则有一个共同的醒目特点,即 40 年代气温明显偏高。正是这一早期的异常"偏暖",导致以往的百年气温趋势估计值偏小。

3.6　未来中国气候变化趋势

中国科学家应用多个 CMIP6 全球气候模式,基于 RCPs 情景和 SSPs 情景,对中国未来气候变化的趋势进行模拟和预估。

3.6.1　未来温度变化趋势

未来在全球变暖的背景下,基于参与 CMIP6 计划的 13 个模式在 SSP1-2.6、SSP2-4.5 和 SSP5-8.5 三种共享社会经济情景下的结果表明,与 1995—2014 年相比,在 SSP1-2.6 情景下,中国区域的平均气温在 21 世纪中期升温会达到 2.0 ℃,到 21 世纪末升温幅度有所降低在 1.8 ℃左右(0.7～3.0 ℃);SSP2-4.5 情景下多模式集合结果 21 世纪末升温幅度将达到 3.22 ℃左右(1.4～3.9 ℃),SSP5-8.5 情景下 21 世纪末升温幅度将达到 6.5 ℃(3.2～8.7 ℃)[图 3.15(彩)]。

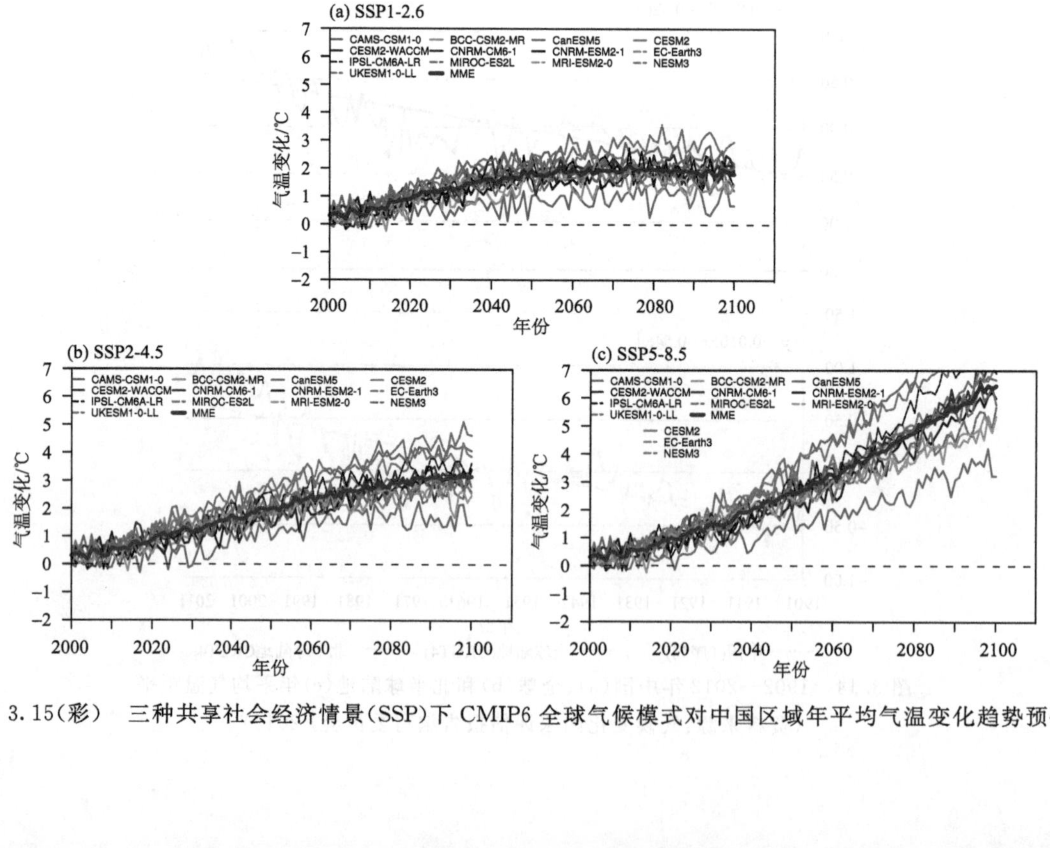

图 3.15(彩)　三种共享社会经济情景(SSP)下 CMIP6 全球气候模式对中国区域年平均气温变化趋势预估

SSP1-2.6 情景下，2021—2040 年和 2041—2060 年升温明显的区域主要在中国的西部地区、华中以及东北的东部，到了 21 世纪末(2080—2099 年)升温最明显的区域为华东和东北地区，最高升温可达到 2 ℃左右；在 SSP2-4.5 和 SSP5-8.5 情景下，整个升温的幅度逐渐增加，SSP5-8.5 情景下中国西部的青藏高原、新疆的北部地区以及东北的黑龙江升温幅度将达到 6 ℃以上。

3.6.2　未来降水变化趋势

CMIP6 模式在三种 SSP 情景下的预估结果表明：在 SSP1-2.6、SSP2-4.5 和 SSP5-8.5 三种情景下，中国区域平均年降水量都呈现增加的趋势，与 1986—2005 年相比，SSP1-2.6 情景下，到 21 世纪末(2080—2099 年)中国区域平均年降水量将增加 7%(0.2%～17%)，在 SSP2-4.5 情景下增加 9%(1%～25%)，在 SSP5-8.5 情景下增加 18%(8%～43%)，与气温的预估相比，降水的预估模式间的差别更大[图 3.16(彩)](Gao et al.，2016)。

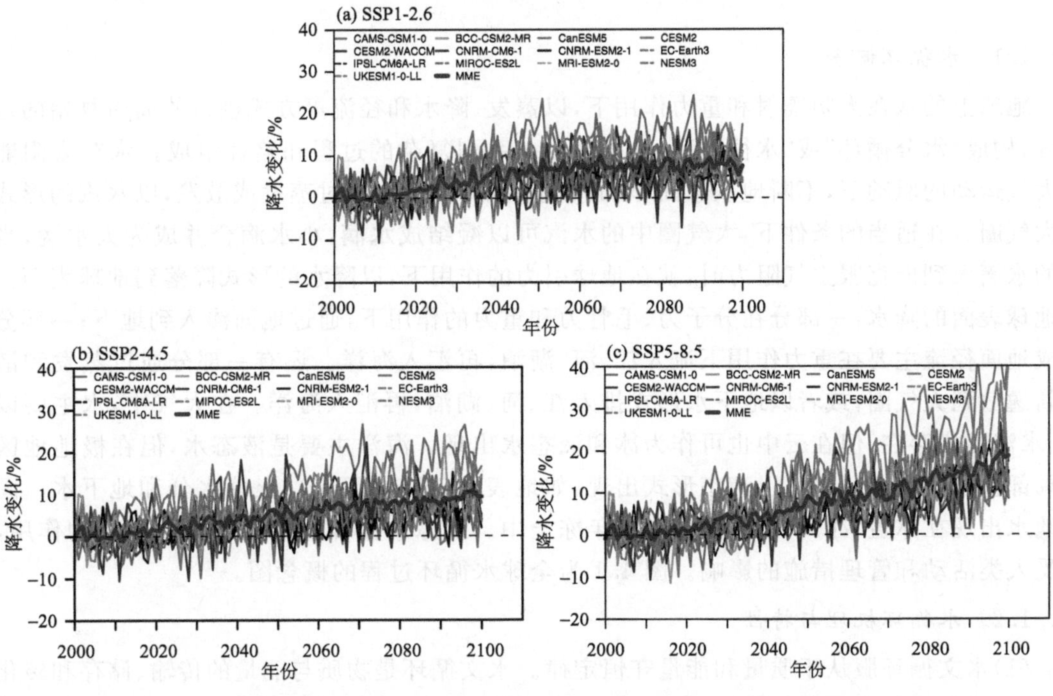

图 3.16(彩)　三种共享社会经济情景(SSP)下 13 个 CMIP6 全球气候模式对中国区域年平均降水相对变化(%)趋势预估

就空间分布而言，各时期内中国大部分地区降水都表现为增加，西北地区、华北地区、东北地区降水增加幅度相对较大。值得注意的是在 21 世纪近期(2021—2040 年)SSP2-4.5 情景下中国西南地区降水可能会减少，在 SSP5-8.5 情景下西部地区降水增加最明显，最大可达 30%(Gao et al.，2016)。

第4章　全球水循环与水量平衡

4.1　水循环与水量平衡概述

4.1.1　水循环概述

4.1.1.1　水循环概念

地球上的水在太阳辐射和重力作用下，以蒸发、降水和径流等方式进行的周而复始的运动过程，构成“水分循环”或“水循环”。水循环由一系列复杂的过程和路径组成。水在太阳能量和大气运动的驱动下，不断地从水面、陆面和植物的茎叶面，通过蒸发或散发，以水汽的形式进入大气圈。在适当的条件下，大气圈中的水汽可以凝结成水滴，小水滴合并成为大水滴，当凝结的水滴大到能克服空气阻力时，就在地球引力的作用下，以降水的形式降落到地球表面。到达地球表面的降水，一部分在分子力、毛管力和重力的作用下，通过地面渗入到地下；一部分则形成地面径流主要在重力作用下流入江、河、湖泊，再汇入海洋。还有一部分通过蒸发和散发重新逸散到大气圈，或者以地下水形式排入江、河、湖泊，再汇入海洋。在大气中，水主要以气体、水汽形式存在，但在云中也可作为冰和液态水出现。海洋主要是液态水，但在极地地区海洋局部被冰覆盖。陆地水以液态形式出现，如地表水（湖泊、河流）、土壤水分和地下水。固态陆地水出现在冰盖、冰川、地表冰雪和多年冻土中。地球水循环不仅受到自然过程的作用，而且受人类活动和管理措施的影响。图 4.1 为全球水循环过程的概念图。

4.1.1.2　水循环机理与特性

（1）水文循环服从于质量和能量守恒定律。水文循环是物质与能量的传输、储存和转化过程，而且存在于水文循环的每一环节，整个循环过程保持着连续性，既无开始，也没有结尾。在蒸发环节中，伴随液态水转化为气态水的过程是热能的消耗，伴随着凝结降水的过程是潜热的释放，所以蒸发与降水就是地面向大气输送热量的过程。大气中的水汽通过降水转化为地面与地下径流的过程，则是势能转化为动能的过程。这种动能成为水流的动力，消耗于沿途的流动、冲刷、物质搬运和堆积等环节，直到注入海洋或消失于内陆才消耗殆尽（黄锡荃，1993）。

（2）水文循环在内因和外因的共同作用下形成。内因是水的物理性质，即水在常温常压条件下液态、气态、固态三相变化的特性是水文循环的前提条件。外因主要是太阳辐射和重力作用为水循环提供了水的物理状态变化和运动的能量。此外，外部环境包括地理纬度、海陆分布、地貌形态等也制约着水循环的路径、规模、强度与速率。人类活动和社会治理对水文循环的状态也具有重要影响。

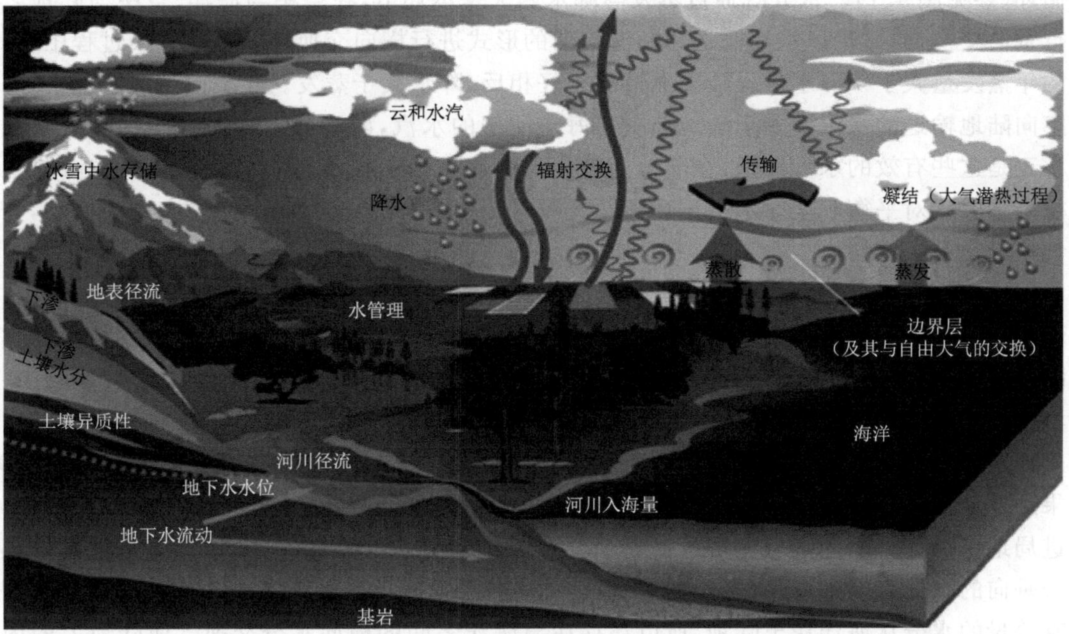

图 4.1　水循环概念图(资料来源:Stephens et al. ,2014)

(3)水文循环涉及整个地球系统。水文循环不仅涉及水圈,并且与大气圈、地圈、生物圈和冰冻圈紧密关联。水文循环系统是由无数不同尺度、不同规模的局部水文循环所组合而成的复杂巨系统,是地球系统的重要组成部分。所以研究水文循环的规律和变化,应以地球系统模拟和研究为背景。

(4)全球水文循环是闭合系统。全球水文循环整体上是闭合系统,但局部水文循环却是开放系统。地球与宇宙空间之间虽亦存在水分交换,但每年交换的水量还不到地球上总贮水量的 1/15 亿,所以可将地球水文循环系统近似地视为既无输入,又无输出的一个封闭系统。但对地球内部各大圈层,对海洋、陆地,或陆地上某一特定地区、某个流域而言,既有水分输入,又有水分输出,因而是开放系统。

(5)水文循环带动物质运动。地球上的水分在交替循环过程中,总是溶解并携带着某些物质诸如各种化学元素、气体以及泥沙等固体杂质等一起运动,对生态环境和社会经济产生影响。不过这些物质不可能像水分那样,构成完整的循环系统,所以通常意义上的水文循环仅指水分循环。

4.1.1.3　水循环时空尺度

水文循环具有不同的空间尺度,不同空间尺度的水文循环又对应着不同的时间尺度。水文循环时空尺度不同,其循环过程和特征也不相同。事实上,不仅水资源的丰枯与水文循环时空尺度息息相关,而且干旱、洪涝、山洪、泥石流等水文极端事件的发生发展及其监测和预测方法也与水文循环时空尺度紧密关联。

就水文循环的空间尺度而言,大体上可分为全球水文循环、区域水文循环和水-土(壤)-植(物)系统水文循环三种不同的尺度(缪启龙 等,2018)。

全球水文循环为海陆间循环,又称外循环,是空间尺度最大的水文循环,也是最完整的水文循环(参见图 4.1)。水分既通过蒸发与降水两大基本环节,在空中与海洋、空中与陆地之间进行垂向交换,同时又以水汽输送和径流流动的形式进行横向交换。在垂向交换过程中,海面上的年蒸发量大于年降水量。陆面上情况正好相反,降水大于蒸发。在横向交换过程中,海洋上空向陆地输送的水汽要多于陆地上空向海洋回送的水汽,两者之差称为海洋的有效水汽输送。正是这些有效的水汽输送,在陆地上转化为地表及地下径流,最后回流入海,在海陆之间维持水量的相对平衡。全球水文循环涉及气候系统各圈层的相互作用,随季节有所变动,与全球气候变化关系密切。

区域水文循环是指发生于海洋与大气之间,或陆地与大气之间的水分交换过程,又称内部循环,前者又可称为海洋区域循环,后者称陆地区域循环。海洋区域循环主要包括海面的蒸发与降水两大环节,所以比较简单。陆地区域循环的情况则要复杂得多,且存在明显的差别。从水汽来源看,有陆面自身蒸发的水汽,也有自海洋输送来的水汽,并且地区分布很不均匀。一般来说是距海愈远,水汽含量愈少,因而水循环强度具有自海洋向内陆深处逐步递减的趋势。如果局地植被条件好,贮水比较丰富,那么当地蒸发的水汽量比较多,有利于降水的形成,可以促进局地小循环。陆地区域循环可进一步分为大陆外流区循环和内流区循环。外流区循环除自身垂向的水分交换外,还有多余的水量,以地表径流及地下径流的方式输向海洋。高空中必然有等量的水分从海洋送至陆地,所以还存在与海洋之间的横向水分交换。而陆地上的内流区,其多年平均降水量等于蒸发量,自成一个独立的水循环系统。水分交换以垂向为主,仅借助于大气环流运动,在高空与外界之间进行一定量的水汽输送与交换活动(黄锡荃,1993)。

水-土(壤)-植(物)系统是陆地区域水文循环的组成单元,可以小到一个微分土块,水-土-植系统的水文循环是空间尺度最小的水文循环。降水进入该系统后,在太阳能、地球引力和土壤、植物根系产生的力场作用下发生截留、填洼、下渗、蒸发、散发和产流等现象,并维持植物的生命过程。水-土-植系统的水文循环也是开放式的循环系统(缪启龙 等,2018)。

4.1.1.4　水文循环系统的层次结构

全球水文循环是由海洋的、陆地的以及海洋与陆地之间的各种不同尺度、不同等级的水文循环所组合成的动态大系统。这些分支水循环系统既紧密联系,相互影响,又相对独立。可以根据各分支水文循环系统与全球性动态大系统以及相互之间上下隶属关系,建立如图 4.2 所示的水文循环分级系统。陆地水文循环系统结构比海洋水文循环系统要复杂,而且在四级以下还可进一步区分,例如长江流域为四级水循环系统,汉江作为长江的一级支流,则属于五级水循环系统,而丹江是汉江的支流,是长江的二级支流,属于六级水循环系统(黄锡荃,1993)。

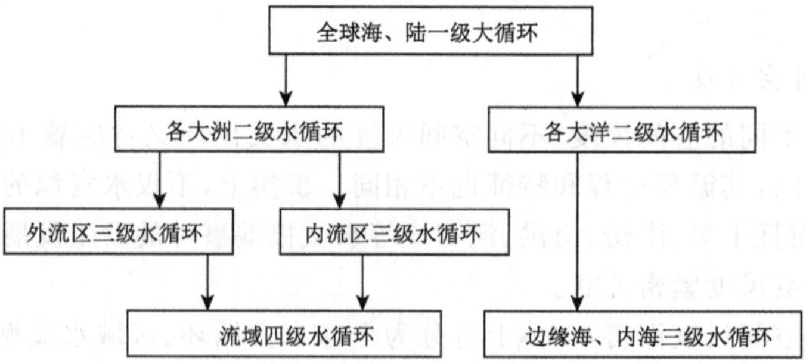

图 4.2　水循环系统层次结构示意图(资料来源:黄锡荃,1993)

4.1.1.5　自然水循环和社会水循环(人工侧枝循环)

水文循环类型从广义上可分为自然水循环和社会水循环(人工侧枝循环)两大类。

自人类社会开始利用水资源以来,以“降水-坡面-河道-地下”为基本过程的自然水循环结构和进程被打破,以“供水—用水—排水”为基本过程的社会经济系统水循环的通量、路径和结构不断成长演变,形成了“自然-人工”二元驱动力及结构的复合水循环系统(王浩 等,2003)。社会水循环的提出最早可追溯到“人工侧支循环”(陈家琦 等,2002)概念,即发展进程中的人类活动,从循环路径和循环特性两方面明显改变了天然状态下的流域水循环过程,在自然水循环的大框架内形成并发展了由取水—输水—用水—排水—回归五个基本环节构成的人工侧支循环路径,并使天然状态下地表径流和地下径流量逐步减少将社会水循环定义为自然水循环之内的人工侧支水循环,虽然看到人类的用水行为脱离不了自然水文循环的大框架,但它在一定程度上忽略了人类活动对自然水文循环的干扰和改变,而事实是——高强度的人类活动已对自然水系统产生了巨大影响,社会水循环已成为与自然水循环并列的循环过程(王浩,2010)。

社会水循环系统包括供(取)水、用(耗)水、排水(处理)与回用四个子系统。供(取)水系统是社会水循环的始端和将自然水循环引入社会经济系统的“牵引机”;用(耗)水系统是社会水循环的核心,是社会经济系统“同化”攫取水的各种价值及使水资源价值流不断耗散的一整套流程(程国栋,2003);污水处理与回用系统是伴随社会经济系统水循环通量和人类环境卫生需求而产生的循环环节,成为构建健康良性的社会水循环的关键;排水系统是社会水循环的“汇”及与自然水循环的联结节点。

4.1.1.6　水体的更替周期

水体的更替周期,是指水体在参与水循环过程中全部水量被交替更新一次所需的时间,通常可用下式作近似计算:

$$T = W/\Delta W$$

式中,T 为更替周期(年或日、时);W 为水体总贮水量(m^3);ΔW 为水体年平均参与水循环的活动量(m^3/a)。

表 4.1 所列的更替周期,是在有规律的逐步轮换这一假设条件下得出的平均所需时间。实际情况要复杂得多,如深海盆的水需要依靠大洋深层环流才能缓慢地发生更替;其周期要超过 2650 a,而海洋表层的海水直接受到蒸发和降水的影响,其更替周期显然无需 2000 多年。尤其是边缘海受入海径流影响,周期更短。水体的更替周期是反映水循环强度的重要指标,亦是反映水体水资源可利用率的基本参数。因为从水资源永继利用的角度来衡量,水体的储水量并非全部都能利用,只有其中积极参与水循环的那部分水量,由于利用后能得到恢复,才能算作可资利用的水资源量。而这部分水量的多少,主要决定于水体的循环更新速度和周期的长短,循环速度愈快,周期愈短,可开发利用的水量就愈大(黄锡荃,1993)。

表 4.1　各种水体更替周期(资料来源:黄锡荃,1993)

水体	周期	水体	周期
极地冰川	10000 a	沼泽水	5 a
永冻地带地下冰	9700 a	土壤水	1 a
世界大洋	2500 a	河水	16 d

续表

水体	周期	水体	周期
高山冰川	1600 a	大气水	8 d
深层地下水	1400 a	生物水	12 h
湖泊水	17 a		

4.1.2　水量平衡

4.1.2.1　水量平衡概念

水量平衡是指任意选择的区域(或水体),在一定时段内,收入的水量与支出的水量之间差额必等于该时段区域(或水体)内蓄水的变化量,即水在循环过程中,从总体上说收支平衡。水量平衡概念是建立在现今的宇宙背景下。地球上的总水量接近于一个常数,自然界的水循环持续不断,并具有相对稳定性。水量平衡的研究区域可以是某个流域、湖泊、沼泽、海洋或某个地区,也可以是整个地球。水量平衡研究的时段可以是日、月,也可以是一年、数十年或更长时间。

水量平衡是水文平衡的数量描述,是质量守恒定律在水循环过程中的特定表现形式,也是地球上水循环能够持续不断进行下去的基本前提。一旦水量平衡失控,水循环中某一环节就要发生断裂,整个水循环亦将不复存在。反之,如果自然界根本不存在水循环现象,亦就无所谓平衡了。因而,两者密切不可分。水循环是地球上客观存在的自然现象,水量平衡是水循环内在的规律。水量平衡方程式则是水循环的数学表达式,而且可以根据不同水循环类型,建立不同水量平衡方程。诸如通用水量平衡方程、全球水量平衡方程、海洋水量平衡方程、陆地水量平衡方程、流域水量平衡方程、水体水量平衡方程等(黄锡荃,1993)。

4.1.2.2　水量平衡方程

将研究的空间作为一个系统,那么系统中输入的水量 $I(t)$ 应等于系统中的蓄水变量 $\frac{\mathrm{d}s}{\mathrm{d}t}$ 加上系统输出的水量 $Q(t)$:

$$I(t) - Q(t) = \frac{\mathrm{d}s}{\mathrm{d}t} \tag{4.1}$$

上式是一般的水量平衡方程式。其差分形式为:

$$\overline{I}\Delta t - \overline{Q}\Delta t = \Delta\overline{s} \tag{4.2}$$

式中:I 为水量收入项;Q 为水量支出项;Δs 为研究时段内区域(或水体)内蓄水变化量;$\overline{I}\Delta t$、$\overline{Q}\Delta t$、$\Delta\overline{s}$ 分别为计算时段 Δt 内的水量收入、支出及蓄水变化量。

式(4.1)为水量平衡的基本表达式。式中收入项 I 和支出项 Q,还可视具体情况进一步细分。现以陆地上任一地区为研究对象,设想沿该地区边界作一垂直柱体,以地表作为柱体的上界,以地下某深度处的平面为下界(以界面上不发生水分交换的深度为准),则可在上述水量平衡基本表达式的基础上,列出如下方程式:

$$P + E_1 + R_{表} + R_{地下} + s_1 = E_2 + R'_{表} + R'_{地下} + q + s_2 \tag{4.3}$$

式中:P 为时段内降水量;E_1、E_2 分别为时段内水汽凝结量和蒸发量;$R_{表}$ 和 $R'_{表}$ 分别为时段内地表流入与流出的水量;$R_{地下}$、$R'_{地下}$ 分别为时段内从地下流入与流出的水量;q 为时段内工农业及生活净用水量；s_1、s_2 分别为时段始末蓄水量。

由于式(4.3)中 E_1 为负蒸发量，令 $E=E_2-E_1$ 为时段内净蒸发量；$\Delta s=s_2-s_1$ 为时段内蓄水变量，则式(4.3)可改写为：

$$(P+R_{表}+R_{地下})-(E+R'_{表}+R'_{地下}+q)=\Delta s \tag{4.4}$$

4.1.3　水循环与水量平衡的效应

水循环是地球上最重要的物质循环之一，水循环促成了地球系统水量、能量和地球生物化学物质的迁移与转换，构成了全球性的连续有序的动态大系统。水循环联系着海陆两大系统，塑造着地表形态，制约着地球生态环境的平衡和协调，不断提供着可再生的淡水资源。水量平衡是水文平衡的数量描述，因此，水循环和水量平衡对于地球表层结构的演化和人类可持续发展都具有重要意义。

4.1.3.1　影响地球系统各圈层

水循环是地球系统各圈层的纽带。地球系统由大气圈、水圈、岩石圈、生物圈和冰雪圈组成。在这一复杂的非线性系统中，水循环使得水圈极具活力，将五大圈层串联在一起，组合成相互影响、相互制约的统一整体。水循环上达 15 km 的高空，成为大气圈的有机组成部分，担当了大气循环过程的重要角色；下入地表以下 1～3 km 深处，承载岩石圈中化学元素的迁移过程，成为地质大循环的动力因素；水作为生命活动的源泉，生物有机体的组成部分，全面参与生物大循环，成为沟通无机界和有机界联系的纽带。水循环在地质构造的基底上重新塑造了全球的地貌形态，深刻地影响了地球表层结构的形成以及今后的演变。

4.1.3.2　影响全球天气气候

水循环一方面受到大气环流活动和全球气候变化的影响，另一方面它又深入气候系统内部，极其深刻地影响和制约大气环流活动和全球气候变化。首先，水循环是大气能量的主要传输、储存和转化者。虽然太阳辐射是地球表层的根本热源，但是大气直接得到的太阳辐射能量仅占其吸收的总能量的 30%，来自地面的长波辐射占 23%，地面与大气之间显热交换占 11%，来自蒸发潜热输送的能量要占到 36%，居第一位。对此，苏联学者布德科 M. И. 研究指出，大气循环的能量，主要是由水循环过程中汽化潜热的转化所提供的。他还通过计算表明，如果大气圈中的水汽含量比现在减少一半，地球表面的平均气温将降低 5 ℃，两极地区的冰盖将大大扩展，地球将进入冰期。其次，水循环通过对地表太阳辐射能量的再分配，使不同纬度热量收支不平衡矛盾得到缓解。在南北纬 35°之间地区，吸收太阳辐射量大于地面辐射支出量；而在纬度高于 35°的地带则支出大于收入。据估算，如果没有热平流调节高低纬度之间的这种热量分配的不均状态，那么赤道附近地区的温度要比现今高 10 ℃以上，两极地区则要降低 20 ℃。此外，昼夜的温差亦要远远超过现今的程度。再次，水循环的强弱及其路径，还会直接影响到各地的天气过程，决定各地区气候的基本特征。在这方面，海洋环流系统的气候效应表现得最为强烈。如在北大西洋区域，温盐环流(墨西哥湾流与北大西洋西风漂流)对大洋两岸天气气候具有显著影响，使得 55°—70°N 之间大洋东岸 1 月平均气温比同纬度大洋西岸高出 16～20 ℃，甚至在北极圈内出现了不冻港。太平洋的黑潮海流对大陆东海岸的影响，以及著名的厄尔尼诺现象与秘鲁海流的关系等，也是这方面典型例证。此外，诸如雨、雪、霜、霰、冰雹以及台风暴雨等天气现象，本身就是水循环的产物，没有水循环，就不会形成这些天气现象。

4.1.3.3 影响全球地貌形态及地壳运动

地壳构造运动奠定了全球海陆分布，形成了陆地表面上高山、深谷、盆地、平原等地表形态的基本轮廓。水循环过程中的流水以其持续不断的冲刷、侵蚀、搬运、堆积以及溶蚀作用，在地质构造的基底上重新塑造了全球的地貌形态，从两极与高山地区的冰川地貌、滨海地区的海岸地貌，到河流冲积、堆积地貌以及千姿百态的岩溶地貌，无一不是水循环的杰作。水循环不仅重新塑造了地表形态，而且还影响到地壳表层内应力的平衡，是触发地震，甚至引起地壳运动的重要原因。据统计，由于流水的冲刷、搬运作用，全世界河流每年携带入海离子径流总量为 2.74×10^{9} t，每年入海的固体物质多达 2.2×10^{10} t，折合 1.3×10^{10} m^{3}。按此速率，只需 2500 万 a左右就可将大西洋填平。另据地质学家斯・马・格里戈也夫估算，若按现今风蚀和水蚀的速度，经 1.1 亿 a，陆地表面将与世界大洋表面持平。这种日积月累的迁移、搬运与堆积作用，逐渐改变地壳表层的应力平衡，一旦超出其平衡点，就可能触发地震，甚至引起地壳运动，发生沧海桑田的剧变。

4.1.3.4 水循环影响全球生态平衡

水是生命之源，又是生物有机体的基本组成物质，无论是动物还是植物，细胞原生质中大部分是水，如人体组织中 70%是水。地球上所有生物体中含有的水分总量为 1120 km^{3}，约为全球河川总水量的 1/2。生物水在水循环过程中别具特点，其平均循环周期仅几小时，远远高于一般水体的循环速度。没有水循环，就不会有生命活动，也就不存在生物圈。水循环的强度及其时空变化特征，是决定一个地区生态环境平衡或失调的关键要素。例如，同属于热带，水循环强盛的地区可以成为生物繁茂的热带雨林，水循环弱的地区可能成为干旱草原，甚至成为热带沙漠。处于同一纬度带的大陆东西两岸，受海洋影响大的海岸，水循环强盛，风调雨顺，生态环境适宜生物生长。反之水循环弱的海岸，则生态环境比较脆弱，自然灾害比较频繁。此外，对于同一地区来说，水循环强度的时空变化，又是造成本区洪、涝、旱等自然灾害的主要原因。循环强度过大，可能引发洪水与涝渍灾害。循环强度过弱，导致水资源不足，常常形成旱灾。

4.1.3.5 影响可持续发展

水是人类赖以生存、发展的自然资源，是清洁可再生的能源，是农业的命脉、工业的血液和运输的动脉，是经济社会可持续发展的支撑和保障。水资源与其他自然资源相比较，具有可再生性和可永续利用的特点。这一特点正是水循环所赋予的。如果自然界不存在水循环现象，那么水资源就不能再生，也无法永续利用。当然，水资源的可再生性和可永续利用不能简单地理解为“取之不尽，用之不竭”，因为水资源永续利用是以水资源开发利用后能获得补充、更新为条件的。更新速度和补给量受到水循环的强度、水循环周期的制约，一旦水资源开发强度超过水循环更新速度，那么就会面临水资源不足，甚至枯竭的严重局面。所以，通过水循环和水量平衡的研究，可以定量地揭示水循环过程与全球地理环境、自然生态系统之间的相互联系、相互制约的关系；揭示水循环过程对人类社会的深刻影响，以及人类活动对水循环过程的不利影响和积极控制的效果；促进水资源的合理利用与保护，确保开发利用强度不超过地区水循环更新速度并控制水污染，实现水资源永续利用。

4.2　全球水循环的主要过程

水循环的过程十分繁杂，主要包括蒸发、水汽输送、降水、入渗和地表、地下径流 5 个基本环节。这 5 个环节相互联系、相互影响，又交错并存、相对独立，并在不同的环境条件下呈现不同的组合，在全球各地形成一系列不同规模的水循环。蒸发和降水发生在水循环的垂直方向上，以相态的变化实现水分和热量的转移，平衡水圈垂直结构的失调。水汽输送是水循环的大气过程，通过对大气水分的调整和凝结降水，影响地表的水分格局，下渗和径流则是水循环的陆面过程。陆面过程与生物群落交织在一起，成为全球水循环中最活跃也是最复杂的部分。

4.2.1　蒸散

蒸发是水循环中最重要的环节之一。蒸发因蒸发面的不同，可分为水面蒸发、土壤蒸发和植物蒸腾或散发等，所以，蒸散应是比蒸发更全面的概念。就全球而言，降水总量的 1/3 通过蒸发返回大气，并随大气活动而运动。地球表面的水分，包括海洋、河川、湖泊、沼泽中的水，植被叶面、枝干截留的水，以及渗入土壤表层的水等，受热后都会向空中蒸发。大气中的水汽主要来自海洋的蒸发，其次来自大陆表面的蒸散。据 Trenberth 等(2011)应用观测资料计算的 2002—2008 年水循环数值(简称为 TR11)，海洋每年蒸发量为 4.26×10^5 km^3。地球陆地面积为海洋面积的 2/5(1/2.4)，但蒸发量仅约为海洋的 1/6(1/5.8)。

土壤蒸发和植物散发合称为陆面蒸发，流域(区域)上水面蒸发和陆面蒸发的总和，称为流域(区域)总蒸发。不同类型的蒸发，其蒸发机制存在一定的差异。水面蒸发是在充分供水条件下的蒸发，从分子运动论的观点来看，水面蒸发是发生在水体与大气之间界面上的分子交换现象。土壤蒸发是发生在土壤孔隙中的水的蒸发，与水面蒸发相比较，土壤蒸发不仅蒸发面的性质不同，而且更重要的是供水条件的差异。土壤水在汽化过程中，除了要克服水分子之间的内聚力外，还要克服土壤颗粒对水分子的吸附力。从本质上说，土壤蒸发是土壤失去水分的干化过程，随着蒸发过程的持续进行，土壤中的含水量会逐渐减少，因而其供水条件越来越差，土壤的实际蒸发量亦随之降低。植物散发又称植物蒸腾，植物的根系从土壤中吸收水分后，经由根、茎、叶柄和叶脉输送到叶面，并为叶肉细胞所吸收，其中除一小部分留在植物体内外，90%以上的水分在叶片的气腔中汽化而向大气散逸。所以植物蒸腾不仅是物理过程，也是植物的一种生理过程，比水面蒸发和土壤蒸发都要复杂。

由于蒸发需要一定的热量，因而蒸发不仅是水的交换过程，亦是热量的交换过程，是水和热量的综合反映。图 4.3 是全球蒸发的耗热量分布，这与水分蒸发量是一致的。在热带以外的地区，蒸发量呈随纬度增高而递减的趋势。南半球由于陆地影响较小，其高纬地区的等值线基本与纬圈平行。在大陆边缘，等值线平行于海岸线，而且变化很快。全球最大蒸发量集中在热带、副热带(亚热带)洋面及副热带高压控制区。在沙漠和半沙漠地区，全年蒸发量往往接近于本地区的降水量，地面水量收入几乎为零，水资源十分贫乏(陆渝蓉，1999)。

4.2.2　水汽输送

水汽输送是大气中水分因扩散由一地向另一地运移，或由低空输送到高空的过程。水汽在运移输送过程中，水汽的含量、运动方向与路线，以及输送强度等随时会发生改变，从而对沿

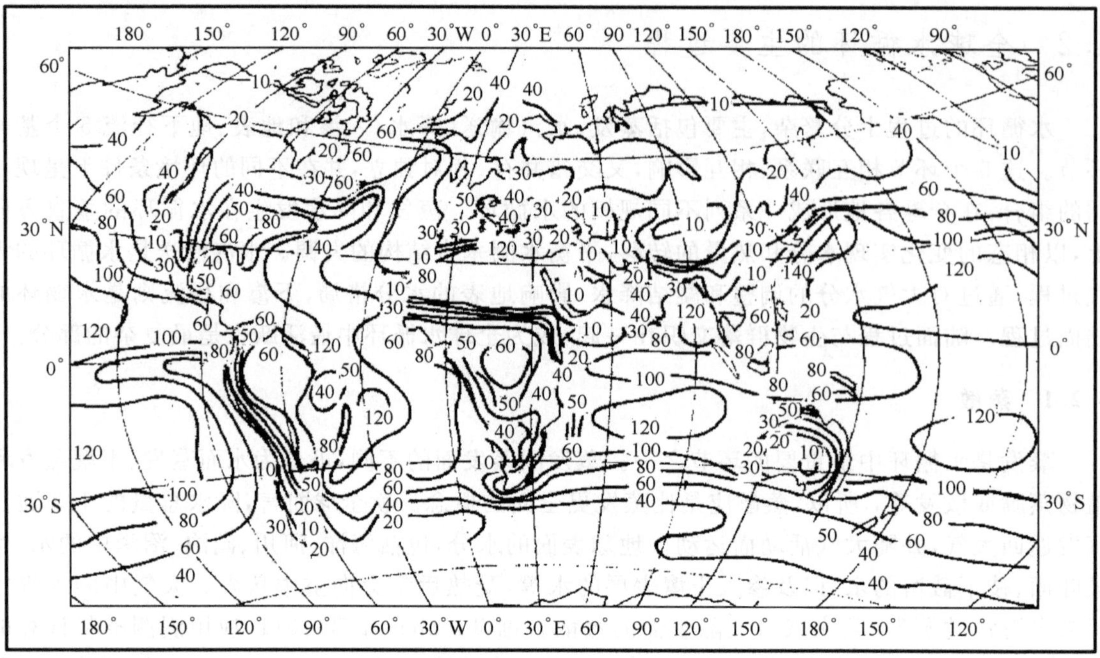

图 4.3　全球蒸发耗热量分布[kcal* /(cm² · a),资料来源:陆渝蓉,1999]

途的降水有重大影响。由于水汽输送过程中,还伴随有动量和热量的转移,因而要影响沿途的气温、气压等其他气象因子发生改变,所以水汽输送是水循环过程的重要环节,也是影响天气过程和气候的重要原因。全球大气水更新 1 次只需 8 d,即 1 a 可更新 45 次。如此频繁的大气水更新使得水汽输送成为区域水循环强弱的制约因素。

刘国纬等(1997)研究总结了全球水汽输送的基本特征。水汽输送主要有大气环流输送和涡动输送两种形式,并具有强烈的地区性特点和季节变化,时而以环流输送为主,时而以涡动输送为主。水汽输送主要集中于对流层的下半部,其中最大输送量出现在近地面层 850～900 hPa 的高度,在此高度向上或向下,水汽输送量均迅速减小,到 400～500 hPa 以上的高度,水汽的输送量已很小,以致可以忽略不计。

全球水汽经向输送的一个显著特点是以副热带高压为中心,水汽向南北两个方向输送。低纬地区起作用的是哈得来环流,中高纬地区主要是大型的涡旋(移动性的气旋、反气旋、槽和脊等)运动。通过计算全球不同纬度的降水量和蒸发量,可以显示水汽经向输送的某些特点(图 4.4)。在副热带高压带(10°—35°N,7°—40°S),蒸发大于降水,空中水汽有盈余,因此向南北两个方向输出。在热带辐合带(10°N—7°S)和中纬度低压带(35°N 以北,40°S 以南),降水大于蒸发,为了维持这一区域的水量平衡,必然有空中水汽的输入。

图 4.5 是 1 月全球水汽输送通量矢量场。北半球 20°—60°N(副热带高压脊线北侧)盛行西风环流,表现为自西向东、自南向北的水汽输送。赤道至 20°N(热带辐合带北侧)盛行信风环流,表现为自东向西、自北向南的水汽输送。60°N 以北至北极地区则以较微弱的东风水汽

---

* 1 kcal=4.18 kJ。

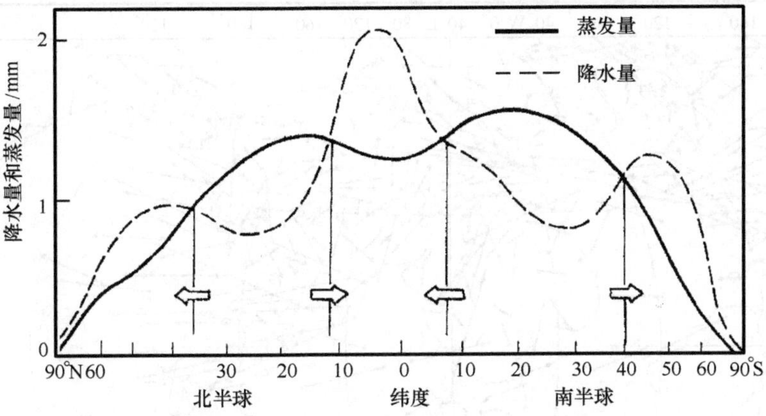

图 4.4　全球水汽的经向输送(箭矢表示水汽输送的方向)(资料来源:刘国纬 等,1997)

输送为主。总体而言,纬向的水汽输送较大,经向较小。在南半球,南美洲、非洲南部、大洋洲及邻近海域,存在着近似闭合的气旋性水汽输送,正好与本地的热低压相配合。

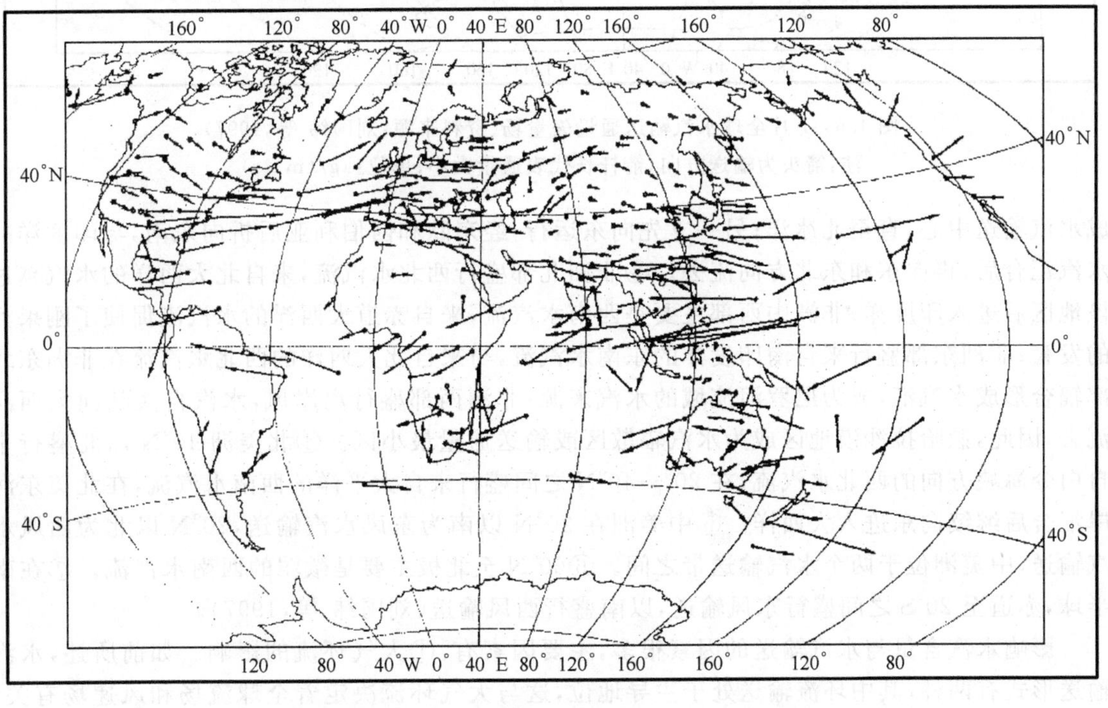

图 4.5　1 月全球水汽输送通量矢量场(资料来源:刘国纬 等,1997)
注:箭头为输送方向,箭杆长代表通量大小;单位:kg/(m·s)

图 4.6 是 7 月全球水汽输送通量矢量场。在北半球,由于副热带高压脊线的北移,水汽纬向输送的界线也随之移至 30°N 度附近,以北盛行自西向东的水汽输送,以南则为自东向西的水汽输送,这时北半球的水汽通量大为增强。

各大洲陆地上空的水汽输送带主要有:①印度洋、南亚和东南亚一带水汽自西南向东北输送,延伸至中国、朝鲜和日本。②大西洋的水汽分为两支,一支向东北方向流去,在欧洲上空形

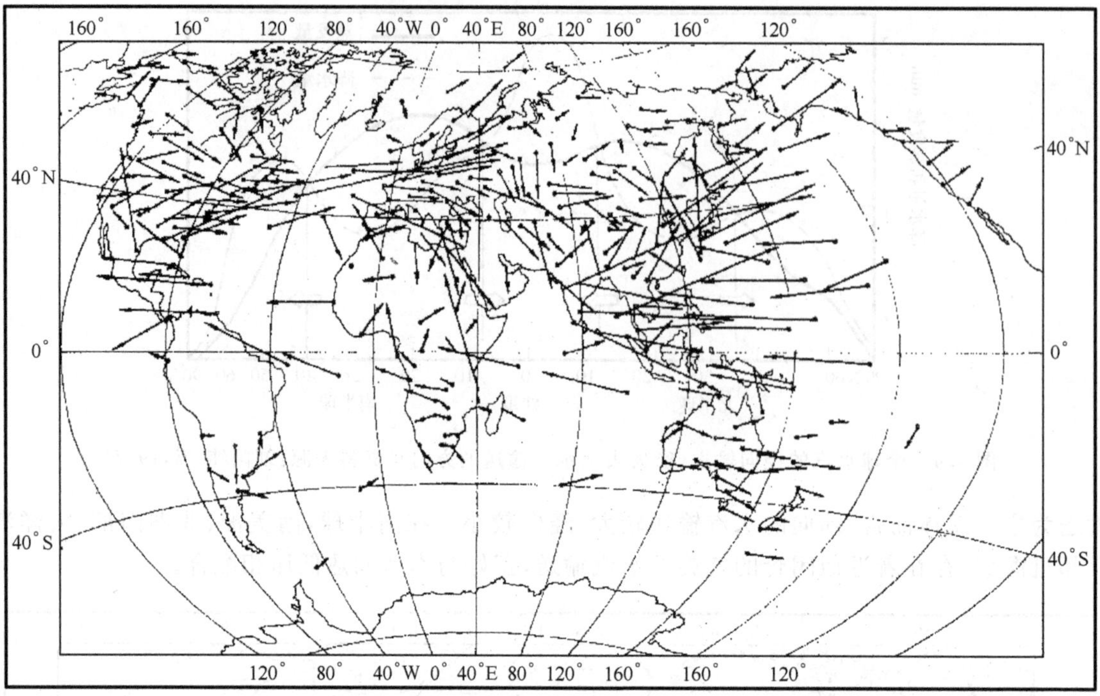

图 4.6　7 月全球水汽输送通量矢量场(资料来源:刘国纬 等,1997)

注:箭头为输送方向,箭杆长代表通量大小;单位:kg/(m·s)

成水汽输送中心,直至北冰洋;另一支先向东运行,经东欧和西伯利亚后折向东南,与印度洋的水汽汇合后,再向东和东北方向流去。③非洲北部盛行西北水汽流,来自北大西洋的水汽越过该地区后进入印度洋;非洲中西部主要是西南水汽流,来自赤道大西洋的水汽流促使了刚果河的发育;非洲东部盛行来自南印度洋的东南水汽流,与来自北大西洋的西北水汽流在非洲东北部辐合形成水汽汇,成为尼罗河流域的水汽来源;非洲西部盛行离岸风,水汽自大陆向大西洋流去,因此,撒哈拉沙漠地区成为水汽辐散区或输送通量最小区。④北美洲 40°N 以北盛行来自白令海峡方向的西北水汽流,在 20°—40°N 之间盛行来自太平洋的西南水汽流,在北美东海岸汇合后继续向东进入大西洋。⑤中美洲在 20°N 以南为东风水汽输送,20°N 以北为西风水汽输送,中美洲位于两个水汽输送带之间。⑥60°N 至北极主要是微弱的西南水汽流。⑦在南半球,赤道至 20°S 之间盛行东风输送,以南盛行西风输送(刘国纬 等,1997)。

影响水汽含量与水汽输送的因素很多,主要因素有:①大气环流的影响。如前所述,水汽输送形式有两种,其中环流输送处于主导地位,这与大气环流决定着全球流场和风速场有关,而流场和风速场直接影响全球水汽的分布变化以及水汽输送的路径和强度。因此,大气环流的改变,必然通过流场和风速场的改变而影响到水汽输送的方向、路径和强度。②地理纬度的影响。地理纬度的影响主要表现为辐射平衡值的改变会影响气温、水温的纬向分布,进而影响蒸发以及空中水汽含量的纬向分布,主要特征是水汽含量随纬度的增高而减少。③海陆分布的影响。海洋是水汽的主要源地,因而距海远近直接影响空中水汽含量的多少,这也正是中国东南沿海暖湿多雨,愈向西北内陆腹地伸展,水循环愈弱、降水愈少的原因。④海拔高度与地形屏障作用的影响。其影响包括两方面:一是随着地表海拔高度的增加,近地层湿空气层逐步变薄，水汽含量相应减少，这也是青藏高原上雨量较少的重要原因；二是垂直于气流运行方向的山脉，常常成为阻隔暖湿气流运移的屏障，迫使迎风坡成为多雨区，背风坡绝热升温，湿度降低，水汽含量减少，成为雨影区（黄锡荃，1993）。

4.2.3 降水

降水是自然界中发生的雨、雪、露、霜、霰、雹等现象的统称，其中以雨、雪为主。降水是地表水和地下水的主要来源，是水循环过程的最基本环节。大陆降水大约 40％来自海洋蒸发，大约 60％来自大陆蒸发，降水的多寡与水汽的输送关系密切。大陆上空的水汽辐合区，对应了地面的降水中心，往往也是大型河川的发育地带。因此，全球降水的分布与水汽输送一样，具有纬度地带性和海陆地带性。赤道低压带的上空是全球最大的水汽辐合区，与强烈的上升气流相配合，产生大量的对流性降水，多年平均年降水量可在 3000 mm 左右。随着南北纬度升高，降水量逐渐减少，在副热带高压带广阔的沙漠和草原上，年降水量只有 250 mm 或更少，是全球年降水量最少的地区，其上空对应着全球最大的水汽辐散区。到中纬度西风带，这里冷暖气团交汇，锋面和气旋活动频繁，产生大量的锋面降水和气旋性降水。在极地，由于温度低，蒸发少，水汽含量少，降水量也小于 250 mm。受到海陆分布的影响，在中纬度地区大陆西岸，自西向东的气流带来丰富的水汽，年降水量可达到 1000 mm 以上，但深入内陆后，降水量逐渐减少，可减到 250 mm 以下。地形的存在也改变了区域降水的分布。在山脉的迎风坡，由于湿热空气强烈抬升，降水量最大可达数千毫米。斯堪的那维亚半岛的迎风坡（西坡），年降水 1500 mm，而在背风坡面，降水量不足 60 mm。

影响降水的因素很多，包括地理位置、大气环流、天气系统、下垫面条件等因素的综合影响。地理位置、大气环流等的影响已在水汽输送一节中阐述，这里主要讨论地形、森林、水体等下垫面条件以及人类活动对降水的影响。①地形条件影响。地形主要是通过气流的屏障作用与抬升作用对降水的强度与时空分布发生影响。许多丘陵山区的迎风坡。常成为降水日数多、降水量大的地区，而背向的一侧则成为雨影区。②森林对降水的影响。森林对降水的影响极为复杂，至今还存在着各种不同的看法。一种观点认为，森林不仅能保持水土，而且直接增大降水量。而另一种观点则认为，森林不仅不能增加降水，还可能减少降水。森林能抑制林区日间地面温度升高，削弱对流，从而可能使降水量减少。另据实际观测，茂密的森林全年截留的水量，可占当地降水量的 10％～20％，这些截留水，主要供雨后的蒸发。③水体的影响。陆地上的江河、湖泊、水库等水域对降水量的影响，主要是由于水面上方的热力学、动力学条件与陆面上存在差别而引起的。根据观测，水域对其上空降水的影响，总体来说呈减少趋势，但因季节和地形而有差异。对周边地区而言，降水可能增加。④人类活动的影响。人类对降水的影响一般都是通过改变下垫面条件而间接影响降水，例如，植树造林或大规模砍伐森林、修建水库、灌溉农田、围湖造田、疏干沼泽等，都会对降水产生影响。

4.2.4 下渗

下渗又称入渗，是水透过地面进入土壤和地下的运动过程。下渗是水分在分子力、毛细管引力和重力的综合作用下在土壤中发生的物理过程。下渗不仅影响土壤水和地下水的形态，直接决定壤中流和地下径流的过程，而且决定河川径流的产流过程。在超渗产流地区，只有当降水强度超过下渗率时才能产生径流。可见，下渗是将地表水与地下水、土壤水联系起来的纽带，是径流形成过程、水循环过程的重要环节。

下渗的物理过程按照作用力的组合变化及其运动特征，可划分如下 3 个阶段。①渗润阶段。降水初期，若土壤干燥，下渗水主要受分子力作用，被土粒所吸附形成吸湿水，进而形成薄膜水，当土壤含水量达到岩土最大分子持水量时，开始向下一阶段过渡。②渗漏阶段。随着土壤含水率的不断增大，分子作用力渐由毛管力和重力作用取代，水在岩土孔隙中作不稳定流动，并逐渐充填土壤孔隙，直到基本达到饱和为止，下渗过程向第三阶段过渡。③渗透阶段。渗透阶段的特点是，在土壤孔隙被水充满达到饱和状态时，水分主要受重力作用呈稳定流动。下渗的 3 个阶段并无截然的分界，特别是在土层较厚的情况下，3 个阶段可能同时交错进行。此外，亦有人将渗润与渗漏阶段结合起来，统称渗漏，渗漏的特点是非饱和水流运动，而渗透则属于饱和水流运动。

下渗水在土壤中的垂向分布，大致可划分为 4 个带，反映了下渗水的垂向运动特征。①饱和带。饱和带位于土壤表层。在持续不断的供水条件下，土壤含水量处于饱和状态，但无论下渗强度有多大，土壤浸润深度怎样增大，饱和带的厚度不超过 1.5 cm。②过渡带。在饱和带之下，土壤含水量随深度的增加急剧减少，形成一个水的过渡带。过渡带的厚度一般在 5 cm 左右。③水分传递带。水分传递带位于过渡带之下，其特点是土壤含水量沿垂线均匀分布，在数值上为饱和含水量的 60%～80%。带内水分的传递运行主要靠重力作用，在均质土中，带内水分下渗率接近于一个常值。④湿润带。水分传递带之下，则是一个含水量随深度迅速递减的水分带，称湿润带。湿润带的末端称为湿润锋面，锋面两边土壤含水量突变。此锋面是上部湿土与下层干土之间的界面。随着下渗历时的延长，湿润锋面向土层深处延伸，直至与地下潜水面上的毛管水上升带相衔接。在此过程中，如中途停止供水，地表下渗结束，但土壤水仍将继续运动一定时间（黄锡荃，1993）。

下渗通常以下渗率或下渗强度计量。单位时间内单位面积上渗入土壤中的水量，称为下渗率或下渗强度。下渗率在初始下渗时为最大（f_0），随时间而递减，最终趋于稳定。稳定值称稳定下渗率 f_c。这种情况下的下渗曲线又称下渗容量曲线。直接测定下渗容量曲线的方法有同心环法和单管法。在充分供水和一定土壤类型、一定土壤湿度条件下的最大下渗率称为下渗能力。下渗能力随时程而递减，通常用下渗曲线来表示下渗率随时程变化的过程，用下渗累积曲线表示下渗量随时程增长的过程，累积曲线上任一时刻的斜率就等于该时刻的下渗率。在不充分供水条件下，下渗率小于下渗能力，等于供水率，此时的下渗率称实际下渗率。不同类型的土壤具有不同的下渗能力。影响下渗的因素有：降雨强度、地面植被度和植被种类、土壤物理特性、温度和水质等。

4.2.5　径流

径流是指降雨及冰雪融水或者在浇地的时候在重力作用下沿地表或地下流动的水流。径流有不同的类型，按水流来源可有降雨径流和融水径流以及浇水径流；按流动方式可分地表径流和地下径流，地表径流又分坡面流和河槽流。此外，还有水流中含有固体物质（泥沙）形成的固体径流，水流中含有化学溶解物质构成的离子径流等。

径流是水循环的基本环节，又是水量平衡的基本要素，是自然地理环境中最活跃的因素。陆地上（或一个流域内）发生的水循环是降水—地表和地下径流—蒸发的复杂过程。陆地上的大气降水、地表径流及地下径流之间的交换又称三水转化。流域径流是陆地水循环中最重要的现象之一。

径流是一个地区或流域的降水量与蒸发量的差值。由于降水量和蒸发量的地理分布都是不均匀的，所以径流的地理分布也是不均匀的，如图 4.7 所示。年径流量最大的区域（1000 mm 以上）是赤道附近的热带地区，即南美洲和东南亚的热带雨林。亚洲的东南部、欧洲的西北部沿海、北美洲的西北部沿海年径流量也很大，一般在 600 mm 以上，也有达 1000 mm 的。在副热带高压控制的地区、大陆内部（特别是亚洲大陆内部），年径流量很小，尚不足 50 mm。不同的气候带，降水量及地下水和径流转化率有着显著的区别。在湿润气候带，年均降水量达 500～1500 mm，蒸散率与径流转化率相当，约为 33%，年均径流为 160～500 mm。在半干旱气候带，年均降水量为 200～500 mm，蒸散率约为 50%，径流转化率约为 30%，年均径流为 60～150 mm。在干旱气候带，年均降水量仅为 0～200 mm，蒸散率却高达 70%，径流转化率虽有 29%，年均径流却仅有 0～60 mm。

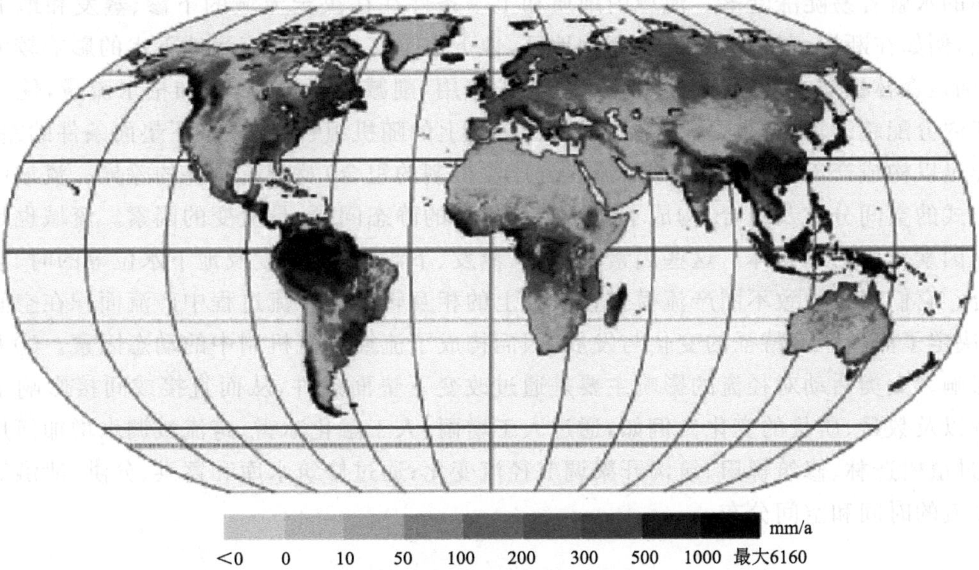

图 4.7　全球年均径流分布（资料来源：UNESCO，2003）

径流形成过程是一个极为错综复杂的物理过程，主要有 3 个方面。①流域蓄渗过程。降水初期，除一小部分（一般不超过 5%）降落在河槽水面上的降水直接形成径流外，大部分降水并不立即产生径流，而消耗于植物截留、下渗、填洼与蒸散。下渗强度的时空变化很大。在降雨过程中，当降雨强度小于下渗能力时，雨水将全部渗入土壤中。渗入土中的水，首先满足土壤吸收的需要，一部分滞蓄于土壤中，在雨停后耗于蒸发，超出土壤持水力的水将继续向下渗透。随着降雨继续进行，满足填洼后的水开始产生地面径流。②坡地汇流过程。超渗雨水在坡面上呈片流、细沟流运动的现象，称坡面漫流。满足填洼后的降水开始产生大量的地面径流，它沿坡面流动进入正式的漫流阶段。在漫流过程中，坡面水流一方面继续接受降雨的直接补给而增加地面径流，另一方面又在运行中不断地消耗于下渗和蒸发，使地面径流减少。地面径流的产流过程与坡面汇流过程是相互交织在一起的，前者是后者发生的必要条件，后者是前者的继续和发展。③河网汇流过程。各种径流成分经过坡地汇流注入河网后，沿河网向下游干流出口断面汇集的过程，即河网汇流过程。通常将流域蓄渗过程到形成地面汇流及早期的表层流过程,称为产流过程。坡地汇流与河网汇流合称为流域汇流过程或汇流过程。径流形成过程实质上是水在流域的再分配与运行过程。产流过程中水以垂向运行为主,它构成降雨在流域空间上的再分配过程,是构成不同产流机制和形成不同径流成分的基本过程。汇流过程中水以水平侧向运行为主,水平运行机制是构成降雨过程在时程上再分配的过程,是构成流域汇流过程的基本机制。

影响径流形成和变化的因素主要有:①气候因素。气候因素包括降水、蒸发、气温、风、湿度等。降水是径流的源泉,径流过程通常是由流域上降水过程转换来的。降水和蒸发的总量、时空分布、变化特性,直接导致径流组成的多样性、径流变化的复杂性。气温、湿度和风是通过影响蒸发、水汽输送和降水而间接影响径流的。因此,人们称“河流是气候的产物”是不无道理的。②流域下垫面因素。流域下垫面因素主要包括地貌、地质、植被、湖泊和沼泽等。地貌中山地高程和坡向影响降水的多少,如迎风坡多雨,背风坡少雨。坡地影响流域内汇流和下渗,如山溪的水就容易陡涨陡落。流域内地质和土壤条件往往决定流域的下渗、蒸发和地下最大蓄水量,例如在断层、节理和裂缝发育的地区,地下水丰富,河川径流受地下水的影响较大。植被,特别是森林植被,可以起到蓄水、保水、保土作用,削减洪峰流量,增加枯水流量,使河川径流的年内分配趋于均匀。这些下垫面因素在空间上的随机组合,构成了下垫面条件的差异,这种差异足以构成产流方式(指各种径流成分产流机制的组合)及产流条件的差异。流域中不同产流方式的空间分布及组合,构成了流域产流机制的静态问题,是缓变的因素。流域也是各种水变化因素作用的综合体。这些因素是降雨、蒸发、下渗、土壤湿度及地下水位等的时、空分布与组合。它们直接导致不同产流模式在时程上的相互转换及产流过程中产流面积在空间上的发展,决定了流域产流特征的变化与发展,因而构成了流域产流机制中的动态因素。③人类活动的影响。人类活动对径流的影响主要是通过改变下垫面条件,从而直接或间接影响了径流的过程以及数量、质量的变化。例如,通过人工增雨、人工融化冰雪、跨流域调水增加河川径流量;通过植树造林、修筑梯田、筑沟开渠调节径流变化;通过修筑水库和蓄洪、分洪、泄洪等工程改变径流的时间和空间分布。

4.3 全球水循环观测与模拟结果

国际上通过建立气象、水文、海洋观测台站,发起科学研究和科学试验计划,对水循环过程持续进行的观测实验,并利用实测资料和大气再分析资料,研究全球和区域水循环的基本特征及变化,不断加深对水循环过程的认识,适时更新全球水量平衡数据。

4.3.1 基于观测资料的结果

随着大气和水文观测系统的不断扩展、升级和科学试验的推进,相关资料不断积累和丰富,使得开展全球和区域水循环过程的研究成为可能,开始得到定量化的结果并依据新的观测资料逐步订正和改进。

4.3.1.1 国际水文发展十年计划(IHD)研究结果

在国际水文发展十年计划(IHD)和后继的国际水文发展十年计划第一阶段计划(IHP-I)的全球合作观测研究基础上,根据1918—1967年的资料,联合国教科文组织于1978年公布了当时最新的全球水量平衡成果(图 4.8)。海洋每年的蒸发量为 5.05×10^5 万 km^3,降水量为 4.58×10^5 km^3,其差额 4.7×10^4 km^3 即是每年海洋向陆地的水汽输送量,或称为海气之间的水量交换。陆地则以相同水量的径流归还海洋,完成全球尺度的水循环并维持水量平衡。陆地每年降水量为 1.19×10^5 km^3,蒸发量为 7.2×10^4 km^3,其差额即是每年陆地流入海洋的径流量。流入海洋的径流完全来源于外流区,内流区 9×10^3 km^3 的降水量全部消耗于蒸发之中。

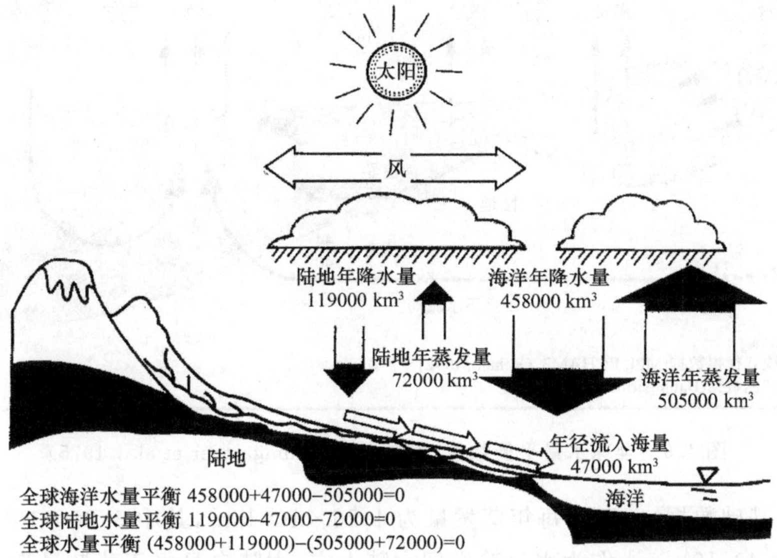

图 4.8　国际水文发展十年计划(IHD)关于全球水量平衡结果(资料来源:陆渝蓉,1999)

4.3.1.2　Baumgartner 和 Reichel 研究结果

Baumgartner 等(1975)根据 20 世纪 70 年代的观测资料,给出了全球水循环的数据(图 4.9 中分式的分母数据)。海洋每年蒸发量为 4.25×10^5 km^3,其中 3.85×10^5 km^3 作为降水返回海洋,其余 4×10^4 km^3 作为水汽输送到大陆上空;大陆降水量减去蒸散量,余量 4×10^4 km^3 作为通过径流及与地下水交换形式流归海洋。鉴于当时的观测资料不全,1992 年德国马普研究所应用 ECHAM3 模式对全球水循环进行模拟并用新的观测资料集进行验证,给出了新的数据(图 4.9 中分式的分子数据)。与 Baumgartner 等(1975)的数据相比,ECHAM3 模拟的海洋蒸发量和降水量分别高出 2×10^4 km^3 和 1.6×10^4 km^3,海洋和大陆水量交换高出 4×10^3 km^3,大陆降水量变化不大,但蒸散发量减少 4×10^3 km^3。通过与国际水文发展十年计划(IHD)的数据的比较,Baumgartner 等(1975)的各项数据均低于 IHD 的结果,这种趋势为后来的研究进一步证实,说明 IHD 的数据明显偏高。

4.3.1.3　Trenberth 等研究结果

Trenberth 等(2007)年应用观测资料(温度、降水、水汽等)、再分析资料和模式模拟数据(主要是蒸散)计算了全球 1979—2000 年水循环数值(简称为 TR07)。其中海洋年蒸发量为 4.13×10^5 km^3,海洋降水量为 3.73×10^5 km^3,明显低于 Baumgartner 等(1975)给出的数值。其他水循环数据亦有变化,但变化不明显。为了与再分析资料进行比对,Trenberth 等(2011)在 TR07 的基础上应用观测资料计算了 2002—2008 年水循环数值(简称为 TR11,详见图

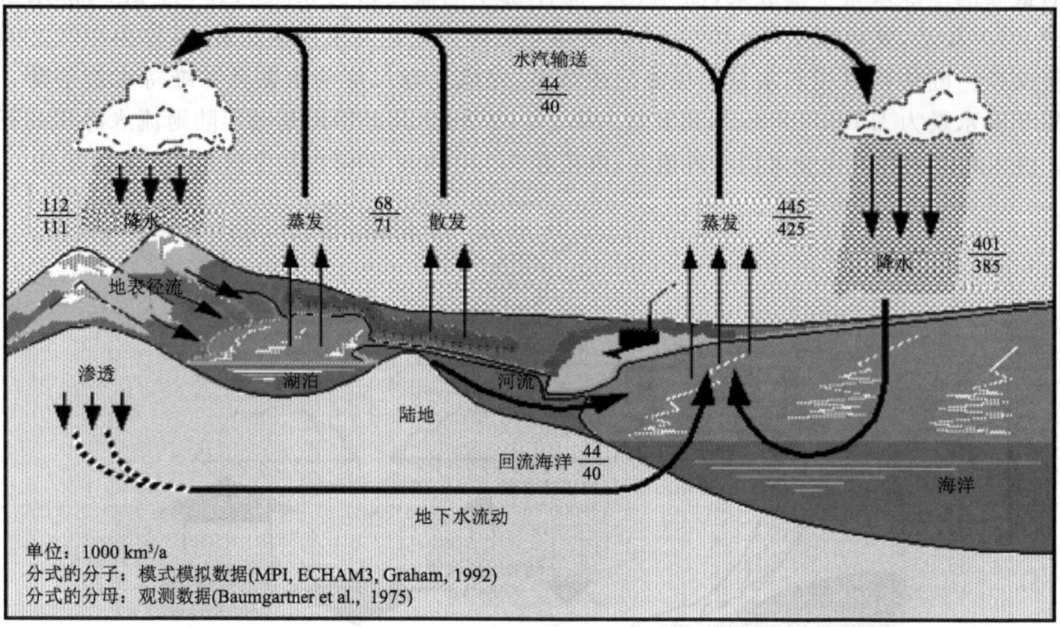

图 4.9　全球水量平衡数值(资料来源：Baumgartner et al.，1975)

4.10 中的黑色基础数据)。海洋每年蒸发量为 4.26×10^5 km³，其中 3.86×10^5 km³ 作为降水返回海洋，其余 4×10^4 km³ 作为水汽输送到大陆上空；大陆自身每年蒸散量为 7.4×10^4 km³，加上海洋输送的水汽量，总量为 1.14×10^5 km³，即为大陆年降水量；大陆降水量除蒸散外，其余 4×10^4 km³ 作为通过径流及与地下水交换形式流归海洋。通过比较图 4.9 和图 4.10 可以看出，TR11 关于海洋每年蒸发量、降水量和向水汽输送量与 Baumgartner 等(1975)给出的数据大致相同，但陆地降水和蒸发量要高出 3×10^3 km³。Trenberth 等(2007)还给出了大气、海洋和陆地水储量数值。大气水汽储量为 1.27×10^4 km³，海洋水储量为 1335040000 km³，海冰水储量为 26350000 km³，陆地地下水水储量为 15300000 km³，河川和湖泊水储量为 178000 km³，土壤中水含量为 122000 km³，永冻土中水含量为 22000 km³。TR11 是目前国际上被引用较多的水循环数据。

4.3.2　基于再分析资料的结果

气候和水文研究需要大量各种类型与来源的全球和区域观测数据，而现有的观测资料在时空分布上存在着很大的非均一性问题，特别是 1979 年以前观测资料的问题更为突出。随着数值模拟技术的发展和全球气候观测系统的完善，基于同化技术的大气再分析资料，在气候监测和预测、气候变率和变化、全球和区域水循环和能量平衡以及大气模式评估等诸多研究领域中得到了广泛应用。

Trenberth (2011)等利用国际上目前最具代表性的 8 种再分析资料，即 NCEP-NCAR R1、NCEP-DOE R2、CFSR (NCEP)、C20r、ERA-40、ERA-I、JRA-25 和 MERRA (NASA) 2002—2008 年的数据，分别模拟计算了全球 2002—2008 年能量和水循环数值(水循环详见图 4.10 中长方格内的数值)，并将 8 组水循环数据与 TR11 结果进行比较。从图 4.10 可见，再

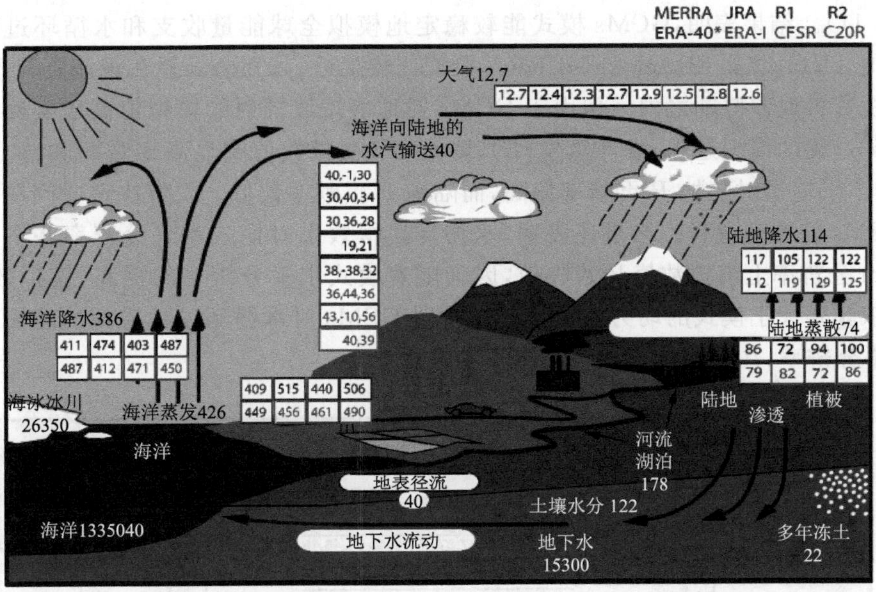

图 4.10　Trenberth 等基于观测资料和再分析资料计算的全球水量平衡数值

（资料来源：Trenberth et al. ,2011）

单位：水循环单位为 1000 km^3/a；水储量单位为 1000 km^3。图中基线数值（黑色）为基于观测资料计算的 2002—2008 年水循环数值，长方格内的数值分别为基于 8 种再分析资料 NCEP-NCAR R1、NCEP-DOE R2、CFSR（NCEP）、C20r、ERA-40、ERA-I、JRA-25 和 MERRA（NASA））模拟计算的 2002—2008 年水循环数值（其中 ERA-40 为 20 世纪 90 年代的数值）

分析资料对陆地的降水和蒸散的模拟计算值与观测值比较接近，而对海洋的蒸发（E）和降水（P）的模拟计算值则明显高于观测值。另外，根据水量平衡原理，海洋向大陆输送的水汽值（W）、海洋 $E-P$、大陆 $P-E$ 和大陆汇入海洋的径流（R）应该是相等的。事实上，TR11 观测值正是如此，均是年均 4×10^4 km^3，而再分析资料对 W、海洋蒸发量减降水量（$E-P$）和大陆降水量减蒸发量（$P-E$）的模拟计算值却不相等，有些与观测值相差甚远。再分析资料模拟计算值的偏差，主要源于其反映的海洋蒸发降水过程过强、全球水循环周期过快以及水汽在大气中停留时间过短等原因。再分析资料作为数值预报产品和观测资料融合起来的"产物"，必然包含有数值模式、同化方案和观测系统变更等引入的误差，特别是观测系统的不断变更会引入虚假的气候变化信号。解决这一难题的途径主要包括增加更多观测数据源、改进资料同化技术方案和改进模式的物理过程等方面。目前在应用现有大气再分析资料过程中，要注重其与观测资料的比对并利用多个全球大气再分析资料进行集成。

4.3.3　基于 GCMs 的模拟研究

近年来，国际上应用全球环流模式 GCMs 对全球和区域水循环进行了大量的模拟研究，其中 Demory 等（2013）研究成果具有代表性。他们用 HadGEM1-A 模式（分别具有 N48、N96、N144 和 N216 4 种网格，对应水平分辨率 60～270 km）和 HadGEM3-A 模式（分别具有 N96、N216、N320 和 N512 4 种网格，对应水平分辨率 135～25 km）对全球能量循环和水循环进行模拟，并将模拟结果与 TR11 观测结果以及 ERA-I 和 MERRA 大气再分析资料结果进行比较(图 4.11)。结果表明，GCMs 模式能较稳定地模拟全球能量收支和水循环过程，水循环模拟数值与 TR11 以及 ERA-I 和 MERRA 数值比较接近，其冗余误差在观测资料不确定性和大气再分析资料误差范围之内。但由于 GCMs 对地表短波辐射的模拟值高于实际观测值，导致对水循环过程的模拟过强，海洋蒸发(E)、降水(P)模拟数值明显高于观测和再分析资料的结果，海洋水汽输送对陆地 P 贡献率偏高，而陆地 E 贡献率偏低。要解决这些问题，尚需进一步改进 GCMs 的物理过程。结果还表明，水循环模拟效果对模式水平分辨率并不十分敏感，但在 60 km 分辨率上模拟数值开始收敛，因为随着模式水平分辨率的提高，模拟效果对模式参数化的依赖要大于模式的动力结构。未来发展 GCMs 对水循环过程模拟的能力，可以选用 60 km 水平分辨率，在改进模式参数化上下功夫。

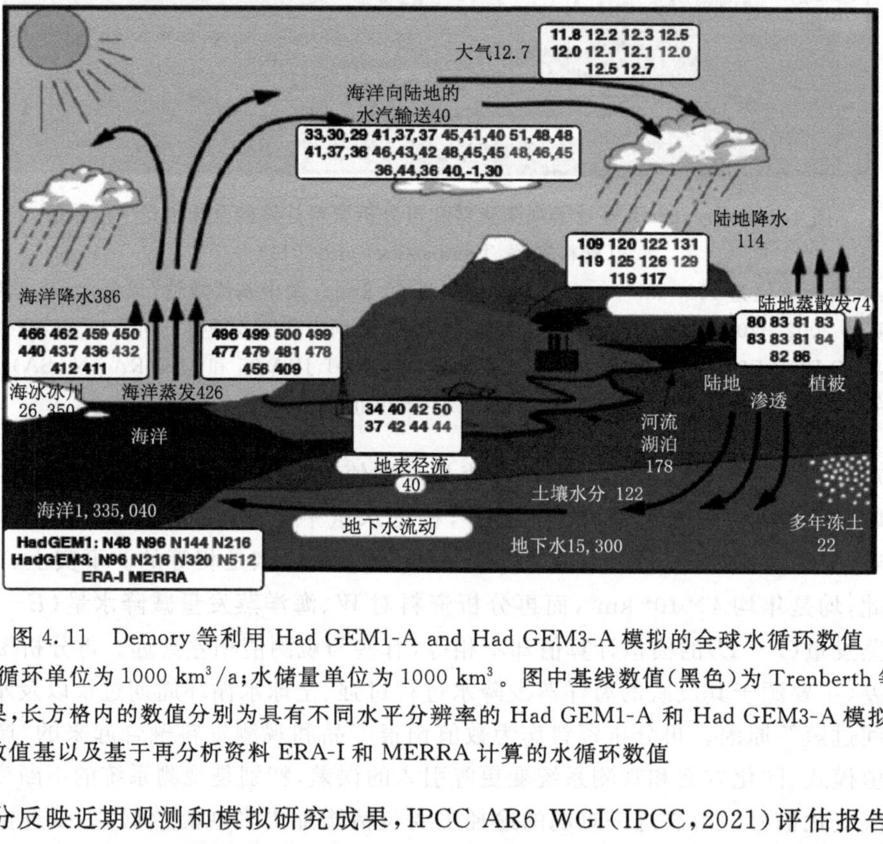

图 4.11　Demory 等利用 Had GEM1-A and Had GEM3-A 模拟的全球水循环数值

单位：水循环单位为 1000 km^3/a；水储量单位为 1000 km^3。图中基线数值(黑色)为 Trenberth 等 TR11 观测结果，长方格内的数值分别为具有不同水平分辨率的 Had GEM1-A 和 Had GEM3-A 模拟的全球水循环数值基以及基于再分析资料 ERA-I 和 MERRA 计算的水循环数值

为充分反映近期观测和模拟研究成果，IPCC AR6 WGI(IPCC,2021)评估报告在 TR11(Trenberth et al.，2011)的基础上，集合 Rodell 等(2015)和 Abbott 等(2019)等研究成果，给出了全球水文循环和水储量的更新数据(图 4.12，数据另述)。

据 IPCC AR6 WGI(IPCC,2021)评估结果，海洋年蒸发量为 4.7(±10%)×10^5 km^3，海洋降水量为 4.24(±10%)×10^5 km^3，其余 4.6(±10%)×10^4 km^3 作为水汽输送到大陆上空；大陆自身每年蒸散量为 7.4(±10%)×10^4 km^3，加上海洋输送的水汽量，总量为 1.2(±10%)×10^5 km^3，即为大陆年降水量；大陆降水量扣除蒸散，其余 4.6(±10%)×10^4 km^3 作为通过河川径流流归海洋。内陆河径流量为 1(±30%)×10^3 km^3；陆地冰川融冰径流入海量为 3(±40%)×10^3 km^3。人类用水量为 2.4(±10%)×10^4 km^3。地下水补水量为 1.3(±60%)

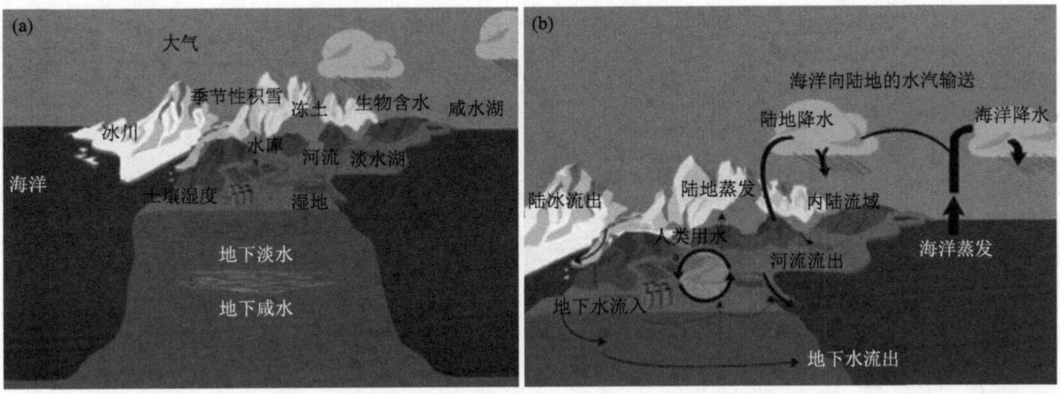

图 4.12　全球水储量与水文循环(资料来源:IPCC,2021;姜大膀 等,2021)
(a)全球水体储量;(b)全球水循环通量

$\times 10^4$ km^3;淡水地下水流出量为 2.5(±90%)$\times 10^2$ km^3;淡水地下水流出量为 4(±70%)$\times 10^3$ km^3。

大气水汽储量为 1.3(±3%)$\times 10^4$ km^3;海洋水储量为 1.38(±10%)$\times 10^9$ km^3;冰川水储量为 2.6(±10%)$\times 10^7$ km^3,多年冻土水储量为 2.1(±100%)$\times 10^5$ km^3,季节积雪水储量为 3(±15%)$\times 10^3$ km^3;咸水地下水储量为 2.2(±80%)$\times 10^7$ km^3,淡水地下水水储量为 6.3(±70%)$\times 10^5$ km^3;土壤中水含量为 5.49$\times$(±90%)10^6 km^3;河川水储量为 2(±20%)$\times 10^3$ km^3,水库水储量为 1.1(±40%)$\times 10^4$ km^3,湿地水储量为 1.4(±20%)$\times 10^4$ km^3,淡水湖泊水储量为 2.2(±20%)$\times 10^5$ km^3,咸水湖泊水储量为 5.4(±90%)$\times 10^4$ km^3,生物体水含量为 2(±20%)$\times 10^3$ km^3。通过比较图 4.10 和图 4.12 的相关数据,两者水储量的数值总体上是接近的,但后者数值比前者略小,但其中土壤水差异很大,说明在水循环和水资源领域,仍存在着科学上的不确定性,需要进一步加强观测和研究。

第5章　地球水圈与水资源

5.1　地球水圈

5.1.1　水圈的构成

水圈是地球各类水体的总称，地球水圈既是气候系统的重要组成部分，也是地球系统的一个圈层。水圈是由地球表面上下的液态、气态和固态的水形成一个几乎连续的、但不规则的圈层。水圈中的水上界可达大气对流层顶部，下界至深层地下水的下限，包括大气中的水汽、地表水、土壤水、地下水和生物体内的水。水圈中大部分水以液态形式储存于海洋、河流、湖泊、水库、沼泽及土壤中；部分水以固态形式存在于极地的广大冰原、冰川、积雪和冻土中；水汽主要存在于大气中，三者常通过热量交换而部分相互转化。水圈中的水在太阳辐射和地球引力的驱动下，不断交替转化形态，并通过全球水循环在地球表层、表面和大气层中持续运动。因此，水圈是地球系统中最活跃的圈层。

水圈又可细分为次级的圈层，如大陆尺度或大洋尺度的圈层，再往下可分为某个区域、某个流域，甚至更小的范围。水圈由地壳表层、表面和大气层中存在的液态、气态和固态水组成，它既与大气圈、陆圈和生物圈共生共存，同时又相互作用。水是地球上分布最广泛的物质之一。地球表面积约为5.1亿 km^2，其中被水覆盖的面积就达3.61亿 km^2，占地球表面积的71％，因此地球又有“水球”之称。图5.1给出了水圈中水在地球系统中的分布。

5.1.2　水圈与其他圈层的综合作用

如前所述，地球系统由岩石圈、大气圈、水圈、生物圈和人类社会组成，包括了自地核到地球外层空间的广阔范围，是一个复杂的巨系统。其间存在着各圈层之间的相互作用，包括物理、化学、生物三大基本过程之间的相互作用以及人类与地球系统之间的相互作用(秦大河等，2012)。以下专门论述水圈与岩石圈、生物圈的相互作用以及与多圈层的交互作用。

5.1.2.1　水圈与岩石圈的相互作用

水与岩石的形成有关，如沉积岩的剥蚀、搬运、沉积、成岩过程，火成岩的水汽逸出等。地表的轮廓在水的作用下得以形成，如河谷、河口、海滩、冰斗等，岩石圈的结构又约束着水循环的速度与方向。岩石圈的变形可改变水圈的结构，如水的分布或厚度，水的重力负荷发生改变后，又引起新的地圈变形。在水的作用下，地表岩体发生断裂或破碎，引发滑坡、崩岸、泥石流等灾变，海底地震、火山喷发又引发海啸等灾难(秦大河 等，2005)。

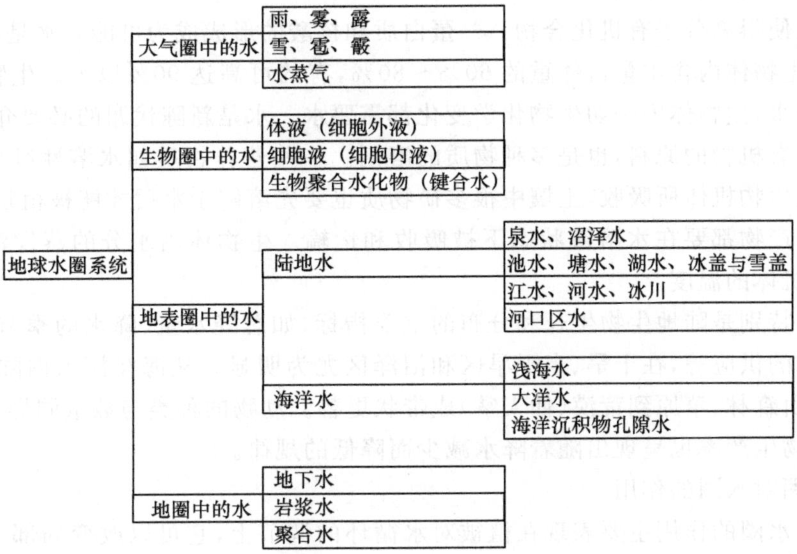

图 5.1　地球水圈结构图(资料来源:陆渝蓉,1999)

(1)水圈对岩石圈的作用

岩石的形成离不开水。岩石(沉积岩、火成岩、变质岩)在形成过程中都需要水的参与,如果离开了水,岩石风化、剥蚀的效率就会大大降低。

水是塑造地形的外动力中最活跃的因素,它对岩石圈表面的轮廓与构架进行改造,从而改变了岩石圈表面的形态。在水的作用下形成了河谷、阶地;海滩、海蚀柱、海蚀崖;峰林、峰丛、石笋、石柱、钟乳石;由于水的侵蚀,在黄土区形成了塬、梁、峁,在高原边缘、在山地与平原或山地与盆地过渡区域,形成了峡谷、悬谷和飞瀑;由于固态水(冰川)的作用,形成了冰斗、U 型谷、角峰、刃脊。

(2)岩石圈对水圈的作用

岩石圈结构对水循环的控制。岩石圈的结构,影响了与地表径流相关的各种因素,从而控制着径流的速度和方向。岩石圈的结构决定了水系的形状,如放射状、环状、格子状、树枝状,还决定了流域的大小、形状和性质。流域之间的界限是分水岭,分水岭往往是在岩石圈构造运动中形成的,而流域是水循环的基本地域单元,因此岩石圈的结构在一定程度上影响并控制着水循环。

岩石的结构决定了地下水的循环。岩石的孔隙率和裂隙率决定了岩石的含水能力,其连通性决定了岩石的透水性。岩石结构成为地下水形成与流动的地质基础,从而影响着水循环,尤其是地下水循环的速度和方向。

5.1.2.2　水圈与生物圈的相互作用

生命来源于水,生物的生存离不开水。水的多少决定了生物的特征、种类与分布,形成了不同的生物群落。反过来,生物的作用又在一定程度上改变了水的分布、水的循环、水的组成与性质,植被的蒸腾作用和截留降水减慢了水分大循环的速度,同时加快了局地水循环的速度。水圈和生物圈的相互作用,决定了地球表层自然环境的许多性质(秦大河 等,2012)。

(1)水圈对生物圈的作用

水的存在使得高分子有机化合物——蛋白质和核酸的形成成为可能。水是生物体内含量最多的组分,生物体内含水量占体重的60%～80%,有的可高达90%以上。生物在整个生活过程中离不开水,生物体内一切生物化学变化都需要水。水是新陈代谢的必要介质,它是植物光合作用制造有机物的原料,也是多种物质的溶剂。一些营养物质如水溶性维生素只有溶解于水后才能被生物机体所吸收,土壤中很多矿物质也要先溶解于水后才能被植物吸收利用,营养物质和代谢产物都要在水溶液状态下被吸收和运输。生物体内水分的蒸发消耗了大量热量,从而调节机体的温度。

水是生物特别是陆地生物生长和分布的重要指标,如总降水量、降水的季节分配、大气湿度以及地面水的供应等,在干旱、半干旱区和沼泽区尤为明显。从海洋深入内陆,大气湿度逐步降低,植被由森林、草原到荒漠(仙人掌)成带状更替。动物的种类与数量同样由湿润区向干旱区递减,生物生产率也呈现出随着降水减少而降低的规律。

(2)生物圈对水圈的作用

生物圈对水圈的作用主要表现在植被对水循环的调节上,它可以改变局部或区域的水分循环,影响局部或区域的大气降水,从而使水在时间和空间上重新分配。植物体内的水经过体表向大气蒸散的过程非常强烈,甚至超过了植被覆盖区域的土壤蒸发。植被散发和土壤蒸发的总和往往大于没有植物的空旷地表。大面积森林的存在,可以减少径流的流失,又能通过蒸散增加空气中的水汽,进而提高降水量。植被对降水的截留也很明显,植被林冠可以截留15%～40%的降水,其中针叶林为30%,阔叶林为20%。同时,森林的枯枝落叶层、结构良好的土壤和发达的植物根系具有良好的涵水能力。研究表明,每公顷森林至少可以蓄积3000 m^3 的水。森林既可缓解降水转变为径流的速度,又可将洪水转化为地下水,并源源不断地补给河川,使河川径流的年内分配趋于稳定。

5.1.2.3　各圈层间的相互作用

(1)水圈、大气圈和岩石圈的相互作用

水圈、大气圈和岩石圈的相互作用主要表现为黄土地貌、冰川地貌和冰缘地貌的形成与演变。

黄土地貌。大部分黄土是由风力堆积而成的,如黄土阶地、黄土间以及黄土覆盖原始地形而形成的黄土塬、梁、峁等。水力的侵蚀形成了沟谷,根据侵蚀的程度可分为纹沟、细沟、切沟、冲沟、坳沟,流水切割也可使沟间的黄土塬破碎形成黄土梁、峁。由于水中可溶盐类被淋溶、流失而沉陷形成湿陷(潜蚀)地貌,即黄土碟、陷穴、桥等。黄土地貌的发育主要受到原始地形、黄土堆积和水的作用的限制。原始地形条件是岩石圈运动以及岩石圈与水圈、大气圈相互作用的结果;黄土堆积是大气圈与岩石圈相互作用的产物;水的侵蚀、溶蚀、潜蚀和淋滤是黄土地貌发育的重要动力。因此,黄土地貌是水圈、大气圈和岩石圈相互作用的产物。

冰川、冰缘地貌。冰川、冰缘地貌是由冰川、冰缘作用形成的。冰川、冰缘作用的发生,是水圈、大气圈和岩石圈相互作用的结果。冰川的形成,首先是气候寒冷,大气降水以雪为主,平坦的地面接纳积雪。冰缘的形成与冰川相似,但降雪较少或地形陡峭,不能形成冰川。冰川的侵蚀、搬运、堆积、溶水作用形成了冰蚀地貌、冰碛地貌和冰水地貌。冰缘原指冰川边缘地区,现已泛指不被冰川覆盖的气候寒冷地区,大体与多年冻土分布范围相当,所以又称冻土地貌。

(2)水圈、大气圈和生物圈的相互作用

水圈、大气圈和生物圈的相互作用主要表现在湖泊效应、沙漠化效应、绿洲效应和洋面封冻效应。

湖泊效应。类似与海陆间的季风环流,由于水和土壤在比热、热容量上的差异,导致水体温度变化迟缓,土壤变化迅速,成为不同的大气加热下垫面,因此形成局地性大气环流和小气候。蒸发的水分输送到附近地区,增加了降水,植被茂盛,加速了水分小循环,形成正反馈作用。

沙漠化效应。沙漠化有两种机制,一是植被遭到破坏,地表裸露,由于沙石比热小,在阳光照射下地面强烈增温,地表长波辐射增强。而地表反射率大,加之大气逆辐射弱,地表散失大量热量,呈现失热状态。在缺少平流热量输入的情况下,为维持热量平衡,空气下沉,压缩增温,使得气候进一步变干,导致植被覆盖继续萎缩,这就是沙漠化效应。模拟显示:非洲撒哈拉地区的反射率从14%提高到35%,降水量减少一半;南美洲30°S以北的森林被草地所取代,降水减少15%;亚马孙流域的森林被沙漠取代,降水减少70%,与撒哈拉持平。二是植被遭到破坏,水的利用率降低,截留、下渗减小,径流增大,涵水能力降低,地表蒸发占主导,因此破坏了区域水平衡,使得气候变干,植被进一步稀少。

绿洲效应。与沙漠化相反,植被的存在使得蒸散加强,大气湿度增加,降水随之增多。土壤含水量增加,热容量加大,加之蒸散对热量的调节,土壤温度和近地面气温的日较差均比沙漠地区小,这就是绿洲效应。

(3)水圈、大气圈、生物圈和岩石圈的相互作用

水圈、大气圈、生物圈和岩石圈交互作用的典型代表是喀斯特地貌。喀斯特地貌是在一定的大气、气候和生物条件下,水对岩石溶蚀、侵蚀及淀积沉积的结果。水对可溶性岩石以化学过程为主、机械过程为辅的破坏与改造作用,称为喀斯特作用。各圈层对喀斯特地貌的贡献分述如下。

水圈。水对岩石的溶蚀力强,这不仅取决于水的性质,还受到水中二氧化碳和有机酸、无机酸含量的影响。水的流动性好,不仅可增加溶蚀力,还具有侵蚀作用,增大岩石被溶蚀的面积,这与气候条件、地形坡度、岩石的孔隙类型和连通性有关。

岩石圈。需要可溶性好的岩石类型,即易被溶解和溶蚀,如碳酸盐类、硫酸盐类和卤盐类岩石,其中以碳酸盐类岩石分布最广。透水性好,岩石裂隙和孔隙越大,水与岩石的接触面积也越大,有利于溶蚀,这些都与岩石圈的结构和运动有关。

大气圈。提供二氧化碳,加大水的溶蚀力。具备温湿气候背景,高温有利于水中碳酸的离解,降水多有利于水的流动。

生物圈。提供二氧化碳,有利于有机酸的形成。

5.2 地球水资源状况

5.2.1 水资源属性与分类

水资源的涵义有广义和狭义之分。广义水资源泛指世界上一切水体,包括海洋、河流、湖泊、沼泽、冰川、土壤水、地下水及大气中的水分。自然界的水体既是地理环境要素,又是水资

源。狭义水资源则是指在一定时期内，能被人类直接或间接开发利用的那一部分动态水体，主要包括河流、湖泊、地下水和土壤水等淡水，有时还包括微咸水。

5.2.1.1　水资源属性

水资源作为与地球生物生存繁衍息息相关的特有自然资源，主要有下列属性。

(1)循环再生性与资源有限性

水资源在水循环过程中不断地恢复和更新，属可再生资源。水循环过程具有无限性的特点，但在其循环过程中，又受太阳辐射、地表下垫面、人类活动等条件的制约，每年更新的水量又是有限的，而且各种水体的循环周期不同，水资源恢复量也不同，反映了水资源属动态资源的特点。所以水循环过程的无限性和再生补给水量的有限性，决定了水资源并不是“取之不尽，用之不竭”的自然资源。

(2)时空分布不均匀性

水资源主要补给来源包括大气降水、地表径流和地下径流等，补给过程具有随机性和周期性，其年内与年际变率都很大。此外，水资源在地区分布上也很不均衡，有些地方干旱缺水，有些地方洪涝成灾，给水资源的合理开发利用带来很大的困难。

(3)不可替代性

水资源是生活资料和生产资料，在国计民生中用途广泛，各行各业都离不开水资源。从水资源利用方式划分，可分为耗用水量和借用水体两种。生活用水、农业灌溉、工业生产用水等，都属于消耗性用水；另一种使用形式为非消耗性的，如养鱼、航运、水力发电等。水资源的作用和综合效益是其他自然资源无法替代的。

(4)利害两重性

降水和径流时空分布不均，往往会出现洪涝、旱碱等自然灾害。合理开发利用水资源，可以兴利除害，造福人民。但如果开发利用不当，也会引起人为灾害，如大坝或水库垮塌、水土流失、次生盐渍化、水质污染、地下水枯竭、地面沉降等。水资源及其开发利用具有利与害的两重性。

(5)自然物质与商品双重属性

一方面，水资源本身是自然物质，天生地造，为生物体提供生存条件。另一方面，水资源又不仅仅是自然之物，一旦进入社会和市场，就呈现商品属性，体现水资源的社会性与经济性。所以，水资源的开发利用和治理应严格按自然规律和社会经济法规办事(黄锡荃，1993)。

5.2.1.2　水资源分类(绿水、蓝水和白水)

水资源分类有多种方式，以水的含盐度划分，可分为咸水和淡水两大类，咸水是水资源的主体，淡水不足地球总水量的2%，但与人类的生存与发展关系最为密切。按照经典的理论，陆地上的淡水资源又可分为蓝水(Blue water)和绿水(Green water)两部分。绿水是分子状态的水和受分子力约束的水分，包括气态水、土壤颗粒束缚的土壤水，在流域水循环中由降水转化而来，转化的动力主要是热力。绿水广泛供给陆生生态系统，主要是满足植物、作物生长的需求，并通过蒸散转化为水汽逸散于大气。绿水的循环反映了自然界“土壤-植物”生态系统的用水消耗。蓝水是重力赋存和受重力作用而流动的液态水，主要是指由降水产生和补给的地表水与地下水，通常是水利工程开发的对象，因此，蓝水也称为“工程水资源”。蓝水在地表和地下流动，从山顶到山脚，从陆地到海洋，是人类利用的常规水资源。蓝水(液态水)主要供给人类的用水和湿地及陆生、水生生态系统的用水。全球绿水占水资源总量的 65%，蓝水仅占 35%。蓝水和绿水的流量和转化如图 5.2(彩)所示。

联合国于 2009 年发布世界水发展报告 3[WWDR 3，World Water Development Report 3 (UNESCO，2009)]，对陆地上的淡水资源的分类进一步细化，分为绿水、蓝水和白水(White water)。WWDR 3 中蓝水的概念与经典涵义相同，但将绿水细分为绿水和白水，绿水指先供给陆生生态系统使用，然后再散发于大气的水分，而白水则指未经生态系统使用，直接从水体和土壤表面蒸发于大气的水分，有时也将白水称为"无生产率"绿水。此外，WWDR 3 从水质的角度将水资源分为清洁水(Clean water)、灰水(Grey water)和黑水(Black water)。灰水通常指废水，水质差，但仍用于特定场合。黑水则是受到严重污染，对人体和生态系统有毒害，没有使用价值。

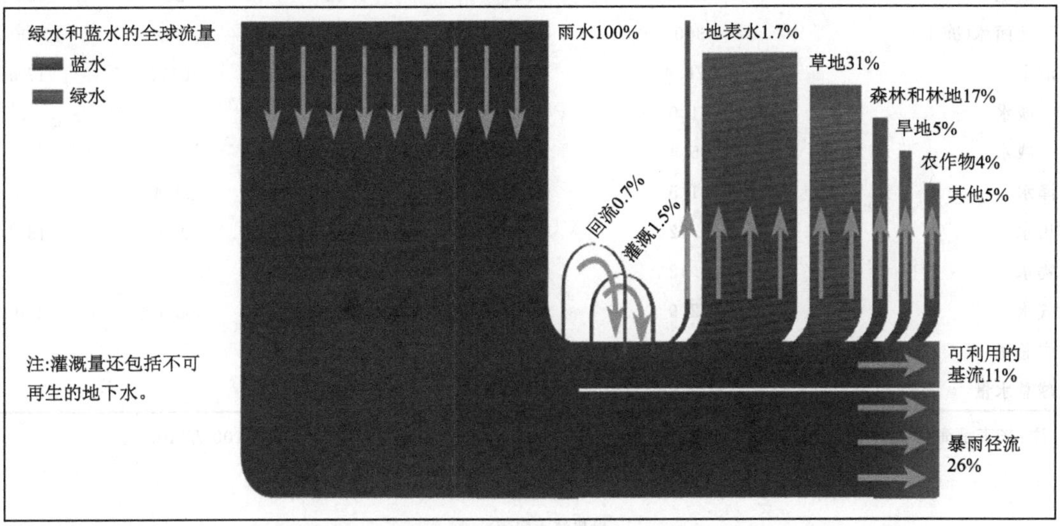

图 5.2(彩)　蓝水和绿水的流量和转化(资料来源：UNESCO，2009)

5.2.2　地球水资源概况

地球上水量极其丰富，根据联合国世界水发展报告 1 [WWDR1，World Water Development Report 1(UNESCO，2003)]的统计，地球总储水量约为 13.86 亿 km^3。一般认为该总量不会有变化，地球与其外空的水量交换可以忽略不计。地球水量的分布很不均匀，详见表 5.1。大部分水储存在海洋中，占 96.5%，由此决定地球上水量的主体为咸水。加之分布于地下水和湖泊中的咸水，地球上咸水量约占总水量的 97.5%。淡水总量为 3502.9 万 km^3，仅占地球储水量的 2.53%，而且主要分布在冰川与永久积雪(占 68.7%)和地下水(占 30.1%)之中，地表水和大气中的水汽只占 0.4%。

联合国 2010 年发布《世界发展报告》(World Bank，2010a)，对地球水资源及其利用状况作了进一步的分析，详见图 5.3。《世界发展报告》将全球水资源分为咸水和淡水两部分，分别占 97.5%和 2.5%，这与 WWDR1 吻合。在淡水中，冰川与永久积雪、地下水和地面冰(永冻土)分别占 68.7%、30.1%和 0.8%，与 WWDR1 完全一致。报告还仔细分析了地表水和大气

表 5.1　地球水资源概况(资料来源:UNESCO,2003)

水的形态	体积/(10^3 km^3)	占水总量/%	占淡水总量/%	每年循环体积/km^3	循环周期
海水	1338000	96.5	—	505000	2500 a
地下水(重力水和毛管水)	23400※	1.7		16700	1400 a
淡水地下水	10530	0.76	30.1		
土壤水	16.5	0.001	0.05	16500	1 a
冰川和永久积雪	24064	1.74	68.7		
南极	21600	1.56	61.7		
格林兰	2340	0.17	6.68	2477	9700 a
北极群岛	83.5	0.006	0.24		
山地	40.6	0.003	0.12	25	1600 a
地面冰(冻土)	300	0.022	0.86	30	10000 a
湖泊水	176.4	0.013	—	10376	17 a
淡水	91.0	0.007	0.26		
咸水	85.4	0.006	—		
沼泽水	11.5	0.0008	0.03	2294	5 a
河川水	2.12	0.0002	0.006	43000	16 d
生物水	1.12	0.0001	0.003		
大气水	12.9	0.001	0.04	600000	8 d
淡水总量	35029.2	2.53	100		
地球总水量	1386000	100	—		

注:※表示海洋重力下渗地下水不包括南极地下水约 200 万 km^3(其中淡水约占一半,约 100 万 km^3)。

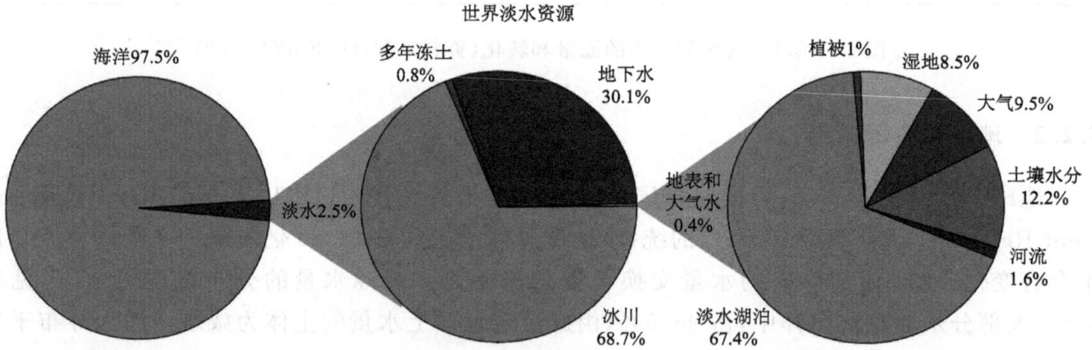

图 5.3　全球水资源结构(资料来源:World Bank,2010a)

中水汽含量。在地表水和大气水中,湖泊淡水占 67.4%,约为总量的 2/3,土壤水占 12.2%,大气中的水汽占 9.5%,湿地水(不包括湖泊)占 8.5%,江河径流仅占 1.6%,动植物体内的生态水占 0.8%。由上述分析可见,对人类和陆地生态系统意义重大的河川水、湖泊淡水、浅层地下下水和土壤水总共只占全球总水量的 0.32%左右。考虑到现有的经济和技术水平,还不可能大规模开发利用极地冰川和高山冰雪,所以理论上可以开发利用的淡水不到地球总水量的 1%。实际上，人类可以利用的淡水量远低于此理论值，主要是因为大气降水量有相当一部分是降落在无人居住的地区如南极洲，或是集中于汛期很短的时间内，利用率不高，大部分流入海洋。因此，通常所说的水资源是指陆地上可供人类生产、生活直接利用的地表淡水和埋藏较浅的地下淡水资源，一般采用地表径流量和部分参与水循环的地下水径流量来衡量水资源量的多少。

联合国世界水发展报告 2020（UNESCO，2020）引用了 Abbott 等(2019)研究结果，给出世界水资源分布和水通量的新数值。Abbott 等(2019)据大量的观测资料并结合再分析资料，研究了地球水资源分布及量值，并给出可能的变化范围(图 5.4)。Abbott 等(2019)指出，气候变化和人类活动对地球水资源的分布具有不可忽视的影响。通过比较图 5.4 与表 5.1 可以看出，其主要差异主要表现在：①Abbott 等(2019)关于冰川、积雪、冻土水储量明显偏高，这可能与观测资料及模拟计算方法的差异有关；②Abbott 等(2019)关于土壤水分亦明显偏高且变化范围高达±90%，这可能与观测资料不足且不确定性较大有关；③Abbott 等(2019)关于湖泊、湿地水量高于 WWDR1，这可能与观测和模拟能力的提高有关；④Abbott 等(2019)关于河流流量低于 WWDR1，这可能与气候变化和人类活动的影响有关，也可能与观测资料、观测能力的差异有关。

IPCC WGI AR6(IPCC，2021)综合了 Abbott 等(2019)、Rodell 等(2015)和 Trenberth 等(2011)的研究结果，又给出了全球主要水体水储量和水文循环通量，本书第 4 章已详细介绍，这里不再赘述。

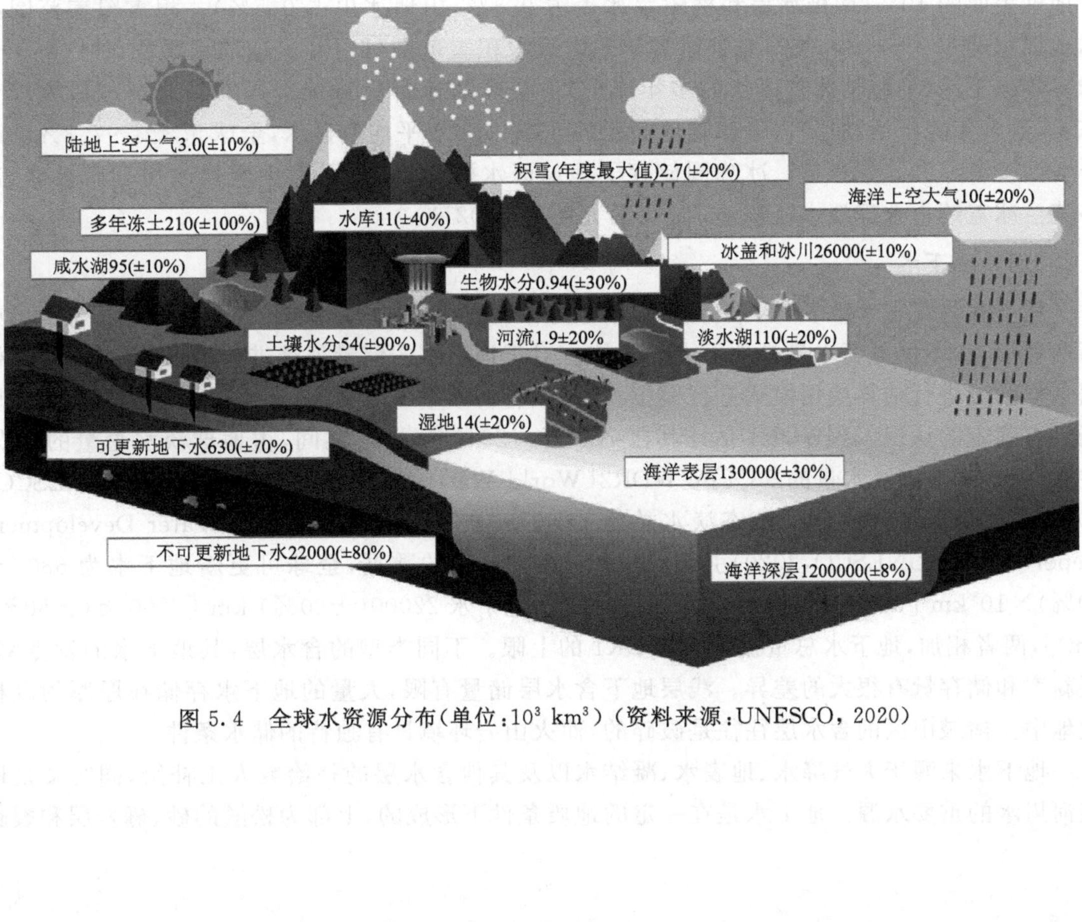

图 5.4　全球水资源分布(单位：10^3 km^3)（资料来源：UNESCO，2020）

5.2.3　地球水资源分布

以下基于 WWDR1（World Water Development Report 1）（UNESCO,2003），并结合其他论著，综合阐述地球水资源的分布和量值。

5.2.3.1　海洋水

海洋是地球水圈的主体，是全球水分循环的主要起点和归宿。海水的历史可追溯到地壳形成的初期，在漫长的岁月里，由于地壳的变动和广泛的生物活动，海水某些化学成分也在改变。现代海洋水总体积 13.38 亿 km^3，折合成水深平均可达 3700 m，占全球水量的 96.5%，但也只是地球总体积的 1/800。海水中已发现 80 多种化学元素，主要是氯、钠、镁、硫、钙、钾、溴、碳、锶、硼、硅、氟 12 种，其含量占全部海水化学元素含量的 99.8%～99.9%，每 1 kg 的海洋水中平均含盐 35 g，即海洋水含盐量为 3.5%，而河川水含盐量小于 0.3%，海洋水含盐量是河川水的 11 倍以上。河川水以碳酸盐为主，海洋水则因海洋生物大都吸收碳酸钙生长骨骼的缘故而以氯化物为主。海洋水还溶解了氮气、氧气、二氧化碳等气体。

5.2.3.2　冰冻圈

冰雪水即冰冻圈中的储水。冰冻圈中储水的形式很多，包括大陆冰盖和高山冰川、高寒地区的积雪和冻土、海洋冰架和浮冰等。高寒地区的大气降水以固态形式落到地面，冰雪覆盖大地，经重结晶形成具有可塑性的冰川冰，在重力和压力的作用下沿地表缓慢运动形成冰川。

陆地冰冻圈占全球陆地面积的 52%～55%，其中南极冰盖、格陵兰冰盖和山地冰川覆盖了地球表面的 10%（南极冰盖和格陵兰冰盖占 9.5%，山地冰川占 0.5%）。积雪覆盖范围占陆地面积的 1.3%～30.6%，北半球多年平均最大积雪范围可占北半球陆地面积的 49%。全球多年冻土区（不包括冰盖下伏的多年冻土）占全球陆地面积的 9%～12%，北半球最大季节冻土（含多年冻土活动层）占全球陆地面积的 33%。多年平均值显示，全球 5.3%～7.3%的海洋表面被海冰和冰架覆盖。冰冻圈储存了地球淡水资源的 75%，其中现代冰川和南极冰盖、格陵兰冰盖约占全球淡水资源的 70%（秦大河 等，2021）。

5.2.3.3　地下水

地下水为存在于地表以下土岩（土）层空隙中各种形式的水。地下水分为可更新与不可更新两种形态，不可更新水量是地下水的主体。对于地下水的储量很难进行精确的计算，而是根据采样勘测进行估算或用模式进行模拟，不同作者的结果出入甚大，迄今对全球地下水的储量仍没有确定的认识。WWDR1 估计其在 700 万～2340 万 km^3 之间，占地球淡水总量的 30%左右，占地球液态淡水量的 98%；WWDR2（World Water Development Report 2）（UNESCO，2006）估计地下水量占地球液态淡水总量的 96%；WWDR 2020（World Water Development Report 2020）（UNESCO，2020）引用 Abbott 等（2019）的数据，全球可更新地下水为 630（±70%）×10^3 km^3[63 万（±70%） km^3]，不可更新地下水 22000（±80%） km^3[2200 万（±80%） km^3]，两者相加，地下水总量接近 WWDR1 的上限。不同类型的含水层，其地下水的发生率、更新率和储存量有很大的差异。浅层地下含水层储量有限，大量的地下水存储在厚厚的沉积盆地中。褶皱山区的含水层往往是破碎的，而火山岩环境具有独特的储水条件。

地下水来源于大气降水、地表水、凝结水以及其他含水层的补给或人工补给，同时又是地表河川水的重要水源。地下水是在一定的地质条件下形成的，上部为松散的砂、砾岩层和裂隙发育的岩层组成含水层，下部为结构相对致密而又完整的岩层，如黏土层、页岩等组成的隔水层。根据埋藏条件不同，地下水可分为上层滞水、潜水和承压地下水三类。承压水水位高于上部隔水层，在地形条件适宜时，其天然露头或经人工凿井喷出地表，形成自流井。

可更新地下水具有循环过程，由地下水的补给、径流和排泄过程组成，主要有垂直方向循环和水平方向循环两种形式。垂直方向循环即大气降水、地表水渗入地下，形成地下水，地下水又通过包气带蒸发向大气排泄。水平方向循环是指含水层上游得到补给形成地下水，在含水层中长时间长距离地流动，在下游的排泄区排出。实际上，在陆地的大多数情况下，二者兼有之，只不过不同地区以某种方向的运动为主而已。地下水的补给方式一般有天然补给和人工补给两种形式：天然补给包括大气降水的渗入、地表水的渗入、地下水上游的侧向渗入；人工补给包括农田灌溉水的渗入、人工回灌地下水等。地下水的排泄方式有天然排泄和人工采水排泄两种。天然的地下水排泄方式有地下水潜水蒸发、泉水排出、地下水流向河渠、地下水向下游径流流出等；人工排泄方式主要是打井挖渠开采地下水。

全球地下水的分布如图 5.5 所示。从图中可见，受气候、地质、地形、水文、植被等自然条件的影响，全球地下水的形成和分布具有明显的区域差异。欧洲、南美洲大部、北美洲南部和非洲北部等地地下水相对富集，而亚洲大部和北美洲东北部等地地下水相对稀缺。全球地下水的补充也同样受到各地气候、地质、水文等自然条件的影响，其更新速率呈现明显的区域差异。表 5.2 表述了世界上 6 个著名的地下水系统的状况。

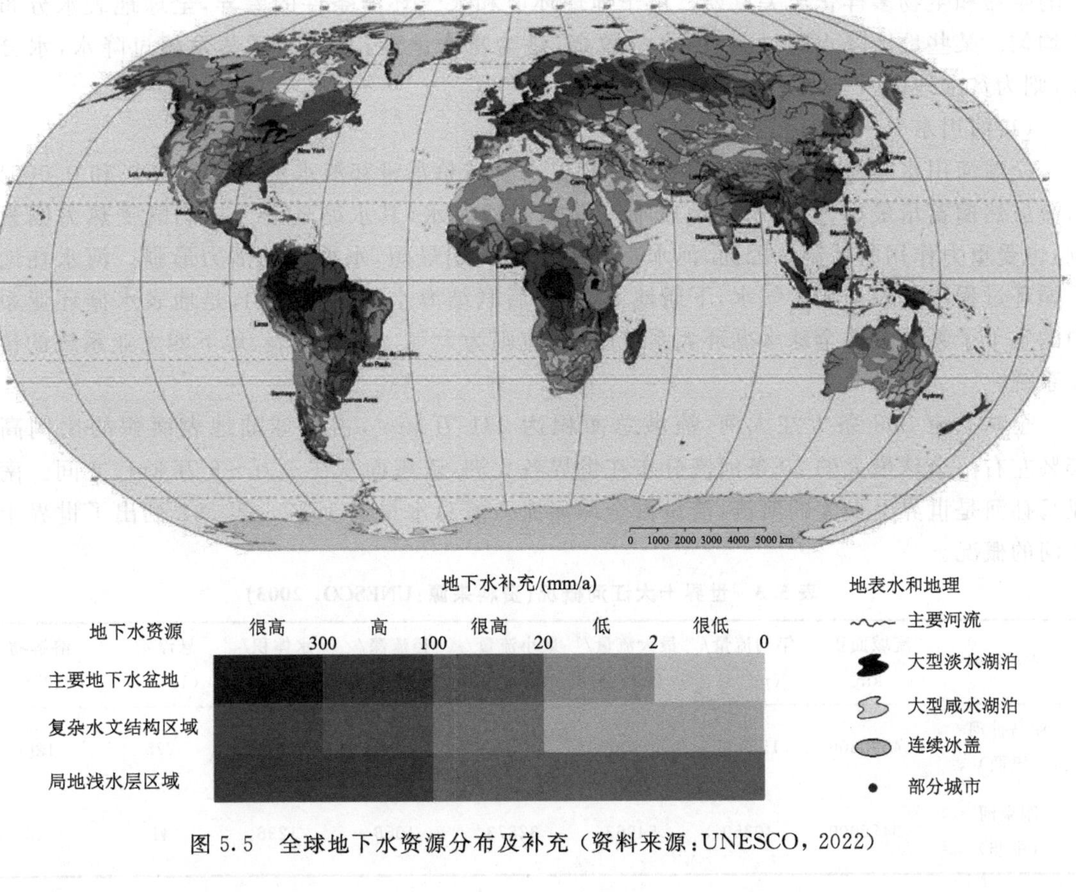

图 5.5　全球地下水资源分布及补充（资料来源：UNESCO，2022）

地下水为人类提供了宝贵的淡水资源，但过量的开采和不合理的利用，会引发严重的后果，地下水位下降，形成地下漏斗区，甚至造成地面下沉，海水倒灌，导致地下水水质变坏。工业废水和生活污水渗入地下水中，造成水资源的污染。

表 5.2　全球著名大规模地下水系统(资料来源:UNESCO, 2003)

含水层名称	面积/(10^3 km^2)	体积/(10^9 m^3)	循环周期/a	所在大陆
努比亚砂岩地下含水层系统	2000	75000	75000	非洲
撒哈拉沙漠北部地下含水层系统	780	60000	70000	非洲
高平原含水层系统	450	15000	2000	北美洲
瓜拉尼含水层系统	1200	30000	3000	南美洲
中国华北平原含水层系统	140	5000	300	亚洲
大自流盆地	1700	20000	20000	大洋洲

5.2.3.4　地表水

地表水由冰冻圈水、河川水、湖泊水、沼泽水和土壤水等构成。冰冻圈的水是地表水的主体，河川水、湖泊水、沼泽水和土壤水总量只占地球总水量的0.3%。冰冻圈已在前面讨论，以下仅对河川水、湖泊水、沼泽水和土壤水进行讨论，虽然这些地表水总量不大，但对于维系地球上的生命和生物多样化至关重要。由于地理环境和大气环流条件的差异，全球地表水分布极不均匀。某些地区降水超过蒸发，水分盈余，是为富水地区；某些地区蒸发超过降水，水分亏损，则为贫水地区。

(1)河川水

全球河川水总量为0.212万km^3，分别仅占全球总水量和淡水量的0.0002%和0.006%。河流虽然槽蓄量最小，但河水是地表唯一的畅流液态水，其水循环动力机制既受热力因素影响，也受重力作用所控制。因而，河水交替更新的周期最短，水循环的活力最强。河水在地表水循环过程中起着上接大气水，下通地下水，最后联结海水的主干作用，是地表水循环亚系统中的主干子系统。在全球水循环大系统中，河流则为大气、海洋、地表、地下四大亚系统的传递支系统。

全球共有263条大江大河，流域总面积达231万km^2，占全球陆地表面积的比例高达45%左右。全球最大的20条河流分布在世界各大洲，流域面积在1万～6万km^2之间。南美亚马孙河是世界上最大的河流，流量占全球河流入海总水量的15%。表5.3列出了世界十大江河的概况。

表 5.3　世界十大江河概况(资料来源:UNESCO, 2003)

河流名称	流域面积/km^2	年均流量/(m^3/s)	最大流量/(m^3/s)	最小流量/(m^3/s)	径流深/(mm/a)	水体积/km^3	悬浮物/(10^3t/a)	溶解物/(10^3t/a)
亚马孙河(巴西)	4640300	155432	176067	133267	3653	4901	275	1200
刚果河(中非)	3475000	40250	54963	32873	1056	1296	41	43

续表

河流名称	流域面积/km^2	年均流量/(m^3/s)	最大流量/(m^3/s)	最小流量/(m^3/s)	径流深/(mm/a)	水体积/km^3	悬浮物/(10^3 t/a)	溶解物/(10^3 t/a)
奥里诺科河（委内瑞拉）	836000	31061	37593	21540	1172	980	32	150
长江（中国）	1705383	25032	28882	21377	463	789	247	478
雅鲁藏布江（从中国流入印度）	636130	19674	21753	18147	975	620	61	540
叶尼塞河（俄国）	2440000	17847	20966	15543	231	563	68	13
勒拿河（俄国）	2430000	16622	19978	13234	216	524	49	18
巴拉那河（南美）	1950000	16595	54500	4092	265	516		
密西西比河（美国）	3923799	14703	20420	10202	118	464	125	210
鄂毕河（俄国）	2949,998	12504	17812	8791	134	394		

河川水是陆地表面的液态水，在热力和重力作用的控制下，使之成为联系海洋水、冰雪水、地下水和大气水的纽带。河川水主要来源于大气降水，冰雪消融和湖泊、沼泽也对河川进行补给。此外，地下水也是河川的补给水源，在枯水期，河川的水量往往取决于地下水的补给状况。河川水在重力作用下沿着一定的地形约束作定常性的流动，沿途接纳支流来水，形成复杂的干支流网络系统，形成水系。每一个水系都从一定的陆地面积上获得补给水，这一集水区就是河川的流域。相邻流域间地面高程最高点的连线，就是两个河川或水系的分水岭。以河川是否注入海洋为标志，可将全球流域分为外流区域（入海流域）和内流区域（内陆流域）。入海流域和内陆流域年均流量分别为 3.72 万 km^3 和 0.094 万 km^3。

(2)湖泊水

全球湖泊（包括天然湖泊和人造水库）总面积约为 270 万 km^2，占全球陆地表面积的 1.8%左右，是仅次于冰川的陆地第二大水体。湖泊水总量为 17.64 万 km^3，占全球总水量的 0.013%，其中咸水量和淡水量分别为 8.54 万 km^3 和 9.1 万 km^3（约为河川水总量的40倍）。全球 95%以上的湖泊水集中在 145 个大湖泊中。全球湖泊集中在北欧和北美，中国也有众多的湖泊。俄罗斯的贝加尔湖是世界上最大、最深和最古老的湖泊，占全球湖泊水总量的 27%。人造大坝和水库占湖泊水总量的比例虽然很小，但对水循环和水资源利用却有重大影响。表 5.4列出了世界十大水库的概况。

表 5.4 世界十大水库概况(资料来源:UNESCO,2003)

水库名称	所在地区	所在国家	所在流域	建成年份	坝高/m	库容量/km³
欧文(维多利亚湖)	非洲	乌干达,肯尼亚,坦桑尼亚	尼罗河	1954	31	204
布拉茨克	亚洲	俄国	安加拉河	1967	106	169
纳赛尔	非洲	埃及	尼罗河	1970	95	169
卡里巴	非洲	赞比亚,津巴布韦	赞比西河	1959	100	160
沃尔特	非洲	加纳	沃尔特河	1965	70	148
丹尼尔 约翰逊	北美洲	加拿大	夸根湖	1968	214	141
古里	南美洲	委内瑞拉	卡罗尼河	1986	162	136
克拉斯诺亚尔斯克	亚洲	俄国	叶尼塞河	1967	100	73
摩苏尔	亚洲	伊拉克	底格里斯河	1956—1976	—	72
贝内特	北美洲	加拿大	和平河	1967	183	7

湖泊是湖盆、湖水以及水中物质组合而成的自然综合体。除天然湖泊外,还有许多人造湖泊。湖泊拦蓄上游来水,降低下游的洪峰流量,滞缓洪峰发生时间。它对邻近地区气候的影响因湖水面积和深度而不同。湖面的蒸发使湖滨地区湿度增加,冬季比远离湖泊的地区温暖,夏季则要凉爽。受降水、蒸发、上游来水及人类用水的影响,湖泊水量常有变化。

(3)沼泽水

沼泽水总量为 1.15 万 km^3,分别占全球总水量和淡水量的 0.0008%和 0.03%。沼泽面积占地球陆地面积的 6%,是湖泊面积的 4 倍,但水量仅为湖泊水和其他地表水的 10%。沼泽是水池与陆地的中间物,地面长期处于过湿状态,生长着喜湿和喜水的植物。沼泽含有90%～95%的水,5%～10%的干燥物质。沼泽形成的自然条件一般要求地势低平、排水不畅、蒸发小于降水、地表组成物质粘重不易渗透。沼泽水的主要来源是降水、融雪水和地下水,主要消耗在蒸发,水体运动缓慢,径流量极小。全球沼泽面积约为 112 万 km^2,约占陆地面积的 0.8%,主要分布在亚洲、欧洲和北美洲的寒温带地区。

(4)土壤水

据 WWDR1 的数据,全球土壤水总量为 1.65 万 km^3,分别占全球总水量和淡水量的 0.001%和 0.05%。Abbott 等(2019)的数据则高达 5.4 万 km^3,且误差范围为±90%,说明全球土壤水数量仍不确定。土壤中的水分决定了植被的生长和分布,也是土壤系统中物质与能量的流动介质。土壤水来源于大气降水、地下水、灌溉水和大气凝结水的补给,而损耗在土壤蒸发、植被吸收、植被蒸腾和水的下渗与径流中。土壤含水量与降水和地气温差关系密切,观测数据表明,土壤温度降至 0 ℃以下后,每年获得的大气凝结水量占总降水量的 15%～25%,这对于降水稀少的沙漠和半沙漠地区具有十分重要的意义。

(5)地表水总量及分布

当前关于全球地表水资源量的评估研究已有很多,但是各评价结果之间还存在差别。Lvovitch 等(1974)研究表明,全球年平均水资源总量为 38830 km^3,联合国粮食及农业组织(FAO)(FAO, 2003)的统计结果为 43760 km^3, Oki 等(2006)估算为 45500 km^3。据 WWDR1 的数据,地球总储水量约为 13.86 亿 km^3,其中淡水总量为 3502.9 万 km^3,但 WWDR1 未对全球地表水作专门统计。据 WWDR3(World Water Development Report 3,2009)的数据，世界可更新水资源量为 43659 km^3。无资料地区水文预报精度是影响水资源评价准确性的重要因素。因此，充分考虑全球的气候和生态分区差异，提高无资料地区的水文预报精度是当前全球水资源评价研究必需解决的科学问题。

针对上述问题，严登华等(2020)以全球四级水资源区为基本单元，基于柯本气候分类方法和 1960—2016 年降水、气温数据，划分了全球气候分区，并结合地形地貌、植被特征和土壤类型划分了全球 229 种气候-生态分区，通过比较 5 种参数移植方法，优选了反距离空间插值与物理相似法相结合的组合方法，评估 1960—2016 年全球陆地地表水资源量，分析全球地表水资源演变特征。研究结果表明，全球地表水资源总量为 41058 km^3(不包括格陵兰岛和南极洲)，大约为 4.11 万 km^3，这一数值介于已有研究结果(3.88 万～4.47 万 km^3)之间。各大洲地表水的分布为：亚洲，13340 km^3；非洲，4267 km^3；欧洲，2300 km^3；北美洲，6076 km^3；南美洲，13588 km^3；大洋洲，1487 km^3。各大洲地表水资源量评价结果与已有研究结果也基本一致。全球地表水资源分布见图 5.6。

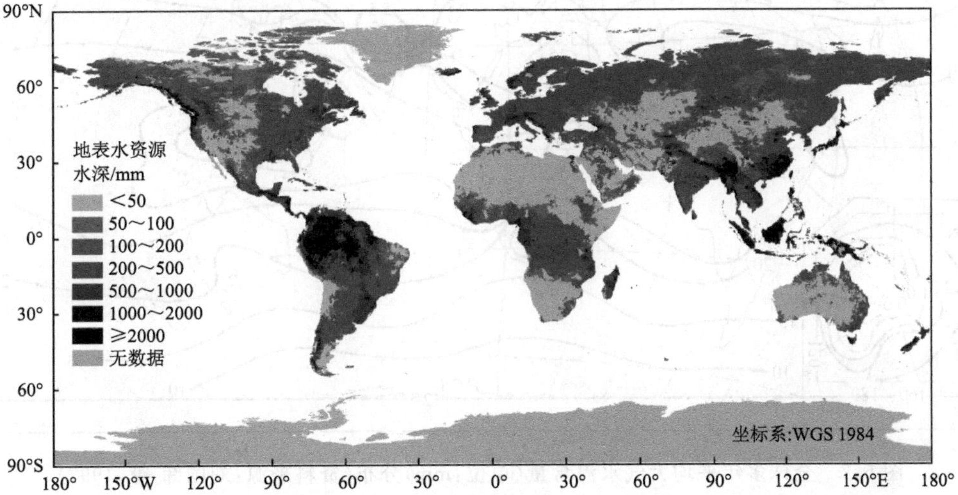

图 5.6　全球地表水资源量空间分布(资料来源：严登华 等，2020)

5.2.3.5　大气水

大气水主要是以气态形式存在于空中的水汽，它在干空气中的含量十分稀少。大气总含水量为 1.29 万 km^3，分别占全球总水量和淡水量的 0.001%和 0.04%。若将大气含水量转化为液态水均匀分布在地球表面，则有 25.4 mm 的水深。水汽在天气气候的形成和演变过程中扮演着非常重要的角色，它是形成各种大气现象最基本的物质，同时在相变过程中完成物质与热量的转移，把地球系统各圈层紧密地联系起来。

水汽的时空分布极不均匀，夏季和低纬度地区(热带沙漠地区除外)空中的水汽含量最多。赤道地区的大气水汽含量可达 4%～5%，而冬季北极地区则几乎为 0。在垂直方向上，水汽绝大多数集中在地面以上至 10～12 km 的气层中。观测事实表明，在地面以上 1.5～2 km 高度间，水汽含量已减少为地表面的 1/2，至 5 km 高度仅是地表面的 1/10，至 10 km 以上就几乎绝迹了，这也是云、雾、雪、雹等天气现象频繁发生在大气低层的原因。

北半球上空从地面至 7 km 高度气柱内水汽含量的地理分布如图 5.7 所示，该图为刘国纬等(1997)利用全球450个探空站10 a同期观测资料绘制的。在南北半球,水汽含量均从低纬向高纬地区递减,等值线呈明显的纬向分布。北半球复杂的地理环境使得大气中的水汽含量存在若干高值中心和低值中心。高值中心在赤道太平洋西岸的菲律宾群岛和东岸的巴拿马、科隆群岛,印度洋东岸的孟加拉湾和恒河流域,大西洋东岸的刚果河流域和西岸的亚马孙河流域,平均水汽含量在45～50 mm。低值中心在亚洲的青藏高原和中国新疆南部,非洲的撒哈拉沙漠,北美洲的落基山地区,平均水汽含量仅有5～15 mm。陆地上空的水汽含量多寡与湿润气候区和干旱沙漠区的划分是一致的(刘国纬 等,1997)。

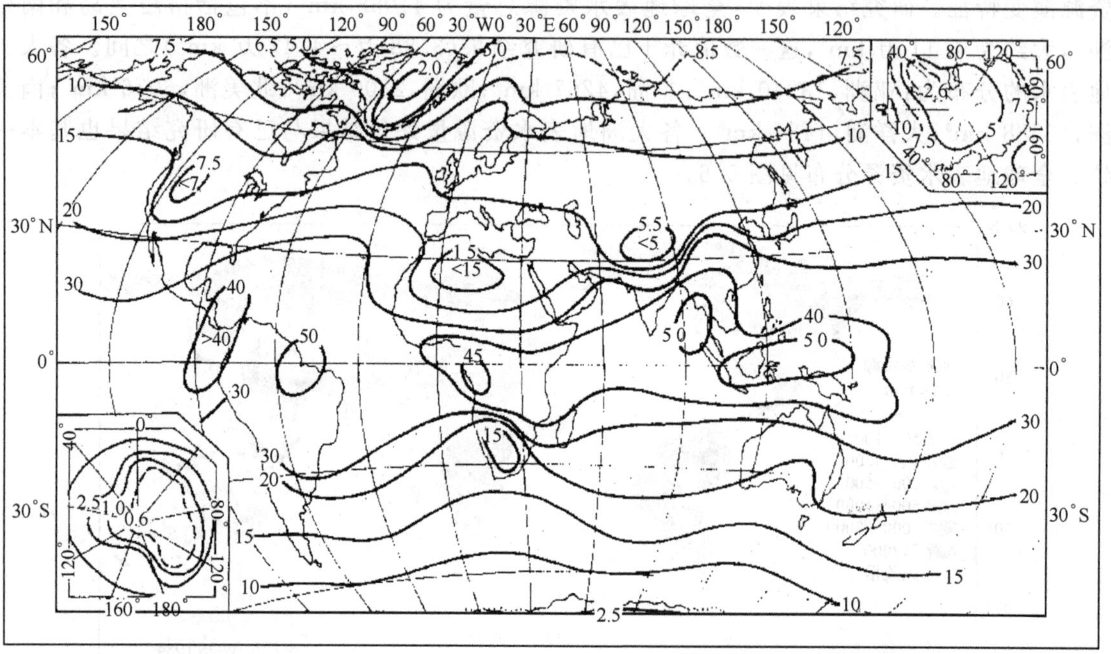

图5.7　全球多年平均大气水汽含量(单位:mm)分布(资料来源:刘国纬 等,1997)

联合国教科文组织于1978年根据国际水文发展十年计划(IHP)的成果,公布了全球上空大气水汽含量的分布(表5.5),全球大气中的水汽总含量为12900 km^3,这一数值与WWDR1吻合。全球陆地上空水汽总含量约2911 km^3,折合水深20.9 mm;全球海洋上空水汽总含量约9797 km^3,折合水深27.1 mm。就各洲大陆而言,以南美洲上空的水汽含量最丰富,折合水深为29.5 mm,非洲次之,为28.7 mm。南极洲由于全年气温低,平均水汽含量为全球最少,仅1.5 mm。就各大洋而言,以太平洋上空水汽含量最为丰沛,其次为印度洋和大西洋,北冰洋上空水汽含量最少。

描述某一区域上空的大气水量,除可用该区域上空的水汽含量这一要素衡量外,还可用该区域上空的水汽收支这一要素来衡量。某一区域上空的水汽收支,是指通过气流输送,从本区域四周边界输入的水汽量和从本区域上空各边界输出的水汽量。水汽的输入与输出量之差称为水汽净输入量。一般而言,区域的水文气候特征与本区域的水汽净输入有着密切的关系。水汽净输入多、占水汽总输入比值大的地区气候湿润,降水和径流丰沛;反之则气候干燥,降水和径流稀少,甚至呈现出荒漠气候和沙漠地貌。

表 5.5 全球多年平均大气水汽含量(资料来源:刘国纬 等,1997)

区域	面积(未包括岛屿)/ ($\times 10^6 km^2$)	水汽含量	
		km^3	mm
陆地	139.5	2 911	20.9
欧洲	9.8	144	14.7
亚洲	40.8	864	21.2
非洲	29.5	848	28.7
北美洲	20.1	329	16.4
南美洲	17.7	522	29.5
大洋洲	7.6	183	24.1
南极洲	14.0	21	1.5
海洋	361.3	9 797	27.1
北冰洋	14.7	97	6.6
大西洋	91.7	2 400	26.2
印度洋	76.2	2 100	27.6
太平洋	178.7	5 200	29.0
全球合计	500.8	12 708	25.4

注:表中未包括岛屿上空的水汽 200 km^3,合计全球上空水汽含量 12900 km^3。

就大陆尺度而言,南美洲是全球水汽净输入最大的大陆,水量为 1.32 万 km^3,约占全球净输入的 1/3,折合水深 747 mm,也居全球各洲之首。大洋洲为全球水汽净输入最小的大陆,水量仅 540 km^3,不足全球净输入的 2%。非洲是全球水汽总输入最大的大陆,同时也是总输出最大的大陆,其年净输入折合水深反而远小于大洋洲以外的各洲。

就区域尺度而言,南美洲的太平洋流域片和大西洋流域片、北美洲的太平洋流域片、亚洲的太平洋流域片和印度洋流域片,是水汽净输入最大的地区;其次是欧洲的大西洋流域片和非洲的大西洋流域片,这些地区的水汽净输入占水汽总输入的比值多在 30%以上。其中北美洲的太平洋流域片和南美洲的大西洋流域片水汽净输入占水汽总输入的比值高达 50%以上。环太平洋流域片和环大西洋流域片成为各洲大陆上空水汽净输入最大的地区,这表明太平洋和大西洋是全球大陆的主要水汽源地。各大洲的内流区则是水汽净输入最小的地区,其中又以北美洲、南美洲和大洋洲内流区的水汽净输入最小。欧洲大西洋流域片的水汽净输入为 1900 km^3,折合水深 306 mm,这一区域气候湿润,降水和径流丰沛;而同处欧洲的里海流域片,其水汽净输入为 300 km^3,折合水深 136 mm,呈现出内流区的水文气候特征(刘国纬 等,1997)。

5.3 世界水资源利用及水质状况

5.3.1 世界水资源利用概况

WWDR3 对世界水资源利用状况进行了系统的分析,后续的报告又据新的数据适时更新。据 WWDR3 的资料,世界年均淡水直接利用量约为 4300 km^3,另外约有 6400 km^3 的自然雨水为农业生产所消耗。大自然是耗水大户，每年大约有7000 km^3 的水从森林、植被和湿地蒸发到大气中。此外，人类修建的水库也是蒸发的重要源地，仅干旱地区的水库蒸发量就高达200 km^3 左右。

WWDR3指出，世界水资源利用不仅具有鲜明的区域特征，而且具有显著的部门差异。亚洲用水位居第一，北美洲位居第二，欧洲位居第三，拉丁美洲位居第四，非洲位居第五，大洋洲位居第六。农业是用水之最，占世界总用水量70%左右；随着城市化进程的提速，工业用水也在增加，工业用水占世界总用水量20%左右；生活用水占世界总用水量10%左右。世界水资源利用的地区发布和部门发布情况详见表5.6。从表中可见，世界用水可以分为两个集团：一是非洲、亚洲大部、拉丁美洲、加勒比地区和大洋洲集团，其农业用水占总用水量69%以上，其中非洲和亚洲均超过80%，而工业用水占总用水量不足20%；二是欧洲和北美洲，其用水情况恰与第一集团相反，农业用水占总用水量不足40%，而工业用水占总用水量半数左右。

表5.6　世界水资源利用概况(资料来源:UNESCO, 2009)　　水量单位:km^3

地区	可再生水资源量	用水总量	农业用水		工业用水		生活用水		用水总量占可再生水资源量/%
			数量	占用水量/%	数量	占用水量/%	数量	占用水量/%	
非洲	3936	217	186	86	9	4	22	10	5.5
亚洲	11594	2378	1936	81	270	11	172	7	20.5
拉丁美洲	13477	252	178	71	26	10	47	19	1.9
加勒比地区	93	13	9	69	1	8	3	23	14.0
北美洲	6253	525	203	39	252	48	70	13	8.4
大洋洲	1703	26	18	73	3	12	5	19	1.5
欧洲	6603	418	132	32	223	53	63	15	6.3
世界	43659	3829	2663	70	784	20	382	10	8.8

据WWDR3(UNESCO,2009)的统计，世界用水量99%来源于可再生水资源(包括可再生的地下水)，只有1%(约为30 km^3)来源于不可再生的地下水。世界总用水量及农业用水、能源和工业用水、饮用水来源详见图5.8。从图中可见，在世界总用水量中，地表水占的比重最大，为73.42%；可再生地下水次之，为18.25%；排泄水回流利用第三，为4.82%；废水利用第四，为2.41%；不可再生的地下水第五，仅为0.77%；海水淡化最少，仅为0.34%。在农业灌溉用水中，地表水占71.06%，可更新地下水占17.37%，排泄水回流利用占7.24%，废水处理利用占3.62%，不可更新地下水占0.72%。在饮用水中，地表水占48.22%，可更新地下水占45.69%，海水淡化占3.55%，不可更新地下水占2.54%。在能源和工业用水中，地表水占87.26%，可更新地下水占12.48%，不可更新地下水占0.25%。据WWDR2018(World Water Development Report 2018)(UNESCO,2018)，目前世界年均淡水直接利用量已高达46000 km^3 左右。

据世界水发展报告2020(World Water Development Report 2020)(UNESCO,2020)的评估结论，在过去100 a中，随着世界人口增加、经济增长和生活方式及消费结构的改变，世界用水总量增长了6倍(图5.9)。在各种用途中，农业增长最快，排名第一，工业其次，城市用水第三。此外，人工兴建了大量的大坝和水库，导致蒸发量的增加也很可观。

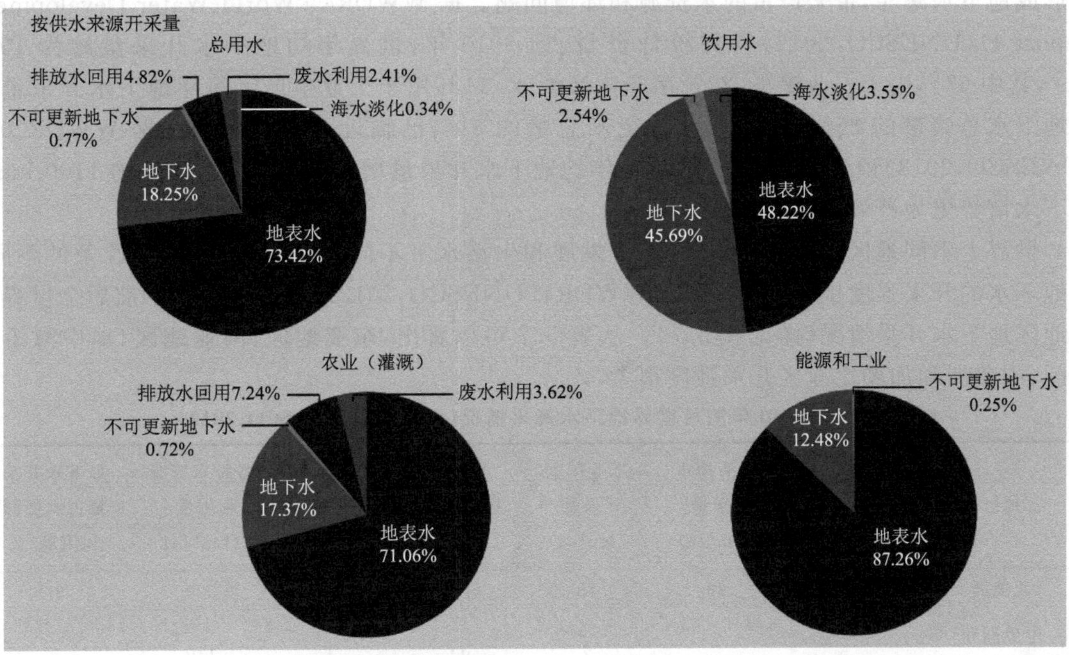

图 5.8　世界总用水量解析及农业、能源和工业、饮用水来源
（资料来源：UNESCO，2009）

图 5.9　1990 年以来世界总用水量增长趋势（资料来源：UNESCO，2020）

5.3.2　世界地下水利用

虽然地下水只占人类活动用水的 20%左右，而且其中有 99%为可再生的地下水，但地下水更新周期长（长达 1700 a 左右），如果长期超采地下水，即地下水开采速率大于更新速率，就

会形成地下水漏斗，带来严重的水资源和环境问题。据 WWDR4（World Water Development Report 4）(UNESCO，2012）有关统计资料，到 2010 年，世界年均地下水开采量约为 1000 km^3，其中 67%用于农业灌溉，22%用于生活耗水，11%用于工业生产。每年地下水开采量约占地下水总储量的 26%，约为地下水更新总量的 8%，已临近开采的极限。据 WWDR2018（UNESCO，2018）预测，到 2050 年，世界年均地下水开采量增加 39%，达到每年约 1100 km^3，地下水情势更为严峻。

世界上不同地区人口密度不同，经济发展和生活水平不同，地表和地下水资源条件不同，对地下水的开采强度也有很大区别。WWDR4（UNESCO，2012）给出了 2010 年前后全世界和各地区地下水开采情况（详见表 5.7）。从表 5.7 可以看出，东亚地区、南亚地区、地中海沿岸地区、中美洲和加勒比地区开采强度很大。

表 5.7　2010 年前后世界地下水开采情况（资料来源：UNESCO，2012）

地区	灌溉用水开采量 (km^3/a)	生活用水开采量/ (km^3/a)	工业用水开采量/ (km^3/a)	地下水总开采量/ (km^3/a)	地下水总开采量占世界百分比/%	各种水资源利用量/ (km^3/a)	地下水开采量占水资源利用量/%
北美洲	99	26	18	143	15	524	27
中美洲和加勒比地区	5	7	2	14	1	149	9
南美洲	12	8	6	26	3	182	14
欧洲（包括俄罗斯全境）	23	37	16	76	8	497	15
非洲	27	15	2	44	4	196	23
亚洲	497	116	63	676	68	2257	30
大洋洲	4	2	1	7	1	26	25
世界	666	212	108	986	100	3831	26

随着人口增长、经济发展、生活水平提高及消费结构的改变，水资源需求量不断增长，地下水开采量也在迅速增加。过去 50 a 地下水开采量猛增了 3 倍，20 世纪上半叶，只有少数国家如意大利、墨西哥、西班牙、美国等地下水开采强度较大，但从 20 世纪 60 年代开始，地下水开采在许多国家迅速增长。直到 2010 年以后，全球地下水开采才趋于稳定并缓慢回落。据世界水发展报告 2022（World Water Development Report 2022）(UNESCO，2022）有关数据，1950 年世界地下水开采量为 158 km^3，2010 年上升至 986 km^3，2017 年缓慢回落至 956 km^3。其中年代增减趋势为：1950—1960 年增长 3.7%；1960—1970 年增长 4.8%；1970—1980 年增长 3.9%；1980—1990 年增长 3.4%；1990—2000 年增长 1.8%；2000—2010 年增长 0.8%；2010—2017 年减少 0.2%。

到 2010 年，世界地下水开采量排名前十名的国家和开采量分别是：第一名，印度，年开采量为 251 km^3；第二名，美国，年开采量为 112 km^3；第三名，中国，年开采量为 112 km^3；第四名，巴基斯坦，年开采量为 64 km^3；第五名，伊朗，年开采量为 60 km^3；第六名，孟加拉，年开采量为 35 km^3；第七名，墨西哥，年开采量为 29 km^3；第八名，沙特阿拉伯，年开采量为 23 km^3；第九名，印度尼西亚，年开采量为 14 km^3；第十名，意大利，年开采量为 14 km^3。世界地下水开采量排名前十名地下水开采量之和占世界地下水开采总量的 72%，其中亚洲五国(印度、中国、巴基斯坦、伊朗、孟加拉)地下水开采量之和就占世界地下水开采总量的 2/3 左右。在世界排名前十名国家中，多数国家到 2010 年地下水开采量增速已有所减缓，但印度、巴基斯坦、伊朗仍保持上升的势头，其中印度更是世界增速之最，从 1990 年到 2008 年不到 20 a 的时间，其地下水年开采量就从 150 km^3 猛增至 250 km^3 (UNESCO,2012)。

WWDR2022(World Water Development Report 2022)(UNESCO,2022)基于有观测资料的前提，列出了世界上地下水开采较多的 9 个国家，分别是印度、美国、中国、巴基斯坦、伊朗、墨西哥、沙特阿拉伯、俄罗斯和法国。这 9 个国家 2017 年地下水开采量占当年世界开采总量的 68%，其 1950—2020 年地下水开采趋势见图 5.10(彩)。

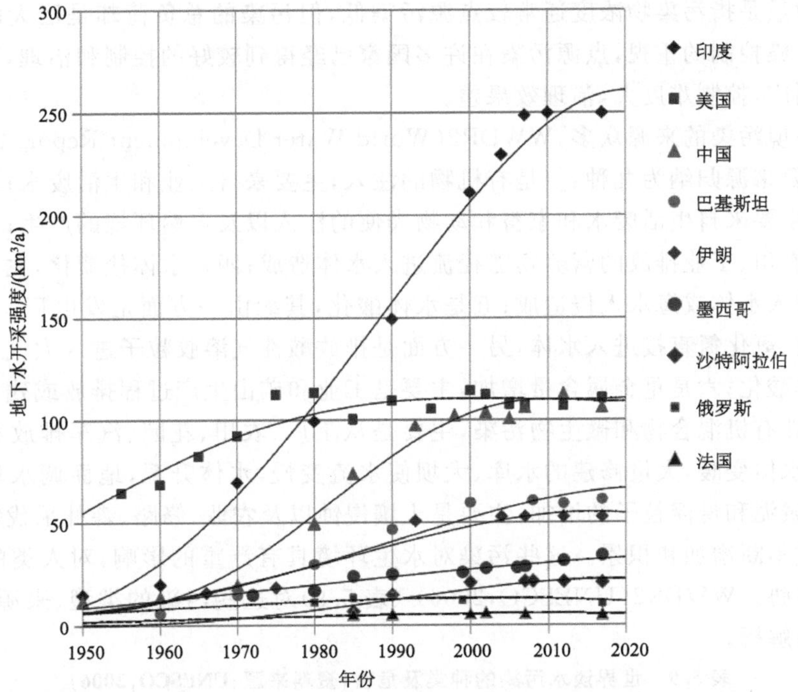

图 5.10(彩)　世界部分地下水高开采强度国家的增长趋势

(资料来源：UNESCO,2022)

5.3.3　世界水质及变化

世界水质的变化受到自然变率和人类活动的综合影响，自然变率包括气候、地理、土壤、生物过程等，人类活动包括土地利用、农业生产、污染排放等。人类活动是水质恶化的主要根源，其基本特征是对水环境的污染。工业化以来到如今，世界上已没有一条河流保持天然状态的水质，表 5.8 显示世界河流平均化学成分的变化。

水环境的污染通常可分为点源污染(PS)和非点源污染(NPS)。点源污染是指以点状形式排放而使水体造成污染，一般是工业污染源和生活污染源产生的工业废水和城市生活污水，通常有固定的排污口集中排放，经城市污水处理厂或经管渠输送到水体排放口，作为重要污染

表 5.8　世界河流化学成分平均变化(资料来源:UNESCO,2003)　　单位:mg/l

	钙 (Ca^{2+})	镁 (Mg^{2+})	钠 (Na^{+})	钾 (K^{+})	氯 (Cl)	硫酸盐 (SO_4)	碳酸氢盐 (HCO_3)	二氧化硅 (SiO_2)	溶解物质总量 (TDS)
实际含量	14.7	3.7	7.2	1.4	8.3	11.5	53.0	10.4	110.1
天然含量	13.4	3.4	5.2	1.3	5.8	8.3	52.0	10.4	99.6

点源向水体排放。点源含污的特征是污染物多,成分复杂,而且具有季节性和随机性。非点源污染正是相对点源污染而言,是指溶解的和固体的污染物从非特定的地点,在降水过程的冲刷下,通过径流过程汇入受纳水体(包括河流、湖泊、水库和海湾等)并引起水体的富营养化或其他形式的污染。非点源污染的特征是污染物以广域的、分散的、微量的形式进入地表及地下水体。这里的微量是指污染物浓度通常较点源污染低,但污染的总负荷却是巨大的。随着各国政府对点源污染控制的重视,点源污染在许多国家已经得到较好的控制和治理,而非点源污染由于涉及范围广,控制难度大,治理效果差。

导致水环境污染的来源众多,WWDR2(World Water Development Report 2)(UNESCO,2006)将其主要来源归纳为九种:一是有机物的注入,主要来自工业和生活废水;二是病原体和微生物污染,主要来自生活废水和家畜和动物粪便的注入以及自然环境的产生;三是水体富营养化,主要因农田、工业排放的营养物随径流进入水体造成;四是水体盐渍化,主要因盐碱土壤渗漏的水分进入水体或海水入侵造成;五是水体酸化,其缘由一方面是发电厂、工业、矿业、汽车排放的硫磺、氧化氮直接进入水体,另一方面是排放酸性气溶胶粒子进入大气,形成酸雨,导致土壤和水体酸化;六是重金属含量增加,主要是工业和矿山生产过程排放或残留的金属进入水体;七是毒性有机混合物和微生物污染,主要是从工厂、农田、花园、汽车排放和城市废水进入水体;八是水体变暖,大量修建的水库、大坝使水流变慢,水体升温,地面调水和输水也使水体升温;九是淤泥和悬浮粒子的增加,主要是土壤侵蚀以及农业、修路、森林采伐等活动排入水体的各种物质不断增加和积累。这些污染对水生环境具有严重的影响,对人类的生存环境也构成极大的威胁。WWDR2(UNESCO,2006)(表 5.9)对这些污染的类型、来源、影响和指标作了较详细的解析。

表 5.9　世界淡水污染的种类及危害(资料来源:UNESCO,2006)

污染类型	主要来源	影响和危害	主要成分和指标
有机物	工业和生活废水	耗尽水体的氧气,使水生物窒息和腐烂	生化需氧量(BOD),溶解有机碳(DOC),溶解氧(DO)
病原体和微生物污染	生活废水,家畜和动物粪便,自然环境	通过饮用水的污染传播流行性疾病,引发腹泻、肠道寄生虫等疾病,增加儿童死亡率	志贺氏杆菌,沙门氏菌,隐孢子虫,大肠杆菌
富营养	农田、工业排放随径流进入水体	水体藻类暴发繁盛,耗尽水中氧气,使其他生物窒息和腐烂,人类饮用富营养水会生病	N,P;富营养物质(DO、NH_4、NO_2、NO_3、磷酸盐等)
盐渍化	从盐碱土壤渗漏的水分进入水体或海水入侵	水体盐碱化,不可饮用	电导率,氯化物,阳离子,阴离子

续表

污染类型	主要来源	影响和危害	主要成分和指标
酸化(酸雨或径流酸化)	发电厂、工业、矿业、汽车排放的硫磺、氧化氮等进入水体或大气	水体酸化不仅危害水生物，而且残留的重金属对土壤具有不利影响	pH
重金属	从工业和矿山生产过程进入水体	可在河流沉积物中和湿地残留很长时间，在鱼类和贝类体内积累，危害水生物和人体健康	Pb, Cd, Zn, Cu, Ni, Cr, Hg, As(特别是地下水)
毒性有机混合物和微生物污染	从工厂、农田、花园、汽车排放和城市废水进入水体	危害水生动物和人类，破坏免疫系统，导致急性中毒，丧失繁殖和生育能力	PAHs, PCBs, 农药
水体变暖	修建水库、大坝使水流变慢，水体升温，通过地面管道输水也使水体升温	影响水体的含氧量，改变水体对氧化物的分解能力，危害水生物并改变物种	温度
淤泥和悬浮粒子	土壤侵蚀，农业，修路，采伐森林等活动排入水体的各种物质	危害饮用水质量，降低水生栖息地品质，影响水生动物的生存和繁殖	悬浮量，浑浊度

20 世纪 90 年代以来，世界水环境污染形势更加严峻，发展中国家的问题尤为突出，几乎所有非洲、亚洲和拉丁美洲的河流污染均呈加重趋势。据 WWDR2017(World Water Development Report 2017)(UNESCO,2017)分析，世界上大约有 80%的工业和城市废水未经有效的处理而进入自然水体，危害人体健康和生态环境。国际粮食政策研究中心(IFPRI)和威立雅水务公司(Veolia)2015 年发布白皮书，题为《世界水质不确定的未来》。白皮书指出，当今世界水环境污染最突出的问题是生化需氧量(BOD)、氮(N)和磷(P)污染。大约有 1/8 的人口具有 BOD 污染高风险，1/6 的人口具有 N 污染的高风险，1/4 的人口具有 P 污染的高风险，这些人群主要来自亚洲。白皮书基于人口增长、经济发展和气候变化的预测预估，应用数值模式对 2050 年世界水环境污染趋势进行模拟和展望。到 2050 年，在干旱气候情景下，大约有 1/5 的人口(16 亿人)具有 BOD 污染高风险，1/3 的人口(26 亿人)具有 N 污染的高风险，1/4 的人口(29 亿人)具有 P 污染的高风险；在湿润气候情景下，大约有 1/6 的人口具有 BOD 污染高风险，1/4 的人口具有 N 污染的高风险，1/3 的人口具有 P 污染的高风险。这些人群主要来自发展中和中等收入国家。

5.4　世界各大洲和各国水资源状况

5.4.1　世界各大洲水资源状况

5.4.1.1　世界各大洲水资源概况

世界各大洲气候、地质、植被等自然条件不同，因而降水、径流和地下水等水文条件也有很大差异。表5.10是世界粮食及农业组织(FAO)于2011年发布的各大洲降水和可更新水资源数据。从表中可见,就降水而言,南美洲最为丰沛(年均降水1602 mm),亚洲次之(年均降水827 mm)、非洲第三(年均降水678 mm),北美洲第四(年均降水637 mm)、澳洲大陆第五(年均降水574 mm),欧洲较少(年均降水544 mm)。南极洲降水虽然最少,只占全球陆地均值的20%,却全部以冰川形态储存。就径流深而言,亦是南美洲最多,非洲和澳洲大陆较少。就径流系数而言,亚洲、北美洲和南美洲较高,非洲和澳洲大陆较低,说明这两大洲干旱的气候使得绝大多数的降水蒸散回空中。

表5.10　世界各大洲降水量和可更新水资源量(资料来源:FAO,2011)

区域	降水量		可更新水资源		
	深度/(mm/a)	体积/(km^3/a)	体积/(km^3/a)	占世界总量/%	人均拥有量/m^3
非洲	678	20359	3931	9.3	4007
北非地区	96	550	47	0.1	286
撒哈拉地区	815	19809	3884	9.2	4754
美洲	1088	43887	19238	45.4	20927
北美地区	637	13869	6077	14.4	13401
中美及加勒比地区	2012	1510	781	1.8	9654
南美地区	1602	28507	12380	29.2	32165
亚洲	827	26826	11708	27.7	2870
西亚地区	217	1423	484	1.1	1632
中亚地区	273	1270	263	0.6	3020
南亚地区	1062	4755	1765	4.2	1125
东亚地区	634	7453	3410	8.1	2204
东南亚地区	2405	11925	5786	13.7	9957
欧洲	544	12507	6569	15.5	9102
西欧和中欧地区	827	4045	2120	5.0	4123
东欧地区(包括俄罗斯)	467	8462	4449	10.5	21430
大洋洲	586	4733	892	2.1	33469
澳大利亚和新西兰	584	4598	819	1.9	32366
太平洋岛屿	2062	135	73	0.2	54059
世界	809	108312	42338	100	6292

5.4.1.2　各大洲水资源特征

(1)非洲

非洲大陆横跨赤道,面积为3012万km^2。近年来人口增长很快,2010年已达10.21亿,占世界总人口15%。非洲有很多世界上最不发达的国家,水文观测网总体上也很落后。非洲大陆气候差异很大,既有最为干热的沙漠气候,又有非常湿润的丛林气候。多年平均年降水量为678 mm,但分布极不均匀,撒哈拉西部的仅为20 mm,而尼日尔河口却高达5000 mm。由于强烈的日照和高温，非洲北部蒸发量占降水量的比例达到 86%，其他地区的比例亦高达 78%以上。非洲多年平均年径流深为 151 mm，径流量为 4570 km^3，占世界总径流量的 10%。受降水和地质地貌的影响，非洲的径流分布也极不均匀。北部和南部的沙漠面积约为非洲总面积的 1/3，地面径流极少，但地下水非常丰富。非洲河长在 600 km 以上的河流有 18 条，其中尼罗河(6670 km)是世界上最长的河流，刚果河(4640 km)就流量而言是世界第二大河。非洲河流的水电资源很丰富。非洲旱涝灾害十分频繁，过去 10 a 发生的重大灾害占世界 1/3，受灾人口达 1.35 亿(其中遭受旱灾的人口占 80%)。

(2)亚洲

亚洲大陆面积为 4350 万 km^2，占全球陆地面积的 1/3。人口为各大洲之最，2010 年已达 41.04 亿，占世界总人口 60%。亚洲各国的气候、水资源、人口密度和生活标准等自然资源和社会经济状况有着巨大的差异，水文观测网也是两极分化，太平洋和印度洋沿海国家如日本和马来西亚等有着高水平的水文观测网，而中部一些内陆国家观测能力明显不足。亚洲地质地貌和气候复杂多样，东部和南部属季风气候，中部则为内陆气候，延绵不断的高山群和挺拔的高原又加剧了气候的差异，改变了降水的分布。总体上，亚洲的降水分布也很不均匀，从南到北、从东到西呈减少趋势。多年平均年降水量为 827 mm，蒸发量占降水量的比例为 55%。南半部高温高湿，蒸发率极高。中西部沙漠干旱少雨，蒸发量也很低。多年平均年径流深为 332 mm，径流量为 14410 km^3，占世界总径流量的 31%。径流集中分布在南部和东部地区，占全亚洲总量的一半，而阿拉伯半岛只有 7 km^3。亚洲河长在 1200 km 以上的河流有 18 条，其中位列前三名的是长江(6397 km)、黄河(5464 km)和澜沧江—湄公河(4500 km)。此外，印度的恒河(2700 km)、印度河(3180 km)和俄罗斯的叶尼塞河(4130 km)、鄂毕河(4070 km) 也很著名。亚洲内陆流域中较大河流有注入里海的恩巴河、流入咸海的阿姆河和锡尔河，流入巴尔喀什湖的伊犁河，1921 年以前流入台特马湖的塔里木河，流入萨巴里湖的赫尔曼德河，流入死海的约旦河等。亚洲天然湖泊众多，中国、印度、俄罗斯和巴基斯坦等国还兴建了大量的水库。亚洲旱涝等灾害频仍，水土流失和河道淤积严重，人口密集地区地表水和地下水普遍受到不同程度的污染，其中尤以中亚咸海流域水问题最为突出。

(3)欧洲

欧洲大陆面积为 1050 万 km^2，仅占全球陆地面积的 7%。欧洲人口 2010 年已达 7.39 亿，占世界总人口 11%，人口密度为各大洲之最。欧洲特别是西欧水文观测网密集，部分水文观测站具有 200 a 以上的观测资料。欧洲多年平均年降水量为 544 mm，但分布不均匀，总体上从东到西、从南到北、从低海拔到高海拔呈增加趋势。俄罗斯中部和波兰约为 400 mm，而挪威和苏格兰却高达 4000 mm。蒸发量也有较大差异，东欧和高加索地区蒸发量占降水量的比例为 27%，欧盟地区蒸发量占降水量的比例则高达 64%。南欧部分地区如西班牙和意大利降水量较低，而蒸发量却很高，水资源短缺问题严重。欧洲多年平均年径流深为 306 mm，径流量为 3060 km^3，占世界总径流量的 7%。径流集中分布在北部地区，东欧南部径流最少。欧洲河流众多，落差较大，但大河不多，河长在 1000 km 以上的只有 10 条，其中著名的有伏尔加河(长度 3690 km)、多瑙河(长度 2850 km)和莱茵河(长度 1320 km)。200 a 来，工农业发展、能源生产和城市化进程改变了原有的径流模式和水质特征，许多河流和湖泊受到了污染。

(4)南美洲

南美洲大陆面积为 1785 万 km^2，占全球陆地面积的 12%。人口为 3.92 亿，约占世界总人口的6%。南美洲水文观测网密集，共有6000多个水文站，其中很多站有50 a以上的观测资料。南美洲降水丰沛，多年平均年降水量高达1602 mm，但分布也不均匀。亚马孙流域年降水量约为2400 mm，智利南部的安第斯山脉甚至高达4000 mm，而智利北部的阿塔卡马沙漠年降水量不足20 mm。南美洲蒸发量总体上较低，仅占降水量的27%，但在某些地区如巴西东北部蒸发量却较大，加之降水变率大，旱灾经常发生。多年平均年径流深为661 mm，径流量为11760 km^3，占世界总径流量的25%。南美洲长度在1000 km以上的河流有10条，其中亚马孙（长度6480 km）是世界第一大河。此外，拉普拉塔河（4700 km）、圣弗朗西斯科河（2900 km）和巴拉那伊巴河（2580 km）也很著名。南美洲中部地区面积为80.7万km^2，人口为0.35亿，人口相对密集，加之对污水、农业和矿产污染处理能力不足，水质污染问题严重。该地区人均可利用水资源量超过3000 m^3/a，但只有42%的农村人口和87%的城镇人口可使用洁净饮用水。南美有2/3的人口居住在流向太平洋的流域，然而这些流域的水资源只占总量的30%。另外1/3的人口居住在加勒比流域，却拥有70%的水资源，可见南美水资源和人口分布严重失配。

(5)北美洲

北美洲大陆面积为242.3万km^2，占全球陆地面积的16.2%。人口为5.33亿，约占世界总人口的8%，大部分居住在美国和加拿大。北美洲水文观测网密集，现代化水平高，地面水文观测资料和卫星、雷达等观测资料齐全。北美洲地形较为简单，西部是高山峻岭，中部是广阔的大平原，东部是海拔较低的山脉。北美洲气候类型多样，从南到北由热带气候演变为北极气候，飓风、龙卷、暴雨、暴风雪、干旱、洪涝等极端事件较多。北美洲多年平均年降水量为756 mm，降水分布与地形地貌的类型有关。太平洋沿岸地区年降水可达2400 mm甚至更高，西部山区和高原降水差异较大，东部降水量在500～1500 mm。美国南部和墨西哥地区为干旱地区，北美北部较为湿润。北美洲蒸发量较高，蒸发量占降水量的比例约为55%。多年平均年径流深为339 mm，径流量为8200 km^3，占世界总径流量的17%。北美洲长度在1000 km以上的河流有12条，其中密西西比河（长度6480 km，流量5800亿m^3）是北美第一大河，亦是世界四大河流之一。此外，圣劳伦斯河（3130 km）、麦肯齐河（4241 km）、哥伦比亚河（1950 km）和科罗拉多河（2190 km）也很著名。19—20世纪，人类活动改变了大多数流域的天然径流和地下水水位，河流流量受到调节，大量水资源被抽取使用，大规模跨流域调水用作发电。西部地区农业生产特别是灌溉农业消耗了大量的水资源，造成缺水问题。工业和矿业导致水质污染。

(6)大洋洲

大洋洲大陆面积为897万km^2，约占全球陆地面积的6%。人口为3660万，不足世界总人口的1%。澳大利亚和新西兰属发达国家，拥有先进的水文观测网，而其他岛国经济不发达，水文观测网也较落后。澳大利亚大陆是远古形成的台地，其他岛屿形成的年代相对较短，且面积不断变化。澳大利亚大陆和岛屿的气候迥然不同，是世界上最干燥的大陆。澳大利亚全国多年平均年降水量为456 mm，分布也很不均匀。多数地区年降水量在200～300 mm，为干旱地区。东部沿海年降水量高达1200 mm，西南沿海亦达1000 mm，为湿润地区。大洋洲岛屿气候湿润，年平均年降水量为2704 mm，新西兰南岛年降水甚至突破5000 mm的记录。澳大利亚大陆蒸发极强，蒸发量占降水量的比例超过90%，海岛比例相对较低。澳大利亚大陆多年平均年径流深仅为39 mm，径流量约为300 km^3，占世界总径流量不足1%。海岛多年平均年径流深高达 1566 mm，径流量为 2090 km^3，占世界总径流量 4%。大洋洲长度在 1000 km 以上的河流只有四条，其中墨累达令河（长度 3490 km）是第一大河。大洋洲湖泊稀少，且面积随年、季降水变化而变化。澳大利亚大陆地下水资源也较丰富，但由于灌溉等原因导致盐碱入侵，地下水质下降。

5.4.2　世界各国水资源状况

5.4.2.1　各国水资源总量

表征一个国家水资源状况最基本的指标是降水量、水资源总量、人均水资源量和水资源使用率。对于水资源总量的计算有不同的方法，世界粮食及农业组织提出了实际可更新水资源总量（TARWR）计算方法。自 1989 年以来，TARWR 一直被用于表征各国水资源量和评估水资源紧缺和压力。TARWR 反映一个国家理论上年均可利用的所有水资源总量，以 km^3/a 表示。用实际可更新水资源总量除以人口总量，得到人均实际可更新水资源量，以 m^3/a 表示，可以更好地比较各国水资源状况。统计 TARWR 须考虑下列因素：包括所有国境内降水产生的地表径流量和对地下水的补充量；包括所有境外流入的地表径流量和地下水量；扣除地表径流量和地下水的重复计算量；扣除所有流出境外的地表径流量和地下水量。

WWDR4（UNESCO，2012）基于 FAO 2011 年的数据，评估了各国 1985—2010 年年均可更新水资源量。各国 TARWR 有巨大的差异，超过 5000 km^3/a 只有一个国家，即巴西。TARWR 在 1000～5000 km^3/a 的国家有俄罗斯、美国、加拿大、中国、印度尼西亚、哥伦比亚、秘鲁、印度、委内瑞拉、刚果共和国、孟加拉、缅甸。而非洲多数国家、地中海沿岸很多国家和亚洲的中东诸国及蒙古的 TARWR 均在 50 km^3/a 以下。

5.4.2.2　各国人均水资源状况

世界水发展报告 2015（UNESCO，2015）评估了 2013 年各国人均可更新水资源量。各国人均实际可更新水资源量更是存在着显著的差异，科威特人均量只有 10 m^3/a，而冰岛、加蓬和苏里南却超过 100000 m^3/a，差了一万倍。人均可更新水资源量位于前 10 位的国家和地区分别是格陵兰、阿拉斯加（美）、法属圭亚那、冰岛、圭亚那、苏里南、刚果民主共和国、巴布亚新几内亚、加蓬、所罗门群岛，多为人口较少且淡水资源相对充足的国家。此外，加拿大、秘鲁、巴拉圭、智利、巴拉马、利比里亚、几内亚比绍、文莱、新西兰人均可更新水资源量也很高，均超过 50000 m^3/a；阿根廷、巴西、厄瓜多尔、哥伦比亚、委内瑞拉、哥斯达黎加、尼加拉瓜、刚果（金）、中非、喀麦隆、几内亚、俄罗斯、芬兰、瑞典、马其顿、缅甸、马来西亚、老挝、澳大利亚人均可更新水资源量也很充足，达 15000～50000 m^3/a。世界上人均可更新水资源量最少的十个国家是：巴林、约旦、科威特、利比亚、马尔代夫、马耳他、卡塔尔、沙特阿拉伯、阿联酋和也门。

5.4.2.3　各国水资源短缺和水压力

世界水发展报告 3（UNESCO，2009）对水资源短缺地区给出了严格的定义，其基本精神是该地区的水资源需求大于安全水资源供给能力。世界银行将水资源短缺划分为物理性缺水、社会调剂性缺水和经济能力性缺水三种类型，但人均可再生淡水资源量仍然是基本和核心指标。依据联合国制定的标准，人均可再生淡水资源量低于 500 m^3/a 为绝对缺水，500～1000 m^3/a 为长期性缺水，500～1000 m^3/a 为常规性缺水。

衡量一个国家是否缺水的另一个标准是实际水源利用量占可再生淡水资源量的比重，比重 25%为水资源压力的下限(或门槛),比重在 25%～70%之间为具有水资源高压力的国家,比重大于 75%为具有水资源严重压力的国家。世界水发展报告 2019(UNESCO,2019)基于 FAO 于 2018 年发布的数据,给出了世界 2018 年物理水资源压力的状况。31 个国家属于水资源高压力的国家,22 个国家属于水资源严重压力的国家。世界有 20 亿以上的人口生活在具有水资源高压力及以上的国家。有些国家从年度的角度衡量虽然水资源压力不大,但具有季节性缺水。如果统计一年中至少有一个月水资源高压力及以上的人口,将高达 40 多亿,占世界总人口近 2/3。世界人均水资源短缺和水资源压力的发布大体上是一致的,但也不完全等同,如一些太平洋岛国,虽然人均可再生淡水资源不是最低,但总体上利用率高,所以也有水资源压力。

5.4.2.4 各国水足迹和虚拟水

水足迹(water footprint)是指一个国家、一个地区或一个人在一定时间内消费的所有产品和服务所需要的水资源数量,形象地说,就是水在生产和消费过程中踏过的脚印。水足迹的概念最早是由荷兰学者阿尔杰恩·胡克斯特拉在 2002 年提出的,其中包括国家水足迹和个人水足迹两部分。

国家水足迹是指生产为本国所消费的产品和服务使用的水资源总量,它表明一个国家和消费相关的水需求量,包括用于农业、工业和家庭生活的地表水和地下水以及供作物生长的大气降水。国家水足迹由内部水足迹和外部水足迹两个部分组成,生产和提供用于国内生产消费的物品和服务的过程中所需要的水资源量为内部水足迹,而消费进口物品产生的足迹为外部水足迹。虚拟水(virtual water)最初被定义为生产农业产品所需要的水资源量,其后被扩展为生产商品和服务所需要的水资源量。可见虚拟水并非真正意义上的实体水,而是以虚拟的形式物化在产品中,又被称为“嵌入水”和“外生水”。现在,虚拟水在国际上被特指世界商品贸易中水资源的转移。

各国水足迹的主要构成是粮食和其他农产品生产。据 Hoekstra 等(2007)的研究结果,直接用于农产品生产的耗水量达 6390 Gm^3/a,加之灌溉中蒸发的土壤水 1590 Gm^3/a,农产品生产的总耗水量高达 7980 Gm^3/a,占灌溉用水总量的 1/3。世界部分产品平均耗水量见表 5.11。

表 5.11 世界部分产品平均耗水量(资料来源:Hoekstra et al. ,2007)

产品名称	平均耗水量/L
一杯啤酒(250 mL)	75
一杯牛奶(200 mL)	200
一杯咖啡(125 mL)	140
一杯茶 (250 mL)	35
一片面包(30 g)	40
一片面包(30 g)加奶酪 (10 g)	90
一个土豆 (100 g)	25
一个苹果(100 g)	70
一件棉织体恤 (250 g)	2000
一页 A4 纸(80 g/m^2)	10

续表

产品名称	平均耗水量/L
一杯葡萄酒(125 mL)	120
一杯苹果汁(200 mL)	190
一杯橙汁(200 mL)	170
一包土豆片 (200 g)	185
一个鸡蛋 (40 g)	135
一个汉堡 (150 g)	2400
一个西红柿 (70 g)	13
一个橘子 (100 g)	50
一双牛皮鞋	8000
一个集成芯片 (2 g)	32

Hoekstra 等(2007)据 2005 年的数据,计算了当时世界和各国的水足迹。当时世界总的水足迹为 7452 Gm^3/a,人均为 1243 m^3/a。各国由于自然资源禀赋和经济发展水平不同,水足迹也有很大差异。印度是世界上水足迹数量最大的国家,高达 987 Gm^3/a,但人均水足迹仅为 38 m^3/a。美国是世界上人均水足迹数量最大的国家,高达 1240 m^3/a,恰好是世界人均水足迹的 2 倍。除美国外,世界上人均水足迹数量较高的国家还有欧洲的希腊、意大利和西班牙等国,数量为 2300～2400 m^3/a。此外,亚洲的马来西亚和泰国等国人均水足迹数量也较高。中国具有世界上最多的人口,人均水足迹数量很低,2005 年仅为 700 m^3/a。Hoekstra 等(2007)展示了当时对世界一些国家的研究结果,如表 5.12 所示。

表 5.12　世界和部分国家水足迹(资料来源:Hoekstra et al. ,2007)

国家	人口/人	国内水资源利用					境外水资源利用			国家水足迹/(Gm^3/a)	人均水足迹/(m^3/a)
		水提取	农作物蒸腾		工业提水		供国内消费		供出口		
			供国内	供出口	供国内	供出口	农业	工业			
澳大利亚	19071705	6.51	14.03	68.67	1.229	0.12	0.78	4.02	4.21	26.56	1393
孟加拉	129942975	2.12	109.98	1.38	0.344	0.08	3.71	0.34	0.13	116.49	896
巴西	169109675	11.76	195.29	61.01	8.666	1.63	14.76	3.11	5.20	233.59	1381
加拿大	30649675	52.34	8.55	30.22	11.211	20.36	7.74	5.07	22.62	62.80	2049
中国	1257521250	33.32	711.10	21.55	81.531	45.73	49.99	7.45	5.69	702 26	883.39
埃及	63375735	4.16	45.78	1.55	6.423	0.66	12.49	0.64	0.49	69.50	1097
法国	58775400	6.16	47.84	34.63	15.094	12.80	30.40	10.69	31.07	110.19	1875
德国	82169250	5.45	35.64	18.84	18.771	13.15	49.59	17.50	38.48	126.95	1545
印度	1007369125	38.62	913.70	35.29	19.065	6.04	13.75	2.24	1.24	987.00	38
印度尼西亚	204920450	5.67	236.22	22.62	0.404	0.06	26.09	1.58	2.74	269.96	1317
意大利	57718000	7.97	47.82	12.35	10.133	5.60	59.97	20.29	8.69	134.59	2332
日本	126741225	17.20	20.97	0.40	13.702	2.10	77.84	16.38	4.01	146.09	1153
约旦	4813708	0.21	1.45	0.07	0.035	0.00	4.37	0.21	0.22	6.27	1303

续表

国家	人口/人	国内水资源利用					境外水资源利用			国家水足迹/(Gm^3/a)	人均水足迹/(m^3/a)
		水提取	农作物蒸腾		工业提水		供国内消费		供出口		
			供国内	供出口	供国内	供出口	农业	工业			
墨西哥	97291745	13.55	81.48	12.26	2.998	1.13	35.09	7.05	7.94	140.16	1441
荷兰	15865250	0.44	0.50	2.51	2.562	2.20	9.30	6.61	52.84	19.40	1223
巴基斯坦	136475525	2.88	152.75	7.57	1.706	1.28	8.55	0.33	0.67	166.22	1218
俄罗斯	145878750	14.34	201.26	8.96	13.251	34.83	41.33	0.80	3.94	270.98	1858
南非	42387403	2.43	27.32	6.05	1.123	0.40	7.18	1.42	2.10	39.47	931
泰国	60487800	1.83	120.17	38.49	1.239	0.55	8.73	2.49	3.90	134.46	2223
英国	58669403	2.21	12.79	3.38	6.673	1.46	34.73	16.67	12.83	73.07	1245
美国	280343325	60.80	334.24	138.96	170.777	44.72	74.91	55.29	45.62	696.01	2483
世界	5994251631	344	5434	957	476	240	957	240	427	7452	1243

Hoekstra 等(2007)指出,决定各国水足迹数量大小有四个要素:一是水资源消耗数量,这与 GDP 数量密切相关;二是水资源消耗的类型,这与食物的构成特别是肉类食物的比例密切相关;三是气候条件,决定生物的构成和水资源的消耗;四是农业生产状况,包括农业在国家经济中的地位、作物供水需求及水资源使用效率。发达国家人口消费的产品和服务多,肉类在食物构成中比例高,所以人均水足迹高;发展中国家人口消费的产品和服务少,肉类在食物构成中比例低,加之不少国家气候干旱或水资源匮乏,所以人均水足迹低。最近十多年来各国人口和水耗都在变化,各国人均水足迹也在变化,但总体格局没有改变。

各国对境外水的使用有两种方式,一是国际河流来水,二是通过国际贸易使用境外虚拟水。各国由于自然条件、人口状况和经济结构不同,对境外水的依赖程度也有很大的差异。据 FAO 统计,欧洲多瑙河流域,亚洲的锡尔河、阿姆河、印度河、雅鲁藏布江流域,非洲的尼罗河、尼日尔河、奥科万戈河、赞比西河、刚果河流域,南美巴拉圭河、乌拉圭河流域国家对境外水的依赖度都比较高。保加利亚、奥地利、葡萄牙、纳米比亚、博茨瓦纳、安哥拉、赞比亚、尼日尔、埃及、苏丹索马里、卡塔尔、土库曼斯坦、孟加拉、巴拉圭等国境外水占本国可更新水资源总量的 80%以上。

据 WWDR3(World Water Development Report 3)(UNESCO,2019)统计,世界虚拟水贸易高达 1625 Gm^3/a,占水资源总消耗量的 40%。世界虚拟水贸易 80%来自农产品。其余 20%来自工业产品。世界虚拟水贸易通常是从水资源生产率较高的国家出口到水资源生产率较低的国家,这样既能调节水资源,又能节约水资源。如美国每年都出口大量的小麦、玉米、高粱到墨西哥,美国生产这些粮食耗水 7.1 Gm^3/a,倘若墨西哥自己生产这些粮食则要耗水 15.6 Gm^3/a,如此就可节水 8.5 Gm^3/a。通过虚拟水贸易,世界每年总节水量高达 350 Gm^3/a,占世界农业生产总耗水量的 6%。权衡虚拟水出口和进口的数值,亚洲的中国、日本、印度、巴基斯坦和中东各国,欧洲几乎是所有国家,北美洲的墨西哥和格陵兰均是虚拟水贸易进口国家,而美国、加拿大、南美各国、大洋洲各国、非洲各国和亚洲东南亚各国是虚拟水贸易出口国家。

第6章　气候变化和人类活动对全球水循环水资源的影响

在自然变率和人类活动的综合作用下，全球水循环发生了明显的变化，地球水系统的状态和功能也在不断地改变。自然变率包括气候、土地覆盖、地表植被、海洋状况等方面的变化，属于自然强迫，会改变水循环的特征，增加干旱、洪涝、海平面、风暴潮等极端事件发生的频率和破坏力，影响水资源的分布，导致对社会经济和生态系统水资源供应的变化。在自然强迫中，气候变化是水系统变化的直接驱动因素。人类活动包括人口膨胀、人口迁移、经济增长、社会发展、环境变迁以及文化观念、技术创新、水利设施、政策法律和管理措施等，属于人为的强迫，会改变全球、区域和局地对水资源的开发、调度和利用，导致社会经济和生态系统对水资源需求的变化。

6.1　水循环水资源的变化特征与驱动

6.1.1　气候变化与人类活动对水系统的驱动

气候和水不仅同属自然生态系统，而且与人类社会系统密切相关，所以气候、水循环和水资源的状态既受自然因素的影响，又受人类活动的影响。气候变化和水循环紧密关联，两者相互依存，相互影响。人类生存和繁衍离不开适宜的气候和水资源条件，人类活动反过来也会影响气候、水循环和水资源的状态。

世界水资源评估计划(WWAP)对水系统变化的驱动因素和驱动机制进行了持续的研究。在世界水发展报告4(WWDR4，World Water Development Report 4)(UNESCO，2012)中，将水系统变化的驱动因素划分为4类：①人口、经济和社会因素；②技术创新因素；③政策、法律和财政因素；④气候变化因素。WWAP于2012年启动世界水资源情景项目(WWAP World Water Scenarios Project)，对影响水循环和水资源因素的未来趋势进行研究分析。该项目把影响水循环和水资源的因素划分为3类10种：第一类为自然因素，主要是气候变化和气候变率；第二类为社会经济因素，直接关系到水资源压力和可持续利用，包括人口、经济、农业、生态、基础设施和技术6种因素；第三类为文化和政治因素，间接影响水资源压力和可持续利用，包括伦理与文化、管理和政策3种因素。在后来形成2050年5种水资源情景的过程中，又对驱动因素进行比对和筛选，最后确定了10个因素：①人口因素；②经济因素；③技术因素；④水资源因素；⑤水基础设施因素；⑥全球气候变化因素；⑦环境因素；⑧社会、文化和伦理因素；⑨机制和治理因素；⑩政治因素。

水系统驱动因素具有动态性和整体性的特征。动态性表现为时空尺度的变化，过去、现在和未来，这些驱动因素的数量和作用在不断变化；不同地区、不同国情，这些驱动因素的地位和影响也大不相同。整体性表现为这些驱动因素并非互不相干，而是交互影响、交互作用，关系既密切又复杂，对水循环、水资源产生综合影响，其交叉驱动和影响的机制如图 6.1 所示，图中上排所列的经济、人口、农业、土地利用、技术等因素，与水资源的需求紧密相关，直接关系到水资源的压力和可持续利用；图中下排所列的价值观念、生活方式、政策措施等因素，主要是通过影响上排的因素起作用，改变对水资源的需求和开发利用。气候变化不但直接导致水循环特征的变化，而且会改变水资源的分布和供应。另外，从图中也清晰可见驱动因素之间的相互关系和交互作用。如气候变化可以直接影响水资源，也可以通过与经济、社会和生态系统的相互作用间接影响水资源；人口的增长和城镇化的加速不仅制约社会经济发展，而且会改变水资源消费的数量和方式，从而对水系统产生综合的影响；科学技术的进步对社会经济发展、生态环境保护、水资源开发利用和气候变化应对均有重要作用，对水系统的影响愈加显著；政策和治理则与其他所有因素密切关联，决定水系统的现状和未来。

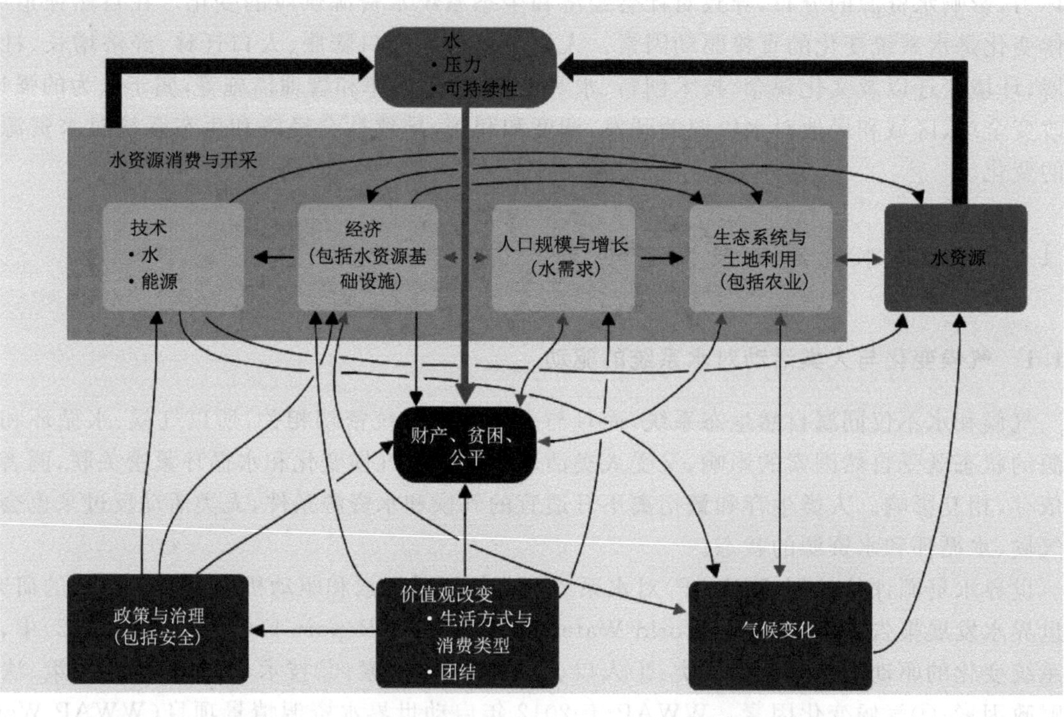

图 6.1　水循环水资源变化驱动因子及其交叉影响（资料来源：UNESCO，2012）

宋晓猛等(2013)对水循环的驱动因子和识别进行了系统的研究，揭示了气候变化和人类活动对水文过程影响的机制(图 6.2)，指出气候系统内部的任何变化以及人类活动每个环节的影响都将在水文循环的关键要素中得到反映或体现。反之，水文要素的变化同样对气候系统直接或间接地产生影响，陆地土壤湿度、反射率及植被的变化也将影响土壤蒸发、植被蒸腾及降水等。人类活动对水循环要素的影响主要体现在 3 个方面：①改变了流域的产汇流条件，主要包括土地利用变化、水保工程和流域河道整治等的影响；②人类直接取用水，主要包括跨流域调水及灌区等引水工程，地下水开采等；③影响河道的汇流过程，主要包括水库塘坝等蓄水工程的影响。

IPCC WGI AR6(IPCC,2022)指出,水文循环和水资源变化驱动因素包括气候因素和非气候因素。IPCC WGII AR6(IPCC,2022)报告重点强调了六个方面:①气候系统内部变率和外部自然强迫对水文循环的影响,其中气候系统内部变率主要体现为年际和年代际影响;②人为温室气体和气溶胶排放对水文循环的影响,温室气体浓度增加导致全球变暖,使得大气含水量增加,带来降水变化和极端降水事件增加,而气溶胶浓度变化不仅有致冷和增暖(黑碳气溶胶)效应,而且会驱动大气环流的变化,影响云物理过程,带来降水量和降水分布的变化;③气候变暖导致实际蒸发增加,而温室气体和对流层臭氧浓度增加导致植物蒸腾(散发)减少,带来土壤湿度和径流的变化;④气候变暖导致积雪减少且融雪季节提前,冰川融化加速,对河川径流量和季节变化带来复杂影响;⑤人类活动对水资源的直接干预,包括灌溉等各种用水、修建大坝水库、改变土地覆盖等,对地表水和地下水有重大影响;⑥城市化进程迅速改变土地覆盖状况,严重干扰水分渗透,对降水和极端降水事件有显著影响。

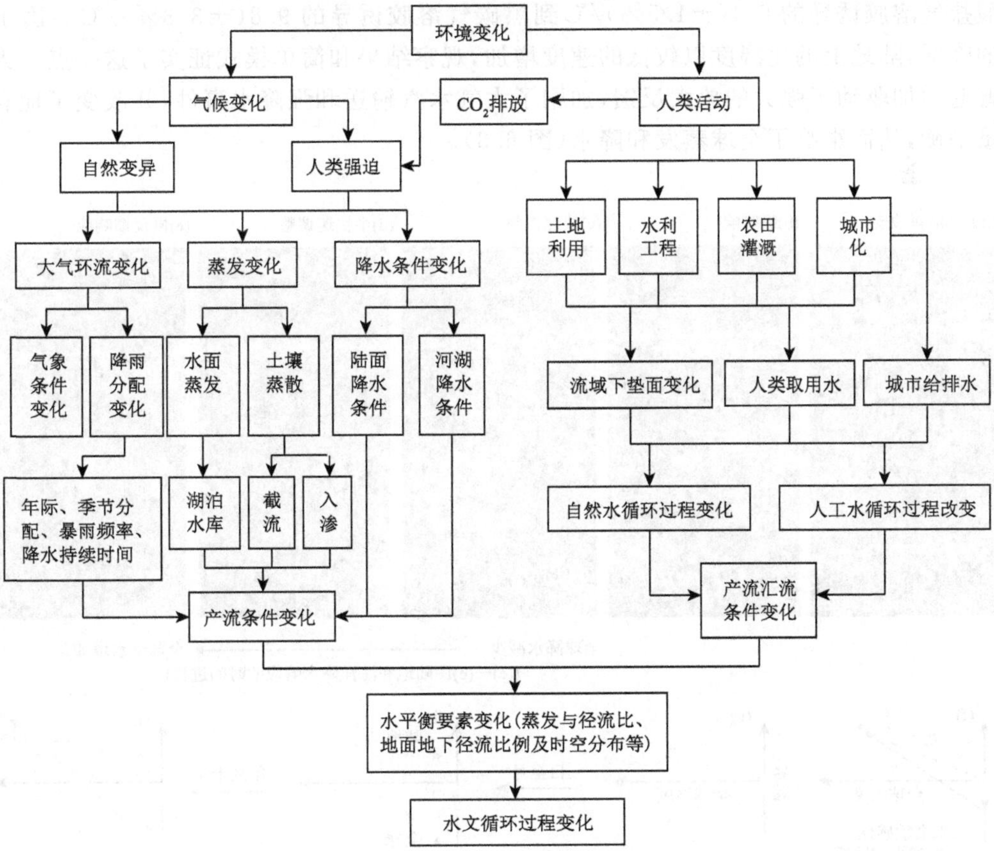

图 6.2　气候变化和人类活动对水文过程的影响(资料来源:宋晓猛 等,2013)

6.1.2　不同尺度水循环变化的机制与特征

IPCC WGI AR6(IPCC,2021)报告指出,作为水循环变化的核心,全球降水和蒸发的变化是由地球的能量平衡决定的。在小于 4000 km 的区域尺度上,水循环变化主要受水分输送的影响,这取决于热力学和动力过程。全球尺度的能量收支和区域尺度的水分收支决定着关键的水循环特征，如降水强度、持续时间和间歇性，并随着气候变化而改变。未来的水资源可用性还取决于蒸发量的变化，蒸发量的变化受大气蒸发需求普遍增加的驱动，并受植被对蒸发损失的控制。在区域尺度上，水循环变化是多种潜在驱动因素（CO_2、气溶胶、土地利用变化和人类用水）相互作用的结果。刘春蓁等（2023）基于 IPCC WGI AR6（IPCC，2021）报告，对全球、区域和流域尺度水循环特征和驱动机制进行了分析。

6.1.2.1 全球水循环制约因素

克劳修斯-克拉珀龙（Clausius-Clapeyron）方程确定，假设相对湿度保持不变，温度每升高 1 ℃，低空比湿增加约 7%，这在全球范围内近似正确，但在区域内不一定有效。自 20 世纪 70 年代以来，近地表比湿度很可能已经增加，随着持续变暖，大气总水汽含量（可降水量）很可能以接近全球平均热力学速率的速度增加。不同的辐射强迫机制通过改变相对湿度分布，导致全球平均热力学响应的一些变化：根据模式模拟结果，全球可降水量随全球地表温度的增加率从硫酸盐气溶胶诱导的 6.4（±1.5%）/℃到黑碳气溶胶诱导的 9.8（±3.3%）/℃。由于相对湿度的降低，陆地上的比湿度以较低的速度增加，观察结果和简单模式证实了这一点。大气水汽的普遍增加驱动了强大的放大反馈，加剧了大气水汽输送和强降水事件，并改变了地表和大气能量平衡，从而影响了全球蒸发和降水（图 6.3）。

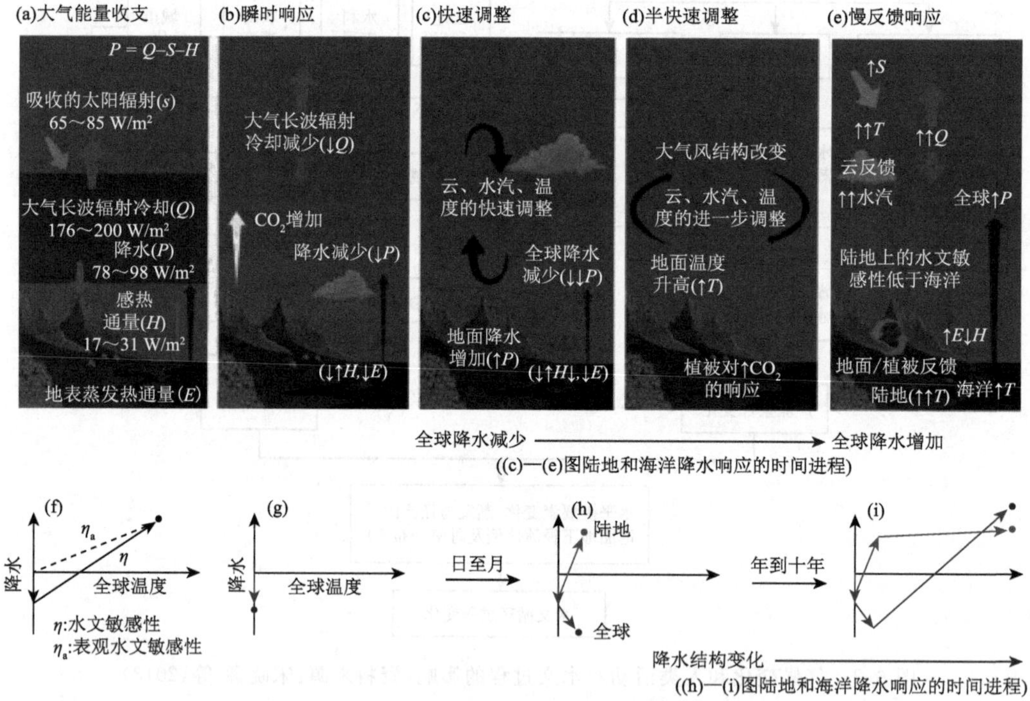

图 6.3 大气能量平衡和全球降水对辐射强迫的快速和缓慢响应示意图

（资料来源：IPCC，2021；刘春蓁 等，2023）

注：(a)—(e)图中大的实心箭头描绘通量或环流变化，小箭头表示变量增加（↑）及减少（↓）；(g)—(i)为陆地和海洋降水响应的时间进程

虽然热力学对水汽的变化有很强的控制作用，但全球平均降水和蒸发受到大气和地表能量通量平衡的限制（图 6.3）。根据 IPCC AR5（IPCC，2013）的估计，气温每升高 1 ℃导致全球平均降水量增加 1%～3%，被解释为对辐射强迫的快速大气调整和缓慢的温度驱动响应组合（图 6.3a—d）。快速大气调整是由大气能量收支（图 6.3a—c）和大气特性（例如温度、云和水蒸气）的近瞬时（小时到天）变化引起的，这些变化直接响应于强迫剂的辐射效应。气候系统的进一步相对快速调整（数天至数月）涉及植被和地表温度的相互作用（图 6.3c），它们对辐射强迫的响应比海洋温度更快。较慢的温度依赖性降水响应是由变暖的大气辐射冷却速率增加所驱动的。变暖驱动降水强度增加，而频率主要由基于 4xCO_2 CMIP6 模拟的大气对辐射强迫的快速调整所主导。自 AR5 以来，许多应用双重快速调整和慢响应框架的新研究表明，全球降水对不同强迫因子的响应在物理上得到了很好的理解。这就加强了能量收支和全球水循环的热力学驱动因素之间的物理联系。

水文敏感性（η）定义为一旦水循环对辐射强迫发生快速调整，全球平均降水随全球地表气温（GSAT）的线性变化（图 6.3a）。表观水文敏感性 η_a 定义为总的降水响应，包括初始快速调整，考虑了除温度变化之外的响应。在理想的二氧化碳强迫 CMIP5 和 CMIP6 试验中，人们有很好的理解和高度一致，η= 2.1%～3.1%/℃。η 的大小主要取决于大气净辐射冷却，这是由对流层的热加深控制的，并受到地表蒸发和随之产生的大气潜热释放和变暖的限制。不同模式的气候反馈（例如温度递减率和云）也调节 η 的大小。

基于年际变化或对 ENSO 9%/℃的响应的水文敏感性观测估计[η=(3.2±0.8)%/℃]，不适合评估 η 的大小。这是因为这些关系依赖于放大与 ENSO 相关的云变化相关的反馈，而这些云变化可能与长期气候变化无关。然而，观测、模拟和物理过程高度的一致性表明，降水量随气温升高的增长率低于全球平均水汽含量的百分比，意味着大气水汽停留时间增加。因此，全球降水、蒸发和水分通量随着变暖而增加，导致全球水循环加剧，而不是加速。

由于辐射强迫剂对大气能量平衡的直接影响，地表平均气温（GSAT）每度变化导致降水量的总体平均变化率增加，表观水文灵敏度（η_a）比水文灵敏度降低。改变降水的快速大气调整主要是由温室气体和气溶胶引起的。不同模式之间对 CO_2 的一系列快速降水调整也归因于植被响应，导致地表潜热通量和感热通量的重新分配。从模拟末次冰期和前工业化时期的 6 个 CMIP5 模式中得到的值（η_a＝1.6%～3.0%/℃）比相应的 4×CO_2 试验[η_a＝(1.3%～2.6%)/℃]大，这是由于混合强迫、植被和陆地表面变化的差异，以及在较冷状态下伴随气温升高每度更高的蒸发比例造成的。22 个 CMIP5/CMIP6 模式可比试验的更新估计显示了一致的范围[η_a＝(1.7±0.6)%/℃]。

全球降水似乎对硫酸盐气溶胶的辐射强迫[(2.8±0.7)%/℃；$\eta_a \approx \eta$]比 GHGs[(1.4±0.5)%/℃；$\eta_a < \eta$]更加敏感。而由于强烈的大气太阳吸收，黑碳气溶胶的响应为负[(−3.5±5.0)%/℃；$\eta_a \ll \eta$）。因此，通过太阳辐射调节策略来人为减少地表吸收阳光以减缓温室气体变暖，不会缓解降水变化。气溶胶引起的降水变化取决于气溶胶种类的类型及其空间分布。在四种不同的气候模式（η_a＝1.6%～5.5%/℃）中，在完全去除当前人为气溶胶排放后，全球平均降水量的增加主要归因于硫酸盐气溶胶，而不是其他气溶胶。理想模型研究表明，欧洲上空硫酸盐气溶胶的增加比亚洲上空气溶胶负担或辐射强迫的同等增加产生的全球降水响应更大，这可以用云气候学和云-气溶胶相互作用的差异来解释。黑碳气溶胶和臭氧的垂直剖面进一步影响了全球快速降水响应的大小，但难以观测和模拟。

基于多模式 4×CO_2 CMIP6 模拟，陆地上的水文敏感性通常较低且具有较大的不确定性范围[η=(－0.1%～3.0)%/℃]，而海洋较高[η=(2.3%～3.3%)/℃]。陆地水文敏感性被抑制与陆地变暖较海洋更大有关，这改变了大气环流和降水模式。此外，由于海洋为陆地降水提供了大量水分，海洋变暖速度较慢意味着提供的水分不足，无法维持大陆相对湿度水平，这可能会抑制对流。涉及土壤-植被-大气耦合的陆地表面反馈则进一步驱动大陆干燥。在大多数温室气体强迫模拟中，被抑制的水文敏感性被快速降水响应抵消。这可以解释为，由于 CO_2 增加，地表向下的长波辐射更大，使陆地迅速变暖，使对流层不稳定，并在短期内加强垂直运动。陆地上人为气溶胶增加造成的冷却抵消了降水对 CO_2 的快速调整，但预计这种补偿将随着气溶胶强迫的下降而减少。在短暂气候变化期间，全球陆地上的快速和缓慢降水响应在全球范围内相结合(图 6.3d)。这解释了预测中陆地和海洋平均降水量的持续增加，但这是由大陆水循环随时间和空间变化的复杂性所决定的。

随着气候变暖和时间的推移，全球降水的增加被人为气溶胶的整体降温效应以及大气对温室气体增加和吸收气溶胶的快速调整部分抵消。这解释了为什么卫星时代全球降水响应的多年代际趋势较小。

总之，全球平均蒸发和降水随全球变暖而增加的可信度很高，但估计的速率与模式有关[极有可能为(2%～3%)/℃]。全球降水的增加只取决于对全球地表温度的强劲响应，但部分被温室气体和气溶胶对大气加热垂直剖面的快速大气调整所抵消。由温室气体引起的全球降水增加被众所周知的气溶胶造成的整体地表辐射冷却效应所抵消。在陆地上，由于陆地-海洋热对比和地面反馈的增加，预计陆地与变暖相关的平均降水增加将小于海洋，但陆地上的总体降水增加通常由于大气对温室气体的快速响应而加强了风的辐合。全球平均降水和蒸发的增加速度低于气温升高伴随的大气湿度增加速度，导致大气中水汽的寿命更长，并驱动降水强度、持续时间和频率的变化，以及全球水循环的总体加剧而不是加速。

6.1.2.2 区域水循环制约因素

(1)大气水分通量的热力学约束

气候变暖使大气水分增加，并推动大气环流的辐散部分向辐合部分转化，从而导致水平水分输送 (包括风暴系统、热带雨带和季风)的增加，这就放大了现有的降水减去蒸发($P-E$)变化。高纬度地区潜热输送增加也有助于极地增温放大。虽然大气环流的辐合部分预计将变得更湿(就 $P-E$ 增加而言)，净蒸发区域将变得更干(就 $E-P$ 增加而言)，但这些区域在地理上和季节上并不是固定的，它们的位置和时间可能会改变。大气和海洋环流的总体变化降低了 $P-E$ 和盐度形态的放大。古气候证据证实，在末次冰期(19000—21000 a 前)期间，纬向平均变化与热力学预期大致一致。然而，区域变化可以由动力学主导，包括对北半球大型冰盖的响应，使得改变的 $P-E$ 模式不能很好地描述热力学驱动因素。

在热力学、详细的建模和观察中，有充分的证据和高度的一致性表明，$P-E$ 模式在海洋中被放大(图 6.4a)，海洋盐度中有相关的"淡者越来越淡，咸者越来越咸"特征。这种放大被亚热带海洋蒸发的较大比例增加和热带环流的减弱所减缓，这一预期得到了观测和过程理解的支持。根据理想模型，热力学解释了低纬度蒸发增加(气温升高每℃为 1%)小于高纬度(气温升高每℃为 5%)，地表辐射、边界层调整和海洋吸热的变化起着次要作用。在一些地区，由于水体表面冰的减少，来自温暖的海洋和湖泊的蒸发加剧了。这可以为降水产生更多的局地水分来源，例如自 20 世纪 80 年代以来非夏季月份的格陵兰西北部，尽管水分输送变化可以抵消这种影响。通过辐射强迫导致上层加热的海洋分层已被确定为一种机制，在单独由水分循环变化驱动的响应之外，进一步放大了表面盐度变化趋势。

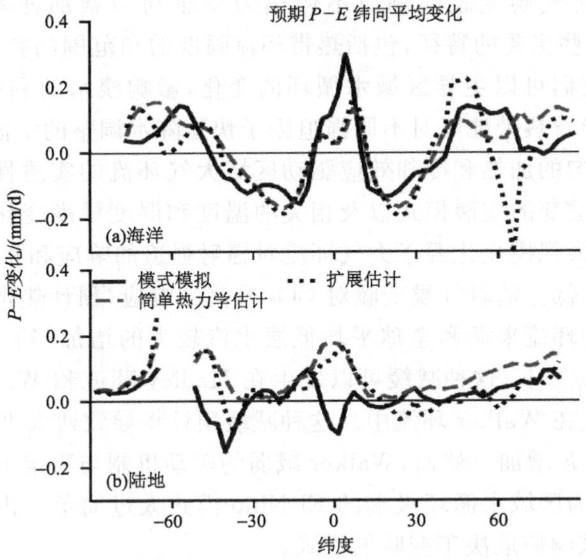

图 6.4　历史(1995—2014 年)和 SSP2-4.5(2081—2100 年)CMIP6 模拟之间海洋(a)和陆地(b)$P-E$ 的纬向平均年平均变化(资料来源：IPCC，2021)

实线为 CanESM5 和 MRI-ESM2-0 模式的平均值；虚线表示使用简单热力学估计的 $P-E$ 变化；点线表示使用扩展估计。所有的曲线都用三格点移动平均滤波器在纬度上进行了平滑处理

自 IPCC AR5(IPCC，2013)以来，大量研究已经证实，随着陆地变暖，$P-E$ 的变化不能简单地解释为"湿润地区更湿润，干燥地区更干燥"的反应。第一，$P-E$ 是对水循环的一种简单化诊断，不能充分描述"干燥"或干旱。第二，陆地 $P-E$ 通常是正的，并由于地表径流和渗透到地下土壤和含水层而达到平衡。因此，简单的热力学标度(图 6.4b)预测，随着变暖，陆地上的 $P-E$ 将变得更正(更湿)。然而，在干旱季节和干旱地区陆地水分流失到大气并输出该地区。第三，大气环流、海洋水汽供给和陆面反馈影响陆地区域 $P-E$ 分布。由于陆地比海洋更暖，温度和相对湿度的空间梯度影响了一些陆地地区的水分供应并降低了 $P-E$，如智利南部和阿根廷在 30°—50°S 的地区(图 6.4b)。植被的响应可以放大土壤的干燥，但受大气环流反馈的限制。土壤湿度和降雨强度的变化可以改变降水在蒸发和径流之间的分配，使得陆地 $P-E$ 响应进一步复杂化。

多项观测和 CMIP5/CMIP6 模式研究的高度一致，支持了 $P-E$ 的区域和季节依赖性响应。进入风暴系统、季风和高纬度地区的水分输送增加，增加了湿事件的强度。而随着变暖，大气蒸发需求增强是加剧干旱事件和减少许多亚热带陆地地区土壤湿度的重要机制。然而，干旱化受亚热带旱区向极地迁移和陆地-海洋温度对比增加(导致相对湿度下降)的调节。

总之，从蒸发型海洋到大气环流高降水区水汽输送的增加将驱动海洋上空 $P-E$ 和盐度形态的放大，而在陆地上预计将出现更复杂的区域变化。陆地比海洋更大的变暖改变了大气环流模式，并平均降低了大陆近地表相对湿度，这与植被反馈一起，有助于区域降水的减少。基于自 AR5 以来对热力学驱动因素的更好理解和多种证据，在气候变暖的情况下，非常潮湿或干燥的季节和天气模式将会加剧，从而使湿润期变得更湿润，干燥期变得更干燥。

(2)大气环流模式的大尺度响应

大尺度大气环流对气候变暖的响应不像热力学驱动因素那样容易理解。IPCC AR5(IPCC,2013)确定了一些主要的特征，包括热带环流强度的和范围的扩大，热带干燥带和中纬度急流向极地移动。它们可以主导区域水循环的变化，影响淡水的利用和极端气候的发生。大气环流变化通常主导着热带地区对不同强迫因子快速降水调整的空间格局。臭氧和气溶胶等辐射强迫，通过不均匀的加热和冷却效应驱动区域大气环流的实质性响应。大气环流的变化也受到缓慢的、不断演变的变暖模式以及相关的温度和湿度梯度变化的驱动。强有力的证据表明，区域水循环的大规模变化源于大气环流对辐射强迫的响应和相关的海温分布演变，但符号和量级的一致性较低。随着气候变暖对 CO_2 升高的响应，预计热带大气翻转环流将长期减弱。需要一个较弱的环流来调和全球平均低层水汽较大的增加(约 7%/℃)与较小的全球降水响应[(1%～3%)/℃]。这种减缓可以发生在 Hadley 环流和 Walker 环流中，但在大多数气候模式中优先发生在 Walker 环流中。这种减缓预计将导致西太平洋上空的 $P-E$ 下降，而东太平洋上空的 $P-E$ 增加。然而，Walker 减弱的驱动机制与决定 ENSO 变率的驱动机制不同，因此将变化解释为区域水循环极端的 El Niño 模式太过简单。内部变率也能够暂时加强 Walker 环流，而区域响应取决于变暖的模式。

模式模拟显示，末次盛冰期期间太平洋 Walker 环流较强，这与较冷气候相一致。但由于海平面下降，巽他和萨胡尔大陆架暴露，印度洋东西环流较弱。后一种效应可以在水文气候、盐度和海面温度的代用资料中检测到。与未来变暖更为相关的是上新世中期(300 万 a 前)，这是地球上一次经历与现在相当的 CO_2 水平。海面温度(SST)的重建显示太平洋纬向梯度的减弱和温暖模式与较弱的 Walker 周期响应一致。尽管上新世海温模式和潮湿的亚热带与目前的条件形成对比，但古气候记录加强了气候变暖与较弱的 Walker 环流相关的证据。

自 AR5(IPCC,2013)以来，热带环流的减弱被解释为对 CO_2 浓度增加的快速响应，对变暖和海温模式演变的较慢响应。CO_2 浓度增加 4 倍后，大规模热带环流迅速减弱 3%～4%，这抑制了对流层辐射冷却，特别是在亚热带海洋沉降区。由此增加的大气稳定性解释了 Walker 环流和北半球 Hadley 环流的迅速减弱。随后的地表变暖在温度递减率的热力学降低的驱动下，导致循环速度减慢 12%，海温平均升高 4 ℃。

热带辐合带(ITCZ)的位置、宽度和强度决定了热带雨带的位置和季节性。自 AR5(IPCC,2013)以来，多项研究将跨赤道能量传输与平均 ITCZ 位置联系起来。多模式研究一致认为，北半球的气溶胶冷却导致了 ITCZ 的南移和 20 世纪 50—80 年代后的热带降水变化，这与 20 世纪 80 年代萨赫勒干旱有关。特别是，气溶胶-云的相互作用被确定为这一转变的潜在重要驱动因素，但这是不确定的，因为观察表明，模式可能高估或低估了气溶胶云介导的冷却效应。此外，通过增强的经向温度梯度，温室气体强迫被用来解释自 20 世纪 80 年代以来萨赫勒地区降水增加的大部分原因，而气溶胶仅起次要作用。

自 AR5(IPCC,2013)以来，对 ITCZ 宽度和强度对气候变暖的响应已有了更好的了解。研究表明，对流在 ITCZ 的核心变得更强和更集中。这导致了 ITCZ 赤道边缘的干燥和 ITCZ 核心的湿润趋势。涉及云的反馈已被确定为导致 ITCZ 收紧和加强的重要机制。核心湿气流入的上升增强了“湿变得更湿”的响应。因此，有一系列证据和中等程度的一致性表明，ITCZ 的增强和收缩与变暖有关，变暖加剧了湿和干状态之间的对比。然而，对于区域 ITCZ 位置在变暖气候中如何响应的理解并不充分，温室气体强迫的明显区域响应的证据有限，包括对非洲东部和印度洋北移以及东太平洋和大西洋南移的认识。古气候证据强调了区域性 ITCZ 对火山和轨道强迫半球不对称的明显响应以及 ITCZ 和区域季风的快速（几十年来＞1 纬度）变化对大西洋经向翻转环流（AMOC）崩溃的响应。

季风是热带翻转环流的关键组成部分，可以理解为净能量输入（例如辐射和湍流通量）与湿润静态能量输出之间的平衡。这是通过对比海洋和陆地之间的表面热容来确定的，并通过大气动力学、热带对流层稳定性和陆地表面特性的变化进行调整。水汽输送的热力增加预计将增加季风强度和面积。自 AR5（IPCC，2013）以来，证据继续表明季风环流对人为气溶胶和温室气体的空间变化辐射强迫非常敏感。海温模式的变化通过改变跨赤道能量传输和陆地海洋温度对比，也发挥了作用。这一证据继续支持季风降水的热力强化，但热带环流的减缓部分抵消了这一强化。

自 AR5（IPCC，2013）以来，对 Hadley 环流单元向极地扩张的理解有所提高，但其在副热带干燥中的作用仅限于纬向平均，主要由海洋区域主导。在亚热带陆地上，不断变化的海温模式和陆地-海洋变暖对比（部分原因是对 CO_2 增加的快速响应）可以主导大气环流响应的各个方面和由此产生的区域水循环变化，特别是在半干旱、冬季降雨为主的亚热带气候中预测的干旱。热带向极地的扩张预计将驱动中纬度风暴轨迹的相应变化，但控制机制在半球之间有所不同。南半球的扩张受到温室气体强迫的驱动，并受到平流层臭氧耗损的放大，而北半球对温室气体强迫的较弱扩张则受到对流层臭氧和气溶胶强迫，特别是黑碳气溶胶的调节。然而，在北半球观测到的响应中，内部变率占主导地位，排除了归因于辐射强迫的可能性。在较温暖的上新世，南北半球西风向极地扩张和减弱的古气候证据与赤道到极点的热梯度和冰体积的减少有关。

由于大量相互竞争的物理过程，基于简单的物理基础，人们还不能很好地理解北极变暖加剧对中纬度区域水循环的影响。由于北极增温效应的放大，北极低纬度地区之间的热梯度在低层降低。然而，在海拔较高的地区，由于北极平流层的冷却，相应的热梯度随着变暖而增加，这与南北半球冬季急流的增强是一致的，但对精确机制的共识较低。极地平流层涡旋强度的变化也可以改变冬季的中纬度环流，但不同模式的响应并不一致。尽管对大气环流变化认识不足，但水汽辐合进入天气系统和极地区域的热力强化是强有力的。

综上所述，在辐射强迫的作用下风的改变和地表温度的演变将影响大多数区域的区域水循环，这一点有很高的信度。平均热带环流预计将随着全球变暖而减缓，但由于内部变率，可能出现暂时的多年代际加强。热带环流的减缓降低了太平洋上空经向 $P-E$ 梯度，并可以部分抵消 $P-E$ 的热力放大和季风的增强，但热带雨带变化的区域特征还没有很好地理解。对于驱动 ITCZ 加强和收紧的过程，增加了干湿热带天气状况和季节之间的对比。对于辐射强迫和全球变暖如何推动亚热带和中纬度风暴路径极向扩张的理解有很高的可信度，但对于向极地扩张如何影响亚热带和中纬度气候的干燥的理解信度较低。在理解北极变暖放大如何影响中纬度区域水循环方面的信度较低，但在天气系统内以及季风和极地地区降水的热力学强化与大尺度环流变化的关联具有很高的信度。

6.1.2.3　影响局地水循环物理过程

局地范围内的物理过程能够在本质上改变区域水循环。以下阐述对影响大气、地表和地下水循环过程的认识进展，包括冰冻圈和生物圈的相互作用以及人类活动的直接影响。

(1)与冰雪相关的水文过程

冰盖质量下降、冰川范围和北半球海冰、积雪和永久冻土变化是气候变暖的预期结果。山区积雪的减少以及积雪和冰川融化的增加将改变山区季节性径流的数量和时间。更早和更广泛的冬春融雪可以减少北半球中高纬度地区以融雪为主流域的夏秋径流。自 AR5(IPCC,2013)以来,冬季降雪减少和早些时候太阳辐射强度减弱可以解释融雪提前但速度较慢的现象。积雪的减少还增加了可用于蒸发的能量,根据科罗拉多河的建模,蒸发可以主导河流流量的下降。在以融雪为主要补给来源的地区,降雨相对降雪比例的增加会导致流域径流和地下水储量的下降。这些地区包括南美西部和北美西部,这些半干旱地区依赖于高山链的融雪。由于积雪覆盖面积下降,根据观测和建模,那里的雪往往被雨取代,从而改变洪水的季节性和区域特征。

来自亚洲高山冰川的季节性融水满足了 2.21 亿±0.97 亿人的基本需求。应对气候变暖的冰川融化最初可能导致径流量增加,特别是在夏季流量高峰时,但随着大多数冰川继续缩小,径流量最终将减少。IPCC SROCC(IPCC,2019b)报告的结论是,对于一些较小的冰川来说,峰值径流已经过去的可信度很高。降水和冰川融化的增加也会导致青藏高原内部、巴塔哥尼亚、秘鲁、阿拉斯加和格陵兰等地区的湖泊水位上升和洪水灾害发生。自 AR5(IPCC,2013)以来,来自多个地点(新西兰、格陵兰岛、南极洲)的证据表明,暖湿空气的侵入对控制冰川质量平衡、极端消融或降雪事件非常重要,这取决于气温条件。来自暖空气的感热以及来自大气湿度和低云的长波辐射增加推动了融化事件。

雪、淡水冰和永久冻土的减少影响陆地水文。多年冻土退化减少了土壤冰,改变了热喀斯特湖的覆盖范围。鉴于冻土的反应速度较慢,以及积雪将土壤与上方空气的显热交换隔绝,预计当前气候变化与永久冻土退化之间存在滞后效应。根据卫星观测,野火后地区水文也与北极永久冻土退化有关。春季降雨增加可通过渗透增加热平流,加剧多年冻土融化,导致甲烷排放增加。北极河流热量输送的增加也会使海冰融化提前。

总之,几乎可以肯定的是,气候变暖将导致冰冻水储存的损失,除非在全年大部分时间温度保持在 0 ℃以下的地区。极有可能的是,气候变暖和雪量减少使得融雪提前,导致了季节性的径流变化。有中等信度的是,季节早期较弱的阳光可以减少融雪的速度。积雪或冰川的融化会增加高纬度和高海拔集水区的径流,直到冻结的水储备耗尽。在某些地区(新西兰、格陵兰岛、南极洲),暖湿气流和相关降水主导着冰川质量平衡,其信度很高。

(2)决定强降水和洪水的过程

自 AR5(IPCC,2013)以来,基于改进的物理理解、广泛的建模和越来越多的观测佐证,强降水事件(从几小时到季节时间尺度)随着地球变暖而加剧。在一系列建模和观察研究中,有强有力的证据表明湿季的热力强化。根据 Clausius-Clapeyron 方程,近地表大气持水能力预计将以接近 7%/℃的增幅增加日极端降水量,但有限证据表明,较高的增幅适用于持续时间较短的降水事件。然而,对观测到的多个天气状态样本分析表明,强降水事件混合了热力学和动力因素,因此与气候变化响应没有直接关系。

自 AR5(IPCC,2013)以来,通过高分辨率模式模拟和观测试验,在理解亚日(日内)时间尺度强降雨的预期变化方面取得了进展。从简化计算、对流分解模式和观测中都有强有力的证据表明,随着变暖,热力学驱动对流有效势能(CAPE)增加,因此对流风暴的强度增加。此外,陆地相对湿度的下降,导致上升凝结水平增加,从而延迟但增强对流系统。较大的对流风暴系统与对流层顶高度的增加有关，对流层顶高度也会放大风暴降水效应。然而，根据卫星数据，最强降雨并不一定与最强烈（最深）的风暴相关。当额外的潜热刺激单个风暴时，降水加剧可能超过热力学预期。

在有效水分有限的地区和季节，日内（几小时）降雨的增强受到抑制。然而，模拟证据并不支持一个固定的阈值温度，在该温度之上，降水受水分有效性的限制。风暴内增强的潜在加热也可以在更大尺度上抑制对流，这是由高分辨率、理想化和大型集成模式研究证明的。较高 CO_2 浓度的直接辐射加热效应以及气溶胶对大气能量收支和云发展影响也增加了对流稳定性。自 AR5（IPCC，2013）以来，模拟证据显示，对流降水极端值的增加受到微滴/冰晶下落速度的限制。理想的区域和耦合的全球模式结合有限的观测证据表明，瞬时降水极端值对微物理过程敏感，而日降水极端值更多地由对流聚集程度决定。

动力变化可以调节和支配局地降雨和洪水灾害变化的热力驱动因素。例如，根据 20 世纪 80 年代以来的卫星数据，陆地-海洋温度梯度的增加解释了萨赫勒地区对流系统产生的更强降雨。卫星数据显示，长期的中尺度对流系统不成比例地促进了极端热带降水。自 AR5（IPCC，2013）以来，土壤湿度的空间变率已经通过改变潜热和感热之间的分配与对流降雨的时间和位置联系起来。在萨赫勒、欧洲和印度的观察中证实了这一点，但取决于水分收敛机制。有中等证据表明，随着热带环流减弱，动力反馈和传播速度变慢可能导致热带气旋总降雨量增加。这些过程放大了降雨的热力学强化，但观测支持仍薄弱。根据观测和建模，热带气旋登陆后衰减较慢，这是由于在较高的 SST 时储存了更多的热量和水分，也可以放大降雨量。热带气旋外雨带的降雨强度也因气溶胶-云的相互作用而增加。

热带外风暴的降雨量和强度预计将随着大气湿度的增加而增加。这对大气河流尤其明显，自 AR5（IPCC，2013）以来的研究已经证实了它们与洪水和陆地蓄水的联系。基于简单物理学和详细建模的有力证据表明，热带外气旋降雨，包括大气河流事件，将通过增加大气水分通量而加剧，尽管动力方面的变化将调节区域响应。例如，根据 CMIP5 的模拟，高纬度对流层上部更强的纬向温度梯度驱动增加了 30°—70°N 左右的热带外风暴速度，导致降水积累减少。

洪水灾害对不断变化的降雨特征的响应取决于时间和空间尺度以及地表的性质。持续的强降雨会导致大范围的洪水和滑坡，而短时间强降雨的加剧会增加暴洪的严重程度和频率。许多热带地区（例如，南美洲西北部、南部非洲和澳大拉西亚）的洪水事件与 ENSO 的变率有关，并被水汽的热力增加放大。暴雨引发的洪水风险受融雪、植被特征的调节和直接的人工干预，但也可能因海平面上升而加剧。前期土壤湿度条件是洪水的一个重要调节因子，但对于较小的集水区和更严重的洪水，其作用就不那么重要了。在更强烈的旱季之后，土壤水分枯竭，可以在土壤饱和之前吸收更多的雨季降雨。自 AR5（IPCC，2013）以来，证据证实，更强的降雨增加了径流和水库补给相对于入渗土壤的比例。更强烈但更不频繁的风暴，有利于通过地表水渗漏集中补给地下水和产生超过土壤渗透能力的径流和暴洪。

在一个季节持续的潮湿事件中，随着降水积累的增加，河流的洪水严重程度将会增加。当大气阻塞模式反复引导额外的热带气旋穿过大型河流集水区时，就会发生这种情况，正如北半球中纬度地区和亚洲所确认的那样，当然地下水泛滥和包括土壤湿度和融雪在内的先决条件也发挥了作用。当这些事件发生在较温暖的气候时，大气湿度的增加会放大这些事件的严重性。

总之，在气候变暖的情况下，强降水事件将变得更加强烈的信度非常高。有很高的信度认为，增加的水汽及其在热带外气旋和热带风暴内的辐合将增加湿事件期间的总降雨量，其热力学响应接近7%/℃，但亚日（日内）强度的更高速率的信度较低。中等信度的是，更强烈但更不频繁的降雨增加了导致地表径流和集中地下水补给的比例。洪水的频率强烈依赖于集水区特征、先决条件和大气循环系统如何对气候变化作出反应，这比热力学驱动因素的确定性要低。然而，极湿事件期间（从亚日至季节时间尺度）降水强度和数量的增加将在这些极端事件发生时加剧洪水程度，这一点有很高的信度。

(3)干旱和干旱的驱动因素

干旱的区域变化——广义上定义为水分不足——预计将在人为强迫的作用下发生，这是降水模式变化、温度升高、云量变化（影响太阳辐射）、积雪减少、风和湿度变化以及植被覆盖的结果（图6.5）。蒸散是干旱的一个关键组成部分，由两个主要过程组成：土壤、水和植被表面

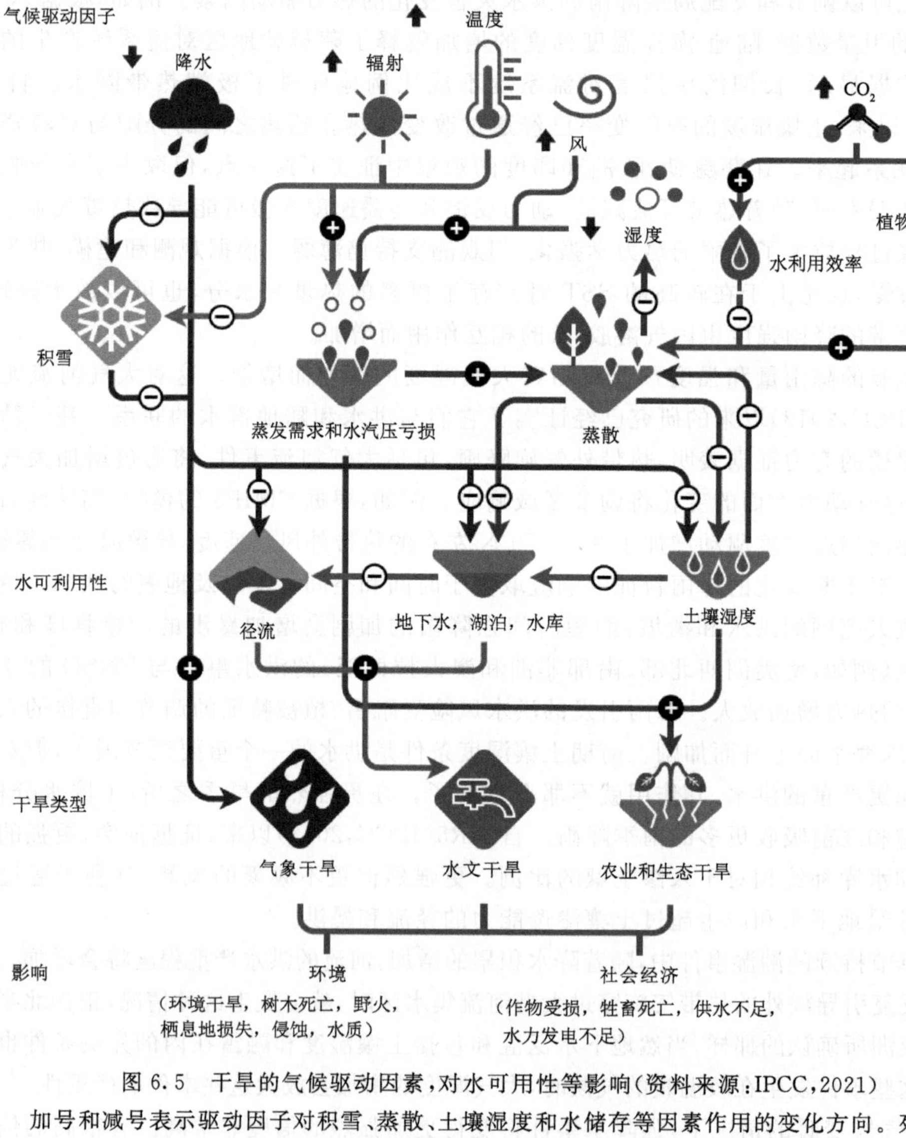

图6.5 干旱的气候驱动因素，对水可用性等影响（资料来源：IPCC，2021）

加号和减号表示驱动因子对积雪、蒸散、土壤湿度和水储存等因素作用的变化方向。列出了三种主要类型的干旱，以及干旱可能造成的一些环境和社会经济影响

的蒸发；还有蒸腾作用，即植物与大气之间通过气孔进行的水分交换。在全球层面，气温升高增加了大气中的蒸发需求，因此（假设有足够的土壤水分）增加了蒸散的水分损失。在区域层面，干旱进一步受到季节性降雨模式、径流、水储存以及与植被的相互作用的调节。

植被是地下水储存（土壤水分和地下水）与大气之间的关键界面。植物改变了蒸散和地表能量平衡，因此可以对区域干旱产生很大影响。IPCC SRCCL 报告（IPCC，2019a）的结论是，大气中较高的 CO_2 含量增加了植物 CO_2 吸收与水分损失的比率（水分利用效率，通过光合作用和气孔调节的联合增强）。模式研究表明，提高水分利用效率可以部分抵消在较温暖的大气中蒸发需求增加造成的水分损失，从而可能缓解干旱。然而，观察试验表明，这种影响可能被植物生长的增加所抵消，以应对升高的 CO_2 浓度，这导致水的消耗增加。在半干旱地区，植物耗水量的增加会减少径流，加剧干旱。

干旱是一段异常干燥的天气，持续时间长到足以引起严重的水文不平衡。大多数干旱开始于持续的降水不足（气象干旱），随着时间的推移传播为土壤水分、径流和水储存的不足（图 6.5），导致供水减少（水文干旱）。大气蒸发需求增加了植物水分胁迫，导致农业和生态干旱。蒸发需求通过两种方式影响植物。它增加了蒸散，耗尽了土壤水分，并因缺水而给植物带来压力，还直接影响植物生理，使得水导和碳代谢下降，导致植物死亡（图 6.5）。虽然干旱传统上被视为“缓慢发展”的灾害，通常需要数月或数年的时间发展，但快速演变且往往不可预测的突发性干旱也可能发生。突发性干旱可在几周内发生，对农业和水资源造成重大破坏。相反，持续很长时间（通常是 10 a 或更长时间）的干旱被称为特大干旱。干旱跨越很大的空间和时间尺度，通过各种气候系统动力学（如大气内部变率、海洋遥相关）产生，并可通过各种物理和生物过程放大或缓解。因此，干旱在极端天气和气候事件的框架中占据了一个独特的空间。

虽然降水在干旱中的作用很明显，但其他气候驱动因素也很重要，如温度、辐射、风和湿度（图 6.5）。这些因素对大气蒸发需求有很强的影响，而大气蒸发需求又影响到蒸散和土壤湿度（图 6.5）。在积雪为主的地区，高温增加了雨而非雪的降水比例，并提前了春季融雪的时间。即使总降水量达到或高于寒冷季节的正常水平，也可能会导致积雪水平低于正常水平（雪旱），从而减少径流量。植物还通过调节蒸散来影响干旱的严重程度（图 6.5）。

干旱的严重程度也取决于人类活动和管理决策。人类社会已经制定了各种策略来操纵水循环，以增加面对缺水的韧性，包括灌溉、建立人工水库和抽取地下水。这样虽然可能缓冲水资源短缺，但在某些情况下，这些干预措施可能意外增加脆弱性。例如，虽然提高灌溉效率可以确保作物获得更多的水，但相应的径流和地下补给的减少可能加剧水文干旱。此外，虽然修建大坝和增加地表水库容量可以增加水资源，但如果供应的增加诱发需求的增加，或者如果鼓励过度依赖这些地表水库，它们实际上可能会增加干旱脆弱性。

综上所述，气候变暖导致大气蒸发需求增加，土壤有效水分减少的信度很高。大气中较高的 CO_2 含量可以提高植物的水分利用效率，但这种生理效应能否平衡水分损失的信度较低。由于干旱可以用多种方式定义，在气候变暖的情况下，根据干旱类型可能会有不同的反应。除了缺少降水之外，蒸散的变化也是干旱的关键组成部分，因为这可能导致土壤湿度下降。在非常干燥的土壤条件下，植物的蒸腾作用受到限制，植物经历水分胁迫以应对大气需求的增加。人类活动和决策对干旱严重程度有重要影响。

（4）人类活动对局地水循环的直接影响

人类活动通过改变和利用河流、湖泊和地下水的储备和流量以及通过改变土地覆盖特征，直接影响局地水循环。这些作用通过改变渗透性、地表反照率、蒸散、地表粗糙度和叶面积来改变地表能量和水分平衡。人类活动每年为家庭、农业和工业用水直接再分配约 24000 km^3，相当于全球河流流量的一半或每年全球地下水补给量的 2 倍。自 AR5(IPCC，2013)以来，建模研究和观测都表明，土地利用变化可以通过改变地表能量平衡、水分平流和循环、陆海热对比和相关风型，驱动降水和河流流量的局部和远程响应。有充分的证据表明，气候变暖加上人类对地下水的直接需求将耗尽本已干旱地区的地下水资源。

IPCC SRCCL 报告(IPCC，2019a)提出的证据表明，从地面或河流系统提取水和集约化灌溉增加了当地的蒸发和大气水汽。灌溉可以解释一些地区地下水储量下降的原因，包括印度西北部和北美。1960—2010 年的模拟表明，目前人类用水量约 30%来自非可持续水资源。然而，只有有限的证据表明，地下水开采正在降低河流流量。模式模拟表明，灌溉可以加剧或缓解气候引起的地表水或地表水的变化。从河流中广泛抽取水可以减少流量，减少内海和湖泊的水位和面积。1985—2015 年期间，约 13.9 万 km^2 的内陆水域变成了陆地，而水坝的建立将约 9.5 万 km^2 的陆地变成了水域，尤其是在亚马孙和青藏高原。根据一项全球分析和对 96 个加拿大集水区的研究，在大陆范围内，河流流量的直接管理的影响在程度上与气候变化对融雪河流的影响相当。

IPCC SRCCL 报告(IPCC，2019a)以中等信度评估了城市地区上风和下风区的平均和极端降水增加。由于稳定性和湍流的改变，城市化引起的地表热力和空气动力学特性的改变影响了蒸发，并增加了城市上风或下风处的降水，而生物成因气溶胶的减少和人为排放气溶胶的增加改变了云的微物理和降水过程。城市化还降低了地表的渗透性，导致地表径流增加。大型基础设施，如堤坝、堰和水力发电厂的建设和运行，也会改变地表能量和水分通量，可能影响区域水循环。有限的建模证据表明，当动态植被响应被表示出来时，大规模太阳能和风力发电场可以增加局部(萨赫勒和北美)的降水，也可能产生远程影响。

从森林到农业的土地利用变化可以通过改变地表能量平衡和水分循环对水循环产生深远的区域影响。在亚马孙和东非的建模和观察中，有中度证据表明，森林砍伐推动了流量的增加，但很少有证据表明，由于砍伐森林导致的全球径流增加被灌溉导致的减少所抵消。亚马孙森林的全部砍伐导致了降水量的大幅减少。9 个 CMIP6 模式模拟的大规模全球森林砍伐(2000 万 km^2)证实，在森林砍伐地区，降水量减少幅度很大，为(－37±54)mm/a。然而，小规模的森林砍伐会增加当地的降水。根据南美洲雨量计和土地利用数据的相关分析，50%～60%的森林砍伐率对应着湿季推迟约一周，出现 8 d 旱季或更长时间旱季的可能性更大。森林和草原火灾也可以在流域尺度上改变水文响应。以去除大气中的 CO_2 为目的的造林或再造林也可以在区域范围内改变水循环。

综上所述，土地利用变化和灌溉取水驱动水循环中的局地、区域和远程响应，这具有较高的信度。大规模砍伐森林可能会减少被砍伐地区的降水，但对有限砍伐森林的影响的信度很低。相对于气候变化引起的响应，森林砍伐驱动的流量增加有中等信度。城市化可增加当地降水和径流强度的信度为中等。气候变暖加上人类对水的直接需求，预计将耗尽干旱地区的地下水资源。

6.2 气候自然变率对水循环的影响

6.2.1　气候自然变率的概念

气候变率(climatic variability),IPCC 第一、二、三次评估报告中文译文为气候变异,从第四次评估报告后中文译文改为气候变率,指在单一天气事件以外的各种空间和时间尺度上的气候平均状态的变化,以及其他相关统计量(如标准差,极端事件的出现概率等)的变化。气候变率可能是由气候系统内部的自然过程(内部变率)所造成,也可能是由自然或人为外部强迫(外部变率)所导致(IPCC,2014a)。自然变率是由人类影响以外的过程引起的气候变化。它包括气候系统内部产生的变率和由外部自然因素驱动的变率。自然变率是全球地表气候年复一年变化的主要原因,可在多年甚至几十年的趋势中发挥突出作用。但是,考虑到几十年或更长时期的趋势,自然变率的影响通常很小(IPCC,2021)。

气候自然变率概念的提出,旨在区分自然因素和人类活动(人为外部强迫)导致的气候变化。在工业革命以来的整个历史时期(1850—2019 年),自然变率估计造成了－0.23 ℃至＋0.23 ℃之间的地表温度变化,而同期观测到的地表变暖约为 1.1 ℃。这意味着自然变率对全球变暖的贡献很小,全球变暖几乎完全归因于人类活动,特别是温室气体的排放(IPCC,2021)。

在无外力影响下,气候系统自身能够制造出量级较大、时间尺度较长的内在变化。气候系统内部从几个星期至几个世纪甚至千年时间尺度的自然变率,对水文时间序列变化趋势具有显著影响。研究表明:①即使没有人为强迫导致的气候变化,水文现象也有年际与年代际变化,水文现象变化趋势的原因要从自然气候变率与人为气候变化两方面来认识;②对气候变化引起的水文变量年际与年代际变异性随时间变化的评估,只能建立在气候模式对气候低频现象变异性的正确描述基础上;③只有正确认识水文现象随时间变化的原因,才有可能预测它的未来(刘春蓁,2008)。

气候自然变率对水文循环的影响可分为直接影响和间接影响两个方面:直接影响主要是大气环流影响引起的温度、水汽输送、空气湿度、降水、风速等要素的变化;间接影响则主要是在太阳辐射和大气强迫驱动下陆面上热力过程、动量交换过程和水文过程的变化。在气候系统中,大气的强迫(太阳辐射能量、降水、气温、湿度、风速等)与海洋的状态(温度、盐度、洋流等)和陆面的不均匀性(地形、植被、土壤、水体等)通过海陆气之间的能量和水量交换及相互作用影响水循环及其水文要素的变化。太阳辐射能量等因素的变化会导致大气和海洋热量、温度和环流的变化,进而驱动全球水文循环的速率和特征的变化,改变降水、蒸发、土壤水、地下水和径流的量值和时空分布,影响旱涝和其他极端事件发生的频次、强度和时空分布。同时,气候因子还通过发生在陆面和土壤中控制陆面与大气之间水分、热量和动量交换的陆面过程间接地影响水文循环。陆面的状况及其变化如植被、反照率、土壤湿度的变化会改变陆面辐射、蒸散等要素,影响云的生成和发展,改变降水的量值和分布(丁一汇,2013)。

IPCC 关于气候变化对水影响的评估,从科学问题的角度看,可以将其评估报告分为两代:第一代以第一次、第二次评估报告为代表,主要集中于气候均值变化对水文水资源的影响及其适应对策研究;第二代自第三次评估报告开始,提出了径流自然变率的重要性,并在气候变化影响的归因研究中，重视了气候自然变率对径流影响的检测。随着气候科学及气候模式的发展，至第四次评估报告开始采用气候模式分离气候自然变率与人为气候变化对观测的径流变化的贡献，并采用信号噪声比值来评价观测及预测的径流变化趋势中人为气候变化及气候自然变率的贡献，给出人为气候变化影响大于气候自然变率影响的地区，以及气候自然变率影响可能仍起主要作用的地区。这一进程不仅反映了水文气候研究的深入，而且为决策者及水资源管理者提供了更有效的气候变化风险管理信息（刘春蓁，2008）。第五次评估报告将水文变化的驱动因子分为气候变化因素和非气候变化因素两大类，气候变化因素强调降水和潜在蒸散对水资源的影响，非气候变化因素强调人类强迫（包括人口增长、经济社会发展和生活方式等）对水资源的影响（IPCC，2014a）。IPCC AR6（IPCC，2021）全面阐述水文循环在气候系统中的运转过程和机制，深入分析自然变率与人类活动对水循环的影响和贡献，突出人为气候变化和人类活动对水循环的制约，指出人为温室气体和气溶胶排放以及土地利用的改变，自20世纪60年代以来已导致水循环过程和水文要素发生可检测的变化。未来，在所有排放情景下，水循环变化将进一步增加，但具有明显的区域和季节差异。近期变化中气候系统自然变率将发挥重要作用，中长期变化与人为排放情景紧密关联。

6.2.2 大气环流变化及其对水循环的影响

自20世纪中期以来，在全球气候变化的背景下，大尺度大气环流的几个方面已经发生了变化：①哈得来环流可能至少从20世纪80年代开始扩大和增强，这在北半球表现更为显著。②沃克环流强度的长期趋势估计的可信度较低，但自1980年以来为加强的趋势，位置西移。③自20世纪80年代以来，全球季风降水下降趋势发生了逆转，可能主要是由于北半球夏季风降水出现显著的正趋势。然而，在过去一个世纪中，季风降水表现出较大的多年代际变率。④自20世纪80年代以来，北半球温带气旋的总数可能有所增加，但加深气旋的数量减少，尤其是在夏季。强温带气旋的数量可能有所增加。温带急流和气旋轨迹很可能在两个半球向两极移动，趋势上具有明显的季节性。⑤自20世纪70年代以来，全球陆地的地表风力很可能减弱，特别是在北半球。在海洋上空，近地表风可能在1980—2000年期间加强。在过去40 a里，南大洋、北大西洋西部和热带东太平洋地区的风速正在增强。⑥北半球平流层极地涡旋可能在20世纪80年代以来的隆冬减弱，并更频繁地向欧亚大陆移动（IPCC，2021）。

大尺度大气环流的变率对区域水文循环具有广泛的影响，这在过去几十年具有充分的记录和例证。未来，在年际和年代际时间尺度上，大尺度大气环流对全球水文循环仍然具有明显的影响，甚至在短期有可能成为主导趋势，其产生的“噪声”会掩盖人为气候变化和人为干扰影响水文循环的“指纹”。不过从长远的角度（如到21世纪末）看，人为气候变化和人为干扰会成为全球水文循环的主要驱动力，大气环流的变率只是叠加在人为影响“指纹”上的“噪声”。

6.2.2.1 热带辐合带（ITCZ）和热带雨带

IPCC WGI AR5（IPCC，2013）得出结论，自20世纪70年代以来，由哈得来环流确定的热带范围很可能已经扩大。卫星时代的观测结果表明，太平洋热带辐合带（ITCZ）中心的降水增加，而ITCZ边缘的降水减少。IPCC WGI AR6（IPCC，2021）指出，自AR5（IPCC，2013）以来，在大气再分析中发现，太平洋ITCZ在1979年以后显著缩小和加强，但位置没有变化。大气模式模拟表明，随着ITCZ变窄，副热带急流在低纬度变得不稳定，并允许中纬度涡旋向更远的赤道传播。观测分析还表明，ITCZ变窄与ITCZ中心降水增加有关，这与不断扩大的干旱地区，特别是在亚热带和中纬度的陆地地区，传出长波辐射（OLR）的增加密切相关。此外，在1977—1999年期间，南太平洋辐合带（SPCZ）的东移也影响了南太平洋地区显著的降水趋势。在卫星、降水测量和再分析数据中看到的ITCZ趋势，进一步得到海洋表面盐度观测的支持。长期的盐度观测显示大西洋和太平洋ITCZ中心的海水变淡，ITCZ边缘的盐度增加。

Sahel（萨赫勒地区）和Belize（伯利兹地区）的资料重建支持了自1850年以来热带雨带向南移动以及观测中发现的热带雨带变窄的趋势。20世纪50—80年代，北半球降水减少的趋势归因于北美和欧洲的气溶胶排放，它在20世纪70年代末达到顶峰。这与热带降水转移与跨赤道能量输送反相关的能量约束是一致的，还为萨赫勒地区20世纪80年代中期达到高峰的严重干旱以及从20世纪50—80年代北半球热带边缘的南移提供了物理机制（IPCC，2021）。

IPCC WGI AR6（IPCC，2021）指出，CMIP5和CMIP6模拟预测未来热带环流整体减弱。在热带海洋上空，雨带的变化与海温的变化密切相关。在热带陆地上，降水受偏远海温增加、直接CO_2效应和陆地大气相互作用的影响。CMIP6模式预测，由于半球间能量交换的区域差异，东非和印度洋上空的ITCZ明显向北移动，东太平洋和大西洋上空的ITCZ明显向南移动。ITCZ在非洲上空的向北移动与撒哈拉热低压的加剧（温室气体增加所致）有关，导致热带雨带季节性向北移动并在那里停留更长时间。在南部非洲，预计雨季开始时间的延迟，也与热带雨带基于环流的北移有关。

6.2.2.2 哈得来环流（HC）与副热带高压

IPCC WGI AR5（IPCC，2013）报告称，由于再分析资料的不确定性，哈得来环流（HC）强度趋势的可信度较低，但对1979年以来热带范围的扩大的可信度较高。IPCC AR6（2021）报告指出，HC很可能至少自20世纪80年代以来扩大和加强，在北半球更为显著。

HC的极向移动与热带气旋轨迹在两个半球的位置迁移密切相关。北半球HC的变化可能导致了北半球夏季的亚热带干旱向极地扩展。自20世纪40年代以来，HC极有可能在西北太平洋上空向北极移动。此外，自20世纪70年代以来，西北太平洋副热带高压向西延伸，导致中国季风雨带移动，中国东部沿大约30°N长江流域中下游降水明显增加。与此同时，人为气溶胶的影响主导了东亚地区对温室气体增加的反应，导致东亚夏季风减弱，并造成中国东北地区和南亚北部的干旱趋势。1977—2007年，由于北大西洋副热带高压西脊强度和位置的变化，美国东部降水变率增加。

在南半球，HC的扩张与副热带高压带的增强和极向移动有关，对非洲、澳大利亚、南美和亚热带太平洋岛屿的降水量产生影响。自1970年以来，澳大利亚的副热带高压脊显著增强，在4—10月期间，澳大利亚东南部和西南部的降雨量显著下降。

自AR5（IPCC，2013）以来，人们对HC扩张的关键驱动因素有了更好的了解，确定了自然内部变率和人为气候变化的作用。HC最近的扩张（1979—2005年）部分是由太平洋年代际变率（PDV）从暖期到冷期的转变所驱动的。据再分析资料，20世纪存在着显著的多年代际变率，这意味着人类活动对最近HC增强影响的证据有限。然而，在所有再分析资料集中，南半球南HC边缘的南移和南半球HC的扩大是一个强有力的特征，并且在1979—2010年其趋势加速。自1980年左右以来，温室气体的增加和平流层臭氧的消耗导致了南半球HC纬向平均的扩大，而北半球HC的扩张没有超过内部变率的范围。此外，南极臭氧消耗可能导致南半球中纬度急流和HC向极地移动。

IPCC WGI AR6(IPCC,2021)指出,CMIP5 和 CMIP6 模式预估未来 HC 将会减弱,在北半球北方冬季具有高信度,而在南半球的南方的冬天具有低信度(图 6.6)。未来随着全球变暖,HC 环流圈将向极地扩展,最明显的是在南半球。未来扩张的主要驱动力似乎是温室气体强迫,由于内部变率,其扩张的幅度存在不确定性。目前,对亚热带地区区域降水影响的可信度较低。HC 的扩张被认为与许多亚热带地区预计的降水减少有关,但最近的研究表明,降水减少主要是由于 CO_2 强迫的直接辐射效应以及对强迫的陆海差异和海温变化的响应。在半干旱、以冬季降水为主的地区(如地中海),与陆海热差异等相关的热力学过程主导了夏季降水的减少。由于大气环流的快速变化及其相关的海温响应以及海温对人为强迫响应的减缓,预计这些地区的水文气候将随着时间的推移而演变。

6.2.2.3 *沃克环流(Walker)*

IPCC WGI AR5(IPCC,2013)预估太平洋沃克(Walker)环流在 21 世纪可能减弱,这将导致热带西太平洋降水减少,而中太平洋和东太平洋降水增加。最近的研究结果与 AR5 的结论一致,也显示了太平洋上空降水的东移,这主要是由于在全球变暖的情况下,向更"类似 El Niño"状态的转移。其他研究表明,Walker 环流的减弱与西北太平洋季风的响应以及陆海温差的变化有关,而正的海气反馈增强了热带太平洋东西向海温梯度和信风的减弱。

IPCC WGI AR6(IPCC,2021)报告指出,自 AR5(IPCC,2013)以来,20 世纪 90 年代以来预计的 Walker 环流减弱与观测到的 Walker 环流增强之间的矛盾引发了关于这些变化的驱动因素的辩论。预测的赤道海温梯度变化与观测到的趋势并不完全一致。其他研究表明,Walker 环流的暂时加强可能是由温室气体辐射强迫的瞬态响应和气候系统内部变率引起的,或者是大多数 CMIP5 模式在其赤道太平洋冷舌中存在系统性冷偏倚的结果。然而,后一种假设与目前对热带环流对 CO_2 水平增加的响应的物理理解不一致。有独立的古气候证据表明,在温暖的气候下,Walker 环流较弱。综合模型和简化模型的数值试验均模拟了热带太平洋对全球变暖不同时间尺度响应,结果表明,与印度洋变暖有关的 Walker 环流短暂增强,随后是 50～100 a 后出现的与东太平洋冷舌变暖加强有关的缓慢减弱。

CMIP6 模式预测提供了 Walker 环流长期显著减弱的进一步证据[图 6.6(彩)]。例如,在高排放 SSP5-8.5 情景下,预测在印度洋和热带东太平洋上空热带东风急流将明显减弱,到 2100 年热带东风急流的减弱幅度将超过 70%。CMIP6 模式一致认为,赤道纬向温度梯度未来将减小,这可能导致热带太平洋信风减弱。然而,CMIP6 模式显示出热带太平洋海温变暖模式的多样性,这导致 Walker 环流和 ENSO 对持续变暖的响应存在不确定性。总之,太平洋 Walker 环流将在 21 世纪末减弱,并将与热带西太平洋降水减少和向东增加有关。

6.2.3 全球季风

观测趋势表明,自 20 世纪 80 年代以来,季风降水下降趋势发生了逆转,可能主要是由于北半球夏季风降水出现显著的正趋势。然而,在过去一个世纪中,季风降水表现出较大的多年代际变化,使得器测记录百年趋势的可信度较低。代用资料重建显示,全新世中期以来北半球季风可能减弱,而南半球季风则可能加强。

IPCC WGI AR6(IPCC,2021)重点对未来季风降水趋势进行预估,结果表明,降水增加的区域多于减少的区域。预计南亚、东南亚和东亚季风区夏季季风降水将增加,而北美季风降水将减少。预计西非季风降水将在萨赫勒中部增加,在萨赫勒远西部减少。南美和澳大利亚季

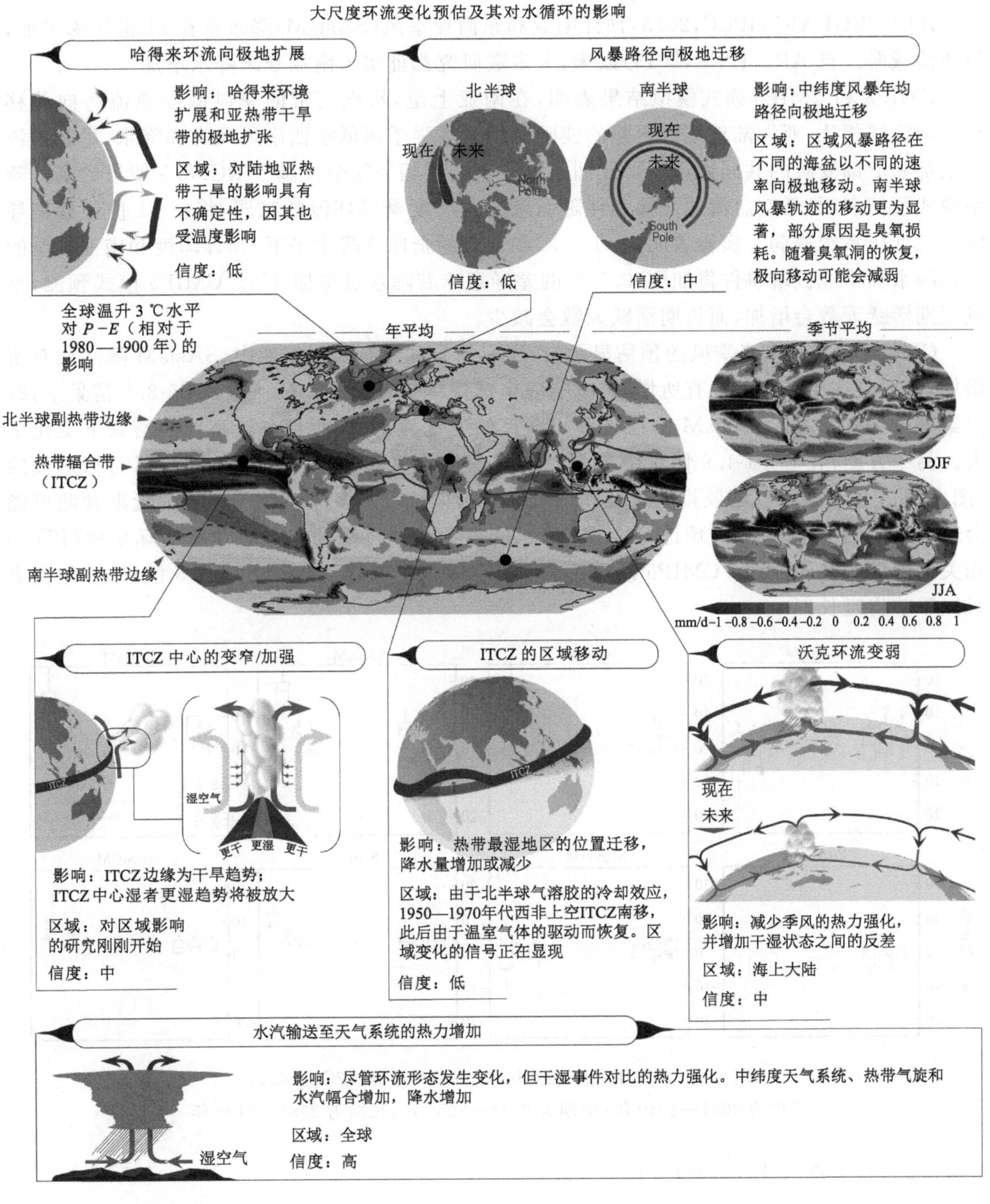

图 6.6(彩)　大尺度环流变化及其对区域水循环的影响图示(资料来源：IPCC,2021)

风的预估降水变化的可信度很低(无论是量级还是符号)。北美和南美的季风季节将推迟，萨赫勒的季风季节也可能推迟。

6.2.3.1　南亚和东南亚季风(SAsiaM)

IPCC WGI AR5(IPCC,2013)预计南亚和东南亚季风(SAsiaM)降水将在21世纪末增加,但环流减弱。自AR5(IPCC,2013)以来,大多数研究都证实了南亚季风降水增加。

CMIP3和CMIP5模式模拟结果表明,在南亚上空,水汽携带的季风低空急流将向北移动。与海洋相比,亚洲陆地地区更强的变暖有助于增强季风低空西南风风力和降水,尽管对流层上部和下部变暖的共同作用使得亚洲季风环流响应相当复杂。基于RCP8.5情景的高分辨率模式预估表明,低空急流的北移和伴随而来的大尺度季风环流的减弱,将在21世纪后期导致季风低压系统减弱。实验表明,在1.5 ℃和2 ℃的全球变暖水平下,预计印度和南亚夏季的平均降水和季风极端事件将加剧,0.5 ℃的差异意味着降水量增加3%。CMIP5模式预测,季风短期活跃天数会增加,而长期活跃天数会减少。

CMIP6模式对未来季风的预估显示,在所有情景和所有时间框架中,SAsiaM降水均有所增加,主要是在中期和长期有所增加,以响应全球持续变暖(图6.7)。在SSP5-8.5情景下,21世纪末的增加最多。SAsiaM的径流和$P-E$的变化为正值,而且在较高排放情景下变化更大。另一方面,在SSP1-1.9情景中考虑的所有变量均值的变化在中期和长期期间都是负的(图6.7)。由于未来气溶胶排放途径和调节空气污染政策的多样性,SAsiaM的近期预测可能会产生不同的结果。此外,预计SAsiaM降水的近期预估将受到与太平洋年代际变率(PDV)相关的内部变率的限制。CMIP6模式还表明,到21世纪末,至少在SSP2-4.5情景下,印度夏季风季节将延长。

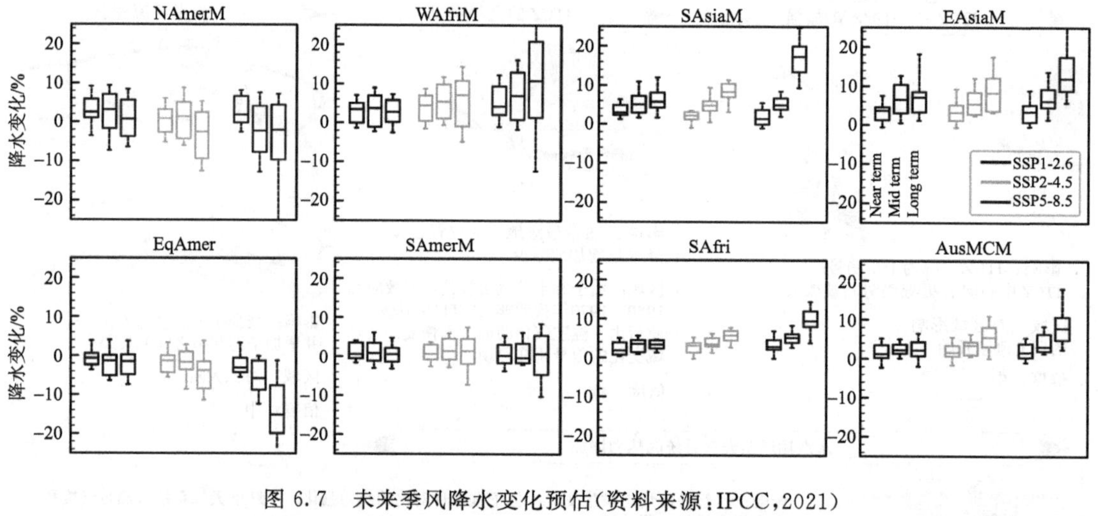

图6.7　未来季风降水变化预估(资料来源:IPCC,2021)
近期为2021—2040年;中期为2041—2060年;长期为2081—2100年

6.2.3.2　东亚季风(EAsiaM)

IPCC WGI AR5(IPCC,2013)预计东亚季风(EAsiaM) 降水将加强,夏季开始时间更早,持续时间更长。自AR5以来,人们对EAsiaM未来的变化有了更好的理解。

CMIP5预估表明,除了降水增加外,21世纪东亚夏季环流可能会加强。此外,CMIP5还预估在21世纪后期白雨(Baiu)雨带南部地区的EAsiaM降水增强显著,而中国中东部梅雨降水变化不明显。Baiu降水响应伴随着西北太平洋副热带高压的南移和东亚副热带急流的南移。根据高分辨率的 MRI-AGCM 试验,未来的夏季降水可能在现在的 Baiu 位置的南侧增加而在北侧减少。未来随着欧亚大陆陆地变暖和陆海热对比增强,东亚环流可能会在 21 世纪增强。然而,该地区水文循环变化的预测存在很大的不确定性,这主要是由于未来气溶胶排放情景的不确定性以及内部变率和人为外部强迫之间的相互作用所致。

半球间的质量交换可以作为连接南半球环流和 EAsiaM 降水的桥梁。然而,从 RCP8.5 情景下 CCSM4 预测中可以看出,这种半球间的联系在未来更温暖的气候中会减弱。1.5 ℃和 2 ℃全球变暖水平的比较,揭示了 0.5 ℃的差异可能导致东亚大片地区的降水增强,极端事件的频率和强度大幅增加。CMIP6 模式对未来季风预测显示,在所有情景下,EAsiaM 降水都会增加(图 6.7)。在 IPCC AR6 报告使用的所有五种情景中,除了 SSP1-1.9 情景下其变化接近于零,甚至为负值外,在其他情景下东亚地区的降水、径流和 $P-E$ 的变化都为正值,而且对于高排放情景下长期均值而言,变化更大。此外,CMIP6 模式还预估,由于早开始和晚结束,预计 EAsiaM 季节将延长。

6.2.3.3 西非季风(WAfriM)

IPCC WGI AR5(IPCC,2013)报告得出的结论是,CMIP3 和 CMIP5 模式对西非季风(WAfriM)降雨的预估具有高度不确定性,但仍然表明在雨季后期降雨出现微小的延迟和增强。自 AR5 以来发表的研究与这一评估大体一致。IPCC AR6(IPCC,2021)报告预计 WAfriM 夏季降水在 21 世纪将增加,但在高排放情景下存在较大的不确定性。CMIP6 模式一致预计,21 世纪末萨赫勒中东部地区的降雨量将增加,而西部地区的降雨量将减少。然而,WAfriM 预估降水的量级取决于所使用的对流参数化方案,由于模式间结果离散较大,WAfriM 预估仍然存在很大的不确定性,特别是在萨赫勒西部。CMIP6 模式显示,在所有未来情景中 WAfriM 降水普遍增加,但 SSP5-8.5 情景下明显增加(图 6.7)。这种敏感性来自于人为温室气体和气溶胶强迫的综合和对比影响,直接和间接通过亚热带北大西洋海温变化影响 WAfriM 降水(特别是萨赫勒上空)。区域气候模式(RCMs)集合与 CMIP5 预估的降雨量趋势一致,但一些单独模式显示降雨量下降,突显出 RCMs 对 WAfriM 降水预估存在很大的不确定性。

季节变化的预估表明,萨赫勒季风开始时间较晚,停止时间也较晚,表明雨季推迟是对全球温室气体强迫的区域反应。据预测,萨赫勒西部的降雨分布变化很大,降雨日数减少,与连续干旱日数增加和生长季日数减少相一致。此外,非常潮湿事件的频率会减少,但强度会增加,在萨赫勒地区比在几内亚海岸更为明显。

6.2.3.4 北美季风(NAmerM)

IPCC WGI AR5(IPCC,2013)的结论是,北美季风(NAmerM)在未来可能会加强,但各种模式之间的一致性较低。此外,与 NAmerM 相关的降水季节将较晚到来,但持续时间较长。

自 AR5(IPCC,2013)以来,CMIP5 预估的分析表明,NAmerM 降水总量对全球地表温度上升的响应几乎没有变化。然而,预计季风季节的早期降水会有显著的下降,而在季风季节的晚期会增加,这表明季风开始和结束的时间会推迟。CMIP5 模式通常比较粗糙,无法模拟加州湾和与 NAmerM 相关的水汽涌动。在不同的 RCPs 情景下,CMIP5 模式倾向于 NAmerM 降水减少,而极端降水事件增加。来自 6 个 CMIP6 模型的预测显示,在 SSP5-8.5 情景下 NAmerM 由于提前消亡而导致周期缩短。此外,CMIP6 预估还显示,到 21 世纪末,在 SSP2-

4.5 和 SSP5-8.5 情景下 NAmerM 降水将减少，但模式间离散较大(图 6.7)。对 2080—2099 年 SSP5-8.5 情景下 31 个 CMIP6 模式的分析也支持了这一结果。

6.2.3.5　南美季风(SAmerM)

IPCC WGI AR5(IPCC,2013)指出，南美季风(SAmerM)总降水将保持不变，但由于温度和湿度的增加，SAmerM 的空间尺度将会扩展。

自 AR5(IPCC,2013)以来，一些研究表明，SAmerM 的季节循环将发生变化，在 RCPs 情景下，季风暴发延迟。但基于 6 个 CMIP5 模式的预测的表明，在 RCP8.5 情景下，SAmerM 将提前暴发而延迟撤退。这些结果的差异与确定季风时间的方法及季风域敏感性有关。最近的研究为 SAmerM 暴发延迟的预测提供了进一步的证据。据 6 个 CMIP6 模式在 SSP5-8.5 情景下的预估，21 世纪末 SAmerM 将延迟暴发。不过，预估的 SAmerM 季节强度和长度的变化因模式而异。CMIP5 对季风总降水预估的分析表明，亚马孙和 SAmerM 季风区存在增加和减少的混合信号，一些研究表明，SAmerM 核心区夏季降水增加。在 RCP4.5 和 RCP8.5 情景下，在整个 21 世纪，SAmerM 季风区南部夏季降水将减少。使用 15 种不同的 CMIP6 模式在 SSP2-4.5 情景下的进一步每年分析表明，SAmerM 总降水量减少。然而，综合不同 SSP 情景下 CMIP6 预估的结果，整个 21 世纪 SAmerM 降水没有显著的变化(图 6.7)。此外，包括径流和 $P-E$ 在内的其他水循环变量，其趋势也存在类似的不确定性。对于 SAmerM 季风区的极端降水预估存在分歧，一些基于 CMIP5 模式的研究表明极端降水减少，而另一些基于 CMIP5 和 CMIP6 模式的研究表明极端降水增加。

6.2.3.6　澳大利亚和海洋性大陆季风(AusMCM)

IPCC WGI AR5(IPCC,2013)得出的结论是，CMIP5 模式对澳大利亚和海洋大陆季风(AusMCM)降雨和季节性变化的模拟结果有很大的不确定性。在排放情景的范围内，一些预测增加，另一些预测减少。据高性能区域气候模式的模拟结果，未来澳大利亚季风降雨的变化很小或有所增加。据 CMIP6 模式最新预估结果，21 世纪 AusMCM 降水增加，尤其是在 SSP2-4.5 和 SSP5-8.5 情景下降水增加明显，比低排放情景具有更强的信号(图 6.7)。CMIP6 预测降雨范围有所缩小，但对澳大利亚降雨变化趋势仍存在分歧。

CMIP5 模式预测，大陆北部和东部地区的降雨量将增加，而爪哇、苏拉威西岛、婆罗洲南部和苏门答腊岛的降雨量预计将减少。澳大利亚季风区的降雨变率在时间尺度上从日到年代际增加，表明要么是更强烈的湿日，要么是更多的干日，或者两者兼有。预计极端降雨强度也会增加，但澳大利亚季风强降雨天数的频率会减少。CMIP5 模式研究了人为气溶胶强迫在未来澳大利亚季风预估中的作用，预计 21 世纪人为气溶胶浓度的减少将使北半球比南半球的变暖程度相对更大，从而有利于热带雨带的北移。Zhang 等(2013)研究了 CMIP3 模式中澳大利亚季风开始和持续时间的变化，发现模式一致认为澳大利亚北部的季风开始延迟和持续时间缩短，但在大陆内部却没有达成一致。

CMIP6 预估显示，在所有排放情景下 AusMCM 降水都会增加。海洋大陆季风降水增加的一致性很强，而澳大利亚北部的变化趋势一致性较低。预计澳大利亚北部的降雨变率将增加，在季风活跃或“爆发”阶段降雨强度将增加。

6.2.4　大气模态变化及其对水文循环的影响

大气模态(atmospheric modes)也称大气涛动，是指大气活动中心之间相互联系和相互作用的变化特征，也反映了大尺度大气环流空间分布型的变化。大气模态变化的特征是在大尺度范围内影响水汽时空输送，改变水循环的特征和降水分布。ENSO 是全球季节—年际气候的重要驱动因子，是热带太平洋的"触发器"，通过遥相关机制对全球各地气候施加影响，其中对拉丁美洲、南亚和东南亚、非洲的影响尤为显著。PDO、NAO、AMO 是更长时间尺度（年代际—世纪）的气候驱动因子，影响中纬地区主要是北美和欧洲气候及水文循环。IPCC WGI AR6(IPCC,2021)报告将大气模态分为热带模态和热带外模态两类。在热带模态中重点讨论了厄尔尼诺-南方涛动(ENSO)、印度洋偶极子(IOD)、马登-朱利安振荡(MJO)的变化和影响；在热带外模态中主要讨论了北环状模态(NAM)、南环状模态(SAM)和北大西洋涛动(NAO)的变化和影响。以下分别对一些主要的模态进行讨论。

6.2.4.1　*厄尔尼诺-南方涛动(ENSO)*

厄尔尼诺-南方涛动(ENSO)是赤道中东部太平洋海温异常变暖和变冷的大规模交替，并与风和降水的变化相一致。ENSO 是年际时间尺度上热带变率的主要模态，是气候系统内部发生的一种海洋-大气耦合现象。虽然 ENSO 现象本身主要发生在热带太平洋，但它触发了全球整个海盆和世界许多其他地区的气候遥相关。ENSO 是年际时间尺度上全球地表温度和区域尺度上降水的主要调节器，也是季节到年际时间尺度上气候可预测性的主要来源之一，因而受到全球的密切监测(IPCC,2021)。ENSO 包括厄尔尼诺(El Niño)事件和拉尼娜(La Niña)事件。El Niño 是指赤道太平洋中东部海洋表面温度持续异常增温的现象，La Niña 是指发生在赤道太平洋东中部海水大范围持续异常变冷的现象，也称反厄尔尼诺现象。El Niño 事件发生时，赤道中—东太平洋海面温度呈现正异常分布，伴随着海表面西风异常出现在赤道中—西太平洋地区，东太平洋大气呈现异常上升运动、而西太平洋呈现下沉运动，气候上的沃克环流和信风被削弱，形成热带太平洋区域东西部海平面气压的"跷跷板"式振荡变化特征，即南方涛动。La Niña 事件发生时，赤道中—东太平洋呈现负异常分布，与之相伴随的表面东风异常出现在赤道中太平洋区域，大气垂直运动在东太平洋异常下降、西太平洋异常上升，进而加强了沃克(Walker)环流和信风带。在有观测记录的 100 多年中，ENSO 冷、暖位相常常交替出现，即 El Niño 事件和 La Niña 事件交替发生，表现为振荡性特征(巢纪平,1993；Edward et al.,2010)。

ENSO 具有广泛的遥相关关系，无论是在太平洋区域内还是在太平洋区域外。El Niño 事件与美国西南部和东南部、非洲东部、厄瓜多尔和秘鲁沿海以及阿根廷北部的降水增加有关，而澳大利亚东部、海洋大陆、非洲南部、亚马孙盆地和印度次大陆大部分地区的降水都在减少。在 La Niña 事件中，尽管存在一些不对称，但普遍存在相反的关联。ENSO 对热带气旋的发生也有重大影响，El Niño 通常与北大西洋热带气旋活动的减少有关，西北太平洋和南太平洋热带气旋发生东移，远离菲律宾海和澳大利亚大陆，进入中太平洋。

ENSO 影响全球尺度的降水、蒸发、径流，具有显著的水文效应。自 1950 年以来，ENSO 变率有所增加，对全球和区域水文循环、水资源和洪涝、干旱等极端事件造成了复杂的影响。泰国湄南河(Chao Praya River)1804—2005 年的高峰季节流量重建表明，流量与 ENSO 有很强的相关性。根据 2002—2015 年的水文资料，中国长江流域的干旱状况发生在 La Niña 事件之后，而洪水状况发生在 El Niño 事件之后。ENSO 和陆地水资源之间的强相关性主要在亚热带地区得到确认，但不同区域其强度和时间差的相关也不同。ENSO 事件期间，洪水灾害增加/减少的可能性具有复杂的空间类型和较大的不确定性(IPCC,2021)。在 El Niño 夏季，赤道对流系统和相关的 Walker 环流倾向于东移，导致印度夏季季风降水减少。自 19 世纪末以来，澳大利亚东南部和南非的同步水文气候变化已经被证实受到 ENSO 的调节。在南美洲南部，ENSO 对降水的影响与南环状模态（SAM）的影响相互作用，由于两个大尺度模态之间的相关性变化，表现出较大的多年代际变率。ENSO 与水循环变化的遥相关包括水汽和水分输送，如在中东、中国东南部、中亚、南美洲东南部、澳大利亚和美国南部。

CMIP6 预估表明，ENSO 变率的振幅在 21 世纪不会有实质性变化。然而，无论 ENSO 振幅如何，与 ENSO 有关的降水变率预计将在 21 世纪下半叶显著增加。与 ENSO 相关的区域降水变率由于大气湿度的增加而增加，而不考虑 ENSO 变率本身的变化。在许多地区，与 ENSO 相关的预估变化幅度与历史年际变化相比较小。

6.2.4.2 印度洋海盆模态（IOB）和印度洋偶极子模态（IOD）

印度洋海盆模态（IOB）和印度洋偶极子模态（IOD）是印度洋年际气候变化的两个主要模态。IOB 模态表现出正相和负相的交替，即全域海表增温和降温的时间交替。El Niño 现象发生在太平洋，而相邻的印度洋发生一个与 El Niño 类似的现象，被称为印度洋偶极子（IOD）。IOD 模态以热带海温异常的纬向偶极为特征，其中一个瓣以苏门答腊和爪哇为中心，另一个瓣覆盖了西部海盆的大部分。这两个模态大多为年际时间尺度的变率，且均与 ENSO 呈正相关。其中，IOD 在北半球夏季至秋季 ENSO 发展阶段出现，IOB 在 ENSO 高峰期增长，并持续几个季节。

IOB 模态主要是对 ENSO 的响应，而 ENSO 与大规模 Walker 环流改变相关，因此 IOB 在北半球春季成熟，出现在典型 ENSO 峰值之后的一个季节。相比之下，皮叶克尼斯（Bjerknes）环流的反馈是 IOD 形成的关键。这种反馈的背景为海表东风带和沿赤道海盆东部的温跃层变浅，在北半球春季出现并持续到秋季，然后随着气候季风的摆动在初冬消散。因此，IOD 模态在北方夏季发展，秋季达到最大振幅，然后在冬季前迅速终止。与 IOB 不同的是，强烈的内部反馈使得 IOD 模态也可以在不受 ENSO 影响的情况下发展。

ENSO 的赤道太平洋海温异常通常在北半球夏季消散，此时持续的 IOB 对亚洲和西北太平洋的气候异常起主导作用。北半球夏季 IOB 诱发了东南亚和东亚地区降水和地面气温的经向偶极异常，在正 IOB 事件期间，东亚中纬度地区夏季湿润凉爽，东南亚夏季干燥温暖。这些条件影响极端事件的发生，如强降雨和热浪。正 IOB 抑制了西北太平洋夏季热带气旋的形成，导致台风季节的开始时间推迟。这些区域影响在春季已经存在，但在热带动力的季节性气候位移之后，由于 IOB 的持续存在，上述影响往往会持续存在，甚至会得到加强。在南亚，北半球夏季出现三极降水异常，在正 IOB 期间，西高止山脉和孟加拉国地区降水增加，恒河三角洲地区降水减少。

IOD 与广泛区域的气候异常有关。然而，相关的异常受到伴随的 ENSO 影响的干扰。IOD 影响东非、南亚、印度尼西亚和澳大利亚的降雨。正相 IOD 增加了北半球秋季至初冬热带非洲东部的降水，而负相则引起相反的异常。这些异常也与 ENSO 相关，但受 IOD 的影响更大。正 IOD 和 El Niño 事件都减少了整个海洋大陆的降水和温度，这是因为强烈的低层辐散加上与对流减弱有关的上层辐合，相反的异常是由负相 IOD 和 La Niña 事件引起的。IOD 的正相也减少了澳大利亚西部到东南部的降雨，容易诱发火灾。降雨异常与同时出现的相同极性的 ENSO 相结合，覆盖了整个澳大利亚。IOD 通过西印度洋的水汽输送或局地 Hadley 环流的改变，直接影响南亚夏季风降水，或在对流层两年振荡的框架内间接影响南亚夏季风降水。此外，IOD 和 ENSO 对东北亚夏季地表温度的相反影响也被证实。

研究结果表明，印度洋偶极子模态和相关的人为强迫没有明显的变化趋势。IPCC AR5(IPCC，2013)的结论是，IOD 可能继续活跃，影响澳大利亚、印度尼西亚和东非的极端气候。自 AR5 以来，IOD 遥相关已被确定向西延伸至中东，向北延伸至中国长江。在北半球夏季和秋季，正 IOD 事件倾向于增加海盆东南部和中部以及南部非洲极端降水。在过去的 1000 a 中，正相的 IOD 和 El Niño 事件的综合影响导致澳大利亚出现严重干旱。卫星时段观测表明，它们更显著地诱导印度尼西亚降水显著减少，而在负 IOD 事件时则相反。同样，在同时发生 El Niño 和正 IOD 期间，恒河和雅鲁藏布江流域发生了重大干旱；而在拉尼娜和负 IOD 期间发生了洪水。在东非赤道地区，IOD 增加短雨季降水，在不受 ENSO 影响的情况下加剧了洪水。2019 年澳大利亚丛林大火和非洲洪水等极端条件与强烈的正相 IOD 条件有关。

据 IPCC AR6(IPCC，2021)预估，IOD、IOB 与 ENSO 的相互作用在未来会持续，但事件发生频率和强度的变化仍不确定。在全球持续变暖的情况下，与 2019 年极端正 IOD 事件相关的极端气候事件预计将更频繁地发生。IOD 与印度洋平均状态之间的相互作用，通过大气—海洋反馈，可以影响 IOD 的行为。在非洲之角东部，由于印度—太平洋地区与 IOD—ENSO 相关的海温变化和 Walker 环流变化，预计降水将增加。

6.2.4.3　马登-朱利安振荡(MJO)

马登-朱利安振荡(MJO)是 20～90 d 时间尺度上热带季节内变化的主要模态，也是全球次季节时间尺度上(1 周到 1 个月)区域气候变化和可预测性的重要来源。它的特征是行星尺度的扰动(纬向波数 1～3)，气压、风、云和雨主要沿赤道向东移动，平均速度为 5 m/s。更准确地说，MJO 的特征是与大气的异常纬向翻转环流相耦合的对流抑制和增强的交替。MJO 是由全年发生的内部海气过程驱动的，但具有明显的季节性，在北半球冬季信号更为明显。在北半球夏季，与 MJO 相关的对流活动中心从赤道移至 10°—20°N，并在亚洲季风区除东移传播外，也向北传播，常称为北方夏季内季节振荡(BSISO)。MJO 在各季节均存在，但北半球夏季振幅较弱，而北半球夏季以 BSISO 为主，对季风、热带气旋等方面有影响(IPCC，2021)。

MJO 典型的型态为：在印度洋西侧出现"比常年多雨、水汽较多的区域"和"比常年少雨、水汽较少的区域"成对的两个区域，这两个区域缓慢地向东移动，直到太平洋西侧后开始消散(对流活动较弱的太平洋东侧则不会出现这种情况)，过程需时 30～60 d。与此同时，印度洋西侧再次出现上述成对的两个区域，至此形成一个循环。在极少的情况下，也有至太平洋东侧仍未消散，并越过大西洋绕地球一周的情形发生。

在 IPCC WGI AR5(IPCC，2013)中，MJO 被描述为一种热带现象，但通过遥相关对全球产生显著影响。MJO 通过遥相关对热带气旋、干旱、洪涝、热浪、火灾等热带极端天气事件以及温带极端天气事件的发生产生强烈影响。这为极端天气的次季节预报和季节预报这一新兴领域以及相应的新观测网络的发展提供了新机遇。MJO 还可以影响大气成分，如臭氧、CO、CO_2 和气溶胶。

IPCC WGI AR6(IPCC，2021)肯定了 AR5 的基本结论，并讨论了 MJO 的发展阶段的主要影响区域。在北半球冬季，MJO 主要局限于深热带地区，根据 MJO 相位的不同，干湿带呈纬向交替。例如，在第 MJO 第 4 阶段，海洋大陆的降水增强，而太平洋中部、巴西东北部和非洲赤道地区的对流减弱(图略)。相反的情况出现在第 MJO 第 8 阶段。与对流改变和非绝热加热相关的深热带高空辐散异常导致副热带地区的异常涡度，作为热带地区以外一个有效的和主要的遥相关的来源。MJO 对温带影响可能是通过强迫对流层 Rossby 波的激发产生的，影响北太平洋、北大西洋和北极地区的气候变化。例如，MJO 第 5 阶段的热带对流加热有助于北极变暖，而 MJO 第 1 阶段的热带对流加热则相反。MJO 第 2～3 阶段与北大西洋涛动(NAO)正相盛行期明显相关，后者在 MJO 强迫后滞后 10～15 d 发生。平流层迹线也支持热带—温带遥相关，通过调整平流层突然变暖的发生，使得延迟 15～20 d 的次季节具有可预测性。

北半球夏季 MJO/BSISO 对流活动及相关影响在印度洋—南亚地区向北/东北方向传播，在西北太平洋—东亚地区向北/西北方向传播。MJO/BSISO 显著调节了亚洲和北美极端降水和热浪的发生，同时也调节印度洋、太平洋和大西洋热带海洋的热带气旋活动。MJO/BSISO 导致了季风的季节内波动，包括夏季季风开始和结束的时间及其活动/休止阶段。

灵敏度研究的结果表明，未来在暖气候背景下，MJO 降水幅度有所增加。温度每增加 1 ℃，降水增加可高达 14%。然而，在具有历史 MJO 行为检验的 CMIP5 模式预估中，在 RCP8.5 情景中，印度—太平洋暖池地区的降水振幅到 20 世纪末为(－4%～＋8%)/℃。当模拟 MJO 降水振幅随气候变暖而增大时，这种变化的主导因素是对流层低层垂直水汽梯度的增强。在理想的模拟中，随着类似 El Niño 形态的持续 CO_2 强迫，MJO 活动随着变暖的增加而进一步向东渗透到中太平洋和东太平洋。

6.2.4.4　太平洋年代际变率(PDV)

太平洋年代际变率(PDV)描述在整个太平洋和周围大陆上各种观测仪器记录和代用资料重建的模态。PDV 与 ENSO 有紧密的关联，PDV 通常是在 ENSO 时间尺度之外的大尺度波动。历史上，太平洋 8～10 a 以上的气候变率都是用统计模态来描述的，通常是通过分解 SST 的 EOFs 来评价。热带外北太平洋海温年代际变率的主要 EOF 模态称为太平洋十年际振荡(PDO)。PDO 与多个过程的集合相对应。在年际至年代际的时间尺度上，PDO 是由与阿留申低压随机变化相关的大气强迫驱动的，这些强迫与海洋混合层动力学和相关的过程相联系，并与 ENSO 强迫遥相关(IPCC，2021)。在年代际尺度上，副热带气旋动力学和相关的黑潮—平潮延伸的温度异常纬向平流和向西传播的海洋 Rossby 波被认为是关键机制。在 PDO 暖相位(或正相位)期间，西太平洋偏冷而东太平洋偏暖；在冷相位(或负相位)期间，西太平洋偏暖而东太平洋偏冷(UNESCO，2012)。

PDO 在南太平洋的对应振荡，称为南太平洋年代际振荡(SPDO)，被定义为热带外南太平洋 SST 的主要 EOF 模态。PDO、SPDO 被认为是由与热带外大气模态(如 SAM)相关的内部气候变率、ENSO 遥相关以及通过环流的海洋动力学驱动的。

在热带太平洋，ENSO 有明显的年际谱峰，但也存在类似的空间结构的年代际变率，称为热带太平洋年代际变率(TPDV)或年代际 ENSO。El Niño 和 La Niña 事件在给定 10 a 中的相对发生与 TPDV 阶段相关。

尽管 PDO、SPDO 和 TPDV 是物理上不同的模态，但它们在观测中被证实高度相关，共同构成了整个太平洋海盆范围内的变率，并相对于赤道对称分布，通常称为年代际太平洋振荡(IPO)。有证据表明，ENSO 和 TPDV 通过海洋中的热带—热带外遥相关和“红化”(即选择性地保留年代际和更长的变率)驱动南北太平洋的 PDO 和 SPDO，以确保南北半球年代际变率的同步。此外，TPDV 与热带外北太平洋之间通过太平洋经向模态存在正反馈，这是太平洋 AMM 的类似物，调节太平洋环流中副热带浅环流。IPO 是否是气候变化的一种独特模态，仍有待进一步评估和澄清。然而，由于PDO、SPDO、TPDV和IPO模态在空间和时间上都高度相关，它们可以统称为太平洋年代际变率(PDV)。

由于PDV对应的热带太平洋SST异常类型与ENSO相似，PDV对应的大气遥相关亦与ENSO类似，但PDV对应的时间较长。这包括Walker环流的长期改变，热带强迫因子Rossby波驱动温带背景的改变。

PDV的正相位在北美的西北角带来了异常温暖的条件，以阿拉斯加最为明显，这与阿留申低压的加强和向东转移以及相关的异常南风有关。相比之下，由于北极平流的加强，西伯利亚远东地区出现了占主导地位的寒冷状况。风暴路径的尾部加强，导致北美太平洋沿岸降水增多，尤其是在冬季。PDV的正相位也导致北美大陆南部的气候更凉爽、更潮湿，其中北半球夏季的潮湿异常最为明显(图略)。相反，PDV的负相位是美国西部和中部干旱的一个重要原因。除了模态热带分支的大气遥相关直接影响外，热带外SST异常还调节了北美降水异常的幅度。

在热带地区，正相的PDV与海洋大陆和亚马孙地区的暖干异常有关。印度和非洲的季风也趋于减弱。温暖和干燥的距平也覆盖了澳大利亚的大部分地区，正相的PDV增加了澳大利亚的干旱风险，而潮湿的距平主要出现在15°S以南的南美洲。在海洋中，正相的PDV增加了白令海和亚热带东太平洋的海洋热浪的发生，而负的PDV增加了黑潮—平潮延伸，导致美拉尼西亚和热带印度洋海洋热浪的发生。PDV还调节热带气旋活动：正相的PDV增加了菲律宾海和热带北太平洋东部的热带气旋生成，而减少了热带北大西洋和南太平洋西部的热带气旋生成。此外，ENSO和PDV已被证明控制了年际和几十年野火的变化，与PDV有关的持续干旱和严重热浪在许多地区蔓延(IPCC，2021)。

6.2.4.5 北大西洋涛动(NAO)和北半球环状模态(NAM)

北大西洋涛动(NAO)是北大西洋海盆大尺度大气变率的主要模态。它的特点是海平面气压(SLP)在亚热带的亚速尔高压和中高纬度的冰岛低压之间的交替(“跷跷板”)变化，有些向北延伸到北极深处。NAO的正相位对应于异常强的亚速尔高压和伴随而来的冰岛低压的加深，并在亚北极海盆有一些渗透(格陵兰岛/挪威/巴伦支海)，伴随着在广阔的北大西洋—欧洲扇区加强和北移的急流和风暴轨迹。

NAO尽管具有季节性依赖的物理特征，但它是宽广的北大西洋—欧洲区域在季节内到几十年时间尺度上的所有季节气候变率的主要模态。NAO的位相控制了北大西洋及周边大陆温度和降水的变率以及盛行西风和相关风暴路径的变化。它还与阻塞条件的发生和强度密切相关(特别是在格陵兰上空)，并控制了欧洲的寒潮、与爆发性风暴有关的强风、强降水事件和北美东部极端事件的发生。NAO是表征横跨大西洋西风气流的重要现象，NAO位相(指数)为正值，表明中纬度西风气流的强度高于平均值，在冰岛地区出现低压距平，而在热带大西洋出现高压距平。NAO指数为正值期间，大西洋西北地区冬季寒冷，欧洲冬季温暖；从冰岛到斯堪的纳维亚半岛冬季气候湿润，南欧地区冬季气候干燥。NAO指数为负值，表明中纬度西风气流的强度低于平均值，气流呈蜿蜒曲折型，从冰岛到斯堪的纳维亚半岛常有阻塞反气旋出现，北欧冬季寒冷(UNESCO，2012)。

NAO可以看作是大气变率半球尺度模态，这种模态在20世纪90年代后期被认为是北极涛动或北半球环状模态(NAM)，以反映超越整个半球的纵向尺度。在北太平洋上空还有一个活动中心，尽管比大西洋的活动中心弱得多，NAM在正相位有一个减弱的阿留申低压。AO

(北极涛动)/NAM 可定义为从地表到平流层的大气水平范围内变率的主要模态。在平流层，AO/NAM 对应于北极上空冬季极地涡旋强度的波动。在对流层中，AO/NAM 主要对应中纬度西风急流位置的波动。平流层和对流层环状模之间相互作用的研究表明，这对季节内时间尺度的可预测性具有重要意义。

尽管 NAM 和 NAO 指数具有很强的相关性，关于 NAM 本身作为一种变率模态有关辩论尚未结束。因此，在一些研究中，NAO 和 NAM 被认为是不可区分的，而另一些研究仍然认为 NAO 是一个独立的模态。在 IPCC AR6(IPCC,2021)报告中，NAO 和 NAM 经常被认为是同一个实体。

20 世纪后 20 a，北大西洋冬季大气环流的特征发生了前所未有的变化。NAO 指数的突变发生在 1980 年左右，自此以后一直保持正值，这种上升的趋势与欧洲和亚洲地表温度升高和大西洋西北地区温度降低紧密相关(World Water Development Report 4,2012)。20 世纪下半叶，NAM 出现了正的变化趋势，90 年代以来出现了部分逆转，但这些变化的检测和归因仍然困难。NAM 与北部热带外极端天气和气候之间的联系在模式和观测中仍不清楚。然而，降水趋势之间存在可靠的联系(IPCC,2021)。

CMIP6 预估表明，在 SSP3-7.0 和 SSP5-8.5 情景下，NAM 正位相在整个 21 世纪冬季将变得更加显著。在 CMIP5 RCP8.5 情景下，北半球冬季(DJF) NAO 振幅和频率的增加与北欧降水增加和南欧降水减少有关。例如，预计欧洲北部、俄罗斯西部和北美东部大部分地区的降水将增加 85%以上，而非洲西北部和地中海附近地区的降水将减少。然而，预估具有较大的不确定性(IPCC,2021)。

6.2.4.6 南半球环状模

南半球环状模(SAM)，有时被称为南极振荡(AAO)。SAM 尽管具有与季节相关的物理特征，如纬向移动和相关异常大气环流和海温指纹的强度，但从总体上看，是南半球热带外地区所有季节以及在季节内至几十年时间尺度上大规模大气环流变率的主要模态。SAM 的特征是中高纬之间的同步海平面气压(SLP)或相反符号的位势高度距平，调节 50°S 附近的平均西风。SAM 制约冷锋的频率、强度和位置，影响热带外天气系统和中尺度天气系统。它在很大程度上控制了南半球亚热带和温带地区季节性至多年纬向平均降水的变化。SAM 也与南大洋温盐特性的波动及其动力学密切相关。此外，它还从年际到几十年的时间尺度上调节南极海冰的范围。

由于 SAM 的等效正压结构，它通常被量化为对流层各层温带位势高度距平或 SLP 距平的第一 EOF 模态。然而，它延伸到平流层，与低层和中层大气动力学耦合。由于它本质上代表了经向大气质量传递，另一种定义是南纬中纬(40°S)、高纬(65°S)归一化纬向平均 SLP 的差异。SAM 的极性是这样定义的：当南极上空的气压异常低时，SAM 的极性为正，反之亦然。虽然 SAM 比 NAM 更具有纬向对称性，但它确实表现出一些不对称性，特别是在太平洋和印度洋扇区上空的中纬度节点。

SAM 主要受温带大气动力驱动，但其位相受远端 SST 异常(如 ENSO)和人为强迫的影响。在 SAM 的正相阶段，南极气团被一股增强的西风急流隔离，该急流比在 SAM 的负相阶段位于更南的地方。这导致整个大陆的温度下降，周围海洋的海温呈负距平。在相反的负相，急流和相关风暴路径向赤道方向移动，使低压系统向北移动，并对南美洲南端产生强烈影响。在季节到年际的时间尺度上，SAM 常被用作中纬度西风带位置的代用指标，但对此仍有争议。

最近的观测和研究丰富了人们对 SAM 变率对整个南半球热带外地区平均气候和相关环境参数的广泛影响的认识。SAM 的影响延伸到中纬度大陆块，在澳大利亚南部和南美洲东南部导致降水异常，这与温带风暴和平均西风环流纬向迁移和强度增加有关。SAM 相关的遥相关与 NAM/NAO 一致，具有很强的季节性。在南半球的夏季，若 SAM 处于正相位，干燥的天气影响了巴塔哥尼亚南部的大部分地区和南美洲的最南端，而在南非和马达加斯加则是潮湿的天气条件。在澳大利亚东南部也普遍出现较冷的温度(图略)，在新西兰、塔斯马尼亚岛和南美洲南端却是正温度距平。这些异常表现为位于 40°S 左右的暖带的大陆指纹，其特征是显著的半球尺度 SST 变化，这一变化与夏季风暴路径的南移一致。

此外，有几项研究已经描述了 SAM 与跨赤道的亚洲降水之间的遥相关。季节性平流层异常与 SAM 的耦合还可以影响澳大利亚东部春季的极端高温。Marshall 等(2013)描述了 21 世纪初 10 a 南北极夏季/秋季温度与南极东部温度之间关系的逆转，这是由于与纬向波数有关的压力分布的区域变率。其他研究分析了 SAM 和 ENSO 在不同时间尺度上相互作用的时间变率，在 1986—2014 年期间为显著正变率。

IPCC AR6(IPCC,2021)指出，在南半球，1950 年以来观测到的 SAM 强度呈正趋势，特别是在南半球夏季。平流层臭氧消耗和温室气体增加是造成这一变化的主要原因。西南风的变化和南半球哈得来环流圈的扩大影响了南半球春季—夏季南美洲和澳大利亚南部与 SAM 相关的降水距平。在新西兰上空，与 SAM 相关联的大尺度 SLP 和纬向风形势调节区域河流流量。SAM 还通过水汽通量影响南极洲上空的降水和水汽变化。SAM 及其与其他大尺度气候变率模态(如 ENSO 和印度洋偶极子)的相互作用是造成南部非洲降雨和南美洲南部降雨波动的原因。5 月，SAM 可触发南印度洋偶极 SSTA，使印度次大陆及邻近地区的降水或多或少，也会影响随后的南海夏季风。在南美洲上空，正的 SAM 与干旱条件有关。由于锋面和地形降水减少，水汽辐合减弱。受影响特别严重的地区包括智利和巴塔哥尼亚中部的河流。

在南半球，CMIP5 RCP8.5 情景预测的 SAM 正趋势似乎减轻了中高纬度地区的湿润和副热带地区的干燥，但仍具有很强的季节依赖性。南美洲、南非、南澳大利亚和新西兰的区域降水变化不能很好地用 SAM 的变化来解释，但其与南北温度梯度的大范围变化有关，这些降水变化与热带对流层上层升温的增强和平流层极地涡旋的加强有关(IPCC,2021)。

6.2.5　大气河

大气河(ARs)是长、窄(宽度可达几百千米)、浅(深度可达几千米)和强水平水汽输送的短暂走廊，通常与温带气旋冷锋前的低空急流相关(Ralph et al.,2018)。大气河经常导致强降水，因为它们被强迫上升，例如，由于山脉或温暖的传送带的上升。中纬度地区的水平水汽输送主要发生在大气河中，并集中在对流层低层。大气河是地球上最大的淡水“河流”，平均流量是亚马孙河的 2 倍多。

大气河在 AR5 中没有进行评估，但在 AR6 中进行了简要的评估。大气河与从热带到中高纬度的大气水汽输送有关，尽管相对于温带气旋内不同气流的水汽输送驱动因素仍然是当前研究的一个主题。虽然以前的很多研究都集中在北美西海岸，但热带异常反应发生在整个温带和极地地区，并且通常与局地强降水有关，包括所有中纬度极端降水事件的相当一部分。在春末至夏季期间，气候变化也对东亚产生了强烈影响(Kamae et al.,2017)。大气河可通过暖湿空气侵入南极洲、格陵兰岛和新西兰，与变暖/融化事件发生关联，其中在南美洲亚热带地区产生的降水量占其年总降水量的 45%～60%。它们还将水分从南美洲输送到南大西洋西部和中部，为到达南非西海岸的大气河提供水汽。然而，大气河对降水率的估计可能存在较大的不确定性，特别是大气河会影响地形复杂的沿海地区，这可能会导致大气河相关降水量化的复杂性。

目前，对观测到的大气河特征趋势的分析是有限的。部分研究表明，自 1948 年以来，北美西海岸大气河登陆活动呈上升趋势。Gonzales 等(2019)还记录了自 1980 年以来影响美国西海岸的大气河导致季节性不对称变暖，这对区域径流的时间和量值具有影响。

综上所述，20 世纪中期以来，北太平洋东部大气河活动可能有增加的趋势。然而，尽管这种活动的增加与人类引起的全球变暖相关的可降水量增加是一致的，但对这种趋势估计的信度低。此外，对这种趋势也没有正式的归因结论。

6.3 温室气体排放主导的全球变暖引起的水循环变化

6.3.1 温室气体排放增加的水文效应

人类活动影响气候的方式进而影响水文循环主要有两方面。一是人类对矿物燃料的利用及农业和工业生产排放大量的二氧化碳等温室气体，大气中温室气体等痕量气体浓度的增加导致气候变暖。二是人类社会的发展不断改变土地利用和土地覆盖，直接或间接地改变了地球辐射平衡，造成气候变化。本小节主要讨论前一个问题，第二个问题在下一小节专门讨论。

6.3.1.1 痕量气体增加对水文循环的影响

地球气候一直在近于平衡进出地球系统的能量流动中变化着：进入全球的太阳辐射总量必须等于地球反射的太阳辐射与气候系统放射出的红外辐射之和。来自太阳的辐射能量与地球放出的辐射能量在总体平均上的平衡，对地球温度的确定有重要作用。这种辐射传输在一定程度上决定了大气温度的分布，水体及气流的运动。自 1997 年以来 NASA 开启了全球监测项目：云和地球辐射能系统(CERES)。该项目主要研究地球大气层顶部的辐射流。CERES 的一系列仪器跟随卫星在地球上空飞行，测量有多少能量进入地球系统，又有多少离开了地球系统。这些数据加上全球海洋热量测量等表明地球系统正处于一种能量不平衡的状态。但这些数字没有告诉我们的是，究竟是什么因素导致了能量平衡的变化。这种不平衡的能量中有多少是人类活动，诸如温室气体的增暖及人为气溶胶增加的冷却效应引起？多少由自然因素，如水蒸气、云层、温度和地表反照率等因素引起？引起全球辐射不平衡的扰动称为强迫辐射。

在 20 世纪 60 年代 Manabe 等(1967)第一个探索了辐射平衡与气团垂直输送之间相互作用问题。他将对流引起的气团垂直输送及水蒸气凝结的潜热纳入他开发的物理模型。并将模型简化为一个一维的垂直的圆柱体，从地面直达 40 km 高的大气层通过改变大气中多种气体浓度来测试它们对地表温度的影响。结果表明，氧气和氮气的影响可以忽略不计，二氧化碳(CO_2)则有显著影响。当 CO_2 浓度翻一倍时，全球气温将上升 2 ℃以上。气温升高主要发生在大气低层，而高层大气温度降低。由此证实气温升高是由 CO_2 浓度增加引起。通过对观测数据的分析与研究得到，自 2003—2018 年人类活动导致的辐射强迫每平方米增加了约 0.5 (0.53±0.11) W。这种增加主要来自发电、运输以及工业制造排放的温室气体，反射性的气溶胶减少也是造成能量不平衡的原因之一。Manabe 等(1967)提出的辐射对流模型(RCM)，为以后气候模型的发展起奠定了基础，起到了里程碑作用。随着对气候系统复杂相互作用中各种过程的深入理解，尤其是通过卫星测量和天气观测的积累，气候模式日益完善。模式清楚显示了加速的温室效应。自 19 世纪以来，大气中 CO_2 含量增加了 40%，在过去150 a全球温度升高了 1 ℃。

人类辐射强迫改变了地球能量收支，导致全球水文循环的变化。大量的数据表明（IPCC，2021），自 1980 年以来全球水文循环的一些分量加强了。全球陆地降水从 1950 年开始增加，20 世纪 80 年代以后增速加快。陆地空气变暖使得大气蒸发需求量增加。根据 Clausius-Clapeyron 方程，气温每升高 1 ℃，近地面大气的持水能力约增加 7%。全球整个气柱的水汽含量增加。从而导致降水的强度增加。由于陆面的增温速度高于海洋（对大气而言，升高 1 ℃，只需几周，如果海洋平均升温 1 ℃可能需要 1000 a），海陆温差加大，改变了大气环流分布的变化。平均而言，近地面比湿增加。自 2000 年以来陆地上的相对湿度减少。由于观测的时空分布不均及其不确定性，全球 $P-E$ 以及河流径流的变化趋势尚不明确（刘春蓁 等，2023）。

6.3.1.2　气溶胶强迫效应

气溶胶是悬浮在空气中的微小颗粒（直径在 0.001～10 μm）的总称。大气中的气溶胶是由大气介质与混合在大气中的固态和液态颗粒物组成的多相（固、液、气三种相态）体系，是大气中唯一的非气体成分，也是大气中的微量成分。大气气溶胶包括自然过程产生和人类活动产生两种。自然气溶胶有火山灰、尘灰、海盐气溶胶等。人为气溶胶主要包括硫酸盐、矿物燃料有机碳、矿物燃料黑碳、生物质能燃烧、矿产灰尘气溶胶等。自然气溶胶在大气中的含量、分布和光学特性在一段较长的时期内可以看作不变，但与温室气体相比，其生命期要短得多（一般只有几天到 2 周时间，且空间分布很不均匀）。自然界中的气溶胶主要来源于地表、大气自身产生和外部空间注入。其中最重要的自然源是地表源，有一些气溶胶粒子来自地层深处，通过火山的喷发进入大气，并且可以直接到达平流层（15～50 km）。人为气溶胶自工业革命以来，特别是 20 世纪 50 年代以来增加迅猛。

气溶胶对气候辐射强迫的过程可分为两类，即气溶胶-辐射相互作用和气溶胶-云相互作用，或称为直接效应和间接效应。直接效应就是气溶胶通过对短波和长波辐射的散射或吸收，直接影响地气系统的辐射平衡。其辐射强迫大小与气溶胶的光学特性、垂直和水平方向上的分布密切相关。气溶胶的间接效应是指通过气溶胶改变大气中云的微物理过程，从而改变云的辐射特性、云量和云的寿命，进而影响地气系统的辐射平衡。

大气气溶胶的重要组成部分是黑碳和有机碳，它们来源于燃烧不充分的燃料所排放的细颗粒物和气态碳化合物（沉积在固体颗粒物上）。黑碳气溶胶对于太阳辐射有强烈的吸收作用，可以吸收的波长范围从可见光到近红外，其单位质量的吸收系数比沙尘高两个量级（100倍），因此，尽管大气气溶胶中黑碳气溶胶所占的比例较小，但是它对区域和全球气候变化以及生态环境的影响十分明显。

气溶胶对大气辐射的总效应与温室气体相反，产生冷却作用，总有效辐射强迫评估为 $-0.90\ W/m^2$。尽管气溶胶强迫存在很大的不确定性，但可以肯定的是，气溶胶抵消了很大部分的温室气体的强迫。冰芯取样数据表明，受排放的影响，北纬中纬度地区大气气溶胶从 1700 年到 20 世纪最后 25 a 呈增长趋势，此后呈下降趋势，而在全球其他地区的观测趋势为低信度。卫星遥感和地面观测资料表明，自 2000 年以来北半球中纬度地区和南半球大陆气溶胶光学厚度主要呈负趋势，但南亚和东非地区呈正趋势。就全球整体趋势而言，气溶胶丰度减少，因而正有效辐射强迫增加，负有效辐射强迫变小(IPCC,2021)。

6.3.2 全球变暖对全球水文循环变化的影响

以下重点论述温室气体排放为主导的气候变化对大气水汽、降水、蒸散、径流过程的影响，自然变率和人类活动对水文要素的综合影响的定量分析将在6.5节论述。

6.3.2.1 大气水汽

水蒸气是最重要的自然温室气体，其数量预计将在全球变暖的背景下增加，导致进一步变暖。特别重要的是对流层上层的变化，因为那里的水汽调节着水汽反馈的强度。自1979年以来，人类的影响很可能促进了对流层上部的湿润。此外，人类的影响还导致了全球年地表比湿度的增加，并致使中纬度北半球大陆夏季地表相对湿度的降低。

对流层水汽变化的探测和归因可以追溯到Santer等人。他们使用了基于卫星的特殊微波传感器成像仪(SSM/I)和CMIP3历史气候模拟对大气水汽的估计。他们提供了人为导致对流层湿润的证据，而且到2002年，在水汽卫星数据(从1988—2006年)的5%水平上可以探测到模拟的人类指纹分布。观测到的变化与温室气体变化和其他人为强迫的历史模拟相吻合，而不仅仅是由于自然变率。然后，Santer等(2009)对CMIP5模型进行了重复研究，发现检测和归因结论对模型质量不敏感。这些结果表明，人类的指纹是由坚实的和基本的物理过程控制的，如水蒸气反馈。最后，Chung等(2014)通过关注对流层上部的全球平均水汽含量，扩展了这一研究路线。利用基于卫星的观测和在各种气候强迫选项下运行的CMIP5气候模拟集，结果表明，1979—2005年期间观测到的对流层上层的湿润趋势不能单独用内部变率来解释，但这是人为和自然强迫的结合。

Dunn等(2017)证实了之前的发现，全球平均地表相对湿度在1973—2000年期间增加，然后急剧下降，直到2013年，比湿相应增加，然后大致保持不变。另一方面，Byrne等(2018)表明，比湿近年来持续呈正趋势，1979—2016年在陆地和海洋均可检测到。此外，他们还提供了一种理论，表明每年地表温度和比湿的增加以及陆地上观测到的相对湿度的减少与邻近海洋的变暖有关。最近的一项研究还发现，1979—2014年夏季，北半球中纬度大陆的相对湿度出现了人为因素驱动的下降。此外，Douville等(2020)在一项模拟研究中表明，中纬度地区北方夏季相对湿度的下降不仅与全球海洋变暖有关，而且还与陆表模型中CO_2对植物的生理效应有关。

6.3.2.2 降水

IPCC WGI AR5(IPCC,2013)得出的结论是，自1950年以来，人类影响促成了陆地上的大尺度降水变化，包括北半球中高纬度地区的降水增加。自AR5以来的研究成果为人为因素对降水的影响提供了进一步的证据，人类的影响很可能导致了自20世纪中期以来观测到的大范围降水变化。人类的影响导致了纬向平均热带湿润—亚热带干燥对比的加强，而且热带降雨的变化遵循湿润地区更湿润，干燥地区更干燥的趋势。臭氧消耗增加了南半球高纬度地区的降水，并在夏季减少了南半球中纬度地区的降水，自1979年以来，与南环状模态正位相的趋势有关。

CMIP5模式模拟结果表明，1966—2005年期间北半球高纬度地区观测到的降水增加归因于人为强迫。CMIP6的初步模拟结果也支持人为强迫在北半球高纬度观测到的降水增加中所起的作用(图 6.8c)：60°—90°N 观测到的降水正趋势只能在包括人为强迫的情况下才能重现。在 30°—60°N 之间也出现了类似的正趋势，但不太显著，而在南半球中纬度地区则没有这种趋势(见图 6.8d,f)(IPCC,2021)。

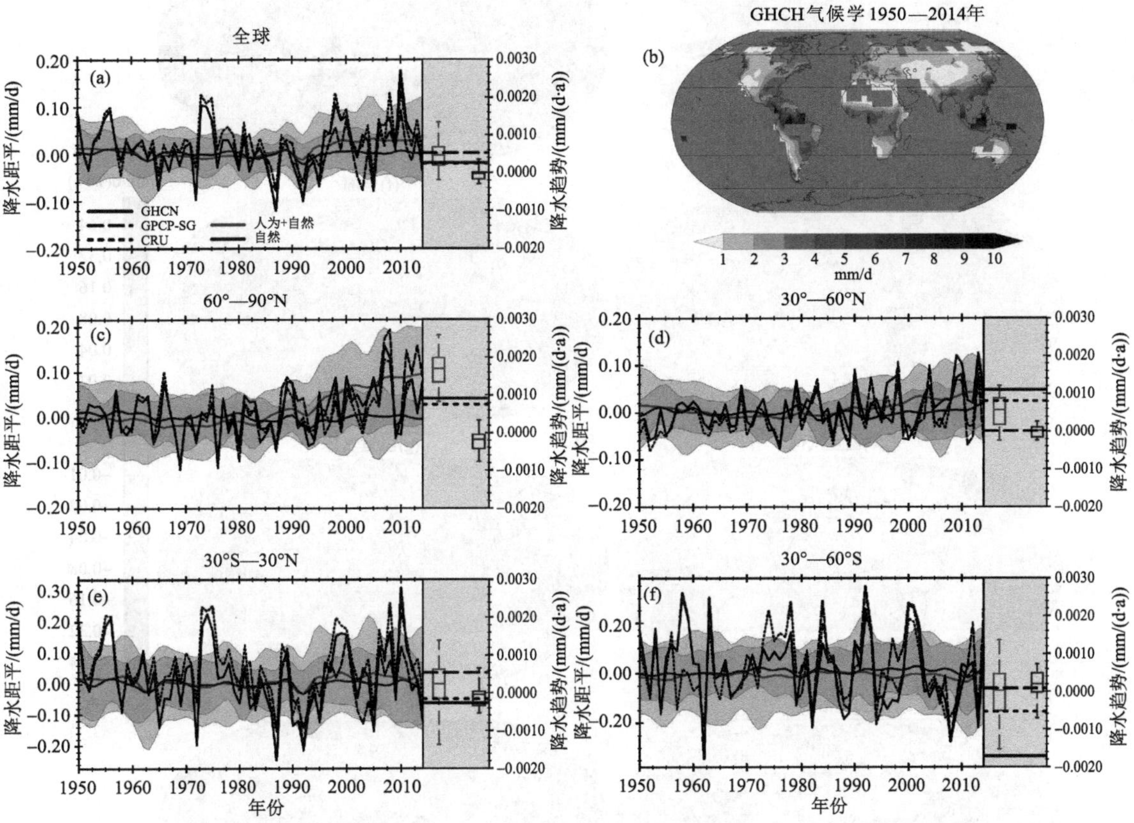

图 6.8　观测和模拟的纬向年均降水距平时间序列(资料来源:IPCC,2021)

在降水的人为影响中，温室气体和气溶胶浓度的变化具有直接的强迫作用。自 20 世纪中期以来，在大多数有观测资料的陆地地区，日平均降水强度都有所增加，这种增长很可能主要是由于温室气体的强迫作用。许多区域的降水增加或减少，也是温室气体和气溶胶的强迫所致(图 6.9g,h)。人为气溶胶排放可以通过辐射和微物理效应改变降水强度。20 世纪 50 年代至 80 年代，人为气溶胶导致全球陆地夏季风降水减少。在南美洲和东南大西洋的浅层云区已观察到气溶胶微物理效应对降水的抑制，这与当地的生物质燃烧有关。相比之下，在亚马孙、美国南部、印度和韩国等许多地区，通过深层对流云中的气溶胶微物理效应，可以看到与来自城市的人为气溶胶有关的降水增强[图 6.9(彩)]。

6.3.2.3　蒸散

IPCC WGI AR5(IPCC,2013)评估指出，过去 50 a 多数地区蒸发皿蒸发量下降，而实际蒸散量从 20 世纪 80 年代初至 90 年代末增加，这被称为“蒸发悖论”。自 AR5 以来，这些相互矛盾的观测结果被归因于气候系统内部变率以及蒸散对风速趋势不那么敏感的事实，并在一定程度上受到植被“绿化”的控制。基于观测的估计显示，从 20 世纪 80 年代初—21 世纪 10 年

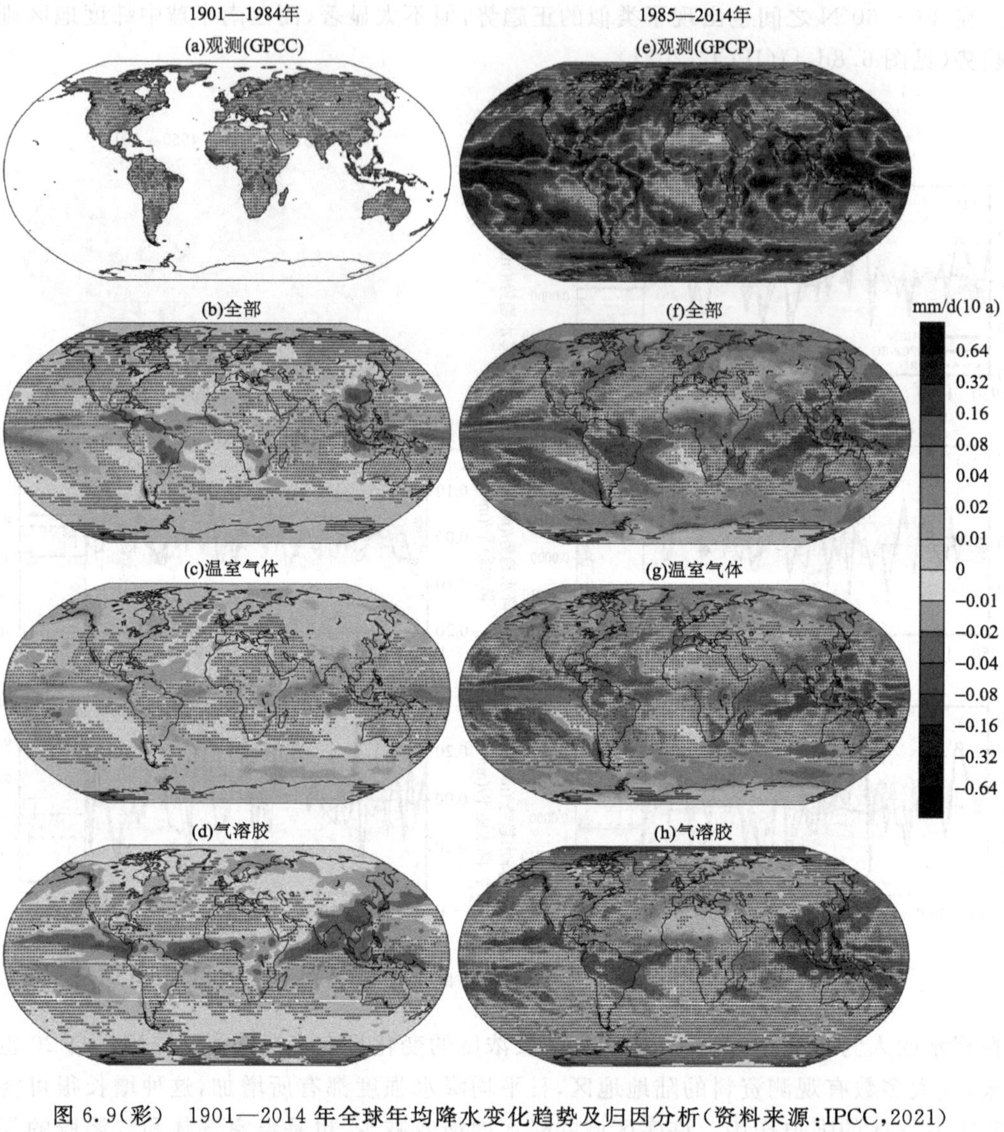

图 6.9(彩)　1901—2014 年全球年均降水变化趋势及归因分析(资料来源:IPCC,2021)
(a)、(e) 观测及 CMIP6 模拟的降水变化;(b)、(f) 所有强迫导致的降水变化;
(c)、(g) 温室气体强迫导致的降水变化;(d)、(h) 气溶胶强迫导致的降水变化

代初,全球陆地实际蒸散呈现强劲的正趋势。不同数据集的增长率不同,1882—2011 年的总体平均陆地平均增长率为(7.6±1.3)mm/(a·10 a)外,近来的研究发现,20 世纪 90 年代中期以后蒸发皿蒸发量的下降趋势趋于平稳或逆转,由于风速的主导影响转变为水汽压亏损的主导影响,自 20 世纪 90 年代以来,水汽压亏损急剧增加。1998 年以后的 10 a 里,蒸散变化趋势不明显,这至少部分是一种与 ENSO 变率有关的偶发现象。因此,1998—2008 年全球蒸散增加的明显暂停主要是由于内部变率。20 世纪 90 年代中期以来蒸发皿蒸发量和实际蒸散量这两个变量最近都有所增加,且在全球尺度上有一致的趋势。随着定量研究数量的不断增加,对实际蒸散的趋势逐渐形成共识,即全球陆地年实际蒸散量自 20 世纪 80 年代初以来有所增加。

自 AR5 以来，植物蒸腾对观测到的陆地蒸散趋势的主要贡献已重新得到讨论和证实。Zhu 等(2016)利用卫星和生态系统模型，发现 1982—2009 年叶面积指数呈正趋势，表明“绿化”导致观测到的蒸散亦呈正趋势。Zeng 等(2018)确定，卫星观测叶面积指数在 20 世纪 80 年代—21 世纪 10 年代期间全球增长 8%，这可能导致蒸散量增长(12.0±2.4)mm/a。

预计植物用水效率将随着 CO_2 水平的提高而提高，理论上可以抵消在较暖的大气中上升的蒸散量。然而，观察研究表明，在某些生态系统中，情况可能并非如此。例如，Frank 等(2015)发现，尽管整个 20 世纪欧洲森林的水利用效率(WUE)有所提高，但蒸腾作用也因植物生长增多、生长季节延长而增加，蒸发需求增加。同样，Guerrieri 等(2019)观察到，尽管北美森林的水分利用效率和光合作用有所提高，但气孔导度仅出现小幅下降，这仅限于水分有限的森林。其他研究进一步表明，在许多生态系统中，增加的 WUE 不能弥补植物生长的增加，从而加剧了地表水可用性的下降，而干旱条件也可以抵消 CO_2 施肥效应，导致 WUE 下降。

越来越多的研究在最近观察到的蒸散趋势中确定了归因信号。Douville 等(2012)发现，中纬度和北部高纬度地区 1960 年后蒸散量的增加都与人为辐射强迫有关。对 CMIP5 模拟的分析表明，1982—2010 年的全球平均蒸散趋势中有很大一部分是人为强迫造成的。Padrón 等(2020)确定了自 1984 年以来主导全球旱季水可用性的趋势主要是由人为蒸散的增加造成的。这些发现进一步得到了 CMIP6 模型结果的支持[图 6.10(彩)]，结果表明，最近夏季北半球中高纬度地区蒸散量的增加是由于温室气体强迫和欧洲上空人为气溶胶排放的减少。

6.3.2.4　径流

IPCC WGI AR5(IPCC,2013)报告称，1948—2012 年，在 200 个大型流域中，55 个流域的径流变化趋势显著，且增减趋势相当。在某些中高纬度地区，人类活动对气候的强迫影响了径流，这一结论具有中等可信度。但对 20 世纪全球河流流量总趋势的评估可信度较低，这是因为许多流量观测受到土地利用和大坝建设的影响，而世界上最大的河流流域在地理和形态等方面有许多不同的特征。在有季节性积雪储存的地区，有充分的证据和高度一致的看法表明，变暖导致春季最大流量提前。有充分的证据表明北极河冰提前破裂，还有迹象表明，气候变暖导致了冬季流量的增加和夏季流量的减少。在流量较低的地方，观测到的极端降水增加导致区域尺度上发生洪水的可能性更大。IPCC《气候变化中的海洋和冰冻圈特别报告(SROCC)》(IPCC,2019b)发现了强有力的证据和高度一致的结论，即由于冰川融化造成的流量已经达到了极大值，并且与较小的冰川连接的河流流量开始下降。

IPCC WGI AR6(IPCC,2021)报告指出，全球检测和归因研究表明，只有在考虑人为强迫的情况下，径流空间异质性历史趋势的模拟才与观测到的趋势一致。人为气候变化已经改变了许多区域的径流量，但在全球平均中仍没有观察到显著的趋势。多种人为和自然驱动因素已被证明在观测到的几个不同地区的径流趋势中发挥重要的作用。例如，自 20 世纪 80 年代以来，秘鲁亚马孙流域的旱季径流量一直在减少，在最近几十年科罗拉多河流域径流下降中，高达 30%～50%可归因于人为变暖及其对雪和蒸散的影响。在密苏里河上游流域，观测和研究发现，至少自 20 世纪末以来气温升高导致了径流减少。北半球寒冷地区发生融雪洪水的时间提前，冬季水量和流量总体增加，而暖季水量和流量减少。此外，气溶胶排放造成的地表变暗对蒸发的影响被确定为北半球径流中一个可识别的影响因素。

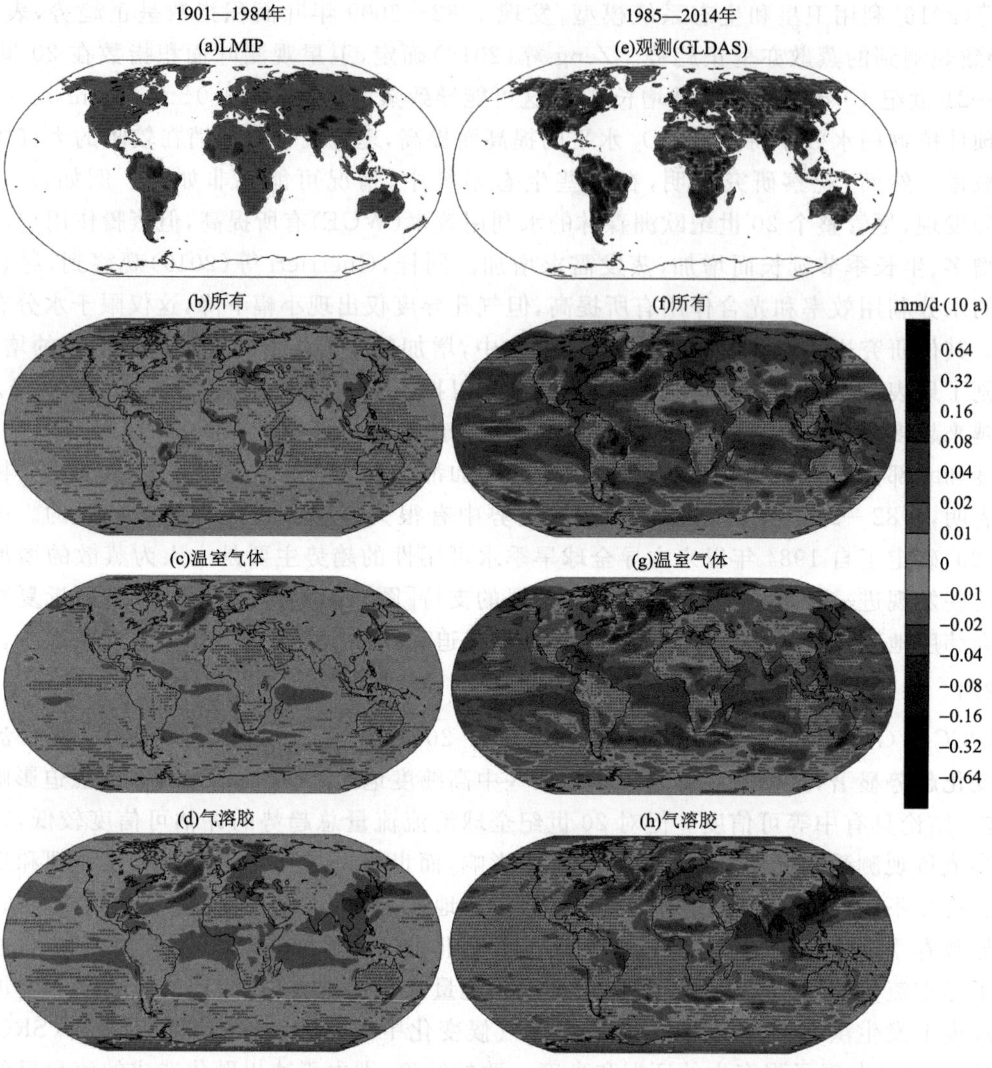

图 6.10(彩)　1901—2014 年全球年均蒸散变化趋势(mm/(d · 10 a))及归因分析(资料来源:IPCC,2021)
(a)、(e) LMIP 资料集和观测资料;(b)、(f) 所有辐射强迫导致的蒸散变化;
(c)、(g) 温室气体强迫导致的蒸散变化;(d)、(h) 气溶胶强迫导致的蒸散变化

6.4　土地利用与土地覆盖变化以及水资源管理导致的水循环水资源变化

人类的生存、繁衍和人类社会的进步与发展导致全球陆地土地利用和土地覆盖发生了巨大的变化,城市化的迅猛进程又进一步推动了土地利用和土地覆盖的变化。土地利用和土地覆盖的演变对全球的气候变化具有重要的驱动作用,对区域和流域的水文循环也具有显著的影响。

6.4.1　土地利用与土地覆盖变化影响水循环变化的机理

如前所述，大气和陆地同属气候系统，陆地和大气相互作用，影响全球的气候变化。陆地和大气通过温室气体（CO_2、CH_4、N_2O 等）、水分、能量或短寿命气候强迫物的前体（植物源挥发性有机化合物、灰尘、黑炭等）的交换，持续着相互作用的各种过程。此外，陆地生物圈还通过淡水、营养物质、碳和气溶胶等通量过程与海洋发生相互作用。这些相互作用对全球和区域温度、降水、空气质量等气候和环境状态具有直接影响，是气候变化的重要驱动因素。反之，全球和区域长期气候变化和年代际、年际、季节气候变率以及极端事件对陆地系统也有着深刻的影响。

有大量证据表明，土地利用和土地覆盖的变化改变了全球、区域和局部的水循环，改变了降水、蒸发、洪水、地下水和各种用途的淡水可用性。由于水循环的所有组成部分都是相互联系的（并与碳循环相联系），因此土地利用的变化会渗透到水循环和气候系统的许多其他组成部分。

土地利用变化及土地植被覆盖的变化可以影响到水循环的各个方面（图 6.11），如改变降水的空间分配；影响土壤水及地下水的存储时间，流入河流的水变成洪水的数量；从陆面蒸发返回大气的水汽。最终影响到整个水文循环以及可得到的淡水资源。土地利用变化通过改变大气与土壤和地表水之间的水热交换导致水文循环变化的时空尺度，比起人类活动的温室气体效应要小很多。后者在大气中滞留的时间可达到百年以上，对气候和水文循环的影响是全球性的。土地覆盖变化，城市化使得降水不能正常地入渗补给土壤和地下水库，增加地表径流；各种用水量的增加和大量抽取地下水，将存储在地下的水通过蒸发输送到大气，大面积森林砍伐减少了土壤水、蒸发和局地降水，引起局地气温变化，进而影响降水的格局，导致流域及局部地区水文循环的变化。尤其对气温升高非常敏感的干旱、半干旱地区，水资源过度开发的流域可能导致生态系统的退化以及水循环的破坏，最终使得水资源不可持续利用（刘春蓁 等，2023）。

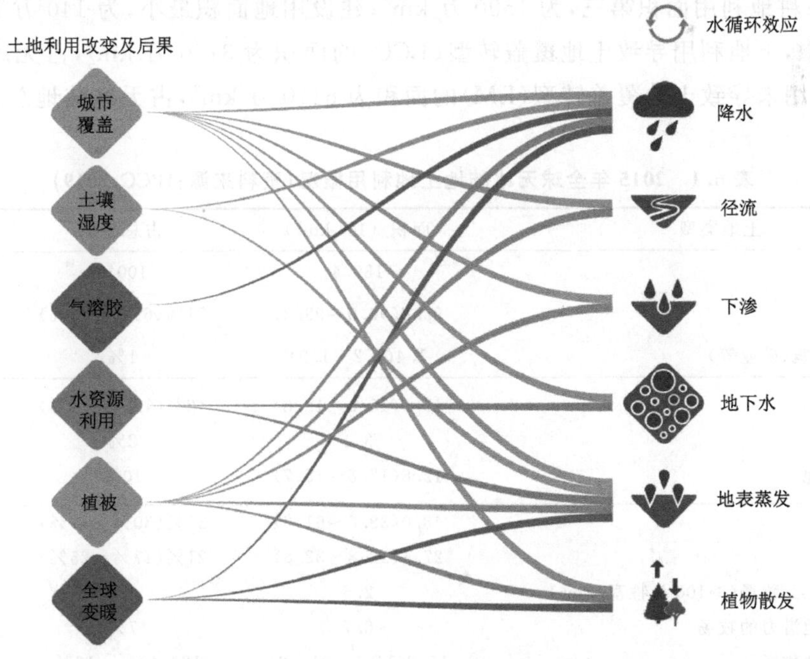

图 6.11　土地利用变化及其水文循环效应（资料来源：IPCC，2021）

在全球范围内，土地利用变化造成的CO_2排放量约占人类活动排放总量的15%，导致全球变暖，进而影响降水、蒸发和植物蒸腾。此外，由于人类活动，大气中CO_2的浓度升高，可以使植物更有效地保持水分，因为气孔不需要那么大的张开。改善土地和水管理（例如植树造林、可持续灌溉）也有助于减少气候变化和适应其一些不利后果（IPCC，2021）。

尽管城市用地面积仅占全球陆地表面积的0.4%～0.9%，但城镇人口已占到世界总人口的半数以上。近年来，快速的城市化进程造成了大量的源于土地利用改变的温室气体排放，对城市及周边生态系统、甚至气候系统造成了显著影响。城镇化对水文循环特别是降水和径流过程具有特别的影响。城镇化促进和抑制降水的因素同时存在，加之局地气候的扰动，城镇化对降水的影响方向存在不确定性。城镇化增加的感热通量、辐合、对流、凝结核数量，以及城镇化带来的土地反照率和对流通量变化促进降水增加；而城镇化过程减少的蒸发量和增加的气溶胶不利于降水形成。部分研究表明，城镇化导致降水增加，形成城市雨岛效应。不同城镇化模式对降水的影响程度不同，在集中的城镇化形态下，降雨的空间分布更加集中，降雨中心的范围更广、强度更大。部分研究发现，城镇化对降水起到抑制作用。城镇化引起的强降水和不透水地表导致的地表蒸散量及渗透量减少，共同促进径流速率、水量和水位增加，进而增大城市洪涝风险，特别是夏季洪水灾害。

6.4.2　全球土地利用与土地覆盖变化趋势

IPCC SRCCL报告（IPCC，2019a）对全球陆地的现状和变化趋势进行了评估。全球无冰陆地大约有3/4已被人类开发利用，特别是那些高生产率的土地，更是被高强度地使用。当今全球无冰陆地面积约为1.34亿km^2，其中人类开发利用的土地面积为9260万km^2，占无冰陆地面积71%。在土地利用的类型中，草地利用面积最大，为4800万km^2；林地面积其次，为2810万km^2；耕地利用面积第三，为1590万km^2；建设用地面积最小，为140万km^2。在开发利用的土地中，土地利用导致土地覆盖转型（LCC）的面积为3150万km^2，占无冰陆地总面积24%；土地利用未导致土地覆盖转型（LM）的面积为6110万km^2，占无冰陆地总面积47%（表6.1）。

表6.1　2015年全球无冰陆地土地利用概况（资料来源：IPCC，2019）

土地类型	面积/(10^6 km^2)	占总面积	转变类型
总计	130.4	100%	
占用土地	92.6(90.0～99.3)	71%(69%～76%)	
建设用地（建筑、矿业等）	1.4(1.2～1.9)	1%	LCC
耕地	15.9(15.9～18.8)	12%(12%～14%)	
灌溉耕地	3.1	2%	LCC
非灌溉耕地	12.8(12.8～15.7)	10%	LCC
草地	48.0(38.8～61.9)	37%(30%～47%)	
永久牧场	27.1(22.8～32.8)	21%(17%～25%)	
高强度永久牧场（>100头牲畜/km^2）	2.6	2%	LCC
具有林地潜力的牧场	8.7	7%	LCC
自然草地牧场	15.8(11.5～21.56)	12%(9%～16%)	LM
多用途草地	20.1(6.1～39.1)	16%(5%～30%)	LM

续表

土地类型	面积/(10^6 km^2)	占总面积	转变类型
开发利用的林地	28.1(20.3～30.5)	22%(16%～23%)	
人工种植林地	2.9	2%	LCC
人工管理林地(木材林地等)	25.2(17.4～27.6)	19%(13%～21%)	LM
未占用土地	37.0(31.1～40.4)	28%(24%～31%)	
未占用草地、湿地等	9.4(5.9～10.4)	7%(5%～8%)	
未占用林地(原生林)	12.0(11.7～12.0)	9%	
其他土地(荒地、岩石等)	15.6(13.5～18.0)	12%(10%～14%)	
土地利用导致土地覆盖转型(LCC)小计	31.5(31.3～34.9)	24%(24%～27%)	
土地利用未导致土地覆盖转型(LM)小计	61.1(55.1～68.0)	47%(42%～52%)	

在 IPCC SRCCL(IPCC,2019a)发布之前,联合国粮食及农业组织(FAO)也曾于 2018 年对 1901—2015 年世界和地区土地利用变化趋势作了评估[图 6.12(彩),表 6.2]。从图 6.12(彩)可见,近百年来农牧业用地(包括农田、草地和牧场)大幅扩张,其中尤以牧场和农田增加比例最大。20 世纪前 50 a 增长势头最猛,后 50 a 增长势头趋缓。牧场和农田 1901—1961 年年均增长分别为 0.89%和 0.80%,1962—2015 年分别降至 0.50%和 0.27%,但仍持续增长。高收入国家牧场增长幅度明显大于中低收入国家,这与生活水平和食物构成紧密关联。南亚地区农田占比为世界之最,这是人口膨胀和经济发展水平所致。中东和北非地区限于自然条件,土地利用占比最低,但扩张比例不低。

农牧业用地大幅扩张有两个途径,一个是荒地的开垦利用,一个是森林砍伐。1901—2015 年草地面积从 12.97 亿 hm^2 增加至 24.65 亿 hm^2,同期其他土地(主要是荒地)面积从 61.31 亿 hm^2 减少至 42.69 亿 hm^2,1901—1961 年森林面积从 41.93 亿 hm^2 减少至 38.78 亿 hm^2,年均减少 0.13%;到 2015 年减少至 36.76 亿 hm^2,年均减少 0.10%。森林快速损失。不同气候带森林变化有很大的差异,热带为森林净损失,温带和寒带为森林净增长。2000—2010 年,热带和亚热带森林面积年均减少约 700 万 hm^2,同期农田面积增加约 600 万 hm^2(FAO,2015)。

IPCC SRCCL(IPCC,2019a)在 FAO(2018)评估的基础上,重点对 20 世纪 60 年代以来的土地利用趋势进行了评估。1961—2015 年全球耕地增加速率最快,为 15%。其次为牧场草地,为 8%。同期,粮食产量增加 3.5 倍,肉食产量增加 2.5 倍,森林产量增加 1.5 倍。自 20 世纪 70 年代以来,人均卡路里增加了 17%,人均每日食物消费增加 1.2 倍。食物的构成也发生了很大的变化,人均肉食和植物油的消费量翻了一番。上述粮食、肉食和森林产量的增加既归因为上述有关面积的增加,也得益于单位面积产量的增加。农田的增加主要是对林地和湿地的开垦,牧场的增加则主要是对天然草地的开发利用。单产的提高主要是因为对农牧业的投入,如大量化肥的使用和品种改良等。

在人类活动的干扰下,全球森林自 20 世纪 60 年代以来减少了 5%,自 20 世纪 90 年代以来减少了 3%(FAO,2015)。全球湿地(430 万～1260 万 km^2)自 20 世纪 70 年代以来减少了 30%,大约有半数已经或接近干涸。在人类活动和气候变化的共同影响下,全球生物多样性损失 8%～14%。未来在气候持续变暖和人口继续增长的趋势下,陆地生态系统和生物多样性将面临更大的压力(IPCC,2019a)。

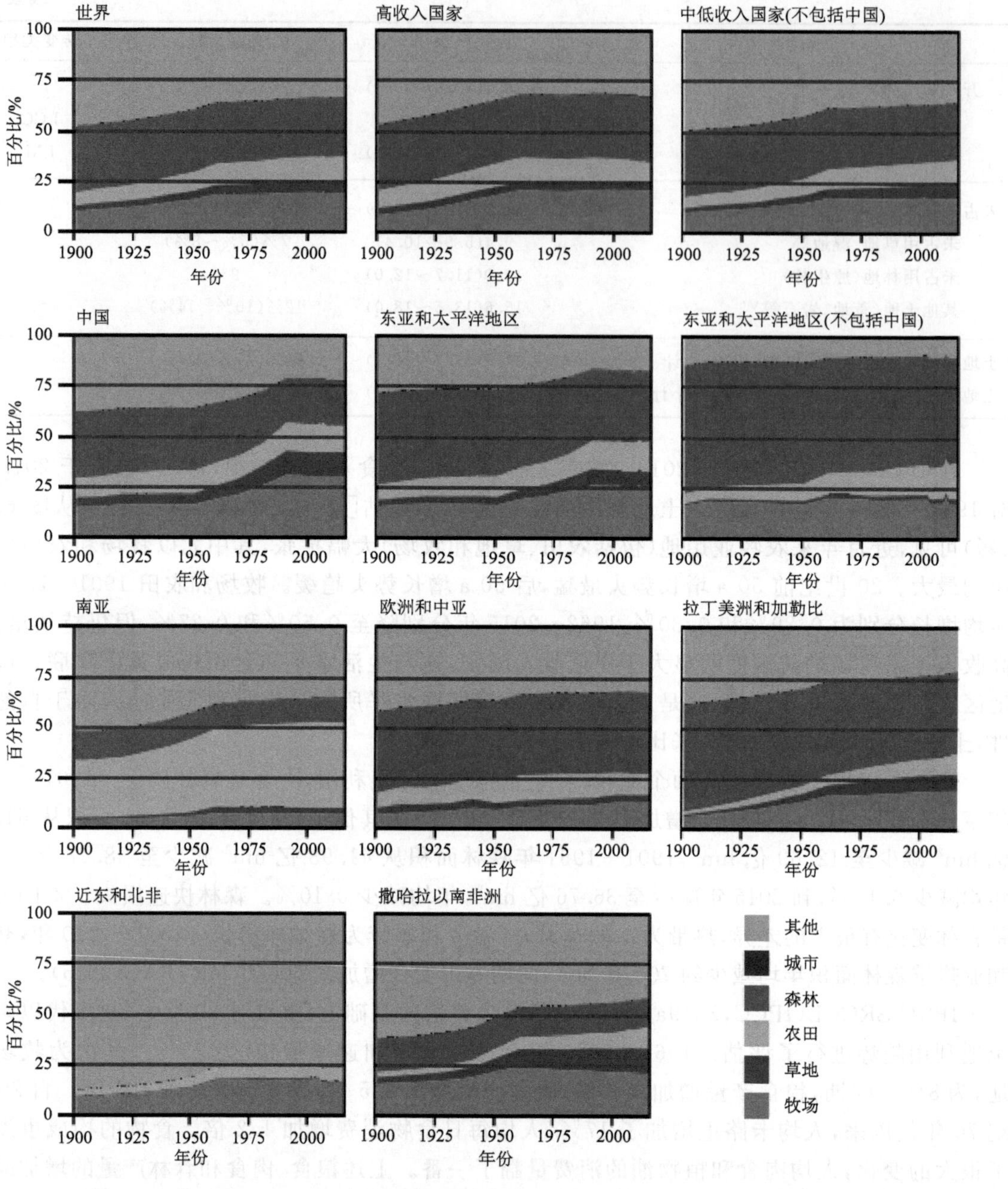

图 6.12(彩) 1901—2015 年世界和地区土地利用变化趋势(资料来源:FAO,2018)

表 6.2 1901—2015 年全球土地利用类型变化趋势(资料来源:FAO,2018)

土地利用类型	面积/10^6 hm^2			指数(2015=100)		年均增速/%	
	1901 年	1961 年	2015 年	1901 年	1961 年	1901—1961 年	1962—2015 年
城市	8	20	54	16	38	1.46	1.79
其他	6 131	4 587	4 269	144	107	-0.47	-0.13
森林	4 193	3 878	3 676	114	106	-0.13	-0.10

续表

土地利用类型	面积/10^6 hm^2			指数(2015=100)		年均增速/%	
	1901 年	1961 年	2015 年	1901 年	1961 年	1901—1961 年	1962—2015 年
农田	829	1 345	1 557	53	86	0.80	0.27
牧场	349	598	786	44	76	0.89	0.50
草地	1 297	2 379	2 465	53	96	1.00	0.07

6.4.3 全球土地利用与土地覆盖变化对水文循环影响

如前所述，土地利用与土地覆盖变化对水文循环影响的机制十分复杂，涵盖气候系统若干圈层的相互作用的过程。但其主要的影响方式有三个方面：一是与土地利用有关的需水、取水、用水、储水变化及水资源调控措施，属于水资源管理的范畴，也是土地利用对水文循环的直接干预和影响；二是土地利用与土地覆盖变化导致温室气体和气溶胶排放的改变，进而会驱动气候变化和水文循环变化；三是土地利用与土地覆盖变化会导致土壤物理、化学特性的变化，典型的特征是土地退化和沙漠化，其结果是一方面直接改变蒸散、下渗、径流等水文循环过程，另一方面会通过陆气耦合影响气温和降水等气候条件。水资源管理对水文循环的影响将在 6.4.4 节专门论述，本小节重点讨论于土地利用与土地覆盖有关温室气体和气溶胶排放以及土地退化和沙漠化的水文效应。

6.4.3.1 陆气温室气体和气溶胶通量

农业、森林和其他土地利用(AFOLU)是温室气体(GHG)净排放源，2007—2016 年 AFOLU 排放的 CO_2 当量(包括 CO_2，CH_4 和 N_2O)占人为总排放当量的 22%。AFOLU 既向大气排放 CO_2，CH_4 和 N_2O，同时又吸收大气中的 CO_2，CH_4 和 N_2O，亦即 AFOLU 既是大气温室气体的源，同时又是大气温室气体的汇。

据模式模拟结果，2007—2016 年管理和未管理土地上 CO_2 陆气通量为净移除，土地从大气中净移除 CO_2 通量为(−6.2±3.7) Gt/a。净移除包括源与汇两个分量：AFOLU 人为排放(源)，包括森林砍伐和植树造林、木材使用等，CO_2 通量为(5.5±2.6) Gt/a(占人为总排放当量的 13%)；由自然环境变化而非人为活动导致土地从大气中吸收的 CO_2 通量为(−11.7±2.6) Gt/a(占人为总排放当量的 29%)，两者合计，CO_2 净通量即为(−6.2±3.7) Gt/a。

土地利用是 CH_4 的主要来源，占 2005—2015 年人为 CH_4 排放的 61%。大气中 CH_4 浓度在 2000—2006 年上升暂停，随后再次升高，这与土地利用和土地覆盖的变化有关。大气中^{13}C 同位素最近的耗损趋势都表明，较高的生物源是当前 CH_4 增加的部分原因，生物源在源混合中所占比例比 2000 年以前更大。热带湿地和泥炭是当前 CH_4 浓度增加的重要驱动因素。反刍动物饲养和水稻种植面积的扩大也是当前 CH_4 上升趋势的重要贡献者。大气中有显著的、持续的 CH_4 积累。

AFOLU 是 N_2O 的主要人为来源，主要是氮(N)的施用。在农田中，排放的主要驱动因素是作物对氮的需求和土壤对氮的供应不同步，大约 50%施用于农田的氮并没有被作物吸收。农田土壤氮释放通量超过 3 Mt/a。由于 N_2O 排放对化肥施用量的响应是非线性的，在世界上以低氮施用量为主的地区，如撒哈拉以南非洲和东欧部分地区，氮肥施用的增加将导致农业 N_2O 排放量相对较小的增加。在施肥量高并在部分生长季节超过作物需求的地区，施肥量下

降将对 N_2O 减排产生非常大的贡献。虽然有管理的牧场只占牧地的 1/4，但 1961—2014 年贡献了牧场 3/4 的 N_2O 排放量。最近氮投入的迅速增加导致这些土地排放不成比例的增长。牧场排放超过了 1/3 人为 N_2O 排放或超过一半的农业 N_2O 排放。排放主要来自北美、欧洲、东亚和南亚，但热点正在从欧洲向南亚转移。

自 19 世纪末以来，灰尘排放显著增加：从工业化前到现在增加了 25%（从 729 Tg/a 到 912 Tg/a），其中约 50% 的增长是由气候变化驱动的，约 40% 是由土地利用和土地覆盖变化造成的。这些变化导致了大气顶部出现了 $-0.14\ W/m^2$ 的晴空辐射强迫。在非洲，大多数沙尘是自然产生的，最近由于气候变化，沙尘排放增加了 15%；在北美，2/3 的沙尘排放发生在农业土地上，气候变化和土地利用变化共同推动了沙尘排放的增加。从工业化前到现在，沙尘变化对大气顶部晴空辐射强迫为 $-0.14\ W/m^2$，土地利用为 $-0.05\ W/m^2$，气候变化为 $-0.083\ W/m^2$。

碳质气溶胶是陆地上空大气气溶胶粒子中最丰富的组成成分之一。在城市和偏远大气中，它们可以构成 60%～80% 的 $PM_{2.5}$ 颗粒物。碳质气溶胶包括有机组分（OC）和难熔吸光组分，一般称为元素碳（EC），其中黑碳（BC）是元素碳光活性吸收组分。在城市地区，碳质气溶胶主要来自人为排放。在北半球和热带森林，碳质气溶胶来自生物挥发性有机物（BVOCs）的氧化。全球最大的 BC 气溶胶来源是森林、草原和农业土地的露天焚烧。据自下而上的清单估算，BC 排放通量范围为 7.2～7.5 Tg/a；据耦合模式模拟结果，BC 排放通量高达（17.8±5.6）Tg/a，其中东欧和东南亚人为排放量明显高于其他地区。

如前所述，陆气温室气体和气溶胶通量的变化会影响水循环过程的云量、降水、蒸散、径流要素，对水循环具有重要的驱动作用。

6.4.3.2　土地退化和沙漠化的水文效应

依据 IPCC SRCCL（IPCC，2019a）对土地退化的定义，土地退化是“由包括人为气候变化在内的人类直接或间接作用而引起的土地状况的负面趋势，表现为生物生产力、生态完整性或对人类价值的长期降低，并且这三者中至少要有一个丧失”。依据《联合国防治荒漠化公约》（UNCCD）对荒漠化的定义，荒漠化是“包括气候变化和人类活动在内的种种因素造成的干旱、半干旱和亚湿润干旱地区的土地退化”。可见，荒漠化是土地退化的一种类型，特指干旱、半干旱和亚湿润干旱地区（统称为旱地）出现的土地退化，因此荒漠化不等同于“沙漠扩张”（黄磊 等，2020）。

荒漠化进程中，气候变化带来的温度、降水、蒸散、温室气体浓度变化以及与人类活动综合导致的土壤侵蚀、土地盐渍化等过程，均会对旱地生态系统的结构、特性、生物多样性和服务功能造成严重的影响，也会与水文过程产生相互作用。温度上升将会增加土壤和植被的蒸散，加剧荒漠化进程。旱地降水减少，水资源需求量增加，必然造成地下水超采。20 世纪以来，地下水水位连续下降，21 世纪初进一步加快，2000—2008 年，地下水减少的速率高达 145 km^3/a。很多旱地的地下水补水速率远低于采用速率，如智利的阿塔卡马沙漠和非洲努比亚含水层系统，地下水水位下降显著，旱地生态十分脆弱。降水的变化会导致旱地碳的源和汇发生逆转。土壤水分减少有利于土壤中微生物的滋长，不利于植被的生长，导致整个生态系统层面的碳净排放，使土地变成碳的净源。观测数据表明，在北美、蒙古和中国的一些荒漠化地区，年降水量的减少导致土地向大气中排放碳。在更加干旱的状况下，植物生物量的光降解会导致生态系统额外的碳排放。相反，若降水增加，旱地就会成为碳的净汇。2011 年南半球半干旱地区降水量明显偏多，导致生态系统从大气中吸收的碳显著增加，在当年全球碳汇中占的份额高达 51%。未来旱地气候总体上仍然呈暖干化趋势，干旱灾害的发生的频率、范围和强度进一步增加，荒漠化进程会持续，对生态系统的影响也会加剧(IPCC，2019a)。

气候变化对土地退化的直接影响包括温度升高、温室气体浓度增加、降水变化、土壤湿度变化和风力变化对土地状态的影响。气温和土壤温度升高特别是连续的高温会破坏土壤正常的氮循环和碳循环过程，导致土地退化。高温还会引发冰冻圈冻土的消融，导致冰冻圈土地严重退化。降水变化对土地状态有至关重要的影响。降水严重偏少会发生干旱，损害植被，导致土地进一步退化。降雪减少会改变山地土壤和植被状态，导致山地退化。降水偏多特别是强降水事件的增加会造成严重的土壤侵蚀，对土地的危害极大。García-Ruiz 等(2015)基于土地水蚀数据库的 4377 条目进行分析研究，发现世界上强降水多发地区土地水蚀十分严重，地中海地区为世界之最，东亚和东南亚地区次之，不少地区年水蚀速率高于 80 t/hm^2，有些地区甚至高达 100 t/hm^2 以上。

未来在气候变化的背景下，土地退化的趋势会持续。未来强降水事件的频率和强度会增加，导致土壤侵蚀的面积持续增加。研究结果表明，喜马拉雅山区到 21 世纪 20 年代土壤侵蚀的面积将增加 22%，到 80 年代增加 27%。同样的预测时段，泰国北部土壤侵蚀度将增加 5% 和 14%。尼罗河已观测到严重的土壤侵蚀，到 21 世纪 30 年代、50 年代和 70 年代，土壤侵蚀的面积将分别增加 14%、19%和 24%(Amanambu et al.，2019)。

6.4.4　水资源管理对水文循环影响

水资源管理包括政策措施和技术措施，均会对水文循环产生直接和间接的影响。以下主要论述水资源管理几个方面对水文循环的影响。

6.4.4.1　灌溉

随着经济社会发展和人口急剧增加，粮食需求不断攀升，近几十年来耕地面积显著增加，相应灌溉用水需求不断加大。2010 年世界灌溉耕地总面积为 3.21 亿 hm^2。预期到 2050 年，世界灌溉耕地总面积将达到 3.56 亿 hm^2(SSP1 情景)至 3.76 亿 hm^2(SSP3 情景)。到 2080 年，将达到 3.50 亿 hm^2(SSP1 情景)至 4.00 亿 hm^2(SSP3 情景)。随着灌溉耕地面积不断扩大，灌溉用水需求也在不断增加。2010 年世界灌溉用水需求总量为 2340 km^3。据多模式集合模拟结果，到 2050 年世界灌溉用水需求将增加到 2875 km^3(SSP1 情景)至 3310 km^3(SSP3 情景)，分别比 2010 年增加 23%～42%。到 2080 年世界灌溉用水需求将增加到 2975 km^3(SSP1 情景)至 3945 km^3(SSP3 情景)，分别比 2010 年增加 27%～69%(FAO，2017)。

灌溉的目的是满足灌溉农田作物的水分需求。大规模灌溉一方面将使灌区蒸发增加，地下水位显著变化，灌溉水源的河道径流减少，湖泊水库水位下降。另一方面灌溉将显著改变地表反照率和粗糙程度等陆面特征以及陆面和大气之间的水热通量，引起区域气候系统的改变；降水、辐射、气温、相对湿度和风速等多种气象要素都有可能受到灌溉的影响，进而影响区域蒸散能力并对灌溉需水产生反馈作用。

目前关于灌溉对大尺度陆地水循环影响的研究较多关注于对区域水量平衡的影响。模型模拟是分析灌溉影响的重要研究手段，一些机理性模型被用来估算灌溉需水量，评估灌溉用水对全球或区域陆地水循环的影响。其中，在灌溉量的模拟上基本可以分为以下几类：在特定时段将土壤水固定在某个状态(如饱和状态田间持水量)来模拟灌溉过程。现有数值模拟研究关于灌溉对水循环的影响的不确定性主要体现在以下三个方面：①灌溉面积资料的不确定性。现有的数值模拟研究大多基于联合国粮食及农业组织(FAO)提供的 2000 年灌溉面积图，缺少对灌溉面积的动态变化的描述，缺乏不同灌溉数据来源的比对验证，因而给模拟结果带来较大不确定性。②作物需水估算的不确定性。不同间作物耗水差异很大，目前作物分布动态变化的资料尚比较缺乏。③灌溉活动高度的自发性使得通用的模型参数化方案难以反映现实。灌溉时间、灌溉量、灌溉水源、灌溉方式等方面都和灌溉用水直接相关，但是往往因时因地而异，有着不同的物理机制（汤秋鸿 等，2015）。

6.4.4.2 生活和工业用水

研究显示，1971—2000 年全球生活和工业用水年平均消耗为 94 km^3/a，其中，1995 年生活与工业用水达到 132.4 km^3/a。虽然全球生活与工业用水量远小于全球径流与蒸发的总量，但是由于区域之间生活与工业用水的差异，部分地区生活与工业用水开采可能会超出水资源承载力，进而会对陆地水文循环造成影响。随着经济社会快速发展，预计未来生活和工业用水还会进一步增加。据 FAO(2016a)的数据，2010 年世界生活用水需求为 427 km^3/a，占当年总需求的 9%；到 2050 年用水需求为 967 km^3/a，占当年总需求的 17%。2010 年世界工业用水需求为 838 km^3/a，占当年总需求的 18%；到 2050 年用水需求为 1381 km^3/a，占当年总需求的 24%（表 6.3）。

表 6.3 世界和各大洲及未来在中间路径情景下各种水资源需求的变化(资料来源:FAO,2016a)

单位:km^3/a

地区	需求总量				农业用水需求量				工业用水需求量				生活用水需求量			
	2010 年		2050 年		2010 年		2050 年		2010 年		2050 年		2010 年		2050 年	
	数量	份额	数量	份额	数量	份额	数量	份额	数量	份额	数量	份额	数量	份额	数量	份额
非洲	231	100%	359	100%	187	81%	194	54%	18	8%	64	18%	26	11%	101	28%
亚洲	3026	100%	3941	100%	2508	83%	2617	66%	316	10%	760	19%	202	7%	565	14%
中北美洲	659	100%	667	100%	348	53%	367	55%	229	35%	182	27%	82	13%	118	18%
南美洲	166	100%	229	100%	97	58%	99	44%	31	19%	47	21%	39	23%	82	36%
欧洲	447	100%	558	100%	133	30%	139	25%	241	54%	325	58%	72	16%	93	17%
大洋洲	37	100%	43	100%	30	80%	31	73%	2	5%	3	7%	6	15%	9	21%
世界	4566	100%	5796	100%	3302	72%	3447	59%	838	18%	1381	24%	427	9%	967	17%

由于生活和工业用水能产生较高的经济价值，其供水往往得到优先保障。当超出了水资源承载能力时，生活和工业用水增长经常会挤占生态用水，进而影响生态系统的平衡，对陆地水文循环造成影响。因此，评估生活和工业用水及其对陆地水循环的影响是研究人类用水活动对水循环影响的重要组成部分。当前生活和工业用水对水循环影响的研究主要采用统计资料估算生活和工业用水量，将生活和工业用水与陆面水文模型耦合来评估生活和工业用水对水文循环的影响（汤秋鸿 等，2015）。

6.4.4.3 水库调节

水库具有防洪、发电、灌溉等多重作用。通过蓄水和调节河道径流，水库不仅可以使水资源在时间上的变化更适应于人类的用水要求（如农业灌溉、生活用水等），而且可以削减洪峰流量，起到防洪作用。由于水库对河道径流的显著调节作用，水库成为陆地水循环和水资源研究中不可忽略的影响因素。模拟水库调节对水循环的影响的重点是将水库调节过程在模型中参数化表达，主要考虑因素包括以下几个方面：水库位置和数量；水库的库容；水库调度方案（何时蓄水及蓄水量，何时放水及放水量）。由于大尺度研究往往很难获取众多水库的详细信息，故大尺度水文模型中的水库调度一般采取通用调度方案。

水库对径流的调节作用会显著改变流域水文循环，这种影响通常与水库调度目标密切相关。一般来说由于削减洪峰的作用，大型水库调节后会减少径流过程的波动。此外，水库蓄水后会导致蒸发增加，尤其在干旱地区，水库蒸发可占入库流量的10%以上（汤秋鸿 等，2015）。

6.4.4.4　跨流域调水

跨流域调水是适应地区水资源需求的一项重要调节措施。由于天然降水时空不均，造成不同流域间的水量丰沛与紧缺差距大，缺水流域的经济社会发展与居民生活受水资源制约。为解决缺水地区水资源需求，可以通过修建跨越两个或两个以上流域的引水（调水）工程，从丰水流域调入部分水量以调节缺水流域的用水，促进该流域经济社会可持续发展，但也可能引起社会生活条件及生态环境变化。

跨流域调水对于改善生态环境和调节水文循环具有多方面的积极影响。①调水有利于促进水文循环。调水使受水地区增加了广阔的水域，导致大气圈与含水层之间的垂直水气交换加强，有利于水文循环。输水渠道沿线到处都会发生地表水与地下水的相互作用和变化：在运河河床下切不深的地段，将出现运河水量的渗漏损失和毗邻地区的浸润现象；而在切入较深的地段，将形成浸润漏斗面和出现运河排泄地下水的现象，增大地面径流，增加调水量，改善和缓解缺水地区生态和环境的不良状况。②调水形成湿地。调水长年形成薄层积水土壤的过湿地段——湿地，可净化污水和空气，汇集和储存水分，补偿调节江湖水量、调节气候，有助于形成食物链基地，为珍稀和濒危野生动物提供栖息的场所，保护生物多样性。③调水能改善水质和环境。调水使营养盐带入调水水体，有利于饵料生物和鱼类的生产与繁殖、促进渔业的发展；调水量增加，使径污比增高、水质控制条件趋于稳定，改善水质；增加水域面积，在此基础上可建立风景区和旅游景点，改善和美化生态环境。④调水可防止因超采地下水带来的危害。受水区因调水而不再超采地下水，有利于地表水、地下水的合理调度，增加地下水入渗和回灌，控制和防止地面沉降对环境的危害。⑤调水灌溉有利于环境的良性循环。调水灌溉后，可以改变灌区的各种特性，如地形、地貌、水面、森林、农田、草地、土壤、植被、陆生生物、水生生物和城镇等，使生态环境朝有利的方向发展。⑥调水还对地区防洪起到有利作用。通过跨流域调水，可以将汛期水源区的一部分或大部分洪水调入受水区，从而减轻水源区的防洪压力。

同时，跨流域调水对于生态环境和水文循环产生一些不利影响，具有一定的风险。①输水沿线及受水地区土地大面积沼泽化、盐碱化。早期的调水工程大多是以灌溉为目的的，如果忽视了排水系统的配套，加之供、输、配水系统的水量损失和蒸发，一旦土壤地下水位超过地下水临界深度，将导致盐类在土层中重新分配和积累，作物根系层盐分浓度聚积，土壤结构破坏，营养元素损失，水土和水盐平衡失调，灌区生态平衡打破，就会给生态环境带来不良影响。②水污染问题。调水工程的源头和沿线范围内会有许多污染源，如果处理不当，将会调来受污染的水，加剧受水地区的水污染程度，破坏受水地区的生态环境。③河口咸水入侵问题。在水量调出区的下游及河口地区，因下泄流量减少，如调度不当，将引起河口咸水倒灌，水质恶化，破坏下游及河口的生态环境。④水卫生问题。不同地区调水可能会产生特定的不同影响，可能因调水引发疾病，像疟疾、脑炎、血吸虫病等，影响人类健康。调水灌溉过量，容易产生和传播寄生虫和水生生物病害，这在热带亚热带地区尤为严重（方妍，2005）。

6.5 气候自然变率和人类活动对全球水循环的综合影响

水循环驱动因素具有动态性和整体性的特征。动态性表现为时空尺度的变化，过去、现在和未来，这些驱动因素的数量和作用在不断变化；不同地区、不同国度，这些驱动因素的地位和影响也大不相同。整体性表现为这些驱动因素并非互不相干，而是交互影响、交互作用，关系既密切又复杂，对水循环、水资源产生综合影响。

事实上，水循环全过程受自然与人类活动的双重影响，其中自然过程主导的环节往往伴随着人为影响因素；而人为过程主导的环节也会受到气候变化的影响。例如，农业用水过程往往被认为是人为主导的环节，但随着气温上升和 CO_2 浓度增高，作物水分利用效率与生产力也会相应发生变化，因此农业用水过程的变化也会受到气候变化的影响。自然生态用水通常与自然过程有关，但是植树造林、生态保育等措施的实施使其也受到人为因素的扰动。在气候变化与人类活动的共同影响下，生态用水、农业需水、工业及生活需水等水循环过程会发生变化，水利工程的调节规则也将随之调整，进而对水资源分配格局产生影响。由此可见，气候变化因素与人类活动因素驱动陆地水文循环变化的方式极为复杂，区域水文循环模拟需要综合考虑“社会需水—工程调节—生态用水”间的复杂关联过程（汤秋鸿 等，2019a）。以下重点论述气候变化（包括自然变率和人类活动）对水文要素的影响。

6.5.1 过去的影响

6.5.1.1 大气水汽含量

由于空气中饱和水汽压随温度升高，所以空气中的水汽含量随气候变暖而增加。IPCC（2008）在特别技术报告 6 中指出，已观测到对流层的水汽含量在最近几十年持续增加，这与观测到的变暖和接近常数的相对湿度相一致。从 1988 年至 2004 年，全球海洋上空气柱中水汽总量每 10 a 增加 1.2%±0.3%，其分布与海平面温度的变化相一致。许多研究显示近地面大气湿度增加，但存在区域差异和昼夜差异。至于水循环的其他分量，年际到年代际尺度的变化很大，但在全球海洋以及北半球一些陆地区域已经观测到显著的上升趋势。由于观测到的 SST 变暖可能主要是人为原因，因此，这表明人为影响对观测到的海洋上方大气中水汽含量的增加做出了贡献。

IPCC WGI AR5（IPCC，2013）指出，地面站、无线电探空仪、全球定位系统和卫星测量的观测资料表明，对流层水汽在较大空间尺度上有所增加[图 6.13（彩）]。对流层比湿很可能自 20 世纪 70 年代以来已增加。过去 40 a 间，观测到的对流层水汽大约有 3.5% 的全球变化强度与同期观测到的大约 0.5 ℃的温度变化相一致，相对湿度一直保持大致恒定。

IPCC WGI AR6（IPCC，2021）指出，观测资料表明，20 世纪 90 年代中期以来，人为的气候变暖已导致水汽增加，整个对流层水汽输送增强，特别是对北极地区的水汽输送明显增强。观测资料、再分析资料和 CMIP6 大气模拟综合结果显示，全球可降水水汽增长速率为（6.7%±0.3%）/℃，非常接近克劳修斯-克拉珀龙方程速率，而卫星观测结果为（6%～9%）/℃。探空资料表明，20 世纪中期以来，北美地区和欧亚大陆大部分地区上空总柱水汽显著增加，而在澳大利亚、东亚和地中海上空总柱水汽有所减少。总体上，自 1979 年以来全球陆地上空总柱水汽显著增加。

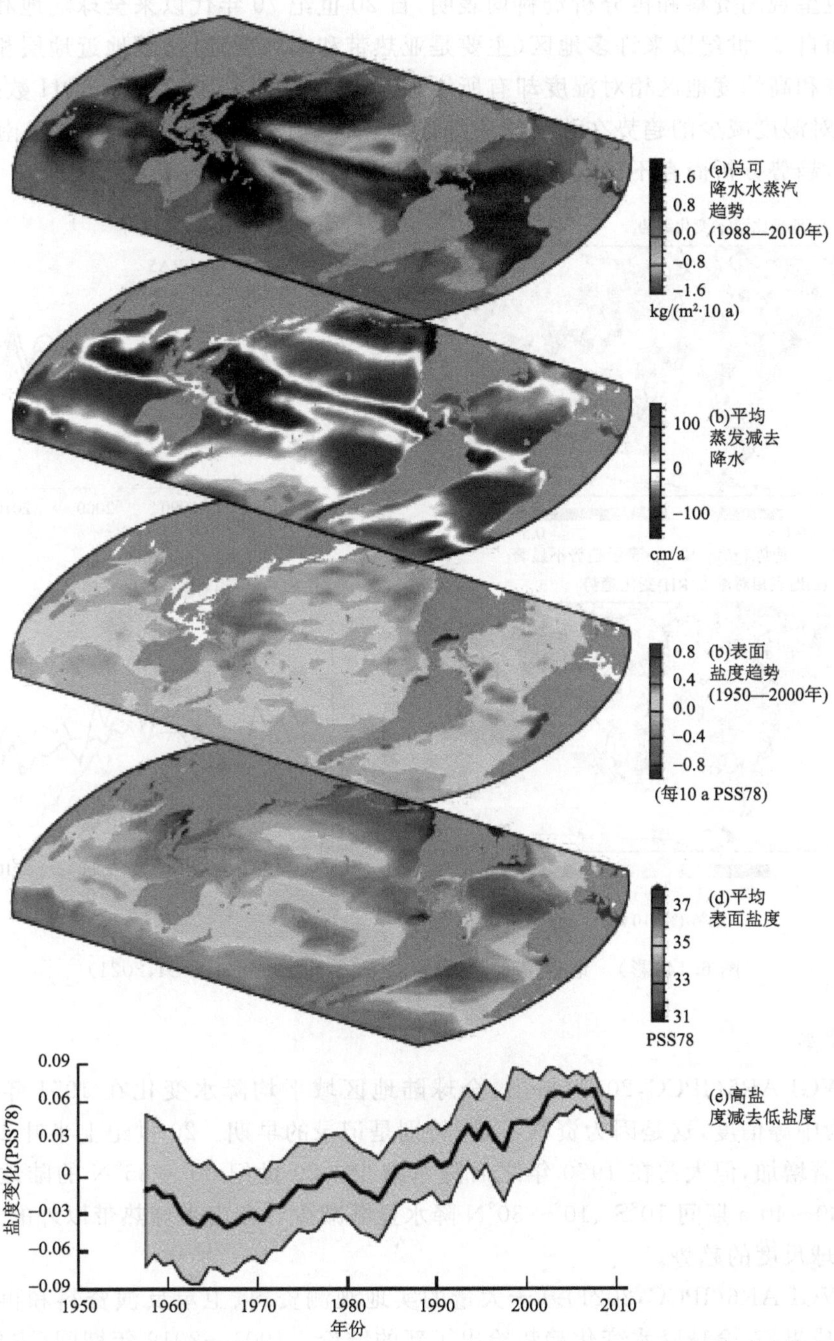

图 6.13(彩)　海表盐度变化与蒸发量减去降水量($E-P$)的大气型态以及与总降水趋势相关(资料来源:IPCC,2013)
(a)卫星观测给出的总降水量(从地球表面至整个大气的水汽)(单位:kg/(m²·10 a))的线性趋势(1988—2010 年);(b)气象再分析资料给出的 1979—2005 年气候平均净蒸发量减去降水量(单位:cm/a);(c)海表盐度(每 50 a 实用盐度 78(PSS78))的趋势(1950—2000 年);(d)气候平均海表盐度(PSS78);(e)按海表盐度高于全球平均海表盐度的海域平均的盐度("高盐度")与按平均盐度低于全球平均值的海域平均的盐度("低盐度")之间的全球差异

地面、卫星观测资料和再分析资料均表明，自20世纪70年代以来全球陆地和海洋近表层比湿增加，而自20世纪以来许多地区（主要是亚热带和中纬度地区）陆地近地层相对湿度有所减少，在热带和高纬度地区相对湿度却有所增加[图6.14(彩)]。据HadISDH数据集，这种比湿增加而相对湿度减少的趋势在北半球中纬度地区尤为明显。南半球20°S以南地区由于观测资料缺乏，趋势分析尚存不确定性(IPCC，2021)。

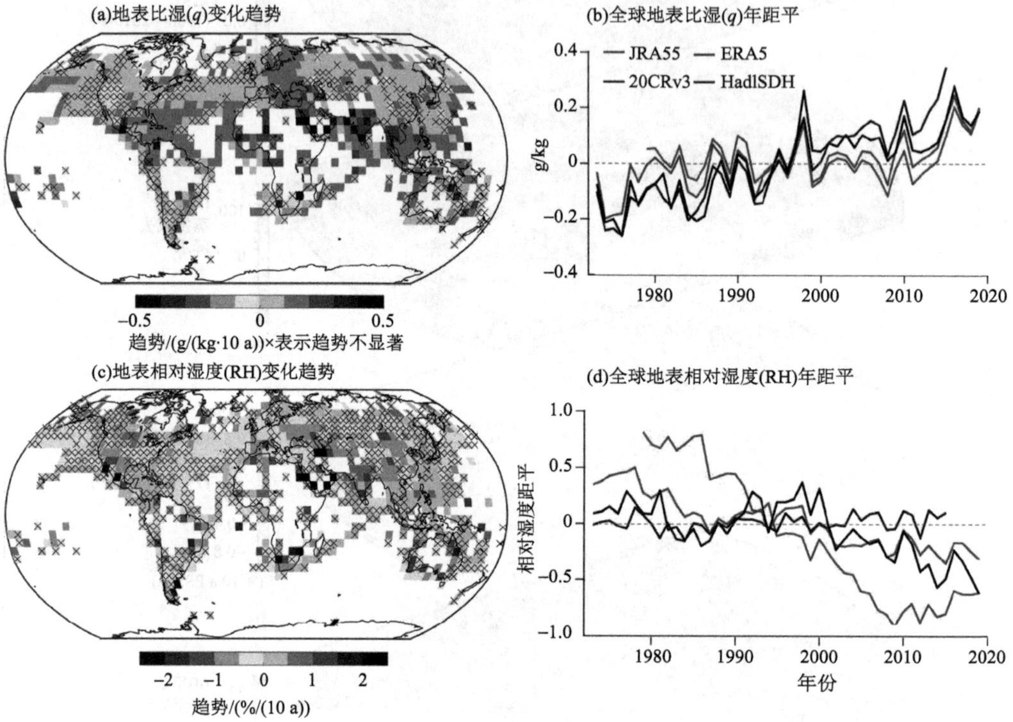

图6.14(彩) 地表湿度变化(资料来源：IPCC AR6 WGI，2021)

6.5.1.2 降水

IPCC WGI AR5(IPCC，2013)指出，全球陆地区域平均降水变化在1951年之前为低信度，而之后为中等信度，这是因为资料不足，特别是记录的早期。20世纪上半叶10°—30°N地区的降水显著增加，但大约在1970年之后降水减少。20世纪30°—85°N的陆地降水普遍增加，在过去30～40 a期间10°S、10°—30°N降水显著减少。在南半球热带以外的大陆地区，没有明显的半球尺度的趋势。

IPCC WGI AR6(IPCC，2021)基于大量的实地观测资料、卫星反演资料和再分析资料和最新的研究成果，对全球降水变化趋势给出了新的结论。1901—2019年期间（主要是20世纪中期以来），全球陆地降水在北美洲东部、欧亚大陆北部、南美洲南部和澳大利亚西北部显著增加，而在非洲西部和赤道地区以及南亚地区减少显著。1980—2019年期间，全球陆地降水总体上呈增加趋势(表6.4)，但也有明显的区域差异，热带非洲、欧洲东部、北美洲东部、中亚和海上大陆降水明显增加，而南美洲中部、北美洲西部、非洲北部和中东地区降水明显减少。全球海洋由于实地观测资料不足，卫星反演资料不确定性很大，目前尚不能给出降水趋势。

表 6.4 全球陆地年均降水变化趋势(资料来源:IPCC,2021)

资料集	年降水趋势/(mm/(a·10 a))		
	1901—2019 年	1960—2019 年	1980—2019 年
GPCCv2020	1.01* ±0.99	1.67±3.23	5.60±6.38
CRU TS 4.04	0.57±2.08	0.17±3.12	5.75* ±5.09
GHCNv4	3.19* ± 1.48	5.03* ±4.87	11.06* ±9.17
GPCPv2.3	无数据	无数据	5.41* ±5.20

注:* 表示趋势值在 10% 水平上显著。

近几十年已观测到全球和区域降水频率和强度发生变化。一份包括全球 1875 个降水测站记录的再分析资料表明,1961—2018 年期间日降水大于 50 mm 的概率增加,主要是降水强度增加所致。降水频率和强度发生变化与自然变率有关,但与 CO_2 浓度上升关系更加紧密,CO_2 浓度上升会改变日降水速率,还会导致强降水事件增加。此外,人为气溶胶排放也会通过辐射效应和微物理过程影响降水。世界上很多地区的观测试验表明,气溶胶在浅薄云区对降水有抑制作用,而在深厚对流云区对降水有增强作用。

IPCC WGII AR6(IPCC,2022)指出,工业革命以来,在全球持续变暖的背景下,全球区域降水差异明显,其趋势有增有减。由于降水变化显著,一些地区的居民已变得"不熟悉"当地的气候。2020 年,有 4.98 亿人口所在地区的降水量之高在过去 6 a 中才出现一次,而如今已成为常态,这些地区主要位于中、高纬度;有 1.63 亿人口生活在干旱地区,当地降水量之低在过去 6 a 中才出现一次,这些地区主要位于低纬度地区。

6.5.1.3 蒸发

IPCC WGI AR5(IPCC,2013)指出,关于陆地蒸散变化的趋势,蒸发皿蒸发在最近几十年呈下降趋势,可能由于地表太阳辐射的减少和日照时数的减少引起,也许与部分地区空气污染和大气气溶胶以及云量的增加有关。蒸发皿的测量资料并不代表实际蒸发,20 世纪后半叶,很多地区的实际蒸散增加,这是由于降水增加及较高温度造成对大气水汽的需求变大,而使表面水汽供应量增多所致。

IPCC WGI AR6(IPCC,2021)基于大量的观测资料和最新的研究成果,指出 20 世纪 90 年代以前,陆地实际蒸散呈增加趋势,而蒸发皿蒸发呈下降趋势,这种"蒸发悖论"是气候系统内部变率造成的。而从 20 世纪 90 年代中期以来,蒸发皿蒸发量和实际蒸散量均呈增加趋势,"蒸发悖论"的趋势不复存在。1882—2011 年期间实际蒸散量增加速率为每 10 a(7.6±1.3) mm/a。实际蒸散量增加的直接归因有两点:一是大气水需求增加,导致蒸散增加;二是植被增加(植被变绿),叶面积增加,导致蒸散增加。这两点归因均与温室气体浓度增加、气候变暖直接相关,所以蒸散量增加与人类活动关系密切。

IPCC WGII AR6(IPCC,2022)亦指出,自 20 世纪 80 年代以来,全球陆地的实际蒸发已增加。实际蒸发增加显著($P<0.05$)且速率高达 10 mm/a 的地区包括北美洲和欧亚大陆北部的大部分地区以及巴西东北部、中非西部、南非和澳大利亚北部地区;实际蒸发减少显著($P<0.05$)且速率高达 10 mm/a 的地区主要位于亚马孙西部和非洲中部地区。

6.5.1.4 降水—蒸发($P-E$)

IPCC WGI AR5(IPCC,2013)对海洋的 $P-E$ 进行了评估。虽然利用现有的记录难以衡量海洋降水量和蒸发量的直接趋势，但观测到的海表盐度显示出显著的趋势，而盐度主要依赖于蒸发量和降水量之间差值。自 1950 年以来盐度趋势的空间型态非常近似于平均盐度以及蒸发量减去降水量的平均分布：在蒸发量占主导地位的高盐度地区，其盐度进一步提高，而在降雨量占主导地位的低盐度地区，其盐度进一步降低。20 世纪 50 年代以来，区域趋势很可能已加大了海表盐度的平均地理差异：在蒸发为主的中纬度地区表层咸水的盐度增加，同时在降水为主的热带和极地地区相对低盐度表层水的盐度已更低。从 1950 年至 2008 年，高盐度地区与低盐度地区之间的平均对比度增加了 0.13。区域间淡水含量的差异很可能已经加大：大西洋的盐度增加，而太平洋和南大洋的盐度降低。盐度趋势的空间型态、平均盐度以及蒸发量减去降水量的平均分布都是相似的。这些相似性提供了间接证据，表明自 20 世纪 50 年代以来，海洋上空蒸发量减去降水量的型态已增强。

IPCC WGI AR6(IPCC,2021)基于多种再分析资料和观测资料集，对全球(包括海洋和陆地)的 $P-E$ 进行了评估[图 6.15(彩)]。各种再分析资料和观测资料集的结果差异很大，有几种再分析资料和观测资料集显示，自 20 世纪下半叶以来，全球陆地的 $P-E$ 已经增加，但有 75％的面积没有显著的变化，而气候系统的内部变率和观测的不确定性不能排除。

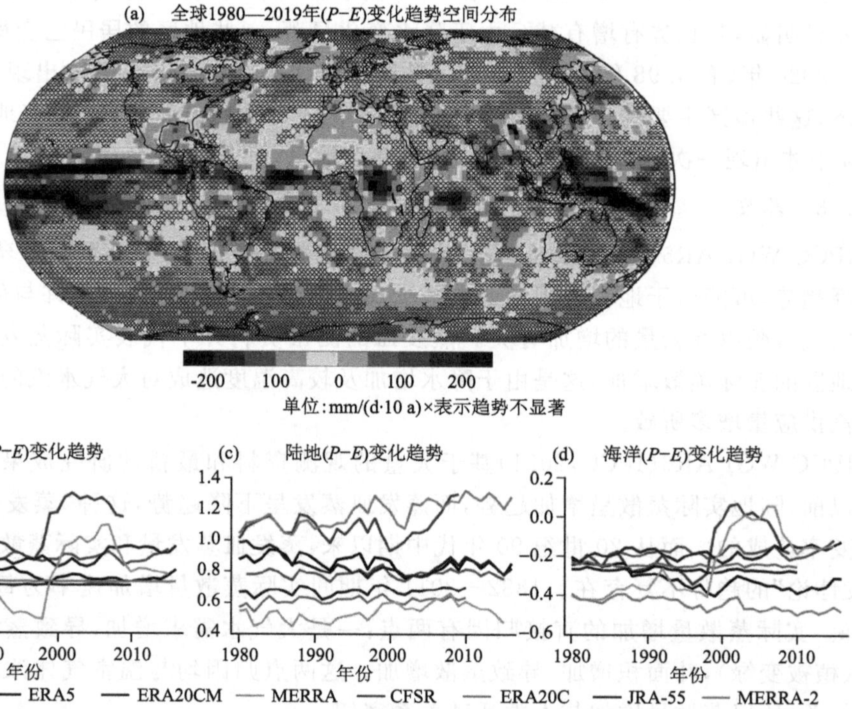

图 6.15(彩) 降水—蒸发($P-E$)变化(资料来源：IPCC,2021)

6.5.1.5 土壤湿度

IPCC WGII AR6(IPCC,2022)指出，据观测资料和再分析资料，近几十年来，全球平均土壤湿度呈轻微下降趋势，但区域差异极大，一些地区为增加趋势，另一些地区为减少趋势，增加和减少比例可达 20％以上。干旱土壤扩大的趋势高于湿润土壤的变化趋势，干旱土壤扩展不仅发生在干旱地区，而且也发生在湿润地区和干旱—湿润过渡带地区。热带外地区季节性干旱呈加剧趋势，包括欧洲、北美洲西部、南美洲南部、亚洲北部、澳大利亚和非洲东部地区。据有关观测资料和统计数据，目前大约有 9 亿人生活在土壤湿度下降地区，有 21 亿人生活在土壤湿度增加地区。IPCC WGI AR6(IPCC，2021)对土壤湿度变化的归因进行了分析，强调人类活动驱动的全球气候变暖是土壤湿度变化的主要归因。

6.5.1.6　径流

径流的自然趋势与降水大致一致，但人类活动对径流的剧烈干预会改变局部地区的这一规律。IPCC 在特别技术报告《气候变化与水》(IPCC，2008)中指出，有证据表明，在全球尺度上，年径流的变化具有广泛、一致的型态，一些地区(如高纬度地区和美国大部)经历了径流的增加，而其他地区(如西部非洲的部分地区、欧洲南部和南美洲的最南端)则经历了径流的减少。在全球许多地区，逐年的流量变化也受到与 ENSO、NAO 和 PNA 等模态相关的大尺度气候型的影响。更为确凿和广泛的证据表明，在许多冬季降雪的地区，河流径流的时间已经大为改变。较高的温度意味着更大比例的冬季降水是雨而不是雪，并且融雪季节提前开始。在 1936 年和 2000 年期间，新英格兰部分地区的融雪提前了 1～2 个星期。

IPCC WGII AR5(IPCC，2014a)指出，全球及区域径流变化的趋势与降水变化的趋势在总体上是一致的。欧洲南部和东部径流 20 世纪 60 年代以来呈减少趋势，其他地区特别是北半球高纬度地区呈增加趋势。北美洲西北部太平洋沿海地区、东部和南部大西洋至墨西哥湾沿海地区 20 世纪 50 年代以来径流呈减少趋势，密西西比河流域径流呈增加趋势。南亚和东亚地区近几十年径流总体上呈减少趋势，非洲西部、澳洲东部、南美洲南部径流亦呈减少趋势。关于流域径流变化的趋势，20 世纪 50 年代以来，全球排位前 200 条河流中有 2/3 径流变化趋势不明显，1/3 径流变化趋势明显，其中 45 条河流径流减少(包括刚果河、密西西比河、叶尼塞河、巴拉那河、恒河、哥伦比亚河、乌拉圭河、尼日尔河等)，只有 19 条河流径流增加。中国黄河径流 20 世纪 60 年代以来减少与夏秋两季降水减少 12%的趋势一致，长江径流略有增加，主要得益于季风区降水有所增加。

IPCC WGI AR6(IPCC，2021)和 IPCC WGII AR6(IPCC，2022)基于大量的观测资料集和研究结果，指出全球径流变化趋势不明显，但部分区域存在着径流变化趋势。据水文站观测结果，全球径流明显减少的流域多于径流明显增加的流域，径流增加的流域主要位于北半球高纬度地区，其他地区有增有减，为混合型趋势。径流变化的机制十分复杂，既受到大气环流、季风和 ENSO(包括 El Niño 和 La Niña)、PDV 等模态及其他气候系统内部变率的影响，又受到人为气候变化的影响，还受到人类活动的直接干预。大多数流域径流变化主要为气候变化的影响，少数流域主要受人类活动的影响。人类活动的直接干预主要是导致径流、蒸发量年均变化及季节时空分布的变化，还会影响日径流极端事件分布和统计。

6.5.2　未来的影响

IPCC WGI AR6(IPCC，2021)预估，未来水文循环强度会进一步增加，但水文循环速率不会加快。随着全球持续变暖，未来全球和大陆平均降水、蒸发和径流均会增加(表 6.5)。AR6 还特别指出，自然气候变率导致近期(2021—2040 年)水文循环预估的不确定性。降水的自然变率很难预测，而且它可以抵消或放大外部强迫导致的水文循环变化，所以年代际水文循环预估应充分考虑自然气候变率的作用。火山爆发会改变季风环流，减少陆地平均降水，导致数年的水文循环变化。

表 6.5 未来全球和全球陆地水循环要素变化预估(资料来源:IPCC,2021)

	1995—2014 年参照期	中期:2041—2060 年相对于 1995—2014 年参照期增加值					长期:2081—2100 年相对于 1995—2014 年参照期增加值				
		SSP1 −1.9	SSP 1−2.6	SSP2 −4.5	SSP3 −7.0	SSP 5−8.5	SSP1 −1.9	SSP 1−2.6	SSP2 −4.5	SSP3 −7.0	SSP 5−8.5
全球年均											
降水/(mm/d)	2.96 (2.76~3.17)	0.06 (0.03~0.11)	0.07 (0.03~0.12)	0.07 (0.04~0.12)	0.06 (0.03~0.11)	0.08 (0.03~0.14)	0.06 (0.02~0.11)	0.09 (0.04~0.17)	0.12 (0.07~0.21)	0.15 (0.08~0.24)	0.2 (0.1~0.33)
可降水/(kg/m^2)	24.79 (23.06~26.82)	1.42 (0.7~2.26)	1.84 (1.03~2.62)	2.29 (1.6~3.09)	2.7 (1.92~3.92)	3.15 (2.13~4.38)	1.11 (0.28~2.13)	2.11 (0.98~3.15)	3.76 (2.41~5.08)	6.2 (4.24~8.83)	7.92 (5.21~10.69)
全球陆地											
降水/(mm/d)	2.27 (1.98~2.58)	0.07 (0.02~0.11)	0.07 (−0.0~0.13)	0.06 (0.01~0.13)	0.06 (0.02~0.12)	0.09 (0.01~0.16	0.06 (0.01~0.1)	0.08 (0.02~0.16)	0.11 (0.02~0.19)	0.14 (0.03~0.22)	0.2 (0.07~0.32)
降水−蒸发/(mm/d)	0.87 (0.49~1.26)	0.02 (0.0~0.03)	0.02 (−0.01~0.05)	0.02 (−0.02~0.06)	0.03 (−0.0~0.06)	0.04 (0.0~0.1)	0.01 (−0.0~0.03)	0.03 (−0.01~0.08)	0.04 (−0.01~0.07)	0.07 (0.0~0.12)	0.1 (0.01~0.22)
径流/(mm/d)	0.79 (0.54~1.0)	0.02 (−0.0~0.05)	0.04 (−0.0~0.1)	0.04 (−0.0~0.11)	0.04 (0.01~0.08)	0.06 (0.01~0.14)	0.02 (−0.0~0.03)	0.04 (−0.0~0.13)	0.06 (0.0~0.17)	0.1 (0.02~0.2)	0.15 (0.04~0.27)
可降水/(kg/m^2)	18.86 (17.12~21.28)	1.23 (0.57~1.96)	1.58 (0.77~2.42)	1.96 (1.34~2.76)	2.33 (1.63~3.46)	2.72 (1.79~3.84)	0.95 (0.19~1.95)	1.78 (0.8~2.77)	3.18 (2.04~4.34)	5.33 (3.57~7.5)	6.81 (4.35~9.32)

6.5.2.1 大气水汽含量与水汽输送

IPCC WGII AR5(IPCC,2014a)据各种排放情景,预估到 21 世纪末大气水汽含量将增加 5%~25%。CMIP6 模式据新的排放情景,预估到 2041—2061 年全球平均柱综合水汽量将增加 6%~13%,到 2081—2100 年将增加 5%~32%。大气水汽含量增加,反过来又会加剧气候变暖的幅度。CMIP6 模式模拟结果还表明,地表比湿会继续增加,而相对湿度会继续减少。未来总体上对风暴系统、季风和高纬度地区的水汽输送会进一步加强(IPCC,2021)。

6.5.2.2　降水与降水强度

据多模式集合模拟结果，气温每升高 1 ℃，降水将会增加 1.6%～2.9%。未来随着气温的上升，降水会继续增加。相对 1995—2014 年，到 2081—2100 年全球陆地年均降水在低排放情景 SSP1-1.9 下预计增加 2.4(－0.2～4.7)%，而在高排放情景 SSP5-8.5 下预计会增加 8.3(0.9～12.9)%。未来降水变化具有明显的区域差异，由 36 个 CMIP6 模式构成的集合模拟表明。在 SSP5-8.5 下，2080—2099 年期间，美国的降水会增加 10%～30%，而美洲中部和加勒比地区的降水会减少 10%～40%。未来高纬度地区降水会增加，且降雨有所增加，降雪有所减少，极冷地区和极冷季节除外。地中海地区、非洲南部、非洲西部沿海地区、亚马孙流域、南美洲西南部、美洲中部、澳大利亚西南部降水会减少。一些季风区降水也会增加，如南亚、东亚和萨赫勒中东部地区降水会增加。大多数地区的日降水强度(包括极端降水事件)会继续增加。一些地方的旱情会有所发展，如一些亚热带地区、亚马孙流域、美洲中部的干旱日数会有所增加。总体上，未来全球陆地降水的年际和季节变率会增加。

未来全球季风区降水趋势不一致，但降水增加的区域多于降水减少的区域。夏季季风降水在南亚、东南亚和东亚区域将会增加，而在北美季风区降水将会减少。西非季风降水在撒哈拉地区中部会增加，而在撒哈拉西端会减少。南美季风和澳大利亚季风降水趋势信度较低。南美季风、北美季风和撒哈拉季风爆发时间会推迟(IPCC，2021)。

6.5.2.3　蒸散

未来蒸散的变化不仅取决于气象条件和土壤湿度状况，而且还取决于植被对 CO_2 增加的蒸腾(散发)响应。不同地区在植被类型差异很大，自然条件也各不相同，因而蒸腾的变化也有很大的差异。受上述这些因素的驱动，未来各地的蒸散有增有减。CMIP5 模式预估，在高排放情景下水汽压差会加大，导致全球大多数区域大气蒸发需求增加，全球大多数海洋和陆地区域蒸散增加(IPCC，2014c)。CMIP6 模式预估结果与 CMIP5 模式结果类似，但变化幅度比以前的结果更大[图 6.16(彩)]。变化幅度与排放情景相关，高排放情景下变化幅度更大。陆地蒸散变化季节差异很大，在北半球冬季变化最大，而夏季变化最小。蒸散在绝大多数陆地地区均增加，少数水分匮乏的地区例外，如地中海地区、非洲南部和亚马孙流域等。对于未来陆地蒸散的预估，在区域空间尺度和季节时间尺度上，仍然存在很大的不确定性(IPCC，2021；IPCC，2022)。

6.5.2.4　降水－蒸发($P-E$)

未来，陆地 $P-E$ 在中期将增加 2%～3%(SSP5-8.5 情景下将增加 5%)，长期将增加 1%～12%(图 6.17，表 6.5)，增加的数量取决于海洋对陆地的输送。未来陆地中期大气可降水量将增加 6%～15%，长期大气可降水量将增加 5%～36%。随着大气水汽含量的提高，未来极端降水也会增加。在 SSP3-7.0 情景下大气中水汽平均驻留时间也会从现在的 8 d 延长至未来中期的 9 d 和未来长期的 10 d，一方面表明降水事件之间大气湿润事件更长，另一方面表明未来水文循环强度会进一步增加，但水文循环速率不会增加(IPCC，2021)。

6.5.2.5　土壤湿度

未来随着气候进一步变暖，水汽水分需求进一步上升，地表蒸散量亦进一步增加，导致干旱地区的土壤含水量下降[图 6.18d(彩)]。地中海地区、北美洲西南部地区、非洲南部地区、

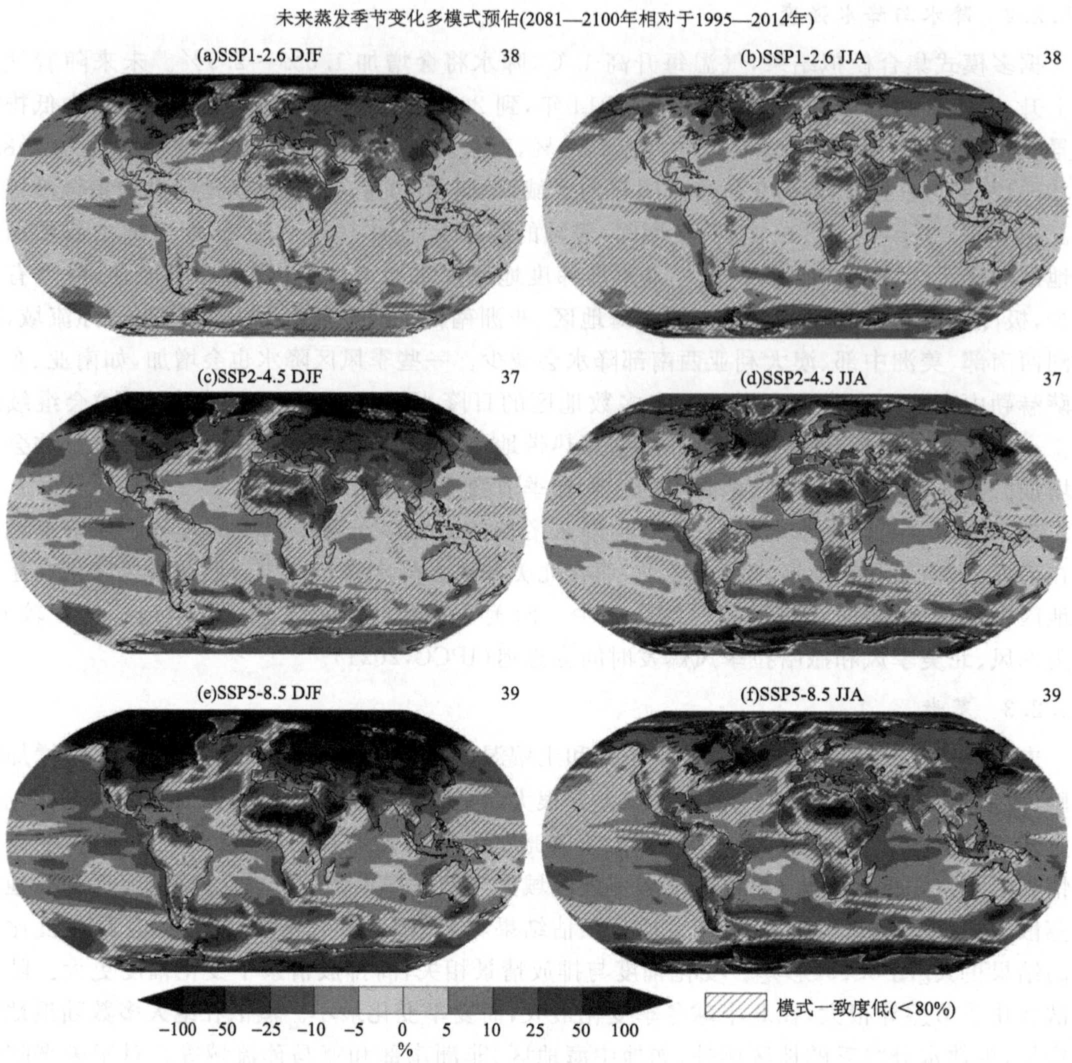

图 6.16(彩) 不同排放情景下未来蒸发季节变化多模式预估(资料来源:IPCC,2021)
DJ 表示冬季 12—次年 2 月,JJA 表示夏季 6—8 月

南美洲西南部地区、澳大利亚西南部地区土壤湿度下降明显。全球陆地干旱风险将会增加,干旱程度将会加剧。地中海地区、南美洲西南部地区、北美洲西部地区干旱化将会远远超过过去千年的程度。热带的一些地区干旱化程度也会增加,包括亚马孙流域和中美洲地区。据CMIP6 多模式模拟结果,未来在全球温升 4 ℃水平上,亚马孙地区、非洲南部和欧洲西部地区土壤湿度下降会超过 40%。其他地区土壤湿度有增有减,其差异很大,在全球温升 4 ℃水平上,减少的地区可达 30%,增加的地区可达 40%。随着温升水平的下降,土壤湿度变化的幅度变小,但分布类型大致相同(IPCC,2021;IPCC,2022)。

6.5.2.6 径流

未来,随着气候进一步变暖,全球径流会有所增加,但具有很大的区域和季节差异。CMIP5 模式模拟结果显示,在当前的气候条件下,径流系数(径流与降水的比率)有所提高,这

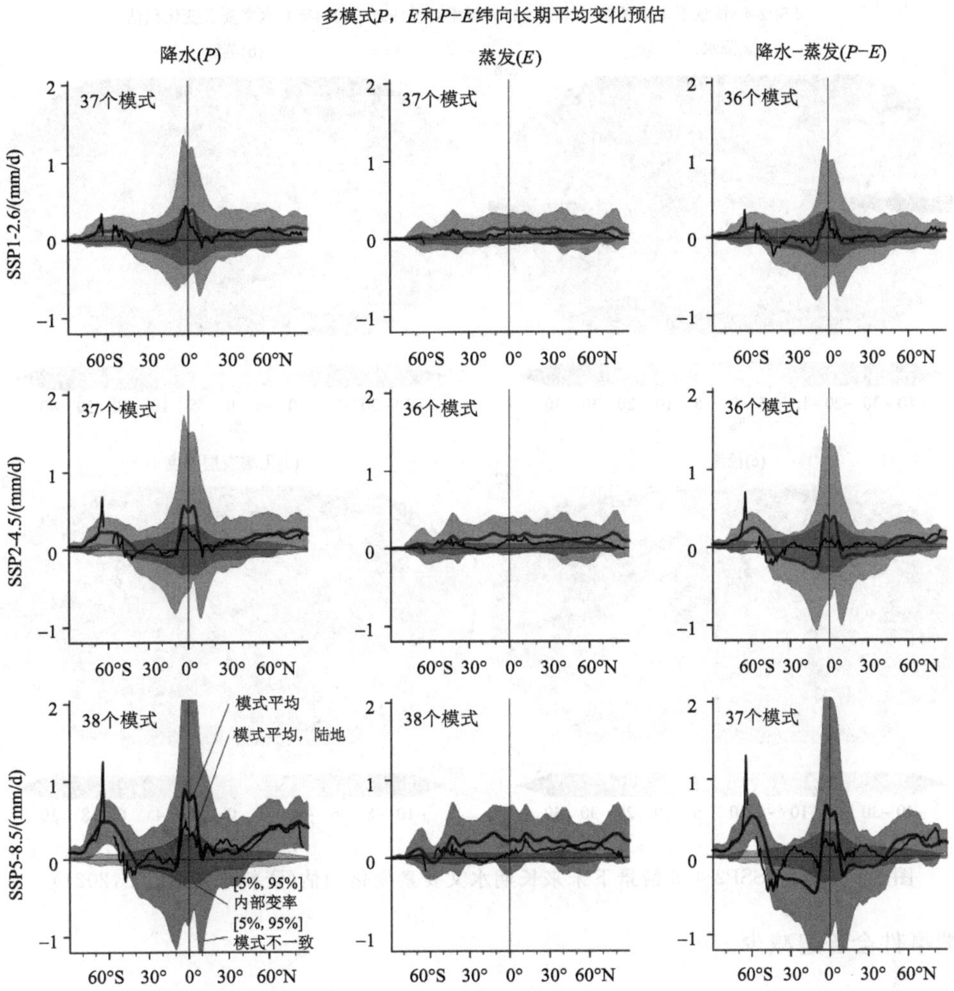

图 6.17　未来长期纬向年均大气水收支预估(资料来源:IPCC,2021)

一趋势在未来会持续。CMIP5 模式模拟结果表明,北半球高纬度大部分地区、亚洲和非洲中东部地区径流会有所增加,而在地中海地区、非洲南部、非洲西部部分地区、美洲中部和南美洲南部部分地区以及澳大利亚南部会有所减少,变化幅度随着排放量增加而增长。未来,亚热带地区的径流季节变化会加大。北半球冬季降雨增加,冬季径流亦增加;冬季降雪减少,春季融雪径流亦减少。在以降雪为主的流域,未来春季融雪径流峰值会提前。以冰川为主的流域,未来近期融冰径流会增加,但随着冰川的退缩,中期或长期融冰径流会减少(IPCC,2021)。

CMIP6 模式模拟结果与 CMIP5 模式的结论基本一致,但提供了一些新的信息。未来,全球无冰陆地大部分地区年均径流和极端径流均会增加,增加的幅度随着气候变暖水平的提高而提升。但预估仍存在着很大的不确定性,对于一些地区,其变化的符号仍不能肯定。具有高信度的趋势是,北半球高纬度大部分地区径流会增加,但在地中海、南非地区会减少。到 2100 年,全球冰川供水的流域至少有 1/3 其年均径流减少 10%以上,其中中亚山脉和安第斯山脉下降最为显著。未来在 1.5 ℃和 2 ℃全球变暖水平上,将有 15%～20%世界人口经受径流明显增加或明显减少的影响。在 4 ℃全球变暖水平上,10%的陆地将出现高径流极端事件,而低

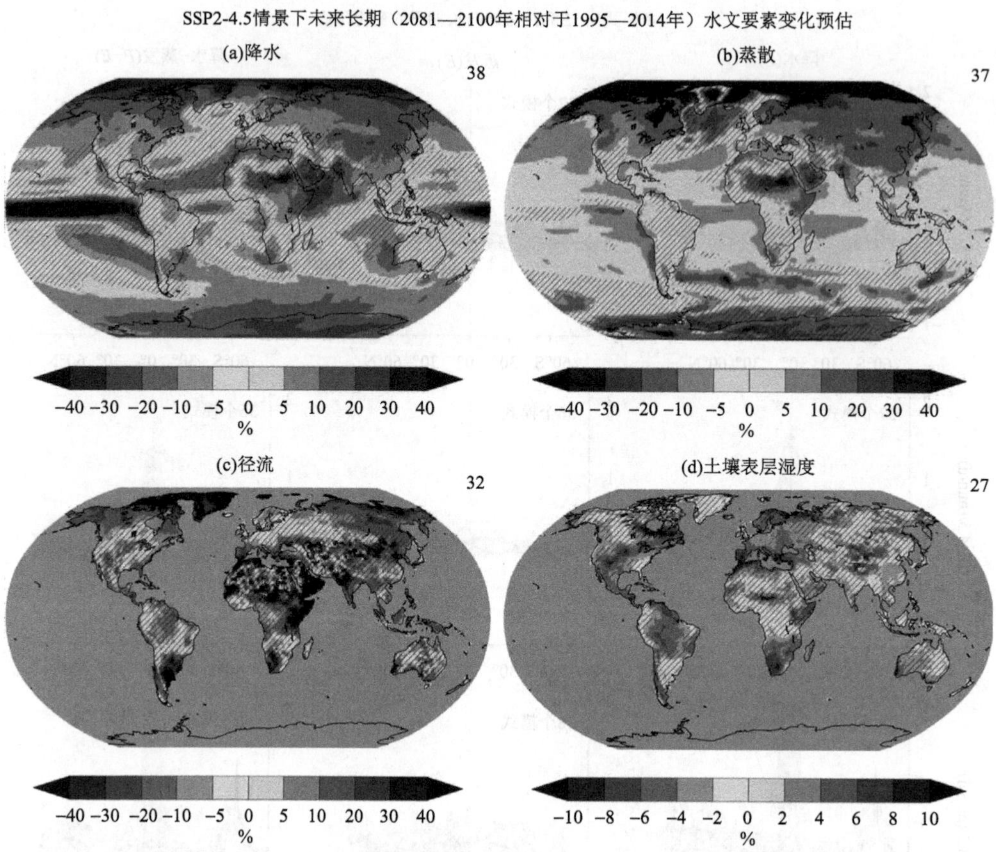

图 6.18(彩)　SSP2-4.5 情景下未来长期水文要素变化预估(资料来源：IPCC，2021)

径流极端事件会普遍减少。

6.5.3　未来水循环突变的可能性

在 IPCC WGI AR6(IPCC，2021)报告中，突变被定义为气候系统的区域至全球尺度的变化，其发生速度快于其历史上的典型变化速度，意味着气候响应的非线性。通常，气候系统中的正反馈会导致当前状态变得不稳定，并跨越一个“临界点”。也就是说，从一种气候状态到另一种气候状态的快速转变。水文循环突变有几个可能的驱动因素：海洋、大气和陆地表面之间的非线性相互作用会导致潮湿和干燥状态之间的快速变化；太阳辐射调节技术的启动和停止也可能导致水循环的突然变化。

6.5.3.1　突发性水循环对大西洋经向翻转环流崩溃的响应

包括古气候重建和模拟在内的多项证据表明，大西洋经向翻转环流(AMOC)的严重减弱或崩溃会导致全球水循环的突然而深刻的变化。北大西洋的深水形成依赖于热量和盐通量的微妙平衡。由于冰盖融化、降水和蒸发的变化或海洋环流变化，这两种情况中的任何一种都可能迫使 AMOC 跨越一个临界点。在最近一次冰消过渡期，AMOC 的一次减速——仙女木事件(距今 12800～11700 a)期间——导致了全球降水形态的变化。其中包括热带辐合带(ITCZ)和非洲、亚洲季风系统减弱。相反，南半球季风系统增强。中美洲发生了干旱，而北美季风系统基本上未受影响。北美中纬度地区更加湿润，而欧洲更干燥。

到 2100 年，由于温室气体排放的增加，AMOC 很可能会减弱。此外，在 2100 年之前，AMOC 的下降不会导致突然崩溃（中等信度）。在温室气体浓度升高的情况下，降水对假设的 AMOC 崩塌的响应与新仙女木事件期间的古气候响应相似，但 CO_2 增加对全球降水分布的影响，存在重要的差异[图 6.19（彩）]。与古气候事件一样，若 AMOC 崩塌，将导致 ITCZ 南移，这在热带大西洋最为明显。这可能会导致萨赫勒地区以及中美洲和亚马孙北部地区的干旱。AMOC 的崩塌也导致亚洲季风系统减弱[图 6.19（彩）]，将抵消温室气体升高所带来的增强预期。预计欧洲将经历中度干旱，以响应 AMOC 崩溃。

总之，到 2100 年 AMOC 很可能会减弱，但在 2100 年之前不会突然崩溃，AMOC 驱动的水循环在 2100 年之前发生突变的可信度低。然而，如果 AMOC 真的发生崩塌，很可能会对水循环产生很大的区域影响。

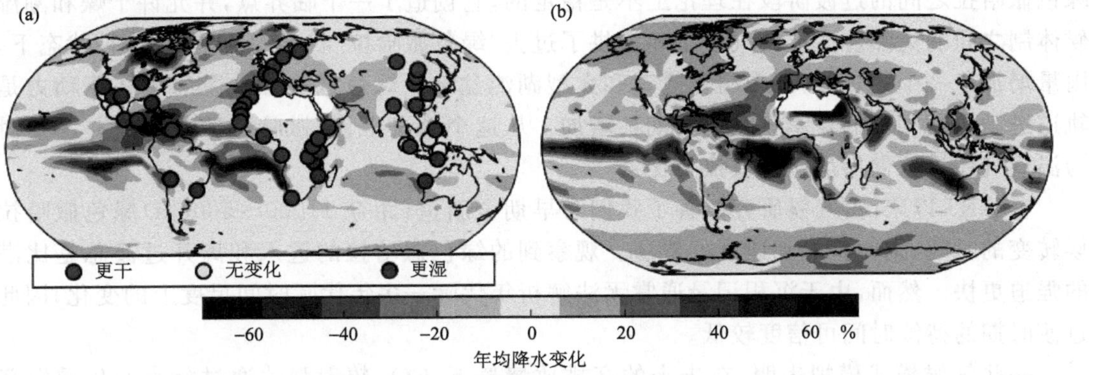

图 6.19（彩）　新仙女木事件 AMOC 崩溃于未来假设的 AMOC 崩溃降水分布对比（资料来源：IPCC，2021）
（a）新仙女木事件干湿分布重建；（b）AMOC 崩溃降水变化分布模拟

6.5.3.2　水循环对地表变化的突变响应

陆地表面的变化，包括植被覆盖和灰尘排放，可以触发水循环的突然变化。植物调节地表和大气之间的水和能量交换，植物功能、类型或生物群落的突然变化会触发反馈，有可能导致区域水循环的突然变化。来自气候或土地利用变化的尘埃排放影响辐射收支，并可能加剧区域极端干旱。

（1）亚马孙地区水循环发生突变的可能性

亚马孙森林在驱动南美地区大气水分输送和产生降水方面发挥着积极作用，这种地表和水循环之间的密切联系使亚马孙成为突变的潜在热点。预计未来森林砍伐和干旱都将增加，导致到 2050 年森林覆盖损失有可能高达 50%。此外，亚马孙地区的森林砍伐还增加了灾难性火灾的可能性。森林砍伐、干燥条件和火灾加剧等因素结合在一起，会使雨林生态系统超过一个临界点。超过这个临界点，地表会迅速退化，大气水分循环急剧减少，流失的降水比例会增加，气候会进一步转向干燥。降水量的迅速下降对河流流量产生直接影响，促使流域从受管制状态转变为不受管制状态。

在 IPCC WGI AR5（IPCC，2013）报告中，一些使用气候-碳耦合循环模型的模拟显示了未来气候情景下亚马孙森林可能突然枯死。然而，随后的研究表明，亚马孙森林的突然枯死现象在整个地球系统模型中并不一致。枯死的发生高度依赖于当前模拟气候的干燥程度以及森林结构和动态的表征。植物特征和类型多样性低的模式具有更高的突变倾向。突变和生态系统破坏可能发生在次区域水平上，这意味着需要进行更高分辨率的建模研究。自 AR5 以来，CMIP6 预测表明，亚马孙系统可能会在局地或区域尺度上跨越一个临界点，但这仍然高度依赖于模式在降水和地面模拟方面的能力。因此，突然转变的时间和可能性仍然难以确定。总之，尽管理论上有很强的预期，即亚马孙干旱和森林砍伐会导致区域水循环的快速变化，但目前验证这一反应的模式证据有限，因此，这种变化在 2100 年前发生的信度很低(IPCC,2021)。

(2)萨赫勒地区水循环发生突变的可能性

北非的撒哈拉和萨赫勒地区因降水增加而“绿化”，长期以来一直被认为是一种可能导致突然变化的放大机制。尽管沙漠的高地表反照率稳定了系统的能量平衡，但绿化可以在地表和降水之间诱导强烈的正反馈，从而使该地区进入“绿色撒哈拉”状态。事实上，撒哈拉沙漠和绿色撒哈拉之间的过渡阶段在理论上不是稳定的，它创造了一个临界点，并允许干燥和潮湿气候体制之间的突然转变。古气候重建提供了过去“绿色撒哈拉”状态的证据，在这种状态下，降雨量增加了一个数量级，出现植被景观和大型湖泊盆地。绿色撒哈拉沙漠的潜在驱动力是与轨道进动周期相关的夏季日晒的周期性增加。从这个意义上说，撒哈拉沙漠绿洲并不是对人为温室气体排放做出反应的直接类比。

自 AR5 以来，古气候研究改善了我们对早期全新世(距今 11000～5000 a)绿色撒哈拉气候转变的时间、空间范围和速度的看法。观察到的绿色撒哈拉的进入和离开过渡总是比潜在的强迫更快。然而，由于沉积记录通常无法解析年代际—多年代际时间尺度上的变化，因此对过渡时期的持续时间可信度较低。

一些气候模式模拟表明，在未来的高排放情景下，CO_2 辐射强迫通过降水变化导致萨赫勒和撒哈拉地区快速绿化。例如，在 BNU-ESM RCP8.5 模拟中，在 10 a 内(2050—2060 年)裸土百分比从 45%下降到 15%，树木覆盖率从 50%上升到 75%，可谓是突变。然而，其他模拟结果表明，这可能是对 CO_2 施肥的短期响应。总之，鉴于目前这一代气候模式捕捉萨赫勒和撒哈拉地区地表反馈的不确定性明显，在 2100 年或 2300 年之前，这些地区突然转变为绿色状态的信度很低(IPCC,2021)。

(3)沙尘排放加剧干旱的可能性

气候系统中的矿物粉尘气溶胶来源于半永久源和瞬态源，前者通常是长期积累了大量冲积沉积物的干旱地区，而后者往往与自然(如干旱、野火)和人为(如土地利用变化、荒漠化)干扰有关。现代的灰尘排放主要是自然来源，人类排放可能占全球大气灰尘负荷的 10%～60%。古尘埃记录表明，人类因素(土地利用变化和景观干扰)可能使全球尘埃排放量在 1750 年至 20 世纪最后 25 a 之间增加了一倍。

沙尘气溶胶通过对辐射的直接影响(长波和短波的吸收和散射)以及对云和降水过程的间接影响，驱动气候系统和水循环变化。沙尘气溶胶通过降低大气湿度和能量以及增加大气稳定性而抑制降水。因此，沙尘极有可能导致水循环的突变，特别是在半干旱地区，那里的风蚀对植被覆盖和干旱变化高度敏感。20 世纪 30 年代，美国中部发生了沙尘暴干旱事件，这是一个标志性的事件，其特征是广泛的土地退化和历史上前所未有的沙尘暴活动。

在未来干旱或快速干旱等突发气候事件中，沙尘气溶胶反馈的重要性尚不清楚。这在一定程度上是因为大气中沙尘气溶胶排放和负荷水平对气候变化的响应具有高度不确定性。预测未来沙尘响应之所以困难，是因为排放既取决于地表变化（如土地利用/土地覆盖变化、干旱化、气候变化的生态响应），也取决于大气状态。总之，由于证据有限，灰尘在下个世纪气候突变事件中的作用信度较低（IPCC，2021）。

6.5.3.3　太阳辐射干预技术实施或终止的突发性水循环响应

太阳辐射干预技术（SRM）或称人工影响太阳辐射工程，旨在通过改变地球的辐射收支来减缓气候变化，这种方法要么是反射入射的太阳辐射，要么是增加散失到太空的热量。目前已经提出了多种方法或设想，包括将气溶胶或其前体（硫酸盐）注入平流层、海洋云增亮、卷云减薄和地表反照率增强等。由于 SRM 改变了地球的能量平衡，理论上预期水循环会发生变化。如果 SRM 的初始强度很大，这些变化可能是突然的，而不是逐渐增加。自 AR5 以来，已经使用气候模式模拟测试了 SRM 技术的效应，并日益关注对区域水资源的影响。影响短波辐射的 SRM 技术（硫酸盐注入、地表反照率修正、云增亮）可能会减少降水，未来全球平均降水可能会低于未来基于 CO_2 排放情景预估的水平。相比之下，影响长波辐射的 SRM 技术（卷云变薄）会导致全球降水增加，因为它导致对流层辐射冷却增强。

SRM 启动和终止的水文影响程度取决于所使用的方法以及实施的强度和持续时间。在 SRM 突然实施的情况下，水文循环将在实施前 10 a 迅速变化。北半球沙漠地区人工增强的反照率导致哈得来环流和 ITCZ 向南转移，带来北部热带地区的极端干燥。均匀平流层或热带平流层硫酸盐注入，会削弱非洲和亚洲的夏季季风，并导致亚马孙的干燥。在不同的地区和季节，蒸散的变化会导致土壤水分和径流的大量亏损或过剩。

如果 SRM 突然终止，无论是有意终止，还是由于技术失败或政治分歧而终止，预计水循环也会发生迅速变化（数年或数十年）。IPCC AR5（IPCC，2013）指出，如果 SRM“因任何原因终止，地表温度将（在 10 a 或 20 a 内）迅速上升到与温室气体强迫相对应的值（高信度）。” IPCC AR6（IPCC，2021）肯定了 AR5 这一结论，并进一步指出，SRM 终止引起的额外全球变暖可能导致全球平均降水的快速增加（中等信度）。与 SRM 启动一样，SRM 终止的影响预计将取决于所部署的技术。总之，SRM 的突然启动或停止极有可能导致水循环的突变，尤其是在热带地区。

综上所述，目前不能排除水循环因人类活动影响而发生突变的可能性。有证据表明，在一些高排放情景下水循环可能发生突变，但关于变化幅度和突变发生时间没有形成一致性结论（IPCC，2021）。

6.6　气候变化与人类活动对全球水资源的综合影响

6.6.1　过去的影响

基于观测事实和模拟研究结果，IPCC 和 WWAP 均连续开展气候变化和人类活动对水循环水资源影响评估，科学界也不断发表新的研究结果。温度、降水、蒸发、径流等的变化已在上一节阐述，冰冻圈的状况和变化将在第 13 章专门讨论。本节综合 IPCC AR5、IPCC AR6 和 WWAP 评估结论及数据，主要讨论气候变化和人类活动对地表水、地下水的影响以及水资源压力和脆弱性状况。

6.6.1.1 对全球淡水的影响

在气候变化和人类活动的驱动和影响下，全球冰冻圈、地表水和地下水均发生了显著的变化。

(1)地表水

气候变化和人类活动总体上导致地表水的减少。IPCC WGI AR6(IPCC，2021)指出，多卫星观测拼图可以反映全球地表水的概况及动态趋势。近年来，随着卫星可见光、红外和微波观测产品的丰富，已经可以透过云层和植被观测所有的陆地水体。目前尚无国家和区域级系统的地表水清单，但对全球尺度的地表水已有总体上的了解。据卫星观测资料估算，全球陆地地表水的总面积为1200万～1400万km^2(包括永久性水体和临时性水体)，远高于以前近据光学图像估计的500万km^2左右。自1970年以来，地表水约以0.8%的速率减少，但各地分布不均匀。1992—2015年期间具有年际变率，长期变化趋势并不明显。

人造陆地水体自20世纪以来持续增加，目前人造陆地水体水量约占陆地地表水总量的10%，主要为水库和水稻田。1084—2015年间，水库水面积净增10万km^2左右。水稻田面积也在增加，其中东南亚地区增加尤为显著。

(2)地下水

地下水的变化受到人类活动和气候变化的共同影响。人类活动的影响主要是地下水的开采和使用，这是地下水耗损最重要的原因。据联合国有关组织的统计数据(World Water Development Report 2022)(UNESCO，2022)，2017年全球共开采地下水959 km^3，其中用于农业664 km^3(占69%)，用于生活211 km^3(占22%)，用于工业84 km^3(占9%)。气候变化对地下水的影响包括直接的影响和间接的影响。直接的影响包括四个方面：一是降水变化的影响。在全球变暖的趋势下，“湿者更湿，旱者更旱”，全球降水分布有巨大的差异，因而地下水的补充也有显著的区域差异。全球变暖还导致小雨减少，强降水增加，而强降水对于地下水的补充是有利的。二是蒸散变化的影响。气候变暖导致全球实际蒸散总体上呈增加趋势，2003—2019年全球实际蒸散约增加了10%。土壤和植被水分蒸散增加，意味着土壤水分下渗减少，对地下水的补充也减少。三是冰雪变化的影响。冰雪变化的既有季节影响，也有长期影响。气候变暖伴随降雨增加，降雪减少，导致冬春季径流增加，夏季径流减少，因而会带来地下水补充的年内变化。气候变暖导致冰雪消融加速，冰川退缩，径流增加，也会增加对地下水的补充。现在约有半数的冰川径流已达峰值或接近峰值，未来是减少的趋势，反过来会减少对地下水的补充。四是海平面上升的影响。由于冰雪消融加速和热膨胀作用，全球海平面持续上升，加之沿海地下水的超采，使得沿海含水层海水入侵，水质变咸。此外，强降水的冲刷，也将污染物和杂质带人地下水含水层，使得地下水污染加重。气候变化对地下水间接的影响主要是灌溉用水的增加和水侵事件的发生。

IPCC WGI AR6(IPCC，2021)肯定了IPCC WGI AR5(IPCC，2013)的评估结论，即在陆地降水特别是强降水增加的背景下，全球地下水补给总体上有所增加，但存在着区域差异，热带和亚热带地区增加明显。IPCC WGII AR6(IPCC，2022)指出，全球许多地区自21世纪初期以来地下水储存连续下降。在高纬度地区，气候变暖改变了地下水补水机制，由于融雪径流的减少，春季地下水补给明显下降。

在整个热带地区的15个观测站点中，有14个站点的O和H的稳定同位素比值表明，月强降水对地下水的影响，通常超过约70个强度百分位。月强降水的变率又与ENSO、PDO(太平洋年代际振荡)有关。在 GRACE 观测资料集中,有 37 个世界级大尺度含水系统 2002—2016 年地下水补给与年度极端降水有关。

地下水的过量开采,特别是农业灌溉用水的增加,导致很多地方的地下水趋于枯竭。体积估算和模式模拟结果表明,全球地下水开采的速率为 100～300 km^3/a,对海平面上升的贡献为 0.3～0.9 mm/a。全球地下水严重亏损的地区包括美国大平原和加州中央山谷、印度北部和恒河上游、中国华北平原、底格里斯河—幼发拉底河—伊朗西部的中东中北部地区、中亚地区和北非地区。气候变率和干旱又加剧和放大了过量开采的效应,美国加州中央山谷地下水枯竭的速率为 6～8 km^3/a。在印度北部,地下水水位下降速率为 2 cm/a,而在印度北部,地下水水位上升速率为 1～2 cm/a,这既与地下水的开采程度有关,也与印度洋 SST 变率引发的降水变化有关。

由于冰川和积雪消融机制的变化,山地低谷含水层补给时间和幅度均发生了变化:随着气候变暖,地下水位峰值出现在春季冰雪提前消融之后;在基流的减少季节,地下水位亦随之下降。高山冰川的退缩导致夏季基流的减少,地下水的补给也随之减少。在多年冻土地区,气候变暖导致地表水和地下水交融耦合,地下水位发生变化。

6.6.1.2　对水质和土壤侵蚀的影响

(1)水质

在气候变暖背景下,气温、水温的升高和径流的变化均会对水质产生不利的影响,台风、飓风和风暴潮强度的增加和海平面的上升也会造成海水的入侵。表 6.6 是 IPCC AR5 给出的气候变化影响水质的研究案例。

温度升高的影响。气温、水温的升高,加之水体中富营养物的增加,致使藻类植物大量爆发,严重污染水质,危害人体健康和水生动物。温度升高还会导致自然水体和废水中有更多的有害的易挥发性物质进入大气,造成空气污染。

在气候干旱背景下河川径流减少,导致河水冲刷能力和稀释能力下降,河水、湖水中污染物质溶解度增加,水质下降。而在强降水背景下雨水冲刷和携带更多的泥沙进入河川,河水中各种物质激增,水体质量恶化。

在气候变化背景下,台风、飓风和风暴潮的强度呈增加趋势,全球海平面持续上升,这样就加大了沿海河流海水入侵的风险,但有时台风、飓风伴随强降水可冲刷沿海河口中的富营养物,减少水华爆发的风险。

IPCC WGII AR6(IPCC,2022)指出,2000—2010 年世界人口有 10%左右面对水质恶化的风险。极端天气气候事件频发和饮用水质量明显下降,正在威胁着亚洲、非洲、南美洲和北美洲很多国家的居民。在干旱条件下,美国 1049 条河流中有 635 条的稀释系数降至极低。此外,大约有 1/3 的研究溪流超过了干扰内分泌混合物的安全阈值。由于多年冻土融化,在 2006—2016 年和 2008—2016 年期间,北极两个高纬度湖泊的主要离子浓度分别迅速增加了 500%和 340%。在 1999—2015 年期间,气候变暖导致冻土活动层显著加深,北极 6 条河流的溶解有机碳、颗粒有机碳和汞的流出量有所增加。

表 6.6 气候变化影响水质例证(资料来源:IPCC,2014a)

	观测地点	观测时间(年份)	水质变化及归因
1	多瑙河,斯洛伐克	1926—2005	水温阶段性升高,水质下降
2	梅里湖,澳大利亚	1984—2000	水温升高,降水变化,湖水盐度增加,富营养化加剧
3	太浩湖,美国	1970—2007	水温大幅升高,热稳定性增加,水中溶解氧量减少,水质下降
4	纽泽河口,美国	1979—2003	飓风和暴雨增强,冲刷水中富营养物,河口水华爆发风险下降
5	默兹河,西欧	1976—2003	温度升高,干旱导致径流减少,河水中重金属超标,水华爆发
6	太湖,中国	2007	春天气温异常偏高,藻类暴发,水中出现大量微胞藻属毒素,200 万人口饮用瓶装水一周以上
7	萨乌水库,西班牙	1964—2007	径流变化幅度大,加之温度升高,水中溶解氧量减少,水质下降
8	22 处旱地水域,英国	1988—2002	温度升高、降水变化、酸沉降、土地利用、CO_2 增加,导致水中可溶性有机物增加,水质下降
9	芬兰西部沿海河流	1913—2007 1961—2007	降水增加,酸性硫酸盐土壤流出径流增加,河水 pH 值低 降水和径流增加,河水杂质增加,可溶性有机碳达临界值
10	15 条山地河流,西班牙北部	1973—2005	气温升高导致半干旱地区河流中营养物和可溶性有机碳增加
11	法国 30 条沿海河流和地下水	1973—2007	2~6 a 周期的温度和降水变化导致河水中营养物亦呈周期性变化,由于土壤的净化作用和地下水的滞后效应,地下水水质变化不明显
12	格诺克和,苏格兰	14 个月	雨季粪便污染明显与降水变化相关
13	27 条河流,日本	1987—1995	气温上升和降水增加使河水中有机物和沉积物增加,气温上升使河水中溶解氧减少,而降水增加溶解氧也增加
14	康内斯特流域,美国	1977—1997	河水中氮含量与降水变化明显相关
15	美国	1948—1994	水源性疾病暴发与降水变化明显相关
16	乌干达北部和东部	1999—2001, 2004,2007	雨季地下水供水中粪便大肠杆菌群浓度升高
17	中国台湾	1998	降水强度大于 31 mm/h. 发现肠病毒感染病例的概率高于 50%,降水强度越大,肠病毒感染病流行概览越高
18	莱茵河	1980—2001	河水中营养物成分变化与季节变化和侵蚀量相关
19	泰晤士河,英国	1868—2008	河水中营养物成分变化与径流变化和土地利用状况相关

(2)土壤侵蚀和泥沙负荷

气候变化和其他因素一起对土壤侵蚀和河道泥沙负荷产生影响,其机制十分复杂,目前研究工作尚不深入。综合现有成果,气候变化的影响主要体现在三个方面:一是强降水事件的增加,导致土壤侵蚀加剧,有更多的泥沙卷入河水,河道负荷和沉积加重;二是温度的升高,使得土壤变松,地表落叶和杂质增加,雨水携带更多的泥沙和杂质进入河水,温度升高还会伴随降雨增加,降雪减少,也会增加土壤侵蚀和河道泥沙负荷;三是气候变暖导致林火风险增加,林火之后,雨水会夹带火灰和其他杂物进入河水,加重河道负荷和沉积。

气候变化已经加重了世界许多流域的土壤侵蚀和泥沙负荷。在哥伦比亚安第斯山脉最大的流域,区域气候变化和土地利用活动(耕作、放牧、森林砍伐)导致水土流失率在过去 10 a 里增加了 34%,其中人为土壤侵蚀超过了气候变化驱动的侵蚀。由于气候变暖和降水变化,野火烧毁山区的土壤侵蚀导致美国、澳大利亚、中国、希腊等国一些流域泥沙沉积增加,并可能破坏下游水生生态系统和水质。在澳大利亚,火灾后泥石流产生的沉积物可高达 113～294 t/hm^2,比未受干扰森林的侵蚀高出 2～3 个数量级(IPCC,2022)。中国黄河流域的观测和研究结果表明,气候变化导致强降水事件增加,流域土壤侵蚀和泥沙负荷加重。但是 2000—2005 年相对 1950—1968 年入海泥沙量却有所减少,这一结果有 30%归因于年均降水量的减少(10%)和径流量的下降,70%归因于流域水库的沉积和清理。

6.6.1.3　水资源脆弱地区

在全球尺度的评估中,很多流域被定义为正在受到缺水的压力,条件是这些流域的人均可用水量低于 1000 m^3/a (按长期平均径流量计算),或汲水量与长期年平均径流量之比大于 0.4。IPCC(2008)在特别技术报告《气候变化与水》中指出,这类面临缺水压力的流域位于非洲北部、地中海地区、中东、近东、南亚、中国北方、澳大利亚、美国、墨西哥、巴西东北部和南美洲西部海岸带[图 6.20(彩)]。生活在这类面临缺水压力流域内的人口估计在 14 亿～21 亿人之间。图 6.20(彩)还列举了一些水资源特别脆弱的地区及其突出的问题。

6.6.2　未来的影响

6.6.2.1　全球淡水

在气候持续变暖和人类活动的驱动和影响下,全球地表水和地下水均会发生进一步的变化。

(1)地表水

据世界水发展报告 2020(World Water Development Report 2020)(UNESCO,2020)的预估,未来全球各大洲地表水资源总量变化不大,几乎保持一定的常量。但细化到分区和国家范围,变化则很显著。

IPCC WGII AR6(IPCC,2022)重点预估了未来湿地和湖泊的变化趋势。在气候变化和人类活动的综合影响下,一些地区的湿地,包括山地湿地、中高纬度湿地和草场湿地的范围和水量将呈现衰减之势。气候变化不仅影响湿地的面积和密度,而且气候变化引发的极端洪水还会改变湿地和河流的联系,对湿地造成进一步的影响。未来气候变化和极端事件对内陆湿地和沿海湿地的影响尚存许多不确定性,但不利影响的压力是确定的。气候和环境变化将对湖泊产生复杂的影响,湖泊的水量、水质、水温、蒸发、结冰等要素和稳定性、混合性等物理、化学

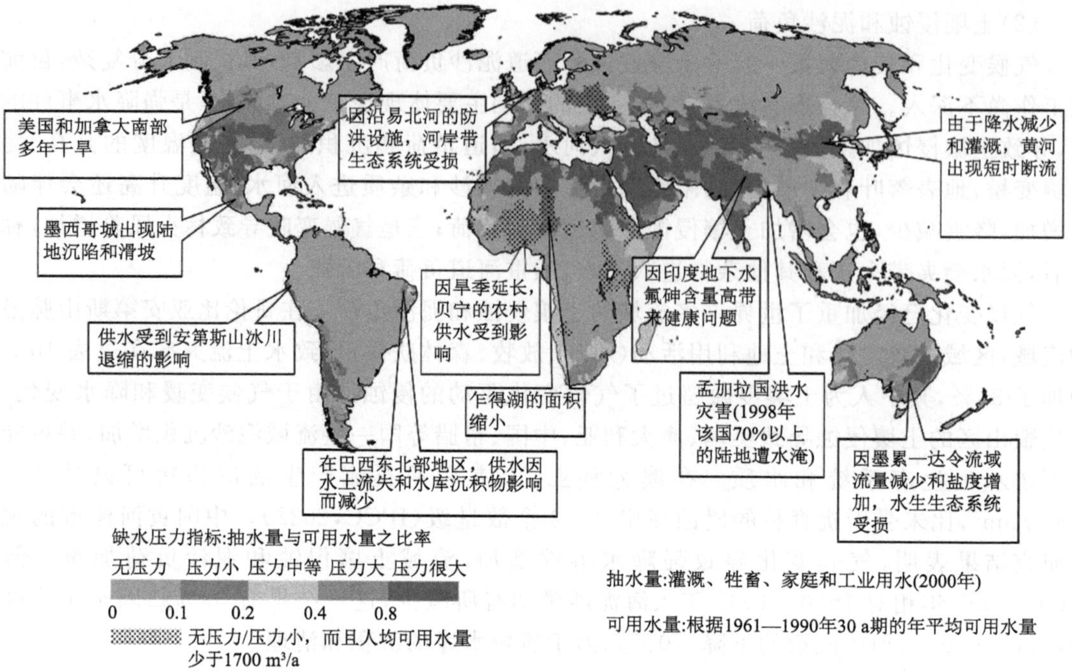

图 6.20(彩) 全球陆地水资源压力状况及脆弱地区(资料来源:IPCC,2008)

性质均会发生变化。随着大气中 CO_2 浓度进一步增加，湖泊也会追赶海洋酸化的步伐，出现严重酸化。人类活动特别是湖水利用和污染排放，也会造成一些湖泊水量和水质的变化。

(2)地下水

受人类活动和气候变化的交互作用，未来地下水呈现复杂的变化趋势。人类活动开采地下水与经济社会发展紧密关联，尽管近年来全球地下水开采上升速率有所减缓，未来总体上仍是上升趋势，但具有明显的地区差异。气候变化相关的环境变化会影响水文循环过程和陆面过程，影响地下水补给的速率。海平面上升带来海水倒灌，使得河口含水层盐度增加。据两个地下水模式的模拟结果，未来在一些地区，包括地中海地区、巴西北部、非洲西南部等地区，地下水会严重亏损。未来地下水补给时空差异很大，而这些时空差异又被人类活动进一步放大。时间差异主要是季节变化，冬季地下水补给有所增加，夏季地下水补给有所减少。空间差异主要表现为湿润地区地下水补给有所增加，而干旱地区地下水补给有所减少。

未来，预计全球整体地下水和不可更新地下水开采量均会显著增加。全球整体地下水开采量将从 2010 年的 952 km^3 增加至 2099 年的 1621 km^3，不可更新地下水开采量将从 2010 年的 304 km^3 增加至 2099 年的 597 km^3，导致整体地下水储量下降，下降量从 2010 年的 204(±30)km^3 增加至 2099 年的 427(±56)km^3。未来地下水下降具有明显的区域差异，大部分地区含水层储量会严重下降，但预计热带和半干旱地区降水强度会增加，有利于地下水补给。然而，半干旱地区地下水超采严重，少量的补给增加也无济于事(IPCC，2022)。

6.6.2.2 水质和土壤侵蚀

(1)水质

IPCC WGII AR5(IPCC，2014a)指出，在气候变暖的趋势下，未来陆地水质总体上可能会变差。局地水质主要受三方面因素的影响：①当地环境状况；②未来气候变化情景；③当前水质本底状况。世界水发展报告 2020（World Water Development Report 2020）（UNESCO, 2020）指出，未来水体温度上升会带来水质的负面影响。温度上升导致溶解氧减少，水体自洁能力亦随之降低。富营养化会带来水华泛滥，导致水质的进一步下降。洪水和干旱期水体中污染物浓度升高，会加大水污染和病原体污染的风险。城市化的快速进程成为新的污染源，许多发展中国家由于卫生基础设施匮乏，地表水和地下水遭受污染。即使有良好的卫生系统，气候变化也会加大城市化带来的地下水污染风险。

IPCC WGII AR6（IPCC，2022）预估，未来随着气候进一步变暖，水温会上升，干旱、洪涝极端事件会增加，海平面会上升，导致一些流域水污染事件会有所增加，富营养化程度会有所加重，海水入侵会有所加剧。在不同的海平面上升情景下，2012—2050 年孟加拉沿海地区淡水流域的面积将减少 17.1%～40.8%。在 4.8 ℃变暖水平上，英格兰西北部浅水湖泊的富营养化程度将是目前的 3 倍。面对水质恶化的趋势，必须采取更有效的应对措施。

(2)土壤侵蚀和泥沙负荷

IPCC WGII AR6（IPCC，2022）指出，未来气候变化和土地利用变化会对土壤侵蚀和泥沙负荷产生进一步的影响，其中气候变化的驱动主要包括降水强度的增加和冰冻圈消融加快等，且气候变化的影响呈增加的态势。到 2070 年，气候变化将会使全球土壤侵蚀增加 30%～66%，而经济社会发展导致土壤侵蚀变化为±10%。21 世纪，欧洲一些国家如比利时、西班牙、德国等和美国土壤侵蚀将增加 10%～80%。只有少数国家为减少的趋势，如在 RCP8.5 情景下，希腊的土壤侵蚀有可能减少 9%。

6.6.2.3　水资源脆弱性与水资源风险

气候变化对水循环、水资源的不利影响，极大地增加了社会经济发展的脆弱性。未来即使将温度升高（相对工业化以前）控制在 2 ℃以内，气温每升高 1 ℃，世界受水资源减少 20%以上影响的人口（相对于 20 世纪 90 年代）会增加 7%。预计到 21 世纪 80 年代，世界受地下水资源减少 10%以上影响的人口相对于 20 世纪 80 年代将增加 24%（RCP2.6）～38%（RCP8.5）。未来温度若升高 2 ℃，新增或累积水资源短缺（人均蓝水资源少于 1000 m^3/a）人口比例相对于 2000 年将增加 8%。温度若升高 5 ℃，新增或累积水资源短缺人口比例将增加 13%。未来全球水害风险也将持续增加，20 世纪 80 年代世界人口面对洪涝风险的比例为 0.1%，未来温度若升高 2 ℃，世界人口面对洪涝风险的比例将上升到 0.5%。温度若升高 4 ℃，这一比例将可能高达 1.2%（IPCC，2014a）。

国际社会高度关注水资源风险和水资源安全。IPCC WGII AR6（IPCC，2022）指出，随着气候变暖程度的增加，气候变化对水资源的影响增加，水资源可利用性下降，水资源风险加大。预计在全球变暖水平（GWL）分别达到 2 ℃和 4 ℃时，将有 30 亿～40 亿人面临物理缺水。到 2100 年，预计 56 个大型冰川流域中有 1/3 的年径流量将下降 10%以上。到 2050 年，对环境至关重要径流的将在 42%～79%的世界流域受到影响，对淡水生态系统造成进一步的负面效应。径流的改变还会影响影响流入水库的水量，增加城市供水服务和应对水文气象极端事件的脆弱性，其中欠发达国家将面临更高的风险。预计未来气候变化对各国经济部门的水相关影响将导致全球 GDP 下降，到 21 世纪中叶，其下降比例为 0.49%（SSP3 情景）～0.10%（RCP8.5，SSP3 情景）。面对如此之高水资源短缺的暴露和风险，必须采取有效的减缓和适应措施，以确保水资源安全。

6.7 未来水系统模拟与评估

早在20世纪末，世界水资源评估计划(WWAP)就组织研究和编写了第一部《世界水情景》(《World Water Scenarios》)，全面评估各种驱动因素对全球和区域水系统的综合作用，对21世纪世界水情景进行描绘和展望，支撑联合国"千年发展目标"的实施。2012年，为响应第二次联合国环境与发展大会(Rio+20)的倡议，WWAP又组织研究和编写第二部《世界水情景》(《World Water Scenarios to 2050》)，开展未来水系统模拟和评估。

6.7.1 未来水系统模拟

在WWAP的组织下，未来水资源和解决方案计划(WFaS)开展了未来水系统模拟。WFaS基于典型排放路径情景(RCPs)和共享社会经济路径(SSPs)，模拟评估未来气候、社会、经济和水资源的变化趋势。对于未来水系统状况，WFaS将其划分为可持续情景、中间路径情景和地区冲突情景。可持续情景为SSP1与RCP4.5的组合，中间路径情景为SSP2与RCP6.0的组合，地区冲突情景为SSP3与RCP6.0的组合(Burek et al.,2016)。

WFaS计划遵循联合国统计工作的惯例，将世界划分为6个区域，19个子区域，分别模拟评估未来全球、区域和子区域气候、社会、经济和水系统变化。非洲区域包括：北非、西非、中非、东非、南非5个子区域。亚洲区域包括：西亚、南亚、中亚、东亚、东南亚5个子区域。中北美洲区域包括：北美、中美、加勒比3个子区域。南美洲区域：不再细分子区域。欧洲区域包括：西欧、南欧、北欧、东欧4个子区域。大洋洲区域：不再细分子区域。

WFaS计划应用综合评估模式、全球气候模式(GCMs)和水文模式进行耦合模拟，并用多模式集合模拟给出评估结果。综合评估模式包括联合国粮食及农业组织和国际应用系统研究所共同研发的农业-生态区模式(AEZ)和国际应用系统研究所研发的世界粮食系统模式(WFS)，在气候变化背景下对社会、经济、人口、生态、农业等趋势进行模拟。气候模式(GCMs)包括英国哈得来中心研发的HadGem2-ES模式，法国皮埃尔拉普拉斯研究所研发的IPSL-CM5A-LR模式，美国地理流体动力学实验室GFDL-ESM2M模式，日本研发的MIROC-ESM-CHEM模式和挪威气候中心研发的NorESM1-M模式，集合模拟RCP4.5与RCP6.0情景下气候变化趋势并驱动水文模式。水文模式包括德国卡塞尔大学研发的WaterGAP模式，日本国立环境研究所研发的H08模式和荷兰乌得勒支大学研发的PCR-GLOBWB模式。这3个模式为近年来研发的世界一流水文模式，且分辨率均为0.5°×0.5°(在赤道地区为50 km×50 km)，可模拟水资源需求量和供应能力。这3个水文模式各有侧重，分别在同样的气候变化集合模拟结果驱动下模拟有关水文水资源趋势。

6.7.2 未来可利用水资源变化

气候变化和水循环、水系统综合作用，导致未来地表水、地下水资源发生变化。加上世界人口的变化，未来各大洲和各国人均水资源也会发生变化。

6.7.2.1 地表水资源量变化

WFaS计划基于SSP1与RCP4.5情景组合、SSP2与RCP6.0情景组合、SSP3与RCP 6.0情景组合，模拟计算了未来全球各大洲和各国地表水资源的变化。在三种组合下，未来各大洲地表水资源总量变化不大，几乎保持一定的常量。但细化到分区和国家范围，变化则很显著。各国未来地表水资源变化有很大差异，地中海沿岸国家和西亚国家及部分南亚国家地表水资源会锐减，从西班牙、摩洛哥到巴基斯坦形成一个地表水资源"衰减带"。而在"衰减带"南部的非洲国家从毛里塔尼亚到苏丹地表水资源会增加，形成一个"增长带"。"衰减带"与"增长带"一北一南，且相互毗邻，形成鲜明的对照。此外，非洲南部、南美洲中部和大洋洲国家地表水资源会减少，而俄罗斯和格陵兰等地表水资源会增加。

未来，气候变化、水循环时空变化会导致地表水总量和分布的改变，各国人口的变化又会进一步带来人均地表水资源的改变。在所有情景下，表 6.7 为未来预期人均地表水资源最少的国家。如前所述，按 WWAP 的标准，人均地表水资源少于 500 m^3 的国家为水资源绝对短缺国家，介于 500～1000 m^3 之间的为水资源短缺国家，介于 1000～1700 m^3 之间为具有水资源压力国家，介于 1700～2500 m^3 之间为水资源脆弱国家，2500 m^3 以上则为无水资源压力国家。依据此标准，2010 年卡塔尔、也门、巴林为水资源绝对短缺国家，约旦、阿曼、以色列、佛得角为水资源短缺国家，沙特阿拉伯、吉布提、阿尔及利亚、黎巴嫩、摩洛哥、巴基斯坦、阿联酋、突尼斯、厄立特里亚、中国、比利时为具有水资源压力国家。到 2050 年，随着人口变化和气候变化及水循环变化，这些国家的情况有所改变。绝大多数国家人均地表水资源会进一步减少，只有佛得角和中国会增加。届时，阿曼、以色列、吉布提将列入水资源绝对短缺国家，沙特阿拉伯、阿尔及利亚、黎巴嫩、摩洛哥、巴基斯坦将列入水资源短缺国家，佛得角人均地表水资源会有明显增加，但不确定性很大。中国到 2050 年，三个情景中有两个情景预期人均地表水资源量将超过 1700 m^3。

表 6.7　2050 年预期人均地表水资源最少的国家

（资料来源：PBL Netherlands Environmental Assessment Agency，2018）　　**单位：m^3/人**

国家	2010 年人均地表水资源量	2050 年人均地表水资源量 3 种 SSPs	2050 年数值/2010 年数值
卡塔尔	130	60～110	46%～85%
也门	430	140～290	33%～67%
巴林	450	120～－250	27%～56%
约旦	550	220～230	40%～42%
阿曼	720	570～720	79%～100%
以色列	890	390～500	44%～56%
佛得角	920	1230～2150	134%～234%
沙特阿拉伯	1020	400～690	39%～68%
吉布提	1070	280～470	26%～44%
阿尔及利亚	1070	600～650	56%～61%
黎巴嫩	1150	750～820	65%～71%
摩洛哥	1220	640～840	52%～69%
巴基斯坦	1250	600～860	48%～69%
阿联酋	1420	600～1220	42%～86%
突尼斯	1570	980～1110	62%～71%
厄立特里亚	1620	700～720	43%～44%
新加坡	1680	1340～1400	80%～83%
中国	1690	1720～1920	102%～114%
比利时	1700	1420～1720	84%～101%

6.7.2.2 地下水资源量变化

常年或季节性地表水资源不足的国家和地区，必然通过开采地下水来弥补水资源需求。世界地下水开采总量的2/3用于农业灌溉，1/3用于工业、生活和生态需求。亚洲人口最多，地下水开采也是最多。到2050年世界地下水开采总量预计达1113 km^3，为2010年的139%。表6.8为世界上2010年地下水开采量最多的19个国家，表中2050年的数据为5个GCMs在SSP2情景下集合模拟结果。

表6.8 中间路径情景下世界地下水开采及开采量最多的国家

（资料来源：PBL Netherlands Evironmental Assessment Agency，2018）

排名	国家	2010年		2050年		2050年数值/2010年数值
		数量/(km^3/a)	占世界份额	数量/(km^3/a)	占世界份额	
1	印度	201	25%	278	25%	139%
2	美国	103	13%	118	11%	114%
3	中国	102	13%	152	14%	150%
4	伊朗	60	8%	73	7%	122%
5	巴基斯坦	60	8%	70	6%	116%
6	墨西哥	25	3%	32	3%	127%
7	俄罗斯	22	3%	37	3%	168%
8	沙特阿拉伯	22	3%	29	3%	135%
9	孟加拉	11	1%	13	1%	117%
10	日本	11	1%	12	1%	109%
11	土耳其	11	1%	17	2%	162%
12	意大利	9	1%	11	1%	115%
13	乌兹别克斯坦	9	1%	12	1%	132%
14	保加利亚	8	1%	23	2%	292%
15	巴西	8	1%	12	1%	154%
16	德国	7	1%	9	1%	137%
17	法国	6	1%	7	1%	125%
18	西班牙	5	1%	6	1%	116%
19	阿根廷	5	1%	8	1%	164%
	世界	800	100%	1113	100%	139%

从表6.8中可以看出，2010年世界地下水开采总量约为800 km^3，其中印度、美国、中国三个地下水开采大国的开采量分别为201 km^3、103 km^3和102 km^3，三国地下水开采量之和高达世界总量的51%。到2050年。预期地下水开采量最大的五个国家是印度、中国、美国、伊朗和巴基斯坦，这五个国家开采量之和达当时世界地下水开采总量的65%，几乎为世界总量的2/3。未来印度地下水开采量将以世界平均速率增长，到2050年预期开采量为278 km^3，仍居世界之首；中国将以150%的速率增长，到2050年将达到152 km^3，超过美国，成为世界第二；美国将以114%的速率增长，到2050年预期为118 km^3，退居世界第三；伊朗将以122%的

速率增长，到 2050 年预期为 73 km^3，居世界第四；巴基斯坦将以 116% 的速率增长，到 2050 年预期为 70 km^3，居世界第五。在这五个国家中，印度、中国和巴基斯坦三国开采不可更新地下水资源较多，分别达到本国地下水开采量的 24%、23% 和 55%。巴基斯坦虽然绝对开采量并非最高，但不可更新地下水资源开采比重却最大。

水资源包括境内水和跨境水。世界上现有 263 条（个）跨境河流或湖泊，流域面积约占世界陆地的一半，径流量占地表淡水总量的 60%，世界上与跨境水有关的人口高达总人口的 90%。各国对跨境水有很大的差异，如埃及和叙利亚依赖程度分别高达 94% 和 73%，而澳大利亚依赖程度则为零。对跨境水依赖程度高的国家主要分布在非洲、欧洲、亚洲和南美洲。非洲依赖程度高的国家主要分布在尼罗河、尼日尔河、奥卡万戈河、赞比西河和刚果河流域，欧洲依赖程度高的国家主要分布在多瑙河和伏尔加河流域。亚洲依赖程度高的国家主要分布在锡尔河、阿姆河、印度河、恒河—雅鲁藏布江流域。南美洲依赖程度高的国家主要分布在巴拉圭河和乌拉圭河流域。

6.7.3　水资源需求变化

WFaS 计划利用 5 个全球气候模式（GCMs）和 3 个水文模式（GHMs），基于三种社会经济情景（SSPs）模拟未来全球水资源需求变化。表 6.9 为全球和各大洲及其分区未来在 SSP2 情景下 2010—2050 年水资源供应和需求变化。未来在三种情景下全球水资源需求均呈增加趋势。在 SSP1 情景下，到 2050 年水资源需求将分别增加 20%，达 4530～5440 km^3。在 SSP2 情景下，到 2050 年水资源需求将分别增加 27%，达 4570～5800 km^3。在 SSP3 情景下，到 2050 年水资源需求将分别增加 33%，达 4590～6100 km^3。

表 6.9　2010 年和中间路径情景下 2050 年各大洲水资源供应量和需求量占世界份额

（资料来源：PBL Netherlands Environmental Assessment Agency，2018）

区域	2010 年		2050 年	
	水资源供应（占世界百分比/%）	水资源需求（占世界百分比/%）	水资源供应（占世界百分比/%）	水资源需求（占世界百分比，%）
亚洲	26	66	26	86
南美洲	24	4	24	5
中北美洲	16	14	16	15
欧洲	14	10	15	12
非洲	14	5	14	8
大洋洲	6	1	6	1
世界（数量）	53900 km^3/a	4600 km^3/a	53300 km^3/a	5800 km^3/a

未来在三种情景下，非洲、南美洲和亚洲水资源需求均呈显著增加趋势，欧洲未来水资源需求亦有较快增加。非洲由于人口膨胀和经济增长相对加快，到 2050 年水资源需求将比 2010 年增加 65%。南美洲到 2050 年水资源需求将比 2010 年增加 50%，但其占世界水资源需求份额较低，2010 年占世界 4%，2050 年提升至 5%。亚洲水资源需求占世界份额最大，2010 年占世界 65%，其主要原因是亚洲农业灌溉用水为世界之最。亚洲随着经济收入的提升，到 2050 年水资源需求将比 2010 年增加 30%，占世界份额增加至 70%。欧洲的情形较特

殊，在 SSP1 情景下，水资源需求增加较缓，到 2050 年水资源需求比 2010 年仅增加 9%。在 SSP2 和 SSP3 情景下增加较快，分别增加 25%和 35%。未来大洋洲和北美洲资源需求增加较缓。到 2050 年大洋洲水资源需求比 2010 年增加 18%，但仍仅占世界份额 1%。北美洲未来由于人口和收入增长有限，水资源需求增长也不明显。在 SSP1 情景下，北美洲未来水资源需求甚至呈下降趋势，在 SSP2 和 SSP3 情景下，需求增长也很少。2010 年北美洲水资源需求占世界份额为 15%，到 2050 年将下降至 12%。

各大洲分区和世界各国未来在 SSP2 情景下水资源需求变化的差异明显。就非洲而言，北非水需求所占份额最大，2010 年占 60%，虽然到 2050 年将下降至 40%，但水需求量仍将增加 18%。西非水需求增长最快，预期到 2050 年需求量为 2010 年的 3.5 倍，所占份额将从 2010 年的 8%增长至 2050 年的 20%。中非增长也很快，2050 年需求量为 2010 年的 3 倍，份额将从 2%增长至 4%。非洲东部和南部需求量增长平稳，份额基本维持不变。

亚洲地区，虽然未来水需求量增长并非最快，但南亚占亚洲水需求份额最大，到 2050 年将达到 40%。东亚地区未来水需求量增长势头也很猛，预期到 2050 年将比 2010 年增长 50%，到 2050 年所占份额也将高达 36%。亚洲其他地区需求量增长平稳，份额基本维持不变。

欧洲地区，东欧占欧洲水需求份额最大，而且未来水需求量增长也是最快，预期到 2050 年将比 2010 年增长 56%。西欧和南欧未来由于节水技术的提升和人口增长放缓，西欧和南欧未来占欧洲水需求份额将呈下降趋势。西欧未来水需求量基本维持不变，南欧甚至有所减少。北欧未来随着人口的增长，水需求量将有所增长，但势头平稳，到 2050 年所占份额基本维持不变。

目前世界上水需求量最高的五个国家是中国、印度、美国、俄罗斯和巴基斯坦，未来到 2050 年这五国将维系这一定位。其中中国、印度、俄罗斯三国水需求量增加较多，到 2050 年预期将分别增加 478 km^3、203 km^3 和 66 km^3。一些非洲国家未来水需求速率增长最快，在 SSP2 情景下，乌干达、卢旺达、利比里亚、刚果共和国、刚果、冈比亚、尼日利亚等国到 2050 年将超过 2010 年的 6 倍。一些亚洲的国家未来水需求速率增长也很快，亚美尼亚、格鲁吉亚、巴布亚新几内亚、蒙古等国 2050 年水需求量会翻一番。此外，东欧的摩尔多瓦、乌克兰、保加利亚、捷克共和国等水需求速率增长也较快。南美洲各国未来水需求量均会增长，其中巴拉圭、科伦比亚、玻利维亚等国增长较快。中北美巴拿马、危地马拉、尼加拉瓜等国水需求也会有明显增长。

表 6.10 为世界和各大洲及未来在 SSP2 情景下各种水资源需求的变化。在各种用水中，农业用水最多，其次是工业用水，生活用水最少。2010 年世界农业用水需求量占总需求量的 72%，非洲、亚洲和大洋洲均占 80%以上，美洲占一半略多，欧洲仅占 30%。2050 年世界农业用水需求量占总需求量将下降至 59%，大洋洲份额最高，占 73%，其余各洲所占份额均有明显下降。2010 年世界工业用水需求量占总需求量的 18%，欧洲最高，为 54%，其次为中北美洲，为 35%，这与两个地区工业发达有关。其余各洲所占份额均在 10%左右，不超过 20%。2050 年世界工业用水需求量占总需求量将增长至 24%，中北美洲有所下降，欧洲和南美洲略有增长，其余各洲有明显增长。2010 年世界生活用水需求量仅占总需求量的 9%，其中亚洲最低，为 7%，其余各洲在 10%～20%之间。2050 年世界生活用水需求量占总需求量将增长至 17%，几乎翻一番，除欧洲略有增长外，其余各洲均有大幅增长。

表6.10　世界和各大洲及未来在中间路径情景下各种水资源需求的变化
（资料来源：PBL Netherlands Environmental Assessment Agency，2018）　单位：km^3/a

地区	需求总量				农业用水需求量				工业用水需求量				生活用水需求量			
	2010年		2050年		2010年		2050年		2010年		2050年		2010年		2050年	
	数量	份额	数量	份额	数量	份额	数量	份额	数量	份额	数量	份额	数量	份额	数量	份额
非洲	231	100%	359	100%	187	81%	194	54%	18	8%	64	18%	26	11%	101	28%
亚洲	3026	100%	3941	100%	2508	83%	2617	66%	316	10%	760	19%	202	7%	565	14%
中北美洲	659	100%	667	100%	348	53%	367	55%	229	35%	182	27%	82	13%	118	18%
南美洲	166	100%	229	100%	97	58%	99	44%	31	19%	47	21%	39	23%	82	36%
欧洲	447	100%	558	100%	133	30%	139	25%	241	54%	325	58%	72	16%	93	17%
大洋洲	37	100%	43	100%	30	80%	31	73%	2	5%	3	7%	6	15%	9	21%
世界	4566	100%	5796	100%	3302	72%	3447	59%	838	18%	1381	24%	427	9%	967	17%

6.7.4　未来水资源短缺和水压力评估

如前所述，一个国家或一个地区水资源的丰歉与降水、径流、地表水、地下水等自然条件直接相关，也与人口增长、经济发展等人文因素密切关联。评估一个国家或一个地区是否有水资源短缺问题，主要指标是水资源实际利用量占水资源总量的百分比，20%～40%为水资源短缺国家或地区，40%以上为水资源严重短缺国家或地区。WWAP基于IPCC气候变化的结论，综合水资源可利用量和水资源需求的模拟研究，在WWDR系列报告中持续开展水资源短缺和水压力评估。

IPCC WGI AR5（IPCC，2013）预估，全球未来降水变化具有显著的区域特征，总体上是干旱地区更加干旱，湿润地区更加湿润。基于AR5预估，荷兰环境评估机构（PBL）于2018年给出了世界各国2010—2050年净日降水变化趋势，并被收入WWDR 2019（World Water Development Report 2019）（UNESCO，2019）。在各大洲以及区域尺度，气候变化带来的降水变化在−5%～+5%，但对于各国及局部地区而言，降水变化的幅度可以远远超过这一范围。

WWDR 2018（World Water Development Report 2018）（UNESCO，2018）指出，综合考虑气候变化、自然条件和社会经济变化等各种驱动因素的影响，未来全球许多地区和国家水资源短缺会进一步加剧，水资源压力进一步加大。到2050年世界上水资源短缺缓解的地区寥寥无几，而很多地区特别是中低纬度的干旱地区水资源短缺会明显加剧。

据WWDR 2018（World Water Development Report 2018）（UNESCO，2018）评估结果，如果当前的趋势延续，到2050年将有52%的世界人口、40%的谷类粮食产量和45%的世界GDP将受到水资源短缺的影响。当前在10°—40°N之间，从墨西哥到中国再到南欧，普遍存在水资源短缺的问题。南半球的澳大利亚、南美西部、非洲南部，水资源短缺的问题非常突出。21世纪初期，大约有19亿人口（世界总人口的27%）生活在水资源严重短缺的地区。到2050年水资源短缺的问题更加严重，届时生活在水资源严重短缺地区的人口可能高达27亿～32亿。以上仅是常年缺水的人口数据，如考虑到季节性缺水（一年中至少有一个月缺水），当前大约有36亿人口（近世界总人口的一半）生活在水资源短缺的地区，到2050年这一数据将上升至48亿～57亿。届时，生活在水资源短缺的地区的人口将有91%～96%生活在亚洲（主要分布在南亚和东南亚），4%～9%生活在非洲（主要分布在北非）（Burek et al.，2016）。

第7章 中国水循环

如前所述,水文过程在太阳能量和大气运动的驱动下周而复始地进行,水循环与能量循环和碳循环等过程紧密地交织在一起,包括海洋蒸发和陆地蒸散、大气中水汽输送、降水、土壤水下渗和产流、径流等环节,其中很多要素既属水循环要素,也属气候要素。与中国水循环相关的温度、降水、日照、风等要素,已在第3章"中国气气候变化"中讨论,本章主要讨论中国水循环概况及水汽输送、云量及云水资源、蒸散、土壤水和径流过程。

7.1 中国水循环概况

中国水循环是全球水循环的组成部分,在全球循环的大背景下发生和运行,但同时又有很多自身的特点。中国所处的地理区域位置、复杂的地形地貌和独特的季风气候,决定了中国水循环的特征。中国是一个多山的国度,山地面积占全国国土面积的70%,山地蓄水能力差,降水易于形成径流。此外,受季风气候影响,中国多数地区的降水集中于夏季特别是汛期,汛期暴雨洪水频繁,径流量激增。中国年均降水量小于世界陆地均值,主要是中国西北部干旱半干旱面积较大,占国土面积的1/3以上,这些地区的年均降水在200 mm以下。中国外流区降水量大于世界外流区均值,内流区降水量小于世界外流区均值,可见中国的降水主要集中在外流区。中国年均实际蒸散量比世界陆地均值偏低较多,大约低24%。其原因一方面是内陆干旱地区降水很少,实际蒸散量远低于蒸发能力,另一方面则仍与中国多山特点有关,山地实际蒸散量远低于平原和湖泊等地区。中国外流区年均蒸发量亦低于世界陆地均值,所以中国外流区年均径流深亦大于世界陆地均值。中国内流区降水量小而蒸发量大,干旱特征非常显著。中国大陆由于年均降水量蒸发量均小于世界陆地均值,所以年均径流深并不低,略高于世界陆地均值,径流系数亦大于世界陆地均值。

7.1.1 中国大陆尺度水循环状况

关于中国水循环特征的研究,国内外不少学者均有探索。黄锡全(1993)指出,中国大陆上空多年平均水汽输入总量为1.50232×10^{13} m^3,输出总量为1.23627×10^{13} m^3,静输入总量为2.6605×10^{12} m^3,折合平均水深为279.4 mm,与入海径流量很接近。刘国纬等(1997)把中国大陆边界概化为平行纬线和经线的多边形,利用沿国界附近的53个探空气象站1972—1982年每天两次探空观测资料,得到全国多年水汽平均总输入量、输出量和净输入量。结合其他水文观测数据,绘制了全国水循环概念模型图(图7.1),成为中国水循环研究的经典。

1972—1982年中国大陆上空平均每年水汽总输入量为18215.4 km^3,折合大陆上地面平均水深为1909.4 mm,其中31%转化为降水P_I,折合水深为586.2 mm,69%的水汽成为过境水汽输出大陆上空。中国大陆蒸发量每年平均折合水深为364.3 mm，其中17%通过内循环过程重新形成降水P_E，折合水深为62.2 mm，其余83%蒸发的水汽则随气流输出大陆上空。P_I与P_E之和为中国大陆总降水P，折合水深为648.4 mm，其中90%由境外输入的水汽形成，境内蒸发形成的降水不足10%。中国大陆径流R多年平均折合水深为284.1 mm。中国大陆尺度多年平均输出的水汽折合水深为1625.3 mm，其中81%为过境水汽，折合水深为1323.2 mm，19%来自蒸发，折合水深为302.1 mm，可见过境水汽具有增加降水的潜力，这也使得人工增水成为可能。平均降水蒸发系数为0.56，降水径流系数为0.44。水汽输出量与径流之和折合水深为1909.4 mm，恰好与每年水汽总输入量相等，构成了中国大陆水循环和水量平衡（刘国纬 等，1997）。

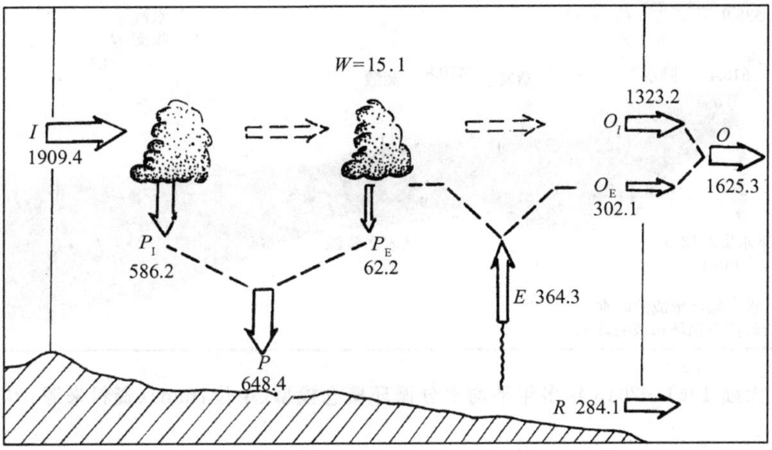

图7.1 中国大陆1972—1982年年均水循环概念模型图（单位：mm）（资料来源：刘国纬 等，1997）

刘昌明（2014）也给出了截至20世纪80年代中国大陆多年平均水循环和水量平衡数值。中国大陆多年平均降水量为630 mm，蒸散量为360 mm，径流深为270 mm，平均降水蒸发系数为0.57，降水径流系数为0.43。通过比较可知，刘昌明（2014）给出的水循环数值均略小于刘国纬等（1997）给出的结果，但差别并不大。刘昌明（2014）还将中国的研究结果与全球陆地平均数值进行比较，见表7.1。中国大陆降水量和蒸发量均比全球大陆平均值低，而年径流量略高；径流系数高，而蒸发系数低。

表7.1 中国与世界陆地水循环要素比较（资料来源：刘昌明，2014）

区域	年降水量/mm	年径流深/mm	年蒸发量/mm	径流系数	蒸发系数
中国大陆	630	270	360	0.43	0.57
世界大陆	730	260	471	0.36	0.64
中国外流区	896	403	493	0.45	0.55
世界外流区	873	320	553	0.37	0.63
中国内流区	164		164	0.00	1.00
世界内流区	231		231	0.00	1.00

姜彤等（2020a）利用再分析资料和地面观测数据，计算了1961—2018年中国大陆水循环数据（图7.2）。1961—2018年，中国多年平均整层大气水汽含量约为0.13万亿m^3，折合水深

13.9 mm，水汽年总输入量为 1681.8 mm，输出量为 1283.5 mm，水汽收支为 398.3 mm，降水量为 616.4 mm，蒸散量为 480.8 mm，地表水资源量为 273.7 mm。输入水汽约 32%形成降水，68%为过境水汽。可见，16%的蒸散通过内循环过程重新形成降水，84%随气流输出；降水 87%是由输入水汽形成，13%是由区域内部蒸发的水汽形成。总体上，姜彤等(2020a)、刘国纬等(1997)、刘昌明(2014)关于中国大陆水循环计算结果比较相近，但蒸散数值有差异，这可能与实际蒸散观测数据匮乏、蒸散模型模拟结果发散有关。

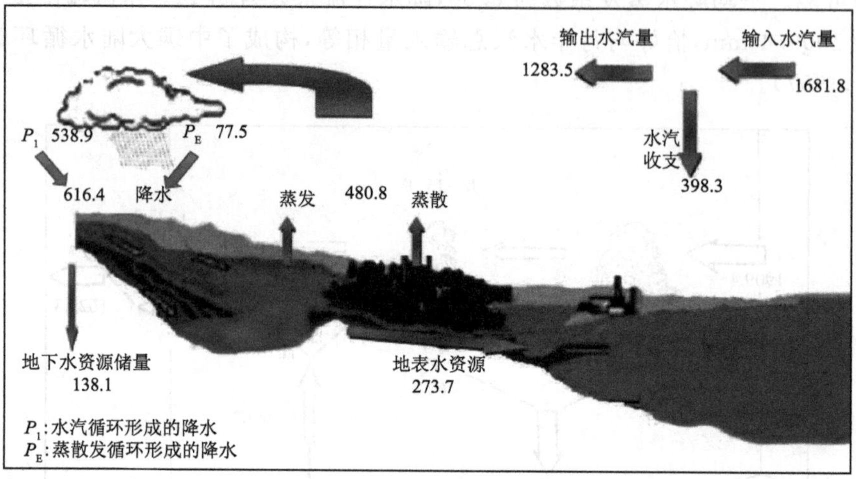

图 7.2　中国大陆 1961—2013 年多年平均水分循环概念模型(单位：mm)(资料来源：姜彤 等，2020a)

7.1.2　中国区域尺度水循环概况

如前所述，中国地域辽阔、地形复杂，从北到南跨越五大气候带，有东北湿润半湿润温带地区、华北湿润半湿润暖温带地区、华中华南湿润亚热带地区、华南热带湿润地区、内蒙古温带草原地区、西北温带及暖温带荒漠地区、青藏高原地区七个各具特色的气候区。气候和地形明显的地域差异，使得中国水文循环表现出很强的地域性。刘国纬等(1997)根据中国气候区划并结合中国七大流域水文气候特点，把中国大陆划分为东北区、华南区、长江区、西南区、华北区和西北区六个区域(见图 7.3 和表 7.2)，根据 1983 年的观测资料，计算了各个区域上空的水汽输送和水汽收支(刘国纬 等，1997)，绘制了六大区域水循环概图。刘国纬等(1997)还对中国台湾地区的水文循环进行了专门的研究，分析了台湾地区水循环的特点。

7.1.2.1　东北区

东北区水循环概况如图 7.3a 所示。该区是六个区域中平均纬度最高的区域，除大兴安岭以西地区外，全区属半湿润区或湿润区。该区西部、北部和东部被大兴安岭、小兴安岭和长白山环抱，中部大平原向南展开，形成三面环山、面临渤海的口袋状大地形。冬季全境在西北气流控制下，天气晴燥，降水稀少。夏季东南季风携带较丰沛水汽进入区内，恰好与口袋状地形相配合，有利于降水，区内年平均降水在 550 mm 以上，山脉迎风坡年降水量可高达 1000～1200 mm。

东北区上空水汽主要通过其西边界和南边界输入，纬向输入约占 70%，经向输入约占 30%。全年水汽总输入量中 22.5%形成降水，77.5%成为过境水汽输出境外。全年总蒸发量

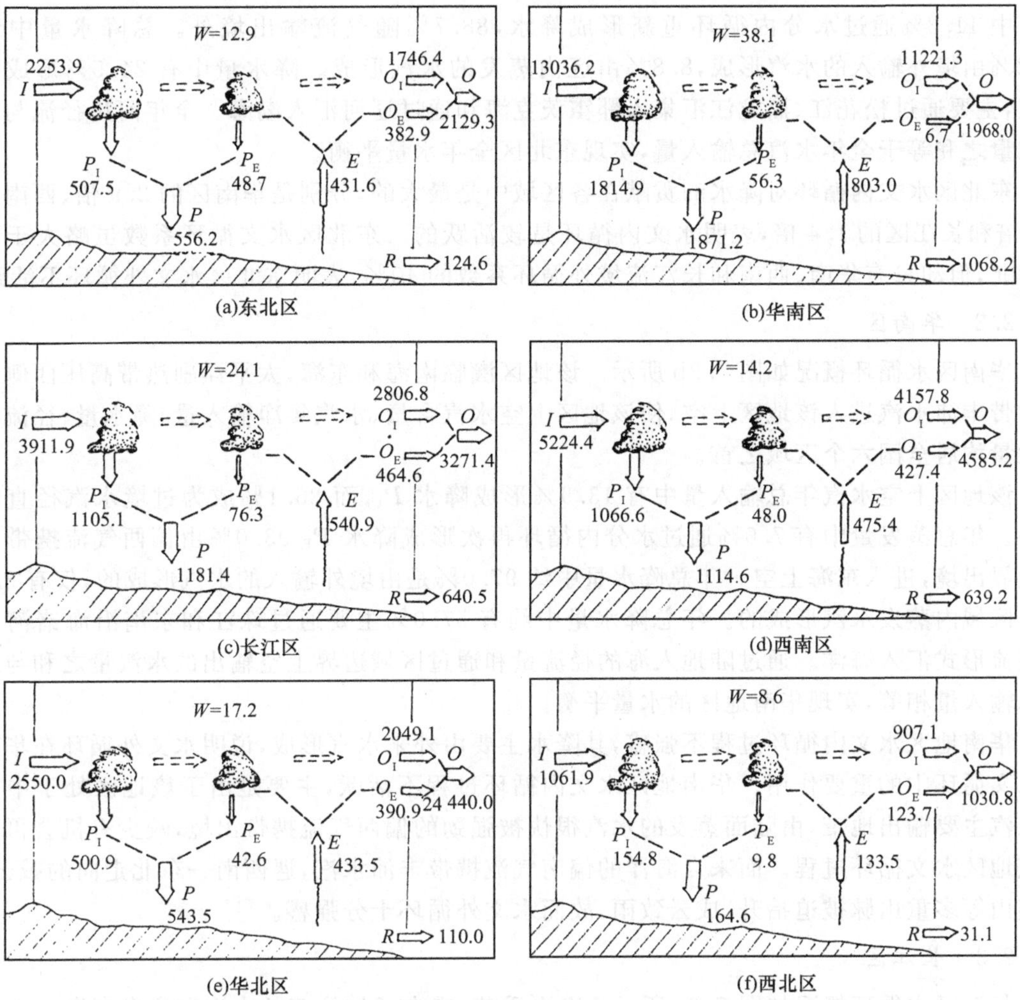

图 7.3　中国大陆各区域水循环概念模型(单位:mm)(资料来源:刘国纬,1997)

表 7.2　中国区域水汽收支和水汽含量(资料来源:刘国纬 等,1997)　　　　单位:mm

水文要素	东北	华南	长江	西南	华北	西北	台湾
水汽输入量(I)	2253.9	13036.2	3911.9	5224.4	2550.0	1061.9	13615
水汽含量(W)	12.9	38.1	24.1	14.2	17.2	8.6	34
蒸发量(E)	431.6	803.0	540.9	475.4	433.5	133.5	660
降水量(P)	556.2	1871.2	1181.4	1114.6	543.5	164.6	2430
水汽输入降水量(P_I)	507.5	1814.9	1101.5	1066.6	500.9	154.8	2373
蒸发形成降水量(P_E)	48.7	56.3	76.3	48.0	42.6	9.8	57
过境水汽输出量(O_I)	1746.4	11221.3	2806.8	4157.8	2049.1	907.1	11242
蒸发水汽输出量(O_E)	382.9	746.7	464.6	427.4	390.9	123.7	603
水汽输出量(O)	2129.3	11968.0	3271.4	4585.2	2440.0	1030.8	11845
水汽净输入量(N)	124.6	1068.2	640.5	639.2	110.0	31.1	1770

中11.3%通过水分内循环重新形成降水，88.7%随气流输出境外。总降水量中约有91.2%由境外输入的水汽形成，8.8%由区内蒸发的水汽形成。降水量中有24.5%形成河川径流，主要通过松花江、黑龙江汇集入鄂霍茨克海和通过辽河汇入渤海。全年河川径流与出境水汽量之和等于全年水汽总输入量，实现东北区全年水量平衡。

东北区水文内循环对降水的贡献在各区域中是最大的，分别是华南区的2.9倍、西南区的2.0倍和长江区的1.4倍，表明水文内循环是较活跃的。东北区水文循环系数虽略大于西北和华北，但却只有华南、西南和长江流域外循环系数的40%，表明东北区水文外循环不活跃。

7.1.2.2 华南区

华南区水循环概况如图7.3b所示。该地区濒临南海和东海，太平洋副热带高压西侧的气流携带丰沛水汽进入该地区上空，使该地区上空水汽含量、水汽年净输入量、降水量、径流量和蒸发量均居全国六个区域之首。

该地区上空水汽年总输入量中有13.9%形成降水 P_{I}，而86.1%成为过境水汽径直输出境外。年总蒸发量中有7.0%通过水分内循环再次形成降水 P_{E} 93.0%由偏西气流携带自东南边界出境，进入东海上空。年总降水量中约97.0%是由境外输入的水汽形成的，仅有3.0%是由区域内蒸发水汽形成的。年总降水量中约有57.0%主要通过珠江和东南沿海诸河以河川径流形式汇入海洋。通过陆地入海的径流量和通过区域边界上空输出的水汽量之和与水汽年总输入量相等，实现华南地区的水量平衡。

华南地区水文内循环过程不强盛，其降水主要由外来水汽形成，说明水文外循环在华南地区水文循环中的重要作用。华南地区水文内循环过程不活跃，主要是由于该地区处于中国东部水汽主要输出地带，由陆面蒸发的水汽很快被强劲的偏西气流携带出境，较少有机会再次参与该地区水文循环过程。而来自海洋的偏南气流携带丰沛水汽，遇西南—东北走向的戴云山、武夷山等多重山脉被迫抬升，成云致雨，故而水文外循环十分强盛。

7.1.2.3 长江区

长江区水循环概况如图7.3c所示。春夏季节，来自孟加拉湾的水汽和来自南海的水汽在长江流域中下游汇合，并与北方冷空气交绥，形成丰沛降水。梅雨期和台风登陆时，常常出现大暴雨和特大暴雨。秋冬季节，随着夏季环流向冬季环流的转变和冬季环流的建立，偏北气流南下并覆盖本区域大部分地区，极地大陆变性气团秉性干冷，若与较强偏南水汽交绥，也会形成较多雨雪。

长江区上空水汽主要从南边界输入，即自华南地区和西南地区北边界上空输出的水汽进入长江流域上空，年总输入量小于华南区和西南区（按面积平均深计），居全国六个区域的第三位。

长江区上空水汽年总输入量中有28.2%形成降水 P_{I}，71.8%成为过境水汽径直流出境外。年总蒸发量中14.1%形成降水 P_{E}重返陆地，85.9%通过北边界进入华北区和通过东边界上空流入东海。年总降水量中93.5%是由境外输入的水汽形成的，6.5%是由流域内蒸发的水汽形成的。年总降水量中有54.2%成为河川径流汇入海洋。河川径流量与水汽输出量之和等于水汽年总输入量，实现长江区全年水量平衡。

长江区水文内循环十分活跃。这一方面是由于长江区面积达180万km^2，区内气旋波、西南涡和切变线等低值系统活跃。使区域内水汽有较多的机会和较好的条件再次形成降水。另一方面，区域内河湖水域和森林覆盖面积相对较大，因而蒸发量大，也是重要原因。

7.1.2.4　西南区

西南区水循环概况如图 7.3d 所示。该地区位于青藏高原东南缘，区域西部横断山脉呈南北走向，西南水汽沿山谷上溯，可达雅鲁藏布江河谷。区域东南部与越南、老挝、缅甸接壤，海拔在 200 m 左右，来自孟加拉湾的水汽从本区南边界和西边界进入上空后，经昆明、贵阳、芷江向东北方向偏转，从北边界出境进入长江流域上空。水文气候垂直分带性是本区重要特点，降水量随高度明显增加，径流量也随高度增加而增加。由于气温随海拔增高而降低，所以蒸发量随海拔增高而减小。水量平衡要素的垂直分带性反映了区域内水文循环在垂直方向的特点，即海拔高处由降水形成的径流沿河汇入海洋，海拔低处蒸发的水汽沿河谷爬升到海拔高处再形成降水。这是西南区明显区别于其他区域的水文循环过程特点。

该区域水汽年总输入量中有 20.4%形成降水 P_I，79.6%流出境外。年蒸发量中 10.1%形成降水 P_E，89.9%随气流携出境外。年降水量中有 95.7%是由境外输入的水汽形成的，4.3%是由区域内蒸发水汽形成的。年降水量中有 57.3%成为河川径流，主要经怒江、澜沧江和雅鲁藏布江流出国境。年径流量与出境水汽量之和与水汽年总输入量相等，实现全年水文循环和水量平衡过程。

西南区水文外循环和水文内循环均十分活跃。这显然是与该地区水汽充沛、地形复杂和水文气候的垂直分带特点密切相关的。

7.1.2.5　华北区

华北区水循环概况如图 7.3e 所示。该区域属半湿润半干旱气候区。冬季在蒙古高压控制下，盛行极地大陆气团和变性极地大陆气团的西北气流，寒冷而干燥。春季气旋活动频繁，降水较冬季增加，但初夏时较干旱且多干热风天气。夏季受大陆低压和太平洋副热带高压影响，热带海洋气团携带较丰沛水汽抵达该地区，是一年中降水最多的季节，且多暴雨天气，7—8 月为汛期。秋季极地大陆气团来临，迅速重建冬季环流形势。华北地区 6—9 月连续最大 4 个月降水量占年降水量 80%以上，降水和径流离差系数 C_v分别达 0.3 和 0.8。水量平衡要素年内和年际变化剧烈是本区域气候和水文的重要特点。

华北地区上空的水汽主要从其南边界输入，全年水汽总输入量中有 19.6%形成降水 P_I，80.4%成为过境水汽输出境外。全年蒸发量中有 9.8%重新形成降水 P_E，90.2%随气流输出境外。全年降水量中有 92.2%是由境外输入水汽形成的，7.8%是由区域内蒸发的水汽形成的。全年降水量中的 20.2%形成径流，从海河、滦河等水系汇入渤海。全年输入的水汽最终以河川径流和出境水汽流出境外，完成全年水文循环和水量平衡。

水文内循环对华北年降水量的贡献仅次于东北区，是华南区和西南区的 2.6 倍和 1.8 倍，是长江流域的 1.2 倍，表明华北区水文内循环较为活跃。但华北区水文外循环系数仅略高于西北地区而居全国六大区域的第五位，说明华北区水文外循环欠活跃。有关研究结果表明，大规模人类活动，例如跨流域调水、沼泽疏干、大量开采地下水等，不仅影响一个地区下垫面的水量平衡，而且也可以影响到其上空的水循环和水量平衡。人类活动和气候变化均对华北区域水循环有明显影响。

7.1.2.6　西北区

西北区水循环概况如图 7.3f 所示。该区位于欧亚大陆腹地，属典型的大陆性气候，除新疆北部部分地区为半干旱区外，全境属干旱区和极干旱区。该区上空终年盛行西风气流，冬季在蒙古高压控制下气候干冷。夏季主要受热低压控制，偶有对流性降水。春秋为过渡季节，高低压系统互有消长，天气多变。区内降水分布极不均匀，总的特点是北疆多于南疆，西部多于东部，山麓多于盆地。例如新疆全境年降水量 147.4 mm，其中 84%分布在山区。这主要是由于本区盛行的偏西和偏北气流与区内山脉走向相配合的结果。

西北地区面积达 340 万 km^2，水汽来源视不同地区有所不同。北疆地区主要由西风环流携带大西洋和北冰洋的水汽进入，伊宁上空是主要输入中心。

南疆地区的水汽主要来源于副热带急流的偏西和偏西南气流携带的阿拉伯海水汽，经中亚北上越过帕米尔高原进入该区。根据 1989 年塔克拉玛干沙漠综合科学考察的资料，沙漠地区 4 月和 7 月水汽总输入量分别为 1077.1 亿 m^3 和 2458.7 亿 m^3，水汽总输出量分别为 670.9 亿 m^3 和 2223.1 亿 m^3，净输入量分别为 406.2 亿 m^3 和 235.6 亿 m^3，主要从西边界和南边界输入，从东边界输出。

西北地区的东部，主要由西南季风携带孟加拉湾的水汽，沿横断山脉和青藏高原送达该地区。西北区全年水汽总输入量中有 14.4%形成降水 P_I，85.6%成为过境水汽直接穿过该地区上空出境。年总蒸发量中有 7.2%重新形成降水 P_E，92.8%随气流输出境外。年总降水量中 92.8%是由境外输入的水汽形成的，7.2%是由当地蒸发的水汽形成的。

中国台湾地区在气候上受海洋和大陆两方面的影响均较强烈，但海洋性气候明显，整体上呈现高温、多雨、多风的气候特点。台湾岛南北狭长，四周流域广阔，北回归线恰好横穿岛的中部偏南地区，北部地区属亚热带气候，南部地区属热带气候。台湾四面临海，水汽来源充足，全年水汽输入量高达 13615 mm，比大陆最高的华南地区还要高。台湾上空的年均水汽含量为 34 mm，仅次于华南地区，远高于全国平均 15.1 mm 的量值。台湾年蒸发量为 660 mm，也仅次于华南地区。台湾年降水量为 2430 mm，远高于大陆最高的华南地区。台湾水汽输出量为 11845 mm，水汽净输入量为 1770 mm。水汽净输入量即为台湾岛的径流量，是全国平均径流量 284.1 mm 的 6 倍(图 7.4)。

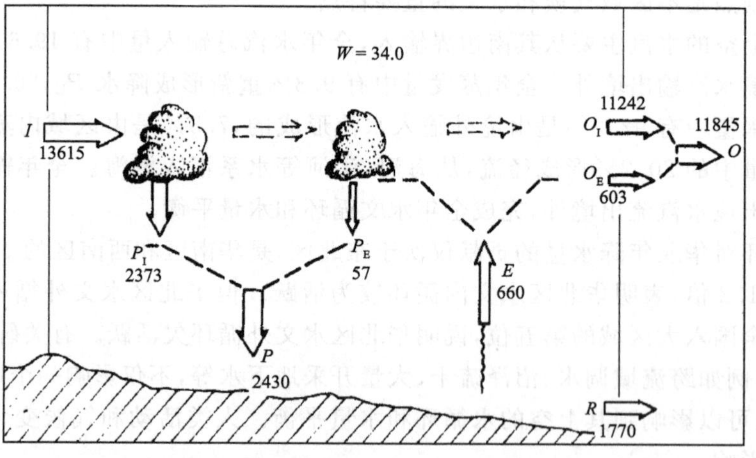

图 7.4　中国台湾地区水循环概念模型(单位：mm)(资料来源：刘国纬 等，1997)

7.2 中国的水汽输送与水汽收支

水汽由大气环流控制和输送，从本质上决定了水文要素的时空分布。如前所述，中国位于世界上最大的陆地——亚欧大陆的东侧，东面有世界上最大的海洋——太平洋，西南有东亚、南亚、东南亚水汽的主要源区——印度洋，南面有浩瀚的南海。陆海分布产生的热力差异，改变了对流层低层行星风带的分布，形成了强盛的季风环流。太阳高度角季节变化导致高空行星风带季节位移，青藏高原地形产生热力和动力作用则加强了季风的发展并使其发生复杂性变化。因此，海陆分布、大气环流和地形地貌三种因素的综合作用，使大陆性季风气候成为中国气候的主要特征。季风气候主导了中国水汽输送、降水、蒸发等水循环过程。本节侧重讨论水汽输送、水汽收支和大气中水汽含量。

7.2.1 中国水汽输送特征

7.2.1.1 中国水汽输送基本特征

刘国纬等(1997)和刘昌明(2014)对中国水汽输送进行了较系统的分析、计算与研究，得出了如下基本结论。

(1)中国大陆有三个基本的水汽来源，三条输送路径，并有明显的季节变化。三个基本来源受印度洋的西南季风、太平洋东南季风和西伯利亚干冷气团等主导，分别为孟加拉湾水汽流、南海水汽流和西北水汽流。孟加拉湾水汽流通常自北部湾入境，流向广西、云南，继而折向东北方向，并在贵阳—长沙一线与南海水汽流汇合，之后进入长江中下游地区，然后出海，全年中春季、夏季强盛，冬季限于华南沿海。南海气流自广东、福建沿海登陆北上，至长江中下游地区偏转，并由长江口附近出境，夏季可深入华北平原，冬季退缩到25°N以南地区，水汽流呈明显的经向分布，由于水汽含量丰沛，所以输送通量值大。西北水汽流自西北方向入境，于东南方向出境，大致呈纬向分布，冬季直达长江，夏季退居黄河以北。

(2)水汽输送既有大气平均环流引起的平均输送，又有移动性涡动输送。平均输送方向基本上与风场相一致。而涡动输送方向大体上与湿度梯度方向相一致，即从湿度大的地区指向湿度小的地区。涡动输送的这一特点，对于东南沿海地区上空丰沛的水汽向内陆腹地输送具有重要作用。

(3)地理位置、海陆分布与地形地貌总体格局决定了中国大陆水汽输送的基本态势。青藏高原雄踞西南，导致水汽输送场形成南北两支水汽流，30°N以北地区为明显的纬向水汽输，30°N以南则是明显的经向输送。秦岭—淮河一线成为南北气流经常汇合的地区，是水汽辐合带。海陆的分布制约了中国大陆上空湿度场的配置，并呈现由东南向西北递减的趋势，进而影响降水的地区分布。

(4)水汽输送场垂直分布存在明显差异。在850 hPa气层上，一年四季水汽输送场形势比较复杂；在700 hPa气层上，在淮河流域以北盛行西北水汽流，淮河以南盛行西南水汽流，两股水汽流在30°—35°N一带汇合后东流入海；在500 hPa高度上，一年四季水汽输送呈现纬向分布；而低层大气中则是经向输送比较明显，因而自低层到高层存在经向到纬向的切变。

7.2.1.2 东亚夏季风水汽输送

东亚夏季风每年给中国东部地区带来充沛的降水，是中国水资源的主要来源，同时也常常给中国造成严重的洪涝灾害。丁一汇等(2020)指出，在东亚夏季风强降水事件的发生过程中，总可以观测到强水汽输送通道的存在，它源源不断地把丰沛的水汽输送到暴雨区，导致强烈而持续性降水事件的发生。季风水汽通道的概念与近期国际上提出的大气河的概念和事实是一致的，无论是季风水汽通道还是大气河，实际上都是陆地持续性强暴雨发生的一个必要条件。但季风水汽通道无论在范围和强度上都比大气河大得多，因而造成持续时间更长和降水强度更强的极端暴雨事件。

丁一汇等(2020)根据中国近50a的东亚雨季水汽输送路径与重大暴雨个例，概括出东亚夏季风水汽输送带主要类型。在东亚夏季风盛行时期，即从华南前汛期到江淮梅雨季，再到华北和东北雨季的5—8月间，主要有4种类型的东亚夏季风水汽输送带(分别来自孟加拉湾、南海、菲律宾以东海洋和黄海)。它们形成的直接原因与季风气流和东亚热带、副热带和中高纬度大气环流的相互作用有关，尤其是每一种季风水汽输送带都与热带或副热环流系统(赤道辐合带、副热带高压带、季风气流的季节内振荡、台风等)直接有关。同时也与中高纬稳定的阻塞高压或强高压脊密切相关。东亚夏季风区气候模式模拟和预估表明，东亚夏季风将不断加强，季风雨带也将不断被北推，可以推断与之相伴随的季风水汽输送带也北推加强。如果出现更多异常的环流型和更强的季风水汽输送带，则会造成持续性大暴雨，尤其是北方。

7.2.2 中国大陆尺度水汽收支和水汽含量

刘国纬等(1997)利用沿中国国界附近的53个探空气象站1973—1981年每天两次探空观测资料，得到全国多年水汽平均总输入量、输出量和净输入量。

7.2.2.1 中国大陆水汽收支

(1)中国大陆平均水汽收支

如前所述，每年平均输入中国大陆上空的水汽量为18215.4 km^3，输出的水汽量为15839.7 km^3，每年净输入的水汽量为2375.7 km^3，约占总输入量的13%。中国大陆上空多年水汽平均总输入量相当亚洲大陆多年水汽平均总输入量的90%，若按面积平均水深计算，则为亚洲大陆水汽总输入量的3.8倍，是全球陆地中水汽年总输入量最大的地区之一。然而，中国大陆上空的水汽净输入量只相当于亚洲大陆水汽净输入量的22%，若按面积平均水深计算，则较亚洲大陆水汽净输入量小4%，较欧洲(面积为980万 km^2)水汽净输入量小12%。这主要是由于中国地处东亚大陆东岸，受强西风环流控制，是欧亚大陆上空水汽输出的主要通道。因此，虽有大量水汽输入，但输出也十分强盛，致使水汽净输入量占总输入量的比值小于亚洲太平洋流域和印度洋流域片，也小于欧洲、北美洲和南美洲。但与大洋洲大陆相比较，两者水汽总输入量相近，而中国大陆水汽净输入量是大洋洲大陆的3.5倍，所以中国大陆较大洋洲大陆湿润。

(2)中国大陆各边界的水汽收支

中国大陆东南西北四边界离海岸远近、所处纬度高低和气候特征不同，所以其上空的水汽输入与输出状况存在显著差异，如表7.3所示。中国大陆上空水汽主要从南边界输入，年输入量占全国边界总输入量的42%。西边界和北边界也有一定数量的水汽输入，但分别只占边界总输入量的12%和22.5%。中国大陆东边界是水汽输出最多的边界，每年通过东边界输出的水汽量占全国边界水汽年总输出量的68%。中国东部边界虽以水汽输出为主，但水汽输入量也很大(主要是在低层和低纬),平均每年输入量可达 7289.1 km³。尤其在 8—9 月间,随着台风、东风波等天气过程的发展,在东边界福州以南段会出现总输入大于总输出的情况,是中国东南部地区降水的重要水汽来源。

表 7.3 中国大陆上空不同边界的水汽年输入量与输出量(资料来源:刘国纬 等,1997)

边界	总输入		总输出		净输入/km³
	km³	%	km³	%	
东	7289.1	23.5	10774.0	68.0	−6484.9
南	7652.9	42.0	1883.8	11.9	5769.1
西	2178.7	12.0	625.8	4.0	1552.9
北	4094.7	22.5	2556.1	16.1	1538.6
合计	18215.4	100	15839.7	100	2375.7

注:1.表中数据为 1973—1981 年平均值;2.%为某边界输入量和输出量分别占全边界输入量和输出量的百分数;3.规定输入国界(收入)为正,输出国界(支出)为负。

(3)中国大陆水汽收支的季节变化

中国大陆上空的水汽收支季节变化显著。全年水汽最大净输入量出现在 5 月、6 月、7 月三个月,此时正值中国汛期。在这一时期,夏季风首先在华南达到最盛,随后江淮流域进入梅雨季节,7 月中下旬开始影响华北。当夏季风在华中达到极盛时,西南气流(或偏南气流)携带大量水汽进入中国大陆。11 月、12 月和次年 1 月是全年水汽净输入量最小的时期,在此期间偏北气流控制大陆绝大部分地区,空气秉性干冷。12 月水汽净输入量出现负值,表明大陆上空水汽输出大于输入,下垫面由于水分亏耗而处于干化过程中。

(4)中国大陆上空水汽收支的垂直分布

水汽输送通量随高度变化,因而水汽收支也随高度变化。表 7.4 是中国大陆上空各气层平均水汽年总输入量、年总输出量和年净输入量。

表 7.4 中国大陆上空各气层年平均水汽收支(资料来源:刘国纬,1997)

项目		地面～850 hPa	850～700 hPa	700～500 hPa	500～300 hPa	300～200 hPa	整层
输入	水汽量/km³	4028.8	6217.8	5471.0	2361.0	136.8	18215.4
	占整层/%	22.1	34.1	30.0	13.0	0.8	100
输出	水汽量/km³	3021.2	5083.7	5205.0	2343.0	186.8	15839.7
	占整层/%	19.1	32.1	32.9	14.8	1.1	100
净输入	水汽量/km³	1007.6	1134.1	266.0	18.6	−50.0	2375.7

从表 7.4 可见,中国大陆上空 700h Pa 以下气层中净输入水汽量占整层(地面～200 hPa)总净输入量的 88%;300 hPa 层以上水汽净输入量为负值,即大约在 500 hPa 以下为水汽净辐合,在 300 hPa 以上为水汽净辐散。

中国大陆各边界上空水汽收支的分布具有以下一些特点:南边界、西边界和北边界主要表现为水汽净输入,其中以南边界东段水汽净输入量最大,而东边界则为强劲的水汽净输出,是中国大陆上空水汽输出的主要通道;各边界上空的水汽收支均存在明显的季节变化,夏季水汽收支量远大于冬季,南边界和东边界水汽收支的季节变化更较北边界和西边界显著,这是因为前两条边界正位于东亚季风显著区;各边界上空均存在水汽净输送能量中心,中心高度冬季比夏季约高 1500 m 左右。这些特点是与中国大陆所处的地理位置、大气环流以及大地形特征紧密关联的(刘国纬 等,1997)。

姜彤等(2020a)据更新的资料得到新的研究结果。中国为多年平均水汽汇区,1961—2018 年多年平均水汽输入、输出分别为 16.2 万亿 m^3/a 和 12.3 万亿 m^3/a,水汽收支为约 3.8 万亿 m^3/a。东边界的西风输出大于西边界的西风输入;南边界水汽输入量为最大,北边界为弱的水汽输入边界,但经向水汽输送量要小于纬向水汽输送量。

(5)秦岭、淮河南北水汽收支

秦岭与淮河是中国中东部地区南北气候的分界线。夏季,来自海洋的南方暖湿空气越过秦岭、淮河直抵华北;冬季,北方冷空气越过秦岭、淮河以侵袭长江以南广大地域;春秋季节,南北气流频繁在秦岭、淮河一线交绥。秦岭、淮河以南气候湿润、雨量充沛;秦岭、淮河以北则多属干旱、半干旱气候。因此,阐述秦岭、淮河一线的水汽输送对认识中国南北水汽收支特点有重要意义。

沿秦岭、淮河一线为气候分界线。逐月平均水汽经向净输送统计结果表明,仅在冬季(1 月和 12 月)有少量自北向南的水汽净输送,春季、夏季和秋季均为自南向北的水汽净输送,尤以 7 月、8 月向北输送的水汽量最多。显然,由于越过气候分界线自南向北输送水汽,才为华北平原的雨季提供了水分条件。

对气候分界线以南区域和气候分界线以北区域(包括西北地区)年平均的水汽收支情况和对气候分界线南北两区域水汽净输入量的逐月变化的分析和统计结果表明:气候分界线以南区域的面积虽然只有气候分界线以北区域面积的 1/3,但其水汽年净输入量却是气候分界线以北区域水汽年净输入量的 3 倍,若按面平均水深计,则为气候分界线以北区域的近 9 倍;在气候分界线以南区域,除 12 月为少量水汽净输出外,其余各月均为水汽净输入,而在气候分界线以北区域,10 月、12 月和次年 1 月均为水汽净输出,且夏季月份水汽净输入也远小于气候分界线以南区域。因而,通过揭示气候分界线南北水汽输送和水汽收支的差别和特点,可以进一步认识秦岭和淮河一线气候区位的重要性(刘国纬 等,1997)。

7.2.2.2 中国水汽含量

刘国纬等(1997)依据 1973—1981 年的观测资料,得到中国大陆上空多年平均水汽含量折合水深为 15.1 mm。姜彤等(2015)依据 NCEP/NCAR 再分析资料,计算了中国上空 1961—2012 年水汽含量。姜彤等(2015)的水汽总量计算结果为 131.2 km^3,合水深为 14.3 mm,低于刘国纬等(1997)的结果。

中国地域辽阔,地形复杂,在海陆分布、大气环流的综合影响下,中国上空水汽含量空间差异很大(Zhao et al.,2015)。姜彤等(2020a)对水汽含量空间分布情况作了较深入的讨论。受到海陆分布与大气环流的影响,中国大气水汽含量空间差异较大。水汽含量的空间格局与降水分布总体吻合,均由东南向西北减小。在 108°E 以东,整层大气的水汽含量等值线基本呈纬向分布,由东南沿海的 40 mm 向西北递减,到北部边界处已不足 10 mm。青藏高原和西北地区东部为极小值区,约 5 mm。受到青藏高原的影响,中国西南地区整层大气的水汽含量变化较为剧烈。在四川盆地,也存在一个相对高值区,整层大气的水汽含量等值线沿着云贵高原东侧的地势分布。在 100°—108°E 之间,整层大气的水汽含量等值线由纬向分布转换为经向分布，大致沿东偏南 45°方向分布且较为密集，表明东西方向水汽含量梯度较大，反映出地形与海拔高度的变化对水汽含量的显著影响。

7.3　中国的云量和云水资源

云是由大气中大量细微的水滴或冰晶组成的可见聚合体，它通常不接触地面，若接地则为雾。因大气压力随高度的增加而降低，空气上升时会膨胀和冷却，饱和水汽压也随之降低，当空气中水汽达到饱和并凝结成大量细微的水滴飘浮在空中时，就形成了云。温度低于 0 ℃的云往往由小冰滴（过冷水）和冰晶组成。云按其高度分类，可分为高云、中云和低云 3 种。按其外形分类，可分为卷云、卷积云、卷层云、高积云、高层云、层积云、层云、雨层云、积云、积雨云十类。云不仅是气象要素，而且是大气水循环要素，连接着辐射平衡、水循环等方面的关键物理过程。云一方面调节地气系统的辐射能量平衡，另一方面对热量交换、水汽循环起重要作用。云作为全球气候系统的主要参数之一，其变化在较大程度上能对全球气候产生影响。反之，全球气候的变化也会引起云的宏观参数和微物理特性的调整变化。因此，全面了解云的分布与变化，对评估云在气候变化和水循环中的作用尤为重要。

国内外有很多学者对中国云量特征和变化趋势作了深入的探索。在大量的气候模拟和预估研究中，也充分考虑了云对气候的作用和影响。近年来，段皎等(2011)利用国际卫星云气候学计划的云气候资料集，给出总云量、高云量及中云量在中国的分布特征并分别对季节平均和年平均的时间序列进行线性趋势分析。徐兴奎(2012)据 1960—2009 年 606 个气象台站总云量和低云量观测数据，分析了中国区域总云量和低云量分布变化。符传博等(2019)利用中国 53 a 543 个站点的总云量、平均气温和相对湿度的日平均资料，结合 EOF 方法，研究了 1960—2012 年中国地区总云量时空变化及其与气温和水汽的关系。

7.3.1　中国云量时空特征

中国总云量年平均分布不均匀，南方大部分地区总云量在 65%以上，尤其在四川地区常年存在总云量的高值区，可以达到 75%以上；在内蒙古西部、青藏高原中部和塔里木盆地总云量最少，只有 50%(段皎 等，2011)。总云量呈南方多、北方少的带状分布特征，这与中国的气候环境有很大的相关关系(刘引鸽 等，2014)。北方地区气候相对于南方要干旱，年平均雨量少，水汽供应少，导致云量也少；而南方地区主要受季风气候影响，特别是夏季，降水量多，水汽供应充足，云量自然也多。在西南的四川、云南和贵州，华南，江南等地是总云量的高值区。总云量高值中心的形成主要与高原东侧的动力作用和西南季风的水汽供应充足有关。云量最少区域位于新疆南部、内蒙古中东部等地，这些地区主要是沙漠和戈壁等较为干旱的区域，不利于云的形成(符传博 等，2019)。

中国四季总云量分布也不均匀。从 1960—2012 年的数据来看，夏季是总云量最多的季节，春秋季次之，冬季最少。从空间范围上看，春夏季总云量超过 50%的范围较广，而秋冬季范围相对较小。这与中国季风的气候特点存在明显的相关性。夏季是中国夏季风最强盛的时期，从热带海洋地区输送过来的暖湿空气充足，加上夏季气温较高，蒸发量大，从而形成了夏季总云量偏多时期；冬季中国主要受冬季风影响，从北方南下的干冷空气影响全国大部分地区，加上气温较低，蒸发量少，成为云量形成最少时段。因此，总体而言，夏季总云量相对较多，而冬季则偏少。春季，总云量呈明显的南多北少的分布特点，其中超过60%的地区主要在37°N以南，除了西藏和云南以外的大部分地区，其中最大值出现在两广地区北部、四川盆地和青藏高原东部地区，超过了80%。而内蒙古东部、华北北部等地总云量最少，在45%以下。夏季中国大部分地区总云量有明显的增多趋势，其中东北地区、华北等地超过55%以上，而云南、西藏东部等地总云量较春季有显著的增加，最大值超过85%。秋冬季总云量空间分布较为相似，以35°N为分界线，南多北少。北方最小值出现在内蒙古中东部和青藏高原东部，冬季在30%以下，南方最大值均出现在四川盆地。秋季云南地区总云量分布还比较大，到了冬季降至35%以下(符传博 等,2019)。

7.3.2 中国云量变化趋势

段皎等(2011)通过分析发现，近20 a中国大部分地区总云量没有显著的变化趋势，但是，在华南、华中和西北部分地区的总云量有增加的趋势，华南和华中地区最大增加为每年0.3%。总云量减少的地区主要发生在青藏高原地区，尤其在青藏高原中部，最大减少达到每年0.4%。

徐兴奎(2012)利用1960—2009年606个气象台站总云量和低云量观测数据，分析了总云量和低云量年变化趋势以及变化趋势相似区域分布，分析结果显示：①1960—2009年期间，中国大部分地区总云量处于下降趋势，20世纪70年代末之后总云量下降趋势最为明显；在长江以南沿海地区和新疆少部分地区总云量变化平稳，50 a间云量没有显著的趋势。②低云变化相对比较复杂，以四川盆地为中心的长江以北大部分地区和青藏高原南部地区低云呈持续减少趋势，20世纪70年代中期之后下降最为显著；长江以南、东北东部和新疆西部至青藏高原北部区域低云却在增加。低云变化没有明显的年代际周期振荡，无论增加还是减少，都是呈线性增减。

符传博等(2019)分别给出了1960—2012年全国年平均总云量的气候趋势系数的变化趋势空间分布和年际变化。在过去53 a中，总云量主要表现为下降的变化趋势，特别是在东北地区南部、华北南部、华中和华东地区、四川盆地等地，其趋势系数超过了−0.6，下降十分显著。只有在华北地区、西北地区和华南局部个别站点表现为上升趋势，大部分站点都没有通过显著性检验。从全国平均的总云量年际变化上来看，总云量在近53 a主要呈波动式的下降趋势，但是在不同时段变化趋势不同。20世纪60年代总云量平均为58.52%，20世纪70年代上升至58.89%，呈略上升的趋势；而随后的三个10 a均呈快速的下降趋势，其中2000—2009年平均只为55.6%，总云量下降了3.29%。总体而言，近53 a中国总云量下降显著。就中国四季总云量的年际变化趋势而言，除了冬季以外，其他三季近54 a呈显著的下降趋势，其气候倾向率分别为−1.21%/(10 a)(春季)、−0.76%/(10 a)(夏季)和−1.07%/(10 a)(秋季)，气候趋势系数分别为−0.67、−0.52和−0.56，均超过了99.9%的信度检验。冬季总云量的气候倾向率和气候趋势系数分别为−0.21%/(10 a)和−0.09，下降趋势并不显著。符传博等(2019)还指出，在全球气候变暖的气候背景下，中国大部分地区气温也呈现显著的上升趋势，同时伴随着相对湿度降低的过程。中国总云量的变化与气温和相对湿度有着密切的联系。中国平均气温和相对湿度气候倾向率分别为0.239 ℃/(10 a)和−0.409%/(10 a)。总云量与平均气温呈负相关关系，与相对湿度呈正相关关系，趋势系数均通过了99.9%的信度检验。

中国气象局气候变化中心(2020)据观测资料，给出了1961—2019年中国平均总云量变化趋势。1961—2019 年中国平均总云量阶段性变化特征明显(图 7.5),20 世纪 60—90 年代中期呈显著下降趋势,20 世纪 90 年代后期出现趋势转折,之后波动上升。

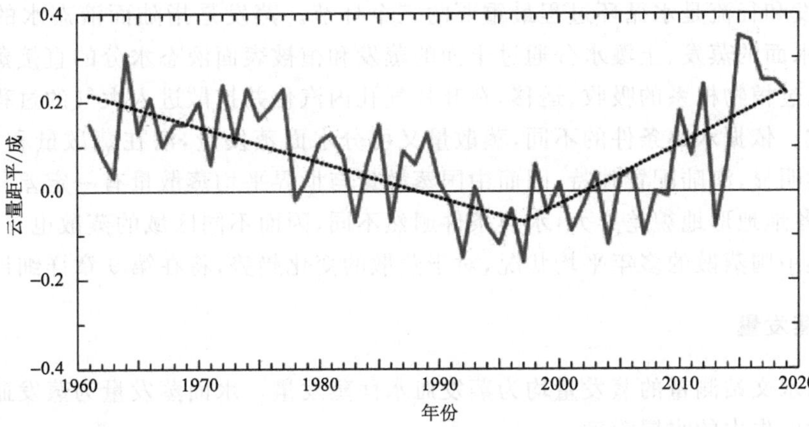

图 7.5　1961—2019 年中国平均总云量距平(资料来源:中国气象局气候变化中心,2020)

综上所述,对于中国云量的变化趋势,应用不同的数据集得出的结果有很大的差异。可见关于中国云量变化的研究还有很大的科学不确定性,需要进一步深入研究。

7.3.3　中国云水资源

李兴宇等(2008)利用 1984—2004 年国际卫星云气候学计划的云水路径(CWP)资料,分析了中国地区空中云水资源的分布特征、变化趋势以及与大气环流和湿度场的关系。CWP 的最大值大于 0.12 kg/m^2,位于四川盆地和东南地区,CWP 值由南向北逐渐减小至0.04 kg/m^2 以下,纬向分布特征明显。青藏高原尽管与四川盆地处于相同纬度,其 CWP 明显偏小。在云贵高原地区,由于东西两侧 CWP 差异较大,这一地区的 CWP 梯度最大。CWP 的低值区基本位于中国西北部,大部分地区小于 0.06 kg/m^2。而在新疆北部地区,沿天山山脉以西,CWP 值相对较高,大于 0.06 kg/m^2,这种分布形态是由于大气环流和当地地形共同作用而造成的。东北地区东部、内蒙古东部和华北大部分地区 CWP 偏小,平均值在 0.05 kg/m^2 左右。降水与 CWP 在空间分布形态上匹配较好,年平均降水的高值区位于东南地区和江淮流域,低值区在西北地区吻合较好,同时降水和 CWP 都具有纬向分布特征。特别是在新疆北部地区,降水明显高于新疆南部,这样的分布特征与 CWP 的分布是一致的。

中国 CWP 的分布与大气环流地形特征和大气湿度分布及水汽传输密切相关。中国 CWP 存在明显的季节变化,6 月全国平均 CWP 最高,10 月最低,不同地区季节变化差异明显。从变化趋势看,中国 CWP 以增加为主,青藏高原东部、内蒙古东部地区以及西北东部地区 CWP 的增加趋势较强。全国范围内,冬季和秋季 CWP 增加较大,春季和夏季增加较小。这些变化主要与大气环流变化导致的抬升运动的增强以及大气湿度(水汽)增加有关。中国地区空中云水资源在全球变暖的背景下表现出增加的趋势,符合气温增加导致水循环增强的观点。

7.4 中国的蒸散

降水、蒸发和径流是水循环过程最重要的三个环节。蒸发是指陆面液态水的直接汽化过程，包括自由水面的蒸发、土壤水分通过土面的蒸发和植被表面液态水分的直接蒸发。蒸腾是指土壤水分通过植物根系的吸收、运移，在叶片气孔内汽化并扩散进入大气的过程。蒸发和蒸腾统称为蒸散。依据水热条件的不同，蒸散量又可分水面蒸发量，潜在蒸散量和实际蒸散量。中国季风气候明显，海陆配置独特，因而中国蒸散量与世界平均蒸散量有一定差异。中国境内南北跨度大，各地地形地貌差异大，水热条件迥然不同，因而不同区域的蒸散也有很大的差异。本节主要阐述中国蒸散的多年平均状况，对于蒸散的变化趋势，将在第9章详细讨论。

7.4.1 水面蒸发量

气象站和水文站测量的蒸发量均为蒸发皿水面蒸发量。水面蒸发量为蒸发皿在一定时间间隔内因蒸发而失去的水层深度。

中国蒸发量由东南向西北呈逐渐增加的趋势。蒸发皿蒸发量较小的区域主要分布在两个地区：一个是长江中下游地区，一般在1000～1500 mm，其中四川东部、湘鄂贵渝交界处皿测蒸发量不到1200 mm；另一个较小的地区分布在东北三省，其中黑龙江北部及东部边缘、吉林东部皿测蒸发量为1000～1200 mm，大兴安岭北部最低，不足1000 mm。这两个区域的北部和西部地区皿测蒸发量逐渐增加，东北三省向西至115°E，长江中下游流域向北至与内蒙古交界处、向西包括青海东南部和藏东及云南地区皿测蒸发量增加到1500～2000 mm，华南地区潜在蒸发量也达到1500～2000 mm。西藏东西部、南疆、青海西部、河西走廊、内蒙古中西部以及滇川交界处，为皿测蒸发量高值区，年蒸发量均在2000 mm以上，其中新疆、甘肃与青海交界处的戈壁地区年皿测蒸发量达到3000 mm以上，内蒙古西部更是高达3200～4000 mm（刘昌明，2014）。

全国平均蒸发皿蒸发量均有明显的季节变化。夏季蒸发量大，春秋季次之，冬季最小。多数地区也呈现这样的季节变化规律，但华南和东南地区秋季蒸发量大于春节蒸发量，西南地区则是春季蒸发量最大。

春季，大兴安岭北端、小兴安岭、长白山、淮河流域和渭水以南地区及青藏高原东部蒸发量一般为300～500 mm；重庆至长沙之间小于300 mm；北方大部及青藏高原西部和云南在500 mm以上；南疆和青海西北部至河西走廊地区，内蒙古中西部一带及滇川交界地区为700～900 mm，其中内蒙古西部局部地区高达900～1200 mm。

夏季，淮河流域及以南地区和东北北部和东部地区，青藏高原东部蒸发量一般为400～600 mm；南疆至内蒙古中西部一带超过1000 mm；其余地区一般在600～1000 mm。

秋季，松花江流域、长江上中游地区和四川盆地、黄河上游地区蒸发量为低值区，一般为200～300 mm，大兴安岭北部更少于200 mm；内蒙古高原、甘肃西部、新疆南部、青海西北部至西藏中西部和华南大部分地区为高值区，可达400～600 mm；东部其余地区多为300～400 mm。

冬季，全国绝大多数地区蒸发量为全年最低，其分布由南向北递减，但差异不大。松花江流域、北疆及内蒙古东部、四川盆地等地区为低值区，蒸发量不足100 mm；高值区位于云南大部、西藏南部、四川西南部以及广东沿海和海南，蒸发量为 300～400 mm，局部地区可达 400～600 mm；全国其余大部分地区一般为 100～300 mm。

7.4.2 潜在蒸发量

潜在蒸发为下垫面充分供水时的蒸发。潜在蒸发受热量、空气温度、饱和水汽压差和风速等因素的影响。潜在蒸发通常定义为“充分供水条件下，绿色短草完全覆盖的开阔地表面的蒸散量”。潜在蒸发量的计算有很多种方法，其中常用的有 Penman 公式和 Thornthwaite 方程。前者依据热量平衡，考虑了空气湿润状况和湍流扩散过程，可用日潜在蒸发量计算；后者主要是基于月平均气温并考虑逐月日照长度，用来计算月潜在蒸发量。

中国潜在蒸发量的地理分布特征与水面蒸发量相似。东北北部和东部以及贵州—四川盆地—甘肃南部—黄河流域上游源区年潜在蒸发量为低值区，一般为 600～800 mm，其中大兴安岭北部最低，不足 600 mm；高值中心主要分布在内蒙古中西部、甘肃西部、南疆地区、青海西北部和西藏中南部，一般为 1000～1200 mm，其中塔里木盆地、吐鲁番盆地、柴达木盆地、内蒙古西部以及拉萨河谷高达 1200～1600 mm；云南大部、四川南部、华南沿海、海南和河北及山东北部一般为 1000～1200 mm，其中云南北部的金沙江河谷、海南南部及西部达 1200～1400 mm 甚至更高；全国其余大部分地区一般为 800～1000 mm（丁一汇，2013）。

春季全国平均潜在蒸发量一般为 200～400 mm。江南大部、华南北部及重庆、贵州东北部和大兴安岭北端不足 200 mm；内蒙古西部、云南中部等地则在 400 mm 以上。

夏季全国平均潜在蒸发量明显比春季增大。西部地区西部及西藏南部潜在蒸发量一般为 400～500 mm，其中内蒙古西部、新疆东部达 500～700 mm；其余大部分地区不足 400 mm，大兴安岭北部、长白山及贵州、云南西部等地区更少，仅有 200～300 mm。

秋季大部分地区潜在蒸发量比春季低，一般在 200～400 mm，东北地区—华北西部—西北东部、四川盆地及湖北和湖南西部、贵州北部、北疆只有 100～200 mm。

冬季潜在蒸发量为一年中最低，且呈现由南向北递减趋势。黄河以北及四川盆地、贵州北部、湖南北部及湖北西部地区不足 100 mm；东北中北部及内蒙古东部、新疆北部更低，只有 10～50 mm；全国其余大部分地区为 100～200 mm。

7.4.3 实际蒸发量

实际蒸发是相对潜在蒸发而言的，表示陆面上所有形式的液态水到气态水相变发生的实际水量。实际蒸发包括河流、湖泊等一切水体水面蒸发、植被与作物的蒸腾以及土壤与潜水蒸发（指由潜水面毛管上升到地面的水）。实际下垫面湿度往往是非饱和的，陆面实际蒸发不仅受热量平衡约束而且受供水条件的制约。实际蒸发的影响因子众多，包括空气饱和差、空气温度、风速等气象因素，同时还受到土壤湿度、植被状况等下垫面因素的影响。因其影响因素的复杂性，实际蒸发的观测和计算都有一定的难度。在有长期径流观测资料的地区，实际蒸发可通过水量平衡计算，但往往由于无法估计对地下水补给的径流损失而使水平衡法获得的实际蒸发量偏大；而在缺资料地区，水量平衡方法则难以应用。水热平衡法是区域实际蒸发计算的一种方法，即通过区域多年平均降水量（水分）和潜在蒸发量（热量）进行实际蒸发的估算。

中国年实际蒸发量在空间上也存在不均匀性，由东南向西北逐渐减少。东南沿海地区的实际蒸散量最大，包括江、浙、闽、徽、赣、粤、桂、湘、黔以及台湾和海南岛，一般在 800 mm 以上，其中华南地区南部和闽赣交界处甚至达到1000 mm以上。600 mm实际蒸散量等值线大约与800 mm降水量等值线近似。沿此线向西向北实际蒸发量逐渐减少。山东、河北及东北部分地区以及青藏高原地区实际蒸发量一般在400～600 mm，西北地区实际蒸发量一般小于100 mm，吐鲁番及塔克拉玛干沙漠部分地区甚至在50 mm以下。

实际蒸发的年际变化也是东部湿润区较小，而内陆干旱和半干旱地区较大。中国长江中下游地区及东北长白山地区的年实际蒸发量变率最小，一般在6%～10%，贵州部分地区甚至在6%以下。西北内陆地区变率最大，一般大于20%，部分沙漠及戈壁地区甚至大于50%。其余地区大多在10%～20%(刘昌明，2014)。

7.5 中国的土壤湿度

土壤湿度与大气和水文均有紧密联系。大气可以显著影响土壤湿度，而土壤湿度也可以通过改变地表反照率、土壤热容量、植被生长状况以及蒸发蒸腾来影响地表能量、水分的分配，从而影响大气的变化。土壤湿度也是水文过程的要素，土壤水分不仅与产流、径流过程直接关联，而且是水循环的重要环节。中国地域宽广，各地气候和土壤迥异，因而不同区域、不同土壤类型的土壤水分及其运动也有很大的差异。不同季节的气候条件各不相同，土壤湿度也有明显的变化。土壤湿度观测资料的匮乏严重限制了土壤气候学的发展，许多研究利用有限的观测资料对中国土壤湿度的时空特征进行了分析。后来，很多科学家利用再分析资料替代观测资料进行土壤湿度的相关研究。近10多年来，随着观测资料的逐渐积累和再分析资料的改进，土壤湿度的研究取得了新进展。

7.5.1 基于再分析资料土壤湿度分布

国内外学者对中国土壤湿度进行了很多研究，但全面性的进展是在观测资料大量积累特别是再分析资料问世之后。张文君等(2008)鉴于当时土壤湿度观测资料较欠缺的状况，运用当时国际上较为权威的四套土壤湿度资料，即欧洲中期天气预报中心(ECMWF)40 a的再分析资料(ERA40)、美国国家环境预报中心/国家大气研究中心再分析资料(NCEP/NCAR)、全球土壤湿度计划资料(GSWP2)和美国国家环境预报中心"通用陆面模式"CLM所产生的土壤湿度资料，研究中国土壤湿度的基本特征。然后用中国区域19 a(1981—1999年)的土壤湿度观测资料和13 a(1992—2004年)土壤相对湿度观测资料对四套资料在中国区域的可靠性进行了分析和比较，得出主要结论如下：四套资料基本揭示出土壤湿度的空间分布，且具有共性，即东北、华南湿，华北、西北干，土壤湿度基本由西北向东北和东南呈梯度增加的特征；SWP2较好地描述了土壤湿度的季节循环；ERA40土壤湿度的年际变化与观测相关最好；观测资料和四套资料都表明前期降水会增加土壤湿度，但土壤湿度异常对后期降水的影响则不显著；气温与土壤湿度的关系较复杂，不同的区域有不同的特征。

7.5.2 基于观测资料的土壤湿度时空分布

张蕾等(2016)基于中国155个农业气象观测站1981—2010年逐旬土壤湿度资料，分析了全国和12个气候区域0～50 cm逐层的土壤湿度时空分布规律，采用趋势分析和Cramér-von Mises(CVM)方法探究了中国土壤湿度特征及变化趋势。

7.5.2.1 气候分区及土壤类型划分

为了细化分析中国土壤水分的变化规律，张蕾等根据中国气候特点，将全国划分为 12 个气候区域：东北、内蒙古、华北、黄淮、新疆、西北地区中东部、江淮、江汉、江南、华南、西南和青藏高原地区。区域气候特点和农业生产结构的差异，可通过区域内农业气象观测站点土壤湿度的分析，反映不同区域土壤湿度的分布及其变化差异。

为了考虑区域内站点土壤的可代表性，对各个站点 0～50 cm 土壤质地类型进行划分。以土壤容重作为划分指标，参考土壤类型分类标准，具体将各个层次土壤划分为：黏土（0.8 g/cm^3≤容重<1.21 g/cm^3）、黏壤土（1.21 g/cm^3≤容重<1.35 g/cm^3）、壤土（1.35 g/cm^3≤容重<1.45 g/cm^3）、砂壤土（1.45 g/cm^3≤容重<1.51 g/cm^3）、壤砂土（1.51 g/cm^3≤容重<1.60 g/cm^3）、砂土（容重≥1.60 g/cm^3）。

不同地区各个层次的土壤质地存在一定的差异。东北地区以黏壤土或黏土为主，各个层次所占比例超过 57%，且随着深度而增大；华北、黄淮和青藏高原地区以黏壤土和壤土为主，两种类型所占比例分别大于 56%、54%和 66%，随着深度的增大，土壤砂性有所增强；新疆地区以壤土和砂土为主，比例超过 50%；西北地区中东部 0～20 cm 土壤以黏土和黏壤土为主，20～50 cm 以黏壤土和壤土为主，比例超过 55%；内蒙古、江淮、江汉、江南和华南地区土壤质地介于黏壤土和砂壤土之间，西南地区以黏土和壤土为主，各个层次有所差异。因此，站点所代表的各个区域土壤质地一致性较好，可以反映出区域的土壤水分变化。

7.5.2.2 气候分区土壤湿度

西南、江淮、东北、江南、江汉、黄淮和华南地区各层土壤湿度均高于全国平均值，内蒙古地区最低；随着深度增加，西南地区土壤湿度增加最明显，仅青藏高原地区土壤湿度减小。不同区域 0～50 cm 各层土壤湿度年变化和季节变化差异明显，并具有阶段性特征，大部分地区深层土壤湿度高于浅层；总体上，新疆、华南、华北、青藏高原、东北、黄淮地区 1981—2010 年土壤湿度减小趋势显著，其中新疆地区减小最为明显。除江淮地区外，各区域土壤湿度均存在较为明显的年际差异，突变时段主要集中在 20 世纪 80 年代后期—90 年代初期、90 年代后期两个时间段。

(1)土壤湿度空间差异

不同层次平均土壤湿度存在明显的区域差异（表 7.5）。0～50 cm 平均土壤湿度高值依次为西南（24.4%）、江淮、东北、江南、江汉、黄淮、华南，高于全国均值，内蒙古地区土壤湿度最小（9.5%）；0～10 cm，高于全国平均土壤湿度的依次是江淮、江南、东北、江汉、西南、青藏高原、黄淮、华南，内蒙古土壤湿度最小（8.9%）；10～20 cm，高于全国平均值有江淮、东北、西南、江南、江汉、华南、黄淮、青藏高原，内蒙古最小（9.1%）；全国 20～30 cm 平均土壤湿度为 18.2%，高于该值有江淮、西南、东北、江南、江汉、华南、黄淮，内蒙古最小为 9.4%；全国 30～40 cm 平均土壤湿度为 18.7%，高于其值的分别为西南、江淮、东北、江汉、江南、黄淮，内蒙古地区最小（10.0%）；40～50 cm，高于全国平均土壤湿度的区域分别为西南、江淮、江汉、东北、江南、黄淮，内蒙古土壤湿度最小（10.4%）。随着深度增加，除青藏高原土壤湿度减小[－0.36%/(10 cm)]外，其余地区均呈增加趋势，西南地区增加最明显，速率达 1.84%/(10 cm)。

表 7.5 中国各气候区域各层次平均土壤湿度及其倾向率(资料来源:张蕾 等,2016)

	土壤湿度均值/%						土壤湿度倾向率/(%/(10 a))					
	0～50	0～10	10～20	20～30	30～40	40～50	0～50	0～10	10～20	20～30	30～40	40～50
全国	18.3	17.4	18.0	18.2	18.7	19.2	−0.8	−0.5	−0.9	−0.7	−0.9	−0.9
东北	21.7	20.8	21.7	21.9	21.9	22.0	−0.6*	−0.3*	−0.8*	−0.8*	−0.6*	−0.7*
内蒙古	9.5	8.9	9.1	9.4	10.0	10.4	−0.3	−0.1	−0.4	−0.3	−0.3	−0.3
华北	16.1	15.3	15.8	16.0	16.3	17.0	−1.3*	−1.1*	−1.4*	−1.4*	−1.2*	−1.3*
黄淮	19.5	18.7	19.2	19.2	19.9	20.5	−0.6*	−0.1*	−0.6*	−0.7*	−1.0*	−1.0*
新疆	11.3	9.5	10.7	11.5	12.0	12.9	−3.8*	−3.6*	−4.0*	−3.5*	−3.0*	−2.3*
西北地区中东部	13.9	13.5	14.2	14.0	13.9	13.9	−0.4	−0.3	−0.4	−0.4	−0.4	−0.4
江淮	24.1	23.6	23.6	23.9	24.3	24.8	−0.1	0.1	0.0	0.0	−0.5*	−0.6*
江汉	21.0	20.3	20.5	20.6	21.6	22.3	0.3	0.8*	0.4	0.3	−0.3	−0.8
江南	21.3	21.3	21.1	21.2	21.4	21.6	−0.3	0.0	−0.3	−0.4	−0.5*	−0.7*
华南	18.9	18.2	19.7	19.3	18.7	18.7	−1.8*	−1.8*	−2.7*	−1.7*	−0.8*	−0.4
西南	24.4	20.1	21.6	23.6	27.4	29.3	0.1	0.0	−0.4	0.2	0.6	0.5
青藏高原	17.9	19.0	18.8	17.6	17.1	17.2	−1.2*	−0.5	−1.4*	−1.2*	−1.6*	−2.4*

注:*表示通过 0.05 的显著性水平检验。

(2)分区土壤湿度季节差异

由于地区气候条件差异,区域土壤湿度季节变化存在明显阶段性特征。其中,东北、内蒙古、新疆、西北地区中东部、华北地区土壤存在封冻期,此期间不进行土壤湿度观测,故观测数据以土壤解冻后可进行观测时段为主。

东北、内蒙古、新疆地区封冻期后,土壤湿度总体呈增大—减小—增大的趋势。2 月下旬开始土壤解冻,土壤湿度逐渐增大,东北、新疆、内蒙古地区 3 月中旬—4 月上旬先后达到最大值,内蒙古各层土壤湿度最大值的出现时间平均滞后 2 旬,东北地区深层土壤水分因上移补充浅层水分而出现下降,随土壤化冻浅层水分逐渐下渗,3 月中旬—5 月上旬土壤湿度逐渐增大;随春玉米、大豆、棉花等作物根系伸长、耗水量增大,土壤湿度逐渐降低;7 月、8 月降水量增多,东北和新疆地区土壤湿度明显增大,内蒙古地区土壤湿度波动较小。整体看,深层土壤湿度均高于浅层,尤其在进入作物生长季后更明显,新疆地区土壤湿度变化幅度最大(各层土壤湿度变化幅度为 2.6%～8.0%),其次是东北地区(2.6%～4.6%),内蒙古地区变化最小(2.1%～2.5%)。

西北地区中东部、华北、黄淮地区土壤湿度呈减小—增大趋势。华北、西北地区东部在 12 月中旬—次年 1 月处于封冻期,黄淮地区土壤湿度冬季平稳波动;春季温度回升,冬小麦返青后生长,耗水量增大,湿度明显下降,5 月下旬—6 月上旬降至最小;6 月降水量增大,冬小麦成熟收获、夏玉米处生长前期,土壤湿度增大;8 月虽然夏玉米等进入需水关键期,但降水量仍较多,基本能满足作物需水,土壤湿度变化平稳,而西北地区中东部作物耗水小、土壤湿度呈增大趋势;进入秋冬季,夏玉米、大豆等成熟收获,冬小麦处播种出苗—越冬期,土壤湿度波动较小。垂直变化上看,华北、黄淮地区深层土壤湿度均大于浅层;西北地区中东部以 10～20 cm 较高,而夏初之前和10月下旬后以0～10 cm较低，这种分布主要与地区降水变化、土壤耕作层深度和作物耗水量相关。

江淮、江汉和江南地区各层土壤湿度多阶段性变化，总体呈增大—减小—增大—减小—增大趋势。随着冬小麦、早稻等进入快速生长阶段，土壤湿度下降；雨季各区降水量明显增加，湿度增大；随着一季稻、晚稻移栽后返青生长，需水量增多，但由于降水仍较多，土壤湿度下降幅度不大；冬季，作物生长需水较少，土壤湿度波动较小。垂直方向上，各区均是深层土壤湿度高于浅层，江南地区各层变化幅度最大（3.6%～5.5%），其次是江淮（3.0%～4.7%）、江汉（2.3%～4.5%）。

华南和西南地区存在明显的旱季，土壤湿度总体呈减小—增大—减小趋势。华南冬季湿度平稳波动，随着温度升高有所下降；进入雨季，湿度明显增加，随着8月晚稻进入移栽后返青生长，土壤湿度逐渐减小。垂直上看，0～10 cm土壤湿度最小、10～20 cm土壤湿度最大，20～50 cm差异较小，可能是因地区土壤多以棕色土为主，土壤湿度表现为垂直变化急剧型，存在一个湿度活跃层（20 cm以上），活跃层内土壤湿度梯度大，活跃层以下土壤水分容易保持、变化较缓。西南地区2月中旬—3月下旬冬小麦处拔节至孕穗抽穗期，需水量大，10月上旬—12月地区降水量较少，土壤湿度均有下降；4月受季风影响，降水量逐渐增多，加上冬小麦处于成熟收获阶段耗水较少，湿度明显增加；夏季，尽管降水较多，但温度高增大土壤水分蒸发，加上一季稻、甘蔗等作物耗水增加，导致土壤水分呈稳定、略有下降趋势。随深度增加，土壤湿度变化幅度减小。

青藏高原地区各层土壤湿度呈增加—减少趋势，且深层土壤湿度低于浅层。冬季，土壤处于封冻阶段，解冻后土壤湿度有一定波动；进入3月，降水量增加，该区以牧草等浅根系作物为主，耗水量较小，湿度基本稳定在16.0%～20.0%。

7.5.3 土壤湿度变化趋势

张蕾等(2016)研究表明，1981—2010年土壤湿度年际变化的倾向率（表7.5）显示，全国0～50 cm平均土壤湿度呈减小趋势。西南和江汉地区平均土壤湿度呈增加，但趋势不明显，其余地区均呈减小趋势，其中新疆、华南、华北、青藏高原、黄淮和东北地区趋势明显，新疆减小速率达−3.8%/(10 cm)，通过信度0.05的显著性检验。就各层平均土壤湿度而言，新疆、华南、华北地区0～10 cm湿度呈明显减小趋势，速率分别为—3.6%/(10 cm)、−1.8%/(10 cm)、−1.1%/(10 cm)，仅江汉地区以0.8%/(10 cm)的速率增大，其余地区趋势不显著；新疆、华南、华北、青藏高原、东北、黄淮地区10～20 cm湿度呈明显减小，新疆地区减小速率达−4.0%/(10 cm)；新疆、华南、华北、青藏高原、东北、黄淮地区20～30 cm湿度明显减小，新疆减小速率为−3.5%/(10 cm)；新疆、青藏高原、华北、黄淮、华南、东北、江南、江淮地区30～40 cm湿度呈明显下降，新疆下降速率达−3.0%/(10 cm)；青藏高原、新疆、华北、黄淮、东北、江南、江淮地区40～50 cm湿度减小趋势明显，青藏高原减小速率最大分别为−2.4%/(10 cm)。

鉴于ERA土壤湿度再分析资料与观测最接近，是较合适的一套替代资料，张人禾等(2016)利用ERA和土壤湿度观测的资料，研究了中国东部土壤湿度的变化趋势及其对中国气候的影响。研究结果表明，春季中国东部南方区（100°—110°E，30°N以南）四层土壤湿度的年际变化特征基本一样，从1976年以后存在一个较明显的变干趋势，表明20世纪80年代以前南方地区土壤偏湿，之后土壤偏干（图7.6a）。中部区（105°—120°E，30°—40°N）整体变化趋势基本一致。与南方土壤湿度不同的是，中部地区的土壤湿度并没有一个明显的变化趋势(图7.6b)。东北区(115°E以东，40°N以北)浅层和深层土壤从20世纪80年代以后都普遍偏干，但深层和浅层土壤湿度年际变化特征差异性较大(图7.6c)。利用M-K方法对各区土壤干化趋势显著性的检验结果表明：南方的土壤从深层到浅层都有一个明显的变干趋势，且1980年以后的变干趋势显著；在中部地区，浅层变化趋势不显著，但深层土壤1988年以后有显著的变干趋势；东北土壤呈现出浅层变化不明显，深层变干的趋势，尤其是在1978—1996年时间段，深层的土壤显著变干。总之，就整个东部地区而言，深层土壤比浅层土壤变干趋势明显，且东北和南方较中部地区变干趋势显著。土壤湿度通过局地和非局地两种过程对中国气候产生影响。就局地影响而言，中国季风边缘区是土壤湿度对降水有显著影响的区域，土壤湿度大时对应着降水增多。对于非局地影响，当春季中国东部中纬度地区的土壤湿度偏高时，夏季华南和华北的降水减小，长江中下游和东北的降水变多。对土壤湿度与温度关系的分析表明：在中国的北方地区土壤湿度对温度有显著反馈作用，而南方地区主要是大气对土壤湿度的强迫作用。

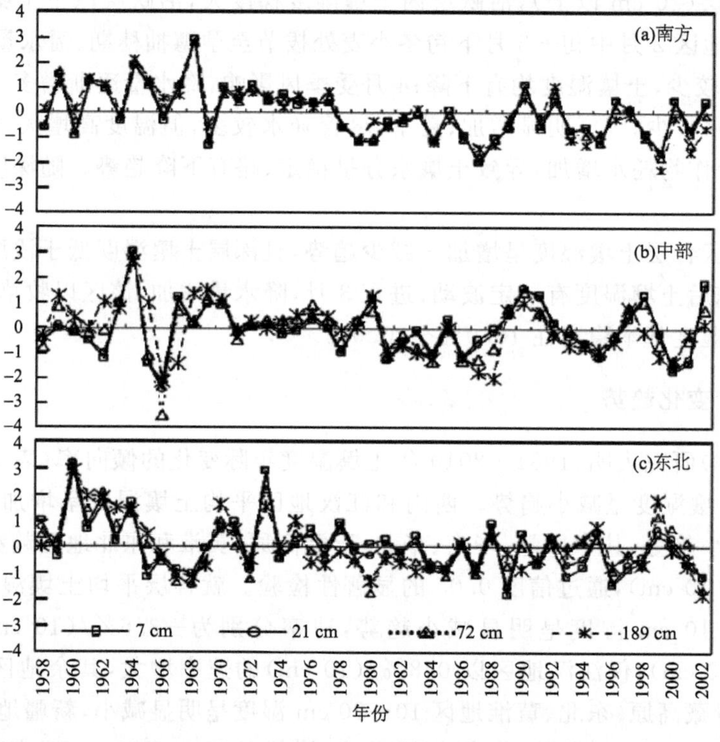

图7.6 中国东部南方(a)、中部(b)、东北(c)标准化土壤湿度的时间变化系列(资料来源：张人禾 等，2016)

中国气象局气候变化中心(2020)据观测资料，给出了1993—2019年中国土壤湿度变化趋势。1993—2019年，中国不同深度(10 cm、20 cm和50 cm)年平均土壤相对湿度总体呈增加趋势，且随着深度的增加，土壤相对湿度增大(图7.7)。从阶段性变化来看，20世纪90年代—21世纪初，土壤相对湿度呈减小趋势，之后呈波动上升趋势，特别是2012年以来增加趋势明显。2019年，中国10 cm、20 cm和50 cm深度年平均土壤相对湿度分别为72%、76%和79%，但均较2018年小幅下降。

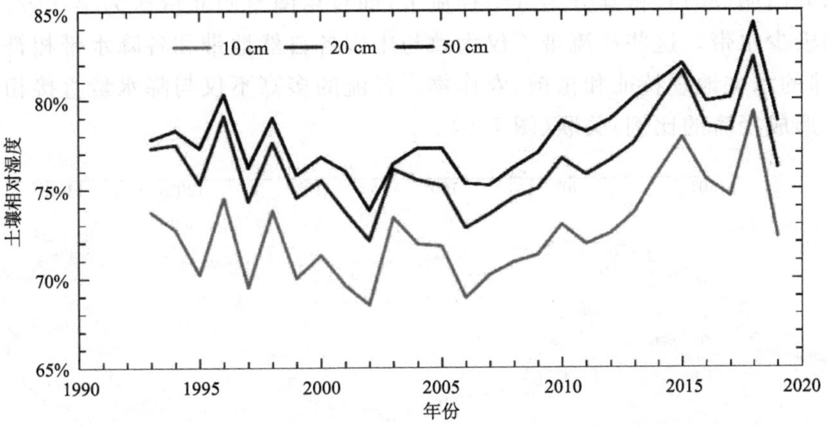

图 7.7 1993—2019 年中国年平均土壤相对湿度变化趋势(资料来源:中国气象局气候变化中心,2020)

综上所述,用不同的资料得出的土壤湿度变化趋势存在明显的差异。未来应进一步加强对土壤湿度的观测,深入研究气候变化背景下中国及区域土壤湿度变化规律。

7.6 中国的径流

径流既是水循环过程最重要的环节之一,也是流域和区域淡水资源的关键要素。本节主要阐述中国径流的多年平均状况,对于径流的变化趋势,将在第 10 章详细讨论。

1949 年以来,全国已开展了三次水资源评价。20 世纪 80 年代开展全国第一次水资源评价,于 1987 年编辑出版了《中国水资源评价》(水利电力部水文局,1987);2006 年完成全国第二次水资源评价,编辑出版了《中国水资源及其开发利用调查评价》(中华人民共和国水利部等,2006);2014 年完成全国第三次水资源评价,编辑出版了《中国水资源及其开发利用调查评价》(水利部水利水电规划设计总院,2014)。在历次水资源评价中,径流均是重要内容。全国第三次水资源评价之后,专家学者又有新的研究结果。以下主要基于三次水资源评价和最新研究结果,阐述中国径流的基本特征。

7.6.1 全国前两次水资源评价结果

7.6.1.1 径流空间分布特征

根据全国两次水资源评价的结果,中国河川径流总量为 27000 亿 m^3 余,折合年径流深约为 270 mm。河川径流量补给来源的组成有降水、地下水、冰川及积雪融水,它们在全国河川径流总量中所占的比例分别约为 71%、27%和 2%。从中可见,中国河川径流的补给来源主要是降水。因此,中国年径流量的分布趋势基本上和降水量的分布趋势一致。年径流深分布的总趋势也是自南向北递减,近海多于内陆,山地大于平原,特别是山地的迎风坡,年径流量远远大于临近的平原或盆地。50 mm 径流深等值线自东北的海拉尔起,经哈尔滨、张家口、延安、兰州至西藏南部,与 400 mm 降水等值线近似。这条线以东,气候湿润,地表径流丰富;以西则气候干旱,地表径流较少(刘昌明,2014)。

图 7.8 为全国径流分带分布图。与降水量的分布类似,中国年径流量也存在明显的地带

性分布规律，刘昌明(2014)将其分为五个径流带，即自东南至西北依次为丰水带、多水带、平水带、少水带和极少水带。这些径流带不仅大致与中国各自然地带和各降水带相符，而且每个地带都有其特殊的水文地理特征和植被、农作物。径流的多寡不仅与降水量直接相关，而且与径流系数(降水形成径流的比例)关联(图 7.9)。

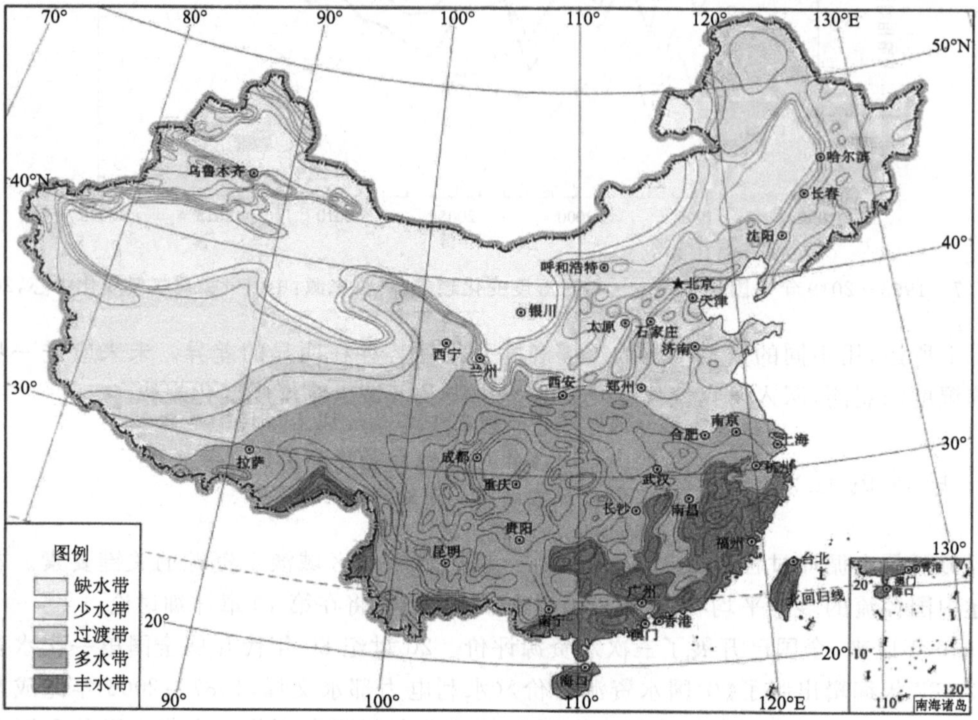

图 7.8　中国年径流分带分布图(资料来源：刘昌明，2014)

(1)丰水带。年径流深大于 900 mm，大致位于亚热带和热带常绿林带，年降水量一般超过 1500 mm，径流系数大于 60%。主要包括广东、福建、浙江、台湾的大部，江西、湖南的山地，广西南部，云南西南部和藏东南。

(2)多水带。年径流深介于 200～900 mm，大致位于常绿阔叶和落叶阔叶混交林带，降水量一般在 800～1500 mm，径流系数在 40%～60%。主要包括广西、云南、贵州、四川和秦岭—淮河以南的广大长江中下游地区，以及东北、华北的部分山地和西北天山、阿尔泰山地区。

(3)平水带。年径流深介于 50～200 mm 之间，大致位于落叶阔叶林和森林草原地带，年降水量一般在 400～800 mm，径流系数在 20%～40%。主要包括黄淮海平原、山西、陕西的大部、东北的大部、四川西北部和西藏东部。

(4)少水带。年径流深介于 10～50 mm，大致位于半荒漠和草原地带，年降水量一般在 200～400 mm，径流系数在 10%～20%。包括东北西部、内蒙古、甘肃、宁夏、新疆西部以及北部和西藏西部地区，境内多草原和荒漠，是中国的主要牧区。

(5)极少水带。年径流深在 10 mm 以下，大致位于荒漠地带，年降水量小于 200 mm，径流系数均小于 10%，主要包括内蒙古中部偏北地区、腾格里沙漠、巴丹吉林沙漠、柴达木盆地、准噶尔盆地和塔里木盆地。此外，东北大兴安岭以西的呼伦贝尔草原也不到 10 mm。除局部地区受地下水影响水草生长较好外,大部分地区牧草很稀疏(刘昌明,2014)。

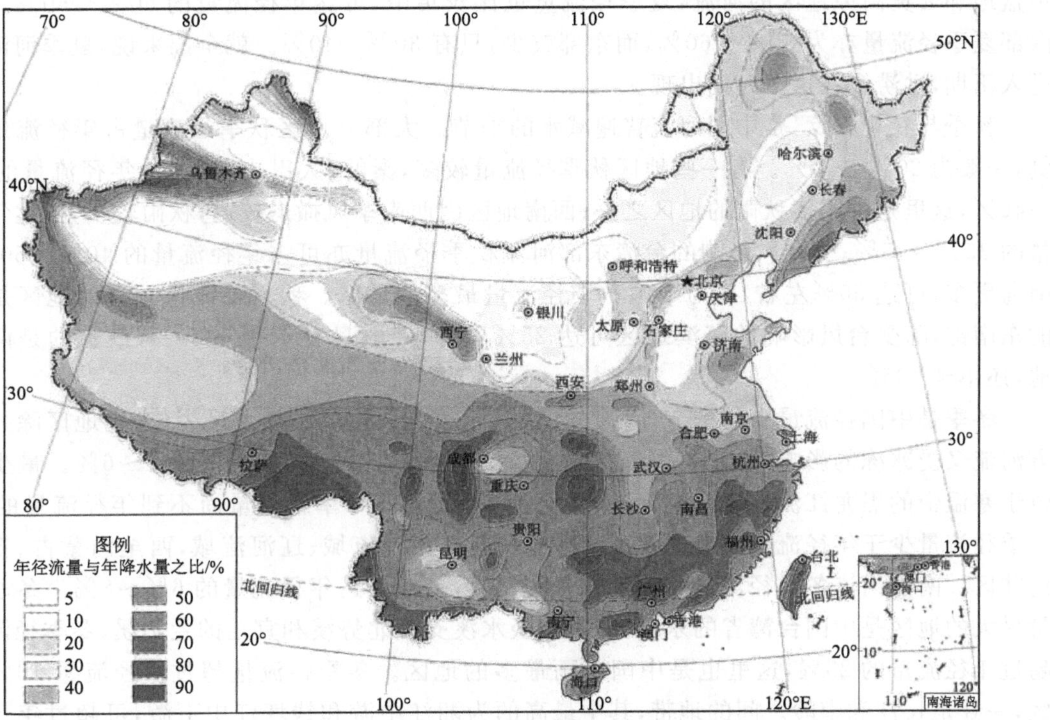

图 7.9 中国年径流系数分布图(资料来源:刘昌明,2014)

7.6.1.2 径流时间分布

(1)季节变化

径流的季节变化主要取决于补给来源及其变化。中国大部分河流都是以雨水补给为主,因此径流的季节分配在很大程度上取决于降水的季节性变化。北方河流由于存在冰雪融水,除降水外,热量条件也是一个重要的影响因素。

春季是中国径流普遍增多的时期,但增长的程度各地相差悬殊。东北和西北的山地积雪较厚,由冰雪融水形成明显的春汛,春季径流量较多,可占全年径流量的 20%～25%,新疆的塔城地区更高,达 30%～40%,为一年中水量最多的季节。而天山、昆仑山、祁连山地区的河流,主要仰赖高山冰雪融水,春季径流量较少,只占年径流量的 10%～15%。春季径流量最大的地区是长江和南岭之间的两湖盆地,雨季出现早,是中国春雨最多的地区,可达年径流量的 40%左右。西南地区因受西南季风的影响,春季处于干期,降水少,蒸发强烈,是一年中径流量最少的季节,只占年径流量的 6%～8%。四川盆地中部,也因雨季来得迟,春季径流量约为全年 10%。

夏季是中国径流量最丰富的季节。中国北方降水增多,夏季径流量集中,普遍占年径流量的 50%以上。东北夏季径流量一般占全年径流量的 50%～60%,而华北平原和内蒙古高原的内陆河夏季径流量更为集中,达年径流量的 60%～70%。西北高山地区以冰雪融水补给为主的河流,可达年径流量的 50%～60%,其中尤以冰雪融水补给比重较大的昆仑山地区最高,可达 70%。中国南方,夏季径流量比重一般都较北方少,大多占年径流的 40%～50%。两湖盆地，因季风北移，径流量减少，一般只占年径流量的35%～40%，衡阳盆地更少，不到30%。四川盆地和云贵高原地区的河流，夏季径流量也比较集中，可达年径流量的50%～60%。台湾南部夏季径流量亦为50%～60%，而东部较少，只有30%～40%。就全国来说，夏季河流普遍进入汛期，洪涝多在这个时期出现。

秋季与春季相反，是中国河流普遍减水的季节。大部分地区秋季径流量占年径流量的比例，一般为20%～30%。有一些地区秋季径流量较多，秦岭、大巴山地区，占年径流量的35%～40%，这里是中国多秋雨的地区之一；西南地区因西南季风撤退较迟，秋雨较多，可达年径流量的35%～45%；受台风影响的台湾东部河流秋季径流量亦可占年径流量的40%～50%；海南岛更多，可达50%左右，成为中国秋季径流量最多的地区。秋季径流量较少的地区是中国的东南部，除受台风影响的海滨地区可达25%以外，一般只有15%～20%，最少的是两湖盆地，还不到10%。

冬季是中国径流最少的季节，因为冬季是中国的干燥季节，降水最少（个别地区除外），北方河流又受冰冻的影响，因此冬季径流量更少，一般只占全年径流量的4%～6%。最少的如位于寒温带的黑龙江流域北部河流，由于河流封冻到底，冬季径流量尚不到年径流量的1%。冬季径流量少于年径流量20%的范围很广，东起松花江流域、辽河流域，西至内蒙古、新疆的内陆区。南方河流冬季径流量略大于北方的河流，一般可达年径流量的6%～8%。冬季径流量最大的地区是中国台湾省的东北部，其中淡水溪支流北势溪和宜兰的兰阳溪，冬季径流量可超过年径流量的25%，这里也是中国冬雨最多的地区。冬季径流量超过年径流量10%的地区，一处是长江和南岭之间的地带，其中最高的为湘江中游和钱塘江中下游，可超过年径流量的12%；一处是滇南和藏南，由于受印缅低槽活动的影响，冬雨也较多，冬季径流量也可达年径流量的10%～12%（刘昌明，2014）。

(2)年际变化

反映年径流量年际相对变化幅度的特征值主要是年径流量的变差系数C_v值和年际变化的绝对比率（以下称年际极值比）。而多年变化过程则包括年径流丰、平、枯水的特征及其循环。年径流量的C_v值反映年径流量总体系列的离散程度，C_v值大，年径流的年际变化剧烈，这对水资源的利用不利，而且易发生洪涝灾害；C_v值小，则年径流量的年际变化小，有利于径流资源的利用。图7.10（彩）给出了中国年径流变差系数C_v的分布。

秦岭、淮河以南的广大地区，即丰水带和多水带内，C_v值比较小，一般为0.3～0.4，只是在几个少水地区才超过0.5，也有几个多水地区小于0.2。C_v值大于0.5的地区中，范围较大的为南阳盆地至长江中下游平原一带，C_v值为0.5～0.6，局部地区甚至超过0.6。海南岛西部，由于台风活动的路径与强弱的变化，暴雨量年际变化很大，C_v值也超过0.5。云贵高原中部处在太平洋与印度洋两个水汽输送系统的分界处，降水变率大，C_v值也在0.5以上。C_v值在0.2以下的地区中，滇东南和桂西南一带因受比较稳定的西南季风的影响，年径流量大，年径流的变率也小。此外，川西山地、湖南雪峰山以及广东清远一带的多水地区，C_v值也小于0.2。

秦岭、淮河以北的广大地区，即径流过渡带、少水带和缺水带内，C_v值值增至0.5～0.8。C_v值的分布十分复杂，高低值悬殊。黄淮海平原年径流量少，年降水变率大，是中国年降水最不稳定的地区之一，C_v值在0.8以上，局部地区甚至大于1.0。由黄淮海平原向北到燕山、向西到太行山C_v值逐渐减至0.6。东北的松辽平原C_v值也超过0.8，向北到大、小兴安岭，向东到长白山，C_v值逐渐减小到0.3～0.4。在黄土高原，年降水量虽与黄淮海平原相近，但因年降水变率较小，同时地下水对河流补给的比重亦较大，C_v值只有0.4～0.5。尤其是在以地下水为主要补给来源的无定河上游，C_v值更小，在0.2以下。在甘、新地区，C_v值变化最大，表现出非常明显的垂直地带性规律。发源于西北高山地区的河流，由于以冰雪融水补给为主，C_v值很小，一般在0.1～0.2。在山地向盆地的过渡地段，随着雨水补给比重的增加，C_v值则迅速增大至0.6以上。

在青藏高原，除藏北地区C_v值在0.4以下，其余大部分地区因年径流较稳定，C_v值均在0.3左右。深居内陆的准噶尔盆地、塔里木盆地、柴达木盆地以及内蒙古广大荒漠区，多数间歇性河流，年径流深不足10 mm，C_v值在0.8以上，在塔里木盆地中心甚至超过1.0。

中国主要大江大河的C_v值，除受气候条件的制约外，集水面积的大小也有一定的影响。各大河的C_v值相差很大。以长江和淮河为例，长江（汉口站）的C_v值为0.13，淮河（蚌埠站）的C_v值为0.63。这是因为长江流域面积广大，源远流长，两岸支流的C_v在0.3以上，长江干流的C_v值则在0.15以下（刘昌明，2014）。

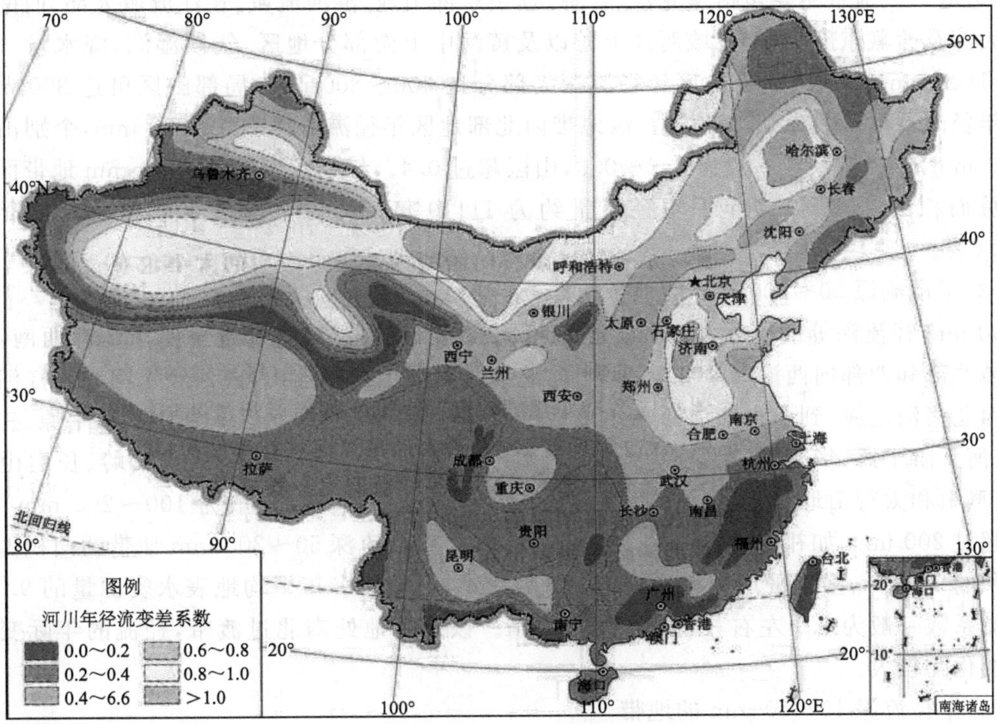

图7.10（彩）　中国年径流变差系数（C_v）分布图（资料来源：刘昌明，2014）

7.6.2　全国第三次水资源评价结果

7.6.2.1　径流空间分布特征

中国河川径流的地带分布趋势基本上与降水结果相似，但其不均匀性比降水更为突出。年径流深分布总的趋势是由东南2000 mm，向西北递减至5 mm（水利部水利水电规划设计总院，2014）。中国年径流深地带分布如下。

(1)年径流深 800 mm 以上的地带

800 mm 等值线东起浙江四明山，向南经括苍山再向北经天目山至安徽黄山，向南经江西庐山，经湖北、湖南交界的幕阜山，向南至南岭，再向西至广西东北山地，南折至十万大山。此线以东以南地区，气候十分湿润，降水充沛，径流丰富，径流深大于 800 mm，包括东南诸河区大部、珠江区东部和南部、长江区东南部、西南诸河区西藏东南部和云南西南边陲地带以及长江流域中上游的湖南、重庆、四川交界的山地。其中雅鲁藏布江下游中印边界一带径流深高达 5000 mm，东南沿海主要山地在 1200 mm 以上。年径流深大于 800 mm 的面积占全国总面积的 12.2%，多年平均年径流量约为 13572 亿 m^3，占全国多年平均地表水资源的 49.6%，年径流系数一般均大于 0.5，部分山区高达 0.8 以上。

(2)年径流深 200～800 mm 的地带

200 mm 径流等值线由长白山向南经大连，再由山东半岛东南向西南，经沂蒙山区北部，沿伏牛山、秦岭北麓西伸，过巴颜喀拉山向西南绕过拉萨向东，绕雅鲁藏布江再向西至中尼(尼泊尔)边境。该地带主要包括黑龙江、吉林、辽宁东部山地、淮河流域、长江流域大部、西南诸河云南大部及西藏东部、珠江流域西江上游以及黄河中上游部分地区，气候湿润，降水量一般在 800～1600 mm。其中，南部地区年径流深大部分在 300～800 mm，局部山区可达 800 mm 以上。年径流系数一般为 0.4～0.6。该地带内北部地区年径流深在 200～300 mm，个别山地超过 400 mm，年径流系数一般为 0.2～0.3，山区超过 0.4。年径流深 200～800 mm 地带面积占全国总面积的 27.3%，多年平均径流量约为 11119 亿 m^3，占全国多年平均地表水资源量的 40.6%。

(3)年径流深 50～200 mm 的地带

50 mm 径流深等值线由大兴安岭西侧折向东北平原北部，绕过该平原东部向西南，经海河流域北部和西部向西沿秦岭北麓西伸，向北绕过黄河上游祁连山，向西经黄河和长江河源地区至西北诸河南缘，到西南诸河西端。该地带气候大部分为半湿润区。其中松嫩平原、三江平原、辽河下游平原、华北平原大部等地区，径流深大都在 50～100 mm；大兴安岭、长白山西侧山地、燕山和太行山地、祁连山、唐古拉山及新疆西部山地径流深一般为 100～200 mm. 局部山地超过 200 mm，如祁连山最高达 100～500 mm。年径流深 50～200 mm 地带的面积占全国总面积的 19.6%，多年平均径流量约为 2487 亿 m^3，占全国多年平均地表水资源量的 9.1 %。年径流系数一般为 0.1 左右，山区为 0.2～0.4。该地带地处南北过渡带，径流的年际变化和区域变化均较大。

(4)年径流深 10～50 mm 的地带

10 mm 径流深等值线东起松花江区西部，向西南沿内蒙古高原东部、南部，向南经鄂尔多斯高原东南部，向西沿祁连山北侧、昆仑山北麓，绕过天山至阿尔泰山南麓。该地带气候大部分为半干旱区，降水量一般在 200～400 mm，其面积占全国总面积的 15.7%，多年平均径流量约为 150 亿 m^3，仅占全国多年平均地表水资源量的 0.55%，该地带内平原地区年径流深一般为 10～25 mm，黄土高原为 10～50 mm，部分山地可在 50 mm 以上，年径流系数一般为 0.1 左右，局部地区小于 0.05。

(5)年径流深 10 mm 以下的地带

大部分为半干旱区和干旱区，其面积占全闰面积的 25.2%，多年平均径流量约为 60 亿 m^3，占全国的 0.22%。主要分布在西北诸河区，其地形多为高原和盆地，如内蒙古高原、阿拉善高原、柴达木盆地、准噶尔盆地、塔里木盆地、吐鲁番盆地等，包括广阔的沙漠腹地，河网不发育，多间歇性流水，径流小，多为内陆河地区，不少地区基本不产流，年径流系数一般小于 0.03。

7.6.2.2　径流时间分布特征

(1)年内分配

径流年内分配与降水基本一致，主要集中在夏季，大多数测站夏季径流占全年的 40%～60%。西北诸河区、海河区年径流量的集中程度更高，部分测站达 70%～80%。冬季降水量普遍较少，河川径流主要靠地下水补给，因此在全年径流量中所占的比重亦小，松花江区、辽河区大多测站在 3%以下，南方地区大多测站在 7%～11%。受径流补给源和下垫面条件的共同影响，中国北方和西北部分地区径流的年内分配常常与降水过程不完全对应：北方部分河流由于冬季严寒，降雪及一部分水量积存或冻结在流域内，来年气温升高形成春汛，使得径流年内分配过程线呈现双峰；西北内陆河部分河流，由于冰雪融水补给所占比重较大，年径流主要集中在高温期的 7—8 月；北方有些干旱少雨、地而下渗能力强的地区，部分河流径流主要靠地下水补给，除冬季因结冰水量较少外，其余各月径流值分配比较均匀。

(2)年际变化

河川径流的年际变化主要取决于降水的年际变化，同时还受到径流的补给类型、河流大小以及流域下垫面条件的影响。从中国部分测站年径流特征位统计得知，北方地区 C_v 值普遍较大，辽河、海河、淮河区大部分测站的 C_v 值值大多在 0.5 以上，其中潮白河苏庄站、淮河中渡站达 0.59，黄河、松花江在 0.2～0.4；南方地区大部分测站的 C_v 值一般较小，长江在 0.15 左右，东南诸河、珠江在 0.2～0.3。

年径流极值比 K_a(年径流域最大值与最小值之比值)的大小可反映径流的年际变化幅度，各代表站的年径流极值比(K_a差异很大，长江以南一般在 5 倍以卜，长江以北可达十几倍，全国最大的 K_a 值主要出现在半干旱、半湿润地区，如辽河的铁岭站(17.2)和淮河的中渡站(17.8)。以冰川融水补给为主的河流的 K_a 值一般较小，如新疆伊犁河等流域(水利部水利水电规划设计总院，2014)。

7.6.3　1961—2018 年研究结果

姜彤等(2020a)基于再分析资料和观测数据，分析了中国 1961—2018 年水循环特征，评估了气候变化对水循环的影响。中国为多年平均水汽汇区，1961—2018 年多年平均水汽输入、输出分别为 16.2 万亿 m^3/a 和 12.3 万亿 m^3/a，水汽收支为约 3.8 万亿 m^3/a。根据 1961—2018 年气象站观测数据，中国多年平均年降水量为 616.4 mm。不同蒸发模式得到的中国平均的年蒸散气候态整体介于 350～600 mm/a。中国 1961—2018 年年平均流量为 26340 亿 m^3/a，径流深为 278 mm。十大水资源分区的径流差别较大，松花江区、辽河区、海河区、淮河区、黄河区、长江区和珠江区径流深分别为 117 mm、118 mm、65 mm、210 mm、76 mm、590 mm 和 917 mm，径流量分别为 1296 亿 m^3/a、408 亿 m^3/a、216 亿 m^3/a、677 亿 m^3/a、607 亿 m^3/a、9856 亿 m^3/a、4708 亿 m^3/a；东南诸河、西南诸河、西北诸河径流深分别为 904 mm、744 mm、33 mm，径流量分别为 1988 亿 m^3/a、5775 亿 m^3/a、1174 亿 m^3/a。

第 8 章 中国水系与水资源

8.1 中国河流

8.1.1 中国河流概况

8.1.1.1 河流数量与面积

中国是世界上河流最多的国家之一。据第一次全国水利普查公报(中华人民共和国水利部 等,2013),全国共有流域面积 50 km^2 及以上河流 45203 条,总长度为 150.85 万 km;流域面积 100 km^2 及以上河流 22909 条,总长度为 111.46 万 km;流域面积 1000 km^2 及以上河流 2221 条,总长度为 38.65 万 km;流域面积 10000 km^2 及以上河流 228 条,总长度为 13.25 万 km(详见表 8.1)。

中国三级地形阶梯之间的交接地带是外流河的主要发源地。长江、黄河、澜沧江、怒江和雅鲁藏布江等大江大河发源于青藏高原东南缘;大兴安岭—冀晋山地—豫西山地—云贵高原一线的第二阶梯东缘是黑龙江、辽河、滦河、海河、西江等河流的发源地;长白山山地—山东丘陵—东南沿海山地等第三阶梯的山地丘陵地带是图们江、鸭绿江、沂河、沭河、钱塘江、瓯江、闽江、九龙江以及韩江、东江、北江等河流的发源地(水利部水利水电规划设计总院,2014)。发源于第一地带的河流具有源远流长的特点,不仅为中国的巨川,亦为世界著名河流。发源于第二地带的河流除黑龙江外,就长度和水量而言,都不及发源于第一地带的河流。发源于第三地带的河流长度和流域面积都远较上两地带的河流为小,然而水量都较丰富(刘昌明,2014)。

中国绝大多数河流分布在气候较为湿润和多雨的东部与南部地区,西北地区则河流稀少。中国大江大河主要有松花江、辽河、海河、黄河、淮河、长江、珠江七大河流,此外,还有东南诸河、内陆河和西南诸河。面积大的河流主要集中在长江、黄河、珠江、松花江和辽河等大江大河流域内,共有 860 条大于 1000 km^2 的河流,占流域而积 1000 km^2 以上河流面积总数的 57%。

表 8.1 中国河流分流域数量汇总表(资料来源:中华人民共和国水利部 等,2013)

流域(区域)	50 km^2 及以上/条	100 km^2 及以上/条	1000 km^2 及以上/条	10000 km^2 及以上/条
黑龙江	5110	2428	224	36
辽河	1457	791	87	13
海河	2214	892	59	8
黄河流域	4157	2061	199	17

续表

流域(区域)	50 km² 及以上/条	100 km² 及以上/条	1000 km² 及以上/条	10000 km² 及以上/条
淮河	2483	1266	86	7
长江流域	10741	5276	464	45
浙闽诸河	1301	694	53	7
珠江	3345	1685	169	12
西南西北外流区诸河	5150	2467	267	30
内流区诸河	9245	5349	613	53
合计	45203	22909	2221	228

8.1.1.2　河流分类

河流按其最后归宿可划分为两类：一类为注入海洋的外流河，另一类为流入封闭的湖(泊)沼(泽)或消失于沙漠的内流河(或称内陆河)。中国内流河与外流河的地理界线大致北起大兴安岭西麓，基本上沿东北—西南方向，经阴山、贺兰山、祁连山、日月山、巴颜喀拉山、念青唐古拉山、冈底斯山以及青藏高原西南缘一线，以东地区的河流基本为外流河，以西的河流主要为内流河。中国外流河流域面积约占全国面积的 64%，其多年平均降水总量约占全国降水总量的 91%，河川径流量约占全国的 96%；内流河流域面积约占全国面积的 36%，多年平均降水总量约占全国降水总量的 9%，河川径流总量约占全国的 4%。

外流河分别向东、南和北三个方向奔流入海，分属太平洋、印度洋和北冰洋三大流域。太平洋流域从青藏高原一直伸展到东部海岸，分布着众多大江大河，流域面积约占全国总面积的 56.9%。依据河流所注入的海域，可将太平洋流域进一步细分为鄂霍次克海流域(主要包括黑龙江流域)、日本海流域(主要包括绥芬河与图们江)、渤海流域(主要包括鸭绿江、辽河、滦河、海河与黄河)、黄海流域(主要包括淮河)、东海流域(主要包括长江、钱塘江、瓯江和闽江等)和南海流域(主要包括韩江、珠江、元江、澜沧江等)。此外，中国台湾东部的河流直接注入太平洋。

印度洋流域的河流分布在青藏高原的东南部、南部和西南一角，东以唐古拉山、他念他翁山、怒山与太平洋流域为界，占全国总面积的 6.5%。印度洋流域的河流下游都经邻国分别流入印度洋的不同海域，其中怒江及其以西云南境内的河流注入安达曼海，雅鲁藏布江及源自喜马拉雅山南麓的河流注入孟加拉湾，西藏西南的森格藏布(狮泉河)和朗钦藏布(象泉河)汇流为印度河，最后注入阿拉伯海(何大明 等，2000；刘昌明，2014)。

北冰洋流域的河流仅有分布在中国西北一隅的额尔齐斯河，流经西伯利亚注入北冰洋的喀拉海，面积仅占全国面积的 0.6%。北冰洋流域与中国的太平洋流域、印度洋流域不相连接，中间被内陆流域所隔开。

内陆流域主要分布在中国西北广大的地区和青藏高原，北面与蒙古国的内陆流域相接，西面与俄罗斯的内陆流域毗连，属于欧亚大陆内陆流域的一部分。内陆流域各方距海遥远，海洋水汽难以到达，干燥少雨，河流稀少，河网极不发育，甚至出现大片的无流区。

随着地壳运动、气候变迁、河流溯源侵蚀等运动和变化，内陆流域与外流流域的范围时有变化。例如，华北平原的滦河在多伦以上的闪电河，原先是从南向北流的内陆河，受滦河的溯源侵蚀，后来就转变成外流河；西藏的拉昂错早先是与外流的朗钦藏布相通，后来由于湖面下降，就变成内陆河流；祁连山北坡的黑河在地质时期也曾经是外流河（刘昌明，2014）。

按照境内境外的概念，中国河流还可以分为境内河流和跨国境河流。中国有长约2万km的陆域边界线，分布有许多与邻国的界河和跨国境的河流。东北地区主要有中俄边境的额尔古纳河、黑龙江、乌苏里江，中朝边境的鸭绿江和图们江。发源于中国境内的绥芬河，下游流经俄罗斯入海。发源于蒙古国境内的克鲁伦河，下游流入中国的呼伦湖。发源于西北阿尔泰山的额尔齐斯河、发源于天山的伊犁河、新疆维吾尔自治区西部的额敏河出国境流入哈萨克斯坦。西南地区的元江、李仙江和盘龙江等都流入越南境内；澜沧江流出国境后（称湄公河）流经老挝、缅甸、泰国、柬埔寨和越南入南海；怒江（下游称萨尔温江）流经缅甸人海；大盈江、龙川江和独龙江等也都流经缅甸入海；雅鲁藏布江流人印度；森格藏布是印度河上源；朗钦藏布为萨特累季河上源；在巴基斯坦汇入印度河（中华人民共和国水利部 等，2013）。

8.1.1.3 河流分区

中国科学院《中国自然地理》编辑委员会（1981）将中国河流分为外流区和内流区两大部分。外流区又包括太平洋流域、印度洋流域和北冰洋流域。太平洋流域主要河流有：黑龙江、绥芬河、图们江、鸭绿江、辽东半岛诸河、辽河、辽西与河北沿河诸河、滦河、海河、黄河、山东半岛诸河、淮河、长江、东南沿河诸河、珠江、琼雷及桂东南沿河诸河、元江—红河和澜沧江—湄公河。印度洋流域主要河流有：怒江—萨尔温江、独龙江—伊洛瓦底江、雅鲁藏布江—恒河和森格藏布—印度河。北冰洋流域仅有一条河流，即额尔齐斯河。内流区主要包括：乌裕尔河内流区、白城内流区、内蒙古内流区、鄂尔多斯内流区、河西走廊—阿拉善内流区、柴达木内流区、准格尔内流区、伊犁河内流区、塔里木内流区、羌塘高原内流区、藏南内流区和长江上游内流区。

水利部在组织编写《中国水资源及其开发利用调查评价》（水利部水利水电规划设计总院，2014）的过程中，为保持大江大河的完整性，将全国划分为10个水资源一级区：①松花江区，包括松花江流域以及额尔古纳河、黑龙江、乌苏里江、图们江、绥芬河等跨界河流中国境内部分；②辽河区，包括辽河流域、辽宁沿海诸河以及鸭绿江流域中国境内部分；③海河区，包括海河流域、滦河流域及冀东沿海地区；④黄河区；⑤淮河区，包括淮河流域及山东沿海诸河地区；⑥长江区，含太湖流域；⑦东南诸河区，包括钱塘江、浙东诸河、浙南诸河、闽东诸河、闽江、闽南诸河及台澎金马诸河；⑧珠江区，包括珠江流域、华南沿海诸河、海南岛及南海各岛诸河；⑨西南诸河区，包括红河、澜沧江、怒江、伊洛瓦底江、雅鲁藏布江等跨界河流中国境内部分以及藏南、藏西诸河地区；⑩西北诸河区，包括塔里木河等西北内陆河以及额尔齐斯河、伊犁河等跨界河流中国境内部分。按基本保持河流水系完整性的原则，在一级区的基础上，共划分80个二级区。在河流水系分区的基础上，结合流域分区与行政区域，进一步划分为213个三级区。

8.1.2 中国主要流域

8.1.2.1 松花江流域

(1)流域概况

松花江在隋代称难河，唐代称那水，辽金两代称鸭子河、混同江，清代称混同江、松花江。松花江流域位于东北地区北部，其地理位置为119°52′—132°52′E、41°42′—51°38′N，东西跨度

920 km，南北跨度 1070 km，跨越黑龙江省、吉林省、辽宁省和内蒙古自治区东北地区。松花江流域丘陵山地约占 63%，其余为平原和沼泽湿地。流域三面环山，由东向西、由南向北地形逐渐变缓，海拔 200～2691 m，主峰白云峰海拔 2691 m，是流域内的最高峰。流域东部为长白山山系，西部和东北部分别是大兴安岭和小兴安岭，南部是松花江流域和辽河流域分水岭的低丘冈地。山地与平原之间有丘陵过渡带，海拔 140～250 m。中部则是辽阔的松嫩平原，海拔 50～200 m，为中国重要的农业区。

松花江流域土壤类型多样化，主要有山地森林土、黑钙土、碳酸盐草甸黑钙土、黑土、白浆土、盐渍土、草甸土、沼泽土、沙土、水稻土 10 种类型。松花江流域的植被类型主要分为山地、丘陵地区的森林和东北平原地区的草原两大类。

大兴安岭东坡较陡，是嫩江干流及其右侧各支流的发源地。小兴安岭是嫩江、松花江干流与黑龙江的分水岭，山地西侧较缓。在嫩江下游两岸、第二松花江下游右岸和松花江（三岔河口以下）下游，分布有成片的湿地和闭流区。松花江注入黑龙江后，与黑龙江、乌苏里江下游的广大平原组成著名的三江平原。松花江流域水系发育，支流众多，流域面积在 1 万 km^2 以上的支流有 16 条，大于 1000 km^2 以上的河流有 86 条。

(2)气候特征

松花江流域地处北温带季风气候区，大陆性气候特点显著，冬季寒冷漫长，夏季炎热多雨，春季干燥多风，秋季很短，年内温差较大。全流域多年年均气温为 2.1 ℃，春季为 3.7 ℃，夏季为 19.5 ℃，秋季为 2.8 ℃，冬季为 −17.7 ℃（任国玉，2007）。年内 7 月气温最高，日平均可达 20～25 ℃，最高曾达 40 ℃以上；1 月气温最低，月平均气温 −20 ℃以下，最低气温嫩江扎兰屯附近曾达 −42.6 ℃。

松花江流域 1956—2000 年年均降水深为 504.8 mm，降水量为 4719 亿 m^3，占全国总降水量的 7.6%；春、夏、秋、冬四季降水分别占全年的 13.9%、65.8%、17.5%、2.8%，6—9 月降水占全年的 76.6%（水利部水利水电规划设计总院，2014）。流域内降水量最大的是第二松花江，多年平均降水深度 695.6 mm；嫩江降水量最小，仅为 463.8 mm（表 8.2）。在区域分布上，降水的总趋势是山区大、平原区小；南部、中部稍大，东部次之，西部、北部最小，东南部山区可达 700～1000 mm，西部地区只有 400 mm（水利部松辽水利委员会水文局，2006）。

表 8.2　松花江流域降水量（资料来源：水利部松辽水利委员会水文局，2006）

水资源区	集水面积/km^2	统计参数				不同降水频率年降水量/mm			
		年均降水量/亿 m^3	降水深/mm	C_v	C_s/C_v	20%	50%	75%	95%
嫩江	298502	1384.5	463.8	0.16	2.0	525.0	460.1	411.9	348.8
第二松花江	73416	510.7	695.6	0.14	2.0	776.3	691.4	627.4	543.3
松花江干流	189304	1119.9	91.6	0.14	2.0	660.2	588.1	533.6	462.0

松花江流域（84 个代表站）1980—2000 年多年平均水面蒸发量 730.5 mm（任国玉，2007）。水面蒸发量年内变化较大，春、夏、秋、冬四季降水分别占全年的 33.2%、43.5%、19.7%、3.6%。5—7 月蒸发量最大，占全年的 47.6%；12 月—次年 2 月蒸发量最小，仅占全年的 3.6%（水利部水利水电规划设计总院，2014）。

(3)径流特征

松花江流域1956—2000年多年平均年径流量为817.7亿m^3，其中松花江干流年径流量最大，为359.70亿m^3；嫩江年径流量为293.86亿m^3，径流的变差系数最大；第二松花江径流量为164.16亿m^3，产流模数最大，为22.4万$m^3/(km^2 \cdot a)$。嫩江和第二松花江汇入松花江干流后，在黑龙江省同江市注入黑龙江，多年平均入黑龙江的河水量为712.5亿m^3。松花江流域径流量变化具有明显的季节特征，年内变化主要受降水量季节变化的支配，兼受融雪水补给的影响，每年有春、夏两次汛期，6—9月径流量约占全年径流量的60%～80%，而汛期径流量又集中在7月、8月两月，一般占年径流量的50%～60%；枯水期径流量很小，4—5月径流量仅占年径流量的10%左右。11月下旬封冻后进入近150 d的枯水期，流量少、水位低，自净能力差(刘昌明，2014)。

松花江流域2018年主要水文控制站实测径流值与多年平均值、近10 a平均值比较见表8.3。

表8.3 松花江流域主要水文控制站实测径流值对比表(资料来源：中华人民共和国水利部，2019b)

河流		嫩江	嫩江	第二松花江	松花江干流	松花江干流
水文控制站		江桥	大赉	扶余	哈尔滨	佳木斯
控制流域面积/万km^2		16.26	22.17	7.18	38.98	52.83
年径流量/亿m^3	多年平均	205.6 (1955—2015年)	208.4 (1955—2015年)	147.7 (1955—2015年)	407.4 (1955—2015年)	634.0 (1955—2015年)
	近10 a平均	191.8	183.3	163.3	374.0	602.9
	2018年	219.7	205.7	139.6	382.1	716.3

8.1.2.2 辽河流域

(1)流域概况

辽河，汉代以前称句骊河，汉代称大辽河，五代以后称辽河。辽河流域位于东北地区西南部，其地理位置为116°54—125°32′E、40°30—45°17′N，东以长白山山脉与第二松花江、鸭绿江流域分界；西接兴安岭南端，并与内蒙古高原及吉尔河流域相邻；南以七老图山、努鲁儿虎山及医巫闾山与滦河、大小凌河毗邻；北以松辽分水岭和松花江流域相接。辽河发源于河北省承德市境内的七老图山脉的光头岭，流经河北、内蒙古、吉林、辽宁四省、自治区，注入渤海，全长1345 km，流域面积22.11万km^2(水利部松辽水利委员会水文局，2006)。

辽河流域总体地势大体自北向南、自东西两侧向中部倾斜。东部、西部和西南部三面群山环绕，平均海拔500 m以上；北部为海拔200～300 m冈丘地形构成的松辽分水岭；中部是广阔的辽河平原；南部为沿海低地。全流域山地占48.2%，丘陵占21.5%，平原占24.3%，沙丘占6%。

辽河流域土壤分布与地形关系密切，自然植被具有明显的从温带草原向暖温带阔叶落叶的过渡性和混杂性。东部为山地丘陵，主要为棕壤土，土层厚度通常在0.5～1.0 m；植被覆盖良好，自然植被多为阔叶林与针阔叶混交林，地面枯枝落叶层较厚，土壤侵蚀轻微。西部为褐土分布，并有较大面积的风沙土，山地大部分为棕色森林土；植被多为草本植物，部分地区与灌木混生，土壤水蚀强烈，水土流失严重。辽河中部冲积平原为草甸土；近河与河间河道区零星分布有风沙土及泥炭沼泽土；滨海地区及低洼地区分布了滨海氯化物盐土和内陆苏打盐土。草甸土、滨海盐土及盐化草甸土和河谷分布的草甸棕壤土在长期人类活动下，发育成较大面积的水稻土(刘昌明，2014)。

辽河为树枝状水系，东西宽，南北窄。流域由两大水系构成：一为东、西辽河，于福德店汇流后为辽河干流，经双台子河由盘山入海，干流长 516 km；另一为浑河和太子河，于三岔河汇合后经大辽河由营口入海，大辽河长 94 km(水利部松辽水利委员会水文局，2006)。

(2)气候特征

辽河流域地处温带季风气候区。流域多年年均气温为 7.4 ℃，春季为 8.2 ℃，夏季为 22.1 ℃，秋季为 8.3 ℃，冬季为 −9.2 ℃(任国玉，2007)。流域内气温的分布，平原较高，山地较低，年平均在 4～9 ℃，自南向北递减，每一纬度约差 0.8 ℃。

辽河流域 1956—2000 年年均降水深为 545.2 mm，降水量为 1713 亿 m^3，占全国总降水量的 2.8%；春、夏、秋、冬四季降水分别占全年的 14.3%、66.2%、16.9%、2.6%，6—9 月降水占全年的 76.0%(水利部水利水电规划设计总院，2014)。辽河流域年降水量区域差异很大，东部约为西部的 2.5 倍。辽河干流以东的太子河上游山地，离黄海较近，年降水量可达 900 mm 左右；往西北因受长白山脉西南延续部分千山山脉的阻隔，年降水量逐渐减少，到本溪、抚顺一带年降水量为 800 mm 左右，到沈阳、铁岭一带为 700 mm 左右，中部法库、新民和盘山一带减少至 600 mm 左右，多风沙的西辽河上游年降水量减少到 350～400 mm。

流域多年平均水面蒸发量(E601 型蒸发器)大部分在 500～1200 mm，其分布与年降水量正好相反，从东北向西南递增：最小在太子河上游，多年平均蒸发量为 800 mm；最大在西辽河中部老哈河和西拉木伦河汇合处一带，多年平均蒸发量达 1200 mm 以上；中部辽河平原地区在 800～1000 mm；东部山区在 800 mm 以下(殷红 等，2010)。水面蒸发量年内变化较大，春、夏、秋、冬四季降水分别占全年的 34.3%、38.3%、21.6%、5.8%。4—6 月蒸发量最大，占全年的 43.5%；12 月—次年 2 月蒸发量最小，仅占全年的 5.8%(水利部水利水电规划设计总院，2014)。

(3)径流特征

辽河流域年径流量为 137.21 亿 m^3，区域分布差异很大。径流主要分布在浑太河流域，为 58.94 亿 m^3，占辽河水系总径流量的 43.03%；其次是辽河中下游地区，为 40.43 亿 m^3，占 29.5%；西辽河较少，为 29.59 亿 m^3，占 21.6%，东辽河最少 8.25 亿 m^3，仅占 6.0%。辽河流域径流呈现出由东南向西北递减的规律，2018 年主要水文控制站实测径流值与多年平均值、近 10 a 平均值比较见表 8.4。

表 8.4　辽河流域主要水文控制站实测径流值对比表(资料来源：中华人民共和国水利部，2019b)

河　流		老哈河	西拉木伦河	柳 河	辽河干流	辽河干流
水文控制站		兴隆坡	巴林桥	新 民	铁 岭	六间房
控制流域面积/万 km^2		1.91	1.12	0.56	12.08	13.65
径流量/亿 m^3	多年平均	4.672 (1963—2015 年)	3.211 (1994—2015 年)	2.083 (1965—2015 年)	29.21 (1954—2015 年)	29.17 (1987—2015 年)
	近 10 a 平均	0.5882	2.474	0.7639	23.92	27.57
	2018 年	0.4883	2.820	0.4987	10.88	9.373

8.1.2.3 海河流域

(1)流域概况

现代海河流域位于112°—120°E,35°—43°N,西以山西高原与黄河流域接界,北以蒙古高原与内陆河流域接界,南界黄河,东临渤海。地跨北京市、天津市、河北省大部、山西省东部、河南省和山东省北部以及内蒙古自治区和辽宁省各一小部分地区,流域面积31.78万km^2。海河流域的北部和西部为山地和高原,东部和东南部为广阔平原。山地和高原18.94万km^2,占60%;平原12.84万km^2,占40%。流域内,北有燕山,西北有军都山,西有五台山、太行山,海拔高度一般在1000 m上下,最高的五台山达3058 m。山地高原内有张宣、阳蔚、涿怀延、大同、忻定、长治等盆地。按成因,平原可分为山前冲积洪积倾斜平原,中部冲积湖积平原和滨海冲积海积平原。平原地势自北、西、西南三个方向向渤海湾倾斜,其坡降由山前平原的1‰~2‰,渐变为东部平原的0.1‰~0.3‰。

海河流域内土壤主要为黄土、栗钙土、灰褐土、棕壤、潮土、盐碱土等。海河流域的植被可划分为内蒙古高原温带草原区、华北山地暖温带落叶阔叶林区和平原暖温带落叶阔叶林栽培作物区3个区。流域内主要植被类型包括针叶林如云杉、松林、侧柏等,落叶阔叶林如栎林、榆、桦、杨以及灌丛等,草原如羊草、大针茅、克氏针茅、禾草等,华北平原分布大量农作物如小麦、玉米、莜麦、花生、棉花等以及多种果树如板栗、核桃、葡萄、柿子、枣、苹果等(刘昌明,2014)。

海河流域包括海河、滦河、徒骇马颊河三大水系。海河由蓟运河、潮白河、北运河、永定河(以上河系为海河北系)、大清河、子牙河、漳卫南运河、黑龙港水系和海河干流(以上河系为海河南系)组成,各水系呈扇形分布。发源于燕山、太行山迎风坡的河流,源短流急,泥沙量较少。发源于黄土高原、蒙古高原河流源远流长,泥沙含量较多,两类河流相间分布。

(2)气候特征

海河流域属于温带半湿润、半干旱大陆性季风气候区,冬季盛行北风和西北风,夏季多东南风,春季干旱多风沙。流域年平均气温在1.5~14 ℃,年平均相对湿度50%~70%,年平均无霜期150~220 d,年平均日照时数2500~3000 h。一年四季分明,寒暖适中,日照充足,适宜许多植物生长。

海河流域1956—2000年年均降水深为534.8 mm,降水量为1712亿m^3,占全国总降水量的2.8%;春、夏、秋、冬四季降水分别占全年的12.6%、69.6%、15.7%、2.2%,6—9月降水占全年的78.7%(水利部水利水电规划设计总院,2014)。降水地区差异较大,沿燕山、军都山、太行山迎风坡有一条大于600 mm的多雨带,降水依次向弧形山脉两侧减少。流域年降水量变差较大。流域南部与北部,山区与平原之间,年降水时空分布有一定差异。各河山区与平原同时发生枯水的概率在50%~80%。从水资源利用角度讲,各河系之间水量相互调配的空间比较窄小。

海河流域多年平均年水面蒸发量为1100 mm,其地区分布大体是流域东部平原区大于山区,南部大于北部。海河流域多年平均年陆面实际蒸发量为470 mm,平原区大于500 mm,但冀中平原的衡水、新乐、宁晋一带小于500 mm,是平原区的低值区;山区小于500 mm,滦河、永定河上游、大清河南支、滏阳河及漳卫河迎风山区都小于400 mm(刘昌明,2014)。蒸发量年内变化较大,春、夏、秋、冬四季降水分别占全年的33.6%、37.4%、20.7%、8.4%。4—6月蒸发量最大,占全年的41.7%;12月—次年2月蒸发量最小,仅占全年的8.4%(水利部水利水电规划设计总院，2014）。

(3)径流特征

1956—1998 年海河流域多年平均总水资源量为 372 亿 m^3，其中地表水水资源量 220 亿 m^3，地下水水资源量 249 亿 m^3，地表水和地下水的重复量 97 亿 m^3。海河流域水资源的主要特点是水资源总量少、降水时空分布不均、经常出现连续枯水年和水资源量逐渐衰减。

海河流域径流的年内分配比较集中，但由于气候条件、补给形式、流域调蓄能力等差异，各河多年平均年径流量的年内分配形式及集中程度存在较大的差别。发源于迎风山区的中小河流，源短流急，流域调蓄能力小，汛期平均径流量一般占年均径流总量的 70%～80%；发源于背风山区的河流，流域调蓄能力大，往往还有泉水补给，汛期平均径流量占年均径流总量的 50%～60%；平原地区的排沥河道及汇水面积主要在严重漏水区的河流多为间歇性河流，全年水量几乎都集中在汛期（刘昌明，2014）。

海河流域 2018 年主要水文控制站实测径流值与多年平均值、近 10 a 平均值比较见表 8.5。

表 8.5　海河流域主要水文控制站实测径流值对比表(资料来源:中华人民共和国水利部,2019b)

河　流		桑干河	洋河	永定河	潮河	白河	海河	漳河	卫河
水文控制站		石匣里	响水堡	雁翅	下会	张家坟	海河闸	观台	元村集
控制流域面积/万 km^2		2.36	1.45	4.37	0.53	0.85		1.78	1.43
年径流量/亿 m^3	多年平均	4.198（1952—2015 年）	3.143（1952—2015 年）	5.521（1963—2015 年）	2.393（1961—2015 年）	4.868（1954—2015 年）	7.921（1960—2015 年）	8.592（1951—2015 年）	14.98（1951—2015 年）
	近 10 a 平均	0.7589	0.2945	0.9051	1.074	2.076	4.591	2.705	7.116
	2018 年	1.568	0.1860	1.265	1.849	2.219	3.428	0.9636	7.331

8.1.2.4　黄河流域

(1)流域概况

据地质演变历史的考证，在距今 115 万 a 前的晚早更新世，流域内还只有一些互不连通的湖盆，各自形成独立的内陆水系。到距今 10 万～1 万 a 间的晚更新世，黄河才逐步演变成为从河源到入海口上下贯通的大河。当今的黄河流域位于 95°53′—119°05′E、32°10′—41°50′N。流域范围西起巴颜喀拉山，东临渤海，北抵阴山，南达秦岭，流域内地势西高东低，高差悬殊，形成自西而东、由高及低三级阶梯。黄河是中国的第二大河，干流全长 5464 km，水面落差 4480 m。流域总面积 79.5 万 km^2（含内流区面积 4.2 万 km^2）。黄河下游河道迁徙变化的剧烈程度，在世界上是独一无二的。根据文字记载，黄河曾经多次改道。河道变迁的范围，西起郑州附近，北抵天津，南达江淮，纵横 25 万 km^2。1855 年黄河在河南兰考东坝头决口后，才改走现行河道，夺山东大清河入渤海。

黄河流域土壤由东部湿润海洋性地带谱与西部干旱内陆性地带谱构成，两者之间有过渡性地带谱。下游冲积平原地势平缓，海拔低，受地下水活动影响，在河流沉积物母质上发育有潮土，洼地及滨海地区多盐土和滨海盐土。中上游地区由东向西和由南向北土壤地带性变化均较明显，依次分布有褐土、黑垆土、灰钙土、栗钙土和棕钙土等类型。黄土高原地面为黄土覆盖，在黄土母质上直接发出的黄绵土常与黑垆土交错存在；鄂尔多斯高原分布有风沙土；河套及银川平原分布有灌淤土和盐土；河源区分布有高山草甸土、亚有高山草甸土和高山草原土；在冰渍物或坡积-残积物上发育有高山寒漠土。黄河流域地势起伏剧烈，地貌类型多样，气候环境差异大，这就为众多的植被类型的发育创造了条件。自东向西跨越了落叶阔叶林带、草原地带、荒漠地带和青藏高原植被带4个植被带（刘昌明，2014）。

黄河素有"九曲黄河"之称，黄河干流自河源至入海口，主要有六大河湾。黄河支流面积大于100 km^2 的共有220条，其中集水面积大于1000 km^2 的有76条，大于10000 km^2 的支流有11条。黄河一级主要支流有洮河、湟水、无定河、汾河、渭河、洛河、沁河、大汶河等。

(2)气候特征

黄河流域幅员辽阔，山脉众多，东西高差悬殊，各区地貌差异也很大。因此，流域内不同地区气候的差异显著，气候要素的年、季变化大。黄河流域年平均气温在－4～14 ℃，总的趋势是南高北低，东高西低。三门峡以下河南、山东境内达12～14 ℃，为全流域最高。上游河源地区低于－4 ℃，为全流域最低，如青海省玛多站达－4.1 ℃。流域极端最高、最低气温的高值区仍在中、下游。36°N以南的山谷、盆地和平原地区，大部分最高气温超过40 ℃，最低气温低于－18 ℃。

黄河流域1956—2000年年均降水深为445.8 mm，降水量为3544亿 m^3，占全国总降水量的5.7%；春、夏、秋、冬四季降水分别占全年的17.9%、57.5%、22.2%、2.5%，6—9月降水占全年的70.8%（水利部水利水电规划设计总院，2014）。降水的地区分布自东南向西北递减。400 mm年降水量等值线自内蒙古的托克托，经榆林、靖边、环县、定西、兰州绕祁连山过循化、贵南、同德至玛多。此线西北，年降水量小于400 mm，为干旱、半干旱区，面积约25万 km^2，占流域面积的33%；此线东南，年降水量大于400 mm，为湿润、半湿润区。7月、8月是黄河流域降水量最集中的月份，秋季多雨的现象只出现在华西秋雨区（刘昌明，2014）。

黄河流域多年平均水面蒸发量，大部分地区为800～1800 mm，地区差异比较大，水面蒸发量的主要高值区在年降水量小于400 mm的区域。另外，在黄河中下游年平均气温高于6 ℃，且全年降水日数小于90 d的地区，以及上游湟水中下游还有两个大于1200 mm的高值区。流域其余地区的水面蒸发量大多在700～1200 mm，其中相对高程变化较大的祁连山、太子山、六盘山、秦岭等山区的水面蒸发量，其值随高程增加而减小，由1000 mm递减到800 mm以下，为流域的低值区。水面蒸发量年内变化较大，春、夏、秋、冬四季降水分别占全年的31.9%、39.1%、19.7%、9.2%。5—7月蒸发量最大，占全年的41.6%；12月—次年2月蒸发量最小，仅占全年的9.2%（水利部水利水电规划设计总院，2014）。

(3)径流特征

黄河流域的河川径流量主要由降水形成，地区分布规律与降水分布相似。干流径流量的大部分产自兰州以上，其流域面积占全河流域面积的29.6%，产水量占全河的52.8%，平均径流深156.4 mm；兰州到河口镇区间，流域面积占全河的21.7%，产水量占全河的2.3%，径流深9.1 mm；河口镇至三门峡区间，流域面积占全流域的40.2%，产水量占全流域的30.6%，平均径流深66.7 mm；三门峡到花园口区间，流域面积占全河的5.5%，产水量占全河的9.9%，平均径流深156.9 mm。根据1956—2000年系列水资源调查评价资料，黄河流域水资源总量647亿 m^3。其中，现状下垫面条件下的利津站多年平均河川天然径流量534.8亿 m^3，相应径流深 71.1 mm，地表水与地下水之间不重复计算量 112.2 亿 m^3（刘昌明，2014）。

黄河流域干流 2018 年主要水文控制站实测径流值与多年平均值、近 10 a 平均值比较见表 8.6。

表 8.6　黄河干流主要水文控制站实测径流值对比表（资料来源：中华人民共和国水利部，2019b）

河流		黄河干流	黄河干流	黄河干流	黄河干流	黄河干流	黄河干流	黄河干流	黄河干流	黄河干流
水文控制站		唐乃亥	兰州	头道拐	龙门	潼关	花园口	高村	艾山	利津
控制流域面积/万 km^2		12.20	22.26	36.79	49.76	68.22	73.00	73.41	74.91	75.19
径流量/亿 m^3	多年平均	200.6 1950—2015 年	309.2 1950—2015 年	215.0 1950—2015 年	258.1 1950—2015 年	335.5 1952—2015 年	373.0 1950—2015 年	331.6 1952—2015 年	330.9 1952—2015 年	292.8 1952—2015 年
	近 10 a 平均	211.3	312.1	190.3	207.2	259.1	281.2	256.8	232.5	178.3
	2018 年	291.5	441.8	324.9	341.2	414.6	448.0	410.1	376.3	333.8

8.1.2.5　淮河流域

（1）流域概况

淮河流域地处中国东部，介于长江和黄河两流域之间，位于 111°55′—121°25′E，30°55′—36°36′N，面积为 27 万 km^2。淮河发源于河南省桐柏山，东流经豫、皖、苏三省，在三江营入长江，全长 1000 km，总落差 200 m。流域西起桐柏山、伏牛山，东临黄海，南以大别山、江淮丘陵、通扬运河及如泰运河南堤与长江分界，北以黄河南堤和泰山为界，与黄河流域毗邻。淮河流域西部、西南部及东北部为山区、丘陵区，其余为广阔的平原。山丘区面积约占总面积的 1/3，平原面积约占总面积的 2/3。流域西部的伏牛山、桐柏山区，一般高程 200～500 m，沙颍河上游石人山高达 2153 m，为全流域的最高峰；南部大别山区高程在 300～1774 m；东北部沂蒙山区高程在 200～1155 m。丘陵区主要分布在山区的延伸部分，西部高程一般为 100～200 m。淮河干流以北为广大冲、洪积平原，地面自西北向东南倾斜，高程一般 15～50 m。流域内除山区、丘陵和平原外，还有为数众多、星罗棋布的湖泊、洼地。

淮河流域西部伏牛山区主要为棕壤和褐土；丘陵区主要为褐土，土层深厚，质地疏松，易受侵蚀冲刷。淮南山区主要为黄棕壤，其次为棕壤和水稻土；丘陵区主要为水稻土，其次为黄棕壤。沂蒙山丘区多为粗骨性褐土和粗骨性棕壤。淮北平原北部主要为黄潮土，其间零星分布着小面积的盐化潮土和盐碱土；淮北平原中部和南部主要为砂姜黑土，其次为黄潮土和棕潮土等。淮河下游平原水网区为水稻土，苏鲁两省滨海平原新垦地多为滨海盐土，含盐量较高。山东半岛西部山丘区为土层浅薄的粗骨性褐土，山间盆地及山麓坡地为土层较厚的褐土，山前平原区广泛分布着褐土和潮褐土；胶东低山丘陵区为粗骨性褐土和粗骨性棕壤。

淮河流域自然植被分布具有明显的地带性特点。伏牛山区及偏北的泰沂山区主要为落叶阔叶-针叶松混交林；中部的低山丘陵一般为落叶阔叶-常绿阔叶混交林；南部大别山区主要为常绿阔叶-落叶阔叶-针叶松混交林，并夹有竹林，山区腹地有部分原始森林。平原区除苹果、梨、桃等果树林外，主要为刺槐、泡桐、白杨等零星树林；滨湖沼泽地有芦苇、蒲草等。栽培植物的地带性更为明显，淮南及下游平原水网区以水稻、小麦（油菜）一年两熟为主，淮北基本以旱作物为主，有小麦、玉米、棉花、大豆和红薯等（刘昌明，2014）。

淮河流域以废黄河为界，分淮河及沂沭泗河两大水系，流域面积分别为 19 万 km^2 和 8 万 km^2，有京杭大运河、淮沭新河和徐洪河贯通其间。沂沭泗河水系位于淮河流域东北部，大都属苏、鲁两省，由沂河、沭河、泗河组成，多发源于沂蒙山区。洪泽湖的排水出路，除入江水道以外，还有苏北灌溉总渠和向新沂河相机分洪的淮沭新河。

(2)气候特征

淮河流域地处南北气候过渡带，自古以来就是中国南北方的一条自然分界线。淮河以北属暖温带区，淮河以南属北亚热带区，气候温和，年平均气温为 11～16 ℃。气温变化由北向南、由沿海向内陆递增。极端最高气温达 44.5 ℃，极端最低气温为－24.1 ℃，无霜期 200～240 d。

淮河流域 1956—2000 年年均降水深为 838.5 mm（其中淮河水系 910 mm，沂沭泗水系 836 mm），降水量为 2767 亿 m^3，占全国总降水量的 4.5％；春、夏、秋、冬四季降水分别占全年的 19.2％、55.4％、18.8％、6.6％，6—9 月降水占全年的 64.8％（水利部水利水电规划设计总院，2014）。多年平均降水量的分布状况大致是由南向北递减，山区多于平原，沿海大于内陆。淮河流域内有三个降水量高值区：一是伏牛山区，年平均降水量为 1000 mm 以上；二是大别山区，超过 1400 mm；三是下游近海区，大于 1000 mm。流域北部降水量最少，低于 700 mm。

淮河流域蒸发量总趋势是南大北小、东大西小，年平均水面蒸发量为 900～1500 mm。其中，在沿黄和沂蒙山南坡水面蒸发量可达 1100～1200 mm，大别山、桐柏山为 800～900 mm；淮南平原、淮河下游平原、沂沭泗下游平原为 900～1100 mm。水面蒸发量年内变化较大，春、夏、秋、冬四季降水分别占全年的 28.5％、36.9％、23.5％、11.1％。5—7 月蒸发量最大，占全年的 37.6％；12 月—次年 2 月蒸发量最小，仅占全年的 11.1％（水利部水利水电规划设计总院，2014）。

(3)径流特征

淮河流域多年平均径流深约 205 mm（1956—2000 年），其中淮河水系为 238 mm，沂沭泗河水系为 181 mm，山东半岛 134 mm。年径流深地区分布与降水类似，南大北小，同纬度山区多于平原，沿海大于内陆。伏牛山、桐柏山、淮南山区、南四湖东山区以及沂沭河中上游地区年径流深大于 300 mm，其他地区小于 300 mm。在不同的地形条件下，年径流深差异大，山区雨量大，产汇流条件好，为年径流深高值区；平原区为低值区。如大别山区最大，其中黄尾河高达 1054 mm，淮北北部和南四湖湖西平原不足 100 mm（刘昌明，2014）。

径流的年内分配也很不均匀，主要集中在汛期。淮河干流各控制站汛期实测来水量占全年的 60％左右，沂沭泗河水系各支流汛期水量所占比重更大，为全年的 70％～80％。四季中径流量的分配随雨量大小而变化，季径流占年径流的比例：夏季最大，自南向北递增；秋季次之，也是南小北大；春季第三，南大北小；冬季最小，地区差别不大（宁远 等，2003）。

淮河流域 2018 年主要水文控制站实测径流值与多年平均值、近 10 a 平均值比较见表 8.7。

表 8.7　淮河流域主要水文控制站实测径流值对比表(资料来源:中华人民共和国水利部,2019b)

河　流		淮河	淮河	淮河	颍河	沂河
水文控制站		息县	鲁台子	蚌埠	阜阳	临沂
控制流域面积/万 km^2		1.02	8.86	12.13	3.52	1.03
径流量/亿 m^3	多年平均	36.15 (1951—2015 年)	213.4 (1950—2015 年)	260.4 (1950—2015 年)	44.37 (1951—2015 年)	20.54 (1951—2015 年)
	近 10 a 平均	25.61	170.8	215.0	26.77	12.41
	2018 年	30.23	233.1	300.4	38.83	12.36

8.1.2.6　长江流域

(1)流域概况

长江流域位于 90°33′—122°25′E,24°30′—35°45′N。西以芒康山、宁静山与澜沧江水系为界,以可可西里山、乌兰乌拉山、祖儿肯乌拉山、尕恰迪如冈山群与藏北羌塘内陆水系分界;北以巴颜喀拉山、秦岭、大别山、与黄河、淮河水系相接;南以南岭、武夷山、天目山与珠江和闽浙诸水系相邻。长江发源于青藏高原的唐古拉山脉各拉丹冬峰西南侧。长江流域地势西高东低,由河源至河口,总落差 5400 m 余,跨越中国地势的三大阶梯。流域地貌类型众多,山地、丘陵面积占总面积 67.2%,平地占 28.1%,水面占 4.7%。长江干流流经青海、西藏、四川、云南、重庆、湖北、湖南、江西、安徽、江苏、上海 11 个省、自治区、直辖市,于崇明岛以东注入东海,全长约 6300 km。长江在世界大河中长度仅次于非洲的尼罗河和南美洲的亚马孙河,居世界第三位(尼罗河流域跨非洲 9 国,亚马孙河流域跨南美洲 7 国,长江则为中国所独有)。

长江流域土壤成因复杂,具有纬度水平地带性和垂直地带性分布规律。长江以南大部分地区为中亚热带气候区,广泛分布着红壤和黄壤;长江以北为北亚热带气候区,大面积分布着黄棕壤;流域北缘和四川盆地西北部边缘分布着棕壤;甘肃南部白龙江上游则分布着褐土。长江流域西部的青藏高原东西部和横断山区等高原、高山地区,相对高差大,土壤垂直变化明显,谷底分布着红壤、黄壤、黄棕壤等亚热带土壤。随着地势增高,相应地分布着黄褐土、山地棕土等温带土壤和山地灰化土、亚高山草甸土等寒温带土壤以及高山草甸土、高山冻原土、高山寒漠土等寒冻土壤。

长江流域植被丰富多样,高寒的江源地区属于由稀疏草原和高山草甸构成的荒漠植被区,从金沙江至长江口都属于植物种类繁多的亚热带植被区,该区又可分为北亚热带、中亚热带和南亚热带 3 个区。据统计,亚热带植被区种子植物有 14600 多种,还保存着许多古老种属。随着气温和地形变化,主要分布有寒温性针叶林、落叶阔叶混交林、常绿阔叶林和山地常绿针阔叶混交林等,开发较早的平原和丘陵多为水稻、旱作物和果木等人工植被。

长江水系庞大而复杂,大小支流不计其数,其中流域面积超过 100 km^2 的有 437 条,面积超过 1 万 km^2 的有 49 条,面积超过 8 万 km^2 的有雅砻江、岷江、嘉陵江、乌江、湘江、沅江、汉江、赣江 8 条。

(2)气候特征

长江流域地处欧亚大陆东岸的中纬度亚热带季风气候区。气候以丰富多样与严酷多灾为主要特征。上游青藏高原为典型的高原气候区，玉树以上地区为寒冷、干燥、气压低、日照长、辐射强、多大风冰雹、“全年皆冬”的高原高寒气候区；川西藏东横断山区，山高谷深，有“一山有四季”的立体气候特征；滇北高原一年分干湿两季，与南亚一些地区相似；四川盆地则冬无严寒，夏无酷暑、温和湿润。中下游地区为典型的季风气候，四季分明，雨热同季，冬夏两季稍长，夏季气温较高，冬季多偏北风，气温比同纬度地区低。

长江流域的年平均气温呈东高西低、南高北低的分布趋势，中下游地区高于上游地区，江南高于江北，江源地区是全流域气温最低的地区。由于地形的差别，在以上总分布趋势下，形成四川盆地、云贵高原和金沙江谷地等封闭式的高低温中心区。中下游大部分地区年平均气温在 16～18 ℃。湘、赣南部至南岭以北地区达 18 ℃以上，为全流域年平均气温最高的地区；长江三角洲和汉江中下游在 16 ℃附近；汉江上游地区为 14 ℃左右；四川盆地为闭合高温中心区，大部分地区在 16～18 ℃；重庆至万洲达 18 ℃以上；云贵高原地区西部高温中心达 20 ℃左右，东部低温中心在 12 ℃以下，冷暖差别极大；金沙江地区高温中心在巴塘附近，年平均气温达 12 ℃，低温中心在埋塘至稻城之间，平均气温仅 4 ℃左右；江源地区气温极低，年平均气温在－4 ℃上下，呈北低南高分布。

长江流域 1956—2000 年年均降水深为 1986.6 mm，降水量为 19370 亿 m^3，占全国总降水量的 31.3％；春、夏、秋、冬四季降水分别占全年的 31.4％、40.7％、17.9％、10.0％，5—8 月降水占全年的 53.8％(水利部水利水电规划设计总院，2014)。长江流域降水由东南向西北递减，东南部年降水量可达 1200 mm，而西北部不足 500 mm，区域差异显著。长江源区年降水量小于 400 mm，随着全球变暖有减少的趋势，流域大部分地区年降水量为 800～1600 mm。主要支流平均年降水量为：金沙江 715 mm，岷江 1089 mm，佗江 1014 mm，嘉陵江 935 mm，乌江 1151 mm，洞庭湖水系 1431 mm，汉江 904 mm，鄱阳湖水系 1648 mm，太湖水系 1177 mm。赣东景德镇附近、湖北和湖南西部、四川西部乐山附近以及四川西南部会理附近 4 个区域的年降水量均超过 1000 mm，为 4 个多雨区。流域降水量年内分配不均，雨季早迟不一。

长江流域多年平均水面蒸发量为 960 mm、全流域年实际蒸发量约 835 mm。长江河源区、云南和四川的西南部以及江西境内的年水面蒸发量 1000～1600 mm；四川盆地、大娄山、武夷山和雪峰山一带的年水面蒸发量 800 mm 左右。600 mm 陆面实际蒸发等值线穿过河南中部、湖北西北及贵州北部，由此线向西部递减明显，至江源一带仅为 200 mm；由此线向东南随地形的变化，平原湖区大、山区小，在 600～900 mm 范围内变化(刘昌明，2014)。长江流域蒸发量的年内分配相对均匀，春、夏、秋、冬四季降水分别占全年的 27.5％、37.4％、22.5％、12.6％。6—8 月蒸发量最大，占全年的 37.4％；12 月—次年 2 月蒸发量较小，仅占全年的 12.6％(水利部水利水电规划设计总院，2014)。

(3)径流特征

长江流域降水充沛，河川径流丰富，但时空分布不均。长江干流宜昌、汉口和大通站的多年平均径流量分别为 4315 亿 m^3(1950—2010 年)、7072 亿 m^3(1950—2010 年)和 8964 亿 m^3(1950—2010 年)，多年平均入海水量为 9192 亿 m^3。各水系每平方千米年径流量从 85.3 万 m^3 到 32.6 万 m^3，相差 2.5 倍以上。长江流域产水能力强，地表径流系数高。流域多年平均径流系数 0.51，除太湖水系(平原河网地区)外，二级分区多年平均径流系数都在 0.4 以上。受季风气候的影响，长江流域径流的季节变化明显，汛期水量占全年水量的 70％～75％，宜昌站的多年平均不均匀系数为 0.67，汉口站为 0.52，大通站为 0.46(王金星 等，2008)。

长江流域 2018 年主要水文控制站实测径流值与多年平均值、近 10 a 平均值比较见表 8.8。

表 8.8 长江干流主要控制水文站实测径流值对比表(资料来源:水利部长江委员会,2019)

水文控制站	流域控制面积/万 km^2	多年平均径流量/亿 m^3	近 10 a 平均径流量/亿 m^3	2017 年径流量/亿 m^3	2018 年径流量/亿 m^3
直达门	13.77	(1957—2015 年) 130.2	166.3	170.8	200.0
石鼓	21.42	(1952—2015 年) 424.2	430.5	435.9	514.9
攀枝花	25.92	(1966—2015 年) 564.0	569.2	602.6	691.4
向家坝	45.88	(1956—2015 年) 1420	1347	1447	1638
朱沱	69.47	(1954—2015 年) 2648	2570	2653	3161
寸滩	86.66	(1950—2015 年) 3434	3321	3303	3873
宜昌	100.55	(1950—2015 年) 4304	4214	4403	4738
沙市	—	(1955—2015 年) 3903	3879	4096	4326
汉口	148.80	(1954—2015 年) 7040	6869	7373	6695
大通	170.54	(1950—2015 年) 8931	8852	9378	8028

8.1.2.7 珠江流域

(1)流域概况

珠江,又名粤江,流域位于 102°14′—115°53′E、21°31′—26°49′N,北回归线横贯中部,跨越滇、黔、桂、粤、湘、赣 6 省(自治区)和越南的东北部(左江的上游段),在下游从八个入海口注入南海。珠江全长 2320 km,流域面积 453690 km^2,其中 442100 km^2 在中国境内,11590 km^2 在越南境内,是中国南方流域面积最大、海拔最低的河流。流域西北角以乌蒙山脉,北部以南岭、苗岭山脉与长江流域分界;西南角以乌蒙山脉与红河流域分界;南部以云雾、云开、六万大山、十万大山等山脉与桂、粤沿海诸河分界;东部以莲花山脉、武夷山脉与韩江流域分界;东南部为各水系汇集注入南海的珠江口。流域周缘分水岭诸山脉的高程均在 700 m 以上,大多在 1000～2000 m,最高点乌蒙山达 2853 m(刘昌明,2014)。珠江流域片包括珠江流域、韩江流域、澜沧江以东国际河流(不含澜沧江)、粤桂沿海诸河,涉及云南、贵州、广西、广东、湖南、江西、福建、海南 8 省(自治区)和香港、澳门特别行政区,总面积 65.43 万 km^2,多年平均水资源总量

5201 亿 m^3，占全国的 18.3%，居全国第二。

流域内多为山地和丘陵，占总面积的 94.5%，平原面积小而分散，仅占 5.5%。总的地势是西北高，东南低。西北部为平均海拔 1000～2000 m 的云贵高原，在高原上分布有盆地和湖泊群。高原边缘地区急流瀑布很多，其中以北盘江打帮河上源白水河上的黄果树瀑布最为著名。在云贵高原以东，是一片海拔在 500 m 左右的低山丘陵，称两广丘陵。在低山丘陵之间也有不少海拔达到或超过千米的山岭，同时分布有许多盆地和谷地。珠江下游的冲积平原是著名的珠江三角洲，河海交汇，河网交错，平畴绿野，美丽富饶，具有南国水乡的独特风貌。

珠江流域幅员辽阔，地形、气候、植被和成土母质等因素复杂，土壤类型繁多、性质各异，广泛分布着红壤、砖红壤、黄壤、山地草甸土和石灰土等，耕作土壤主要为旱地土壤和水稻土壤两大类。

在亚热带生物气候条件作用下，流域林地植被以常绿阔叶林为主，其次为针阔叶混交林。阔叶林以常绿栎类、木兰科、安息香科较多；针叶林以马尾松、杉较多，还有云南松、热点松柏、建柏等。流域自然植被森林覆盖率为 28%左右，其中云南覆盖率为 32.7%、贵州 30.0%、广西 39.3%、广东 43%，海南达 51%，为流域各省(区)之冠(刘昌明，2014)。

珠江由西江、北江、东江、珠江三角洲诸河四大水系组成，经由分布在广东省境内 6 个市县的虎门、蕉门、洪奇门、横门、磨刀门、鸡啼门、虎跳门和崖门八大口门流入南海，具有“三江汇流、八口出海”的水系特征。国际河流有红河等，红河在中国境内流域面积 7.64 万 km^2。粤桂沿海诸河，由众多源短坡陡的独流入海中小河流组成，总流域面积 7.14 万 km^2。海南省陆地面积 3.41 万 km^2，有众多大小河流，从中部山区或丘陵区向四周分流入海，构成放射状的海岛水系。

(2)气候特征

珠江流域为亚热带气候，多年平均气温在 14～22 ℃。年际变化不大，但地区差异大。最高气温 42 ℃，最低−9.8 ℃。气温变化的总趋势是随纬度的递增而降低，由内陆向沿海、从西而东递增。上游南北盘江云贵高原区多年平均气温在 14 ℃和 20 ℃之间，流域中部广西的多年平均气温为 18.8～22.5 ℃。北江、东江流域和三角洲地区多年平均气温为 20.3～21.9 ℃。流域各地的最低气温一般都在每年的 1 月、2 月出现，极端最低气温为 1977 年 2 月 10 日南盘江陆良的−9.8 ℃。最高气温的月份，流域西部地区比东部地区来得早，前者多在 5 月、6 月出现，后者基本上在 7 月、8 月，极端最高气温纪录是 1958 年 4 月 23 日右江百色的 42.5 ℃。

珠江流域内雨量丰沛，1956—2000 年年均降水深为 1549.7 mm，降水量为 8973 亿 m^3，占全国总降水量的 14.5%；春、夏、秋、冬四季降水分别占全年的 29.7%、44.3%、18.0%、8.0%，5—8 月降水占全年的 59.1%(水利部水利水电规划设计总院，2014)。降水量由东向西递减，一般山地降水多，平原河谷降水少。流域内增江上游龙川县上坪站降水量最大，平均年降水量 2574 mm；滇东南的蒙自县雨过铺站年平均降水量最小，为 720 mm。

珠江流域多年平均水面蒸发量为 900～1400 mm，春、夏、秋、冬四季降水分别占全年的 25.2%、31.9%、26.1%、16.7%。7—9 月蒸发量最大，占全年的 32.0%；12 月—次年 2 月蒸发量最小，仅占全年的 16.7%(水利部水利水电规划设计总院，2014)。蒸发量在地区分布上总的趋势是：东南部近海纬度稍低的地区，蒸发量高于西北部的山区；横向上则西部高，中部低，东部又高。

(3)径流特征

珠江流域多年平均年径流量 3381 亿 m^3,其中西江为 2301 亿 m^3,北江为 510 亿 m^3,东江为 274 亿 m^3,三角洲诸河为 295 亿 m^3。径流年内变化很大,汛期 4—9 月径流量约占年径流量的 80%,6—8 月则占年径流量的 50%以上;年径流变差系数在 0.22～0.42,以东江最大、北江次之、西江最小。径流的地区分布与降水的空间分布基本一致(刘昌明,2014)。珠江流域主要水文控制站实测年径流值与多年平均值、近 10 a 平均值及 2017 年、2018 年值的比较见表 8.9。

表 8.9　珠江流域主要水文控制站实测年径流值(资料来源:中华人民共和国水利部,2019b)

单位:面积:万 km^2;径流量:亿 m^3

河流	南盘河	江红水	柳江	郁江	浔江	西江	西江	北江	东江
水文控制站	小龙潭	迁江	柳州	南宁	大徨江口	梧州	高要	石角	博罗
控制流域面积	1.54	12.89	4.54	7.27	28.85	32.70	35.15	3.84	2.53
多年平均径流量	35.95 (1953—2015 年)	646.6 (1954—2015 年)	393.3 (1955—2015 年)	368.3 (1954—2015 年)	1696 1954—(2015 年	2016) (1954—2015 年)	2173 (1957—2015 年)	417.1 (1954—2015 年)	231.0 (1954—2015 年)
近 10 a 平均径流量	24.09	570.3	393.6	343.0	1642	1946	2117	404.1	216.2
2017 年径流量	46.97	785.8	506.0	434.8	2128	2467	2627	371.8	217.2
2018 年径流量	32.88	634.4	307.3	419.7	1608	1851	1995	270.5	182.5

8.1.2.8　东南诸河

东南沿海诸河,是指中国东南部除长江和珠江以外的独立入海的中小河流的总称,包括浙江、福建、台湾、广东、广西、海南(现已纳入珠江流域片)6 省(区)河流。受地质、地形条件的影响,该地区的河流短小急促,以中小河流为主。干流长度超过 100 km 的河流有:浙江省的钱塘江、瓯江、飞云江、灵江、曹娥江、甬江;福建省的闽江、九龙江、晋江、交溪、岱江、霍童溪、木兰溪;广东省的韩江、榕江、潭江、漠阳江、鉴江、九州江;广西壮族自治区的南流江、钦江、茅岭江、北仑河;海南省的南渡江、昌化江、万泉河。

东南诸河区内集水面积 50 km^2 以上的河流共 744 条(包括台湾省)。其中浙江省有 101 条,福建省 597 条。集水面积 1000 km^2 以上的河流有 91 条,其中浙江省 48 条、福建省 34 条、台湾省 9 条。区内各河流均为外流河,直流入海,占全国外流河面积的 2.5%。浙江省湖泊主要分布在浙北平原,多为海迹湖,其中以杭州西湖、嘉兴南湖最著名。鄞县东钱湖,面积 22 km^2,为该省的最大湖泊。福建省湖泊较少,著名的有福州的西湖和平潭的三十六脚湖(刘昌明,2014)。

东南诸河 1956—2000 年年均降水深为 1787.5 mm,降水量为 4372 亿 m^3,占全国总降水量的 7.1%;春、夏、秋、冬四季降水分别占全年的 34.9%、37.5%、16.0%、11.9%,5—8 月降水占全年的 51.7%(水利部水利水电规划设计总院,2014)。

(1)钱塘江

钱塘江,古称浙,全名“浙江”,又名“折江”“之江”“罗刹江”,一般浙江富阳段称为富春江,浙江下游杭州段称为钱塘江。钱塘江是浙江省最大河流，是宋代两浙路的命名来源，也是明初浙江省成立时的省名来源。钱塘江有南北两源。北源新安江为正源，源头位于安徽省休宁县海拔1600多米的怀玉山主峰六股尖。南源为衢江，发源于浙江、安徽、江西三省交界的开化县马金溪。钱塘江入海口位置是浙江省海盐县的澉浦至对岸余姚市的西三闸一线，钱塘江以北源新安江起算，河长588.73 km；以南源衢江上游马金溪起算，河长522.22 km。钱塘江流经安徽省南部和浙江省，流域面积55058 km^2。钱塘江潮被誉为"天下第一潮"，是世界一大自然奇观，是天体引力和地球自转的离心作用，加上杭州湾喇叭口的特殊地形所造成的特大涌潮。钱塘江主要支流有兰江、婺江、分水江、浦阳江、曹娥江、渌渚江等。钱塘江多年平均年径流总量220.5亿 m^3，2009—2018年径流总量240.3亿 m^3，多年平均年输沙量289万t(中华人民共和国水利部，2019b)。天然径流的年内分配很不均匀，4月、5月、6月梅汛期水量约占年总量的50%。钱塘江流域主要水文控制站实测年径流值与多年平均值、2009—2018年平均值及2017年、2018年值的比较见表8.10。

表8.10　钱塘江流域主要水文控制站实测年径流值(资料来源：中华人民共和国水利部，2019b)

(单位：面积：万 km^2；径流量：亿 m^3)

河流	衢江	兰江	曹娥江	浦阳江
水文控制站	衢州	兰溪	上虞东山	诸暨
控制流域面积	0.54	1.82	0.44	0.17
多年平均径流量	62.49 (1958—2015年)	169.5 (1977—2015年)	39.13 (2012—2015年)	11.85 (1956—2015年)
近10 a平均径流量	68.30	193.5	33.19	13.60
2017年径流量	62.41	168.4	22.15	10.41
2018年径流量	46.92	121.3	19.32	7.688

(2)闽江

闽江水系位于116°23′—119°35′E，25°23′—28°16′N之间，是福建省最大河流，发源于闽赣、闽浙交界的杉岭、武夷山、仙霞岭等山脉，干支流流经浙江省境内龙泉和庆元，之后进入福建。建溪、富屯溪、沙溪三大主要支流在南平延平区附近汇合后称闽江。穿过沿海山脉至福州市南台岛分南北两支，至罗星塔复合为一，折向东北流出琅岐岛注入东海。以沙溪为正源，全长562 km，流域面积60,992 km^2，约占福建全省面积的一半。流域面积60992 km^2，其中福建省境内59922 km^2，约占全省面积一半，水系河流总长6107 km。主要支流除三支流外，还有中下游的尤溪、古田溪、大樟溪。闽江洪灾较重，干流上建设安砂水库、水口电站后，灾害减轻。闽江流域地处亚热带，降水丰沛，年降水量在1700 mm以上，多年平均径流量586.8亿 m^3，2009—2018年均567.6亿 m^3，大致相当于黄河的年径流量。多年平均年输沙量546万t(中华人民共和国水利部，2019b)。径流量年内分配不均匀，汛期(4—9月)多年平均径流量占年径流量的71%～80%，枯季(10月—次年3月)多年平均径流量只占年径流量的20%～29%。流域主要水文控制站实测年径流值与多年平均值、2009—2018年平均值及2017年、2018年值的比较见表8.11。

表 8.11　闽江流域主要水文控制站实测年径流值(资料来源:中华人民共和国水利部,2019b)

单位:面积:万 km^2;径流量:亿 m^3

河流	闽　江	建　溪	富屯溪	沙　溪	大樟溪
水文控制站	竹　岐	七里街	洋　口	沙县(石桥)	永泰(清水壑)
控制流域面积	5.45	1.48	1.27	0.99	0.40
多年平均径流量	536.8(1950—2015 年)	156.1(1953—2015 年)	138.5(1952—2015 年)	92.66(1952—2015 年)	36.60(1952—2015 年)
近 10 a 平均径流量	567.6	165.4	158.3	95.88	32.10
2017 年径流量	501.8	139.1	130.9	89.90	31.66
2018 年径流量	319.6	82.25	72.50	63.64	24.45

8.1.2.9　内陆河流

内陆河流多发育于封闭的盆地内,绝大多数河流单独流入盆地,难以汇接形成统一的大水系。依据地理位置、地形条件、水源补给之差异,中国内陆流域河流分布大致可划分为内蒙古、甘新、柴达木和藏北四大区。也有学者将甘新、柴达木两区合称为西北干旱内陆河区,把内陆流域河流划分为三大区。

内蒙古高原半干旱内陆河区位于阴山山脉以北,阿拉善高原以东,大兴安岭南段以西,北与蒙古人民共和国接壤。在行政区划上分别属于内蒙古自治区的巴彦淖尔市、乌兰察布市、锡林郭勒盟和河北省张家口市。区内地形平缓,除东北部锡林郭勒盟的河流季节融水补给较多外,其余河流主要靠雨水补给,河流稀少而短小,存在着大面积的无流区。

西北干旱内陆河区位于宁夏贺兰山与甘肃乌鞘岭以西、青海昆仑山以北的广大内陆区,包括极干旱的塔里木盆地、柴达木盆地、巴丹吉林沙漠、腾格里沙漠和干旱的新疆北部、内蒙古西部、宁夏西部、甘肃河西走廊等内陆河流域。地貌特点是山脉与盆地相间,区内分布着阿尔泰山、天山、喀喇昆仑山、昆仑山、祁连山、阿尔金山、贺兰山等一系列大致东西走向的高大山脉。这些山脉围绕着巨大内陆盆地,将其分割为准噶尔盆地、塔里木盆地、柴达木盆地、河西内陆河区(河西走廊和阿拉善高原)等四大内陆河水系单元和无流区。从盆地到高山,自然景观的垂直地带分异显著。

甘新内陆流域,气候虽然干燥,但区内有天山、昆仑山和祁连山等高大山体,发育着较大规模的高山冰川,河流可以得到高山冰雪融水补给,因而成为中国内陆河流比较发育的地区。较长的河流有塔里木河、伊犁河、黑河、疏勒河等。河流的尾闾或没于荒漠,或潴成湖泊。无流区的面积也很广大。

柴达木盆地是青藏高原的凹陷部分,从祁连山、昆仑山等边缘山地流注盆地的一些短小河流,在盆地中心汇聚成湖泊。盆地东部是大片的湖泊和沼泽,西北部则是大片无流区。

藏北高寒内流河区位于西藏北部的羌塘内陆区,素有“羌塘无人区”之称。藏北高寒内流河区东邻怒江上游和青海省,北靠新疆,西与克什米尔及狮泉河流域相邻,南部、西部与雅鲁藏布江流域相接。藏北高寒内流河区北有昆仑山、唐古拉山,南有冈底斯山、念青唐古拉山矗立,其东部和西部高山分布,形成一个巨大的封闭区域。藏北高寒区平均海拔 5000 m 左右,高原面比较完整,地形起伏小,低山、丘陵纵横交织,发育了数以千计的独立水系。河流切割微弱,河水向湖盆中心汇集。盆地内湖泊星罗棋布，短小的河流呈福合状汇聚于湖泊中。和上述几个内陆流域不同，这里没有大面积无流区。

以下重点讨论塔里木河和黑河流域。

(1)塔里木河流域

塔里木河流域地理位置为73°10′—94°05′E，34°55′—43°08′N，是中国最大的内陆河流域，为世界第五大内陆河，是南疆地区的母亲河。流域总面积约102.7万km^2，其中中国境内流域面积约100.23万km^2，其余部分位于吉尔吉斯斯坦东、南部及巴基斯坦东部地区。塔里木河流域河流水系包括发源于塔里木盆地周边山区的九大水系和位于盆地内部的塔里木河干流。九大水系是指阿克苏河水系、喀什噶尔河水系、叶尔羌河水系、和田河水系、开都河—孔雀河水系、迪那河水系、渭干河水系、克里雅河诸小河水系和车尔臣河诸小河水系，共计144条河流（刘昌明，2014）。

塔里木河流域径流形成于山区，河川径流补给来源包括高山冰雪融水、季节积雪融水、雨水和地下水。高山冰雪融水补给主要发生在高山地带，包括冰川融水、永久积雪融水及夏季冰面降雪融水。高山上的降雪除部分当年融化形成径流外，其余形成永久积雪和冰川，若干年后以冰川融水的形式补给河川径流。冰川融水受高山热量变化的影响，与太阳辐射量多寡和气温高低成正比，是独立于同年高山降水的径流补给源。

据《中国河流泥沙公报》(中华人民共和国水利部，2019a)的统计，开都河多年平均径流量为25.76亿m^3，阿克苏河多年平均径流量为37.68亿m^3，叶尔羌河多年平均径流量为67.29亿m^3，玉龙喀什河(和田河主源)多年平均径流量为22.66亿m^3，塔里木河干流多年平均径流量为46.15亿m^3(详见表8.12)。

表8.12　塔里木河流域主要水文控制站实测年径流值(资料来源：中华人民共和国水利部，2019a)

单位：面积：万km^2；径流量：亿m^3

河流	开都河	阿克苏河	叶尔羌河	玉龙喀什河	塔里木河干流
水文控制站	焉耆	西大桥（新大河）	卡群	同古孜洛克	阿拉尔
控制流域面积	2.25	4.31	5.02	1.46	
多年平均径流量	25.76（1956—2015年）	37.68（1958—2015年）	67.29（1956—2015年）	22.66（1964—2015年）	46.15（1958—2015年）
近10 a平均径流量	25.87	43.82	74.43	27.22	50.06
2017年径流量	37.63	56.83	80.94	27.10	69.66
2018年径流量	28.82	32.64	67.14	25.01	39.67

(2)黑河流域

黑河流域地处河西走廊中部，地理位置为98°00′—101°30′E，38°00′—42°34′N，是中国西北地区第二大内陆流域。黑河流域北部与蒙古接壤，东以大黄山与武威盆地相连，西部以黑山与疏勒河流域毗邻。黑河从发源地到居延海全长821 km，横跨三种不同的自然环境单元，流域面积约14.29万km^2，黑河流域远离海洋，周围是高山环绕，流域气候主要受中高纬度的西风带环流控制和极地冷气团影响，气候干燥，降水稀少而集中，多大风，日照充足，太阳辐射强烈，昼夜温差大。

黑河上游祁连山区降水较多，又有冰川融水补给，下垫面为石质山区且植被良好，是黑河径流形成区。祁连山出山口以上径流量占全河天然水量的 88.0%。据水利部《中国河流泥沙公报》（中华人民共和国水利部，2019a）的统计，莺落峡水文控制站多年平均径流量为 16.32 亿 m^3（1950—2015 年），正义峡水文控制站多年平均径流量为 10.19 亿 m^3（1950—2015 年）（详见表 8.13）。黑河流域河川径流的年内分布极不均匀，6—9 月来水量占年总量的 73.4%，10 月—次年 5 月来水量占年总量的 26.6%，冬季 10 月—次年 2 月来水量仅占年总量的 10%左右。黑河流域源头分布有大小冰川 100 km^2，估计冰储量 27.5 亿 m^3，年平均冰川融水 1.0 亿 m^3，仅占河川天然径流量的 4%左右，其余 96%的径流量均由降水补给。

中游地表水—地下水转换频繁。地表水和地下水多次转化和重复利用，是内陆河最为独特的水文现象。

表 8.13　黑河流域主要水文控制站实测年径流值（资料来源：中华人民共和国水利部，2019a）

单位：面积：万 km^2；径流量：亿 m^3

水文控制站	莺落峡	正义峡
控制流域面积	1.00	3.56
多年平均径流量	16.32 （1950—2015 年）	10.19 （1963—2015 年）
近 10 a 平均径流量	20.45	12.69
2017 年径流量	23.31	15.87
2018 年径流量	20.10	14.01

8.1.2.10　西南诸河

西南诸河区包括元江—红河、澜沧江—湄公河、怒江—萨尔温江、独龙江—伊洛瓦底江、雅鲁藏布江—布拉马普特拉河等上中游水系，涉及中国的西藏自治区、云南省、青海省、广西壮族自治区和新疆维吾尔自治区等。地理位置大约在 77°50′—106°00′E、21°09′—35°49′N，区域总面积约 85.14 万 km^2（何大明，2007），分属于太平洋水系、印度洋水系和藏南高原内陆湖泊水系。西南诸河 1956—2000 年年均降水深为 1088.2 mm，降水量为 9186 亿 m^3，占全国总降水量的 14.9%；春、夏、秋、冬四季降水分别占全年的 16.3%、55.7%、23.2%、4.8%，6—9 月降水占全年的 67.8%（水利部水利水电规划设计总院，2014）。

以下主要介绍澜沧江和雅鲁藏布江。

(1)澜沧江

澜沧江是湄公河上游在中国境内河段的名称，藏语拉楚，意思为“獐子河”。澜沧江是中国西南地区的大河之一，为世界第六长河，亚洲第三长河，东南亚第一长河。澜沧江是横断山脉地区的重要河流，也是中国最长的南北向河流。全流域位于 94°—107°E、10°—34°N 之间，中国境内流域位于 94°—101°50′E、21°30′—32°40′N。澜沧江源出青海省唐古拉山，源头海拔 5200 m，主干流总长度 2139 km，澜沧江流经青海、西藏和云南三省，在云南省西双版纳傣族自治州勐腊县出境成为老挝和缅甸的界河，后始称湄公河（Mekong River）。湄公河流经老挝、缅甸、泰国、柬埔寨和越南，于越南胡志明市流入中国南海。澜沧江干流全长约 4500 km，总落差约 5060 m，流域面积约 74.4 万 km^2。在中国境内，流域面积约 16.4 万 km^2，出境处多年平均流量约 2350 m^3/s，干流全长约 2153 km，天然落差约 4583 m。

由于流域自然地理和气候复杂多样，形成了径流地区分布的极大差异，其分布与降水分布基本对应，年径流量除具有地带性分布规律外，垂直变化也十分明显。在水平分布上是西多东少，南多北少，地带分布呈现明显的高低相间，即河谷小、山顶大的特点。流域绝大部分地区径流深介于200～800 mm，河谷地则不足200 mm。径流深的垂直分布表现为在同一地区的一定范围内，由于降水和陆地蒸发随高程变化的影响，径流深随高程明显增加。年径流深可以从河谷的200 mm增加至山顶1600 mm，最大可达3000 mm。径流的地区分布也不均匀，下段径流深远大于上段，溜筒江以上径流深变化不大，溜筒江以下则明显加大。澜沧江上游地区距水汽源地较远，降水量少，径流深200～300 mm，进入云南境内后年径流深逐渐加大，与降水量的地区分布一致。年径流深高值中心沿点苍山、哀牢山一带分布为1400 mm，受地形影响，沿岭、谷形成高、低相间的分布，其垂直变化较降水更甚，澜沧河谷低值区位于早阳、中排、旧州一带，年径流深仅100～200 mm。

径流年内和年际变化、径流年内分配过程与降水过程基本对应，径流量年内分配较为集中，主要集中在汛期5—10月，其中又以7—10月最为集中，连续最大4个月径流量占年径流量60%～70%(邹宁 等，2008)。

(2)雅鲁藏布江

雅鲁藏布江—布拉马普特拉河流经中国、印度和孟加拉国，河流全长3350 km，流域面积约66.6万km^2。雅鲁藏布江—布拉马普特拉河发源于西藏西南部喜马拉雅山北麓的杰马央宗冰川，上游称为马泉河，由西向东横贯西藏南部，绕过喜马拉雅山脉最东端的南迦巴瓦峰转向南流，经巴昔卡出中国境。雅鲁藏布江大拐弯处的雅鲁藏布江大峡谷是世界第一大峡谷，获得世界最深大峡谷、世界最长大峡谷两项世界纪录的认证。雅鲁藏布江—布拉马普特拉河流域面积在中国境内约24.2万km^2，河长2057 km，称雅鲁藏布江，是中国最长的高原河流。河流由北向南流，切穿喜马拉雅山东端后流入印度，在印度称布拉马普特拉河；进入孟加拉国后，称为贾木拉河；最后，在印度的果阿隆金与恒河相汇，注入印度洋。雅鲁藏布江—布拉马普特拉河以水资源特丰和洪水特大著称于世，也是造成印度和孟加拉国洪水灾害的重要因素之一(巩同梁 等，2006)。

雅鲁藏布江河川径流总量为1661亿m^3，流域平均径流深686 mm，流域平均降水量946 mm，产水模数68.6万$m^3/(km^2 \cdot a)$。径流量沿河段分布极不均匀，下游河段水量较为集中，奴下站至河口段的集水面积占全流域的21%，而年径流量占全流域的61.9%，产水模数高达194.4万$m^3/(km^2 \cdot a)$，为西藏诸河之冠。

雅鲁藏布江从河源到河口，横跨少水带、过渡带、多水带、丰水带。大拐弯以下的年径流深由南向北递减，雅鲁藏布江出境一带，年径流深近5000 mm，与降水量的地区分布相应。雅鲁藏布江大拐弯以西的径流深迅速减少，据1956—2000年同期系列资料统计的径流深分析，奴下站309.7 mm，羊村站188.4 mm，奴各沙站149.8 mm，拉孜站为113.8 mm(刘昌明，2014)。

8.2 中国湖泊和湿地

8.2.1 中国湖泊

湖泊是陆地水圈的重要组成部分，在其流域环境系统结构中表现为流域物质与能量的

“汇”；湖泊水资源、水环境、生物群落和地貌-沉积体系的时空演化，与流域环境系统各个要素的变化息息相关，所以湖泊是区域生态环境变化的“缩影”与“记录器”，对流域人与自然相互作用环境的响应十分敏感。在当前国际全球变化研究中，提取湖泊记录的物理、化学和生物信息，是认识区域生态环境变化过程的有效途径之一(王苏民 等,1998)。

8.2.1.1 中国湖泊概况

据第一次全国水利普查(中华人民共和国水利部 等,2013)，中国常年水面面积 1 km^2 及以上湖泊有 2865 个，水面总面积 7.80 万 km^2(不含跨国界湖泊境外面积)(表 8.14)。全国共有淡水湖 1594 个，咸水湖 945 个，盐湖 166 个，其他 160 个。1981—2010 年，全国新生面积大于 1.0 km^2 的湖泊 60 个，新发现面积大于 1.0 km^2 的湖泊 131 个，原面积大于 1.0 km^2 的湖泊消失 243 个(马荣华 等,2011)。

表 8.14 湖泊分流域数量统计表(资料来源:中华人民共和国水利部 等,2013) 单位:个

流域(区域)	面积 1 km^2 以上	面积 10 km^2 以上	面积 100 km^2 以上	面积 1000 km^2 以上
合计	2865	696	129	10
黑龙江	496	68	7	2
辽河	58	1	0	0
海河	9	3	1	0
黄河流域	144	23	3	0
淮河	68	27	8	2
长江流域	805	142	21	3
浙闽诸河	9	0	0	0
珠江	18	7	1	0
西南西北外流区诸河	206	33	8	0
内流区诸河	1052	392	80	3

中国地貌类型复杂，地势差异巨大。气候的区域性特征显著，既有水平地带性差异，又有众多山地的垂直分异。受复杂地貌、气候条件的控制，中国湖泊类型丰富多样，地带性鲜明。按湖泊盐度划分，从淡水湖到不同盐度的微咸水湖、半咸水湖、咸水湖、盐湖、干盐湖均有分布；按成因划分，有构造湖、冰川湖、火山口湖、风蚀湖、堰塞湖、岩溶湖、风成湖、合成湖及河成湖、海成湖等；按湖水排泄条件的不同，可分为湖水通过江河排入海洋的外流湖和不能流人海洋的内陆湖，既有世界上海拔最高的湖泊(青藏高原湖泊)，也有海平面以下的湖泊(如艾丁湖)；既有众多的浅水湖，也不乏具有稳定温度层结构的深水湖；既有吞吐湖，也有闭流湖(王苏民 等,1998;马荣华 等,2011)。

8.2.1.2 湖泊分区及水资源

中国地域宽广，阶梯状大地貌特征明显，气候特点各异，自然环境区域分异鲜明，湖泊的形成、演化和资源赋存等诸方面都呈现出与自然环境相应的区域特色。马荣华等(2011)根据湖泊分布、成因、水环境、资源赋存和水文特征，结合中国西高东低的大地貌特征和南湿北干的气候条件，同时考虑便于统计的中国行政分区，把中国湖泊划分为五大湖区：①青藏高原湖区(包括青海和西藏)；②蒙新湖区或称西北干旱区湖区(包括内蒙古、新疆、甘肃、宁夏、陕西、山西)；

③云贵高原湖区(包括云南、贵州、四川、重庆);④东北平原与山地湖区(包括辽宁、吉林、黑龙江);⑤东部平原湖区(包括江西、湖南、湖北、安徽、河南、江苏、上海、山东、河北、北京、天津、浙江、台湾、香港、澳门、海南、福建、广东、广西)。青藏高原湖区和蒙新湖区基本属于内流区,在干旱半干旱气候条件下,湖泊表现为封闭的咸水湖或盐湖。云贵高原、东北平原与山地及东部平原三大湖区,地处亚洲季风气候区,属外流区;降水较丰沛,湖泊表现为外流的淡水湖。五大湖区的划分突出了中国大地貌和气候的特点,同时也反映出湖泊属性的区域特色。

据马荣华等(2011)研究结果,在五大湖区中,拥有湖泊数量和面积最多的湖区是青藏高原湖区,共 1055 个,合计面积 41831.7 km^2,分别占全国湖泊总数量和总面积的 39.2%和 51.4%,其中大于 10.0 km^2 的 389 个,合计面积 39603.7 km^2;其次是东部平原湖区,共 634 个,合计面积 21053.1 km^2,分别占全国湖泊总数量和总面积的 23.5%和 25.9%,其中大于 10.0 km^2 的 138 个,合计面积 19412.0 km^2;然后依次是蒙新高原湖区(共 514 个,合计 12589.9 km^2,其中大于 10 km^2 的 88 个,面积 11307.7 km^2、东北平原与山区湖区(共 425 个,合计 4699.7 km^2,其中大于 10 km^2 的 65 个,面积 3623.5 km^2),最少的是云贵高原湖区,仅 65 个,合计面积 1240.3 km^2,分别仅占全国湖泊总数量和总面积的 2.4%和 1.5%,其中大于 10 km^2 的 13 个,面积 1103.3 km^2。由于时间序列和统计方法的差异,上述数据与第一次全国水利普查(中华人民共和国水利部 等,2013)有一些出入。

中国湖泊总贮水量约为 7077 亿 m^3,其中淡水贮量约为 2249 亿 m^3,占我国水资源总量的 8%,可见湖泊淡水资源的弥足珍贵。中国湖泊淡水资源总量的 4/5,即 1794 亿 m^3 的贮水量分布于外流区。这是因为外流区降水丰沛,径流丰富,水系发达,是淡水湖泊的主要分布区,而且湖泊多是吞吐型,为河流水系的组成部分(王苏民 等,1998)。

外流区中以长江中下游地区湖泊的淡水资源最为丰富。区内水网交织,湖荡星罗棋布,素有“水乡泽国”之称,贮水量约 750 亿 m^3,其中面积在 100 km^2 以上的湖泊就有 29 个,面积为 15812.6 km^2,贮水量约 550 亿 m^3。仅鄱阳湖和洞庭湖等五大淡水湖多年年平均入湖径流量就达 4800 亿 m^3,相当于淮河年径流量的 18.5 倍、长江年径流量的 50%。本区湖泊换水周期短,如洞庭湖仅 18.2 d、鄱阳湖 20.9 d、太湖也只有 310.5 d。这说明入湖水量丰富,湖水更新速度快,湖水被利用后能在较短的时间内得到恢复。

云贵高原湖区亦属外流区,区内有大小湖泊 60 个,面积约 1199.4 km^2。本区湖泊面积虽小,但深度大,故淡水资源亦较丰富。全区湖泊都为淡水湖,贮水量在 291 亿 m^3 以上,其中抚仙湖为 189 亿 m^3。但本区湖泊换水周期长,滇池和洱海分别为 2.7 a 和 3.0 a,抚仙湖达 166.9 a。湖水一经大量引用,将很难得到补充和恢复。

东北地区面积大于 1.0 km^2 的淡水湖泊面积合计 2115.4 km^2,其中主要有兴凯湖、镜泊湖、月亮泡、连环泡和长白山天池等。本区湖泊上游来水量较丰富,湖泊换水周期普遍较云贵高原湖泊短,如镜泊湖为 174 d。

蒙新高原和青藏高原湖区由于地处内陆,气候干旱,降水稀少,以盐湖和咸水湖为主,淡水湖数量很少。但这些湖泊多为冰雪融水补给,水量较丰,而且湖泊面积较大,湖水较深,故淡水贮量相当可观。其中,仅玛旁雍错、鄂陵湖、扎陵湖、喀纳斯湖和贝尔湖五湖的淡水贮量就达 465 亿 m^3 以上,远远超过云贵高原或东北地区湖泊淡水资源的总贮量。但这些湖泊换水周期长,如喀纳斯湖长达 2000 d,湖水一旦被大量利用,恢复更新困难(王苏民 等,1998;刘昌明,2014;Yu et al.,2000;Yu et al.,2001)。

8.2.1.3　湖泊成因及影响

湖泊形成需要具备两个最基本的条件：一是要有一个能长期蓄水的湖盆，即四周高、中间低的洼地；二是要有充足且能源源不断补给的水源，使湖盆内能长期保有一定的水量。湖泊的形成与演化深受区域地质构造、气候条件、人类活动等多种要素与营力的影响和控制(Fang，1991)。

地质构造是湖盆形成的基础，其控制着湖泊空间分布和区域宏观特征。地质构造运动在湖泊演化中的作用是长尺度或者是千年尺度的，它控制了湖泊演化的总体格局。地质构造的升降运动决定了湖泊生长与消亡。当地壳沉降时，湖泊也就由浅水湖逐渐过渡为深水湖，由小湖扩张成湖；当构造运动由下沉转变为上升时，湖泊也相应地由深变浅，湖面萎缩和分解，乃至消亡。但是这一过程往往需要千年以上的时间才能显现出来。

与地质构造运动相比较，气候因素对湖泊演变的影响更为直接，并在较短的时段内(数十年至数百年内)使湖泊发生沧桑巨变。在气候诸要素中，降水量和温度对湖泊的影响最为显著。因为降水量和蒸发量的改变直接控制了湖泊进出水量的平衡状况，表现为湖泊水域的扩张与收缩，进而可以影响湖水的理化性质等。晚全新世以来，中国气候又向干冷方向发展，季风极峰位置南迁，南涝、北旱的大格局开始形成。由于气候干旱，降水稀少，蒸发旺盛，西部和西北部广大地区的湖泊经历着湖泊水位下降、湖面萎缩、湖体肢解、湖水咸化和干涸的演变过程。

河流河床的摆动对湖泊的形成与演变具有影响，主要表现在两个方面：一是河流河床的摆动对湖泊的形成与演变的影响；二是河流携带泥沙入湖对湖泊的影响。河流河床的摆动对湖泊的形成与演变的影响。自西向东横贯西部山区和东部平原地区的黄河和长江，由于其河床频繁的变动，对湖泊的形成与消亡有着巨大和直接的影响。湖泊中泥沙淤积的速率和数量关系到湖泊寿命的长短，而湖中的泥沙则主要来自入湖的江河。

人类活动包括拦河建坝、围湖造田、湖泊富营养化等对湖泊的演变也具有重要影响湖。湖泊资源类型的地区性差异很大，南方与北方、东部与西部、山区与平原都有所差别。于是，人类利用湖泊资源的类型和方式也不一样，从而对湖泊产生的影响也不相同。对湖泊演变过程影响较大的是中西部地区的拦河建坝、拦截入湖水量和东部外流区的围湖造田、污染湖泊与富营养化进程等(刘昌明，2014)。

8.2.1.4　典型湖泊

青海湖是中国最大的湖泊，鄱阳湖、洞庭湖是中国最大的两个淡水湖，罗布泊是近代消失的湖泊，以下分别简要介绍。

(1)青海湖

青海湖是中国最大的内陆咸水湖，是世界上海拔最高的湖泊之一。古称“西海”，又称“仙海”“鲜水海”“卑禾羌海”。北魏以后，始称青海，藏语称“库库诺尔”，意皆为蓝色或青色的湖。青海湖之名始于近代，1949 年后才普遍称青海湖。青海湖地处青藏高原东北部，位于 99°36′—100°47′E，36°32′—37°15′N，沿西西北走向，平均湖深 20 m，湖面高程为 3193.68 m(范建华 等，1992)。

①地形地貌

青海湖状似梨形，湖面海拔 3193 m，东西最长约 104 km，南北最宽约 62 km，周长约

360 km。青海湖处在高原山间盆地，四周为巍巍的高山所怀抱，南傍青海南山，东靠日月山，西临阿木尼尼库山，北依大通山，这四座大山都在海拔 3600～5000 m。青海湖的地形总体呈西北高、东南低的形势，从高山到湖面分别是极高山、高山、山前冲积平原、湖积平原。在青海湖西部和北部主要发育和分布有河漫滩、三角洲及河流堆积阶地，东北部分布有大面积沙漠化土地，湖周分布有 2～3 级的湖积阶地，这些阶地一般高出湖面 2～3 m，有的最高达 50 m，湖西北部分布着湖蚀基岩阶地。由于近代湖水下降，湖面退缩，青海湖呈现出一大多小，从青海湖出来的有尕海、夏日脑、海晏湾、洱海 4 个子湖。

②形成与演变历史

构成保护区主体的青海湖形成于距今大约 21 万 a 前，为一新构造的断陷湖，在更早 2 亿 a 前，这里属于古地中海的一部分，称为特底斯古海。青海湖形成是更新世以来最强烈的一次新构造运动的结果，即湖体洼地相对下陷、周围山体不断上升扩大的结果。成湖初期，青海湖属于外流淡水湖，湖水经东南倒淌河穿野牛山后与曲乃河相连，注入黄河。随着第四纪青藏高原的强烈隆升，青海湖地区也强烈抬升，日月山的隆起堵塞了倒淌河注入黄河的出水口，倒淌河水随之由东向西流入青海湖。湖底矿物质长期受到侵蚀，不断融入其中，因而使湖水逐步咸化，成为咸水湖。青海湖全盛时期面积为 8200 km²，北魏时青海湖的周长号称千里*，湖东西两端分别退缩了 40～60 km，南北两侧不同地段退缩 40～20 km，水位下降约 100 m。纵然如此，青海湖现今仍是中国最大的内陆咸水湖。大量的植物和水生生物为鸟类提供了食物，鸟岛成为鸟类生息繁衍的天堂(刘昌明，2014)。

③气候特征

青海湖属高原大陆性气候，光照充足，日照强烈；冬寒夏凉，暖季短暂，冷季漫长，春季多大风和沙暴；雨量偏少，雨热同季，干湿季分明。

光照：湖区全年日照时数大部分都在 3000 h 以上，较青海以东同纬度地区高出 700 h 左右；年日照百分率达 68%～69%。

气温：湖区东部和南部气温稍高，年均温在 0.3～1.1 ℃；西部和北部稍低，年均温在 −0.8～0.6 ℃，平均最高气温 6.7～8.7 ℃，平均最低气温 −6.7～−4.9 ℃，极端最高气温 25 ℃和 24.4 ℃，极端最低气温 −33.4～−31 ℃。

水分：湖区全年降水量偏少。但东部和南部稍高于北部和西部，东部全年降水量是 412.8 mm，南部是 359.4 mm，西北部 370.3 mm，西部 360.4 mm。全年蒸发量达 1502 mm，蒸发量远远超过降水量。湖区降水量季节变化大，降水多集中在 5—9 月，雨热同季。

大风和沙尘暴：湖区大风、沙尘暴日数是全省较多的地区之一。每年 2—4 月，午后至傍晚多出现大风，且盛行西北风。以刚察为例。大风(≥17 m/s)年均 47.3 d，2—4 月最多，平均 5.9～9.3 d，最多 3 月达 19 d 之多。沙尘暴多年平均为 14 d。

水温：青海湖的水温随季节而变化。夏季湖水温度有明显的正温层现象，8 月最高达 22.3 ℃，0.9 ℃，底层水温 3.3 ℃。春季解冻后，湖水表层水温又开始上升，逐渐又恢复到夏季的水温。

冰情：青海湖因含有无机盐类，湖水冻结的温度比 0 ℃稍低。每年从 11 月中旬开始，湖区气温下降到 0 ℃以下，到次年 1 月气温为最低，全湖形成稳定的冰盖，封冰期年平均为 108～

---

* 1 里＝500 米(m)。

116 d,最短为 76 d,最长 138 d。冰厚度一般为 40 cm,最大冰厚 90 cm。封冰后,冰面平坦,由于猛烈狂风,往往出现裂缝和沟隙。在冬时来观赏湖光山色,满目皆白,银光闪闪。3 月中旬,冰盖破裂,湖面出现浮冰,在风力作用下,形成巨大的冰山飘至岸边,4 月中旬后,湖内冰块完全消融。

④水文特征

青海湖水补给来源是河水,其次是湖底的泉水和降水。湖周大小河流有 70 余条,呈明显的不对称分布。湖北岸、西北岸和西南岸河流多,流域面积大,支流多;湖东南岸和南岸河流少,流域面积少。布哈河是流入湖中最大一条河,发源于祁连山支脉的阿木尼尼库山,长约 300 km,干流长 92 km,支流有几十条,较大支流有 10 多条,下游河面宽 50～100 m,深达 1～3 m。流域面积 16570 km^2,约占湖区各河流流域面积 1/2。年径流量 11.2 亿 m^3,占入湖径流量的 60%。青海湖每年获得径流补给主要是布哈河、沙柳河、乌哈阿兰河和哈尔盖河,这 4 条大河的年径流量达 16.12 亿 m^3,占入湖径流量的 86%。是鱼类洄游产卵和鸟类较集中地区。青海湖每年入湖河补给 13.35 亿 m^3,降水补给 15.57 亿 m^3,地下水补给 4.01 亿 m^3,总补给为 34.93 亿 m^3,湖区风大蒸发快,每年湖水蒸发量 39.3 亿 m^3,年均损 4.37 亿 m^3。

(2)鄱阳湖

鄱阳湖,古称彭蠡、彭泽,是中国第一大淡水湖,也是中国仅次于青海湖的第二大湖泊。地处江西省北部,长江中下游南岸,115°47′—116°45′E、28°22′—29°45′N。有 70%水域在九江市境内,有 20%水域在上饶市境内,有 10%水域在南昌市境内。

湖盆由地壳陷落、不断淤积而成。形似葫芦,南北长 110 km,东西宽 50～70 km,北部狭窄处仅 5～15 km。在平水位(14～15 m)时湖水面积为 3150 km^2,高水位(20 m)时为 4125 km^2 以上,但低水位(12 m)时仅 500 km^2。湖体通常以都昌和吴城间的松门山为界,分为南北(或东西)两湖。松门山西北为北湖,或称西鄱湖,湖面狭窄,实为一狭长通江港道,长 40 km,宽 3～5 km,最窄处约 2.8 km。松门山东南为南湖,或称东鄱湖,湖面辽阔,是湖区主体,长 133 km,最宽处达 74 km。平水位时湖面高于长江水面,湖水北泄长江。

鄱阳湖承纳赣江、抚河、信江、饶河、修河五大河流,流域面积为 16.2 万 km^2,占江西省面积 97%左右,年流入水量超过黄、淮、海三河水量的总和,最后经九江市湖口县注入长江。

①地形地貌

流域地质构造北部属于扬子准地台,中部和南部属于华南褶皱系,不同的地质构造发展演化阶段,其构造形态表现出明显的不同特征。在地槽阶段(北部晋宁期、中部和南部加里东期)以褶皱形变为主,北部地区褶皱方向为北东东到近东西向,至东部转为北东向,中部和南部地区褶皱方向为北北东到近南北向。北部地区在晚元古代晚期经晋宁运动褶皱回返转入准地台阶段,中部南部地区直到早古生代末期才经加里东运动强烈褶皱隆起作用,褶皱回返转为准地台阶段。

鄱阳湖及周边地貌类型复杂多样,由丘陵岗地、平原、水道、洲滩、岛屿、内湖、汊港组成。其地势有规律地由湖盆向湖滨、冲积平原、阶地、岗地、低丘、高丘变化,逐步过渡到低山和中低山等地。鄱阳湖流域地貌北部以平原(鄱阳湖平原)为主,南部以山区(赣南山区)为主,中部(赣中丘陵山区)为过渡区。鄱阳湖流域西部近南北向的罗霄山及其向北延伸的九岭山、幕阜山,东部近南北向的武夷山及其向北延伸的怀玉山、天目山、黄山余脉,与其间的鄱阳湖平原及以吉泰盆地为代表的众多河谷盆地形成了东西三大地貌带。鄱阳湖流域南北三大地貌区、东西三大地貌带及南高北低的地势构成了流域的宏观地貌格局。鄱阳湖流域地势周高中低，三面环山，中部渐次由丘陵、盆地相间的地形向北成为坦荡的平原，即长江流域五大平原之一的鄱阳湖平原，主要河流发源于东、南、西三面边缘山地，顺势流入鄱阳湖。流域地貌类型以丘陵山地为主，丘陵山地约占总面积的78%(其中山地占36%，高丘42%)，平原岗地约占12.1%，水面约占9.9%。除上述常见地貌类型外，还有岩溶、丹霞和冰川等特殊地貌。该地貌区地势平坦，土地肥沃，宜于农作和水产养殖，为鄱阳湖流域重要农业区，素称“鱼米之乡”。

②形成与演变历史

鄱阳湖湖盆由地壳陷落、不断淤积而成。在中生代，受造山运动的影响，这里下陷成为盆地，盆地范围广及今江西北部、湖北黄梅地区和安徽宿松、望江一带。至1万a前最近一次亚冰期结束时，断块上升的“庐山”耸峙盆地之缘，而盆地内则河道纵横，池塘密布。此后由于冰后期的海侵，整个盆地变成泱泱大湖，并成为长江的宽阔河段。三国时，彭泽分为南北两湖，长江从两湖之间的地峡上流过。后北湖演化为鄂皖交界的龙感湖、安徽境内的大官湖和泊湖。南湖则逐渐南侵，至南朝时湖水直抵新建樵舍附近，使汉初设置的鄡阳县大部分和海昏县一部分被淹没。隋朝时因湖水逼近鄱阳山(原名力士山，亦名石印山，后因地名鄱阳而称鄱阳山)。自唐初至明初，湖水逐渐北撤，明清时又南侵。此时湖形似葫芦，北段别称落星湖、左蠡湖；南段别称官亭湖、族亭湖。近代，由于淤积和围垦等原因，湖面日益缩小，到20世纪末，湖形已不像葫芦。

③气候特征

鄱阳湖属亚热带湿润季风型气候，热量丰富，雨量充沛，无霜期长，四季分明。

气温：年均气温为17.1 ℃，7月气温最高，平均为29.1 ℃，极端最高气温40.2 ℃；1月气温最低，平均4.5 ℃，极端最低气温为−9.8 ℃。气温总的趋势是南高北低，冬冷夏热。日平均气温稳定通过10 ℃的天数为237～249 d，积温为5302～5611 ℃·d，均高于同纬度的相邻气候区。

日照：日照充足，光能资源丰富。年日照时数一般为1894～2085 h，日照百分率为43%～47%，以鄱阳湖北部最高，达1900～2085 h。

辐射：太阳辐射强。以鄱阳湖湖体为中心形成一个年太阳辐射量大于4400 MJ/m^2 的高值区，是江西省乃至长江中下游地区光能资源富有区域。除7月外，其他各月均是散射辐射大于直射辐射。这是鄱阳湖大水体效应与鄱阳湖盆地效应共同作用所形成的。

风：大风多。由于庐山和湖口水道的狭管效应，老爷庙水域是长江中下游湖泊中的大风区。从湖口起沿湖东面都昌一带、西面庐山、星子、永修一带形成一个年平均风速≥3.0 m/s的大风区，最大风速为12～17 m/s，是鄱阳湖流域风能资源最丰富的区域。

降水：年降水量744.1～363.2 mm，年平均为1426.4 mm。雨量充沛，但时间分配不均匀，降水主要集中在4—6月，占全年的47.4%。11月—次年1月是少雨期，降水量仅占全年的9.9%。

蒸发：鄱阳湖水面广阔，水面蒸发大于陆地蒸发，区内自然植被又较少，风亦较大，故蒸发较强，平均年蒸发量为800～1100 mm。

水温：平均水温18.3 ℃，比平均气温偏高1.2 ℃。历年极端最低水温0 ℃，极端最高水温37.8 ℃。月平均水温以8月为最高，7月次之；以1月最低，其次是2月，年较差21.8～26.0 ℃，平均24.3 ℃。

冰情：冬季由于湖泊封闭，水深较浅，当气温降至 0 ℃以下时，容易产生冰冻。如 1953 年、1955 年、1963 年、1965 年、1972 年、1976 年、1980 年、1991 年各湖均出现过严重的冰冻，四周滩地也结了冰。1969 年曾出现长时间封冻，冰厚 10 cm 以上，造成大量珍禽死亡。

④水文特征

鄱阳湖流域径流由降水补给，五河入湖径流年内分配与降水分配一致，极度不均匀。根据实测资料统计，鄱阳湖口站多年平均流量为 4740 m^3/s，多年平均径流量 1494 亿 m^3（1951—1998 年）。鄱阳湖 5—10 月汛期径流量为 947 亿 m^3，占年径流量的 63%，其中以 6 月径流量最大，占年径流量的 16%。鄱阳湖径流来量，以赣江所占比重最大，占 40%；其次为信江，占 12%；再其次抚河，占 9%；饶河和修河所占比例较小。鄱阳湖水位的年内变化，月平均水位以 7 月最高，其次是 8 月，以 1 月最低，12 月次之。都昌站历年最高水位 21.78 m，历年最低水位 8.84 m（王苏民 等，1998；刘昌明，2014）。

(3)洞庭湖

洞庭湖，古称云梦、九江和重湖，是中国第二大淡水湖，位于湖南省北部，长江荆江河段南岸，是长江重要的调蓄湖泊。洞庭湖之名，始于春秋、战国时期，因湖中洞庭山（即今君山）而得名。洞庭湖北纳长江的松滋、太平、藕池、调弦四口来水，南和西接湘、资、沅、澧四水及汨罗江等小支流，由岳阳市城陵矶注入长江。洞庭湖区位于 111°19′—113°34′E、27°39′—29°51′N，湖泊面积 1327.8 km^2（包括漉湖与湘江洪道）。

①地形地貌

洞庭湖是燕山运动断陷所形成，第四纪至今，均处于振荡式的负向运动中，形成外围高、中部低平的碟形盆地。盆缘有桃花山、太阳山、太浮山等 500 m 左右的岛状山地突起，环湖丘陵海拔在 250 m 以下，滨湖岗地低于 120 m 者为侵蚀阶地，低于 60 m 者为基座和堆积阶地；中部由湖积、河湖冲积、河口三角洲和外湖组成的堆积平原，大多在 25～45 m，呈现水网平原景观。洞庭湖分为西、南、东洞庭湖。湖底地面自西北向东南微倾。洞庭湖呈现一派水流沼泽、河网平原地貌景观，东、南、西三面环山，北部敞口的马蹄形盆地，西北高，东南低；湖体呈近似“U”字形。

②形成与演变历史

洞庭湖属扬子准地台江南地轴上的断陷盆地，形成于燕山运动，延续至喜马拉雅运动。白垩纪为盆地发展扩大时期，第四纪以来，洞庭湖拗陷盆地在新构造运动作用下，再次全面下沉，接受沉积，成为湖南省第四纪分布最广、厚度最大、沉积层序最全的地区。其有 4 次以上凹陷成湖、凸起成陆的演化过程，相应拗陷盆地解体，形成断坳盆地。早更新世早期，在目平湖、澧县、沅江等凹陷成湖，中期湖侵扩大到汉寿、鼎城、安乡、湘阴等地，出流由安乡经澧县凹陷排入长江，末期凹陷转为缓慢上升，湖泊萎缩一部分成陆。早更新世晚期，目平湖与沅江两凹陷相连，湖盆扩大。到全新世后期，整个湖盆为河网交错的洞庭平原，当时在君山西南侧有一方圆 130 km^2 小湖。

先秦之后，云梦泽逐渐解体，江湖关系转变，直接影响到洞庭湖的演变。汉晋以来，长江流域人口逐渐增长，垦殖活动强度增大，自然植被受到破坏，长江的含沙量开始增高。唐宋时期，荆江统一河床的形成，使边界条件发生重大变化。随着荆江堤防不断修筑，江面束狭、泄洪不畅，洪水位开始抬升，江水顶托倒灌概率增大，每当大洪水通过荆江段常形成决口，“九穴十三口”形成。穴口大量分流长江洪水，使洞庭湖呈现明显扩张之势，湖盆向西、向南伸展，南连青草、西吞赤沙，水域面积扩大。形容湖水波澜壮阔的“八百里洞庭”一词便开始在这一时期的诗文典籍中出现。

宋代以后，荆江河床不断为泥沙淤积，洪水位持续抬升，使魏晋时原“湖高江低、湖水入江”的江湖关系逐渐演变为“江高湖低、江水入湖”的格局，洞庭湖水浸日益严重。元、明、清三朝，随着荆江堤防的不断修筑和穴口的时决时塞，江患加剧，荆江溃堤、湖区溃垸频繁。明嘉靖之后，采取“舍南救北”的治水方针，荆江北岸穴口尽堵，南岸保留太平、调弦二口与洞庭湖勾通。清代仍继续沿袭明朝的消极治水方针，在长江来水有增无减的情况下，一遇洪水则湖水泛滥四溢、向外扩展已成必然之势。迄至清代中期以前，洞庭湖仍继续呈扩张之势。

在19世纪初期(1825年前后)，洞庭湖仍是一个面积达6000 km^2余的浩渺大湖。但自荆江的藕池口和松滋口形成以后，原由沦口和景口二口分流转变为“四口”分流。由于“四口”自北而南奔腾而下，夺流改道，迫使湘江、资水、沅江、澧水四水改道，彻底打乱了原有的水系格局。“四水”和“四口”在湖内相互顶托、干扰，形成“八水扰洞庭”的局面，成为洞庭湖近一百多年来演变的重大转折点，亦是洞庭湖近百余年来迅速萎缩的关键所在。长江泥沙从“四口”南泻洞庭湖，由泥沙淤积而形成的三角洲不断地自西北向东南推进，加速了湖泊洲滩的发育和扩大，继之而来的是围垦的恶性膨胀，大小垸堤鳞次栉比。与此相对应，洞庭湖面积急剧萎缩，由1825年的约6000 km^2缩减至1896年的5400 km^2。20世纪50年代是洞庭湖的围垦高潮，围垦面积达1509.70 km^2，总围垦面积达2537.74 km^2，洞庭湖退化成为中国第二大淡水湖。

③气候特征

洞庭湖属亚热带季风湿润气候区，热量较丰富，雨量较充沛，雨热大部分时间同步，日照和无霜期较长，寒潮较多，大风频率高，冬季寒冷，这种气候条件有利于湿地生物多样性的形成与保存。湖区多年平均气温16.8 ℃，1月3.8～4.5 ℃，7月29 ℃左右，无霜期258～275 d。多年平均年降水量1402 mm，由外围山丘向内部平原减少。夏季降水量553 mm，占年总降水量40％左右，其中多为大雨和暴雨。

④水文特征

洞庭湖湖盆周长为803.2 km，总容积220亿 m^3，其中天然湖泊容积178亿 m^3，河道容积42亿 m^3。1998年洪水期间，城陵矶(莲花塘)实际水位35 m，洞庭湖容积则多达228.77亿 m^3，其中天然湖泊容积230亿 m^3。河道容积50亿 m^3；年均入湖径流量3018亿 m^3，是鄱阳湖的3倍、太湖的10倍。无论是调蓄面积还是调蓄水量，洞庭湖仍然为长江流域最大的调节湖泊。

洞庭湖北有分泄长江水流的松滋、太平、藕池、调弦(1958年堵口)四口；东、南、西三面有湘、资、沅、澧等水直接灌注入湖，形成不对称的向心水系，水量充沛，年径流变幅大，年内径流分配不均，汛期长而洪涝频繁。城陵矶多年平均径流量3126亿 m^3，最大年径流量(1945年)5268亿 m^3，最小年径流量(1978年)1990亿 m^3。汛期(5—10月)径流量占年均径流量的75％；其中四口1164亿 m^3，占汛期径流总量48.5％。洞庭湖水位始涨于4月，7—8月最高，11月—次年3月为枯水期。

(4)罗布泊的演化

罗布泊是中国第二大盐湖，又名罗布淖尔，古称黝泽、盐泽和蒲昌海等。罗布淖尔系蒙古语音译名，意为多水汇集之湖。罗布泊海拔780 m左右，位于塔里木盆地东部的最低处，塔克拉玛干沙漠的最东缘，地理位置88°—92°E、39.5°—41.5°N，中心位于90.3°E、40.5°N。塔里木河、孔雀河、车尔臣河、疏勒河等汇集于此，面积 2400～3000 km^2 罗布泊低地系构造陷落湖，大约形成于第四纪初期。在古代，它承纳中国最大内陆河——塔里木河的来水，还承受由疏勒河汇入的来自祁连山的部分冰雪融水，所以当时湖泊面积巨大。

中国古代典籍中早有罗布泊的记载，如《山海经》载有“不周之山，东望泑泽，河水所潜也”；《史记·大宛列传》曰，“于田之西，则水皆西流，注西海。其东，水东流注盐泽，盐泽潜行地下。其南则河源出焉，多玉石，河注中国。而楼兰、姑师邑有城郭，临盐泽”。《汉书·西域传》载有，“蒲昌海一名盐泽也，广袤三百里，其水停居，冬夏不增减”。由上可知，直到汉代，罗布泊仍然是湖水丰盈，“广袤三百里”，湖周水草茂盛，农牧业发达。当时西域地区三十六国之一的楼兰国即位于湖的西面，这里曾是丝绸之路上一个著名的贸易站。

古罗布泊诞生于第三纪末、第四纪初，距今已有 1800 万 a，面积约 2 万 km^2，在新构造运动的影响下，湖盆地自南向北倾斜抬升，被分割成几块洼地。据郦道元《水经注》记载，东汉以后，由于当时塔里木河中游的注滨河改道，导致楼兰严重缺水。尽管楼兰人为疏浚河道作出了最大限度的努力和尝试，但在此之后楼兰古城最终还是因断水而废弃了。盛极一时的丝路南道，黄沙满途，行旅裹足；烟波浩渺的罗布泊，也变成了一片干涸的盐泽。至清代末叶，罗布泊水涨时，仅有“东西长八九十里，南北宽二三里或一二里不等”，成了区区一小湖。嗣后，随着塔里木河和孔雀河水系之间关系的频繁变化，罗布泊水面时涨时缩，位置迁徙不定。据 1931 年实测，罗布泊的面积为 1900 km^2，其位置和形状与现在罗布泊高一级岸堤的范围一致。但在 1950 年苏联人泽普伦科夫考察时，仅在临近湖滨处看到一些小而浅的水塘，罗布泊已完全干涸消失，仅留下一大片盐泽。

1952 年塔里木河又重归故道，罗布泊又恢复生机。1958 年 8 月，天山诸河同时暴发特大洪水，直泻湖区，使罗布泊面积扩张。但没有维持多久，又因来水减少、气候干旱、蒸发强烈，罗布泊水量入不敷出，湖面萎缩，最终在 1964 年前后完全干涸而成为盐滩，留下了 20 多条半圆形古岸堤，酷似一个巨大的耳轮（王苏民 等，1998；刘昌明，2014）。

8.2.2　中国湿地

“湿地”，泛指暂时或长期覆盖水深不超过 2 m 的低地、土壤充水较多的草甸及低潮时水深不过 6 m 的沿海地区，包括各种咸水淡水沼泽地、湿草甸、湖泊、河流及泛洪平原、河口三角洲、泥炭地、湖海滩涂、河边洼地或漫滩、湿草原等。按《国际湿地公约》定义，湿地系指不论其为天然或人工、长久或暂时之沼泽地、湿原、泥炭地或水域地带，带有静止或流动或为淡水、半咸水或咸水水体者，包括低潮时水深不超过 6 m 的水域。湿地是地球上有着多功能的、富有生物多样性的生态系统，是人类最重要的生存环境之一。据资料统计，全世界共有自然湿地 855.8 万 km^2，占陆地面积的 6.4%。湿地是与森林、海洋组成的全球三大生态系统中最独特的生态系统，具有水陆间相互作用、生物多样性最丰富、生产力最高和生态系统服务价值最大的特点。湿地生态系统具有水文、生物地球化学和生态三大功能，在储水、水分调节、净化与过滤、保护海岸线、调节局部气候、提供动植物栖息地及维持区域生态平衡等方面具有重要作用。为保护全球湿地及湿地资源，1971 年 2 月 2 日来自 18 个国家的代表在伊朗拉姆萨尔共同签署了《关于特别是作为水禽栖息地的国际重要湿地公约》（简称《湿地公约》，又称《拉姆萨尔公约》）。目前，《湿地公约》已成为国际重要的自然保护公约之一，缔约方超过 150 个，全球有近 2000 块在生态学、植物学、动物学、湖沼学或水文学方面具有独特意义的湿地被列入国际重要湿地名录。中国自1992年加入湿地公约以来，截至2018年底，全国共认定国际重要湿地57处；截至2017年底，全国共建立湿地公园1699处，其中国家湿地公园898处，全国共建立各级湿地类型自然保护区602处。

8.2.2.1 湿地概况

国家林业局于2009—2013年组织完成了第二次全国湿地资源调查。据调查结果，全国湿地总面积5360.26万hm^2（另有水稻田面积3005.70万hm^2未计入），湿地率5.58%。其中，调查范围内湿地面积5342.06万hm^2，收集的香港、澳门和台湾湿地面积18.20万hm^2。自然湿地面积4667.47万hm^2，占87.37%；人工湿地面积674.59万hm^2，占12.63%。自然湿地中，近海与海岸湿地面积579.59万hm^2，占12.42%；河流湿地面积1055.21万hm^2，占22.61%；湖泊湿地面积859.38万hm^2，占18.41%；沼泽湿地面积2173.29万hm^2，占46.56%。

许凤娇等(2014)基于中国科学院遥感应用研究所2008年全国湿地遥感制图，对数据进行核查和验证，得出统计结果：中国湿地总面积为32.4万km^2，其中以内陆沼泽(35%)和湖泊湿地(26%)为面积最大、分布最广的2类湿地，共计占到全国湿地总面积的61%。中国湿地面积约占世界湿地的10%，位居亚洲第一位，世界第四位。

8.2.2.2 湿地类型

湿地可以分为天然湿地和人工湿地两大类。对于天然湿地，分类方法有差异。牛振国等(2009)基于1999—2002年遥感图像，将天然湿地分为滨海湿地、河流湿地、河漫滩湿地、湖泊湿地和沼泽湿地，并对湿地分布进行了相关地理特征分析。根据遥感图像解译结果，到2008年，人工湿地面积占12%，天然湿地占88%。在天然湿地中，滨海湿地、河流湿地、河漫滩湿地、湖泊湿地和沼泽湿地面积分别占湿地总面积的3%、15%、9%、26%和35%。

(1)滨海湿地。主要分布于包括台湾省在内的东部13个省(市)，共计面积为17610 km^2。滨海湿地在杭州湾以北多为沙质和淤泥质海滩，由环渤海滨海和江苏滨海湿地组成；杭州湾以南以岩石性海滩为主。同时包括了大型的河流入海的海湾和河流三角洲，如长江三角洲、杭州湾、珠江河口湾和北部湾等部分沿海湿地。

(2)内陆湿地。包括河流湿地、湖泊湿地和沼泽，制图面积为339352 km^2。东部平原区由于人为利用，在河流两侧多为堤坝，山区河流则可以分辨出河漫滩。湖泊湿地在全国各区域均有分布，天然的湖泊湿地具有自然的边界，与人工开挖的库塘等具有显著的区别。

(3)沼泽湿地。以东北三江平原、大兴安岭、小兴安岭、长白山地、四川若尔盖和青藏高原为多，各地河漫滩、湖滨、海滨一带也有沼泽发育，山区多木本沼泽，平原则草本沼泽居多。

(4)人工湿地。包括了部分完全人工开挖的水库坑塘（包括较大的渔塘）、人工河渠和城市中公园湖泊等。制图面积为2786 km^2。该面积远小于林业局调查的22850 km^2。主要原因是遥感制图中没有区分河流中拦水筑坝而成的水库和湖泊，所以这部分水库作为自然的内陆湿地被统计，而没有统计在人工湿地内。

8.2.2.3 湿地分区

湿地的地理分布主要受制于湿地形成的水热条件，也受海陆分布、地质地貌因素的影响。我国湿地的分布具有广泛性和不平衡性的特点，其广泛性表现在从寒温带到热带和从沿海到内陆都有湿地的分布；不平衡性则表现在湿地集中分布于冷湿的东北山地和三江平原以及高寒的青藏高原东部，干旱的内陆地区则很少(刘昌明，2014)。

许凤娇等(2014)研究了 2008 年全国内陆沼泽和湖泊湿地分布。参考美国水生态功能区划分区原则，根据湖沼湿地的分布特征、中国南湿北干的气候条件和西高东低的地貌特征，结合湖泊和沼泽已有分区，同时考虑便于统计的中国行政区划，提出新的湖沼湿地分区方案，把中国湖沼湿地分为六大区域，分别是东北山地与平原地区、东部平原地区、蒙新高原地区、青藏高原地区、云贵高原地区和华南沿海地区。

许凤娇等(2014)在新的分区方案基础上研究了湿地变化趋势。在 100 个抽样的全国湖沼湿地中，消失型、萎缩型和稳定萎缩型 74 个，扩张型、稳定扩张型 26 个。近 20 多年来呈不同程度的退化减少的消失型和萎缩型湖沼湿地的比例是 72%，超过总数的一半；扩张型湖沼湿地占 22%；而变化不太明显的稳定型湖沼湿地(稳定萎缩型和稳定扩张型)仅占 6%。消失型和萎缩型湖沼湿地基本全国均有分布，而扩张型湖沼湿地多集中在青藏高原地区。

8.3 中国水资源

中国的水资源有很多自身的特点。一是水资源总量大，淡水资源总量为 28000 亿 m^3，占全球水资源的 6%，仅次于巴西、俄罗斯和加拿大，名列世界第四位。二是人均水资源量少，中国的人均水资源量只有 2300 m^3，仅为世界平均水平的 1/4，是全球人均水资源最贫乏的国家之一。三是时空分布不均，受海陆分布和地形影响，中国降水量和径流量由东南沿海向内陆递减，东南沿海径流深大于 1200 mm，而西部内陆区则小于 50 mm，水资源的区域分布和人口及耕地的分布极不适应。中国的降水和地表径流时间分布也很不均匀，夏季丰水，冬季枯水，而且北方比南方年内变化大。四是用水多，中国是世界上用水量最多的国家。

8.3.1 地表水资源

地表水资源星是指由当地降水形成的河流、湖泊、冰川等地表水体中可以逐年更新的动态水量，用河川径流表示。《中国水资源及其开发利用调查评价》(水利部水利水电规划设计总院，2014)采用 1956—2000 年(45 a)同步期水文数据系列作为地表水资源数量评价的基本依据。

8.3.1.1 径流还原

气候、下垫面条件以及人类活动动等各种因素都影响着径流的形成、转化及具分布特点。随着社会的发展和水资源开发利用程度的提高，一些水文站的实测径流量已不能代表天然河川径流量，因此要对实测的径流资料进行还原。径流还原计算时段内天然径流量的计算公式为：

$$W_{天然} = W_{实测} + W_{农灌} + W_{工业} + W_{城镇生活} \pm W_{引水} \pm W_{分洪} \pm W_{库蓄}$$

式中，$W_{天然}$ 为还原后的天然径流量；$W_{实测}$ 为水文站实测径流量；$W_{农灌}$ 为农业灌溉耗损量；$W_{工业}$ 为工业用水耗损量；$W_{城镇生活}$ 生活用水耗损量；$W_{引水}$ 为跨流域(或跨区域)引水量，引出为正，引入为负；$W_{分洪}$ 为河道分洪决日水量，分出为正，分入为负；$W_{库蓄}$ 为大中型水库蓄水变量，增加为正，减少为负。

《中国水资源及其开发利用调查评价》(水利部水利水电规划设计总院，2014)根据对全国主要控制水文站径流还原的成果进行分析，全国 45 a 系列平均年还原水量约为 1600 亿 m^3，约占平均年天然径流量的 6%。在分类还原水量比例中，北方远大于南方、近期大于以前、水资源开发程度高的地区大于开发程度低的地区。就水资源一级区来看，海河区、黄河区、淮河区、辽河区还原水量占天然径流量的百分比较大，一般大于 15%；松花江区还原比例一般在 5%～15%；长江区和珠江区一般小于 5%，部分支流站在 10%～20%；东南诸河区在 5%以下；西南诸河区人类活动影响很小，一般地区未进行还原；西北诸河区一般选择出山水文观测站作为区域地表水计算的控制测站，其水量变化受取用水影响较小，还原量较小。

8.3.1.2 分区地表水资源量

《中国水资源及其开发利用调查评价》（水利部水利水电规划设计总院，2014）采用区域代表站、水文模型、水文比拟、等值线量算等方法，计算分析了全国和各水资源分区 1956—2000 年地表水资源量系列及其特征值。全国多年平均地表水资源量为 27388 亿 m^3，折合年径流深 288.1 mm。其中，山丘区多年平均地表水资源量占 92.7%，年径流深 371.4 mm；平原区占 7.3%，年径流深 74.7 mm；山丘区径流深为平原区的 5.0 倍。全国多年平均年径流系数为 0.44，南方地区多年平均年径流系数为 0.55，北方地区为 0.22，前者为后者的 2.5 倍；全国山丘区平均年径流系数为 0.48，平原区为 0.22，前者为后者的 2.2 倍。中国水资源一级区地表水资源量计算成果见表 8.15。

表 8.15 中国水资源一级区地表水资源量计算结果（资料来源：水利部水利水电规划设计总院，2014）

水资源一级区	多年平均			不同频率年地表水资源量/亿 m^3			
	年径流深/mm	地表水资源/亿 m^3	占全国比例/%	20%	50%	75%	95%
松花江区	138.6	1296	4.7	1607	1257	1016	732
辽河区	129.9	408	1.5	524	390	302	201
海河区	67.5	216	0.8	289	192	140	96
黄河区	76.4	607	2.2	710	596	516	418
淮河区	205.1	677	2.5	888	642	479	303
长江区	552.9	9856	36.0	10834	9812	9036	7996
其中：太湖流域	434.1	160	0.6	212	153	115	72
东南诸河区	1086.1	2656	9.7	2360	1953	1663	1301
珠江区	815.7	4723	17.2	5326	4667	4179	3545
西南诸河区	684.2	5775	21.1	6347	5749	5294	4684
西北诸河区	34.9	1174	4.3	1261	1166	1099	1014
北方地区	72.3	4387	16.0	4916	4345	3918	3360
南方地区	666.9	23010	84.0	24000	22272	20946	19121
全国	288.1	27388	100.0	28488	26651	25241	23284

注：不同频率年地表水资源里未包含台湾省和香港、澳门特别行政区。

中国地表水资源量 45 a 系列中，最大为 1998 年的 33741 亿 m^3，最小为 1978 年的 23005 亿 m^3。频率 20%丰水年地表水资源量为 28488 亿 m^3，相当于全闰多年平均地表水资源量的 104.0%；频率 75% 枯水年地表水资源量为 25241 亿 m^3，相当于全国多年平均的 92.2%，频率

95% 枯水年地表水资源量为 23284 亿 m^3，相当于全国多年平均的 85%。

中国各水资源一级区的地表水资源，无论是总量还是径流深，都有很大差别。长江区多年平均地表水资源量占全国地表水资源量的比例最高，为 36.0%，海河区多年平均地表水资源量仅占全国多年平均地表水资源量的 0.79%，在 10 个水资源一级区中所占比例最小。多年平均年径流深最大为东南诸河(1086.1 mm)，最小为西北诸河(34.9 mm)，前者为后者的 31.1 倍。径流系数最大的为西南诸河区(0.63)，其中雅价藏布江、藏南诸河超过 0.70；最小为海河区(0.13)。径流系数小于 0.1 的地区主要有西辽河、徒骇马颊何、黄河兰州—河口镇区间、河口镇—龙口区间、黄河内流区、内蒙古内流区、古尔班通古特荒漠区、塔里木干流区、塔里木荒漠区等。

中国省级地表水资源量计算成果见表 8.16。从表 8.16 中可以看出，多年平均地表水资源量占全国总量比例最大的为西藏自治区(16.05)，最小的为宁夏回族自治区(0.03%)；多年平均径流深最大的为台湾省(1854.3 mm)，最小的为宁夏回族自治区(18.3 mm)，前者为后者的 100 多倍。径流系数最大的为台湾省(0.74)，最小的为宁夏回族自治区(0.06)。

表 8.16　中国省级行政区地表水资源量计算结果(资料来源:水利部水利水电规划设计总院,2014)

省级行政区	多年平均			不同频率年地表水资源量/亿 m^3			
	年径流深/mm	地表水资源/亿 m^3	占全国比例/%	20%	50%	75%	95%
北京	105.1	18	0.07	26	15	9	4
天津	89.4	11	0.04	15	9	6	3
河北	64.1	120	0.44	167	110	74	39
山西	54.5	85	0.31	108	80	63	47
内蒙古	35.3	408	1.49	515	393	311	215
辽宁	207.9	303	1.11	399	286	212	132
吉林	183.7	344	1.26	429	333	267	190
黑龙江	150.8	686	2.50	866	661	523	362
上海	379.6	24	0.09	31	23	18	12
江苏	261.3	266	0.97	360	250	180	105
浙江	909.7	944	3.45	1128	926	783	605
安徽	467.4	652	2.38	823	628	497	344
福建	951.7	1180	4.31	1391	1160	995	788
江西	925.7	1546	5.64	1858	1515	1271	970
山东	125.8	197	0.72	280	176	114	55
河南	182.7	303	1.11	409	281	201	115
湖北	541.2	1006	3.67	1225	982	812	606
湖南	794.1	1682	6.14	1944	1661	1456	1194
广东	1025.0	1820	6.65	2133	1793	1549	1241
广西	799.5	1892	6.91	2187	1868	1638	1344
海南	890.0	304	1.11	374	295	240	175

续表

省级行政区	多年平均			不同频率年地表水资源量/亿 m³			
	年径流深/mm	地表水资源/亿 m³	占全国比例/%	20%	50%	75%	95%
重庆	689.0	568	2.07	652	561	496	411
四川	539.9	2615	9.55	2874	2603	2397	2121
贵州	602.8	1062	3.88	1210	1051	935	784
云南	576.7	2210	8.07	2447	2198	2010	1760
西藏	365.5	4395	16.05	4935	4362	3933	3373
陕西	192.8	396	1.45	501	378	298	212
甘肃	65.4	260	0.95	313	255	214	163
青海	85.6	611	2.23	701	604	534	443
宁夏	18.3	10	0.03	12	9	7	5
新疆	48.0	789	2.88	861	786	729	651
台湾	1854.3	668	2.44				
香港	1291.6	14.25	0.05				
澳门	1279.7	0.35	0.001				

中国南北方地区地表水资源量差异显著。南方地区多年平均年地表水资源量为 23010 亿 m³(折合年径流深 666.9 mm),占全国多年平均地表水资源量的比例达 84.0%,而其面积只占全国的 36.0%;北方地区面积占全国的 64.0%,其多年平均年地表水资源量为 4378 亿 m³(折合年径流深仅为 72.3 mm),只占全国多年平均地表水资源量的 16.0%。南方地区的年径流深为北方地区的 9.2 倍。南方山丘区、平原区径流深差异相对较小,其多年平均径流深分别为 674.7 mm 和 556.6 mm;北方山丘区、平原区径流深差别较大,山丘区径流深大多是平原区的 2～3 倍,其中西北诸河区达 16 倍之多。

中国外流区与内流区、外流区中的南方与北方地区的地表水资源状况也有很大的差别。外流区多年平均年降水深为 921.3 mm,相应降水量为 56284 亿 m³,占全国总降水量的 91.1%;径流量为 26241 亿 m³,占全国多年平均地表水资源量的 95.9%,折合径流深 429.5 mm,平均径流系数为 0.47。内流区多年平均年降水深为 161.6 mm,相应降水量为 5491 亿 m³,占全国多年平均地表水资源量的 8.9%;年径流量为 1117 亿 m³,占全国的 4.2%,折合径流深仅为 33.7 mm,平均径流系数为 0.21(水利部水利水电规划设计总院,2014)。

8.3.1.3 入国境水量和入海水量

(1)入国境水量

入国境水量是指从邻国流入中国境内的河川径流量,但不包括由国外一侧流入双方界河的水量。中国有部分河流分别从蒙古、哈萨克斯坦、吉尔吉斯斯坦、巴基斯坦、印度、越南等邻国流入中国境内,位于珠江、西北诸河、西南诸河和松花江区 4 个水资源一级区。据 1956—2000 年资料统计,全国多年平均年入国境水量为 214 亿 m³,约相当于中国自产河川径流量与入国境水量总和的 0.8%。其中珠江区多年平均年入国境水量为 91 亿 m³,占全国入国境水量的 42.3%；西北诸河区为 90 亿 m^3，占全国入国境水量的 41.9%；西南诸河区为 26 亿 m^3，占全国入国境水量的 12.3%；松花江区为 7.5 亿 m^3，占 3.5%。全国合计，各年代入境水量占中国河川径流量与入国境水量总和的比值基本稳定在 0.7%～0.8%。中国各水资源一级区不同年代平均年入国境水量见表 8.17（水利部水利水电规划设计总院，2014）。

表 8.17　中国水资源一级区不同年代平均年入国境水量表（资料来源：水利部水利水电规划设计总院，2014）

水资源一级区	多年平均入国境水量								
	1956—2000 年		1956—1979 年入境水量/亿 m^3	1956—1979 年入境水量/亿 m^3	20 世纪 50 年代入境水量/亿 m^3	20 世纪 60 年代入境水量/亿 m^3	20 世纪 70 年代入境水量/亿 m^3	20 世纪 80 年代入境水量/亿 m^3	20 世纪 80 年代入境水量/亿 m^3
	入国境水量/亿 m^3	占全国比例/%							
松花江区	7.5	2.5	7.7	7.4	12.9	7.3	6.0	6.6	8.0
珠江区	90.6	42.3	89.1	92.2	98.1	81.1	93.5	94.8	89.8
西南诸河区	26.3	12.3	26.2	26.4	24.9	25.9	27.1	25.6	27.1
西北诸河区	89.6	41.9	86.7	92.9	89.1	87.9	84.5	86.7	98.6
全国	214.0	100	209.8	218.9	255.1	202.3	211.1	213.7	223.6

(2)流出国境和流入界河水量

流出国境和流入界河水量分为在中国侧由跨界河流直接进入邻国境内的水量和流入与邻国交界的界河水量。前者主要分布在中国西北和西南等地区，后者主要分布在东北地区。全国涉及边境河流地区有西南诸河、西北诸河、珠江、辽河和松花江区 5 个水资源一级区。

东北地区的主要跨界出境河流有流入俄罗斯国境的绥芬河，国际界河主要有中俄界河额尔古纳河和黑龙江、乌苏里江，中朝界河鸭绿江和图们江。西南地区跨界出境流入印度、尼泊尔、不丹等国的主要河流有雅鲁藏布江和藏西、藏南部分河流；流入缅甸的主要河流有怒江；流入老挝的主要河流有澜沧江；流入越南的主要河流有元江、李仙江及盘龙江等。在西北地区，跨界出境流入哈萨克斯坦的主要河流有伊犁河、额尔齐斯河、额敏河等。

根据 1956—2000 年水文资料分析，全国多年平均年出国境水量约为 5975 亿 m^3，流入界河水量 1304 亿 m^3，两项合计为 7279 亿 m^3。在含有出国境河流和界河的水资源一级区中，西南诸河区出境水量最大，占全国出国境和流入界河水量合计的 78.6%，松花江区次之，占合计的 15.9%，珠江区最小，占合计的 0.4%。辽河区全部出境水量均进入界河，松花江区 98.7%的出境水量进入界河，珠江区也有 55.2%的出境水量进入界河，详见表 8.18。全国多年平均年出国境和流入界河的水量占自产径流量与入国水量总和的百分比，全国为 27.1%，西南诸河区为 98.7%，松花江区为 88.8%，辽河区为 35.1%，西北诸河区为 17.8%，珠江区为 0.63%（水利部水利水电规划设计总院，2014）。

(3)入海水量

中国东部和南部濒临海洋，外流区的河流除部分河流流经邻国出海外，大部分河流均直接流入海洋，其合计集水面积占中国外流区总面积的 70%左右。根据 1956—2000 年资料统计，全国多年平均年入海水量为 16726 亿 m^3，约相当于中国自产河川径流量与入国境水量之和的 62%。水资源一级区中，长江区入海水量最大，占全国入海水量的 55.0%，海河区入海水量最小，仅占全国入海水量的 0.6%。中国各水资源一级区 1956—2000 年平均入海水量见表 8.19。

表 8.18 1956—2000 年多年平均出国境和流入国际界河水量表

（资料来源：水利部水利水电规划设计总院，2014）

水资源一级区	出国境和流入界河水量				水资源一级区	出国境和流入界河水量			
	流出国境/亿 m³	流入界河/亿 m³	合计/亿 m³	占全国%		流出国境/亿 m³	流入界河/亿 m³	合计/亿 m³	占全国/%
松花江区	15.3	1141.5	1156.8	15.9	西南诸河区	5724.0	0.0	5724.0	78.6
辽河区	0.0	143.3	143.3	2.0	西北诸河区	221.7	2.7	224.4	3.1
珠江区	13.5	16.7	30.2	0.4	全国	5974.5	1304.2	7278.7	100

表 8.19 中国水资源一级区 1956—2000 年平均年入海水量表

（资料来源：水利部水利水电规划设计总院，2014）

水资源一级区	多年平均入海水量/亿 m³	入海水量占全国比例/%	1956—1979 年多年平均入海水量/亿 m³	1980—2000 年多年平均入海水量/亿 m³	1980—2000 年与 1956—1979 年比较/%
辽河区	190.5	1.1	204.9	174.1	—15.0
海河区	101.3	0.6	155.4	39.4	—74.7
黄河区	313.2	1.9	409.8	202.7	—50.5
淮河区	541.7	3.2	590.6	485.7	—17.8
长江区	9192.0	55.0	8831.6	9603.8	8.7
其中太湖流域	102.6	0.6	98.2	107.6	9.6
东南诸河区	1871.6	11.2	1806.9	1944.2	7.6
珠江区	4516.0	27.0	4500.8	4533.3	0.7
北方地区			1360.8	901.9	－33.7
南方地区			15139.3	16081.3	6.2
全国	16725.5	100.0	16509.1	16983.2	2.9

注：表中数据未包含台湾省和香港、澳门特别行政区。

中国入海水量分别注入东海、南海、黄海、渤海等海域，其中东海和南海是承纳中国入海水量的主要海域，占全国入海水量的 90%左右，流入黄海、渤海的入海水量所占比重较小。

比较中国水资源一级区 1980—2000 年与 1956—1979 年两个年段的平均入海水量，就中国全国而言，入海水量总体变化不大，但北方 4 个水资源一级区的入海水量都显著减少，两个年段平均值相比，平均减少了 33.7%。其中海河区入海水量减少达 79.7%，黄河区达 50.5%。

中国入海水量的变化上要受水资源量的丰枯变化和水资源开发利用程度等自然因素和人为因素的综合影响。在各水资源一级区中，海河区和黄河区由于水资源开发利用程度的提高，加剧了入海水量的年代变化，入海水量呈下降趋势。海河区 20 世纪 50 年代平均地表水资源量为 337 亿 m³，平均年入海水量为 241 亿 m³，90 年代平均地表水资源量为 190 亿 m³，入海水量只有 55 亿 m³，90 年代平均地表水资源量是 50 年代的 23%。黄河区 50 年代平均地表水资源量为 637 亿 m^3，平均年入海水量为 436 亿 m^3，90 年代平均地表水资源量为 513 亿 m^3，是 50 年代的 80.5%，而入海水量仅有 129 亿 m^3，仅为 50 年代的 29.5%(表 8.19)。淮河区和辽河区入海水量以及入海水量占平均地表水资源量的比例也总体呈下降趋势。而南方的长江区、珠江区和东南诸河区由于来水较丰且相对稳定，平均入海水量变化的趋势不明显，20 世纪 90 年代属来水偏丰期，入海水量略有增加(水利部水利水电规划设计总院，2014)。

8.3.1.4　地表水及年际和年代变化

地表水的时间变化尺度包括年内分配、年际变化和年代变化等。水资源一级区的年内分配已在主要河流中叙述，以下主要讨论年际变化和年代变化。

河川径流的年际变化主要取决于降水的年际变化，同时还受到径流的补给类型、河流大小及岩性、地貌、土壤、植被等流域下垫面条件的影响。年径流变差系数 C_v 值的大小反映径流的年际变化特性，通常 C_v 值大，表明该地区径流的年际变化大；C_v 值小则相反。北方地区 C_v 值普遍较大，辽河、海河、淮河区大部分测站的年径流变差系数 C_v 值大多在 0.5 以上，其中潮白河苏庄站、淮河中渡站达 0.59，黄河、松花江在 0.2～0.4；南方地区大部分测站的 C_v 值一般较小，长江在 0.15 左右，东南诸河、珠江在 0.2～0.3。年径流极值比 K_a(年径流量最大值与最小值之比值)的大小可反映径流的年际变化幅度，各代表站的年径流极值比 K_a 差异很大。长江以南一般在 5 倍以下，长江以北可达十几倍，全国最大的年径流极值比主要出现在半干旱、半湿润地区，如辽河的铁岭站(17.2)和淮河的中渡站(14.8)。以冰川融水补给为主的河流的 K_a 值一般较小，如新疆伊犁河等流域。

全国以及各水资源分区地表水资源的年代变化统计结果表明，不同年代全国地表水资源总量的变化不大，但各水资源一级区不同年代的地表水资源状况变化较为明显(表 8.20)，特别是北方地区的年代变化十分显著。与 1956—2000 年多年平均地表水资源量比较，松花江区 20 世纪 50 年代偏丰 23.1%，70 年代偏枯 27.0%，80—90 年代呈偏丰情势；辽河区 20 世纪 50—60 年代偏丰，90 年代偏枯；海河区 20 世纪 50 年代偏丰 55.9%，80 年代偏枯 30.8%，90 年代仍偏枯 12.2 %；黄河区 50—90 年代呈丰枯交替状况，50—60 年代和 80 年代偏丰，70 年代和 90 年代偏枯，其中 90 年代偏枯 15.6%；淮河区 50 年代偏丰 16.7%，80 年代偏枯 7.0%，90 年代仍偏枯 5.9%；西北诸河区丰枯变化在北方水资源一级区中相对平缓，各年代丰枯变化在 5%以内，50—60 年代偏丰，70—80 年代偏枯，90 年代偏丰。

南方地区地表水资源量的年代变化较北方地区低，但与 1956－2000 年多年平均地表水资源量相比，差距也较显著。长江区 20 世纪 50—70 年代均偏枯，分别比多年平均值偏枯 6.8%、2.1%和 2.9%；东南诸河区 50 年代偏丰 3.30%，50—80 年代连续偏枯，60 年代偏枯幅度最大，为 8.7%，70 年代、80 年代分别偏枯 1.7%和 0.7%，90 年代偏丰 9.0%；珠江区年代间丰枯交替出现，50 年代、60 年代偏枯 6.7%和 5.7%，70 年代偏丰 5.5%，80 年代偏枯 3.3%，90 年代又偏丰 5.6%；西南诸河区 50 年代偏枯 7.7%，60 年代偏丰 5.1%，70 年代接近多年均值，仅偏枯 0.8%，80 年代偏枯 5.1%，90 年代则偏丰 3.6%。

对比分析 45 a 系列中 1980—2000 年段和 1956—1979 年段的年平均地表水资源量可知，总体上全国地表水资源量略有增加，增加幅度约为 3%，其中南方地区地表水资源量增加了 4%，北方地区减少了 2%，而黄河区、淮河区、海河区和辽河区 4 个水资源一级区地表水资源量减少明显，4 区合计减少了近 13%，其中海河区减少幅度达 33%(水利部水利水电规划设计总院，2014)。

表 8.20　中国水资源一级区地表水资源量年代变化
(资料来源:水利部水利水电规划设计总院,2014)　　单位:亿 m^3

水资源一级区	1956—1959 年	1960—1969 年	1970—1979 年	1980—1989 年	1990—2000 年	1956—1979 年	1980—2000 年	1956—2000 年
松花江区	1595	1361	946	1410	1342	1227	1374	1296
辽河区	427	461	385	387	393	424	390	408
海河区	337	249	231	150	190	256	171	216
黄河区	637	684	585	645	513	635	576	607
淮河区	790	750	649	630	637	715	633	677
长江区	9185	9648	9572	10057	10371	9538	10219	9856
东南诸河区	2053	1815	1955	1972	2166	1913	2073	1988
珠江区	4394	4440	4965	4553	4973	4651	4773	4708
西南诸河区	5331	6068	5727	5479	5983	5803	5743	5775
西北诸河区	1201	1181	1124	1151	1224	1160	1189	1174
北方地区	4987	4686	3919	4373	4298	4417	4333	4378
南方地区	20962	21971	22220	22061	23492	21905	22809	22327
全国	25949	26657	26139	26434	22790	26322	27142	26705

注:表中数据未包含台湾省和香港、澳门特别行政区。

8.3.2　地下水资源

地下水是指赋存于地表以下岩土空隙中的饱和重力水,包括浅层地下水和深层重压水。中国水资源及其开发利用调查评价(水利部水利水电规划设计总院,2014)主要是对浅层地下水进行计算和分析。浅层地下水是指与大气降水和地表水体有汽接水力联系的潜水、岩溶水和与潜水有较密切水力联系的承压水。

8.3.2.1　分区地下水资源量

全国矿化度 $M \leqslant 2$ g/L 的浅层地下水总计算面积为 845 万 km^2,多年平均年地下水资源量为 8218 亿 m^3(包括:矿化度 $M \leqslant 1$ g/L 的地下水资源量为 7971 亿 m^3,1 g/L$<M \leqslant 2$ g/L 地区的地下水资源量为 247 亿 m^3)。中国水资源一级区多年平均年地下水资源量($M \leqslant 2$ g/L)成果见表 8.21。

全国平原区矿化度 $M \leqslant 2$ g/L、$M \leqslant 1$ g/L 和 1 g/L$<M \leqslant 2$ g/L 的地下水资源量的计算面积分别为 167 万 km^2、125 万 km^2 和 42 万 km^2,平原区矿化度 $M \leqslant 2$ g/L 地区的计算面积占全国 $M \leqslant 2$ g/L 地下水总计算面积的 19.8%。近期下垫面条件下 $M \leqslant 2$ g/L 地区的多年平均年地下水资源量为 1765 亿 m^3,其中 $M \leqslant 1$ g/L 和 1 g/L$<M \leqslant 2$ g/L 地区的多年平均年地下水资源量分别为 1462 亿 m^3 和 303 亿 m^3(分别含与山丘区地下水资源量间的重复计算量 260 亿 m^3 和58 亿 m^3)。全国平原区矿化度 $M \leqslant 2$ g/L 地区的多年平均年地下水资源量占全国多年平均年地下水总资源量的 21.5%。北方平原区矿化度 $M \leqslant 2$ g/L 地区(计算面积为 151 万 km^2)的多年平均年地下水资源量为 1383 亿 m^3(含与山丘区地卜水资源量间的重复计算量 303 亿 m^3),占全国平原区多年平均年地下水资源量的 78.4%;南方平原区矿化度 $M \leqslant 1$ g/L

地区（计算面积为 16 万 km^2）的多年平均年地下水资源量为 382 亿 m^3，占全国平原区多年平均年地下水资源量的 21.6%。

表 8.21　中国水资源一级区多年平均地下水资源量（$M \leqslant 2$ g/L）统计表
（资料来源：水利部水利水电规划设计总院，2014）

水资源一级区	计算面积/万 km^2	地下水资源量/亿 m^3	山丘区			平原区		山丘、平原重复计算量/亿 m^3
			计算面积/万 km^2	地下水资源量/亿 m^3	其中：河川基流量/亿 m^3	计算面积/万 km^2	地下水资源量/亿 m^3	
松花江区	930110	477.89	631448	250.49	232.68	298662	243.76	16.36
辽河区	309957	202.92	216441	97.61	85.70	93516	116.73	11.42
海河区	283294	234.91	170460	108.05	67.09	112834	160.35	33.49
黄河区	749620	375.87	597135	263.34	219.62	152485	154.57	42.04
淮河区	287565	396.96	130123	127.26	87.84	157442	279.89	10.19
长江区	1739517	2492.03	1619736	2255.76	2254.09	119781	247.61	11.34
东南诸河区	242760	665.65	225303	610.19	610.19	17457	56.02	0.56
珠江区	566771	1162.59	543562	1087.58	1087.58	23209	78.34	3.33
西南诸河区	844112	1439.74	844112	1439.74	1439.74	0	0	
西北诸河区	2497404	769.56	1806470	530.21	530.21	690934	427.81	188.46
北方地区	5057950	2458.11	3552077	1376.96	1376.96	1505873	1383.11	301.96
南方地区	3393160	5760.01	3232713	5393.27	5393.27	160447	381.97	15.23
全国	8451110	8218.12	6784790	6770.23	6770.23	1666320	1765.08	317.14

全国山丘区地下水计算面积为 678 万 km^2，占全国 $M \leqslant 2$ g/L 地下水计算面积的 80.2%。多年平均年地下水资源量为 6770 亿 m^3（山丘区地下水的矿化度均不大于 1 g/L），占全国多年平均年地下水总资源量的 82.4%。其中多年平均年河川基流量为 6558 亿 m^3，占山丘区多年平均年地下水资源量的 96.9%。北方山丘区地下水计算面积占全国山丘区地下水总计算面积的 52.4%，多年平均年地下水资源量占全国山丘区地下水总资源量的 20.4%；南方山丘区地下水计算面积占全国山丘区地下水总计算面积的 47.6%，多年平均年地下水资源量占全国山丘区地下水总资源量的 79.6%。

中国北方地区 $M \leqslant 2$ g/L 的地下水计算面积为 506 万 km^2（占全国地下水 $M \leqslant 2$ g/L 总计算面积的 59.9%），多年平均年地下水资源量为 2459 亿 m^3（占全国多年平均年地下水资源量的 29.9%，包括矿化度 $M \leqslant 1$ g/L 的地下水资源量 2228 亿 m^3，1 g/L$<M \leqslant 2$ g/L 的地下水资源量 231 亿 m^3）；中国南方地区 $M \leqslant 2$ g/L 的地下水计算面积为 339 万 km^2（占全国 $M \leqslant 2$ g/L 地下水计算面积的 40.1%），多年平均年地下水资源量 5760 亿 m^3（占全国多年平均年地下水资源量的 70.1%，其中矿化度 $M \leqslant 1$ g/L 的地下水资源枯为 5744 亿 m^3，l g/L$<M \leqslant 2$ g/L 的地下水资源量为 16 亿 m^3（水利部水利水电规划设计总院，2014）。

8.3.2.2 水资源转化关系

地下水与降水和地表水之间的转化关系与地下水的补给、径流和排泄条件密切相关。根据各水资源分区地下水资源量及其各项补给量、排泄量和蓄变量评价成果，中国降水、地表水和地下水有如下转化关系。

在中国地下水资源量中，扣除分区之间的重复水量，地下水资源量的95%由降水补给形成，5%山地表水体补给形成。山丘区地下水资源量全部由当地降水直接补给形成，平原区约58%的地下水资源量由当地降水直接补给形成，36%由地表水体补给形成，其余为山前侧渗。北方地区由当地降水直接补给形成的地下水量占地下水总量的77.9%，地表水体补给形成的地下水量占总量的22.1%；南方地区由降水直接补给形成的地下水量占总量的98.5%，地表水体补给形成的地下水量仅占总量的1.5%。

从地下水的排泄来看，山丘区高达96.9%的地下水通过河川基流排泄，只有1.4%通过开采和山间河谷平原的潜水蒸发排泄，另有1.7%通过山前侧向流出量排泄；平原区总排泄量中，有41.6%通过潜水蒸发排泄，21.8%通过河道排泄，34.8%通过开采排泄，1.8%通过侧向流出量排泄。

地表水与地下水之间相互转化频繁，因此地下水资源量与地表水资源量之间有相当一部分是重复计算量。在地下水资源量中，与地表水资源量不重复的部分是降水入渗补给量扣除降水入渗补给量所形成的河进排泄量。全国1980—2000年期间年均地下水资源量与地表水资源量间不重复计算水量为1027亿 m^3，约占同期全国地下水资源量的12.5%，其中北方地区不重复计算水量为889亿 m^3，相当于北方地区地下水资源量的36.2%，占北方地区同期水资源总量的16.9%；南方地区不重复计算水量为135亿 m^3，相当于南方地下水资源量的2.3%，占南方地区同期水资源总量的0.6%。

山丘区地下水资源量绝大部分是与地表水资源量的重复计算水量，平原区地下水资源量中则有相当大部分的水量是与地表水资源之间的不重复计算水量。1980—2000年期间平原区年均地下水资源量与地表水资源量不重复计算水量为804亿 m^3，约占平原区地下水资源量的45.6%，其中北方平原区不重复计算水量为675亿 m^3，相当于北方平原区地下水资源量的48.8%；南方平原区不重复计算水量为129亿 m^3，相当于南方平原区地下水资源量的33.8%（水利部水利水电规划设计总院，2014）。

8.3.2.3 地下水可开采量

地下水可开采量是指在可预见期内，通过经济合理、技术可行的措施，在基本不引起生态环境恶化的条件下，允许以凿井形式从地下含水层中获取的最大水量。地下水可开采量为动态数据，随下垫面及开发利用水平而变化。《中国水资源及其开发利用调查评价》（水利部水利水电规划设计总院，2014）重点评价了近期下垫面条件下平原区矿化度不大于2 g/L的浅层地下水多年平均年可开采量。

据估算，全国平原区多年平均年浅层地下水可开采量为1235亿 m^3，约占全国平原区地下水总补给量的68%。其中，矿化度不大于1 g/L区域的地下水可开采量为1037亿 m^3，矿化度为1～2 g/L区域的可开采量为198亿 m^3。中国水资源一级区平原区浅层地下水开采量见表8.22。

表 8.22 中国水资源一级区平原区多年平均年地下水可开采量($M\leqslant 2$ g/L)统计表(资料来源:水利部水利水电规划设计总院,2014)

水资源一级区	计算面积/km^2	地下水补给量/亿 m^3	可开采量/亿 m^3	可开采量模数/万 m^3/km^2
松花江区	298662	256.30	203.88	6.8
辽河区	93516	125.60	94.82	10.1
海河区	112834	173.73	152.03	13.5
黄河区	152485	161.94	119.39	7.8
淮河区	157442	288.80	198.64	12.6
长江区	119781	248.00	150.42	12.6
东南诸河区	17457	56.02	42.01	24.1
珠江区	23210	78.34	47.01	20.3
西北诸河区	690147	436.79	222.16	3.2
北方地区	1505086	1443.16	990.93	6.6
南方地区	160448	382.36	239.44	14.9
全国	1665534	1825.52	1230.37	7.4

北方平原区近期下垫面条件下,矿化度 $M\leqslant 2$ g/L、$M\leqslant 1$ g/L 和 1 g/L$<M\leqslant 2$ g/L 地区的多年平均年地下水可开采量分别为 991 亿 m^3、807 亿 m^3 和 188 亿 m^3,分别占北方平原区相应地区地下水总补给量的 69%、70%和 63%和地下水资源量的 72%、74%和 65%,分别占全国相应矿化度分区地下水可开采量的 81%、78%和 95%。

黄淮海平原年均地下水可开采量模数大于 10 万 m^3/km^2,燕山前的北京市北部、河北省唐山市北部,太行山前石家庄市和保定市西部,年均地下水可开采量模数大于 20 万 m^3/km^2,局部大于 30 万 m^3/km^2;河北省黑龙港地区年均地下水可开采量模数小于 5 万 m^3/km^2。松辽平原和穆棱兴凯平原年均地下水可开采量模数接近 10 万 m^3/km^2,其中松花江下游及穆棱河河谷地带、下辽河平原及辽东沿海平原年均地下水可开采量模数大于 20 万 m^3/km^2,太子河两岸大于 30 万 m^3/km^2;松嫩平原西北部及西辽河平原等地年均地下水可开采量模数小于 5 万 m^3/km^2。西北内陆盆地平原区,除灌区的河渠两岸年均地下水可开采量模数大于 20 m^3/km^2 外,大都在 5 万 m^3/km^2 左右,其中靠近荒漠区的平原区年均地下水可开采量模数都在 2 万 m^3/km^2 以下。各山间平原年均地下水可开采量模数变化较大,银川平原、伊洛河河谷平原年均地下水可开采量模数都接近 30 万 m^3/km^2,大汶河河谷平原、仁默川平原、关中平原和太原盆地平原年均地下水可开采量模数在 15 万 m^3/km^2 左右,其余山间平原区大多在 5 万～10 万 m^3/km^2,其中青海省东共和盆地平原和新疆维吾尔自治区额尔齐斯河河谷平原的年均地下水可开采量模数小于 5 万 m^3/km^2。

南方平原区估算的近期下垫面条件下矿化度 $M\leqslant 2$ g/L、$M\leqslant 1$ g/L 和 lg/L$<M\leqslant 2$ g/L%地区的多年平均年地下水可开采量分别为 240 亿 m^3、230 亿 m^3 和 10 亿 m^3,分别占南方平原区相应地区地下水总补给量或地下水资源量的 63%、64%和 60%,分别占全国平原区相应矿化度地区地下水可开采量的 19%、22%和 5%。在南方平原区,台湾省沿海平原区,年均地下水可开采量模数为 31 万 m^3/km^2,相当于该地区年均地下水总补给量模数或地下水资源

量模数的 81%;南襄盆地平原区的河南省部分,年均地下水可开采量模数为 13 万 m^3/km^2,相当于该地区年均总补给量模数的 76%,相当于该地区年均地下水资源量模数的 70%;其余各平原区,年均地下水可开采量模数均是相应地区年均地下水总补给量模数或地下水资源量模数的 60%(水利部水利水电规划设计总院,2014)。

8.3.3 水资源总量

水资源总量为当地降水形成的地表和地下产水量。水资源总量由两部分形成,第一部分为河川径流量,即地表水资源量;第二部分为降雨入渗补给地下水而未通过河川基流排泄的水量,即地下水资源量和地表水资源量计算之间的不重复量(刘昌明,2014)。水资源总量可采用下式计算:

$$W = R_s + P_r - R_g$$

式中,W 为水资源总量;R_s为地表径流量;P_r为降水入渗补给量(山丘区用地下水总排泄量代替);R_g为河川基流量(平原区为降水入渗补给量形成的河道排泄量)(李原园 等,2014)。

8.3.3.1 分区水资源量

1956—2000 年 45 a 系列,中国全国多年平均年地表水资源量为 27388 亿 m^3,地下水与地表水资源不重复计算水量为 1024 亿 m^3,全国水资源总量为 28412 亿 m^3,其中北方地区多年平均年水资源总量为 5267 亿 m^3 占全国的 18.5%,南方地区多年平均年水资源总量为 23145 亿 m^3,占全国的 81.5%。

在全国水资源总量中,山丘区水资源总量为 25578 亿 m^3,约占全国的 90%,平原区水资总量为 2834 亿 m^3,约占全国的10%,山丘区为平原区的 9 倍。中国水资源一级区多年平均年水资源量见表 8.23,中国省级行政区多年平均年水资源量见表 8.24。

表 8.23 中国水资源一级区多年平均年水资源量统计表

(资料来源:水利部水利水电规划设计总院,2014)

水资源一级区	计算面积/km^2	降水量/亿 m^3	地表水资源量/亿 m^3	地下水资源量/亿 m^3	不重复计算水量/亿 m^3	水资源总量/亿 m^3	产水系数	产水模数/(万 m^3/km^2)
松花江区	934802	4719	1296	478	196	1492	0.32	15.96
辽河区	314146	1713	408	203	90	498	0.29	15.86
海河区	320041	1712	216	235	154	370	0.22	11.57
黄河区	795043	3544	607	376	113	719	0.20	9.04
淮河区	330009	2767	677	397	234	911	0.33	27.62
长江区	1782715	19370	9856	2492	102	9958	0.51	55.86
其中太湖流域	36895	434	160	53	16	176	0.41	47.69
东南诸河区	244574	4372	2656	666	19	2675	0.61	109.37
珠江区	578974	8973	4723	1163	14	4737	0.53	81.82
西南诸河区	844114	9186	5775	1440	0	5775	0.63	68.42
西北诸河区	3362261	5421	1174	770	102	1276	0.24	3.79
北方地区	6056302	19875	4378	2458	889	5267	0.27	8.70
南方地区	3450377	41900	23010	5760	135	23145	0.55	67.08
全国	9506669	61775	27388	8218	1024	28412	0.46	29.89

就全国水资源总量而言，由于不同区域不同年份的丰枯组合，水资源总量年际变化幅度不大，不同频率的水资源总量差别也不大，20%频率的水资源总量为 29342 亿 m^3，为多年平均值的 105.9%；75%频率的水资源总量为 26392 亿 m^3，为多年平均值的 95.2%；95%频率的水资源总量为 24599 亿 m^3，为多年平均值的 88.7%。流域和区域尺度不同来水频率的水资源量差异较大，而北方地区不同来水频率的水量差异较南方地区更为显著，北方各水资源一级区 20%频率的水资源总量为多年平均值的 107.5%～127.7%，75%频率的水资源总量为多年平均值的 73.4%～93.8%，95%频率的水资源总量为多年平均值的 50.3%～85.6%；南方各水资源一级区 20%频率的水资源总量为多年平均值的 109.9%～118.7%，75%频率的水资源总量为多年平均值的 83.7%～91.7%；95%频率的水资源总量为多年平均值的 65.5%～81.1%。以省级行政区为单元，天津、山东、江苏、河北、北京、辽宁、河南的丰枯变化最大，75%频率的水资源总量为多年平均值的 61.8%～73.1%，95%频率的水资源总量仅为多年平均值的 32.2%～52.0%（水利部水利水电规划设计总院，2014）。

表 8.24　中国省级行政区多年平均年水资源量统计表（资料来源：水利部水利水电规划设计总院，2014）

省级行政区	降水量/亿 m^3	地表水资源量/亿 m^3	地下水资源量/亿 m^3	不重复计算水量/亿 m^3	水资源总量/m^3	产水系数	产水模数/（万 m^3/km^2）
北京	98	18	26	20	37	0.38	22.21
天津	69	11	6	5	16	0.23	13.17
河北	998	120	122	84	205	0.21	10.91
山西	795	85	81	37	122	0.15	7.81
内蒙古	3263	408	232	139	547	0.17	4.32
辽宁	987	303	125	39	342	0.35	23.49
吉林	1145	344	123	55	399	0.35	21.29
黑龙江	2426	686	287	124	810	0.33	17.82
上海	69	24	11	4	28	0.40	43.45
江苏	1014	266	112	58	324	0.32	31.77
浙江	1664	944	221	11	955	0.57	92.07
安徽	1636	652	191	64	716	0.44	51.34
福建	2079	1180	343	1	1182	0.57	95.27
江西	2735	1546	380	19	1565	0.57	93.74
山东	1064	197	165	105	302	0.28	19.25
河南	1278	303	197	101	403	0.32	24.37
湖北	2194	1006	289	30	1036	0.47	55.71
湖南	3072	1682	392	7	1689	0.55	79.73
广东	3144	1820	450	10	1830	0.58	103.05
广西	3637	1892	457	1	1893	0.52	80.00
海南	597	304	80	4	307	0.51	90.04

续表

省级行政区	降水量/亿 m^3	地表水资源量/亿 m^3	地下水资源量/亿 m^3	不重复计算水量/亿 m^3	水资源总量/m^3	产水系数	产水模数/(万 m^3/km^2)
重庆	976	568	105	0	568	0.58	68.90
四川	4740	2615	616	1	2616	0.55	54.01
贵州	2076	1062	260	0	1062	0.51	60.28
云南	4900	2210	767	0	2210	0.45	57.67
西藏	6876	4395	972	0	4395	0.64	36.55
陕西	1349	396	131	27	423	0.31	20.59
甘肃	1179	260	123	7	267	0.22	6.72
青海	2077	611	282	18	629	0.30	8.80
宁夏	149	10	18	1	11	0.07	2.10
新疆	2541	789	503	43	832	0.33	5.06
台湾	906	668	149	11	679	0.75	188.47
香港	24.2	14.25	3.12	0	14.25	0.59	128.74
澳门	0.55	0.35	0.07	0	0.35	0.64	129.63

8.3.3.2　水资源总量的构成

地表水和地下水之间既相互联系又相互转化，河川径流量中包括一部分地下水排泄量，地下水中也包括一部分地表水体的入渗补给量。在全国水资源总量中，地表水资源为 27388 亿 m^3，地表水资源量占水资源总量的 96.4%，地下水资源量为 8218 亿 m^3，占水资源总量的 28.9%。其中地下水资源量与地表水资源量的不重复计算水量为 1024 亿 m^3，占水资源总量的 3.6%。北方地区由于地下水开发利用程度普遍较高，地下水开发夺取的潜水蒸发和河川基流量大，因此地下水与地表水资源的不重复计算水量较大，为 889 亿 m^3，占全国总量的 86.8%；南方地区为 135 亿 m^3，占全国的 13.2%（水利部水利水电规划设计总院，2014）。

8.3.3.3　水资源总量的地区分布

中国水资源总量的地区分布为南方多、北方少，山区多、平原少。全国多年平均产水系数为 0.46，其中北方地区多年平均产水系数为 0.27，南方地区多年平均产水系数为 0.55，南方地区是北方地区的两倍多。多年平均产水系数最大的为西南诸河区(0.63)，最小的为黄河区(0.20)。全国多年平均产水模数为 29.89 万 m^3/km^2，其中山丘区多年平均产水模数为 37.44 万 m^3/km^2，平原区为 10.60 万 m^3/km^2，山丘区为平原区的 3.5 倍。北方地区多年平均产水模数为 8.70 万 m^3/km^2，南方地区多年平均产水模数为 67.08 万 m^3/km^2，南方为北方的 7 倍多。各水资源一级区比较，多年平均产水模数最大的为东南诸河区(109.37 万 m^3/km^2)，最小的为西北诸河区(3.79 万 m^3/km^2)。水资源一级区山丘区产水模数仍以东南诸河区(113.56 万 m^3/km^2)为最大，水资源一级区平原区产水模数则以珠江区(83.04 万 m^3/km^2)为最大。除珠江和海河区外，其余水资源一级区山丘区产水模数均大于其平原区产水模数，其中西北诸河区山丘区产水模数(6.3 万 m^3/km^2)是其平原区产水模数(0.7 万 m^3/km^2)的 9 倍，是山丘区与平原区产水模数相差倍数最大的水资源一级区（西南诸河区无平原区）。

在省级行政区中，台湾、香港、澳门、广东、福建、江西、浙江、海南等省（特别行政区）多年平均产水模数最大，在 90 万 m^3/km^2，为全国平均的 3 倍多；宁夏、内蒙古、新疆、甘肃、山西、青海等省（自治区）多年平均产水模数最小，在 10 万 m^3/km^2 以下，不足全国平均的 1/3（水利部水利水电规划设计总院，2014）。

8.3.3.4　水资源总量变化趋势

水资源总量由地表水资源和地下水与地表水资源不重复计算水量两部分组成，其年际变化大体与降水一致，但较降水的年际变化大。根据对各分区水资源总量系列特征值的统计分析，北方地区水资源总量变差系数 C_v 普遍较大，辽河、海河、淮河区的 C_v 值大多在 0.3 以上。各水资源一级区 C_v 值的变化差异更大，辽河区西辽河、鸭绿江为 0.30 左右，海河区海河北系为 0.34，淮河区沂沭泗河和淮河中游为 0.3～0.4，辽河区浑太河和东辽河为 0.47，淮河区山东半岛沿海诸河、淮河干流下游则在 0.5 以上，海河区徒骇马颊河高达 0.60。水资源总量变差系数 C_v 值反映水资源量总体系列离散程度，C_v 值越大，水资源总量的年际变化越大。

水资源总量的极值比 K_a（年水资源总址最大值与最小值之比值）各地差异较大，南方地区一般为 1.7～2.5，北方地区除西北诸河区因受冰川径流补给极值比较小外，一般为 2.7～4.2。在水资源二级区中，全国最大的年水资源总量极值比主要出现在辽河区、海河区、淮河区等半干旱、半湿润地区，如辽河区东辽河、海河区徒骇马颊河、淮河区山东半岛沿海诸河及淮河上游和下游极值比均超过 8.0。就水资源总量的丰枯变化而言，南方地区的丰枯变化显著程度较北方低，北方地区变化显著且连丰、连枯特征表现更为明显。平原地区的丰枯变化较山丘地区更为激烈，如海河区漳卫河、子牙河平原区 C_v 值分别为 0.67 和 0.64，而山丘区则分别为 0.34 和 0.39，前者为后者的 1.5～2.0 倍。

从水资源总量不同年代的变化来看（表 8.25），全国 20 世纪各年代平均水资源总量与多年平均值相比变化不大，90 年代略偏多，但南北方差异显著。北方地区 60 年代偏丰；松花江区 70 年代、海河区 80 年代和黄河区 90 年代均较多年平均偏枯，且偏枯程度较为严重，其水资源总量与多年平均值相比分别偏少 24.6%、23.0%和 13.0%；海河区和淮河区从 50 年代的偏丰持续向 80 年代的偏枯状态发展，至 80 年代达到最枯状态，90 年代虽略有回升，但仍小于多年平均值。南方地区大体为 50—60 年代偏枯，90 年代偏丰，丰枯变化幅度小于北方地区（水利部水利水电规划设计总院，2014）。

表 8.25　中国水资源一级区水资源总量年代变化

（资料来源：水利部水利水电规划设计总院，2014）　**单位：亿 m^3**

水资源一级区	20 世纪不同年代水资源总量					各年段水资源总量平均值		
	1956—1959 年	1960—1969 年	1970—1979 年	1980—1989 年	1990—2000 年	1956—2000 年	1956—1979 年	1980—2000 年
松花江区	1811	1558	1125	1611	1541	1492	1420	1575
辽河区	526	550	473	476	484	498	514	480
海河区	508	409	390	285	345	370	417	317
黄河区	757	798	696	752	626	719	749	686
淮河区	1039	988	885	849	877	911	953	864

续表

水资源一级区	20世纪不同年代水资源总量					各年段水资源总量平均值		
	1956—1959年	1960—1969年	1970—1979年	1980—1989年	1990—2000年	1956—2000年	1956—1979年	1980—2000年
长江区	9286	9750	9674	10159	10474	9958	9640	10322
其中太湖流域	197	151	145	192	210	176	156	200
东南诸河区	2060	1822	1963	1980	2173	1995	1921	2081
珠江区	4408	4455	4980	4568	4987	4723	4666	4787
西南诸河区	5331	6068	5728	5479	5983	5775	5803	5743
西北诸河区	1309	1281	1226	1251	1327	1276	1263	1291
北方地区	5950	5583	4794	5224	5200	5267	5315	5212
南方地区	21085	22095	22344	22186	23617	22451	22030	22933
全国	27035	27678	27138	27410	28817	27718	27345	28145

注：表中数据未包含台湾省和香港、澳门特别行政区。

8.3.3.5 水资源可利用总量

由于地下水资源的很大部分是通过河川基流的形式排泄，同时地下水的一部分也是由地表水资源补给转化而成，在地表水资源可利用量计算中已将该部分水量计入。因此，一个流域的水资源可利用总量，由地表水资源可利用量与平原区浅层地下水可开采量相加，再扣除地表水资源可利用量与平原区浅层地下可开采量之间的重复计算水量求得。水资源可利用量是一个流域和区域可利用的重复最大水量，该指标用以控制流域水资源开发利用的总体程度，协调流域生态环境和经济社会活动用水之间的关系。

在全国水资源总量中，水资源可利用总量约为 8140 亿 m^3，水资源可利用率（水资源可利用总量与水资源总量的比值）为 29%。在全国水资源总量中，剩余的 71%为河道和地下水生态环境系统的总用水量。在全国水资源可利用总量中，地表水资源可利用量约为 7524 亿 m^3，占可利用总量的 92%，不重复的地下水量约占 8%。

由于不同地区水资源条件和生态环境状况有很大差异，河道和地下水及其生态环境保护的要求与标准不同，水资源可开发利用条件差别也很大，所以水资源可利用率有明显的差异。总体上，水资源可利用率北方地区高于南方地区，开发利用程度高或开发条件好的河流（区域）高于开发利用程度低或开发条件差的地区，大江大河高于中小河流，生态环境脆弱地区低于一般地区。

北方松花江区、辽河区、海河区、黄河区和淮河区汤 5 个水资源一级区水资源可利用率为 51%，剩余的 49%为河道和地下水生态环境系统的总用水量。在北方 5 区水资源可利用总量中，地表水资源可利用量占水资源可利用总量的 72%，西北诸河区水资源总量中，61%的水量为河道和地下水系统生态环境用水量，水资源可利用率为 39%，其中地表水资源可利用量占 89%。南力地区地表水资源与水资源总量相差不大，因此，以其地表水资源可利用量作为水资源可利用总量，水资源可利用率为 25%，河道内剩余水量占其水资源总量的 75%。各水资源一级区水资源可利用总量见表 8.26（水利部水利水电规划设计总院，2014）。

表 8.26　中国水资源一级区水资源可利用总量估算表(资料来源:水利部水利水电规划设计总院,2014)

水资源一级区	地表水资源量/亿 m^3	水资源总量/亿 m^3	地表水资源可利用量/亿 m^3	地表水资源可利用率/%	水资源可利用总量/亿 m^3	水资源可利用率/%	2002 年	
							不重复供水量/亿 m^3	不重复供水量可利用量/%
松花江区	1296	1492	542	41.8	660	44.3	280	42.4
辽河区	408	498	184	45.0	240	48.1	154	64.2
海河区	216	370	110	50.9	237	64.1	273	115.2
黄河区	607	719	315	51.9	396	55.1	419	105.8
淮河区	677	911	330	48.8	512	56.2	369	72.1
长江区	9856	9958	2827	28.7	2827	28.4	1174	41.5
东南诸河区	1988	1995	560	28.2	560	28.1	212	37.9
珠江区	4708	4723	1235	26.2	1235	26.1	479	38.8
西南诸河区	5775	5775	978	16.9	978	16.9	54	5.5
西北诸河区	1174	1276	443	37.7	495	38.8	446	90.1
北方地区	4378	5267	1924	43.9	2540	48.2	1941	76.4
南方地区	22327	22451	5600	25.1	5600	24.9	1919	34.3
全国	26705	27718	7524	28.2	8140	29.4	3860	47.4

注:1. 全国及东南诸河和珠江区中均未包含台湾省和香港、澳门特别行政区。

2. 不重复供水量为当地供水量(当地地表水供水量、向外流域调出水量、浅层地下水开采量之和)中扣除回归河道可重复利用的水量后,其余不重复供河道外利用的水量。

8.4　中国水质

8.4.1　地表水水质

地表水水质是指地表水体的物理、化学及生物学的特征和性质。为全面了解全国地表水水质时空分布特征及其变化规律,《中国水资源及其开发利用调查评价》(水利部水利水电规划设计总院,2014)选取测站 2442 个(平均密度为 2～3 个/万 km^2)从地表水化学特征、江河湖库现状水质、水质变化趋势、底质污染、集中式饮用水水源地水质以及供水水质等方面系统评价和分析了中国地表水的水质状况,以下主要介绍地表水化学特征、江河湖库现状水质和水质变化趋势。

8.4.1.1　地表水化学特征

地表水化学特征包括矿化度、总硬度和水化学类型,以下分别介绍。

(1)地表水矿化度

矿化度指水体中所含各种盐分的总量。根据矿化度的大小,可将水体分为 5 个级别:1 级(极低矿化度)为盐分总量＜100 mg/L;2 级(低矿化度)盐分总量 100～300 mg/L;3 级(中等矿化度)为盐分总量 300～500 mg/L;4 级(较高矿化度)为盐分总量 500～1000 mg/L;5 级(高矿化度)为盐分总量＞1000 mg/L。

中国大部分地区地表水矿化度基本符合生活、农业及工业用水的要求。全国地表水矿化度变幅为11.1～101000.0 mg/L,极低矿化度、低矿化度、中等矿化度分布面积分别占全国面积的7.8%、39.0%和21.6%,较高矿化度和高矿化度分布面积分别占18.6%和13.0%。

受降水和地理地质特征等因素影响,中国地表水矿化度呈现由东南向西北逐渐升高的地带规律。全国极低矿化度的地表水主要分布在浙江、福建、台湾,广东大部分地区,江西与湖南山区以及西南诸河区的伊洛瓦底江,与降水量1600 mm以上的十分湿润带基本重叠。全国地表水矿化度最低值为11.1 mg/L,出现在西南诸河区伊洛瓦底江流域的青海站,次低值出现在珠江区东江秋香江口以上韶关的白水礤水库,为13.2 mg/L。全国低矿化度地表水主要分布在3个区域:降水量800～1600 mm的湿润带地区、松花江区400～800 mm的半湿润带和藏西及藏南诸河等地区。全国中等矿化度地表水分布区域大致沿400 mm降水等值线横贯全国东西。较高矿化度地表水由西向东依次贯穿羌塘高原、柴达木盆地、河西走廊、黄土高原南部和内蒙古高原东北部。高矿化度地表水主要分布在内陆河流域的柴达木盆地中部、塔里木盆地、准噶尔盆地、内蒙古高原北部以及黄河中游的黄土高原局部地区。全国矿化度最高值出现在新疆的艾比湖,艾比湖8个测站的监测值中,矿化度最高值达101000 mg/L,平均值为92138 mg/L(水利部水利水电规划设计总院,2014)。水资源一级区地表水矿化度占其区域面积百分比的状况见表8.27。

表8.27　中国水资源一级区地表水矿化度占其区域面积百分比的状况统计表

(资料来源:水利部水利水电规划设计总院,2014)

%

水资源一级区	一级最低矿化度	二级矿化度	三级中等矿化度	四级较高矿化度	五级高矿化度	中等矿化度及以下	较高矿化度及以下
松花江区	4.5	74.4	17.9	3.2	0.0	96.8	3.2
辽河区	0.0	21.4	70.8	7.8	0.0	92.2	7.8
海河区	0.0	30.5	37.5	28.7	3.3	68.0	32.0
黄河区	0.0	10.4	41.9	27.4	20.3	52.3	47.7
淮河区	6.6	46.2	30.0	16.2	1.0	82.8	17.2
长江区	10.3	69.9	13.1	4.2	2.5	93.3	6.7
其中太湖流域	4.5	58.2	21.3	16.0	0.0	84.0	16.0
东南诸河区	67.2	32.8	0.0	0.0	0.0	100.0	0.0
珠江区	42.3	53.4	4.3	0.0	0.0	100.0	0.0
西南诸河区	4.6	77.7	13.9	3.8	0.0	96.2	3.8
西北诸河区	1.2	9.0	21.9	37.4	30.5	32.1	67.9
全国	7.8	39.0	21.6	18.6	13.0	68.4	31.6

(2)地表水的总硬度

水的硬度包括碱金属以外的所有金属离子。除钙、镁离子外,其他金属如铁、铝、锰、锶等离子都构成水体的硬度。各种硬度之和称为总硬度。但由于水体内铁、铝、锰、锶等含量极少,因此,一般淡水的硬度主要要由钙、镁离子含量决定。通常将地表水中的钙、镁离子含量换算

为与其相对应的 $CaCO_3$ 量，用以表示地表水总硬度。地表水总硬度也分为 5 级，其分级评价标准为：1 级（极软水）$CaCO_3$ 量＜55 mg/L；2 级（软水）$CaCO_3$ 量 55～150 mg/L；3 级（适度硬水）$CaCO_3$ 量 150～300 mg/L；4 级（硬水）$CaCO_3$ 量 300～450 mg/L；5 级（极硬水）$CaCO_3$ 量＞450 mg/L。

全国地表水总硬度分布受降水空间分布规律影响，与矿化度的地带分布规律基本一致，各水资源一级区地表水总硬度分布规律也与矿化度的分布规律基本相似。全国地表水总硬度为 4.5～15614 mg/L。东南诸河区地表水总硬度最小，西北诸河区及黄河中游局部地区的总硬度最大。全国地表水总硬度为 300 mg/L 以下的分布面积占全国评价面积的 75.5%。因此，中国大部分地区水体总硬度不高，适合生活用水和工农业用水的要求。总硬度为 300～450 mg/L 的硬水分布面积占全国评价面积的 11.3%，主要位于羌塘高原。总硬度大于 450 mg/L 的极硬水分布面积占全国评价面积的 13.2%，主要分布在西北诸河区三大盆地及黄河中游陕甘宁交界处。全国地表水总硬度最低值与矿化度最低值均出现在同一区域，即西南诸河区伊洛瓦底江流域的青海站，总硬度监测值为 4.45 mg/L。全国地表水总硬度最高值与矿化度最高值也出现在同一区域，即新疆博尔塔拉蒙古自治州的艾比湖，总硬度最大监测值为 15614 mg/L，艾比湖 8 个测站的平均监测值为 14963 mg/L（水利部水利水电规划设计总院，2014）。水资源一级区地表水总硬度占其区域百分比状况见表 8.28。

表 8.28　中国水资源一级区地表水总硬度占其区域面积百分比的状况统计表

（资料来源：水利部水利水电规划设计总院，2014）　%

水资源一级区	一级极软水	二级软水	三级适度硬水	四级硬水	五级极硬水	适度硬水及以下	极软水与软水
松花江区	50.6	38.5	10.9	0.0	0.0	100.0	0.0
辽河区	5.0	21.1	73.9	0.0	0.0	100.0	0.0
海河区	0.0	13.8	81.1	1.7	3.4	94.9	5.1
黄河区	0.0	6.3	62.9	14.9	15.9	69.2	30.8
淮河区	1.5	54.3	44.2	0.0	0.0	100.0	0.0
长江区	11.1	54.3	29.8	2.1	2.7	95.2	4.8
其中太湖流域	19.4	62.5	18.1	0.0	0.0	100.0	0.0
东南诸河区	92.0	8.0	0.0	0.0	0.0	100.0	0.0
珠江区	36.9	40.6	22.5	0.0	0.0	100.0	0.0
西南诸河区	1.6	62.3	34.4	1.7	0.0	98.3	1.7
西北诸河区	1.1	10.1	29.8	27.0	32.0	41.0	59.0
全国	12.5	29.5	33.5	11.3	13.2	75.5	24.5

（3）地表水的化学类型

水化学类型反映地表水化学的组成，是研究地表水化学特征及分布规律的综合指标之一。中国地表水化学类型主要有重碳酸钙、重碳酸钠、硫酸钙、硫酸钠、氯化钠 5 种。

中国地表水以重碳酸盐类水分布最广，其分布面积约占全国评价面积的 78%。陕甘宁等黄土高原、海河平原盐渍土地区、沿海非石质性海岸段河水以及局部受盐湖影响的河流，大多数为氯化物或硫酸盐类水，分布面积分别占全国面积的 17.0%和 1.1%。藏北高原同时具有重碳酸盐、氯化物、硫酸盐 3 种类型水，其面积占全国面积的 4%。中国地表水优势阳离子为钙质，面积占 67%，其次为钠质(钾加钠)，面积占 310%，少量为镁质，面积约占 2%。

淮河秦岭以南，除受海水影响的沿海地区外，大部分地区地表水为重碳酸盐水，水体类型基本为重碳酸钙Ⅰ型、Ⅱ型或重碳酸钠Ⅰ型的软水和极软水，且矿化度低，水质优良。云贵高原为重碳酸钙Ⅲ型水。淮河秦岭以北地区，除东北为重碳酸盐类水外，其余地区由于气候、地形、地质差异较大，水化学类型复杂多变，具有 13 种类型水。但仍以重碳酸钙Ⅰ型、Ⅱ型水分布最广，其次是氯化物或硫酸盐类水，局部地区有镁组Ⅲ型水出现。

8.4.1.2 河流水质

以下分别依据《中国水资源公报(2018)》(中华人民共和国水利部，2019b)和《中国生态环境状况公报(2018)》(中华人民共和国生态环境部，2019)，对 2018 年河流水质进行分析。公报指出，依据《地表水环境质量标准》(GB 3838—2002)表 1 中除水温、总氮、粪大肠菌群外的 21 项指标标准限值，分别评价各项指标水质类别，按照单因子方法取水质类别最高者作为断面水质类别。Ⅰ、Ⅱ类水质可用于饮用水源一级保护区、珍稀水生生物栖息地、鱼虾类产卵场、仔稚幼鱼的索饵场等；Ⅲ类水质可用于饮用水源二级保护区、鱼虾类越冬场、洄游通道、水产养殖区、游泳区；Ⅳ类水质可用于一般工业用水和人体非直接接触的娱乐用水；Ⅴ类水质可用于农业用水及一般景观用水；劣Ⅴ类水质除调节局部气候外，几乎无使用功能。

《中国水资源公报(2018)》(中华人民共和国水利部，2019b)对 2018 年全国 26.2 万 km 的河流水质状况进行了评价，Ⅰ～Ⅲ类、Ⅳ～Ⅴ类、劣Ⅴ类水河长分别占评价河长的 81.6%、12.9%和 5.5%，主要污染项目是氨氮、总磷和化学需氧量。

《中国生态环境状况公报(2018)》(中华人民共和国生态环境部，2019)对 2018 年全国地表水水质给出具体评价结果。2018 年，全国地表水监测的 1935 个水质断面(点位)中，Ⅰ～Ⅲ类比例为 71.0%，劣Ⅴ类比例为 6.7%。长江、黄河、珠江、松花江、淮河、海河、辽河七大流域和浙闽片河流、西北诸河、西南诸河监测的 1613 个水质断面中，Ⅰ类占 5.0%，Ⅱ类占 43.0%，Ⅲ类占 26.3%，Ⅳ类占 14.4%，Ⅴ类占 4.5%，劣Ⅴ类占 6.9%。西北诸河和西南诸河水质为优，长江、珠江流域和浙闽片河流水质良好，黄河、松花江和淮河流域为轻度污染，海河和辽河流域为中度污染。主要流域河流水质状况见表 8.29。

表 8.29 中国主要流域河流水质类型百分比状况统计表

(资料来源：中华人民共和国生态环境部，2018)) %

主要流域	Ⅰ类	Ⅱ类	Ⅲ类	Ⅳ类	Ⅴ类	劣Ⅴ类	总体水质状况
松花江	0.0	12.1	45.8	27.1	2.8	12.1	轻度污染。干流水质为优，主要支流为中度污染
辽河	3.8	28.8	16.3	19.2	9.6	22.1	中度污染。干流、主要支流和大辽河水系为中度污染，大凌河水系为轻度污染
海河	5.6	21.9	18.8	19.4	14.4	20.0	中度污染。干流 2 个水质断面，三岔口为Ⅲ类，海河大闸为劣Ⅴ类；主要支流为中度污染，滦河水系水质良好
黄河	2.9	45.3	18.2	17.5	3.6	12.4	轻度污染。干流水质为优，主要支流为轻度污染

续表

主要流域	Ⅰ类	Ⅱ类	Ⅲ类	Ⅳ类	Ⅴ类	劣Ⅴ类	总体水质状况
淮河	0.6	12.2	44.4	30.6	9.4	2.8	轻度污染。干流水质为优，主要支流和山东半岛独流入海河流为轻度污染
长江	5.7	54.7	27.1	9.0	1.8	1.8	总体良好。干流水质为优，主要支流水质良好
浙闽河流	2.4	52.8	33.6	9.6	1.6	0.0	水质良好
珠江	4.8	61.8	18.2	7.9	1.8	5.5	总体良好。干流和主要支流水质良好，海南岛内河流水质为优
西南诸河	9.5	73.0	12.7	0.0	0.0	4.8	水质为优
西北诸河	25.8	62.9	8.1	3.2	0.0	0.0	水质为优

8.4.1.3　湖泊水质

《中国水资源公报(2018)》(中华人民共和国水利部，2019b)和《中国生态环境状况公报(2018)》(中华人民共和国生态环境部，2019)分别对 2018 年湖泊和水库水质进行评价。

《中国水资源公报(2018)》(中华人民共和国水利部，2019b)对 124 个湖泊共 3.3 万 km^2 水面进行了水质评价，Ⅰ～Ⅲ类、Ⅳ～Ⅴ类、劣Ⅴ类湖泊分别占评价湖泊总数的 25.0%、58.9%和 16.1%。主要污染项目是总磷、化学需氧量和高锰酸盐指数。121 个湖泊营养状况评价结果显示，中营养湖泊占 26.5%；富营养湖泊占 73.5%。对 1129 座水库进行了水质评价，Ⅰ～Ⅲ类、Ⅳ～Ⅴ类、劣Ⅴ类水库分别占评价水库总数的 87.3%、10.1%和 2.6%。主要污染项目是总磷、高锰酸盐指数和五日生化需氧量等。1097 座水库营养状况评价结果显示，中营养水库占 69.6%，富营养水库占 30.4%。

《中国生态环境状况公报(2018)》(中华人民共和国生态环境部，2019)对 111 个重要湖泊(水库)进行了水质评价。Ⅰ类水质的湖泊(水库)7 个，占 6.3%；Ⅱ类 34 个，占 30.6%；Ⅲ类 33 个，占 29.7%；Ⅳ类 19 个，占 17.1%；Ⅴ类 9 个，占 8.1%；劣Ⅴ类 9 个，占 8.1%。主要污染指标为总磷、化学需氧量和高锰酸盐指数。监测营养状态的 107 个湖泊(水库)中，贫营养状态的 10 个，占 9.3%；中营养状态的 66 个，占 61.7%；轻度富营养状态的 25 个，占 23.4%；中度富营养状态的 6 个，占 5.6%。太湖、巢湖、滇池三湖中，太湖、滇池为轻度污染，巢湖为中度污染。全国重要湖泊(水库)的水质状况详见表 8.30。

表 8.30　中国重要湖泊(水库)水质状况统计表(资料来源：中华人民共和国生态环境部，2019)

水质类别	三湖	重要湖泊	重要水库
Ⅰ类、Ⅱ类		班公错、红枫湖、香山湖、高唐湖、花亭湖、柘林湖、抚仙湖、泸沽湖、洱海、邛海	云蒙湖、大伙房水库、密云水库、昭平台水库、瀛湖、王瑶水库、南湾水库、大广坝水库、龙岩滩水库、水丰湖、高州水库、里石门水库、大隆水库、石门水库、龙羊峡水库、怀柔水库、长潭水库、双塔水库、丹江口水库、解放村水库、黄龙滩水库、鲇鱼山水库、隔河岩水库、千岛湖、太平湖、松涛水库、党河水库、东江水库、湖南镇水库、漳河水库、新丰江水库

续表

水质类别	三湖	重要湖泊	重要水库
Ⅲ类		色林错、骆马湖、衡水湖、东平湖、斧头湖、瓦埠湖、东钱湖、梁子湖、南四湖、百花湖、武昌湖、阳宗海、万峰湖、西湖、博斯腾湖、赛里木湖	于桥水库、察尔森水库、三门峡水库、崂山水库、鹤地水库、磨盘山水库、鸭子荡水库、红崖山水库、山美水库、小浪底水库、鲁班水库、尔王庄水库、董铺水库、白龟山水库、白莲河水库、富水水库、铜山源水库
Ⅳ类	太湖 滇池	白洋淀、白马湖、沙湖、阳澄湖、焦岗湖、菜子湖、南漪湖、鄱阳湖、镜泊湖、乌梁素海、小兴凯湖、洞庭湖、黄大湖	松花湖、玉滩水库、莲花水库、峡山水库
Ⅴ类	巢湖	杞麓湖、龙感湖、仙女湖、淀山湖、高邮湖、洪泽湖、洪湖、兴凯湖	无
劣Ⅴ类※		艾比湖、呼伦湖、星云湖、异龙湖、大通湖、程海、乌伦古湖、纳木错、羊卓雍错	无

注：※表示程海、乌伦古湖和纳木错氟化物天然背景值较高，程海和羊卓雍错 pH 天然背景值较高。

8.4.1.4 水质变化趋势

水质变化趋势分析方法采用非参数季节性 Kendall 检验法，分析成果以综合指数 WQTI 表示。《中国水资源及其开发利用调查评价》(水利部水利水电规划设计总院，2014)对全国 816 个水质站进行的水质变化趋势分析表明，1993—2000 年，在所分析的测站中，近 2/3 测站的地表水质无明显变化，约 1/4 的测站水质趋向恶化，约 1/10 的测站水质状况有明显改善。水质状况恶化的测站多于改善测站，因此全国水资源质量呈下降态势。就水资源一级区而言，东南诸河区和松花江区恶化趋势较为明显，其上升与下降的 WQTI 值分别为 23.6% 和 24.5%；辽河区水质污染仍较严重，但 WQTI 上升值为 21.0%，下降值为 27.0%，是唯一下降值高于上升值的一级区，说明近年来有一定的改善势头；其他水资源一级区均为 WQTI 上升值高于下降值，局部河段呈恶化趋势(图 8.1)。

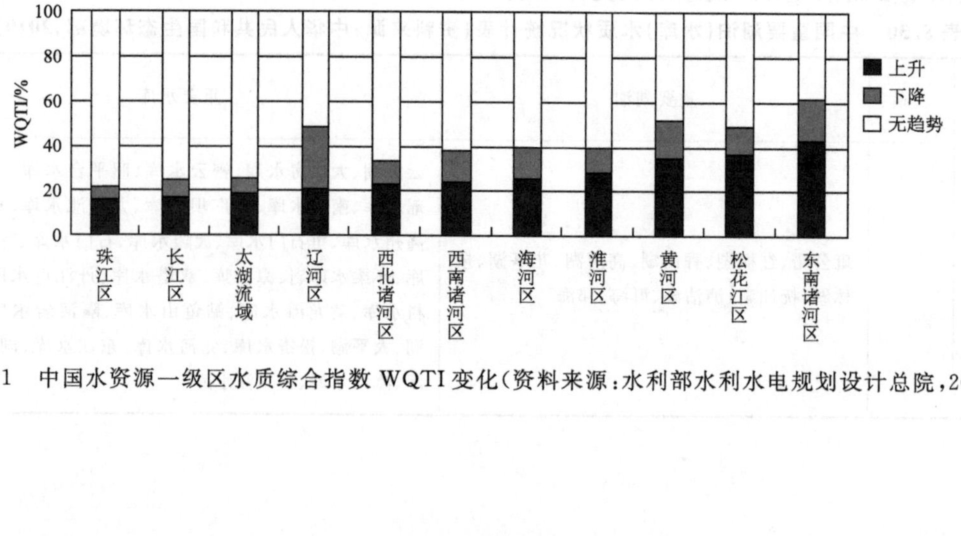

图 8.1 中国水资源一级区水质综合指数 WQTI 变化(资料来源：水利部水利水电规划设计总院，2014)

8.4.2　地下水水质

8.4.2.1　地下水化学特征

地下水的水化学特征包括水化学类型、矿化度、总硬度、酸碱性等方面的内容。按照 GB/T 14848—1993《地下水质量标准》的相应标准值，矿化度按照 1 g/L，2 g/L，3 g/L，5 g/L 4 个值划分成 5 类；总硬度按 150 mg/L，300 mg/L，450 mg/L，550 mg/L 4 个值划分为 5 类；pH 值按照 6.5，7.0，8.5，9.0 划分成 5 类。

(1)地下水矿化度

地下水矿化度的大小能够反映地下水的水岩作用和浓缩作用，也是衡量地下水水质优劣的重要指标。按照矿化度分类，可将地下水划分成淡水(矿化度小于或等于 1 g/L)、微咸水(矿化度 1～3 g/L)、半咸水(矿化度 3～5 g/L)和咸水(矿化度＞5 g/L)。在全国评价的 197.43 万 km^2 面积中，63.6%面积是矿化度小于或等于 1 g/L 的淡水分布区；矿化度 1～2 g/L 的面积占 21.2%；矿化度 2～3 g/L 的面积占 6.3%；矿化度 3～5 g/L 的面积占 4.3%；矿化度大于 5 g/L 的咸水面积占 4.6%。矿化度大于 2 g/L 的面积占评价面积的 15.2%，为水质较差难以直接利用的地下水。全国地下水高矿化度区比例比较高的是干旱的西北诸河区、海河区、淮河区和黄河区，其矿化度大于 2 g/L 的面积占全国矿化度大于 2 g/L 面积的 97.3%(水利部水利水电规划设计总院，2014)。中国水资源一级区中的平原区不同地下水矿化度分布面积见表 8.31。

表 8.31　中国水资源一级区平原区各种地下水矿化度分布面积表

(资料来源：水利部水利水电规划设计总院，2014)　　**单位：万 km^2**

水资源一级区	矿化度/(g/L)					
	0～1	1～2	2～3	3～5	＞5	总计
松花江区	26.63	3.23	0.13	0.00	0.00	29.99
辽河区	7.74	1.61	0.15	0.08	0.19	9.77
海河区	7.70	3.68	1.53	0.97	1.08	14.96
黄河区	12.48	3.61	1.90	1.33	0.30	19.62
淮河区	12.79	2.96	1.48	0.24	0.41	17.88
长江区	12.98	0.23	0.03	0.01	0.00	13.25
其中太湖流域	2.63	0.19	0.00	0.00	0.00	2.82
东南诸河区	0.55	0.13	0.00	0.00	0.00	0.68
珠江区	2.12	0.01	0.00	0.00	0.00	2.13
西北诸河区	43.18	26.11	8.04	6.03	5.79	89.15
全国	126.17	41.57	13.26	8.66	7.77	197.43

(2)地下水总硬度

地下水总硬度受气候和地球化学条件的影响，也受人类活动的影响。从全国范围来看，地下水总硬度由东南向西北呈逐步增高的变化规律，随着降水变化，具有南方低北方高，南方水软北方水硬的特点。北方地区总硬度大于 450 mg/L 的地下水面积比例明显高于南方地区。

全国平原区地下水总硬度大于 450 mg/L 的面积占平原区的 25%，黄淮海地区总硬度总体偏高，总硬度大于 450 mg/L 的面积占平原区面积的 39%（水利部水利水电规划设计总院，2014）。中国水资源一级区平原区不同地下水总硬度分布面积和分布情况见表 8.32。

表 8.32　中国水资源一级区平原区不同地下水总硬度分布面积表

（资料来源：水利部水利水电规划设计总院，2014）　　单位：万 km²

水资源一级区	总硬度（按 $CaCO_3$ 量计）/mg/L					
	≤150	150～300	300～450	450～550	>550	总计
松花江区	5.53	14.44	6.51	1.36	2.15	29.99
辽河区	0.52	4.86	3.54	0.42	0.61	9.77
海河区	0.15	3.74	3.79	1.84	5.26	14.96
黄河区	0.24	8.47	6.17	2.16	2.58	19.62
淮河区	0.00	2.71	6.42	4.60	4.15	17.88
长江区	3.75	6.26	2.88	0.34	0.02	13.25
其中太湖流域	0.20	1.44	1.05	0.11	0.02	2.82
东南诸河区	0.43	0.23	0.02	0.00	0.00	0.68
珠江区	0.21	1.15	0.77	0.00	0.00	2.13
西北诸河区	3.26	42.74	19.31	5.74	18.10	89.15
全国	14.09	84.42	49.59	16.46	32.87	197.43

（3）地下水酸碱性

总体上，中国平原区浅层地下水酸碱性（用 pH 值表示）呈中性偏碱的特点，pH 值一般为 6.5～8.5，面积为 194.17 万 km²，占平原区地下水评价面积的 98.35%。pH 值为 8.5～9.0 的地下水面积为 1.19 万 km²，占评价面积的 0.60%，主要分布在华北平原和西北地区。pH 值小于或等于 6.5 和大于 9.0 的分布面积占评价面积的 1.05%，不符合一般的用水水质要求。

地下水酸碱性受土壤成分和大气降水性质的影响，全国地下水 pH 值自东南向西北呈递增态势，即由酸性、弱酸性过渡为中性直至弱碱性水。总体上，南方普遍偏酸性，北方普遍偏碱性，但北方部分区域也有偏酸性的地区，如黑龙江三江平原地下水偏酸性（水利部水利水电规划设计总院，2014）。中国水资源一级区平原区地下水酸碱性分布面积见表 8.33。

表 8.33　中国水资源一级区平原区不同地下水酸碱性分布面积表

（资料来源：水利部水利水电规划设计总院，2014）　　单位：万 km²

水资源一级区	pH 值					
	≤6.5	6.5～7.0	7.0～8.5	8.5～9.0	>9.0	总计
松花江区	1.51	8.06	20.42	0.00	0.00	29.99
辽河区	0.01	2.33	7.43	0.00	0.00	9.77
海河区	0.00	0.04	14.78	0.14	0.00	14.96
黄河区	0.01	0.43	19.15	0.02	0.01	19.62
淮河区	0.00	0.57	17.20	0.11	0.00	17.88
长江区	0.11	3.05	9.88	0.00	0.21	13.25
其中太湖流域	0.00	0.43	2.28	0.00	0.11	2.82

续表

水资源一级区	pH 值					
	≤6.5	6.5～7.0	7.0～8.5	8.5～9.0	>9.0	总计
东南诸河区	0.07	0.18	0.43	0.00	0.00	0.68
珠江区	0.14	0.32	1.67	0.00	0.00	2.13
西北诸河区	0.00	0.62	87.61	0.92	0.00	89.15
全国	1.85	15.60	178.57	1.19	0.22	197.43

8.4.2.2　地下水水质

依据 GB/T 14848—1993《地下水质量标准》，地下水水质划分为 5 类：Ⅰ类，主要反映地下水化学组分的天然低背景含量，适用饮用和工农业供水等各种用途；Ⅱ类，主要反映地下水化学组分的天然背景含量，适用饮用和工农业供水等各种用途；Ⅲ类，以人体健康基准为依据，主要适用于集中式生活饮用水水源及工农业用水；Ⅳ类，以农业和工业用水要求为依据，除适用于农业和部分工业用水外，适当处理后可作生活饮用水；Ⅴ类，不宜饮用，工业用水需根据其使用目的进行专门评价。

《中国生态环境状况公报(2018)》(中华人民共和国生态环境部，2019)对 2018 年地下水水质进行了评价。全国 10168 个国家级地下水水质监测点中，Ⅰ类水质监测点占 1.9%，Ⅱ类占 9.0%，Ⅲ类占 2.9%，Ⅳ类占 70.7%，Ⅴ类占 15.5%。超标指标为锰、铁、浊度、总硬度、溶解性总固体、碘化物、氯化物、"三氮"(亚硝酸盐氮、硝酸盐氮和氨氮)和硫酸盐，个别监测点铅、锌、砷、汞、六价铬和镉等重(类)金属超标。

全国 2833 处浅层地下水监测井水质总体较差。Ⅰ～Ⅲ类水质监测井占 23.9%，Ⅳ类占 29.2%，Ⅴ类占 46.9%。超标指标为锰、铁、总硬度、溶解性总固体、氨氮、氟化物、铝、碘化物、硫酸盐和硝酸盐氮，锰、铁、铝等重金属指标和氟化物、硫酸盐等无机阴离子指标可能受到水文地质化学背景影响。

《中国水资源及其开发利用调查评价》(水利部水利水电规划设计总院，2014)对 2010 年全国平原区地下水水质进行了评价。评价面积约 197.43 万 km²，Ⅰ类和Ⅱ类面积仅占评价面积的 4.62%，Ⅲ类占 34.65%，Ⅳ类和Ⅴ类占 60.73%。从全国平原区地下水现状水质状况的空间分布来看，经济社会活动强度大、人口密集、天然本底水质较差的平原区地下水水质较差。从Ⅳ类和Ⅴ类地下水面积占所在区域评价面积的比例排序来看，太湖流域Ⅳ类和Ⅴ类区面积比例属全国之首，占太湖流域评价区面积的 91.49%；其余依次为东南诸河区、辽河区、海河区、淮河区、西北诸河区、松花江区、黄河区、长江区和珠江区。东南诸河区的铁、锰超标比较突出。中国水资源一级区地下水各类水质分布面积见表 8.34。

表 8.34　中国水资源一级区平原区浅层地下水分类分布面积表

(资料来源：水利部水利水电规划设计总院，2014)　**单位：万 km²**

水资源一级区	Ⅰ类	Ⅱ类	Ⅲ类	Ⅳ类	Ⅴ类	评价面积
松花江区	0.14	0.74	12.80	4.50	11.81	29.99
辽河区	0.21	0.08	1.21	2.29	5.97	9.77
海河区	0.00	0.08	3.44	4.01	7.42	14.96

续表

水资源一级区	Ⅰ类	Ⅱ类	Ⅲ类	Ⅳ类	Ⅴ类	评价面积
黄河区	0.00	0.67	9.51	3.23	6.21	19.62
淮河区	0.00	0.18	4.97	7.21	5.51	17.88
长江区	0.12	1.61	4.03	4.45	3.03	13.25
其中太湖流域	0.00	0.00	0.24	1.98	0.60	2.82
东南诸河区	0.00	0.01	0.09	0.19	0.39	0.68
珠江区	0.12	0.49	1.44	0.03	0.05	2.13
西北诸河区	0.72	3.93	30.90	28.46	25.14	89.15
全国	1.31	7.81	68.40	54.37	65.54	197.43

8.4.2.3　地下水水质变化趋势

对全国代表性井点的水质变化趋势数据综合分析表明，中国平原区地下水水质呈明显的恶化趋势。在425个水质趋势分析选用井中，氨氮、高锰酸盐指数和硝酸盐这三个主要以人为污染为主的项目均呈现显著的恶化态势，恶化井的比例分别占58.71%、68.14%和54.16%。亚硝酸盐恶化井的比例也较高，达13.59%。

天然水化学类指标选用矿化度和总硬度两个因子进行分析。结果表明，大部分监测井总硬度呈现总体升高的趋势，总硬度升高的井点占总趋势分析井的52.88%。矿北度稳中有升。

不同的流域和地区地下水水质变化趋势有共性也有差异。氨氮恶化趋势在北方地区显得更加突出，尤其是辽河区、淮河区和海河区，恶化井比例较高（水利部水利水电规划设计总院，2014）。

8.5　中国水资源开发利用

8.5.1　供水设施与供水能力

8.5.1.1　供水设施

据《中国水资源及其开发利用调查评价》（水利部水利水电规划设计总院，2014）结果，截至2000年，中国已建成大中小型水库8.6万余座，塘坝等工程585万座，总库容5756亿m^3，兴利库容3134亿m^3。其中，大型水库468座，总库容4138亿m^3，兴利库容2004亿m^3，总库容和兴利库容分别占全部蓄水工程的71.9%和63.9%。中小型水库总库容1331亿m^3，兴利库容884亿m^3，其总库容和兴利库容分别占全部蓄水工程的23.1%和28.2%。蓄水工程以大型水库为主，其中南方地区大型水库总库容占其全部蓄水工程总库容的66%，北方地区则达80%。

中国已建成引水工程近84万处，年引水能力为1936亿m^3，其中大型引水工程423处。年引水能力710亿m^3，占总引水能力的36.7%。全国有提水工程30多万处，年提水能力为1451亿m^3，其中大型提水工程66处，年提水能力为237亿m^3，占总提水能力的16.3%。全国跨水资源级区调水工程有88处，年调水能力为227亿m^3，其中大型调水工程46处，年调水能力为 207 亿 m^3，占总调水能力的 91.2%。全国有地下水生产井约 494 万眼，其中配套机电井约 429 万眼。

此外，全国拥有城市集中污水处理再利用设施 475 处，年直接再利用量约 7 亿 m^3，集雨工程有 680 万处，年利用水量为 13 亿 m^3，直接海水利用设施有 983 处，海水年利用量为 218 亿 m^3。海水淡化设施有 7 处，年淡化水量近 300 万 m^3。

8.5.1.2　供水能力

供水能力是指供水工程系统在现状条件下相应其设计供水保证率的可供水量，与来水状况、工程条件、需水特性和运行调度方式等密切相关。据《中国水资源及其开发利用调查评价》(水利部水利水电规划设计总院，2014)结果，2000 年全国现状地表水供水能力为 5323 亿 m^3。地下水供水能力为 1129 亿 m^3。地表水现状供水能力中蓄水工程占 32.1%，引提水占 63.6%，跨水资源一级区调水占 4.3%。按工程规模划分：在现状蓄水工程供水能力中，大型水库占 31.7%，中型水库占 28.0%，小型水库占 25.6%，塘坝占 14.7%；现状引水工程供水能力中，大型和小型占的比重较大，分别占 36.7%和 48.0%，中型占 15.3%；现状提水工程供水能力以小型为主，大型 16.4%，中型占 13.0%，小型占 70.6%。

8.5.2　供水量与用水量

8.5.2.1　供水量

供水量是指各种供水工程为用户提供的包括输水损失在内的毛水量，按供水对象所在区域统计。一个区域的实际供水量与当年的需水量、来水量及现状供水能力有关，特别是农业供水量的多少与降水的丰枯、作物组成以及可供水量的大小等因素密切相关。南方地区一般丰、平水年农业需水少，实际供水量小，枯水年需水多，实际供水量大；北方地区则相反，枯水年虽然农业需水多，但来水也少，可供水量少，实际供水量相应也小。

据《中国水资源公报(2018)》(中华人民共和国水利部，2019b)的统计数据，2018 年全国供水总量 6015.5 亿 m^3，占当年水资源总量的 21.9%(表 8.35)。其中，地表水源供水量 4952.7 亿 m^3，占供水总量的 82.3%；地下水源供水量 976.4 亿 m^3，占供水总量的 16.2%；其他水源供水量 86.4 亿 m^3，占供水总量的 1.5%。全国海水直接利用量 1125.8 亿 m^3，主要作为火(核)电的冷却用水。海水直接利用量较多的为广东、浙江、福建、辽宁、山东、江苏和海南，分别为 391.9 亿 m^3、236.3 亿 m^3、210.1 亿 m^3、72.2 亿 m^3、70.6 亿 m^3、55.1 亿 m^3和 38.5 亿 m^3，其余沿海省份大都也有一定数量的海水直接利用量。

表 8.35　2018 年中国水资源一级区供用水量表(资料来源：中华人民共和国水利部，2019b)

单位：亿 m^3

水资源一级区	供水量				用水量					
	地表水	地下水	其他	供水总量	生活	工业	其中直流火、核电	农业	人工生态补水	用水总量
松花江区	279.1	198.4	1.7	479.2	29.0	36.2	12.3	399.0	15.1	479.2
辽河区	86.8	102.0	4.9	193.7	31.4	24.6	0.1	130.5	7.2	193.7
海河区	171.9	175.3	24.1	371.3	68.0	46.4	0.2	217.0	39.8	371.3
黄河区	260.5	117.2	14.0	391.7	49.6	56.3	0.0	264.4	21.4	391.7

续表

水资源一级区	供水量				用水量					
	地表水	地下水	其他	供水总量	生活	工业	其中直流火、核电	农业	人工生态补水	用水总量
淮河区	451.2	150.1	14.4	615.7	92.7	90.5	10.6	406.9	25.6	615.7
长江区	1994.9	62.0	14.8	2071.6	328.3	722.0	401.1	995.1	26.3	2071.6
其中太湖流域	335.9	0.2	6.9	343.0	56.6	212.6	172.7	71.5	2.2	343.0
东南诸河区	297.2	4.9	2.6	304.6	67.3	93.0	14.5	136.2	8.1	304.6
珠江区	792.9	28.1	5.3	826.3	163.0	166.0	49.1	487.0	10.4	826.3
西南诸河区	101.3	4.1	1.0	106.5	11.8	8.4	0.0	84.9	1.4	106.5
西北诸河区	516.9	134.3	3.6	654.9	18.9	18.2	0.3	572.1	45.6	654.9
北方6区	1766.4	877.3	62.7	2706.4	289.5	272.2	23.5	1989.9	154.8	2706.4
南方4区	3186.3	99.1	23.7	3309.1	570.4	989.4	464.8	1703.2	46.1	3309.1
全国	4952.7	976.4	86.4	6015.5	859.9	1261.6	488.3	3693.1	200.9	6015.5

注：人工生态环境补水不包括太湖的引江济太调水 5.4 亿 m^3，浙江的环境配水 43.6 亿 m^3。

8.5.2.2　用水量

用水量是指从水源地供给河道外用水户的包括输水损失在内的毛水量，按国民经济和社会各用水户统计。据《中国水资源公报(2018)》(中华人民共和国水利部，2019b)的统计数据，2018 年，全国用水总量 6015.5 亿 m^3(表 8.36)。其中，生活用水 859.9 亿 m^3，占用水总量的 14.3%；工业用水 1261.6 亿 m^3，占用水总量的 21.0%；农业用水 3693.1 亿 m^3，占用水总量的 61.4%；人工生态环境补水 200.9 亿 m^3，占用水总量的 3.3%。全国耗水总量 3207.6 亿 m^3，耗水率 53.3%。全国废污水排放总量 750 亿 t。

全国人均综合用水量 432 m^3，万元国内生产总值(当年价)用水量 66.8 m^3。耕地实际灌溉亩均用水量 365 m^3，农田灌溉水有效利用系数 0.554，万元工业增加值(当年价)用水量 41.3 m^3，城镇人均生活用水量(含公共用水)225 L/d，农村居民人均生活用水量 89 L/d。

表 8.36　2018 年中国各省级行政区供用水量表(资料来源：中华人民共和国水利部，2019b)

单位：亿 m^3

省级行政区	供水量				用水量					
	地表水	地下水	其他	供水总量	生活	工业	其中直流火、核电	农业	人工生态补水	用水总量
全国	4952.7	976.4	86.4	6015.5	859.9	1261.6	488.3	3693.1	200.9	6015.5
北京	12.3	16.3	10.8	39.3	18.4	3.3	0.0	4.2	13.4	39.3
天津	19.5	4.4	4.6	28.4	7.4	5.4	0.0	10.0	5.6	28.4
河北	70.4	106.1	5.8	182.4	27.8	19.1	0.1	121.1	14.5	182.4
山西	39.8	30.0	4.5	74.3	13.4	14.0	0.0	43.3	3.5	74.3
内蒙古	99.5	88.7	3.9	192.1	11.2	15.9	0.1	140.3	24.6	192.1
辽宁	72.5	53.3	4.4	130.3	25.5	18.7	0.1	80.5	5.7	130.3
吉林	76.6	42.5	0.4	119.5	14.1	16.7	4.8	84.4	4.4	119.5

续表

省级行政区	供水量				用水量					
	地表水	地下水	其他	供水总量	生活	工业	其中直流火、核电	农业	人工生态补水	用水总量
黑龙江	190.3	152.8	0.9	343.9	15.7	19.8	7.5	304.8	3.6	343.9
上海	103.4	0.0	0.0	103.4	24.5	61.6	51.7	16.5	0.8	103.4
江苏	575.5	7.9	8.7	592.0	61.0	255.2	208.3	273.3	2.5	592.0
浙江	170.4	0.8	2.6	173.8	47.2	44.0	1.3	77.1	5.5	173.8
安徽	251.5	29.8	4.5	285.8	34.1	91.0	52.7	154.0	6.7	285.8
福建	181.2	4.4	1.2	186.9	33.6	62.1	13.2	87.5	3.7	186.9
江西	240.6	8.0	2.2	250.8	29.0	58.8	15.9	160.7	2.4	250.8
山东	125.7	78.3	8.7	212.7	36.0	32.5	0.0	133.5	10.6	212.7
河南	112.4	116.0	6.2	234.6	40.7	50.4	4.3	119.9	23.6	234.6
湖北	289.0	7.8	0.0	296.9	54.4	87.4	38.9	153.8	1.3	296.9
湖南	322.6	14.3	0.1	337.0	45.7	93.2	36.1	194.5	3.6	337.0
广东	406.1	12.6	2.2	420.9	102.1	99.4	34.2	214.2	5.3	420.9
广西	276.1	10.0	1.8	287.8	40.8	47.6	14.9	196.4	3.0	287.8
海南	41.7	3.0	0.3	45.1	8.6	2.9	0.0	32.6	0.9	45.1
重庆	75.9	1.1	0.2	77.2	21.5	29.1	3.8	25.4	1.2	77.2
四川	248.1	10.3	0.7	259.1	54.4	42.5	0.0	156.6	5.6	259.1
贵州	104.3	1.8	0.6	106.8	19.5	25.2	0.0	61.2	0.9	106.8
云南	150.0	3.4	2.3	155.7	23.6	21.0	0.0	107.2	3.9	155.7
西藏	27.9	3.7	0.0	31.7	2.9	1.5	0.0	27.0	0.3	31.7
陕西	59.4	31.7	2.6	93.7	17.4	14.5	0.0	57.1	4.8	93.7
甘肃	83.6	24.8	3.9	112.3	9.2	9.2	0.0	89.2	4.7	112.3
青海	20.9	5.0	0.2	26.1	3.0	2.5	0.0	19.3	1.3	26.1
宁夏	59.8	6.1	0.3	66.2	2.6	4.3	0.0	56.7	2.6	66.2
新疆	445.8	101.3	1.7	548.8	14.8	12.6	0.3	490.9	30.5	548.8

注：人工生态环境补水不包括太湖的引江济太调水 5.4 亿 m^3，浙江的环境配水 43.6 亿 m^3。

8.5.2.3　供水量和用水量变化趋势

《中国水资源及其开发利用调查评价》(水利部水利水电规划设计总院，2014)分别对 1980—2000 年全国供水量和 1949—2000 年全国用水量变化趋势进行了分析。

1980—2000 年，全国供水量从 4406 亿 m^3 增加到 5621 亿 m^3，增加了 1215 亿 m^3，年均增加 61 亿 m^3，年均增长率为 1.22%，与同期全国总人口增长率基本持平，与同期 GDP 增长相比，供水弹性系数为 0.114。1980—2000 年地表水供水量从 3738 亿 m^3 增加到 4464 亿 m^3，增加了 726 亿 m^3，年均增长率为 0.9%；地下水供水量从 646 亿 m^3 增加到 1104 亿 m^3，增加了 458 亿 m^3，年均增长率为 2.7%；其他水源增加了 31 亿 m^3。地下水供水的增长速度(年均 2.7%)显著快于地表水的增长速度(年均 0.9%)。在全国供水增量中，地表水占 60%，地下水占 38%，其他水源占2%。各地区供水量增长速度差异较大。南方地区供水量增长速度明显快于北方地区，供水量增长以地表水为主，其增加量占总增加量的92%，其中南方东部发达地区供水量增长幅度显著高于南方西部地区；北方地区由于降水持续偏枯和地表水减少，地表供水量略有减少，地下水供水量则显著增加，年均增长率为2.8%，尤以东中部地区增长更为显著。

1949年中国总用水量仅为1031亿m^3，随着人口增长和经济社会的快速发展，中国总用水量以7.1%的年增长率快速增加，至1959年中国总用水量增长至2048亿m^3。20世纪60—70年代，中国总用水量以3%～5%的年增长率增长，至1980年达4406亿m^3。1980年后，中国总用水量年增长率则基本稳定在1%～2%，年均增长率趋于下降。

1980—2000年中国总用水量仍处于增长态势，由4406亿m^3增加到5621亿m^3，增加了1215亿m^3，平均年增长率为1.22%，与人口增长速度基本持平，人均用水量基本维持在450 m^3左右。用水增长率约为GDP增长率的0.114倍，用水效率大幅提高，万元GDP用水量(按2000年可比价计算)由1980年的3500 m^3降至578 m^3。

在各行业的用水增量中，工业和生活用水量呈显著增加态势，共占总用水增量的88%，其所占总用水量的比重也不断加大。全国城镇生活用水量从1980年的80亿m^3增加到2000年的324亿m^3，增长速度相当快，年均增长率达7.2%，是城镇人口增长速度的1.65倍。城镇生活用水占总用水的比例由1.8%提高到5.8%，用水水平随着居民生活的不断提高，城镇生活综合用水定额由123 L/(人·d)增加到213 L/(人·d)。随着工业的迅速发展，全国工业用水量由1980年的418亿m^3增加到2000年的1160亿m^3(其中火、核电工业用水量由135亿m^3增加到360亿m^3)，年均增长率为5.2%，工业用水占总用水的比例由9.5%提高到20.6%，但工业用水增长率远低于工业产值的增长速度，弹性系数为0.38，表明上业用水效率明显提高。1980年以来，全国农田有效灌溉面积增加了1亿亩*，实灌面积增加了1.34亿亩，但农田灌溉总用水量基本没有增加，在3300亿～3500亿m^3之间波动，农业用水占总用水的比重由84.3%下降到68.6%。

1980—2000年，各水资源一级区中，长江区用水量增加最多，增加了504亿m^3，占全国增量的41%；松花江区、珠江区和东南诸河区用水量增加较多，分别增加了190亿m^3、155亿m^3和101亿m^3；海河区和西北诸河区增加最少，仅分别增加6亿m^3和16亿m^3。从增长速度看，松花江区和西南诸河区最快，年均增长速度在3.0%以上；东南诸河区、辽河区、长江区增长速度也较快，年均增长速度在1.5%～2.0%；海河区和西北诸河区增长速度最慢，年均增长率在0.1%左右。各水资源一级区中，城镇生活用水增长较为均衡，年增长率一般在5%～9%；工业用水增长速度差异较大，长江区和珠江区增长最快，辽河区和海河区增长最慢；农田灌溉用水除松花江区、辽河区和西南诸河区显著增加外，海河区、淮河区和西北诸河区通过调整作物结构、采取灌溉节水措施，灌溉面积虽然增加较多，但农业灌溉用水却增加不多或略有减少。

8.5.3 水资源开发利用评价

8.5.3.1 开发程度

一个流域或区域的水资源开发利用率反映了该流域或区域水资源的开发利用程度，用水

* 1亩=667.67 m^2。

资源开发利用率、地表水资源开发率和地下水资源开采率等 3 个指标表示。水资源开发利用率是指当地供水量占当地水资源总量的百分比,地表水资源开发利用率为当地地表水供水量占当地地表水资源量的百分比,平原浅层地下水开采率为平原浅层地下水开采量占平原浅层地下水资源量的百分比。

根据 1990—2000 年 11 a 期间平均的水资源量以及同期当地水资源供水量的分析计算,全国水资源开发利用率为 18%,地表水资源开发利用率为 15%(表 8.37)。总体上,全国水资源开发利用程度还不高,但南北方差异很大。北方地区水资源开发利用率为 46%,地表水资源开发利用率为 36%,平原浅层地下水开采率为 44%;南方地区水资源开发利用率和地表水资源开发利用率均为 12%。北方地区水资源开发利用率比南方地区高出 34 个百分点,地表水资源开发利用率高出 24 个百分点,其水资源开发利用程度远高于南方地区。1990—2000 年中国水资源一级区水资源开发利用程度见表 8.37。在水资源一级区中,水资源开发利用率最高的是海河区,达 101%;黄河区也较高,为 76%;淮河区、西北诸河区和辽河区水资源开发利川率为 40%~50%,其中海河南系、海河北系、辽河流域、沂沭泗河和山东半岛,水资源开发利用率分别达到 23%、98%、60%和 63%。南方地区水资源开发利用率一般较低,大部分在 20%以下(水利部水利水电规划设计总院,2014)。

表 8.37　1990—2000 年中国水资源一级区水资源开发利用程度表

(资料来源:水利部水利水电规划设计总院,2014)

区域	地表水			平原区浅层地下水			水资源总量		
	资源量/亿 m^3	供水量/亿 m^3	开发率/%	资源量/亿 m^3	开采量/亿 m^3	开发率/%	资源量/亿 m^3	总供水量/亿 m^3	开发利用率/%
松花江区	1341.7	213.8	15.9	243.8	88.7	36.4	1541.0	334.3	21.7
辽河区	392.8	94.3	24.0	116.7	86.8	74.3	484.0	193.0	39.9
辽河流域	142.2	68.9	48.4	109.7	70.6	64.4	227.8	150.0	65.8
海河区	189.6	107.2	56.5	160.4	180.5	112.5	345.2	350.0	101.4
海河北系	43.2	28.5	66.0	43.0	44.6	103.7	82.1	80.0	97.5
海河南系	80.0	51.4	64.2	75.3	101.1	134.4	159.5	196.3	123.1
黄河区	505.3	341.4	67.6	154.6	76.3	49.3	618.6	472.9	76.4
淮河区	636.9	298.1	46.8	279.9	110.8	39.6	881.9	467.6	53.0
淮河水系	427.3	200.6	46.9	185.3	55.5	29.9	568.5	276.2	48.6
沂沭泗河	142.4	76.8	53.9	72.2	32.2	44.6	211.1	127.0	60.1
山东半岛	67.1	20.7	30.8	22.4	25.7	114.4	102.3	64.4	63.0
长江区	10370.9	1666.0	16.1				10473.7	1755.0	16.8
太湖流域	181.3	165.6	91.4				197.3	165.8	84.0
东南诸河区	2164.2	277.6	12.8				2171.3	286.7	13.2
珠江区	4973.0	723.2	14.5				4987.1	776.5	15.6
西南诸河区	5982.7	60.9	1.0				5982.7	72.0	1.2
西北诸河区	1224.0	485.3	39.6	427.8	69.3	16.2	1327.1	558.6	42.1
北方	4290.4	1540.0	35.9	1383.1	612.3	44.3	5197.8	2376.4	45.7
南方	23490.8	2727.6	11.6				23615.2	2890.1	12.2
全国	27781.3	4267.7	15.4				28813.1	5266.6	18.3

8.5.3.2 用水水平

人均用水量和万元 GDP 用水量是综合反映经济社会发展水平和水资源开发利用状况的重要指标，与各地水资源条件、经济发展水平、产业结构状况、节水水平、水资源管理水平和科技水平等密切相关。

1949 年全国人均用水量不足 200 m^3，至 1980 年增长为 419 m^3，此后基本维持在 450 m^3 左右的水平，而同期中国的粮食产量、GDP 总量和人均 GDP 水平却有快速的增长。2000 年全国人均用水量为 450 m^3。以灌溉农业为主导产业的西北诸河区人均用水量最大，达 2093 m^3；经济发达的太湖流域和灌溉较多的松花江区次之，分别为 813 m^3 和 619 m^3；淮河区和海河区最小，分别为 292 m^3 和 319 m^3。省级行政区中，以新疆人均用水量最多，达 2604 m^3；宁夏次之，为 1572 m^3；山西最少，仅 204 m^3，重庆也仅为 212 m^3。

1980—2000 年，随着经济社会发展以及用水效率和水资源管理水平的不断提高，全国万元 GDP 用水量逐年下降，按 2000 年可比价计算，1980 年万元 GDP 用水量为 3501 m^3，2000 年降为 579 m^3。

中国东部经济较为发达地区万元 GDP 用水量小，西部经济欠发达地区万元 GDP 用水量大。各水资源一级区中，2000 年万元 GDP 用水量多在 500 m^3 以下，但西北地区经济发展水平较低，农业用水所占比重大，用水管理较为粗放，万元 GDP 用水量最高，为 3053 m^3。各省级行政区中，新疆和宁夏万元 GDP 用水量较多，在 3000 m^3 以上；天津、北京、上海、山东和辽宁较少，在 300 m^3 以下(水利部水利水电规划设计总院，2014)。

8.5.3.3 用水效率

水资源开发利用效率是反映水资源有效利用程度和水资源利用产出效益的综合指标。水资源开发利用效率的评价指标主要有单方水 GDP 产出、城市供水管网漏失率、灌区渠系水利用系数与灌溉水利用系数、单方灌溉水粮食增产量和工业用水重复利用率等。

(1)单方水 GDP 产出

单方水 GDP 产出是衡量用水效益的重要指标。2000 年全国单方水 GDP 产出为 17.3 元，按当年人民币与美元的汇率计算，约为世界平均水平的 1/4。按 2000 年的可比价计算，1980 年、1985 年、1990 年和 1995 年单方水 GDP 产出分别为 2.9 元、4.8 元、6.4 元和 11.2 元。从单方水 GDP 产出的变化可以看出，中国的用水效率与效益有很大幅度的提高，但与发达国家相比，仍有很大差距，进一步提高用水效率有较大的潜力。

(2)城市供水管网漏失率

城市供水管网漏失率是指城市供水管网输水过程中，漏失水量占其供水量的百分比。据对 2000 年全国近 600 个城市(建制市)供水设施统计分析，7%的城市自来水管网的漏失率(跑、冒、滴、漏)超过 30%，84%的城市为 10%～30%，仅 9%的城市小于 10%，城市供水管网的输水损失十分严重。

(3)灌区渠系水利用系数与灌溉水利用系数

渠系水利用系数是指输送到田间的水量与取水口取水量的比值，反映灌区输水系统的效率高低。灌溉水利用系数是田间作物全生育期净灌溉需水量与灌溉系统取水口取水量的比值，反映渠系和田间水利用的综合效率，灌溉水利用系数为渠系水利用系数与田间水利用系数的乘积。根据 2000 年全国 880 多个灌区的统计资料分析，除井灌区外，大部分灌区渠系水利用系数为0.4～0.65。全国平均渠系水利用系数约为0.51，田间水利用系数0.84，灌溉水利用系数为0.4左右。全国六大区域的灌溉水利用率以黄淮海地区最高，其渠系水利用系数和灌溉水利用系数分别为0.55和0.49，华南地区和西部边远地区较小，灌溉水利用系数分别为0.39和0.4。

(4)单方灌溉水粮食增产量

单方灌溉水粮食增产量为反映农业水分利用效率的指标。全国平均单方灌溉水粮食增产量由1993年的0.85 kg提高到2000年的0.95 kg，而世界上先进水平的国家(如以色列)通过节水和高效用水，农业水分利用效率已从1955年的1.2 kg/m^3提高到1998年2.6 kg/m^3。各大区域单方灌溉水粮食增产量，以黄淮海区最大，达到1.65 kg，其中山东、河南、天津等省(直辖市)超过1.80 kg。长江中下游和西南地区单方灌溉水粮食增产量与全国平均数相当。东北地区为0.64 kg，一方面是因为粮食单位产量较低，仅为全国平均数的85%；另一方面其粮食播种面积的比例大于全国平均数14个百分点，相应粮食作物灌溉用水量也较大。华南地区单方灌溉水粮食增产量低于全国平均水平，这与其较优越的水热条件有关，灌溉对增产的作用不如其他地区突出。西部地区是中国单方灌溉水粮食增产量最低的地区，这些地区自然条件恶劣、生态环境脆弱，农作物生长需要大量灌溉水，同时农业发展的基础较差，粮食单位产量不高。

(5)工业用水重复利用率

工业用水重复利用率是工业生产过程中重复使用利用的水量(包括二次以上用水和循环用水量)与总用水量(新鲜水量与重复利用水量之和)的百分比，是综合反映工业用水重复利用程度和用水效率的重要指标。2000年全国扣除火(核)电后的一般工业用水量为800亿m^3，一般工业万元产值用水量为58 m^3，万元工业增加值用水量为209 m^3，工业用水重复利用率为60%～65%。中国北方和沿海缺水城市的工业用水重复利用率较高，北方地区一般用水重复利用率一般在65%～75%，其中北京、山东、辽宁、天津、山西等省(直辖市)重复利用率大于70%，南方地区工业用水重复利用率一般在50%～65%，海南、湖南、湖北、安徽、江西等省重复利用率小于55%。与世界上先进水平国家相比，中国工业用水重复利用率比较低，中国2000年工业用水重复利用率仅相当于先进国家20世纪80年代初的水平(水利部水利水电规划设计总院，2014)。

第9章 气候变化对中国水循环水资源影响

气候变化对水循环过程和水系统具有显著影响。气候变暖可以通过四个方面影响全球和中国水循环：一是气候变暖后大气可容纳更多的水，大气的水分增加，大气比湿也增大，更易出现降水，且降水的强度会增加，对于东亚夏季风区，季风水汽输送带将会更强，并且北推更明显，中国的北方可能面临更强的降水与强暴雨。二是气候变暖也会引起大气环流发生变化，导致水汽辐合和降水发生变化，区域的环流也在不断改变，东亚夏季风将不断加强，季风雨带也将不断北推。如果出现更多异常的环流型和更强的季风水汽输送带，则会造成持续性大暴雨。三是气候变暖使辐射强迫改变，直接影响蒸发和潜热与感热以及大气的非绝热加热，前者可影响地表向大气的热量与水汽输送，后者可以把热量和水汽向上输送到对流层中上部，并造成层结的稳定度变化，改变降水的发生条件。四是以上三个原因共同引起了全球与区域水循环的变化，尤其是表征降水特征的降水量、频率、强度、时段长度、极端值和极端事件等发生变化。此外，由于气溶胶的存在，可使整个降水量变化复杂化（丁一汇 等，2020）。在气候变化和人类活动的综合作用下，中国近几十年来全国和区域、流域水资源发生了深刻的变化，水资源脆弱性凸显。

9.1 中国水汽含量和水汽收支变化

随着全球平均气温的上升，空气贮存水汽的能力会相应增加，即空气中的水汽含量随气候变暖而增加。IPCC WGI AR4（IPCC，2007）指出，地面站、无线电探空仪、全球定位系统和卫星测量的观测资料表明，对流层水汽在较大空间尺度上有所增加。1988—2004年，全球海洋上空整层水汽以（1.2±0.3）%/（10 a）的速度增长。IPCC WGI AR5（IPCC，2013）进一步确认，过去40 a间，观测到的对流层水汽大约增加3.5%，与同期观测到的大约0.5 ℃的温度变化相一致。中国地处东亚季风区，是全球气候变化最敏感的地区之一，也是研究全球变暖背景下区域水汽反馈效应的一个典型地区。在全球气候变暖的大背景下，中国水汽含量和水汽收支也发生了明显的变化。中国气候变化与全球变化基本一致，但也存在明显差别。中国西北地区出现增暖变湿的趋势与北半球同纬度地区的总体趋势相同；但中国东部尤其是华北地区的暖干化趋势与北半球同纬度增暖变湿的趋势相反；另外，中国西南地区的冷干与北半球同纬度的一些陆地地区如美国东南部比较类似，而中国长江流域夏季的冷湿与北半球同纬度相比则显得不同。中国气候变化这种显著的地域差异主要是由东亚夏季风进退和强弱变化特点决定（赵天保 等，2013）。

9.1.1　水汽含量变化趋势

9.1.1.1　基于观测资料的变化趋势

从 20 世纪 80 年代开始，中国学者就十分重视大气水分的研究。到 90 年代中后期，中国学者进一步应用探空观测资料中完整性和代表性较好的 50 多个测站数据，计算分析中国大气水汽的气候分布特点及 1970—1990 年的气候变化趋势，初步讨论大气水分变化与地面气温、夏季大气水分与中国东部降水异常之间的关系。这些研究发现，大气水汽的变化对地表气温变化有很好的区域正反馈效应，与当地降水量的多少密切相关(赵天保 等，2013)。Xie 等(2011)基于中国区域 106 个台站的探空观测资料分析中国区域 1979—2005 年相对湿度和大气可降水量的变化趋势，结果表明，大气可降水量在中国北方显著增加，而在中国湿润地区尤其是南方则减少；而相对湿度在中国大多数地区没有显著的变化。Zhao 等(2012)通过分析 Dai(2011)发展的全球均一化探空观测湿度资料发现，在增暖背景下整个中国区域的大气持水能力在近 40 a(1970—2008 年)不断增加(图 9.1)。

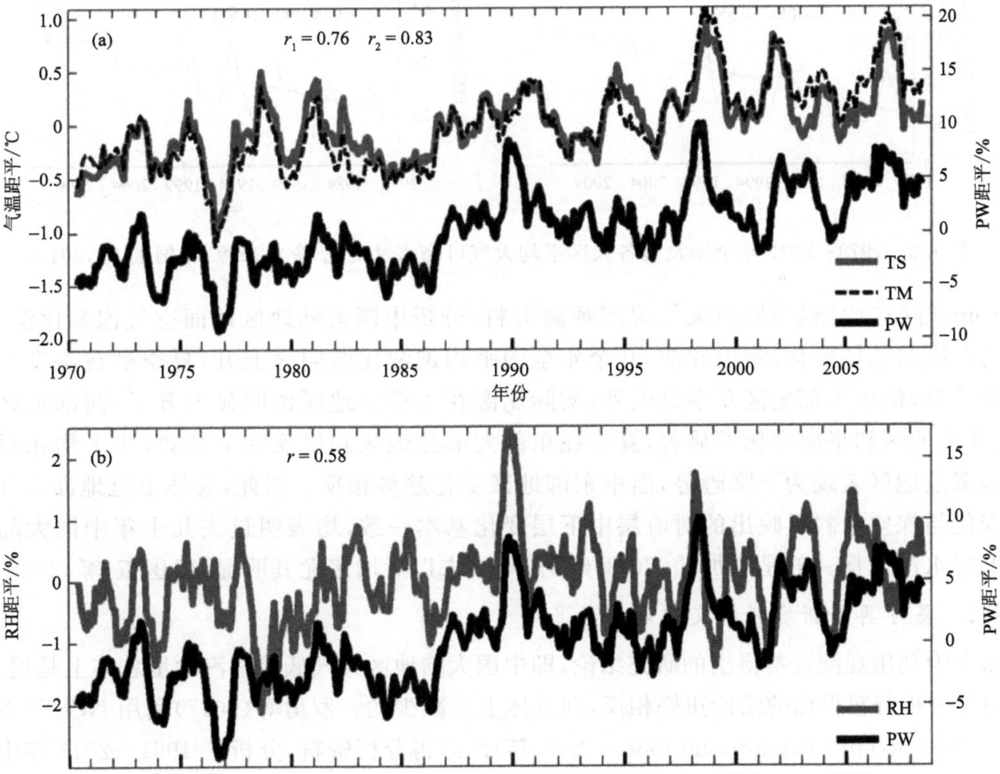

图 9.1　中国区域大气可降水量(从地表积分至 300 hPa，PW)距平、地面气温(TS)距平、对流层平均气温(地表至 300 hPa，TM)距平和对流层平均相对湿度(地面至 300 hPa，RH)距平的 11 点滑动平均时间序列(r_1，r_2 和 r 是平滑后的相关系数，分别为 TS 和 PW，TM 和 PW，RH 和 PW 的相关)(资料来源：赵天保 等，2013)

任国玉等(2016)将中国大陆划分为三大区域,分别是东部季风区、西北干燥区和青藏高原区。然后根据更新的均一化探空资料计算获得的1979—2012年全国及其各大区平均大气可降水量逐年值及其线性趋势,其结果如图9.2所示。从图中可以看出,不论全国还是各个大区,大气可降水量都明显增加了,其中全国平均增加速率为0.4 mm/(10 a),东部季风区达到0.5 mm/(10 a),均通过了$p \leqslant 0.05$的显著性水平检验。这一结果和Zhao等(2012)结论基本相似,说明最近30多年探空观测资料反映的对流层中下层大气湿度为明显增加趋势。

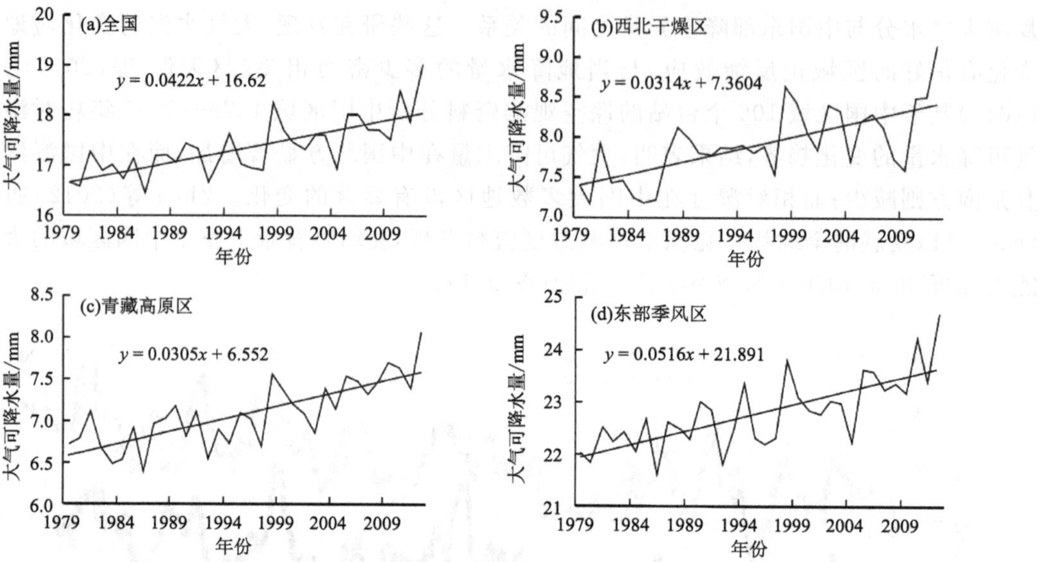

图9.2　1979—2012年全国及其各大区平均大气可降水量变化(资料来源:任国玉 等,2016)

Song等(2012)利用地面大气湿度观测资料,分析中国大陆地区地面空气饱和比湿、比湿和相对湿度的长期变化,指出此前50余年全国平均饱和比湿明显上升,夏季潜在湿度增加趋势最为明显,但中东部地区夏季是例外;实际比湿在大部分地区也明显上升了,西部地区尤其明显,江淮地区和华南变化不显著,夏季在东部大部分地区则呈现变干趋势;年平均相对湿度在全国多数地区表现为下降趋势,但中东部地区变化趋势相反。因此,总体上近地面大气绝对湿度变化与探空资料反映出的对流层中下层变化基本一致,均表明过去几十年中国大陆地区大气低层水汽含量一般是增加的,20世纪70年代末以后增多尤其明显(任国玉 等,2016)。

9.1.1.2　基于再分析资料的变化趋势

以上为利用观测资料得出的研究结论,即中国大陆地区大气低层水汽含量总体上是增加的,而利用再分析资料得出的结论正好相反,即总体上是减少的。罗勇等(2017)利用NCEP/ NCAR(1961—2013年)和ERA-Interim(1986—2013年)两组再分析资料,分析了1961—2013年中国大气水汽含量的变化趋势,得出的结论是:总体表现为减少趋势,但具有年代波动特征(图9.3)。

观测资料和基于再分析资料研究结果不一致的原因,可能在于再分析资料没有准确同化区域内的水循环过程参数,对实际蒸发量的估计有较大偏差,尽管也可能与地面和探空资料序列中残存的非均一性影响或大气水汽含量计算方法有关。在强烈人类活动干预情况下,区域或流域内的实际蒸散可能随时间在增加,并对大气水汽含量和可降水量变化具有较大贡献(任国玉 等,2016)。

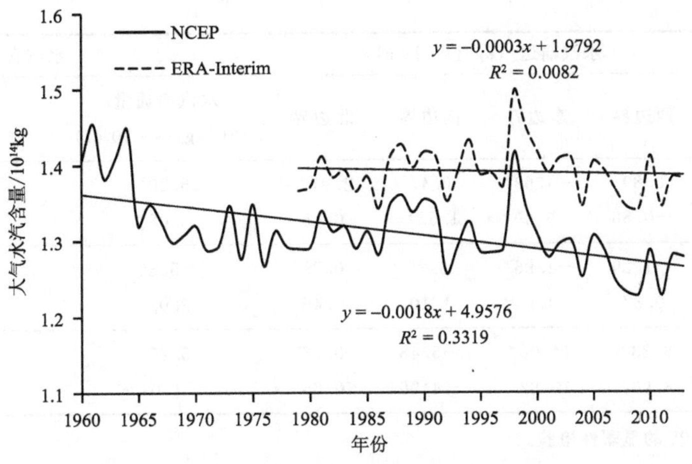

图 9.3　1961—2013 年中国年大气水汽含量变化趋势(资料来源:罗勇 等,2017)

9.1.2　水汽通量和水汽收支变化趋势

任国玉等(2016)采用美国国家环境预报中心/国家大气研究中心(NCEP/NCAR)(1948—2013 年)和欧洲中期数值预报中心(ECMWF)(1979—2013 年)的月平均再分析格点资料(分别简称 NCEP 和 ERA-Interim),计算分析了中国和东部季风区、西北干燥区和青藏高原区水汽通量和收支变化趋势(表 9.1)。NCEP 和 ERA-Interim 两套资料均表明,全国水汽净输送通量具有一定程度增加趋势,其中 ERA 增加趋势较大,通过了 $p \leqslant 0.05$ 的显著性检验,进入 21 世纪之前上升趋势更为明显。两套资料分析结果尽管年际变异相似,年代际和趋势性变化差异却很大,如近 10 a NCEP 水汽净输送通量表明上升,而 ERA 则反映下降,说明利用再分析资料分析水汽净通量变化还存在一定不确定性。

全国水汽净收支变化取决于西边界、南边界、东边界和北边界的输入、输出通量的平衡(表 9.1)。西边界的输入和东边界输出通量都显示了较显著的趋势性减少,但由于输出通量减小速率[两套资料分别为 -14.1×10^6 kg/(s · 10 a)和 -19.8×10^6 kg/(s · 10 a)]明显比输入通量减小速率[两套资料分别为 -7.4×10^6 kg/(s · 10 a)和—9.8×10^6 kg/(s · 10 a)]要大(东西方向净通量增加)。尽管南边界输入也减少,北边界输出却增加,但变化的量值较小。因此,全国水汽净收支量以 2.4×10^6 kg/(s · 10 a)的速率增加,其中 ERA-Interim 表明的增加趋势通过了 $p \leqslant 0.05$ 的显著性检验。这和 20 世纪 70 年代末至 2013 年全国平均年降水量的轻微增加趋势一致。

表 9.1　全国和三大区域 1979—2013 年水汽输送、水汽净通量和大气可降水总量趋势性变化(资料来源:任国玉 等,2016)

区域	资料种类	水汽输送/(kg/(s · 10 a))				水汽含量	
		西边界	东边界	南边界	北边界	水汽净通量/(10^6kg/(s · 10 a))	大气可降水量/(mm/(10 a))
全国	NCEP	−7.43*	−19.82*	−11.66	3.67*	2.43	−0.09
	ERA	−9.77*	−14.08*	−3.07	0.39	8.41*	0.02

续表

区域	资料种类	水汽输送/(kg/(s·10 a))				水汽含量	
		西边界	东边界	南边界	北边界	水汽净通量/(10^6kg/(s·10 a))	大气可降水量/(mm/(10 a))
西北干燥区	NCEP	0.89	−4.63*	0.47	2.91*	5.29*	0.04
	ERA	−0.86	−5.09*	1.52*	0.46	3.08*	−0.02
青藏高原区	NCEP	−1.29	−1.96*	−6.26*	0.29	−5.89*	0.08*
	ERA	0.37	−1.04*	1.10	0.46	2.05*	0.18*
东部季风区	NCEP	8.33*	14.08*	−5.48	0.76	5.25*	−0.38*
	ERA	8.90*	19.82*	−4.96	0.85	1.07	−0.09

注：* 为通过 $p \leqslant 0.05$ 的显著性检验。

从全国三大区域水汽净收支变化情况看，西北干燥区 NCEP 和 ERA-Interim 两套资料均表明具有较显著增加趋势，ERA 增加趋势更大，均通过了 $p \leqslant 0.05$ 显著性检验。西北干燥区水汽净收支增加主要是东边界输出明显减少和南边界输入一定程度增加引起的，西边界水汽输入变化并不大，两套资料甚至表明了很小的反向变化趋势，但东边界输出通量减少均很显著，介于-4.6×10^6～-5.1×10^6 kg/(s·10 a)之间，导致水汽净收支显著增加。这种净收支增加现象和西北干燥区年降水量明显增多的事实也一致。在 1999—2002 年期间，西北干燥区水汽净收支出现异常高值，此后突然下降，2006—2015 年维持在与 20 世纪 90 年代相当的水平上。

青藏高原区两套资料表明水汽净收支具有不同的变化，但通常认为可信度更高的 ERA-Interim 资料增加明显。东部季风区两套资料也存在较大差异，其中 NCEP/NCAR 资料增加趋势明显，而 ERA 资料仅轻微增多，2001—2015 年二者的变化趋势完全相反，ERA-Interim 资料表明下降趋势，再次说明再分析资料存在较大不确定性。

三大区域大气可降水量变化，两套资料在西北干燥区反映出的趋势都不明显，NCEP 资料略有增加，ERA-Interim 轻微减少(图 9.4)；青藏高原区两套资料平均值差异很大，但都显示出较明显上升趋势；东部季风区两套资料均表明下降趋势，其中 NCEP 序列的下降趋势很明显，1998 年的异常高值也显得非常突出，此后，大气可降水量出现非常显著的减少现象(任国玉 等，2016)。

20 世纪后 50 a，中国东部向北输送的水汽有滞留南方的趋势，同时北方向东输送的水汽通量中心强度也减弱。经向水汽通量特征值(50 kg/(m·s))的北界位置在 1968—2003 年期间平均每 10 a 南迁近 3 个纬度，致使海河、黄河流域水汽通量辐合量减少，而长江中下游及其以南地区水汽通量辐合量增加。这些变化与同期华北地区降水减少及华南地区降水增加是一致的。东部大气水汽通量与太平洋海面温度变化密切相关。热带太平洋海表增暖，大气产生上升运动距平；中纬度太平洋海表变冷，大气产生下沉运动距平，大尺度环流系统做出相应的调整，在欧亚大陆上产生南正北负的位势高度距平场；西北太平洋副热带高压也表现出增强、偏南和西伸等变化趋势，进一步影响区域大气水汽通量，导致包括中国东部在内的东亚地区向北输送的水汽通量减弱，水汽通量特征等值线南移，黄河和海河等流域水汽通量出现辐散距平，降水呈减少趋势；江淮和江南地区出现水汽通量辐合距平，降水呈增加趋势(任国玉，2007；任国玉 等，2008)。

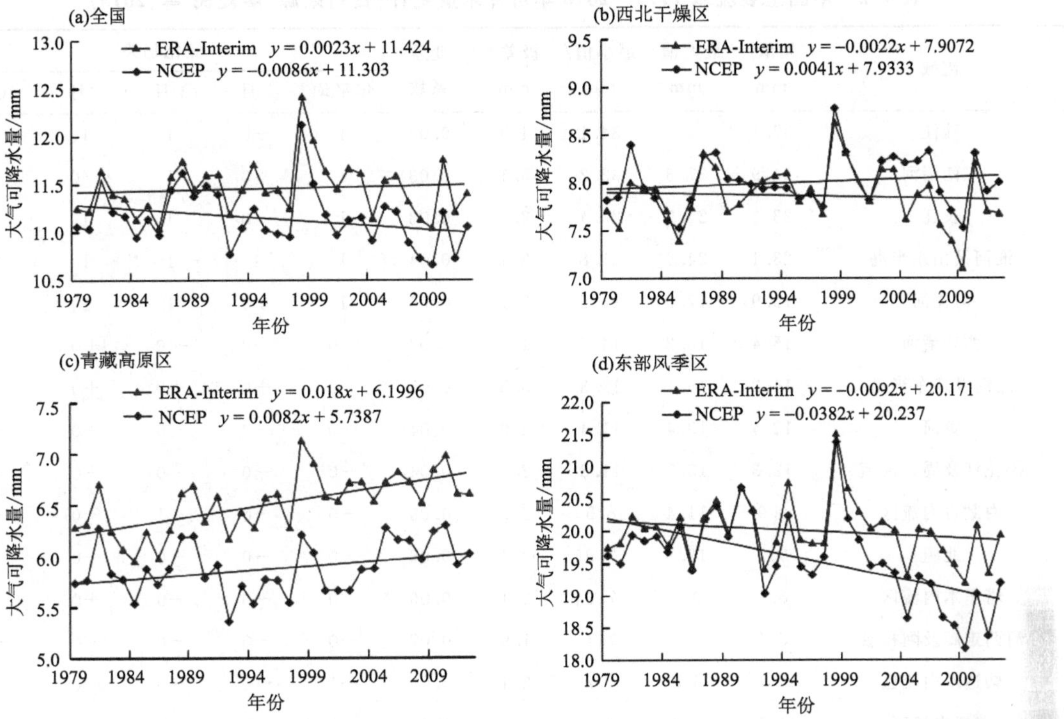

图 9.4　1979—2013 年全国及其各大区平均大气可降水量逐年值及其线性趋势(资料来源:任国玉 等,2016)

9.1.3　主要流域水汽含量变化趋势

廖爱民等(2013)利用 1979—2010 年 JRA(日本气象局和日本电力工业研究中心共同研发的再分析资料) 1 d 4 次的比湿资料,计算得到中国区域内多年平均大气水汽含量分布,并在此基础上分析了 1979—2010 年中国大陆区各流域年平均可降水量的年际变化,结果见表 9.2。从表中可知,流域平均可降水量从大到小进行排列,对应的最大、最小值也基本上是从大到小排列。从流域可降水量的极差上看,处于南方的东南诸河和珠江最大,分别为 5.1 mm 和 4.9 mm,其次是辽河及辽东半岛、淮河及山东半岛和海滦河,都超过 3.0 mm。其他流域都在 3.0 mm 以下,绝对变化值较小,最小的是羌塘内流区和西南诸河,分别为 1.3 mm 和 1.5 mm,因为这两个流域都处于高原区,海拔较高,上空的空气柱稀薄,可降水量小。从变差系数上看,中国各流域年平均可降水量的年际变化都不大,变差系数都小于 0.1。但流域之间有差异,年际变化最大的处于西北地区,如北疆、塔里木内流区、河西走廊及阿拉善地区、柴达木内流区和羌塘内流区,这些流域可降水量的变差系数都大于 0.06,其中,柴达木内流区可降水量的变差系数最大,为 0.09。从淮河以北的东部流域,包括淮河及山东半岛、黄河、海滦河、内蒙古内流区、辽河及辽东半岛和松花江及周边河流等,其可降水量的变差系数为 0.04~0.05,而长江以南的流域变化不大,包括长江、东南诸河、珠江和西南诸河,变差系数都约为 0.03。这些数据表明,中国年平均可降水量呈显著增加的流域是西北诸河,包括北疆、塔里木内流区、河西走廊及阿拉善地区、柴达木内流区和羌塘内流区;流域可降水量呈显著减少的只有东南诸河和内蒙古内流区;其他流域可降水量变化不显著。

表 9.2 中国主要流域 1979—2010 年可降水量统计(资料来源:廖爱民 等,2013)

流域	均值/mm	最大值/mm	最小值/mm	极差/mm	变差系数	变化趋势				
						年平均	1月	4月	7月	10月
珠江	37.1	39	34.1	4.9	0.03	1	+0	1	1	1
东南诸河	34.9	37.3	32.2	5.1	0.03	1	+0	1	+0	+0
长江	23.6	24.9	22.4	2.5	0.03	1	−0	1	1	+0
淮河及山东半岛	23.1	24.9	21.8	3.1	0.04	1	1	1	1	+0
海滦河	15.9	17.6	14.5	3.1	0.04	1	+0	1	1	+0
西南诸河	15.4	16.2	14.7	1.5	0.03	+0	+0	+0	+0	+0
辽河及辽东半岛	14.2	16.1	12.3	3.8	0.05	+0	+0	+0	+0	+0
黄河	12.4	13.4	11.4	2.0	0.04	−0	−0	−0	+0	−0
松花江及周边河流	12.3	13.7	11.3	2.4	0.04	−0	−0	−0	+0	−0
内蒙古内流区	9.9	11.4	8.5	2.9	0.05	−0	−0	−1	−0	−0
北疆	9.2	10.3	7.9	2.4	0.06	−0	−0	−0	−0	−0
塔里木内流区	8.4	9.7	7.5	2.1	0.06	−0	+0	−0	+0	−0
河西走廊及阿拉善	8.1	9.0	7.1	1.9	0.07	−0	−0	−0	−0	−0
柴达木内流区	5.7	6.8	4.7	2.1	0.09	−1	−0	−0	−0	−0
羌塘内流区	4.7	5.4	4.1	1.3	0.07	−1	−0	+0	−0	−1

注:变化趋势中 1 和 −1 表示通过 0.05 的信度检验,0 表示没有通过 0.05 的信度检验,+和−分别表示时间系列存在增加和减少的趋势。

罗勇等(2017)利用 NCEP/NCAR(1961—2013 年)和 ERA-Interim(1986—2013 年)两组再分析资料,分析了中国七大江河和东南诸河年大气水汽含量的变化趋势,如图 9.5 所示。总体上,这些流域的水汽含量呈现减少趋势。1961—2013 年华北地区减少趋势最大,倾向率达到−0.7 mm/(10 a);东北地区的松花江和辽河流域变化趋势较为一致,20 世纪 90 年代有增加趋势,2000 年以后开始减少,2010 年以后又略有增加,但总的趋势仍然为下降。淮河流域和黄河流域在 1961—2013 年大气水汽含量呈下降趋势,但淮河流域下降速度由慢变快,黄河流域由快变慢。长江流域 20 世纪 80—90 年代有上升趋势,但 2000 年后下降明显,总体来看仍为下降趋势。东南诸河和珠江流域 2000 年前变化趋势不明显,2000 年后开始出现显著下降趋势。

9.2 中国主要流域气温变化

全国和区域气温变化趋势已在第 3 章“中国气候变化”中论述,本节对全国温度变化趋势仅作背景介绍,而集中讨论近几十年中国主要流域气温变化趋势。

9.2.1 20 世纪主要流域气温变化趋势

任国玉等(2008)为配合第二次中国水资源综合规划工作,综合分析了气候变化对中国水资源情势的影响,其中包括利用中国 740 个气象测站 1951—2002 年的逐年平均和逐月平均资

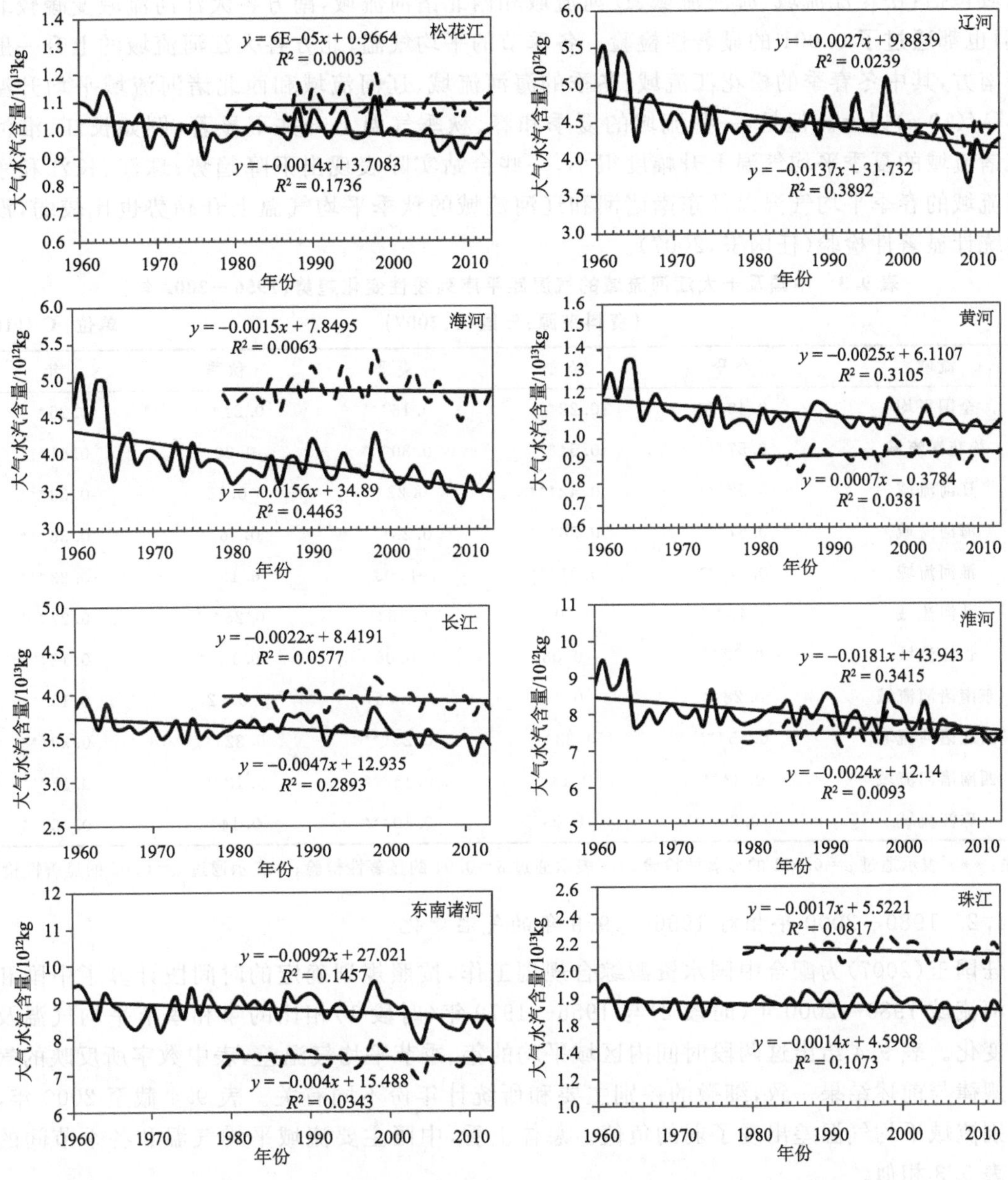

图 9.5　1961—2013 年东部季风区各流域大气水汽含量时间变化(资料来源:罗勇 等,2017)
(实线:NCEP/NCAR;虚线:ERA-Interim)

料,分析全国和十大流域地表气温变化趋势。

9.2.1.1　1951—2002 年气温变化趋势

任国玉(2007)研究结果表明,1951—2002 年期间中国年平均气温整体的上升趋势非常明显,温度变化速率达 0.22 ℃/(10 a);51 a 平均气温上升了约 1.1 ℃。增温主要是从 20 世纪 80 年代中期开始的。80 年代中期以前,中国气温始终在较小的范围内上下波动,以后气温就一直呈明显的上升趋势。

中国十大江河流域年平均地面气温都呈明显增加趋势(表 9.3),年平均气温增暖最明显的流域包括：松花江流域、海河流域、辽河流域和西北诸河流域，南方各大江河流域变暖较北方弱，但也都通过了 0.001 的显著性检验。各季节的平均气温，北方各大江河流域的上升一般也强于南方，其中冬春季的松花江流域、冬季的海河流域、辽河流域和西北诸河流域平均升温达 0.5 ℃/(10 a)以上。但是，一些流域的夏季和春、秋季气温上升并不显著，例如长江、淮河和东南诸流域的夏季平均气温上升幅度很小，一些台站实际表现出下降趋势；珠江、长江和东南诸河流域的春季平均气温以及东南诸河和辽河流域的秋季平均气温上升趋势也比较弱，没有通过统计显著性检验(任国玉，2007)。

表 9.3 中国及十大江河流域的气温距平序列线性变化趋势(1956—2002 年)

(资料来源：任国玉，2007) **单位：℃/(10 a)**

流域	冬季	春季	夏季	秋季	年
全国平均	0.40***	0.22***	0.16***	0.21***	0.25***
松花江流域	0.57***	0.54***	0.30***	0.20*	0.41***
辽河流域	0.52***	0.42***	0.22**	0.15	0.33***
海河流域	0.57***	0.38***	0.23***	0.26**	0.36***
淮河流域	0.37***	0.31***	0.03	0.19**	0.23***
黄河流域	0.45***	0.20**	0.18**	0.25***	0.27***
长江流域	0.23**	0.08	0.00	0.15**	0.12***
东南诸河流域	0.28**	0.14	0.06	0.12	0.15***
西北诸河流域	0.55***	0.23**	0.23***	0.32***	0.33***
西南诸河流域	0.22**	0.14*	0.15***	0.18***	0.17***
珠江流域	0.24*	0.03	0.10***	0.14**	0.13***

注：*** 表示通过 $\alpha=0.001$ 的显著性检验；** 表示通过 $\alpha=0.01$ 的显著性检验；* 表示通过 $\alpha=0.05$ 的显著性检验。

9.2.1.2 1980—2000 年相对 1956—1979 年的气温变化

任国玉(2007)为配合中国水资源综合规划工作，按照规划确定的时间段计算了中国和十大江河流域 1980—2000 年(时段 2)与 1956—1979 年(时段 1)相比的年和季节平均气温及降水的变化。表 9.4 给出这两段时间内区域平均的年、季节平均气温差，表中数字所反映的气温变化规律与前述结果一致，细微的差别主要和所统计年份不同有关。表 9.4 截至 2000 年，因而个别流域平均气温差出现了弱的负值。总体上看，中国主要流域平均气温和各季节间的差异与表 9.3 相似。

表 9.4 中国及十大江河流域两时段(时段 2—时段 1)年、季节平均气温的差值

(资料来源：任国玉，2007) **单位：℃**

流域	冬季	春季	夏季	秋季	年
松花江	1.62	1.05	0.59	0.51	0.93
辽河	1.21	0.77	0.44	0.32	0.67
海河	1.09	0.69	0.45	0.58	0.71
淮河	0.64	0.50	−0.12	0.39	0.36
黄河	0.88	0.33	0.21	0.53	0.49

续表

流域	冬季	春季	夏季	秋季	年
长江	0.35	0.03	−0.05	0.29	0.15
东南诸河	0.31	0.02	0.17	0.27	0.19
西北诸河	1.32	0.41	0.40	0.63	0.69
西南诸河	0.35	0.28	0.39	0.39	0.36
珠江	0.32	−0.07	0.32	0.47	0.25
全国	0.87	0.37	0.29	0.46	0.50

9.2.2　近几十年主要流域气温变化趋势

王斌等(2019)采用全国一级流域 735 个气象站点 1951—2013 年气温资料，利用相对差分法、Hurst 指数等方法对全国和十大流域年气温的时空变化特征等进行研究分析。

9.2.2.1　全国一级流域的气温变化特征

1951—2013 年全国及一级流域年平均气温统计特征见表 9.5，全国 1951—2013 年年平均气温为 11.1 ℃，年平均气温高于全国的一级流域是淮河、长江、东南诸河和珠江区。全国年平均气温最大值出现在 1998 年中沙群岛的珊瑚岛站，为 27.9 ℃；最小值出现在 1969 年长白山天池站，为−8.6 ℃。一级流域年平均气温总体随纬度的升高而逐渐降低，相同纬度区域随经度的增大而逐渐升高，珠江区年平均气温最高，松花江区年平均温度最低。松花江区年平均气温空间变异系数为 114%，属于强变异，其他一级流域及全国年平均气温空间变异系数均在 10%～72%，属于中等变异。一级流域变异系数基本呈东南沿海向西北内陆递增的趋势。此外，西北诸河和西南诸河区年平均气温空间变异系数远大于除松花江区以外的其他地区，表明西北诸河和西南诸河区年平均气温空间变异相对较大，这主要与其所处的地理位置和区域面积有关。总之，全国年气温空间分布极不均匀，不同一级流域间年平均气温时空变化存在一定差异。

表 9.5　1951—2013 年全国及一级流域年平均气温统计特征(资料来源：王斌 等，2019)

流域	站点数	年平均气温/℃	最大值/℃(站点/年份)	最小值/℃(站点/年份)	C_v/%
全国	735	11.1	27.9(珊瑚岛/1998)	−8.6(天池/1969)	61
松花江	65	2.4	7.7(长春/2007)	−6.9(/图里河 1969)	114
辽河	40	7.5	12.3(大连/2007)	1.2(长白山/1965)	24
海河	38	10.4	15.5(新乡/2006)	−5.3(五台山/1956)	35
淮河	46	14.0	17.2(六安/2006)	10.0(成山头/1969)	10
黄河	90	7.5	15.8(泾河/2013)	−5.5(玛多/1965)	55
长江	180	14.2	23.2(元谋/1960)	−7.3(/托托河 1985)	36
西北诸河	111	6.0	16.3(吐鲁番/2007)	−6.4(巴音布鲁克/1984)	68
西南诸河	57	10.1	24.8(/元江 2012)	−3.4(那曲/1963)	72
东南诸河	36	17.7	22.6(漳州/2007)	8.1(天目山/1976)	15
珠江	72	20.7	27.0(三亚/1998)	13.3(安顺/1976)	13

注：C_v为年气温空间变异系数。

9.2.2.2　全国一级流域的气温距平变化趋势

1951—2013 年全国一级流域气温距平(逐年气温相对整个分析时期内年气温平均值的差值)见图 9.6。综合来看,全国一级流域的年气温在研究期内出现多次波动过程,但除西南诸河外,其余一级流域总体表现为上升趋势,不同地区的冷暖期存在一定的差异。

从气温距平的正负变化来看,松花江、辽河、海河和淮河区在 20 世纪 90 年代以前气温距平基本为负值,而 90 年代以后基本为正值,表明这 4 个区域在 90 年代之后为年气温的偏暖期,并且比 90 年代之前的年气温有较大程度的升高。松花江、辽河和海河区在 1956 年与 1970 年左右年气温距平相对整个研究期最低,属于偏冷年份。西北诸河、黄河和长江区在 20 世纪 60 年代之前和 90 年代之后的气温距平基本为正值,属于研究期内的偏暖期,大致在 1960—1987 年期间是研究期内的偏冷期,说明中国的中纬度地区在研究期内的气温变化过程为先下降并保持在较为稳定的偏冷状态,在此之后气温开始回暖并逐渐保持稳定。东南诸河和珠江区在 1990—2000 年期间的年气温距平呈正负交替变化,在 2000 年以后年气温距平为正值,说明 2000 年以后是东南诸河和珠江区的偏暖期,而且东南诸河区年气温距平在 1990 年之前基本为负,是持续时间较长的偏冷期。西南诸河区年气温在整个研究期内总体呈降低趋势,在 1960 年以前表现为正的距平序列。从年气温距平的波动幅度来看,淮河、长江和珠江区的年气温距平变化幅度基本是在±1 ℃以内,表明这 4 个一级流域在研究期内的年气温变化差异较小。辽河、海河、黄河、西北诸河和东南诸河区的年气温距平变化幅度在±1.5 ℃以内。松花江和西南诸河区的年气温距平变化幅度相对较大,分别在±2 ℃和±6 ℃以内,其中西南诸河区的年气温呈现 10 年际尺度的变化差异,在研究期的前 10 年与后 50 年变化幅度差异大。从最近十几年的年气温距平来看,松花江、海河、黄河和东南诸河区的年气温距平在+1 ℃上下波动变化,辽河、淮河、长江、西北诸河和珠江区的年气温距平在+0.5 ℃上下波动变化,西南诸河的年气温距平在−1 ℃上下波动变化,表明近年来气温的变化呈现较为平稳的变化过程,没有较大的气温差异。同时,年气温距平变化幅度呈现随纬度升高而逐渐增大的趋势,即年气温的变化幅度随纬度的升高而增大(王斌 等,2019)。

9.3　中国主要流域降水变化

中国全国和区域降水变化趋势亦在第 3 章“中国气候变化”中论述,所以本节对全国降水趋势仅作为背景介绍,而集中讨论近几十年中国主要流域降水量变化趋势。

9.3.1　近几十年主要流域降水总体变化趋势

9.3.1.1　主要流域降水总体增减趋势

谭云娟等(2016)利用全国 612 个气象站 1961—2010 年逐日降水量资料,借助地理信息系统平台(ArcGIS),分析了十大流域的年、季节降水量的时空变化趋势特征。为配合全国水资源综合规划,其研究的时间尺度和十大流域的空间尺度和中国水资源及其开发利用调查评价(水利部水利水电规划设计总院,2014)完全相同。

1961—2010 年全国平均年降水量整体上呈现出从西北到东南逐渐增加的趋势。从流域分区来看,降水量高值主要集中在珠江流域、东南诸河流域和长江流域。西北诸河流域的降水

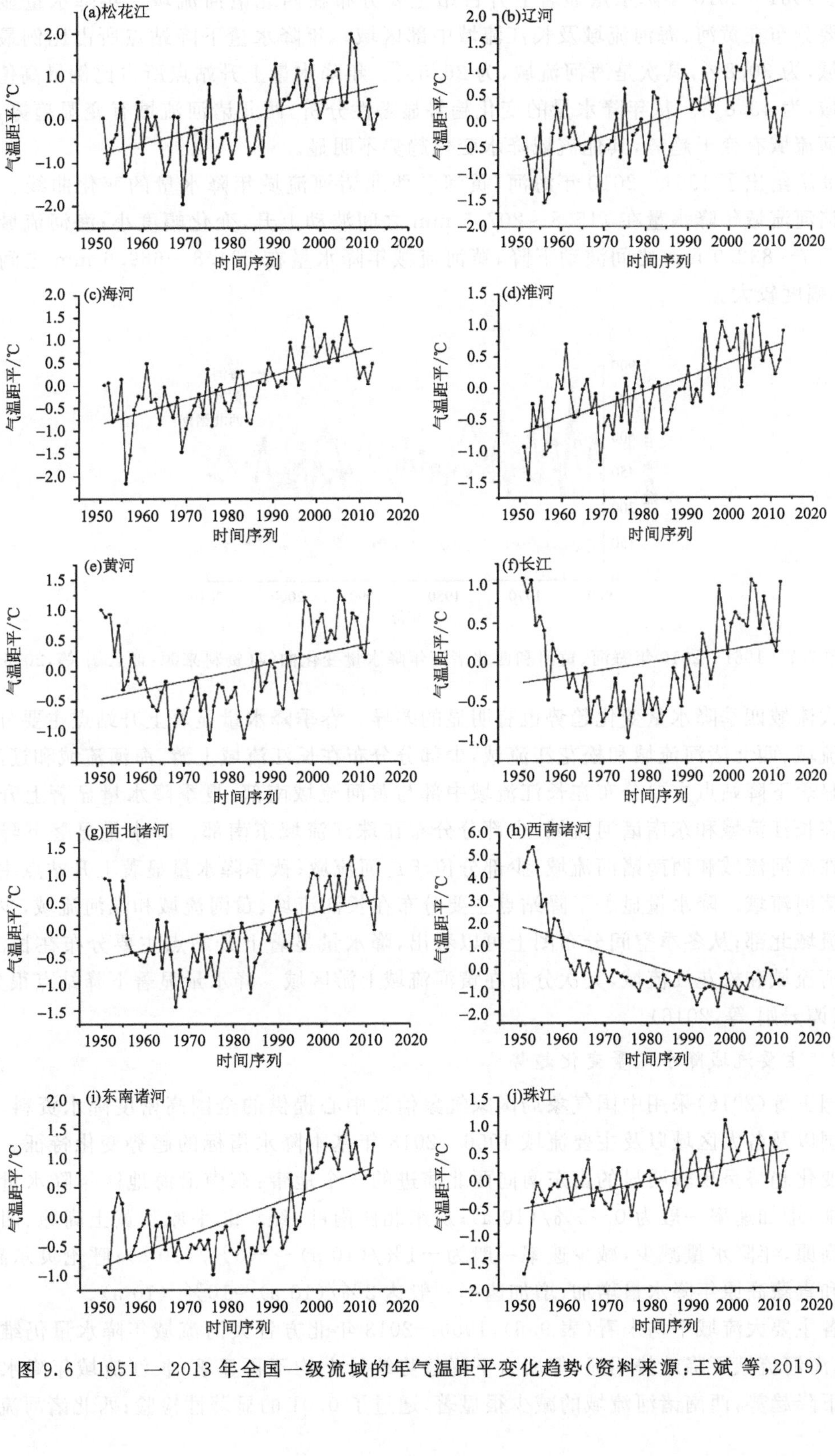

图 9.6　1951—2013 年全国一级流域的年气温距平变化趋势(资料来源:王斌 等,2019)

量最少。1961—2010 年降水量显著上升台站主要分布在西北诸河流域。年降水量显著下降台站主要分布在黄河、海河流域及长江流域中部区域。年降水量下降站点所占比例最高值为黄河流域，为 30.8%，其次是海河流域，为 26.5%。年降水量上升站点所占比例最高值为西北诸河流域，为 43.8%。从年降水量的变化趋势显著性分析，西北诸河流域有变湿趋势，海河流域和黄河流域有变干趋势，其他流域降水变化趋势不明显。

图 9.7 给出了 1961—2010 年海河、黄河和西北诸河流域年降水量的变化曲线。近 50 a 来西北诸河流域年降水量在 115.8～207.5 mm 之间波动上升，变化幅度小；海河流域年降水量在 357.7～832.9 mm 之间波动下降，黄河流域年降水量在 334.8～669.6 mm 之间波动下降，变化幅度较大。

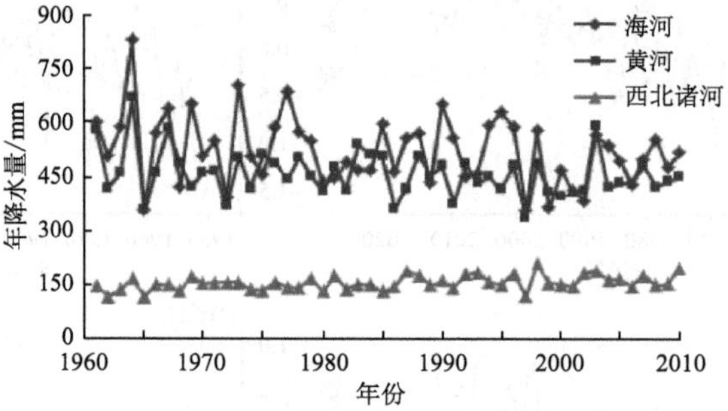

图 9.7　1961—2010 年海河、黄河和西北诸河年降水量变化曲线（资料来源：谭云娟 等，2016）

十大流域四季降水量变化趋势也有明显的差异。春季降水量显著上升站点主要分布在西南诸河流域、西北诸河流域和松花江流域，少部分分布在长江流域上游、海河流域和辽河流域。降水量显著下降站点主要分布在长江流域中部与黄河流域南部；夏季降水量显著上升站点主要分布在长江流域和东南诸河流域，少部分分布在珠江流域东南部。降水量显著下降站点主要分布在海河流域和西南诸河流域，少部分位于辽河流域；秋季降水量显著上升站点主要分布在西北诸河流域。降水量显著下降站点主要分布在长江流域、黄河流域和淮河流域，少部分位于珠江流域北部；从冬季空间分布图上可以看出，降水量显著上升站点主要分布在长江流域、西北诸河流域和松花江流域，其次分布在黄河流域上游区域。降水量显著下降站点很少，仅零星分布（谭云娟 等，2016）。

9.3.1.2　主要流域降水定量变化趋势

任国玉等(2016)采用中国气象局国家气象信息中心提供的全国高密度降水资料，更新分析了全国以及各大区域以及主要流域 1956—2013 年基本降水指标的趋势变化特征。中国年降水量变化趋势呈现较明显的由东南向西北演进的 3 个地带：东南沿海地区年降水量变化稳定或增加，增加速率一般为 0～5%/(10 a)；从东北西南部，经华北平原和黄土高原、四川盆地到云贵高原，年降水量减少，减少速率一般为 −1%/(10 a)～−5%/(10 a)；呼伦贝尔高原、西北地区和青藏高原年降水量增加，增加速率一般达 2%/(10 a)～10%/(10 a)。

从各主要大流域平均来看(表 9.6)，1956—2013 年北方各大河流域年降水量仍维持着减少趋势，海河流域下降趋势明显，但所有下降趋势统计上均不再显著；长江流域年降水量已开始出现下降趋势，西南诸河流域的减少很显著，通过了 0.01 的显著性检验；西北诸河流域降水量的增加变得也很显著。所有流域平均的降水日数均呈十分显著减少趋势。除东北和华北的松花江流域、辽河流域和海河流域外，所有其他大河流域平均的日降水强度均呈明显增加趋势（任国玉 等，2016）。

表 9.6　1956—2013 年中国十大流域降水量、降水日数和降水强度线性趋势（资料来源：任国玉 等，2016）

流域	降水量/(mm/(10 a))	降水日数/(d/(10 a))	降水强度/(mm/(d·(10 a)))
松花江	−3.53	−2.03**	0.04
辽河	−7.82	−2.70**	0.12
海河	−14.51	−2.94**	0.09**
黄河	−7.36	−2.72**	0.10**
淮河	−9.47	−5.28**	0.31**
长江	−3.02	−5.85**	0.25**
东南诸河	19.06	−6.86**	0.45**
珠江	6.82	−5.13**	0.33**
西南诸河	−3.46**	−11.85**	0.23**
西北诸河	6.27**	0.84	0.07**
全国	−0.39	−3.17**	0.17**

注：* 表示通过 0.05 显著性检验；** 表示通过 0.01 显著性检验。

9.3.2　近几十年主要流域降水年际变化特征

受季风气候的影响，中国大多数地区降水的年际变化较大。由于各地水汽来源及其变化程度的差异，其降水的年际变化相差很大。降水的年际变化，通常以变差系数 C_v、极值比（最大最小年降水量比值）及连丰连枯状况等来表示。

9.3.2.1　变差系数

年际变化大是中国降水的主要特点之一。中国降水的主要来源是夏季风，而夏季风的早晚、强弱、进退等有明显的年际差异。此外，寒潮的强弱和次数、台风的多少和路径，以及距海远近、地势地貌等都会影响降水的年际变化。一般来讲，降水量愈多的地区相对变率比较小，而降水量愈少的地区，相对变率比较大。降水年际变化的程度通常用降水变差系数（C_v）来表示。降水变差系数 C_v 值反映降水量总体系列离散程度，C_v 值越大，降水量的年际变化越大。

中国年降水变差系数存在随纬度变化的趋势[图 9.8（彩）]，西南、贵州和四川部分地区受西南季风的影响，C_v 值较为稳定，成为全国降水变率最小的地区，小于 10%，西南其他大部分地区和浙闽部分地区为 10%～15%；东部季风区在 35°N 以南是变率较小的地区，一般为 10%～20%，东南沿海一带大部分地区略为偏高，为 15%～20%；35°N 以北，变率逐渐增加，华北平原为最大，可达 30%，是中国东部季风区降水变率最大的地区，降水不稳定性显著。再往东北又逐渐减小，小兴安岭和长白山又出现了一个 10%～20% 的低变率区。西北地区大陆性气候显著，降水年际变率较大。除新疆北部和伊犁河谷地区变率较小（15%～30%）以外，西北地区一般年变率都在 50% 以上，是中国降水年际变化最大的地区，降水的稳定和可靠程度最差。降水变率大也造成北方地区洪旱灾害频繁发生（刘昌明，2014）。

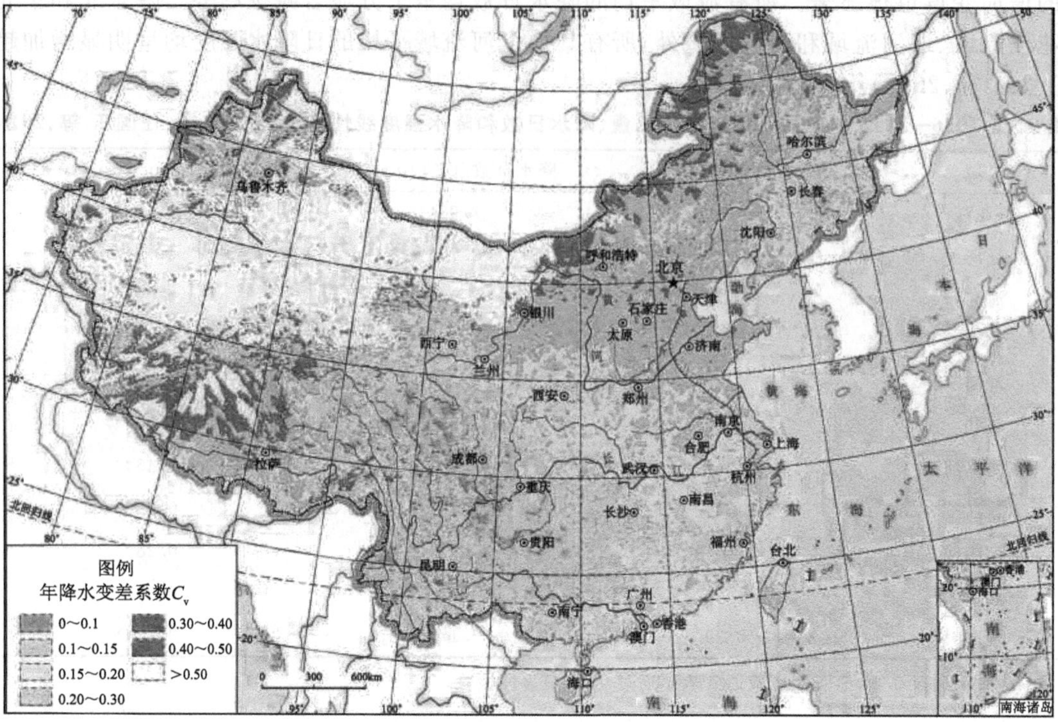

图 9.8(彩) 中国年降水变差系数分布图(1960—2001 年)(资料来源:刘昌明,2014)

9.3.2.2 极值比

中国年降水极值比 K_a(历年最大降水深与最小降水深之比值)在地区分布上与降水量有关。一般多年平均年降水量越小,则 K_a 值越大,反之则小。从 K_a 值的地区分布看,西北大于东南,北方大于南方。西北地区是中国年降水极值比最大的地区,西南则是年降水极值比最小的地区。西北地区除新疆西北山地降水量相对较多,K_a 值较小外,普遍最大年降水量极值比可超过 10;东北大部分地区 K_a 值一般为 2~4,个别地区可达 4~6;华北地区 K_a 值一般为 3~6,局部地区超过 6;江南和华南地区 K_a 一般在 4 以下;西南地区 K_a 值都在 2.5 以下(水利部水利水电规划设计总院,2014)。

9.3.2.3 连丰连枯情况

中国各地降水普遍存在连丰和连枯现象,其中北方地区尤为明显。年降水量的连丰、连枯分析以长系列雨量站的频率计算为依据,将频率为 37.5%的年降水量作为丰水年划分下限,将频率 62.5%的年降水量作为枯水年划分上限,分别统计各站连丰、连枯年段的年数以及连丰、连枯年段的平均年降水量于多年平均值的比值 $K_{丰}$ 和 $K_{枯}$。连续 2 a 或 2 a 以上的年降水量超过丰水年下限值即为连续丰水年段,对于连续丰水年段中间出现的一个平水偏丰年(年降水量小于丰水下限值而大于多年平均值),仍作为一个连续丰水年段统计;连续 2 a 或 2 a 以上年降水量低于枯水年上限值则为连续枯水年段。对于连续枯水年段中间出现的一个平水偏枯年(年降水量大于枯水年上限值而小于多年平均值),仍作为一个连续枯水年段统计。

表 9.7 列出部分长系列雨量代表站的降水连丰年段和连枯年段的分析成果。大多数雨量

站最长连丰、连枯年段年数为 3～7 a，$K_{丰}$值大多为 1.2～1.5 a，$K_{枯}$值大多为 0.7～0.8。北方地区连丰、连枯现象更为明显，如河北保定站 1954—1956 年的连续丰水年段，$K_{丰}$值达 1.88，1918—1922 年的连续枯水年段，$K_{枯}$值为 0.58；辽宁丹东站在 1912—1923 年出现了连续 12 a 的连枯年段，在 1958—1964 年出现了连续 7 a 的丰水年段（水利部水利水电规划设计总院，2014）。

表 9.7　中国部分长系列雨量代表站降水连丰、连枯分析（资料来源：水利部水利水电规划设计总院，2014）

站名	所在省级行政区	连续丰水年段				连续枯水水年段			
		起讫年份	年数/a	年均降水深/mm	$K_{丰}$	起讫年份	年数/a	年均降水深/mm	$K_{枯}$
黑河	黑龙江	1928—1929	2	783.6	1.50	1985—1989	5	418.9	0.80
哈尔滨	黑龙江	1928—1930	3	650.7	1.20	1972—1976	5	406.9	0.75
大连	辽宁	1959—1964	6	837.4	1.34	1936—1941	6	478.5	0.77
丹东	辽宁	1958—1964	7	1358.1	1.30	1912—1923	12	1031.2	0.98
沈阳	辽宁	1936—1940	5	843.4	1.21	1977—1982	6	580.7	0.84
北京	北京	1890—1894	5	1070.9	1.68	1940—1945	6	466.1	0.73
保定	河北	1954—1956	3	965.6	1.88	1918—1922	5	296.8	0.58
安阳	河南	1954—1959	6	763.8	1.39	1927—1931	5	349.6	0.64
呼和浩特	内蒙古	1958—1959	2	767.9	1.88	1923—1926	4	292.3	0.72
西安	陕西	1957—1958	2	792.6	1.39	1976—1980	5	478.6	0.84
青岛	山东	1910—1911	2	1077.4	1.62	1915—1921	7	478.0	0.72
芜湖	安徽	1905—1911	7	1535.8	1.28	1924—1929	6	922.8	0.77
祁门	安徽	1951—1957	7	2112.9	1.20	1960—1968	9	1451.9	0.82
安庆	安徽	1989—1991	3	1744.0	1.28	1932—1937	6	1070.0	0.79
解放大桥	福建	1935—1939	5	1546.1	1.11	1963—1971	9	1165.5	0.83
厦门	福建	1997—2000	4	1486.4	1.22	1962—1971	10	930.9	0.77
闸门	浙江	1951—1954	4	1874.8	1.27	1963—1969	7	1226.2	0.83
温州西山	浙江	1952—1954	3	2083.2	1.21	1892—1895	4	1298.6	0.75
梧州	广西	1964—1973	10	1557.9	1.13	1928—1934	7	1205.4	0.87
广州	广东	1940—1942	3	1909.0	1.16	1933—1939	7	1315.4	0.80
汕头	广东	1938—1948	11	1890.5	1.21	1977—1982	6	1352.5	0.87
下关	云南	1965—1967	3	1338.0	1.25	1975—1977	3	811.5	0.76
景洪	云南	1963—1967	5	1305.9	1.13	1987—1990	4	966.3	0.84

9.4　中国蒸散变化

在全球气候变暖的背景下，在各种气候要素的综合作用下，中国全国和区域水面蒸发、潜在蒸发和实际蒸散发生了显著而又复杂的变化。

9.4.1　中国水面蒸发变化趋势

9.4.1.1　全国近几十年水面蒸发总体变化趋势

任国玉（2007）利用 600 余个台站资料，对全国及主要流域蒸发皿记录的蒸发量及相关气候要素变化趋势进行了分析。结果表明,1956—2000 年期间,中国水面蒸发量呈显著下降趋势,东部、南部和西北地区下降更多。全国年蒸发量在 20 世纪 80 年代末以前下降明显,由 1840 mm 以上持续下降到 90 年代初期的 1740 mm 左右;90 年代以后呈轻微上升趋势。长期变化速率为—30.7 mm/(10 a),通过了信度 0.01 的显著性检验。1980 年前后变化趋势有明显的差异,之前的变化速率为—24.0 mm/(10 a),之后仅为—1.6 mm/(10 a)。季节分布上,冬季变化趋势不明显,1956—2000 年期间变化速率仅为—1.6 mm/(10 a);春季蒸发量变化明显,1956—2000 年期间变化速率为—9.5 mm/(10 a),且通过了信度 0.01 的显著性检验;夏季蒸发量变化幅度最大,由 20 世纪 60 年代平均 710 mm 持续下降到 90 年代的 670 mm,整个时段变化速率为—13.7 mm/(10 a),亦通过了信度 0.01 的显著性检验;秋季蒸发量变化与春季相似,从 60 年代开始呈缓慢的下降趋势,长期变化速率仅为—5.6 mm/(10 a)。区域分布上,除东北地区北部和西部、甘肃南部、西藏西部以及四川、云南、西藏交界地区显示增加趋势外,全国绝大部分地区年蒸发量呈减少趋势。中国东部和南部减少速率较明显,其变化速率均在—20 mm/(10 a)以下,特别是黄淮、江淮以及广西东部和广东西部,变化速率在—40 mm/(10 a)以下。中国西北部为减少趋势最大的区域,除新疆西南部外,新疆、青藏高原以及甘肃北部,绝大部分地区变化速率都在—40 mm/(10 a)以下,新疆东部和甘肃北部则达—150 mm/(10 a)左右。流域分布上,长江、海河、淮河、珠江以及西北诸河流域的年平均水面蒸发量均明显减少,海河和淮河流域减少尤为显著,黄河和辽河流域减少也较明显,但松花江和西南诸河流域未见明显变化。长江、淮河流域夏季减少速率最大,珠江、辽河以春季减少为主,海河、西北诸河流域春、夏两季都显著减少,黄河、东南诸河、西南诸河等流域四季均有轻度减少,松花江流域四季变化趋势都不明显(详见表 9.8)。全国多数地区日照时数、平均风速和温度日较差同水面蒸发量具有显著的正相关性,并与水面蒸发呈同步减少,为引起大范围蒸发量趋向减少的直接气候因子;地表气温和相对湿度一般在蒸发减少不很显著的地区与蒸发量具有较好的相关性,绝大部分地区气温显著上升,相对湿度稳定或微弱下降,表明其对水面蒸发量趋势变化的影响是次要的。

表 9.8 1956—2000 年全国和主要流域平均水面蒸发量变化速率(资料来源:任国玉,2007)

单位:mm/(10 a)

流域	冬季	春季	夏季	秋季	年
长江区	—3.5	—6.9	—17.9**	—7.4**	—37.5**
黄河区	—1.5	—9.7	—12.1	—2.0	—21.1
海河区	—2.3	—26.2**	—18.7**	—7.2	—51.7**
淮河区	—5.3	—11.0	—28.7**	—10.2	—54.6**
珠江区	—5.9	—14.3**	—6.0	—5.1	—35.9**
辽河区	3.5	—15.8**	—3.4	—0.6	—16.6
松花江区	1.3	—2.0	—2.6	0.7	—0.9
西北诸河区	—0.2	—13.6**	—23.2**	—8.0**	—38.2**
东南诸河区	—3.4	1.6	—10.7	—7.3	—19.8
西南诸河区	—1.7	—6.8	—4.8	—4.3	—22.8**
全国平均	—1.6	—9.5**	—13.7**	—5.6**	—30.7**

注:** 表示通过 0.01 显著性检验。

曾燕等(2007)利用中国 664 个气象站 1960—2000 年 20 cm 口径蒸发皿资料,借助地理信息系统平台(ArcGIS),分析了中国蒸发皿蒸发量的气候变化趋势(图 9.9)。结果表明,就中国平均而言,1960—2000 年中国蒸发皿蒸发量呈明显下降趋势,年蒸发皿蒸发量在 20 世纪 80—

90 年代较 60—70 年代下降了 99.8 mm，下降幅度为 5.8%；不同季节对照发现，蒸发皿蒸发量的下降主要表现在春季、夏季和冬季，秋季不明显；对蒸发皿蒸发量气候变化的空间分析表明，年蒸发皿蒸发量的下降主要表现在华东和中南地区。曾燕等(2007)指出的下降趋势与任国玉(2007)的结论总体上是吻合的。对蒸发皿蒸发量下降的原因，曾燕等强调日照百分率下降从而导致太阳总辐射的下降可能是近年来蒸发皿蒸发量下降的主要原因。

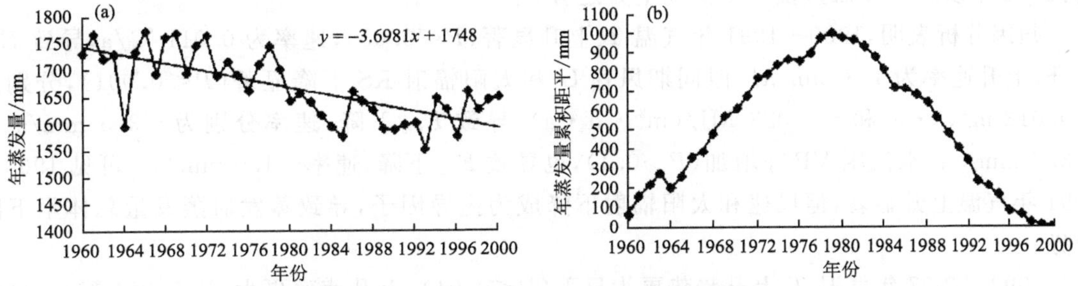

图 9.9 1960—2000 年中国年蒸发皿蒸发量特征变化曲线(资料来源：曾燕 等，2007)
(a)年蒸发量；(b)年蒸发量累积距平

申双和等(2008)利用中国 472 个气象站 1957—2001 年 20 cm 口径蒸发皿的实测资料，分析了中国小型蒸发皿蒸发量的变化趋势及其变化原因。结果表明，尽管在这 45 a 间中国年平均气温以 0.2 ℃/(10 a)的趋势递增，但是蒸发皿蒸发量总体上却以－34.12 mm/(10 a)的速度递减。蒸发皿蒸发量显著上升的地区只集中在少部分地区，如大兴安岭北部和北山地区；下降幅度最大的地区则集中在东部、西北北部和南部及西藏南部。对各气象因子的趋势分析和相关分析表明，影响蒸发量的主要因子为风速和日照时数。申双和等(2008)研究时段与曾燕等(2007)研究时段是重叠的，指出的小型蒸发皿蒸发量下降趋势也是一致的。

祁添垚等(2015)将全国分成东中南分区、西北分区和东北至西南的狭长分布带三个蒸发皿蒸发量变化差异区，利用 1960—2005 年蒸发皿蒸发资料，全面分析中国蒸发皿蒸发量变化特征、探究中国各气候区蒸发皿蒸发变化的敏感因子及主要影响因素。结果表明，位于中国西北部的新疆内流区、甘蒙内流区、青海内流区、西藏内流区及雅鲁藏布江流域，绝大部分地区蒸发皿蒸发量均呈显著下降趋势。海河、淮河、珠江、东南沿海、澜沧江与怒江、长江中下游及黄河中下游等流域，蒸发皿蒸发量均以显著下降趋势为主，其中显著上升的站点零星分布于澜沧江与怒江流域南部、东南沿海诸河流域及洞庭湖流域。而松花江、辽河、长江上游和黄河上游等流域，蒸发皿蒸发量上升趋势显著或者无明显变化。分析结果表明，在东南分区相关系数最大的为相对湿度(r=0.30)，其次为风速(r=0.21)，日照时数以及气温(r=0.18)。与年尺度变化相一致:4 种变量均通过了 95%置信水平检验，且相对湿度的相关系数最大，故相对湿度可为东南区蒸发皿蒸发量变化的敏感性因子。在西北区，与蒸发皿蒸发量年变化相关的气象因子，按相关性由大到小分别为相对湿度(r=—0.32)、气温(r=0.31)、风速(r=0.29)和日照时数(r=0.25)。但在冬季，气温(r=0.09)、风速(r=0.04)及日照时数(r=0.17)没有通过 95%置信水平检验，因而相对湿度为西北区蒸发皿蒸发量的敏感因子。在狭长分布带，敏感气象因子主要为相对湿度(r=－0.30)和风速(r=0.26)。然而风速在夏季与蒸发皿蒸发量的相关性没有通过 95%置信水平检验，因而，风速不是该区域内影响蒸发皿蒸发量变化的敏感性因子。由此推断，中国境内蒸发皿蒸发量下降的主要原因是大气相对湿度增加，这正是陆地/

水面蒸发增加、水循环加剧的重要表现，也是蒸发皿蒸发悖论在中国的主要体现。

Liu 等(2011)利用 518 个国家气象站月气象观测资料，分析了 1960—2007 年蒸发皿蒸发量(E_{pan})变化趋势。研究结果显示，1960—1991 年 E_{pan} 持续下降，下降速率为 −5.4 mm/a($P<0.001$)；1992 年 E_{pan} 出现拐点，1992—2007 年 E_{pan} 持续上升，上升速率为 7.9 mm/a($P<0.001$)。Liu 等(2011)的研究结果，其实与曾燕等(2007)、申双和等(2008)研究结果是一致的：1992 年以后蒸发皿蒸发量呈波动上升之势。

归因分析表明，1960—1991 年气温 T_a 上升显著($P<0.05$)，速率为 0.011 ℃/a，导致 E_{pan} 上升，上升速率为 1.3 mm/a。但同期风速 U 和太阳辐射 RS 下降显著($P<0.001$)，分别达 −0.012 m/(s·a)和 −0.023 MJ/(m^2·d·a)，导致 E_{pan} 下降，速率分别为 −3.5 mm/a 和 −2.7 mm/a。水汽压 VP 亦增加($P>0.1$)，也导致 E_{pan} 下降，速率 −1.0 mm/a。可见 1960—1991 年气温上升显著，但风速和太阳辐射下降成为主导因子，导致蒸发皿蒸发量总体呈下降趋势。

1992—2007 年气温 T_a 上升趋势更为显著($P<0.01$)，上升速率更大，达 0.064 ℃/a，导致 E_{pan} 上升速率高达 7.4 mm/a。同期风速 U 下降速率减缓($P<0.05$)，为 −0.007 m/(s·a)，导致 E_{pan} 下降速率为 −2.0 mm/a；而太阳辐射 RS 转为增加趋势($P>0.1$)，导致 E_{pan} 上升，上升速率 0.2 mm/a；水汽压 V_p 转为减小趋势($P>0.1$)，导致 E_{pan} 增加，速率为 1.7 mm/a。综合 1992—2007 年 4 个气候因素对蒸发皿蒸发量的影响，气温上升成为主导因子，导致蒸发皿蒸发量总体呈上升趋势(Liu et al.，2011)。

9.4.1.2 近几十年全国水面蒸发年际变化趋势

《中国水资源及其开发利用调查评价》(水利部水利水电规划设计总院，2014)对 1956—2000 年期间水面蒸发年际变化进行了评价。评价报告指出，由于影响水面蒸发量的气温、湿度、风速、日照和辐射等气象因素年际变化幅度相对较小，与降水、径流等水文要素的变化相比，水面蒸发量的年际变化相对较小。为了消除不同型号蒸发器折算系数的影响，仅选择具有长期连续观测的∅20 蒸发皿观测资料进行了分析。表 9.9 选列了部分测站 1956—2000 年年水面蒸发量系列的变差系数 C_v 值和极值比。蒸发变差系数 C_v 值反映蒸发量总体系列离散程度，C_v 值越大，蒸发量的年际变化越大，全国变化范围一般为 0.07～0.18，北方地区一般大于南方地区。极值比 K_a 为历年最大蒸发量与最小蒸发量之比，全国一般为 1.3～1.9，亦为北方地区一般大于南方地区。

表 9.9　1956—2000 年中国部分测站年水面蒸发量变差系数值 C_v 和极值比 K_a

(资料来源：水利部水利水电规划设计总院，2014)

站名	C_v	K_a	站名	C_v	K_a
吉林	0.09	1.55	广州	0.09	1.50
长春	0.12	1.76	深圳	0.09	1.61
哈尔滨	0.12	1.83	北海	0.09	1.47
嫩江	0.14	1.74	太原	0.08	1.42
大连	0.09	1.51	兰州	0.09	1.51
沈阳	0.13	1.65	贵德	0.10	1.44
天津	0.11	1.46	呼和浩特	0.10	1.59

续表

站名	C_v	K_a	站名	C_v	K_a
济南	0.12	1.60	泰山	0.10	1.52
石家庄	0.12	1.67	郑州	0.13	1.72
北京	0.12	1.91	三门峡	0.18	1.80
银川	0.07	1.33	合肥	0.09	1.39
上海	0.07	1.33	桂林	0.12	1.55
贵阳	0.08	1.42	大理	0.08	1.43
南京	0.08	1.46	元江	0.09	1.54
武汉	0.09	1.46	日喀则	0.12	1.64
沅江	0.11	1.54	二连浩特	0.06	1.37
福州	0.07	1.39	敦煌	0.07	1.31
杭州	0.10	1.64	吐鲁番	0.12	1.57
琼海	0.08	1.53	乌鲁木齐	0.17	1.90

9.4.1.3　近几十年典型流域水面蒸发变化趋势

(1)长江流域

上述研究对长江流域水面蒸发的变化趋势已作了总体上的概述。王艳君等(2006)利用长江流域 107 个气象站 1951—2000 年的 20 cm 口径蒸发皿逐日蒸发资料，专门分析了近 50 a 来，尤其是 20 世纪 90 年代长江流域的年和季节蒸发皿蒸发量的时空变化。研究结果表明：1951—2000 年，长江流域年平均蒸发皿蒸发量表现为显著下降趋势，尤以中下游地区下降趋势最为显著，年平均蒸发皿蒸发量的下降主要源于夏季和秋季蒸发皿蒸发量的显著下降；长江流域蒸发皿蒸发量具有明显的年代际变化。20 世纪 60 年代和 70 年代是长江全流域的高蒸发期，而 50 年代、80 年代和 90 年代为其低蒸发期，90 年代是全流域年平均和夏季蒸发皿蒸发量最低的时期，80 年代和 90 年代的距平分别为－25.9 mm 和－36.1 mm，春季、秋季和冬季蒸发皿蒸发量为次低的时期；20 世纪 90 年代长江流域蒸发皿蒸发量显著下降的地区主要分布在长江中下游地区除了洞庭湖水系下游的大部分地区，以及长江上游金沙江水系中下游和岷沱江水系的下游地区，最大负距平出现在鄱阳湖水系，距平值达－200 mm 以下，其他地区均为正距平(图 9.10)。

影响长江流域蒸发皿蒸发量的主要气象因子太阳净辐射和风速呈现显著下降趋势，气温表现为显著升高趋势，但中下游地区夏季温度微弱下降，降水微弱增加，但中下游地区夏季降水显著增加。因此，长江流域年平均太阳净辐射和风速的显著下降是年平均蒸发皿蒸发量显著下降的主要原因，而中下游地区夏季气温的微弱下降和降水的显著增加使得中下游地区夏季蒸发皿蒸发量下降趋势尤其显著(王艳君 等，2006)。

王艳君等(2006)研究结果显示，长江流域 20 世纪 90 年代是全流域年平均和夏季蒸发皿蒸发量最低的时期，这和十大流域的总体趋势有所区别，Liu 等(2011)和曾燕等(2007)研究结果均显示 20 世纪 90 年代十大流域蒸发皿蒸发量总体上呈增加趋势。事实上，下降的地区主要分布在长江中下游地区(图 9.10)，可见长江中下游地区水面蒸发有其特异性。

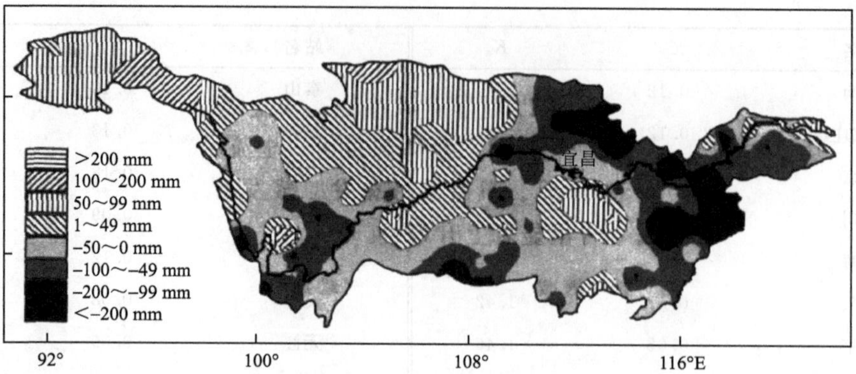

图 9.10　长江流域 20 世纪 90 年代平均蒸发皿蒸发量距平(相对于 1951—1990 年平均值)
(资料来源:王艳君 等,2006)

(2)黄河流域

柳春等(2013)利用黄河流域内 61 个气象站逐月观侧资料,使用 Mann-Kendall 非参数检验方法简称 M-K 方法对 1961—2010 年黄河流域小型蒸发皿蒸发量变化趋势进行了分析,并用 SVD 和多元回归方法检测影响蒸发量变化的因子。结果表明,黄河流域年蒸发皿蒸发量在 1961—2010 年间显著下降(图 9.11),达到了 0.01 显著性水平。20 世纪 60 年代和 70 年代,黄河流域蒸发量变化趋势不明显,80 年代明显下降,90 年代有上升的趋势。就季节变化而言,夏季蒸发量的变化率为－1.58 mm/a,相对其他季节更显著,对年蒸发量减少起了主导作用。年蒸发量的减少在下游地区最为显著,变化率可达－8.35 mm/a,中游为－2.35 mm/a,上游为－2.38 mm/a,均达到 0.05 显著性水平。上游春季蒸发量的减少对年蒸发的变化贡献最大。中游夏季蒸发量减少对年蒸发的变化贡献最大。下游春、夏季蒸发量显著减少。

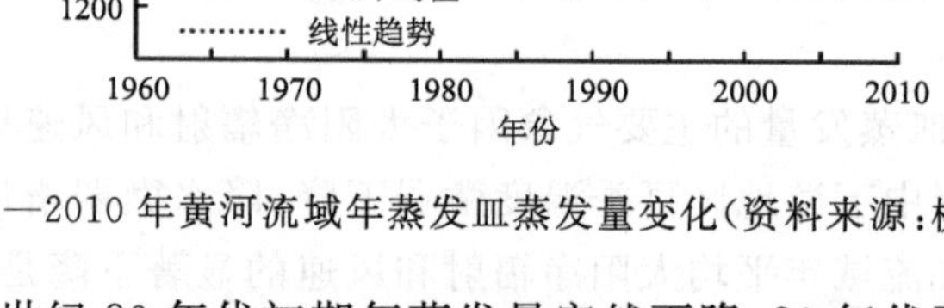

图 9.11　1961—2010 年黄河流域年蒸发皿蒸发量变化(资料来源:柳春 等,2013)

由图 9.11 可见,20 世纪 80 年代初期年蒸发量突然下降,80 年代平均值比 70 年代的平均值减少 7.1%。用 M-K 方法对黄河流域的年蒸发量进行突变分析,发现蒸发量在 1979 年发生了突变,进入 80 年代后迅速下降,在 80 年代末期后下降趋势明显,达到 0.01 显著性水平。用同样的方法对不同季节的平均蒸发量进行检验,发现春、夏季同全年的蒸发量突变点一致,都是在 1979 年前后,说明蒸发量的变化主要发生于春、夏季。在各区域中,上游各季节蒸发量突变均发生于 70 年代中期,在中游各季节的蒸发量都没有明显的突变,下游年及春、夏季蒸发量突变发生在 70 年代末期，秋、冬季节没有明显突变，同全流域一致。通过建立多元回归模型发现，流域内蒸发量增加的地区主要是由气温上升所导致，而减少的地区则是由风速减小所致。

柳春等(2013)指出黄河蒸发皿蒸发量 20 世纪 80 年代出现突变，由波动状态转为显著减少趋势，应是黄河蒸发皿蒸发量变化特点之一；90 年代又呈增加趋势，应是特点之二，这与 Liu 等(2011)和曾燕等(2007)指出的趋势是一致的；21 世纪前 10 a 又呈波动状态，变化趋势不明显，应是黄河蒸发皿蒸发量变化特点之三。

9.4.2　中国潜在蒸散变化趋势

如前所述，潜在蒸散(ET_0)是指假设平坦地面被特定矮秆绿色作物全部遮蔽，同时土壤保持充分湿润情况下的蒸散量，也称可能蒸散量或参考蒸散量，它是表征大气蒸发能力的一个量度，是实际蒸散的理论上限值，也是计算实际蒸散的基础。同时，潜在蒸散是农田灌溉管理、作物需水量估算、稀缺资料地区水量平衡等研究中的重要参量，分析其对气象因子的敏感性有助于农业水资源优化配置和气候变化对水资源的影响研究(刘昌明 等，2011)。

9.4.2.1　潜在蒸散变化趋势

高歌等(2006)对 1956—2000 年中国及十大流域的研究得出，除松花江流域外，全国绝大多数流域的年和四季的潜在蒸散量 ET_0 均呈现减少趋势，南方各流域(西南诸河流域除外)年和夏季减少趋势尤其明显。1980—2000 年和 1956—1979 年两时段多年平均年 ET_0 差值表明，中国大部分地区 1980—2000 年时段较前一时段减少，山东半岛、黄河和长江源区、西南诸河的中西部以及宁夏等地则增多。

尹云鹤等(2010)基于 603 个气象站点的实测数据和校正的 FAO56-Penman-Monteith 模型研究了 1971—2008 年中国 ET_0 的空间分布特征和时间演变规律。发现 1971—2008 年中国年平均 ET_0 呈显著减少趋势，主要发生在 20 世纪 90 年代以前，自 1993 年开始 ET_0 有所增加。ET_0 减少变化主要归因于风速的减小和日照时数的减少。

刘昌明等(2011)根据中国 1960—2007 年的 653 个气象台站的常规气象观测资料，采用优化太阳辐射计算的 Penman-Monteith ET_0 计算方法，分析了中国十大流域片区的 ET_0 变化趋势对最高气温、最低气温、风速、太阳辐射、水汽压的敏感性及其区域分异。研究结果表明：中国十大流域片区，松花江流域片区和黄河流域片区 ET_0 以 3.775 mm/(10 a)和 1.092 mm/(10 a)的速度呈微弱的上升趋势，其他八个流域片区 ET_0 均呈下降趋势，全国范围内 ET_0 的减小趋势为 6.204 mm/(10 a)。1960—2007 年全国范围内 ET_0 整体上呈下降趋势，但 1993 年以后，转而呈上升趋势。敏感性分析显示，全国范围内，ET_0 对气象因子的敏感性为：水汽压＞最高气温＞太阳辐射＞风速＞最低气温；且各敏感系数与海拔有一定的线性相关性。1960—2007 年，潜在蒸散对最高气温的敏感性呈下降趋势，而对最低气温、风速、太阳辐射和水汽压的敏感性呈上升趋势。

吴霞等(2017)基于中国 552 个气象站点逐日气象资料，利用 Penman-Monteith 公式，专门计算分析了 1961—2015 年中国 ET_0 的时空分布特征和变化趋势。1961—2015 年，整体上中国年平均 ET_0 以 0.52 mm/a 的速率减少，55 a 共减少 28.6 mm，相对变化量为 2.5%(图 9.12)，减少趋势通过了信度 0.01 的显著性检验。1961—2015 年中国 ET_0 总体趋势是减少的，但20世纪90年代以后存在上升趋势（图9.12）。通过对近几个年代ET_0分别做线性回归，发现全国范围内20世纪60—80年代各年代ET_0均呈下降趋势，1961—1990年整体也呈下降趋势且通过了0.01的显著性检验，该下降趋势主要受风速、日照时数和最高气温影响较大。90年代以后各年代ET_0均呈增加趋势，1991—2015年整体也呈上升趋势且通过了0.01的显著性检验，该上升趋势主要受水汽压、日照时数和最低气温的影响。

综上所述，中国年平均ET_0 20世纪80年代显著减少，但自80年代开始ET_0有所增加，这一趋势与蒸发皿蒸发量变化趋势是一致的。

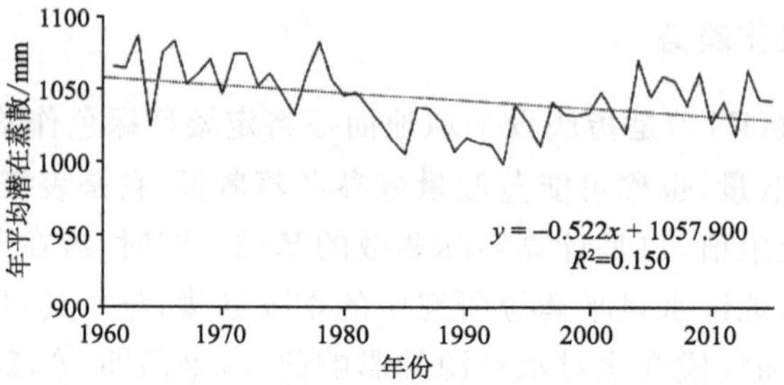

图9.12 1961—2015年中国年平均潜在蒸散变化趋势（资料来源：吴霞 等，2017）

9.4.2.2 潜在蒸散年际变化特征

吴霞等（2017）研究结果表明，1961—2015年全国各干湿气候区的ET_0在各年代的变化不大。从区域上看，中国西北部在20世纪60年代和70年代ET_0高于1200 mm的范围较大，之后开始缩小，到2000年后范围又略有扩大，但仍小于70年代；西南部ET_0高于1200 mm的范围在20世纪60—90年代较小，2000年之后范围扩大。长江和黄河中上游地区在20世纪60—70年代低于900 mm的范围较小，之后开始扩大，2000年后范围显著缩小；长江下游地区20世纪60年代ET_0较高，之后逐渐减小。20世纪60年代—21世纪10年代各年代全国平均ET_0分别为1063 mm、1058 mm、1025 mm、1024 mm、1045 mm和1041 mm；与1961—2015年平均值的差值分别为20 mm、15 mm、－18 mm、－19 mm、2 mm和－2 mm。各年代内，干旱区ET_0均为最高值，其次是湿润区，其均值高于全国平均值；半干旱区次低，半湿润区最低。

9.4.3 中国实际蒸散变化趋势

如前所述，实际蒸散（ET）表示陆面上所有形式的液态水到气态水相变发生的实际水量，包括河流、湖泊等一切水体水面蒸发、植被与作物的蒸腾以及土壤与潜水蒸发。ET的获取可以分为观测和模型模拟两种方法。基于地面观测的资料可获得长时间序列的ET信息，但站点观测值并不能提供ET的空间分布特征，尤其是在观测站点稀疏的地区，所以前期多是依仗模型模拟计算ET数值。这些模拟计算以水量平衡法为主，可以得到较为准确的多年平均ET值，然而难以得到较高时间分辨率的ET空间分布。近期NASA的MODIS全球蒸散发产品MOD16，提供了较高时空分辨率的陆面蒸散数据集，已在全球得到了较为广泛的应用（贺添等，2014）。

9.4.3.1 全国实际蒸散变化趋势

Gao等（2007）采用改进的水量平衡模型，对中国1960—2002年ET进行计算，结果表明，

100°E 以东的大部分地区 ET 呈下降趋势，而 100°E 以西以及东北北部区域 ET 呈上升趋势。在中国南方，实际蒸散 ET 趋势的空间分布与潜在蒸散 ET_0 趋势的空间分布相似；而在中国北方，ET 趋势的空间分布与 ET_0 趋势的空间分布正好相反。总体上，中国西部地区水分循环有所加强，而黄河以北地区有所减弱。

郦龙飞等(2012)应用 NOAH 陆面模式模拟了中国 1986—2009 年中国陆地蒸散量和土壤含水量变化趋势，并按照六大片区和 5 种生态系统类型进行了统计分析。研究表明，中国陆地蒸散量总体呈增加的趋势，年内蒸散量最大的月份是 7 月，年末和年初蒸散量较小。中南、西南、华东、东北和西北蒸散量变化趋势和全国的总趋势一致，呈增加的趋势。华北地区蒸散量总体趋势是下降的，华北蒸散量最大的是 20 世纪 90 年代。华北地区植被以低矮作物为主，加上温度增加，降水减少，干暖化趋势加剧，导致显热增加，潜热通量减少，蒸散减弱。

田静等(2012)利用 NOAH 陆面模式模拟了 1986—2005 年间中国地表蒸散的时空变化特征及其原因。结果表明，华北地区年蒸散量有下降趋势，其余 5 个地区的年蒸散量都呈增加趋势。变化最大的地区依次为中南，增加趋势 200 mm/(20 a)，西南，增加趋势 150 mm/(20 a)，华东，增加趋势 130 mm/(20 a)，华北，下降趋势 80 mm/(20 a)，东北和西北变化不显著。田静等(2012)等与郦龙飞等(2012)研究时间尺度大体重叠，得出的 ET 变化趋势也基本一致。

杨秀芹等(2015)基于 GLEAM 遥感蒸散模型，模拟研究中国地表蒸散时空变化特征。结果表明，1980—2011 年中国平均地表蒸散呈显著的上升趋势(图 9.13)，上升速率为 12.3 mm/(10 a)；中国各栅格地表蒸散量变化速率为－86.5～108.7 mm/(10 a)，地表蒸散减少的面积占 28.4%，9.45%的区域地表蒸散呈明显减少、显著减少及急剧减少趋势，主要位于内蒙古东部、青藏高原西部(新疆西部及东北部、西藏西北部)、甘肃南部等地；地表蒸散增加的面积占 71.6%，18.2%的区域地表蒸散呈显著增加、急剧增加的趋势，主要位于海河区的河北南部及山东西北部、淮河流域的山东半岛、黄河区的青海东部、长江中下游区的四川东部、山西南部、湖北、湖南、安徽、江西等地、东南诸河区、珠江区及云南南部等；各栅格年蒸散的变化趋势主要由夏季蒸散变化趋势主导，春季、秋季、冬季对年蒸散变化趋势的影响较弱。

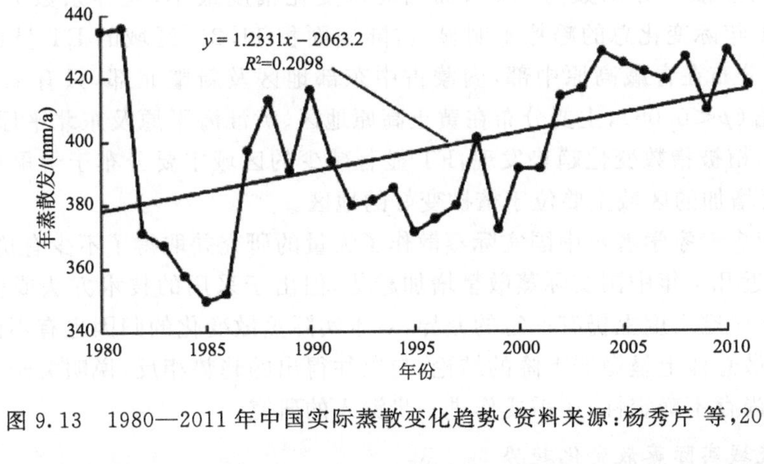

图 9.13　1980—2011 年中国实际蒸散变化趋势(资料来源：杨秀芹 等，2015)

上述研究均指出中国实际蒸散整体上呈上升趋势，刘波等(2010)的研究却得出整体下降的趋势。刘波等(2010)根据降水量将中国划分为干旱、半干旱、湿润和半湿润 4 个区域，开展不同区域中蒸发皿蒸发和多个模式模拟的实际蒸发的集成结果对比研究，探讨和分析在不同干湿背景下蒸发皿蒸发和利用观测的气象数据驱动的陆面过程模型模拟的实际蒸发之间的关系(图 9.14)，并对导致这种关系的原因进行了分析。结果显示，1960—2005 年，无论是中国整体还是不同的干湿区域蒸发皿蒸发都表现为明显的下降趋势，并且都通过了 99%的置信水平。中国年总蒸发皿蒸发累积距平的变化表明，1960—1980 年的年总蒸发皿蒸发高于 1960—2005 年的平均值，在 1980 年以后基本上低于 1960—2005 年的平均水平，在 2000 年以后蒸发皿蒸发的数值有所回升。实际蒸发在中国整体上表现为下降趋势，这与湿润和半湿润区的变化趋势一致，而在干旱和半干旱区，实际蒸发表现为上升的变化趋势。全国整体、湿润区和半湿润区下降速率分别为－1.10 mm/(10 a)、－6.22 mm/(10 a)和－2.96 mm/(10 a)；干旱区和半干旱区上升速率分别为 3.06 mm/(10 a)和 1.71 mm/(10 a)。对比不同干湿区域的结果发现，在干旱和半干旱区，蒸发皿蒸发和实际蒸发表现为相反的变化趋势，在半湿润和湿润区，蒸发皿蒸发和实际蒸发表现为相同的变化趋势，在中国整体上蒸发皿蒸发和实际蒸发在总体上也具有一致的变化趋势。归因分析表明，在以干旱为主的区域，决定蒸发皿蒸发和实际蒸发最重要的因子不同，前者是能量，后者是水分，因此两者以相反的变化趋势为主；在以湿润为主的区域，能量的大小是决定蒸发皿蒸发和实际蒸发的最重要因子，因此两者以相同的变化趋势为主。

Ma 等(2019a)采用 CR 模型，模拟了中国 1982—2012 年中国地表实际蒸散 ET。模拟结果表明，中国 31 a 间年均 ET 为(406±15)mm/a，其分布呈从东南至西北衰减之态。1982—2012 年，全国呈微弱的减少趋势，减少速率为－0.5 mm/a(p=0.86)。在西部大部分地区和东北地区，年均 ET 上升显著；而在华北平原和东南、南方沿海许多地区，年均 ET 上升显著。就年均 ET 变化的空间分布而言，Ma 等(2019a)的模拟结果与 Gao 等(2007)类似；但就全国年均 ET 变化总体趋势而言，Ma 等(2019a)得出整体上微弱减少的结果，这与刘波等(2010)的结论是一致的。

贺添等(2014)基于 MODIS 全球 ET 产品(MOD16)，分析了 2001—2010 年中国 ET 的时空格局变化。结果表明，2001—2010 年，中国年均 ET 为(532±10)mm，年内 ET 值变化最大的是东北区，月均蒸散变异系数为 0.87，而西北区变化幅度最小，变异系数为 0.19；2001—2010 年，中国 ET 年际变化总的趋势不明显，占陆地面积 11.2%区域的 ET 呈显著减少趋势(p<0.05)，主要分布在青藏高原中部，内蒙古中东部地区及新疆北部，只有 2.3%的区域的 ET 增加趋势显著(p<0.05)，主要分布在黄土高原地区、黄淮海平原及东北平原；通过对比干旱指数变化趋势、植被指数变化趋势发现，ET 显著减少的区域主要分布于干旱加剧的半干旱地区，而 ET 显著增加的区域主要位于植被变好的地区。

综上所述，很多专家学者对中国实际蒸散作了大量的研究并取得了不少有价值的成果，多数文献的结论是近几十年中国实际蒸散呈增加趋势，但由于采用的技术方法或应用的模型不同，得出的结论在时空尺度上仍有一定的差异，对于实际蒸散变化的归因也有不同意见。一些文献得出实际蒸散总体上呈微弱下降的结论，与以往得出的趋势相反，说明关于中国实际蒸散的变化在科学上尚存不确定性，还需要作进一步深入的研究。

9.4.3.2　主要流域实际蒸散变化趋势

对于中国主要流域实际蒸散变化趋势，也有大量的研究。近几十年来，总体上海河、长江、东南诸河和珠江蒸散皆呈显著减小趋势，而在黄河、淮河、辽河和西南诸河流域，蒸散变化并不明显。在松花江和西北诸河流域，实际蒸散则呈增加趋势。除珠江和东南诸河，其余八个流域

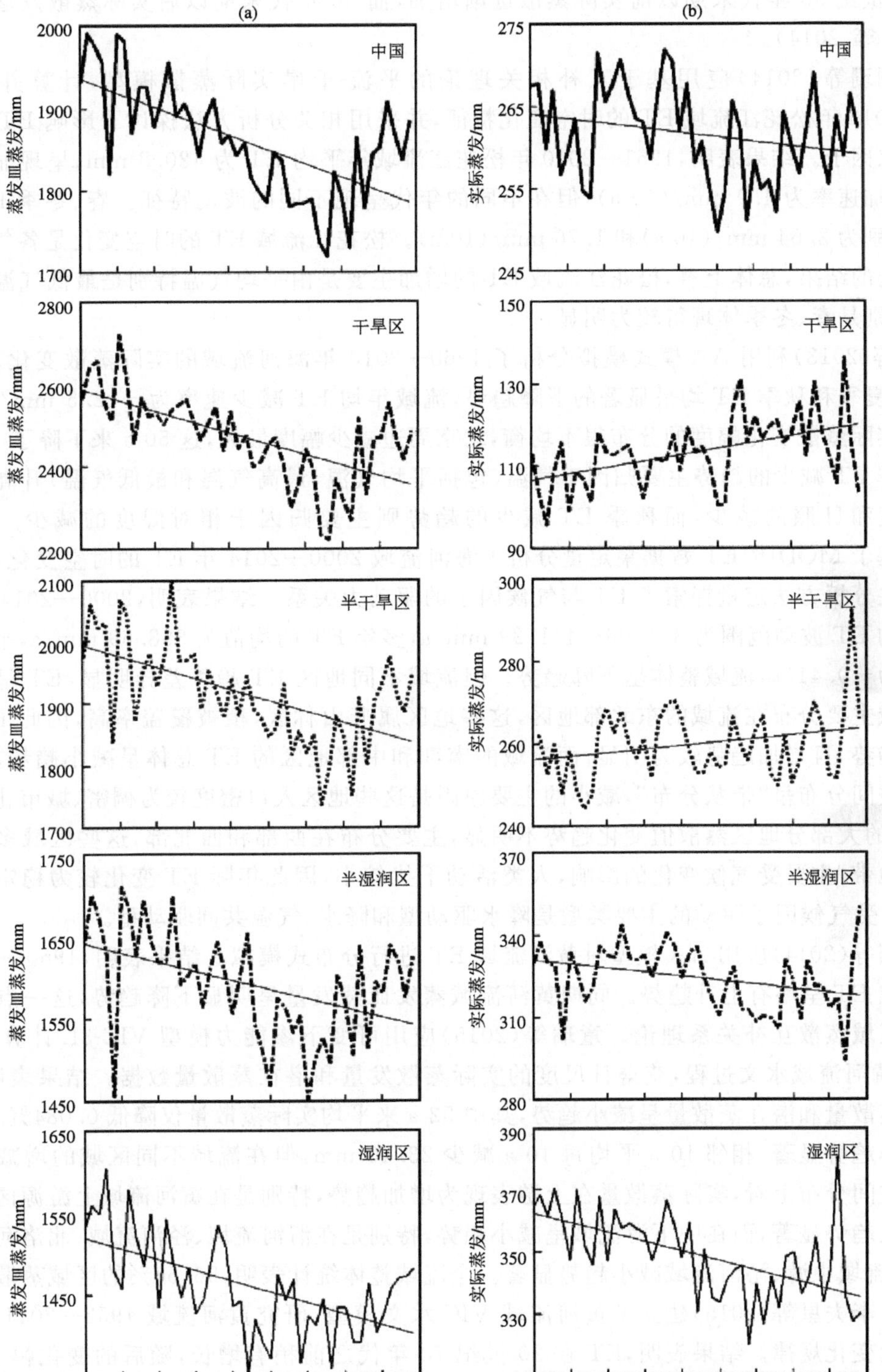

图 9.14 1960—2005 年中国及不同干湿区蒸发皿蒸发(a)和实际蒸发(b)的时间变化

(资料来源:刘波 等,2010)

皆在20世纪90年代末期以前实际蒸散逐渐增加，而90年代末期以后实际蒸散发逐渐减小(李修仓 等，2014)。

温珊珊等(2014)应用基于互补相关理论的平流-干旱实际蒸散模型，计算并分析了1961—2010年松花江流域ET的时空变化特征，并采用相关分析方法探讨了影响ET变化的主要气象因子。结果表明，1961—2010年松花江流域年平均ET为420.8 mm，呈现显著增加趋势，增加速率为4.9 mm/(10 a)，但在不同的年代呈现不同的波动特征。春、冬季ET增幅明显，分别为2.64 mm/(10 a)和1.76 mm/(10 a)。松花江流域ET的时空变化是各气象要素共同影响的结果，总体上看，松花江流域ET的增加主要是由平均气温特别是最低气温的增加引起，特别是春、冬季体现得较为明显。

Li等(2013)利用AA模式模拟分析了1960—2010年海河流域的实际蒸散变化，指出流域年均、夏季和秋季ET均呈显著的下降趋势，流域年均ET减少速率为－12.5 mm/(10 a)。流域内实际蒸散变化幅度的分布很不均衡，北京周边减少幅度最大，这50 a来下降了40 mm。海河夏季ET减少的趋势主要归因于气温(包括平均气温、最高气温和最低气温)升高背景下相对湿度和日照的减少，而秋季ET减少的趋势则主要归因于相对湿度的减少。黄葵等(2019)基于MOD16/ET数据集定量分析了海河流域2000—2014年ET的时空变化特征，并采用相关分析方法定量探索了ET与气候因子的驱动力关系。结果表明，2000—2014年海河流域年均ET波动范围为371.96～441.29 mm/a，多年ET的均值为398.69 mm/a，平均相对变化率为－0.41%，流域整体呈下降趋势。但流域不同地区ET趋势差异明显，ET呈增加趋势的区域主要分布在流域的东北部地区，这些地区属燕山林区，植被覆盖率高，因此ET总体呈增加趋势，且增加趋势较为明显；而流域的南部和中部地区的ET总体呈减小趋势，且减小趋势的空间分布呈“带状分布”，减小的主要原因是这些地区人口密度较为稠密、城市化效应明显；剩下的大部分地区蒸散值变化趋势不明显，主要分布在西部和西北部，这些区域多为山区和高原地带，主要受气候变化的影响，人类活动干扰较小，因此年际ET变化较为稳定。海河流域ET受气候因子驱动的主要类型是降水驱动型和降水、气温共同驱动型。

曾燕等(2014)应用AA模型对黄河流域ET进行分布式模拟。结果表明，1960—2000年黄河流域ET呈略有上升趋势。同期黄河流域蒸发皿蒸发量呈明显下降趋势，这一点进一步印证了区域蒸散互补关系理论。童瑞等(2015)应用可变下渗能力模型VIC-3L计算1961—2012年黄河流域水文过程，获得日尺度的实际蒸散发量和潜在蒸散量数据。结果表明，总体上实际蒸散量和潜在蒸散量呈减小趋势，其中52 a来平均实际蒸散量仅降低0.084%，潜在蒸散量减小趋势显著，相邻10 a平均每10 a减少23.40 mm，但在流域不同区域的增减趋势不同。从空间分布上看，实际蒸散量在上游表现为增加趋势，特别是在黄河流域上游源区实际蒸散量增大趋势显著，而在中下游流域呈减小趋势，特别是在渭河流域、泾河流域、北洛河流域上游、汾河流域中游、沁河流域减小趋势显著。全流域整体统计表明，56.50%的区域蒸散量呈减小趋势。李夫星等(2015)建立了黄河流域VIC水文模型，研究黄河流域1952—2011年水文气象要素变化规律。结果表明，ET在20世纪70年代之前稍有增长，随后的变化幅度不大，在20世纪90年代中期发生突变以后，ET开始有明显下降的趋势。进入21世纪以后，ET比多年平均值减少了3.40%。对于黄河流域ET的研究，由于研究时段和选用模型不同，研究结果也不尽相同。

杨秀芹等(2015)利用GLEAM产品分析了1980—2011年淮河流域地表蒸散时空变化。

结果表明，1980—2011 年淮河流域平均的年地表蒸散量变化范围为 588.6～767.8 mm，且存在显著的上升趋势（线性拟合曲线 r 值达到了 0.384，通过了信度 0.05 的显著性检验），上升速率为 22.2 mm/(10 a)。淮河流域大部分区域地表蒸散量呈增加趋势，淮河流域年地表蒸散量减少的区域面积较少，主要分布在淮河流域东部和苏北平原东部的盐城射阳一带，该区全年地表蒸散量呈减少趋势，其余地区全年地表蒸散量均呈上升趋势，尤其是在淮河流域南部及淮河流域东北部上升速度较快，上升速率在 30～70 mm/(10 a)，主要分布在豫东平原开封、商丘一带及六安、淮南、滁州一带，该区 NDVI 植被覆盖指数也较高。杨秀芹等（2019）又基于 MOD16/ET 数据集定量分析了淮河流域 2000—2014 年 ET 的时空变化特征，结果表明，15 a 期间 ET 变化范围为 531.7～634.0 mm，多年平均值为 588.2 mm。15 a 期间 ET 变化未通过信度 0.05 的显著性检验，地表蒸散变化趋势不显著，呈不显著的下降趋势，下降速率为 −25.1 mm/(10 a)。

王艳君等（2010）采用 AA 模型和全球海气耦合模式 ECHAM5/MPI-OM，估算长江流域 1961—2007 年的实际蒸发量。结果表明，长江流域实际蒸发量（1961—2007 年）呈显著的下降趋势，2 种方法估算的结果分别以 −9.3 mm/(10 a)和 −3.6 mm/(10 a)的速度下降，从 20 世纪 90 年代开始实际蒸发量的下降幅度明显增大。在季节变化上，2 种方法估算的结果在春、秋季均呈现显著的下降趋势，在夏、冬季表现为相反的变化趋势。在空间分布上，除了长江上游源头区金沙江流域主要表现为年实际蒸发量的增加趋势外，其他区域基本上以实际蒸发量的显著下降趋势为特点，其中以中下游地区的变化趋势最为显著。郭媛（2012）利用长江流域 147 个气象站点近 50 a 的地面观测数据，亦通过平流-干旱模型（AA）和全球海气耦合模式 ECHAM5/MPI-OM 估算长江流域 1960—2010 年实际蒸发量及时空变化规律。主要结论为长江流域实际蒸发量在过去的 50 a 呈现明显下降趋势，全流域气候变化率为 −6 mm/(10 a)（通过 99% 的置信水平），上游地区实际蒸发量气候变化率比中下游地区变化率快，上游地区实际蒸发量的年际，季节下降变化趋势均比中下游地区明显。这两项研究时段基本重叠，采用的模型相同，得出的变化趋势基本一致，但区域分布上有差异。

李修仓等（2014）采用 AA 模型，根据 60 个气象站 1961—2010 年气象资料，计算并分析了珠江流域实际蒸散（ET）的时空变化特征。结果表明，珠江流域多年平均实际蒸散量为 665.6 mm/a，1961—2010 年珠江流域实际蒸散量呈明显的下降趋势，下降幅度为 −24.3 mm/(10 a)。M-K 趋势检验结果显示，年及春、夏、秋三个季节实际蒸散的下降趋势达到了 0.01 显著性水平，冬季实际蒸散的下降趋势达到了 0.1 显著性水平。夏秋季节实际蒸散的下降对年际尺度实际蒸散的下降具有明显的贡献。空间分布上，东部沿海区域实际蒸散具有非常明显的下降趋势（显著性水平为 0.01），这一区域对应年际实际蒸散的高值区域。流域中部存在一条东北—西南走向的无明显变化趋势区域，对应于年实际蒸散的低值区域。流域西部总体呈现下降趋势，有三处区域呈显著增加趋势，其中两处基本对应于年实际蒸散的高值中心，一处对应于年 ET 的低值中心。气温日较差和日照时数的下降以及大气压的增加使得辐射能量项的下降，是造成实际蒸散下降的主要原因；平均气温、最高气温、最低气温的上升使空气动力学项呈现增加趋势，从而在一定程度上贡献于实际蒸散的下降。春、秋、冬三季平均风速的下降引起空气动力学项的下降趋势或减缓其增加趋势，反过来在一定程度上减缓了实际蒸散的下降趋势。靖娟利等（2019）基于 2000—2014 年的 MOD16/ET 数据集，分析了珠江流域 15 a 间 ET 变化过程及空间格局，并探讨了不同地表类型 ET 的差异性变化特征。研究表明，流域内 ET

年际波动较大，变化范围为 941.00～1002.93 mm/a，变化率为 0.32 mm/a，整体呈微弱增加趋势。ET 增加区域占 54.13%，显著增加区域占 7.15%；ET 减少的区域占 43.55%，显著减少的区域占 4.68%；ET 基本稳定的区域仅占 2.32%。经统计分析发现，低值区集中分布在南盘江流域、右江流域和北江流域，高值区散布于各流域。

蹇东南等基于 1961—2013 年塔里木河流域气象、水文站观测资料，采用 AA 模型，计算并分析塔里木河流域 ET 时空变化特征及变化的可能原因。结果表明，1961—2013 年 ET 呈现先增后减、总体增加的趋势（通过 0.01 的显著性检验），增加速率为 11.1 mm/(10 a)。1996 年为转折点，1961—1996 年增加速率为 26.3 mm/(10 a)，1997—2013 年减小速率为 37.4 mm/(10 a)。流域大部分地区 ET 都呈现明显增加的趋势（置信水平大于 95%）。春季、夏季、秋季 ET 的变化趋势与年 ET 变化趋势基本一致，冬季 ET 变化不明显。

9.4.3.3　关于“蒸发悖论”的讨论

在全球气候变暖背景下，一般认为温度升高将使地球表面的空气变干，会增加陆地表面的蒸散量。然而，根据美国和苏联的蒸发皿观测数据，Peterson 等（1995）在 Nature（《自然》期刊）上发表文章指出，在过去 50 a 间，尽管气温持续升高，但观测到的蒸发皿蒸发量却在持续下降。Michael 等（2002）将这种预期值与观测值的相悖称为“蒸发悖论”（evaporation paradox）。这一现象在印度、澳大利亚、中国等许多地区都得到了验证。与此同时，研究发现，同样反映充分供水条件下的潜在蒸散在世界许多地区包括中国一些地区也呈现下降的趋势。

关于“蒸发悖论”的机理，曾经有 3 种解释，即蒸散互补（complementary evapotranspiration）、太阳辐射减少（global dimming）和风速减小（wind stilling）。根据蒸散互补理论，潜在蒸散的变化与实际蒸散的变化呈反比，潜在蒸散的减少印证了全球变暖导致的实际蒸散增加。然而蒸散互补仅适用于干旱地区，在湿润地区，实际蒸散受潜在蒸散控制，两者呈正比关系，无法利用蒸散互补解释潜在蒸散降低的现象。1956—2005 年全球很多区域日照时数和太阳总辐射减少，到达地面太阳辐射量的减少会使蒸发所需要的能量减少，导致潜在蒸散减少。根据地面器测记录，全球中纬度地区近地表风速减小，中国平均风速在近几十年来也存在显著减弱的变化趋势，因此不断有研究将主要原因归为风速变化。以上研究为解释潜在蒸散奠定了基础，然而关于潜在蒸散变化的原因还存在较大争议。由于潜在蒸散的影响因子众多，其变化与各气候要素变化的时空差异复杂多样，在不同区域的特定气候条件下，同一气候要素对潜在蒸散的作用也不尽相同。温度、水汽压和净辐射等影响要素的不同变化组合也会导致潜在蒸散呈增加或降低趋势。此外，也尚不确定由某一因子的变化而导致的潜在蒸散的变化幅度。潜在蒸散变化的原因仍是一个尚未解决的重大科学问题（尹云鹤 等，2010）。

从振涛等（2008）利用全国 353 个气象站 1956—2005 年的气象资料，系统地分析了该 50 a 间蒸发皿蒸发量、气温及降水的变化趋势，重点对“蒸发悖论”在中国的规律进行分析。结果表明，过去 50 a 间，中国日平均气温平均每 10 a 上升了 0.23 ℃，中国 353 个气象站中有 327 个（93%）呈上升趋势。与气温增加对应的是蒸发皿蒸发量的显著下降，过去 50 a 间，中国蒸发皿年蒸发量平均每 10 a 下降了 18.4 mm，全国 353 个气象站中有 219 个（近 2/3）呈下降趋势。因此，从总体上说，存在“蒸发悖论”。在空间分布上，西北与整个南部蒸发皿蒸发量下降趋势明显，中部地区无明显趋势，东北地区呈上升趋势，可见“蒸发悖论”具有区域特征。在时间尺度上，蒸发皿蒸发量的变化趋势在近 50 a 发生了改变，由下降变为上升，呈上升趋势的气象站约占全部气象站的 2/3。过去 50 a 间，降水量变化趋势不明显，降水量与蒸发皿蒸发量变化趋势在空间分布上大体呈逆向关系。

刘昌明等(2011)研究结果表明,1960—2007年间中国十大流域片区的最高气温、最低气温和水汽压均呈上升趋势,且最高气温和最低气温的变化最为显著;风速和太阳辐射呈下降趋势,且风速的变化趋势显著。除松花江流域片区和黄河流域片区外,其他流域片区的年平均潜在蒸散均呈下降趋势,从流域尺度上揭示了"蒸发悖论"在中国大部分流域片区存在的普遍性。空间上,海河流域片区、黄河流域片区、淮河流域片区、长江流域片区、珠江流域片区、东南诸河的潜在蒸散对最高气温最为敏感,松花江流域片区、辽河流域片区和西北诸河对水汽压最为敏感,西南诸河则对太阳辐射最为敏感。潜在蒸散对最高气温、风速的敏感系数与海拔高度有显著的负相关性。时间上,潜在蒸散对最高气温和太阳辐射最为敏感的月份是7月,而对最低气温、风速和水汽压最为敏感的月份是1月;1960—2007年之间,潜在蒸散对最高气温的敏感性呈下降趋势,而对最低气温、风速、太阳辐射和水汽压的敏感性呈上升趋势。

如前所述,刘波等(2010)的研究发现,在干旱和半干旱区,蒸发皿蒸发和实际蒸发表现为相反的变化趋势,在半湿润和湿润区,蒸发皿蒸发和实际蒸发表现为相同的变化趋势,揭示了"蒸发悖论"在中国的区域特征。归因分析表明,在湿润和半湿润区,无论是蒸发皿蒸发还是实际蒸发,决定其变化的主要因子都是所能获取的能量,因此两者以相同的变化趋势为主;在干旱和半干旱区,蒸发皿蒸发主要受能量控制,而实际蒸发却由水分决定,因此两者以相反的变化趋势为主。

王艳君等(2011)利用长江流域147个气象站的观测资料,研究了1996—2007长江流域潜在蒸散和实际蒸散的变化趋势和归因。在全球变暖的背景下,长江流域的气温明显升高,降水增多,而蒸发皿蒸发量、潜在蒸发量和实际蒸发量均呈显著下降趋势,这是"蒸发悖论"在长江流域的特征。归因分析表明,当干燥度指数 $R<0.8$ 时,实际蒸发量与潜在蒸发量为正相关关系,此时实际蒸发量主要受制于气象要素的变化,与降水关系不大;当 $0.8<R<1.0$ 时,实际蒸发量与潜在蒸发量主要表现为不确定关系,此时实际蒸发量的变化主要受制于气象要素的变化,同时受降水(土壤含水量)变化的影响;当 $R>1.0$ 时,实际蒸发量与潜在蒸发量为明显的互补关系,此时实际蒸发量主要受降水(土壤含水量)控制,同时受气象要素的影响。

如前所述,IPCC WGI AR6(IPCC,2021)指出,20世纪90年代以前,陆地实际蒸散呈增加趋势,而蒸发皿蒸发呈下降趋势,这种"蒸发悖论"是气候系统内部变率造成的。而从20世纪90年代中期以来,蒸发皿蒸发和实际蒸散总体上均呈增加趋势,"蒸发悖论"的趋势不复存在。相信中国蒸散的总体趋势与全球是一致的。

9.5 中国径流和地表水变化

在气候变化和人类活动的综合影响下,中国全国和区域径流与地表水变化显著,且表现出很大的时空差异。

9.5.1 中国径流变化

如前所述,在气候变暖的背景下,全球前200条大的河流中,约有1/3表现出显著性变化趋势,其中呈上升趋势的有19条河流,呈现下降趋势的为45条。中国河流径流趋势亦是有增有减,总体上表现为东部诸河减少,西部诸河增加的趋势(丁一汇 等,2016;Wang et al.,

2011)。

9.5.1.1 全国径流变化趋势

姜彤等(2020a)利用再分析资料和观测数据,分析了中国 1961—2018 年水循环特征,评估了气候变化对水循环要素的影响(图 9.15)。研究结果表明,在全球气候变化背景下,中国水文循环符合全球水循环变化的特征,又表现出更为复杂的区域特征,各个流域间空间差异增大。大气水汽含量在 20 世纪 80 年代后呈现上升的趋势;60 年代以来,中国降水平均态虽然无明显变化,但空间差异显著增加;实际蒸散平均值微弱增加,空间差异增大;地表径流量呈波动下降趋势。20 世纪 60 年代至 70 年代初为正距平,但正距平百分率随时间明显减小,80 年代、90 年代变化不大,进入 21 世纪后,中国地表径流量呈现先下降后上升的趋势,2010 年后中国大部分区域由负距平百分率转向正距平百分率。21 世纪以来,由蒸散再凝结形成的降水量增加,大气内循环活跃程度加大。

9.5.1.2 主要流域径流变化趋势

张建云等(2020)应用 1956—2018 年中国主要江河代表性水文站的实测流量资料,系统分析了中国七大主要江河实测径流量的变化趋势(图 9.16)。1956—2018 年期间,七大主要江河中仅有长江流域呈现略微上升趋势(年径流量的线性倾向率为 0.327 mm/a),其余的 6 条主要江河实测径流量均呈现出不同程度的下降趋势(表 9.10)。黄河上游以及黄河以南地区河流的年径流量均为非显著性变化,黄河中下游及其以北河流的实测年径流量均呈现显著性减少趋势。与基准期 1956—1979 年相比,2001—2018 年北方江河实测径流量减少幅度均超过 25%,其中海河流域减少幅度最大,石匣里站和观台站实测径流量减少 80%以上,观台站年径流量下降幅度为−1.768 mm/a,并且在 1980 年之后多数年份径流量接近于 0;其次为辽河和黄河,黄河花园口站和辽河铁岭站分别减少 41%和 42%。南方珠江流域减少约 7%,长江和淮河径流量与基准期基本相当,无显著性变化。

9.5.1.3 区域径流变化趋势

20 世纪 50 年代以来,东部季风区径流主要呈减少趋势,但不同流域的径流具有不同的阶段性变化特征。空间上,北部径流减少特征较明显,而南部径流变化复杂、趋势不明显(张建云等,2013)。近几十年来东部地区呈现南涝北旱的格局,除了气候变暖因素外,可能主要是由于气候系统本身的年代际自然变率,如东亚季风波动、厄尔尼诺-南方涛动与太平洋年代际振荡等大尺度大气环流形态的变化引起。初步研究表明,东部季风区降水自然变率是导致径流变化最主要的驱动因子(贡献率达 70%~90%),全国平均约占 70%,这是中国季风区气候与自然地理特性决定的。另外,温室气体排放引起的气候变化导致降水变化,其影响的变幅在[−50,+100] mm,全国平均的影响贡献率为 30%。温室气体排放引起气候变化导致的径流量变化的变幅在[−50,+50] mm(夏军 等,2016b)。

近几十年来西北地区降水和径流增加,冰川消融加速,湖水水位上升,植被有所改善,正在经历暖干向暖湿的转型,但西北地区东、西部表现为相反的变化趋势。东部的石羊河径流呈下降趋势,西部的黑河和塔里木河等河流的出山口径流受气候变化影响径流增加,但是中下游受取用水和土地利用变化影响径流减少(丁永建 等,2007)。西北干旱区气温、降水在 20 世纪后 50 a 出现过“突变型”升高,但进入 21 世纪,温度和降水均处于高位振荡,升高趋势减弱。蒸发潜力在 1993 年出现了一个明显的转折变化,由显著下降逆转为显著上升的趋势。西北干旱区

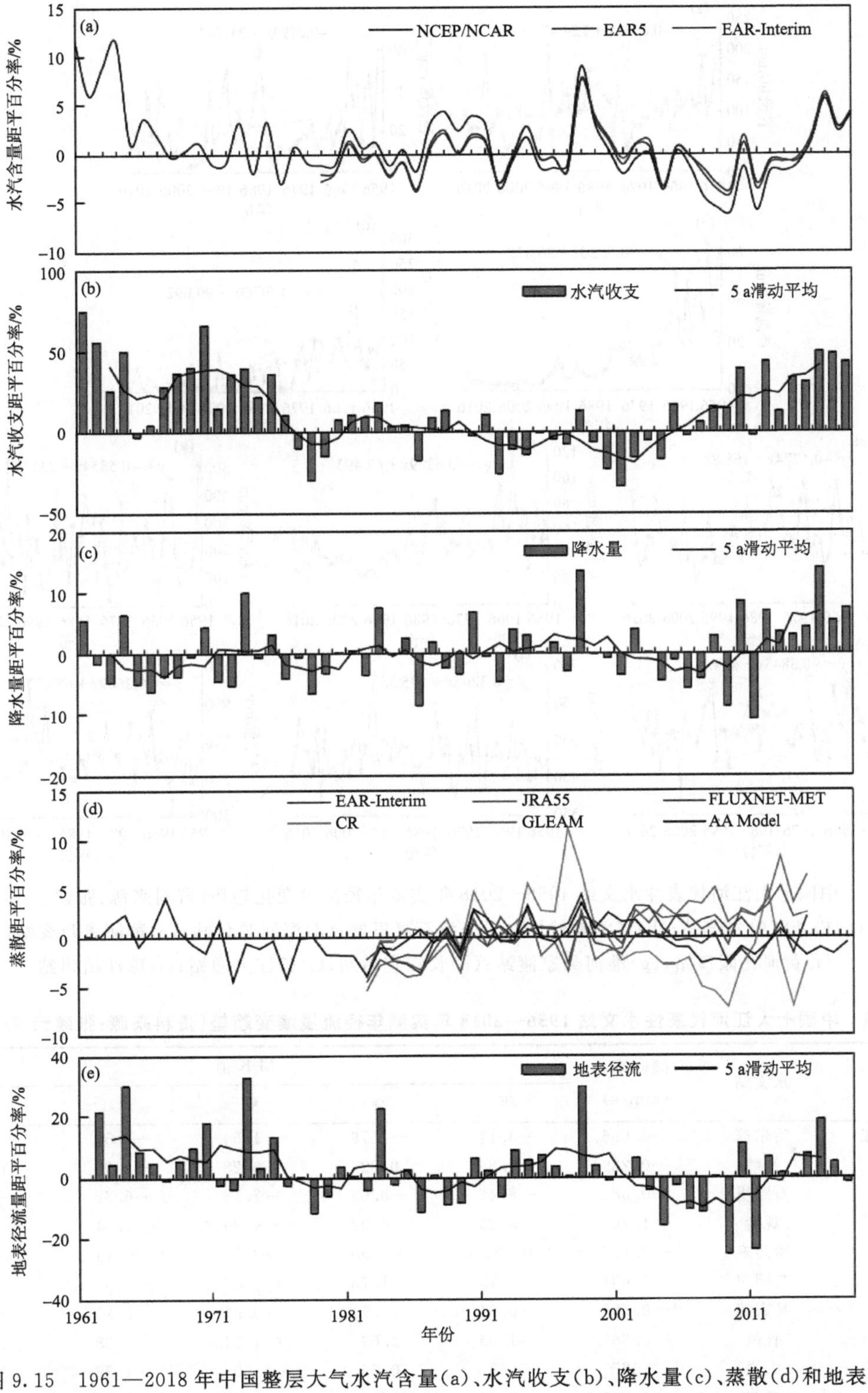

图 9.15　1961—2018 年中国整层大气水汽含量(a)、水汽收支(b)、降水量(c)、蒸散(d)和地表径流量(c)距平百分率时间变化(气候平均:1981—2010 年;资料来源:姜彤 等,2020a)

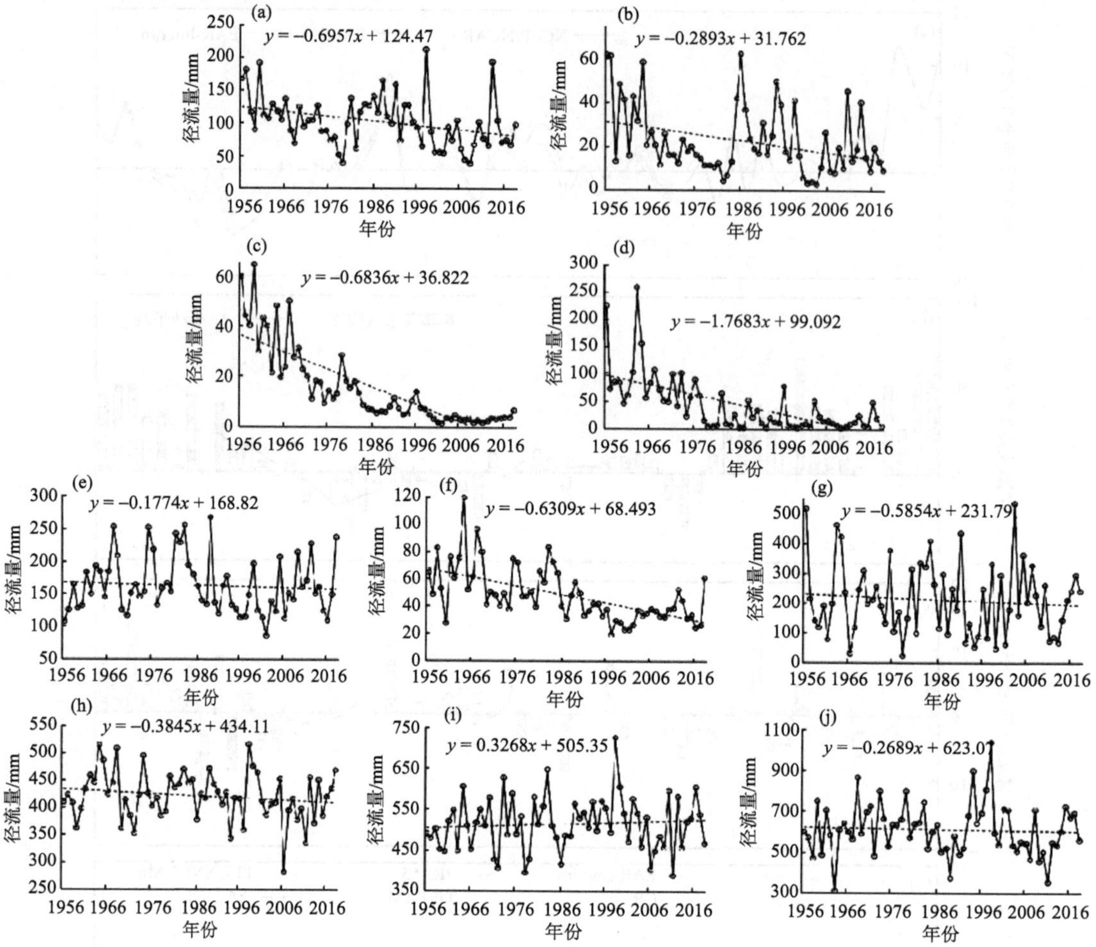

图 9.16　中国七大江河代表性水文站 1956—2018 年实测年径流量变化趋势(资料来源:张建云 等,2020)
(a)松花江哈尔滨站;(b)辽河铁岭站;(c)海河石匣里站;(d)海河观台站;(e)黄河唐乃亥站;
(f)黄河花园口站;(g)淮河吴家渡站;(h)长江宜昌站;(i)长江大通站;(j)珠江梧州站

表 9.10　中国七大江河代表性水文站 1956—2018 年实测年径流量演变趋垫(资料来源:张建云 等,2020)

河流	水文站	倾向率/(mm/a)	M-K 值				
			年	春	夏	秋	冬
松花江	哈尔滨	—0.696	—3.11	—2.76	—1.64	—3.55	—1.24
辽河	铁岭	—0.289	—2.89	0.82	—3.28	—2.97	1.71
海河	石匣里	—0.684	—8.46	—8.69	—7.18	—6.52	—8.70
海河	观台	—1.768	—5.29	—4.82	—4.29	—4.91	—6.20
黄河	唐乃亥	—0.177	0.0—77.0	—0.90	—0.50	—0.74	0.55
黄河	花园口	—0.631	—5.13	—1.73	—3.87	—5.32	—2.17
淮河	吴家渡	—0.585	—0.61	—0.74	—0.91	—0.28	0.99
长江	宜昌	—0.385	—1.05	2.69	—1.54	—2.88	4.78
长江	大通	0.327	0.69	0.79	0.20	—1.28	5.02
珠江	梧州	—0.269	—0.48	0.59	—1.47	—0.74	3.02

注:当给定显著性水平 $\alpha=0.05$ 时,M-K 临界值为±1.96。

冰川变化对水资源量及年内分配产生了重要影响，部分河流已经出现冰川消融拐点。在塔里木河流域，冰川融水份额较大(50%)，可能在未来一段时期，河川径流还将处在高位状态波动。在这样的背景下，西北干旱区的水文发生三方面变化：①径流出现“突变型”增加，一些冰川融水补给较大的河流在1994年前后普遍出现了一次径流“突变型”增加的过程；②径流量在汛期增加，一些冰川和积雪融水补给大的河流，出现了冰川和积雪消融期提前、汛期径流量增加现象，这些现象也多在20世纪90年代初以后表现最为突出，如塔里木河流域在1991—2006年冰川融水对河流径流的补给比例由1961—1990年的41.5%增加到46.5%；③径流的丰枯变化加剧，气候变化加剧了内陆河流域的水文波动，如2009年和2010年塔里木河上游三源流(阿克苏河、叶尔羌河、和田河)汇入干流(阿拉尔水文站)的水量分别为1.402×10^9 m^3和7.2×10^9 m^3，是塔里木河流域有水文记录以来径流量最少和最多年份，二者比值相差5倍多(陈亚宁 等,2014)。

西南地区东部为季风区，西部为青藏高原。西南地区径流变化的研究成果主要集中在青藏高原，东部季风区径流变化的研究相对薄弱。刘春蓁等(2002)基于长江寸滩与珠江(西江)梧州水文站上百年长系列径流资料，分析研究了由于气候均值变化引起的年径流均值、表征年径流年际变化幅度的变差系数C_v值及表征其分布偏态特征的偏差系数C_s值的变化，并研究了由均值变化引起的这两个流域丰水、平水及枯水年出现的概率变化。研究发现，自20世纪50年代开始，年径流逐渐减少，出现了十分明显的与暖湿气候对应的20世纪50年代及其以前的多水期和50年代以后至20世纪末的冷干气候相对应的少水期。寸滩站多水期(1893—1959年)及少水期(1960—1998年)的年平均径流量分别为3596亿m^3及3419亿m^3，比其多年平均值3531亿m^3分别增加2%及减少3%。梧州站多水期(1900—1959年)及少水期(1960—2000年)的年平均径流量分别为2348亿m^3及2033亿m^3，比其多年平均值2218亿m^3分别增加6%及减少8%。反映四川、广西20世纪后50 a来进入与冷干气候对应的少水期，与多年均值相比，年径流分别减少3%和8%。寸滩站1893—1998年期间C_v值为0.12，C_s值为0.13。梧州站1900—2000年C_v值为0.21，C_s值为0.22。这些数字表明，寸滩站以上年径流的年际变化要比梧州站以上年径流的年际变化小。此2站年径流的分配都近似正态分布函数。在多水期，此2站的C_v值基本没变，少水期稍有增减；但C_s值变化较大。寸滩站在多水期(1893—1959年)，C_s值由0.13增至0.26，而梧州站在少水期(1960—2000年)C_s值由0.22减至−0.23。在不考虑C_v及C_s值变化的条件下，寸滩年径流增加6%，将导致偏丰年和丰水年出现的概率由原来的17%增至36%；梧州年径流增加5%，将导致偏丰年和丰水年出现的概率由原来的31%增至38%；梧州年径流减少6%，将导致偏枯年和枯水年出现的概率由原来的33%增至48%。王政祥等(2008)基于水资源公报汇总资料，分析了1997—2006年西南诸河径流和水资源量变化。10 a间西南诸河地表水资源量5751.9亿m^3/a，折合年径流深687.6 mm/a，比常年值仅偏少0.4%。水资源二级分区中，澜沧江偏多5.2%，红河偏少6.8%，其余各二级区变幅在4%以内。

青藏高原是世界上海拔最高的高原，也是黄河、长江、澜沧江、怒江、雅鲁藏布江及印度河等亚洲主要河流的发源地。1965—2000年间青藏高原源区主要出口(包括唐乃亥、直门达、昌都和奴下站)的年平均径流除唐乃亥站年径流和非汛期径流过程呈显著减少趋势外(张永勇 等,2012)，其他出口没有显著的变化趋势，但年际波动较明显。枯水期径流差别较小，汛期径流差别较明显(汤秋鸿 等,2019b)。黄河上游兰州站以上流域的吉迈、唐克、玛曲、唐乃亥和兰州站年径流在1956—2009年间呈现显著下降趋势，其中蒸散增加和吉迈—玛曲区间降水的减少被认为是唐乃亥站以上径流减少的主要原因(Gao et al.,2013)。长江上游直门达站年径流在1961—2011年呈现微弱增加趋势，同期直门达站年径流与年降水量的线性相关系数可达0.81(Li et al.,2013)。而长江源区沱沱河站年径流在20世纪50年代末—2000年有增加的趋势，径流增加除了与降水增加有关之外，还可能与气温升高、冰雪消融贡献增加有关。澜沧江上游香达站年径流在1956—2000年间的变化为：1980年前下降，而之后呈微弱上升的趋势，香达以下的昌都站年径流在1968—2000年呈现微弱增加趋势(曹建廷 等,2005)。怒江干流径流年际变化较小，趋势不显著，根据嘉玉桥、贡山、道街坝3站1956—2000年系列分析，年平均流量极值比分别为2.21、1.96和1.73。雅鲁藏布江流域1961—2010年平均降水量表现为不显著增加，增加速率为3.3 mm/(10 a)。径流的年代际变化总体上存在一定的周期性波动，20世纪60年代是一个相对的丰水期，70年代减少，80年代达到最小值，之后径流有所回升，进入21世纪前10 a呈不显著增加趋势。降水变化是雅鲁藏布江天然径流最主要影响因子，也决定了雅鲁藏布江流域年径流量的丰枯(杨志刚 等,2014)。印度河上游海拔较高，观测资料较少，现有研究发现自1970年至20世纪末，上游站点没有明显的变化趋势。未来在RCP2.6、RCP4.5和RCP8.5情景下，相对于基准期(1971—2000年)各源区径流未来近期(2011—2040年)将呈稳定或微弱增加的态势，而在未来远期(2041—2070年)各源区径流将增加2.7%～22.4%。其中，黄河、长江、澜沧江、怒江、雅鲁藏布江和印度河上游年径流将分别增加10.7%～21.4%、2%～5%、4.8%～8.7%、7.7%～13.5%、6.7%～14.4%和6.3%～22.4%(Su et al.,2017)。

9.5.1.4 未来径流变化模拟预估

关于未来气候变化对中国径流的影响，已有不少的研究成果，但仍有一定的不确定性。气候模式RCM-PRECIS和水文模式VIC耦合模拟结果表明：在A1B和A2情景下，2021—2050年径流量相对基准期1961—1990年将分别增加2.9%和11.3%；而在B2情景下，将减少0.7%。在RCP4.5排放情景下，全国2021—2050年径流量相对基准期1961—1990年总体上可能减少5%以内。各区域存在较大差异，东北区水资源量可能增加，西北大部分地区水资源可能减少。除黄河中游、海河、辽河和松花江流域的径流深稍有增加外，其他流域的径流大部分均呈减少趋势，其中西南地区径流减少最为显著，减少幅度可能达5%以上。虽然未来气候变化对区域水资源的时空分布会产生不同的影响，但中国水资源南多北少格局不会改变，旱涝灾害频次和强度将会增加，气候变化进一步导致农业、工业、生活需水增加，水资源供需缺口增大(《第三次气候变化国家评估报告》编写委员会,2015)。

Gao等(2017)参照IPCC(2013)的分析方法，用等权重的算术平均对5个全球模式驱动下的RegCM4模拟结果进行集合平均，以ensR表示。这套高分辨率的模拟结果已被广泛用于多方面的气候变化研究。RegCM4中耦合的陆面模式CLM3.5提供了径流深的模拟输出，是地表和地下径流深的总和。CLM3.5模式在CLM3.0基础上对陆面参数、水文过程、碳循环等加以改进，如采用了一个基于水文模型TOPMODEL的模块，根据蓄满产流和超渗产流的机制来模拟地表和地下径流，加入了一个简单的地下水模块以确定地下水埋深，并引入了新的冻土过程方案等。该研究完成了RCP8.5情景下1979—2099年长期模拟预估试验(模式空间分辨率达到25 km)。基于以上动力降尺度试验结果，预估了整个中国区域及10个主要流域的未来气候平均态和极端事件的未来变化特征。该研究在对模拟结果进行评估的基础上，对未来径流深的变化进行了预估分析。从全国平均来看，RCP8.5 情景下，未来年径流深以增加为主，增加幅度多在 5%以内(图 9.17)。增加幅度有明显的年代际变化特征，2050 年前后的增幅相对较小；且存在显著的线性增加趋势，但是趋势值较小，仅为 0.4%/(10 a)。从预估结果的模式间不确定性来看，模式间差异的标准差在未来多数时段都超过了 ensR 的变幅，因此未来预估增幅的量值存在较大的不确定性。计算未来正负变化在模式间的同号率，结果显示除去 2050 年前后和 2090 年后，多数时段内 80%以上模式都预估未来全国平均径流深增加。

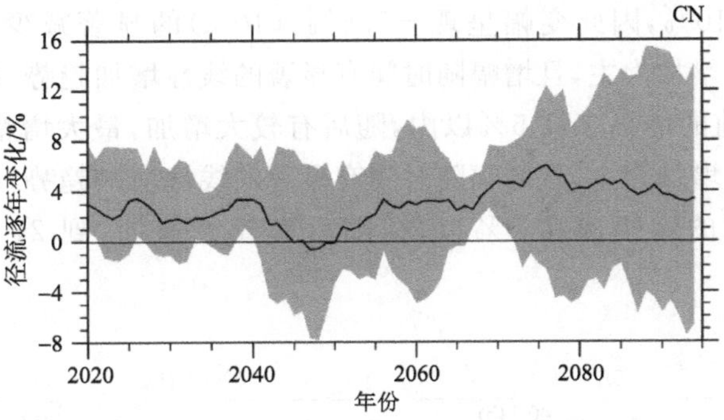

图 9.17　RCP8.5 情景下中国区域平均的未来径流深的变化
(相对于 1986—2005 年)(单位：%)(资料来源：Gao et al.，2017)

从空间分布来看，未来年径流深的变化呈现明显的空间差异。2021—2098 年间(图 9.18)，在淮河流域、长江中下游、东南诸河、云南和雅鲁藏布江的多数区域，以及西北、东北、黄河中游的龙门至三门峡区间的部分区域，年径流深的变化为显著减少趋势。减少趋势多不超过−4%/(10 a)，负趋势的大值区主要分布在淮河流域南部，可超过−7%/(10 a)。而在海河流域南部、黄河流域内流区附近、长江中游和珠江流域部分地区、青藏高原东南部、北疆部分地区，以及昆仑山、祁连山、阴山一线，年径流深的变化为显著增加趋势。增加趋势多不超过 6%/(10 a)，正趋势的大值区主要分布在海河流域南部、黄河流域内流区附近和昆仑山、祁连山、阴山一线，可超过 10%/(10 a)。

到 21 世纪末期(2079—2098 年)，变化值的空间分布与长期线性趋势值的分布基本类似；且在趋势值通过显著性检验的区域，多模式预估未来变化的同号率多数可以超过 80%。21 世纪末的变化值多在±30%以内，径流减少区域的最大值可超过−40%，而在西北山区径流增加值最大可超过 100%。淮河流域的长期线性趋势为负值，但是到 21 世纪末期的变化值为正值，且模式间一致性也较好，说明这一区域的变化有明显的年代际特征，将在后续工作中进一步分析。21 世纪中期变化值的空间分布与末期基本一致，空间相关系数达 0.7，但在海河和淮河流域有较大差异。

从流域平均来看，松辽流域未来年径流深以增加为主，增加幅度多在 10%以内(图 9.18a)。增加幅度有明显的年代际变化特征，2030—2050 年附近的增幅相对较小，随后维持在 10%的增幅值附近小幅波动，增加趋势为 0.2%/(10 a)，但是未能通过显著性检验(表 9.11)。海河流域未来年径流深仅在 2070 年后以增加为主，增加幅度多在 10%以内，其余时段的变幅为−5%左右的减少或者基本维持不变，因此变幅呈现 1.0%/(10 a)的增加趋势，但是未能通过显著性检验(图 9.18b)。淮河流域年径流深未来变化的时间演变特征与海河流域相反，在 2070 年前以增加为主，增加幅度多在 30%以内，其余时段的变幅为－5%左右的减少或者基本维持不变，因此变幅呈现 3.2%/(10 a)的显著减少趋势(图 9.18c)。黄河流域未来年径流深在 2080 年以后增加，增幅不超过 10%，其余时段的变幅多在±2%以内波动，因此变幅呈现 1%/10a 的显著增加趋势(图 9.18d)。长江流域未来年径流深在 2040 年前为增幅不超过 3%的增加，随后转为减少，减幅多不超过—4%，因此变幅呈现—0.7%/(10 a)的显著减少趋势(图 9.18e)。珠江流域未来年径流深的变幅多在±10%以内波动，无显著的线性趋势(图 9.18f)。东南诸河流域，未来年径流深在 2040 年前为增幅多不超过 5%的增加，随后转为减少，减幅多不超过－10%，因此变幅呈现－1.6%/(10 a)的显著减少趋势(图 9.18g)。西南诸河流域未来年径流以增加为主，且增幅随时间有显著的线性增加趋势，趋势值为 0.8%/(10 a)(图 9.18h)。2050 年前的增幅多在 5%以内，随后有较大增加，最大增幅不超过 10%。西北内陆河流域未来年径流以增加为主，且增幅随时间有显著的线性增加趋势，趋势值为 2.9%/(10 a)(图 9.18i)。2050 年前的增幅多在 8%以内，随后有较大增加，到 21 世纪末的最大增幅约为 22%。

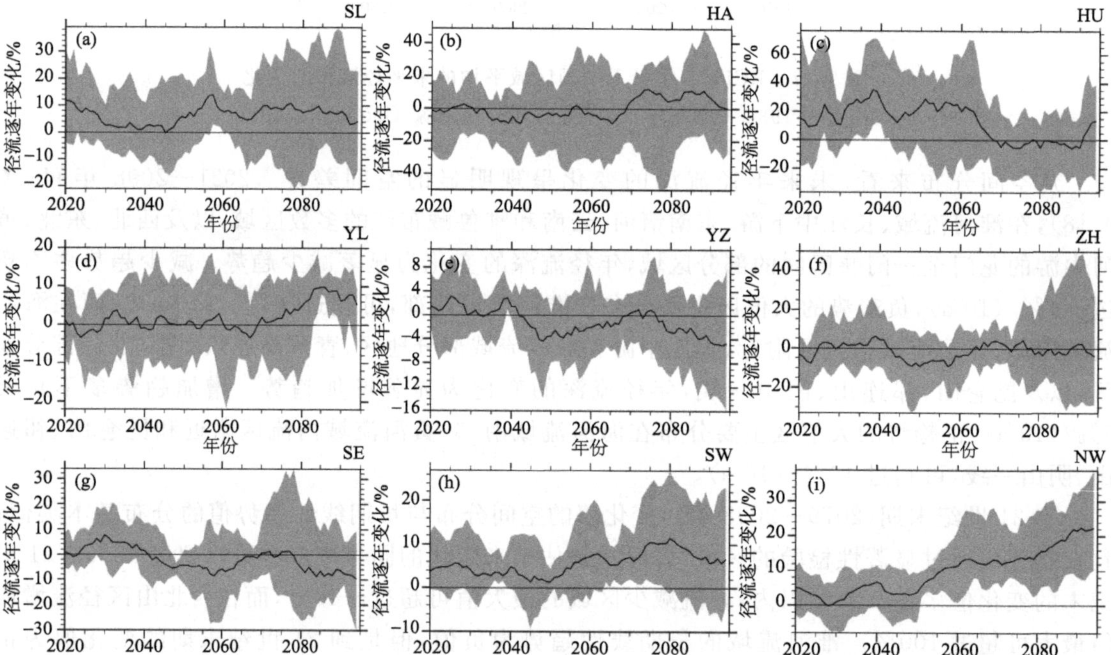

图 9.18 RCP8.5 情景下中国十大流域 2021—2098 年径流深的变化

(相对于 1986—2005 年)(资料来源：Gao et al.，2017)

(a)松辽流域(SL)；(b)海河流域(HA)；(c)淮河流域(HU)；(d)黄河流域(YL)；(e)长江流域(YZ)；(f)珠江流域(ZH)；(g)东南诸河(SE)；(h)西南诸河(SW)；(i)西北诸河(NW)

表 9.11　中国各流域 2021—2098 年径流深的变化趋势及 21 世纪末的变化范围

（资料来源：Gao et al.，2017）

流域	21 世纪末变化及其范围/%	2021—2098 年间的线性趋势/(%/(10 a))	流域	21 世纪末变化及其范围/%	2021—2098 年间的线性趋势/(%/(10 a))
松辽	6(—12～28)	0.2	长江	—3(—12～5)	—0.7*
海河	8(—22～22)	1.0	珠江	0(—22～35)	—0.2
淮河	6(—12～19)	—3.2*	东南诸河	—7(—18～14)	—1.6*
黄河	7(—2～11)	0.9*	西南诸河	8(—3～22)	0.8*
			西北诸河	20(8～33)	2.9*

注：* 表示通过 0.05 显著性检验。

9.5.2　中国地表水变化

地表水资源量包括降水形成的河流、湖泊、冰川等地表水体中可以逐年更新的动态水量。冰川的变化将在第 11 章“气候变化与冰冻圈”中专门论述，以下主要讨论河流、湖泊、湿地水量的变化。

9.5.2.1 主要流域水资源变化趋势

(1)1956—2010 年变化趋势

李原园等(2014)结合中国水资源评价的资料成果，利用距平分析、Mann-Kendall 趋势检验和 Morlet 小波分析，系统研究了 1956—2010 年中国水资源的变化。

从全国尺度上，水资源变化趋势并不明显。1956—2010 年水资源平均为 27550 亿 m^3，55 a来水资源总量呈现微弱的增加趋势（图 9.19），近 20 a 的年均水资源量比多年均水资源量仅增加 1%。大部分年份在距平±10%波动，有 9 a 变化幅度在 10%～20%，有 1 a(1998 年)距平超过 20%。受气候波动影响，不同时段的全国和水资源十大一级区可更新水资源数量不同（表 9.12）。

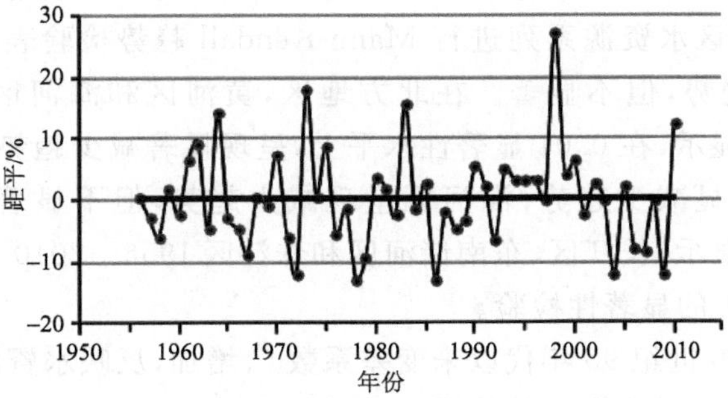

图 9.19　1956—2010 年中国水资源距平距变化（资料来源：李原园 等，2014）

尽管从全国尺度看水资源变化很小，但水资源一级区变化较大。北方地区的海河区、黄河区和辽河区 1956—2010 年系列水资源平均分别为 350.4 亿 m^3、703.4 亿 m^3 和 484.9 亿 m^3，1991—2010 近 20 a 的年均水资源量比 1961—1990 年均水资源量分别减少 19%、17%和 8%。南方地区的东南诸河区和珠江区 1956—2010 系列年均水资源量分别为 1990.4 亿 m^3 和

4715.5 亿 m^3,1991—2010 年近 20 a 的年均水资源量比 1961—1990 年均水资源量分别增加 6%和 4%。西北诸河区近 20 a 水资源量增加近 10%。

表 9.12　全国和水资源一级区小同时段年均水资源量及 Mann-Kendall 趋势检验

(资料来源:李原园 等,2014)

水资源一级区	1956—2010 年年均/亿 m^3	1961—1990 年年均/亿 m^3	1991—2010 年年均/亿 m^3	1991—2010 年变化/%	1956—2010 年 M-K 检验 Z 值	显著性水平
松花江	1449.0	1441.7	1392.0	—1.40	—1.80	+
辽河	484.9	492.2	453.7	—7.82	—1.89	+
海河	350.4	367.5	296.6	—19.29	—2.99	* *
黄河	703.4	752.7	623.6	—17.15	—2.70	* *
淮河	933.9	909.4	946.4	4.07	—0.32	
长江	9872.2	9906.1	9997.9	0.93	0.46	
东南诸河	1990.4	1936.0	2056.1	6.20	1.00	
珠江	4715.5	4679.3	4856.5	3.79	0.39	
西南诸河	5749.2	5774.5	5796.0	0.37	—0.17	
西北诸河	1301.1	1251.0	1374.4	9.86	2.34	*
全国	27550.1	27480.3	27793.2	1.14	1.38	

注:在显著水平栏,空格为大于 0.1;+代表 0.1;*代表 0.05;* *代表 0.01。

各水资源一级区逐年距平也存在较大的差异(图 9.20)。长江区、东南诸河区、珠江区、西南诸河区和西北诸河区的水资源距平波动相对较小,大部分年份距平在±30%内波动、最大也没有超过±50%。北方松花江区、辽河区、海河区、黄河区和淮河区水资源距平波动明显较大,在淮河区波动最大年份距平甚至超过 100%。从趋势线来看,海河区、黄河区、辽河区和松花江区水资源距平由原来正距平演变为负距平。淮河区水资源距平也呈减少趋势,总体上趋势线显示仍为正距平。长江区、东南诸河区、珠江区和西北诸河区水资源距平趋势线呈逐渐增加趋势,由负距平逐渐变为正距平。西南诸河区水资源距平趋势线几乎没有变化趋势。

对全国和各一级分区水资源系列进行 Mann-Kendall 趋势检验表明,1956—2010 年全国水资源呈微弱的增加趋势,但不显著。在北方地区,黄河区和海河区水资源系列的 Mann-Kendall 趋势检验结果显示,在 0.01 显著性水平上,呈现显著减少趋势;松花江区和辽河区在 0.1 显著水平上呈现明显减少趋势;淮河区呈现减少趋势,但不显著。在南方地区,Mann-Kendall 趋势检验结果显示,长江区、东南诸河区和珠江区 1956—2010 年显示水资源呈现增加趋势,但都没有通过 0.1 的显著性检验。

在全国的尺度上,20 世纪 90 年代以来变差系数 C_v 增加,反映水资源年际变化幅度有所增加。在不同水资源分区 C_v 的变化的趋势明显不同,10 个一级区中,松花江区、辽河区、淮河区、珠江区、西南诸河区和西北诸河区 6 个一级区,C_v 呈现增加趋势,反映这 6 个一级区水资源年际变化增加,这些一级区总体分布在纬度较低和较高的水资源一级区。在海河区、黄河区、长江区和东南诸河区 4 个一级区 C_v 呈现减少趋势,反映水资源年际变化减少。

全国水资源变化存在 14 a 左右的周期,是各水资源一级区不同变化周期的叠加,受各个一级区水资源变化周期的影响。尽管各水资源一级区水资源变化周期存在较大差异,地域相

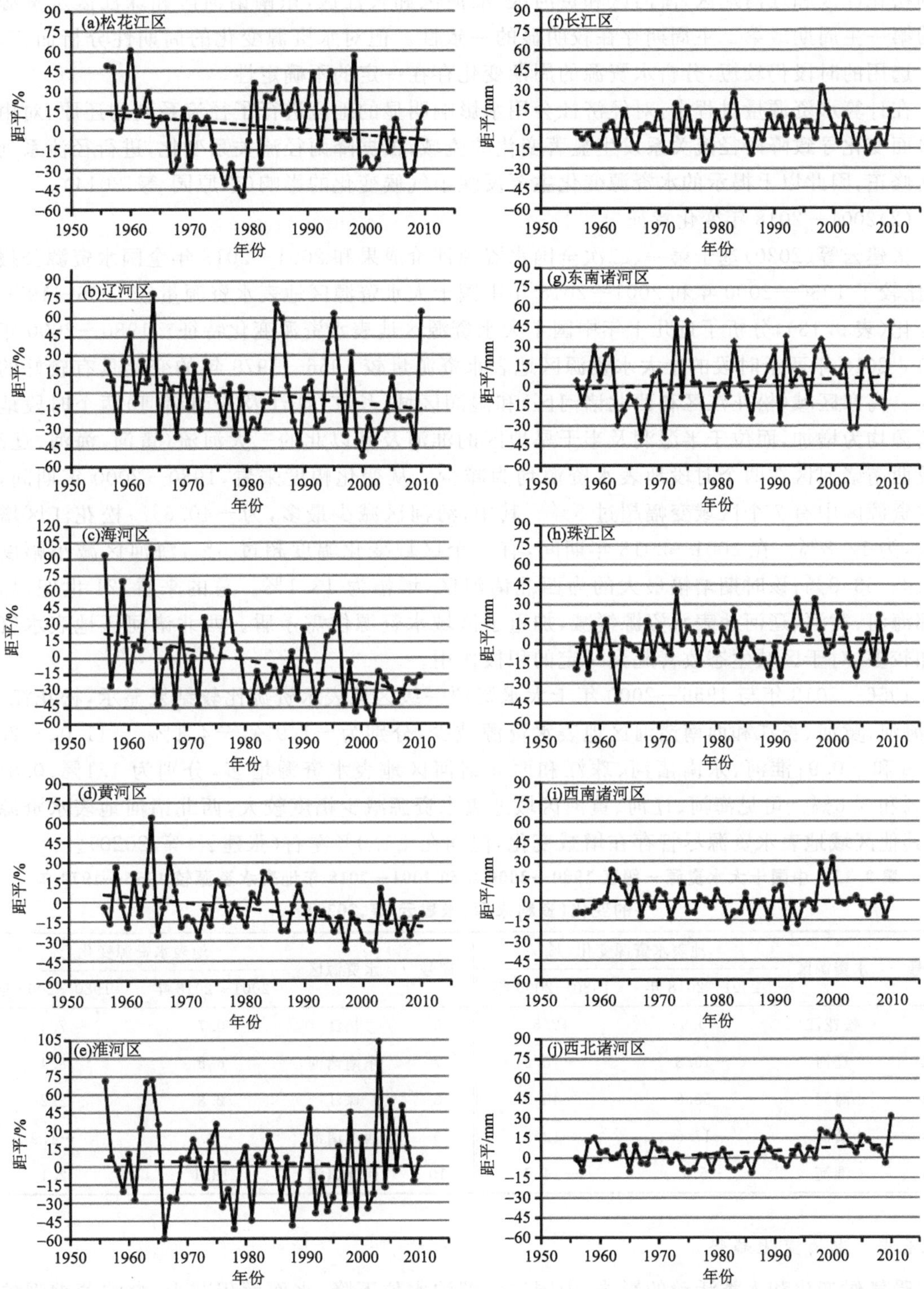

图 9.20 1956—2010 年中国一级区水资源距平距变化(资料来源:李原园 等,2014)

近的松花江区和辽河地区，海河区和黄河区，淮河区和长江区，东南诸河区和珠江区水资源变化的第一主周期或第二主周期存在较明显的一致性。但对水资源变化的周期性分析而言，总体上选用的时段仍较短，分析水资源的周期变化存在一定的不确定性。

在计算水资源量过程中，对经济社会用水影响明显的地区进行了径流系列的还原，对由于下垫面变化导致降雨径流关系发生显著变化的流域，根据降雨径流关系变化，进行径流系列一致性修正，因此以上揭示的水资源变化主要反映了气候变化的影响(李原园 等，2014)。

(2)2001—2018 年变化特征

张建云等(2020)基于第一、二次全国水资源评价成果和 2001—2018 年全国水资源公报资料，比较了 1980—2000 年和 2001—2018 年中国十大水资源区地表水资源量较 1956—1979 年的变化(表 9.13)，分析了近几十年中国十大水资源区地表水资源变化特征。1980—2000 年和 2001—2018 年两个时段的十大水资源区地表水资源量较 1956—1979 年的变化具有较好的一致性。高寒区域(松花江区和西北诸河区)和湿润区域(长江、珠江及东南诸河)两个时段地表水资源均为增加，而位于半湿润及半干旱地区的淮河及其以北的三大河流(黄河、海河、辽河)以及西南诸河区在两个时段地表水资源均为减少。从变化幅度来看，1980—2000 年期间，十大水资源区中有 7 个区域变幅超过 5%。其中，海河区减少最多，为－40.6%；松花江区增幅最大，为 12.8%。在 2001—2018 年期间，有 6 个区域变化幅度超过 5%，海河区减小幅度最大，达－53.8%；该时期增幅最大的为西北诸河区，增幅为 13.1%。总的来看，21 世纪以来，东部海河、黄河、辽河地表水资源锐减，加重了区域水资源供需矛盾。西北诸河区地表水资源增加较多，对于区域生态改善起到一定的积极作用。

1956—2018 年与 1956—2000 年十大水资源一级区地表水资源比较结果显示，松花江、辽河、海河、黄河、长江和西南诸河区地表水资源减少，分别为－1.9%、－4.1%、－11.0、－2.9、－0.8 和－0.9；淮河、东南诸河、珠江和西北诸河区地表水资源增多，分别为 1.1%、0.8%、0.5%和 3.6%。可见海河、辽河、黄河区域地表水资源减少幅度较大，西北诸河地表水资源增多，其他区域地表水资源尽管存在增减变化，但均在±1.0%左右(张建云 等，2020)。

表 9.13　中国十大水资源一级区 1980—2000 年和 2001—2018 年地表水资源较 1956—1979 年的变化(资料来源：张建云 等，2020)

序号	水资源区	地表水资源变化/%		序号	水资源区	地表水资源变化/%	
		2001—2018 年	1980—2000 年			2001—2018 年	1980—2000 年
1	松花江	－0.9	12.8	6	长江	0.7	7.4
2	辽河	－19.8	－10.3	7	东南诸河	6.8	8.4
3	海河	－53.8	－40.6	8	珠江	2.8	2.2
4	黄河	－17.5	－12.9	9	西南诸河	－4.4	－1.9
5	淮河	－5.1	－14.6	10	西北诸河	13.1	2.1

9.5.2.2　湖泊变化趋势

受气候变化和人类活动的影响，中国许多湖泊水位下降、水面面积减少，湖泊萎缩现象比较普遍，有些湖泊甚至完全干涸，使湖泊原有的生态系统遭到破坏，湖泊的功能丧失。

据《中国水资源及其开发利用调查评价》(水利部水利水电规划设计总院，2014)，20 世纪 50 年代以来中国湖泊萎缩趋势比较明显。至 2000 年，湖面面积大于 10 km² 湖泊中，与 20 世纪 50 年代相比，有 142 个湖泊发生萎缩，萎缩面积为 9573 km^2，湖泊储水量减少了 517 亿 m^3，其中长江区和西北诸河区湖泊萎缩最严重。长江区有 80 个湖泊发生萎缩，萎缩面积占全国湖泊萎缩面积的 62.7%，湖泊储水减少量占全国湖泊储水减少量的 55.0%；西北诸河区有 25 个湖泊发生萎缩，萎缩面积占全国的 12.0%，储水减少量占全国的 36.7%。中国水资源一级区面积大于 10 km^2 的湖泊萎缩情况见表 9.14。各类湖泊中以淡水湖泊萎缩最为严重，萎缩面积占全国湖泊萎缩面积的 81.6%，储水减少量占全部湖泊储水减少量的 60.4%。咸水湖和盐湖也有不同程度的萎缩，萎缩面积分别占全国湖泊萎缩面积的 12.1% 和 6.3%。水面面积萎缩的典型湖泊有西北内陆地区的艾比湖、乌兰乌拉湖、艾丁湖、布伦托海、青海湖、博斯腾湖、黄旗海和岱海等，东部平原地区的鄱阳湖、洞庭湖、太湖、洪泽湖、洪湖和南四湖等。

表 9.14　中国水资源一级区面积大于 10 km^2 的湖泊萎缩情况

（资料来源：水利部水利水电规划设计总院，2014）

水资源一级区	湖泊萎缩数		湖泊萎缩面积		湖泊储水减少量	
	数量/个	占全国比例/%	面积/km^2	占全国比例/%	减少量/亿 m^3	占全国比例/%
松花江	9	6.3	61	0.6	1.6	0.3
海河	5	3.5	1013	10.6	10.2	2.0
黄河	11	7.7	602	6.3	18.1	3.5
淮河	7	4.9	703	7.3	11.1	2.1
长江	80	56.3	6004	62.7	284.3	55.0
珠江	5	3.5	38	0.4	1.9	0.4
西北诸河	25	17.6	1152	12.0	189.8	36.7
全国	142	100.0	9573	100.0	517.0	100.0

20 世纪 50—90 年代，全国有 417 个湖泊干涸，干涸面积为 5280 km^2，其中干涸面积大于 10 km^2 的湖泊有 89 个，干涸面积为 4289 km^2，面积大于 10 km^2 的湖泊中，干涸导致的湖泊面积减少占湖泊总面积减少的 30.9%。湖泊干涸主要发生在西北内陆地区和东部平原区，面积大于 10 km^2 的干涸湖泊中，西北诸河区湖泊干涸面积占全国湖泊干涸总面积的 58.7%，长江区占 34.2%。新疆玛纳斯湖 1962 年干涸，罗布泊和台特玛湖于 1972 年、艾丁湖于 1980 年相继干涸。青海省自 20 世纪 50 年代以来，干涸湖泊有卡巴纽尔多湖、错木斗江章湖、错玛湖、海尔湖等。有"千湖之省"之称的湖北省也因湖泊淤积和围湖造田等原因，湖泊数量大幅减少（水利部水利水电规划设计总院，2014）。

9.5.2.3　中国湿地变化

2003 年中国完成了首次全国湿地资源调查，初步掌握了单块面积 100 hm^2 以上湿地的基本情况。20 世纪 50 年代—21 世纪初，全国天然陆域湿地面积减少了约 1350 万 hm^2，减少了 28%。随着湿地的退化，湿地生态功能明显下降，生物多样性受到威胁，湿地生态系统遭到破坏。水土资源的过度开发是中国天然陆域湿地面积减少的主要原因，气候变化也影响湿地变化的速率和幅度（水利部水利水电规划设计总院，2014）。

牛振国等（2012）分别基于美国陆地卫星（Landsat MSS/TM/ETM+）和中巴资源卫星（CBERS-02B）影像数据，完成了中国 1978—2008 年 4 期（基准年分别为 1978 年、1990 年、

2000 年和 2008 年)湿地遥感制图,并在此基础上对全国湿地现状及 30 a 来湿地变化进行了分析,得到以下主要结论(表 9.15)。从 1978 年到 2008 年的 30 a 间,中国湿地面积总体上减少了约 1.02×10^5 km^2。由于其中人工湿地增加了约 11952 km^2,实际减少的自然湿地面积达 1.13×10^5 km^2。其中内陆沼泽减少 55959 km^2,占全部减少湿地面积的 49.37%;河流和洪泛减少的湿地占 29.70%,达 33670 km^2;湖泊减少 18507 km^2,占 16.33%;滨海湿地面积减少 5215 km^2。从湿地减少的速度看,1990 年以前减少的湿地占 30 a 减少量的 65%;2000 年之后,减少湿地只占全部减少湿地的 6.56%。可见,湿地减少的趋势在明显变缓,这 3 个时期内减少的速度分别为 5523 km^2/a(1978—1990 年)、2847 km^2/a(1990—2000 年)和 831 km^2/a(2000—2008 年)。人工湿地在过去 30 a 间,却从 1978 年的 9792 km^2 增加到 2008 年的 21745 km^2,增加了约 122%。在所有减少的自然湿地中,湿地类型的变化由湿地向非湿地的转化比例逐渐降低。减少的自然湿地在初期(1978—1990 年)有 98%转换为非湿地,1990—2000 年约有 86%的自然湿地转化为非湿地,而在 2000—2008 年,约有 77%的自然湿地转换为非湿地。湿地变化在全国各地表现的特征各不同。西部区域主要表现出湿地的增加或变化不大,东北区域则湿地大量减少,其他区域由于残存湿地较少,湿地减少的量相对较小,但也处于湿地萎缩的过程中。

表 9.15　中国 1978—2008 年湿地变化趋势(资料来源:牛振国 等,2012)

类型	亚类	1978 年面积/km^2	湿地变化/km^2		
			1978—1990 年	1990—2000 年	2000—2008 年
滨海湿地	潮间带/浅滩	3399	1014	−1202	−1368
	滨海沼泽	4363	2297	−810	254
	河口水域	4987	−517	−328	21
	河口三角洲	140	178	37	−66
	潟湖	215	−19	−51	−60
	小计	13104	−1641	−2354	−1219
内陆湿地	河流湿地	65293	−27936	−1955	−3779
	湖泊	82903	−12463	−2609	−3436
	内陆沼泽	138203	−26894	−28995	−70
	小计	286399	−67293	−33559	−7285
人工湿地	水库/池塘	5157	212	5338	1780
	人工河渠	616	−521	140	125
	海水养殖/盐场等	3984	2976	1966	−42
	其他人工湿地	35	−6	−5	−12
	小计	9792	2661	7439	1851
总面积		309296	−66273	−28475	−6652

注:该表是基于转化为 240 m 栅格数据进行统计的结果,正值表示湿地增加,负值表示湿地减少;河流和洪泛湿地合并为河流湿地;娱乐和景观水面和其他类型合并为其他湿地类型进行统计。

2009—2013 年完成了第二次全国湿地资源调查,与第一次全国湿地资源调查间隔 10 a。10 a 来中国湿地呈现三个主要变化:①湿地面积持续减少。对两次调查类型相同、范围相同和起调面积相同的湿地进行对比,近 10 a 来全国湿地面积减少了 339.63 万 hm^2,其中自然湿地面积减少了 337.62 万 hm^2,减少率为 9.33%。此外,河流、湖泊湿地沼泽化,河流湿地转为人工库塘等情况也很突出。②湿地保护面积增加。湿地保护面积增加了 525.94 万 hm^2，湿地保护率由 30.49%提高到 43.51%。新增国际重要湿地 25 块，新建湿地自然保护区 279 个，新建湿地公园 468 个，初步形成了较为完善的湿地保护体系。③湿地受威胁压力进一步增大。从重点调查湿地对比情况来看，威胁湿地生态状况主要因子已从 10 a 前的污染、围垦和非法狩猎三大因子，转变为现在的污染、过度捕捞和采集、围垦、外来物种入侵和基建占用五大因子，威胁因子出现频次增加了 38.72%。主要威胁因素增加，影响频次和面积都呈增加态势。

9.5.3 中国径流和地表水变化归因

刘春蓁等(2014)指出，在一个较长的水文系列中，径流变化受多种因素影响：既有气候变化(包括自然气候与人为气候变化)，还有众多的人类活动，诸如土地利用变化、植被覆盖变化及各种用水引起的水量和水质变化。实测的水文过程已不是天然的过程，而是经过人工干扰后的过程。因此实际观测到的径流量，尤其年径流量包含了以上多种信息，既有径流对气候的响应，还有对人类活动响应的信息。目前关于气候变化以及各种人类活动对水文过程的影响研究还处于起始阶段。从地球科学发展看，气候模型与水文模型的耦合应该是研究天然水循环与社会水循环的相互作用最为可行的方法。

针对径流和地表水变化归因的研究逐渐增多，但观点也各异。如刘昌明等(2004)根据黄河干流主要水文站近 50 a 观测资料，定量分析得出气候变化是黄河上游干流实际来水量不断减少的原因，即主要驱动力为气候变化，约占 75%，同时分析得出中游干流的来水量减少受人类活动的影响偏多。王国庆等(2006)基于流域水文模拟，提出了变化环境下径流变化归因定量识别方法，并应用于分析气候变化和人类活动对黄河中游汾河流域河川径流变化的影响，发现人类活动是汾河径流减少的主要原因。Wang 等(2009)建立了分布式月水量平衡模型，通过设置人类活动影响背景参数集，表述人类活动对水文过程的影响，分别识别出白河流域气候变化对径流减少的贡献率为 44%，人类活动导致下垫面变化使径流减少达 54%，白河流域气候变化的贡献率为 24%，而人类活动的贡献率高达 74%，是导致径流减少的主要原因。Zhou 等(2018)研究表明，人类社会经济活动和气候变化对珠江流域东江径流变化的贡献分别为 42%和 58%。杨倩等(2019)研究表明，气候变化对长江最大支流汉江石泉水文站年径流减少的贡献率为 65%～68%，气候变化是近 56 a 径流减少的主要原因。宋晓猛等(2013)综合全国一级流域区径流变化趋势分析的研究结果，总结了流域径流变化特征及其归因分析结果(表 9.16)。

表 9.16　中国一级流域区径流变化趋势及归因分析(资料来源：宋晓猛 等,2013)

一级流域	观测时段	变化趋势	归因分析
松辽流域	1950—2004 年	辽河流域径流下降显著，松花江流域变化平缓	松花江流域径流变化的主要驱动力是气候因素，但径流对降水的响应程度减弱，人类活动的作用逐渐增强；辽河流域径流变化主要驱动力为人类活动
海河流域	1950—2004 年	全流域呈现显著减少趋势	滦河流域气候变化的贡献为主要驱动力，在海河南部和北部人类活动影响则为主要驱动因素，如潮白河流域人类活动影响贡献比为 50%～70%
黄河流域	1950—2004 年	上游呈现弱下降趋势，中下游呈现较大幅度下降	干流径流量减少的主要驱动力为气候变化，上游人类活动影响较为微弱，中下游人类活动的影响呈现增加趋势，特别是 20 世纪 80 年代以来影响更为显著

续表

一级流域	观测时段	变化趋势	归因分析
淮河流域	1950—2004 年	上游呈现弱增加趋势，中下游呈减少趋势	上游人类活动影响相对较弱，中下游人类活动影响为主要驱动因素，土地利用变化和水利工程设施建设对径流变化的影响比较突出
长江流域	1950—2004 年	上游微弱降低，中下游呈现弱增加趋势	上游径流变化的主要驱动因素为气候变化，其影响贡献比为 50%～70%，中下游地区人类活动的影响也很重要，如三峡水库等影响逐渐增加
珠江流域	1950—2004 年	全流域呈现微弱下降趋势	东江流域气候变化和人类活动对径流变化的影响分量基本相当，西江流域径流变化的主要驱动力是气候变化
东南诸河	1950—2004 年	整体呈微弱下降趋势	气候变化为主要影响因素，径流对降水的响应程度呈现下降趋势，人类活动的影响有增强的趋势
西南诸河	1956—2005 年	整体呈微弱上升趋势	气候变化是径流变化的主要驱动因素，人类活动的影响有进一步增加趋势
西北内陆河	1956—2005 年	塔里木河和黑河流域径流下降趋势较为显著	径流变化的主要驱动力是人类活动的影响，其影响贡献率高达 70%以上

Liu 等(2019)应用 6 个水文模式对中国 1971—1990 年和 1991—2010 年两个时段的径流进行模拟，并比较了后一时段相对前一时段的径流变化以及气候变化和人类活动对径流变化的贡献。气候变化可能导致径流量减少，也可能导致径流量增加，而人类活动直接影响只会导致径流量的减少。与 1971—1990 年时段年均径流量相比，1991—2010 年时段中国各大流域年均径流量变化范围在－13%～10%。气候变化影响的河段高达 88%，而人类活动直接影响的河段为 70%。在大部分北方流域，气候变化导致年均径流量变化范围在－9%～18%，人类活动直接导致年均径流量减少范围在－8%～－2%，但在西北地区一些流域的河段和淮河、海河和辽河下游河段，人类活动导致年均径流减少量达－10%以上。

王国庆等(2020)基于中国七大江河的干流代表性水文站实测流量资料，系统诊断了 1956—2018 年径流的变异性特征，并通过 RCCC-WBM 模型模拟，定量分析气候变化和人类活动对径流变化的影响。诊断结果表明，长江大通站、淮河吴家渡站和珠江梧州站年径流量系列不存在明显的变异点，而其余各站突变性特征明显，但突变发生的年份存在差异。辽河铁岭站年径流量系列突变发生年份相对较早(1965 年)，海河流域的石匣里站和观台站年径流量系列突变分别发生在 20 世纪 60 年末和 70 年代中期(1969 年和 1977 年)，黄河花园口站年径流量系列突变发生在 20 世纪 80 年代中期(1985 年)，而松花江哈尔滨站径流量系列在 21 世纪初发生突变(2003 年)。上述突变性特征明显的河流均在北方，其突变点诊断结果与各流域实际的人类活动基本一致。表 9.17 给出了北方 4 条河流(5 站)径流变化归因定量识别结果，5 站中人类活动的影响占径流减少总量的 51.0%～83.2%，而气候变化的影响仅占 16.8%～49.0%，可见人类活动的影响是北方流域径流减少的主要原因。

表 9.17　气候变化和人类活动对中国北方河流径流量的影响(资料来源:王国庆 等,2020)

河流	站名	时段	实测径流量/mm	天然径流量/mm	总变化量/mm	人类活动影响		气候变化影响	
						绝对影响/mm	相对影响/%	绝对影响/mm	相对影响/%
松花江	哈尔滨	1956—2003 年	108.7						
		2004—2018 年	83.4	101.0	−25.2	−17.6	69.8	−7.6	30.2
辽河	铁岭	1956—1965 年	39.9						
		1966—2000 年	21.5	31.7	−18.4	−10.2	55.4	−8.2	44.6
		2001—2018 年	15.5	27.1	−24.4	−11.6	47.6	−12.8	52.4
海河	石匣里	1956—1969 年	38.7						
		1970—2000 年	11.2	29.4	−27.5	−18.2	66.2	−9.3	33.8
		2001—2018 年	2.9	29.5	−35.8	−26.6	74.3	−9.2	25.7
海河	观台	1956—1977 年	91.1						
		1978—2000 年	18.0	73.6	−73.1	−55.6	76.1	−17.5	23.9
		2001—2018 年	15.4	78.4	−75.7	−63.0	83.2	−12.7	16.8
黄河	花园口	1956—1985 年	61.8						
		1986—2000 年	36.9	49.6	−24.9	−12.7	51.0	−12.2	49.0
		2001—2018 年	36.0	55.8	−26.0	−19.8	76.2	−6.2	23.8

9.6　中国地下水变化趋势

陈飞等(2020)基于全国水资源调查评价、中国水资源公报等资料,对中国 60 余年来地下水资源的演变规律与影响因素进行了系统分析。结果表明,全国地下水资源量总体稳定,但区域演变趋势差异明显,海河区、辽河区、黄河区呈明显衰减态势。

9.6.1　地下水资源总量变化

1956 年以来,全国地下水资源总量及其时空分布发生了一定的变化,如表 9.18 所示。2001—2016 年系列平均地下水资源总量为 7994 亿 m^3,相比于 1956—1979 年系列地下水资源量平均值减少了 90 亿 m^3,相比于 1980—2000 年系列平均值减少了 72 亿 m^3。其中,全国山丘区地下水资源量基本稳定,平原区地下水资源量呈下降趋势,2001—2016 年系列平均值相较于 1956—1979 年系列平均值减少 64 亿 m^3,其中平原区降水入渗补给量减少 50 亿 m^3,减少了 4.7%;平原区地表水体补给量减少约 92 亿 m^3,减少幅度达到 12.9%。

表 9.18　全国地下水资源量变化情况(资料来源:陈飞 等,2020)　单位:亿 m^3

时间系列	地下水资源量	平原区地下水资源量	降水入渗补给量	地表水体补给量	山前侧向补给量
1956—1979 年	8084	1813	1066	711	36
1980—2000 年	8066	1725	1025	613	87
2001—2016 年	7994	1749	1016	619	114

为分析不同地区地下水资源量变化及分布情况，陈飞等(2020)计算了全国77个水资源二级区2001—2016年系列相较于1956—1979年系列地下水资源量的变化。结果表明，全国不同区域地下水资源数量演变趋势差别较为明显，北方地区的西北诸河区、松花江区、淮河区浅层地下水资源量有所增长；辽河区、海河区、黄河区浅层地下水资源量有所减少；南方地区浅层地下水资源量总体变化不大。值得注意的是，辽河区、海河区、黄河区等地下水开发利用强度高、供水比例大的区域，地下水资源量衰减趋势明显，分别减少了6.7%、15.8%、7.2%，尤其是海河流域(包括海河南系和海河北系)衰减幅度大，地下水资源量减少了21.8%。

9.6.2 地下水循环通量与路径变化

天然情况下，地下水循环路径全部为自然路径。由于人类活动的干扰，地下水循环路径改变，自然循环通量减少，人工循环通量增加。2001—2016年与1956—1979年系列平均值相比，地下水与降水、地表水、大气等之间的自然交互作用减弱，全国自然循环通量年均减少813.7亿 m^3(表9.19)，减少比例为5.0%，其中北方地区地下水自然循环通量减少646.3亿 m^3，减少了12.6%；海河区地下水自然循环通量减少149.8 m^3，减少了32.1%。地下水与开采排泄、灌溉补给等人类交互作用增强，全国人工循环通量年均增加845.2亿 m^3，增长幅度达104.2%，其中北方地区地下水人工循环通量增加719.1亿 m^3，增加了98.3%；海河区地下水人工循环通量增加68.9亿 m^3，增加了38.3%。

以地下水总循环通量中的自然/人工循环通量之比表示地下水循环自然—人工路径结构，分析1956—1979年、1980—2000年、2001—2016年3个时间系列地下水循环路径和结构变化。结果表明，地下水循环路径和结构发生显著改变，2001—2016年与1956—1979年相比，地下水总循环通量中自然/人工比由20：1变为9：1，海河区、辽河区、黄河区自然/人工比分别由2.6：1、9.1：1和7.0：1变为1.3：1、2.0：1和3.1：1。其中，全国平原区自然/人工比由4：1变为1.5：1，海河区、辽河区、黄河区平原区自然/人工比分别由1.2：1、5.0：1和1.9：1变为0.6：1、0.8：1和0.8：1。

表9.19 地下水循环通量变化(资料来源：陈飞 等，2020) 单位：亿 m^3

分区	1956—1979年		1980—2000年		2001—2016年	
	自然通量	人工通量	自然通量	人工通量	自然通量	人工通量
松花江区	856.7	32.9	862.7	147.4	827.7	252.4
辽河区	374.2	41.2	337.0	104.1	277.3	136.0
海河区	466.0	180.1	361.4	213.8	316.2	249.0
黄河区	802.1	115.1	708.9	148.4	621.7	199.5
淮河区	706.2	119.6	644.0	169.2	637.6	222.5
长江区	4845.3	54.1	4971.6	35.1	4768.5	155.8
东南诸河区	890.3	9.9	1073.6	0	1016.5	7.5
珠江区	2158.2	15.0	2325.6	6.2	2226.7	38.2
西南诸河区	3087.6	0	2879.5	0	2802.4	3.8
西北诸河区	1928.3	243.0	1670.2	265.4	1806.7	391.6
全国	16114.9	810.9	15829.4	1089.7	15301.2	1656.1

9.6.3 地下水补给和排泄结构改变

在地下水自然补给量减少和人工补给量增加的双重因素影响下，中国平原区地下水补给结构改变，人工补给量在总补给量中占比不断增加，由20世纪40年代、50年代的7%，1956—1975年的20%逐步增加至2001—2016年的26%。地下水补给结构由天然状态下的“自然”补给模式逐渐演变为“自然—人工”复合补给模式。其中，西北诸河区人工补给占比由1956—1979年的38%上升至2001—2016年的50%。

在地下水自然排泄减少和人工开采排泄增加的双重影响下，中国地下水排泄结构发生了巨大变化，平原地区地下水排泄结构由自然排泄演变为人工排泄为主。在20世纪40年代、50年代，全国机井较少，地下水开采主要以人工开挖的浅井为主，地下水排泄几乎全部为自然排泄。而20世纪50年代以后，随着经济社会发展，开始大量开采地下水，平原区地下水开采在总排泄量中占比逐渐升高：1956—1979年，人工开采占总排泄量比例约为24%；1980—2000年，人工开采占总排泄量的比例达到了40%；2001—2016年，人工开采占总排泄量比例上升至62%，成为主要的排泄途径。其中，海河区平原区2001—2016年人工开采占总排泄量比例达97%，辽河区、黄河区人工开采占比超过80%。

降水变化、下垫面条件改变、人类活动干扰等是导致地下水资源数量变化、地下水补给与排泄结构改变的主要因素。气候变化导致区域降水强度改变，导致降水入渗补给量随之改变，影响地下水资源数量。2001—2016年系列与1956—1979年系列相比，海河区降水量减少10%，辽河区减少6%，导致降水入渗补给量减少，并引起地表径流量和河湖渗漏补给量减少；西北诸河、东南诸河降水偏丰，地下水资源量也明显增大。随着经济社会发展、城镇化推进、水土保持建设等，中国土地利用格局发生了显著变化，加之南水北调等跨流域引调水工程以及大规模灌溉工程建设，全国和区域供用水格局逐步形成和完善。陆面过程的改变引起了下垫面条件发生剧烈变化，北方很多地区产汇流机制和地下水补、径、排机制发生了较大改变。人类活动对地下水的影响主要体现在补给和排泄两个方面。在地下水补给方面，由于凿井开采、疏干排水等人类活动干扰，北方平原区地下水水位大幅下降。在地下水排泄方面，地下水开采量的快速增大，改变了地下水排泄结构，自然排泄量被袭夺，是导致基流减少、泉水枯竭、湿地萎缩等生态环境问题的主要原因。

9.7 中国水资源脆弱性

中国水资源总量不少，但人均水资源量少，气候变化和人类活动又给水资源带来很多不利的影响，随着经济社会的发展，水资源需求量持续增加，供需矛盾突出，水资源脆弱性不容忽视。

9.7.1 水资源脆弱性现状

国外对水资源脆弱性的研究，最早出现的是20世纪60年代。之后，随着水资源短缺问题和全球气候变化得到越来越多的关注。IPCC则进一步将水资源的脆弱性与气候变化联系起来，在IPCC第二次评估报告（IPCC，1995）中，对脆弱性定义为：气候变化可能对某一系统造成的损害或不利影响的程度。在IPCC第三次评估报告（IPCC，2001）中进一步对脆弱性做了较完整的定义，指出气候变化的脆弱性是气候变化、系统敏感性与适应性的组合。在 IPCC 特别报告 SREX(IPCC，2012)中，又系统论述了气候变化事件、脆弱性、风险与暴露存在内在关系。关于水资源脆弱性，报告指出，在许多地区，降水变化和冰雪融化正在改变水文系统，影响水资源数量和水质，干旱的影响在很大程度上由于水资源需求增加而加剧。对于未来水资源脆弱性，报告预估气候变化对淡水造成的相关风险随着温室气体浓度增加而显著增加。21 世纪，全球面临水资源短缺的人口以及受主要江河洪水影响的人口随着气候变暖而增长。预计 21 世纪气候变化将导致大部分干旱亚热带区域的可再生地表水和地下水显著减少，将会加剧水资源竞争。

国内对水资源脆弱性也开展了大量研究。唐国平等(2000)阐述了水资源脆弱性的概念、类型及中国水资源脆弱性的基本特征；刘绿柳(2002)在分析水资源脆弱性内涵的基础上给出了定量评价的指标体系和评价方法；王国庆等(2005)将气候变化纳入水资源脆弱性研究中，对全球气候变化背景下我国水资源的敏感性和脆弱性进行了系统的论述；董四方等(2010)从水资源复杂系统角度结合 DPSIR 概念模型，构建了水资源系统脆弱性评价指标体系。夏军等(2012)发展了耦合气候变化对水资源影响的敏感性、抗压性以及联系适应性对策与调控的水资源脆弱性理论与方法。

梁缘毅等(2019)构建了水资源安全风险评价指标体系和水资源安全风险评价模型，结合近年相关数据指标计算出各省级研究单元的水资源脆弱性和水资源安全风险值。研究结果显示：水量短缺型风险主要分布在京津冀地区、辽宁、山东、河南、宁夏和甘肃地区；水质污染型风险有上海、辽宁、京津冀地区、江苏、吉林、山西、河南和广西地区；干旱型风险有黑龙江、陕西、甘肃、海南、新疆、内蒙古和宁夏地区；洪涝型风险有广东和福建地区。

脆弱性评价结果表明，北京、天津和河北处于极高脆弱性等级。京津冀地区是中国水资源最为紧缺的地区之一，高人口密度和高强度经济活动使得该区需水量日益增加，从而导致水资源过度开发利用，进而引起生态环境恶化等一系列生态环境问题。南水北调中线的开通，可在一定程度上缓解该地区水资源压力，但是水资源短缺情况仍然十分严重。辽宁、甘肃、上海、山西、新疆、宁夏、福建、山东和内蒙古处于高脆弱性等级。各自的主要原因分别是：辽宁水体受污染比例高和干旱影响；宁夏、新疆和甘肃都位于中国西北的干旱半干旱地区，水资源开发利用率高，生态用水满足率低；山东作为中国的农业大省，干旱频发，水资源开发利用率高以及生态需水满足度较低，生态用水被挤占；上海水资源开发利用率高，工业用水效率较低，水质污染严重；福建城市内涝严重，工业用水指标偏高；山西干旱频发，水质污染严重；内蒙古干旱严重。广东、青海、江西、广西和黑龙江处于中等脆弱性等级。低脆弱性等级区则有陕西、吉林、云南、河南、江苏、西藏、海南、湖北、湖南、浙江和安徽。四川、贵州和重庆则位于极低脆弱性等级。低脆弱性和极低脆弱性等级省份各项脆弱性指标偏低，从而总体呈现低和极低脆弱性等级。

由危险性、暴露性和脆弱性评价结果计算得到中国各省(区、市)的风险值。北京、天津、河北、山东和辽宁处于极高风险等级。上海、河南、黑龙江、海南、甘肃、江苏和宁夏处于高风险等级。广东、福建、山西、内蒙古、新疆、吉林、陕西和广西处于中等风险等级。浙江、云南、湖北、江西、安徽、湖南、贵州和四川位于低风险等级(梁缘毅 等，2019)。

9.7.2 未来水资源脆弱性预估

夏军等(2015)将耦合暴露度、灾害风险、敏感性与抗压性的脆弱性评估模型应用于中国东部季风区水资源脆弱性评价，从水资源供需平衡角度分析了气候变化对东部季风区水资源脆弱性的影响。结果表明，2000 年气候条件下，中国东部季风区接近 90％的区域水资源处于中度脆弱及以上状态。其中水资源中度和高度脆弱区域约占全区的 75％，极端脆弱区域接近 15％。中国北方海河、黄河、淮河和辽河流域的水资源脆弱性最高。未来气候变化影响将加剧水资源脆弱性的风险，不同 RCPs 排放情景下 21 世纪 30 年代东部季风区水资源中度脆弱及以上区域面积有明显的扩大，极端脆弱区域将达到 20％～25％。由于未来需水的进一步增加，中国北方水资源脆弱性的格局并未发生根本变化，而南方东南诸河等区域将面临可能发生的水危机。

在 RCP4.5 情景下，中国未来需水总体增加，2030 年八大流域（松花江、辽河、海河、黄河、淮河、长江、东南诸河、珠江）需水量为 6688 亿 m^3，较基准年（2000 年）需水量增加 1029 亿 m^3，年均增长率为 0.61。东部季风区 2030 年各水资源一级区需水变化不平衡。其中需水量较大的为长江区、松花江区和东南诸河区，2030 年相比基准年需水量分别增加 556 亿 m^3，146 亿 m^3，119 亿 m^3，而北方缺水的黄河、海河和淮河需水增加较小，均不足 100 亿 m^3（表 9.20）。

表 9.20　RCP4.5 情景下 2030 年中国八大流域经济社会发展需水量预估（资料来源：夏军 等，2015）

区域	2000 年需水量/亿 m^3	2030 年需水量/亿 m^3	需水增量/亿 m^3	年均需水量增长/％
松花江区	431	577	146	1.13
辽河区	230	249	19	0.28
海河区	462	472	10	0.07
黄河区	486	520	34	0.23
淮河区	705	792	87	0.41
长江区	2108	2664	556	0.88
东南诸河区	366	485	119	1.08
珠江区	871	929	58	0.22
合计	5659	6688	1029	0.61

多模式和多情景的组合分析表明，未来在低、中、高的典型浓度路径排放情景（RCP2.6、RCP4.5、RCP8.5）下，中国东部季风区 21 世纪 30 年代水资源中度脆弱及以上的区域面积相比基准年实际情况有较明显的扩大，极端脆弱区域将达到 20％～—25％。尤其是西辽河、滦河及冀东沿海以及淮河中游（王家坝至洪泽湖出口）等区域，未来水资源脆弱性均上升至极端脆弱状态。而由于气候变化下未来需水的不断增长，中国南方如东南诸河区等水资源相对丰沛地区也可能面临水危机（夏军 等，2015）。

就全国而言，未来气候变化影响下水资源脆弱性空间分布仍与全国气候分布相关联，从东南向西北递增。到 21 世纪 30 年代水资源系统为极端脆弱和高脆弱的地区主要位于西北地区、东北地区、和西藏地区（夏军 等，2015）。未来西北地区水资源系统脆弱性相对严重，与该地区本就不丰富的水资源存在必要关联。而且，高脆弱性地区水资源更易受气候变化的影响，对气候变化的适应性低。虽然南方大部分地区水资源系统脆弱性相对北方地区低，但是从低脆弱到中脆弱的增幅仍不可忽视。气候变化使极端灾害发生的频率、强度和广度增加，因此未来南方地区可能发生更多的水危机。由于中国气候自然地理分布和水资源自然禀赋的特点，尽管一些气候变化预估结果显示中国未来 2030—2050 年北方地区降水有所增加，但是由于经济社会发展，中国北方水资源脆弱性的格局并未发生根本变化。2030 年中国人口预计将接近

16 亿，用水总量将从 2000 年的 5632 亿 m^3，增加到 7101 亿 m^3，北方人均可利用水资源量将从 2000 年的 359 m^3 减少到 292 m^3，全国人均可利用水资源量将从 2000 年的 628 m^3 减少到 508 m^3。因此，就全国层面而言，未来社会经济发展导致水资源短缺、供需矛盾仍然紧张，水安全问题将是长期困扰国家安全和社会经济可持续发展的关键性瓶颈问题（夏军 等，2015）。

综上所述，中国人多水少，水资源时空分布不均，目前经济社会发展布局与水资源配置格局还不协调，应对气候变化能力相对较弱，需要进一步加强水资源的配置和管理，提升适应气候变化的措施。国内外一些专家和学者已从不同角度研究水资源的脆弱性和适应性，有了比较好的基础与进展。但是，二者多半是分离的，水资源的脆弱性侧重在评估，适应性侧重在对策；气候变化对水资源脆弱性影响也主要集中在简单加权指标和定性或半定量研究方面。如何将气候变化情景与社会经济情况通过水系统模型联系起来，形成水资源脆弱性评估系统的科学基础，同时将水资源脆弱性与适应性的指标体系和调控变量融为一体，形成评估与实用性互动的体系，这些问题亟待加强研究和探索（夏军 等，2015）。

第 10 章　气候和水文极端事件与灾害

气候变化与气象水文极端事件之间有着内在的联系，气候变化导致极端天气气候事件的频率、强度、空间范围、出现和持续时间发生变化。极端事件在一定条件下，就会形成自然灾害，对社会、经济、环境可持续发展构成威胁。因此，国际社会和各国政府对极端事件的监测、预警和防灾减灾工作高度重视。世界气象组织（WMO）长期实施减轻灾害风险计划（DRR），研发建立早期预警系统，提升天气、水文和气候防灾服务能力，促进灾害风险管理国际合作。联合国政府间气候变化专门委员会（IPCC）在历次科学评估报告中均论述极端事件的演变趋势和气候变化的影响，2012 年还专门发布特别报告《管理极端事件和灾害风险，推进气候变化适应》（IPCC，2012）。联合国在实施"国际减灾十年计划"的基础上，于 1999 年成立联合国国际减灾战略署（UNISDR），先后制定了《加强国家和社区的抗灾能力：2005—2015 年兵库行动框架》（UNISDR，2007）和《2015—2030 年仙台减灾框架》（UNISDR，2015）等减灾规划，每年还专门发布一份《全球减灾评估报告（GAR）》，加强对各国防灾减灾的指导和协调。中国政府对气候和水文防灾减灾极为重视，制定了一系列的法律、法规、条例和规划、意见，规范和指导防灾减灾工作，取得了十分显著的减灾效果和效益。

10.1　天气气候和水文极端事件及灾害风险管理

极端天气、气候、水文事件是指出现某些变量值，该值高于（或低于）变量观测值区间的上限（或下限）端附近的某一阈值。天气、气候、水文灾害风险是极端天气、气候水文事件和暴露度以及脆弱性共同作用的结果。灾害风险管理通过设计、实施和评价各项战略、政策和措施，增进对灾害风险的认识，减少和转移灾害风险。

10.1.1　极端事件

10.1.1.1　极端事件的内涵

极端事件包括极端天气事件、极端气候事件和极端水文事件。极端事件通常是指极端天气事件和极端气候事件，两者的区别在于它们的时间尺度和空间尺度不同。极端水文事件是极端天气事件、极端气候事件的延伸，如极端强降水事件可形成极端洪峰和洪涝事件，长期无降水或弱降水可造成水文干旱事件。

对极端事件的定义，科学界有不同的观点和表述，如 Beniston 等（2007）归纳了常用的定义极端事件的三种标准：一是事件发生的频率相对较低；二是事件有相对较大或较小的强度值；三是事件导致了严重的社会经济损失。对于某一具体的极端事件，往往并不能同时满足以上三种标准。也有学者有不同的观点，认为极端事件本质上应是物理事件，其定义不应与社会经济损失相联系。2012 年,IPCC 发布特别报告《管理极端事件和灾害风险,推进气候变化适应》(简称 SREX)(IPCC,2012),规范了极端天气事件和极端气候事件的定义:指出现某个天气或气候变量值,该值高于(或低于)该变量观测值区间的上限(或下限)端附近的某一阈值。确定极端事件的方法有两种:一种是通过统计事件发生的概率计算,如相对于给定的表示百分位的变量的分布函数,或用重现期"若干年一遇"来描述事件发生的极端程度;另一种是从大量的天气、气候记录中,确定一个阈值,高于(或低于)该阈值的记录就是极端事件的定量写照。一般将阈值分为绝对阈值和百分比阈值两种,绝对阈值是指选取某一固定值作为极端事件中极值的阈值;百分比阈值方法则是从概率统计的角度来定义极端事件,该方法所定义极端事件即为统计意义上的小概率事件,其极端程度一般对应于 90%或 10%的累积频率(张利平 等,2011)。一般说来,极端事件具有三个特征:一是发生频率小,二是强度大,三是社会影响显著。

极端天气气候事件 暴露度 脆弱性 风险

极端天气事件 是一种在特定地区和年内某个时间的罕见事件。罕见的定义有多种,但极端天气事件的罕见程度一般相当于观测资料估计的概率密度函数的第 10 或第 90 个百分位数。按照定义,在绝对意义上,极端天气特征因地区不同而异。当一种类型的极端天气持续一定的时间,如一个季节,它可能可以归类于一个极端气候事件,尤其是如果该事件产生的平均值或总量达到了极端状态(如:一个季节的干旱或强降雨)。

IPCC AR5(IPCC,2014a)

极端气候(极端天气或气候事件) 出现某个天气或气候变量值,该值高于(或低于)该变量观测值区间的上限(或下限)端附近的某一阈值。简单来讲,将极端天气事件和极端气候事件合起来称为"极端气候"。

IPCC SREX(IPCC,2012)

暴露度 人员、生计、物种或生态系统、环境功能和服务以及各种资源、基础设施或经济、社会或文化资产处在有可能受到不利影响的位置。

IPCC AR5(IPCC,2014a)

脆弱性 易受负面影响的倾向或习性。脆弱性包括各类概念和因素,如对伤害敏感或易受伤害,缺乏应对和适应的能力。

IPCC SREX(IPCC,2012)

风险 在承认价值具有多样性时一种危及有价值的事物、且结果不确定的潜在后果。风险通常按如下方法表示:灾害事件或趋势的发生概率或可能性乘以这些事件或趋势发生后产生的影响。

IPCC AR5(IPCC,2014a)

10.1.1.2 极端事件的种类

由于关于极端天气气候事件的定义和特征等有不同观点,对于极端天气气候事件的分类也有不同侧重和方法。主要的分类有以下几种。

(1)按事件的性质分类

按极端事件的性质可分为两大类。一类是依据基本天气气候要素的极端值或阈值进行定义的，例如极端强降水、极端高温和低温事件，气候变化研究中通常通过分析这些要素的变化趋势来分析极端事件的演变规律；另一类极端事件是对自然环境有重大影响且通常会带来较大经济损失的灾害性极端事件（如干旱、洪涝、热浪等），这些极端天气气候事件也称为综合性极端事件，因为它们并不是由单一气象要素的异常引起的（翟盘茂 等，2012）。综合极端事件包括三种类型：①两个或多个极端事件同时发生或连续发生；②特定条件下发生的综合事件使得影响加重；③综合事件本身不一定达到极端，但由于联合在一起可以导致极端事件或影响发生。

(2)按事件与灾害相关性分类

IPCC SREX 报告将与灾害相关的极端天气和气候事件分为三类：①极端的天气和气候变量（温度、降水、风）；②影响极端天气或气候变量发生或者其本身是极端的天气和气候现象（季风、厄尔尼诺、其他变率模态、热带气旋、温带气旋）；③对自然环境的影响（干旱，洪水，极端海平面，波浪，沿海影响，冰川、地形和地质影响，包括多年冻土在内的高纬度变化，沙尘暴）。这三类极端事件相互关联，如第二类"天气和气候现象"中的季风、厄尔尼诺和其他变率模态影响大尺度环境，进而影响其他极端事件。厄尔尼诺事件通常在一些地区引起干旱，同时在其他一些地区造成暴雨和洪水，这意味着所有的厄尔尼诺事件（无论其本身是否极端）都与极端事件有关，而厄尔尼诺频率和性质的变化可以同时影响多个地区的极端事件。与之类似，季风的变化可以同时影响几个国家，这从国际性灾害的角度来说尤为重要。第三类"对自然环境的影响"其本身往往是极端的，一般由第一类或第二类极端事件造成，或受到其影响。第三类与第一类的区别在于其"对自然环境的影响"并非是某一个单一"变量"造成的，而通常是几个变量的特定条件以及地面特性和状态的结果。如洪水和干旱与强降水有关，但同时又受到其他大气和地表条件的影响（罗亚丽，2012）。

10.1.1.3 气候变化与极端事件的联系

极端事件是气候系统的特殊现象，其发生是气候系统各圈层综合作用的结果。此外，极端事件的发生和演变还与人类活动具有紧密的联系。

气候变化可导致极端事件的发生频率、强度、空间范围及持续时间发生改变，并可导致前所未有的极端事件。气候模式输出的结果也证明，由于人为气候强迫，主要是大气圈内人为排放的温室气体浓度和气溶胶浓度增加，一些极端事件已经发生改变。例如，人为影响已导致全球极端日最低和最高气温增加及全球极端降水的加强。当气候变量的整体分布发生改变时，平均气候态的改变与极端事件的改变可能有所不同，若均值向暖方向偏移，冷的极端事件就会减少，而极端暖事件频率显著增加；当气候平均状态的波动幅度增大时，可能导致极端气候事件数量增加。气候变化还会改变大尺度环流格局，进而影响不同区域的极端气候事件发生规律。此外，地面温度升高会加剧地表蒸发，从而增加大气的含水量。地面蒸发能力增强，更易发生干旱，同时，为了平衡蒸发，降水量也将增长，导致洪涝灾害的发生。气候变化还会通过影响大气中的水汽含量，继而影响大气的特性，对中小尺度的极端气候事件产生影响。

10.1.1.4 极端事件的归因

极端天气和气候事件是自然气候变率和人为气候变化的综合结果，通常是由一系列因素的组合造成的。许多极端天气和气候事件是气候系统内部变率和外部自然强迫的直接结果，即使没有人为气候变化，各种自然的极端天气和气候事件仍然会发生。但是气候的年代际变率或更长尺度的变化具有人为气候变化的背景，人为气候变化叠加在自然气候变化之上，共同决定极端事件的发生、发展和变化。有时，人为气候变化成为极端事件的主要归因。

气候变化是否影响了某种极端事件？要将单一极端事件归结于某种具体原因（如温室气体增加）具有挑战性。尽管如此，还是有可能通过将某种极端事件发生概率的变化归因于某一特定原因来作出这种极端事件变化的归因判断。SREX 对 1950 年以来观测到的极端事件变化归因的主要结论为：①全球尺度上，人为影响可能已经导致极端日最低和最高温度升高；②具有中等信度的是，全球强降水增加受到了人类活动的影响，可能影响洪水变化趋势的水文循环的某些部分（如降水和融雪），人为影响对观测到的干旱分布的一些变化有贡献；③热带气旋历史记录的不确定性、对热带气旋与气候变化之间关联的物理机制理解的不全面及热带气旋自然变率的程度，使得将可检测到的热带气旋活动的变化归因于人为影响仅具有低信度；④由于证据不足，对寒冷地区自然环境变化（除多年冻土退化加剧之外）的归因仅具有低信度（罗亚丽，2012）。

IPCC GWI AR6（IPCC，2021）对气候变化背景下的极端天气和气候事件的演变和归因进行了深入的讨论，指出人为温室气体排放及其他人为强迫、大尺度环流的变化、区域过程、强迫和反馈是极端事件发生频率和强度变化的主要原因。

（1）人为温室气体排放及其他人为强迫。在全球尺度上，温室气体排放是极端热事件和极端冷事件的主要归因。未来，极端热事件会持续增加，而极端冷事件会进一步减少。在区域尺度上，温室气体强迫对极端事件的作用会被一些区域因素减小或放大，这些区域因素包括区域物理过程、反馈以及年代和年代际自然变率等。近几十年来，全球绝大部分陆地强降水的频率和强度增加，尤其是北美大陆和欧亚大陆更为明显。强降水事件增加的主要归因亦是人为温室气体的强迫。预计未来随着气候持续变暖，全球陆地强降水的频率和强度会持续增加。若温升达到 4 ℃，一些十年或数十年一遇的极端强降水事件发生频率会明显提升。

（2）大尺度环流的变化。大气大尺度环流型及其相应的大气动力学是区域气候的重要决定因子，也是区域极端事件的重要驱动因素。大尺度环流的变化，也会导致极端事件强度、频率和持续时间的变化。例如，ENSO 事件的发生会影响许多区域的降水机制，致使一些地区发生洪涝，另一些地区发生干旱。哈得来环流范围和强度的变化，会影响热带和温带气旋的产生，在一些地区出现强风和强降水，在一些地区出现干旱。与陆海热对比相关的大气环流型变化，会影响季风环流，引发东亚沿海的强降水。在气候变暖的背景下，天气系统的变化带来极端大风、温度、降水频率和强度的变化。洪涝受大尺度模态的影响，包括 ENSO、NAO（北大西洋涛动）、AMV（大西洋多年代变率）、PDV（太平洋年代变率）的影响。气溶胶强迫通过影响海面温度（SST），会影响大气环流型和热带气旋活动。事实上，大尺度环流的变化已经导致了极端事件明显的变化。如自 20 世纪 80 年代以来哈得来环流明显扩张，温带急流和气旋的路径向极地方向位移，导致热带气旋和风暴的路径也向极地方向位移，并引发了许多局地旱涝事件。

（3）区域过程、强迫和反馈。在区域和局地尺度上，区域和局地反馈过程、大尺度环流的变化以及区域强迫（土地利用和气溶胶浓度等）对极端事件具有重要的影响或调节。土地利用、土地覆盖和土地管理（包括耕地增加、灌溉和多熟制等）变化会导致极端事件的增加，其中极端热事件频率和强度的增加尤为明显，而这些过程在现有的气候模式中反映并不充分。气溶胶强迫具有与区域排放相关的强大区域效应，从而影响区域和局地的极端温度和降水事件。区域尺度的强迫和反馈机制也会对极端事件产生实质性的影响，其中土壤湿度的反馈尤为典型。在几个中纬度地区，土壤湿度的反馈产生额外的极端热事件，相对全球平均变暖更为强烈。观测和研究表明，土壤湿度—大气之间的反馈还会影响干旱的发展。在北半球高纬度地区，冰雪反照的反馈与其他因素交织在一起，预期会放大升温效应。此外，区域和局地的极端事件可能产生相互的放大作用，如高温热浪事件和干旱事件通过升温、辐射和蒸散等过程可以相互放大。

10.1.2　灾害

10.1.2.1　综合灾害

极端事件可引发各种灾害，但是灾害风险不仅受极端事件的影响，而且受其他因素的影响。按照经典的定义，灾害是指在一定自然环境或社会环境背景下产生的、超出人类社会控制和承受能力、对人类社会造成危害和损失的事件，是自然与社会综合作用的产物（史培军，1991）。IPCC SREX 报告综合新的研究成果，将“灾害”的定义修订为：由于危险性自然事件造成某个社区或社会的正常运行出现剧烈改变，这些事件与各种脆弱的社会条件相互作用，最终导致大范围不利的人员、物种、经济或环境影响，需要立即做出应急响应，以满足危急中的人员需要，而且可能需要外部援助方可恢复。

灾害分类由于侧重面不同，目的不同，分类方法也很多。常见的分类有以下几种。

(1)按致灾因子划分。灾害可以分为：自然灾害，人为自然灾害和人类及社会灾害（马宗晋等，1998）。马宗晋从成因角度把自然灾害分为天文灾害和地球灾害两类，前者主要包括新星爆炸、陨击等，后者主要包括生物灾害、气象灾害、海洋灾害、地质灾害、地震灾害等。人为自然灾害是指在一定自然环境背景下由人类社会活动引起的灾害。目前对人为自然灾害的分类尚未形成统一意见，有学者做了如下的划分尝试：破坏水土环境引起的自然灾害；过量开发水资源引起的自然灾害；因物理、化学、生物污染环境引起的灾害；采矿引起的自然灾害；工程与生产活动引起的自然灾害；人类过失行为引起的自然灾害。人类及社会灾害主要是由人为原因造成的，但有时也包含自然人为灾害，主要包括：火灾——森林火灾、房屋火灾等；事故灾害——交通事故、空难、海难、工程事故等；卫生灾害——职业病、传染病、食物中毒等；科技灾害——核事故、计算机事故等；政治灾害——战争、暴乱等；其他（马宗晋 等，1998）。

(2)按成灾过程划分。从灾害发生过程看，一次灾害从发生到消失可分为孕育期、潜伏期、预兆期、暴发期、持续期、衰减期、平息期，各个时期有长有短，而对人类影响最严重的时期是灾害的持续期。

(3)按灾害后果划分。从灾害的成灾对象或为害后果上，可把灾害划分的三种类型：一为财产损失型，二为生命威胁型，三为生命财产危害型。

(4)其他分类。除以上分类外，还有其他分类方法：根据地理位置，分为陆地灾害、海洋灾害等；根据灾害波及范围分为全球性灾害、区域性灾害、局域性灾害等；根据地貌类型分为山地灾害、平原灾害、滨海灾害；根据灾害出现时间先后分为原生灾害、次生灾害、衍生灾害；根据灾害过程及发生体的物理状态，分为固体灾害、流体灾害、气体灾害；根据灾害发生的时间远近，分为地史灾害、历史灾害、现今灾害、未来灾害（马宗晋 等，1998）。

联合国减灾战略署（UNISDR）采用按领域和致灾因子相结合的划分方法，将灾害主要归结为 10 种：地质灾害（包括地震、火山爆发等）、海啸、山体滑坡、洪涝、火灾、生物灾害、核/辐射灾害、化学/工业灾害、技术性自然灾害(尾矿库垮塌等)、环境灾害(包括大气、土地和海洋环境灾害)。UNISDR 在其制定的减灾规划和编写的灾害评估报告中,重点对这 10 种主要的灾害进行分析和评估(UNDRR,2019)。

10.1.2.2 气象灾害

气象灾害是指由于天气或气候原因对人类的生命财产、生存环境和国民经济等造成的直接或间接的损害,它是自然灾害中的原生灾害之一,是自然灾害中最为频繁和严重的灾害。据统计,气象灾害造成的损失占整个自然灾害损失的 70%以上。气象灾害的定义有广义和狭义之分,狭义的气象灾害强调由于气象灾害原因直接造成生命伤亡与人类社会财产损失的自然灾害。而广义的气象灾害是指由于气象原因造成生命伤亡与人类社会财产损失的自然灾害。根据对人类社会产生的影响,气象灾害又可分为原生灾害和次生灾害,原生灾害属于狭义的气象灾害。次生灾害是由于气象原因引发的其他自然灾害,也属于广义的气象灾害。衍生灾害不属于原生的,也不是次生的,主要是通过灾害链的传递产生的灾害。由于某种致灾因子或生态环境变化引发的一系列的灾害现象,称为灾害链。

气象灾害一般包括台风、暴雨(雪)、寒潮、大风(沙尘暴)、低温、高温、干旱、雷电、冰雹、霜冻、大雾和霾造成的灾害。气象灾害按照致灾成因划分大致有 10 大类 20 余种,包括干旱、暴雨洪涝、台风、冷冻、局地风雹、连阴雨、高温热浪、沙尘暴、大雾或霾和其他灾害。气象灾害也可以按照原生、次生和衍生灾害来划分;还可以按照承载体划分,如城市气象灾害、农业气象灾害、森林气象灾害等。气象灾害如果细分可达数十种甚至上百种,如冷冻害可分为霜冻、雪灾、低温冷害等;暴雨洪涝灾害可分为洪水灾害、山洪灾害及其引发的地质灾害等。

10.1.2.3 水文灾害

水文灾害常由气象和水文极端事件引发,与气象灾害及海洋灾害有所交叉。水文灾害主要有两类:一类是自然类灾害,如干旱、洪涝、台风、风暴潮、冰凌等;另一类是水利工程受损导致的灾害,如水利设施溃堤、垮坝等。常见的陆地水文灾害主要有 5 种:第一种是洪水,暴雨或急骤的融冰化雪和水库大量泄洪或垮坝等引起江河水量迅速增加及水位急剧上涨的现象。第二种是内涝,沟渠淤塞和排水途径太少,导致水位偏高,造成农田积涝,作物减产或死亡,城市排水不畅,影响交通;第三种是水土流失,暴雨造成的洪水剥蚀土壤;第四种是旱灾,水文干旱通常是用河道径流量、水库蓄水量和地下水位值下降等来表述;第五种是凌汛,由于下段河道结冰或冰凌积成的冰坝阻塞河道,使河道不畅而引起河水上涨的现象。

以上叙述的是传统和经典的灾害划分方法。国际减灾数据库(CRED)为便于收录和分布灾害数据,于 2009 年对自然灾害另行分类。CRED 把自然灾害分为地质灾害、气象灾害、气候灾害和水文灾害。地质灾害包括地震、海啸、火山爆发、火山泥石流和干物质移动(岩崩、滑坡、雪崩、塌陷)。气象灾害包括热带气旋、冬季风暴、龙卷、雪暴、沙尘暴。气候灾害包括极端冬季条件、热浪、野火和干旱。水文灾害包括洪涝(骤发洪水、沿海洪水、河道洪水、融雪洪水、大坝泄洪)、湿物质移动(泥石流、雪崩、突然下沉)、海平面上升。其中有些灾害具有交叉性,如地质灾害和水文灾害都包括雪崩,但分别强调干物质和湿物质。

10.1.3 灾害风险管理

10.1.3.1 灾害风险理论

灾害风险为在某个特定时期由于危害性自然事件造成某个社区或社会的正常运行出现剧烈改变的可能性，这些事件与各种脆弱的社会条件相互作用，最终导致大范围不利的人员、物质、经济或环境影响，需要立即做出应急响应，以满足危急中的人员需要，而且可能需要外部援助方可恢复。灾害风险研究的基本理论表明，灾害风险是由极端事件（或称致灾因子）、暴露度和脆弱性构成的非线性函数。即

$$R = f(H,E,V)$$

式中，R 为灾害风险（Disaster Risk），H 为致灾因子（Hazard），E 为暴露度（Exposure），V 为脆弱性（Vulnerability）。灾害风险不仅取决于极端和非极端事件（致灾因子）的严重程度，也在很大程度上取决于脆弱性和暴露度的水平。按照 IPCC SREX 报告的定义，暴露度为人员、生计、环境服务和各种资源、基础设施以及经济、社会或文化资产处在有可能受到不利影响的位置。脆弱性为受到不利影响的倾向或趋势。图 10.1 给出了气象灾害发生的风险和天气、气候事件、暴露度和脆弱性的关系，反映了气象灾害的形成与自然因素和人类活动、社会经济因素的关系。气象灾害风险是极端天气或气候事件、暴露度和脆弱性共同作用的结果。

10.1.3.2 灾害风险管理

从图 10.1 可见，暴露度和脆弱性是动态的，随不同的时间和空间尺度而变化，并取决于经济、社会、地理、人口、文化、体制、管理和环境因素。人居模式、城市化和社会经济状况变化均已影响观测到的对极端气候的暴露度和脆弱性变化趋势。暴露度和脆弱性的趋势是灾害风险变化的主要驱动因素。因而，管理灾害风险主要是减少暴露度和脆弱性，并提高对各种潜在极端气候不利影响的应变能力。

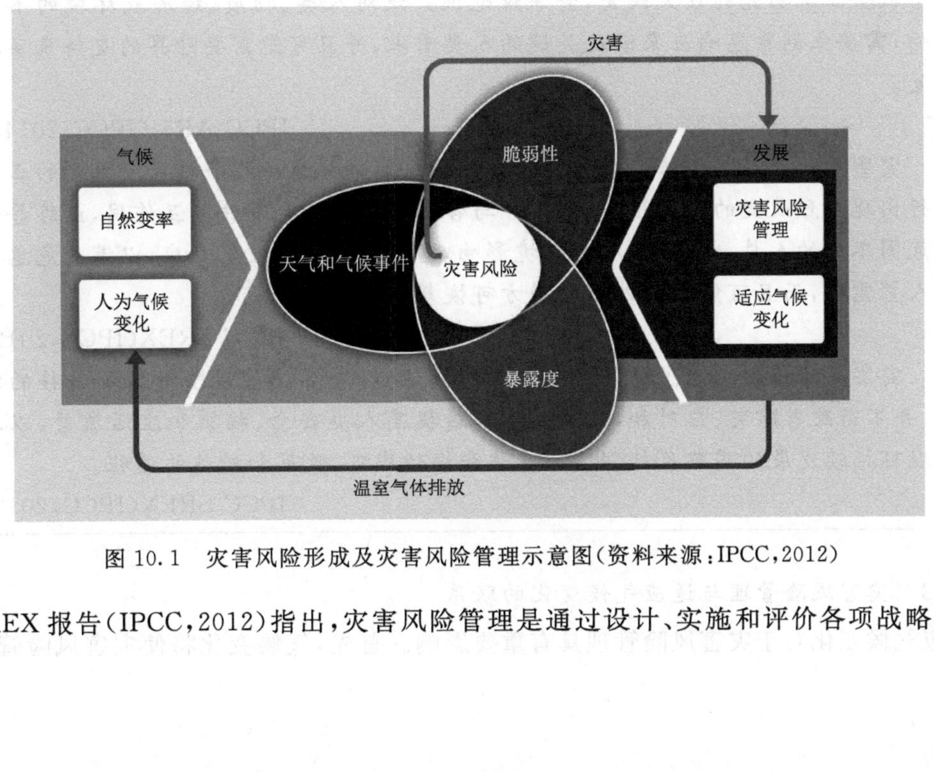

图 10.1　灾害风险形成及灾害风险管理示意图（资料来源：IPCC，2012）

SREX 报告（IPCC，2012）指出，灾害风险管理是通过设计、实施和评价各项战略、政策和

措施，以增进对灾害风险的认识，鼓励减少和转移灾害风险，并促进备灾、应对灾害和灾后恢复做法的不断完善，其明确的目标是提高人类的安全、福祉、生活质量、应变能力和可持续发展。灾害风险管理通常包括风险识别与评估、降低风险、风险转移和灾害管理四方面的内容。

灾害风险管理与适应气候变化两者虽有不同的内涵和侧重，但却有着紧密的内在联系，两者既有一些相同的特性，也存在相互间的影响（参见图 10.2）。将灾害风险管理与适应气候变化更为紧密地融为一体，并将两者纳入国际、区域、国家和地区发展政策和实践中，可在所有层面带来防灾减灾和应对气候变化的效应。

灾害风险管理侧重对灾害风险的识别、评估、降低、转移和灾害发生后的管理，而气候变化适应是针对实际的或预计的气候状态的变化及其影响进行调整的过程，以便减缓危害或利用各种有利机会。灾害风险管理是减少灾害风险的后端措施，而适应气候变化则是减少灾害风险的前端措施。尽管两者侧重面具有显著的差异，但也有相同的特性和特征，主要表现在三个方面。一是两者共同的核心要素均是减少脆弱性。灾害风险管理和适应气候变化的基本内涵，就是降低人类和自然系统的暴露度和脆弱性，提升人类和自然系统对于气候变化和极端气候的适应能力，提升人类系统对于自然灾害的应对能力。二是两者均可降低灾害风险和灾害损失。灾害风险管理是减少灾害风险的后端措施，既可减少灾害发生的概率，又可减少灾害的程度和损失。适应气候变化是减少灾害风险的前端措施，既可降低灾害风险，又可减少灾害损失。三是两者都具有可持续发展的属性，是社会、经济和环境可持续发展的重要措施。灾害风险管理通过各项战略、政策和措施，增进对灾害风险的认识，减少和转移灾害风险，促进备灾、应对灾害和灾后恢复。适应气候变化及其影响制订趋利避害调整的战略、政策和措施，可缓解气候变化对人类系统和自然系统的不利影响。可见，两者均可增强社会、经济和环境的可持续性。

灾害 灾害风险 灾害风险管理

灾害　由于危险的自然事件与脆弱的社会条件相互作用而造成的一个社区或一个社会正常功能的巨大改变，会导致范围广泛对人类、物质、经济或环境的不利影响，需要立刻紧急响应来满足关键的人类需求，并且可能需要外界的支持来实现恢复。

IPCC AR5 (IPCC,2014a)

灾害风险　在某个特定时期由于危害性自然事件造成某个社区或社会的正常运行出现剧烈改变的可能性，这些事件与各种脆弱的社会条件相互作用，最终导致大范围不利的人员、物质、经济或环境影响，需要立即做出应急响应，以满足危急中的人员需要，而且可能需要外部援助方可恢复。

IPCC SREX(IPCC,2012)

灾害风险管理　为了增强对灾害风险的认识，培养灾害风险降低和转移的能力，并不断改善防灾、应对和恢复行动，本着提高人类安全、福祉和生活质量，以及实现可持续发展的明确目标，规划、实施和评估战略、政策和措施的过程。

IPCC SREX(IPCC,2012)

10.1.3.3　灾害风险管理与适应气候变化的联系

适应气候变化对于灾害风险管理具有重要影响。首先，气候变化将使灾害风险管理变得更加复杂,会给实现灾害风险管理的目标增加挑战。气候变化可能增加一些自然事件的发生并改变其发生的位置,这将影响许多社区的暴露度和脆弱性,增加暴露度和脆弱性意味着灾害风险的增加。气候变化使得对极端事件灾害风险的预测、评估变得更加困难。其次,适应气候变化对灾害风险管理有着越来越重要的贡献。近年来气候变化适应领域引入的气候相关决策新理念,注重气候变化与社会、经济和生态系统的相互作用所和影响,对灾害风险决策提供了有力的支持(图 10.2)。

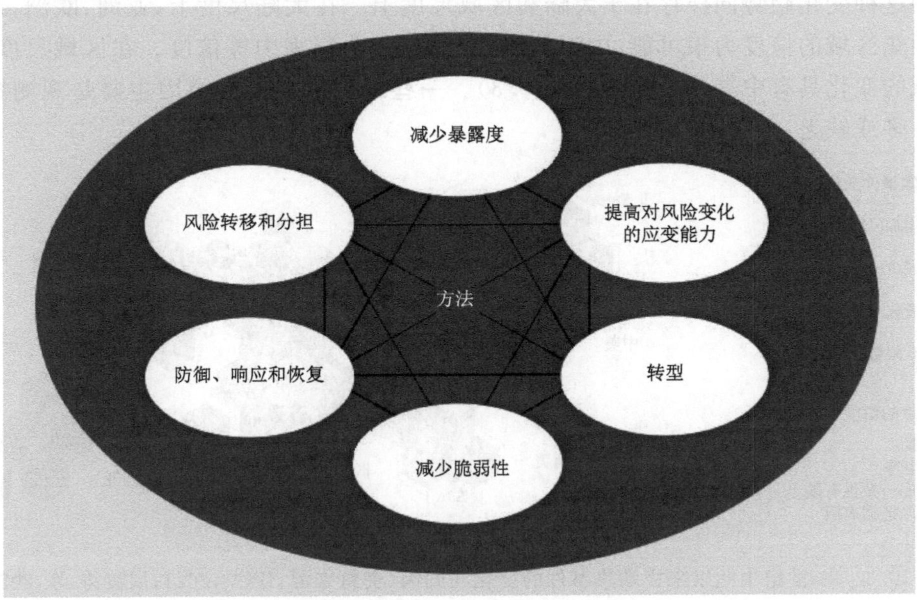

图 10.2　气候变化适应和灾害风险管理方法(资料来源:IPCC,2012)

10.2　全球极端事件和灾害变化

在气候变化和人类活动等因素的综合作用下,全球气象水文极端事件发生的频率和强度均有明显的变化,将来还会发生新的变化。在极端事件频发的背景下,全球灾害损失呈增加趋势。

10.2.1　天气和气候极端事件变化

10.2.1.1　极端温度事件

极端温度事件指极端高温事件和极端低温事件。极端温度事件既包括单日的极端温度,也包括一段时间的极端平均温度,有时还包括极端温度造成的社会、环境效应。

IPCC WGI AR5(IPCC,2013)评估报告指出,自 20 世纪中叶以来,在大多数陆地区域,最高和最低极端温度均已升高。在资料充足的陆地区域,暖昼和暖夜数总体增加,冷昼和冷夜数相应减少。异常暖昼和暖夜数增加,且异常冷昼和冷夜(包括这一时期大多数大陆发生的霜冻)数减少。自 20 世纪中叶以来,全球大多数陆地区域(少数例外)经历了更多热浪,欧洲、亚洲和澳大利亚的大部分地区热浪发生的频率增加。

IPCC WGI AR6(IPCC,2021)评估表明,自20世纪50年代以来,全球尺度暖昼和暖夜天数增加,冷昼和冷夜天数减少;最暖日温度(TXx,日最高温度的年最大值)和最冷日温度(TNn,日最低温度的年最小值)均呈升高趋势,且陆地区域平均的TNn上升幅度比TXx上升幅度大;热浪强度和频次增加,持续时间延长。极端温度事件的这些变化与AR5评估结论一致,但随着证据增加,其在信度上较AR5进一步提高。AR6赋予的信度为几乎确定,而AR5关于暖昼暖夜/冷昼冷夜和热浪变化结论的信度分别为很可能和中等信度。全球尺度极端温度事件的这种变化趋势同样存在于大陆和区域尺度上。在大陆尺度上,亚洲、欧洲、北美洲和澳大拉西亚区域的信度为很可能,中南美洲为高信度,非洲为中等信度。在区域尺度上,90%以上区域的变化具有中等信度以上(图10.3)。一些地区低信度的原因主要是观测数据和相应研究不多或缺乏。

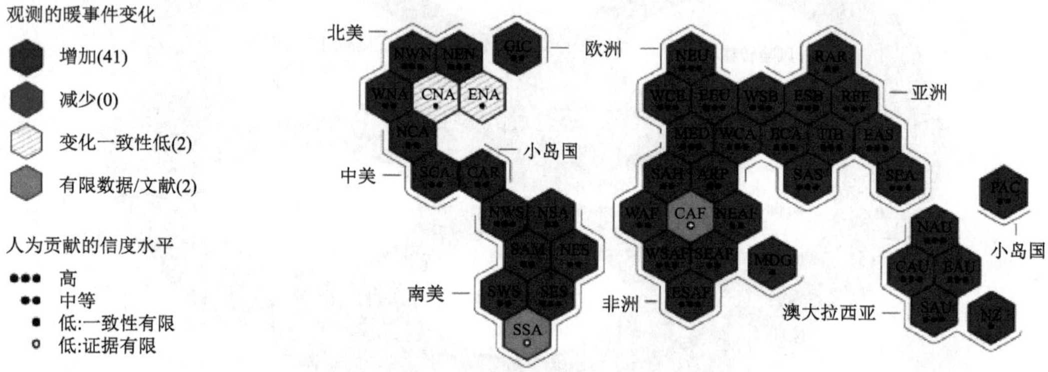

图10.3　20世纪中叶以来极端热事件的变化与归因(资料来源:IPCC,2021;周波涛 等,2021)

注:北美包括NWN(北美西部、北部地区)、NEN(北美东部、北部地区)、WNA(北美西部)、CNA(北美中部)、ENA(北美东部);中美包括NCA(中美北部)、SCA(中美南部)、CAR(加勒比海);南美包括NWS(南美西部、北部地区)、NSA(南美北部)、NES(南美东部、北部地区)、SAM(南美季风区)、SWS(南美西部、南部地区)、SES(南美东部、南部地区)、SSA(南美南部);欧洲包括GIC(格陵兰/冰岛)、NEU(欧洲北部)、WCE(欧洲中西部)、EEU(欧洲东部)、MED(地中海);非洲包括MED(地中海)、SAH(撒哈拉)、WAF(非洲西部)、CAF(非洲中部)、NEAF(非洲东部、北部地区)、SEAF(非洲东部、南部地区)、WSAF(非洲南部、西部地区)、ESAF(非洲南部、东部地区)、MDG(马达加斯加);亚洲包括RAR(俄罗斯北极地区)、WSB(西西伯利亚)、ESB(东西伯利亚)、RFE(俄罗斯远东地区)、WCA(中亚西部)、ECA(中亚东部)、TIB(青藏高原)、EAS(东亚)、ARP(阿拉伯半岛)、SAS(南亚)、SEA(东南亚);澳大拉西亚包括NAU(澳大利亚北部)、CAU(澳大利亚中部)、EAU(澳大利亚东部)、SAU(澳大利亚南部)、NZ(新西兰);小岛国包括CAR(加勒比海)、PAC(太平洋小岛国)

IPCC AR6评估指出,人为影响是20世纪中叶以来全球尺度和大多数大陆尺度(包括亚洲、欧洲、北美洲、澳大拉西亚)极端温度事件变化的主要驱动力。如果没有人类活动对气候系统的影响,极不可能发生近些年的一些极端高温事件。在区域尺度上,除人为影响外,极端温度变化还受陆面反馈过程、土地利用和土地覆盖变化、气溶胶浓度变化、年代际自然变率等区域过程的调控。

与AR5预估结论一致,AR6揭示,在未来全球气候进一步变暖情形下,全球尺度和大陆尺度以及所有人类居住的区域,极端热事件(包括热浪)将继续增多,强度加强;极端冷事件将减少,强度将减弱,即使全球温升水平稳定在1.5 ℃。未来全球增温幅度越大,预估结论的信度水平越高。

在全球 1.5 ℃温升水平下，相对于 1995—2014 年，预估的大陆尺度极端热(冷)事件频次和强度增加(减小)的信度水平为很可能，在全球 4 ℃温升水平下提升至几乎确定。在区域尺度上，预估的极端温度事件频次和强度变化的信度水平在全球 1.5 ℃温升水平下为中等信度，在全球 4 ℃温升水平下为几乎确定。中美北部(NCA)、北美中部(CNA)和北美西部(WNA)这 3 个区域，预估的极端冷事件变化的信度水平在全球 1.5 ℃温升水平下为中等信度，在全球 4 ℃温升水平下为很可能。在大多数陆地区域，极端温度事件强度的变化与全球增暖幅度成正比。TXx 上升幅度最大的区域位于中纬度和半干旱的一些区域以及南美季风区，为全球增暖幅度的 1.5～2 倍；TNn 上升幅度最大的区域位于北极区域，为全球变暖幅度的 3 倍(高信度)。与此不同，极端热事件频次变化随全球增暖幅度呈非线性增长，越极端的事件，其发生频率的增长百分比越大(IPCC,2021；周波涛 等,2021)。

10.2.1.2　极端降水事件

极端降水事件包括相对极端降水事件和绝对极端降水事件。相对极端降水事件又分为两种，一是达到强(弱)降水均值的一定比例(如达到 95%以上或以下)，另一种是若干年一遇(如 30 a、50 a 一遇等)。绝对极端降水事件则是降水量达到一定的阈值，不同地区和国家有不同的标准，如美国规定为 50.8 mm/d，中国规定为 100 mm/d。

IPCC AR5 评估指出，自 1950 年以来，陆地强降水事件数量增多的地区比减少的地区要多。北美和欧洲的信度最高，这些地区强降水的频率和强度均已增加，但存在某些季节性和区域性差异。由于缺乏直接观测资料，在全球尺度观测到的干旱趋势(少雨)信度不高。然而，某些区域的变化趋势较明显，如自 1950 年以来地中海和西非的干旱频率和强度增加，而在北美中部和澳大利亚西北部则降低了。在过去 1000 a 间，许多地区的干旱强度和持续时间大于自 20 世纪初以来观测到的结果。相比中世纪气候异常期(950—1250 年)，小冰期(1450—1850 年)，在亚洲季风季区发生了更多的特大干旱，而干旱的中亚和南美季风地区出现了潮湿的倾向。

AR5 基于人类活动影响全球水循环的证据，认为人为影响对 20 世纪 50 年代以来全球尺度陆地强降水变化做出了贡献(中等信度)。当时，有关人类活动影响强降水的直接证据还十分有限。自 AR5 以来，针对强降水变化的归因研究越来越多，认识不断深入，特别是针对不同极端降水指数的变化，在全球和大陆尺度上都检测到了人为影响。在区域尺度上也检测到强降水变化的人为影响，但证据有限。同样也对单个事件开展了归因研究，发现人类活动会影响单次强降水事件的发生概率或强度。基于这些强有力的证据，AR6 评估认为，人为影响特别是温室气体排放可能是全球尺度陆地强降水增强的主要驱动力。在大陆尺度上，人为影响对北美、欧洲、亚洲强降水变强做出了贡献(高信度)。在区域尺度，由图 10.4 可见，除欧洲北部(NEU，高信度)和北美中部(CNA，中等信度)外，其余区域为低信度，说明强降水变化的复杂性。

随着全球变暖加剧，强降水事件很可能变得更强、更频繁。全球尺度上，未来全球每增温 1 ℃，极端日降水事件的强度将增强 7%。区域强降水强度变化与全球变暖幅度成近乎线性关系，未来全球变暖幅度越大，强降水增强就越大；强降水事件的频次随全球增暖幅度增加而加速增长，越极端的强降水事件，其发生频率的增长百分比就越大。比如，在全球 1.5 ℃温升下，当前 20 a 一遇的强降水事件发生频率将增加 10%，100 a 一遇的强降水事件发生频率将增加

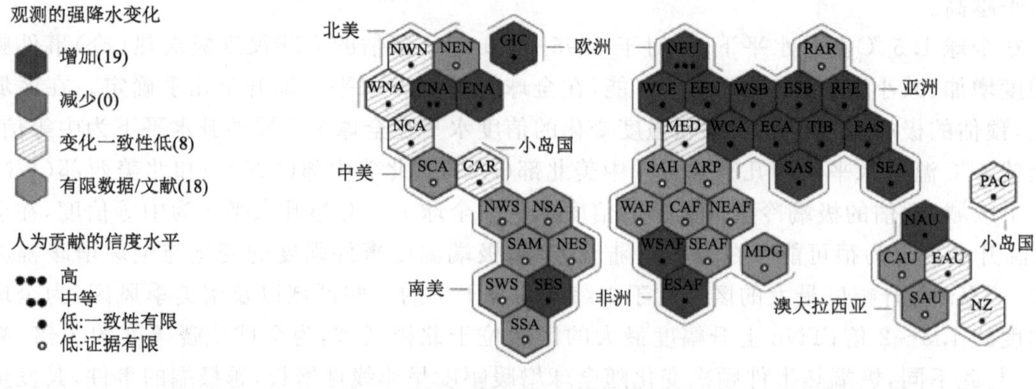

图 10.4 20 世纪中叶以来极端降水事件的变化与归因(资料来源:IPCC,2021;周波涛 等,2021)

20%;在全球 2 ℃温升下,当前 20 a 一遇的强降水事件发生频率将增加 22%,100 a 一遇的强降水事件发生频率将增加 45%以上。这也是 IPCC AR6 评估报告的一个亮点结论。强降水未来变化预估结果的信度水平与全球温升水平有关。全球温升水平越高,预估的强降水变化的信度水平就越高。

10.2.1.3 极端风速事件

极端风速事件包括一般天气背景下的极大风速,也包括特殊天气过程如热带气旋、温带气旋、龙卷伴随的极大风速。

据 IPCC SREX 报告(IPCC,2012)的评估结果,在北美地区,美国大部分地区 1973—2005 年 50%和 90%百分位风速事件呈下降趋势,加拿大西部和北部 1953—2006 年距地面 10 m 风速也有同样的趋势。而在美国阿拉斯加地区和加拿大中部地区,1955—2001 年平均风速却呈上升趋势,滨海地区的最大风速也在增加。中国 1969—2005 年 90%百分位风速事件、1979—2003 年距地面 10 m 平均风速、1956—2004 年最大日风速、1966—2003 年青藏高原距地面2 m 平均风速均呈下降趋势。欧洲地区 1962—2002 年距地面 2 m、10 m 最大风速亦呈下降趋势。在北半球,地面平均风速和最大风速总体上均呈下降趋势,但最大风速下降的势头更为显著。在南半球,澳大利亚 1975—2006 年有 88%的地区距地面 2 m 平均风速呈下降趋势,而另外 12%的地区则呈上升趋势。南极地区 20 世纪平均风速呈上升趋势。自 20 世纪 80 年代以来,热带气旋发生的频次没有明显的变化趋势,但强度有增加的趋势,热带气旋伴随的风速亦有增加的趋势。温带气旋的情形比热带气旋复杂,不同地区的趋势有所不同。

未来风速在某些地区有所下降,而在某些地区有所加强。据 19 个模式的集合模拟结果[图 10.5(彩)],欧洲、北美中部和北部部分地区、南太平洋热带地区以及南半球大部分海域 2081—2100 年相对 1981—2000 年 10 m 日平均风速有所提升,而赤道地区随着沃克环流的减弱日平均风速有所下降。就季节分布而言,12 月、1 月、2 月(DJF)北极地区和北太平洋部分地区日平均风速有所增强,而在 6 月、7 月、8 月(JJA)北太平洋部分地区日平均风速有所减弱。未来大部分海域 99%百分位日平均风速呈下降趋势,只有少数海域如北极地区和北太平洋部分海域以及 40°S 以南海域(DJF)和南太平洋 10°—25°S 海域(JJA)例外。北极地区和北半球大陆地区(DJF)及非洲、澳大利亚、南美洲中部和南部地区 99%百分位日平均风速呈增加趋势。

IPCC WGI AR6(IPCC,2021)指出,因观测资料质量和长度的原因,龙卷、冰雹和大风的变化为低信度,这与 SREX 和 AR5 的评估信度一样。在 SREX 和 AR5 中,预估的龙卷和冰雹的未来变化也为低信度,而 AR6 评估结论显示,在未来变暖加剧背景下,一些区域(包括美国在内)与强对流相关的降水率将加大(高信度),美国春季强对流频次将增多(中等信度)。

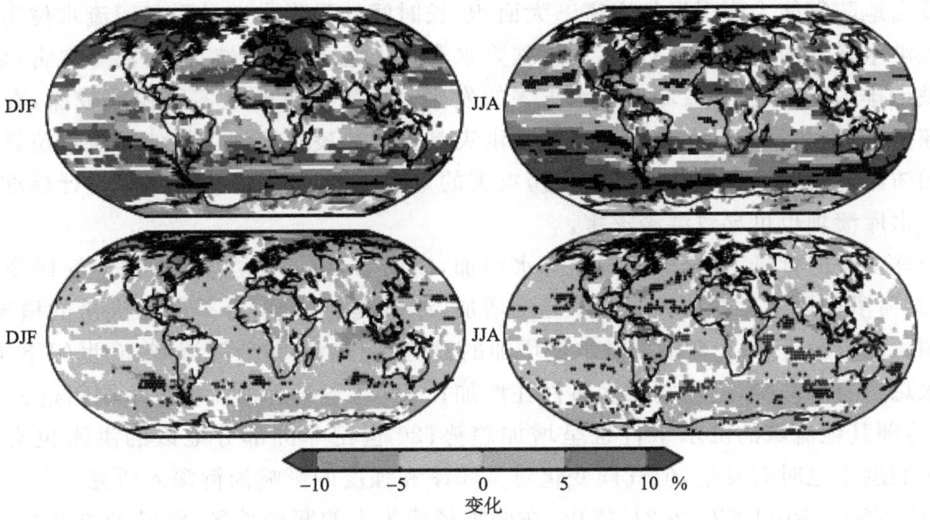

图 10.5(彩)　2081—2100 年相对 1981—2000 年 10 m 日平均风速(上图)和 99%百分位日平均风速变化
(资料来源:IPCC,2012)

10.2.1.4　复合事件

IPCC SREX(IPCC,2012)特别报告首次对复合事件进行了定义,之后一些学者对其内涵进行了延拓。复合事件指的是两个或两个以上同时发生或者连续先后发生或者同时出现在不同地方的天气气候事件的组合,其影响要大于单个事件造成影响的总和。在 AR6 中,首次全面系统地评估了热浪和干旱复合事件、与野火有关的复合天气事件(炎热、干燥、大风的组合)、沿海和河口地区的洪涝复合事件(极端降水、风暴潮、河流流量等多种因素共同导致的洪涝事件)的过去变化与归因以及未来变化,这也是 AR6 评估报告的一个重大进展。

AR6(IPCC,2021)评估结果表明,20 世纪 50 年代以来,全球热浪和干旱复合事件增多(高信度),欧洲南部、欧亚北部、美国和澳大利亚等地利于野火发生的复合天气事件变得越来越频繁(中等信度),一些沿海和河口地区的洪涝复合事件增多(中等信度)。人为影响可能增加了这些复合事件的发生概率。

随着未来气候变暖加剧,许多区域的复合事件发生概率将增加(高信度)。欧亚北部、欧洲、澳大利亚东南部、美国、印度、中国西北部等区域的热浪和干旱复合事件可能越来越频繁。随着干旱和高温热浪严重程度的增加,利于野火发生的复合天气状况也将变得更加频繁,造成野火风险加大(高信度)。由于海平面的上升和强降水的增加,海岸带复合洪水事件的发生频次和强度将增加(高信度)(IPCC,2021;周波涛 等,2021)。

10.2.2　天气和气候相关极端事件变化

天气和气候相关极端事件主要包括洪涝、干旱、热带气旋、温带气旋事件,以下逐一讨论。

10.2.2.1　洪涝事件

按照 IPCC SREX(IPCC,2012)的定义,洪涝是指正常范围内河水或其他水体的溢出,或在正常情况下不会淹没的地方积聚的水。SREX 报告将洪涝分为河川洪涝、山洪、城市洪涝、汛期(雨季)洪涝、下水道洪涝、沿海洪涝和冰湖溃洪。洪涝灾害是强降水造成的超出承灾体承受能力及当地防御能力而引发的灾害。大面积、长时间的强降水容易引起河流水位迅速上升,导致河流洪水暴发而引起洪灾;山区局地强降水容易引起山洪、滑坡、泥石流等灾害;城市强降水超过城市排水能力,会导致城市积水灾害的发生。融雪性洪水是冬季积雪较深,春、夏季气温升高超过 0 ℃,积雪大量融化形成。冰凌洪灾是大量冰凌阻塞河道致使河流水位暴涨造成。承灾体的防洪能力偏低也是造成暴雨洪涝灾害的重要原因,如水库由于防洪设计标准较低,强降水造成水库溃坝也可导致洪涝灾害。

在全球变暖的背景下,全球范围强降水增加,洪涝事件的风险也在增加。气候变暖,冰川融化,冰湖溃洪的风险也在加大。春季温度增加,冰雪提前消融,春季融雪洪涝的概率也在增加。中国长江下游近 40 a 来汛期洪水呈增加的趋势;澜沧江-湄公河流域 20 世纪下半叶以来虽然洪水总量有所减少,但极端洪水事件在增加;2009 年亚马孙河流域洪水刷新过去 106 a 的记录,南美洲其他流域的洪水事件也呈增加趋势;20 世纪非洲部分地区的洪涝也有所增加。其他地区的洪水也时有发生,但气候变化对其频率和强度的影响尚待深入研究。

IPCC WGI AR6(IPCC,2021)指出,在融雪径流为主的寒冷地区,洪涝的季节特征已经改变,春季融雪径流提前,洪涝事件增加。全球洪峰变化趋势不明显,但亚洲部分地区、南美洲内部、美国东北部、欧洲西北部和亚马孙地区等洪峰上升,而地中海部分地区、澳大利亚、非洲和美国西北部等地区洪峰下降。

未来随着全球持续变暖,水文循环过程会进一步加强,大气中水汽增加,降水特别是强降水增加,暴雨事件也会增加,对应的洪涝事件也会增加,但洪涝事件的时空分布仍有很大的不确定性。IPCC AR6 强调,未来在大陆尺度上洪涝分布不均匀,但洪涝增加的地区多于减少的地区。亚洲的印度、东南亚和北部地区,非洲的东部和热带地区,北美洲高纬度地区及南美洲亚马孙流域西部和冈底斯山区等洪涝频率或强度可能增加;欧洲中部和东部、地中海地区,南美部分地区,北美洲南部和中部地区,非洲西南部地区洪涝频率或强度可能降低。

10.2.2.2　干旱事件

按照 IPCC 的定义,干旱是指降水偏少的天气持续相当长且足以引起水文循环严重失衡的现象。按照国际通用标准,干旱又划分为气象干旱、土壤(农业)干旱、水文干旱和社会经济干旱。气象干旱是指某一地区降水偏少或气象水文失衡(降水量少于潜在蒸散量)持续数月到数年的现象。气象干旱常伴随气温偏高的现象,且可引发其他干旱。土壤(农业)干旱是指某一地区在一段时期内降水偏少引起土壤湿度减少到特定标准的现象。土壤(农业)干旱会减少农业产量,导致土壤退化,损害生态系统。水文干旱是指一段时期内河川径流和含水层、湖泊、水库等水储量低于长期平均值的现象。社会经济干旱指由自然降水系统、地表和地下水量分配系统及人类社会需水排水系统不平衡,造成的异常水资源短缺,从而影响社会经济发展的现象。四类干旱相互联系又相互制约。由于土壤(农业)、水文和社会经济干旱发生受到地表水和地下水供应的影响,其频率小于气象干旱,并滞后于气象干旱发生。经常是在降水不足的几周后,土壤水分不足对农作物、草原和牧场的影响才表现出来,发生土壤(农业)干旱。几个月的持续干旱会导致径流、水库水位、湖泊水位、潜在的地下水位下降，发生水文干旱。如果水分短缺持续发展，供水系统不能满足人类生产、生活的需要，即发生社会经济干旱。同样，在气象干旱解除后，其他类型的干旱解除也滞后于气象干旱。干旱事件的发生，既有自然因素，也有人类活动的因素。自然因素主要是降水偏少，并常伴随温度和蒸散量偏高。人类活动的因素是土地利用的变化及水资源调配和管理不当。

各种干旱均有其相应的指标，用以判断干旱的发生和干旱的程度。对于气象干旱而言，世界气象组织和全球水联盟联合制定了标准降水指标(SPI)和标准降水-蒸散指标(SPEI)。此外，在IPCC 评估中，Palmer 严重干旱标准也一直在沿用。灾害联合研究中心(JRS)分别应用 SPI 指标和 SPEI 指标，对世界范围 1981—2010 年相对于 1951—1980 年干旱分布和程度进行研究和评估。评估指出，非洲大部分地区(北部地区因缺少资料，未予评估)、欧洲地中海地区、西亚和南亚地区、东亚华北地区及俄罗斯东部地区、北美洲西部地区、南美洲中北部地区干旱趋势明显，且 1981—2010 年相对于 1951—1980 年干旱程度显著增加。此外，应用 SPI 指标和 SPEI 指标得出的干旱分布和趋势总体上是一致的，但应用 SPEI 指标得出的结果有两个特点：一是干旱的范围更为广泛，如美国北部、中国东部、俄罗斯东部、澳大利亚沿海地区干旱范围明显比应用 SPI 指标得出的范围大；二是一些地区 1981—2010 年相对于 1951—1980 年干旱程度增加明显，如欧洲地中海地区、西亚地区、东亚华北地区和澳大利亚东南沿海地区等(UNDRR，2019)。

IPCC WGI AR6(IPCC，2021)应用 SPI、基于彭曼-蒙蒂思(Penman-Monteith)的 SPEI 指标(SPEI-PM)和 PDSI(Palmer 严重干旱标准，PDSI-PM)、连续无降水日指标对干旱进行了综合评估。通过比较 SPEI-PM、PDSI-PM 和 SPI，发现近几十年区域性干旱的频率和强度均有所增加，这些干旱区域主要为非洲西部和南部、地中海和东亚地区[图 10.6(彩)]。指标分析表明，大气蒸发需求(AED)增加，对于农业干旱和生态干旱增加的贡献大于气象干旱，导致土壤湿度下降，增加植被用水压力，触发森林大火。在非洲和南美洲一些地区，降水亏损明显。所有大陆的部分地区(非洲西部，非洲中部，非洲南部—非洲西部，非洲南部—非洲东部，中亚西部，中亚东部，东亚，澳大利亚南部，地中海，欧洲中西部，南北中部—北部)发生了农业干旱和生态干旱。一些地区(地中海，非洲西部，东亚，澳大利亚南部)的水文干旱频率增加。

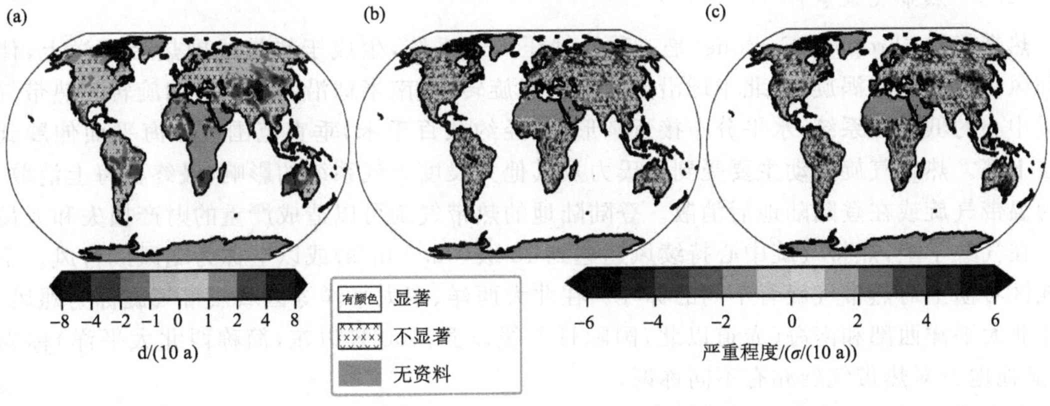

注：σ 为标准差。

图 10.6(彩) 观测到的干旱线性趋势(资料来源：IPCC，2021)
(a)1960—2018 年连续干旱日；(b)标准降水指标(SPI，12 月)；
(c)1951—2016 年标准降水-蒸散指标(SPEI，12 月)

据 IPCC AR5(IPCC,2013)评估结果,未来随着干旱区气温升高,土壤湿度会进一步下降,将导致干旱持续时间延长,强度增加。这些干旱区主要包括欧洲南部及地中海地区、欧洲中部、北美洲中部、中美洲和墨西哥、巴西东北部地区和非洲南部。UNDRR(2019)应用标准降水指标(SPI)和标准降水-蒸散指标(SPEI)对未来在 RCP4.5 情景(低排放情景)和 RCP8.5 情景(高排放情景)下干旱趋势进行模拟。据 SPI 的模拟结果表明,全球很多地区特别是北美洲北部地区、欧亚大陆高纬度地区、东南亚沿海地区干旱强度会增加。一些地区如阿根廷、智利、地中海地区和非洲南部大部分地区在 RCP4.5 和 RCP8.5 两种情景下到 21 世纪末干旱强度均会加强。而有些地区如中国东南部地区、澳大利亚南部地区,只有在 RCP8.5 情景下干旱程度才会加剧。据 SPEI 的模拟结果表明,很多地区干旱频率更高,干旱程度更强。

IPCC AR6(IPCC,2021)指出,未来随着全球持续变暖,全球陆地干旱频率和程度会进一步提升[图 10.7(彩)]。即便未来升温稳定在 1.5～2 ℃,一些地区农业干旱和生态干旱的频率和程度也会加剧(典型地区包括欧洲中西部,地中海,澳大利亚东部,澳大利亚南部,中美南部,南美北部,南美季风区,南美西部—南部,南美南部,中美北部,北美中部,非洲南部—非洲西部,非洲南部—非洲东部,马达加斯加)。如果温升达 4 ℃,更多的地区农业干旱和生态干旱的频率和程度会加剧(包括欧洲中西部,地中海,澳大利亚中部,澳大利亚东部,澳大利亚南部,中亚西部,东亚,中美南部,加勒比海,南美北部,南美东部—南美北部,南美季风区,南美西部—南美南部,南美南部,中美北部,北美中部,北美东部,北美西部,非洲南部—非洲西部,非洲南部—非洲东南,马达加斯加)。同时,一些地区农业干旱和生态干旱的频率和程度会降低。农业干旱和生态干旱的频率和程度提升的主要归因是大气蒸发需求(AED)增加,其次是实际蒸散发(ET)增加。气象干旱虽没有农业干旱和生态干旱范围广泛,但即使未来升温稳定在 1.5～2 ℃,也有一些地区会发生。随着气候进一步变暖,未来一些地区(包括欧洲北部,欧洲西部,欧洲中部,地中海,澳大利亚南部,中亚西部,中美南部,南美北部,南美季风区,南美西部—南美南部,南美南部,北美西部,非洲南部—非洲西部,非洲南部—非洲东部,马达加斯加)将遭受更严重的水文干旱。未来一些地区土壤湿度下降及伴随的干旱,会加大植被生长的压力,从而导致碳汇的下降。

10.2.2.3 热带气旋事件

热带气旋(Tropical Cyclone)是一种低气压天气系统,生成于热带或副热带海洋上,伴随有狂风暴雨的大气涡旋,在北半球沿逆时针方向旋转,在南半球沿顺时针方向旋转。热带气旋是暖中心的低气压系统,水平分布接近圆形,半径约数百千米,垂直范围可从海平面伸展到对流层上部。热带气旋移动主要受到科氏力及其他大尺度天气系统的影响,最终在海上消散、转化为温带气旋或在登陆陆地后消散。登陆陆地的热带气旋可以造成严重的财产损失和人员伤亡。在气象学上,热带气旋中心持续风速达到 12 级(32.7 m/s)或以上称为飓风或台风。不同的地区习惯上对热带气旋有不同的称呼。在北大西洋、东太平洋等区域热带气旋称为飓风,而在西北太平洋西部和南海(赤道以北,国际日期线以西,100°E 以东,简称西北太平洋)称为台风,其他地方对热带气旋亦有不同称谓。

在全球变暖的大背景下,热带气旋的发生频率、强度、持续时间(每年首个热带气旋出现到最后一个热带气旋结束持续的时间)以及伴随的降水强度均有不同程度的变化。由于气象卫星对热带气旋的观测仅有 40 余年的历史,所以很难对近百年来热带气旋发生频率的变化得出科学的结论。而且在卫星观测期间内,其发生频率的变化趋势亦不明显。IPCC WGI AR6

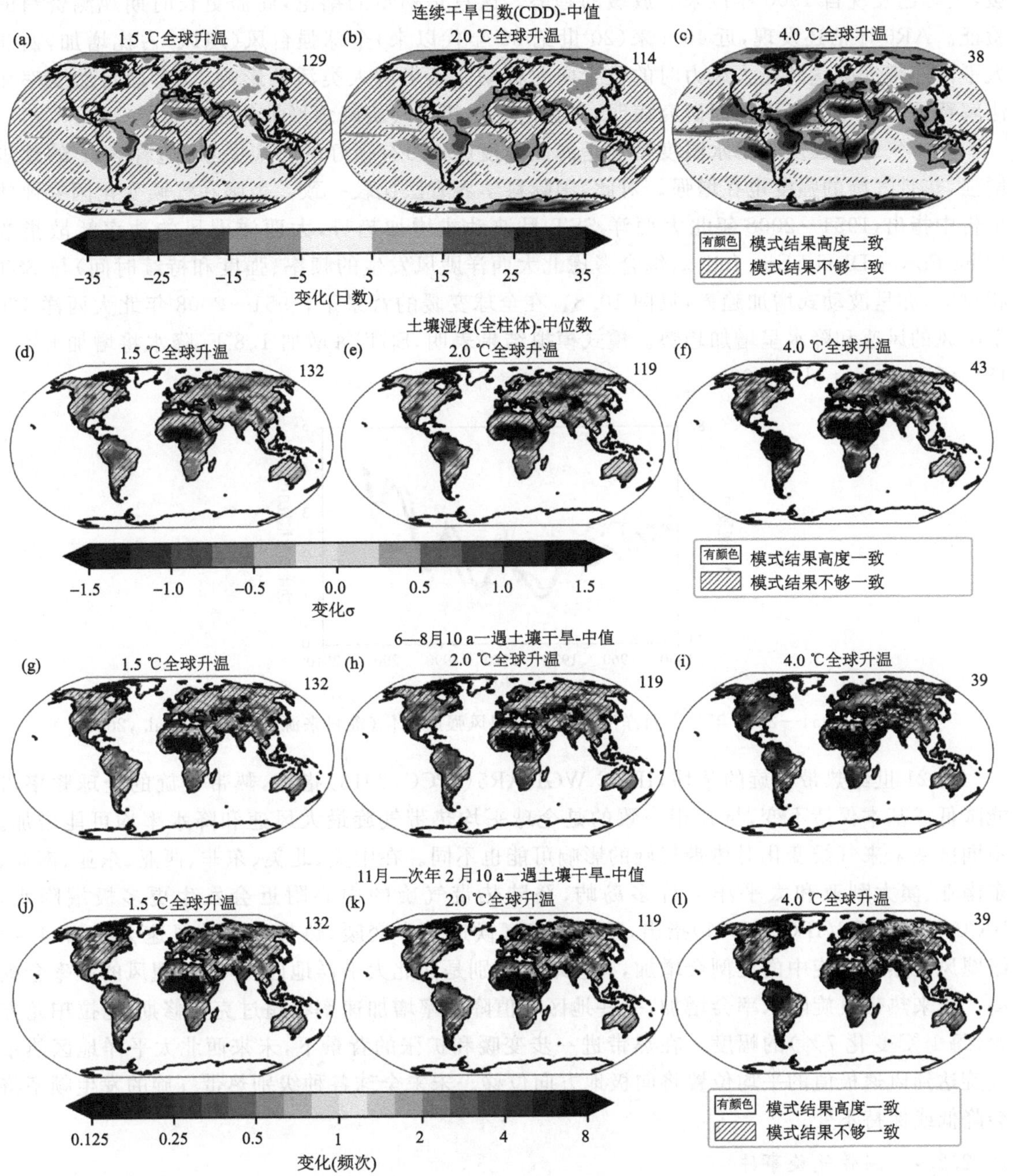

图 10.7(彩)　未来干旱趋势预估(相对于 1851—1900 年)(资料来源:IPCC,2021)

(a)—(c)连续干旱日数;(d)—(f)年均柱体总水汽量;

(g)—(l)升温 1.5 ℃、2 ℃和 4 ℃ 6—8 月和 12 月—次年 2 月 10 a 一遇土壤湿度干旱频率与强度

(IPCC,2021)指出,据卫星观测资料的研究表明:热带气旋的强度有所增强,但增长的幅度很小;部分地区热带气旋持续时间及伴随的降水强度均有增加的趋势;热带气旋的路径有向极地方向位移的倾向,从而导致相关海盆热带气旋的频率发生变化;热带气旋平移的速度有所放

缓，美国已发现自 1900 年以来有放缓的趋势。这只是初步的结论，尚需更长时期观测资料的验证。AR6 评估还发现，近 40 a 来（20 世纪 80 年代以来）全球强台风（飓风）占比增加，西北太平洋热带气旋达到最大风力时的位置向北移动。不考虑人类活动影响，仅考虑自然变率无法解释这些变化。事件归因研究表明，人类活动对热带气旋降水增加作出了贡献。

热带气旋的强度与海水温度特别是海面温度（SST）有很好的对应关系，随着 SST 的逐步增强，热带气旋的强度也在增强。对此，国际科学界看法比较一致。美国在气候变化国家评估报告中指出，1951—2008 年北大西洋 SST 呈波动式增加趋势，大西洋飓风的功率耗散指数（The Power Dissipation Index，综合考虑北大西洋飓风发生的频率、强度和持续时间）与 SST 相对应，亦呈波动式增加趋势，见图 10.8。在全球变暖的背景下，1951—2008 年北大西洋 120 个飓风的风速和降水呈增加趋势。模式模拟结果表明，SST 每增加 1.8°F，降水将增加 6%～18%（Thomas et al.，2009）。

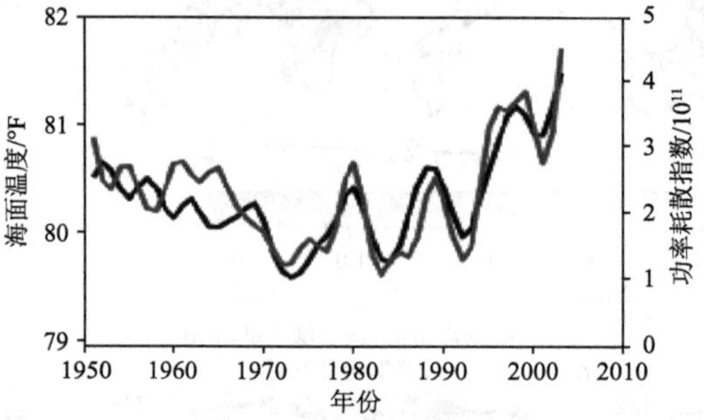

图 10.8　1951—2008 年北大西洋海表温度与飓风强度变化（资料来源：Thomas et al.，2009）

对 21 世纪热带气旋的预估，IPCC WGI AR5（IPCC，2013）指出，热带气旋的全球频率可能降低或基本保持不变，与其相一致的是全球平均热带气旋最大风速和降水率均可能增加。不同区域未来气候变化对热带气旋的影响可能也不同。在中美、北美、东非、西亚、东亚、南亚、东南亚、澳大利亚和太平洋上许多岛屿，登陆热带气旋的中心附近会发生更多极端降水。IPCC WGI AR6（IPCC，2021）指出，随着未来气候进一步变暖，热带气旋的风速会增加，4～5 级飓风在热带气旋中的比例会增加，有些地区特别是西北太平洋地区 4～5 级飓风的频率会提高。未来热带气旋降水率会增加，一些地区峰值降水率增加速率将超过克劳修斯-克拉珀龙方程（每 1 ℃变化 7%）的幅度。在热带进一步变暖和扩张的背景下，未来西北太平洋地区热带气旋达到风速极值的平均位置将向极地方向位移。未来全球各种级别热带气旋的发生频率将会降低或保持不变。

10.2.2.4　温带气旋事件

温带气旋是活跃在温带中纬度地区的一种气旋，又称为“温带低气压”或“锋面气旋”。温带气旋是一种冷心系统，其出现伴随着锋面。温带气旋尺度一般较热带气旋大，直径平均为 1000 km，小的为几百千米，大的可达 3000 km 或以上。温带气旋从生成、发展到消亡整个生命史一般为 2～6 d。温带气旋对中高纬度地区的天气变化有着重要的影响，多风雨天气，有时伴有暴雨、暴雪或强对流天气，有时近地面最大风力可达 10 级以上。

IPCC SREX（IPCC，2012）报告指出，气候变化对温带气旋频数、强度和路径均有影响。北半球北大西洋和北太平洋是两个气旋多发区，自 1950 年以来，冬季气旋频数在高纬度均增加，而在中纬度均减少，这意味着气旋路径有向北偏移的趋势，同时气旋活动强度在中、高纬度都在增加。南半球气旋频数有减少的倾向，路径有向南移动的趋势。据再分析资料和实测资料分析结果，自 1950 年以来，北太平洋冬季气旋频数增加，强度增加 20%～60%。值得注意的是，东太平洋和北美大陆却表现出许多相反的变化特征，而且大西洋和太平洋气旋活动的年代际变化还展示出南北的偶极子型。北美洲区域频数增加明显，强度增加不是特别显著。

亚欧北部地区（60°—40°N）的研究成果表明，温带气旋频数和强度有所减少，但有区域差异，气旋路径北移，高纬地区（50°—45°N）有所增加，中纬地区（45°N 以南）有所减少。Wang 等（2016a）基于 1958—2001 年 ERA-40 再分析海平面气压场资料，利用客观识别与追踪算法研究发现，春季（3—5 月）东亚北方地区（80°—140°E，40°—60°N）气旋频率在中高纬度增加而在中低纬度减少。20 世纪 80 年代以来蒙古地区中部和贝加尔湖东部地区气旋活动明显增加，而新疆东部、内蒙古地区及东北地区大部气旋活动减弱，实际上这也是东亚北方气旋路径向北偏移的反映。20 世纪 80 年代以来，除东部沿海地区外，中国大部分地区强气旋事件都有明显的减弱趋势。这种减弱趋势对应了近半个世纪以来海平面气压梯度的减小和中国沙尘天气的减少趋势。

IPCC WGI AR5（IPCC，2013）报告指出，未来全球温带气旋数量可能会有所减少，但降幅会超过几个百分点。南半球风暴路径可能朝极地方向出现小幅位移。北太平洋风暴路径多半可能朝极地方向位移，但北大西洋风暴路径不仅仅是朝极地方向位移，还有其他方向的位移。由于温带气旋带来更多的降水，导致北极、北欧、北美和南半球中高纬地区冬季降水增加。IPCC WGI AR6（IPCC，2021）评估指出，未来温带气旋强度增加幅度可能较小，但风暴路径位置的变化可能导致当地极端风速的重大变化。未来随着全球变暖的持续，温带气旋带来的平均降水和最大降水均会增加，增加的幅度与大气水汽含量增加幅度有关。

10.2.3　气象水文灾害发生频率和社会经济损失

气象水文灾害在世界各地连年发生，而且在气候变化的背景下，极端事件有增加的趋势，气象水文灾害发生的频率也随之增加。城市化进程的提速，人类活动对生态环境的干扰和影响，又增加了社会经济系统面对自然灾害的暴露度和脆弱性，导致自然灾害造成的社会经济损失也在增加。IPCC 预估未来干旱和洪涝等主要水文气象灾害发生频率和强度会进一步增加。世界气象组织（WMO）、联合国水机构（UN Water）和联合国减灾署（UNISDR）等机构分别对有关自然灾害发生的频率、强度和社会经济损失开展科学评估，并在此基础上提出防灾减灾的政策和技术措施。

10.2.3.1　世界气象组织评估结果

世界气象组织于 2014 年（Russo et al.，2014）选取洪涝、干旱、风暴、极端高温、质量移动（泥石流和山体滑坡等，参见前述国际减灾数据库（CRED）的灾害分类）和野火这 6 类气象水文灾害，分析其近几十年的发生频率和造成的社会经济损失，专门发布了气候和水文极端事件评估报告，其主要结论参见图 10.9。

1970—2012 年 42 a 期间，全球共发生上述 6 类气象水文灾害 8835 起。其中洪涝灾害最多，占灾害总数 44%；各种风暴灾害列第二位，占灾害总数的 35%；干旱和质量移动灾害并列第三位，占灾害总数的 6%；极端高温灾害列第五位，占灾害总数的 5%；野火灾害列第六位，占灾害总数的 4%。1971—2010 年期间，上述 6 类气象水文灾害发生频率呈连续增加的趋势。1971—

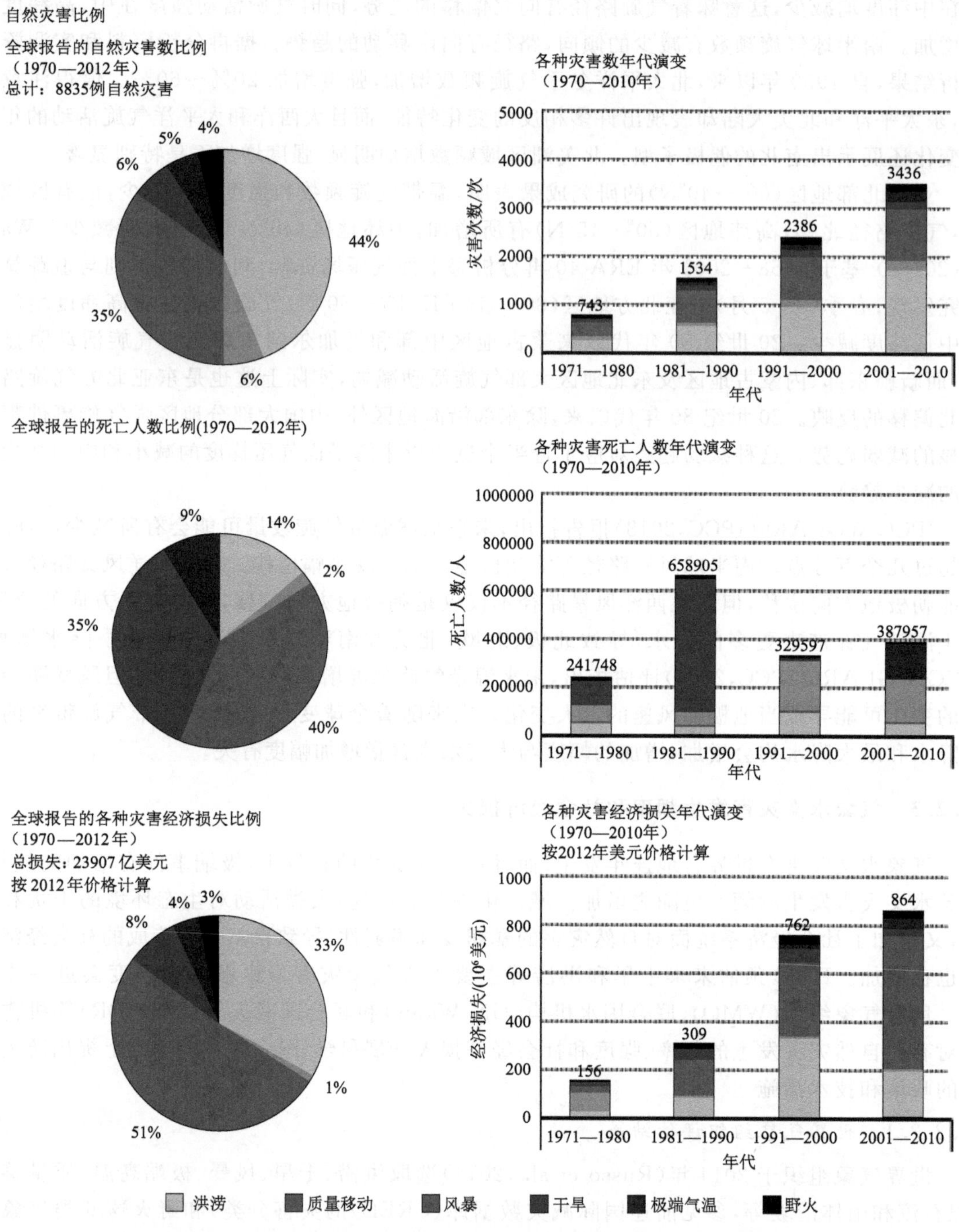

图 10.9　1970—2012 年气象水文极端灾害发生频率和社会经济损失（资料来源：Russo et al.，2014）

1980 年期间，6 类气象水文灾害发生 743 次；1981—1990 年期间，增加至 1534 次；1991—2000 年期间，又增加至 2386 次；2001—2010 年期间，灾害发生多达 3496 次。2001—2010 年期间，灾害发生次数为 1971—1980 年期间的 4.7 倍。到 2018 年前后，极端降水事件和洪水发生的频率是 1980 年前后 4 倍。过去 10 a，极端降水事件和洪水发生的频率增加了 50%。

1970—2012 年 43 a 期间，全球 6 类气象水文灾害造成人员死亡 1944653 人。其中各种风暴灾害导致人员死亡最多，占人员死亡总数的 40%；干旱灾害列第二位，占人员死亡总数的 35%；洪涝灾害列第三位，占人员死亡总数的 14%；极端高温灾害列第四位，占人员死亡总数的 9%；质量移动灾害（泥石流和山体滑坡等）列第五位，占人员死亡总数的 2%；野火灾害列第六位，人员死亡甚少，占人员死亡总数的比例可忽略不计。

1970—2012 年 43 a 间，全球 6 类气象水文灾害造成的经济损失高达 23907 亿美元（以 2012 年价格折算）。其中各种风暴灾害损失最重，占灾害总数 51%；洪涝灾害列第二位，占灾害经济损失总量的 33%；干旱灾害列第三位，占灾害经济损失总量的 8%；极端高温灾害列第四位，占灾害经济损失总量的 3%；野火灾害列第五位，占灾害经济损失总量的 2%；质量移动灾害（泥石流和山体滑坡等）列第六位，占灾害经济损失总量的 1%。1971—2010 年期间，上述 6 类气象水文灾害经济损失发生频率亦呈连续增加的趋势。1971—2080 年期间，6 类气象水文灾害经济损失为 1560 亿美元；1981—2090 年期间，增加至 3090 亿美元；1991—2000 年期间，又增加至 7620 亿美元；2001—2010 年期间，灾害经济损失继续增加至 8640 亿美元。2001—2010 年期间，灾害经济损失为 1971—2080 年期间的 5.5 倍。

此外，自然灾害还造成了人员流离失所。仅 2008—2012 年期间，洪涝造成流离失所的人员为 89181000 人，各种风暴 29051000 人，地震 23604000 人，极端严寒 923000 人，滑坡（湿质量）577000 人，火山爆发 472000 人，野火 103000 人，滑坡（干质量）3200 人，热浪 1700 人。依据国际减灾数据库（CRED）的灾害分类，在自然灾害还造成的流离失所人员总数中，水文灾害占 68.2%，气象灾害占 29.6%，地质灾害占 2.1%，气候灾害占 0.2%。

10.2.3.2　世界水发展报告评估结果

世界水发展报告（World Water Development Report 2019）（UNESCO，2019）对近 20 a 水文灾害造成的损失进行评估。报告指出，90%的自然灾害与水关联。1995—2015 年期间，洪涝灾害占自然灾害总数的 43%，影响人群达 23 亿之巨，其中有 167000 人丧生，造成的经济损失高达 6620 亿美元。干旱灾害占自然灾害总数的 5%，影响人群达 11 亿，其中有 22000 人丧生，造成的经济损失亦高达 1000 亿美元。以 10 a 年均统计，1995 年为 127 次，到 2004 年则高达 171 次。

世界水发展报告（World Water Development Report 2021）（UNESCO，2021）对 2009—2019 年洪涝和干旱两种主要水文气象灾害的损失进行补充评估。2009—2019 年，洪涝造成 55000 人死亡（2019 年死亡人数达 5110 人）；受影响人数高达 1.03 亿人（2019 年死亡人数达 31000 人）；经济损失为 7.68 亿美元。同期，干旱造成死亡人数超过 2000 人，受影响人数超过 1 亿人，直接经济损失超过 100 亿美元。

世界水发展报告（World Water Development Report 2021）（UNESCO，2021）指出，干旱虽然在全球均有发生，但主要发生在南半球，特别是非洲。北半球干旱主要发生在地中海、西亚地区，南亚和东南亚部分地区，中国华北地区干旱趋势也很明显。干旱影响人数最多的是亚洲而不是非洲，其中印度影响人数最多，高达 17500000 人；中国其次，为 16500000 人；非洲埃塞俄比亚影响人数最多，为 2500000，但远不及印度和中国。洪涝灾害发生比干旱更普遍，但也是南半球多于北半球。世界上洪涝高发区在南亚、东南亚和中国，其次为美国西北部地区。受洪涝影响的人群也主要集中在亚洲。中国受影响人数最多，达 6700 万人；印度其次，为 1900 万人；孟加拉国第三，为 500 万人。虽然干旱和洪涝发生频率和影响人数均呈上升趋势，但由于各国政府对于防灾减灾的重视，灾害造成的死亡人数近十年来却呈下降趋势。

在全球变暖的大背景下，未来干旱和洪涝事件的频率和强度均会继续增加，造成的社会经济损失也会增加。预计到2050年，受洪涝影响的人群将从目前的12亿提高至16亿，占世界总人口的20%。届时洪涝造成的经济损失将高达45万亿美元，为2010年的340%。

11.2.3.3 全球减灾评估报告(GAR)结果

联合国减灾署每年都发布全球减灾评估报告(GAR)。在2019年评估报告(UNDRR，2019)中，结合可持续发展目标的贯彻情况对近20 a自然灾害造成社会经济损失进行系统评估。GAR评估的灾害包括气旋、洪涝、强降水、海啸、地震、滑坡、生物灾害、火灾、事故和综合灾害等。

(1)灾害死亡人数

2005—2015年全球自然灾害死亡人数演变如图10.10所示。图中深色柱体为各国报告的数据，浅色柱体为紧急灾害数据库(EMDAT)的数据。从图中可以看出，2005年和2008年地震灾害频发，造成死亡人数奇高。总体上，这10 a因灾死亡人数是下降的，这主要得益于各国对防灾减灾投入的增加和早期预警水平的提高。

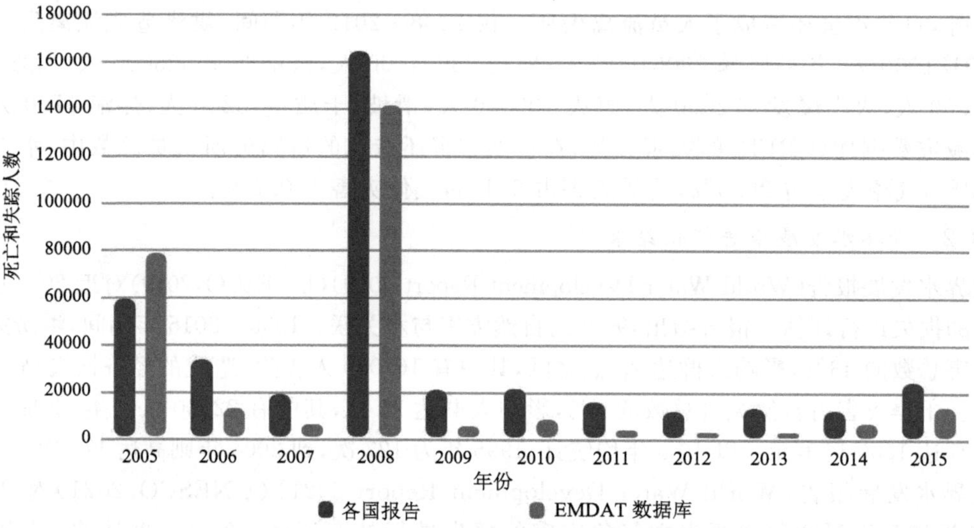

图 10.10 2005—2015年全球自然灾害死亡人数演变(资料来源：UNDRR，2019)

GAR 2019(UNDRR，2019)还对1997—2017年20 a期间因灾死亡人数进行统计和分析。在这20 a期间，海啸造成的死亡人数最多，高达212514人，占因灾死亡总人数的28.0%；风暴(气旋)列第二位，造成的死亡人数为145408人，占因灾死亡总人数的19.2%；地震列第三位，造成的死亡人数为82409人，占因灾死亡总人数的10.9%；洪涝列第四位，造成的死亡人数为74018人，占因灾死亡总人数的9.8%；生物灾害列第五位，造成的死亡人数为46115人，占因灾死亡总人数的6.1%；综合灾害列第六位，造成的死亡人数为42611人，占因灾死亡总人数的5.6%；事故列第七位，造成的死亡人数为42611人，占因灾死亡总人数的5.6%；强降水列第八位，造成的死亡人数为32746人，占因灾死亡总人数的5.6%；滑坡列第九位，造成的死亡人数为39922人，占因灾死亡总人数的5.6%；滑坡列第九位，造成的死亡人数为42611人，占因灾死亡总人数的5.3%；火灾列第十位，造成的死亡人数为8677人，占因灾死亡总人数的1.1%。

GAR 2019(UNDRR,2019)特别指出,重大自然灾害事件造成的死亡人数在因灾死亡总人数中占据很大比重。1990—2017 年 20 多年期间,1991 年孟加拉气旋、2004 年印度洋地震和海啸、2008 年缅甸气旋、2010 年海地地震四次重大自然灾害事件造成的死亡人数几乎占 20 多年因灾死亡总人数的一半。

(2)灾害影响人数

UNISDR 定义的灾害影响人数包括三方面的人员:一是因灾需要医疗的人员,这些人员因灾受伤或生病;二是住所因灾毁损的人员;三是生计因灾受到影响的人员。图 10.11 为世界上 83 个国家 2000—2015 年自然灾害影响人数(每 10 万人影响人数)。如前所述,2004 年印度洋地震和海啸、2008 年缅甸气旋、2010 年海地地震造成的死亡人数众多,影响的人数也很多。此外 2009 年印度尼西亚地震及印度特大洪涝等灾害事件,2015 年尼珀尔地震等灾害事件,致使当年受影响的人数也很多。从图 10.11 中可以看出,各年灾害影响人数具有随机性,而趋势并不明显。

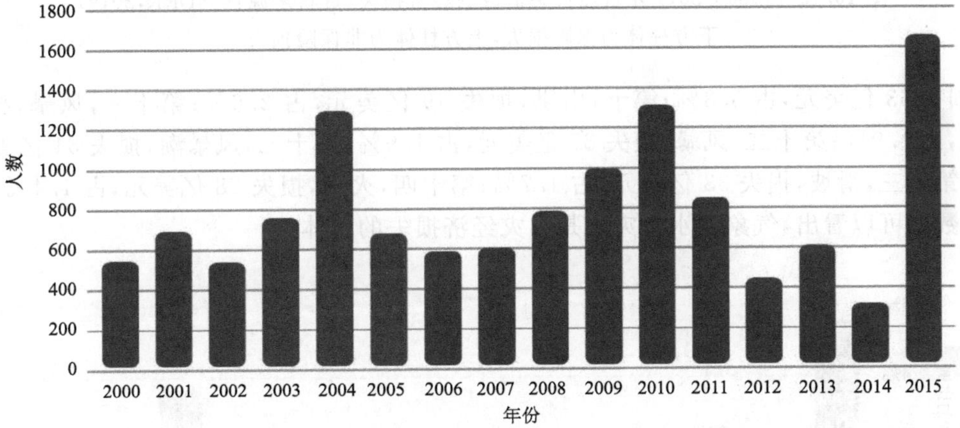

图 10.11　世界上 83 个国家 2000—2015 年自然灾害影响人数(每十万人影响人数)
(资料来源:UNDRR,2019)

(3)灾害经济损失

图 10.12 为 2000—2015 年全球自然灾害造成的经济损失。图中下方柱体为保险损失,上方柱体为非保险损失。从图中可以看出,无论是总体损失,还是保险损失或非保险损失,均呈波动性上升的趋势,这与世界经济发展和城市化进程加速有关。

GAR 2019(UNDRR,2019)还对世界上 83 个国家 2005—2017 年自然灾害造成的经济损失占 GDP 的比重进行统计和分析,具体结果如图 10.13 所示。从图中可以看出,各年灾害经济损失占 GDP 的比重虽然具有随机性,但总体上呈下降趋势。这可以从两个方面来解释,一是经济发展的速度大于灾害损失增加的速率,二是由于防灾减灾力度加大,尽量减轻灾害损失。这 83 个国家的自然灾害主要包括 14 个灾种,各灾种 2005—1015 年造成的经济损失的排位、数额和占总损失的比重分别为:第一,洪涝,损失 587 亿美元,占 30.5%;第二,综合灾害,损失 277 亿美元,占 14.4%;第三,地震,损失 241 亿美元,占 12.5%;第四,气旋,损失 129 亿美元,占 6.7%;第五,干旱,损失 128 亿美元,占 6.7%;第六,强降水,损失 12 亿美元,占 6.2%;第七,瘟疫,损失 75 亿美元,占 3.9%;第八,森林火灾,损失 64 亿美元,占 3.3%;第九,

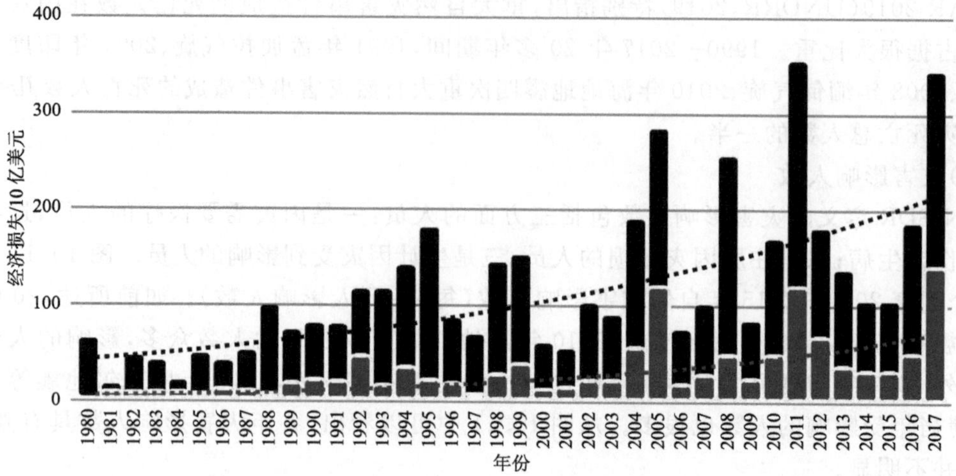

图 10.12　1980—2017 年自然灾害造成的经济损失(资料来源:UNDRR,2019)
下方柱体为保险损失,上方柱体为非保险损失

寒潮,损失 63 亿美元,占 3.3%;第十,山洪,损失 49 亿美元,占 2.6%;第十一,风暴,损失 37 亿美元,占 1.9%;第十二,风暴,损失 37 亿美元,占 1.9%;第十二,风暴潮,损失 34 亿美元,占 1.8%;第十三,滑坡,损失 33 亿美元,占 1.7%;第十四,火灾,损失 28 亿美元,占 1.4%。从以上统计数据可以看出,气象和水文灾害是因灾经济损失的主体。

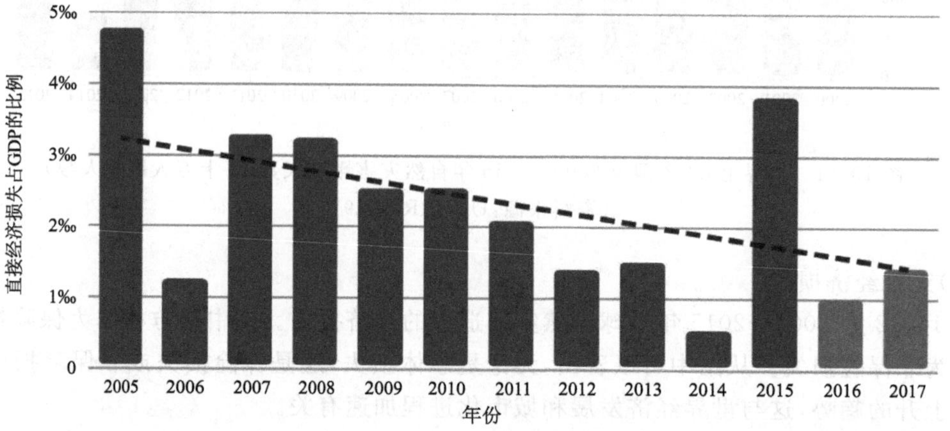

图 10.13　世界上 83 个国家 2005—2017 年自然灾害造成的经济损失占 GDP 的比例
(资料来源:UNDRR,2019)

10.3　中国极端事件和灾害变化

在气候变化的大背景下,与全球的变化趋势相同,中国气象水文极端事件发生的频率和强度也有明显的变化,灾害损失亦呈增加趋势。

10.3.1　中国天气和气候极端事件特征和变化

中国极端天气气候事件类型较多，影响广泛。单要素极端天气气候事件有高温热浪、极端强降水、连阴雨、大风、霜冻等。与天气现象有关的极端气候事件有热带气旋、冰雹、雾、霾、雷暴等。多要素极端天气气候事件有干旱、寒潮、沙尘暴等。极端天气气候事件和气象灾害紧密关联，对其表述必有很多交叉，本节重点讨论极端温度和降水事件，其他事件则在气象和水文灾害中一并讨论。

10.3.1.1　历史时期(过去 2000 a)极端气候事件变化

极端气候事件与自然灾害密切相关，中国历史上的重大灾害史不绝书，因而历史文献记载是研究中国过去 2000 a 极端气候事件变化特征的主要资料来源。由于历史时期没有详细的温度、降水等观测记录，因而通常利用事件的严重程度等代用指标，通过其与根据器测资料定义的极端事件严重程度对比来定义或辨识历史时期的极端气候事件。

(1)极端冷冬

根据历史文献中记载的 1500 年以来中国南方地区的雨雪冰冻灾害程度，包括发生大范围、持续性的严重雨雪冰冻灾害程度，江淮及长江中下游地区的大河、大湖及长江以南河湖冻结程度，南方地区出现大范围柑橘及其他亚热带、热带果蔬冻害程度 3 个指标，可确定达到或超过 1950 年以后极端冷冬程度的事件，在 1500—1950 年共发生 76 次，且其中多数事件的严重程度较 1950 年以后最严重事件更为显著(郝志新 等，2011)。

对历史极端冷冬的案例分析表明，虽然极端冷冬多集中出现在寒冷气候阶段(如小冰期的冷谷)中，但也有部分事件发生在多年代温暖阶段，而且其雨雪冰冻灾害区域范围也与在寒冷气候阶段极端冷冬的发生地域有别。在过去 500 a 所发生的 25 个最严寒冬季中，其雨雪冰冻灾害区域范围大致可分为三类：一是异常严寒与雨雪冰冻波及全国，特别是整个中国东部，这类事件最为多见，典型的事件如 1654 年、1660 年、1892 年冬季等，一般均出现在寒冷气候阶段的冷谷中；二是异常严寒与雨雪冰冻主要出现在淮河以南地区，而北方地区虽寒冷但并不异常，典型的年份如 1694 年、1929 年和 1930 年等，这类事件多发生在气候由冷谷转向温暖阶段的过程中；三是异常严寒与雨雪冰冻主要出现在黄河以南至南岭以北地区，而黄河以北地区往往并无异常与雨雪灾害，这类冷冬的雨雪冰冻灾害虽通常只持续 1 个月左右，但往往集中连续发生、强度大。

(2)极端炎夏与东北夏季低温

张德二(2013)识别了中国过去 1000 a 在较大地域(2～3 个省以上)发生的异常炎热事件共 19 例。其中公元 1400 年以前的案例如 1215 年，其影响地域达河南、安徽、江苏、湖南等省份。公元 1400 年以后，酷热记载数量最多的首推 1743 年，其酷热情况、炎热程度和危害程度极为罕见。根据当时的宫廷天气记录、旅居北京的外国教士对炎夏酷暑情景的目击报告和根据 Reaumor 制式温度计观测的气温记录，1743 年 7 月 25 日北京的最高气温达 44.4 ℃，超过了 20 世纪以来的极端记录。影响地域跨北京、天津、河北、山东、山西 5 省(市)。这说明在工业革命前的自然背景下，同样存在极为严重的高温事件。

东北地区是夏季低温多发区，常对农业生产造成严重影响。对过去 1600 a 东北地区夏季低温和暖冬事件的长期变化重建结果表明：1400—1900 年不但是过去 1600 a 东北地区夏季低温事件发生频率最高的时段，同时暖冬出现次数也较高，其中又以 1400—1420 年、1510—1580

年和1650—1720年的夏季低温日为最长；而900—1300年间，夏季低温和极端暖冬事件发生频率均较低，代之相对多发较温和的冬季。

(3)东部季风区的极端干旱与大涝

华北地区公元前137年—2000年间发生极端干旱227次(其中1951—2000年发生6次)、极端大涝190次(其中1951—2000年发生4次)，分别占总年数的10.6%和8.9%；江淮地区公元初至2000年发生极端干旱142次(其中1951—2000年发生5次)、极端大涝174次(其中1951—2000年发生6次)，分别占总年数的7.1%和8.7%；江南地区公元2世纪初至2000年间发生极端干旱127次(其中1951—2000年发生4次)，极端大涝159次(其中1951—2000年发生5次)，分别占总年数的6.6%和8.4%。整个东部地区公元初至2000年发生极端大旱209次(其中1951—2000年发生4次)、极端大涝195次(其中1951—2000年发生5次)，极端大旱与大涝并发23次(其中1951—2000年发生1次)，分别占总年数的10.5%、9.8%和1.1%。

中国历史上还曾发生过多次持续多年的极端连旱、连涝事件。在过去1000 a，中国东部发生持续3 a以上且至少覆盖4个省份的重大连旱事件高达15次，且均出现在20世纪之前(张德二，2013)。与北美极端连旱事件多出现在温暖气候背景下不同的是，中国东部的这15次有11次发生在寒冷气候背景中，这可能与中国东部的季风气候独特性有关。

20世纪中国降水变率并未超出过去1500 a的自然变率，其间所发生的极端连旱与极端连涝事件，其持续时间、影响范围和严重程度均未超过20世纪之前所发生的事件。就整个东部而言，7—8世纪、12—14世纪、15世纪后期—17世纪中期多发极端连旱。而10—11世纪及17世纪中期以后，则多发极端连涝。

(4)北方干旱区、青藏高原及西南部地区的极端干旱与大涝

中国北方干旱半干旱地区降水少、变率大，过去千年极端干旱频发。利用柴达木地区多个地点树轮资料重建的降水变化序列显示：在过去2000 a中，4世纪60年代、5世纪90年代、7世纪90年代、12世纪50年代、13世纪90年代、15世纪80年代和18世纪10年代气候极端干旱，其中15世纪80年代和18世纪10年代是最干年代(Shao et al.，2010)。尽管受记录变化趋势显著影响，但利用文献记载重建的陇西地区900—2000年旱涝指数序列仍显示：18世纪10年代前后是陇西过去千年最干的时段，其他极端干旱时段还有13世纪70年代、14世纪70年代、16世纪00年代、17世纪10年代及19世纪40年代前后；其中14世纪70年代和17世纪10年代前后的极端干旱亦与元末(1340—1380年)和明末(1580—1640年)亚洲季风突然减弱时段对应。同时根据这一地区过去500 a的树轮、冰芯、文献和湖泊沉积记录综合分析也表明：北方干旱半干旱地区的极端干旱主要集中在1471—1520年、1581—1650年、1711—1760年、1811—1860年和1921—1970年5个时段。然而也有分析发现：就北方干旱区长期干湿变化的总体趋势而言：过去千年极端干旱多发于气候相对温暖的1000—1350年，而气候寒冷的1500—1850年却相对湿润；这与柴达木地区最干旱年代及陇西地区极端干旱多发生在寒冷气候背景的特征存在差异。

2006年以来，西南地区的重庆、四川、云南等旱灾频发。然而对过去千年重庆及其周边地区的干旱记录分析表明：类似2006年的特大干旱虽极为少见，但在史上同样发生过。以5—9月降水量较多年平均偏少40%以上的大旱而言，过去500 a重庆大旱的发生频率约为5%。其中重庆1930年、1936年和1939年5—9月的降水减少程度就与2006年几乎相当，且干旱

范围也与 2006 年类似。而在 20 世纪之前的 1811—1814 年和 1646—1649 年还发生过连年大旱，其波及范围较 2006 年更广（郝志新 等，2010）。而在云南省，过去 500 a 的极端旱、涝事件也曾多次发生。其中 17 世纪多发大旱，20 世纪多发大涝，均达 12 次。

10.3.1.2　近几十年及未来极端气候事件变化

近几十年，中国极端低温事件显著减少，极端高温事件在 20 世纪 90 年代中期以来明显增多，极端强降水事件呈增多趋势。

(1)极端气温事件

1961—2019 年，中国极端低温事件显著减少，极端高温事件自 20 世纪 90 年代中期以来明显增多。中国极端高温事件发生频次的年代际变化特征明显，20 世纪 90 年代中期以来明显偏多。中国极端低温事件发生频次呈显著减少趋势，平均每 10 a 减少 239 站日（图 10.14）。

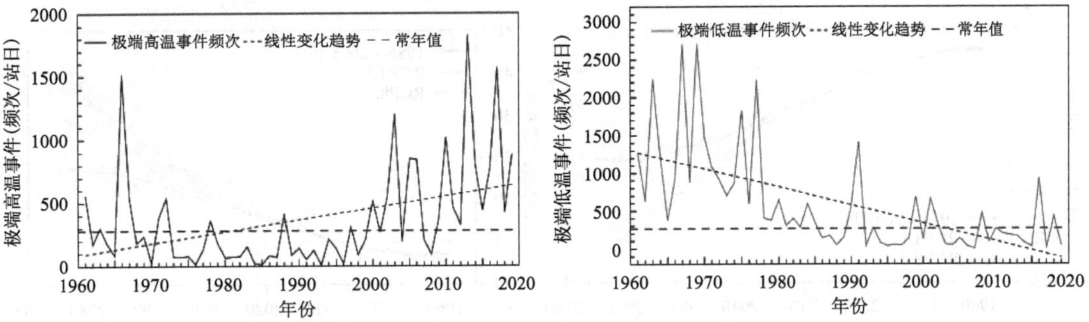

图 10.14　1961—2019 年中国极端高温和极端低温事件频次
（资料来源：中国气象局气候变化中心，2020；UNDRR，2019）

大量研究结果表明，到 21 世纪末期（2080—2099 年），我国极端暖事件将继续增加，极端冷事件将继续减少。中国区域最冷夜（TNn）和最暖日（TXx）的气温将增加，且最冷夜气温增加幅度大于最暖日气温的增加幅度。霜冻日数（FD）和冰冻日数（ID）将减少。最低气温超过 20 ℃的日数（TR）和最高气温超过 25 ℃的日数（SU）将增加。暖期（WSDI）将增加，冷期（CSDI）将减少。暖日（TX90p）暖夜（TN90p）频次将增加，冷日（TX10p）冷夜（TN10p）频次将减少（Zhou et al.，2014）。

与 1986—2005 年相比，到 21 世纪末期，中国 TNn 和 TXx 在 RCP4.5 情景下分别升高 3.0 ℃和 2.8 ℃，在 RCP8.5 情景下分别升高 5.9 ℃和 5.6 ℃，其中，TNn 在东北、西北北部和西南南部升温幅度最大，TXx 增幅最大的区域位于华东区域，且 TNn 的变化幅度略大于 TXx 的变化幅度。到 21 世纪末期，FD 和 ID 在 RCP4.5 情景下分别减少 21 d 和 17 d，在 RCP8.5 情景下分别减少 43 d 和 32 d，我国西部地区变化最为明显。TR 和 SU 在 RCP4.5 情景下分别增加 18 d 和 25 d，在 RCP8.5 情景下分别增加 38 d 和 44 d。WSCI 在 RCP4.5 和 RCP8.5 情景下分别增加 49 d 和 136 d，CSDI 在 RCP4.5 和 RCP8.5 将分别减少 3 d 和 4 d。WSDI 增加最明显地区位于中国西部，CSDI 减少最大的区域位于新疆、青藏高原和华南。在 RCP4.5 情景下，到 21 世纪末期，TN10p 和 TX10p 分别由 1961—1990 年的 10%下降至 1.7%和 2.6%，TN90p 和 TX90p 分别由 1961—1990 年的 10%增加至 21 世纪末期的 41%和 36%，冷夜和暖夜（TN10p 和 TN90p）的变化要大于冷日和暖日（TX10p 和 TX90p）的变化。在 RCP8.5 情景下，暖日、暖夜、冷日和冷夜的变化更为显著。到 21 世纪末期，TN10p 和 TX10p

分别下降至 0.4%和 0.9%，意味着 20 世纪后期每 10 d 一次的冷夜和冷日事件在 21 世纪末将分别变成每 200 d 一次和每 100 d 一次。TN90p 和 TX90p 分别增加至 67%和 59%，意味着 20 世纪后期每 10 d 一次的暖日、暖夜事件在 21 世纪末期将会变为常态(图 10.15)。

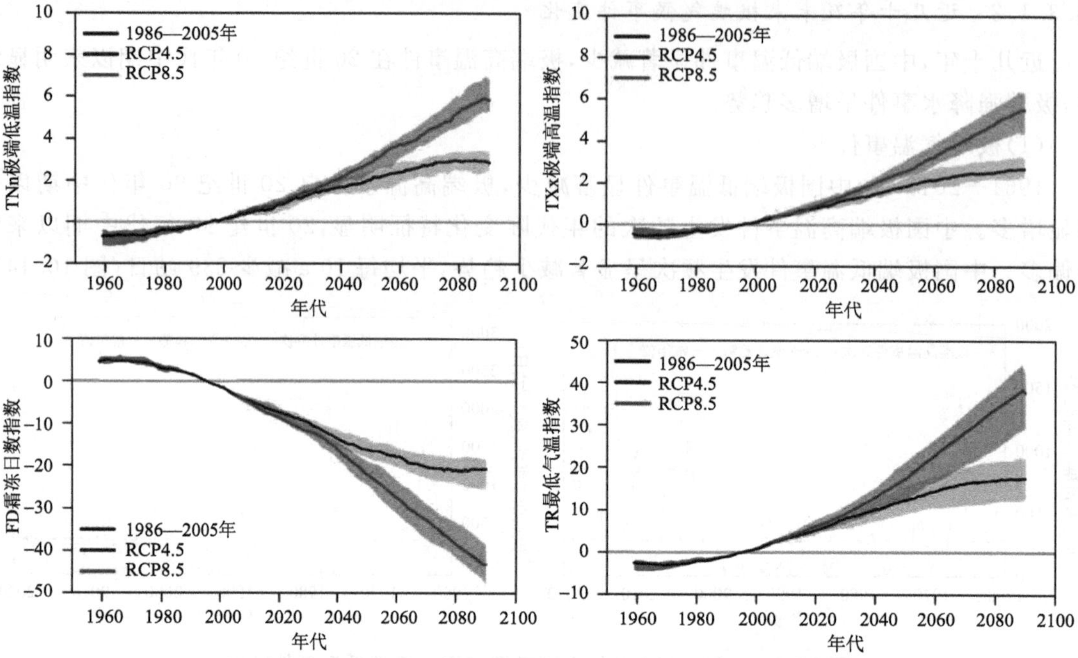

图 10.15　四个气温极端指数(TNn 极端低温;TXx 极端高温;FD 霜冻日数;TR 最低气温超过 20 ℃的日数)20 a 滑动平均变化(相对 1986—2005 年)(实线为多模式集合中值,阴影为第 25 和第 75 百分位区间)

(2)极端降水事件

1961—2019 年,中国极端日降水量事件的发生频次呈增加趋势,平均每 10 a 增多 17 站日(图 10.16a)。1961—2019 年,中国共发生了 181 次区域性气象干旱事件,其中极端干旱事件 16 次、严重干旱事件 38 次、中度干旱事件 75 次、轻度干旱事件 52 次;1961 年以来,区域性干旱事件发生频次呈微弱上升趋势,并且具有明显的年代际变化特征:20 世纪 70 年代后期至 80 年代区域性气象干旱事件偏多,90 年代偏少,2003—2008 年阶段性偏多,2009 年以来总体偏少(图 10.16b)。

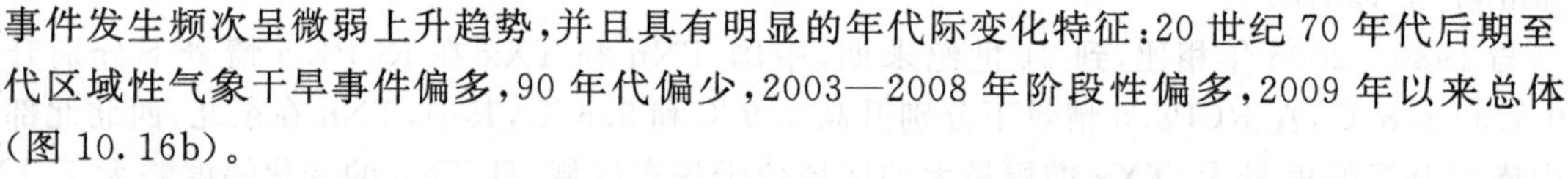

图 10.16　1961—2019 年中国极端日降水量(a)和区域性气象干旱事件频次(b)

根据 22 个 CMIP5 模式的模拟结果，对 21 世纪极端降水的趋势变化进行分析（Zhou et al.，2014），结果表明极端降水量（R95p）和最大 5 d 连续降水量（RX5d）在 21 世纪增加显著，在 RCP8.5（RCP4.5）情景下，到 21 世纪（2080—2099 年）末极端降水量（R95p）和最大 5 d 连续降水量分别增加 60%（25%）和 21%（11%），最大连续无降水日数（CDD）则在 21 世纪的后半期表现出显著减少的趋势。RCP4.5 排放情景下 21 世纪中期（2046—2065 年），极端降水贡献率和连续 5 d 最大降水量在全国范围内呈现一致的增加的趋势，其中连续 5 d 最大降水量的增加更为显著，显著增加的区域主要集中在我国的西北东部及黄淮流域，增加幅度均超过 10%；最大连续干日在 30°N 以南增加，在 30°N 以北则减少，最大减少在西北东部，达到 15%，说明未来该区域干旱形势可能会有所缓解；21 世纪末期，极端降水贡献率和连续 5 d 最大降水量增加的幅度远大于前期，其中在我国西北部和江淮流域增加最为显著，局部地区增幅超过 20%，而全国的连续干旱日数变化幅度较前期进一步加剧。

不同排放路径下 CMIP5 多模式集合预估表明，中国平均的 RX5d 重现期在 2016—2035 年将从目前 50 a 一遇变为 20 a 一遇，到 21 世纪末期在 RCP2.6、RCP4.5 和 RCP8.5 情景下将分别变为 17 a、13 a 和 7 a 一遇。CDD 重现期的变化比 RX5d 小，整个中国平均 CDD 的重现期在 2016—2035 年从目前的 50 a 一遇变为 32 a 一遇，到 21 世纪末三种情景下分别变为 38 a、36 a 和 29 a 一遇。从空间分布来看，CDD 在中国的北方地区将减少，而在南方将增加。

10.3.2　中国主要气象和水文灾害特征

10.3.2.1　中国气象和水文灾害的概况

(1)中国气象和水文灾害类型

中国气象和水文灾害按照人员伤亡、经济损失程度分为 4 个等级。特大型：因灾死亡 100 人（含）以上或者伤亡总数 300 人（含）以上，或者直接经济损失 10 亿元（含）以上的；大型：因灾死亡 30 人（含）以上 100 人以下，或者伤亡总数 100 人（含）以上 300 人以下，或者直接经济损失 1 亿元（含）以上 10 亿元以下的；中型：因灾死亡 3 人（含）以上 30 人以下，或者伤亡总数 30 人（含）以上 100 人以下，或者直接经济损失 1000 万元（含）以上 1 亿元以下的；小型：因灾死亡 1（含）到 3 人，或者伤亡总数 10 人（含）以上 30 人以下，或者直接经济损失 100 万元（含）以上 1000 万元以下的。

(2)中国气象和水文灾害特征

如前所述。中国位于欧亚大陆东南部，西部地处内陆，东临太平洋，季风现象明显，寒、暖、干、湿的季节变化大。地形地貌多样，天气系统影响复杂，是世界上受气象灾害威胁最为严重的国家之一。中国气象灾害具有以下几个主要特征（温克刚，2006）。

①灾害种类多。中国气象水文灾害如果细分可达数十种甚至上百种，种类比一般的国家要多，几乎各种气象水文灾害均有发生。

②时空分布广。世界上的任何地区和国家都无一例外地会遭受气象灾害的侵袭。在一年四季，五大洲的各个区域几乎都会发生显著的极端天气和气候事件，很多地区会在同一时段内连续或间断地遭受数种气象灾害的侵袭。同一种灾害常常连季连年出现。中国平均每年有 70%以上的国土、50%以上的人口以及 80%的工农业生产地区和城市不同程度受到气象和水文灾害的冲击和影响。全国 2/3 以上的国土、1/2 的人口和 1/3 的耕地面积处在洪涝灾害威胁的区域内。就区域分布而言，西北地区及内蒙古、西藏等地属于干燥的大陆性气候，常年干

旱,冬季冻害严重。东北、华北、西北地区东部及黄淮地区北部一带,干旱和霜冻发生较为频繁。江淮、江南、华南是全国暴雨洪涝、台风灾害最为严重的地区,也是雷雨、大风、龙卷等灾害性天气多发区。西南地区中东部一带地形复杂,干旱、冰雹、低温阴雨和强降水引发的泥石流、崩塌、滑坡等地质气象灾害易频繁发生。

③发生频率高。中国气象水文灾害发生具有频次高、持续时间长、季节性强、区域性特征明显的特点。例如:干旱在一年四季中均有发生,春旱频率最高,干旱持续时间长,往往出现季节连旱、甚至持续数年;干旱多发区位于华北中南部和西南南部地区,次多旱中心主要位于东北西部、青藏高原南部和华南沿海地区;四季干旱多发区存在明显地域差异,春季主要位于黄淮海平原、黄土高原和西南地区、冬季主要发生在华南和西南、夏季集中在黄淮海平原、黄土高原、青藏高原南部和长江中下游地区、秋季则在黄淮海平原、长江中下游和华南地区。暴雨洪涝主要出现在4—10月,暴雨洪涝灾害集中区也随之发生变化,严重的洪涝灾害可持续一周、半月,甚至数月。西北太平洋和南海一年各月都有热带气旋生成,其中7—10月为活动盛期,5—12月均有热带气旋登陆,但主要集中在7—9月,占全年总数的近80%,台风主要影响中国沿海地区,深入内陆的台风一般可造成1~2 d的影响,最长可达4~5 d。

④灾害群发性突出。气象水文灾害群发性表现为同一时段内多种灾害同时发生,或同一种灾害多处发生,或多种灾害在多处发生。中国气象灾害群发性突出,3—5月,雷雨、冰雹、大风、龙卷等强对流天气常常有群发现象。受冷锋影响,会同时发生暴雨(可以引发洪水、泥石流、滑坡等灾害)、冰雹、龙卷和雷暴大风,台风系统常常带来暴雨、大风、风暴潮、狂浪,甚至龙卷等灾害。2008年初,低温、雨、雪、冰冻灾害群发广发,表现为多灾种、多地同时发生。夏季持续高温热浪,同时常常发生干旱、干热风以及病虫害、森林草原火灾等灾害。此外,气象水文灾害连锁反应显著。2008年南方雨雪冰冻灾害以雨雪和低温引发的冰冻为核心串发性灾害链为主,17种次生灾害,25条灾害链,链条较长,使灾情层层放大,形成巨灾。

⑤灾害风险大,灾害损失严重。1949—2013年近65 a全国累计因气象灾害死亡人口超过155万人,直接经济损失累计约12万亿元(2013年价格),其中1994—2013年期间,多年平均的气象灾害直接损失占所有自然灾害直接损失的比例达87%(平均直接经济损失达2982亿元)。

(3)中国气象和水文灾害的成因复杂

造成中国气象灾害发生的原因是多方面的,主要有自然因素、人类活动及社会经济因素两大类。就自然因素而言,最根本的是大气环流和天气过程的异常以及孕灾的地理环境特征,其中影响中国天气和气候及其异常的主要因子包括:亚洲季风、青藏高原、海陆分布、厄尔尼诺和南方涛动事件及环流系统的异常。例如,在不同的异常天气系统控制下,降水量长期偏少可能造成干旱,降雨量过大可能造成洪涝,降雨量过于集中(雨强大)可能造成山洪或城市积水,降雪量大可能引发交通气象灾害等。除自然因素外,人类活动和社会经济发展也是中国气象灾害发生的重要诱因。随着社会的发展和文明的进步,人类活动的影响已经不再是局部性问题,温室效应、环境污染等已经对天气、气候及其极端事件产生影响,并成为全球气候变化的重要原因。主要表现为:人口不断增长带来巨大的资源和环境压力;人类活动加大土地开发,造成环境恶化,引发多种灾害;人类活动影响全球变暖,导致一系列气象灾害的发生;热岛效应造成城市灾害等。

10.3.2.2　中国主要气象和水文灾害特征和演变

(1)暴雨洪涝灾害

暴雨是一种常见的灾害性天气。气象国家标准《降水量等级》(GB/T 28592—2012)对暴雨的规定为:24 h 降水量达 50～99.9 mm 为暴雨,100～249.9 mm 为大暴雨,250 mm 及以上为特大暴雨。12 h 降雨量达 30～69.9 mm 为暴雨,70～139.9 mm 为大暴雨,140 mm 及以上为特大暴雨。考虑特殊气候和地形环境,个别地方会采用不同标准。

暴雨洪涝灾害由强降水引发的洪水和积涝造成人员伤亡和财产损失的事件。洪涝灾害主要涵盖洪水灾害和雨涝灾害两类。洪水灾害是由于强降雨、冰雪融化、冰凌、堤坝溃决、风暴潮等不同原因引起江河湖泊及沿海水量增加、水位上涨泛滥以及山洪暴发所造成的灾害,可细分为暴雨洪水、融雪洪水、冰凌洪水、风暴潮洪水等。雨涝灾害主要由于降雨量过于集中产生径流,加之排水不及时形成大量积水,致使农田、房屋、城镇等渍水、受淹而产生的灾害称为雨涝灾害。城市内涝是指由于降水超过城市排水能力致使城市内产生积水灾害的现象。洪水灾害和雨涝灾害往往难以界定,统称为洪涝灾害。洪涝灾害的形成除与降水有关外,还与地理位置、地形、土壤结构、河道的宽窄和曲度、植被以及农作物的生育期、承灾体暴露度、防洪防涝设施等有密切关系。

暴雨洪涝灾害是强降水造成的超出承灾体承受能力以及当地防御能力而引发的灾害。大面积、长时间的强降水容易引起河流水位迅速上升,导致河流洪水暴发而引起洪灾;山区局地强降水容易引起山洪、滑坡、泥石流等灾害;城市强降水超过城市排水能力,会导致城市积水灾害的发生。融雪性洪水是冬季积雪较深,春、夏季气温升高超过 0 ℃,积雪大量融化形成。冰凌洪灾是大量冰凌阻塞河道致使河流水位暴涨造成。承灾体的防洪能力偏低也是造成暴雨洪涝灾害的重要原因,如水库由于防洪设计标准较低,大降水造成水库溃坝也可导致洪涝灾害(赵珊珊 等,2016)。

①暴雨特征及演变趋势

中国暴雨具有季节性特征突出、强度大、持续时间长、群发范围广等特征。暴雨主要集中在夏季,其次为春秋季节,冬季发生概率小。

中国暴雨洪涝时空分布广泛且不均匀,暴雨洪涝灾害多发生在江淮以南及华南沿海地区,其中江南北部至长江中下游出现最多;中国北方气候干燥,雨水较少,但在异常气候影响下,也常有暴雨洪涝发生。中国暴雨洪涝分布的特点是东部多,西部少;沿海地区多,内陆地区少;平原丘陵多,高原少;山脉东、南坡多,西、北坡少。洪涝灾害还易发生在强降水下的承灾体暴露度高和脆弱性强的区域,如人口聚居的城市和乡村,以及防洪设计标准低、设备陈旧以及城市基础设施薄弱等地方。

年均暴雨日数(日降水量≥50 mm)分布从东南向西北减少,淮河流域及其以南地区以及四川东部、重庆东北部、贵州南部、云南南部等地普遍在 3 d 以上,其中华南大部及江西东北部、安徽南部等地达 5～9 d,华南沿海局部地区超过 9 d,其中广西东兴(14.7 d)、广西的防城港和广东的海丰分别达 14.3 d 和 13.5 d;黄河下游、海河流域、辽河流域及西南地区东部等地一般有 1～3 d;中国西部地区偶有暴雨发生。年暴雨日数极大值为广东省上川岛 26 d(1973年),其次为广西东兴有 25 d(1995 年)。1961—2015 年,年暴雨日数变化趋势空间差异大,华北大部及四川中部、云南西南部和东南部等地呈减少趋势,而黄淮南部、江淮、江汉、江南、华南及四川东部、陕西南部、云南西部呈现增加趋势,年暴雨日数增加导致暴雨洪涝灾害致灾危险性增加，从而引起暴雨洪涝灾害风险加大(赵珊珊 等，2016)。

如前所述，年均暴雨日数近几十年呈增加趋势，全国年累计暴雨站日数平均每 10 a 增加 3.8%。林建等(2014)利用 1981—2010 年全国 2400 多个站的降水资料，分析了暴雨过程和暴雨日的年、季、月气候分布及变化特征，结果表明，21 世纪以来南方地区暴雨过程明显增多，但以短持续性强降水过程为主，尽管总暴雨日较多，但总降水量不及 20 世纪 90 年代。年(月)降水量与年(月)暴雨日数变化趋势基本一致，但在江南春雨阶段平均雨量大，暴雨日数相对较少。

②洪涝特征及演变趋势

中国的洪涝灾害具有成因和种类多样、季节性特征明显、空间分布广且不均匀、洪灾有突发性而涝灾有延迟性特征。洪涝灾害在夏季比较集中，春秋季节时有发生，冬季较少。中国处于显著的季风气候区，不同地区暴雨洪涝灾害发生的时间有所不同。华南地区主要发生在 5—6 月和 8—9 月。长江中下游大部分地区集中发生在 5—7 月。黄淮海地区 7—8 月为全年暴雨洪涝灾害发生最多时期。东北地区几乎集中发生在夏季，特别是 7—8 月。西南地区暴雨洪涝灾害主要集中发生在 6—8 月。西藏洪涝灾害很少，一般仅在夏季有局地性的暴雨洪涝灾害发生。

空间分布特点主要表现为：东多西少、沿海多内陆少、平原丘陵多高原少、山脉东坡南坡多西坡北坡少。中国大部分地区均遭受过雨涝灾害，其中东北、华北东部及秦岭－黄河下游一带以南大部分地区年雨涝频率一般在 5% 以上，高雨涝频率主要位于我国江南和华南，一般在 30% 以上，江西东北部、浙江南部、广西北部、海南、广东中部沿海地区在 50% 以上。春季雨涝主要发生在江南、华南一带，频率一般在 5% 以上，其中湖南南部、广西东北部、江西、广东大部、福建西部等地有 10%～20%。夏季是雨涝发生频率最高、范围最广的季节，江淮、江汉东部、江南、华南及贵州东部、重庆东南部、辽宁、吉林东南部等地雨涝频率有 20%～50%，广西北部、江西北部达 50% 以上。秋季，随着雨带的南移，雨涝范围明显减少，广东南部、浙江南部等地雨涝频率有 10%～20%，海南超过 20%(赵珊珊 等，2016)。

③山洪及泥石流、滑坡灾害特征及演变趋势

中国山洪灾害特点是：分布广泛，数量大；突发性强，从降雨到山洪灾害形成历时一般只有几个小时，短则不到 1 h，很少达到或者超过 24 h，且山区监测站网覆盖率低，预测预防难度大；成灾快，破坏性强；季节性强，频率高，山洪灾害与暴雨的发生时间具有高度的一致性；区域性明显，我国西南地区、秦巴山地区、江南丘陵地区和东南沿海地区的山丘区山洪灾害集中，发生频率高，易发性强；西北地区和青藏高原地区相对分散，发生频率较低、易发性强。其中溪河洪水灾害分布于东部季风区且南北分布相对均匀，面上灾害频繁。大体以大兴安岭—太行山—巫山—雪峰山一线为界，该线以东，为我国最低一级阶梯的低山、丘陵和平原，溪河洪水主要分布于江南、华南和东南沿海的山地丘陵区及东北大小兴安岭和辽东南山地区，分布面广、量多；该线以西，为我国地势上的第二级阶梯，主要分布于秦巴山区、陇东和陇南部分地区、西南横断山区，川西山地丘陵一带及新疆和西藏的部分地区，常呈带状或片状分布。

泥石流灾害主要集中分布于西南地区和秦巴山地区，主要集中在青藏高原四周边缘山区，横断山—秦岭—太行山—燕山一线，其他的山地丘陵区泥石流灾害分布零散。泥石流灾害发生次数具有年际变化的特点，月际变化也非常明显。据统计，约 80% 的泥石流灾害发生在 6—8 月，以 7 月发生频率最高，12 月—次年 3 月基本无泥石流发生。西南地区的泥石流多发生于

6—9 月，西北地区的泥石流多发生于 7—8 月。

滑坡灾害分布特点是西部多于东部，南部多于北部，其中西南地区是滑坡分布最集中、发生频率最高的地区。具体主要集中分布于四川、重庆、云南、贵州、甘肃、陕西、湖南、湖北、福建等省(市)，滑坡灾害多成群、成片、成带状分布，其余地区多属零星散布。滑坡灾害与降雨时间分布具有同期性或略有滞后，主要集中在 5—8 月。结束期与泥石流灾害结束期一样，受各地降雨结束期的不同而不同，一般结束于 9—10 月(赵健 等，2006)。

随着全球气候变化和人类活动的影响加剧，山区城市化进程加快、生态环境恶化、极端水文事件频发造成山洪灾害日益严重。极端降水造成的特大泥石流、滑坡灾害呈上升趋势(李泽椿 等，2020)。李媛等(2013)对 1949—2012 年的滑坡、泥石流、崩塌等地质灾害数量和死亡人数进行统计，地质灾害数量变化特点为逐年波动总体呈现上升趋势，1980 年之后受极端气候及人类活动影响，地质灾害发生数量呈明显上升趋势。地质灾害造成的死亡人数，20 世纪 80 年代之前，由于地质灾害数量少，造成的死亡人数相对较少，1980 年后，由于地质灾害数量增加，死亡人数也增多，除 2008 年、2010 年波动较大外，其他年份变化相对平稳。

(2)干旱灾害

如前所述，干旱可分为气象干旱、农业干旱、水文干旱和社会经济干旱 4 类。4 类干旱相互联系和制约。由于农业、水文和社会经济干旱发生受到地表水和地下水供应的影响，其频率小于气象干旱，并滞后于气象干旱发生。经常是在降水不足的几周后，土壤水分不足对农作物、草原和牧场的影响才表现出来，发生农业干旱。几个月的持续干旱会导致径流、水库水位、湖泊水位、潜在的地下水位下降，发生水文干旱。如果水分短缺持续发展，供水系统不能满足人类生产、生活的需要，即发生社会经济干旱。同样，在气象干旱解除后，其他类型的干旱解除也滞后于气象干旱。

①干旱时空分布特征

中国季风气候特征明显，降水量的年际和季节变率较大，每年干旱发生地区中既有相对稳定地区，也有多变地区。华北、黄淮、西北地区东部、东北地区西部、华南地区西部、西南大部及内蒙古等地是我国干旱的多发区，干旱日数普遍在 40 d 以上，其中华北大部、黄淮东北部及陕西北部、甘肃河东大部、宁夏、内蒙古部分地区、吉林西部在 60 d 以上。长江中下游地区、华南东部、青藏高原北部、西北地区中部、东北地区东部等地干旱日数在 40 d 以下。

中国气象干旱从时间上可以分为春旱、夏旱、秋旱、冬旱及季节连旱。春旱主要发生在秦岭、淮河以北的华北、西北及东北地区，长江中下游和云贵高原也时有发生。夏旱通常分为夏旱和伏旱：夏旱主要发生在甘肃中部、宁夏南部、山西南部、河南中北部、河北南部和山东中部；伏旱主要发生在长江流域，特别是四川东部、湖南、湖北、江西、浙江、安徽、江苏等地。秋旱多发生在华南、华中和华北广大地区，对长江以南地区，秋旱多于夏旱。冬旱主要发生在华南。在某些年份干旱会长时间持续，出现季节连旱(赵珊珊 等，2016)。

②干旱强度

常采用年干旱强度指数反映干旱的危险程度。对各地的干旱强度指数分析评估表明，华北地区南部、黄淮东北部、西北地区东北部及内蒙古东部和吉林西部部分地区为干旱特高危险区，华北地区北部、西北地区东南部、黄淮西部及内蒙古大部、辽宁西部等地为干旱高危险区，东北地区中北部、西南大部、华南地区西部、西北地区西部等地为干旱中危险区域，长江中下游地区、华南东部、青藏高原北部、东北东部等地为干旱低风险区域。

③干旱变化趋势

中国年干旱日数呈波动状分布，多年气候平均值为 49.3 d。1961—2014 年期间，1999 年干旱日数最多，达 78.2 d；1990 年最少，只有 20.1 d。经统计检验，1961—2014 年中国年干旱日数变化有微弱增多趋势(图 10.17)(郑国光，2019)。

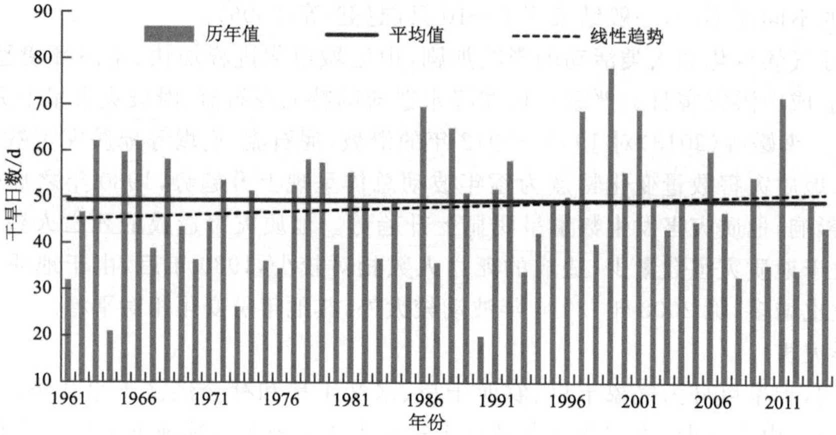

图 10.17　1961—2014 年中国年干旱日数变化(资料来源：郑国光，2019)

在空间分布上，干旱变化态势与降水变化趋势基本一致。自 1961 年以来，西南、华中、华北和华南区域干旱程度明显加重，东北、华中区域干旱程度略减轻，西北区域明显减轻。气候变暖对中国各个区域干旱的影响比较大，而且南方各区域干旱加重趋势明显大于北方各区域。中国各区域干旱次数也是差异明显，其中华北干旱次数最多，为 647 次；其次是西北和西南 481 次和 470 次；东北、华中和华东分别为 403 次、382 次和 405 次；华南干旱次数最少，仅为 308 次。中国干旱持续时间区域性也很明显西北、华中、西南和华南 4 个区域干旱主要集中发生在一段时间内，干旱呈单峰型；而东北、华北、华东区域呈双峰型，这或许与各区域气候因素和地理条件具有密不可分的关系(马鹏里 等，2019)。

(3)台风灾害

台风是中国主要的致灾天气系统，平均每年西北太平洋地区生成的 27 个台风中近半数会在中国临近海域活动，其中平均 7 个登陆中国。中国学者很早就发现西北太平洋台风多是由热带辐合带中的扰动、东风波、斜压扰动和高空冷涡所诱生的地面低压发展而来(陈联寿 等，1979)。有中国学者进一步指出，季风涡旋、不同热带波动间协同作用对台风形成有重要影响(孟智勇 等，2019)。

台风的破坏力主要由强风、强降水、风暴潮和巨浪引起。台风的风力强度和大风持续时间是台风风灾的主要致灾因子。台风洪涝灾害指台风在沿海和内陆丘陵地区累积雨量很大情况下引发的大范围灾害。台风强降水造成的洪涝灾害，是最具危险性的灾害。当台风移向陆地时，由于向岸的强风和低气压作用，使海水向海岸方向强力堆积，潮位猛涨，形成风暴潮。最大风暴潮位与天文潮高潮相叠，尤其是与天文大潮期的高潮相叠，很容易造成潮灾。台风产生的灾害性海浪(海上波高大于或等于 6 m 的海浪)可引起船舶的横摇、纵摇和垂直运动。横摇可能使船舶和海浪产生共振造成船舶翻沉；纵摇使螺旋桨露出水面，机器工作失常失控；当海浪的波长与船体长度相近时，船舶的自重能使船舶折断（赵珊珊 等，2016）。

台风是强等级热带气旋，中国气象部门将热带气旋统称为台风。中国国家标准《热带气旋等级》（GB/T 19201—2006）将西北太平洋（包括南海）热带气旋分为热带低压、热带风暴、强热带风暴、台风、强台风和超强台风六个等级（表 10.1）。

表 10.1 热带气旋等级划分（资料来源：郑国光 等，2016）

热带气旋等级	底层中心附近最大平均风速/(m/s)	底层中心附近最大风力/级
热带低压(TD)	10.8～17.1	6～7
热带风暴(TS)	17.2～24.4	8～9
强热带风暴(STS)	24.5～32.6	10～11
台风(TY)	32.7～41.4	12～13
强台风(STY)	41.5～50.9	14～15
超强台风(SuperTY)	≥51.0	16 级或以上

①台风的特征

根据对 1949—2010 年台风资料的统计分析，西北太平洋和南海共有 1679 个台风生成，平均每年 27.1 个，最多的 1967 年达 40 个，最少的 1998 年、2010 年仅 14 个。在中国沿海登陆的台风 432 个，平均每年有 7 个，最多的 1971 年达 12 个，最少的 1950 年和 1951 年仅 3 个。7—10 月为台风活动盛期，占全年的 70%，8 月是全年生成台风最多的月份，平均为 5.8 个，2 月最少，平均仅为 0.1 个。

从台风的年代际、年际、季节内变化看，夏季东亚环流、大气视热源和视水汽汇的年际及年代际变化与登陆中国台风频数有密切关系。中国的登陆台风和热带风暴具有明显的季节性特点。在中国登陆的台风常年约为 7 个/a。最少年登陆台风为 3 个（1950 年和 1951 年），1971 年最多有 12 个。登陆中国的台风一般发生在 4—12 月，其中 7—9 月为台风登陆集中期，占全年 79.5%，且以 7 月最多，平均达 2 个；1—3 月没有台风在我国登陆。登陆中国台风总体呈增加趋势。

1949—2015 年，登陆中国台风的源地主要存在 3 个高频中心，分别是南海中北部偏东洋面、菲律宾以东附近洋面和关岛附近洋面。随着台风登陆中国强度增强，生成源地逐渐向东扩展。热带风暴和强热带风暴的生成源地在南海和西北太平洋都有分布。热带风暴源地高值中心位于菲律宾西部洋面；强热带风暴高值中心主要位于菲律宾东部附近洋面。登陆台风主要生成于西北太平洋，源地高值中心位于 140°E，10°N 附近。

西北太平洋生成的台风对中国影响的路径主要有三条。一是西移路径。台风在菲律宾以东洋面生成后，周围的基本气流很弱，这时候台风中心的移动主要是内力运动，方向往西北。受高空副热带高压的影响，深厚的偏东气流会引导台风向偏西方向移动，到中国广东沿海、海南或越南一带登陆。沿此路径移动的台风，对中国海南、广东、广西沿海地区影响最大，经常在春、秋季发生。二是西北移路径。台风在菲律宾东部海域生成后，会遭遇一股轴线呈西北—东南向的南风，台风在这股深厚气流的引导下，从菲律宾以东洋面向西北方向移动，经巴士海峡登陆台湾，再穿过台湾海峡向广东东部或者福建沿海靠近，在台湾、福建、广东等一带沿海登陆。如果台风源地的纬度较高，就会穿过琉球群岛，在中国浙江、上海、江苏一带沿海登陆，甚至到达山东、辽宁一带。沿此路径移动的台风对中国台湾、广东东部和福建影响最大。这类台风多发生在7月下半月到9月的上半月。三是转向路径。台风从菲律宾以东洋面生成后向西北方向移动，在海上遇到西北太平洋副热带高压或西风槽的阻挡，就会转向东北，向朝鲜半岛或日本方向移去。这种转向台风又可以分为三类：东转向、中转向、西转向。其中的西转向，特别是到了近海才向西转的台风，在中国沿海地区登陆后，又转向东北移去，路径呈抛物线状，这也是最常见的路径。沿此路径移动的台风对我国东部沿海地区影响最大。这类台风多发生于夏、秋季，只是转向点的纬度因季节而异，盛夏在最北，秋季在最南。此外，当台风所处的环境形势变化很快，或是海上有多个台风相互影响时，台风移动路径会变得比较怪异。

中国从广西到辽宁（包括台湾、海南等岛屿）的漫长沿海地区都可能有台风登陆。1949—2015年，台风登陆中国大陆地区的包括广东、海南、福建、浙江、山东等10个省（区、市）。台风首次登陆地点在广东最多，其次是海南，台风二次登陆地点在福建最多，其次是广东。

登陆中国的初台日期多年平均为6月25日，末台日期平均为10月6日。1949—2015年，登陆中国初台最早发生在2008年，为4月18日，最晚发生在1975年，为8月3日；登陆中国末台最早发生在2006年，为8月10日，最晚发生在2004年，为12月4日。中国台风季常年为104 d，最短发生在1997年仅28 d，最长发生在1954年为180 d。中国台风季长度总体呈缩短趋势。

台风的破坏力主要由强风、暴雨和风暴潮三个因素引起。中国华南、华东、东北、华中、西南及西北的部分地区都受西北太平洋台风降水影响。台风可以通过低空急流输送水汽到远离沿海的内陆地区，配合其他天气形势而产生明显的降水。中国台风年降水量存在明显的地域性特征，从东南向西北方向逐渐减少。台风引起中国大陆大风主要出现在东南沿海，等频数线几乎与海岸线平行，向内陆急剧减小（郑国光，2019）。

②台风的变化趋势

根据历史资料分析，20世纪60年代中期到70年代初期为热带气旋活动频繁期，50年代和80年代初期为热带气旋活动较少时期，但从20世纪80年代中期开始，热带气旋活动又逐渐增多，且热带气旋的年频数和登陆中国的热带气旋数在这期间出现3次气候突变。20世纪80年代后期以来，登陆中国的台风数量虽明显减少，但90年代中期仍然为台风和热带风暴多发、灾害较重的时段，从90年代后期至21世纪初为台风明显偏少且造成的灾害也相对较轻（郑国光，2019）。

1949—2019年，西北太平洋和南海生成台风（中心风力≥8级）个数呈减少趋势（图10.18），同时表现出明显的年代际变化特征，1995年以来总体处于台风活动偏少的年代际背景下。1949—2019年，登陆中国的台风（中心风力≥8级）个数呈弱的增多趋势，但线性趋势并不显著；年际变化大，最多年达12个（1971年），最少年仅有3个（1950年和1951年）。1949—2019年，登陆中国台风比例呈增加趋势（图10.18），尤其是2000—2010年最为明显，2010年的台风登陆比例（50%）最高。2019年登陆中国的台风有6个，登陆比例为21%，较常年值（29%）偏低（中国气象局气候变化中心，2020）。

(4)雷暴灾害

雷暴是一种产生闪电及雷声的对流性天气现象，可伴随着短时强降水或冰雹。雷暴的发生与大气层结不稳定、必要的水汽条件和抬升条件密切相关。

①雷暴时空分布特征

中国年雷暴日数的分布呈现出南多北少、山地多平原少、内陆多沿海少的特点。华南地

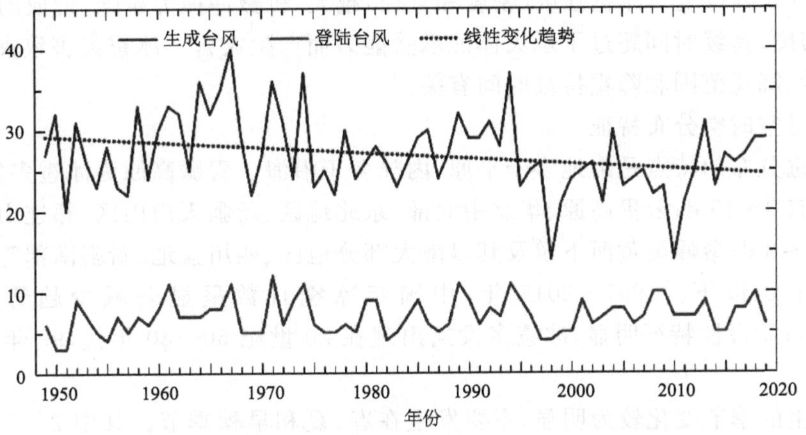

图 10.18　1949—2019 年西北太平洋和南海生成及登陆中国台风个数
（资料来源：中国气象局气候变化中心，2020）

区、西南地区南部和西部由于纬度低，太阳辐射强，对流旺盛，雷暴活动特别频繁，是我国雷暴日数最多的地方，年雷暴日数一般有 60～80 d，部分地区可达 80～100 d；青藏高原夏季是个巨大热源，对流活动强，雷暴天气频繁，年雷暴日数也较高，普遍有 40～70 d。由此往北，随着纬度的增高，雷暴日数减少。江南地区为 40～60 d，江淮南部、华北北部、东北中部一般有 30～40 d；华北南部、黄淮、江淮北部、江汉及西北地区大部等地雷暴活动较弱，大部分地区年雷暴日数在 20 d 以下。

雷暴活动季节性很强，一般冬季最少，夏季最多，也有少数地区春秋季多。从全国来看，主要雷暴日集中在 4—10 月，尤以 6 月、7 月最为频繁。各地雷暴发生季节略有差异，云贵高原为 2—11 月，长江以南为 2—10 月，四川盆地及青藏高原东部为 3—10 月，江淮地区为 3—9 月，黄淮流域和藏北高原为 4—9 月，东北、内蒙古、西北地区及青藏高原西部为 5—9 月，沙漠地带为 6—8 月。

大陆上雷暴多出现在白天，主要发生时段在午后到傍晚，雷暴活动的低谷期则主要出现在每天的上午。而有些河谷和盆地的夜间雷暴较多，甚至以夜间的雷暴为主，这和地形性夜雨的成因是相同的。在海上，由于夜间的大气层比白天的更不稳定，因此海上夜间的雷暴多于白天（郑国光，2019）。

②雷暴变化趋势

研究结果表明，近 30 a 中国北方地区的雷暴整体呈现出减少趋势，而南方则是先减后增，其距平场的年代际变化较为明显。1961—2019 年，北京观象台年雷暴日数呈显著下降趋势，平均每 10 a 减少 1.5 d；哈尔滨气象台年雷暴日数无明显的线性变化趋势，主要表现为年代际变化特征，20 世纪 70 年代雷暴日数以偏少为主，80 年代中期—90 年代中期偏多，之后转为偏少；上海徐家汇观象台年雷暴日数亦无明显的线性变化趋势，21 世纪初以来表现为波动上升，2014—2019 年持续偏多；香港天文台年雷暴日数呈显著增加趋势，平均每 10 a 增多 3.0 d（中国气象局气候变化中心，2020）。

(5)冰雹灾害

冰雹是从发展旺盛的积雨云中降落至地面的坚硬的球状、锥状或形状不规则的固态降水，直径一般在 5 mm 以上。冰雹强度(密度和直径)越大,机械冲撞力越强,造成的灾害越大。冰雹的直径、密度、持续时间超过了承灾体的承受能力而产生灾害。冰雹灾害致灾程度与雹块大小、积雹密度、降雹范围和降雹持续时间有关。

①冰雹时空时空分布特征

中国冰雹分布的特点是山地多于平原,内陆多于沿海。青藏高原为冰雹多发区,平均年冰雹日数一般有 3～15 d;云贵高原、华北中北部、东北地区、新疆天山山区、祁连山区等地为相对多雹区,有 1～3 d;秦岭至黄河下游及其以南大部分地区、四川盆地、新疆南部等地冰雹天气较少,一般在 1 d 以下。1961—2015 年,中国年冰雹日数呈显著减少趋势,减少速率为 0.2 d/(10 a);阶段性特征明显,冰雹多发期出现在 20 世纪 60—80 年代,90 年代以来为冰雹少发期。

冰雹发生的季节变化较为明显,主要发生在春、夏和早秋季节。其中 2—5 月淮河流域以南多雹,5—6 月淮河流域以北多雹,6—9 月青藏高原和其他高山地区多雹,5—6 月和 9—10 月东北地区、山东半岛和青藏高原南侧多雹。

一天内任何时间都可以降雹。不同地区不同季节,降雹可能集中在一日的某个时段。中国大部分地区 70%降雹多集中在地方时 13—19 时,以 14—16 时最多;世界上大部分降雹也是如此。这反映了局地热力作用在雹暴发生发展中的重大作用。当然也有例外,在我国四川盆地往东到湘西、鄂西南一带,受青藏高原影响,夜间降雹比白天多。

②冰雹时空变化趋势

孔锋等(2018)采用 1961—2016 年 2481 站的冰雹日数数据,利用多种统计方法分析了中国及七大地理分区的冰雹日数时空分布特征和周期变化规律。结果表明:1961—2016 年中国整体及其不同区域的冰雹日数整体均呈减少趋势。全国和七大地理分区的年均冰雹日数在 5 a以下和 30～60 a 尺度上的振荡周期相对显著,且大致都在 20 世纪 90 年代中期—21 世纪 00 年代中期发生突变。中国冰雹事件多发区域比较稳定,且在分布上西部地区较多,东部地区较少;地表复杂地区较多,地表单一地区较少;高原和山地较多,平原较少;迎风坡较多,背风坡较少。21 世纪 00 年代和 21 世纪 10 年代为全国冰雹日数偏多的年代,而 20 世纪 60 年代和 90 年代则偏少。1961—2016 年全国年均冰雹日数呈增加趋势的地区分布较少,而呈减少趋势的地区主要集中在西藏、青海南部及东北部、四川西部、新疆西北部、内蒙古中部及其交界的河北北部、内蒙古东北部、黑龙江中部和吉林东部地区。全国年均冰雹日数波动特征从东南沿海向西北内陆呈现"两端高、中间低"的分布特征。波动较大的地区主要分布在华东、华南、华中、重庆、四川东部、陕西南部、内蒙古西部、新疆东部及其交界的甘肃地区、新疆南部及其交界西藏地区。

(6)沙尘暴灾害

沙尘天气是风将地面尘土、沙粒卷入空中,使空气浑浊,水平能见度减小到一定程度的天气现象。依据国家标准《沙尘暴天气等级》(GB/T 20480—2017)的规定,沙尘天气的等级划分主要依据沙尘天气当时的地面水平能见度划分,依次分为浮尘、扬沙、沙尘暴、强沙尘暴和特强沙尘暴五个等级。浮尘是当天气条件为无风或风力≤3 级时,沙粒和尘土飘浮在空中使空气变得混浊,水平能见度小于 10 km 的天气现象。扬沙是指风将地面沙粒和尘土吹起,使空气相当浑浊,水平能见度在 1～10 km 的天气现象。沙尘暴是指强风将地面沙粒和尘土吹起,使空气很混浊,水平能见度小于 1 km 的天气现象。强沙尘暴是指大风将地面沙粒和尘土吹起,使空气非常混浊，水平能见度小于 500 m 的天气现象。特强沙尘暴是指狂风将地面沙粒和尘土吹起，造成空气特别混浊，水平能见度小于 50 m 的天气现象。

沙暴和尘暴既有联系又有区别。沙暴风速多在 7 级以上，吹起近地面的细沙和粉沙，距地表的输移高程一般为 15～30 m，水平能见度多在 1～10 km。沙暴通常就地形成，遇到障碍物即下沉造成沙埋和沙割之害。而尘暴风力强劲，风力多在 20 m/s 以上，可以脱离沙尘源地，在高空飘逸到数千千米之外甚至更远。尘暴与沙暴结合即形成沙尘暴，对工农业生产和人民生命财产危害巨大。

沙尘天气的发生需具备以下三个条件：一是足够强劲的风力；二是对流层低层要处于垂直不稳定状态；三是大风经过的区域内下垫面植被稀疏，土质干燥疏松，存在着丰富的沙尘源。中国沙尘暴分布具有以下特点：①出现范围广，全国有 17 个省（区、市）受沙尘天气的影响；②高频区集中，沙尘天气的多发区主要集中于塔里木盆地周围地区、阿拉善高原、河西走廊东北部及其邻近地区；③与沙漠和沙地密切相关，沙漠和沙地为沙尘天气的出现提供了极为丰富的物质源；④天气系统、地形走向、地表植被覆盖状况及降水量分布等都对沙尘天气的地理分布产生显著影响。

①沙尘暴时空分布特征

中国沙尘暴的空间分布基本与中国北方荒漠化土地分布相一致，反映了下垫面特征和沙尘源分布状况对沙尘天气形成的重要作用。主要发生在北方地区，其中新疆南部、青海西部、西藏西部和内蒙古中西部、甘肃中北部是沙尘暴的两个多发区，年沙尘暴日数在 5 d 以上，南疆、内蒙古西部、西藏西北部的部分地区超过 10 d；准噶尔盆地、河西走廊、内蒙古中部等地的部分地区有 1～5 d；西北地区东南部、华北大部、黄淮西北部、东北地区西部及内蒙古东部、新疆东北部、西藏东部、四川西北部等地不足 1 d。南疆塔克拉马干沙漠南缘是我国沙尘暴第一高发区，民丰平均年沙尘暴日数有 35 d，最多年 1958 年、1985 年全年沙尘暴日数超过 60 d；河西走廊（年代表站民勤）是中国北方沙尘暴的第二大源区，最多的 1957 年、1963 年和 1979 年均超过 50 d；阿拉善高原（代表站拐子湖）最多年 1966 年、1976 年、1986 年、1996 年是各年代的峰值年，全年沙尘暴日数超过 40 d。沙尘暴灾害的季节分布为春季最多、秋季最少，可分为冬春单峰型、冬春双峰型、春季多发型、春夏频繁型四类。沙尘暴灾害具有明显的日变化特征，午后到傍晚时段内发生最多。

②沙尘暴变化趋势

北方沙尘暴总体呈减少趋势，20 世纪 60 年代、70 年代为多发时期，平均每年在 8 d 以上，80 年代呈明显的下降趋势，90 年代不足 5 d，比 70 年代减少了 37.5%。北方地区年沙尘暴日数在 80 年代中期以后迅速减少可能是由于全球变暖导致我国主要沙尘源区降水有所增加，从而使得地表不易起沙的缘故（郑国光，2019）。

(7)雾灾和霾灾

雾和霾是两种不同的天气现象，但有一定的联系，雾和霾在特定条件下会形成灾害。

雾是由无数悬浮于低空的细小水滴或冰晶组成，其形成主要是由于近地面空气冷却造成的。空气冷却到露点以下有几种途径，除因气压降低而产生的绝热冷却外，还有辐射冷却、接触冷却、平流冷却和湍流冷却等方式。由于夜间地表面的辐射冷却而形成的雾成为辐射雾；由于暖湿空气移动到冷的下垫面（地表面、海面、湖面）所形成的雾成为平流雾；湿空气沿斜坡爬升冷却而形成的雾成为上坡雾；在暖水面上蒸发的水汽遇到比较冷的空气时达到饱和（对凝结核而言)形成的雾就是蒸发雾(包括海雾、湖雾、河谷雾)。

霾是一种大量极细微的干尘粒等均匀地浮游在空中,霾天气一般形成于近地面层水汽条件较好、大气层结稳定、风力较小的气象条件下。当空气中的污染物不断积累,污染物含量较大时,大气中凝结核较多,如果大气层结较为稳定,污染物不能很快扩散出去,就会形成霾天气。霾定义中的干尘粒指的是干气溶胶粒子,当空气中水汽较多时,某些吸水性强的干气溶胶粒子会吸水、长大,并最终活化成云雾的凝结核,产生更多、更小的云雾滴,使能见度进一步降低。低于 1 km 时被定义为雾,而能见度在 1～10 km 时则被定义为轻雾。由于干气溶胶粒子和云雾滴都能影响能见度。所以,能见度低于 10 km 时,可能既有干气溶胶的影响(即霾的贡献),也可能有雾滴的影响(即雾的贡献)。霾和雾在一天之中可以变换角色,甚至在同一区域内的不同地方,雾和霾也会有所侧重。一般情况下,人们看到能见度低于 10 km 的空气普遍浑浊现象被称为“雾-霾”天气。

①雾灾特征及变化趋势

中国雾的局地性很强,其分布是东部多、西部少。黄淮、江淮、江南及河北、四川、重庆、云南、贵州、福建、广东等省(市)年雾日数一般有 20 d 以上,局部地区可达 50～70 d;东北地区东南部和大兴安岭北部雾日数也比较多,有 20～30 d;西北地区因气候干燥,很少出现雾,但部分地区雾日数较多,如陕西和新疆天山山区年雾日数一般有 10～30 d。中国雾日最多的地方是四川峨眉山,1981—2010 年平均年雾日数高达 306.3 d,最少年有 286 d,最多年有 338 d,几乎天天都有雾。福建九仙山(302.4 d)、安徽黄山(260.6 d)等海拔较高的山区也是年雾日数较多的地区。云南西双版纳的勐腊年雾日数有 114.1 d,福建建宁 102.8 d,这些区域是低海拔地区雾日最多的地区。海洋上水汽丰富,有利于雾的形成,如山东沿海的成山头有“雾窟”之称,年平均雾日数 87.5 d,7 月平均高达 23 d,几乎终日不散,而同纬度的济南全年平均仅有 15.2 d。但热带海洋上极少有雾,海南岛南端的榆林港素有“无雾港”之称。

海雾和陆雾的成因不同,因此季节变化规律也不同。大陆上多发的雾多数是辐射雾,主要是因为夜间地面辐射冷却,使空气达到饱和所致,因此雾多发生在夜最长、气温最低的冬季或冬半年。中国海岛和沿海的雾主要是平流雾,由于暖空气到达较冷的海面上凝结而成。暖空气自冬至夏逐渐北上,而沿岸的冷海流则自冬至夏逐渐北缩,因此沿海多雾区季节多发变化由南向北移动,南海和东海南部的雾季在 3—4 月,东海北部沿海在 5 月,黄海南部在 6 月,黄海北部在 7 月。

雾的日变化主要取决于气温的变化,因为气温日变化是由饱和水汽压的日变化所决定的。白天气温高使饱和水汽压很高,因为空气不易饱和凝结形成雾。夜间气温较低,饱和水汽压迅速降低,易达到饱和而形成雾。清晨气温最低,因此也是全天最多雾发生的时刻。雾生频次变化主要可以分为 3 种类型:东北地区(包括辽宁、吉林、黑龙江及内蒙古东部地区)、华北地区(河北、山东西部、河南及安徽北部)、陇东—山西地区(河套及其以东地区,包括甘肃、山西、陕西)、华东沿海地区(山东沿海、江苏、浙江和福建沿海)、西北天山山脉地区为双峰型,其中东北和天山山脉大峰值在清晨,较小峰值在夜间;华北、陇东—山西地区及华东沿海大峰值在夜晚 20 时后,小峰值在清晨。长江中游区(主要是湖北、湖南、江西及安徽南部地区)、四川盆地地区(四川以东及重庆)、华南地区(广东、广西、海南)、云贵高原地区(云南、贵阳)为单峰型,清晨 06—08 时有一个明显的峰值,如云南澜沧从 04—05 时开始到 09—10 时之间,每小时的雾频率在 20 次/月以上,即每 3 d 中总有 2 d 以上有雾,雾过 11 时消散的次数每月平均有 5.3 次,这种午夜起雾中午方消，午后和上半夜均无雾的特点，正是湿润河谷盆地辐射雾的典型日变化规律。

1961—2015 年，中国 100°E 以东地区平均年雾日数总体呈减少趋势，年代际阶段性变化明显：20 世纪 60 年代，年雾日数较常年略偏少，70—80 年代略偏多，90 年代以后明显偏少并呈现显著减少趋势，2011 年以来又呈增加趋势。1961—2015 年，东北中东部及陕西中部、云南南部、海南东部、福建北部及东南沿海一带年雾日数有减少趋势；黄淮、江淮西部及辽东半岛、四川盆地东部部分地区年雾日数有增多的趋势（郑国光，2019）。

通常使水平能见度小于 1 km 的雾即可形成灾害。交通运输方面，雾使能见度降低，引起视程障碍造成交通事故。输变电方面，雾滴附着在输电线路瓷瓶、吊瓶等绝缘设备表层，使输变电设备绝缘性能下降，导致高压线路短路和跳闸，造成“污闪灾害”。农业方面，雾导致光照不足，作物生长不利和病虫害。人体健康方面，雾导致空气成分变化，危害人体健康并引发疾病。

②霾灾特征

霾的形成是大气颗粒物在一定的气象条件下大量累积。霾粒子以细粒子颗粒物为主，其粒径主要集中在亚微米粒子（1 μm 以下），既有来源于自然界和人类活动直接排放到空气中的灰尘、硫酸、硝酸、含碳化合物等一次颗粒物，也可以由排放到大气的气体物质通过化学转化形成的二次颗粒物。霾粒子具有一定的化学和生物活性，并有携带病菌的能力。霾粒子附着在人体皮肤或呼吸进入体内都有可能影响人体健康。在风力较小或静风的静稳天气（大气层结出现逆温层）的条件下，造成大气颗粒物不易扩散，时间长了易形成大气颗粒物“堆积”，直至形成霾污染天气。

在业务应用中，霾分为轻度霾、中度霾和重度霾三个等级。其对应的能见度（V）范围分别为：轻度霾，3.0 km$<V\leqslant$5.0 km；中度霾，1.0 km$<V\leqslant$3.0 km；重度霾，$V\leqslant$1.0 km。1 d 内霾天气现象持续 6 h（含）以上记为一个霾日。

中国的霾分布特点总体上是东部多于西部。黄淮海地区、长江河谷、四川盆地、珠江三角洲、山西南部、河南中部、河北中南部等地，以及东北部分地区是霾灾的多发区。中国中西部地区及内蒙古是霾灾的少发区。中国西半部地区、东北大部及内蒙古、海南年霾日数不到 1 d；东半部地区年霾日数一般为 1～10 d，其中山西中南部、河南中部、江西西北部、广西东北部、云南南部等地超过 20 d，尤以山西临汾为最多，达 84.6 d。京津冀、长江中下游和珠江三角洲是霾发生较为集中的三个地区。

中国的霾主要出现在秋、冬、春季节。近些年来，随着经济规模的迅速扩大和城市化进程的加快，由于人类活动引起的大气颗粒物污染日趋严重，在中国城市群区域和大城市霾污染事件频繁发生。据统计，20 世纪 50 年代初期，全国霾日较多；从 1956—1980 年，全国霾日较少，仅四川盆地和新疆南部超过 50 d；80 年代以后全国霾日明显增加；到 21 世纪，中国东部大部分地区年霾日几乎都超过 100 d，其中大城市区域超过 150 d。

霾对人体呼吸系统、心血管、免疫系统、神经系统和遗传等有较大的影响。在不利于污染物扩散的大气条件下，霾粒子大量积累，被人体吸入、直接沉积在肺部，从而对人体健康造成影响。霾天气引发污闪事故影响电力。在较高的环境湿度条件下，霾粒子能够从环境大气中吸收水分长大，使霾粒子散射光的能力增强，进一步造成能见度大幅度降低。霾天气通过低能见度、大气污染等对交通、运输及城市景观产生不利影响（郑国光，2019）。

③霾灾变化趋势

进入 21 世纪以来,连续霾过程站次数增加显著。连续 3 d 的霾过程站次数由 725.5 站次增加到 2010 站次,连续 4 d 的霾过程由 444.4 站次增加到 1292.1 站次,连续 5 d 的霾过程由 291.8 站次增加到 881.1 站次,连续 6 d 的霾过程由 200.3 站次增加到 628.2 站次,分别是 20 世纪平均值的 2.8 倍、2.9 倍、3.0 倍和 3.1 倍(郑国光,2019)。

在大气颗粒物中,$PM_{2.5}$ 对人体健康危害最大。《大汽污染防治行动计划》(简称《大气十条》)实施以来,监测和研究表明,2013—2017 年间中国东部地区 $PM_{2.5}$ 各种成分的浓度均有所下降[图 10.19(彩)],硫酸盐、硝酸盐、铵盐、有机碳、黑碳和其他组分的人口加权平均浓度分别从 2013 年的 11.1 $\mu g/m^3$、13.8 $\mu g/m^3$、7.4 $\mu g/m^3$、9.9 $\mu g/m^3$、4.6 $\mu g/m^3$ 和 12.9 $\mu g/m^3$ 下降至 2017 年的 6.7 $\mu g/m^3$、13.1 $\mu g/m^3$、5.8 $\mu g/m^3$、8.4 $\mu g/m^3$、3.8 $\mu g/m^3$ 和 9.6 $\mu g/m^3$。其中硫酸盐的下降幅度最大,2017 年的浓度相较于 2013 年下降了 40%,而硝酸盐下降幅度最小,仅为 5%。由此导致 $PM_{2.5}$ 中硝酸盐比例升高,硫酸盐比例下降。在区域层面,京津冀地区 $PM_{2.5}$ 及其化学成分的下降幅度最大(耿冠楠 等,2020)。

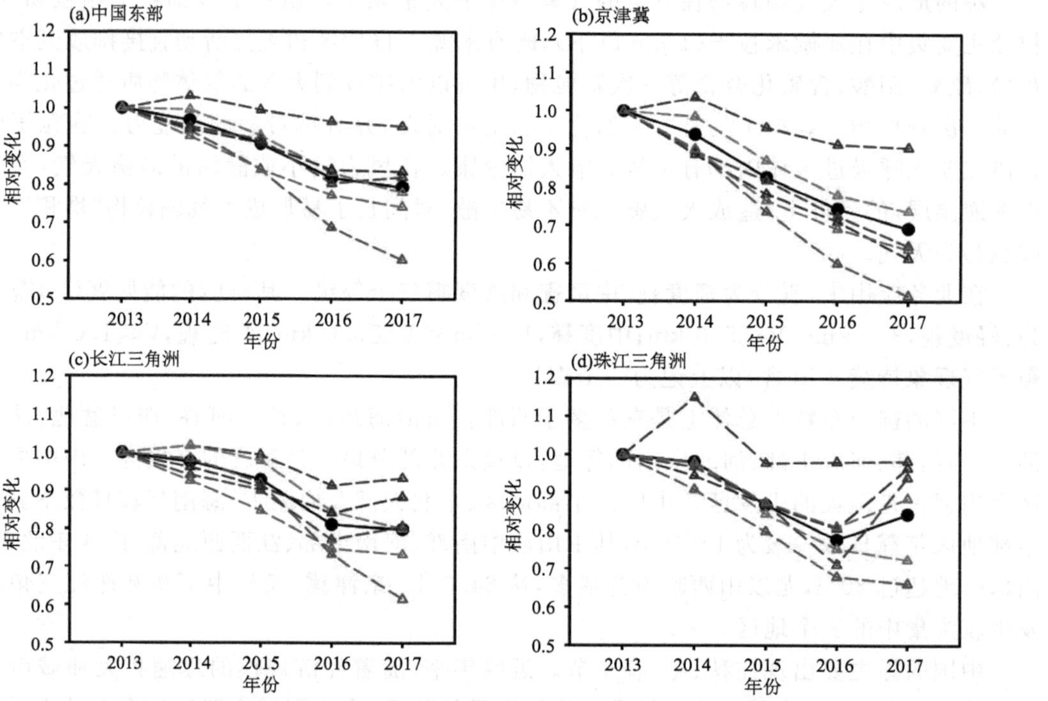

图 10.19(彩) 2013—2017 年中国东部和三个重点区域 $PM_{2.5}$ 化学成分浓度的相对变化

(所有数据均为基于 2013 年的相对值,资料来源:耿冠楠 等,2020)

10.3.3 中国主要气象和水文灾害的影响

10.3.3.1 气象灾害影响概况

中国气象灾害损失约占自然灾害损失的 71%。在全球天气、气候极端事件频发的背景下,伴随着中国经济快速发展和工业化、城市化进程的不断加快,气象灾害对经济发展、人民福祉安康、社会进步和生态环境的不利影响加剧。

(1)对经济发展的影响

气象灾害直接经济损失绝对值上升趋势明显，年均气象灾害直接经济损失从 20 世纪 50—70 年代的约 1000 亿元上升到 20 世纪 90 年代—21 世纪前 10 a 的 2500 亿元以上。从灾害直接损失的相对指标来看，气象灾害直接经济损失占当年 GDP 的比率呈下降趋势，GDP 年均损失率从 20 世纪 50—60 年代的 15%以上，下降到 20 世纪 70 年代的 6.3%，进入 20 世纪 90 年代下降到 3.2%，而 21 世纪以来的 GDP 损失率在 1%左右。这种下降趋势，一方面与经济发展带来的设防水平提高有关，另一方面也与经济总量的快速增长带来的 GDP 基数迅速增加有关。1984—2018 年中国因气象灾害直接经济损失 7.3 万亿元，年均直接经济损失 2074 亿元，约占 GDP 的 1.82%(图 10.20)(谢伏瞻 等，2019)。

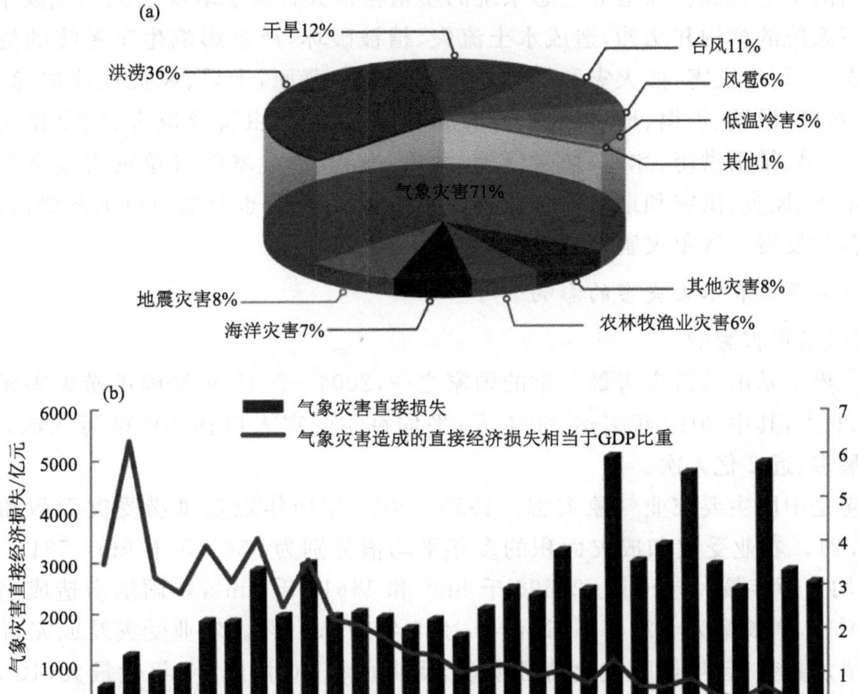

图 10.20 1984—2018 年中国气象灾害直接经济损失占自然灾害直接经济损失比重(a)及占 GDP 比重(b)(资料来源：谢伏瞻 等，2019)

(2)对社会民生的影响

气象灾害尤其是重大或突发性灾害，造成大批人员伤亡和严重经济和财产损失。1949—2013 年，气象灾害死亡人口超过 155 万人。以改革开放为转折点，基本可以分为两个阶段：改革开放以前(1949—1977 年)的 29 a 间死亡人数占 90%以上，年均死亡人口超过 1 万人；改革开放以来(1978—2013 年)，气象灾害死亡人口为 14.8 万人，年际间起伏较平稳，年均死亡 4117 人；近 20 a(1994—2013 年)，气象灾害年均死亡人口为 2037 人，占所有自然灾害死亡人口比例的多年平均值为 55%。整体来说，1949 年以来气象灾害造成的死亡人口有下降的趋势，年均死亡人口由20世纪50年代的15170人下降到20世纪60—90年代的4928～6950人，最后下降到21世纪以来前10 a的1324人。与死亡人口绝对值变化趋势类似，百万人口死亡率也呈下降趋势，从20世纪50年代的年均25人下降到20世纪60—80年代的7～8人，再到20世纪90年代的4人，最后到21世纪以来的1人(吴吉东 等，2014)。

此外，高温热浪、寒潮、干旱、暴雨洪涝等气象灾害对人的生理因素产生多种影响，诱导许多传染病流行的概率增加，加重空气污染。洪涝灾害和极端天气变化引发多种传染病和慢性病，进而造成人类健康情况的恶化。北方雪灾直接影响畜牧业生产，南方冰冻雨雪灾害会造成电力中断、城市交通瘫痪，火车或飞机延误，严重影响人民的正常生活。重、特大气象灾害尤其是突发性强的重大气象灾害发生后，往往引起人们的恐惧、慌乱，甚至心理变态。

(3)对生态系统的影响

农田、森林、草地、荒漠、湿地等生态系统的质量在很大程度上取决于天气气候条件。气象灾害影响生态系统的结构和功能，造成水土流失、植被破坏，严重影响生态系统的健康。气象灾害导致的次生、衍生灾害，如火灾和病虫害毁坏森林和草原，干旱、风灾往往加速土地沙化。水土流失、泥石流、滑坡、坍塌、地面沉降、森林和草原火灾、病虫害及鼠害、荒漠化等生态破坏往往与寒潮、干旱、暴雨洪涝、冰雹、热带气旋、大风、龙卷、沙尘暴等气象灾害紧密相连。生态破坏会加剧旱灾、风灾、洪灾和地质灾害等的发生频率和强度，也会造成巨大的经济损失，从而威胁人类生存和发展。气象灾害也常常使城市生态系统恶化。

10.3.3.2 主要气象和水文灾害的影响

(1)暴雨洪涝灾害影响

中国是世界上暴雨洪涝灾害最严重的国家之一，2004—2015年暴雨洪涝灾害死亡人数平均每年有1126人，其中2010年多达3104人；平均每年受灾人口达10902万人次，2010年全国受灾人口最多，近2亿人次。

暴雨洪涝是中国主要农业气象灾害。1950—2015年历年农业洪涝受灾面积和成灾面积变化见图10.21。农业受灾和成灾面积的多年平均值分别为9561.5千hm^2、5311.8千hm^2，1991年两者均为历年最大，分别为24596千hm^2和14614千hm^2，暴雨洪涝造成当年粮食总产量出现负增长，增长率为－2.45%，远低于1990年的9.49%。农业受灾及成灾面积66 a来总体呈现略增加趋势，且年代际变化特征明显，受灾面积20世纪90年代最大，10 a中有7 a较多年平均值偏多，其次为80年代以及2001—2010年，这三个时期均超过多年平均值(郑国光，2019)。

暴雨洪涝灾害对交通运输，尤其是对铁路运输和公路运输的影响很大，会造成巨大的经济损失，扰乱社会和生活之需。徐雨晴等(2012)基于1951—1998年的铁路重大洪水灾害资料，对中国铁路洪水灾害频次、致灾程度、时空分布特征及其变化进行了分析，中国铁路年均发生3.1起重大洪水灾害，重大洪水灾害造成全国铁路年均行车中断63 d，其中1954年、1960年、1981年、1991年和1996年是铁路洪水灾害严重的年份。中国公路线长，暴雨洪涝的影响范围更大，可遍布全国城乡的各个地区。此外暴雨洪涝灾害对水利工程、电力、通信等基础设施破坏也非常严重。

(2)干旱灾害影响

干旱影响到自然环境状况和经济、社会活动的各个方面。干旱导致土壤缺水，影响农作物正常生长发育并造成减产；干旱造成水资源不足，人畜饮水困难，城市供水紧张，制约工农业生

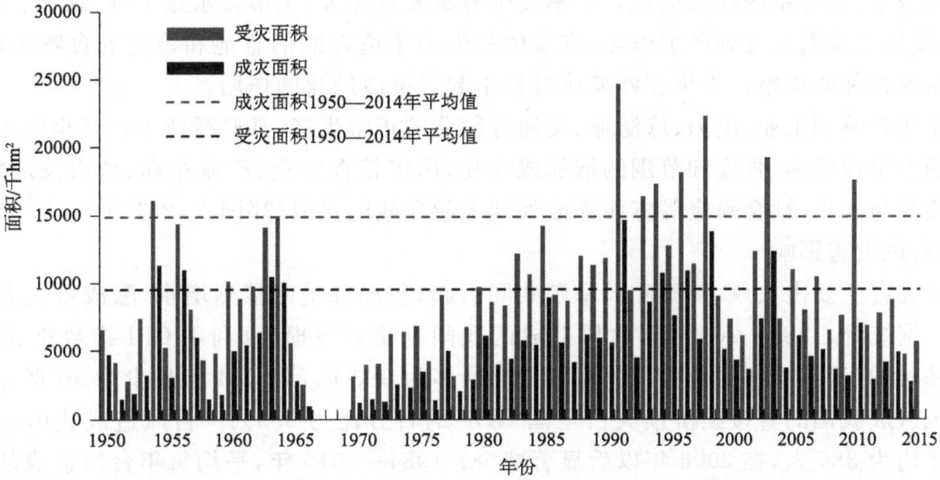

图 10.21 1949—2015 年中国暴雨洪涝导致农业受灾和成灾面积历年变化(资料来源:郑国光,2019)

产发展;长期干旱还会导致生态环境恶化,甚者还会导致社会不稳定进而引发国家安全等方面的问题。

中国干旱灾害发生频繁,是对农业生产影响最严重的气象灾害。辽宁、甘肃、陕西、吉林、宁夏、青海、天津、河北等省(区、市)农作物干旱受灾率在 20%~30%,山西和内蒙古超过 30%。1951—2014 年,中国农作物因旱受灾和成灾面积均呈增加趋势,平均每年农作物因旱受灾面积 2116 万 hm^2,成灾面积 951.5 万 hm^2。2000 年全国农作物因旱受灾和成灾面积均最大,分别达 4054 万 hm^2 和 2678 万 hm^2(图 10.22)。

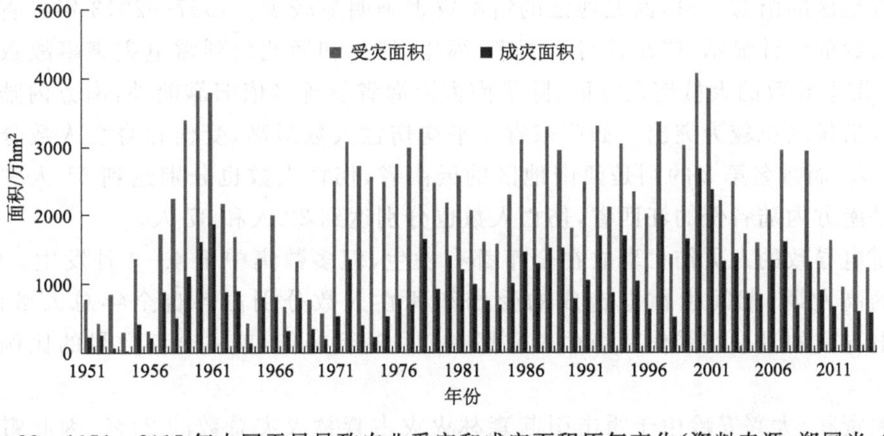

图 10.22 1951—2015 年中国干旱导致农业受灾和成灾面积历年变化(资料来源:郑国光,2019)

干旱灾害对畜牧生产的危害主要表现在影响牧草生产、加剧草场退化和沙漠化,从而影响畜产品质量。旱灾的伴生灾害主要是病虫害,尤其是蝗虫。干旱年牧区常常发生严重的病虫鼠害,致使牧草大幅度减产,使原本受旱灾的草场损失更加严重。

干旱促使生态环境进一步恶化。由于干旱缺水造成地表水源补给不足,只能依靠大量超采地下水来维持居民生活和工农业发展,然而超采地下水又导致了地下水位下降、漏斗区面积扩大、地面沉降、海水入侵等一系列的生态环境问题。干旱发生时因很难满足水源补给,使得湿地面积减小、生态系统功能退化。干旱发生时蒸发量加大,土壤含水量下降,森林、草原大幅度减少,湿地生态系统受到严重破坏,许多生物失去了适宜的栖息地和稳定的食物来源,干旱加剧了生物物种的灭绝。干旱在沙漠化过程中起了推波助澜的作用。

干旱还影响到工业、电力、旅游业、交通等行业的正常生产,某些行业生产甚至因干旱被迫停产。随着旱灾频率、强度和范围的增加或变化,国家粮食安全、产业布局、城市发展模式、居民生活质量与水平、社会稳定等方面都面临越来越严峻的挑战(郑国光,2019)。

(3)台风灾害影响

台风灾害主要由大风、暴雨和风暴潮共同引起,使局部地区猛烈增水,酿成重大人员和财产损失。据统计,1984—2015 年,台风造成的我国直接经济损失(利用 CPI 指数折算到 2005 年价格基础)有逐年增加的趋势,其中 2013 年最多为 983 亿元,1984 年最少为 36 亿元。平均每年台风造成我国的直接经济损失占全国 GDP 的百分比为 0.3%。台风造成我国的死亡人口多年平均为 385 人,在 2006 年以后显著减少。1984—2015 年,平均每年台风造成的直接经济损失在我国东南沿海较多,向内陆和北方减少。浙江省是台风造成直接经济损失、农业受灾面积和死亡人口最多的省份,其次为广东。

虽然台风是一种破坏力很强的灾害性天气系统,但有时也能起到调剂水资源、消除干旱的有益作用。据统计,中国及东南亚各国和美国等,台风降雨量约占这些地区总降雨量的 1/4 以上;此外台风具有调剂地球热量、维持热平衡的作用,热带地区由于接收的太阳辐射热量最多,因此气候也最为炎热,而寒带地区正好相反。由于台风的活动,热带地区的热量被输送到高纬度地区,从而使寒带地区的热量得到补偿(郑国光,2019)。

(4)雷暴灾害影响

雷暴灾害的影响主体是雷电灾害造成的损失。中国雷电灾害事故主要出现在沿海省份,尤其是南方地区的沿海省份,西北地区的雷电灾害则明显较少。1997—2013 年各省年平均雷电灾害事故数的统计显示,广东、浙江、湖南、福建、江苏和河北位列雷电灾害事故数最多的前 6 位。而在雷电导致的人员伤亡方面,除了南方沿海省份排名依旧靠前外,南方内陆和西南地区的一些省份排名也较为突出。如广东省年平均伤亡人数最高,受伤和身亡人数分别达到了 50 人和 57 人;而排名第 2 的则是西南地区的云南省,伤亡人数也分别达到 51 人和 41 人;排名第 3 的是南方内陆省份的江西省,伤亡人数也分别达到 22 人和 37 人。

全国雷电导致的人员伤亡事故在全年都有发生,但多数集中于 4—9 月发生。6—8 月是雷电灾害的高发期,期间由雷电造成的受伤和死亡人数分别占各自全年总人数的 68%和 73%。雷电导致的月平均受伤和身亡人数都在 7 月达到峰值,其占全年数量的比例分别达到 24%和 28%。

据有关资料,大兴安岭由于雷击引起森林火灾占森林火灾总数的 24%,因此雷击造成森林火灾对生态环境的破坏十分严重,如大兴安岭在 2002 年 7 月 28 日遭受的一次雷击火过火面积就达 4 万 hm^2(郑国光,2019)。

(5)冰雹灾害影响

中国冰雹灾害的地域分布广,虽然冰雹灾害是一个小尺度的灾害事件,但是中国大部分地区有冰雹灾害,几乎全部省份都或多或少地有冰雹成灾的记录,受灾的县数接近全国县数的一半。并不是每次冰雹都成灾。冰雹的危害程度一方面与农作物种类及生育期有关,另一方面与雹块的大小、密度、降雹范围和降雹持续时间有关。平原地区虽然降雹日数少,但因是农业区，且雹块一般比较大，多出现在农作物生长关键期，冰雹成灾都较高原山区为重，成灾率也高。

青藏高原地区冰雹频繁，但高原地区雹粒小，很少形成雹灾。而东部和平原地区是中国农业区，冰雹又多出现在农作物生长的关键期，且雹块一般比较大，冰雹对农作物造成的灾害往往比较重。受自然环境和天气背景条件的影响，中国是冰雹灾害频繁发生的国家，每年冰雹都给农业、建筑、通信、电力、交通及人民生命财产带来很大损失。尤其是山区及丘陵地区，地形复杂，天气多变，冰雹多，受灾重，对农业危害大。猛烈的冰雹损毁庄稼，破坏房屋，砸伤人员和牲畜。

1951—2015 年，中国平均每年因风雹农作物受灾面积为 373.9 万 hm^2，成灾 167.3 万 hm^2。严重风雹灾害年份农作物受灾面积可达 600 万 hm^2 以上，其中 2002 年高达 747.7 万 hm^2（图 10.23）。据有关资料统计，中国每年因冰雹所造成的经济损失达几亿甚至几十亿元（郑国光，2019）。

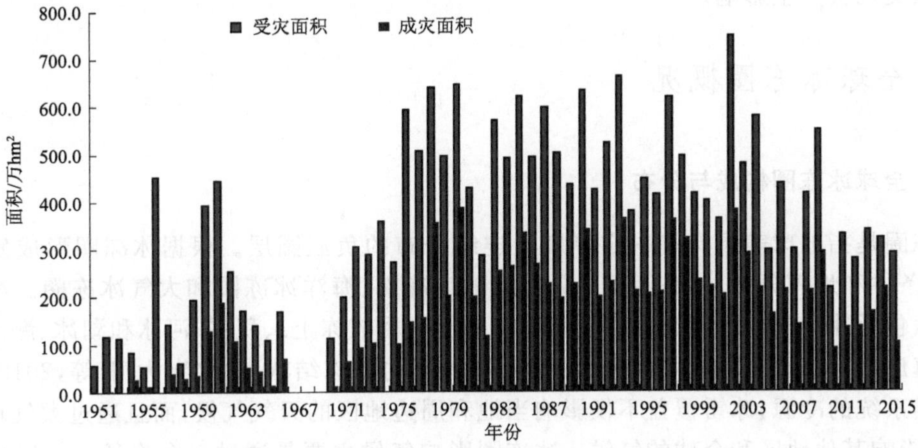

图 10.23　1951—2015 年中国风雹导致农业受灾和成灾面积历年变化（1967—1969 年资料缺）

（资料来源：郑国光，2019）

第11章　气候变化与冰冻圈

冰冻圈与水圈同属气候系统，两者既有联系，又有区别。冰雪本质上也是冰冻的固态水分，但又是特殊形态的水分，与大气中的水汽、地表和海洋中的液态水及生物体内的水分有明显的不同。冰冻圈分布很广，储量巨大，对气候的影响仅次于海洋。冰冻圈的变化不仅直接影响全球气候和海平面、地表水文水资源的变化，同时还会对与地表水热平衡密切相关的生态与环境及人类社会产生影响。

11.1　全球冰冻圈概况

11.1.1　全球冰冻圈构成与分布

冰冻圈是指地球表层具有一定厚度且连续分布的负温圈层。根据冰冻圈形成发育的动力、热力条件和地理分布，冰冻圈可以分为陆地冰冻圈、海洋冰冻圈和大气冰冻圈。冰冻圈的组成要素包括冰川(含冰盖)、冻土(包括多年冻土和季节冻土)、积雪、河冰和湖冰、海冰、冰架、冰山和海底多年冻土，以及大气圈对流层和平流层内的冻结状水体(秦大河 等，2018)。冰冻圈是气候系统的冷源，冰雪覆盖不仅影响当地和周边地区的天气气候，而且通过大气环流的作用，还会影响其他地区和全球的气候。冰冻圈影响气候主要是通过三个途径。①通过冰雪的反射和溶解对气候产生影响。一方面，冰雪表面洁白光滑，其反射率(0.7～0.9)比土壤反射率(0.1～0.25)和水体反射率(0.05～0.10)大得多，使大量的太阳能量被反射回太空，影响地球的能量收支。另一方面，冰雪消融要大量吸收热量，冰的融化热和水的汽化热分别是同体积液态水升温1 ℃所需热量的80倍和539倍。如此，每年到达地球的太阳能大约有30％消耗于冰冻圈中。②通过水循环对气候产生影响。气候变暖导致冰雪融化，海平面上升，海洋面积增加，蒸发增加，由海洋输送到大陆上空的水汽增加，降水也随之增加。相反，若气候变冷，其效果也相反。③通过能量交换对气候产生影响。冰雪表面和大气的能量交换的能力很弱，当冰雪厚度达到50 cm时，地表和大气的能量交换基本被切断(施雅风 等，1991)。

11.1.1.1　全球冰冻圈的构成

冰冻圈由积雪、海冰、冰原、山地冰川、冻土及淡水结冰等构成。陆地上的冰冻圈大约储存了世界上75％的淡水资源。

(1)积雪。积雪是一种过渡形态，或是消融，或是成冰。积雪的面积随季节变化，北半球冬季积雪面积占陆地面积的50％和海洋面积的10％。积雪滞留时间为几天或几个月，对大气动力响应时间尺度为数日或数周。

(2)海冰。海冰范围最大的季节，可覆盖海洋面积的10％。海冰的含盐量很低，要比海水低 10%～70%。海冰与气候系统的其他成分相互作用，影响的时间尺度为月到数年。

(3)冰盖。世界上最大的冰盖为南极冰盖和格陵兰冰盖。冰盖为准永久性地貌，变化相对较小且缓慢，对气候变化影响的时间尺度为 10^3～10^5 a。

(4)山地冰川。山地冰川形成于高山地区，其面积仅为陆地面积的 0.5%。体积不到全球冰体积的 1%。山地冰川对气候变化十分敏感，冰川进退反映当地的气候冷暖变化。山地冰川与气候系统的其他成分相互作用的时间尺度为 10～10^3 a。

(5)冻土。冻土分为多年冻土和季节性冻土两种。冻土对气候变化和人类活动敏感，与气候系统的其他成分相互作用的时间尺度为 10^3～10^5 a。

(6)淡水结冰。淡水结冰为河流、湖泊季节性结冰，基本上均分布于北半球，面积最大时可达陆地面积的 1%。

全球冰冻圈的概况如表 11.1 所列。全球陆地面积约为 147.6 Mkm^2，其中 11.1%的面积被冰盖、冰川和湖泊、河流结冰所覆盖，9%～12%的面积为多年冻土，33%的面积为季节性冻土，1.3%～30.6%的面积为季节性积雪所覆盖。全球海洋面积约为 362.5 Mkm^2，远大于陆地面积。虽然海冰的面积比陆冰的面积大，但海冰面积仅占海洋面积的 5.3%～7.3%。陆地积雪和冻土有季节和年际变化，海冰也有季节到年代际的变化，而大陆冰盖和冰川的变化则要缓慢得多(IPCC,2013)。

表 11.1 全球冰冻圈的概况和特性(资料来源:IPCC,2013)

陆地冰冻圈	占陆地面积/%	海平面当量/m
南极冰盖	8.3	58.3
格陵兰冰盖	1.2	7.36
冰川	0.5	0.41
多年冻土	9～12	0.02～0.10
季节性冻土	33	不适用
积雪(季节性变化)	1.3～30.6	0.001～0.01
北半球淡水(湖泊、河流)冰	1.1	不适用
小计	52.0～55.0	约 66.1
海洋冰冻圈	**占海洋面积/%**	**体积/$10^3 m^3$**
南极冰架	0.45	约 380
南极海冰 南半球夏季(春季)	0.8(5.2)	3.4(11.1)
北极海冰 北半球秋季(冬季/春季)	1.7(3.9)	13.0(16.5)
海底多年冻土	约 0.8	无数据
小计	5.3～7.3	

11.1.1.2 全球冰冻圈的分布

IPCC WGI AR6(IPCC,2021)绘制了全球海洋和冰冻圈概念图及组成结构和分布图。海洋和冰冻圈有着天然的联系，它们既同属气候系统，又是水文循环的重要组成部分。海洋通过蒸发、传输和降水过程为冰冻圈提供水汽，补充水源；冰冻圈通过融化和径流过程使水分回归海洋。若南极冰盖、格陵兰冰盖和山地冰川全部融化，将分别使得海平面升高 58 m、7 m 和 0.3 m(图 11.1a)。关于海洋与冰冻圈的关系及海洋的特征和变化趋势，将在第 12 章详细讨论。

图 11.1b 上图为全球海洋和冰冻圈构成和分布。海冰、陆地冰盖主要分布于极地地区；冰川主要分布在极地和高山地区；积雪分布范围较广，分别覆盖在陆地和海冰表层；多年冻土分布面积约占地球陆地面积的 25%，包括俄罗斯和加拿大近一半的领土，中国 22% 的领土，美国阿拉斯加 85% 的土地，在南极和格陵兰的无冰盖地段和被冰盖边缘覆盖的地下，南美和中亚的高山地区也有分布，甚至地处赤道附近的非洲乞力马扎罗峰顶也发现有多年冻土。图 11.1b 下图为南北半球冰冻圈极地投射图。从图中清晰可见极地冰冻圈的构成和分布。海冰阴影为海冰面积多年平均值。冰川编号(1～19)与图 11.5 对应。

从图 11.1b 和表 11.1 可以看出，大陆冰雪覆盖主要在南极洲和北极圈附近的格陵兰岛，那里终年积雪。其次分布在亚洲大陆、北美大陆和低纬度的高大山体，如青藏高原和天山等。亚洲大陆季节性冰雪最多时可延伸至 45°N，而北美则在 50°N 左右。南极是地球上最冷的地区，极端最低气温达 −88 ℃，南极大陆 97% 的面积终年被冰雪覆盖，其冰量占世界总冰量的 95% 以上。南极多冰山，有世界上最大的荒漠，其边缘地区多巨大的砂洲冰川，并以每年500～1500 m 的速度向海洋推进。南极浮冰和冰山丰富，一直延伸至 40°S 以北，远比北极海冰延伸范围广。南极附近的冰山也比北极附近的大得多。在南极边缘地区，冰山缓慢而连续地碎裂、崩溃和融化，从而使海水和上空的大气显著变冷，不断影响周围地区的天气气候。北极海冰面积占据北冰洋海面 1/3 以上。北极冰盖总面积多年平均约为 1300 万 km^2，其中 1100 万 km^2 为海冰，200 万 km^2 为陆地冰盖。在全球变暖的趋势下，北极地区升温显著，北极海冰减少也很显著。

11.1.2　陆地冰冻圈的构成与分布

陆地冰冻圈由冰川、冰盖、冻土、积雪及河冰、湖冰构成。以下主要介绍全球陆地冰川、冰盖、冻土和积雪的分类与分布。

11.1.2.1　冰川与冰盖

根据冰川的形态和规模，通常将冰川分为冰川和冰盖。冰川(glacier)是由降雪和其他固态降水积累、演化形成的处于流动状态的冰体。冰川是除冰盖外陆地冰川的统称，包括冰帽、冰盖、山地冰川等。不同地区、不同地形条件下，冰川形态各异、规模不等。冰盖(ice sheet)也称大陆冰盖，是指面积大于 $5\times10^4\ km^2$ 的冰川，不受地形约束，自中心向四周外流。目前，地球上有南极冰盖和格陵兰冰盖。南极冰盖(不包括冰架)面积约为 $1.2295\times10^7\ km^2$，占全球陆地总面积的 8.3%，平均冰厚 2100 m，冰储量 $3\times10^7\ km^3$，海平面当量为 58.3 m；格陵兰冰盖面积约为 $1.84\times10^6\ km^2$，占全球陆地总面积的 1.2%，平均冰厚 1600 m，冰储量 $3\times10^6\ km^3$，海平面当量为 7.36 m(秦大河 等，2018)。

据 IPCC AR5(IPCC，2013)的数据，除冰盖外，全球有山地冰川(包括冰帽)168331 条，冰川总面积为 726258.3 km^2，储量为 113915～191879 Gt，海平面当量(对海平面上升的潜在贡献量)为 411.9 mm(表 11.2)。北半球是全球山地冰川分布最多的地方，分布有现代冰川 143450 条，冰川面积为 560914.5 km^2，储量为 82270～141762 Gt，海平面当量为 301.4 mm。冰川条数、面积、冰储量和海平面当量分别占全球山地冰川总量的 85.2%、77.2%、72.2%～73.9% 和 73.2%。中低纬度地区冰川的数量比高纬度地区多，但冰川面积、冰储量和海平面当量则是高纬度(50°以上)地区比中低纬度地区大(秦大河 等，2018)。

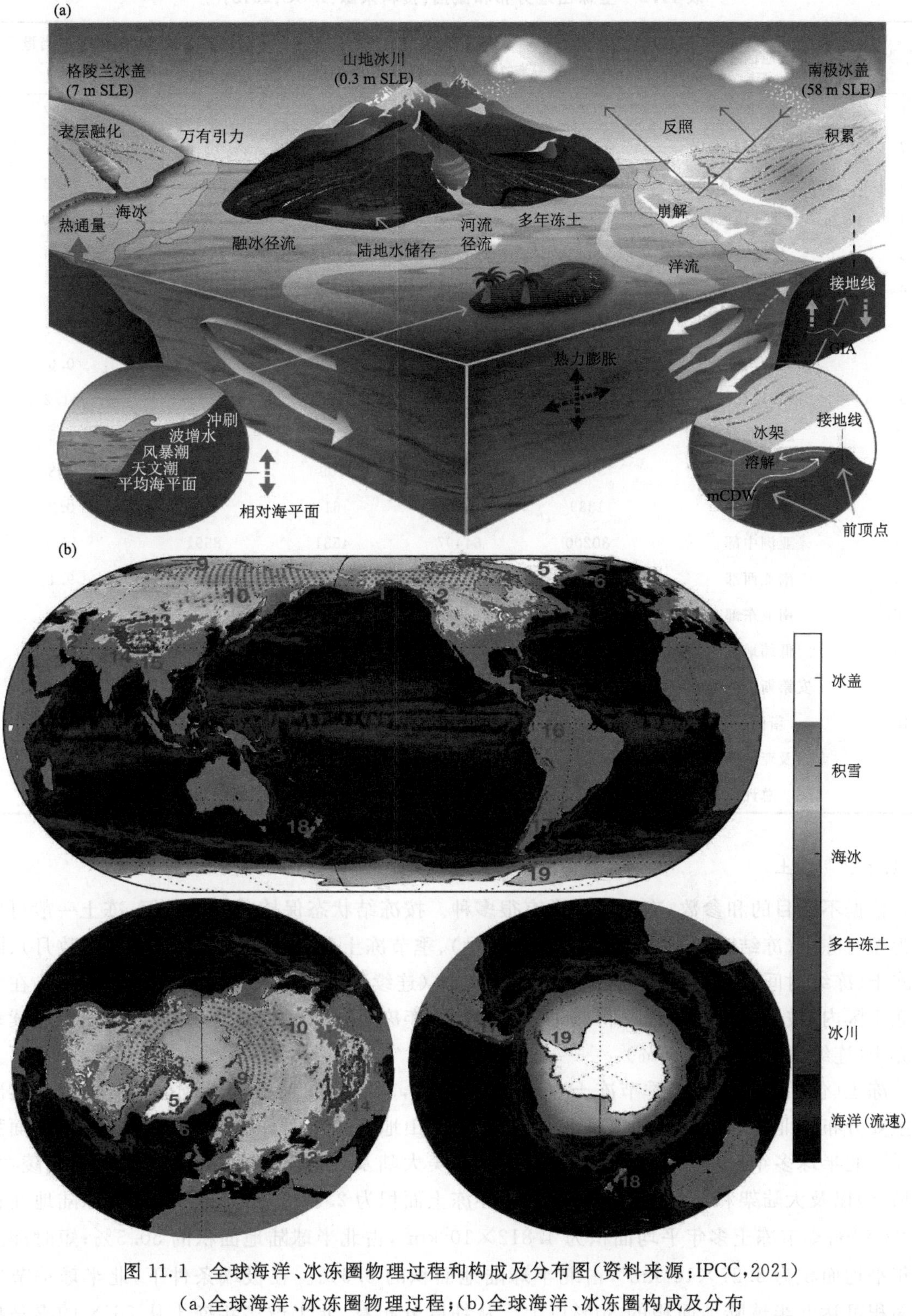

图 11.1　全球海洋、冰冻圈物理过程和构成及分布图(资料来源:IPCC,2021)
(a)全球海洋、冰冻圈物理过程;(b)全球海洋、冰冻圈构成及分布

表 11.2　全球山地分布和概括(资料来源:IPCC,2013)

编号	地区	冰川数量/条	冰川面积/km^2	最小冰储量/Gt	最大冰储量/Gt	海平面当量/m
1	阿拉斯加	32112	89267	16168	28021	54.7
2	加拿大西部与美国	15073	14503.5	906	1148	2.8
3	加拿大北极地区北部	3318	103990.2	22366	37555	84.2
4	加拿大北极地区南部	7342	40600.7	5510	8845	19.4
5	格陵兰	13880	87125.9	10005	17146	38.9
6	冰岛	290	10988.6	2390	4640	9.8
7	斯瓦尔巴群岛	1615	33672.9	4821	8700	19.1
8	斯堪的纳维亚	1799	2833.7	182	290	0.6
9	俄罗斯北部	331	51160.5	11016	21315	41.2
10	亚洲北部	4403	3425.6	109	247	0.5
11	欧洲中部	3920	2058.1	109	125	0.3
12	喀斯喀特	1339	1125.6	61	72	0.2
13	亚洲中部	30200	64497	4531	8591	16.7
14	南亚西部	22822	33862	2900	3444	9.1
15	南亚东部	14006	21803.2	1196	1623	3.9
16	低纬地区	2601	2554.7	109	218	0.5
17	安第斯山南部	15994	29361.2	4241	6018	13.5
18	新西兰	3012	1160.5	71	109	0.2
19	南极及亚南极地区	3274	132267.4	27224	43772	96.3
	总计	168331	726258.3	113915	191879	411.9

11.1.2.2　冻土

依据不同目的和参数,冻土的分类有很多种。按冻结状态保持时间的长短,冻土一般可以分为短时冻土(冻结时间为数小时、数日至半月)、季节冻土(冻结时间为半月以上至数月)、隔年冻土(冻结时间超过 1 a 但少于 2 a)和多年冻土(连续冻结时间在 2 a 以上)4 种类型。在多年冻土区内,按照空间连续性可将冻土分为连续多年冻土(连续性系数超过 90%)和不连续多年冻土(连续性系数低于 90%)。

冻土(包括多年冻土和季节冻土)就其空间而言,是冰冻圈最大的组成部分。全球多年冻土主要分布在北半球的极地地区及北美洲、亚洲高山地区。然而,南极冰盖下多年冻土的面积不详。北半球多年冻土主要分布在欧亚大陆、北美大陆及其北部的北冰洋岛屿(包括格陵兰、冰岛等)以及大陆架和部分洋底。北半球多年冻土面积为 $2.279\times10^7 km^2$,占北半球陆地面积的 23.9%;季节冻土多年平均面积为 $4.812\times10^7 km^2$,占北半球陆地面积的 50.5%;短时冻土多年平均面积为 $6.27\times10^6 km^2$,占北半球陆地面积的 6.6%。在极端条件下,北半球季节冻土面积可达北半球陆地面积的 80%以上。从纬度分布看,北半球多年冻土从 26°N 的喜马拉雅山脉到 84°N 的格陵兰岛,其中 70%分布于 45°—67°N。从海拔角度,北半球大约有 62%的多年冻土分布在海拔 500 m 以下，10％的多年冻土分布在海拔 3000 m 以上。从多年冻土含冰量角度，体积含冰量高于 20％的高含冰量多年冻土主要分布在北半球高纬度地区，大约为多年冻土面积的 8.57％；体积含冰量低于 10％的多年冻土主要分布在高海拔的高山多年冻土区，大约为多年冻土面积的 66.5％(秦大河 等，2018)。

11.1.2.3 积雪

积雪为地球表面存在时间不超过一年的雪层，即季节性积雪。在冰冻圈中，积雪的空间覆盖范围仅次于季节冻土。积雪 98％分布在北半球，而欧亚大陆是北半球主要积雪区，积雪面积占北半球积雪面积的 60％以上。南半球除南极洲之外鲜有大范围陆地积雪。积雪季节变化显著，北半球积雪范围最小值为 1.9×10^{6} km²，最大值可达 4.7×10^{7} km²，接近北半球陆地面积的一半，而南半球最大积雪范围仅约占其陆地面积的 1/4(秦大河 等，2018)。

11.1.3 海洋冰冻圈的构成与分布

海洋冰冻圈由冰架、冰山、海冰及其上覆积雪和海底冻土构成。

11.1.3.1 冰架和冰山

冰盖自中心向四周外流，在其前端形成延伸漂浮在海洋部分的冰体，称为冰架。冰盖和冰架边缘或冰川末端冰体崩解落入海中，在海中四处漂浮，称为冰山。

全球冰架主要分布在南极洲、格陵兰及加拿大高纬度北极(简称“高北级”)海岸。在全球变暖的背景下，冰架不断崩解甚至消失。加拿大高北极埃尔斯米尔岛上曾发育有较大规模的冰架，随着气候变暖，诸多冰架逐渐崩解入海，目前冰架数目已大大萎缩。

地球上大多数冰山来源于南极冰盖，南大洋冰山总量可达 20 万座左右，数量约占全球冰山总数的 93％，总重量达 10^{12} t。集中分布在环绕南极大陆的南大洋海面，随沿岸洋流呈东西向移动。有时这些冰山会漂移到南大西洋靠近新西兰的海域和南太平洋靠近南美海岸的海域。北半球冰山来源包括格陵兰冰盖、加拿大北极地区挪威斯瓦尔巴群岛和俄罗斯北极地区许多地方的冰架，但主要来源是格陵兰冰盖西侧。据估计，那里每年分离出大约 1 万座冰山。阿拉斯加的一些冰川也有冰山分解(秦大河 等，2018)。

11.1.3.2 海冰

海洋表面海水冻结产生的冰为海冰，海冰表面降水再冻结也成为海冰的一部分。海冰覆盖了约 7％的地球表面，约占全球海洋面积的 12％。海冰全年出现在多年海冰区，包括北冰洋中央和南极洲的小部分地区(主要位于西威德尔海)。只在冬季出现的海冰为季节性海冰，季节性海冰区可平均延伸至纬度约 60°的位置。地球上大部分海冰集中在两极地区。在南半球，海冰主要分布在南极大陆周围的南大洋。南极海冰覆盖呈环状，长度约为 2×10^{4} km，宽度夏季几近于零，冬季可达 1000 km，以南极洲为中心横跨 60°—70°S。在北半球，海冰主要分布在北冰洋和相邻海域及其他冬季寒冷的海域和海湾，如鄂霍次克海、白令海、巴芬湾、哈得逊湾、格陵兰海、拉布拉多海、波罗的海和渤海等。纬度最低的海冰分布在中国的黄海和渤海，为 37°—41°N。

海冰有显著的季节和年际变化。北半球海冰范围在 3—4 月达到最大，在 8—9 月为最小。北极海冰最大范围超过 1.5×10^{7} km²，夏季最小时只有 6×10^{6} km²。南极海冰范围季节性更显著，海冰范围 9 月最大、2 月最小，冬季最大时超过 1.8×10^{7} km²，最小时只有约 3×10^{6} km²

(秦大河 等,2018)。

11.1.3.3 海底多年冻土

海底多年冻土是指分布于极地大陆架海床的多年冻土。冰期或末次盛冰期,海平面比现在要低100多米,极地海洋沿岸地区的大陆架直接暴露于大气,发育了多年冻土。当古冰盖消失、海平面上升后,这部分原来分布在极地海洋沿岸地区的多年冻土被海水淹没,位于海床之下,下伏于温暖和含盐度高的海洋,成为海底多年冻土。海底多年冻土的详细分布尚无充分的实测资料,特别是还不清楚南极地区是否存在海底多年冻土。环北极沿海是海底多年冻土的主要分布带,尤其是欧亚大陆一侧为主要分布区(秦大河 等,2018)。

11.2 全球山地冰冻圈变化和影响

11.2.1 山地冰冻圈变化

近几十年来,在气候变化背景下,山地冰冻圈包括积雪、冰川和冻土等均呈减少趋势。未来到21世纪末,积雪、冰川和冻土将会持续减少。

11.2.1.1 山地气温变化

IPCC《气候变化中的海洋和冰冻圈特别报告》(SROCC)(IPCC, 2019b)指出,2019年在全球变暖的大背景下,全球山地气温升温速率大于全球平均速率。北美西部山地、欧洲阿尔卑斯山地和亚洲高山的观测资料表明,这些山地的平均升温速率为(0.3±0.2)℃/(10 a)(表11.3),而全球平均升温速率仅为(0.2±0.1)℃/(10 a)。IPCC AR6报告(IPCC, 2021)强调,全球山地升温总体趋势是一致的,但有明显的区域差异、季节差异和高程差异。评估显示,北半球高山区(北美西部、欧洲阿尔卑斯山和亚洲高山区)近几十年的地表平均气温上升,升温速率为(0.3±0.2)℃/(10 a),超过了全球平均表面温度的升温速率(0.2±0.1)℃/(10 a),且越到近期,增暖速率越大。其中,全球海拔500 m以上山地年平均地表气温升温速率,1961—2010年约0.3 ℃/(10 a),1982—2010年约0.4 ℃/(10 a)。在亚洲高山区,20世纪80年代以来的增暖速率与北极1977—2018年0.54 ℃/(10 a)的增暖速率相当甚至更高,也明显高于其他高山区同期水平。此外,山地的变暖速率有很强的季节性。以青藏高原为核心的亚洲高山区和南美安第斯山脉在冬季增暖更强,而欧洲阿尔卑斯山脉夏季增暖更明显。1961—2001年青藏高原年、冬季和夏季平均气温升高速率分别约为0.23 ℃/(10 a)、0.37 ℃/(10 a)和0.17 ℃/(10 a)。在南美安第斯山脉18°—42°S,1950—2010年山地年平均气温呈微弱负趋势,但副热带安第斯山脉30°—37°S,1980—2005年冬季平均气温升温速率达0.40 ℃/(10 a)。在欧洲,与此相当的增暖速率发生在夏季,1959—2008年夏季瑞士变暖速率达0.46 ℃/(10 a)(IPCC, 2019b,;IPCC,2021;马丽娟 等,2022)。

据SROCC报告(IPCC,2019b)预估,从现在到21世纪中期,不考虑气候变化情景,全球地表平均升温速率将达(0.3±0.2)℃/(10 a)。21世纪中期以后,在RCP8.5情景下,全球山地平均升温速率仍将超过地表升温速率。在RCP2.6情景下,全球山地气温到21世纪中期将基本达到稳定状态。

表 11.3 过去几十年全球山地气温变化(资料来源:IPCC,2019b)

地区及高度	温度指标	温度变化/(℃/(10 a))	时段(年)	数据集(观测站数)	文献
北半球>500 m,30°—70°N 山地	年均最小日气温	+0.21	1951—1989	250	Diaz 等(1997)
北半球<500 m,30°—70°N 山地	年均最小日气温	+0.04	1951—1989	250	Diaz 等(1997)
全球>500 m,气温 −5 ℃~+5 ℃山地	年均气温	+0.23	1948—2002	269	Pepin 等(2008)
全球>500 m,气温 <−5 ℃或 >+5 ℃山地	年均气温	+0.12	1948—2002	1084	Pepin 等(2008)
全球>500 m 山地	年均气温	+0.40	1982—2010	640	Zeng 等(2015)
全球<500 m 山地	年均气温	+0.32	1982—2010	2020	Zeng 等(2015)
全球>500 m 山地	年均气温	+0.30	1961—2010	910	Wang 等(2016c)
全球<500 m 山地	年均气温	+0.24	1961—2010	1742	Wang 等(2016c)
全球>500 m 山地	冬季年均气温	+0.40	1961—2010	739	Wang 等(2018)
全球<500 m 山地	冬季年均气温	+0.35	1961—2010	1262	Wang 等(2018)

11.2.1.2 全球山地降水变化

如前所述,全球降水总体上有所增加,但趋势不如气温变化显著。全球山地降水趋势总体上也不显著,但降水结构有所变化,降雨有所增加,降雪有所减少。另外,部分地区山地降水变化比较明显。如阿拉斯加山地(18 个观测站资料)1949—2016 年平均降水增加+8%~+40%(Wendler et al.,2017);大高加索山脉(90 个观测站资料)1936—2012 年平均降水以 9 mm/a 的速率减少,而阿尔泰山脉同期年平均降水以 6 mm/a 的速率增加;喜马拉雅山脉 1950—2009 年 6—9 月日平均降水以 0.021~0.01 mm/a 的速率减少;青藏高原(71 个观测站资料)1936—2014 年平均降水以 1.43mm/a 的速率增加;西天山(观测与再分析资料)1936—2014 年冬季平均降水增加 23%(IPCC,2019b)。

对未来降水的模拟结果表明,兴都库什山脉、喜马拉雅山脉、东亚山脉、东非山脉、欧洲阿尔卑斯山脉和喀尔巴阡山脉等降水会增加,增加幅度为 5%~20%。在 RCP8.5 情景下,亚洲中部兴都库什山脉 2071—2100 年 99% 日降水相对于 1981—2010 年将增加 50%左右。在 SRES B1、A1B、A2 和 RCP8.5 情景下,喜马拉雅山东部 2070—2099 年日年均降水相对于 1970—1999 年将增加 15%~27%;喜马拉雅山脉西部至喀喇昆仑山脉将增加 1%~5%(Panday et al.,2015)。在 RCP2.6 情景下,瑞士阿尔卑斯山脉 2070—2099 年年均降水相对于 1981—2010 年增加 0.6%;在 RCP8.5 情景下,冬季平均降水增加 23.7%。在 RCP8.5 情景下,加拿大西部山区 2045—2060 年冬季平均降水相对于 1979—1994 年增加 11%(Erler et al.,2017)。未来在另外一些地区,如地中海沿岸山区和安第斯山脉,降水有所减少,在 RCP8.5 情景下安第斯山脉中部 2071—2100 年年均降水相对于 1961—2010 年减少 19%~33%。未来较低高程山地降雨持续增加,降雪相对减少;高海拔山地降雨和降雪比例不会有明显变化。未来极端降水事件有所增加，但有明显的区域和季节差异（IPCC，2019b）。

11.2.1.3　全球山地积雪变化

积雪是山地生态系统的重要组成部分，对于维系生态系统的平衡，补充冰川水源，反射太阳辐射，保护冻土，均具有重要的作用。山地积雪特别是低海拔和中海拔山地积雪对气候条件十分敏感，气候变化对积雪具有明显的影响。气候变暖导致中低海拔山地降雨增加，降雪减少，积雪随之减少，且所有海拔山地融雪增加。人类活动排放的气溶胶特别是黑碳气溶胶沉积在雪面，也加速了雪的消融。由于山地地面积雪观测资料不完善，卫星观测资料时间序列不长，目前很难对长时间趋势给出定量化的结论。IPCC SROCC（IPCC，2019b）报告指出，就近几十年趋势而言，较低海拔山区积雪深度、范围明显下降，积雪周期也在持续下降，平均下降速率为 5 d/(10 a)；高海拔山区积雪深度、范围变化趋势不明显。

SROCC 报告发布之后，很多学者据地面观测、遥感观测资料再分析资料及模式模拟结果对北半球积雪变化趋势作了深入研究。结果表明，1998—2018 年所有月份积雪范围均为下降趋势，其中 11 月、12 月、3 月、5 月下降速率超过 -50×10^3 km^2/a［图 11.2(彩)］。春季积雪减少不仅与积雪有关，而且与气候变暖致使积雪提前融化有关（IPCC，2021）。

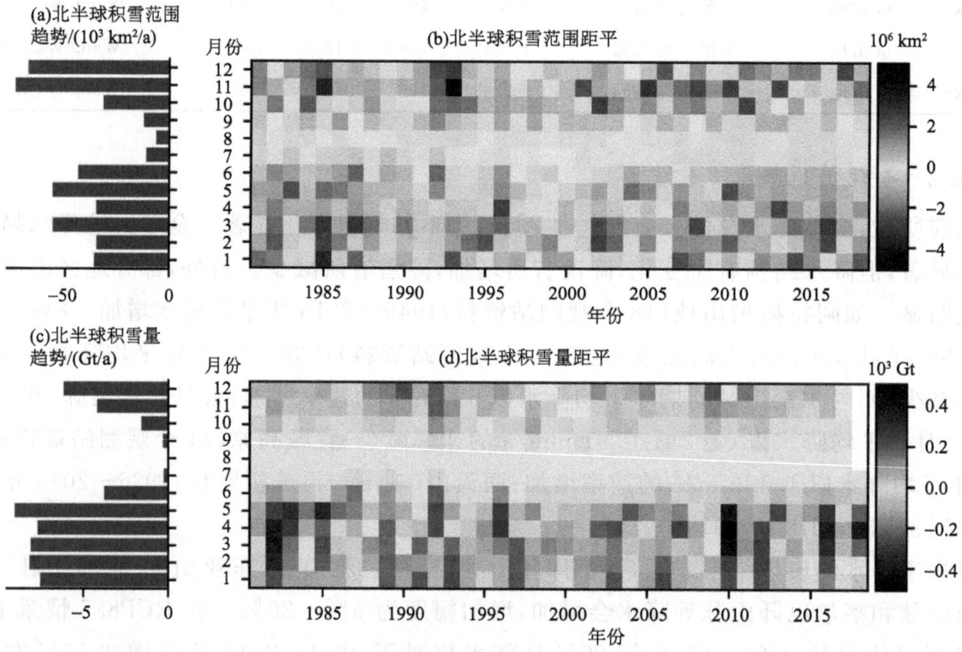

图 11.2(彩)　观测到的北半球逐月积雪范围趋势(a)；积雪范围距平(b)；积雪量趋势(c)；积雪量距平(d)
(资料来源：IPCC，2021)

IPCC SROCC（IPCC，2019b）应用 CIMP5 模式对未来积雪进行了模拟，指出未来在气候持续变暖的背景下，积雪总体趋势是进一步减少。图 11.3 是在 RCP2.6 和 RCP8.5 两种情景下，全球各区域山地未来 2031—2050 年和 2080—2099 年两个时段气温和积雪（雪水当量）相对于 1986—2005 年的变化。预计到 2031—2050 年，较低海拔山地积雪深度将比 1986—2005 年减少 10%～40%。在许多地方的较低海拔山区，如欧洲阿尔卑斯山山区、北美西部山区、喜马拉雅山区、亚热带安第斯山区，年均积雪日数将持续以 5 d/(10 a)的速率减少，积雪深度或积雪量将减少 25%左右(10%～40%)。到 21 世纪末(2080—2099 年),在 RCP8.5 情景下,积雪量将减少 80%(50%～90%);在 RCP4.5 情景下,积雪量将减少 50%(30%～70%);在 RCP2.6 情景下,积雪量将减少 30%(10%～40%)。在高海拔山区,积雪量减少趋势较缓。

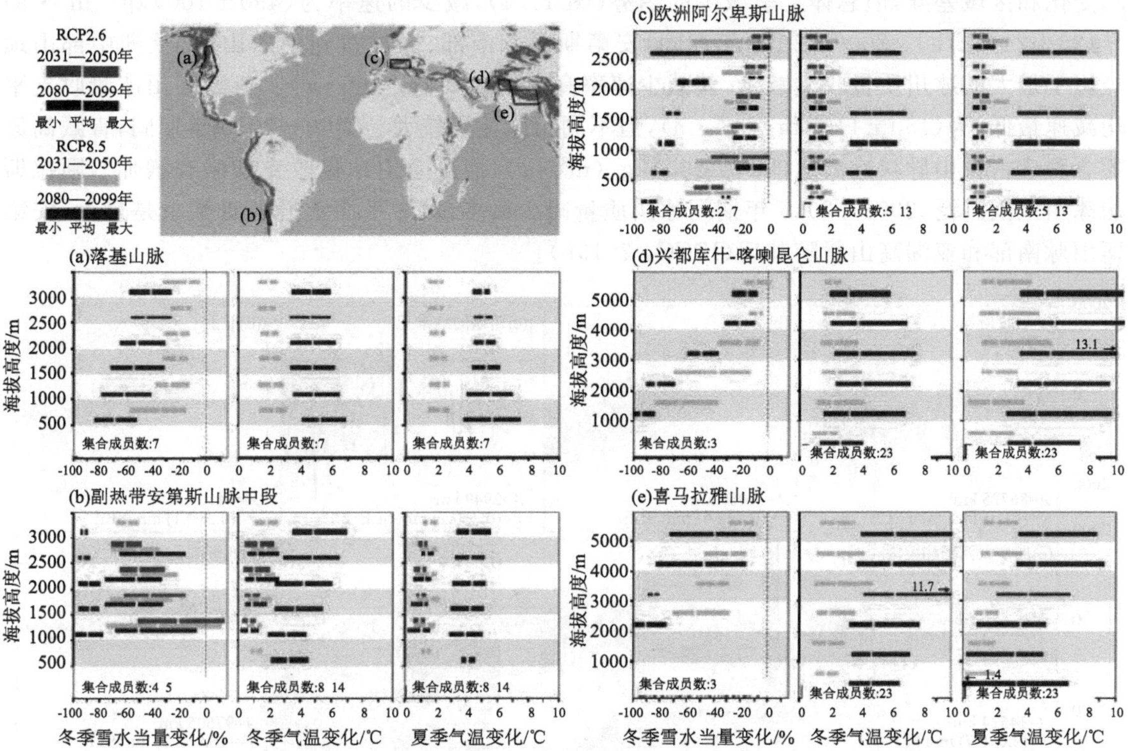

图 11.3　全球 5 个区域山地未来 2031—2050 年和 2080—2099 年两个时段冬季、夏季气温和雪水当量相对于 1986—2005 年的变化(资料来源:IPCC,2019b;马丽娟 等,2022)

冬季(北半球 12—次年 5 月;南半球 6—8 月);夏季(北半球 6—8 月;南半球 12 月—次年 2 月);

RCP8.5:所有区域;RCP2.6:欧洲阿尔卑斯山山区,亚热带安第斯山区

IPCC WGI AR6(IPCC,2021)应用 CIMP6 模式对未来积雪进行了模拟,并结合以往的模式模拟结果对北半球积雪趋势进行预估。AR6 指出,综合几代 CIMP 模式的模拟结果,在全球持续变暖的背景下,北半球积雪范围、雪水当量和积雪持续时间会持续下降,这种大趋势原则上也适用于南半球。据 CIMP6 模式模拟结果,北半球所有月份积雪范围的减少与地表气温的升高具有较好的线性关系,地表气温每升高 1 ℃,积雪范围大约减少 8%。季节性积雪具有年内变化特征,秋、冬季积雪出现和增加,春、夏季融化和消失,将来这种趋势会周而复始地出现。虽然理论上某一地区由于突然变冷,加之积雪的反照效应,季节积雪会持续百年或更长的时间,甚至会形成新的冰川,但在当前和未来气候变暖的趋势下,模式预估这样的冷事件不会出现。

11.2.1.4　全球山地冰川变化

全球山地冰川特指除南极、格陵兰、加拿大和俄罗斯极地、斯瓦尔巴特群岛以外的冰川,全球约有 170000 条山地冰川。山地冰川面积约为 250000 km^2,体积相当于 87 mm±15 mm 海平面，其海拔高度从海平面（如阿拉斯加东南部冰川）到 8000 m 以上（如喜马拉雅山和喀喇昆仑山冰川）。冰川进退既受冰川内部动力学的制约，又与气温、降水、空气湿度和积雪等外部要素密切关联，对于气温变化尤为敏感。2009—2018 年，全球山地冰川质量收支虽有一定的年际变化和区域差异，但总体上呈减少的趋势（图 11.4），减少的速率为（490±100）kg/(m^2 · a）[（123±24）Gt/a]。2006—2015 年期间，安第斯山脉南部、高加索到中东山地、欧洲中部山地经历了最大的冰川质量收支减少，其减少速率高达约 850 kg/(m^2 · a）。亚洲高山冰量收支平均减速最低，为（150±110）kg/(m^2 · a），但不同山脉差异较大。2000—2016 年期间，青藏高原的念青唐古拉山脉减速高达（620±230）kg/(m^2 · a），而昆仑山冰量收支却略有增加。阿拉斯加冰川范围广泛，2006—2015 年期间冰川质量减少最多，对海平面上升的贡献也是最大，安第斯山脉南部和亚洲高山紧随其后（IPCC，2019b）。

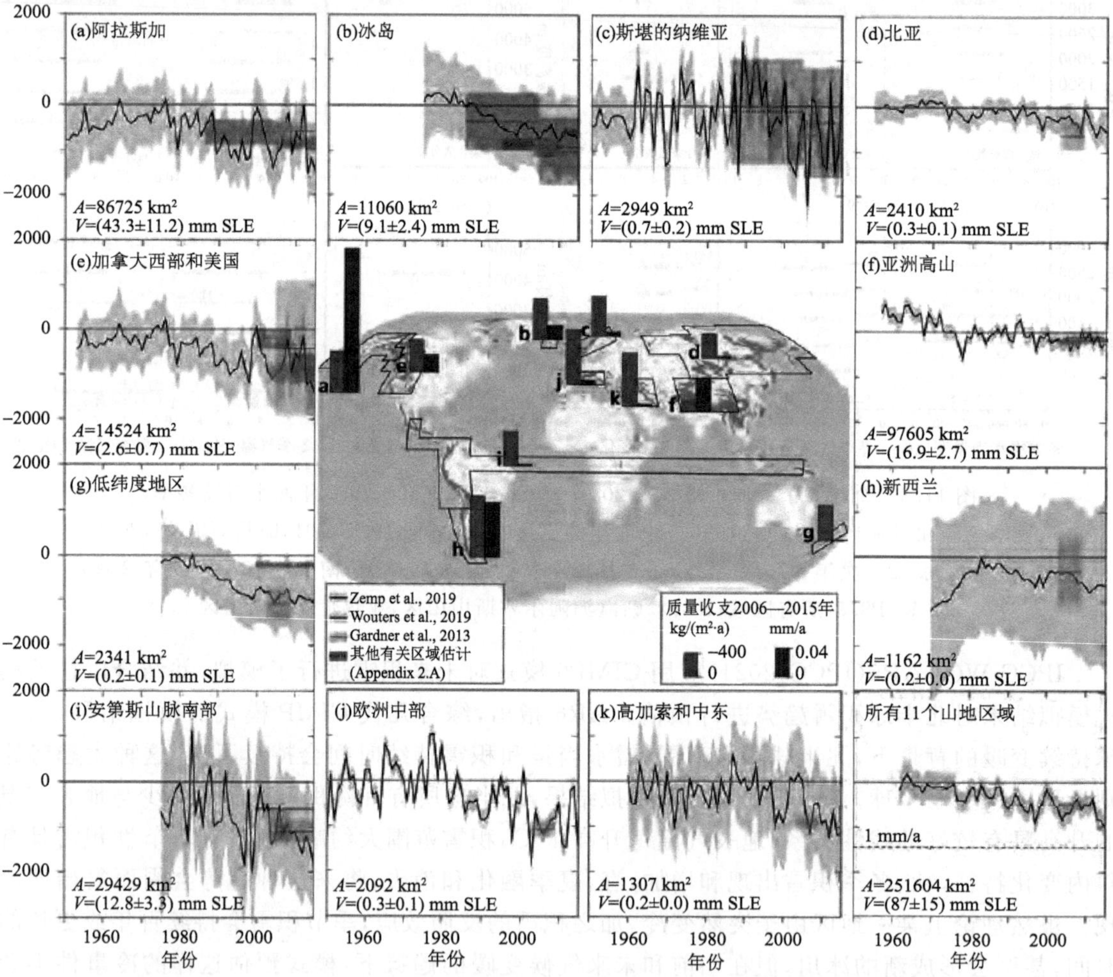

图 11.4　全球 11 个山地区域冰川质量收支[单位：kg/(m^2 · a)]变化（资料来源：IPCC，2019b）

IPCC SROCC（IPCC，2019b）发布以来，对各大冰川的研究工作又有了新进展。IPCC WGI AR6（IPCC，2021）展示了新的研究结果：在过去 20 a 间，已在安第斯山脉南部、新西兰、阿拉斯加、欧洲中部和冰岛的冰川中观测到最大冰川质量损失速率[>720 kg/(m^2 · a)]。与此同时,也在亚洲高山、俄罗斯北极地区和南极洲边缘地区冰川中观测到最小冰川质量损失速率[<250 kg/(m² · a)]。2000—2019 年期间,阿拉斯加冰川质量损失占全球冰川质量损失总量的 25%,格陵兰边缘冰川质量损失占 13%,加拿大北极北段冰川质量损失占 11%,加拿大北极南段冰川质量损失占 10%,南极洲边缘地区冰川质量损失占 8%,安第斯山脉南部冰川质量损失亦占 8%。

对于未来冰川的变化,IPCC SROCC(IPCC,2019b)应用 6 个冰川模式和新的冰川清单资料,在 21 个 GCMs 模式驱动下得到 RCPs 情景下的模拟结果。到 21 世纪末,山地和极地冰川质量损失显著。在 RCP2.6 情景下,2100 年冰川质量将比 2015 年减少 18%(11%~25%);在 RCP8.5 情景下,2100 年冰川质量将比 2015 年减少 36%(26%~47%)。不同区域冰川质量变化有很大的差异,冰川体量小的山地冰川退缩幅度更大,如欧洲中部山地、高加索到中东的山地、北亚山地和一些低海拔山地,在 RCP8.5 情景下,到 2100 年冰川质量将减少 80%。冰川质量损失将导致海平面上升。在 RCP2.6 情景下,冰川质量损失对海平面上升的贡献为 94 mm(69~119 mm),对海平面上升速率的贡献为 1.1 mm(0.8~1.4 mm)/a;在 RCP8.5 情景下,对海平面上升的贡献为 200 mm(156~240 mm),对海平面上升速率的贡献为 2.4 mm(1.8~2.8 mm)/a(IPCC, 2019b)。

IPCC WGI AR6(IPCC,2021)肯定了 SROCC 的趋势评估,并给出了新的模拟结果[图 11.5(彩)]。2015—2100 年,全球冰川质量损失在 RCP2.6 情景下将达 29000(9000~49000) Gt,在 RCP8.5 情景下将高达 58000(28000~88000)Gt,分别相当于 21 世纪早期冰川总质量的 18%(5%~31%)和 36%(6%~56%)。

全球冰川质量损失有明显的区域差异,即使是同一处冰川,在不同气候情景下其质量变化速率也迥然不同。据模式模拟结果,在冰川质量小的地区(低纬度地区、欧洲中部、高加索、加拿大和美国西部,亚洲北部、斯堪的纳维亚和新西兰),在 RCP 8.5 情景下到 2100 年冰川质量将减少 80%以上,但因总冰量不大,冰川质量损失对海平面上升的贡献并不大。欧洲阿尔卑斯山最大的冰川——阿莱奇冰川,在 RCP 2.6 情景下到 2100 年冰川质量将损失 60%左右,在 RCP 8.5 情景下到 2100 年将损失殆尽。南极和北极地区的冰川(南极、加拿大北极地区、阿拉斯加、格陵兰、斯瓦尔巴特群岛和俄罗斯北极地区的冰川),因其冰量巨大,即使损失的冰川质量比例较小,但数量很大,对海平面上升的贡献也很大,而且将持续到 2100 年以后。在冰川质量中等的地区(安第斯山脉南部、亚洲高山和冰岛),其冰川质量损失速率在 RCP 2.6 情景下到 2100 年将有所减少,而在 RCP 8.5 情景下将会有所增加,其峰值出现在 21 世纪中期到下半叶(图 11.5),峰值的出现由冰量损失和质量平衡动态稳定双重因素决定。冰岛最大的冰川——瓦特纳冰川在 RCP 4.5 情景下到 2300 年冰川质量将损失 50%左右,而在 RCP 8.5 情景下将会损失 80%~100%。总之,在各种气候情景下全球和区域冰川质量将会持续损失,而在高排放情景下损失速率会明显加快(IPCC,2021)。

11.2.1.5 全球山地多年冻土变化

多年冻土是持续多年冻结的土石层,可分为上下两层。上层每年夏季融化,冬季冻结,称活动层,又称冰融层。下层常年处在冻结状态,称永冻层或多年冻层。全球 11 个高山地区的多年冻土面积为 3.6 万~5.2 万 km²,占全球多年冻土面积的 27%~29%,是高山地区冰川面积的 14~21 倍。多年冻土的变化与气温、积雪、植被、土壤湿度变化密切关联,气候变化对于多年冻土的状态具有明显的影响。

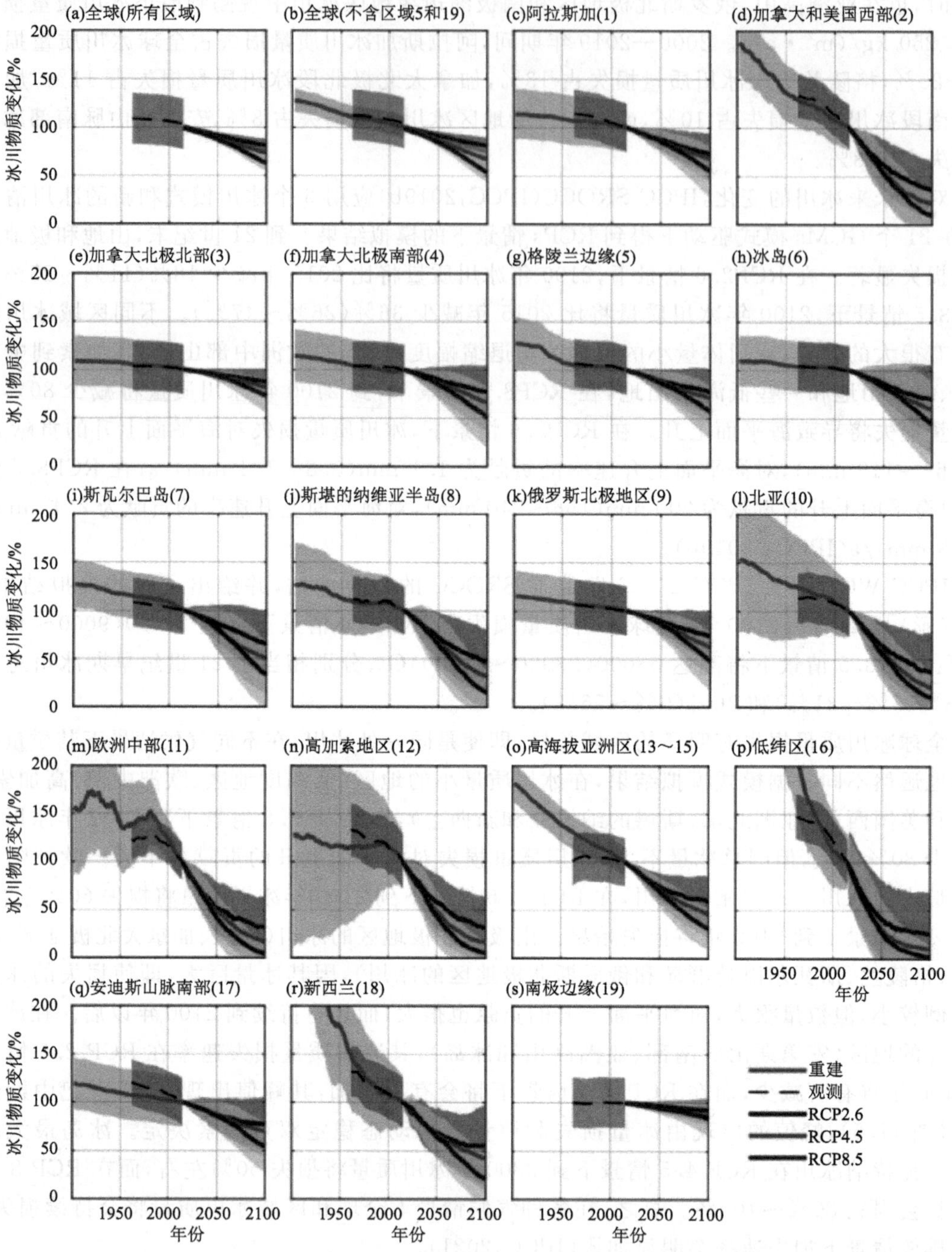

图 11.5(彩)　未来全球和不同区域冰川质量在 RCPs 情景下相对于 2015 年的变化趋势

(资料来源：IPCC，2021；效存德 等，2022)

注：图中冰川序号与图 11.1 中的序号完全对应

由于对多年冻土的观测时间序列不长，加之卫星等遥感手段不能用于地表以下的观测，所以目前只能对多年冻土给出近十数年的变化数据。在全球变暖的背景下，欧洲阿尔卑斯山、斯堪的纳维亚、加拿大、蒙古、天山、青藏高原等山地多年冻土温度升高，变暖趋势明显，有些地区冰层在消融，多年冻土在退化。上述地区 28 个观测站的资料表明，2007—2016 年期间，这些地区多年冻土温度平均上升了 0.19 ℃±0.05 ℃，详见表 11.4。从表中可以看出多年冻土升温的两个特点：一是温度接近 0 ℃的山地多年冻土如斯堪的纳维亚地区多年冻土层升温幅度较小，温度较低的山地如欧洲阿尔卑斯山多年冻土升温幅度较大(有些地区升温高达 1 ℃)，这是因为温度接近 0 ℃的多年冻土底冰开始消融，带走了热量，减缓了多年冻土升温；二是基岩之上的多年冻土较泥石、土壤之上的多年冻土升温要快，因为基岩之上的多年冻土含冰量较少。此外，多年冻土之上的活跃土壤厚度也出现了变化，欧洲阿尔卑斯山、斯堪的纳维亚和青藏高原等山地活跃土壤厚度在增加，表明多年冻土在退化。有些地区如欧洲阿尔卑斯山活跃土壤层含水量增加，表明多年冻土冰量减少(IPCC，2019b)。

表 11.4　山地多年冻土年均地面温度变化趋势(资料来源：IPCC，2019b)

区域及海拔/m	地表类型(观测站数)	时段(年份)	MAGT/℃	MAGT 趋势/(℃/(10 a))	文献
全球					
＞1000	各种(28)	2006—2017		0.2±0.05	Biskaborn 等(2019)
欧洲(Alps)					PERMOS(2016)
2500～3000	泥石或粗碎石(＞10)	1987—2005	＞−3	0.0—0.2	Noetzli 等(2018)
		2006—2017	＞−3	0.0—0.6	Pogliotti 等(2015)
3500～4000	基岩(4)	2008—2017	＞−5.5	0.0—1.0	Magnin 等(2015)
					Noetzli 等(2018)
斯堪的纳维亚					
1402～1505	冰碛(3)	1999—2009	−0.5～0	0.0—0.2	Isaksen 等(2011)
1500～1894	基岩(2)	1999—2009	−2.7	0.5	Christiansen 等(2010)
天山					
约 3330	裸土(2)	1974—2009	−0.5～−0.1	0.3—0.6	Zhao 等(2010)
3500	草地(1)	1992—2011	−1.1	0.4	Liu 等(2015)
青藏高原					
4530～4960	不详(6)	2005—2016	−1.5～−0.3	0.1—0.5	Noetzli 等(2018)
约 4650	草地(6)	2002—2012	−1.52～−0.41	0.08—0.24	Wu 等(2015)
约 4650	草原(3)	2002—2012	−0.79～−0.17	0.09—0.18	Wu 等(2015)
约 4650	裸土(1)	2003—2012	−0.22	0.15	Wu 等(2015)
4500～5000	不详(6)	2002—2011	−1.5～−0.16	0.08—0.24	Peng 等(2015)
蒙古					
1350～2050	草原(6)	2000—2009	−1.54～−0.06	0.2—0.3	Zhao 等(2010)

IPCC SROCC(IPCC，2019b)指出，未来全球多年冻土将进一步升温，冰层会加快消融。青藏高原到 2100 年，在 RCP2.6 和 RCP8.5 情景下，多年冻土面积可能减少 22%～64%。在 RCP8.5 情景下，欧洲阿尔卑斯山主峰地区到 2100 年海拔在 3850 m 以下的多年冻土将可能全部消融。

IPCC WGI AR6(IPCC，2021)肯定了 AR5(IPCC，2013)和 SROCC(IPCC，2019b)趋势评估，同时对一些数据进行更新。AR6 指出，在过去 30～40 a 期间，多年冻土表层至 30 m 深处

地温普遍升高。未来随着全球持续变暖，多年冻土会进一步融化和减少。未来温度每升高1 ℃（相对于1850—1900年，温升最高至4 ℃），多年冻土（表层至3 m深）体积将比现在减少25%。而且由于对有关物理过程的理解不够充分，这一比例很可能被低估。

11.2.2　山地冰冻圈变化对生态系统和人类系统的影响

11.2.2.1　对水循环和水资源影响

山地冰冻圈是山区和下游地区水资源的来源，研究结果表明，山区单位面积径流量是低海拔地段的2倍。山地积雪、冰川和永冻层控制径流的量值、季节分配和生物地球化学性质，对维系山区及下游地区的生态系统和生计平衡具有重要地位。因此，山地冰冻圈变化对山区和周边地区的经济、社会、环境可持续发展具有重要影响。

IPCC多次评估均指出，在气候变暖的背景下，山区降雨增加，降雪减少，很多山区年径流量特别是冬季径流增加，春季融雪径流峰值期提前。而另外一些因冰川退缩导致年径流量减少，在一些小冰川占主导地位的山区如阿尔卑斯山等，年径流量明显减少。

近几十年来，加拿大西部、欧洲阿尔卑斯山、挪威等山区冬季径流增加，加拿大西部、欧洲阿尔卑斯山等山区夏季径流减少，但亚洲一些高山地区夏季径流增加。年均径流变化情况比较复杂，阿拉斯加和天山等山区年均径流增加，加拿大西部年均径流减少，而澳大利亚西部山区高海拔地区径流增加，低海拔地区径流减少。

在气候持续变暖的背景下，冰川融化加速，导致山地河流径流增加。但随着冰川融化持续加速，冰量不断减少，冰川质量失衡，最终山地河流径流减少。在这一转化过程中，会出现径流的峰值。模拟结果表明，到2019年，安第斯山脉低海拔山地82%～95%的流域、加拿大和美国西部低海拔山区40%～49%的流域、欧洲中部和高加索低海拔山地55%～67%的流域径流已达峰值。观测资料表明，这些山区一些以小冰川为主体水源的河流，径流峰值已经相继出现。

对于未来的预估，模拟结果表明，即使是不考虑气候情景，以融冰和融雪为主要水源的流域，其冬季径流会持续增加，如北美、欧洲中部、苏格兰、亚洲高海拔山区等地，由于降水总体增加，而降雨多于降雪，较高的气温导致融雪增加，一些流域21世纪冬季径流将会继续增加。未来很多流域夏季径流会减少，如加拿大和美国西部山区、欧洲阿尔卑斯山区、亚洲高海拔山区、安第斯热带山区等，由于降雪减少和冰川退缩，一些流域21世纪夏季径流将会明显减少。在RCP8.5情景下，未来很多流域特别是亚洲高山地区的一些大流域在融冰季节至少有一个月的径流会减少10%，在各种情景RCPs下，各地径流变化复杂，既取决于降水的多寡，也取决于融冰峰值径流出现的时间。亚洲高海拔山区、欧洲中部山区、加拿大和美国西部山区融冰峰值径流将出现在21世纪中期前后（IPCC，2019b）。

11.2.2.2　对生态系统的影响

山地冰冻圈与自然条件相互作用，共同决定了山区和周边地区的生态系统。山地冰冻圈的变化，不仅直接影响植物和动物物种的生存，而且还会影响这些物种适应气候变化的能力。很多山地气温升高，冰川退缩，积雪减少，多年冻土消融，导致物种数量和分布发生了明显的变化。山区雪线上升，较低海拔植物物种向上迁移，导致山地生态结构发生变化。气候变暖伴随积雪提前融化，一些植物生长期和开花季节提前。山地冰川退缩和积雪减少，使得高山动物的分布和活动范围发生变化，如加拿大落基山脉的熊原本出没在雪山，但由于积雪减少，转而活动到无积雪地区，从而加大了被猎杀的风险。山地冰冻圈的变化，还使水生生态系统发生明显变化。在冰川退缩的趋势下，厄瓜多尔、意大利阿尔卑斯山、冰岛高山地区的水生物种，近几十年来减少 19%～32%。山地冰冻圈变化引发的生态系统的这些变化，导致山地生态服务功能也发生了变化，而且总体上是负面的。未来在气候持续变暖的趋势下，山地冰冻圈的变化范围进一步加大，速率进一步加快，对生态系统的影响也会加大。

11.2.2.3　对山地灾害的影响

山地积雪、冰川和永冻土呈减少趋势，改变了相关自然灾害发生的频率、强度和地区。冰川退缩，冻土消融，降低了山坡的稳定性，破坏了山区设施的整体性。近年来大多数地区冰湖的数量和面积增加，从而也加大了冰湖溃决的洪水风险。在一些山区，雪崩事件有所增加，低海拔春季雨雪山洪有所减少，而高海拔冬季山洪有所增加。由于积雪提前消融，美国山区野火的数量和范围有所增加。

11.2.2.4　对人类社会的影响

山地冰冻圈的变化对山区和周边地区的农业、旅游业、文化传承、山区人口迁出、基础设施建设和维护均有重要影响。以粮食生产为例，在气候变暖的趋势下，很多山地冰川退缩，积雪减少，导致山区河流径流减少，农田灌溉用水也在减少，直接影响农作物的产量，如热带安第斯山脉、亚洲高海拔山区和美国落基山脉等地农业产量在下降。此外，气温升高蒸发增加，冰川退缩和积雪减少降低土壤湿度，这些因素均会影响作物的生长与产量，如尼珀尔的土豆和饲料产量就因此减产。在气候变化和冰冻圈变化的情势下，不少山地作物生长线向上迁移，这既有负面影响，也有正面影响。

11.3　极地冰冻圈变化和影响

地球南北两极是地球系统的重要组成部分，极地通过海洋、大气、生态系统和地球的其他地区发生相互作用，对全球气候状态及其变化具有至关重要的作用。极地面积广阔，气候寒冷，占据全球海洋面积的 20%，多年冻土面积的 90%，冰川面积的 69%（包括全球的全部冰盖和几乎所有的海冰），冬季陆地被积雪覆盖。全球气候变化对极地冰冻圈有深远的影响；反之，极地冰冻圈的变化对全球气候变化也有重要的反馈。地球南北两极有许多共同的特征，也有各自独有的特征。北极是陆地包围海洋，南极是海洋包围陆地，其气候变化和冰冻圈变化也有各自的特点。

11.3.1　极地冰冻圈变化

11.3.1.1　极地气候变化趋势

21 世纪以来，北极地表气温升温速度是全球平均升温的 2 倍。到目前为止，科学界对北极气候变暖放大效应的机制仍然没有完全弄清楚。升温可能的原因包括：由于海冰和积雪的减少，导致夏季对太阳辐射反照率降低，北极大气中水汽含量的提高，夏季北极总云量的变化，更大范围海水秋季结冰释放热量，热量与水分的向北传输，极地相比温带热量损失更低等。IPCC AR5 以来，北极发生了新的气候极端事件，如 2014—2018 年升温速率超过了 1980—

2010年任何5 a期间的升温速率，2016—2018年冬季温度距平相对于1981—2010年为+6 ℃，为之前距平的2倍。这些事件的发生，主要是由于对流层极地涡旋撕裂成两个单体，促成了温带风暴的入侵。来自太平洋和大西洋的暖湿气流进入北极腹地，增加了向下长波反射，推迟了海水结冰，造成了前所未有的海冰损失。临近北极地区的海水亦推迟了结冰，也有助于更多的热量进入北极地区。除了夏季海冰连续15 a减少之外，北极冬季海冰过去4 a也处于1979—2014年期间的低水平。

南极与北极普遍变暖的情况不同，过去20世纪80年代以来南极西部部分地区气候变暖，而东部地区气候没有明显的变化趋势。造成这种状况的直接因素是海洋和大气环流的作用，其间接原因是南极臭氧层耗损。就海洋环流的作用而言，南极深海冷暖海水混合，带走了海表大气热量。就大气环流的作用而言，南环模态(SAM)及太平洋南美模态和纬向波是南极气候和海冰变化的大尺度环流驱动因素，近几十年来南极夏季SAM为正相位且持续扩展，这是过去600 a以来前所未有的，标志南极西风带的增强，造成南极地表气温的偏冷状态。SAM的趋势与南极臭氧层耗损紧密关联，近期南极臭氧耗损程度虽然有所缓解，但SAM趋势并未改变(IPCC，2019b)。

11.3.1.2　海冰变化

海冰将大部分的太阳辐射反射回太空，构成海洋和大气之间的隔离层，对温盐环流具有重要影响。由于地理位置和气候变化的差异，覆盖在北冰洋和南极洲南部海洋的海冰具有完全不同的特征。随着时间的推移，它们所表现出的变化也不同。

(1)北极海冰变化

据IPCC WGI AR5(IPCC，2013)结果，在过去的34 a间(1979—2012年)北极海冰年均覆盖范围每年减少速率达3.8%/(10 a)。北极夏季海冰范围退缩是史无前例的，北极海表温度至少在过去1450 a中异常偏高。1979—2012年间北极海冰年均融化季节延长速率达5.7 d/(10 a)。IPCC SROCC(IPCC，2019b)指出，综合卫星观测资料、海冰再分析资料和实测资料，北极5 a以上海冰1979—2018年损失2%～32%，而1 a的新冰比例则增加到(40%～60%)～70%。由于多年结冰在减少，而每年新冰比例在增加，北极海冰的厚度在变薄。卫星探测资料表明，2000—2012年期间北极海盆海冰厚度的变化趋势(−0.58±0.07)/(10 a)。综合潜艇、锚碇和卫星探测资料，1975—2012年期间，北极腹地海冰厚度平均减少约65%，从3.59 m减少至1.25 m。这种快速的变化趋势是过去100 a未有的。南极由于严重缺少观测资料，目前还很难对南极冰层厚度变化进行评估。有学者提出，南极冰层厚度变化趋势应该与范围变化趋势大体一致。北极海冰积冰日数自1979以来以10 d/(10 a)的速率减少，其中解冻日期提前3 d，冰封日期推迟7 d。解冻日期虽然提前较少，但对水域开放和扩展十分重要。

北极海冰范围夏季最小，全年极小值出现在9月，冬季最大，全年极大值出现在3月。观测事实表明，自1979年以来北极海冰全年均在减少，夏季减少最多，冬季减少最少，夏季海冰减少速率是过去150 a来前所未有的。1979—2018年9月平均值相对于1981—2010年9月平均值减少速率最快，为−83000 km^2/a[或(−12.8±2.3)%/(10 a)]；1979—2019年3月平均相对于1981—2010年3月平均减少速率最慢，为−41000 km^2/a[(−2.7±0.5)%/(10 a)]。夏季海冰减少最多的区域是冬西伯利亚海，9月占总减少量的22%。冬季海冰减少最多的区域是巴伦支海，3月占总减少量的27%(IPCC，2019b)。

IPCC WGI AR6(IPCC，2021)主要评估了海冰面积(SIA，海冰覆盖海洋的实际大小)的变化，相比于海冰范围（SIE）在物理学上更准确且对网格没有依赖性。卫星观测记录显示，北极地区 SIA 在所有月份都发生了减小并在夏末秋初达到最小[图 11.6（彩），很高信度]。目前，基于古气候代用指标重建的北极 SIE 变化表明当前北极海冰快速减少在过去千年中前所未见，2012 年的夏季 SIE 更是 1850 年以来的最小值（高信度）。在变暖条件下，虽然北极海冰封冻推迟，但秋季气温下降到冰点以下时，薄冰区会发生冰的热动力快速增长；另外，封冻推迟也迟滞了海冰上覆积雪的累积，使得积雪更薄、热绝缘效果变弱。以上两个负反馈过程，“缓解”了北极海冰减小的突变性和不可逆性。北极海冰变化受自然强迫、人为强迫、内部变率和内部反馈的影响（高信度）。气候系统内部变率在年际尺度上与大气温度波动有关，而在年代际尺度上主要受海洋热输运的影响。IPCC WGI AR6 和 SROCC 一致表明，超过一半的北极海冰损失是人类活动引起的温室气体增加导致，而人为气溶胶的增加抵消了部分的北极海冰损失（中等信度）（效存德 等，2022）。

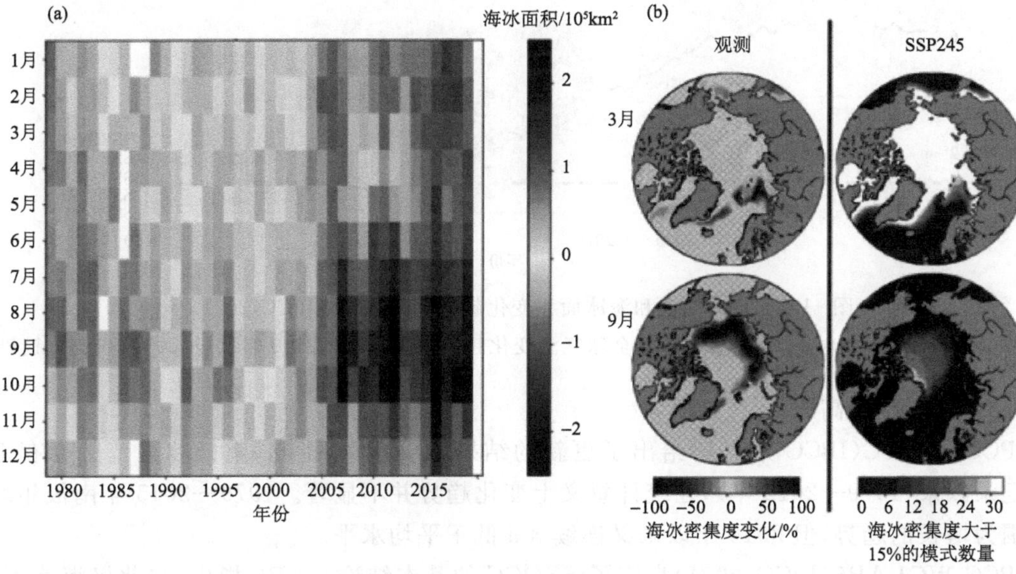

图 11.6（彩）　卫星观测和 CMIP6 预测的北极海冰变化（资料来源：IPCC，2021；效存德 等，2022）

(a)1979—2019 年北极海冰面积相对于 1979—2000 年的月平均异常；(b)3 月和 9 月的北极海冰密集度分布

IPCC AR6（IPCC，2021）预估，未来北极海冰面积减少速率与变暖的程度有关：全球平均气温升高 1.5～2 ℃，北极 9 月海冰会在有些年份部分消失；气温升高若达 3 ℃，北极 9 月海冰在大多数年份将会全部消失。温度升高对应着排放情景。在所有排放情景下，2050 年前北极海冰年度最低值至少有一年会低于 100 万 km^2。在高排放情景下，到 20 世纪末的夏末、秋初，北极海冰海冰完全消融将会成为常态（图 11.7b）。

（2）南极海冰变化

据 IPCC WGI AR5（IPCC，2013）结果，在 1979—2012 年间南极海冰范围很可能以每 10 a 1.2%～1.8%（每 10 a 13 万～20 万 km^2）的速度增加。由于浮冰群中开放水域的百分比下降，海冰范围有较大的扩展。这一速率存在很大的区域差异，有些区域在增加，有些区域在减小。南极周围也有反差大的区域，在卫星观测期间有些区域无冰期延长了，而在其他区域却缩短了。至今关于南极海冰厚度测量资料数量还太少，故不太可能判断出其总体积（质量）是降

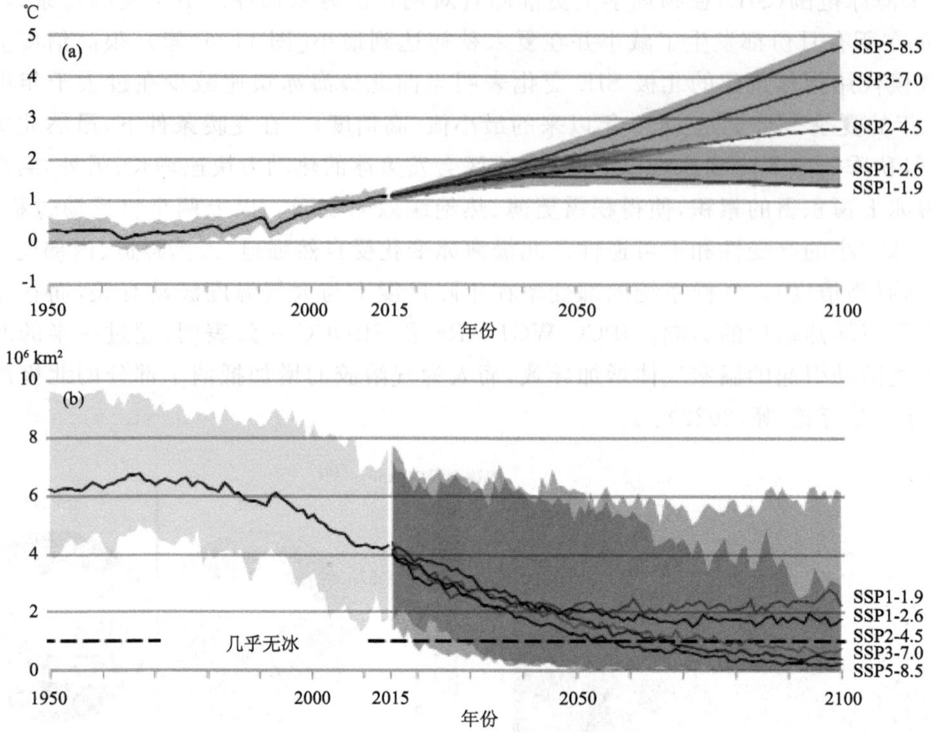

图 11.7　全球气温和海冰面积变化趋势(资料来源:IPCC,2021)

(a)1950—2100 年相对于 1850—1900 年全球气温变化趋势;(b)1950—2100 年北极海冰面积变化趋势

低的、稳定的还是升高的。

IPCC SROCC(IPCC,2019b)给出了更新的结果。SROCC 指出,南极冰盖范围自有卫星观测记录以来(1979—2018 年),在统计意义上变化趋势并不显著。1979—2015 年南极年均冰盖范围为增长的趋势,但 2016 年以来又连续 3 a 低于平均水平。

IPCC WGI AR6(IPCC,2021)肯定了 SROCC 的基本结论。AR6 指出,与北极海冰不同,南极海冰由于区域间相反的变化趋势和年际变率大,无论在冬季还是夏季,1979—2020 年平均海冰面积(SIA)没有显著的趋势变化,其中 2014 年最大,2017 年最小。南极 SIA 变化的区域差异表现为阿蒙森—别林斯高晋海呈现微弱的减少趋势,而威德尔海东侧和罗斯海呈现缓慢的增加趋势。除罗斯海之外,其他海区的变化趋势均不显著(效存德 等,2022)。

CMIP5 模式预估北极海冰到 21 世纪末将会持续减少,夏季海冰将会完全消失。海冰消失的时间长度取决于增暖的速率。若全球平均气温增暖 1.5 ℃,海冰将到 9 月底才会出现;若增暖 2.0 ℃,夏季无冰期将更长(IPCC,2019b)。IPCC WG AR6(IPCC,2021)指出,1979—2020 年期间,鉴于南极海冰区域之间趋势相反、内部变率很大,南极海冰总体上变化趋势不显著。对于未来南极海冰的变化,由于对其内部变率的理解不深,模式模拟和实况的差异较大,所以对未来的预估有很大的不确定性。

11.3.1.3　极地冰盖变化趋势

极地冰盖主要包括南极冰盖和格陵兰冰盖。卫星观测资料和地面观测资料表明,在全球变暖的大背景下,极地冰盖总体上呈减少的趋势。

(1)南极冰盖变化

IPCC SROCC(IPCC,2019b)指出,南极冰盖(AIS)质量总体上呈减少的趋势,且减少的幅度逐步增大,2012—2016 年 4 a 期间冰量损失大于 1992—2001 年和 2002—2011 年两个 10 a 时段冰量损失。但不同地域有很大的差异。南极东部冰盖(EAIS)的范围占 AIS 总面积的 85%,虽然其冰量有较大的年际变率,但总体上维系着质量平衡,没有明显的变化趋势。而南极半岛(AP)和南极西部冰盖(WAIS)自 1992 年观测手段增强以来,冰量呈减少趋势,其中尤以 WAIS 冰量损失严重,主导了 AIS 冰量减少的趋势(参见表 11.5)。在南极半岛,别林斯高晋海海冰 21 世纪初还基本处于冰量平衡状态,但从 2009 年以来质量快速损失,2010—2014 年年均损失达(56±8) Gt。南极西部冰盖损失集中在阿蒙森海湾,21 世纪初冰量损失加速,2003—2013 年年均损失达(112±10) Gt。

表 11.5　极地冰盖质量平衡变化速率(单位:Gt/a)及对海平面上升(单位:mm/a)的影响
(资料来源:IPCC,2019b)

冰盖	1992—1996 年	1997—2001 年	2002—2006 年	2007—2011 年	2012—2016 年
WAIS+AP	−55±30	−53±30	−77±17	−197±11	−172±27
WAIS+AP	−60±32	−44±31	−85±31	−183±32	−192±31
WAIS	−53±29	−41±28	−65±27	−148±27	−159±26
EAIS	28±76	−50±76	52±37	80±17	−19±20
EAIS	11±58	8±56	12±43	23±38	−28±30
GIS	31±83	−47±81	−206±28	−320±10	−247±15
	1992—2006 年			2007—2016 年	
WAIS+AP	−56±20			−185±17	
	1992—2016 年				
EAIS	+18±52				
	1992—2016 年				
EAIS	+15±41				
	1992—2001 年	2002—2011 年	2006—2015 年	2012—2016 年	
AIS	−51±73	−82±27	−155±19	−199±26	
	1992—2001 年	2002—2011 年	2006—2015 年	2012—2016 年	
GIS	−8±82	−263±21	−278±11	−247±15	
	1992—2001 年	2002—2011 年	2006—2015 年	2012—2016 年	
对海平面上升的总体贡献(mm/a)	0.1± 0.3	0.96±0.1	1.20±0.1	1.24±0.1	

IPCC WGI AR6(IPCC,2021)肯定了 SROCC 关于南极冰盖变化的趋势评估,并给出了一些新的研究成果和数据。1992—2020 年间,南极冰盖质量损失达 2670(1800～3540) Gt,对海平面上升的贡献达 7.4(5.0～9.8)mm。近 30 a 来,南极冰盖质量损失速率呈增加的趋势:1992—1999 年间,南极冰盖质量损失速率为 49(−2～100)Gt/a;2000—2009 年间上升至 70(22～119) Gt/a;2010—2019 年间则高达 148(94～202)Gt/a(图 11.8b)。南极总冰量损失主要来自南极西部冰盖,自 2000 年以来,南极西部和南极半岛的冰量损失每年都在增加。此外,自 1979 年以来,南极东部冰盖部分地区的质量很可能已大量流失。自 20 世纪 70 年代以来,南极半岛西部和南极洲西部部分区域的降雪可能增加,南极洲其他地区冰雪的空间和年际变

化很大。南极西部出口冰川的质量损失，主要是由冰架基底融化引起的，超过了大陆积雪积累带来的质量增加。21 世纪的冰盖质量损失和内陆冰流量的增加可能会继续超过降雪的增加。关于南极冰盖在 21 世纪及以后可能发生的大规模消失，仍然存在着很大的不确定性，这主要与海洋冰盖不稳定和海洋冰崖不稳定的突然爆发和广泛延伸有关。

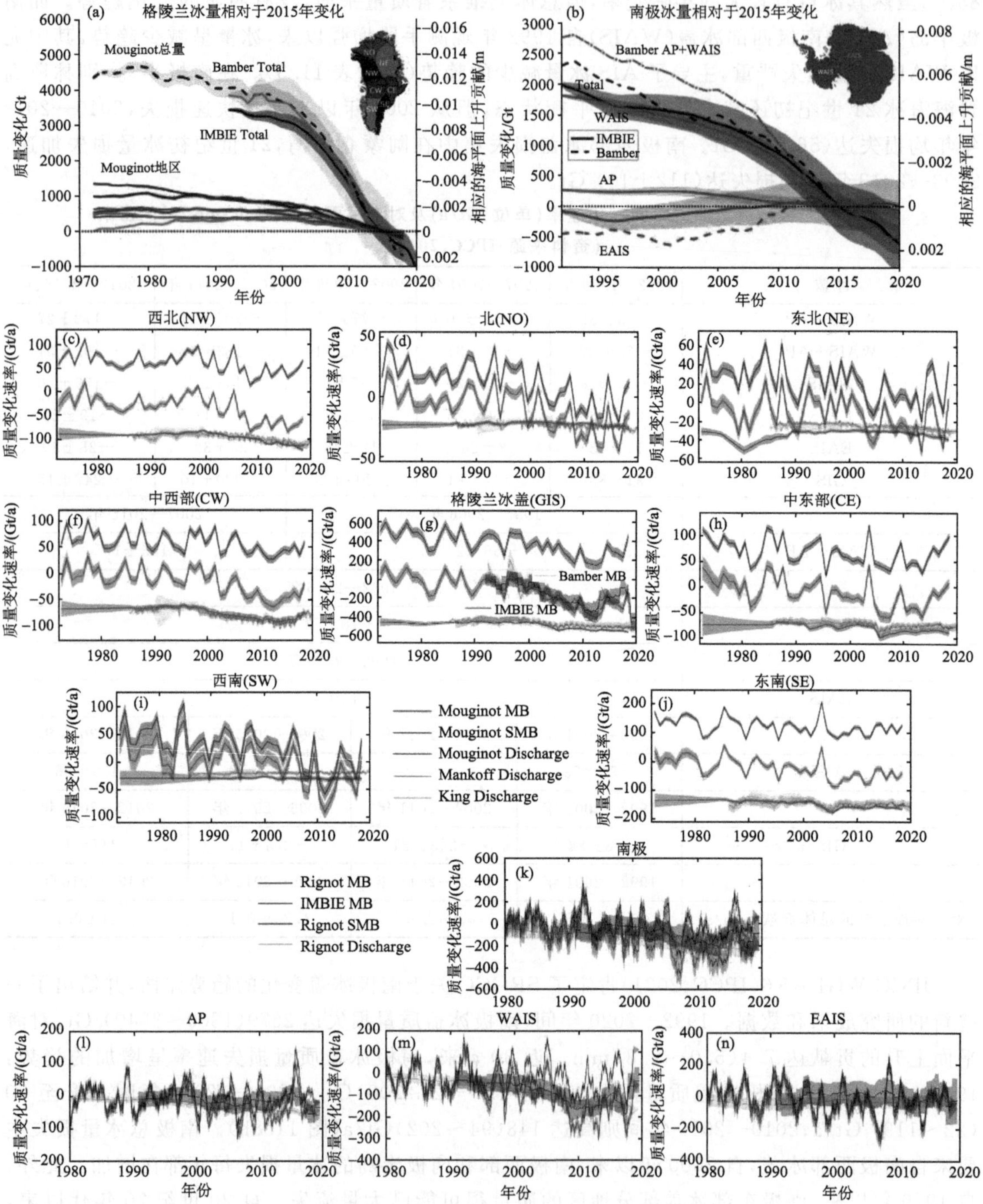

图 11.8　格陵兰冰盖和南极冰盖质量变化及变化速率(资料来源：IPCC，2021)

南极冰架质量的加速损失主要由可到达接地线附近的、上涌的绕极深层水(CDW)携带的海洋热强迫增加导致。目前还没有明显的证据表明海冰和冰盖稳定性之间有联系,但有可能海冰生成速率减缓会导致海洋垂直混合减弱,引起海水层化的加剧和冰架底部海水的变暖(效存德 等,2022)。

目前影响未来冰盖质量变化预估的最大不确定性来自于冰架底部:海洋变暖对冰架消融的影响如何尚存较大未知。由此导致未来南极冰盖变化不确定性的主要来源是海洋性冰盖不稳定性(MISI)和海洋性冰崖不稳定性(MICI)。冰架的减薄和崩解引起支撑效应的减弱,使得南极冰盖质量加速损失,并呈现不可逆的变化趋势。目前南极的阿蒙森海区域很可能处于 MISI 状态,威德尔海或者罗斯海地区也是较为脆弱的区域。东南极的 Wilkes 盆地,由于地形因素,也可能存在 MISI 特征。至于是否会发生乃至何时发生海洋性冰盖的大面积崩塌,则近似于深度不确定,或许是一种 LLHI“黑天鹅”事件(效存德 等,2022)。

(2)格陵兰冰盖变化

在最后一次间冰期(大约 12.5 万 a 前)和全新世中期(大约 6000 a 前),格陵兰冰盖面积比现在要小。在 1450—1850 年的某个时间点达到最近的最大冰量之后,冰盖整体上退缩了,有几十年达到平衡状态,即质量损失和质量增益相当。

在全球变暖的大趋势下,格陵兰冰盖(GIS)质量持续减少。IPCC SROCC(IPCC,2019b)指出,1900—1983 年 GIS 冰量减少速率为(75.1±29.4)Gt/a, 1983—2003 年减少速率为(73.8±40.5) Gt/a, 2003—2010 年减少速率为(186.4±18.9)Gt/a。从 20 世纪 90 年代中期—21 世纪初期,GIS 冰量减少速率明显加快。2002—2011 年和 2012—2016 年冰量减少速率远大于 1992—2001 年[表 11.5 和图 11.9(彩)],2005—2016 年 GIS 冰量损失是海平面上升最大的陆地贡献。

IPCC AR6(2021)肯定了 SROCC 的趋势评估,并给出了一些新的研究成果和未来预估(图 11.8a)。几乎可以肯定的是,自 20 世纪 90 年代以来,格陵兰冰盖的质量持续下降,最大的损失发生在格陵兰岛的西北部和东南部。人类的影响是冰盖质量持续下降的归因之一。1992—2020 年期间,格陵兰冰盖损失了 4890(4140～5640)Gt 质量,相当于全球平均海平面上升 13.5(11.4～15.6)mm。在 1992—1999 年期间,质量损失率平均为 39(−3～80)G/a,2000—2009 年为 175(131～220)Gt/a,2010—2019 年为 243(197～290)Gt/a[图 11.9a(彩)]。这种质量损失是由冰流动和冰表面融化共同驱动的,冰表面融化在近 10 a 来日益成为质量损失的主要组成部分,且年际变率较大。极有可能的是,格陵兰冰盖质量损失越来越多地受到地表融化和径流的支配,地表质量平衡的变化产生了很大的年际变化。在所有排放情景下,格陵兰岛未来冰量损失均会持续,主要是表面融化导致。若未来温度上升 3～5 ℃,格陵兰冰盖将几乎全部融化。图 11.9a 和 11.9b 显示格陵兰冰盖目前高程变化的监测值及未来的模拟预估情况。

11.3.1.4　极地冰川变化趋势

20 世纪下半叶以来,北极冰川质量呈减少趋势。南极冰川质量虽有较大的年代际变化,但总体变化趋势不显著(参见图 11.10)。卫星观测资料和地面观测资料表明,2006—2015 年北极冰川质量损失最大区域在格陵兰岛的外围,减少速率为(47±16)Gt/a。紧随其后的是加拿大极地北部区域,减少速率为(39±8)Gt/a。加拿大极地南部区域减少速率为(33±9)Gt/a,俄罗斯极地区域减少速率为(15±12) Gt/a,斯瓦尔巴和扬马延区域减少速率为(9±5)Gt/a。这一段时期整个北极冰川质量损失的速率为(213±29)Gt/a,对海平面上升的贡献速率为(0.59±0.08)mm/a,与格陵兰岛冰原对海平面上升的贡献速率几乎相当(IPCC, 2019b)。

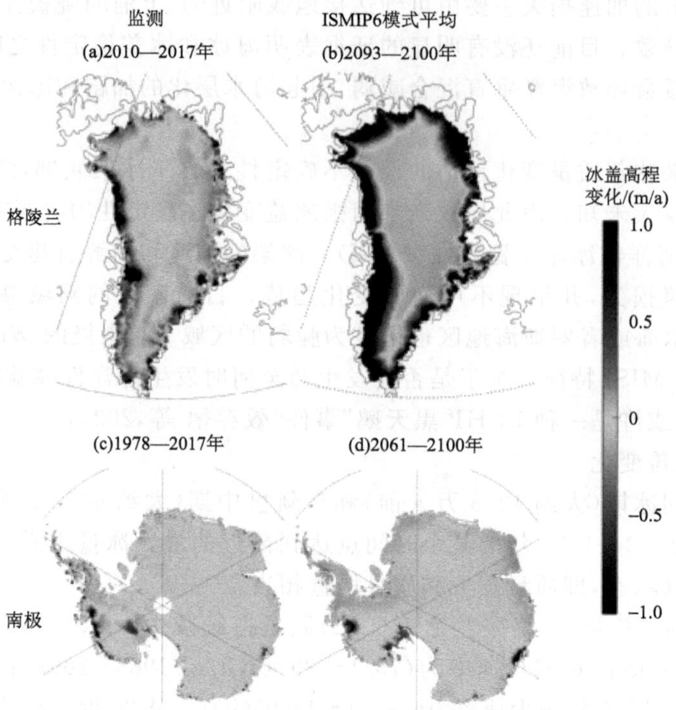

图 11.9(彩)　(a)2010—2017 年间 CryoSat 2 雷达高度计获取的格陵兰冰盖平均高程变化;(b)RCP8.5 情景下,基于 MIROC 5 气候模式输出模拟得到的 2093—2100 年格陵兰冰盖高程变化的模式平均;(c)1978—2017 年间卫星高度计获取的南极冰盖高程变化;(d)RCP8.5 情景下,基于 NorES M 1－M 气候模式输出模拟得到的 2061—2100 年南极冰盖高程变化的模式平均(资料来源:IPCC,2021;效存德 等,2022)

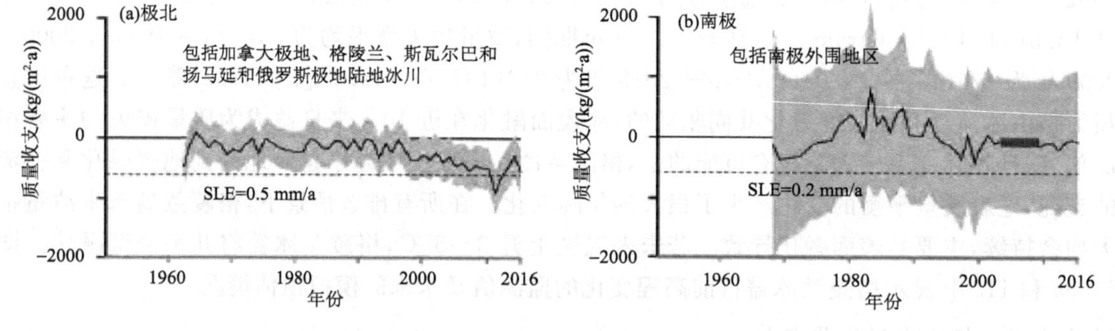

图 11.10　20 世纪下半叶以来北极(a)和南极(b)冰川质量变化(资料来源:IPCC,2019b)

11.3.1.5　北极积雪、多年冻土和淡水变化趋势

在气候变化的背景下,北极冰冻圈发生了明显的变化,进而导致淡水系统也发生了显著的变化[图 11.11(彩)]。

北极积雪季节长达 9 个月,对北极的气候和生态具有重要作用。随着气候变暖,北极积雪时间缩短,积雪范围缩小,积雪深度减少。自 1967 年有卫星观测资料以来,60°N 以北陆地春季积雪范围显著减少。1981—2018 年期间相对于 1981—2010 年期间,5 月和 6 月积雪范围分

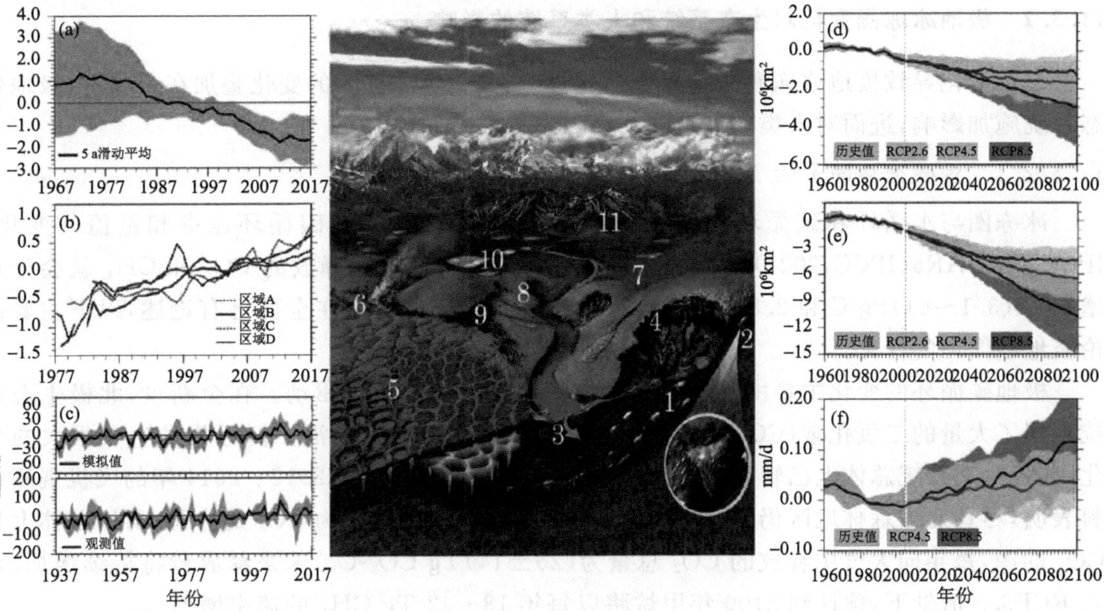

图 11.11(彩)　北极陆地冰冻圈变化及其对淡水系统的影响(资料来源:IPCC,2019b)

(a)1967—2017 年积雪范围变率;(b)1977—2017 年多年冻土温度变率;(c)1937—2017 年年径流量变率;

(d)未来积雪范围变率预估;(e)未来多年冻土面积变化预估;(f)未来径流变化预估

中图:(1)多年冻土;(2)河流径流;(3)底冰;(4)突然消融;(5)地表水;

(6)野火;(7)苔原;(8)灌木;(9)北方森林;(10)湖冰;(11)季节性积雪

别以 3.5%(±1.9%)/(10 a)和 13.4%(±5.4%)/(10 a)的速率减少,春季积雪时间以 0.7～3.9 d/(10 a)的速率减少。秋季积雪范围也在减少,积雪时间有长有短,其变化速率为−1.4～0.6 d/(10 a)。北极很多地区的积雪深在减少,其中俄罗斯极地积雪深减少趋势明显,而在有些地区则未通过显著检验。北美极地最大积雪深日期以 2.7 d/(10 a)的速率提前。1981—2016 年期间欧亚大陆和北美极地雪水当量为减小趋势。

北极多年冻土 10～20 mm 深度的温度普遍升高,部分地区的温度比 30 a 前升高了 2～3 ℃。2007—2016 年北极多年冻土地带温度升高了(0.39±0.15)℃,非多年冻土地带温度升高了(0.20±0.10)℃。多年冻土地带开始消融,冻土层之上的活跃层变厚。南极多年冻土温度比北极低,2007—2016 年南极多年冻土温度升高了(0.37±0.10)℃。

北极气候变化连带冰雪和冻土变化对北极淡水系统有重要影响。卫星和地面观测资料表明,1955—2012 年俄罗斯极地河流的冰封日期减少了 7～20 d,2000—2013 年北极所有河流春季开封日期普遍提前,秋季结冰日期普遍延迟,2002—2015 年 80%的湖泊冰封日期减少。1992—2011 年阿拉斯加湖冰厚度减少,有 1/3 的长久冰封湖泊出现浮冰,致使湖底的冻土层出现了严重的退化。欧亚大陆和北美大陆流向北冰洋的河川径流呈增加趋势,1976—2015 年这两个地区径流分别增加了 3.3%±1.6%和 2.0%±1.8%,极端径流事件时有发生。春季径流峰值日期提前,夏季径流减少。河水温度连续上升,与气温上升趋势相关联。北极河川径流增加,其归因主要是多年冻土消融及其伴随的土壤水运动和地下水流动(IPCC,2019b)。

11.3.2 极地冰冻圈变化对生态系统和人类系统的影响

气候变化导致极地冰冻圈持续发生变化，气候变化与冰冻圈的变化叠加在一起，对极地生态系统施加影响，进而对人类在极地的生存与发展构成威胁。

11.3.2.1 对碳循环的影响

冰冻圈与水循环和碳循环紧密关联，冰冻圈的变化会导致碳循环速率和量值的变化。IPCC WGI AR6(IPCC,2021)指出，气温每升高 1 ℃，多年冻土释放的 CO_2 和 CH_4 就会分别增加 18(3.1～41)Pg C 和 2.8(0.7～7.3)Pg C。水循环的变化在全面已有论述，以下主要讨论极地碳循环的变化。

极地碳循环的变化主要由极地生态系统和多年冻土的变化驱动。在全新世，北极生态系统积累了大量的二氧化碳(CO_2)和甲烷(CH_4)，成为温室气体的汇。但近代发生了很大的变化，北极生态系统总体上已转化为温室气体的源。阿拉斯加地区 2012—2014 年的飞机观测资料表明，尽管北方森林地区仍是 CO_2 的汇，但广大苔原地带已成为 CO_2 的净源，所以总体上是 CO_2 的源，每年向大气中释放的 CO_2 总量为(25±14)Tg CO_2-C。未来释放量将持续增加，在 RCP8.5 情景下，预计到 2100 年甲烷将以每年 18～42 Tg CH_4 的速率增加。

多年冻土是有机碳储存库，随着冻土消融，CO_2 和 CH_4 等成分也将释放，增加大气中温室气体的含量。据新近的科学估计，北极圈中含有有机碳的土壤面积达 1.78×10^7 km^2，有机碳质量为 14600～16000 亿 t。其中多年冻土 3 m 深度有机碳质量为(10350±1500)亿 t，多年冻土表层 8000～10000 亿 t 有机碳处于永冻状态，其他有机碳则会随季节消融而释放。在气候变暖的背景下，多年冻土受温度、风力和水分侵入等影响，有机碳储量呈减少势头，释放到大气中的温室气体呈增加趋势。未来在 RCP8.5 情景下，预计到 2100 年多年冻土释放到大气中的温室气体将高达 37～174 Pg C(IPCC,2019b)。

11.3.2.2 对生态系统的影响

极地冰冻圈的变化导致极地海洋和陆地生态系统发生明显变化。海洋生态系统的变化包括海洋鱼类和藻类的变化，详细情况将在第 13 章讨论。陆地生态系统的变化主要包括极地苔原、北方森林及野生动物的变化。

极地苔原地带的植被变化具有重要的生态效应，直接影响水分、能量、营养和碳循环。自有卫星观测以来的 36 a(1982—2017 年)资料表明，总体上北极圈苔原地带变绿了。大部分苔原地带不仅植被量增加，而且植被结构也在改变，很多地方正在由草地向灌木转变，少数地方植被量则在减少。据模式模拟结果，未来到 2050 年北极圈苔原地带的植被类型将至少减半，目前苔原面积中将有 22%～54%被灌木占据，从而大量减少土壤中的碳储存。

卫星观测资料表明，北方森林也呈繁茂之势。气候变化带来的温度、降水、生长季节、营养成分、森林火险等变化，驱动北方森林向北扩展，而且生物量在增加。据模拟结果，未来北方森林的北界会继续向北扩展，而南界会由森林向低矮林木或灌木转变。未来林火可能有所增加，过火林带可能生长出更多的落叶树种，取代原先的长青树种。

北极野生动物的数量和栖息地也在发生变化。驯鹿是北极的主宰动物，对北极生态有重要影响。20 世纪 90 年代，北极圈苔原地带约有驯鹿 5000 万头，到 2017 年已减少至约 2000 万头，很多驯鹿已从苔原地带迁徙到北方森林，还有一些遭到猎杀。

11.3.2.3　对生物多样性的影响

气候变化导致极地冰冻圈环境发生变化，加之人类活动对极地的直接影响（引入温带物种等），极地海洋和陆地生物多样性状态均发生了很大的变化。一些本来只能在温带生存的物种开始在极地栖息，一些极地鱼类和冰雪生物的生长反而受到限制。北极海洋一些地区的哺乳动物呈减少趋势，而温带鲸鱼物种有往北迁徙的倾向，白令海一些海底物种也有往北迁徙的趋势。北极和南极的鱼类分布也发生了明显的变化。

北极陆地普遍存在物种北移的现象。原本生存在俄罗斯雅库茨克的脊椎动物明显向北迁徙，如驼鹿和麋鹿进入北极圈地区。原本生存在北美地区的河狸向北迁徙到阿拉斯加，一些病原体和病虫害也在向北迁徙。与这些动物物种相类似，一些灌木物种也在向北迁徙。随着温带植物物种的迁徙和入侵，原本生存在北极圈地区的专属物种受到了极大的威胁，因为这些物种比较脆弱，在物种竞争中逐渐萎缩甚至消失。所以在气候变暖的背景下，虽然北极地区的生物量明显增长，但生物多样性也明显受损。南极处于气候变化导致的物种分布变化之外，外来物种的入侵是主要隐患，现已有 14 种外来物种入侵到南极条约地区。未来随着气候变暖，冰冻圈对外来物种的壁垒功能将变弱，加之到南极旅游的人越来越多，物种入侵和扩张将更严重。

11.3.2.4　对交通航运的影响

在很长一段时期里，由于北极海面冰封，东西半球的航运需要通过苏伊士运河或巴拿马运河运行，使得地处北半球高纬度的航运要绕行很长的距离。近几十年，气候持续变暖，北极航路结冰期越来越短，有 4 条航路已经通航或在不久的将来可能通航：一是西北航道；二是北海航道；三是北极路桥航道；四是跨北极航道。20 世纪以来，航行在北极海上的船只大大增加了。1990—2015 年期间，航行在加拿大北极区距离增加了近 3 倍，从大约 365000 km 延长至 920000 km。未来随着北极海冰范围的减少、消融季节的延长及航海技术的提升，北极航运量会进一步攀升。但航运发展也会受到社会、经济、文化、环境等因素的制约，未来北极航运也有不少不确定因素。

11.3.2.5　对粮食和水资源安全的影响

在北极地区生存的人群，特别是一些土著居民，多是依仗打猎或捕鱼为生。随着气候变暖，虽然海水冰封季节缩短，沿海渔民捕鱼量有所增长，但陆地的动物由于冰雪环境脆弱，总体上在减少，加之冰雪消融导致交通行走条件变差，广大的内陆居民打猎收成在下降。所以，北极地区自产食物在不断下降，已不能做到自给自足，不得不依赖进口粮食和食品为生，粮食安全成为新的课题。

北极人群所需的淡水资源主要取自海冰和陆地上的溪流及湖泊。沿海居民多依赖海冰和冰山，但随着气候变暖，融冰季节延长，冰源减少，取冰条件变差，淡水资源不足。内陆随着气候变暖，热熔岩等成分进入水源，细菌成分也在迅速增加，水质越来越差，水质性缺水成为当地居民新的难题（IPCC，2019b）。

11.4 中国冰冻圈概况及变化

11.4.1 中国冰冻圈概况

中国是中低纬度冰冻圈最为发育的国家。中国冰冻圈的主体为冰川、冻土和积雪，分布范围广泛。中国冰川面积达 59425 km^2，占全球中、低纬度冰川面积的 50%以上；多年冻土区面积约 220 万 km^2；稳定季节积雪区面积约 420 万 km^2。冰冻圈不仅具有重要的气候效应，还是维系干旱区绿洲经济发展和确保寒区生态系统稳定的重要水源保障(秦大河 等，2009)。

11.4.1.1 现代冰川类型和分布

(1)中国冰川类型

依照冰川发育条件及其物理性质，将中国冰川划分为三种类型(施雅风 等，1991；刘时银 等，2015)。

①海洋型冰川(或称温冰川)。主要分布于西藏东南部和横断山区，占中国冰川总面积的 22%。冰川区年降水 1000～3000 mm，平衡线较低，其上夏季平均气温为 1～5 ℃，活动层冰温一般在－1～0 ℃。冰川流动速度较快，对气候变暖最为敏感。

②亚大陆型(或称亚极地型)冰川。分布于阿尔泰山、天山、祁连山中东段、昆仑山东段、唐古拉山东段、念青唐古拉山西段、喜马拉雅山中段和西段、喀喇昆仑山北坡，冰川面积占全国冰川总面积的 46%。冰川区平均年降水量为 500～1000 mm，平衡线处年均温－12～－6 ℃，夏季气温 0～3 ℃，20 m 深度处冰温为－10～－1 ℃。

③极大陆型(或称极地型)冰川。分布于青藏高原内陆水系及其西北边缘的中、西昆仑山、祁连山西段和长江源头区等，约占全国冰川总面积的 32%。冰川区年降水量为 200～500 mm，平衡线处年均温低于－0 ℃，夏季气温低于－1 ℃。

(2)中国西部各山系冰川分布特征

中国西部有一系列高大山系，在其雪线以上发育了众多的山岳冰川。从中国现代冰川分布看，中国冰川北抵中、俄、蒙三国交界的友谊峰，南至与印度、尼泊尔和不丹接壤的喜马拉雅山，西邻中国、塔吉克斯坦、吉尔吉斯斯坦交界的喀喇昆仑山与帕米尔高原，东达中国境内岷山南段的雪宝顶，冰川分布范围极为广阔。

中国第一次冰川编目统计结果表明，20 世纪 60—80 年代全国有冰川 46377 条，面积 59425 km^2，冰储量 5600 km^3，仅次于加拿大、俄罗斯和美国位居世界第四。根据 2014 年发布的中国第二次冰川编目数据集，全国共有冰川 48571 条，总面积 51766.08 km^2，约占全国国土面积的 0.54%，冰储量(4497.00±175.93)km^3(秦大河 等，2018)。中国冰川面积占除南极和格陵兰冰盖外世界冰川面积的 7.1%。中国冰川以面积＜1.0 km^2 的小型冰川为主，共 39552 条，约占冰川总条数的 4/5。中国面积＞100.0 km^2 的冰川共 22 条，总面积为 3977.91 km^2，占冰川总面积的 7.68%。这些巨型冰川集中分布在天山、喀喇昆仑山、昆仑山和念青唐古拉山的高大山峰周围，其中位于乔戈里峰北坡的音苏盖提冰川是中国面积最大的冰川；中峰、多峰、昆仑、玉龙、西玉龙、古里雅和弓形 7 条冰川分布在昆仑峰(7167 m)周围，是中国巨型冰川最为集中的区域，也是中国最大的冰川作用区(刘时银 等，2015)。

在中国西部 14 个主要山系中(表 11.6)，分布在昆仑山山系的冰川数量最多(8922 条)，面积和冰储量也最大(分别为 11524.13 km^2、1106.34 km^3),其数量、面积和冰储量占全国冰川各自总量的 18.37%、22.26%和 24.62%;天山山系冰川数量仅次于昆仑山而位居第二,但其面积和冰储量低于昆仑山和念青唐古拉山而位居第三。除上述 3 座山系外,喜马拉雅山和喀喇昆仑山冰川数量均在 5000 条以上,这 5 座山系共有冰川 35104 条,面积 41072.75 km^2,约分别占中国冰川相应总量的 3/4 和 4/5(刘时银 等,2015)。

表 11.6　中国西部各山系/高原冰川的数量和面积(资料来源:刘时银 等,2015)

山系(高原)	数量		面积		冰储量	
	条	占比/%	km^2	占比/%	km^3	占比/%
阿尔泰山	273	0.56	178.79	0.35	10.50±0.21	0.23
穆斯套岭	12	0.02	8.96	0.02	0.40±0.03	0.01
天山	7934	16.33	7179.77	13.87	707.95±45.05	15.75
喀喇昆仑山	5316	10.94	5988.67	11.57	592.86±34.68	13.19
帕米尔高原	1612	3.32	2159.62	4.17	176.89±4.63	3.94
昆仑山	8922	18.37	11524.13	22.26	1106.34±56.60	24.62
阿尔金山	466	0.96	295.11	0.57	15.36±0.65	0.34
祁连山	2683	5.52	1597.81	3.09	84.48±3.13	1.88
唐古拉山	1595	3.28	1843.91	3.56	140.34±1.70	3.12
羌塘高原	1162	2.39	1917.74	3.70	157.29±3.11	3.50
冈底斯山	3703	7.62	1296.33	2.50	56.62±3.43	1.26
喜马拉雅山	6072	12.50	6820.98	13.18	533.16±8.71	11.87
念青唐古拉山	6860	14.12	9559.20	18.47	835.30±31.30	18.59
横断山	1961	4.04	1395.06	2.69	76.50±2.41	1.70
总计	48571	100.00	51766.08	100.00	4494.00±175.93	100.00

(3)中国西部流域冰川分布特征

按照国际冰川流域编目规范,中国西部山地冰川分布区域首先划分为内流区和外流区,其次分为 10 个一级流域(表 11.7)和 29 个二级流域。据统计,中国内流区和外流区冰川数量分别为 28912 条和 19659 条,相应面积为 31242.58 km^2(占比 60.35%)和 20523.50 km^2(占比 39.65%)。在 10 个一级流域中,东亚内流区(SY)冰川数量最多,面积和冰储量亦最大,分别占中国冰川总量的 42.03%、43.30%和 47.04%;其次是中国境内的恒河—雅鲁藏布江流域,其冰川条数、面积、冰储量分别占中国冰川总量的 26.03%、30.36%和 29.08%。冰川分布数量最少和冰川规模最小的一级流域是黄河水系,仅有冰川 164 条,面积 126.72 km^2,冰储量 8.53 km^3(刘时银 等,2015)。

从一级流域冰川规模等级组成来看,面积不小于 100.0 km^2 的冰川仅分布在东亚内流区、青藏高原内流区和恒河—雅鲁藏布江流域三个流域,其中东亚内流区数量最多(14 条),面积亦最大(2681.49 km^2);恒河—雅鲁藏布江流域和青藏高原内流区各分布有 4 条面积不小于 100 km^2 的冰川,前者面积(673.33 km^2) 略高于后者(623.09 km^2)(刘时银 等,2015)。

表 11.7　中国西部各流域冰川的数量、面积和冰储量(资料来源:刘时银 等,2015)

分区	一级流域（编码）	数量		面积		冰储量	
		条	占比/%	km^2	占比/%	km^3	占比/%
内流区	中亚内然区(5X)	2122	4.37	1554.70	3.00	106.00±0.27	2.36
	东亚内流区(5Y)	20412	42.03	22414.58	43.30	2113.98±112.51	47.04
	青藏高原内流区(5Z)	6378	13.13	7273.30	14.05	662.06±27.78	14.73
	合计	28912	59.53	31242.58	60.35	2882.04±140.56	64.13
外流区	鄂毕河(5A)	279	0.57	186.12	0.36	10.84±0.23	0.24
	黄河(5J)	164	0.34	126.72	0.24	8.53±0.03	0.19
	长江(5K)	1528	3.15	1674.69	3.24	117.24±0.14	2.61
	湄公河(5L)	469	0.97	231.32	0.45	11.15±0.55	0.25
	萨尔温江(5N)	2177	4.48	1479.09	2.86	91.88±0.86	2.04
	恒河(5O)	12641	26.03	15718.65	30.36	1306.95±38.01	29.08
	印度河(5Q)	2401	4.94	1106.91	2.14	65.37±1.11	1.45
	合计	19659	40.47	20523.50	39.65	1611.96±35.37	35.87
合计		48571	100.00	51766.08	100.00	4494.00±175.93	100.0

在 29 个二级流域中,被高大的天山、帕米尔高原、喀喇昆仑山和昆仑山所环绕的塔里木河内流区冰川数量最多(12664 条),面积和冰储量最大(分别为 17649.94 km^2、1841.27 km^3)。其次是雅鲁藏布江流域,其冰川数量、面积和冰储量分别为 10592 条、13125.14 km^2 和 1094.98 km^3。班公湖流域位居第三,但其冰川总面积(2899.62 km^2)远低于前两者(刘时银 等,2015)。

11.4.1.2　冻土类型和分布

由于气候是冻土分布的主导因素,受纬度和高度控制,中国多气候带特征导致各种冻土在中国均有分布。中国是世界第三大冻土国,多年冻土面积大约为 2.20×10^6 km^2,占国土面积的 22.3%(秦大河 等,2018)。其中,高海拔多年冻土面积居世界之最。季节冻土更是遍布大部分国土。

(1)多年冻土分布

中国的多年冻土为中高纬度多年冻土和高海拔多年冻土,主要分布在青藏高原、东北地区及西北高山区(王苏民 等,2005)。其中,高海拔多年冻土约占多年冻土总面积的 92%,主要分布于青藏高原及西部高山地区。青藏高原多年冻土面积约 1.3×10^6 km^2,占全国国土面积的 13.5%,占全国多年冻土总面积的 87.2%,占高海拔多年冻土面积的 94.5%。青藏高原是中国最大的多年冻土分布区,也是世界最大的中纬度、高海拔多年冻土区。藏北高原是青藏高原多年冻土最发育的地区(周幼吾 等,2000),冻土温度低,厚度大,活动层浅,地下冰厚,连续性高。由此向周边地区,多年冻土及其特征参数的分布具有明显的经度、纬度、海拔三向地带性规律。中高纬度多年冻土面积约 1.2×10^5 km^2,占全国多年冻土总面积的 7.8%(秦大河 等,2018)。东北多年冻土是中国唯一的高纬度多年冻土区,也是全国第二大多年冻土区,主要分布于大、小兴安岭、松嫩平原北部、呼伦贝尔高原及长白山区。西部高山多年冻土区主要分布在阿尔泰山、天山等地区。

(2)季节冻土和短时冻土分布

季节冻土(包括多年冻土区的活动层)面积约占中国陆地总面积的 70%,加上短时冻土,总面积则占到 90%。季节冻土包括贺兰山至哀牢山以西的广大地区以及此线以东、秦岭淮河以北的地区;短时冻土分布在秦淮线与岭南线之间的地区,冻结时间短(数小时、数日以至半月)。在西部地区,受海拔的影响,季节冻土的南界基本上沿 25°N 的纬度线吻合,而在东部地区,海拔较低,季节冻土的南界北移,大约与 30°N 纬度线吻合(秦大河 等,2018)。季节冻土的厚度变化较大,在其南界地区,季节冻土厚度一般只有十几厘米或几十厘米。而在北方地区,特别是东北、内蒙古高原及天山北部地区,季节冻土的厚度可达 1m 以上,部分地区厚度可超过 2 m。

11.4.1.3　积雪分布

中国 90%以上的地区有降雪,其中稳定积雪区(积雪日数超过 60 d)面积 3.4×10^6 km^2,非稳定积雪面积为 4.8×10^6 km^2(车涛 等,2005)。中国年平均雪深 0.49 cm,积雪密度为 140 kg/m^3,雪水当量为 0.7 mm(秦大河 等,2018)。

钟镇涛等(2018)利用 PBL 模型估测了中国 1992—2010 年的积雪分布,并利用 Mann-Kendall 趋势检验法对积雪进行了时空变化分析。中国积雪主要分布在青藏高原、新疆、东北、内蒙古等高海拔或高纬度地区,而在西部的塔里木盆地中心和中国东南部几乎常年没有积雪产生。积雪日数大于 120 d 的地区主要分布在新疆的天山、阿尔泰山山脉;东北—内蒙古的大、小兴安岭以及青藏高原的巴颜喀拉、唐古拉、祁连、喜马拉雅山脉,说明积雪的维持与海拔高度相关。这一方面是因为气流在山地迎风坡会被迫向上抬升,从而使空气中水汽凝结形成降雪;另一方面,高海拔地区大多气温较低,有利于减缓积雪融化的速度。

11.4.2　中国冰冻圈变化

中国冰冻圈对气候变化的响应既有共同的全球特征,同时也表现出独特的地域差异。

11.4.2.1　冰川变化

与全球变化一致,在气候变暖背景下,中国大部分山地冰川普遍退缩。20 世纪 60 年代以来,约 82%的冰川处于退缩和消失状态,面积退缩量在 10%以上,90 年代以来退缩加速。当前大部分冰川呈现加速亏损的趋势,特别是在 2000 年以后,主要表现在小冰川的数量减少,大冰川的面积缩减,物质平衡出现显著亏损,厚度减薄和末端退缩等方面(秦大河 等,2014b)。

刘时银等(2017)通过比较中国两次冰川编目提取的中国西部冰川结果,得到中国近几十年冰川变化趋势。中国西部的冰川面积在过去几十年间整体性萎缩了约 18%。其中,青藏高原西北部羌塘高原及西昆仑山等地区的冰川年变化率最小,仅为—0.2%/a～—0.4%/a。高原南部区域则冰川年变化率急剧增加,其中喜马拉雅山中段和冈底斯山地区及西部印度河部分流域地区的冰川面积萎缩率为整个中国西部最大,达到了 2.2%/a。青藏高原东南部地区的冰川面积损失率也较高,最高达到 1.8%/a。此外,伊犁河流域、天山东部地区和祁连山东部部分区域也有较大的冰川物质损失率,最高分别达到 2.0%/a、1.6%/a 和 1.8%/a。总体上,冰川变化的空间分布呈现以青藏高原北部为中心,向外围不断加速的特征。

综合中国不同地区冰川面积的变化研究的结果表明,20 世纪 60 年代以来,约 82%的冰川处于退缩和消失状态,面积退缩量在 10%以上,90 年代以来退缩加速。中国西部冰川总体退缩,但区域差异明显。黄河源区、天山北部北坡部分地区等冰川面积年均退缩比例最大,青藏高原内部、昆仑山等地区退缩比例小于其他地区[图 11.12(彩)](秦大河 等,2012)。

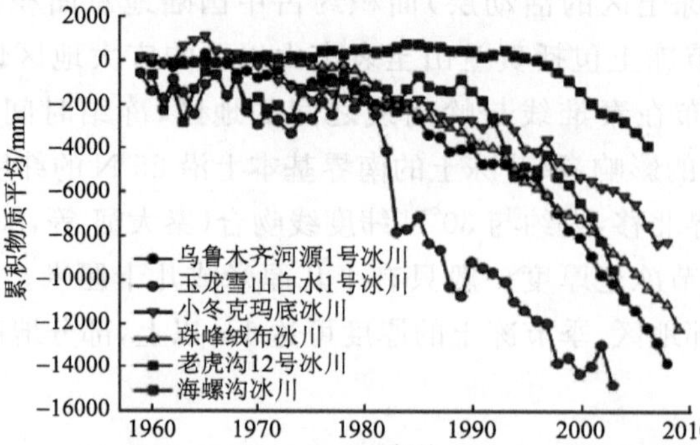

图 11.12(彩)　近几十年来中国某些冰川物质平衡变化(资料来源:秦大河 等,2012)

中国天山乌鲁木齐河源 1 号冰川是全球参照冰川之一。长期监测结果表明,1960—2019 年,1 号冰川平均物质平衡量为－343 mm/a,冰川呈加速消融趋势(图 11.13)。1960 年以来河源 1 号冰川经历了两次加速消融过程:第一次发生在 1985 年前后,多年平均物质平衡量由 1960—1984 年的－81 mm/a 降至 1985—1996 年的－273 mm/a;第二次从 1997 年开始,更为强烈,致使 1997—2019 年的多年平均物质平衡量降至－666 mm/a,其中 2010 年冰川物质平衡量跌至－1327 mm/a,为有观测资料以来的最低值。2011 年以来,冰川物质平衡量表现出波动性变化,在经历 2011—2014 年的阶段性消融减缓后,再次转入高物质亏损状态。1970—2019 年,河源 1 号冰川累积物质损失 19.764 m 水当量,略小于同期全球冰川消融平均水平(中国气象局气候变化中心,2020)。

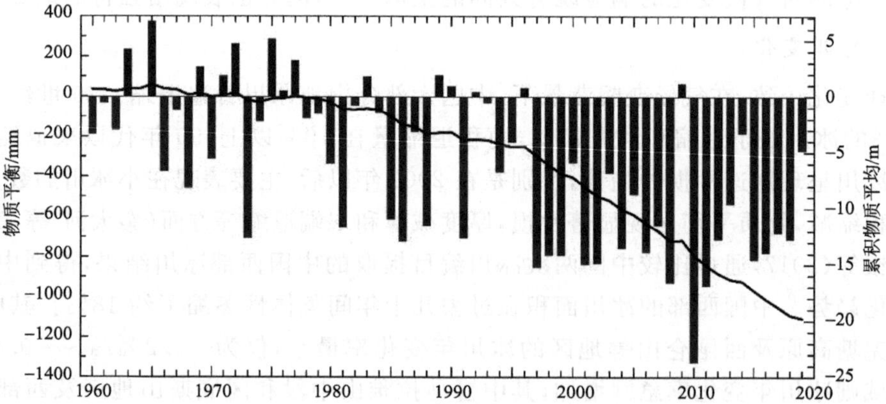

图 11.13　1960—2019 年天山乌鲁木齐河源 1 号冰川物质平衡(柱形图)和累积物质平衡(曲线,相对于 1970 年)变化(资料来源:中国气象局气候变化中心,2020)

11.4.2.2　冻土变化

中国多年冻土主要分布于青藏高原、西北高山和东北地区。受气候变暖和人类活动的影响,这些区域的多年冻土退化明显。

(1)青藏高原冻土变化特征

在气候变暖的背景下，青藏高原等地区气温不断升高，多年冻土呈现出区域性退化的趋势。青藏高原主要表现为冻土面积缩减，冻土分布南界北移、下限升高，年平均地温升高，活动层厚度增加，季节融化深度减薄，热融湖塘发育等。青藏高原多年冻土面积从 20 世纪 80 年代的 $1.39\times10^6 km^2$ 减少到 21 世纪 00 年代的 $1.26\times10^6 km^2$，变化率为 $4.3\times10^4 km^2/(10 a)$(Wang et al.,2019)。位于多年冻土之上的活动层是多年冻土与大气之间水热交换的过渡层，活动层厚度是多年冻土区气候环境变化最直观的监测指标之一，其变化是多年冻土区陆面水热综合作用的结果(赵林 等,2015)。青藏公路沿线(昆仑山垭口至两道河段)多年冻土区 10 个活动层观测场监测结果显示，1981—2019 年，活动层厚度呈显著增加趋势(图 11.14)，平均每 10 a 增厚 19.6 cm。2004—2019 年活动层底部(多年冻土上限)温度呈显著的上升趋势，平均每 10 a 升高 0.39 ℃。活动层近年表现出增厚加快的特点，多年冻土退化明显(中国气象局气候变化中心,2020)。

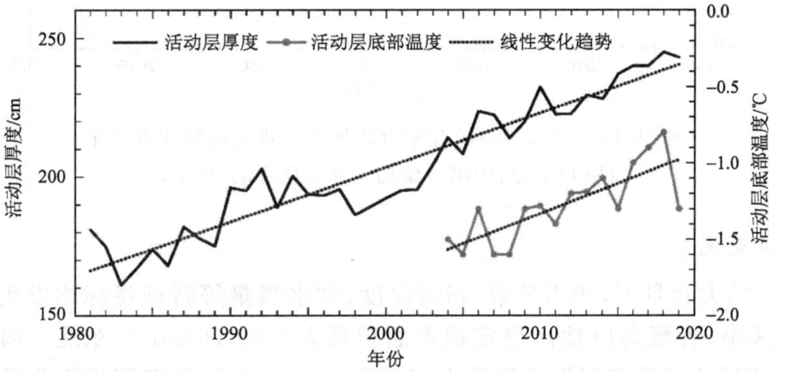

图 11.14　青藏公路沿线多年冻土区活动层厚度和活动层底部温度变化
(资料来源：中国气象局气候变化中心,2020)

西藏中东部地区 15 个气象站点季节最大冻结深度监测结果显示，1961—2019 年，季节最大冻结深度总体呈减小趋势，平均每 10 a 减小 6.4 cm；且阶段性变化特征明显，20 世纪 60—80 年代中期，季节最大冻结深度以较大幅度的年际波动为主，80 年代末以来呈显著减小趋势，1998 年以来持续小于常年值，季节冻土呈退化趋势(中国气象局气候变化中心,2020)。

(2)西部高山冻土变化特征

新疆阿尔泰山毗邻地区(46°—49°20′N)和天山毗邻区(40°—45°N)的年平均气温在过去几十年中明显升高。天山北部多年冻土温度从 1992 年的 1.7 ℃上升到 2011 年的 1.1 ℃，增温 0.30℃/(10 a)(Liu et al.,2015)；1974—2009 年在冻土 10～15 m 处增温速率 0.10 ℃/(10 a)(Zhao et al.,2010)。阿尔泰山的升温幅度比天山大近一倍，多年冻土退化可能较天山更强(王苏民 等,2005)。随着多年冻土温度的上升，天山多年冻土活动层厚度活动层变化十分明显，天山北部多年冻土从 1992 年的 1.25 m 增厚到 2011 年的 1.70 m，增速 2.25 cm/a(Liu et al.,2015)。此外，西部高山季节冻土也呈冻土深度减小、冻结持续期缩短的趋势。

(3)东北冻土变化特征

中国东北多年冻土呈现自南向北的区域性退化趋势，多年冻土区南部表现为南界的北移、融区的扩大和多年冻土的消失，而北部表现为多年冻土下限的上移、活动层厚度增大及地温升高等。东北地区在 20 世纪 60—70 年代，大兴安岭湿地的活动层厚度为 50～70 cm，到 20 世纪 90 年代，增加到 90～120 cm 或更大。东北地区季节性冻土深度总体上亦呈减小趋势，但有年际波动。东北地区 109 个气象站点季节最大冻结深度监测结果显示，1961—2019 年，季节最大冻结深度呈减小趋势（图 11.15），平均每 10 a 减小 5.2 cm（中国气象局气候变化中心，2020）。

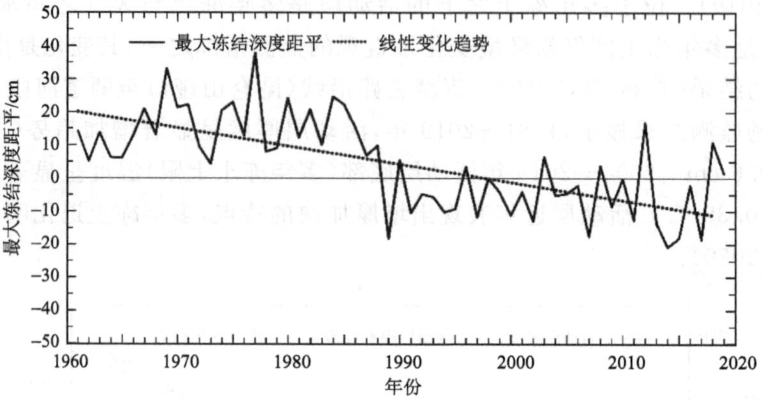

图 11.15　1961—2019 年东北地区季节最大冻结深度距平
（资料来源：中国气象局气候变化中心，2020）

11.4.2.3　积雪变化

在全球变化的大背景下，积雪日数、积雪深度、雪水当量等特征指标均发生较大变化。在中国三大积雪区中，青藏高原地区稳定积雪面积最大（168 万 km^2），东北—内蒙古地区次之（105 万 km^2），新疆地区稳定积雪面积最小（63 万 km^2）。中国稳定积雪面积除年际波动较大以外，并无显著的增长或减少趋势，且变化波动与青藏高原稳定积雪面积变化基本一致（钟镇涛 等，2018）。

（1）积雪日数变化

中国大部分积雪覆盖区的积雪日数都有显著下降趋势，新疆北部、东北—内蒙古大部、青藏高原东南部减少趋势明显。但是也有部分地区积雪日数呈增多趋势，如青藏高原西北部。积雪的变化与气候变化密不可分，因为气温与降水不仅是影响降雪的重要因素，同时也与积雪的维持密切相关。对 1992—2010 年中国（不包含青藏高原西部）平均积雪日数与气温、降水进行相关分析，结果表明，积雪日数与气温呈显著负相关，与降水相关性不明显，说明比起降水，气温变化与积雪日数变化的相关性更强（钟镇涛 等，2018）。

（2）积雪深度变化

20 世纪后半叶以来，青藏高原积雪深度稳定增加，但 21 世纪前期又大幅减少。1961 年以来，新疆北部最大积雪深度显著增加，平均年增长 0.8%，东北—内蒙古地区积雪深度虽无明显变化，但 20 世纪 90 年代以来波动振幅加大（秦大河 等，2014b）。

（3）积雪范围变化

卫星监测表明，2002—2019 年，中国主要积雪区（青藏高原、东北及中北部、西北积雪区）平均积雪覆盖率总体呈弱的下降趋势，年际振荡明显（图 11.16）。对三大积雪区积雪面积变化进行趋势检验的结果表明，三大积雪区各季积雪面积变化趋势并不相同：新疆地区冬季积雪表现出增大趋势，春季表现出减小趋势，秋季保持不变；东北—内蒙古地区秋季和冬季积雪都呈减少趋势，只有春季呈增大趋势；青藏高原则三季都呈增大趋势（钟镇涛 等，2018）。

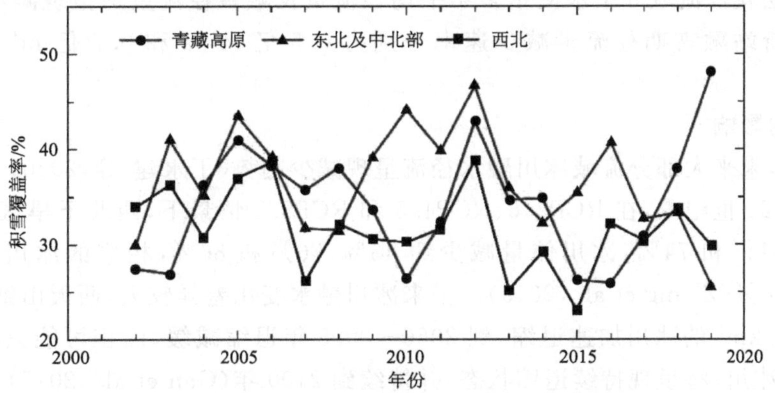

图 11.16　2002—2019 年中国主要积雪区积雪覆盖率

（资料来源：中国气象局气候变化中心，2020）

11.4.3　中国冰冻圈变化的影响

11.4.3.1　对水资源的影响

（1）过去的影响

中国西部冰川分布区是中国和亚洲外流区和内流区十条大江大河的源头所在，分别为长江、黄河、澜沧江、怒江、伊犁河、额尔齐斯河、雅鲁藏布江、印度河、恒河和塔里木河，冰川融水量高达 620 万 m^3，冰川水资源意义特别重大。在气候变暖的背景下，中国西部冰川融化加速，河流径流普遍增加。与 20 世纪 60 年代相比较，21 世纪 10 年代全国冰川融水已经增加了 54%（丁永建 等，2020）。20 世纪下半叶以来长江源直门达以上流域、叶尔羌河冰川径流都表现出增加趋势，雅鲁藏布江由西向东年径流深由 800 mm 左右增加至 1400 mm 左右，乌鲁木齐河源区径流增加 70%。20 世纪下半叶以来青藏高原地区的湖泊呈整体扩张的趋势，其中冰川补给量大的湖泊扩张尤为明显。未来随着冰川融化持续加速，冰量不断减少，最终河流径流会减少。

由于观测困难，多年冻土融化对活动层地下径流补给的研究一直受到限制。通过同位素和模拟手段，对这一问题有了一些初步认识。祁连山黑河上游的同位素研究发现，冻土融化对内陆河流域径流起着举足轻重的作用，融化的径流占出山径流的 20%。东北、西北、青藏高原腹地和喜马拉雅山区及黄河源区，多年冻土区大部分流域冬季（枯水期）径流增加（丁永建 等，2020）。气候变暖导致冻土上限加深，季节融化层增厚，区域地下水位下降。冻土层完全消融地区的地下水，由冻结层之上的地下水系统转化为非冻土区地下水系统，有些地段可发生地表水和地下水补排关系的倒置，对水循环和水资源影响很大。冻结层之上水减少或消失，将改变径流条件和水系结构，使浅表层土壤水锐减，湖沼干缩（丁永建 等，2015）。

中国融雪径流变化地区差异较大。1960—2014 年，西北地区尤其是新疆天山和阿尔泰地区以增加为主，青藏高原有增有减，与北半球绝大多数地区融雪径流变化类似，极高纬度、高海拔地区融雪径流呈现增加趋势。东北地区融雪径流总体呈现下降趋势。流域上游融雪径流似呈现增加、下游呈现显著减少趋势。自1960年以来，长白山区融雪增加明显；嫩江流域尽管降水变化不大，但冬季降水显著增加，导致1990年后流域主要水文站冬季径流均显著增加；自1956年以来，松花江流域6个水文站多年平均径流量及融雪径流量均呈现减小的趋势，其中哈尔滨、佳木斯站融雪期径流量减少速率分别为0.5亿 m^3/a 和0.7亿 m^3/a（丁永建 等，2020）。

（2）未来的影响

预估表明，未来大部分流域冰川融水径流呈现减少趋势（丁永建 等，2020）。相较于20世纪60年代，到21世纪末，在RCP2.6、RCP4.5和RCP8.5情景下，西北干旱区冰川面积分别减少约34%、61%和74%，冰川储量减少约45%、76%和86%，相应的冰川融水量减少约34%、62%和74%（Zhang et al.，2015）。未来冰川融水变化差异较大，西天山纳伦河的研究表明，面积小于1 km^2 的冰川加速退缩，到2066—2095年退缩减缓，面积可能只剩下8%左右，而面积较大的冰川，将呈现持续退缩状态，并持续到2100年（Gan et al.，2015）。

融雪径流未来变化与过去基本相同，仍呈现融雪期明显提前，使消融早期的融雪径流明显增加，整个融雪过程向前推移。同时，由于积雪提前大量融化，后期相应积雪减少，从而改变了流域融雪径流年内分配。对于以积雪融水补给为主的河流，随着融雪径流的变化，会使整个流域径流年内分配发生较大改变（陈仁升 等，2019）。从预估的结果来看，在降水增加、气温升高的背景下，黄河源融雪径流呈显著减少趋势，而黑河略有减少、疏勒河略有增加趋势，长江源融雪径流呈现明显增加趋势（丁永建 等，2020）。

冻土变化对径流影响的预估研究还较少，Chen 等（2018）利用冰冻圈全要素流域水文模型CBHM，预估了未来三种排放情景下（RCP2.6、RCP4.5和RCP8.5）黑河流域多年冻土和径流变化。结果表明，相对于对照期（1960—2013年），在三种情景下，黑河流域到2100年多年冻土面积分别减小7.9%、13.9%和25.0%。而与之相应的流域总径流量差异不是很大，但不同情景下径流的年际波动差异较大，似乎显示出升温幅度对冻土水文过程的波动性有影响。

11.4.3.2　对冰冻圈灾害承灾区的影响

冰冻圈灾害涉及的主要灾种包括雪崩/冰崩/岩崩、冰湖溃决、冰雪洪水、冰凌灾害、牧区雪灾、冰冻雨雪、风吹雪、冰雹、霜冻、冻融等。中国冰冻圈灾害主要发生在天山、喜马拉雅山、念青唐古拉山东段、喀喇昆仑山、青藏高原、黄河宁蒙山东段、西部牧区（王世金 等，2019）。其中，20世纪30年代—2013年，中国西藏自治区有记录的冰湖溃决灾害呈增加趋势。截至2013年8月，西藏自治区累计发生冰湖溃决灾害超过40次，累计死亡715人，冲毁大小桥梁88座，毁路超过185 km。1951—2002年，西藏自治区发生119次雪灾，雪灾致死325余人，死亡牲畜超过1090万头。2000—2008年，青海省每年因雪灾牲畜死亡数量为88万～151万头。青藏高原藏北及三江源地区由此成为全国三大雪灾高发中心之一（王世金 等，2014）。

11.4.3.3　对干旱区绿洲生态系统的影响

内陆干旱区主要受西风环流影响，温带荒漠分布于此，降水稀少，植被覆盖率低，是全球气候变化影响最敏感的地区之一。冰冻圈作为“中亚水塔”，是该区河流的重要补给源，对河川径流具有天然调节作用，其高山冰雪融水不仅为下游冲积扇坡面上树木、草地提供了生态水源，而且是当地绿洲农业和居民生活赖以生存和发展的重要水源，更是该地区独特的绿洲发展的重要经济命脉。新疆维吾尔自治区稳定积雪面积达 5.68×10^5 km^2，高山流域产流占地表径流的 80%以上，其中冰川和积雪融水径流占总径流中的比例可达 45%以上（沈永平 等，2013a）。“高山冰川积雪—山前绿洲—尾闾湖泊”构成了干旱区典型的流域绿洲生态系统。冰雪变化直接波及山前绿洲及其下游生态系统及其环境。20 世纪 80 年代以来，内陆干旱区冰川消融退缩加剧，冰川数量和冰储量均呈减少趋势。随着冰川的持续退缩乃至消失，以冰川融水补给为主的河流将有面临逐渐干涸的风险（王世金 等，2019）。

11.4.3.4　对寒区畜牧业的影响

冰冻圈冻土退化造成草地和湿地生态系统退化，从而对寒区畜牧业产生影响。冻土是寒区生态环境的主要依托，它通过保持土壤水分维系着寒区生态平衡，冻土一旦退化，其区域寒带植物生存环境将受到影响，极有可能波及寒区生态系统结构及其稳定性。多年冻土区土壤活动层特殊的水热交换是维持高寒生态系统稳定的关键所在，冻土及其孕育的高寒沼泽湿地和高寒草甸生态系统具有显著的水源涵养功能，是稳定江河源区水循环与河川径流的重要因素。青藏高原牧业受冻土退化的负面影响更为突出，畜牧业是青藏高原的主要生产活动，占高原土地面积一半以上的是草地资源，草地资源是维持高原畜牧业生产的物质基础。然而，1980—2009 年，青藏高原多年冻土退化严重，冻土的生态意义不仅在于维持区域气候稳定，更重要的是隔水作用，为地表植被生长保留充足的水分。一旦冻土退化，形成较好的排水条件，土壤水分下渗，导致表土干燥，并使土壤结构、组分发生变化，植被因缺少充足水分而生长欠佳甚至死亡（王根绪 等，2010）。同时，受气温上升、干旱和强盛风力影响，青藏高原冻融侵蚀、风蚀严重，土地沙化加剧，进而反过来影响草地生态系统。青藏高原高寒生态系统退化具体表现在高寒草甸覆盖度和生产力的下降，高寒草原沙化面积增大。高寒草地退化和冻融侵蚀沙化直接影响着寒区草地生物量和生产力，进而降低草场载畜能力，最终波及寒区畜牧业的发展。另外，青藏高原冰川快速融化也加剧了高原湖面的扩张，进而掩埋大片草场，致使当地牲畜冬瘦、春死情况加剧，并迫使牧民搬迁，严重影响牧区畜牧业发展（王世金 等，2019）。

11.4.3.5　对寒区重大工程的影响

温度上升、冰雪消融、多年冻土退化显著影响着寒区的重大工程和关键的基础设施，包括冻土区铁路、公路（路基、隧道、桥梁、涵洞）工程、输油（气）管道工程、输变电工程、光缆工程、水利工程、房建工程等。冻胀和融沉现象是影响重大工程结构物稳定性和使用寿命的两个主要问题。气候变暖使多年冻土退化、季节融化深度加大，寒区各类构筑物均广泛发生着冻胀和融沉灾害，冻土灾害具有显著的季节性、广泛性、频发性和反复性以及潜在性（吴青柏，2009）。中国黑龙江省漠河—大庆油气管道 2011 年投入运营以来，先后确定了 65 个强冻胀和冰锥易发区域，32 个融沉区域（王永平 等，2015）。近年来，青藏公路破坏率逐年增大，维护整治愈来愈频繁，整治维护费用高达 30 亿元。尽管青藏铁路提出了“冷却路基”筑路技术，但由于气候变化和宽幅面沥青路面热效应作用，青藏高速公路仍无法移植应用“冷却路基”技术，亟待研究适应气候变化修筑技术。未来 100 a 内，若气温持续上升，冻土退化将加剧，青藏公路等道路危害将会更加严重（王世金 等，2019）。

第12章 气候变化与海洋

全球海洋是相互连接的咸水体，包括北冰洋、太平洋、大西洋、印度洋和南大洋及其边缘海域，跨越极地到赤道的气候带，覆盖了地球表面71%的面积。海洋占据地球97%的水量，形成了99%的地球生物生存空间，提供了地球上大约一半的初级产品。海洋在地球系统和气候系统中具有极其重要的地位，在地球气候的形成和变化中具有十分重要的作用。反过来，全球范围的气候变化对海洋也有重要的影响，工业革命以来的全球变暖已经导致了海洋物理和化学性质的许多变化。海岸带附近居住着20亿人口，全球变暖背景下的海洋变化具有深刻的生态环境效应和社会季节影响。

12.1 气候变暖背景下全球海洋变化

12.1.1 海洋变化背景

12.1.1.1 海洋在地球系统中的地位

海洋在地球系统中具有重要地位，对地球能量收支、水循环和碳循环起着重要作用。地球表面的能量来自太阳辐射，太阳能以热能、势能、潜能、动能、化学能等形式传输到地表，驱动地球大气环流和海洋洋流的运动，促进陆地和海洋中的光合作用，并从根本上决定地球的气候状态。在平衡状态下，太阳入射能量与地球大气顶层反射的能量相等，维系着地球气候系统的稳定。人类活动导致太阳入射能量大于地球反射能量，从而引起气候变暖。海洋吸收的太阳辐射量占地球总吸收量70%以上，且其中85%左右储存在海洋表层。海洋的巨大热容导致海洋对外部强迫的响应与大气不同，海洋储存和释放热量的能力很大，而且可以经历较长的时间，海洋的热量收支可以在一年以上的时间尺度上进行有效监测。太阳能加热驱动的地球水循环，地球上的水在海洋、大气、陆地和冰冻圈之间交换和循环。水循环起源于海表的蒸发，部分形成海洋上空的降水，部分输送到大陆并形成陆地降水和径流，最终回归海洋。地球上存储在大气、陆地植被和地质储集层（如沉积岩或煤、油、气储集层等）中的碳仅占总量的8%，而其余92%的碳存储在海洋中，大部分以溶解的无机碳的形式存在海水中，其中一些很容易与上层大气中的CO_2进行交换。海洋中的有机碳虽然所占比重不大，但总量也与陆地植被的有机碳相当。所以海洋对地球碳循环特别是数百年的碳循环起着至关重要的作用，对大气中温室气体的浓度也有重要的调节作用。

海洋与气候变化具有交互影响。海洋是大气的主要热源和水汽源地，海洋通过表层环流和表面加热、蒸发、降水等海气相互作用过程与大气进行动量、热量和水汽交换，影响气候状态及其变化。海洋环流调控着不同区域间的热量和碳的输送，同时还把表层输入的能量和气候变化的信号引入海洋深层。由于海水巨大的热含量和相对缓慢的海洋环流过程，海洋对气候变化信号有着比大气长得多的“记忆”效应，因而对季节以上时间尺度的气候变率和气候变化有着重要的调节作用（胡敦欣 等，1980）。反之，气候变化通过海气相互作用、陆气相互作用、海洋与冰雪圈相互作用等机制，对海洋物理和化学特征有着重要的影响。

12.1.1.2　海洋与冰冻圈的相互作用

海洋和冰冻圈是地球水圈的重要组成部分，是地球咸水和淡水的主要原地，两者在气候系统中紧密联系，相互作用。海洋通过全球水循环为冰冻圈提供水源，海洋通过蒸发为极地和高山提供降水，形成极地冰盖和高山冰川，成为地球固体淡水巨库。若南极和格陵兰冰盖全部融化，全球海洋将上升 66 m。与海洋直接相连的冰体，由于海洋温度升高和海平面上升，其稳定性下降。海洋温度上升与冰冻圈的消融和稳定性有着显著的非线性对应关系，即使冰冻圈与海洋不直接相连，海洋温度稍有上升，也会导致冰冻圈的消融和稳定性降低。海冰形成使得海水密度加大，这是海洋环流触发机制的重要环节。古气候的证据和现代模拟均表明，大量的冰盖和冰山融水进入海表，会减弱海洋翻转环流，触发气候变化。南极冰盖融水可能会导致海洋表面盐度、分层和环流的变化，这些变化反过来又会影响海冰的形成和融化（Purich et al.，2018）。冰冻圈和海洋还通过生物地球化学营养移动紧密地联系在一起，由冰冻圈驱动的海洋营养沉积会影响海洋生产力。例如，冬季在海冰中沉积的铁在春季和夏季融化时释放到海洋中，有助于提高季节性海冰区域的海洋生产力。

气候变化是气候系统各圈层包括海洋、冰冻圈综合作用的结果。研究海洋、冰冻圈的相互作用，需要将其纳入地球系统进行整体观测、模拟和研究。为此，IPCC 专门编写了《气候变化中的海洋和冰冻圈特别报告（SROCC）》（IPCC，2019b），论述了海洋、冰冻圈主要组成部分在地球系统中的地位及相互作用，评估了气候变化对海洋、冰冻圈要素的影响（图 12.1）。海洋热量增加伴随全球持续变暖，极地冰盖和海冰质量损失加快，山地冰川和积雪持续减少；冰冻圈的这些变化，归结为固体水库容量锐减，入海径流量增加，海平面持续上升。在气候变化的大背景下，海洋、冰冻圈主要组成部分均发生了显著的变化。

SROCC（IPCC，2019b）根据综合观测的数据和地球系统模式的模拟结果，给出了 1950 年以来大气、海洋、冰冻圈要素的变化趋势（相对 1986—2005 年）及未来的预估结果[图 12.2（彩）]。过去几十年间全球变暖已引发冰冻圈的普遍退缩，极地冰盖和山地冰川物质损失显著。1967—2018 年，北极地区 6 月积雪面积平均每 10 a 减少（13.4±5.4）%，多年冻土温度已上升至 20 世纪 80 年代以来创纪录的水平，1978—2018 年北极 9 月海冰范围平均每 10 a 减少（12.8±2.3）%。预计 21 世纪近期（2031—2050 年），全球冰川物质损失、多年冻土融化、积雪面积和北极海冰范围减小仍将持续。在高排放情景（RCP8.5）下，大部分小冰川发育地区到 2100 年将失去当前冰量的 80%以上。格陵兰冰盖和南极冰盖在整个 21 世纪及其以后将加速消融。RCP8.5 下，冰冻圈变化的速率和幅度在 21 世纪后半叶将进一步加大。20 世纪 70 年代以来全球海洋持续增暖，1993—2017 年全球海洋的变暖速率是 1969—1993 年的 2 倍。1982—2016 年，海洋热浪频率倍增，引发大规模的珊瑚白化。同时，海洋酸化更严重，上层海洋贫氧区扩大。预计整个 21 世纪，海洋将继续变暖，并转向前所未有的状态，海洋层化增强，海洋酸化加速，净初级生产力下降，海洋热浪的频率、持续时间和强度将进一步增加（IPCC，2019b；王朋岭 等，2020）。

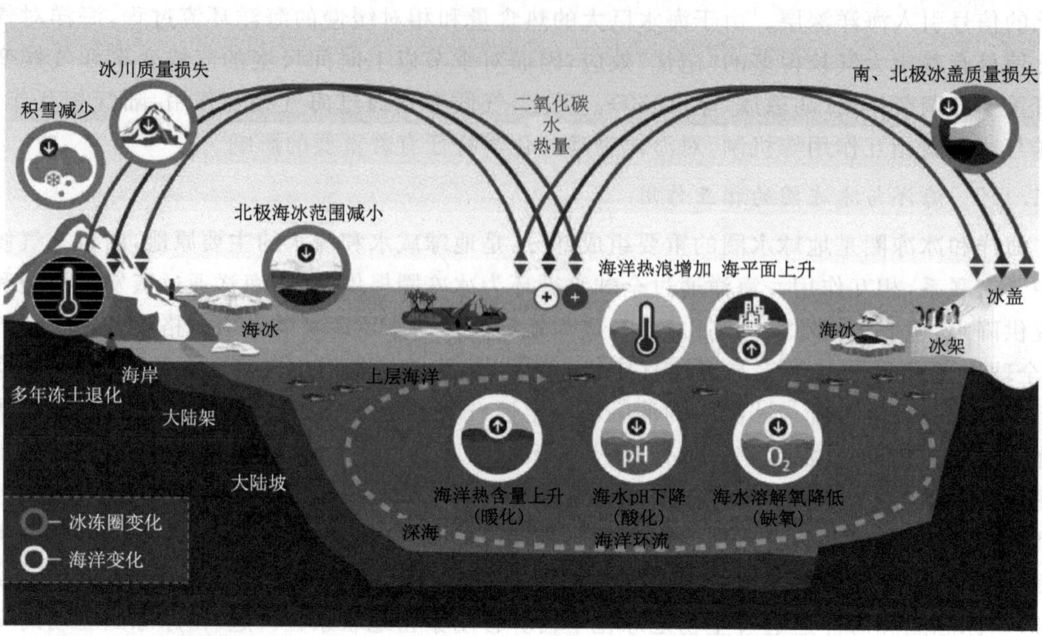

图 12.1 海洋与冰冻圈中的主要组成部分及其在地球系统中的角色(资料来源:IPCC,2019b)

12.1.2 海洋变化特征

古气候证据、现代观测资料和模式模拟均表明,在数百年至千年时间尺度上,海洋的状况发生了前所未有的变化。在过去 40～60 a 间,主要是由于人类活动的干扰,海洋变暖显著,导致未来在数百年至千年时间尺度上气候变化不可逆转(IPCC,2021)。海洋快速增暖,海水吸收了更多的 CO_2,海洋的物理化学特性变化明显,海洋分层增加,海平面快速上升。自 20 世纪 50 年代以来,以蒸发为主的高盐度海区的表水变得更咸,而以降水为主的低盐度海区的表水变得更淡。这些区域性海洋盐度的变化趋势间接表明,海洋上蒸发和降水已发生变化,导致海洋环流和全球水循环也发生了变化。

12.1.2.1 全球海温变化与海洋热浪

(1)海温变化

在全球变暖的进程中,海洋变暖在气候系统储存能量的增加中占主导地位。IPCC WGI AR5(IPCC,2013) 评估指出,1971—2010 年海洋上层(0～700 m)快速变暖,其中上层 0～75 m 以上深度的海水温度升幅为 0.11(0.09～0.13)℃/(10 a)。1957—2009 年间,海洋在 700～2000 m 深度已经变暖。1992—2005 年期间,已有充分的观测可用于评估全球 2000 m 以下海水温度的变化。在此期间,2000～3000 m 的海洋没有观测到显著的温度趋势,而从 3000 m 至洋底海洋已经变暖,在南大洋观测到的海水温度升幅最大。

IPCC WGI AR6(IPCC,2021)在肯定 AR5 基本结论的基础上进一步指出,2011—2020 年平均海面温度(SST)相对 1850—1900 年提高了 0.88 ℃(0.68～1.01 ℃),2020 年 SST 相对 1980 年提高了 0.60 ℃(0.4～0.74 ℃)。不同区域的 SST 变化有明显差异,有些区域的 SST 甚至有变冷的趋势[图 12.2(彩)]。1850 年以来,热带海洋 SST 上升速率比其他区域快,其中

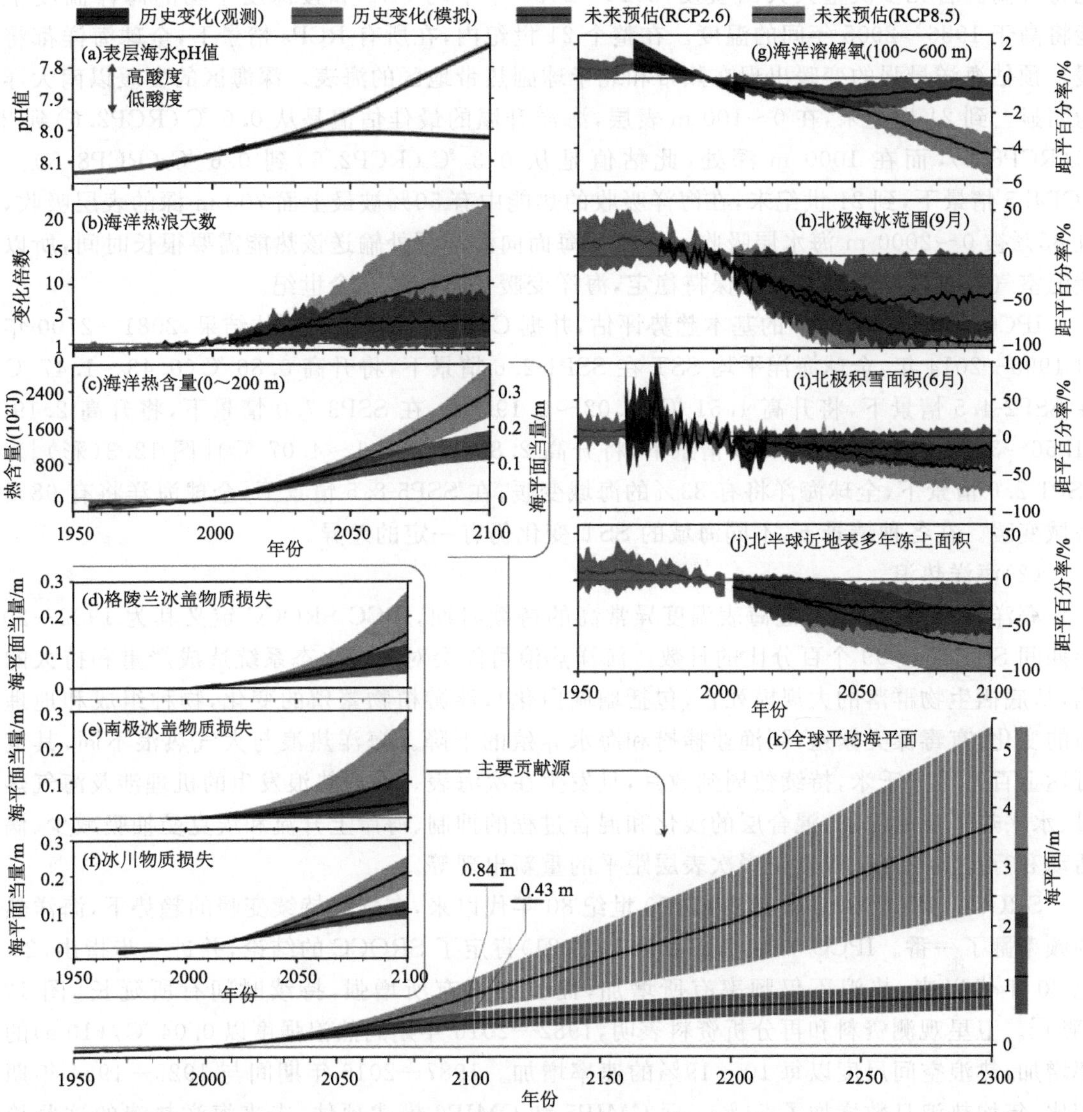

图 12.2(彩)　1950 年以来全球海洋和冰冻圈变化观测和模拟及未来变化预估(相对 1986—2005 年)
(资料来源:IPCC,2019b)

尤以印度洋热带区域和西太平洋热带区域上升速率最快,这与热带海洋-大气相互作用、印度尼西亚贯穿流和沃克环流变化趋势有关。副热带西部边界层洋流 SST 升温也高于全球海洋平均升温速率,这可能与西部边界层洋流位置、范围和动力特性的变化有关。在北极地区,SST 升温接近或略高于全球海洋平均 SST 升温速率。与上述区域形成对照,东太平洋热带区域、北大西洋副极地和南部海洋 SST 升温速率低于全球海洋平均升温速率,甚至有变冷的趋势。自 20 世纪 50 年代以来,南半球副极海洋 SST 升温速率低于全球海洋平均升温速率,这一趋势与海底工业化以前的冷水团逐渐上述至海表有关。近年来新证据表明,自 20 世纪 80 年代以来,南半球副极海洋有变冷的趋势。由此往北,海洋 SST 有明显的升温趋势。

21 世纪全球海洋将继续变暖。IPCC AR5 指出,近期全球 SST 和垂直平均海洋温度很可能将升高。若无多次重大火山喷发，2016—2035 年平均 SST 和按深度平均的海洋温度很可能将高于 1986—2005 年间的温度。在整个 21 世纪内，在所有 RCPs 情景下，全球海洋都将变暖。预估海洋最强的变暖出现在热带和北半球副热带地区的海表。深海区的变暖以南大洋最为明显。到 21 世纪末，在 0～100 m 表层，海洋升温的最佳估值是从 0.6 ℃(RCP2.6)到 2.0 ℃(RCP8.5)，而在 1000 m 深处，此估值是从 0.3 ℃(RCP2.6)到 0.6 ℃(RCP8.5)。在 RCP4.5 情景下，到 21 世纪末，在海洋吸收的热能中有 50%被最上面 700 m 深的表层吸收，并且 85%被 0～2000 m 海水层吸收。由于从海面向海洋深处输送该热能需要很长时间，所以即使温室气体排放减少或其浓度保持稳定，海洋变暖仍将持续几个世纪。

IPCC AR6 肯定 AR5 的基本趋势评估，并据 CMIP6 模式更新预估结果，2081—2100 年相对 1995—2014 年，全球海洋平均 SST 在 SSP1-2.6 情景下，将升高 0.86 ℃(0.43～1.47 ℃)；在 SSP2-4.5 情景下，将升高 1.51 ℃(1.02～2.19 ℃)；在 SSP3-7.0 情景下，将升高 2.19 ℃(1.56～3.30 ℃)；在 SSP5-8.5 情景下，将升高 2.89 ℃ (2.01～4.07 ℃)[图 12.3(彩)]。在 SSP1-2.6 情景下，全球海洋将有 83%的海域变暖；在 SSP5-8.5 情景下，全球海洋将有 98%的海域变暖。在各种情景下，不同海域的 SST 变化仍有一定的差异。

(2)海洋热浪

海洋热浪(MHW)是近海表温度异常高的持续时期，IPCC SROCC 定义其为 1982—2016 年期间 SST 超过 99 个百分比的日数。海洋热浪可能会对海洋生态系统造成严重和持久的影响，从底栖生物群落的大规模死亡(包括珊瑚白化)，浮游植物繁殖的变化，物种组成和地理分布的变化，有毒藻类繁殖，到渔业捕捞和海水养殖的下降。海洋热浪与大气热浪不同，其范围可达上百万平方千米，持续数周到数月，且发生在次海表。海洋热浪发生的机理涉及海气热通量、水平热平流的增加、混合层的浅化和混合过程的抑制、海岸上升流和埃克曼抽吸减少、涡旋活动和行星波的变化以及温暖次表层距平的重新出现等。

SROCC(IPCC，2019b)指出，自 20 世纪 80 年代以来，在气候持续变暖的趋势下，海洋热浪的频率翻了一番。IPCC WGI AR6(IPCC，2021)肯定了 SROCC 的结论，并进一步指出，20 世纪 80 年代以来，热浪不仅频率有所增加，而且强度有所增强，持续时间有所延长[图 12.4(彩)]。卫星观测资料和再分析资料表明，1982—2016 年期间热浪强度以 0.04 ℃/(10 a)的速率增加，热浪空间尺度以每 10 a 19%的速率增加。1987—2016 年期间与 1925—1954 年期间相比，年均热浪日数增加了 54%。据 CMIP5 和 CMIP6 模式预估，未来海洋热浪的这些趋势将会持续。2081—2100 年与 1995—2014 年相比，海洋热浪发生的频率在 SSP1-2.6 情景下后者为前者的 4(2～9)倍，在 SSP5-8.5 情景下为 8(3～15)倍[图 12.4(彩)]。未来全球海洋热浪发生的频率并不均衡，西太平洋热带区域和北极海洋热浪发生的频率最高。

12.1.2.2 全球海洋热含量变化

IPCC WGI AR5(IPCC，2013)评估指出，从 20 世纪 70 年代以来，地球辐射一直不平衡，来自太阳的射入能量超过了从大气层顶外逸的能量。几乎确定的是，1971—2010 年间地球获得了大量的能量。1971—2010 年间估算的能量清单增量为 2.74(1.96～3.51)$\times 10^{23}$ J，同期年度值线性拟合的加热率为 2.13$\times 10^{14}$ W。海水比热容较大，对于同样的温升幅度，海洋相比大气和陆地可储存更多的能量，海洋变暖在总加热率中占主导地位。

SROCC(IPCC，2019b)基于新的观测数据和模拟结果，对 IPCC AR5 在同一时段(1971—2010 年)的结果进行修订，SROCC 的结果显示出更强和更一致的变化：1971—2010 年间新的

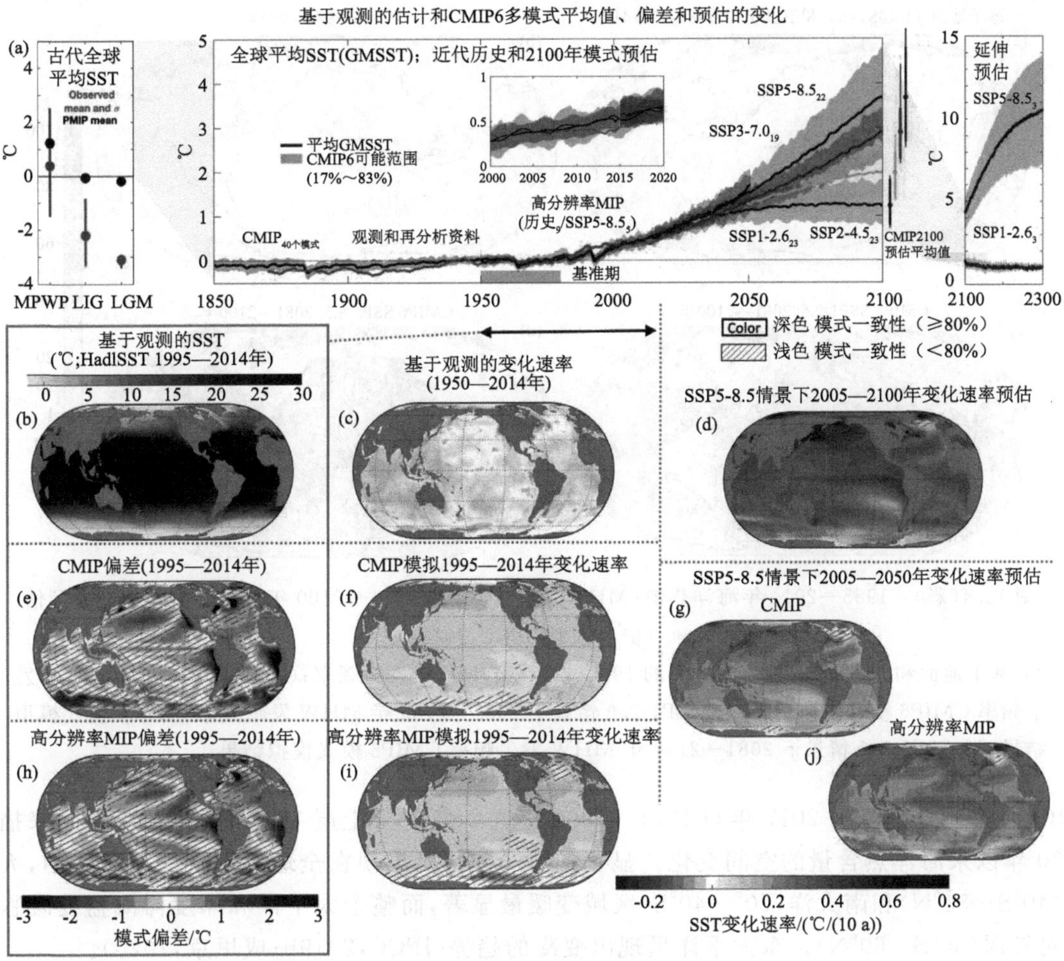

图 12.3(彩)　全球海面温度(SST)变化趋势(资料来源：IPCC，2021)

(a)全球 SST 相对 1950—1980 年的距平；(b)1995—2014 观测结果；(c)基于 1995—2014 年观测结果的变化速率；(d)SSP5-8.5 情景下 2005—2100 年变化速率预估；(e) CMIP 偏差；(f)CMIP 模拟 1995—2014 年变化速率；(g)SSP5-8.5 情景下 2005—2050 年变化速率预估；(h)高分辨率 MIP 偏差；(i)高分辨率 MIP 模拟 1995—2014 年变化速率；(j)SSP5-8.5 情景下高分辨率 MIP2005—2050 年变化速率预估

0～2000 m 热含量线性趋势为(5.8±1.0)ZJ/a (1 ZJ＝10^{21} J)、(6.0±0.8)ZJ/a、(6.3±1.8)ZJ/a。这分别相当于对地球表面的加热速率 0.36 W/m^2，0.38 W/m^2、0.39 W/m^2。而 IPCC AR5 给出的 1971—2010 年期间的 5 个独立的海洋热含量估计趋势为 0.24～0.36 W/m^2。海洋变暖在 20 世纪 90 年代后显著加速：1969—1993 年期间海洋 0～700 m 和 700～2000 m 变暖速率分别为(3.22±1.61)ZJ/a 和(0.97±0.64)ZJ/a；1993—2017 年期间则分别为(6.28±0.48)ZJ/a 和(3.86±2.09)ZJ/a。同时还可以看到，全球海洋热含量不存在类似于地表和海面温度变化在 20 世纪 90 年代后出现的“变暖减缓”现象，因此从温室气体直接驱动地球系统能量不平衡角度，全球变暖并未停滞。此外，过去 5(10)a 是有现代纪录以来海洋最暖的 5(10)a；最近两年(2017 年、2018 年)均为海洋最热的 2 a。1982—2016 年海洋极端热事件发生频率也增长了一倍，而且强度更强，持续时间更长。观测到的海洋变暖并不是全球一致的，

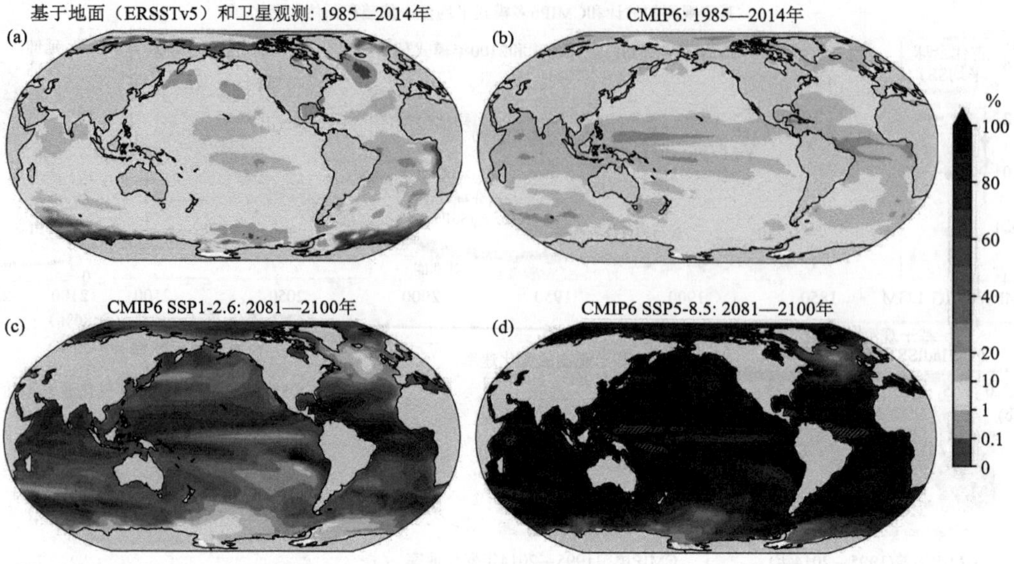

图 12.4(彩) 1985—2014 年海洋热浪(MHW_s)发生频率和 2081—2100 年海洋热浪发生频率预估
(资料来源:IPCC,2021)

(a)基于地面和 NOAA 卫星观测资料的 1985—2014 年 MHW 发生频率;(b)1985—2014 年 MHW 发生频率 CMIP6 模式模拟结果;(c)SSP1-2.6 情景下 2081—2100 年 MHW 发生频率 CMIP6 模式模拟结果;(d)SSP5-8.5 情景下 2081—2100 年 MHW 发生频率 CMIP6 模式模拟结果

SROCC 采用了 1998—2017 年与 1971—1990 年这 2 个 20 a 上层 700 m 的平均态之差来描述 1970 年以来海洋热含量的空间变化。显著的海洋变暖已出现在全球大部分海域。其中,大西洋(40°S—50°N)和南大洋(70°—40°S)区域变暖最显著,而整个太平洋和印度洋海盆变暖程度相对较弱(30°S—60°N)。东太平洋呈现出变冷的趋势(IPCC,2019b;成里京,2020)。

IPCC WGI AR6(IPCC,2021)指出,海洋变暖早在 1871 以来就开始了,1971 年以来海洋变暖明显加强,这主要是人类活动干扰的结果(图 13.5)。1971—2018 年,海洋共吸收能量 396.0 ZJ(285.7～506.2 ZJ)(1 ZJ=10^{21} J),占地球吸收总能量的 91.0%。其中 0～700 m 海水吸收 241.6 ZJ(162.7～320.5 ZJ),占地球吸收总能量的 55.6%;700～2000 m 海水吸收 123.3 ZJ(96.0～150.5 ZJ),占地球吸收总能量的 28.3%;2000 m 以下吸收 31.0 ZJ(15.7～46.4 ZJ),占地球吸收总能量的 7.1%。由于海洋不同深度吸收的能量存在着很大的差异,其变暖的速率也明显不同。1971—2018 年,0～700 m 变暖的速率为 5.14 ZJ/a(3.46～6.82 ZJ/a),700～2000 m 为 2.62 ZJ/a(2.04～3.20 ZJ/a),2000 m 以下为 0.66 ZJ/a(0.33～0.99 ZJ/a),海洋整体变暖的速率为 8.42 ZJ/a(6.08～10.77 ZJ/a)。由此可见,海洋不同深度均在变暖。

据 CMIP6 模式预估结果,2081—2100 年相对于 1995—2014 年,0～2000 m 海洋热含量在 SSP1-2.6 情景下将增加 1.06 (0.80～1.31) YJ(1 YJ=10^{15} J),在 SSP2-4.5 情景下将增加 1.35 (1.08～1.67) YJ,在 SSP3-7.0 情景下将增加 1.62 (1.37～1.91) YJ(1 YJ=$10^{1.5}$ J),在 SSP5-8.5 情景下将增加 1.89 (1.60～2.29) YJ[图 12.5(彩),IPCC,2021]。

海洋变暖及其伴随的风应力等变化会导致海洋洋流的变化。据模式模拟结果,到 21 世纪大西洋经向翻转环流(AMOC)可能将在一定程度上减弱,但由于显著的内部变率,AMOC 可能会在其中某些时段增强。到在 21 世纪末,AMOC 总体趋势是减弱,但依据现有情景的模拟结果,21 世纪内 AMOC 不会发生突变或者崩溃的情况。目前对 21 世纪之后 AMOC 演变的评估只有低信度,但很可能会进一步减弱(IPCC,2021)。

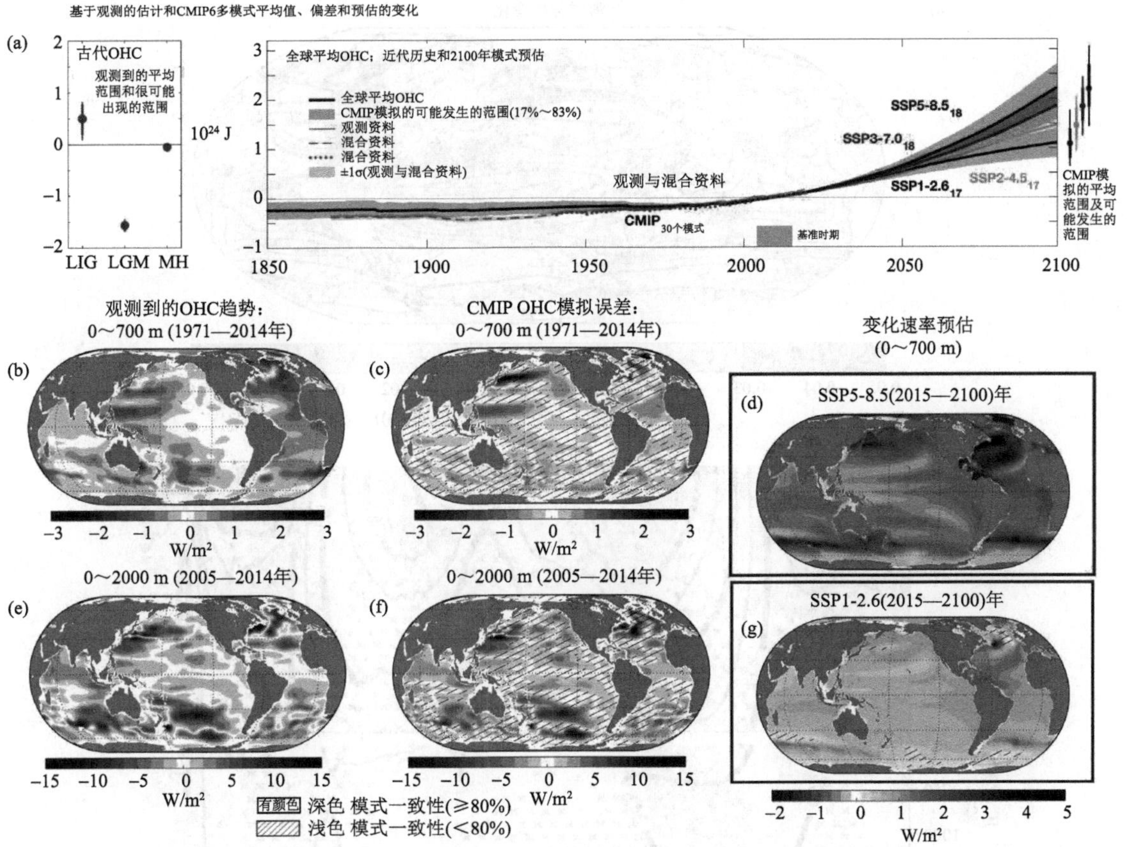

图 12.5(彩)　全球海洋热含量(OHC)变化趋势(资料来源:IPCC,2021)

(a)全球海洋 0～2000 m 热含量基于 2005—2014 年的距平;(b)观测到的全球海洋 0～700 m 热含量 1971—2014 年变化趋势;(c)CMIP6 模式对全球海洋 1971—2014 年 0～700 m 热含量模拟误差;(d)SSP5-8.5 情景下 CMIP6 模式对全球海洋 2015—2100 年 0～700 m 热含量模拟结果;(e)观测到的全球海洋 0～2000 m 热含量 2005—2014 年变化趋势;(f)CMIP6 模式对全球海洋 2005—2014 年 0～2000 m 热含量模拟误差;(g)SSP1-2.6 情景下 CMIP6 模式对全球海洋 2015—2100 年 0～700 m 热含量模拟结果

12.1.2.3　全球海洋盐度变化

IPCC SROCC (IPCC,2019b)指出,从全球来看,1950—2019 年高盐度区和低盐度区近海表的平均盐度之比增加了 0.14 (0.07～0.20)。区域尺度上,1992—2012 年北极海水淡化速率为(600±300)km^3/a[(600±200)Gt/a],反映了陆地冰川融水注入海洋的增加和北极海冰融化的增加。洋流对海水盐度也有较大的影响,尤其是在年际到年代时间尺度上影响更为显著,如在北大西洋副极区,从南方涌入的高盐度洋流将补偿该区域海水的淡化。此外,临近环流之间的涡动交换也可以在年代时间尺度上部分抵消副极区海水的淡化。总之,在年至年代际时间尺度上，区域盐度变化是由叠加在长期趋势上的海洋环流变化驱动的。

IPCC WGI AR6(IPCC,2021)基于最新的研究结果，给出了 1950—2019 年全球海洋盐度变化趋势见图 12.6(彩)。AR6 肯定了 AR5 和 SROCC 的基本结论，指出未来淡化区域会持续变淡，咸化区域会持续变咸。

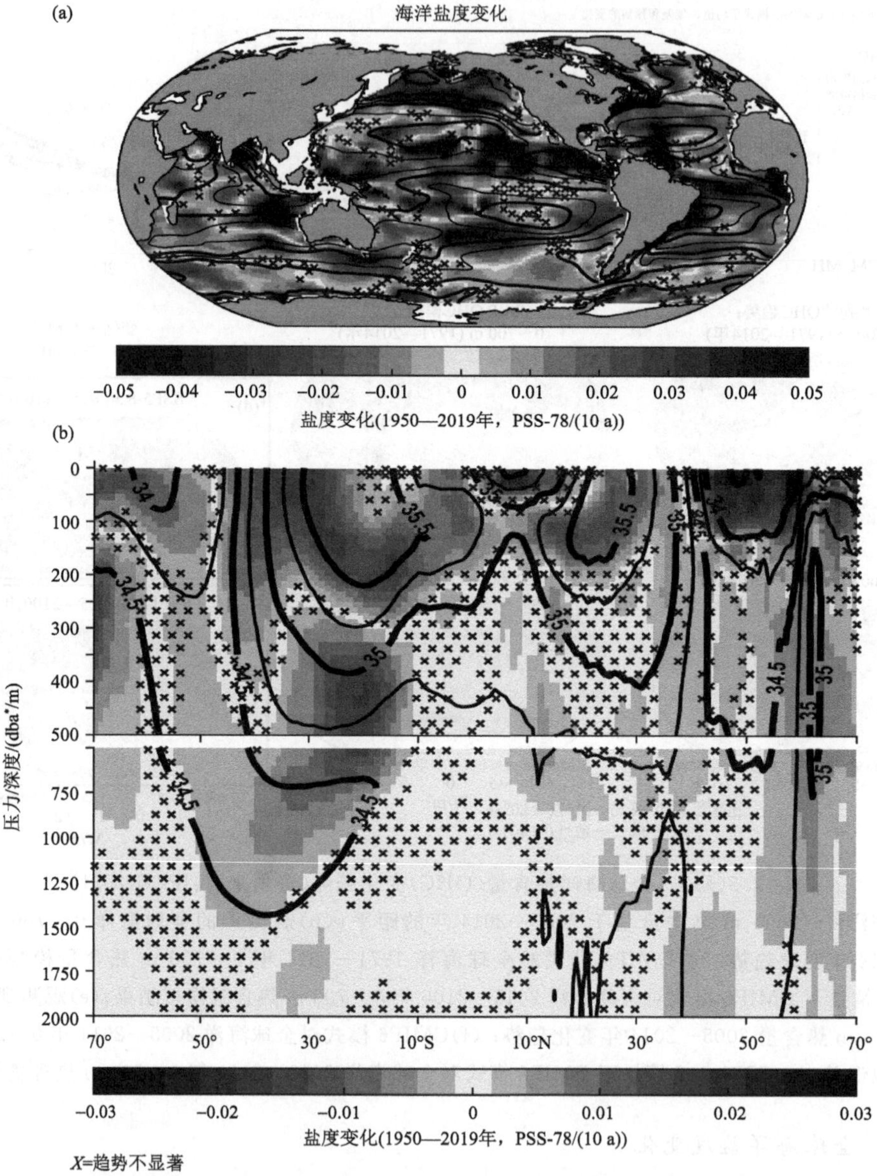

图 12.6(彩)　全球海洋盐度变化趋势(资料来源：IPCC，2021)

(a)全球海洋近海表盐度变化趋势；(b)全球海洋次海表纬向频率盐度变化趋势

---

* dbar 是压强单位，1 bar＝10 dbar＝1000 mbar＝1000 hPa。

12.1.2.4 全球海洋酸度变化

大气中 CO_2 浓度增加可导致更多的 CO_2 进入弱碱性海洋，导致 pH 值降低，碳酸根离子浓度降低。海洋酸化是海水吸收空气中过量的 CO_2 而导致酸碱度降低的现象。酸碱度一般用 pH 值来表示，范围为 0～14。pH 值为 0 代表酸性最强，pH 值为 14 代表碱性最强。CO_2 浓度增加是海洋酸化的根本原因，富营养化、海冰损失、上涌和大气中氮和硫的沉降也会加剧局地海洋酸化。海洋酸化会引起海洋系统内一系列化学变化，从而影响到大多数海洋生物的生理、生长繁殖、代谢与生存，可能最终导致海洋生态系统发生不可逆转的变化，影响海洋生态系统的平衡及对人类的服务功能。地球历史上曾多次发生过海洋酸化事件，伴随着生物种类的灭绝（唐启升 等，2013）。

IPCC WGI AR6（IPCC，2021）指出，在过去 6500 万 a 中，有几次间冰期（图 12.7），如 PETM（古新世，始新世极热事件），EECO 和 MCO，pH 值与气候变化同步变化。然而，只有在 PETM 期间，其变化受到充分的约束，才可以与最近和当前的趋势直接比较。

古气候证据表明，过去 5000 万 a 中海洋表面 pH 值逐渐升高（图 12.7a）。近几十年来观测到的海洋表面 pH 值如此之低，这在过去 200 万 a 中是罕见的（图 12.7b），至少在过去 25000 a 中是绝无仅有的（图 12.7c）。更新世冰期—间冰期旋回中 pH 值变化幅度为 0.10～0.15，与当代 pH 值变化幅度相当。据古气候代用资料，在 LDT 期间距今 11700 a、14800 a 和 16300 a，海洋表面 pH 值下降速率达到 0.02，因为储存在海洋内部的 CO_2 传输到海洋次表层（IPCC，2021）。

工业化以来，大气中的 CO_2 浓度增速超过了过去 80 万 a 以来的变化幅度，海洋吸收 CO_2 的增速也随之增加，这对海水的化学性质有重大影响，改变了海水的酸碱平衡。CO_2 溶解形成弱酸（H_2CO_3），并且随着海水中 CO_2 的增加，海水的 pH、碳酸根离子（CO_3^{2-}）和碳酸钙（$CaCO_3$）饱和度降低，而碳酸氢根离子（HCO_3^-）增加。在开阔的海洋中，表层水的平均 pH 值在 7.8～8.4，目前海洋平均 pH 值＞7，虽仍处于弱碱性状态，但酸化趋势明显。自工业化以来，观测到的海洋 pH 值降低 0.1，相当于海水中氢离子浓度［H^+］浓度即海水酸性增加了 26%。据最近 15 a 的观测资料，随着大气和海洋 CO_2 成分的增加，海洋 pH 值下降加快，其速率高达 0.017～0.025/(10 a)（IPCC，2019b）。

IPCC WGI AR6（IPCC，2021）在肯定 SROCC 基本结论的基础上，给出了新的结果。据非直接观测资料估算，自 20 世纪 80 年代以来海洋表面 pH 值以每 10 a 0.016 ±0.006 单位的速率下降（图 12.7d）。据船只观测资料，热带和副热带开放海域海洋表面 pH 值以每 10 a 0.001 ±0.026 单位的速率下降，极地和副极开放海域海洋表面 pH 值以每 10 a 0.003±0.026 单位的速率下降；次海洋表面（探测深度＞2000 m）pH 值过去 20～30 a 也为下降趋势。过去 20 a 海表 pH 值下降速率已超过了海洋的自然变率，人为气候变暖导致了海洋表面 pH 值下降速率加快。

未来洋面的海水酸化将随大气 CO_2 浓度变化继续增加，随着 CO_2 继续向海洋深处渗透，海水酸化也将在深海中扩大［图 12.8（彩）］。据 SROCC（IPCC，2019b）预估，在 RCP2.6 情景下，到 2081—2100 年海洋表面 pH 值相比 2006—2015 年将下降 0.036～0.042，在 RCP8.5 情景下将下降 0.287～0.291［图 12.8（彩），图 12.9a（彩）］。在高排放情景下，21 世纪末全球将有 16%～20%的洋面，主要包括北冰洋、南大洋、北太平洋和西北大西洋，会终年出现腐蚀

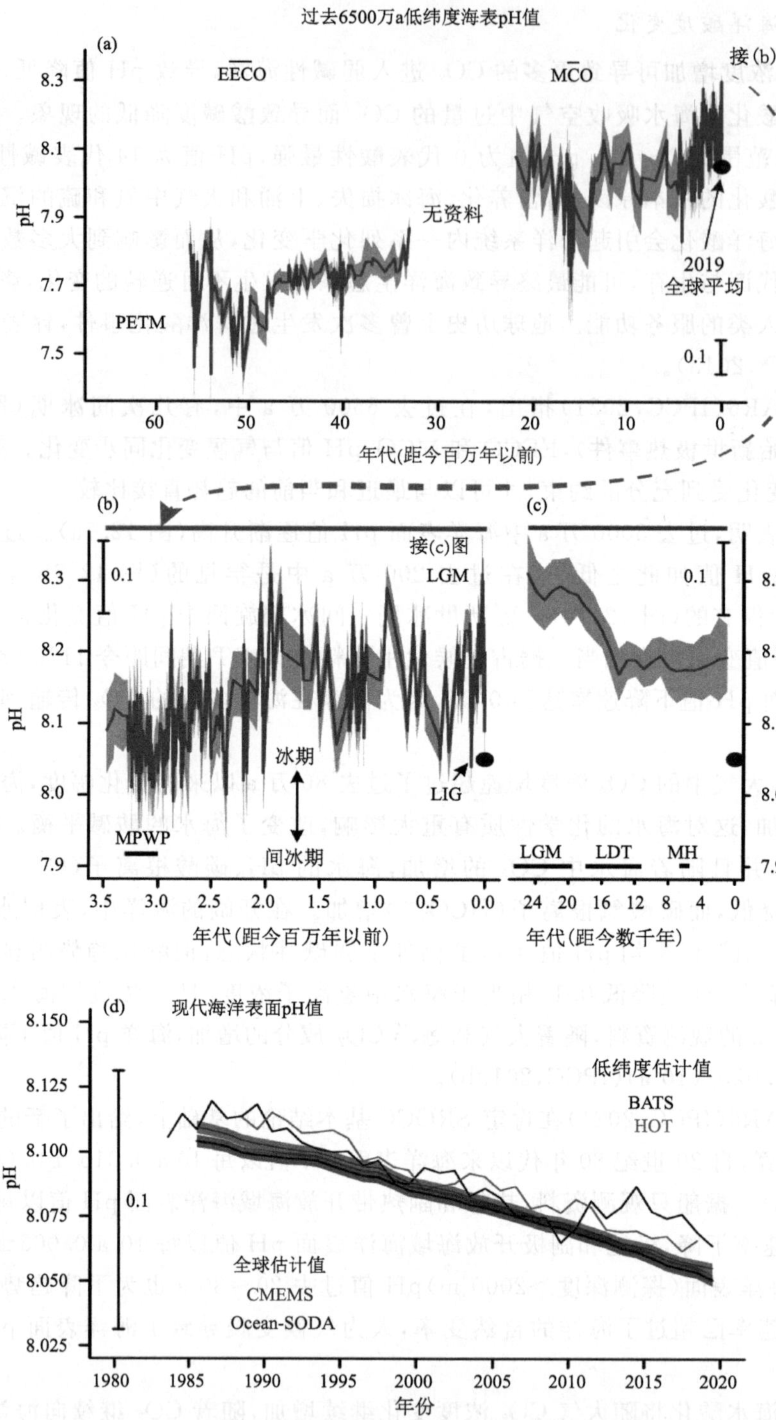

图 12.7　过去 6500 万 a 低纬度海洋表面 pH 值变化趋势(资料来源:IPCC,2021)

(a)过去 6500 万 a 低纬度((30°N—30°S))海洋表面 pH 值(同位素资料重建);(b)过去 350 万 a 低纬度(30°N—30°S)海洋表面 pH 值(同位素资料重建);(c)多观测点海洋表面 pH 值复合;(d)基于直接观测资料 (BATS,HOT) 和非直接观测资料 (CMEMS,OCEAN－SODA) 和全球平均 pH 值(65°S—65°N)的低纬度海洋表面 pH 值估算

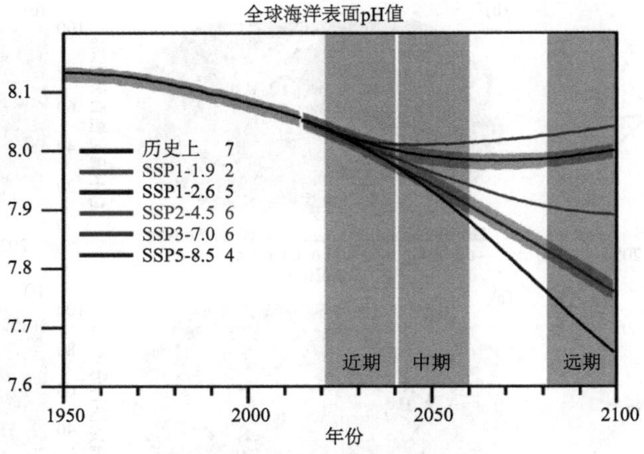

图 12.8(彩)　全球海表 pH 值变化趋势(资料来源:IPCC,2021)

性的水环境[图 12.9e(彩)]。综合 CO_2 浓度和海洋环流的影响,北冰洋和大西洋北部海底 pH 值也会出现明显的变化。IPCC WGI AR6(IPCC,2021)指出:在低排放情景下(SSP1-1.9 和 SSP1-2.6),未来海洋表面 pH 值可能有所回升,而在中高排放情景下,21 世纪海洋表面 pH 值将会单调地下降。

12.1.2.5　全球海洋溶氧量变化

氧气是海洋中重要的物理和生物示踪物。海水中溶解氧的含量(溶氧量)是海水化学的重要参数之一,也是海水水质的重要指标。溶解氧主要来源于大气的溶解和海洋中藻类及浮游植物光合作用的释放。海洋动物的呼吸作用、生物尸体及生物排泄物的分解、海水中其他有机化学物质的氧化皆消耗溶解氧。被污染的海水溶解氧含量较天然海水低,甚至完全缺氧。溶解氧含量减少对海洋生态具有严重的负面影响,不同种类生物耐受低氧的能力不同,这会导致海洋生物群落结构的改变。一些生物体可能会躲避低氧区,而那些定栖性种类则会因无法耐受低氧而死亡,导致海洋荒漠化。

海水中溶氧量与海水的温度、盐度有密切关系。水温、盐度升高,溶解氧含量下降,水温、盐度下降,溶解氧含量上升。随着全球气候变暖,海洋溶氧量呈下降趋势。溶氧量与温度呈线性关系。整个海洋平均热量每上升 1 J,就有约 6 nmol 的氧气逸散。海洋温度每升高 1 ℃,溶解氧浓度降低 24 mmol/kg(姚翠鸾 等,2015)。陆源营养盐的输入导致沿岸富营养化,海平面上升致使颗粒有机物的进一步累积和微生物活动的增加,这些都进一步消耗海水中的溶解氧。此外,年际至年代际气候变率对全球海洋特别是热带溶氧量最小地带的溶氧量有重要影响,如 ENSO 会通过影响温跃层而改变海水氧气溶解度。

海水中溶氧量及海水的温度、盐度状态与气候变化有着直接的关联。IPCC WGI AR6(IPCC,2021)指出,古气候证据表明,二叠纪—白亚纪海洋长期(10 万 a)持续低氧状态与间冰期温暖的气候紧密关联。在新生代气候变冷进程中,海洋含氧量则随之增加。过去 25000 a 低氧区范围最大的时期也与气候快变暖时期相对应。

当代,在南太平洋和南大西洋 50°S 处,都有富氧的表层水下沉,形成南极中层水,并一直向北延伸,可到达 20°S 的 800 m 深处。在北大西洋 60°N 处,表层水下沉而成深层水,并向南运动,一直延伸至南大西洋。南太平洋在南极下沉的富氧水,至深层可向北流动到达北太平

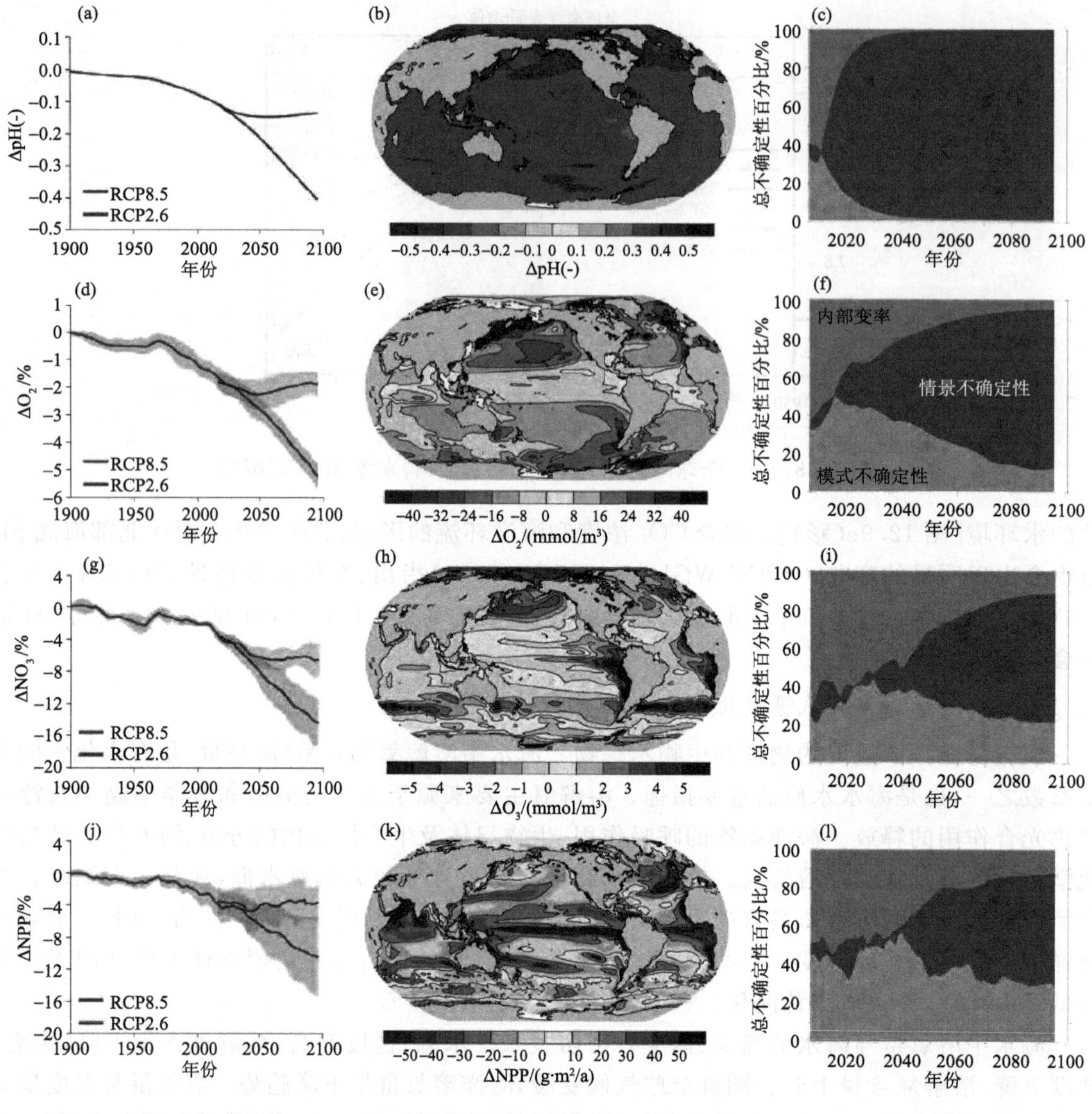

图 12.9(彩)　全球海洋 1990—2100 年酸度(海表 pH 值)、氧气含量(100～600 m O_2)、硝酸盐浓度(0～600 m NO_3)和初级净生产量(0～600 m NPP)变化模拟结果(资料来源:IPCC,2019b)

(a)、(d)、(g)、(j):1850—2100 年间全球海洋表面 pH 值、O_2、NO_3、NPP 时间序列变化;(b)、(e)、(h)、(k):2081—2100 年间(相对于 1850—1900 年)在 RCP8.5 情景下全球海洋 pH 值、O_2、NO_3、NPP 变化分布;(c)、(f)、(i)、(l):pH 值、O_2、NO_3、NPP 模拟结果不确定性(包括内部变率、模式和情景不确定性)

洋。这些从南半球高纬度下沉而成的中层和深层海水,其氧含量在流动过程中都逐渐降低。氧在海洋中的区域分布和海洋环流有密切的关系,并受海洋生物的分布和大陆径流的影响。全球三大洋的平均氧含量,大西洋最大,印度洋其次,太平洋最小,这主要是三大洋的环流情况不同所造成的。

SROCC(IPCC,2019b)基于三份独立资料集的分析评估(Schmidtko et al.,2017;Ito et al.,2017;Helm et al. 2011),给出了全球海洋 1970—2010 年溶氧量变化趋势(表 12.1)。

1970—2010 年，海洋 0～1000 m 溶氧量减少了 0.5%～3.3%，其中表层 0～100 m 溶氧量减少了 0.2%～2.1%，温跃层 100～600 m 溶氧量减少了 0.7%～3.5%。600 m 以下至海底溶氧量减少了 0.3%～2.0%。溶氧量最小地带即所谓的“死亡地带”（溶氧量低于 80 μmol/L），其范围扩展了 3.0%～8.3%。区域分布上，北冰洋、北太平洋、赤道太平洋南大洋中的溶氧量一直在下降，这些海域损失的溶解氧约占全球损失总量的 60%，其中尤以北太平洋和南大洋溶氧量下降幅度最大。

表 12.1　1970—2010 年全球海洋及分层含氧量变化评估（资料来源：IPCC，2019b）

分层	Schmidtko		Ito		Helm		综合评估	
	变化	90 CI	变化	90 CI	变化	90 CI	变化	90 CI
0～100 m	−0.38%	±1.06%	−1.65%	±0.63%	−1.30%	±0.54%	−1.11%	±0.95%
100～600 m	−1.06%	±1.36%	−3.17%	±1.34%	−2.04%	±0.60%	−2.09%	±1.42%
0～1000 m	−1.35%	±1.38%	−2.70%	±1.30%	−1.74%	±0.54%	−1.93%	±1.39%
600 m～海底	−1.51%	±0.62%	NA	NA	−0.81%	±0.57%	−1.16%	±0.84%
最小 O_2 带	6.33%	±2.52%	6.10%	1.2%	4.49%	±2.25%	5.64%	±2.66%
整体海洋	−1.43%	±0.70%	NA	NA	−0.87%	±0.53%	−1.15%	±0.88%

注：据 Schmidtko 等（2017），Ito 等（2017）和 Helm 等（2011）模拟结果；90 CI 为 90%置信区间；NA 为未进行评估。

SROCC（IPCC，2019b）预估，海洋 100～600 m 深度，到 2081—2100 年海洋溶氧量相对 2006—2015 年，在 RCP8.5 情景下将下降 3.1%～4.0%，在 RCP2.6 情景下变化范围为 −0.5%～+0.1%[图 12.9d(彩)]。据模式模拟结果，在高排放情景（RCP8.5）和低排放情景（RCP2.6）下，未来公开海域和海岸地区海洋溶氧量会进一步下降，到 2100 年全球海洋低氧带和缺氧海岸区域缺氧状态会进一步加剧（图 12.10）（Kirsten et al.，2021）。到 2100 年，在 RCP8.5 情景下海洋溶氧量相对 2000 年将下降 3.2%～3.7%，在 RCP2.6 情景下将下降 1.6%～2.0%（Bopp et al.，2013）。到 2100 年，北太平洋、北大西洋、北冰洋和南大洋海底溶氧量相对 2005 年将下降 0.3%～3.7%，但海底溶氧量普遍下降可能会在 2100 年之后（Sweet et al.，2017）。IPCC AR6（IPCC，2021）指出，未来随着海洋持续变暖，海洋溶氧量会进一步下降。CMIP6 与 CMIP5 模拟结果表明，到 2080—2099 年海洋次表层（100～600 m）溶氧量下降幅度会大大超出 SROCC 的预期。

12.1.2.6　全球海洋营养元素变化

海洋中的营养元素包括氮（N）、磷（P）、硅（Si）、铁（Fe）、碳（C）等，这些营养元素与生物的生长、繁殖密切相关，调节着整个生态系统的平衡。营养元素在海洋中的分布与变化不仅与其来源、水团输运、沉积、矿化等过程有关，而且与海洋中的细菌、浮游植物、浮游动物、鱼类等有着密切的关系。当海水中的主要营养元素减少至一定阈值时，植物就不能顺利地进行光合作用，其生长和繁殖受到限制。在人类活动的干扰和气候变化的影响下，深海主要营养元素呈减少趋势，影响生态系统的结构和丰度。而近海由于陆源大量的化肥和污染排放而趋于富营养化。富营养化虽然提高了近海浮游植物生产力和生物量，但却改变了浮游生物群落和底栖生物的群落结构和季节循环，导致浮游植物水华发生频率增加，底栖生物由于缺氧死亡率大幅增加。

SROCC（IPCC，2019b）对影响海洋微生物生长与繁育最重要的三种营养元素氮（N）、磷

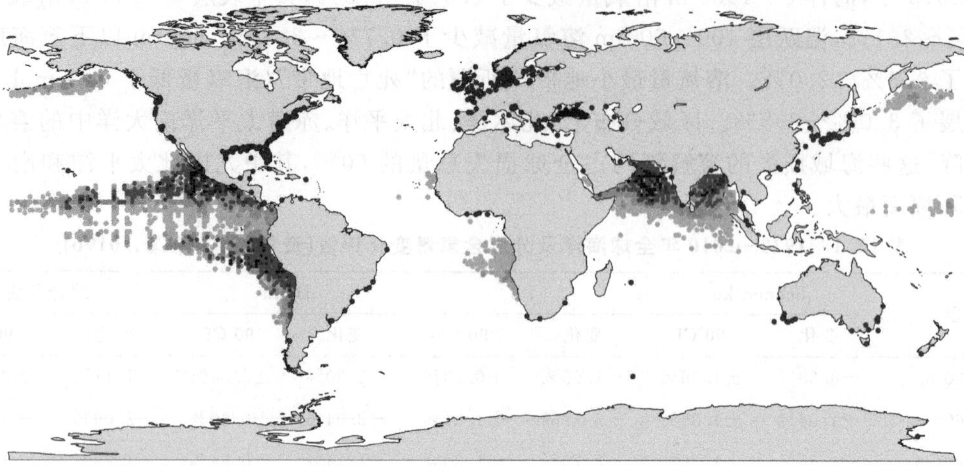

图 12.10 2100 年全球海洋低氧带(阴影)和缺氧海岸区域(圆点,溶解氧含量<2 mg/L)分布
(资料来源:Kirsten et al.,2021)

(P)和铁(Fe)进行了评估。通过海洋外场试验和观测得知,N、P 是热带分层海洋的限制元素,Fe 是高纬度海洋(南大洋、北大西洋和亚北极太平洋)和上升流海域的限制元素,而在热带环流和上升流之间的海域,则观测到由 N 和 Fe 协同限制。外场试验还表明,受 N、P 限制的热带分层海洋的初级生产力下降,而受 Fe 限制的高纬度海洋和上升流海域初级生产力抬升。

目前对深海营养物变化的研究还比较少,因而对其趋势的评估还有较大的不确定性。基于模式的模拟结果,硝酸盐(NO_3)浓度在 1900—1970 年期间呈波动状态,1970 年以后则是明显的波动下降态势[图 12.9g(彩)]。

地球系统模式(ESMs)对未来海洋营养的变化进行了模拟,但模拟主要考虑了变暖背景下的海洋分层增加对营养循环的影响,而对大气灰尘和气溶胶等输送未予考虑,因而其模拟结果仍有很大的不确定性。综合 ESMs 模拟结果,海洋 0~100 m 深度,2081—2100 年海洋硝酸盐浓度相对 2006—2015 年,在 RCP8.5 情景下将下降 8%~14%,在 RCP2.6 情景下变化范围为 1.5%~6.0%。绝对下降量最大的区域为现在的上升流海域。未来海洋特别是表层铁的浓度会有所增加,这主要是因为向高纬度的输送增强。而一些地区生物量的减少,也会减少对铁的消耗。

12.1.2.7 全球海平面变化

导致全球海平面高度变化的因素从根本上可归结为两类,一是海水质量的变化,二是海水体积的变化。海水质量的变化涉及冰量质量平衡及冰量动力学、冰川融化、地表水利用和地下水流入等因素,海水体积的变化涉及热膨胀、引力及固体地球效应。区域海平面变化则受到海洋动力学过程、海底运动、海水质量再分布造成的引力变化的共同影响。区域海平面变化在年际至年代际时间尺度上由气候系统内部变率主导,在长期时间尺度上的变化则由风场变化及其引起的潮汐、风暴潮、浪涌变化和全球海洋热含量、淡水通量及与其相关的动力调整、大气压力的长期变化引起(IPCC,2013)。此外,在任何沿岸,海洋或陆面的垂直运动可引起海平面出现相对于陆地的各种变化(即相对海平面变化),如海面高度上升或陆地高度下降都可造成局地变化。

在地质时期的间冰期,曾经发生过若干海平面上升的事件。在上新世中期暖期(MPWP, 3.3～3.0 MaBP),当时大气中 CO_2 浓度与现代比较接近,为 300～450 ppm,大气年均温度比 1850—1990 年高 2.5～4.0 ℃,导致格陵兰岛、南极西部冰盖及南极东部冰盖消融,海平面上升,幅度约为 5～25 m 。在上新世中期暖期(MPWP,3.3～3.0 MaBP),全球平均表面温度(GMST)比 1850—1990 年高 2.5～4.0 ℃,GMSL 比现在高 5～25 m。冰盖模式结果表明,格陵兰和西南极冰盖几乎都已消融,东南极物质也有部分损失。在更新世时期的间冰期(MIS11,424～395 kaBP),GMST 相对于 2000 年左右的海面温度高(0.5±1.6)℃,海平面比现在高 6～13 m,其中格陵兰冰盖贡献 4.5～6.0 m,南极冰盖贡献 6.4～8.8 m,说明<2 ℃的升温足以导致格陵兰和南极冰盖大范围崩塌,并引发数米的海平面上升。在末次间冰期(129～116 kaBP),格陵兰冰盖对海平面上升的最大贡献出现在 125～120 ka 前,与海洋沉积记录一致。大气年平均温度比工业化以前高 0.5～1.0 ℃,而海面温度(SST)接近现代,海平面高度比现代高 5 m 以上,但不超过 10 m (Dutton et al.,2015)。在全新世早期(11.4～8.2 kaBP),受突发冰川融水脉冲事件影响,GMSL 上升了约 5060 m。在全新世中期,GMST 比 1850—1900 年更高,格陵兰冰盖的覆盖范围更小。多项证据表明,南极冰盖在多处地区发生了退缩,但无法确定总面积是否比现在要小(IPCC,2021;张通 等,2022)。

现代海平面高度的器测起始于 1700 年左右的潮汐站验潮仪观测,而更精确的观测则起始于 1992 年的卫星高度计测量。SROCC(IPCC,2019b)综合潮汐站验潮仪和卫星高度计观测结果,确定 1901—1990 年期间海平面上升速率为 1.4 mm/a,1970—2015 年期间为 2.1 mm/a,1993—2015 年期间为 3.24 mm/a,2006—2015 年期间为 3.6 mm/a,是 1901—1990 年期间上升速率的 2.5 倍。2018 年处于有观测记录以来的最高位。可见,20 世纪以来海平面上升呈加速之势,1993 年以来更为显著,这主要是人类活动的强迫造成的。

IPCC AR6(IPCC,2021)在肯定 AR5 和 SROCC 评估基本结论的基础上,对海平面有关数据进行了更新。AR6 指出,20 世纪以来,海平面上升速率之快,至少是过去 300 万 a 以来是最快的[图 12.11(彩)]。1901—1990 年海平面上升速率为 1.35(0.78～1.92)mm/a,1993—2018 年为 3.25(2.88～3.61) mm/a。1901—2018 年平均上升速率为 1.73(1.28～2.17) mm/a,海平面上升幅度为 0.20(0.15～0.25) m。

对于海平面上升的贡献,据 IPCC AR5(IPCC,2013)的结论,1901—1990 年期间,格陵兰和南极以外冰川融化的贡献为 0.54 mm/a,格陵兰的贡献为 0.15 mm/a,陆地水的贡献为 −0.11 mm/a;1971—2010 年期间,热膨胀的贡献为 0.80 mm /a,格陵兰和南极以外冰川融化的贡献为 0.62 mm/a,格陵兰的贡献为 0.06 mm/a,陆地水的贡献为 0.12 mm/a。SROCC(IPCC,2019b)据观测资料和模拟结果对不同时期各因子的贡献给出新的结果,其中据潮汐站和卫星高度计观测资料综合计算的结果见表 12.2。在气候变暖的大趋势下,虽然海水热膨胀的贡献在增加,2006—2015 年仍高达 1.4 mm/a,但冰川和冰盖融化的贡献增加更多,已达 1.8 mm/a,超过了海水热膨胀的贡献。2007—2016 年格陵兰冰盖的质量损失是 1997—2006 年的 2 倍,而南极冰盖损失更是高达 3 倍。近几十年来,冰川和冰盖融化已成为海平面上升的首要因子。

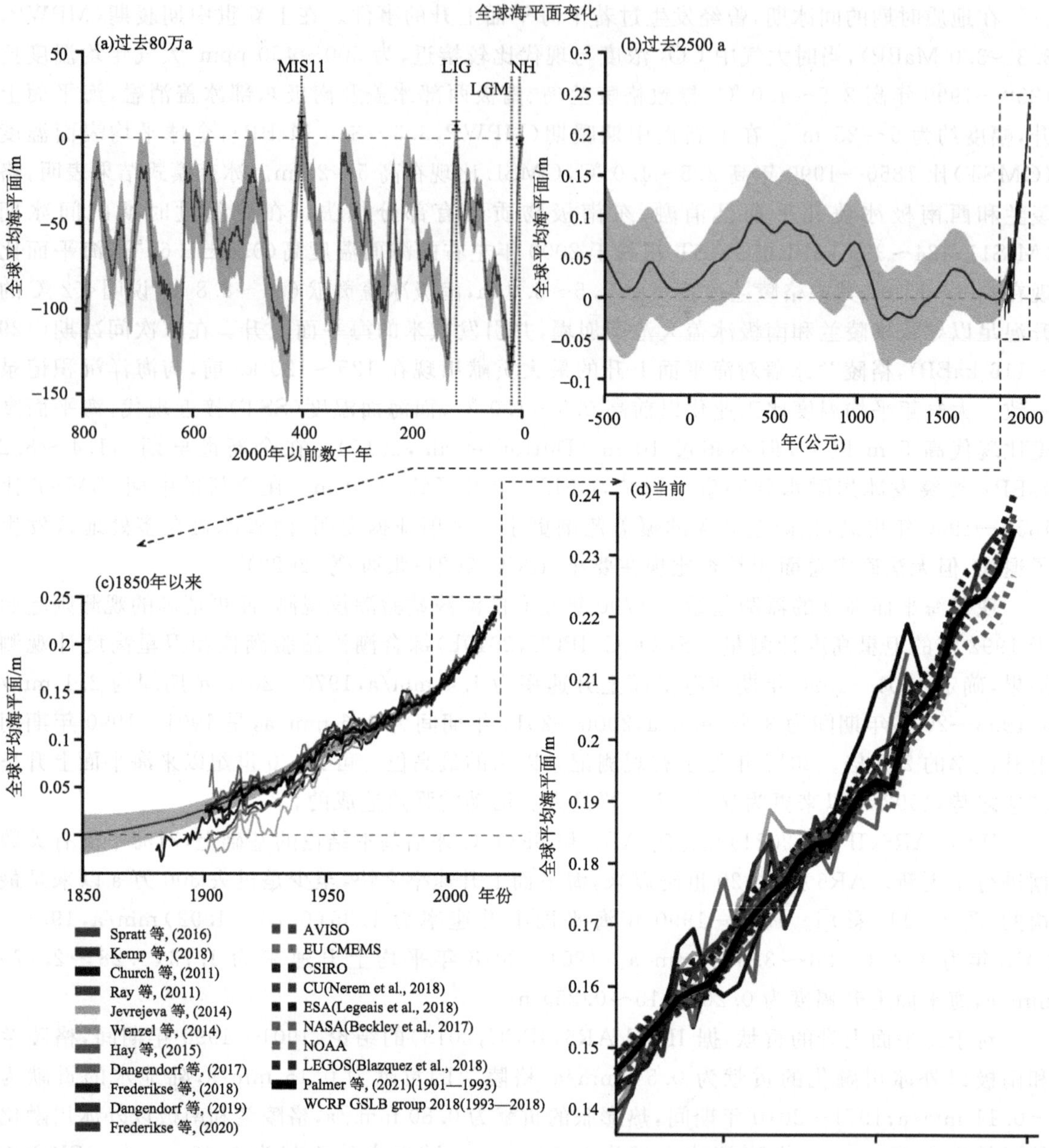

图 12.11(彩)　全球平均海平面高度变化趋势(资料来源:IPCC,2021)

(a)基于冰心氧同位素资料重建的过去 80 万 a 海平面高度变化趋势;(b) 基于多种代用资料和观测资料重建的过去 2500 a 海平面高度变化趋势;(c) 基于潮汐站和高度计观测资料的 1850 年以来海平面高度变化趋势;(d) 基于潮汐站和高度计观测资料的近 30 a 海平面高度变化趋势

表 12.2 全球不同时期平均海平面影响因子的贡献(基于观测资料)(资料来源:IPCC,2019b)

单位:mm/a

影响因子	1901—1990 年	1970—2015 年	1993—2015 年	2006—2015 年
1 热膨胀		0.89(0.84～0.94)	1.36(0.96～1.76)	1.40(1.08～1.72)
2 冰川(不包括格陵兰和南极冰川)	0.49(0.34～0.64)	0.46(0.21～0.72)	0.56(0.34～0.78)	0.61(0.53～0.69)
3 格陵兰冰盖(包括外围冰川)	0.40(0.23～0.57)	—	0.46(0.21～0.71)	0.77(0.72～0.82)
4 南极冰盖(包括外围冰川)	—	—	0.29(0.11～0.47)	0.43(0.34～0.52)
5 陆地水储存	−0.12	−0.07	0.09	−0.21(−0.36～−0.06)
6 海洋质量	—	—	—	2.23(2.07～2.39)
7 总贡献(1+2+3+4+5)	—	—	2.76(2.21～31)	3.00(2.62～3.38)
8 基于观测资料的海平面上升	1.38(0.81～1.95)	2.06(1.77～2.34)	3.16(2.79～3.53)	3.58(3.10～4.06)

据 SROCC 的预估结论,在 RCP2.6、RCP4.5 和 RCP8.5 情景下,到 2100 年海平面上升的速率分别为 4(2～6)mm/a、7(4～9)mm/a 和 15(10～20)mm/a。未来随着平均海平面的持续上升,在很多地区极端高海平面事件也会增加,一些地区原先百年一遇的极端高海平面事件可能每年都会出现。到 21 世纪末,海平面变化将有明显的区域差异,且许多地区的变化可能会与全球平均变化有很大差别。约超过 95%的海洋区域将经历区域性相对海平面上升,而经历海平面下降的区域大都靠近当前或原有冰川和冰盖。

IPCC WGI AR6(IPCC,2021)给出了 CMIP6 模式新的预估结果。2081—2100 年,预计平均海平面在 SSP3-7.0 情景下将比 1995—2014 年上升 0.46～0.74 m,在 SSP1-2.6 情景下将上升 0.30～0.54 m。在 SSP2-4.5、SSP3-7.0 和 SSP5-8.5 情景下,21 世纪海平面上升速率会加快。总之,在任一 SSPs 情景下,21 世纪海平面都会持续上升(图 12.12)。

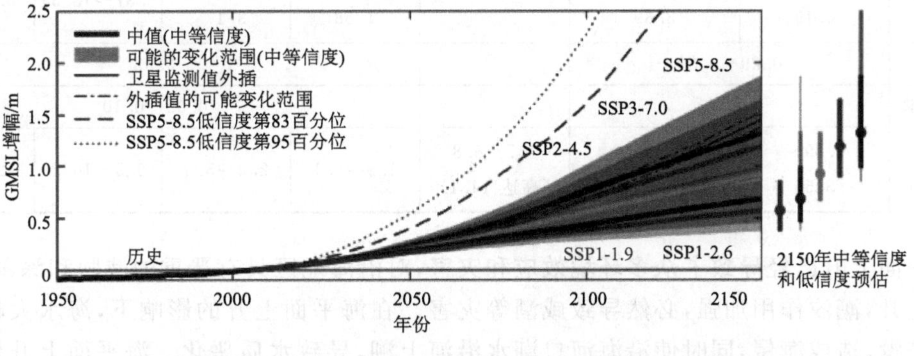

图 12.12 不同共享社会经济路径(SSP)情景下 CMIP6 预估的全球平均海平面增幅(相对于 1995—2014 年)(资料来源:IPCC,2021)

对于未来海平面上升的贡献，IPCC AR5(IPCC,2013)预估指出，综合各种 RCPs 情景的模拟结果，热膨胀的贡献占 21 世纪全球平均海平面上升的 30%～55%，冰川融化占 15%～35%。这是因为随着全球持续变暖，冰量在逐渐减少，对海平面上升的贡献将在 21 世纪中期出现转折，由大变小。格陵兰冰盖表面的融化量将超过降雪的增加量，从而使格陵兰冰盖表面物质平衡的变化对未来海平面的贡献为正。南极冰盖表面融化仍将很少，且预计降雪量将增加，这将使南极冰盖表面物质平衡的变化对未来海平面的贡献为负。到 2081—2100 年，两个冰盖的总流出量变化可能会导致海平面上升 0.03～0.20 m。IPCC AR5 以后，研究评估继续深入，SROCC(IPCC,2019b)据观测资料和模拟结果给出新的结果，总体趋势与 AR5 一致，但指出南极冰盖表面物质平衡的变化对未来海平面的贡献为正。表 12.3 中给出了 IPCC WGI AR6(IPCC,2021)到 2300 年预估的新结果，并分别与 AR5 和 SROCC 进行比较。

表 12.3　2300 年(相对 1995—2014 年)全球平均海平面上升幅度及影响因子的贡献

(资料来源:IPCC,2021)　　**单位:m**

排放情景	低排放情景	RCP 2.6		SSP1-2.6			
评估报告	AR5	SROCC	AR5 之后	2100 年后冰盖未加速	冰盖融化贡献	MICI 预估	SEJ 预估
热膨胀	0.07～0.46			0.19～0.35			
格陵兰冰盖	0.14			0.22～0.39	0.11～0.25		0.28～1.28
南极冰盖	0.21～0.25			−0.07～1.13	−0.14～0.78	0.71～1.35	−0.11～1.56
冰川	—			0.13～0.30			
陆地水存储	−0.03	0.07～0.37		0.05～0.10			
总计(2300 年)	0.38～0.82	0.57～1.04	0.3～2.9	0.8～2.0	0.6～1.5	1.4～2.1	1.0～3.1
排放情景	高排放情景	RCP 8.5		SSP5-8.5			
评估报告	AR5	SROCC	AR5 之后有(无)MICI	2100 年后冰盖未加速	冰盖融化贡献	MICI 预估	SEJ 预估
热膨胀	0.28～1.80			0.91～1.50			
格陵兰冰盖	0.30～1.18			0.53～0.89	0.32～1.74		0.40～2.23
南极冰盖	0.02～0.19	0.60～2.89		−0.24～1.68	−0.27～3.17	6.87～13.54	0.03～3.05
冰川	0.29～0.39			0.32			
陆地水存储	—			0.05～0.10			
总计(2300 年)	0.89～3.56	2.25～5.34	1.7～6.8(高达 14.1)	1.9～4.1	2.2～5.9	9.5～16.2	2.4～6.3

海平面上升已经导致了众多环境效应和灾害，对沿海地区具有严重的威胁和深刻的影响。海平面上升，潮汐作用加强，必然导致咸潮等灾害。在海平面上升的影响下，海水大幅度溢过陆地和淹没，造成海侵，同时使沿海河口潮水沿河上溯，导致水质恶化。海平面上升导致风暴潮位的提高以及风暴潮发生频率的增加。由于海平面上升使现有海堤在一定程度上失效，百年一遇的风暴潮会变成 50 a 一遇或 30 a 一遇，加剧了海岸带的灾害。海平面上升，使低潮滩

转化为潮下滩，不仅使滩涂湿地的自然景观遭到严重破坏，而且造成鱼、虾、贝类生息和繁衍场所消失，许多珍稀濒危野生动植物绝迹。海平面上升使河流侵蚀基准面抬高，加重了河流下游的淤积，使河床抬高，严重影响航道、海港的正常运行，制约社会经济发展(孔兰 等,2012)。

12.2 气候变化对全球海洋和海岸带的影响

12.2.1 海洋生态系统和海岸带系统

在 IPCC WGII AR5 报告(IPCC,2014a)中，首次将全球海洋视为地球上的一个区域，并较完整地评估了气候变化和人类活动对全球海洋的环境和生态的影响以及海洋对气候变化的适应和脆弱性，重点关注海洋生物生理、生态过程与生态系统的变化。SROCC 特别报告(IPCC,2019b)将海洋区域生态系统分为海洋生态系统和海岸带生态系统，分别论述了气候变化和人类活动对其影响。IPCC WGI AR6 报告(IPCC,2021)首次提出气候影响驱动因子(Climatic Impact-Drivers,CID)的概念，CID 的变化既有自然变率的作用，又有人类活动的归因，CID 的变化反过来又驱动生态系统和人文系统的变化。IPCC WGII AR6 报告(IPCC,2022)基于影响海洋生态系统和海岸带生态系统的 CID，分别论述了气候变化对海洋生态系统和海岸带生态系统状态和服务功能的影响。

12.2.1.1 海洋生态系统

海洋生态系统是由海洋生物群落及其与环境相互作用所构成的自然系统。全球海洋是一个大生态系，其中包含许多不同等级的次级生态系。每个次级生态系占据一定的空间，由生物和非生物通过能量流和物质流相互作用，形成具有一定结构和功能的统一体。海洋生态系统有多种分类方法：按地理划分，可分为沿岸生态系、大洋生态系、海底生态系、上升流生态系等；按生物群落划分，可分为红树林生态系、珊瑚礁生态系、藻类生态系等(IPCC,2014a；蔡榕硕 等,2014)。

人类活动是海洋生态系统变化的主要原因。人类活动每年向大气中排放约 10 亿 t 的 CO_2，导致了全球大气和海洋温度升高、海平面上升、海水酸化等一系列变化。这些变化能够促使海洋生物从基因水平到生态系统水平发生改变，带来对从微生物、藻类到顶级掠食者所有生态系统组成部分以及整个海洋生态系统的各种生物学影响(韦兴平 等,2011；姚翠鸾 等,2015)。人类活动的其他方式，如过度捕捞、污染排放、富营养河水流入等，也会对海洋生态造成不利影响。

IPCC AR6 报告(IPCC,2021；IPCC,2022)将海洋生态系统气候影响驱动因子 CID 归结为 5 个方面，分别是海洋温度、海平面、海洋环流、海冰和海洋化学。每一方面包含若干驱动因子，共计有 14 种。这些驱动因子受到自然变率和人类活动的共同作用，过去、现在、未来都在变化之中(表 12.4)。这些同时存在的 CID 可以对海洋物种及生态系统造成交互、复杂和放大的影响，包括海洋初级生产力、生物量、物种丰度和分布等很多方面，对鱼类、浮游生物、珊瑚礁、海藻、海草、红树林、岸岩、沙滩、沿海湿地系统构成威胁。未来随着气候持续变暖和海洋环境进一步变化，海洋生态系统的状况和服务功能将进一步恶化[图 12.13(彩)]。

表 12.4　海洋气候影响驱动因子及其变化趋势(资料来源:IPCC,2022)

气候影响驱动因子	观测到的变化趋势	21 世纪预估的变化趋势
海洋温度		
海洋变暖	相对于 1850—1900 年,2010 年—2020 年海表温度已升高 0.88(0.68~1.01)℃	21 世纪全球海洋将持续变暖,从 21 世纪中期开始,海洋变暖的速率取决于不同气候情景
海洋热浪(MHW)	整个 20 世纪海洋热浪频率提高、强度增加、持续时间延长	相对于 1895—2014 年,2081—2100 年在 SSP1-2.6 和 SSP5-8.5 情景下海洋热浪将分别提高 4 倍和 8 倍
气候速率	气候变化导致生物迁徙加速	未来迁徙速率进一步加速
海平面		
全球平均海平面(GMS)	1901 年以来,海平面升高了 0.2(0.15~0.25)m,且升高速率在加快	在所有评估 SSPs 情景下,21 世纪海平面会持续上升
极端海平面	相对海平面上升正在提升极端海平面发生频率	平均相对海平面上升会持续提升极端海平面发生频率
海洋环流		
海洋分层化	至少自 1970 年以来,海洋上部出现了稳定的分层	21 世纪全球海洋上部分层会持续增加
东边界上升流系统	自 20 世纪 80 年代以来,只有加州洋流系统经历了一些大尺度有利的风增强	东边界上升流系统将发生变化,在每个系统内呈现低纬减少、高纬度增强的偶极子空间格局
大西洋翻转环流(AMOC)	在 20 世纪,重建和模拟的 AMOC 变化的可信度较低	21 世纪 AMOC 会减弱(高信度,但减弱的量级模拟为低信度)
海冰		
北极海冰变化	无论是年均值还是夏末值,目前北极海冰覆盖水平至少是 1850 年以来的最低水平	在 SSP2-4.5,SSP3-7.0 和 SSP5-8.5 情景下 21 世纪末北极海冰在 9 月将会完全消失
南极海冰变化	1979—2020 年南极海冰面积没有明显的全球变化趋势	对未来南极海冰的趋势模拟为低信度
海洋化学		
盐度变化	大尺度、近海表盐度反差至少从 1950 年以来就加强了	21 世纪海洋较淡区域将变得更淡,而较咸区域将变得更咸
海洋酸化	过去 40 a 全球范围海表 pH 值降低	除非在 SSP1-1.9 和 SSP1-2.6 情景,在其他情景下 21 世纪全球范围海表 pH 值将持续降低
海洋脱氧	自 20 世纪中期以来,多数公开海域已出现脱氧状况	随着 21 世纪含氧量的下降,预计海洋浅层将过渡到历史上前所未有的状况
营养物质浓度增加	一些海域营养物质浓度变化明显	未来海洋浅表层营养物质浓度可能会下降

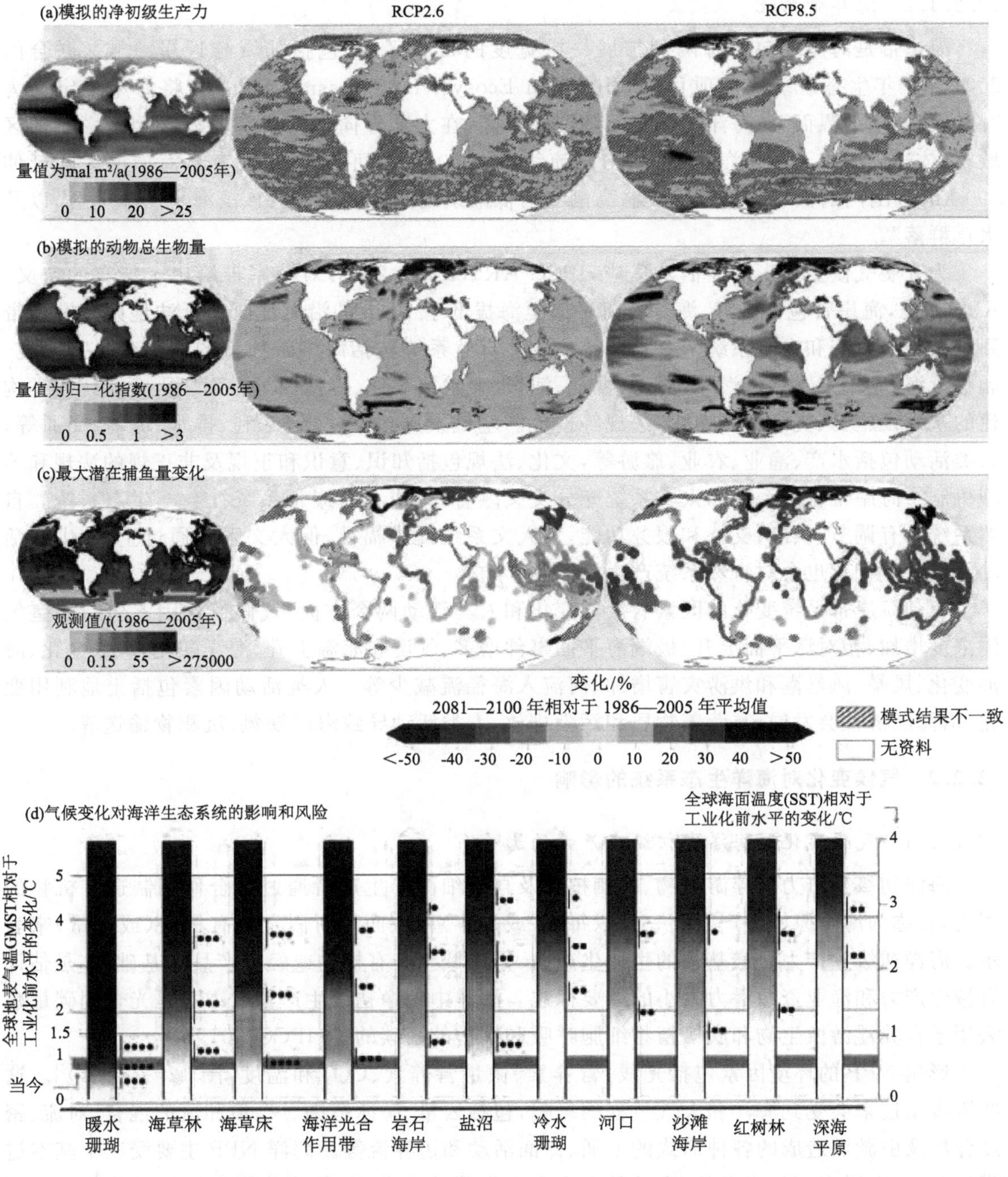

图 12.13(彩)　RCP2.6 和 RCP8.5 情景下 2081—2100 年相对于 1986—2005 年气候变化对全球海洋生态系统的影响及风险(资料来源:IPCC,2019b)

(a)海洋净初级生力变化(%);(b)动物总生物量(包括鱼类和无脊椎动物)变化(%);(c)最大潜在捕鱼量变化(%);(d)气候变化(地表气温 GMST 和海表温度 SST 变化)对海洋和海岸带生态系统的影响和风险。风险等级分为极高、高、一般和不可探测,可信度分为极高(····)、高(···)、一般(··)和低(·)

12.2.1.2　海岸带系统

海岸带是海岸线向陆海两侧扩展一定宽度的带状区域，包括陆域与近岸海域。联合国2001年千年生态系统评估项目(Millennium Ecosystem Assessment，2003)将海岸带定义为“海洋与陆地的界面，向海洋延伸至大陆架的中间，在大陆方向包括所有受海洋因素影响的区域；具体边界为位于平均海深50 m与潮流线以上50 m之间的区域，或者自海岸向大陆延伸100 km范围内的低地，包括珊瑚礁、高潮线与低潮线之间的区域、河口、滨海水产作业区，以及水草群落”。

为开展气候变化影响评估及适应，IPCC AR5(IPCC，2013)对海岸带给出了特有的定义。AR5指出，海岸带包括近海、海岸及海平面至海拔低于10 m的沿海地区和低洼地区。海岸带系统由自然系统和人文系统两个子系统构成。自然系统包括海岸带独特的地理和生态系统，涵盖近海、珊瑚礁、岸岩、海滩、屏障、沙丘、河口、含水层湿地、三角洲等方面。人文系统人类构建的基础设施、人类活动和文化、法规等构成。基础设施包括住所、水利、排水、堤坝、交通等，人类活动包括水产、渔业、农业、旅游等，文化、法规包括知识、意识和正规及非正规的法规和治理机制。海岸带自然系统和人文系统充分交叉融合，构成了海岸带系统社会一生态系统。自然系统具有调节、供应、支持和服务功能，为人文系统提供福祉，但人文系统通过生产、生活活动及其气候变化也会对自然系统产生深刻的影响。

驱动海岸带系统变化的因素有气候变化和人类活动两个方面，气候变化因素包括温室气体浓度增加、相对海平面上升、极端海平面事件增多、气温和海温上升、海洋酸化、风场变化、海浪变化、风暴、风暴潮和洪涝灾害增加、河流入海径流减少等。人类活动因素包括土地利用变化、沿海经济社会发展、富营养物质和污染排放、人类活动导致海水缺氧、沉积物输送等。

12.2.2　气候变化对海洋生态系统的影响

12.2.2.1　气候变化对海洋净初级生产力的影响

海洋初级生产力是浮游植物、底栖植物及自养细菌等生产者通过光合作用制造有机物的能力，也称为海洋原始生产力。一般以每天(或每年)单位面积所固定的有机碳(或能量)来表示。海洋初级生产力是最基本的生物生产力，是海域生产有机物或经济产品的基础，亦是估计海域生产力和渔业资源潜力大小的重要标志。海洋中的净初级生产量(NPP)是光合固碳量减去用于自养浮游微生物和底栖植物细胞呼吸和维护的固碳的量(IPCC，2019b)。

影响NPP的环境因素包括光线、营养素、微量营养素、CO_2和温度[图12.14a(彩)]。这些因素反过来会受到海洋和大气过程的影响，包括云量、海冰范围、风、浪和流的混合、对流、密度分层及由漩涡造成的各种形式的上涌、锋面活动和边界流等。海洋NPP主要受三个基本过程控制：①海洋表面的光条件，也就是发生光合作用的透光区；②营养物和微量营养素从底层水域到透光区的上涌；③有机原料在下沉出透光区前被分解和回收，从而再生成营养素和微量营养素。这三个过程都受物理化学和生物过程影响，而且在各个区域的生态系统有所不同。温度会起到多种作用，对NPP有显著的影响。温度除影响水柱分层和海冰面积外，还会影响浮游植物的生理速度和异养细菌回收营养素的速度。气候变化通过多种途径强烈影响NPP，具体途径取决于区域和局部物理参数以及生态系统的结构和功能。NPP受环境因素的影响会导致区域生产率发生高达10倍的变化，营养贫乏的亚热带水域和光线有限的北极水域生产率最低，而高产量的上涌地区和高度富营养化的沿海地区的生产率最高[图 12.14b(彩)]。

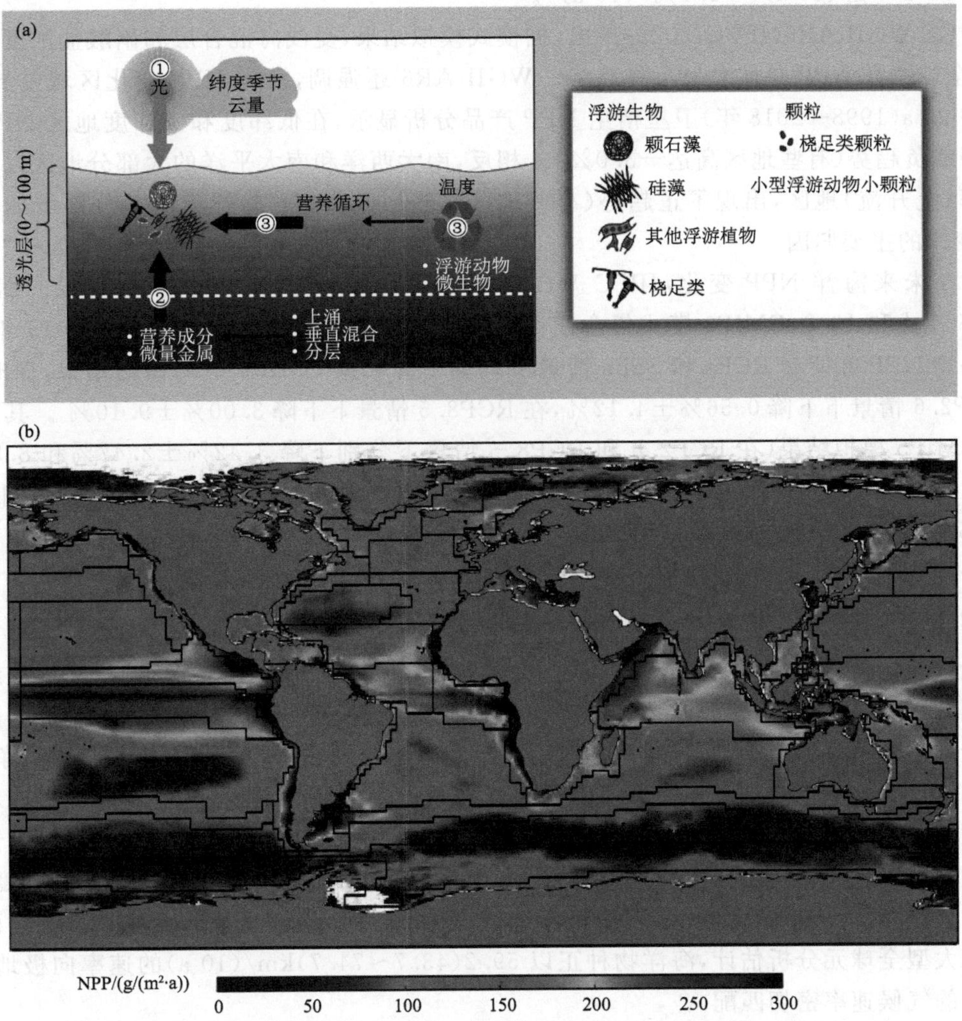

图 12.14(彩)　海洋净初级生产量 NPP 分布以影响机制(资料来源：IPCC，2013)

(a)环境因素影响海洋净 NPP 的机制；(b)全球区域 NPP 率年度复合图

IPCC SROCC 报告(IPCC，2019b)指出，据卫星遥感观测资料，海洋近年来提供的 NPP 约为 50×10^{15} g/a，约占全球 NPP 的一半。当偶发自然干扰改变环境控制时，NPP 的速率会发生明显变化，如在东北太平洋高硝酸盐低叶绿素水域，火山爆发时可提高铁质供应的情况。气候变率也可造成 NPP 的明显变化，如当赤道太平洋的厄尔尼诺转变为拉尼娜的情况时，垂直的营养和微量元素的供应会得到增强。据模式模拟结果，1900 年以来全球海洋 NPP 总体上呈下降趋势。据时间序列资料，1999—2005 年间全球海洋 NPP 以 190×10^{15} g/a 的速度长期持续下降，即全球 NPP 每年下降 0.57%。

IPCC WGI AR6(IPCC，2021)肯定了以往的基本结论和趋势，但对有关数据进行了更新。据 1998—2015 年卫星观测资料，海洋近年来提供的 NPP 为 $(36.5\sim67)\times10^{15}$ g/a，而基于模式模拟和卫星资料同化的结果仅为 38 (±1.13) $\times10^{15}$ g/a。AR6 对两者进行协调，修订的结果为 47（±7.8）$\times 10^{15}$ gC/a。1998—2015 年海洋 NPP 总体上为小幅下降趋势，其下降速率为-0.8×10^{15} g/(10 a)(−2.1%/(10 a))。

IPCC WGII AR6(IPCC,2022)指出，据模式模拟结果，受浅海混合层和硝酸盐浓度下降的驱动，全球海洋 NPP 总体上呈下降趋势。WGII AR6 还强调，海洋 NPP 变化区域差异明显。对过去 20 a(1998—2018 年)卫星衍生 NPP 产品分析显示，在低纬度和中纬度地区 NPP 呈微弱趋势或负趋势(有些地区高达−3.0%)。相反，南大西洋和南太平洋的大部分地区以及极地和沿海(上升流)地区，出现了正趋势(有些地区高达+4.5%)。海洋变暖和分层增加是海洋 NPP 变率的主要归因。

对于未来海洋 NPP 变化，IPCC WGII AR6(IPCC,2022)给出了预估结果。据 10 个 CMIP5 模式和 13 个 CMIP6 模式集合模拟结果，预计 2080—2099 年与 2006—2015 年相比，全球平均 NPP 在所有 RCPs 和 SSPs 情景下均会下降。据 CMIP6 平均预估结果，届时 NPP 在 RCP2.6 情景下下降 0.56%±4.12%，在 RCP8.5 情景下下降 3.00%±9.10%。其下降幅度比 CMIP5 模拟结果(在 RCP2.6 和 RCP8.5 情景下分别下降 3.42%±2.47%和 8.54%±5.88%)要低。从区域来看，北大西洋和赤道太平洋 NPP 下降幅度较大，而在高纬地区，CMIP5 模式和 CMIP6 模式模拟结果均显示 NPP 增加。据 CMIP5 模拟结果，印度洋和亚热带太平洋 NPP 均呈下降趋势，但下降幅度较小，而 CMIP6 模式预估下降幅度更弱。

12.2.2.2　气候变化对海洋物种分布和丰度的影响

气候变化伴随的海洋变暖、海水酸化、水体溶氧量减少、海洋营养成分变化、海洋层级增加等变化，已经并将继续改变海洋物种的丰度、地理分布、迁徙模式和季节性活动的时间，同时物种的最大体积也有所减少。这已经改变并将进一步改变物种的相互作用，包括物种竞争关系。自 1950 年以来，从赤道到极地的海洋生态系统的结构、分布和功能均有明显变化。针对各洋盆所做的大量观测显示，发生了全球尺度的变化，包括物种的大规模分布变化，以及数十年时间尺度上生态系统构成的变化。许多鱼类、无脊椎动物和浮游植物改变了其分布和丰度，转向极地或更深、更冷的水域。IPCC WGII AR6(IPCC,2022)指出，关于海洋食物网多个层面范围变化的大型全球元分析估计，海洋物种正以 59.2(43.7～74.7)km/(10 a)的速率向极地移动，与当地的气候速率密切匹配。

自 20 世纪 50 年代以来，底栖生物、浮游生物物种和群落的分布已迁移高达 1000 km。总体而言，前缘处每 10 a 极向扩大(72.0±13.5) km，后缘每 10 a 极向收缩(15.8±8.7) km(图 12.15)(IPCC,2014a)。总体上，海洋上层(0～200 m)生物和海底生物分别以(52±33)km / (10 a)和(29±16)km/(10 a)的速率向极地迁徙。分布变化的程度和方向与温度速率有关，尽管海洋变暖速度低于陆地表面，但目前的海洋物种迁移速度要比陆地物种迁移速度高得多(IPCC,2019b)。

极向的分布变化导致中高纬度区域的物种丰富度增加，种群结构发生变化。原先一些生活在暖水的种群已在中高纬度海洋区域出现，包括白令海、巴伦支海、北欧、北海和塔斯曼海。暖水物种转而以亚热带和较高纬度区域为主要生活地域，而赤道水域的物种丰度有所降低(Cheung,et al.,2013)。

关于物种垂直分布的变化，IPCC WGII AR6(IPCC,2022)指出，最近几十年(1980—2015年)，上层等温线平均每 10 a 加深(6.6±18.8) m，但对于物种是否会向深处移动以寻求热避难所，人们的共识很低。先前的研究表明，物种向深度转移，但近期越来越多的证据表明，除了

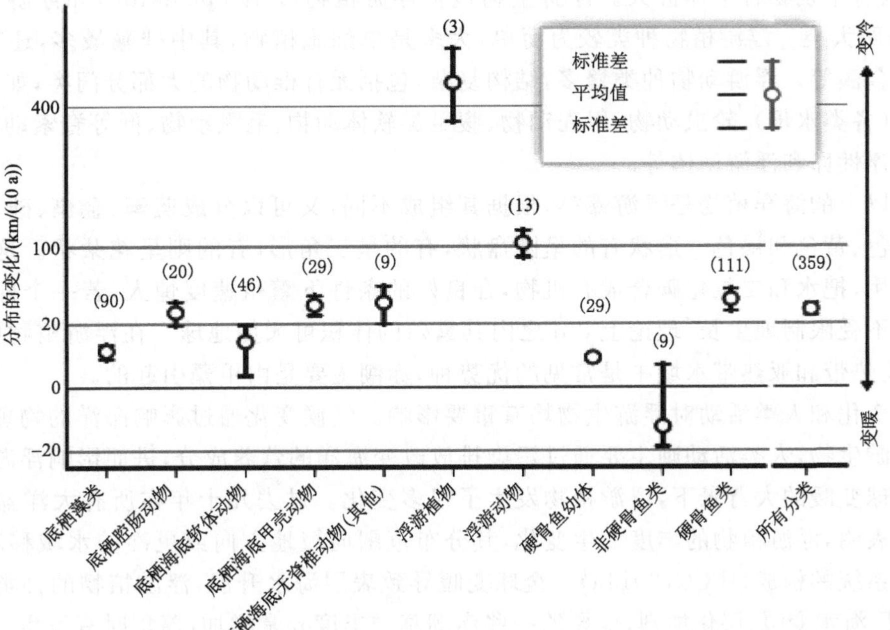

图 12.15　海洋生物分类群前缘和后缘的分布变化迁徙速度(资料来源:IPCC,2013)

垂直温度特别陡峭的地方外,北大西洋、亚北极和东北太平洋大部分鱼类和浮游生物群落均在水平气候速率下重新分布。在上层带,温度驱动的深度变化的可信度很低。与此同时,氧浓度的降低和缺氧区(OMZs)的垂直扩张已经使包括金枪鱼和长嘴鱼在内的远洋鱼类适宜栖息地减少了 15%,主要是环境原因的垂直压缩。

对于未来物种的分布变化,据 IPCC WGII AR6(IPCC,2022)指出,在未来气候变暖的趋势下,海洋捕食者和被捕食者的生物地理将持续变化。在 RCP8.5 气候情景下,2050—2100 年海洋上层的气候速率将比 1955—2005 年快 7 倍。这具有很大的生态意义,因为预测表明,在此背景下,北大西洋东部当今(1989—2014 年)捕食者和被捕食者混合分布的状态到 2037—2062 年将几乎消除。预计在 2006—2100 年期间,上层等温线的加深速度将加快,在 RCP4.5 情景下为 8.5 m/(10 a),在 RCP8.5 情景下为 32 m/(10 a),虽然垂直分布比水平位移慢 3～4 个数量级,但海底和光层施加的最大深度限制可能会垂直压缩大多数海洋生物的适宜栖息地。生物地球化学和生态系统耦合模式预估表明,未来中远洋生物量将普遍下降,尽管在海洋海盆之间有所差异。在许多位置,OMZs 的体积会持续扩大,而海洋次表层氧含量预计在 21 世纪会下降到历史上前所未有的水平。氧的可利用性和海洋酸化可能成为海洋上部代谢指数的主要制约因素,预计到 2100 年全球海洋上部代谢指数将下降 20%。此外,在所有的排放情景下,海洋中层的气候速率极快的加速表明,海洋中层物种比上层物种更容易受到未来变暖的影响。

12.2.2.3　气候变化对海洋浮游生物的影响

海洋浮游生物(marine plankton)是悬浮在水层中随水流移动的海洋生物。这类生物缺乏发达的运动器官,没有或仅有微弱的游动能力。绝大多数个体很小,只有在显微镜下才能看清其构造，只有个别物种个体甚大。浮游生物包括浮游植物（Phytoplankton）和浮游动物（Zooplankton）两大类。浮游植物种类较为简单，大多是单细胞植物，其中硅藻最多，还有甲藻、绿藻、蓝藻、金藻等。浮游动物种类繁多，结构复杂，包括无脊椎动物的大部分门类，如原生动物、腔肠动物（各类水母）、轮虫动物、甲壳动物、腹足类软体动物、毛颚动物、低等脊索动物，以及各类动物的浮性卵和浮游幼体等。

90%以上的海洋植物是浮游藻类，根据其组成不同，又可以分成蓝藻、金藻、硅蕖和甲藻。藻类有绿色、黄色和褐色。形状有的呈圆盘状，有的呈三角形，有的则呈花朵状。这些微藻通过光合作用，把水和二氧化碳合成有机物，在良好的条件下繁殖速度惊人，若一个硅藻在理想的环境下不受限制地生长，理论上 8 d 之内其繁殖的体积可大如地球。在浮游植物中，甲藻分布广泛，在热带和亚热带水域中是常见的优势种，赤潮主要是由甲藻引起的。

气候变化和人类活动对浮游生物均有重要影响。气候变化通过影响海洋的物理和化学特性影响浮游生物，人类活动则主要通过污染排放改变海洋的营养成分，进而影响浮游生物。

在全球变暖的大背景下，浮游植物发生了很多变化。过去几十年在所有大洋盆地进行的大量观测表明，浮游植物的丰度发生变化，其分布范围向极地方向或更冷的水域移动，并且改变了生态系统的构成（IPCC，2014a）。全球变暖导致表层海水升温，浮游植物的种类分布发生改变。表层海水变暖、层化加剧，也导致一些赤潮藻类丰度异常增加，藻华时有发生。降雨量的变化，导致海水盐度变化和营养盐的变化，从而导致沿岸水中浮游植物的群落结构和生产力发生改变。径流量的增加，不仅改变沿岸水的盐度，还改变了水体层化程度，从而减少深层水营养盐向表层水的补充。随着含营养盐浓度较低的淡水大量进入沿岸水中，造成沿岸水营养盐浓度下降，硅藻等一些藻类的丰度下降，而甲藻等藻类却会因层化加剧和腐殖质可利用度增加而呈增加的趋势。气候变化带来混合层深度变浅、水体扰动增加，使浮游植物暴露于 UV-R 的辐射程度增加，导致浮游植物的生理学和形态学的变化，使其细胞碳含量增加、叶绿素 a 含量降低、细胞分裂次数减少、细胞个体增大。此外，混合层深度变浅、海水层化加剧，造成深层水营养盐向表层水的输送减少，表层水中浮游蓝细菌、鞭毛藻和浮游甲藻的丰度增加（韦兴平 等，2011）。

IPCC WGI AR6（IPCC，2021）指出，浮游植物代谢速率很快，而且对环境条件（如光照、温度、营养、混合等）的反映和响应迅速，是海洋生态系统变化的前哨。叶绿素 a 是所有浮游植物光合作用的主要色素，其浓度常被用作衡量浮游植物生物量的指标。目前对叶绿素 a 多传感器探测时间序列已覆盖 1998—2018 年，图 12.16（彩）为近 20 a 叶绿素 a 浓度的动态。虽然就全球范围而言，叶绿素 a 浓度变化并不显著，但一些区域的变化却较显著。如在北极和南极的部分海域，叶绿素 a 浓度变化趋势为正（年均变化＞3%）；而在热带、副热带和温带部分海域，变化趋势有正有负（年均变化在±3%之间）。

气候变化导致温度上升和海洋分层增加，对浮游动物也有显著影响。表层海水温度升高，对不同种类浮游动物生长的影响有所不同，对其中一些浮游动物的丰度和个体大小等起促进作用，对另一些则起抑制作用，从而使浮游动物的种群数量和群落结构发生改变。海水温度的改变还导致浮游动物的空间分布发生改变。虽然浮游动物本身的运动能力较弱，但是借助海流的运动，可以进行大尺度的迁移。许多浮游生物对气候变暖产生响应，但是不同群落受到气候变暖的影响程度不同，这就致使浮游生物群落，乃至整个浮游生态系统的结构和功能发生改变。海水层化加剧，导致浮游动物丰度下降、水母暴发频率增加，对更高营养级的海洋生物和人类生产、生活产生了负面影响（韦兴平 等，2011）。

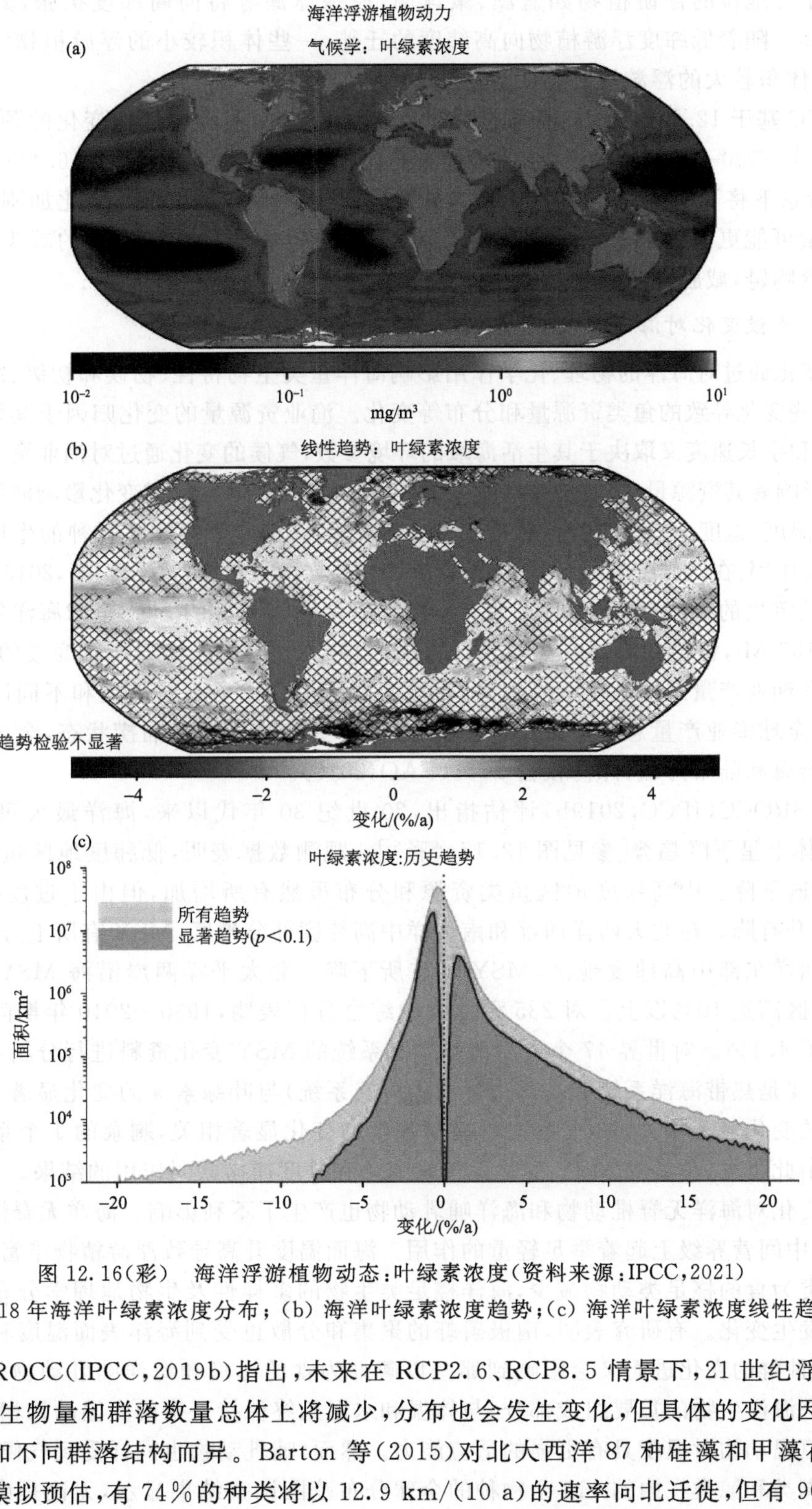

图 12.16(彩)　海洋浮游植物动态：叶绿素浓度（资料来源：IPCC，2021）

(a)1998—2018 年海洋叶绿素浓度分布；(b) 海洋叶绿素浓度趋势；(c) 海洋叶绿素浓度线性趋势直方图

IPCC SROCC(IPCC，2019b)指出，未来在 RCP2.6、RCP8.5 情景下，21 世纪浮游植物的初级生产力、生物量和群落数量总体上将减少，分布也会发生变化，但具体的变化因不同浮游植物的种类和不同群落结构而异。Barton 等(2015)对北大西洋 87 种硅藻和甲藻在 RCP8.5 情景下进行模拟预估，有 74％的种类将以 12.9 km/(10 a)的速率向北迁徙，但有 90％的种类将以 42.7 km/(10 a)的速率向东迁徙(向北和向东迁徙的种类有很多交叉)。有些原先在亚热带占据主导地位的浮游植物如蓝藻、聚球藻、原绿球藻等将向高纬度扩张，其丰度将提高14%～29%。随着低纬度浮游植物向高纬度的迁徙，一些体积较小的浮游植物将增长并占主导地位，而体积较大的浮游植物将明显减少。

SROCC 基于 12 个 CMIP5 模式的模拟结果，给出未来对浮游动物变化的预估。到 21 世纪末，相对于 1990—1999 年，浮游动物生物量在 RCP2.6 情景下将下降 6.4%±0.79%，在 RCP8.5 情景下将下降 13.6%±1.70%。如综合考虑温度上升和海洋酸化加剧的影响，浮游动物生物量可能更大。未来海洋特别是热带海洋浮游动物丰度和生物量的减少，会影响海洋有机物和食物链，威胁渔业和食物安全。

12.2.2.4 气候变化对海洋鱼类和动物的影响

气候变化通过对海洋的物理、化学作用影响海洋鱼类生物特性、物候和初级、次级生产力等的变化，这些变化导致的鱼类资源量和分布等变化。渔业资源量的变化归因于其繁殖和生长速度，而繁殖和生长速度又取决于其生活海域的环境参数，气候的变化通过对渔业资源赖以生存生境的改变影响着其资源量，随着气候持续变暖，渔业资源量下降。气候变化影响海洋和水域环境物理特性(温度、盐度、垂直混合度、热盐及风动环流等，在确定海洋水生物种的生境及分布方面起到了重要作用，在气候变暖的背景下，海洋生物分布向两极扩展(姚翠鸾 等，2015)。

鱼类是宝贵的自然资源，同时又为人类提供了食物、营养和生计。全球海洋每年的渔业产量为 80～105 Mt，价值约为 800 亿美元(FAO，2016b)。在气候、海洋持续变暖的大背景下，海洋最大潜在渔业产量总体上呈下降趋势，而过度捕捞又造成了不同鱼类和不同区域之间的差异。目前，全球渔业产量总体上处于饱和状态，近海更是处于过度捕捞状态，全球渔业产量的80%来自沿海和陆架海域，深海仅占 20%(FAO，2019)。

IPCC SROCC(IPCC，2019b)评估指出，20 世纪 30 年代以来，海洋最大可持续鱼产量(MSY)总体上呈下降趋势[参见图 12.17a(彩)]。观测数据表明，低纬度地区鱼类资源减少，MSY 也普遍下降。中高纬度地区鱼类资源和分布虽然有所增加，但由于过度捕捞等原因，MSY 也有升有降。在北大西洋西部和南大洋中高纬度部分地区，MSY 有所上升；而在北太平洋和北大西洋东部中高纬度地区，MSY 却有所下降。北太平洋两岸沿海 MSY 下降幅度最大，有些地区高达 10%以上。对 235 种鱼类的综合分析表明，1930—2010 年期间其最大渔业产量下降了 4.1%。对世界 47 个大型海洋生态系统的 MSY 变化资料进行分析，发现其中 18 个系统(主要是热带海洋系统和东部边界层上升流系统)与叶绿素 a 的变化显著相关，12 个系统与温度的变化显著相关，16 个系统与捕捞强度的变化显著相关，剩余的 1 个系统与其他因素有关。由此可见，鱼类的 MSY 变化是气候变化和过度捕捞共同作用的结果。

气候变化对海洋无脊椎动物和海洋哺乳动物也产生了不利影响。海洋无脊椎动物种类繁多，在海洋中间营养级上起着举足轻重的作用。海面温度升高导致浮游植物丰富度减少，随后引起以藻类为食的桡足类动物减少，海洋桡足类生物的多样性及生物地理学分布在气候变化的影响下发生变化。有研究表明，南极磷虾的聚集和分散也受到海洋表面温度和冰川范围的影响，磷虾种群的变化进而又会影响到那些以磷虾为食的海鸟和海洋哺乳动物的繁衍。海洋哺乳动物是海洋生物的重要组成部分，与体温和水温始终保持平衡的变温动物相比，海洋哺乳动物作为恒温动物对温度具有更强的适应能力。然而，哺乳动物也同样受到气候变化的影响。对包括鳍脚类和鲸类在内的 115 个物种的全球分布范围调查结果显示，无论是南半球还是北半球，在纬度 40°以上的区域鲸类的分布较多，而随着温度上升，鳍足类和鲸类在低纬度地区的分布减少。这可能是海洋变暖改变了海洋哺乳动物的食物资源，导致海洋哺乳动物发生生物地理学上的改变(姚翠鸾 等，2015)。

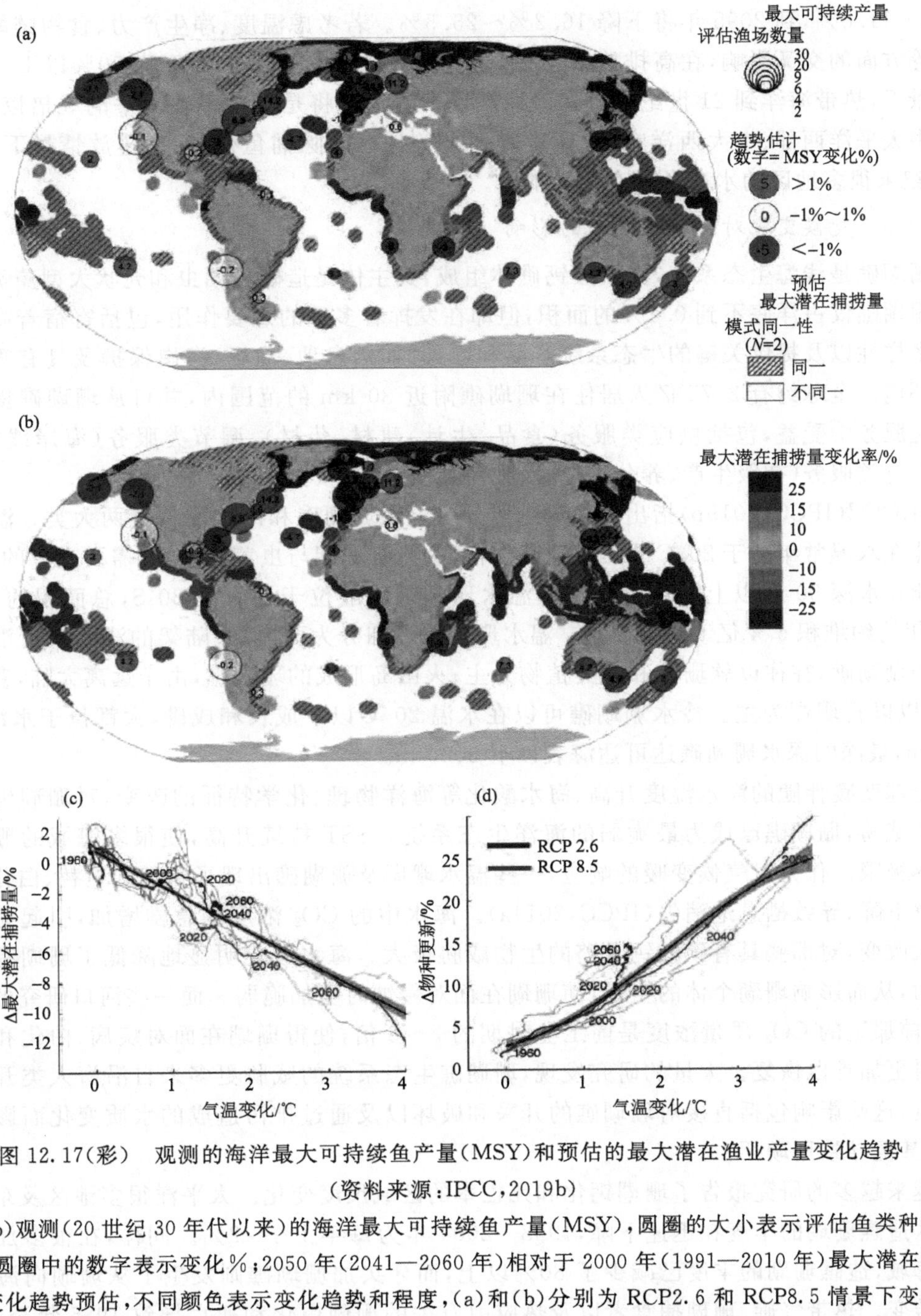

图 12.17(彩)　观测的海洋最大可持续鱼产量(MSY)和预估的最大潜在渔业产量变化趋势

(资料来源：IPCC，2019b)

(a)、(b)观测(20 世纪 30 年代以来)的海洋最大可持续鱼产量(MSY)，圆圈的大小表示评估鱼类种类的多少，圆圈中的数字表示变化%；2050 年(2041—2060 年)相对于 2000 年(1991—2010 年)最大潜在渔业产量变化趋势预估，不同颜色表示变化趋势和程度，(a)和(b)分别为 RCP2.6 和 RCP8.5 情景下变化趋势；(c)未来大气变暖趋势(相对于 1950—1961 年)及最大潜在渔业产量变化趋势预估；(d)未来大气变暖趋势(相对于 1950—1961 年)及物种更新变化趋势预估对于未来的渔业产量，SROCC(IPCC，2019b)基于 CMIP 5 和海洋生态系统及渔业模式进行了预估。在 RCP2.6 情景下，相对于 2000 年，到 2050 年海洋潜在渔业产量将下降 2.8%～8.7%，到 2095 年将下降 2.8%～9.1%。在 RCP8.5 情景下，下降幅度更大，到 2050 年将下降 7.0%～11.8%，到 2095 年将下降 16.2%～25.5%。若考虑温度、净生产力、食物链能量传输效率等方面的交叉影响，在高排放情景下，一些地区潜在渔业产量将下降 50%以上。在高排放情景下，热带海洋到 21 世纪末潜在渔业产量下降程度将是全球平均水平的 3 倍以上，尤其是在中太平洋西部、中大西洋东部、印度洋西部等地区。除捕鱼外，在高排放情景下，预计到 21 世纪末很多地区的水产量将有明显下降。

12.2.2.5 气候变化对海洋珊瑚礁的影响

珊瑚礁是浅海生态系统，由碳酸钙礁体组成，其主体是造礁珊瑚虫和壳状大型藻类的分泌物。珊瑚礁仅占洋底不到 0.1%的面积，但却在发挥着多重的重要作用，包括寄宿着高水平的生物多样性以及提供关键的生态系统产品和服务，如栖息地、渔场、海岸保护及具有吸引力的旅游环境。全球约有 2.75 亿人居住在珊瑚礁附近 30 km 的范围内，并可从珊瑚礁提供的生态系统服务中受益，包括供应类服务(食品、生计、建材、药材)、调节类服务(海岸线保护、水质)、支持类服务(初级生产、养分循环)及文化类服务(宗教、旅游等)。

SROCC(IPCC，2019b)指出。珊瑚礁可分为温水珊瑚礁和冷水珊瑚礁两大类。温水珊瑚礁只能在水温常年高于 20 ℃的热带地区生存，这些石珊瑚与虫黄藻共生，需要充分的阳光，因此只能在水深 50 m 以上的水中生活。温水珊瑚礁一般位于 30°N—30°S，总面积约为 60 万 km^2，年均约堆积 6.4 亿 t 的碳酸盐。温水珊瑚礁可细分为两类：大陆架的浅水中由沿岸沉积形成的珊瑚礁，往往以软珊瑚和藻类植物为主；火山岛形成的珊瑚礁，由于远离大陆，营养比较少，所以以石珊瑚为主。冷水珊瑚礁可以在水温 20 ℃以下成长和成礁，大都位于水深 200～1000 m，最深的深水珊瑚礁达可达海表以下 3000 m。

全球变暖伴随的海水温度升高、海水酸化等海洋物理、化学特征的改变，对珊瑚礁构成了严重的威胁，珊瑚礁已成为最脆弱的海洋生态系统。SST 持续升高，使很多海域的珊瑚超过其耐热极限。作为对气候变暖的响应，一些温水珊瑚及珊瑚礁出现了物种的更替、白化及珊瑚覆盖率下降，导致栖息地消失(IPCC，2014a)。海水中的 CO_2 浓度的急剧增加，引起海洋环境的巨大改变，对那些具有碳酸钙骨骼的生物威胁极大。海水酸化明显地降低了珊瑚有效钙化的能力，从而影响珊瑚个体的生长，使珊瑚在面对侵蚀时更加脆弱。而一些河口研究的数则显示，目前那里的 CO_2 质量浓度是前工业时期的 2～3 倍，使得珊瑚在面对疾病、白化和风暴等灾害时更加难以恢复。大量的研究发现，珊瑚礁生态系统的威胁更多来自沿海人类开发活动的影响，这些影响包括直接对珊瑚礁的开采和破坏以及通过排污造成的水质变化而影响珊瑚生长，甚至导致珊瑚死亡。

越来越多的研究报告了珊瑚钙化和死亡率的区域尺度变化。太平洋很多地区及东南亚很多地区造礁珊瑚的丰度在迅速下降，1968—2004 年为每年 1%～2%。同样，在很多加勒比珊瑚礁海域，造礁珊瑚的丰度已减少了 80%以上，而牙买加珊瑚礁则发生了从珊瑚向海藻的大规模转变。热带气旋、珊瑚捕食者以及热应力有关的珊瑚白化和死亡导致 1985 年至 2012 年期间大堡礁的珊瑚覆盖减少了约 51%(韦兴平 等，2011)。

温水珊瑚礁不仅受海水温度升高和酸化加剧的影响，而且受海平面升高和风暴潮灾害的威胁。过去 10 a 在温度升高 0.5 ℃的环境下，大范围的珊瑚礁白化事件比以往任何一个 10 a

都更加强烈。未来在气候进一步变暖和海洋灾害加剧的趋势下，温水珊瑚礁的分布和结构会有很多不利的变化，温水珊瑚礁已成为气候变暖的高风险物种（图 12.18）。IPCC SR1.5（IPCC，2018）预估：未来全球平均气温若上升 1.5 ℃，温水珊瑚礁将减少 70%～90%；未来若升温 2.0 ℃，温水珊瑚礁将减少 99%；幸免的少量珊瑚礁其成分和结构也会变化。IPCC WGII AR6（IPCC，2022）指出，SROCC 和 SR1.5 以来的证据表明，由于持续变暖，活珊瑚和珊瑚礁的生长正在下降。随着全球变暖高于 1.5 ℃，珊瑚礁正在面临向净侵蚀的过渡，使得维持活珊瑚面积、珊瑚多样性和珊瑚礁生长的保护工作十分艰难。

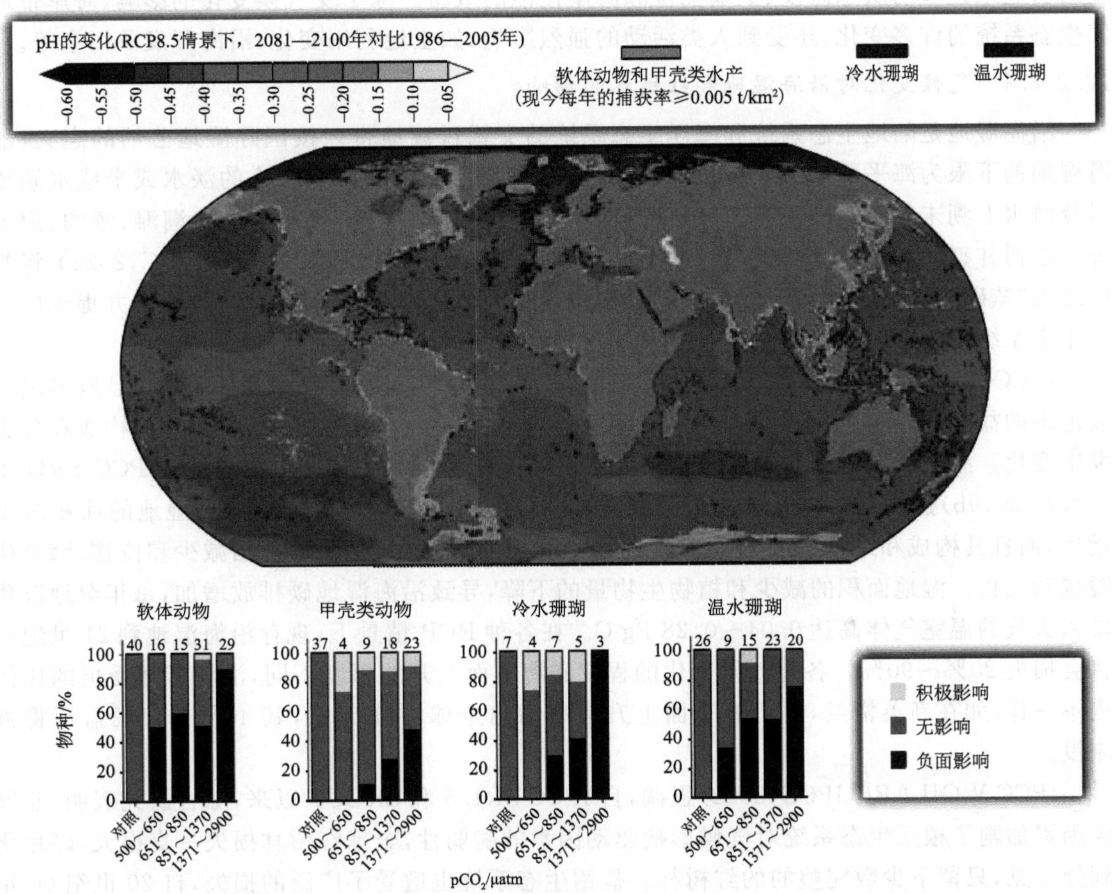

图 12.18　2081—2100 年珊瑚、软体动物和甲壳类动物相对于 1986—2005 年的变化趋势

（资料来源：IPCC，2014c）

pCO_2 与 RCPs 情景对照：到 2100 年，RCP4.5 为 500～650 μatm，CP6.0 为 651～850 μatm，RCP8.5 为 851～1370 μatm；到 2150 年，RCP8.5 将达到 1371～2900 μatm 类别。对照类别对应的是 380 μatm

（单位 μatm 近似相当于大气中的 ppm）

未来冷水珊瑚礁面临的风险虽低于温水珊瑚礁，但不利影响仍是发展趋势，尤其是在高排放情景下，环境风险仍然较大（图 12.18）。在 RCP2.6 情景下，冷水珊瑚礁生长海域的温度将平均上升 4.3 ℃（−0.29～1.85 ℃），pH 值将下降 −0.07（−0.13～0.0）。在 RCP8.5 情景下，温度将平均上升 0.96 ℃（−0.42～3.84 ℃），pH 值将下降 −0.15（−0.39～0.001）。温

度上升和 pH 值下降均会导致冷水珊瑚礁物种的减少和生态结构的变化。综合考虑海水温度、酸度、溶氧量和 POC 通量的影响，在 RCP 8.5 情景下到 2091—2100 年相比 2006—2015 年，将有大约 95%的冷水珊瑚礁栖息地的动物生物量减少 8.6%±2.0%(Jones et al.,2014)。

12.2.3 气候变化对海岸带系统的影响

海岸系统对海平面升降、海洋温度变化和海洋酸化特别敏感，气候变化和海洋酸度的改变给海岸带生态系统带来显著的负面影响。由于海平面的逐步上升，海岸带系统和低洼地区正经历着越来越多的洪水淹没、极端潮位和海岸侵蚀的威胁。除了受气候变化的影响，海岸带地区生态系统的许多变化，还受到人类活动的强烈影响，如土地利用变化、沿海开发及污染等。

12.2.3.1 气候变化对沿海湿地和红树林的影响

沿海湿地是陆地生态系统和海洋生态系统的交错过渡地带。按国际湿地公约的定义，沿海湿地的下限为海平面以下 6 m 处，上限为大潮线之上与内河流域相连的淡水或半咸水湖沼以及海水上溯未能抵达的入海河的河段，地形上包括河口、浅海、海滩、盐滩、潮滩、潮沟、潟湖等。红树林、盐沼、海草床等是沿海湿地的典型生态系统，IPCC WGII AR6(IPCC,2022) 将其称之为“蓝碳”(blue carbon)，因为它们具有积累和存储富含有机碳沉积物的能力，并提供广泛的生态系统服务。

IPCC SR1.5(IPCC,2018)评估，在气候变化的背景下，海平面持续上升，沿海湿地出现了大范围的盐碱化，而且盐碱化的程度不断加重。气温和海温持续变暖，植物物种的构成和分布发生变化。海平面上升和风暴潮加剧，湿地受到严重侵蚀，栖息地损失明显。IPCC SROCC (IPCC,2019b)强调，受气候变化加之人类活动的影响，自 19 世纪以来，沿海湿地的面积减少近半，而且其构成和结构也发生了显著的变化，如红树林受损和迁移，盐沼减少和位移，海草床锐减和死亡。湿地面积的减少和植物生物量的下降，导致沿海湿地碳排放增加，每年湿地沉积排入大气的温室气体高达 0.04～0.28 Pg C。在各种 RCPs 情景下，现存沿海湿地到 21 世纪末将会损失 20%～90%。各地气候变化的程度和海平面上升的幅度不同，沿海湿地受损的比例也不一样，如在新英格兰，由于海平面上升速率高出全球均值 50%，其 40%～95%盐沼将被淹没。

IPCC WGII AR6(IPCC,2022)强调，自 IPCC SR1.5 和 SROCC 以来，综合研究表明，非气候因素加剧了根系生态系统对气候影响驱动因素的脆弱性，全球红树林损失一直很大，碎片化到处可见，只留下少数完整的的红树林。盐沼生态系统也遭受了广泛的损失，自 20 世纪 00 年代以来，有些地方损失高达 60%。同样，1879—2006 年期间，海草草地损失达 29%，主要是由于沿海发展和水质退化，自 1990 年以来气候变化影响不断升级。未来气候持续变暖将推动湿地物种的迁徙，海平面上升将对红树林和盐沼构成最大的风险，海洋热浪将对海草构成最大风险。到 21 世纪中叶，在所有情景下将出现重大损失。到 2100 年，除 SSP1-1.9 情景外，损失将大幅增加。

红树林是沿海湿地的典型生态系统，气候变化对其具有显著的影响。虽然 CO_2 浓度升高，会加强红树植物的光合作用，刺激红树林的生长，但气候变化对红树林生态系统的影响总体上是负面的。红树林与陆地森林生态系统不同，所有红树林生态系统都出现在潮间带、潟湖或珊瑚礁上，受到海平面变化的巨大影响。红树林生态系统能积聚泥炭和淤泥，如果海平面的上升速度高于沉积速度，某些红树林植被将重新分布，红树林分布区会朝向陆地方向迁移。当气温高于 25 ℃时，某些红树林物种的叶形成速率可能下降。而气温超过 35 ℃，红树林根的结构、苗的发育、光合作用将受到很大的负面影响，这对位于赤道附近的红树林不利，导致其向高纬度迁移。红树林对盐度的要求有一定的生态幅度，一些红树植物会在较低的盐度下出现最大生长值。如果降水量减少，土壤的盐度就会增加，使红树植物生长减慢。全球气候变暖导致风暴和巨浪的频率和强度有所增加，而红树林位于海陆交错区，会最先受到风暴和巨浪的影响。此外紫外线辐射增强对红树林也有影响，强光会损害红树林(韦兴平 等，2011)。自 20 世纪 60 年代以来，世界范围红树林损失严重，损失量的 70%是由热带气旋、热浪、极端干旱事件、海平面上升造成的，这些因素均与气候变化直接关联。澳大利亚因热浪损失的红树林高达全球总损失量的 22%。在温度升高和海平面上升等因素的综合影响下，红树林向高纬度地区和内陆迁徙。由于海岸的人为限制，使得红树林向内陆迁徙受到障碍，未来红树林损失会加剧(IPCC，2019b)。此外，气候变暖只允许一百分而不是全部红树林物种向极地迁徙。何况这种迁徙会影响物种间的相互作用，并在某些情况下提高泥沙沉积。干旱和高温热浪会导致红树林大量死亡(IPCC，2022)。

12.2.3.2　气候变化对基岩和海滩的影响

海岸由基岩和沙滩构成，基岩及其海岸平台占全球海岸的 3/4，其余则是沙滩、沙丘和防潮大堤。受气候变化和人类活动的影响，基岩和沙滩生态系统也发生了变化。

与近海及大洋生态系统相比，气候变化对基岩海岸潮间带的环境及生物的影响最直接，生物的响应幅度也更明显。生活在基岩海岸潮间带的生物由于周期性地暴露于空气中和水环境中，因此，其生长发育等生命过程中必然受到气温和水温两种温度介质的影响，暴露在空气中的生物所处的环境通常比较恶劣，极端的高温或低温会对生活在该环境中的生物产生明显的筛选作用，对物种的存活率、生态分布起着决定作用。气候变化导致降水量发生改变，通过陆源径流流量的变化影响沿岸海水的盐度和浊度，进而对潮间带的植物和动物产生影响，导致沿岸生态系统的物流和能流发生改变。气候变化引起的风暴潮发生频率和强度的改变导致基岩海岸生物的丰度和群落结构发生重大变化。紫外线辐射强度的增加会抑制光合作用，破坏 DNA。部分潮间带生物由于长期暴露于高强度的紫外线照射(UV)环境而建立了光保护机制，而那些对 UV 抵抗能力较弱的种类在 UV 辐射强度增加的情况下会从潮间带消失。另外，藻类和动物的受精卵或幼体比较脆弱，对 UV 更敏感。因此，UV 强度增加可引起幼体大量死亡或导致个体发生变异(韦兴平 等，2011)。自 IPCC AR5 和 SROCC 以来的观测表明，气候变暖对岩石海岸的影响增加，这包括物种向极地范围边界的扩展，较浅深度物种存活率下降等。气候变化引起的海洋热浪导致一些关键基础物种致命疾病暴发或大面积死亡，并导致生态阶段转移。实验证据进一步表明，酸化降低了钙化物种的丰度，变暖和酸化的协同效应将促进一些生态系统向大藻优势的转变，并导致群落重组。海洋酸化改变了基岩生态环境，对潮间带生物的分布和丰度有重要影响。未来随着气温和海温继续上升，热浪事件频繁发生，潮间带生物生存环境进一步恶化，有些物种死亡率会继续上升，有些物种会向高纬度迁徙。未来海水进一步酸化，钙质物种会明显减少，而大型藻类会蔓延扩张，导致基岩生物多样性严重受损(IPCC，2022)。

沿海沙滩和沙丘为特有的植被提供生存环境，也是海滩底栖动物和海鸟等栖息地。由于海平面上升和海浪、风暴潮冲击等因素的影响，自 20 世纪以来海滩侵蚀到处可见。通过比对美国大西洋海岸 1000 多千米现状和历史地理图集可以发现，有 65%的海滩侵蚀平均速率高达(0.5±0.09) m/a。沙滩侵蚀不仅使得海滩的形态发生了明显的变化,而且引发相关生物向陆地迁徙,海滩植被稀疏。而人为防潮设施又阻碍了生物的迁徙,导致海滩生物多样性严重受损。此外,气候变暖还使得海滩生物向高纬度迁徙,导致其分布和结构也发生了变化。未来随着海平面攀升,海滩侵蚀会加剧,其生态效应也会持续。未来气候进一步变暖,对海滩生态系统的影响也会持续甚至加剧。在RCP2.6情景下,其影响会稍微加大,而在RCP8.5情景下,其影响会明显加剧,不仅会加快海滩生物向高纬度迁徙的速率,还会影响一些底栖动物的生存和繁殖,到2100年繁殖率将下降32%(IPCC,2019b)。未来气候情景下栖息地损失的预估表明,未来动物种群和群落将受到重大影响,这些影响将因沿海城市化海岸线的挤压而加剧(IPCC,2022)。

12.2.3.3 气候变化对河口区和含水层的影响

沿海水文系统由近海、河口、湿地、潟湖、含水层等构成,在气候变化和人类活动的影响下,沿海水文系统正在经历着前所未有的变迁。近海和湿地的变化已在前面论述,以下主要讨论河口区和含水层的变化。

入海河口区的范围很大,包括以河流特性为主的近口段,以海洋特性为主的口外海滨段和两种特性相互影响的河口段。河口是一个半封闭的沿岸水体,同海洋自由通连,河水与海水交混。潮汐的涨落和河水的洪枯使河口水流处于经常的动荡中,而河口特性影响着河流终段和近海水域。河口水体中水动力、盐度、泥沙含量等特点给河口生物带来特殊的负荷。河口地区是人类活动最频繁、经济最活跃、人口最密集的区域,人类活动对河口水生态环境具有重要的影响,全球主要河口及毗邻海区富营养化及赤潮暴发现象频发。在气候变化和海平面上升的背景下,河口区生态系统发生了显著的变化。

海平面上升、风暴潮加剧直接导致海水入侵,海水沿河上溯,河口咸水比重增加。气候变化带来的干旱事件和河口入海径流的减少也会引起海水倒灌,从而影响河口水体的盐度。观测事实表明,随着河口盐度的增加,全球河口淡水动物群落锐减,而海洋底栖动物甚至远洋动物沿河口向上迁徙,底栖动物迁徙又受到河口沉积物的限制。水深小于10 m的浅滩,面对海平面上升、风暴潮加剧尤为脆弱。气候变暖使气温和海温升高,已导致一些低纬度河口的物种向中高纬度的流域河口迁徙。人类活动的各种污染排放,使得很多河口富营养化,藻华频发,缺氧区域扩张,病毒微生物滋生,危害河口动物的生存条件。除了上述影响外,河口水酸化产生了日益严重的危害,气候变暖加剧了酸化和缺氧对河口生物的影响,增加了动物对热浪的脆弱性。在未来气候变化情景下,所有这些影响预计都将升级,但影响的规模取决于变暖的程度、社会经济发展途径和适应战略。如果不对淡水输入、沉积物增加和海岸线自然状态恢复进行科学管理,河口生态会进一步恶化,而小型、浅层和微潮汐河口比深层河口更容易受到影响(IPCC,2022)。

沿海地区和岛屿的地下含水层是淡水供应的重要来源,对于沿海可持续发展具有特别重要的意义。海平面升高、风暴潮加剧、沿海湿地和河口盐碱化加重均会加大地下含水层的盐度,气候变化带来的温度、蒸发、降水变化及干旱事件也会影响地下含水层的淡水补充,但沿海和岛屿地下含水层盐碱化的根本原因是对地下水的过量开采,引起海水对含水层的入侵。观测事实表明,20世纪以来美国沿海和太平洋、印度洋、大西洋岛屿地下含水层盐度增加均是地下水过量开采引起的。未来人类活动仍然是地下含水层盐碱化加剧的主要根源,海平面升高、风暴潮等会加大盐碱化的风险。地下水盐碱化是一个长期的缓变过程,要扼制地下水盐碱化也要付出长期的努力(IPCC,2014a)。

12.2.4　气候变化对海洋和海岸带生态系统服务的影响

12.2.4.1　海洋和海岸带生态系统服务

据联合国千年生态评估(Millennium Ecosystem Assessment,2003)的定义,生态系统服务(ecosystem services)是指人类从生态系统获得的所有惠益,包括供给服务(如提供食物和水)、调节服务(如控制洪水和疾病)、文化服务(如精神、娱乐和文化收益)以及支持服务(如维持地球生命生存环境的养分循环)。人类生存与发展所需要的资源归根结底都来源于自然生态系统。它不仅为人类提供食物、医药和其他生产生活原料,还创造与维持了地球的生命支持系统,形成人类生存所必需的环境条件．同时还为人类生活提供了休闲、娱乐与美学享受。海洋和海岸带有其独特的生态系统,其生态系统服务功能也有其特色(表 12.5)。

表 12.5　海洋和海岸带生态系统服务(资料来源:IPCC,2022)

生态系统服务类型	生态系统服务内容	海洋和海岸带例证
供给服务	食物和饲料	海鱼、无脊椎动物、哺乳动物和植物的捕获状况
	医药、生物化学和遗传资源	医药、生物化学和遗传资源有可能提供未来发展前景的生物资源,包括海洋鱼类、无脊椎动物、哺乳动物、植物、微生物和病毒
	材料和援助	存在和获取矿物、贝壳、石头、珊瑚枝、用于制造其他商品的原料;可在动物园、水族馆展出和作为宠物的海洋生物
	能源	能源的存在和获取,包括石油和天然气储量;太阳能、潮汐能和海洋能;以及来自海洋植物的生物燃料
支持和调节服务	生命环境(生境)的建立和维护	鸟类、哺乳动物和其他海洋生物的筑巢、喂养、育婴和交配场所,以及迁徙海洋生物或昆虫的休息和越冬场所。海洋栖息地的连通性
	扩散和其他繁殖体	海洋生物通过产卵繁殖成功传播配子和幼虫的能力,以及成虫广泛传播的能力
	气候调节	碳储存和固存、湿地甲烷循环、二甲基硫化物产生和破坏的现状
	空气质量调节	维持和平衡二氧化碳、氧气、氮氧化物、硫氧化物、挥发性有机化合物、微粒和气溶胶的水生过程状态
	海洋酸化调节	维持和平衡二氧化碳和其他酸/碱的化学和生物水生过程的状态
	淡水水量、位置、时间调节	沿海系统的蓄水状况,包括地下水流动;含水层补给;洪水
	淡水和沿海水质调节	化学和生物水生过程的现状,这些过程可以保护和过滤沿海水域,捕获污染物质和颗粒物
	管制对人类和海洋生态有害的生物	控制关键生态系统有害藻华和藻过度生长的放牧状况。抑制海洋病原体的环境条件
	土壤和沉积物的形成、保护和净化	捕获污染物和颗粒物的化学和生物水生过程的现状(例如,矿物吸附、污染物的微生物分解)
	灾害和极端事件调控	海岸环境作为波浪能量耗散器、屏障和浪击的能力

续表

生态系统服务类型	生态系统服务内容	海洋和海岸带例证
	关键元素调节	维持和平衡碳、氮、磷和其他对生命至关重要的元素储量的水生过程的状态
文化服务	生理和心理体验	是否有康乐设施，包括参观海滩和沿海环境；水上活动，如钓鱼、划船、游泳和潜水
	支持特性	文化、遗产和宗教活动的存在和收获，以及代际知识转移的机会
	学习和灵感	教育机会的存在和模仿的特性，如仿生学
	维护的选项	有机会开发新的药物、材料、食物和资源，或适应更温暖的气候和突发疾病

12.2.4.2 生物多样性

IPCC WGII AR6 (IPCC,2022)指出，气候变化是众多海洋和沿海生态系统中生物多样性变化的关键因素，而且气候变化和生物多样性损失相互强化。生物多样性的变化与海洋变暖、海冰减少、海平面上升、珊瑚白化和上升流变化等有关。重重叠叠的非气候驱动因素也会减少海洋和沿海生态系统的生物多样性。气候变化导致的局部和区域海洋生物多样性损失会破坏特定海洋和沿海物种提供的生态系统服务。然而，不同生态系统的适应能力差异很大，尽管物种组合发生了变化，生态功能有时仍然存在，比如某些珊瑚礁群落。预计气候变化导致的生物多样性变化将改变海洋和沿海生态系统服务的流量和序列。

非本地海洋物种是海洋和沿海生物多样性变化的主要动因，气候和非气候驱动因素相互作用，支持它们的移动和扩展。有时，非本地物种的入侵行为和竞争超过本地物种，导致区域生物多样性变化和生态系统功能改变，如地中海地区所见。与气候变暖相关的非本地物种范围扩张直接或间接地减少了重要的商业渔业物种和栖息地。在经历变暖的沿海地区，非本地物种的表现优于本地物种。非气候驱动因素，特别是新无冰地区的海洋航运、非本地物种的水产养殖，海洋污染和碎片，促进了非本地物种的范围转移。非气候驱动因素也会加剧非本地物种的生态效应。入侵海洋物种可以改变物种行为，降低本地物种的丰度，降低水的透明度，生物积累比本地物种更多的重金属，并抑制生态系统对极端事件的恢复力。

为降低依赖于生物多样性的生态系统功能和服务的风险，需要采取一种综合方法，承认气候和生物多样性危机以及加强共同治理挑战之间的密切联系。采用基于自然的解决方案(NBS)、技术干预和社会机构干预的气候聚焦解决方案，这反过来将有助于海洋和沿海生态系统适应气候影响，并有助于维持它们为人们提供的服务。

12.2.4.3 气候变化对海洋和海岸带供给服务的影响

(1)对食物供给服务的影响

2017 年，全球约 17%的人口动物蛋白摄入量来自海洋和淡水野生捕捞和养殖水生动物。一些小岛屿发展中国家的人均海产品摄入量为 50%或以上，土著人的人均消费量是非土著人民的 15 倍。渔业产品还在全球范围内提供重要的膳食微量营养素。海洋和淡水渔业和水产养殖估计为世界人口的 10%～12%提供生计。如前所述，由于全球变暖，海洋和沿海动物正在向更高纬度移动，这对渔民和渔业管理构成了挑战，因为渔民也需向极地移动，并使收获多样化。模式模拟已经确定了全球范围内与温度相关的渔业减少，表明过度捕捞是增加渔业脆弱性的主要非气候驱动因素。

气候变化导致的海洋酸化和脱氧被认为会影响渔业和水产养殖收成，Bindoff 等(2019)评估了北美太平洋沿岸贝类养殖业在 21 世纪初 10 a 的重大经济损失，这仍然是海洋酸化对人类造成危害的最明显例子。实验室研究表明，海洋酸化降低了许多具有经济和文化重要性的幼虫或幼壳软体动物的适合度、生长或存活率。海洋酸化改变了鱼类的幼虫沉降和变态，这表明鱼类生存可能发生变化，因此渔业特征也可能发生变化。缺氧可以减少海洋物种的大小和丰度，抑制营养相互作用，减少特定渔业提供的生态系统服务。脱氧对野生渔业的慢性影响是复杂的，并与其发生的驱动因素和整体生态系统响应高度互动。

温度将继续是全球渔业变化的主要驱动因素，但其他非气候因素，如生物生理和生态系统响应，以及渔业压力和其他气候影响驱动因素，如酸化、脱氧和海冰损失，将在未来全球和地方渔业变化中发挥关键作用。在 RCP8.5 情景下，海洋和沿海生物将继续向极地移动，预计这将减少低纬度地区的渔业收成，并改变高纬度地区的物种组成和丰度。在新的范围或条件下成功的物种移动可能为区域渔业或水产养殖提供多样化的机会，或者它们可能超越本土物种，成为入侵物种。预计 RCP8.5 情景下的变暖、酸化和照常捕鱼政策将使约 60%的全球渔业处于非常高的风险。模式对比显示，海洋酸化和保护对生态系统的影响大于渔业压力，而在大约 2050 年之前，生态适应在很大程度上决定了渔业生物量、渔获量和价值的影响。生态系统对水变暖、渔业压力、食物网变化和藻类种群的反应导致了北半球高纬度饲料鱼类种群的深刻变化或崩溃，包括沙矛鱼、北极鳕鱼、毛鳞鱼和鲱鱼。饲料鱼存量下降预计将对海鸟、远洋鱼类和海洋哺乳动物产生不利影响，可能会损害依赖的人类社区，包括北极土著人。模拟的渔业未来和收入取决于环境情景、渔船组成和管理、海洋酸化和收获物种的温度响应。预计到 2030 年，特定渔业将开始出现海洋酸化的有害影响(IPCC，2022)。

(2)对非食物消费供给服务的影响

气候和非气候驱动因素的相互作用，危及从海洋生物发展而来的非食品消费品的供应。这一广泛的类别包括营养品(源自鱼、磷虾、贝类、海藻、微生物)、食品防腐剂或添加剂(源自甲壳类动物、鱼、微藻和海藻、蓝藻)、药品(源自鱼、贝类、微生物、蓝藻、珊瑚、海绵)或化妆品(源自海绵、浮游植物和海藻、鱼类等)。但是，生物多样性变化、气候变暖、酸化和非气候驱动因素(特别是渔业压力)可能会降低这些生物的可用性或它们产生的化合物的效力。由于渔业压力和气候变化的影响，观察到的和预测的鱼类种群数量下降和移动(IPCC，2019b)令人担忧，用于人类膳食补充剂的鱼和磷虾油的供应和安全性可能会下降。通过技术适应可降低这种风险。气候对非食物消耗性产品的影响可能广泛存在，但发现不足，使对影响、风险和减少脆弱性的评估复杂化。

12.2.4.4 气候变化对海洋和海岸带支持和调节服务的影响

(1)生境的创造和维持

气候影响已经改变了海洋和沿海生境，导致物种范围变化、生物多样性变化、物候变化和格局变化。预计未来对海洋和沿海生境的持续影响的严重程度将取决于排放情景和共同发生的驱动因素或极端情况。气候变暖和物理循环预计将改变幼虫的扩散，这是一种与栖息地相关的服务。可通过减少非气候驱动因素、保护生态系统或恢复栖息地来降低栖息地面临的气候风险。

(2)气候和空气质量的调节

IPCC WGI AR6(IPCC,2021)指出,海洋对气候的调节依赖于物理和生物地球化学过程。这些过程产生、传输和储存热量、水蒸气和其他气候活跃化合物,包括二氧化碳、甲烷、二甲基硫化物。在21世纪,海洋热量和二氧化碳吸收将继续,海冰损失将增加一些额外的二氧化碳吸收,但海洋吸收大气中的二氧化碳浓度上升的份额将会减少。在沿海地区,气候导致的空气质量变化的证据非常有限。湿度增加会降低臭氧的寿命,增加颗粒物和室内霉菌的含量,可能会影响近岸空气质量。然而,海岸带空气污染可通过增加酸雨的风险来增强海岸带气候影响,而酸雨会加剧海洋酸化(氮氧化物、硫氧化物和汞)。

(3)提供淡水、维持水质和控制病原体

世界各地许多河口、三角洲、沿海淡水含水层和土壤的盐度都在增加,带来的水质下降正在危及人类健康和农业产量。沿海盐渍化归因于气候影响驱动因素(如海平面上升和与风暴相关的海水洪水)和非气候驱动因素(如取水和土地使用变化)的区域不同组合。新的预测表明,由于海平面上升和干旱,到2100年,中国珠江口的饮用水取水站将无法满足需求;而其他预测表明海平面上升对沿海含水层造成海水入侵的影响。未来盐渍化将继续危及沿海水质和土壤质量。但上述评估的证据表明,对人类健康和农业的后续影响将在很大程度上取决于环境和人类行为的区域差异。

气候和非气候驱动因素结合在一起,可以损害人类和海洋物种健康的方式调动毒素和污染物,而气候变化正在改变这些关系。在变暖或海洋酸化条件下,通过废水暴露,用于药物原料的海洋软体动物会经历更有害的生物后果或更大的生物积累。物理循环、温度和生物地球化学特征造成了甲基汞在海洋中广泛的分布,而海洋酸化和变暖驱动的浮游生物物种和相互作用的变化可以促进甲基汞在食物网的额外生物积累。驱动因素之间的相互作用也很重要:20世纪70年代至21世纪初10 a,温度加上过度捕捞增加了大西洋蓝鳍金枪鱼体内组织甲基汞浓度。对于持久性有机污染物来说也是如此,但它们的生物积累更多地与温度对动物行为的影响有关。到2100年,在RCP8.5情景下,生产力变化和群落结构变化预计会增加极地海洋和高纬度浮游植物的甲基汞浓度,降低低纬度浮游植物的甲基汞浓度。如果甲基汞排放不减少,到2050年,来自2010—2050年海产品消费汞相关健康影响的全球平均成本估计将为19万亿美元。

越来越多的证据表明,气候变化、极端天气和海平面上升等气候影响正在增加包括弧菌在内的病原体暴发的地理传播和风险。气候变化影响至少30种通过水生系统感染途径的人类病原体(例如,摄入受污染的水或海鲜,或接触伤口)。在全球范围内,有利于霍乱弧菌的条件正在增加。与风暴相关的洪水和海平面上升进一步增加了人类与弧菌的接触。水生疾病,特别是弧菌类,通过降低养殖物种的质量或存活率,在水产养殖中造成了巨大的经济损失。基于温度的模式预测表明,到2100年,对于RCP4.5和RCP8.5两种情景,所有加拿大贝类床都将经历促进弧菌生长的高风险条件。气候影响驱动因素可能会增加海产品物种中弧菌种类的负荷。实验室模拟的热浪会增加太平洋牡蛎(长牡蛎)中弧菌种类的丰度,模拟的海洋酸化会增加硬蛤对弧菌种类感染的易感程度。预计温度升高、极端和多变的降雨条件、沿海洪水和海平面上升会显著增加严重的人类水生病原体暴发的风险,将继续危害人类健康并造成经济损失。

长期以来,自然和工程系统一直被有效地用于安全管理降水和废水,维护和增强这些系统是沿海社区基于自然的关键适应策略。

(4)灾害调控

沿海生态系统在物理上保护人们和财产免受风暴和洪水的影响,而气候变化威胁着这一保护功能。越来越详细的模式显示了暖水珊瑚礁、红树林、湿地,每年防止对私人和公共财产造成数十亿美元的直接和间接损害,并保护数百万人免受洪水侵袭。红树林保护为高收入国家提供了更多的经济效益,并保护了低收入国家更多的人。海草、海带、悬浮贝类水产养殖、牡蛎礁、沿海湿地和沙质海岸线也显著降低了波浪能量。非气候驱动因素(如入侵物种、沉积物变化、侵蚀和风暴损害),与气候影响的驱动因素和影响(如海平面上升、植物生物多样性的变化、海洋热浪和酸化)交织在一起,损害沿海生态系统的物理保护。

(5)海洋和海岸带系统碳循环调节

海洋当前和未来的总碳储量和循环受过去和未来的二氧化碳排放轨迹控制,但区域海洋和沿海碳储量及循环随时间和空间变化,是受气候变化影响的过程,包括海洋环流、海冰覆盖、沿海上涌和热分层;海洋初级生产和出口;海洋生态系统生物多样性。量化区域碳通量和储量仍然具有挑战性,并依赖于间接措施,尤其是沿海生态系统中驱动因素的相互作用。碳循环和储存与栖息地提供、水质维持和海岸保护等其他调节服务相互作用,特别是在植被覆盖的沿海生态系统中。支持区域碳循环和碳储存的适应措施一般侧重于以区域为基础的管理和保护,目前正在探讨加强海洋碳储存的干预措施以促进缓解(IPCC,2022)。

12.2.4.5　气候变化对海洋和海岸带文化服务的影响

海洋和沿海生态系统提供的文化服务有助于保持心理健康、促进文化发展、彰显人类特征、增加教育机会和支持未来商品或活动开发的保护区。最近关于海洋和沿海文化服务的研究只是使用可复制的方法来详细说明当地效益,聚焦于多样化的海洋和沿海环境及生态系统。文化生态系统服务可直接受益于海洋发展活动,如海洋水产养殖,并间接受益于增加生物多样性的海洋活动。文化服务通常使用访谈和显示偏好或陈述偏好评估来量化,但考虑到文化生态系统服务与精神和社区的联系,人们往往不愿用金钱来评估这些服务。

气候变化对海洋和沿海文化生态系统服务的影响已经破坏了人们基于地方的情感依恋和文化活动。大堡礁珊瑚的白化和死亡在珊瑚礁游客和研究人员中引发了可测量的"珊瑚礁悲伤"。图瓦卢、阿拉斯加和洪都拉斯人们的心理健康既受到了气候对海洋和沿海生态系统的影响(例如海平面上升和渔业、野生动物的变化),也受到了对未来更多影响的预期。2014—2016年,美国太平洋西北地区气候相关的海洋热浪和有害的藻华事件,阻碍了土著人和当地社区具有重要文化意义的蛏子季节性收获。风暴驱动的海岸侵蚀危及世界各地的海岸考古和遗产保护。

部分归因于气候变化的海洋和沿海生态系统服务中断也造成了经济损失。美国温带海湾24 a来由于变暖和富营养导致水质恶化,造成休闲收入损失。在美国佛罗里达州西南部,营养富集、湖泊水文和降雨条件控制着蓝藻的形成,有毒的蓝藻事件阻止了游客和娱乐活动,导致住宿和餐厅收入损失,国内和国际游客人数和游客总消费减少(2018 年 8—10 月损失 9900 万美元)。来自大西洋中部和加勒比海的浮游大型藻类马尾藻越来越多,其增殖被归因于海洋表面温度高和营养富集,严重破坏了加勒比和墨西哥的海滩旅游,每年都要花费数百万美元清理受影响的海滩(IPCC,2022)。

12.3 中国近海和海岸带变化

12.3.1 中国近海概况和气候特征

12.3.1.1 中国近海概况

中国近海包括渤海、黄海、东海和南海及台湾东侧的太平洋的部分海区。中国近海位于北太平洋的西部边缘，东西横跨约32个经度，南北纵贯44个纬度，总面积470多万平方千米。渤海与黄海以老铁山角经庙岛群岛至山东蓬莱角的连线为界；黄海与东海以长江口北角至韩国济州岛西南角的连线为界；对东海与南海的界线说法不一，较为公认的是以南澳岛与台湾鹅銮鼻的连线为界。

渤海是中国最北的近海，亦为中国最浅的半封闭性内海，三面环陆，与辽、冀、津、鲁相邻，东有渤海海峡与黄海相通。渤海南北长约556 km，东西宽约236 km，总面积7.7万km^2。由辽东湾、渤海湾、莱州湾和中央海盆组成，平均深度约18 m。入海的主要河流有黄河、辽河、滦河和海河，年径流总量达888亿m^3。地势由沿岸向中央和海峡倾斜，地形单调平缓。海底分布有古海岸线和古河道残迹。渤海为中、新生代沉降盆地，基底为前寒武纪变质岩。第四纪沉积物厚达300～500 m，主要为陆源物质。三大海湾都分布有粉砂质黏土软泥和黏土质软泥。中部多细粉砂、粗粉砂、细砂。海峡北部为砾石、贝壳残片；海峡南部却为细粒沉积。

黄海是中国大陆与朝鲜半岛之间的陆架浅海，因海水呈黄褐色而得名，平均水深44 m。南北长870 km，东西宽约556 km，面积约38万km^2。主要入海河流有淮河河系、中朝界河鸭绿江和朝鲜的大同江。主要海湾西有胶州湾、海州湾，东有朝鲜湾和江华湾。地势由北和东西两侧向中央和东南向倾斜。中央偏东有狭长低槽，自济州岛伸向渤海海峡，称为“黄海海槽”，槽的东侧坡陡，西侧平缓。南黄海西部沿岸较浅，苏北沿岸多辐射状沙脊群，水深不到20 m，为船只航行之险滩。东部沿岸较西部沿岸深，水深20～50 m。济州岛西北最深可达140 m。长江口以北至济州岛，有长江浅滩，长100多千米，水深约30 m。黄海北部沉积物，粗、细粒度成不规则斑块状分布；东部则粗细沙兼有，并有砾石和基岩；南黄海西部呈南北向带状分布，中间为黏土质软泥，东西两侧为细砂和粗粉砂。

东海是中国陆架最宽的边缘海，位于上海、浙江和福建之东，中国台湾岛和日本琉球群岛之西；西北与黄海相接；东北以韩国济州岛东端至日本九州野姆崎角的连线与朝鲜海峡沟通；南经台湾海峡与南海相连。东北—西南长约1296 km，东西宽约740 km，面积约77万km^2，平均水深370 m，最大水深在冲绳海槽，为2719 m。入海河流主要有长江、钱塘江、闽江、瓯江和浊水溪。主要海湾有海州湾、象山湾、三门湾和乐清湾等。海底地形似扇形，由西北向东南作台阶式加深。台湾岛与五岛列岛连线的西北侧为陆架浅海，东南侧为陆坡和海槽深海。陆架面积占东海总面积的1/3，其上残留有古海岸线和长江古河道遗迹以及北方原始牛腭骨和猛犸象齿化石，表明东海陆架在更新世曾是大陆平原，为中国大陆向海的自然延伸部分。海底沉积物呈带状分布，近岸为粉砂、粉砂质软泥和软泥；中部为广大的细砂、中砂和砾石。间或有软泥细粒沉积；冲绳海槽为黏土质软泥。东海为地震活跃区，尤以琉球群岛最为频繁，震级可高达7～8级。

南海为中国近海中面积最大、海水最深的海区，位于中国最南端，东接太平洋，西南通印度洋，面积约 350 万 km^2，平均水深 1212 m，最大深度 5559 m。入海的主要河流有中国的珠江、越南的红河、湄公河和泰国的湄南河等。主要海湾有中、越两国接壤的北部湾、泰国南部的泰国湾等。地形似菱形，从四周呈阶梯状向中部加深，可分陆架、大陆坡和深海盆等地貌单元。陆架以西南部最宽，为世界宽阔陆架之一，宽达 900 多千米，底质为粉砂和黏土，并有砾石、贝壳和珊瑚。北部陆架宽约 285 km，内侧为陆源沉积，外侧为沙质沉积。东、西部陆架最窄，吕宋岛以西，岛架宽仅 5 m。大陆坡也呈阶梯状下降(150～3000 m)，其上岛屿和暗礁星罗棋布，中国的东沙、西沙、中沙和南沙诸群岛都位于陆坡上，东、西部陆坡较陡，东部最陡，并有许多切割峡谷。大陆坡上的沉积主要为软泥和黏土软泥。被大陆坡包围的深海平原为中央盆地，水深大于 3500 m，其间矗立有一些水下海山。盆地东侧有吕宋海槽、巴拉望海槽和马尼拉海沟。马尼拉海沟最深，达 5377 m，长约 350 km，沟底宽 10 km。中央盆地的底质主要为棕色抱球虫软泥，含有火山灰。

中国海岸线绵延曲折，大陆岸线长 1.8 万余千米，岛屿岸线长 1.4 万 km。除了无冰冻海岸外，具有平原海岸、山地丘陵海岸及生物海岸等多种海岸类型。中国共有岛屿 5500 多座，仅浙江近海就达 2000 多座。除南海诸岛为大洋岛外，大部都为大陆岛。

12.3.1.2　中国近海气候特征

中国近海是西北太平洋的边缘海，毗连世界上最大的大陆和最大的大洋。中国近海受地理位置、海-陆-气系统相互作用及高、中、低纬度天气系统的共同影响，气候上表现为季风特点、过渡特点、多样特点。

中国近海海面气候的形成首先受太阳辐射分布的影响。中国近海年平均太阳总辐射在赤道附近最高达 210 W/m^2，南海北部至东海南部减少很快，东海中部及黑潮区出现最低值 150 W/m^2，黄海和渤海又增加到 160 W/m^2。太阳总辐射的分布及季节变化决定了近海南北方向上气候的巨大差异(秦大河 等，2005)。

东亚季风常年控制海域。东亚冬季风是由西伯利亚侵入我国然后侵入黄、渤海及南海的干冷气流，使得北部近海岸区具有明显大陆性气候性质。由近海向远海，气团逐渐变性，气候要素分布发生急剧变化。夏季中国近海完全受来自大洋的西南和东南气流控制，海洋的影响增强，故表现为比较一致的海洋性气候特色。另外中国近海东面有自低纬向中纬流动的黑潮暖流，沿海岸有自北向南流动的沿岸冷流，不同海流性质对气候的影响不同，两支海流之间出现明显的温度梯度。

中国近海南北狭长，地理上跨越温带、亚热带、热带和赤道带，加之海岸线漫长曲折，海流的性质及影响程度又迥然不同，故而形成了多种多样的气候类型。中国近海受到不同纬度的天气系统影响，冬季寒潮、春季气旋、夏季热带气旋活动频繁，增加了气候的多样性。综合海面气团性质、风系特征、气候要素分布、热量平衡等条件，将中国近海自南而北划分为 4 个气候带：赤道季风带、热带季风带、亚热带季风带、温带季风带，每个气候带又可划分若干气候区(阎俊岳 等，1993)。

(1)近海气温和海面水温

中国近海的气温分布受太阳辐射、海陆位置和地形等因素的影响。气温和表层水温变化在长周期中几乎是同步的，其原因之一就是海水和大气之间时刻进行着热量交换。但海水热容量大，海洋巨大的热惯性使之具有“记忆”能力和“滞后”效应，海温高值和低值出现的时间比陆表推迟。在有些海区的沿岸，日气温最高值并不是出现在午后，而是推迟到下午或傍晚，这是水温影响气温的结果。在具体海区和具体时段上，气温和表层水温值不完全相同，从而出现了海-气温差，黑潮流域冬季表层水温可高于气温 4～6 ℃，但通过不停的热量交换，海-气之间温度差距渐渐缩小。

中国近海气温分布的特点是：北方海域冬冷夏暖，四季分明，南部海域终年炎热，长夏无冬；冬季北方海域气温东高西低，有很强的温度梯度；夏季陆地和洋流的影响减弱，等温线近于纬向。气温年较差最大值出现在西北部近岸，如渤海西部沿岸和日本海西北部沿海达 28 ℃；最小值出现在赤道附近大洋上，年较差不到 1 ℃(阎俊岳 等,1993)。

冬季(1 月)平均气温渤海北部为－3.9 ℃，南海南部为 26.9 ℃，南北相差 30 ℃。春季(4 月)，南北气温差异大大减小，渤海北部到东海北部，平均气温仅相差 4 ℃，南海中部到南部，平均气温相差不到 1 ℃。在黄、渤海沿岸，陆上气温已高于海上气温。夏季(7 月)，南北和东西方向上气温差异最小，平均气温从渤海北部的 24 ℃到赤道上的 28 ℃，南北相差仅 4 ℃。29 ℃的高温区不在赤道上，而是在北部湾和海南岛附近，最高平均气温 29～30 ℃。秋季降温时间从北开始，向南逐渐推迟，降温最大的月份，渤海和黄海为 10—11 月，其他海区为 11—12 月(阎俊岳 等,1993)。

中国近海海面温度的分布主要与太阳辐射随纬度的变化以及海陆分布和洋流等因素有关。从年平均情况来看，一方面，中国近海海面温度随着纬度的增加而降低，呈现出南高北低的分布特征。另一方面，在越靠近陆地的区域，海面温度水平梯度越大，等温线总体呈西南—东北向分布。东海由于受黑潮季节变化和沿岸流影响，其海温梯度最大；南海由于大部分地区处于热带，温度梯度相对较小、海温分布较一致；由于受海陆温差、海流和沿岸流的共同影响，海面温度梯度在海峡和近岸海域比远海大(丁一汇,2013)。

水温的年变化，20°N 以北 2 月水温最低，8 月水温最高；20°N 以南海区 1 月水温最低，西南季风爆发之前的 5 月水温最高(阎俊岳 等,1993)。季节变化分述如下[参见图 12.19(彩)]。

春季，随着东亚冬季风的减弱，北风开始减弱，渤海和黄海海岸的南向沿岸流也明显减弱，渤海和黄海的等温线呈纬向分布，海温呈现北低南高特征。东海海温等温线呈西南—东北向分布。而南海海域海温分布比较均匀。

夏季，整个近海海温分布比较均匀，是海温最高的季节，较明显的海温梯度出现在黄海和东海交界处。

秋季，海温分布是四个季节中与年平均分布最接近的一个季节，作为由夏季向冬季的过渡季节，海流活动的影响已明显显现，渤海和黄海海温基本一致，等温线与纬线平行，东海海温等温线呈西南—东北向，有较大的温度梯度。南海中部也出现西南—东北向的温度线。

冬季，是各海域海温最低的季节，相比秋季，温度梯度在各海区进一步加大，渤海和黄海海温等温线也出现东北—西南向的分布，此时，作为半封闭海域，以及所在纬度的影响，渤海和黄海北部海温明显低于南部海温。在黑潮和冬季北风作用下的西边界流是东海海温梯度形成的主因(丁一汇,2013)。

综上所述，中国近海水温的分布与气温的分布形势基本相似，但在某些海域仍有一定差异。2 月，20°N 以北平均水温比平均气温高 2～3 ℃；黑潮主干流路则高于平均气温 4～5 ℃；20°N 以南，平均水温与平均气温差异较小；南海中部到南部平均水温为 26～27 ℃。5 月，渤海和黄海西部，水温的升高滞后于气温，黑潮主干流路的平均水温比平均气温高 1～2 ℃。南海除北部外，平均水温与平均气温很接近，西南季风爆发之前，云和降水很少，平均水温为一年

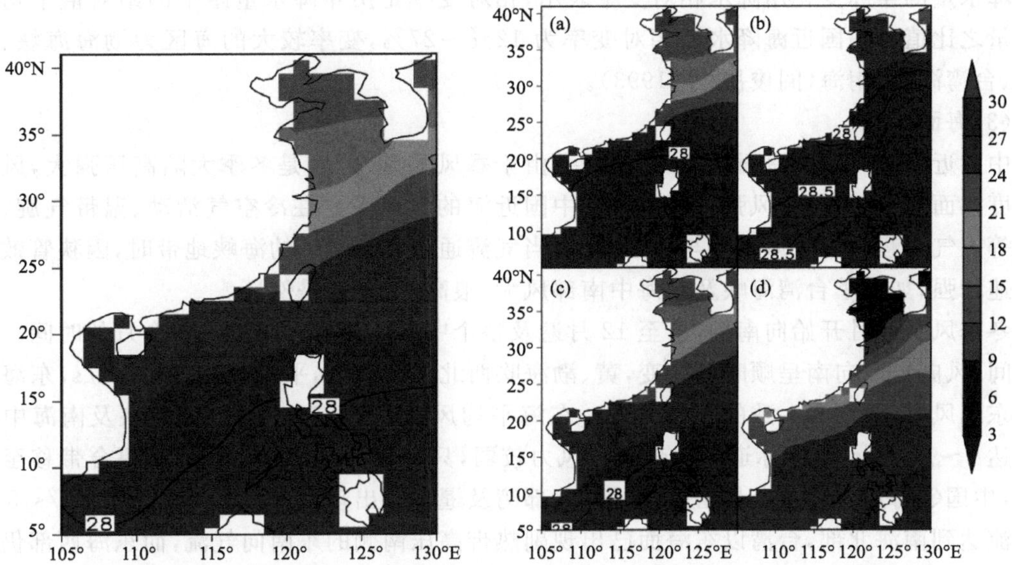

图 12.19(彩)　中国近海 1981—2010 年期间年(左)和四季(右)平均海面温度分布

(单位:℃;资料来源:丁一汇,2013)

(a)春季;(b)夏季;(c)秋季;(d)冬季

之中最高,达 28 ℃左右。8 月,整个海区平均水温差为 6 ℃,成山头外海由于受冷水团的影响,出现平均水温 24 ℃的闭合区。福建沿海由于涌升流的影响,使得近岸 2～3 个纬距平均水温降为 26～27 ℃。除此以外,南海及东海水温均在 28 ℃以上。

(2)降水

中国近海降水量为北半球同纬度较多的地区之一,由于近海南北狭长,各地距离海岸远近不同,空气中水汽含量有异,使得海区之间降水量差异悬殊,季节分配不均。同时由于东亚季风的年际变异较大,中国近海降水量年际变化也非常显著。

近海降水量分布的基本形势是:南多北少,沿岸多于海中。渤海年降水量为 500～600 mm,南黄海降水量多于北黄海,黄海东部多于西部,西部为 800～900 mm,东部为 1000 mm 左右。渤海、黄海降水量均集中在夏季 7—8 月。东海西部年雨量为 900～1300 mm,东部琉球群岛由于黑潮暖流影响超过 2000 mm。南海年雨量为 1500～3000 mm,北部为 1500～2000 mm,集中于 4—9 月;越南近海 1800～2000 mm,9—12 月雨量较多。菲律宾沿海处于西南季风的迎风面,年雨量为 2000～3000 mm,冬季及夏季月份雨量偏多。南海南部年雨量达 2200～2800 mm,12 月—次年 1 月雨量较多,其他月份也有 100～200 mm 降水。渤海和黄海北部为夏雨型,降水量集中在夏季 7—8 月,两个月雨量占年降水量的 50%。南海热带海域也属夏雨型,降水集中在夏季 5—9 月,雨量占年降水量的 60%～75%,故称为湿季,12 月—次年 4 月雨量占年降水量的 5%～10%,称为干季。东海和南海北部降水主要受极锋影响,由于极锋一年两次通过海区,故出现两个雨季,即春雨期(5—6 月)和秋雨期(9 月)。夏季的热带气旋也可以带来丰富的降水,但大部分时间在副热带高压控制下,雨量相对较少;冬季受黑潮暖流影响,可以出现阴雨蒙蒙天气,降水量不大。6 °N 以南赤道海域,各月降水量都很大,而冬季相对更多,称为冬雨型。

降水量的年际变化用降水相对变率表示，相对变率是历年降水量距平的绝对值平均与年降水量之比值。中国近海降水的相对变率为12%～27%，变率较大的海区为渤海海峡、黄海北部、台湾海峡、南海（阎俊岳 等，1993）。

（3）海面风

中国近海是同纬度海面较强风区之一，由于季风显著，特别是冬季大陆高压强大，风力较同纬度洋面大，而且冬季风强于夏季风。中国近海的大风发生在冷空气活动、温带气旋、热带气旋等天气过程中。大风区多与地形有关，当气流通过宽窄不一的海峡地带时，因狭管效应而使风速增强，如冬季台湾海峡及南海中南部风大、浪高、流急就是例证。

冬季风从9月开始向南推进，至12月遍及整个中国近海，共需要3～4个月的时间。冬季风期间，风向自北向南呈顺时针改变，黄、渤海吹西北风或北风，平均风速4～6 m/s，东海南部转为东北风，南海则为一致的东北气流。东海平均风速为5～7 m/s，台湾海峡及南海中部通道上达9～10 m/s，南海赤道缓冲带区域风力较弱，只有3～4 m/s。4月热带辐合带移至赤道附近，中国邻海风的纬向分量增强，渤海、北部湾及暹罗湾出现东南风，平均风速5 m/s，5月西南气流达到南海北部，台湾以东海面已出现副热带高压南侧的东南向气流，而东海西部仍保持一定频率的东北风。

夏季风始于4月中旬以后，这时蒙古高压变弱并收缩，印度及中国大陆热低压明显发展，4—5月中旬南海首先出现东南风，5月中旬南海西南季风爆发，并向北推进。夏季风的出现在南海是爆发性的，几天之内可以控制南海。季风爆发后向北推进，6月1个月即遍及整个北部海区。7月为夏季风的最盛时期。整个过程约需2个月时间，比冬季风相应时间缩短。夏季风不如冬季风稳定，它有着时间和强度不同的准周期性变化，经常出现季风增强和中断现象。季风增强时期不仅风速加大，雨量也加大；季风中断时，则大部分地区无雨，一般每月都有几次强度不等、时间长短不同的变动过程，每次增强过程持续10～20 d。

中国近海的大风主要有黄、渤海的偏北大风和西南大风，东海的偏北大风和偏东大风，台湾海峡的东北大风，南海北部的偏北大风和西南大风，南海中部和南部的西南大风。夏、秋热带气旋也是东海、南海重要大风系统之一，热带气旋大风极值在南海为55～70 m/s，东海65～85 m/s，黄、渤海30～40 m/s 。根据岛屿站与沿岸站阵风≥8级风的大风日数统计，渤海中部全年大风日数80 d，海峡区及黄海北部120～130 d，黄海中部110～120 d，黄海南部、东海西部全年140 d，台湾海峡约170 d，南海北部约45 d，南海南部全年仅有4 d（阎俊岳 等，1993）。

（4）海雾

中国近海的海雾主要发生在2—7月，8月除了局部海区（朝鲜半岛西南部）偶尔有雾外，大部分海域已经无雾。海雾主要发生在大陆附近，集中在5个多发区，分别是北部湾、福建近海、舟山群岛、青岛至成山头近海、朝鲜半岛西南面大黑山岛附近。各区海雾出现时间随着暖湿气流的北上自南向北有规律地推移：北部湾为2—3月，福建外海为4月，舟山群岛为4—5月，朝连岛为5—7月，成山头为6—7月。

根据28个滨海气象观测站和岛屿站记录，北部湾区，全年雾日有20～30 d，多雾期在1—3月。广东沿海雾日减少至15 d左右。台湾海峡北部厦门近海，多雾月份为3—5月，年雾日数有30 d左右。向北至舟山群岛，年雾日数为50～60 d，3—6月占全年雾日的2/3。长江口附近年雾日数减少到20～25 d，向北至连云港附近略有增加，海州湾复又降至15 d左右。从日照向北，年雾日数逐渐增多，朝连岛附近达50 d，至千里岩附近又略微减少。成山头附近为近岸最浓的雾区,1954—1980 年年雾日数平均为 78.2 d。8 月中国近海岸雾基本消失,总共只有近 10 个雾日。

海雾与陆地上的雾相比,具有范围大、雾浓、厚度大的特点,而且持续时间长,发生、消散时间的规律性差。海雾形成后如果环流形势不发生变化,一般会持续下去,华南沿海海雾一般持续 1～2 d,东海和黄海海雾持续 3 d 以上,嵊泗连续雾日可以达 18 d,成山头附近 1973 年 7 月 1—29 日曾经连续有雾 29 d(阎俊岳 等,1993)。

(5)海冰

中国近海海冰主要分布在渤海和黄海北部的近海海区,冬季由于强烈的冷空气的入侵,每年都有不同程度的结冰现象。此外,黄海中部胶州湾以北的山东半岛沿岸及海岸内部或河口浅滩附近,冬季也出现结冰现象。在极少数异常寒冷的冬季,江苏北部沿岸附近,也有少量海冰生成。中国近海海冰是北半球纬度最低的季节性海冰,多存在于 1—3 月,其中渤海湾北部海冰密集度最高、冰期最长。这种结冰与极地海冰相比,有明显的区别,在时间上属于冬结春消的一年冰;在成因上,主要是温度降低造成的,无外洋的流冰和冰山。

渤海和北黄海的海冰以辽东湾最重,鸭绿江口次之,渤海南部较轻。辽东湾大致于 11 月中旬结冰,次年 3 月下旬冰情结束,冰期持续 3～4 个月。海冰覆盖区从湾顶向南延伸 80～140 km,冰厚一般 25～40 cm,严重时海冰覆盖整个辽东湾,冰厚可达 100 cm,堆积冰高可达 6～10 m。渤海湾冰期从 12 月下旬开始至 2 月下旬结束,结冰期 2 个月左右,流冰外缘一般距湾顶 30～70 km,冰厚 15～30 cm,堆积冰一般在 1 m 以下,最高 2～4 m。莱州湾冰期 12 月下旬—次年 3 月初,持续 2 个多月,冰厚一般 15～30 cm。黄海北部从西向东结冰持续时间不同,西部较短,12 月底至 3 月初,约 3 个月时间;东部 11 月下旬—次年 3 月中旬,持续近 4 个月,冰界距离海岸 30～50 km,冰厚 20～30 cm。鸭绿江口冰情较重,堆积冰可达 2 m。

近 50 a 来渤海海冰发展趋势表现为:自 1973 年以来,渤海海冰最小结冰面积长期保持不变,最大结冰区域面积成增大趋势,1997 年开始以 8 a 左右为周期呈现规律性变化(庞海洋等,2018)。应用 NOAA 卫星反演的高分辨率海冰密集度资料分析了 1981—2011 年中国近海海冰的时空变化特征,研究发现 1981—1986 年海冰面积变化平稳;1987—2005 年间海冰面积明显偏少;2005—2011 年近海海冰明显增多,且年际变率大,受东亚冬季风的影响显著,为正相关关系(梁军 等,2016)。

12.3.2　中国近海海洋变化

12.3.2.1　中国近海海温变化

(1)过去变化趋势

齐庆华等(2017)基于 1982—2017 年日再分析资料,分析了中国近海海面温度变化的极端特性、历史演变、空间格局及可能影响,并探讨了与全球变化和区域气候变率的关联性。

中国近海年平均的海面温度近 30 多年来上升趋势显著,特别是渤海西部沿岸和长江口附近及以南近岸海域上升趋势最为显著,线性升温速率超过 0.2 ℃/(10 a),这可能会增加海洋热浪事件的发生频次。

中国近海的长江口附近及以南近岸海域海面温度在各季节具有较一致的显著上升趋势,但中国近海海域受季风气候控制,海面温度也有鲜明的季节特征。比较而言,春季海面温度上升幅度较大,升温幅度最大区域位于长江口及邻近海域,30 多年来线性增幅高达 2.60 ℃。值得指出的是，中国近海海面温度变化趋势的季节差异主要体现在长江口以南的沿岸海域，冬、春季节变化趋势以下降为主，特别是冬季长江口以南的沿岸海域海面温度的下降趋势最为明显，但显著性较小，而夏、秋季节则为较一致的上升趋势。此外，中国近海的沿岸海域和外部近岸海域的海面温度呈现出不同的变化趋势，季节差异明显。主要体现在冬、春季长江口及以南的沿岸海域海面温度的变化趋势以下降为主。这可能与沿岸海域更易受到全球变化（如 20 世纪 90 年代末的气候变暖暂缓）和径流等陆地气候变化异常以及人类活动的影响有关。

中国近海的极值温差（一定时期内最大值与最小值之差）和纬度存在一定关系，高纬度海域的极值温差较大，同时沿岸大于外部近岸海域。季节差异上，春、秋季的变化幅度较大，而夏季和冬季的变化幅度较小。近 30 多年来，沿岸海域的极值温差主要以加大为主，而外部近岸海域以减小为主。这与海面温度长期的变化趋势和型态不无关系。沿岸海域冬春季节极值温差显著增大，可能会引起物候的变化，进而严重影响生物生态的迁移与演替，且气候变化下海面温度不稳定性增强，极易引起如赤潮等生态灾害的突发和频发。

中国近海海面极端温度的年内平均持续天数和最大持续天数呈现出北高南低、沿岸大于外部近岸海域的特点。其中，极端高温的年内平均持续天数变化趋势的区域性特征明显，而最大持续天数变化趋势整体不明显。其中，长江口以北的黄海、东海海域海面极端高温的平均持续天数和最大持续天数增加显著，可能对该海域生物生态系统尤其是渔业资源产生较大影响；极端低温的平均和最大持续天数趋势变化均以显著增加为主。这很可能与同期全球气候变暖暂缓以及相关的区域气候变率影响有关。

在全球变暖背景下，海面极端高温的强度以增加为主，尤以春季幅度最大。显著区域主要位于长江口以北的近海海域，其他季节主要见于长江口附近及以南的外部近岸海域；海面极端低温强度的变化以减弱趋势为主，另外，在冬、春季节长江口以南沿岸海域海面极端低温强度增加明显；极端高温在南海北部（如北部湾等）及长江口和台湾海峡邻近海域累积频次呈较为一致的上升趋势，极易引起极端海洋热浪事件，可能对生态系统（如南海珊瑚礁）产生较大影响；极端低温累积频次以显著降低为主。而长江口及以南沿岸的极端低温强度和频次在冬、春季节明显增强，可能会对海岸带和沿海的生态系统（如红树林等）产生一定影响。此外，在太平洋年代际振荡（PDO）暖位相期间，ENSO 暖事件得到增强，进而易引起中国近海海表极端低温的频发；而当北极涛动（AO）正位相时，限制了极区冷空气向南扩展，气候变暖背景下中国近海海面的极端高温事件则趋于增加，其危险性增强。

（2）未来变化趋势

宋春阳等（2016）等基于观测和再分析资料，利用多种指标和方法评估了国际耦合模式比较计划（CMIP5）中 21 个模式对中国近海海温的月、季节和年际变化模拟能力。在此基础上，优选 ACCESSl. 0、INMCM4、BCC-CSMl. 1、IPSL-CM5A-MR、CMCC-CM 这 5 个模式结果，对中国近海海温在 RCP4. 5 和 RCP8. 5 情景下未来的变化进行了预估[参见图 12. 20（彩）]。

在 RCP4. 5 情景下，未来 100 a 中国近海海面温度都有明显的增温趋势，21 世纪前期和中期海面温度会显著增高，到 21 世纪后 30 a 会趋于平稳，预计升温 1～2 ℃。在 RCP8. 5 情景下，未来 100 a 中国近海海温是递增的，升温最高可达 4 ℃。其中 INMCM4 与其他几个模式相比增温趋势较缓。未来中国近海 SST 会显著增高，渤、黄海增温幅度最为明显，约为 2. 2 ℃，东海、南海增温幅度分别约为 1. 7 ℃和 1. 4 ℃。SST 等值线分布疏密程度改变很小，温度梯度几乎不变。未来中国近海区域东北风减弱。台湾以东黑潮和东海黑潮流速增强，平流作用加强促使温度升高。未来海表净热通量在不同海区变化不同，在东海、黑潮区域及南海净热通量变化为正，表明净热通量对东海及南海具有增温效果。在 RCP4.5 情景下净热通量变化和平流变化共同促进了东海海温升高。

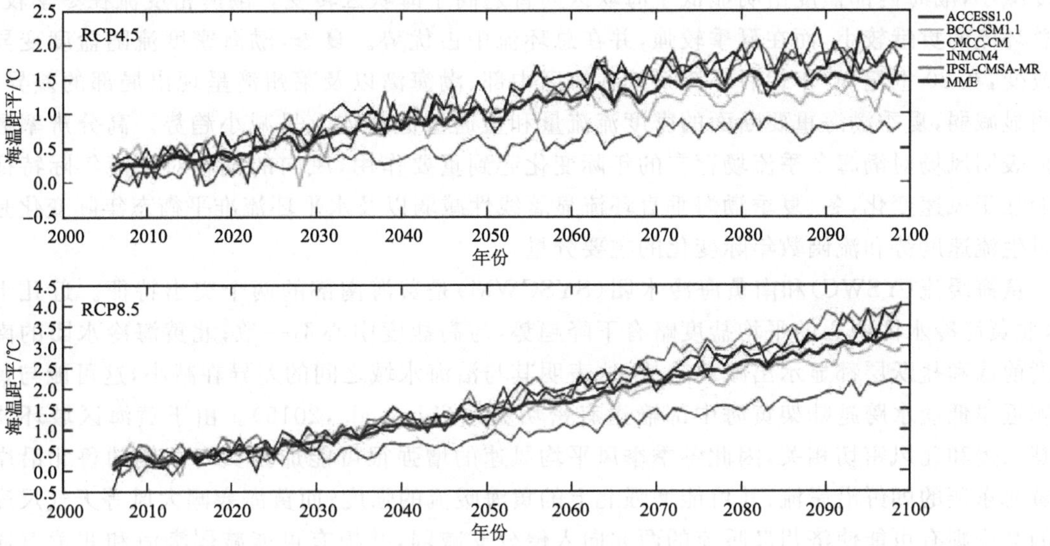

图 12.20(彩) 2006—2099 年中国近海年平均海温相对 1986—2005 年距平时间序列
(资料来源:宋春阳 等,2016)

12.3.2.2 中国近海盐度与环流变化

海水盐度的分布与变化，主要与海区的盐量平衡有关。对于外海或大洋来讲，影响盐度的主要因子有蒸发、降水、环流、水团及海水混合等。但在近岸地区，除上述因子外，河川径流是影响盐度的重要因子。中国近海的沿岸地区，为江河径流所形成的低盐水系，外海则为黑潮及其分支所带来的高盐水系，这两大水系的消长运动，就构成中国近海盐度的空间分布。在气候变化和人类活动的综合影响下，中国近海盐度和环流发生了显著的变化。

渤海和黄海为半封闭陆架浅海，其环流主要受到季风、潮汐和黑潮分支等外海环流的影响；而东海陆架环流受季风、潮汐、黑潮入侵以及长江径流共同影响。南海地处于亚—澳季风区，是西太暖池的一部分，且存在复杂的海洋环流过程，因此南海上层热力状况特征与热带西太平洋有显著差异。中国沿海入海径流众多，其中长江、珠江、黄河是中国最主要的三大径流。长江淡水进入东海陆架后沿岸扩展，影响黄、东海的环流和温盐分布。黄河径流入海后，主要影响渤海的环流和盐度分布。珠江径流是南海北部陆架最重要的淡水输入，珠江冲淡水沿岸扩展，显著影响南海北部陆架的盐度分布。黑潮是渤、黄东海的主要外来入侵水体和热量的输送来源，对渤、黄东海的环流和温盐变化等都有重要影响。

渤海在自然环境和动力学特征上具有其独特性，也更容易受到外界改变和人类活动的影响。黄河口年径流量是影响渤海冬季盐度年际变化的主要因素。黄河口、辽河口入海年径流量与夏季降水量是夏季盐度年际变化的主要影响因素，夏季风应力强度是次要因素。近几十年来，渤海大部分海域冬季表底层平均海水盐度年际变化呈现显著线性升高趋势，而实际上由于黄河年径流量的减小和季风强度的变化，20 世纪 50 年代至今，渤海冬、夏季盐度均呈整体上升趋势(石强,2013a;石强,2013b)。自20世纪80年代以来,渤海的盐度格局发生了显著的变化。黄河下游利津站1952—2015年实测径流量数据显示,黄河年平均径流量呈现显著的下降趋势。受黄河径流量持续减少的影响,渤海和北黄海区域表层盐度呈上升趋势,盐度的水平梯度减小,渤海内部盐度由明显低于海峡区向普遍高于海峡区转变。渤海密度流在冬季较弱,对总环流的贡献较小,而在夏季较强,并在总环流中占优势。夏季,渤海密度流随盐度变异有所改变,在20世纪90年代后环流系统在海区中部、渤海湾以及莱州湾呈现出局部的差异,流动明显减弱,夏季渤海重要断面的密度流流量和盐通量值整体上呈减小趋势。高分辨率数值模拟表明风场对渤海冬季流场存在的年际变化起到重要作用,风向的偏转对环流年际特征的影响强于风速变化,冬、夏季渤海垂直环流显著线性减弱以及水平环流准平衡态年际变化是平均风生流速度势和流函数年际变化的主要分量。

黄海暖流(YSWC)和南黄海冷水团(SYSCWM)是黄海南部的两个突出特征。近几十年来,北黄海冷水团中心的平均盐度略有下降趋势,与高盐度中心不一致;北黄海冷水团的南部盐度前缘和盐跃层都显示出减弱趋势,这表明其与沿海水域之间的差异在减小,这可能与黄海西侧近岸低盐水跨越陆架黄海中部输送有密切关系(Li et al.,2015)。由于黄海区域环流跟黑潮入侵和北风密切相关,因此冬季季风平均风速的增强很可能加强黄海西侧的鲁北沿岸流和黄海东侧的朝鲜沿岸流;并可能增强北上的黄海暖流的强度;而黄海寒潮大风等天气尺度过程的减少则有可能使济州岛暖流的西北向入侵分支减弱,并极有可能减弱渤海和北黄海通过渤海海峡的水量交换;黑潮强度和温度增强也在很大程度上会影响黄海的环流系统。

东海底层盐度在近年来表现出降低趋势且从近岸往外海,盐度异常呈现先降低再升高趋势(苗庆生 等,2016)。长江冲淡水对黄、东海盐度的影响有着明显的地域差异,东海盐度变化在很大程度上取决于长江冲淡水扩展的范围。夏季风减弱,冲淡水向东北方向扩展范围可能减弱;冬季风增强,另外冬季长江径流量有增加的趋势,因此冲淡水沿中国沿岸向南扩展范围很可能会增大,低盐水控制区域范围很可能扩大,进而对黄、东海的盐度分布产生影响。长江入海径流量改变,很可能会显著影响长江河口盐水入侵,强化东海冬季的浙闽沿岸流的强度。而夏季径流量的减少,则很可能降低长江口以北近岸的冲淡水和水位,从而加强季风驱动的夏季北向流。另外,由于黑潮水一部分为冬季台湾暖流水提供来源,冬季台湾暖流也很可能随黑潮变化而出现增强的趋势。

南海处于全球盐度淡化最显著的印太海区之间,兼具区域海洋和开阔大洋的海洋特性。南海季风的减弱以及黑潮入侵南海减弱很可能使南海海水增暖,异常的反气旋式环流对应的正风应力旋度异常和黑潮通过吕宋海峡入侵南海减弱可能在很大程度上影响南海环流形态和强度。净淡水通量、河口淡水出流以及以南海贯穿流主导的海峡水交换是影响南海盐度的最可能因子,其中黑潮入侵南海强度减弱可能起到决定性作用;PDO开始由暖位相向冷位相转变,Aleutian(阿留申)低压和正的风应力旋度向北移,导致赤道东风加强,北赤道流分叉点向南移,导致黑潮入侵南海变弱,进而导致南海盐度加速淡化。另外,黑潮入侵吕宋海峡强度变化也在很大程度上影响着南海温盐分布、环流形态和中尺度涡的生消。黑潮携带西太平洋水通过吕宋海峡进入南海,对南海温盐分布,流场变化和中尺度涡生消都有重要影响。过去20 a中,西北太平洋(包括黑潮、黑潮延伸体和黑潮回流区)表层和次表层盐度存在淡化趋势(Nan et al.,2015),同时黑潮入侵南海也有减弱趋势(Nan et al.,2013)。黑潮入侵南海和西太平洋盐度淡化都会导致南海盐度淡化。基于观测的再分析资料显示南海上层盐度自20世纪90年代初有加速淡化的趋势。在 1993—2012 年 20 a 间，南海 100 m 以上平均盐度减小了 0.24 psu，淡化速率为－0.012 psu/a。最大淡化出现在吕宋海峡以西，自东北向西南和自表层向深层递减。Zeng 等(2016)发现南海的次表层盐度自 20 世纪 60 年代开始淡化，1975 年转为增盐阶段，1993 年后再次进入淡化阶段，其长期变化趋势分别为－0.0076 psu/a，0.0100 psu/a 和－0.0078 psu/a 。南海的次表层盐度变异主要受水平平流输运和垂向混合，尤其是经吕宋海峡的盐度输运和混合层底的垂向混合的调控。在淡化和盐化阶段，混合层底的垂向混合效应有所差异，在淡化阶段强于盐化阶段。

12.3.2.3 中国近海酸度变化

近海海域由于受到陆源输入、上升流和生物活动等的影响，海水 pH 呈现较大幅度的变化。近海海洋酸化受到多种因素驱动，相对于开阔海域，近海更多受到过程控制，近海海洋酸化不仅受人为 CO_2 的影响，还受生物活动、河流、上升流及地下水等因素的影响，其中河流及上升流的影响尤为重要(贺仕昌 等，2014)。中国近海海洋生态系统运转机制复杂多样，在气候变化和人类活动的共同影响下，近数十年海洋酸化趋势明显。相较于开阔大洋，近海发生的海洋酸化与富营养化相伴，是局部的和季节性的。

从对海洋酸化监测的时间序列来看，渤海是中国几个海域中最长的，已有 36 a 的记录(石强，2013a；石强，2013b)。在 pH 值的时空分布上，夏季表层平均 pH 值高于底层，其他季节表底层平均 pH 值和分布趋势基本一致，夏季 pH 值在辽东湾和渤海湾顶部及海区中部稍高，秋季表层在辽河、滦河口及莱州湾较高。季节分布上，秋季 pH 值较低(范围为 7.73～8.25，平均值为 8.02)，冬季较高(范围为 7.97～8.42，平均值为 8.23)。在 1978—2013 年 pH 值的变化趋势上，对渤海中心断面 1978—2013 年每年 2 月和 8 月的海水 pH 值观测资料分析显示，夏季表层海水平均 pH 值显著增加趋势(0.0018 a^{-1})，冬季底层海水年际变化显著降低趋势(－0.0029 a^{-1})，冬季表层和夏季底层海水平均 pH 值变化总体呈现降低的趋势。大气 CO_2 浓度、水温和浮游植物活动等对渤海海水的平均 pH 值的季节和年际变化有显著影响。黄河入海口的径流量、大气 CO_2 浓度、水温和浮游植物的活性等都对渤海海水平均 pH 值的季节和年际变化有显著影响。此外，在近几年(2011—2016 年)的航次观测中，观测到了渤海的海水酸化现象，在渤海西北部和北部的夏季底层低氧区发生明显的季节性酸化现象，两个月内底层水溶解氧下降 5.6 mg/L，pH 值降幅则高达 0.29。2013 年 6—8 月航次还观测到了表层水体的文石饱和度在 2.0～3.8 之间，次表层的文石饱和度＜2.0。

黄海在 pH 值的空间分布上，表层水体 pH 值具有近岸低、远岸高的趋势，特别是黄海西南部 pH＜8.15，而中央海域 pH＞8.20。夏季底层水 pH 值以南黄海南部较高，黄海冷水团中 pH 值较低(pH＜8.10)且形成一半封闭区，最低值达到 7.94。秋季表层 pH 值表现为黄海北部较低(pH＜8.15)、中央海域和济州岛以西较高(pH＞8.20)。底层则在黄海南部和近岸海域较高(pH＞8.15)，黄海冷水团中 pH 值较低(pH＜8.05)且形成一封闭区，最低值达到 7.82。冬季表层水体受陆地径流影响强烈的南黄海西南部和东北部 pH 值较低(pH＜8.10)，受黄海暖流水影响的区域 pH 值较高(pH＞8.15)。底层水体 pH 值分布特征与表层一致(翟惟东，2018)。在 pH 值的变化趋势上，近年的研究观测到了黄海的季节性酸化现象，且观测到了黄海冷水团夏季的次表层和底层水体中聚集了较多的呼吸作用产生的 CO_2，该区域的文石饱和度降低到小于 1.5，这一酸化现象可能会占据夏季和秋季的 1/3 水体，从而影响当地的钙化生物和底栖生物。在北黄海的研究结果显示，由于现场的初级生产产生的有机质降解引起次表层水体中 pH 值从 8.02 降低至 7.88，北黄海可能是近海受海洋酸化影响最显著和敏感的区域之一（Zhai et al.，2014）。

东海的海水 pH 值变化范围为 7.30～8.52。春季和夏季部分区域受赤潮影响，pH 值较高。其中，春季变化范围为 7.05～8.19，平均值为 7.96；中层变化范围为 7.10～8.19，平均为 7.96；底层变化范围为 7.11～8.18，平均值为 7.96。空间分布上具有分带性，表现为近岸低、外海高的趋势，长江冲淡水团的 pH 值较低，外海水的 pH 值较高。沿岸流水团中的 pH 值呈现快速变化的特征，在有赤潮或者高生产力的区域，出现表层 pH 值的高值区。从变化趋势上看，刘晓辉等（2017）对 2002—2011 年在东海沿岸海域（长江口、杭州湾、三门湾和椒江口 4 个海域，共 16 个站位）春、夏、秋 3 个季节的表层海水 pH 值监测资料进行了分析，发现东海沿岸海域表层海水的 pH 值变化趋势存在明显的季节和区域差异，共有 10 个站点表层海水 pH 值呈下降趋势。从区域上看，酸化现象主要集中于长江口和杭州湾海域，而三门湾和椒江口海域则并没有呈现明显的酸化现象。从季节上看，春季的表层海水 pH 值呈较明显的下降趋势，而夏季和秋季的变化趋势并不明显。Lui 等（2015）根据 1982—2007 年东海外陆架至冲绳海槽区域断面的碳化学观测数据计算得到东海陆坡区由于通风减弱和有机质持续降解引起的次表层海水酸化速率约为－0.00082 /a，是开阔大洋表层酸化速率的 50%；而在台湾南部的南湾长期观测站的结果显示，由于西菲律宾海海水入侵和上升流的增强，50 m 水深的酸化速率为－0.0039 /a，这一速率是开阔大洋酸化速率的 2.2 倍。东海的海水酸化是一个多因素叠加的过程，即在全球大气 CO_2 含量上升引起海水酸化的背景下，还叠加着一些区域的海洋生物、化学过程，导致东海海域的酸化机制复杂化。

南海表层海水的 pH 值受陆架淡水的影响，有盐度越小 pH 值越大的趋势。表层以下 pH 值随深度增加逐渐减小，这一变化在水深 600 m 以内较为显著，600 m 以下的 pH 值变化幅度较小。水深 600～1000 m 的 pH 值介于 7.65～7.70 之间，水深超过 1000 m，pH 值几乎没有变化。南海在 1000 m 的 pH 极小值并不显著，这与南海深层环流中的垂直混合涌升等过程有关。南海深水海域和北部沿岸海域 pH 变化趋势不同。南海深水海域面积宽广，水体自净能力较强，有机物质矿化分解的 CO_2 累积较慢。另一方面，虽然该海域上升流可将底层高 CO_2 低碳酸钙饱和度的深层水带至表层，但同时也将底层丰富的营养盐带至表层促进生产力，强烈的生物活动会消耗无机碳，因此上升流的两种作用过程相拮抗，最终使其饱和度维持较高的数值，未呈现显著的酸化（徐雪梅 等，2016）。河口区、沿岸流区的酸化趋势则较为明显。杨顶田等（2013）分析了 2001—2010 年南海北部海南岛南端三亚湾水体 pH 值的时空分布特征，得出三亚湾表层水的 pH 值变化范围为 8.01～8.23，底层水为 8.01～8.24，平均为 8.14；季节变化以春季和冬季最高，秋季次之，夏季最低；春季、秋季和冬季在三亚河河口附近出现明显的低值区，可能与三亚河的河水流入有关。2001—2010 年，三亚湾水体 pH 值呈现明显的下降趋势，从年平均的＞8.30 下降到 8.07，明显快于全球平均海水酸化速度。

模式预估的结果表明，未来中国近海区域海水 pH 值将会持续降低，东中国海区域 pH 值降低的幅度要大于南海，并且 RCP8.5 情景下海洋酸化的程度要大于 RCP4.5 情景。2006—2100 年期间，随着 CO_2 等温室气体浓度的升高，东中国海和南海海水 pH 值几乎呈现线性下降的趋势，并且东中国海海水 pH 值下降的速率更快．到 21 世纪末期（2090—2100 年），东中国海海水 pH 值在 RCP4.5 和 RCP8.5 情景下分别降低 0.16 和 0.35，下降幅度均超过同时期南海的变化（谭红建 等，2018）。

12.3.2.4　中国沿海海平面变化

在中国漫长的海岸至今保持着许多形态完好的海蚀地形、海相沉积和各种海洋生物的遗迹、遗体。这些分布在不同高程或深度上的古海岸证据，揭示了中国沿海海平面曾发生过大幅度的升降事件。晚第四纪中国海的大海退始于约 30000 a BP(距今)，末次冰期盛期(18000～15000 a BP)退至最低海平面。当时海平面的高度，有人认为黄海和东海为－154 m，南海为－130 m(陈俊仁 等，1983)，或者认为南海为－131 m 及－160～－130 m 。15000 a BP 后海平面间歇性回升。约 11000 a BP，东海陆架的样品表明海平面回升到－42 m，南海陆架的样品反映古海平面为－45 m 。约 8000 a BP，东海陆架的样品表明海平面回升到－21 m，南海陆架的样品反映古海平面为－24 m(秦大河 等，2005)。

全新世早期海平面迅速回升，对此人们的看法较为一致，而对近 6000 a 来的海平面变化，则存在分歧意见。一种意见为振荡说，认为约 6000 a BP 的海平面比现今高，为最高海平面，尔后振荡下降。另一种意见为持续上升说，否认比现今海平面要高的最高海平面的存在。第三种意见为稳定说，认为 5000～3600 a BP 海平面达到目前的高度，且稳定至今。实际上人们不可能找到一条公认的全球一致的海平面变化曲线，重要的是研究区域性的相对海平面变化(陈俊仁 等，1983)。

历史时期约 2000 a 来的海平面变化，王文等(2001)以沿海历史文献记载的海侵和海退现象，作为海平面变化的间接证据和代用资料，例如海溢、大潮灾、海堤工程、文化遗存的缺失等反映海平面上升，海岸线加速推进、平原加速扩展、滩涂淤涨、湖水干枯等反映海平面下降。据此认为，约 2000 a 来，西汉至两晋、唐至南宋为高海平面时期，而晋末、南宋后期至元初为低海平面时期，元明清时期总体为相对低海平面时期，但有 4 次高海平面的小波动。

海平面的器测数据表明，中国仅几十年来沿海海平面变化总体呈波动上升趋势(参见图 12.21)。1980—2018 年间，中国沿海地区海平面上升速率为 33 mm/(10 a)，高于同期全球平均水平(中华人民共和国自然资源部，2019a)。其中，2012—2018 年是 1980 年以来中国沿海海平面最高的 7 个年份，海平面从高到低依次为 2016 年、2012 年、2014 年、2017 年、2013 年、2018 年和 2015 年。卫星高度计资料表明，1992—2018 年间，渤海海平面上升速率为 30～47 mm/(10 a)，黄海海平面上升速率为 20～69 mm/(10 a)，东海海平面上升速率为 16～57 mm/(10 a)，南海海平面上升速率为 22～60 mm/(10 a)。2018 年中国沿海海平面较常年(1993—

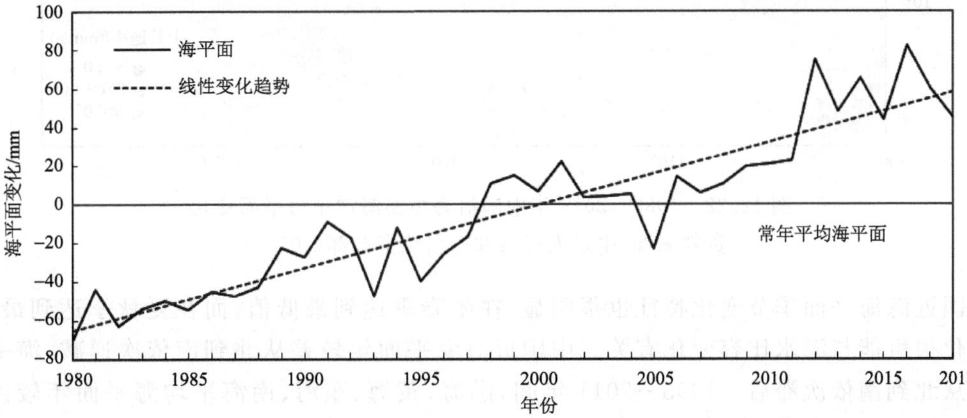

图 12.21　1980—2018 年中国沿海海平面变化(资料来源：中华人民共和国自然资源部，2019a)

2011 年)平均值高 48 mm,其中渤海、黄海、东海和南海沿海海平面较常年分别高 55 mm、28 mm、50 mm 和 56 mm。

中国渤海、黄海、东海和南海四个海区海平面上升存在明显的空间差异。1970—2013 年,南海与渤海、黄海、东海海平面上升速率差别不大,分别为(24±10)mm/(10 a)和(25±8)mm/(10 a)(盛芳 等,2016)。1993 年以来南海海平面上升速率高于其他海区,其中 1993—2013 年间两者分别为(48±1)mm/(10 a)、(31±7)mm/(10 a)(张静 等,2015;郭金运 等,2015;盛芳 等,2016)。中国 15 个主要海洋站海平面变化趋势见图 12.23。

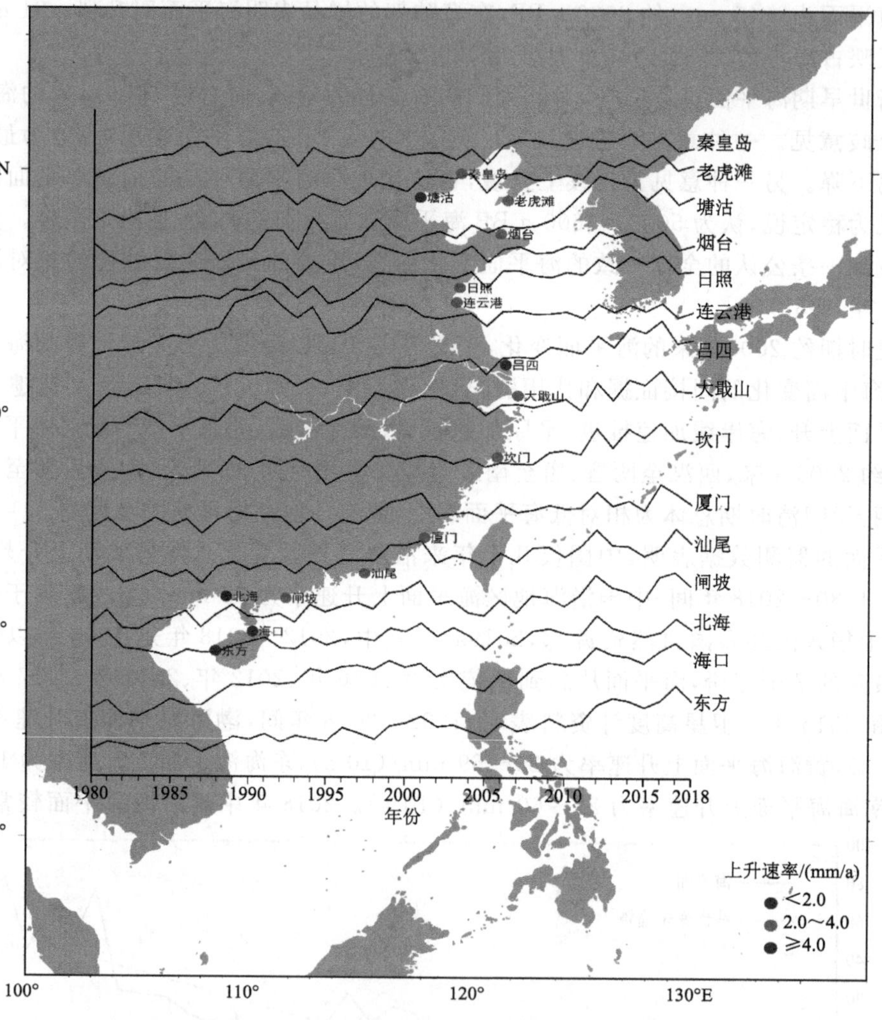

图 12.22 1980—2018 年中国沿海主要海洋站海平面变化

(资料来源:中华人民共和国自然资源部,2019a)

中国近海海平面季节变化特征也很明显,在冬春季达到最低值,而在夏秋季达到最高值,季节变化很可能与海水比容变化有关。中国近海海平面年较差从北到南依次递减,海平面变化位相从北到南依次滞后。1993—2011 年间,渤海、黄海、东海、南海平均海平面年较差分别为 55 cm、45 cm、31 cm 和 24 cm;2012—2018 年间,则分别为 54 cm、44 cm、32 cm、27 cm(中华人民共和国自然资源部，2019a）。

近年来中国沿海海平面持续偏高，其长期累积效应直接造成滩涂损失、低地淹没和生态环境破坏，并导致风暴潮、滨海城市洪涝、咸潮、海岸侵蚀和海水入侵等灾害加重。同时，沿海地区的地面沉降导致相对海平面上升，加大海岸带灾害风险。随着全球气候与海洋的持续变暖，中国沿海海平面还将进一步升高。基于 CMIP5 模式输出的动力海平面和比容海平面的分析表明，在 RCP4.5 情景下，到 2100 年东海和南海海平面将分别上升 33～84 cm 和 34～79 cm（相对于 1986—2005 年平均）；在 RCP8.5 情景下，东海和南海海平面分别上升 47～122 cm 和 49～109 cm。研究表明，21 世纪末东海海平面上升幅度将高于南海（连展 等，2013）。

12.3.3　中国近海生态变化

在气候变化和人类活动的共同影响下，中国近海生态系统的特征均发生了显著的变化。

12.3.3.1　中国近海初级生产力变化

海洋初级生产力是海洋生态系统的重要参量。研究结果表明，浮游植物初级生产力的变化趋势基本与浮游植物生物量变化趋势是一致的。因此，将叶绿素浓度作为度量浮游植物生物量标准进行海洋初级生产力的遥感估算方法应用广泛。

李晓玺等（2017）基于 MODIS 数据分析了 2003—2016 年间渤海的初级生产力，发现初级生产力显著增加的海域面积占 51.0%，显著减少的海域面积占 31.1%，17.9%的海域无明显变化。于君等（2016）分析了 1997—2014 年南海东北部及邻近海域的初级生产力数据，发现 1999 年以来该海域全年初级生产力呈显著下降趋势。丁庆霞等（2016）的研究也发现 2003—2014 年南中国海的净初级生产力没有明显的增长或降低趋势。因此，目前在 20～30 a 的时间尺度范围内，南中国海初级生产力对气候变化的响应可能未呈现出明显的变化趋势。

模式模拟结果表明，未来几十年整个西北太平洋热带和副热带海区的叶绿素浓度会发生显著的降低（南海部分近岸海域除外），其中中高纬度的东中国海海域叶绿素 a 浓度变化最为显著。在 RCP4.5 和 RCP8.5 两种情景下，未来几十年至 2100 年东中国海和南海的叶绿素 a 浓度将会持续减少，并且东中国海叶绿素 a 浓度降低的幅度要明显高于南海。另外，RCP8.5 情景的减少的幅度比 RCP4.5 情景的结果更明显。到 21 世纪末，东中国海叶绿素 a 浓度在 RCP4.5 和 RCP8.5 情景下将可能分别减少 0.051 mg/m^3 和 0.087 mg/m^3。中国近海未来的叶绿素 a 浓度变化与 IPCC AR5 的未来全球趋势预估是基本一致的（谭红建 等，2018）。

12.3.3.2　中国近海浮游生物变化

浮游生物包括浮游植物和浮游动物。在气候变化的背景下，中国近海浮游植物和浮游动物结构和分布均发生了明显的变化。

（1）浮游植物

近几十年来，中国近海区域特别是长江口至台湾海峡水温持续上升，导致胶州湾、台湾海峡和大亚湾等近岸海域和海湾的暖水性浮游植物数量和种类上升。胶州湾表层水温 1962—2008 年的年平均变率为 0.023 ℃，为浮游植物暖水种的北扩创造了条件。近几十年来，中国近海浮游植物的优势种组成也在发生变化。近 50 a 来，长江口甲藻在优势种组成中的比例增加，出现了具齿原甲藻、夜光藻和纺锤角藻等优势种；硅藻在优势种组成中的比例下降，部分物种如角毛藻、尖刺伪菱形藻、菱形海线藻等虽有出现，但已经不再是优势种。自 20 世纪 80 年代至今，胶州湾浮游植物优势种组成也发生了改变，小型链状硅藻和甲藻类优势种增多，如洛氏角毛藻、密联角毛藻、波状石丝藻、叉角藻和梭角藻等，早期的斯氏根管藻、印度翼根管藻、中华半管藻等大型硅藻优势种不再占据优势(孙晓霞 等，2011)。

随着全球暖化的加剧，浮游植物暖水种的分布范围出现了北扩的现象。热带骨条藻是暖温带和亚热带种，过去从未出现在冬季水温低于 11 ℃的胶州湾中，但近年来在胶州湾的数量逐年增加。暖温带物种出现和数量增加是胶州湾浮游植物群落对水温变暖的一种响应。林更铭等(2011)比较了 1984—1985 年和 2006—2008 年台湾海峡浮游植物的物种组成，发现暖水种的比例提高了 7.3%。

(2)浮游动物

中国近海浮游动物群落大体可划分为 6 个主要生态类群：近岸低盐类群、低温高盐类群、高温高盐类群、低温广盐类群、高温广盐类群和广温广盐类群。结合同步调查的其他生物、水文、化学环境参数的分析结果，对中国近海浮游动物群落种类丰度与环境因子进行生物与环境变量关系分析，结果表明，浮游动物群落结构与水温、盐度、水深、溶解氧、硝酸盐和 pH 存在明显相关关系。水温和盐度是影响浮游动物群落结构最重要的两个环境因子。

中国近海浮游动物在气候变化背景下呈现较为显著的变化。小型水母类群是浮游动物各个功能群中变化最为显著的类群，近 20 a 来，海洋浮游生态系统呈现“胶质化”现象与趋势，小型水母类及被囊类等胶质生物多次出现暴发事件，典型海湾的小型水母类群丰度呈现显著升高趋势。2000 年以来，胶州湾小型水母功能群出现剧增，小型水母丰度在 2001—2009 年度相比 1991—2000 年度增加达 5 倍。1977—2008 年胶州湾浮游动物功能群丰度呈现显著上升趋势，2000 年之后胶州湾浮游动物生物量达到 20 世纪 90 年代的 3.54 倍。浮游动物功能群的季节变化规律也发生了改变，由 20 世纪 90 年代夏季生物量和丰度最高的特征转变为 2000 年之后春季生物量及丰度最高、夏季次之的特征。小型水母类多次出现暴发现象(Sun et al.，2012)。东亚边缘海海域分别于 20 世纪 70 年代中期、80 年代末期及 90 年代末期出现气候跃变。80 年代末气候跃变之后，东海、黄海水温出现升高趋势；90 年代末的气候跃变出现之后，东海北部出现水温降低趋势，而在黄海仍然保持升温趋势。总体看来，20 世纪 80 年代末之后，在我国黄海及东海北部，浮游动物平均丰度呈现增高趋势，而其季节变化呈现海区差异(Jung et al.，2017)。此外，随着水温升高，部分暖水种浮游动物出现北移。

12.3.3.3 中国近海渔业资源变化

气候变化带来海洋环境的变化，人类活动又会加剧气候变化和海洋变化。这些同时存在的驱动因子可以对海洋物种及生态系统造成交互、复杂和放大的影响，包括海洋鱼类生物特性、物候和初级、次级生产力等的变化，以及这些变化导致的鱼类营养作用、分布、资源量的变化，海洋生物群落结构的演替，鱼类种群分布的变化，海洋生态系统的变化等。

在气候变化和过度捕捞等人类活动的影响下，中国近海渔业资源呈明显的下降趋势。自 20 世纪 50 年代以来，渤海主要渔业资源结构由高营养级渔业资源生物为主逐步变为以低营养级渔业资源生物为主。黄河入海径流量与带鱼、小黄鱼、鳓鱼、对虾和鳀鱼渔获量百分比相关性密切，近几十年来淡水输入量的降低可能是影响渤海渔业资源渔获量的重要因素。东海带鱼渔获量也与淡水输入有密切相关，当长江淡水输入量增大时，带鱼的渔获量也较高，反之则低。1960 年以来东海渔获量的 4 次长期波动都与长江径流的年代际变化一致(陈永利 等，2004)。近几十年来黄河、长江径流量和入海输入量的减少趋势逐渐加剧，这在一定程度上加剧了中国近海渔业资源的衰退。海洋变暖引起热带鱼类向温带迁移,温带鱼类向寒带迁移,导致热带平均温度渔获量降低,鱼类种类减少,在中国的闽南—台湾浅滩渔场和黄海水域也有类似发现(李忠炉 等,2012)。可见,气候变化引起的海表面温度升高和淡水径流量减少等环境因素的改变直接影响近海渔业资源变动。

未来气候变化会导致中国近海渔业资源总量和分布发生进一步的变化。单秀娟等(2017)运用模型预估不同气候变化情景下长江口和黄河口鱼类资源密度增量。结果显示,在不考虑捕捞和污染等外界因素影响情况下,长江口和黄河口渔业生态系统健康水平随着温室气体排放程度的增加而降低,即 RCP2.6 情景下渔业生态系统的健康水平最高,其次是 RCP6.0 情景,RCP8.5 情景最低。在 RCP2.6 和 RCP8.5 情景下,长江口渔业生态系统的健康水平高于黄河口渔业生态系统的健康水平;黄河口渔业生态系统健康评价值的离散程度高于长江口,但黄河口生态系统健康评价值最大值要高于长江口渔业生态系统,并且 RCP2.6 和 RCP8.5 的健康评价最小值要低于长江口渔业生态系统。以上变化可能与两个河口的生态环境不同有关。长江口属于开放型河口,生态环境对气候变化的影响缓冲能力相对较高,进而基础生产力和渔业生物的变化较小,生态环境、群落结构及生态系统功能相对稳定,渔业生态系统健康水平较高,长江口渔业生态系统健康水平评价中,渔业生态环境子系统所占比重最高,生态环境权重为 0.4905,渔业生物群落结构子系统所占比例次之。黄河口处于渤海内部,浮游生物、渔业生物种类和群落可迁移的范围较小,种类组成和群落结构演替迅速,导致生态系统的结构和功能发生变化,黄河口渔业生态系统健康评价指标体系中,渔业生物群落结构子系统占比重最高,渔业生态环境子系统占比重次之,渔业生态系统功能子系统占比重最低。

12.3.3.4　中国近海珊瑚礁变化

中国珊瑚礁主要分布在华南大陆、海南岛和台湾岛的沿岸以及南海诸岛,其中南海珊瑚礁位于世界生物多样性最高的"珊瑚金三角"(Coral Triangle)的北缘。中国珊瑚礁面积约为 3 万 km^2,占全球珊瑚礁总面积的 5%。中国近海可分为 3 个礁区:台湾岛岸礁区、海南岛和雷州半岛岸礁裾礁区、南海诸岛环礁桌礁区。海南岛是近海珊瑚礁最发育的地区,全岛岸线总长度为 1470 km,珊瑚礁海岸有 200 多千米,占总长度的 13%。

末次冰期末曾危及南海珊瑚礁的生长,例如南沙群岛南永一井就见有 18300 a BP 和 15500 a BP 的珊瑚灰岩。珊瑚礁记录了全新世气候的波动。例如南永一井的氨基酸丰度曲线反映了全新世气候回暖—升温—降温的变化。其中 6000～5000 a BP 珊瑚礁生长最繁盛,反映大暖期。大暖期内的冷波动记录,例如雷州半岛西南端灯楼角珊瑚礁剖面厚逾 4 m,年龄为 6700～6200 a BP,全剖面有 9 个间断面,反映造礁珊瑚多次突然死亡,这种低温事件被称为"雷州事件"。珊瑚礁还记录了历史时期气候的波动。例如南沙群岛永暑礁南永三井进尺 5.9 m,礁体的年龄为 1682～70 a BP,高分辨率的 $\delta^{18}O$ 曲线揭示晋冷期、宋冷期、明清小冰期及其间的暖期(秦大河 等,2005)。

在气候变化的影响下,海水表面温度(SST)升高,海水酸化加速,海平面上升,气候和海洋极端事件增加,对中国近海珊瑚礁生态系统具有严重的不利影响,低纬度热带海域珊瑚白化现象明显。

海水温度异常升高引发珊瑚白化事件。在南沙、西沙、台湾及三亚等海域都曾多次记录到珊瑚白化事件,且频率有升高的趋势。西沙群岛曾于 2014 年和 2019 年记录到珊瑚热白化现象,南沙群岛在 1989 年和 2007 年分别发生过 2 次白化,在三亚鹿回头也观察到珊瑚热白化事件，在台湾北部、东沙环礁和垦丁近年来也多次记录到大规模珊瑚白化事件。在上述记录到的白化事件中，蔷薇珊瑚以及分枝状的杯形和鹿角珊瑚多是受影响程度最高的类群，而块状的蜂巢和滨珊瑚白化率较低，因此，海水异常升温频发在引发造礁珊瑚白化死亡的同时也会对种类组成和群落结构产生显著的影响(李淑 等，2011)。已有证据表明，南海造礁珊瑚有向北迁徙的趋势。本来只在海南岛和南海诸岛分布的鹿角杯形珊瑚，近年来在珠江口万山群岛和惠州大青针海域均有发现，且已形成一定规模种群(黄晖 等，2012)。中国科学院海洋研究所 2007 年在浙江南麂列岛(27°30′N)发现石珊瑚黑菊珊瑚。研究表明，当夏季海水温度升高 1 ℃时即可引发珊瑚热白化，而当海水异常升温 2 ℃时即引起珊瑚的白化和大规模死亡。未来在 RCP2.6 情景下即可实现升温 2 ℃，因此，未来南海造礁珊瑚的热白化及其引发的死亡事件频率会明显增加，同时石珊瑚群落组成也会发生显著的改变，耐受型的团块状滨珊瑚可能逐步占据主导地位(时小军 等，2008)。

海洋酸化会降低造礁珊瑚群落整体的钙化速率，同样也会促使造礁珊瑚种类组成发生变化，耐受型的滨珊瑚丰度可能逐步增加，同时珊瑚礁的碳酸钙溶解增加进而使珊瑚礁体出现负增长。从整个生态系统的角度，有研究用南沙海域的海水碳酸盐体系的特征以及珊瑚钙化速率的资料预测了珊瑚礁对大气 CO_2 上升可能产生的生物地球化学响应，结果表明如果大气 CO_2 浓度继续保持目前的上升趋势，南沙海域珊瑚礁可能会停止生长，一些关键造礁珊瑚类群甚至面临灭绝的危险(张远辉 等，2006)。

海平面上升会影响风暴潮和最大波高，进而影响珊瑚礁生态系统。研究发现，中国珊瑚礁基本上能与前者同步生长，即使海平面以预估高值上升，也不会威胁其生存。从中国珊瑚礁成熟度较高、其生长趋势以侧向生长为主的实际状况出发，未来全球海平面上升或会促进珊瑚礁在垂直方向的生长，而且南海的珊瑚礁灰沙岛可以通过自身的垂直方向的生长和生物碎屑的搬运来调节其高程，从而应对海平面的上升(王国忠，2005)。汤超莲等(2013)根据珊瑚生长速率和涠洲岛实测雨量、潮位和最大波高等历史资料，预测未来 30 a 海平面上升对涠洲岛的珊瑚礁不会有毁灭性破坏。上述预测的一个前提条件是珊瑚礁始终维持在一个相对健康的水平，如果珊瑚礁生态系统发生显著退化而影响珊瑚礁碳酸钙的垂直生长时，海平面上升对珊瑚礁的威胁则会凸显。

12.3.4 中国海岸带环境和生态变化

中国拥有漫长的海岸线和丰富的海岸带资源。海岸带经济在中国经济总量中占有十分重要的地位。当代中国的大陆海岸线长 18400 km，岛屿岸线长 14247 km，海岸线总长度超过 32600 km，横跨 22 个纬度带。如果按向陆延伸 10 km 和向海伸展至 10 km 等深线计算，海岸带面积约占全国总面积的 13％。全国 40％的人口和 60％的国民生产总产值(GDP)集中在这一地区。中国海岸带横跨 22 个纬度带，从南到北由亚热带到寒温带，气温逐渐降低，降水量逐渐减少，具有明显的气候南北分带。中国海岸带背靠急剧隆升的中国西部大陆，面临全球最大的边缘海群，具有十分特殊的地质构造背景。在自然和人为因素的影响下，沿海地区生态系统发生了显著的变化(秦大河 等，2005)。

12.3.4.1 *海岸侵蚀*

海岸侵蚀是一个世界性问题，无论是基岩海岸、粉砂淤泥质海岸、砂质海岸、河口海岸还是珊瑚礁、红树林等生物海岸，几乎都受到海岸侵蚀的威胁，砂质海岸受侵蚀的范围比较大。海岸侵蚀的发生既有自然变化的原因，也有人为因素的影响。具体因素有河流改道、淡水截留、挖沙取石、人工围垦、海岸工程、风暴潮、海平面上升等。在中国，河流供沙量减少是海岸侵蚀的最主要原因。近几十年来，中国沿岸河流入海泥沙量减少了一半以上，造成海岸泥沙收支严重失衡，使海岸由淤积为主转为侵蚀为主。人工采沙过量是造成海岸侵蚀的重要原因。海滩、河口及水下区域大规模的采沙活动打破了岸滩剖面平衡，造成海岸迅速蚀退。海平面上升是造成我国海岸侵蚀发展的普遍原因，对海岸侵蚀的影响广泛而深远(林峰竹 等,2015)。

自 20 世纪 50 年代末，中国砂质海岸、三角洲海岸发生侵蚀，至 70—80 年代，海岸侵蚀已成为普遍现象，且侵蚀范围逐渐扩大，侵蚀速率较大，侵蚀总量不断增加。中国的海岸侵蚀具有普遍性、多样性和加剧发展的特点。侵蚀岸线长度占岸线总长度的 1/3，以开敞淤泥质海岸和废河口三角洲最为严重，严重岸段后退速率达 5～20 m/a(蔡锋 等,2008)。

根据国家海洋局海洋综合调查与评价成果，中国沿海海岸北起辽东湾、南至海南岛，均有侵蚀分布，侵蚀岸线总长度超过 3000 km(不包括港澳台地区)，占软质海岸(包括第四纪沉积层，沙丘和红壤型花岗岩风化壳)的 20.6%。河北、山东、江苏、上海、福建和广东 6 省、市的海岸侵蚀岸线长度占其软质海岸的比例较高，其中上海、广东约 35%，河北、山东、江苏约为 30%，福建为 21%。

海岸侵蚀主要发生在砂质海岸和粉砂淤泥质海岸，就全国范围来看，目前约 50%的砂质海岸和约 7%的粉砂淤泥质海岸遭受不同程度的侵蚀。11 个沿海省(自治区、直辖市)中，除上海和海南，其他省、自治区、直辖市的砂质海岸和粉砂淤泥质海岸均有侵蚀，砂质海岸受侵蚀的范围较大，其中江苏的砂质海岸全部受到侵蚀，河北、山东、福建、广东、广西和海南砂质岸线的侵蚀比例高达 57%～70%；粉砂淤泥质岸线受侵蚀比例较大的为上海、江苏和山东，分别为 35%、26%和 16%。尽管粉砂淤泥质海岸侵蚀长度少于砂质海岸侵蚀长度，但其侵蚀速率远大于砂质海岸。砂质海岸侵蚀速率一般小于 10 m/a，而粉砂淤泥质海岸侵蚀速率一般在 10 m/a 以上。

从总体地域分布来看，长江口以北海岸侵蚀较为严重，侵蚀速率较大，受侵蚀海岸的侵蚀速率多数达到强侵蚀(2～3 m/a)以上级别。其中，辽宁整体海岸侵蚀在北方相对较轻，强侵蚀岸段主要出现于营口市和葫芦岛市，侵蚀速率多大于 2 m/a，最大侵蚀速率接近 6 m/a；河北海岸侵蚀速率多大于 2 m/a，滦河口海岸侵蚀速率达 10～25 m/a；山东的黄河口、莱州湾海岸侵蚀速率为每年数十米；江苏的废黄河口岸段侵蚀速率达 14～88 m/a，其他岸段多大于 3 m/a；上海粉砂淤泥质海岸平均侵蚀速率超过 10 m/a。长江口以南，总体海岸侵蚀速率相对较小，但范围较大。其中，广东海岸侵蚀范围最大，受侵蚀岸线的总长度位居全国第一，而侵蚀速率相对较小，广东与广西的多数海岸侵蚀速率均小于 1 m/a；福建岸线侵蚀长度位居全国第三(次于广东、山东)，其中部和南部岸段侵蚀速率相对较大，大多为 1～2 m/a，部分海岸侵蚀速率达 2～3 m/a(多在南部)；海南岛海岸侵蚀绝大多数发生于砂质海岸，受侵蚀岸段占砂质海岸总长的 1/3，占全省软质海岸的 16%，尽管比例不高，但侵蚀速率大，半数以上的受侵蚀岸段侵蚀速率达到 3～10 m/a(严重侵蚀)，砂质海岸的侵蚀速率如此之高在全国实属最为严重(林峰竹 等,2015)。

未来受气候变化影响，河口三角洲将遭受严重侵蚀而大幅度衰退。海平面上升幅度加大，海岸侵蚀将进一步加重。

据模式预估结果，2040 年和 2090 年因海平面上升引起的海岸侵蚀将使现有岸线后退

8.4 m和 14.0 m(蔡锋 等,2008)。

12.3.4.2 河口咸潮和地下水咸水入侵

咸潮又称咸潮上溯、盐水入侵等,是指海洋大陆架高盐水团随潮汐涨潮流沿着河口的潮汐通道向上推进,造成上游河道水体变咸的现象。咸潮上溯与河流径流量、潮位、潮差、河口地貌、河道河床坡降、海平面上升、风等因素有关。咸潮现象在中国大江大河三角洲附近,特别是长江三角洲和珠江三角洲河口区尤为明显。20 世纪 90 年代以来,珠江三角洲河口咸潮上溯频发,且影响时间越来越长,影响强度越来越大。每年从 10 月份开始,径流量减少,而此时恰逢一年中海平面最高值,海水沿河上溯,咸潮入侵也到达一年中的最大值。2009—2010 年枯水期,珠江主要入海口磨刀门水道出现历史罕见强咸潮,与近 10 a 枯水期相比,其咸界上溯距离最远(孔兰 等,2011)。

未来在气候变暖的大趋势下,极端干旱事件会增强,海平面会进一步上升,将会导致更严重的河口咸水入侵。孔兰等(2010)研究建立了一维动态潮流—含氯度数学模型,计算了海平而上升对咸潮上溯的影响,结果表明,在一定海平面上升幅度条件下,250 mg/L 的咸度线随着上游来水频率的增大,咸潮上溯距离明显增大。具体结果为:①在 97%的上游来水条件下,海平面上升 10 cm、30 cm 和 60 cm 分别使横门水道 250 mg/L 咸度等值线上移 1.1 km、2.0 km 和 3.1 km,在磨刀门水道上移 0.6 km、1.3 km 和 1.5 km;②在 90%的上游来水条件下,海平面上升 10 cm、30 cm 和 60 cm 分别使横门水道 250 mg/L 咸度等值线上移 0.9 km、1.0 km 和 1.9 km,在磨刀门水道上移 0.5 km、0.6 km 和 0.9 km;③在 50%的上游来水条件下,海平面上升 10 cm、30 cm 和 60 cm 分别使横门水道 250 mg/L 咸度等值线上移 0.7 km、0.8 km 和 1.7 km,在磨刀门水道上移 0.3 km、0.5 km 和 0.8 km。在上述三种来水频率和三种海平面上升幅度条件下,广州市、中山市、珠海市、香港、澳门等地区枯季都会受咸潮上溯的影响,进一步会给城乡供水安全带来威胁。孙志林等(2017)基于 FVCOM 模式建立了钱塘江河口三维潮流盐度数值模型,模拟分析未来海平面上升对河口盐水入侵的影响。结果表明,海平面上升使得河口盐度整体有所增大,盐水入侵距离增加,且小潮期增幅更加明显,在相对海平面分别上升 0.3 m、0.6 m 和 1.0 m 情况下,大潮期盐水入侵距离分别增加 1.1 km、2.2 km 和 6.0 km,盐度最大增幅发生在七堡附近,量值分别达到 0.17、0.32 和 0.49;小潮期入侵距离则分别增加 2.8 km、5.9 km 和 9.8 km,盐度最大增幅发生在盐官附近,量值分别达到 0.38、0.80 和 1.22。海平面上升也会引起各取水口盐度的增加,在相对海平面上升 0.3~1.0 m 时,南星桥至珊瑚沙 3 个取水口平均盐度增值分别为 0.1~0.3、0.1~0.3 和 0.1~0.2。

地下水咸水入侵不仅会影响地下水的水质,还会造成土壤盐渍化。海水入侵强度和土壤盐渍化程度受海平面高度和地下水位高度的制约,海平面高度上升和地下水超采是地下水咸水入侵的根本原因。近 30 a,渤海、黄海冬季海平面上升趋势明显,2009—2010 年海平面达近 30 a 的高值。高海平面使得辽宁、河北、山东等沿岸地区海水入侵加剧,土壤盐渍化程度加剧。目前,海水入侵主要分布于渤海滨海平原地区,辽宁盘锦、河北、山东沿岸海水入侵距离一般距岸 12~25 km;黄海和东海滨海地区海水入侵范围相对较小,除江苏盐城、浙江台州温州监测区海水入侵距离较大外,其他监测区海水入侵距离均在距岸 4 km 以内;南海滨海地区海水入侵范围小、程度低,海水入侵距离一般在距岸 2 km 以内(中华人民共和国自然资源部,2018)。

12.3.4.3 滨海湿地变化

滨海湿地是海岸带低潮时水深不超过 6 m 的湿润低地,为陆地生态系统和海洋生态系统的交错过渡地带。滨海湿地孕育了丰富的生物多样性，据中国海岸带湿地保护行动计划统计，在中国 1.8 万 km 大陆海岸线上，散落着由海陆交错而形成的河口、滩涂、盐沼、红树林、珊瑚礁、海草床和浅海水域等诸多类型的滨海湿地。从北到南，主要有鸭绿江口、双台子河口、黄河口、盐城、长江口、珠江口和广西北部湾七大滨海湿地。中国滨海湿地生物种类共有 8252 种，其中有浮游生物 481 种、浮游动物 462 种、游泳动物 593 种、底栖动物 2200 种，是重要的生命支持系统，也是沿海地区经济社会持续发展的重要生态保障，对近海渔业可持续发展具有不可替代的重要作用。

盐沼湿地即潮间盐水沼泽，是中国最普遍的湿地类型之一，主要分布在长江口以北的滨海地区。芦苇群落是中国滨海湿地分布最广泛的草本盐沼类型，互花米草群落是中国沿海近 50 a内出现的优势群落，分布在 80 多个县(市)。潮间砂石海滩植被覆盖为沙生植被，包括沙生草本植物、灌木和乔木。潮间带有林湿地主要为红树林沼泽。在热带滨海湿地上，除了红树林外还有热带雨林，在海南万宁市神州半岛有 9.5 km^2 的单优青皮林，树龄达 4000～16000 a。温带地区也有人工栽培的潮间带有林湿地，较为典型的是长江口南北支分汊口的边滩湿地，即崇(明岛)西湿地。基岩质海岸湿地基岩质海岸长度约 5000 km，约占大陆海岸线总长的 30%。除了大陆海岸线外，海岛是基岩质海岸湿地集中分布的地方。基岩质海岸的植被分布决定于气候条件、岩石上土壤发育情况。植被包括落叶针叶林、常绿针叶林、落叶阔叶林、常绿阔叶林、季雨林、雨林等。滨海地区的人工湿地以水库、鱼塘和生态恢复或重建的湿地为主。鱼塘是滨海地区最为常见的人工湿地，大部分鱼塘或是建在海堤以内，或是建在海滩边的沙堤后。在围垦、晒盐过程中也会产生一些人工湿地，以盐生草甸和浅水的咸水湖(池塘)为主。

滨海湿地的过度开发利用导致中国滨海湿地面积锐减、水质明显下降、生态功能退化、污染加剧、生物多样性遭到破坏。1975 年中国滨海湿地总面积为 736 万 hm^2，其中自然滨海湿地面积为 734 万 hm^2，人工滨海湿地面积为 2 万 hm^2(关道明，2012)。40 a 后，2015 年，由中国科学院地理科学与资源研究所等单位承担的"中国滨海湿地保护管理战略研究项目"发布调查结果显示，中国滨海湿地面积减少 579.59 万 hm^2，占全国湿地总面积的 10.85%。在过去 50 a 中，我国已损失了 53%的温带滨海湿地、73%的红树林和 80%的珊瑚礁。20 世纪 50 年代以来大规模开发滩涂资源，至 20 世纪末全国开发总面积约为 119 万 hm^2，城乡工矿占用滩涂约 100 万 hm^2，全国滩涂面积已经丧失约 50%。滩涂面积以平均 2 万 hm^2/a 的速率减少，但仍小于滩涂的自然增长速率。

未来海平面上升通过直接淹没、加剧侵蚀和减缓淤涨等途径，会造成潮滩湿地的大面积损失，珠江三角洲地区、长江三角洲地区以及苏北沿岸地区和黄河三角洲地区、莱州湾、渤海湾是三大脆弱区。

12.3.4.4 红树林变化

中国的红树林自然分布界于海南的榆林港(18°9′N)至福建的福鼎(27°16′N)，人工引种北界可至浙江乐清县(28°25′N)和上海南汇(30°51′N)，主要分布于海南、广西、广东、福建、浙江和香港、澳门、台湾地区，以抗寒能力较强的秋茄、白骨壤、桐花树分布较广。中国现有真红树植物 27 种(其中 2 种为成功引种)，半红树植物 12 种。中国红树林湿地的面积，20 世纪 50 年代约有 4 万 hm^2，到 20 世纪末锐减为约 1.5 万 hm^2(黄镇国 等，2005)。近年来强化红树林保育，设立专门的保护区，2013 年中国红树林湿地面积增加至 34472.14 hm^2(不包括香港、澳门和台湾地区)，其中有林面积 25311.9 hm^2(范航清 等,2017)。

气候变化和人类活动对红树林生态系统均有不利影响。气候变化的影响包括气温、海温、降水、温室气体浓度、紫外线辐射和极端事件变化、海平面变化等因素的影响，人类活动包括污染排放、工程建设、过度利用等方面的影响。未来全球变暖会造成红树林生态系统的红树植物多样性发生改变，低纬度及干旱地区的红树种类可能发生减少、组成发生改变，而一些特定的红树植物可能通过扩散进入更为适宜的高纬度地区，红树植物分布和红树林自然分布界线向北扩展。

海平面上升与地壳垂直运动和沉积动力条件相互作用，改变红树林生境高程和淹水时间。不同的红树植物对淹水的生长反应不同，这就意味着红树林的种类组成会影响它对海平面上升的反应，同时海平面上升也会反作用于红树林生态系统的生存和分布，一些生长速度快的红树植物会更有优势存活下来。早期的研究发现中国红树林潮滩沉积速率介于 4.1～57 mm/a 之间，这一沉积速率与各地相对海平面上升速率相当，海平面上升对中国大部分地区红树林不会构成严重威胁，但当泥沙来源少，红树林潮滩沉积速率较低的地区会受到严重影响(谭晓林等,1997)。未来在 RCP8.5 排放情景下，广西铁山港红树林栖息地面积将显著减少，到 2100 年，中、高潮滩红树林面积将分别减少 49.4%和 60.2%(李莎莎 等,2014)。

台风可以对红树林生态系统造成直接毁坏，如造成红树倒伏、主干折断等。同时，台风带来的风暴和降水过程则会影响红树林的沉积速率，进而参与调控它对海平面上升的响应。例如，风暴沉积在广西北海红树林沉积物中所占的比重在 50%～70%。近 30 a 来，红树林湿地的沉积速率对于台风登陆频率增加有明显正响应，而对降雨量变化则无明显响应(刘涛 等,2017)。

修建海堤阻断了红树林响应气候变化的迁移。修建海堤不仅人为阻断了海陆过渡带红树林动态演替的自然剖面，毁灭了陆缘高大成熟的红树林，而且常常在堤脚前遗存 50 m 宽的难以恢复红树林的无林带沟(范航清 等,2017)。1990 年中国海岸线总长度为 1800 km,2010 年达到 11000 km，占中国海岸线总长度的 61%,1990—2010 年间海堤海岸线长度增加了 3.4 倍。在过去的半个世纪里，中国有 60%以上的天然沿海湿地消失，包括 73%的红树林和 80%的珊瑚礁。

海区污染导致红树林敌害生物泛滥。海区养殖污染在放养家鸭的共同作用下，触发了 2010 年以来海南和广西蛀木生物有孔团水虱和光背团水虱的爆发，导致成熟红树林的连片死亡。中国沿海病害程度最高、受害范围最广的红树植物是桐花树。虽然引发红树林敌害生物爆发的原因是多方面的，但海区污染和海岸原生植被消失，以及用单一树种人工林替代陆生天然植被被认为是其中的重要原因。

红树林滩涂过度利用导致生物多样性下降。红树林区滩涂挖捕、围网、炸鱼、毒鱼、放养家鸭、捕鸟等破坏性活动长期得不到有效缓解，强烈的人为干扰导致红树林矮化、稀疏化及生物多样性的大幅度下降。在北部湾沿海，中华乌塘鳢、拟穴青蟹等经济动物野生资源量比 30 a 前下降 85%以上。2004—2010 年间，海南东寨港鱼类种类和单网渔获物数量均下降 30%以上(范航清 等,2017)。生物多样性的下降，尤其是底内动物的减少会降低根系含氧量，不仅不利于红树林的生长，还会弱化食物链而导致红树林虫害和蛀木生物团水虱的爆发。

外来物种引起生态效应堪忧。互花米草是影响中国红树林最严重的海洋入侵物种，直接危害中国红树林的生态健康。互花米草十多年前在中国的面积已达 34451 hm^2，其中分布在东南沿海红树林省(区)的面积为 9 619 hm^2,浙江和福建是主要分布区,威胁着生态位相近的红树林(潘良浩 等,2017)。广西山口保护区 2011 年互花米草总面积为 481.5 hm^2,其中受互花米草入侵的红树林面积达到 171.5 hm^2,占该保护区红树林总面积的 21.3%。此外,微甘菊原产于中美洲,20 世纪 80 年代从东南亚蔓延到香港及珠江三角洲地区,具有超强的繁殖能力,是河口红树林的"空中杀手"(范航清 等,2017)。

未来在 RCP8.5 情景下,东海和南海海平面分别上升 47～122 cm 和 49～109 cm,届时红树林将面临群落衰退、分布面积减小并被淹没的风险。

第 13 章 气候变化与生态系统

气候、水循环和自然生态系统之间存在着复杂的相互作用，这些相互作用对人类的生存条件和福祉安康有着重大影响。本章先介绍联合国千年生态系统评估的主要结论，然后重点论述全球和中国陆地和淡水生态系统变化趋势，海洋生态系统变化已在第 12 章论述。

13.1 全球自然生态系统的变化

联合国于 2001—2005 年实施千年生态系统评估计划（Millennium Ecosystem Assessment，MA），对 20 世纪气候、水循环和自然生态系统之间的相互作用和影响进行全面、深入的研究和评估。为决策者、科学家和广大公众提供有关科学信息和评估结论，以改进生态系统管理水平，促进新千年社会经济可持续发展。

13.1.1 自然生态系统的服务功能

据 MA 定义，生态系统服务功能是人类从生态系统中获得的效益。生态系统服务功能包括支持功能、供给功能、调节功能和文化功能（图 13.1）。

支持功能包括土壤形成、养分循环和初级生产等，是生态系统服务功能的基础。供给功能是生态系统为人类提供的产品，包括粮食、水、燃料、纤维和生物化学物质等。调节功能是生态系统过程对人类生存和生产环境的调节、缓冲和改善，包括调节水循环速率、减轻洪涝和干旱等灾害强度，减缓土地退化进程、控制疾病的发生和传播等。文化功能是生态系统为人类提供的非物质产品和效益，包括精神、宗教、教育和娱乐等方面的效益。生态系统服务功能为人类提供生存条件和福利。人类福利具有多重成分，包括维持高质量的生活所需的基本物质条件、自由权与选择权、健康、良好的社会关系以及安全的生存环境等（赵士洞 等，2007）。

13.1.2 自然生态系统演变的驱动力

MA 在评估过程中，首先设计了概念框架（参见图 13.2），分析了生态系统直接驱动力和间接驱动力，并围绕这些驱动力对生态系统和人类福祉的影响进行评估。直接驱动力是直接对生态系统过程造成影响，而间接驱动力是通过对一种或者多种直接驱动力的改变间接地对生态系统造成影响。MA 指出，与直接驱动力相比，间接驱动力的作用相对更为广泛。

13.1.2.1 直接驱动力

生态系统和生物多样性变化直接驱动力既包括自然要素，也包括人类活动的要素。MA 指出，直接驱动力范畴很广，其中最重要的是气候变化、栖息地变化（土地利用变化、对河道的物理改变和对河水资源的利用等）、外来物种入侵、污染和过度开发等。

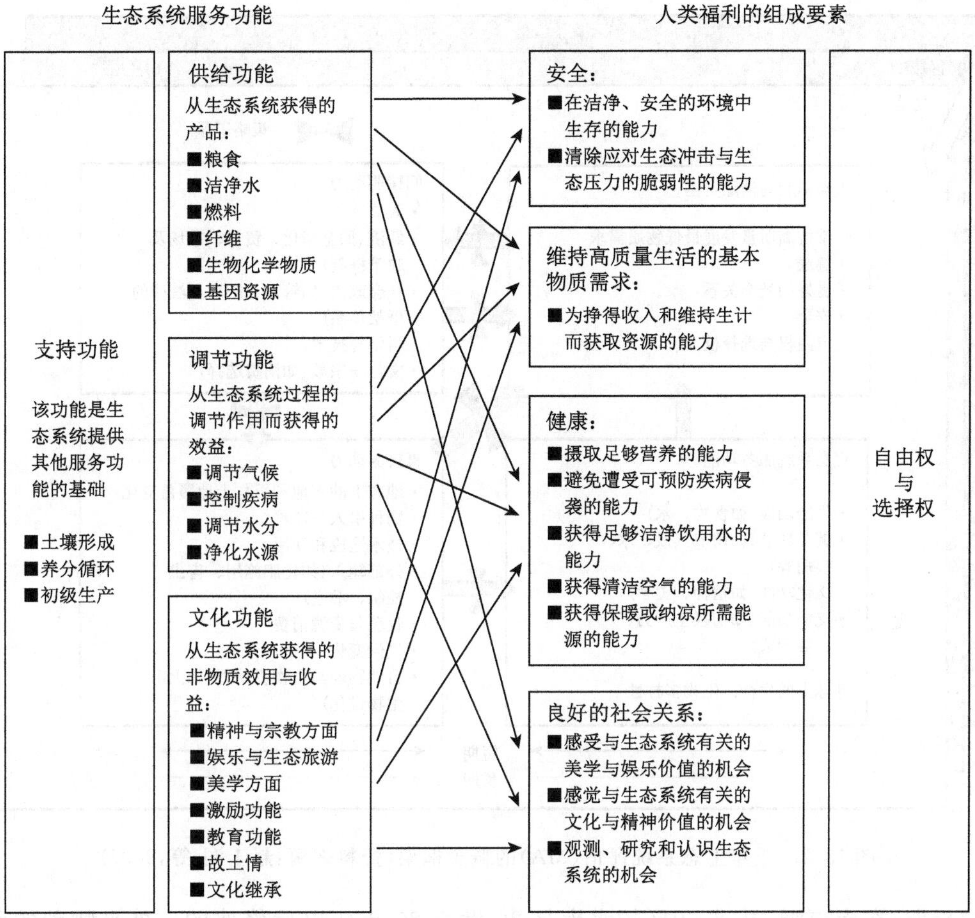

图 13.1　生态系统服务功能及其与人类福利的联系(资料来源:赵士洞 等,2007)

在过去的 20 世纪中,以全球变暖为主要标志的气候变化已经对生态系统造成了重要的影响。这些影响包括物种分布的变化、种群大小的变化、繁殖与迁移时间的变化,以及森林生态系统中害虫和疾病发生频率的增加。

20 世纪下半叶以来,导致陆地生态系统服务变化的最重要的直接驱动力是土地覆被变化和新技术的应用。在 MA 评估的 14 个陆地生物群区中,有 9 个生物群区 1/5～1/2 的面积已经发生了转化,其中大部分是转变为了农田。土地覆被变化,以及对土地的经营措施和技术都可能造成生态系统服务的重要变化。通过农业产量的提高,新技术已经显著地提高了某些生态系统服务的供应能力。

导致海洋生态系统及其服务功能变化的最重要的直接驱动力是渔业捕捞。根据世界粮食及农业组织(FAO)的估算,大约 1/2 的已知商业野生海洋鱼类资源已被完全开发,目前已没有增加捕捞量的空间可言。渔业捕捞不但已经对海滨区域产生了特别显著的影响,而且正在影响开阔的海洋。

导致淡水生态系统及其服务功能变化的最重要的直接驱动力主要包括入侵物种、污染和水资源管理体制的改变。在 20 世纪内,50%的内陆水域生态系统(不包括大的湖泊和内海)已经被改变。水资源的管理体制已经发生了大规模的变化:在亚洲,78%的水库总库容修建于

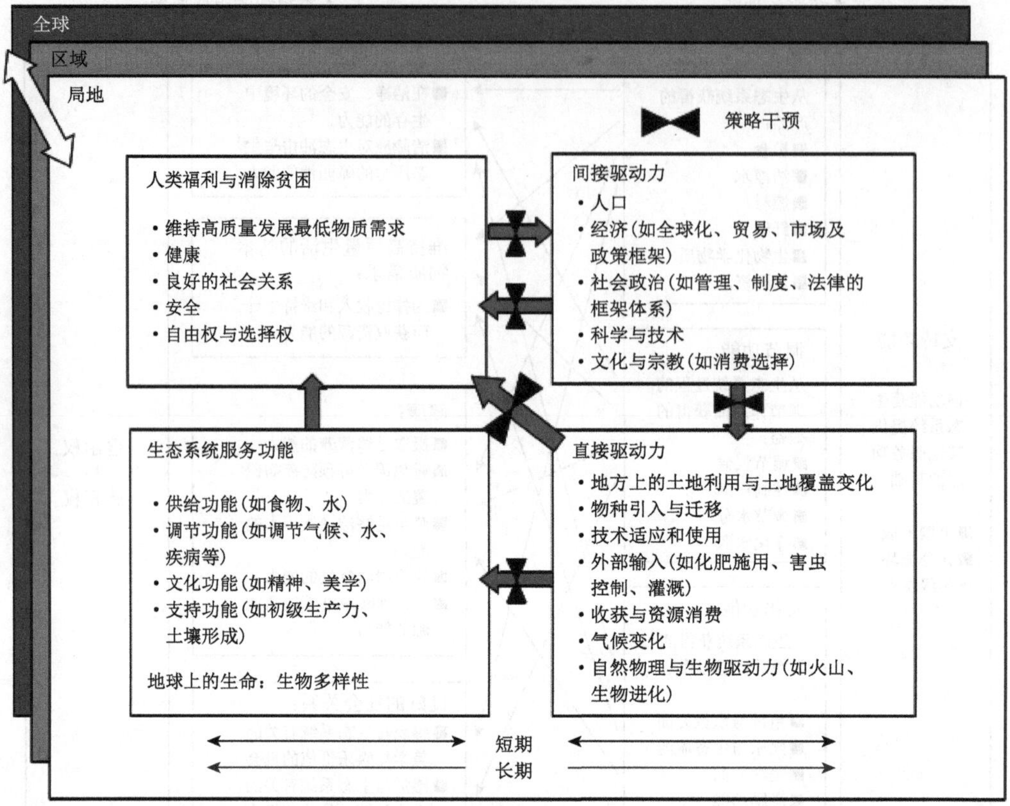

图 13.2　千年生态系统评估(MA)的概念框架(资料来源:赵士洞 等,2007)

20 世纪后期;在南美洲,几乎 60%的水库是 20 世纪 80 年代以后修建的。外来物种的引入是导致淡水系统物种灭绝的一个主要原因。高水平的养分负荷导致水体发生显著的富营养化,而且在某些地区导致饮用水的硝酸盐含量增高。

海滨生态系统是受多重直接驱动力的影响。由于陆地、河流及海洋方面的污染,栖息地丧失,入侵物种和养分负荷这些驱动力的共同作用,使得渔业捕捞对海滨生态系统造成的压力更加复杂。当前,海滨系统受到的最大威胁是海滨城市扩展、度假村和港口的发展、水产养殖和工业化,使得森林、湿地和珊瑚礁等海滨栖息地遭到不可逆的破坏。

13.1.2.2　间接驱动力

导致生态系统及其服务功能变化的间接驱动力主要包括人口的变化、经济活动的变化、社会政治因素、文化因素和技术进步 5 个方面。

人口的增长必然要消耗更多的生态产品,加大生态系统服务提供的压力。世界上几乎1/2的人口生活在城市地区,城市化进程的加快改变了土地利用和土地覆盖,不断改变生态系统的格局。

1950—2000 年期间,全球的经济活动增长了接近 7 倍。随着人均收入的增加,人类对许多生态系统服务的需求相应增长。同时,人类的消费结构也发生了变化。例如,随着收入的增加,淀粉类食品在日常生活中的重要性下降,日常饮食包括更多的脂肪、肉类、鱼类、水果和蔬菜，同时对工业产品和服务的均衡消费会上升。

社会政治驱动力是影响决策制定的各种因素，包括决策制定中的公众参与数量、参与公共决策制定的阶层、解决争端的机制、国家相对于私有部门的作用，以及教育和知识的水平。这些因素既影响生态系统管理方面的制度安排，又影响生态系统服务的财产权。

文化与宗教对生态系统也有重要影响。文化是某一人群共享的价值、观念和规范。文化调节着人们对世界的各种感知，影响着他们对各种事物的重要性的判别，指引着他们对各种行动合适与否的判断。文化差异确实对相关的直接驱动力具有重要的影响。例如，文化因素可能影响消费行为和环境部门工作人员的价值观念，从而是环境变化方面特别重要的驱动力。

科学知识及相关技术，其发展和推广对生态系统和人类福祉的状况具有深远的影响。近百年来人类对物理、化学、生物和社会方面的运转机理的理解获得了巨大的进展。在食物生产方面，科学和技术对生态系统服务的影响最为明显。农业产量的提高很大程度上是来自于单位面积产量的增加，而不是耕地面积的扩展。

13.1.3 自然生态系统的变化

MA 在评估过程中系统分析生态系统过去 50 a 的变化，指出了以下几个方面的变化趋势(赵士洞 等，2007)。

13.1.3.1 生态系统结构的变化

20 世纪的后半叶以来，世界生态系统结构的变化速度比人类历史上记录的任何时期都快。事实上，现在人类活动已经显著地改变了地球上的所有生态系统。生态系统结构的最显著的变化是大约 1/4(约 24%)的地球陆地表层已经转变为垦殖系统。在 1950 年之后的 30 a 中，转变为农田的土地面积比 1700—1850 年这 150 a 间转变的总和还要多。在 1700 年以后，欧洲经历了农田的快速扩展。在 1850 年以后，北美和苏联也显著地经历了农田的快速扩展。至 1950 年，大约 70%的温带原始森林、草原及地中海森林已经消失，其中大部分是被开垦为农业用地。历史上，温带地区的森林砍伐比热带地区更加严重，因而欧洲是目前世界上原始森林现存份额最少的一个洲。但是，就转化速度来讲，工业化时代之前的生态系统变化似乎要远远低于当前的转化速度。

全球范围内，人类活动显著地改变了生态系统和生物群区，包括海洋与淡水生态系统、温带阔叶森林、温带草地、地中海森林和热带干森林。在过去的 50 a 中，世界上对食物和动物饲料的需求急剧增加，已经给海洋系统的渔业捕捞造成了巨大的压力，结果导致世界上许多渔场的目标种和其他物种的生物量已经降低到了渔业工业化开始之前的 1/10 水平。此外，大约 35%的红树林是在 20 世纪的后 20 a 中消失的。在 20 世纪的后几十年，世界上丧失了大约 20%的珊瑚礁，另外还有 20%已经退化。

1960—2000 年期间，世界上的水库库容翻了两番，导致被大型水坝拦截的水量为自然河道中水量(不包自然湖泊)的 3～6 倍。由于修建水坝和人类的水资源利用活动，淡水生态系统已经被改变。由于沿河修建水坝或者其他建筑，世界上 60%的大型河流水系的流量已经受到了中等或者强烈的影响。人类提取河水已经导致诸如尼罗河、黄河和科罗拉多河等几个重要河流出现断流。由于河水径流减少，作为维持河口生态系统的重要养分供给源——河流沉积物的流量也相应地减少。

13.1.3.2 生态系统过程的变化

20 世纪后半叶以来，水循环、氮循环、碳循环和磷循环这些生态系统过程变化的速度比人类历史上记录的任何时期都快。人类活动不仅改变了生态系统的结构，而且也改变了生态系统的过程和功能。

(1)水循环。1960—2000 年期间，人类对河流和湖泊的水资源利用量翻了一番。大型的水库建设使河水在河道中的停留时间增加到了原来的 2～3 倍。在全球尺度上，人类的水资源利用量占可用可更新淡水资源超过 10%。

(2)碳循环。自 1750 年以来，大气中的二氧化碳浓度持续升高。在过去的 50 a 中，陆地生态系统变化对碳循环的影响发生了相反的转变。在 19 世纪和 20 世纪初期，陆地生态系统是排放二氧化碳的源(主要是由于砍伐森林造成的，也有农田、牧草地和林地退化的作用)，但是大约在 20 世纪中期，转变成了吸收二氧化碳的净汇。促进生态系统碳汇增强的措施包括北美、欧洲、中国和其他地区的植树造林、重新造林和林业经营措施以及农业生产方式的变化。

(3)氮循环。1890—1990 年期间，人类活动生产的活性氮(生物可利用氮)总量增加了 9 倍，其中大部分增幅是在这 100 a 的后 50 a 伴随着化肥施用量的增加而出现的。

(4)磷循环。1960—1990 年期间，世界上磷肥的施用量和农业土壤中磷的累积速率增长了接近 3 倍，输入到海洋的磷通量也是其背景速率的 3 倍。

13.1.3.3 物种的变化

生态过程变化必然影响到系统的物种，物种变化反过来也影响生态系统过程。地球上的物种分布正在向更加同质化的趋势发展，即地球上不同地点之间物种组成的差异正在缩小。物种分布的同质化趋势和两种因素有关：一是物种灭绝和种群丧失导致特殊地区的独有种消失；二是物种入侵或者引种的速度加快，而且随着贸易的日益增长和运输的加快，还在继续急剧加速。当人类活动导致物种减少或者物种灭绝时，它们将被少数适宜在人类活动改变了的环境中生存的扩展物种所代替。

在许多物种分类群中，不是种群的数量正在减少，就是种群的分布范围正在缩小，甚至种群的数量和分布两者在同时减少。对全球的两栖动物、非洲的哺乳动物、农田鸟类、英国的蝴蝶、加勒比海的珊瑚及鱼类种群的研究表明，大多数物种的种群数量或者种群分布正在减少。根据国际自然与自然资源保护联合会——世界保护联盟制定的物种灭绝威胁标准，目前世界上 10%～30%的哺乳动物、鸟类和两栖动物正遭受灭绝的威胁。

在过去的几百年中，与地球历史上物种灭绝的背景速率相比，人类活动导致物种灭绝的速率增加了 1000 倍。物种灭绝是地球历史变化的一部分。当前的物种数量仅占曾经在地球上生存过的所有物种总数的 2%～4%。化石记载显示，地球历史上曾经发生过 5 次大规模的物种灭绝，其中最近的一次发生在大约 6500 万 a 以前。

13.1.3.4 基因的变化

在全球尺度上，遗传多样性已经下降，特别是栽培物种更为显著。物种灭绝和独有种群的消失造成有关独有遗传多样性的丧失。自 1960 年以来，垦殖系统中农户田地里的种内多样性格局已经发生了根本性的转变，农户种植的作物品种已经由局地适应和进化的种群(本地种)转变为通过正式的繁育系统培育出来的具有更广适宜性的品种(现代种)。目前，发展中国家大约 80%的小麦面积，亚洲 3/4 的水稻面积种植的都是现代种。

13.1.4　生态系统服务功能的变化

人类对生态系统的改变已经极大地促进了人类福祉的提高和社会经济的发展，但是，同时也改变了生态系统的状态和服务功能。如前所述，生态系统服务功能包括支持功能、供给功能、调节功能和文化功能等。其中很多服务功能已经退化，生态系统出现非线性变化的风险已经加大，伴随某些人群的生存和生活状况恶化（表 13.1）。面对以上这些问题，除非人类找出正确的解决办法，否则，后代能够从生态系统获取的效益将大大减少。

表 13.1　生态系统服务功能变化情况(资料来源:赵士洞 等,2007)

生态服务功能类型		生态服务功能变化
供给服务功能	(1)食物	食物供给的增长已经快于总的人口增长。这种增长主要源于单产的提高及农田面积的显著扩展，但仍然存在生产力低下和种植面积快速扩展的区域。 在某些地区，尽管用于牲畜生产的土地面积已经显著增加，但是牲畜生产的提高主要还是源于更加集约化的鸡、猪和牛的圈养生产。 当前，1/4 的海洋渔业资源已被过度开发或者已经显著地耗竭。淡水渔业捕捞也已经下降。由于供应减少而不是需求降低，人类对捕捞渔业的利用已经下降。 在过去的 50 a 中，水产养殖业已经成了全球重要的食物来源之一。2000 年，水产业大约提供了全球 27%的鱼类产品。但是，为食肉类水产物种使用鱼类饲料将对捕捞渔业造成额外的压力。 由于世界范围内自然栖息环境的压力正在增加，以及人类（特别是贫穷人群）对野生种群的不可持续开发，目前来自野生动植物的食物资源供应总体上是处于下降趋势
	(2)纤维	在过去的 40 a 中，全球的木材生产增长了 60%。人工林提供的原木收获量日益增长，2000 年其原木收获量占到了全球总收获量的 35%。目前位于温带地区的某些国家 40%的森林已经丧失。 在过去的 40 a 中，棉花和丝绸产量分别增加了 2 倍和 3 倍。但是，其他农业纤维的生产已经降低。 全球的薪材消费似乎是在 20 世纪 90 年代达到了最高点，目前在许多地区薪材仍然是主要的家庭能源
	(3)遗传资源	随着新的生物技术产业的发展，人类对遗传资源的利用也在不断提高。但是由于传统栽培作物品种的丧失和物种的灭绝，已经导致了遗传资源的丧失
	(4)生化物质	人类对生物化学物质和新药物的需求正在增长。但是在满足这种需求的过程中，新的合成技术与天然产品存在一定的竞争。对于其他天然产品（化妆品、个人保健品、生物保健品、生物试验体和生态恢复）的利用也正在增加。但是，由于物种灭绝和对药用植物的过度利用，这些资源的可利用量正在减少
	(5)淡水	修建水库、大坝等蓄积了陆地河流的大部分径流，导致自然径流流量减少。此外，在干旱区由于开放水体的水分蒸发的增加和灌溉用水的增加，导致河流流量减少。流域管理和植被变化也对季节性河流的流量产生影响。5%～25%的全球淡水利用超过了长期可获取的供应能力，依赖工程调水或者透支地下水进行补充
调节服务功能	(1)空气质量调节	自工业化以来，大气自身净化能力已经下降，下降幅度可能不超过 10%。生态系统与大气净化能力下降之间有一定的联系，因为生态系统也在吸收氨、NO_x、SO_2、对流层臭氧、尘埃颗粒和 CH_4 的汇

续表

<table>
<tr><th colspan="2">生态服务功能类型</th><th>生态服务功能变化</th></tr>
<tr><td rowspan="4">调节服务功能</td><td>(2)气候调节</td><td>在19世纪和20世纪早期，陆地生态系统总体上是排放CO_2的源，但大约在20世纪中期转变成了吸收CO_2的汇。由于土地覆被变化导致反照率增加，部分抵消了碳排放引起的温室效应，因而从1750年至今，在全球尺度上土地覆被变化的生物物理效应是致冷作用。对于地方与局地的气候，土地覆被变化既有有利的一面，也有不利的一面，但是不利影响占了主导地位</td></tr>
<tr><td>(3)水资源调节</td><td>生态系统变化对径流、洪水和蓄水层水源补给具有明显影响，但不同地区有很大差异。土地利用的改变与作物、土壤管理措施的缺失，导致土壤退化和土壤侵蚀的加剧。在过去30 a中，尽管大多数工业化国家地表水中的病原体和有机体污染已经减少，但是从全球来讲，水质仍在下降</td></tr>
<tr><td>(4)病原病虫调节</td><td>随着经济的发展和人类对生态系统的改变，传染性疾病发生的风险在增加。在许多农业地区，目前杀虫剂的使用已经替代了自然天敌对害虫的控制，导致农业生态系统控制害虫的能力降低</td></tr>
<tr><td>(5)自然灾害调节</td><td>人类居所正在向极端事件易发地区和地点迅速扩展，因而面对于自然灾害的脆弱性也在增加。这种趋势的发展，以及生态系统缓冲极端事件的能力的降低，导致全球范围内自然灾害造成的生命死亡居高不下，经济损失不断增长</td></tr>
<tr><td rowspan="3">文化服务功能</td><td>(1)精神价值</td><td>世界上的圣林等保护区域已减少，特殊生态系统特征(宗教物种或者宗教林)的丧失有可能削弱人类从中获得的精神收益</td></tr>
<tr><td>(2)美学价值</td><td>满足人类需求的自然景观无论是数量还是质量都已经减少或者下降，可能会对公众健康和经济发展造成严重损害</td></tr>
<tr><td>(3)消遣价值</td><td>当前人类对消遣景观的利用需求正在上升，越来越多的土地被用于迎合消遣、追求文化价值和反映多重的文化感受。但是，许多自然形成的景观特征(如珊瑚礁)的消遣服务已经退化</td></tr>
<tr><td rowspan="3">支持服务功能</td><td>(1)初级生产</td><td>旱地、森林和垦殖等系统的净初级生产(NPP)出现了增加趋势。但是，伴随着全球尺度上的气候变化，增长趋势具有较高的季节性变化和年际变化</td></tr>
<tr><td>(2)养分循环</td><td>由于化肥施用、牲畜排泄物、人类排泄物和生物量燃烧等原因，全球的养分循环已经发生了很大的变化。限制养分迁移的生物缓冲带被严重损害，导致陆地养分向水生生态系统迁移，因而内陆水域和海滨系统受到了富营养化的影响</td></tr>
<tr><td>(3)水分循环</td><td>由于河流结构的变化、水资源利用的变化和气候变化，自然界水循环和淡水可利用能力也发生变化</td></tr>
</table>

13.1.4.1　供给服务功能的变化

20世纪后半叶以来，人类对诸如食物、水和木材等生态系统供给服务的利用量一直在快速增长。尽管这种增长一般慢于经济增长，但是常常快于人口增长。目前，人类对生态系统供给服务的利用仍在以不可持续的速度继续增长。

人类对生态系统供给服务的利用不断增长，是通过大量增加生态系统生产某些供给服务的绝对数量和提高对生态系统供给服务的利用份额而实现的。1960—2000年期间，世界人口翻了一番，全球经济的增长超过了6倍。在此期间，世界上的食物生产增长了大约2.5倍，水资源利用量翻了一番，用于生产纸浆和成品纸的树木采伐量增长了2倍，木材生产增长了大约60%。

尽管不同地区对生态系统供给服务利用的程度不同，当前人类对某些供给服务的利用也已达到了不可持续的状态。许多渔场的鱼类资源已经枯竭，人类的渔业捕捞（包括海洋和淡水）已经不可持续。5%至大约25%的全球淡水利用超出了长期可以获取的供应能力，对于超额部分只能通过工程调水或者透支地下水的供应进行补偿。15%～35%的灌溉用水超过了其补给速率，因而处于不可持续的状态。由于依赖于不可持续的水源，过度施用化肥或杀虫剂，再加上盐碱化、养分耗竭及土壤流失等原因，当前某些地区的农业生产也处于不可持续的状态。

13.1.4.2　调节服务功能的变化

通过改变生态系统的结构，人类显著地改变了生态系统在调节气候和调控疾病等方面的服务功能。在处理废弃物方面，人类对生态系统施加的压力已经超出了它的自处理能力。人类对调节服务功能的改变，大多数是伴随提高生态系统供给服务的行动而在无意识中造成的。人类已经显著地改变了生态系统对气候的调节服务，这种改变最初是通过土地利用变化促使大气中二氧化碳、甲烷和氧化氮这些温室气体的含量增加而显现的，最近则是通过提高陆地生态系统的碳吸收能力而得以实现的。人类对生态系统的改变，通过增加或减少特定病菌的栖息环境或带菌媒介（例如水坝与灌溉渠是血吸虫病的栖息地），或者通过扩大人群与各种致病生物的密切接触，进而改变了疾病暴发的模式。自20世纪40年代以来，人类对生态系统的改变已经显著地增加了所有大洲的洪水和重大火灾爆发次数。生态系统在降解环境中废弃物的毒性方面具有重要作用，但是在处理废弃物方面也有一个内在的极限。例如，水生生态系统平均可以净化全球水中80%的附带氮负荷，但是这种内在的自净化能力也具有很大的变异性，而且随着湿地的丧失水生生态系统降解氮的能力也在下降。

13.1.4.3　文化服务功能的变化

在过去的一个世纪中，尽管人类对生态系统文化服务的利用持续增长，但是生态系统提供文化服务的能力却已经显著地降低了。人类文化受生态系统的强烈影响，生态系统变化能够显著地影响人类的文化特征和社会稳定。诸如人类文化、知识体系、宗教、传统价值、社会影响及相关的娱乐服务（例如美学享受、消遣、艺术与精神的充实及智力发展等），这些文化服务的形成都受生态系统及其状况的影响。目前，许多生态系统的文化服务正在退化，其原因一方面是生态系统变化（例如最近宗教性树林和诸如此类的受保护性区域的快速减少）造成的，另一方面是导致人类对文化收益的认知或评价降低的社会变化（例如语言或者传统知识的丧失）造成的。具有特定文化价值的生态系统和景观的快速丧失可能引发社会分裂和社会排斥。目前，世界上具有宜人美感的自然景观的数量和质量已经出现了衰减趋势。

13.1.4.4　支持服务功能的变化

20世纪后期以来，旱地、森林和垦殖的净初级生产力（NPP）出现了增加趋势，但是气候变化导致其发生了季节性变化和年际变化。在最近的几十年中，由于化肥施用、牲畜排泄物、人类排泄物和生物量燃烧，全球的养分循环已经发生了大规模的变化。由于生物缓冲带严重受损，导致陆地养分向水生生态系统迁移，因而内陆和海滨水域系统富营养化严重。

13.2 近几十年气候变化对陆地和淡水生态系统的影响

全球生态系统包括陆地生态系统和海洋生态系统及冰冻圈。冰冻圈生态系统和全球海洋生态系统(包括深海生态系统和海岸带生态系统)的变化已分别在第 11 章和第 12 章讨论,所以本章集中讨论陆地生态系统的变化。2019 年 8 月,IPCC 发布了一份关于气候变化、荒漠化、土地退化、可持续土地管理、粮食安全和陆地生态系统温室气体通量的特别评估报告(简称《气候变化与土地特别报告》,SRCCL)(IPCC,2019a)。SRCCL 首次提出了陆地系统的概念,陆地系统包括陆地的土地、水体、生态和粮食系统,陆地系统既与气候有着相互作用与影响,又与人类社会具有交互作用和影响。土地系统通过净初级生产力等过程,为人类提供食物、淡水和生物能源等生存支撑和多种生态系统服务。人类大约使用了全球 70%(69%~76%)的无冰陆地地表,陆地生态系统每年为人类提供的生态系统服务价值 75 万亿~85 万亿美元,大致相当于近 5 a 世界年均 GDP 的数量。

13.2.1 气候变化对关键生物群落和生态服务的影响

13.2.1.1 气候变化对生物群落迁徙的影响

(1)气候变化驱动的生物群落迁徙

IPCC AR5(IPCC,2014a)评估报告发现,1700—2007 年,在北方、温带和热带生态系统的 19 个站点,由于人为气候变化,生物群落水平的植被在纬度上向极地移动,在海拔高度向上移动。在这些地区,温度比前工业化时期上升了 0.4~1.6 ℃。自 IPCC AR5 以来的实地研究发现,在 24~210 a 的时间里,在许多地点发现了额外的极地和上坡生物群落的转移,但没有直接归因于人为气候变化,因为这些研究的设计和实施都没有开展归因研究。

然而,最近发现的许多生物迁徙变化与气候变化、温度升高一致,并在缺乏农业、畜牧业、木材采伐或其他人为土地利用的地区观察到。例如,在厄瓜多尔的安第斯山脉,生物群落变化检测通过对比 1802 年的一项调查显示,在 210 a 间气温升高了 1.7 ℃,高寒草地上缘向上坡移动了 100~450 m。其他与气候变化一致且不受当地土地利用实质性影响的生物群落迁徙包括加拿大落叶林向北转移,1970—2012 年期间为 5 km,1970—2014 年期间为 20 km,以及加拿大温带针叶林向北转移到北方针叶林(1970—2015 年期间为 21 km)。研究在四个大洲的 143 个地点检测到北温带和亚高山针叶林向高寒草地的上坡转移。其他上升案例包括加拿大温带针叶林和美国温带针叶林、瑞士温带落叶林和美国温带灌丛林的变化。

(2)气候变化和土地利用共同驱动的生物群落迁徙

研究发现,在一些生物群落发生了显著变化的地区,除了气候因素和 CO_2 施肥效应外,农业开垦、野火生灭、牲畜放牧、薪材采伐或其他当地土地利用行为显著改变了地区的植被。一项对全球林线变化的评估发现,在过去 50 a 或更长时间里,全球 2/3 的树木林线在海拔上上升了。在加拿大、法国、意大利、西班牙、美国和欧洲山区一些因木材采伐或牲畜放牧而废弃的地方,发生了向上坡和极地方向的森林转移,从而使树木得以再生。在秘鲁,人为使用火导致了森林的上坡转移,而在美国一个受干旱影响的地区,主要是人为点燃的火灾导致灌木丛转变为草地。在加拿大东部,木材采伐和野火促使针叶林—阔叶林向阔叶林为主的森林转变。

灌木入侵稀树草原的现象在很多地方都发生过,尤其是在南半球,主要是在 1992—2010

年间。在全球范围内,过度放牧导致了禾草的减少而非木本植物的入侵,而防火则维持了灌木覆盖。热带稀树草原木本植被覆盖度的变化幅度与年均温度变化不相关,然而,大气中较高的 CO_2 浓度会促进热带稀树草原灌木的生长。对包括农业和放牧扩张以及森林砍伐在内的所有原因导致的生物群落变化的全球遥感分析估计,在 1981—2012 年期间,14%的像素发生了变化,除了气候变化外,土地利用变化还会导致生物群落水平的变化。

13.2.1.2 气候变化对沙漠和干旱灌木的影响

气候和 CO_2 水平模拟表明,人为气候变化会影响生态系统的结构、功能和生物多样性。虽然观测到的大气中 CO_2 上升有利于干旱植被生产力的提升,并可能会部分抵消水资源可用性下降带来的负面影响,但气候和 CO_2 驱动以及与栖息地退化、野火和入侵物种的相互作用,仍然是干旱地区生态系统退化的关键风险。

IPCC AR4(IPCC,2007)曾预测,干旱灌丛植被会普遍绿化,现在已变成了现实,这是沙漠草原界面的叶面积、木本植被和草本产量增加的结果。随着水分利用效率提高和相关的 CO_2 浓度升高、季节性降水量的变化和温度升高,干旱地区的植物生产力已经提高。木本植物入侵干旱灌丛在北美、南部非洲和中亚正在发生。在北美,山艾树草原的变化被归因于温度的升高和积雪融化的提前。由于气候变暖,非本土草类正在入侵北美的荞属科草原(寒冷的沙漠)。在南非东部半沙漠地区,随着干旱草原向半沙漠灌丛扩展,年降雨量增加和降雨季节变化使草地变得越来越多,在过去鲜见燃烧的地区引起火灾。

干旱、变暖和土地管理不当的相互作用导致了植被死亡及灌丛植被覆盖减少。不断增加的热量和干旱正在导致多汁物种的健康和丰富度下降,高温干旱尤其会降低物种的抗灾能力。

13.2.1.3 气候变化对地中海型生态系统的影响

自 IPCC AR5 以来,新的研究发现,世界上所有 5 个地中海型生态系统(MTEs)在过去 10 a中都经历了极端干旱,其中南非和美国加利福尼亚州(简称加州)报告了有记录以来最严重的干旱。气候变化正导致这些干旱变得更加频繁和严重。

MTEs 对各种形式的水亏缺表现出一系列直接反应,但也受到与干旱相关的火灾活动增加的影响,以及干旱或极端天气与火灾之间的相互作用,影响火灾后的生态系统恢复。生态系统的反应包括功能成分的变化,植被健康下降,特征物种的下降或消失,物种组成向更适应干旱或热环境的物种转变,生物多样性下降。

研究表明,与干旱相关的 MTEs 的植物健康下降和死亡率增加。遥感资料显示:在南非地区,干旱与火灾后植被恢复相关,损害了南非 MTE 区域森林的冠层健康;美国加州森林冠层水分含量下降。一些研究报告了优势物种对气候的相关反应。1931—2013 年期间,在南非 Fynbos 地区地势较低、较热的海拔地区,坎威廉雪松的高死亡率发生。在西班牙伊比利亚半岛,干旱降低了霍尔姆栎的生长,死亡率增加。葡萄牙灌丛经历了许多落叶和常绿橡树物种的损失,并增加了叶生旱生树木的优势。2012—2015 年美国加州的干旱导致巨杉的高冠层叶片死亡,由于水分亏缺的增加而增加了橡树相对于松树的优势,以及干旱和虫害爆发的相互作用造成的大规模死亡。

物种分布或群落组成的变化导致了物种多样性的下降或向更适应干旱或热的物种转变。1950—2016 年,美国大盆地的两种针叶树向上坡移动了 19 m。冬季降水减少导致本地一年生草本植物减少,以及加州草原物种多样性的长期和潜在的单向减少。1966—2010 年期间,更频繁的极端炎热和干燥天气导致南非芬博斯地区火灾后再生阶段的多样性下降，引发物种向偏好较高温度的物种转变。在意大利，观察到1989—2012年期间沿海沙丘生境的植物覆盖度和嗜热物种增加。在美国加州南部，受干旱加剧、火灾发生频率和氮沉降增加等气候和土地利用因素的共同驱动，森林和灌木林地地区正在向草原转移。

气候变化对热量、燃料生物和野火点火限制的影响在全球范围内具有时空差异，但在MTEs地区中已观察到一些影响。1985—2015年，气候变化导致美国西部燃料生物干旱和野火烧毁面积增加。就智利而言，与1990—2009年的基线相比，2010—2015年“特大干旱”期间，大型火灾的数量、规模、持续时间同时显著增加。

13.2.1.4　气候变化对稀树草原和草地的影响

热带和温带的稀树草原由共存的树木和草组成。在IPCC AR5(IPCC,2014a)报告中提出的树木入侵的全球趋势仍在继续，树木增加发生的地区和速率为：北美温带稀树草原，增加速率为10%～20%/(10 a)；南美洲热带稀树草原，增加速率为8%/(10 a)；非州增加速率为2.4%/(10 a)；澳大利亚，增加速率为1%/(10 a)。此外，在AR5报告中提及的森林扩张在非洲、南美洲和东南亚也在继续。极端强降雨异常也导致萨赫勒地区草本和叶类作物产量增加。在非森林生物群落中，大量的木质覆盖增加正在降低放牧潜力，并改变单位土地面积的碳存储和水文特征。树木覆盖的入侵也会威胁到开放生态系统的动植物的适应能力，从而降低生物多样性。

气候变化导致全球草原面积显著下降。在温带和北部地区，大约一半的树木线正在移动，它们压倒性地向极地和向上扩张，同时伴有山地草原的损失，而热带树木的分布则基本稳定。自2000年以来，欧亚草原的木本植被覆盖度每10 a增加1%，中国内蒙古草原也经历了广泛的侵蚀。在温度有限的草原，尤其是高山草原，树木扩张的气候驱动因素通常被归因于变暖和CO_2上升，冻土融化也增加了水和养分的有效性。土地利用变化之间的相互作用：土地撂荒、放牧管理转移、灭火和气候变化是综合的促成因素。

遥感研究表明，1982—2011年全球草地生态系统年最大归一化植被指数(NDVI)和年平均NDVI总体呈增加趋势。多项证据表明，草地生产力的变化与年平均降水量的增加呈正相关。气温升高对草地生产和生物量有积极影响，尤其是在温度有限的地区。然而，炎热地区的草原预计会随着温度的升高而减产。尽管如此，通过增加CO_2和相关的水利用效率，草地对变暖和干旱的响应正在改善。例如，在一个凉爽的温带草原实验中，气候变暖导致了更长的生长季节，而升高的CO_2通过保存水分进一步延长了生长，这使大多数物种能够保持更长的活跃时间。

13.2.1.5　气候变化对热带森林的影响

热带森林覆盖总体下降，其下降幅度超过增长幅度的3倍，主要是由森林砍伐和土地转换推动的。与这一总体趋势相反，非洲、南美洲和澳大利亚发生了热带森林覆盖向稀树草原和草原的扩展。

在美洲，气候变化导致热带落叶林范围向上坡高山草原转移。然而，树的行为是多样化的。尼泊尔的一项研究记录到，冷杉形成的树线已经稳定了一个多世纪，而大型灌木(杜鹃)的上限一直在提高。在安第斯山脉和喜马拉雅山脉，大多数树木线都是稳定的，这似乎有一个“草天花板”，导致树木很难穿透。已经发生的树木线变化可能是由土地利用变化(如灭火)和气候变化（如降雨量增加、气候变暖和 CO_2 浓度升高）之间的相互作用驱动的，并且是通过 CO_2 施肥效应或水利用效率的提高实现的。

非洲和东南亚热带森林生产力在提高，被归因于 CO_2 浓度升高。在亚马孙中部和东南亚，热带森林生产力增长的速度已经放缓。相比之下，在完整的非洲森林中，碳汇及因此产生的生物量增加速率在 2010 年之前一直很稳定，直到最近才开始下降，这表明亚马孙河和非洲的碳汇饱和不同步，这种差异是由树木死亡率造成的。在全球范围内，与完整热带森林相关的碳汇在 20 世纪 90 年代达到顶峰，现在正在下降。

热带森林生产力下降与气候变暖、干旱期间增长率下降、干旱相关死亡率、火灾和云诱导辐射限制有关。CO_2 浓度升高导致树木生长速度增加，干旱频率和强度增加，树木停留时间缩短，这可能是增加树木死亡率的额外交互因素。不同树种和大小的树木经历干旱的脆弱性不同，寿命长的大树死亡风险最高。死亡风险也因森林类型而异，季节性雨林似乎最容易受到干旱的影响。

气候变化降低了森林对病虫害的抵御能力，增加了物种入侵风险，有助于病原体的传播，从而使森林持续退化。气候变化还加剧火灾风险，干旱、气温升高和森林破碎化相互作用，增加了热带森林火灾的流行率。气候变暖增加了树木的水分压力，加上森林破碎化，森林冠层的干燥急剧增加，进而导致更热更干燥的区域气候。气候变暖和干旱增加了草类入侵森林边缘，增加了火灾风险。干旱和火灾增加了死亡率，因此，减少了冠层覆盖和地上生物量。

13.2.1.6　气候变化对北方和温带森林的影响

IPCC AR5(IPCC，2014a)评估报告发现，北方和温带森林的树木死亡率增加，野火频率和植物物候发生变化。在这些结论的基础上，IPCC AR6(IPCC，2022)评估报告将 20 世纪和 21 世纪在北方和温带森林观察到的变化概括为：亚洲、欧洲和北美地区生物群落向上坡和向极地迁徙；植物的范围迁移；植株开花早、长叶早；树食性昆虫向极地转移；虫害爆发增加；北美西部野火烧毁面积增加；北美西部干旱导致的树木死亡率增加；广泛的北方针叶林区域的永久冻土融化。总而言之，人为气候变化造成了温带和北方森林生态系统的重大变化，包括生物群落的转移及野火、虫害爆发和树木死亡的增加，人为来源的大气 CO_2 浓度增加还提升了净初级生产力。

在北方森林中，还检测到与气候变化一致但没有正式归因于气候变化的生态变化。这些变化包括西伯利亚野火增加、加拿大和美国长期阴燃的地下火灾增加、欧洲树木死亡增加及火灾后阿拉斯加北方针叶树向落叶阔叶树物种的转移。从 1930 年到 1960 年，北半球北方针叶林的生长更多地受到降水而不是温度的限制。

对于一些植被变化，土地利用和土地管理的变化比气候变化的影响更大。这些变化包括：欧洲在放弃木材采伐或牲畜放牧之后，森林向上坡和极地转移；受灭火、防火和放弃农业影响的欧洲野火变化；苏格兰森林物种组成的变化，这是由空气污染造成的氮沉降所致。遥感显示，1982—2016 年期间，亚洲和欧洲的温带和北方森林面积增加，加拿大 1984—2015 年期间森林面积亦增加，人工林和再生林增加是可能的驱动因素。

13.2.1.7　气候变化对泥炭地的影响

在全球范围内，尽管泥炭地生态系统仅占全球陆地面积的 3%，却储存了全球约 25%的土壤有机碳和 10%的世界淡水资源。IPCC AR4(IPCC，2007)报告中首次提到了北方泥炭地在碳循环中的长期作用，SR1.5 报告(IPCC，2018)中简要提到了气候和土地利用变化对泥炭地的综合影响。新的证据证实，气候变化，包括极端天气事件、多年冻土退化、海平面上升和火灾，叠加人为干扰(例如，农业或矿业的排水)，导致了全球泥炭地碳的快速损失。其他必不可少的泥炭地生态系统服务，如蓄水和生物多样性，也在全球范围内消失。

全球泥炭地已经历了从碳汇到碳源的转变，主要归因是地下水位的变化。在温带和热带生物群落中，广泛的排水和森林砍伐造成了广泛的地下水位下降或泥炭沉降，以及大量的 CO_2 排放。气候变化加剧了这些影响。例如，在印度尼西亚，排干的热带泥炭地碳排放最高的年份是 1997 年厄尔尼诺(810～2570 Tg/a)和 2015 年火灾季节(380 Tg/a)。这些延长的旱季也导致树木死亡和火灾。土壤湿度低有助于火苗的传播，火灾和烟雾的增加导致栖息地丧失，并对区域动物种群产生负面影响。

在受人为活动影响较小的大型低地热带泥炭地盆地(即亚马孙河和刚果河流域)，气候变化的直接影响是碳汇减少。在温带和北方地区，气候干燥也倾向于促进泥炭氧化和碳损失。在欧洲，波罗的海、斯堪的纳维亚和欧洲大陆的年平均气温不断上升，导致泥炭地地下水位普遍下降，泥炭藓干燥并死亡。此外，火灾强度和频率的增加导致碳快速损失。尽管如此，较长的生长季节和温暖湿润的气候增加了碳积累，促进了区域内厚沉积物的形成，这在一些北美遗址中有报道。

在高纬度泥炭地，气候变化对多年冻土泥炭地碳汇能力的净影响仍不确定。气温升高与多年冻土退化和水文状况改变有关，这导致了植物群落和生物地球化学循环的快速变化。在许多情况下，冻土退化触发与局部湿润相关的热喀斯特地表沉降。在泥炭地丰富的景观中，多年冻土融化也会通过增加水文连通性和径流导致局部干旱。在解冻后的头几十年里，泥炭地站点记录了甲烷、二氧化碳和一氧化二氮排放量的增加，这取决于地表湿度条件。相反，一些证据表明解冻后泥炭堆积增加。由于野火对土壤温度状况的影响，还需要考虑野火对永久冻土解冻的影响，因为火灾强度和频率在整个北方和北极生物群落中都有所增加。

泥炭地退化产生的 CO_2 排放正在以正反馈循环的方式促进气候变化。在中纬度地区，广泛的人为干扰导致了 1990—2000 年期间大量的历史温室气体排放，当前遗留排放仍有 0.15 Pg/a。约 8000 万 hm^2 泥炭地已转为农业，相当于公元 850—2010 年期间的 72 Pg C 排放。在东南亚，估计有 20～25 hm^2 的泥炭地被转化为农业用地，目前碳流失的速度约为(155±30) Mt/a。总的来说，在全球范围内，泥炭地温室气体排放的增加主要来自土地利用变化、干旱和火灾的复合影响，以及一些永久冻土泥炭地融化的排放。

13.2.2 气候变化对生态系统过程和生态服务的影响

13.2.2.1 气候变化对河流和湖泊褐变的影响

气候变化对全球河流和湖泊生态系统具有深刻的影响(图 13.3)。淡水物种的响应与陆地物种的响应是一致的，包括向极地和向上移动的范围、更早的春季浮游生物发育时间、更早的鱼类产卵和生长季节的延长。观察到的淡水物种变化与人为气候变化驱动的物理环境变化密切相关(如水温升高、冰盖减少、湖泊混合减少、氧气流失、河流连通性减少)。

在北方针叶林地区，陆源溶解有机碳(DOC)向河流和湖泊的输入增加，导致水体透明度增加，并向棕色转变(褐变)。尽管这一过程是气候变化的结果(水文强化、北半球绿化和泥炭地碳汇退化)，但在 AR5 中并未得到太多关注。气候变化可以提高陆地和淡水生产力，改变植被群落，并影响对 DOC 产生和输送的水文控制。造成褐变的非气候相关驱动因素包括大气硫沉积的减少、林业活动和土地利用的变化。

褐变通过吸收光合有效辐射而产生正反馈，加速上层水体变暖。湖泊的褐变导致更浅、更稳定的温跃层，从而导致整体深水冷却，可以引发季节性混合状态的转变，从混合湖（多晶湖）到季节性分层湖。

褐变的生态响应是气候变化和营养状况的伴随效应。长期、大规模湖泊实验的结果显示出褐变强烈的协同效应，但褐变对浮游生物群落食物网影响并不显著。褐变推动了自养生产向异养/混合养生产的转变，并支持细菌群落的异养代谢。在营养不良的湖泊中，褐化还可能通过输入支配性有关营养物质来加速初级生产力，并增加蓝藻，从而更有效地应对低光强度和毒素水平。然而，褐变和气候变化对水生群落的协同影响取决于区域降水模式、流域类型和食物链长度。当今，气候变化对褐变定量化归因仍然困难。

总而言之，自 AR5 以来的新研究明确估计了变暖和褐变对北方地区淡水的影响，对水温剖面廓线和初级生产力产生了复杂的正面和负面影响。

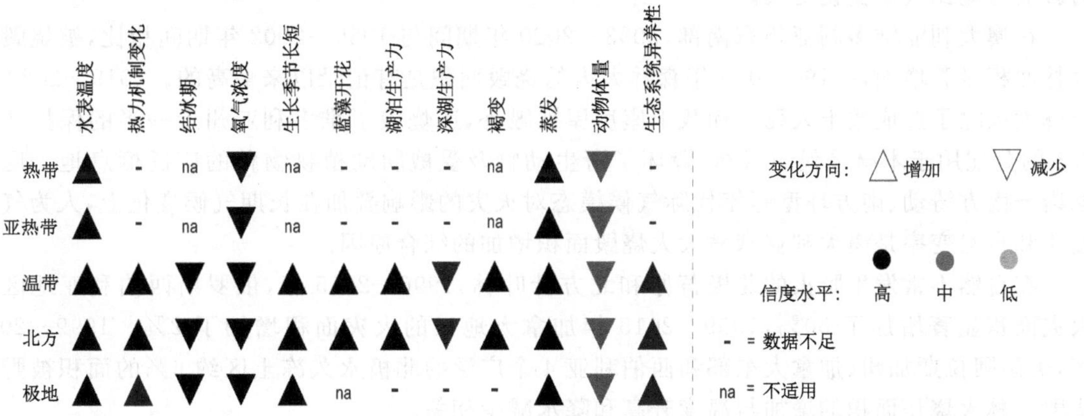

图 13.3　近 40 多年气候变化导致的大尺度淡水生态系统变化（资料来源：IPCC，2022）

13.2.2.2　气候变化对野火的影响

就整个全球陆地面积而言，野火的趋势随分析的时间周期长短而有所不同。1900—2000 年，根据野外数据，全球平均火灾频率增加了 0.4%，但变化在统计上并不显著。对全球火灾排放数据库文件的分析表明，1996—2015 年，全球火灾面积以—0.7%的速度下降，但这种变化在统计上也不显著。1998—2015 年，全球火灾面积以 $-1.4\%\pm0.5\%$ 的速度下降。由于农业扩张和集约导致植被覆盖减少，火灾增加的面积是火灾减少面积的 1/3。由于不同地区野火的增加和减少趋势复杂多样，全球野火没有显示出明确的长期趋势。

在过去 20 a 中，在全球平均火灾面积下降的地区，火灾变化率与人口密度、耕地面积和牲畜密度的相关性高于与降水的相关性，这表明农业扩张和集约化是主要原因。2000—2010 年全球火灾频率的下降与人口密度的增加有关。农业和畜牧业扩张后植被覆盖减少，导致减火效应，这可以抵消气候变化热量增加的增火效应。农业扩张初期在很大程度上推动了热带地区火灾的减少。总体而言，人类土地利用对全球陆地面积野火趋势的影响可能强于气候变化。

现场证据表明，1984—2017 年期间，人为气候变化使北美西部野火烧毁的面积超过了自然水平，全球平均地表温度上升 0.6～0.9 ℃，在一个极端年份中，燃烧面积增加了11倍，在 32 a 的时间里，燃烧面积比自然水平翻了一番。

在亚马孙地区，为农业扩张而砍伐森林，被砍伐地区附近森林也在退化，导致不适应火灾的热带森林发生野火。扩建道路促进了森林砍伐，破坏了雨林，增加了植被的干燥度和可燃性。在 ENSO 和大西洋多年代际涛动（ADO）暖期发生的极端干旱，结合植被退化，导致极端火灾事件。在巴西罗莱马州，修建道路、砍伐森林及 ENSO 是 2015—2016 年极端火灾季节火灾发生的两个最主要因素。1973—2014 年，亚马孙的烧毁面积增加，与森林砍伐的增加相吻合。在巴西阿克里州，1984—2016 年，烧毁面积增加了 36 倍，其中 43％的烧毁面积在农业和牲畜聚居区。2019 年的极端火灾年，亚马孙 85％的被烧毁区域发生在 2018 年的森林砍伐地区。尽管 2019 年相对较高的湿度导致南美洲大部分地区的燃烧低于 2002—2019 年的平均水平，但亚马孙近期毁林地区的燃烧高于 2002—2019 年的平均水平，这表明引发 2019 年火灾的是毁林，而不是气象条件。此外，从 1981 年到 2018 年，亚马孙地区的森林砍伐减少了向低层大气输入的水分，以一种自我强化的反馈方式增加了干旱和火灾。在亚马孙，森林砍伐对野火的影响可能比气候变化更大。

在澳大利亚维多利亚州东南部，2003—2020 年期间与 1950—2002 年期间相比，被烧毁的森林面积显著增加，2019—2020 年森林大火的烧毁面积是有记录以来最高的。2019—2020 年森林大火除了造成数十人死亡和数千座房屋被毁外，还烧毁了维多利亚州近一半的保护区和 2/3 的分配用于木材采伐的森林，毁坏了野生动物及受威胁动植物物种的广泛栖息地。厄尔尼诺一南方涛动、南方环型等年代际气候模态对火灾的影响叠加在长期气候变化上，人为气候变化和自然变率是澳大利亚森林大火烧毁面积增加的综合原因。

在自然不常发生野火的北极苔原和北方针叶林，1996—2015 年，俄罗斯西伯利亚地区的火灾面积显著增加了 50％，1959—2015 年加拿大地区的火灾面积增加了 2％。1999—2014 年，美国阿拉斯加州、加拿大东部和西伯利亚 4 个广泛的北极永久冻土区约 6％的面积被野火烧毁。林火烧伤面积的增加与温度升高和降水减少相关。

总体而言，亚马孙、北极、澳大利亚及非洲和亚洲部分地区的火灾面积有所增加，这与人为气候变化一致，但没有正式归因于人为气候变化。在北美以外的许多地区，森林砍伐、泥炭排放、农业扩张或废弃、火灾抑制及 ENSO 等自然变率年对野火趋势的影响比气候变化更强。

13.2.2.3 气候变化对树木死亡的影响

人为气候变化可直接通过干旱、干旱加剧或间接通过野火、虫害导致树木死亡。植物液压系统的灾难性故障，即缺水导致木质部失去水导度，是干旱诱导树木死亡的主要机制。

IPCC AR5 通过检测和归因分析发现，人类活动导致全球气温比前工业化时期上升 0.3～0.9 ℃，干旱的增加超过了当地非气候变化因素的影响，导致 1945—2007 年期间，在北美西部、非洲萨赫勒地区和北非三起干旱引发的树木死亡案例，死亡率高达 20％。并导致了非洲、亚洲、澳大利亚、欧洲、北美和南美其他 100 多例干旱导致的树木死亡。此外，大数据分析发现，干旱与气候变化趋势一致，已导致北方、温带和热带生态系统的 88 个地点的树木死亡。

自 IPCC AR5 以来，全球大数据分析发现，全球至少有 15～25 个额外的干旱导致树木死亡地区。这些分析和其他研究发现，死亡率比以前更快，背景死亡率上升，死亡率随着干旱程度增加而增加，热带树木的死亡率随着温度增加而增加，许多物种的死亡率随着树的长大而增加。死亡率主要发生在物种范围的干燥边缘，3/4 的干旱致死病例导致优势物种发生变化。

除了气候因素外，多种非气候因素也导致树木死亡，包括木材砍伐、牲畜放牧和空气污染。1982—2016 年，全球范围内热带干燥森林因各种原因损失了 9.5 万 km^2，占其总面积的 8%，是所有生物群落中死亡面积最大的区域。

在巴西亚马孙地区，砍伐森林以及清理农田是树木死亡的主要原因，1988—2020 年，森林覆盖面积减少速率平均为 13900 km^2/a。此外，1950—2018 年，年平均气温上升 1.2 ℃，导致了 1983—2011 年 310 个亚马孙田块约 40%树木的死亡。在另一组试验中，1985—2015 年期间，中科属的树木死亡率增加，耐旱属的树木数量增加。在其他地块中，1965—2016 年，树木死亡率没有显示出统计上的显著变化，但在严重干旱年份，主要是在 ENSO 温暖阶段，树木死亡率突然上升。在 ENSO 温暖时期，亚马孙近一半的地区经历了极端干燥的条件，这可能引发大规模的野火。

在非洲萨赫勒地区的实地研究中，检测到 1965—2018 年期间树木死亡率从 20%到 90%不等。树木生物多样性的下降，1970—2014 年期间本地树种的损失高达 80%，这些现象与气候变化一致，但没有正式归因于气候变化。在阿尔及利亚，阿特拉斯雪松的死亡率从 1980 年至 2006 年上升，与春季气温上升约 1 ℃相吻合。在整个非洲南部，自 2005 年以来，已知的 13 棵最古老的猴面包树中有 9 棵已经死亡，年龄在 1100～2500 岁。在南非，热带草原树木的死亡率上升了一个数量级，这与降雨量减少有关。在突尼斯，与高温相关的虫害发生导致了软木橡树的死亡。

自 IPCC AR5 以来，对发生在美国西部的树木死亡率进行了广泛的研究。在那里，人为气候变化占 2000—2020 年以来最严重干旱的一半（这是 1500 年以来最严重的干旱），以及 2012—2016 年加州严重干旱的 1/10～1/4。在美国西部，1955—2007 年人为气候变化使树木死亡率翻了一番。从 2000 年到 2013 年，黑松死亡率增加了 700%，而松树从 2002 年到 2014 年死亡率超过 50%。在加州山地针叶林，人为气候变化使树木死亡率增加了 1/4。大量实地证据表明，人为气候变化已导致北美大量树木死亡。

在北美西部，由于冬季气温升高和生长季节延长（IPCC，2021），树皮甲虫和其他以树为食的昆虫的侵袭增加，导致干旱胁迫的树木死亡。不断升高的气温使树皮甲虫得以向更北、海拔更高的地方迁移，在它们原本可能死亡的地方过冬，并更频繁地繁殖。在更温暖的条件下，一些以前无害的昆虫已经成为树木死亡的重要因素。野外观察显示树皮甲虫引起的树木死亡率对随后火灾引起的树木死亡率有混合效应。1997—2018 年，约 5%的美国西部森林地区死于树皮甲虫。在大多数情况下，受干旱影响的树木更容易被树皮甲虫杀死。气候变化导致了树皮甲虫的泛滥，这是北美树木死亡的主要原因。

在整个欧洲，2000—2012 年期间，西班牙、保加利亚、瑞典和芬兰实地调查的树木死亡率最高，与冬季最高气温正相关，与春季降水负相关。1984—2016 年，奥地利、捷克、德国、波兰、斯洛伐克和瑞士的树木死亡率翻了一番，这与伐木加剧和气温上升有关。1987—2016 年，乌克兰、摩尔多瓦、法国南部和西班牙与干旱相关的树木死亡率最高。此外，与高温相关的虫害已导致挪威云杉（冷杉）在九个欧洲国家大量死亡。在整个地中海盆地，干旱、野火、虫害和牲畜放牧的综合作用导致树木死亡。气候变化对欧洲的树木死亡率有一定影响。

13.2.2.4 气候变化对陆地生态系统碳循环的影响

（1）陆地生态系统碳通量

陆地生态系统在植被中包含 450 Gt（380～540 Gt）碳储量，在土壤中包含 1700 Gt±250

Gt 碳储量，在冻土中包含 1400 Gt±200 Gt 碳储量。生态系统碳储量总计为 3030 亿～4090 亿 t 碳(来自上述最低和最高估计)，大大超过了未开发的化石燃料中约 900 亿 t 碳。2010—2019 年，森林砍伐、泥炭地枯竭、农田、牲畜牧场和人类住区的扩张以及其他土地利用变化以(1.6±0.7)Gt/a 的速度排放碳，其中野火和泥炭燃烧 1997—2016 年排放(0.4±0.2)Gt/a。人为气候变化通过野火和树木死亡率的增加造成了其中一部分排放，但仍未被量化。土地利用变化产生了约 15%的全球人为排放。2010—2019 年，陆地生态系统通过植物生长以(－3.4±0.9)亿 t/a 的速率从大气中去除碳。因此热带雨林、北极永久冻土和其他生态系统提供了自然阻止碳导致气候变化的全球生态系统服务。

热带森林砍伐和泥炭地的排水和燃烧几乎产生了土地利用变化产生的所有碳排放，而森林生长占大气中生态系统碳去除量的 2/3。2010—2019 年，全球陆地生态系统构成了(主要是由于森林的生长)(－1.9±1.1)亿 t/a 碳的净汇，减少约 31%的全球化石燃料燃烧和土地利用变化排放。

(2)高碳生态系统碳储量

世界上地上碳密度最高的生态系统是美国加利福尼亚州的海岸红杉森林，其碳含量为(2600±100)t/hm^2。世界上有文献记载的碳密度第二高的生态系统是澳大利亚维多利亚州的山地白蜡树(桉树)森林，碳密度约为 1900 t/hm^2。在热带地区，亚马孙、刚果和印度尼西亚的热带常绿阔叶林(热带雨林)的碳密度最高，亚马孙和刚果的碳密度达到了 230 t/hm^2。气温升高会使热带雨林地上碳密度降低 9.1 t/(hm^2·℃)，这是由于生长减少和死亡率增加。热带森林的植被碳储量是世界上最大的，其地上和地下碳储量为 180～250 Gt。亚马孙的碳储量为 45 亿～60 亿 t。

土壤碳密度高的生态系统包括爱尔兰的泥炭沼泽，高达 3000 t/hm^2，刚果的沼泽森林泥炭地平均为 2200 t/hm^2，北极苔原平均为 900 t/hm^2，印度尼西亚加里曼丹的红树林泥炭地平均为(850±320)t/hm^2。北极永久冻土碳储量为 1400 Gt±200 Gt，是世界上最大的土壤碳储量。全球范围内，泥炭地的碳含量为 470～620 Gt，其中北方和温带泥炭地碳储量为 415 Gt±150 Gt，热带泥炭地为 80 Gt～350 Gt。其他分析将北部和温带泥炭地的估计上限提高到 800 亿～1200 亿 t。

热带森林和北极永久冻土的地上植被和土壤的生态系统碳储量分别是世界上最高的，这些生态系统形成自然汇，阻止向大气排放 1400 亿～1800 亿 t 碳，否则会增加气候变化的幅度。

(3)生物多样性与碳储量

高度的生物多样性和生态系统碳具有密切的关系，亚马孙、刚果和印度尼西亚的热带雨林包含最大的地上植被碳储量和世界上最高的维管植物物种丰度。地上生态系统碳与动物物种丰富度呈现高相关性和高空间变异性。地上碳在全球范围内与生物种属丰富度相关，但仅在局部区域与物种丰富度相关。在潮湿的热带地区，物种丰富度通常会提高植被生产力，而在干燥的条件下，树木丰富度会提高生产力。热带森林地上碳与脊椎动物物种丰富度呈正相关，在巴西被砍伐和烧毁的热带森林中，植物、鸟类和甲虫的物种丰富度随着碳密度的增加而增加，可达 100 t/hm^2。

截至 2021 年 6 月，国家公园和其他保护区覆盖了全球陆地面积的 15.7%，植被中含有约 90 Gt 碳，土壤中含有约 150 Gt 碳(分别占全球碳储量的 1/5 和 1/10)，从大气中去除碳的速率约为 0.5 Gt/a(全球去除量的 1/6)。最严格保护区域的碳含量更高，但一些保护区的非法砍伐和火灾在全球排放(38±17)Mt/a。在亚马孙地区,保护区储存了该地区超过一半的地上植被碳储量,但只占净排放量的 1/10。保护高度生物多样性地区,特别是在保护区,可以保护生态系统碳,防止向大气排放,并降低气候变化的程度。

(4)高碳生态系统碳收支

全球大部分森林砍伐发生在热带,主要用于扩展和清理农业土地,使原始热带森林在 2001—2019 年期间成为大气中的净碳源(向大气中的排放位 0.6 亿 t/a,从大气中去除的碳为 0.5 亿 t/a,净排放 0.1 亿 t/a。野火占全年平均生态系统碳排放量的 1/3,而主要的火灾季节可排放高达全球生态系统碳排放量的 2/3。

2003—2008 年,亚马孙作为一个整体是一个净碳排放源,主要是由于农业和畜牧业的扩张,导致了 1990—2005 年超过 2/3 的森林砍伐。在亚马孙,森林砍伐从 2001 年到 2015 年排放了(0.17±0.05)Gt/a,而火灾从 2003 年到 2015 年排放了(0.12±0.14)Gt/a。对亚马孙森林砍伐和退化造成的碳损失的分析估计,2010—2019 年损失了 0.5 亿 t/a,退化占了 3/4。完整的原始亚马孙雨林一直是一个净碳汇,但在 2010—2019 年可能成为一个净碳源。

在印度尼西亚和马来西亚,从 1990 年到 2015 年,排干和燃烧泥炭沼泽森林用于油棕种植园,排放了 60～260 Mt/a,使泥炭地从碳汇转化为碳源。1980—2005 年,印度尼西亚红树林的砍伐排放占森林砍伐排放的 10%～30%,使 2000 年红树林仅占印度尼西亚原始森林面积的 3%,显著减少了碳汇。

在北美,1990—2012 年野火排放了(0.1±0.02)Gt/a。在美国加州,2001—2010 年自然生态系统产生的 7000 万 t 碳排放中,有 2/3 来自于 6%的燃烧区域,人为气候变化造成了多达一半的烧毁区域。

在北极,人为气候变化融化了多年冻土,导致 2003—2017 年冬季的碳排放为(1.7±0.8)亿 t/a。1930—2010 年阿拉斯加北极苔原野火造成了高达 0.5 m 厚的多年冻土融化,暴露了泥炭地的碳,包括 1600 年的土壤碳沉积。

热带森林砍伐、泥炭地排水和燃烧以及气候变化导致的北极多年冻土融化,导致这些生态系统向大气中排放的碳比它们通过植被生长自然消除的碳更多。

13.2.2.5　气候变化对陆地生态系统初级生产力的影响

(1)陆地生态系统初级生产力的变化

植物的光合作用[总初级生产力(GPP)]减去植物通过呼吸作用消耗能量的差是植物的净生长[净初级生产力(NPP)],它从大气中吸收 CO_2,减轻森林砍伐和其他土地利用变化造成的排放。自 21 世纪初以来,全球陆地 NPP 已超过土地利用排放,使陆地生态系统成为净碳汇。

1982—1999 年,全球陆地 NPP 增加了 6%,这是由于亚马孙地区云量减少导致的温度升高和太阳辐射增加。然后在 2000—2009 年期间,由于南半球的广泛干旱,NPP 下降了 1%。1999—2015 年,全球干旱加剧导致归一化植被指数(NDVI)大幅下降,尤其是半干旱生态系统下降显著,表明 NPP 普遍下降。

1951—2010 年,全球陆地 GPP 增加了 2%,并至少在 2016 年继续增加,其中大气 CO_2 增加的影响比自然因素更大。1982—2016 年,全球森林面积增加了 7%,主要来自亚洲和欧洲北方和温带森林的人工林和再生林。北方、温带和亚热带地区的 20 a 生次生林的再生长,从 2001 年到 2019 年从大气中产生了 7.7 亿 t/a CO_2 的净去除。全球植被 CO_2 施肥效应和次生林再生的结合提高了全球植被生产力。

1982—2015 年，单位大气 CO_2 增加的 GPP 相对增加量下降，表明 CO_2 施肥效应在减弱。根据对世界各地 110 种树木年轮的分析，由于生长速度和寿命之间的权衡，CO_2 施肥的增长已经开始缩短树木的寿命。此外，水的可用性控制着 NPP 的大小，包括降水、土壤水分、地下水储存和大气水汽。2000—2015 年，干旱胁迫降低了热带森林的 NPP。1982—2016 年干旱胁迫则降低了热带地区的 GPP。干旱胁迫也降低了部分半干旱和干旱区的 GPP。NPP 在某些时期有所下降，因为在一些地区干旱胁迫比大气 CO_2 施肥效应增加的影响更大。

(2)淡水生态系统初级生产力的变化

强有力的证据表明，随着气候变暖的趋势，淡水生态系统的初级产量会增加。温度通过调节浮游植物生长速率、结冰、热分层和生长季节长度来影响初级生产力。全球变暖加剧了富营养化，尤其是蓝藻藻华爆发。但藻类的增加或减少不能完全归因于气候变化，它们受到天气条件、湖泊形态、盐度、土地利用和恢复及生物相互作用的调节。

淡水中大型植物的生长可能会随着水温、大气 CO_2 浓度和降水的上升而增加。尽管如此，河流的初级生产力是多变和不可预测的，因为温度和光的季节变化是不相关的，频繁的高流量事件会减少自养生物的生物量，而干旱会使自养生物搁浅和脱水。在营养缺乏的大型湖泊中，变暖导致的长时间热层化会减少初级产量。当温度引起的浮游植物消耗的增加超过了浮游植物产量的增加时，变暖可能会降低浮游植物浓度。

13.3 未来气候变化对陆地和淡水生态系统风险的影响

IPCC AR6 WGII(IPCC，2022)沿用以往风险评估的思路和方法，评估了未来气候变化背景下陆地和淡水生态系统的风险。

13.3.1 未来气候对生物物种风险的影响

13.3.1.1 气候变化对淡水生物多样性的影响

湖泊、河流和淡水湿地约占全球陆地表面积的 7.7%～9.1%，并拥有地球上 9.5%的动物。气候变化对 50%～75%的鱼类构成威胁。气候变化被认为是物种灭绝风险的主要因素，通过水温、水流、冷水栖息地的变化、降水变率的增加以及温度变暖带来的疾病风险的增加。人为过度开发增加又加大了水生生态系统的压力。

据预测，在 RCP8.5 情景下，美国科罗拉多州溪流干涸事件的频率会增加，水文连通性降低，本地鱼类进入产卵生境受到限制。冷水生境和相关的专性物种特别脆弱，例如鲑鱼。预计河网将失去与冷支流避难所的联系，而冷支流避难所是冷水物种在低流量期间的重要热避难所。随着适应冷环境的物种减少，适应暖环境的物种获得气候适宜的栖息地，淡水中预计会出现群落更替。虽然一些适应气候变化的物种可能会扩大生长范围，但预计大多数物种将平均失去 38%～44%的气候适宜区域。

软体动物的传播能力有限，因而是最危险的群体。此外，地中海淡水鱼尤其容易受到气候变化的影响，因为地中海洪水、干旱事件及超过临界温度阈值的风险越来越高。在南欧，水生昆虫(蜉蝣目和毛翅目等)受到气候变化的威胁。在气候变暖的情况下，欧洲保护区预计不能为大多数稀有软体动物和鱼类提供栖息地。

据报道，40%的中国两栖类、33%的欧洲淡水鱼和 56%～69%的澳大利亚蜻蜓目受到了气候变化的区域威胁。对 88 个水生昆虫类群的特定地点灭绝可能性的评估预计，气候变化导致的水文变化将致使更温暖、更干燥的生态区域的类群损失 30%～40%，在更凉爽、更湿润的生态区域的类群损失 10%～20%。在非洲艾伯丁裂谷，51%的鱼类预计会受到气候变化的影响，其中 5.5%的鱼类由于敏感性和较差的适应能力而面临高风险。

GLOBIO-Aquatic 模型(Janse et al.，2015)将人口、经济、土地利用变化、气候变化、养分排放、全球水文模型和全球水体地图联系起来。模型预测，水质(富营养化)和数量(流量)的变化将与淡水生态系统每个群落中物种的一系列压力源之间产生负相关，包括有害藻华在内。到 2050 年，如果气温升高 4 ℃，预计活水和死水物种的平均丰度将分别下降 70%和 80%。

13.3.1.2　气候变化对物种灭绝风险的影响

在 IPCC 以往的报告中，风险评估通常是基于对气候变化总体幅度的估计。在 IPCC AR4(IPCC，2007) 中，物种灭绝风险被量化：有中等信度认为，如果全球平均变暖幅度超过 1.5～2.5 ℃(相对于 1980—1999 年)，迄今评估的 20%～30%的物种可能面临更大的灭绝风险。模型预测显示，随着全球平均气温上升超过约 3.5 ℃，全球范围内将出现大规模物种灭绝(占评估物种的 40%～70%)。IPCC AR5(IPCC，2014c)指出，在 21 世纪及以后，由于预计的气候变化，尤其是气候变化与其他压力相互作用，很大一部分陆地和淡水物种面临着越来越大的灭绝风险。

在 IPCC AR6 WGII(IPCC，2022)利用三种不同的方法评估物种的风险及其对生态系统的影响。第一种是对不同程度的全球地表气温(GAST)变暖造成的物种损失地理分布进行评估，称为“生物多样性损失”，以给定地点内被列为“濒危”或“极度濒危”物种的比例来衡量。这一衡量方法可以估算出哪些地点在当地最有可能失去大量物种，从而导致生态系统功能退化。第二种是对全球不同程度的 GAST 变暖导致物种灭绝的风险比例进行评估，该评估使用了“极度濒危”标准，被称为“物种”灭绝风险。这种方法最接近于评估一个物种在野外的完全灭绝情况，并且可以用来与过去(旧石器时代)的灭绝率进行比较。第三种是对全球(不只是局部)珍稀或濒危物种比例的评估。这三种方法为不同变暖程度下生物多样性和生态系统完整性的总体风险提供了互补信息。

生物多样性风险是指某一特定地区预计将面临灭绝的物种比例(IUCN)。随着气候变暖，预计将影响更多地区的生态系统，约 1/3 的陆地面积面临着生态系统中的 50%物种消失的风险。预计南美北部、非洲南部、澳大利亚大部分地区和北半球高纬度地区的物种损失最为严重[图 13.4(彩)]。

据模式预估，在全球范围内，处于高灭绝风险的物种比例(中值和最大估计值)在 1.5 ℃时可能为 9%(最大 14%)；在 2 ℃时为 10%(最大 18%)；在 3.0 ℃时为 12%(最大 29%)；在 4 ℃时为 13%(最大 39%)；在 5 ℃时为 15%(最大 48%)(图 13.5)。在预估升温到中段(3.2 ℃)时，物种数量最多的群体包括：无脊椎动物(15%)，两栖动物(11%，但蝾螈占 24%)和开花植物(10%)。所有种群在 2 ℃条件下的表现都好得多，除蝾螈种群达 7%外，所有种群的灭绝预测都降至<3%。在全球气温上升约 3 ℃，昆虫、植物和脊椎动物面临濒危(或更严重)风险的物种比例分别为 49%、44%和 26%。在较低的升温水平时，这些估算值大幅下降，在 2 ℃分别降至 18%、16%和 8%；1.5 ℃分别降至 6%、8%和 4%。

已经进行的大多数研究都是仅基于气候的损失。然而，气候很少是影响物种生存的唯一压力源。栖息地丧失是目前大多数物种范围丧失和灭绝风险的最大驱动因素。随着物种适应

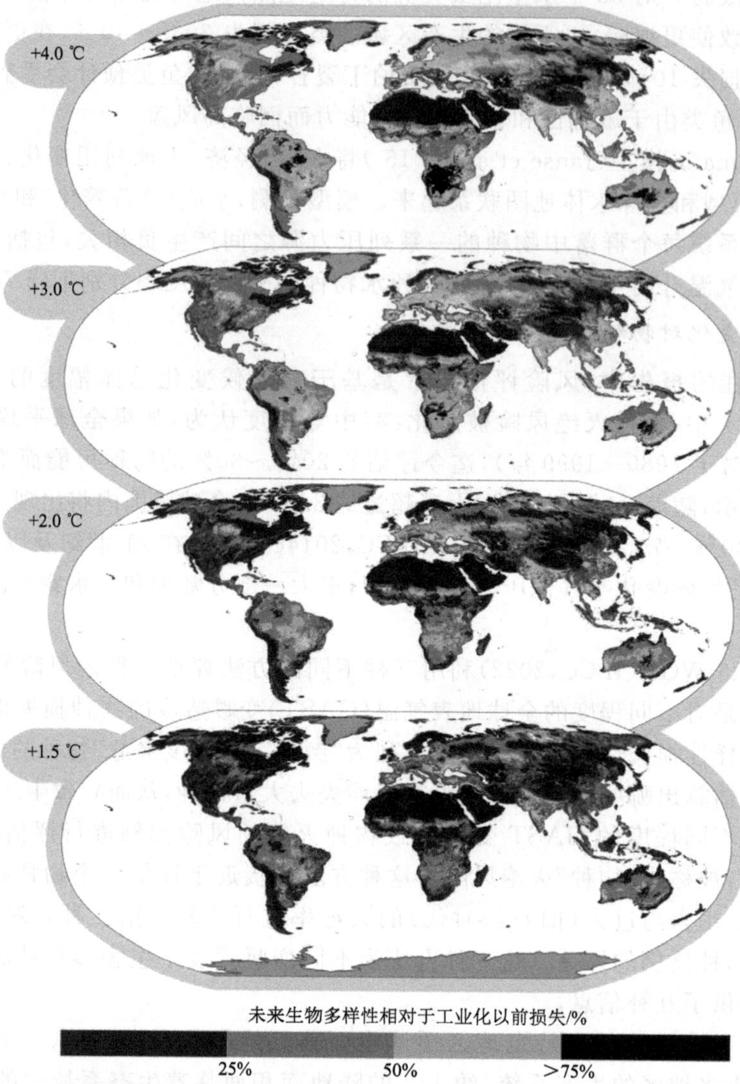

图 13.4(彩)　未来不同升温水平对应的生物多样性损失(资料来源:IPCC,2022)

人类活动影响而生存和传播,不同地区的群落会变得越来越相似,导致许多稀有和地方性物种灭绝。因此,气候变化和栖息地转换的相互作用(通常也是由气候变化驱动的),将最终决定许多物种的生存风险和生存能力。

13.3.1.3　气候变化对疾病风险的影响

多项研究预测,由于气候变化,无论是否存在其他非气候变量,病原体、媒介和宿主物种的发病率或地理和物候变化都会增加。然而,预测传染病风险变化的模型非常复杂,有时会产生相互矛盾的结果,并且缺乏共识。例如,如果公共卫生干预措施不充分,预计到 21 世纪末,疟疾将在非洲、亚洲和南美洲的一些区域增加,但预计疟疾也将在一些高风险地区减少。

虽然随着温度变得过于炎热,病媒或寄生虫无法发展,预计一些热带低地地区的疟疾风险

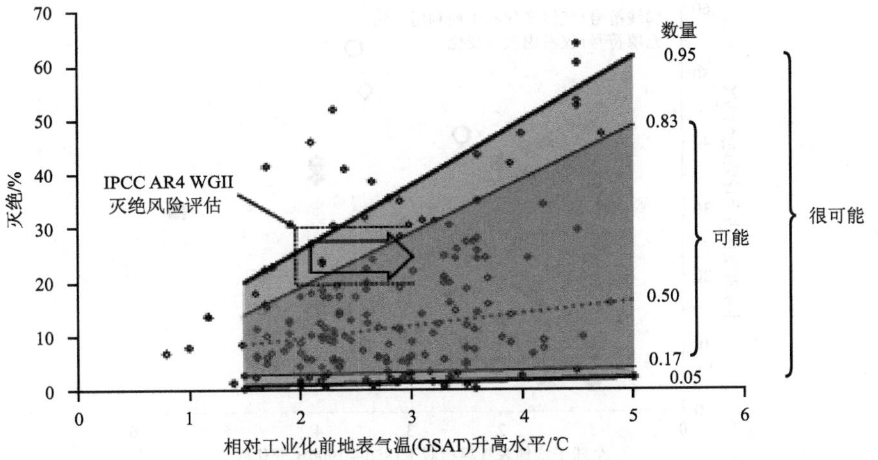

图 13.5　未来不同升温水平对应的物种灭绝模拟结果(资料来源:IPCC,2022)

将下降,但由埃及伊蚊传播的登革热和寨卡等适应温暖环境的疾病预计将增加。在更多的温带地区,与温度有关的虫媒病毒和其他病媒传播疾病,如西尼罗热、罗斯河热和莱姆病,预计将随着气候变暖而增加,且干旱会加剧温度的这些影响。

一项对 7346 个野生动物种群和 2021 个宿主-寄生虫组合的全球分析发现,适应凉爽和温和气候的生物可能会随着气候变暖而经历更大的爆发风险,而适应温暖气候的生物可能经历更低的疾病风险,这进一步支持了气候变化将增加传染病在高纬度地区传播的预测。一项关于埃及伊蚊和伊蚊传播的虫媒病毒(基孔肯雅热、登革热、黄热病和寨卡病毒)未来风险的研究预计,由于多种变量的相互作用,包括人类联系的增强、城市化和气候变化,尽管病媒物种的范围仅略有扩大,但疾病风险会增加。

总之,气候变化预计将扩大和重新分配病媒传播和其他环境传播疾病的负担,使许多地区转向多种寄生虫病媒传播疾病传播的热最适期,增加传播;同时将温度推高,超过其他病媒和病原体最适期,减少传播。这些影响受其他人类影响的调节,如土地利用变化、流动性、社会经济条件及病媒和病原体控制措施。

13.3.2　未来气候变化对陆地生态系统的整体影响

13.3.2.1　未来气候变化对全球生物群层面的影响

气候变化和大气中 CO_2 浓度的相关变化已经加剧了其他人为因素对陆地和淡水生态系统结构和组成的影响,如土地利用变化、氮沉积和污染等。在未来几十年,这些驱动因素对生态系统的相对重要性可能会在不同的生物群落之间有所不同,但气候变化和 CO_2 影响将普遍存在,除非我们设法迅速限制化石燃料排放和变暖。全球植被模型和地球系统模式一致预估,21 世纪气候变化导致的生物群落边界可能发生数百千米的变化,同时生物群落内也发生一些重大变化(例如,物候、冠层结构和功能多样性等变化)。关于区域的变化速率,模型之间和情景之间存在很大的差异,但在高排放情景下,影响程度会增加(图 13.6)。

植被结构和生态系统过程的重大变化已经发生。气候变暖的多重变化(以及与气候变暖同时发生的降水变化和大气中 CO_2 水平的增加)预计将进一步导致额外的气温上升,特别是

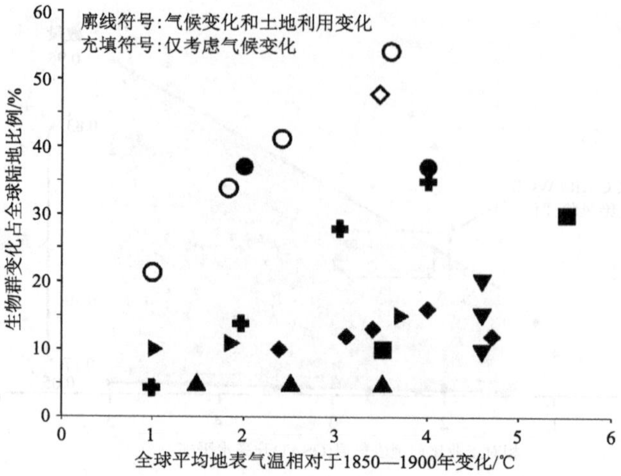

图 13.6　未来不同升温水平对应的生物群变化(资料来源:IPCC,2022)
图中不同图形为不同项目的研究结果

在寒冷(北方、苔原)地区和干旱地区。据预测,在升温低于工业化前 2 ℃的情景下,陆地生态系统面积变化范围为 2%～47%。随着升温程度提高,变化范围急剧增加。最近的研究还应用了概率方法,确认了植被覆盖在 21 世纪末剧烈变化的风险(例如森林到非森林或反之),即使是在大约 2 ℃的变暖情景下,全球特别是在苔原、热带森林和草原地区,更微妙的变化在给定的生物群落类型内可能发生。模型研究发现,5%～20%的陆地生态系统受到升温 2～3 ℃的影响,在升温 4～5 ℃时增加到 1/3 以上。

总体而言,预计植被类型将向"邻近"气候迁移,这取决于预计温度或降水是否将是主要因素,以及植被如何与大气中不断增加的 CO_2 水平相互作用。例如,北方或温带森林植被向极地迁移,封闭的热带(潮湿)森林预计将向干燥的热带森林类型过渡,而气候驱动的退化可能会扩大干旱植被覆盖。然而,"新生态系统",即由于气候变化下非生物条件的新组合,将会普遍出现,尽管这些新生态系统可能出现的具体区域仍存在争议。这些新生态系统和其中生存的群落的可能性对当前的生态系统变化模拟提出了挑战,并将需要研究新的保护方法,以适应物种组成的快速变化。

13.3.2.2　未来气候变化对地中海型生态系统的影响

IPCC AR6 WGI(IPCC,2021)报告指出,据模式模拟预估,所有地中海型生态系统(MTEs)地区未来极端高温强度和频率增加,极端低温强度和频率降低,由于蒸散增加和降雨减少而导致生态干旱增加。预估还显示,在南非、地中海盆地和美国加利福尼亚 MTEs 地区在气温升高 2 ℃或更高的情况下,强降水的强度和频率将大幅增加,但澳大利亚和智利的情况则不太清楚。MTEs 的特点是降水和温度具有明显的季节性,破坏这一机制可能对它们的功能和服务的维持产生至关重要的影响。所以,未来不仅极端事件的变化会对 MTEs 构成威胁,气候的季节变化也会对 MTEs 产生影响。

IPCC AR6 WGII(IPCC,2022)报告指出,由于夏季干燥的条件,火灾是大多数 MTEs 安全的关键破坏因素。未来极端火灾天气的事件将变得更加频繁和严重,这将导致 MTEs 中出现新的火灾状态,其特征是更大的烧毁面积和极端野火事件的概率增加,对生态系统产生长期影响，并加速生态系统耐受能力和恢复能力的丧失。

火灾会通过复合事件产生额外的影响。极端的火后天气极有可能继续影响多样性，阻碍植被再生，并加速植被转移。强降水强度和频率的任何增加都极有可能损害最近被烧毁地区的土壤稳定性。火灾的影响往往取决于与非气候因素的相互作用，如栖息地破碎化、管理或外来种植、林业和入侵物种的传播。

人类对气候变化的适应和减缓反应可能会对 MTEs 造成额外的威胁。MTEs 的夏季自然干燥，这对不断增长的人口和农业的全年供水构成了挑战。随着最近所有 MTEs 地区的严重干旱，大量供水越来越依赖地下水。大多数地下水系统已经超过或正在迅速接近其环境流量极限，威胁到依靠这些系统的人口和生态系统。同样，许多 MTEs 是开放的灌丛和草地，干旱缺水可能会导致生物多样性的丧失并威胁地下水安全。

13.3.2.3 未来气候变化对草地和稀树草原的影响

如前所述，全球范围内，热带稀树草原的木本植被正在增加，这是 CO_2 浓度升高与土地利用变化相互作用的结果。在一些地区，气候变化也可能是原因之一。CO_2 浓度升高对 C3 光合作用的植物（通常是木本植物）比 C4 植物更有利。草木生态系统中木本植被的增加可导致一定的碳增加，但预计会减少生物多样性、减少水的可用性和改变生态系统服务，如放牧和木材供应。

气候、干扰（如火/食草）和植物反馈在塑造现在和未来热带草原分布方面的相对重要性在各大洲之间存在差异，这使得对变化的生物群落程度的预测具有挑战性。由于未来 CO_2 对乔木（和灌木）与草比例的持续强烈影响，模拟显示稀树草原范围的消失和向封闭冠层森林/灌丛的转变以及稀树草原类型植被向干旱草原的扩展。在干旱的稀树草原及其与草原交界的地方，木本植被（可能会被增加的 CO_2 刺激生长）的生存将取决于它们在潜在的更严重和更频繁的干旱中生存的能力。在一系列模式中，对于 RCP4.5 情景下未来气候变化和 CO_2 浓度，到 2070 年，非洲和南美洲的热带稀树草原面积会下降约 50%（转换为封闭冠层系统），亚洲下降 25%，澳大利亚变化很小。随着木材优势度的增加，未来的火灾蔓延预计会减少。

与热带森林生物群落一样，鉴于预计的气候变化和土地使用变化，热带草原也面临着很大的风险。约 50%的巴西塞拉多地区已转变为农业和牧场，非洲热带草原也可能有类似的转变，以促进农业的发展。事实上，陆地上的减缓措施所产生的间接气候变化影响可能对热带稀树草原产生风险，如非洲森林恢复倡议，为恢复生态系统和清除大气中的 CO_2 而大规模植树，如果在天然为草原或稀树草原的地方种植树木，可能会导致碳损失、生物多样性丧失和破坏生态系统的水平衡。

13.3.2.4 未来气候变化对热带森林的影响

影响热带潮湿和干燥森林未来分布的关键因素是降水变化、气温升高、长期干旱和与干旱相关的火灾的数量和季节性。若升温超过 2 ℃，巴西自然地区严重干旱的概率预计将增加 4 倍。基于经济快速增长或一切照常的情景（A2，A1B，RCP8.5），大多数多模式研究表明，在温带地区和东非热带森林，到 21 世纪末木质生物量和木质覆盖面积将增加，但其他热带地区的面积将减少。热带物种比温带物种更容易受到气候变暖的影响，预计陆地物种将向温度较低和海拔较高的地区迁徙。道路建设增加了进入森林的便利程度，但将加剧森林对气候变化的这种易感性。此外，大多数热带云雾林物种很难入侵草原，这将增加热带云雾林灭绝的风险。

气候变化导致的海平面上升很可能会影响所有区域的红树林，其中对北美和中美洲、亚洲、澳大利亚和东非的影响大于对西非和南美洲的影响。在小范围内，红树林有可能向陆地移动，而在大范围内，它们将继续向极地扩张。高海拔物种在干燥的热带森林最容易受到气候变化的影响。随着温度上升到物种的耐热性以上，热带低地预计将失去植物物种，但也可能产生新的耐热物种群落。

包括物种丰度数据与人类压力（如土地利用变化、种群密度、狩猎）的统计模型发现，在热带和亚热带森林中，鸟类、无脊椎动物、哺乳动物和爬行动物的存在概率随着森林覆盖率的下降而下降。不同土壤动物类群在丰度和多样性上对气候变化的响应不同，但这些变化会影响分解速率和生物地球化学循环。据预测，西喜马拉雅山地区的入侵植物物种栖息高度将增加500～1500 m。而在南美洲，入侵植物物种将比目前的范围每年增加6%～35%。全球评估也显示，在高 CO_2 排放情景下，高海拔热带森林和亚热带针叶林生态区存在植物入侵扩张的高风险，对生态系统功能和当地生计产生负面影响。

不可持续的土地使用对热带森林的影响在所有区域持续存在。预计的气候变化不仅会对生物多样性造成影响，还会对受影响人群的生计造成压力。干旱加剧导致作物歉收，引发当地社区进一步砍伐原生森林，从而扩大农业面积。预计气候变化将扩大油棕、金合欢、桉树和橡胶等繁茂树木作物的适宜面积。到2070年，哺乳动物的适宜面积预计将减少47.7%（RCP 2.6）和67.7%（RCP8.5）。

13.3.2.5 未来气候变化对北方和温带森林的影响

与北极一样，在温带和北方针叶林带的北部地区，已经观察到气候变暖大大超过全球平均水平，并预计将继续变暖。因此，北方针叶林树种预计将向北移动，或在山区向上进入苔原主导的区域，除非受土壤特征的限制，而温带物种预计将在目前被北方森林占据的区域生长。在这两个生物群系中，模拟落叶树木在目前以针叶树为主的地区日益增长。这些模拟结果得到了观测实例的支持。在东西伯利亚，以落叶松为主的森林受到火灾干扰后，恢复为桦木为主的森林。在阿尔伯塔省，黑松（Pinus contorta）在受到山松甲虫的攻击后失去了优势地位，导致树冠转向非松树针叶树和阔叶树。

重新造林，无论是自然的还是人为的，都会导致地表夏季变冷和冬季变暖，而森林变薄或火灾后则会产生相反的影响，加深上层无冻土层。冻土和植被之间的相互作用非常重要。例如，东西伯利亚针叶林的树木在潮湿的夏季主要从雨水中获得水分，在干燥的夏季主要从多年冻土融水中获得水分，这表明这些森林在气候变暖的情况下特别容易受到干旱和多年冻土进一步收缩的综合影响。

13.3.2.6 未来气候变化对泥炭地的影响

气候变化对北半球泥炭地范围的总体影响仍有争议。预计由于气候变暖、冻土退化和冰川退缩，气候变化将推动高纬度泥炭地的分布向极地扩展，这可能为泥炭地的发展提供新的土地和条件，就像上一次间冰期变暖的情况。在其当前分布的南部边界附近或在气候变得不适宜的地区，泥炭地面积会有收缩。通过泥炭地的自我调节能力保持水分，少量泥炭地可能会持续存在。模拟结果表明，到2300年，气候变化导致的温度和大气 CO_2 升高可能会导致北部泥炭地地区减少18%（SSP1-2.6）、41%（SSP2-4.5）和61%（SSP5-8.5）。这与另一项模拟研究（Qiu et al.，2020）在1861—2099年期间RCP2.6和RCP6.0情景下北方泥炭地持续和扩张的结果形成反差。

气候和土地利用变化对泥炭地碳储量构成了重大风险，但由于泥炭地尚未纳入地球系统模式，全面评估受到阻碍。预计在 2020—2100 年，全球泥炭地的碳平衡将从碳汇转向碳源，这主要是因为热带泥炭地的排放，加上气候变化驱动的多年冻土融化的排放，可能会超过气候变化驱动的北部高纬度地区植物生产力提高的预期碳汇。在 RCP2.6 情景下，模拟的北方泥炭地整体碳汇至少还会持续 300 a，而在 RCP8.5 情景下则没有那么久。

由于气温升高、降水模式变化和火险增加（如闪电），预计未来所有泥炭地地区的火灾范围、严重程度和持续时间将会增加。例如，干旱与东南亚泥炭地的火灾有关，特别是在 21 世纪中后期的印度尼西亚地区。在潮湿年份，与 1995—2015 年基线相比，当 7—10 月气温距平超过 0.5 ℃时，印度尼西亚泥炭地的火灾概率也显著增加（15%～40%）。总的来说，目前的证据表明，火灾造成的泥炭碳损失有可能等于或大于人类泥炭地排水和干扰造成的碳损失。

在多年冻土泥炭地，研究结果各不相同，一些预测为碳净损失，另一些则是净增加。在一些多年冻土泥炭地，由于气候变暖而延长生长季节，以及自 1850 年以来氮沉降的增加，促进了植物的初级生产力。其他研究表明，由于气候变化驱动的变暖和火灾导致的分解增加，植物的初级生产力可能会降低。

13.3.2.7　气候变化对淡水生态系统服务的影响

(1)对饮用水的影响

森林和其他植被生态系统通过促进降雨和降雪渗透到地下，从而帮助生成可饮用水，水要么通过土壤饱和提供溪流和其他地表水，要么进一步渗透补充地下水含水层。全球有 40 亿人依赖森林流域作为饮用水。

野火发生后植被覆盖减少，树木死亡，会减少长期的水分入渗，增加土壤侵蚀和山洪暴发，并释放沉积物，降低饮用水质量。野火增加了气候变化导致的极端降水事件的影响，导致地表径流增加，从而增加了土地侵蚀、山体滑坡和洪水的风险。在当前条件下，全球近一半土地面积因野火而处于中度至高度缺水风险。1984—2014 年，美国西部的野火影响了 6%～11%的河流长度。在高排放的情景下，如果火灾后气温升高 3.5 ℃，到 2050 年，美国西部的侵蚀会使 1/3 的流域的沉降加倍，并降低饮用水质量。在巴西，火灾后植被损失往往会增加径流，减少渗透，减少地下水补给和泉水流量。来自野火地区的径流可能含有溶解的有机碳前体，可在饮用水氯化过程中形成致癌的三卤甲烷及铬、汞、硒和其他有毒的微量金属。

森林砍伐和造林对径流和供水的净效应取决于当地因素，导致土地覆盖变化的影响相互矛盾，但预计气候变化和森林砍伐的结合会减少径流量。在泰国南部，将森林转变为橡胶种植园，再加上降雨量增加 1/3，可能会使侵蚀和泥沙负荷增加 15%。在巴西圣保罗供水的流域，植树造林可以增加径流的数量和质量。在大多数干旱或地中海亚热带气候地区，气候变化显著减少可再生地表水和地下水资源。在西班牙东北部，在气温上升 3.5 ℃的高排放情景下，降水和植被覆盖减少，到 2100 年可使饮用水供应减少一半。

降水若增加 10%，估计土壤流入到淡水的有机碳至少增加了 30%，这表明气候湿润对碳循环的重要影响。水质褐变会对饮用水的味道产生负面影响，也经常降低娱乐目的的吸引力。根据 2030 年之前的高排放气候情景预测，瑞典北部湖泊和河流褐变的程度将增加 1.3 倍。总之，气候变化增加了集水区生态系统完整性和向人们提供安全淡水的风险。

(2)对淡水渔业和生物多样性的影响

气候变化将导致水温升高，溶解氧水平下降，影响形成重要生态系统服务的淡水渔业。生活在寒冷湖泊附近的人们将受到冰损失的影响。在最坏的情况下(气温上升 8 ℃)，50 个国家的 23 万多个湖泊和 6.56 亿人将受到影响。冬季冰钓、冰路运输和文化活动都是由于湖冰持续流失而危及生态系统服务的因素。

中欧湖泊的富营养化已导致大量特有鱼类动物群灭绝，因此，气候变化引起的进一步富营养化预计将对鱼类动物群和商业渔业构成额外威胁。考虑到湖泊变暖的生态后果在热带地区可能特别强烈，那里的生态系统服务可能受到最严重的影响。热带湖泊支持重要的渔业，为临近人口提供了重要的营养来源。由于气候变暖，这些湖泊特别容易发生深水缺氧，对渔业生产力和生物多样性产生不利影响。

热带湖泊是淡水生物多样性研究的热点。古老的热带湖泊，如马拉维、坦噶尼喀、维多利亚、提提卡、托乌提和马塔诺，拥有数千种其他地方没有的动物物种。虽然生物多样性和几种生态系统服务可以被认为是协同的(食物网、旅游、审美和精神价值)，但在强烈的某些生态系统服务需求(如取水、用水、过度开发的粮食生产)的情况下，其他生态服务就会受到抑制和影响。在这里，生物多样性和生态系统服务之间的平衡是关键。

(3)对水电和水土流失的影响

河岸、河岸植被和大型植物床通过降低流速、增加沉积和降低浑浊度在控制侵蚀方面发挥着重要作用。在以雪为主的盆地，季节性的变化预计会增加冬季的水电生产，但减少夏季的水电生产。冰川融化改变了河流到海洋的水文状况、沉积物运输及生物地球化学和污染物通量，深刻影响了冰川河流提供的生态系统服务，特别是农业、水电和消费用水的供应。未来几十年，许多地区的冰川融水产量可能会增加，但此后随着冰川越来越小并最终消失，融水流量会减少。

13.3.2.8 气候变化对陆地生态系统的持续影响

IPCC AR6 WGII(IPCC,2022)指出，据模式预估，陆地生物群落内部和整个群落的冠层结构和组成可能会发生巨大变化，以响应气候变化和大气 CO_2 的变化。这些变化将进一步改变生态系统的碳吸收和碳损失、生物物理气候反馈、多种其他生态系统服务及生物多样性。到目前为止，大多数研究都认为在 21 世纪末之前的未来几十年里会发生这样的变化。

然而，越来越多的研究发现，生态系统对气候变化的持续、长期反应，即所谓的"持续性变化"，源于许多系统中存在的滞后。生态系统中的许多过程需要几十年以上的时间才能达到对环境变化的准平衡。因此，即使未来将气候变化保持在低变暖水平，现在变暖模拟中确定的植被覆盖变化趋势将会继续。这种变化可能会使生态系统进入另一种状态，也可能由"极度变暖"触发——如果全球变暖超过某个阈值，即使此后平均气温再次下降，生态系统也回不到原先的状态。

即使在 2100 年之前实现的变暖在 2100 年之后保持不变，生态系统既有的响应仍会继续发生。这包括：①亚马孙森林持续损失，且在一系列模型和模拟设置中发现的热带森林覆盖持续损失的结果一致；②在非洲，在平衡状态下发现向木质 C3 植被转移的增加，总体响应取决于大气 CO_2 浓度。北方针叶林覆盖则相反，显示出强劲的持续增长。植被组成的持续变化与陆地碳吸收和碳损失的大规模持续变化相对应，而且也会出现在其他生态系统功能和服务中。这些研究指出，在探讨目前采取的减缓气候变化的措施影响时，不仅要有几十年的视角，而且要有一个多世纪的视角。即使达到了应对气候变暖的减排目标，目前公布的证据表明，一些生态系统可能还会发生根本性的变化，因为这些变化对应的是众所周知的生态系统生理反应，这些反应会引发长期的成分变化。

13.4　中国陆地生态系统变化

中国冰冻圈和海洋、海岸带生态系统的变化及气候变化的影响已分别在第 12 章和第 13 章论述，本章在阐述中国生态环境现状的基础上，重点讨论陆地生态系统的变化。

13.4.1　中国生态环境概况

历史上，中国环境容量有限，生态系统脆弱，独特的地理环境加剧了地区间的不平衡。"胡焕庸线"东南方 43%的国土，居住着全国 94%左右的人口，以平原、水网、低山丘陵和喀斯特地貌为主，生态环境压力巨大；该线西北方 57%的国土，供养大约全国 6%的人口，以草原、戈壁沙漠、绿洲和雪域高原为主，生态系统非常脆弱。1949 年以来，国家先后实施"三北"防护林、长江中上游防护林、沿海防护林等一系列林业生态工程，开展黄河、长江等七大流域水土流失综合治理，加大荒漠化治理力度，推广旱作节水农业技术，加强草原和生态农业建设。党的十八大以来，党和政府把生态文明建设作为统筹推进"五位一体"总体布局和协调推进"四个全面"战略布局的重要内容，谋划开展了一系列根本性、长远性、开创性工作，推动生态文明建设和生态环境保护从实践到认识发生了历史性、转折性、全局性变化。各地区各部门认真贯彻落实党中央、国务院决策部署，生态文明建设和生态环境保护制度体系加快形成，全面节约资源有效推进，大气、水、土壤污染防治行动计划深入实施，生态系统保护和修复重大工程进展顺利，核与辐射安全得到有效保障，生态文明建设成效显著。

据生态环境部《2018 中国生态环境状况公报》(中华人民共和国生态环境部，2019)，2018 年全国生态环境质量优和良的县域面积占国土面积的 44.7%，主要分布在青藏高原以东、秦岭—淮河以南及东北的大小兴安岭地区和长白山地区；一般的县域面积占 23.8%，主要分布在华北平原、黄淮海平原、东北平原中西部和内蒙古中部；较差和差的县域面积占 31.6%，主要分布在内蒙古西部、甘肃中西部、西藏西部和新疆大部。818 个国家重点生态功能区县域中，2018 年与 2016 年相比，生态环境质量变好的县域占 9.5%，基本稳定的占 79.1%，变差的占 11.4%。

总体上看，近年来中国生态环境质量持续好转，出现了稳中向好趋势。但生态文明建设水平仍滞后于经济社会发展，资源约束趋紧，环境污染严重，生态系统退化，发展与人口资源环境之间的矛盾日益突出，已成为经济社会可持续发展的重大瓶颈制约。赵其国等(2016)对中国生态环境进行综述，指出突出的问题主要表现为如下几个方面：①水土流失严重；②沙漠化面积大；③森林资源匮乏；④生物物种减少；⑤地下水位下降，湖泊面积缩小；⑥草原退化明显；⑦大气污染严重。

13.4.2　中国陆地生态系统的变化

气候和水循环、水资源的变化对全球和区域生态系统均有不同程度的影响。观测资料表明，在气候变化的大背景下，中国陆地、沿海和近海的生态系统也发生了显著的变化。

13.4.2.1 森林变化

(1)中国森林概况

中国当代森林大体分布在年降水量大于400 mm的地区。大兴安岭北部,是中国的寒温带针叶林带。这里生长季很短,只有70~100 d,主要的树种是兴安落叶松,其次是樟子松。向南进入小兴安岭、张广才岭和长白山,为中温带针阔叶混交林,主要树种是红松等。再向南则进入辽东半岛、华北直到贺兰山、秦岭及淮河流域的暖温带落叶阔叶林带,主要树种有槲栎、油松等。接着向南是北亚热带落叶常绿阔叶混交林带、中亚热带常绿阔叶林和南亚热带季风常绿阔叶林带。这里的树种数目非常多,分布最广、面积最大的是杉木和马尾松。中国西南高山区也属于亚热带地区,气候与东部有所不同,树种也有很大差异。西部亚热带地区基本上属于亚热带常绿阔叶林区,主要树种有多种云杉、冷杉。南亚热带和热带,主要是季雨林,也有少量热带雨林。南亚热带和热带的树种非常多,除了非常特殊的情况,没有优势树种。另在西北和西藏的山地、河谷区也有些森林分布。中国森林经历了长期的变化,方才形成当今的格局(秦大河 等,2005)。

(2)森林形成与变迁

影响森林天然地理分布的因子主要是自然地理因素,如气候、地貌、土壤和生物因素在长期历史演变中的相互作用对森林天然地理分布都有影响,其中气候条件是最根本的因素。在气候条件中,决定森林地理分布的最主要因素是热量和水分条件。在人类社会中,森林的实际分布决定于人类活动。工业化以来,人类活动的影响要远远超过自然因素。据地质学的考证,森林产生在6亿a前。古生态森林是以泥盆纪早期的裸蕨类草丛为主,晚期则在一些地方出现小型森林。到石炭纪、二叠纪后,蕨类森林进入了大发展时期。中生代森林由三叠纪森林、侏罗纪森林和白垩纪森林组成,被子植物在森林植被中跃居主要地位。新生代是被子植物大发展时代,中国大地几乎到处覆盖着茂密的森林,此时也是原始人类开始出现的时期。从始新世晚期到中新世,欧亚大陆包括中国在内,森林带向北移动了10~13个纬度之多。之后中国北部的气候逐渐转凉,也较以前干燥,特别是西北干旱地区的大陆性气候进一步加强。古老类型的蕨类和裸子植物及原始类型的被子植物比前期减少,松柏类的森林面积有所增加。落叶阔叶林在北方大量繁衍,草本植物的数量激增,草原出现于西北并向华北和东北逐渐扩展。进入第四纪特别是晚期,中国现代植被带格局大体形成,但受气候冷暖、干湿波动影响,包括森林带在内的整个植被带出现明显迁移。在末次盛冰期(1800~1500 a BP),由于气候干冷,中国东部和西南部的森林草原、森林带下降或向东南移动,森林区缩小到35°N以南,热带雨林在中国大陆消失。在全新世暖期(9000~5000 a BP),由于气候暖湿,中国森林草原和森林带上升或北进,森林区扩大,南方热带雨林达到25°N的南岭和武夷山一带,亚热带常绿与落叶阔叶林达到35°N的秦岭一线,暖温带落叶阔叶林在东部到达45°—50°N的松辽平原,西部的针阔叶混交林分布在青藏高原东南部28—33°N之间,东北的针阔叶混交林也达到长白山—小兴安岭一线(安芷生 等,1990)。

历史时期,由于人口逐渐增加,大规模的农业垦殖,侵占了大量林地,加上历代战乱及毁林等原因,森林日益减少。到2000多年前的汉朝时期,森林覆盖国土的面积下降到50%以下,到大约1000 a前的唐宋年间,森林遭到更大破坏,森林覆盖国土的面积下降到40%以下。到300多年前的明末清初,森林覆盖国土的面积进一步降到15%~17%。到“中华民国”时期,全国森林面积为 8280 万 hm^2，实勘主要林地面积为 5033 万 hm^2（熊大桐，1989）。

1949 年后，主要由于大规模的农业垦殖，毁林开垦，侵占了大量林地，加上长期偷砍、滥伐等现象屡禁不止，使得天然林不断减少，到 20 世纪 70 年代末和 80 年代初，森林覆盖率降到最低点 8.6％以下。改革开放以来，中国实施了大规模的林业生态工程和生态环境保护措施，使中国森林格局发生了深刻的变化。

据 9 次森林资源普查（1950—2013 年数据源于普查）和清查结果显示，森林面积由 1962 年的 1.38 亿 hm^2 增加到 2013 年的 2.08 亿 hm^2，净增 0.70 亿 hm^2，平均年增加 137.16 万 hm^2。森林蓄积量由 1962 年的 115.01 亿 m^3 增加到 151.37 亿 m^3，净增 36.36 亿 m^3，年均增加 0.71 亿 m^3。1950—2013 年，中国森林的面积和蓄积量总体均呈显著增加趋势，但各清查期变化有所不同。在第一次森林清查期（1973—1976 年），虽然森林面积较森林普查期（1950—1962 年）增加了 1006.07 万 hm^2，增幅为 7.30％，但蓄积量却大幅下降了 17.50 亿 m^3，降幅为 15.23％。第二次森林清查期（1977—1981 年）森林面积较第一次森林清查期下降了 778.41 万 hm^2，降幅为 5.27％。这也是 1949 年以来森林面积出现的最大降幅，但同期的蓄积量逆势增加了 4.17 亿 m^3，增幅为 4.28％。此后，中国森林的面积与蓄积量都进入了快速增长期。1998 年后，森林面积增加速度尤其显著。第五次（1994—1998 年）至第八次（2009—2013 年）森林清查期的 15 a 间，中国森林面积增加了 4875 万 hm^2，年均增加 325 万 hm^2。与森林面积相比，蓄积量的增速较小且相对平稳，同期（1998—2013 年）蓄积量增加了 38.70 亿 m^3，年均增加 2.58 m^3。

从 1976 年至 2013 年，中国天然林面积从 1.17 亿 hm^2 增至 1.22 亿 hm^2，净增 516 万 hm^2，增幅为 4.42％，平均年增加 13.95 万 hm^2。天然林蓄积量从 93.55 亿 m^3 增至 122.96 亿 m^3，净增 29.41 亿 m^3，增幅为 31.43％，平均年增加 0.79 亿 m^3。人工林面积由 0.29 亿 hm^2 增至 0.69 亿 hm^2，净增 0.40 亿 hm^2，增幅为 139.67％，平均年增加 109.20 万 hm^2。人工林蓄积量由 1.85 亿 m^3 增至 24.83 亿 m^3，净增 22.98 亿 m^3，增幅为 1244.06％，平均年增加 0.62 亿 m^3（国家林业局，2015）

（3）气候变化对森林的影响

气候变化可通过影响森林更新、生长、死亡率、生理过程和生态过程而影响森林的分布、结构、物候和功能。森林生态系统中包含着众多的物种，虽然这些物种生长在同一气候条件下，但对气候变化的适应能力不同。在剧烈的气候变化条件下，某些物种可能完全不能适应变化后的条件而死亡，而另一些物种则仍然能够生存，变化后的条件还有可能更适合于另一区域的一些物种。如果这些物种又有较强的迁移能力（如种子散播能力和定居能力等），就会很快地取代对变化后的气候条件不适合的物种，从而导致森林生态系统结构发生变化。

从分布变化来看，从 1855 年至 2014 年，中国长白山林线推进了 80 m，升温是林线变化的重要驱动因子（Du et al.，2018）。长白山桦树种群受气候变暖的影响，有整体向上迁移的趋势，分布地带从海拔 1900～1950 m 迁移至 2150 m。1961—2003 年间大兴安岭的兴安落叶松树种分布区域的南界向北推移了 1.5°纬度。小兴安岭及东部山带的云冷杉树种分布区域的北界和南界分别向北推移了 1.5°和 0.5°纬度；红杉树种最适分布区域的北界向北推移 0.5°纬度（刘丹 等，2007）。自 20 世纪 60 年代至 20 世纪末，亚热带森林和寒温带森林对气候变化最为敏感，中心平均移动分别超过了 1200 m 和 977 m。

从森林生态系统的结构来看，1978—2013 年间由于增温和干旱等原因，导致亚热带季风常绿阔叶林不同径级、不同功能群之间直径生长率、种群更替率和死亡率的失衡，并由此改变群种结构，驱动极顶群落向小型个体、矮树及灌木群落占优势的格局转变。这种改变将导致森林碳汇和生物多样性保护等生态系统服务的变化。1963—2006 年长白山北坡森林优势树种组成未变，但幼树、灌木和草本植物组成变化较大。针阔混交林跟新树种均匀分布，未来树种组成均一化程度增加。高海拔的桦树林下层植被有低海拔的针叶林区系成分入侵，这些趋势都会对森林植物多样性构成潜在威胁。

从森林物候来看，20 世纪 80 年代以后，中国春季平均气温上升 0.5 ℃，春季物候期平均提前 2 d。春季平均气温上升 1 ℃，春季物候期平均提前 3.5 d；春季平均气温下降 0.5 ℃，春季物候期平均推迟 4 d；春季平均气温下降 1 ℃，春季物候期平均推迟 8.8 d。受气温升高的影响，大、小兴安岭落叶阔叶林生长季节提前，结束时间推后，生长期延长明显（Chen et al.，2012）。

从森林生态系统功能来看，东北各类型森林 NPP 在 1981—2002 年呈现出年际间的增加趋势，并可在吸收 CO_2 方面发挥积极作用，但在此期间碳吸收能力却逐渐下降。1981—2010 年间气候变化导致长白山阔叶红松林和云冷杉林碳汇量减少，而岳桦林碳汇量增加。中国森林植被总体上表现为碳汇，而且呈逐年增加的趋势。碳汇主要分布于亚热带和温带地区，海南岛、横断山脉、长白山和大兴安岭南部及西北部的碳汇量最高。碳源主要分布于东北到西南地区，最高值集中在云南省南部、四川盆地中部和大兴安岭北部（周广胜 等，2015）。

未来气候变化将导致森林系统发生进一步的变化。气候增暖可能导致北方森林带北移，中国东北地区落叶林将取代混交林（Chan et al.，2016）。未来当气温升高 1 ℃时，大兴安岭落叶松林面积将减少，落叶针叶林的南部边界将北移至 50.5°N，往北推移 1 个纬度。若气温升高 2 ℃，落叶松林继续减少和北移，南部边缘达 51°N。阔叶林、常绿针叶混交林和温带落叶阔叶林面积扩大，将替代针叶林。若气温升高 3 ℃，落叶针叶林将消失，全部被阔叶林替代。假定气温升高 1 ℃、2 ℃、3 ℃，降水减少 10%，与降水增加 10%的结果是一致的，森林南部边缘均有不同程度的北移（钟秀丽 等，2000）。对于亚热带常绿阔叶林，气温升高 2 ℃，纬向上则向北扩大 3 个纬度，气温升高 4 ℃，纬向上扩大 6 个纬度（Ni et al.，2011）。垂直方向上，2 ℃增温可使得东北森林垂直带谱上移 300 m 左右，而在 CO_2 浓度倍增条件下，温带落叶阔叶林林线将升高 100～160 m，而亚热带山地针叶林和热带阔叶林分别升高 150～350 m 和 280～560 m。另外，在未来气候情景下，青藏高原大多数地区树线都北移。

未来气候变化将导致树种组成结构发生变化。阔叶红松林中的红松优势度将下降而水曲柳优势度升高。主要造林树种（兴安落叶松、油松、红松、马尾松等）和珍稀濒危树种（珙桐、秃杉等）适生面积减少 9%以上。贡嘎山冰川消退形成湿地上的顶级群落——原始冷杉纯林将转变为麦吊云杉、长苞铁杉和高山松混交林。黑龙江红松林和兴安落叶松林交错区内森林树种组成将发生明显变化，蒙古栎在林分组成中比例下降，而红松比例大幅增加，兴安落叶松则在森林演替中逐渐消失，以蒙古栎为主的阔叶混交林将演替为以红松为主的阔叶红松林。

未来气候变化将导致树木物候的变化。未来的全球增暖将使春季木本植物候普遍提前；树木花期提前，果实或种子的生长期缩短；秋季的树木开花和黄叶、落叶等也相应推迟；年均温升高 1 ℃，春季物候期提前 3～5 d，而秋季则推迟 3～5 d，绿叶期将延长 6～10 d。CO_2 倍增时，主要木本植物的物候上半年一般提前 4～6 d，秋季的黄叶落叶现象一般推迟 4～6 d，绿叶期一般比现在延长 8～12 d；果实或种子成熟期将会提前，提前的幅度较春季物候大；北方物候期的提前或推迟幅度较南方大（周广胜 等，2015）。

13.4.2.2　草原变化

(1)中国草原概况

中国北方和西部是天然草原的主要分布区。内蒙古、新疆、西藏、青海、甘肃和四川六大牧区省(区),草原面积共 2.93 亿 hm^2,约占全国草原面积的 3/4。南方地区草原以草山和草坡为主,大多分布在山地和丘陵,面积约 0.67 亿 hm^2。中国草原集中分布在温带地区,位于 28°—52°N 和 83°—117°E 之间。北起松嫩平原(海拔 120～200 m)和呼伦贝尔高原,呈带状往西南方向延伸,经西辽河流域(海拔 400～500 m)、内蒙古高原(海拔 1100～1200 m)、鄂尔多斯高原(海拔 1400～1500 m)、黄土高原(西部达 2000 m 以上,最高达 3000 m),进入青藏高原(海拔在 4500 m 以上)。此外,在内陆荒漠区的山地,如新疆的天山和阿尔泰山,还有条带状分布的山地草原。中国草原的主要类型包括森林草原、典型草原和荒漠草原(秦大河 等,2005)。

(2)草原的形成与变迁

草原的形成至少可以追溯到地质时期的新生代之第三纪末期,此期间发生了强烈的喜马拉雅造山运动,中国西高东低的地势逐渐形成,特别是青藏高原隆起,改变了北半球的大气环流形势,季风环流系统初步建立。西北地区的气候日趋干旱,草原和荒漠开始形成。不过那时的植被仍以森林为主,草原的分布远比现在要小得多。

形成于第三纪的草原,在第四纪时期得到不断扩展。在早更新世,鄂尔多斯高原的植被还是森林或森林草原,内蒙古高原南部和东部的植被由森林变为疏林,青藏高原的大部分地区为森林草原。到了中更新世,鄂尔多斯高原的气候条件是半干旱与半湿润交替,植被为温带草原、森林、灌木草原。内蒙古高原的东部和南部的气候也向干燥方向发展,植被开始由疏林变为森林草原。晚更新世早期,森林草原的界限已达到鄂尔多斯高原的东部。到晚更新世晚期,气候干旱寒冷程度进一步加剧,气候植被带南移,草原的北界向南达到大兴安岭、太行山西麓、秦岭以北一线,草原的南界已达到长江以南地区。进入全新世,水热条件总的来说比晚更新世要温暖湿润一些。在早全新世(10000～8000 a BP),河北平原是以松、栎、榆、桦、藜、蒿为主的森林草原,关中平原的富平是松、蒿为主的森林草原,蓝田是以蒿、松、栎为主的疏林草原。在中全新世(8000～3000 a BP),气候进一步变暖,属于全球气候适宜期,气候植被带北移,关中地区为亚热带气候。草原的西界移至甘肃、内蒙古的弱水河一带,草原的南界北移至黄龙山—山西省代县一带。在中全新世和晚全新世之交,中国北方出现了一次新冰期,水热条件再度转向偏冷偏干,草原带南移,并与现在的地理分布状况相近。

进入历史时期,草原地区一直是少数民族的聚居地。早在旧石器时代,草原已是先民们的狩猎场所。至新石器时代,已开始由狩猎向游牧畜牧业转变。在以后漫长的岁月中,形成了逐水草而居、自由放牧的游牧制度。后来由于战争和垦田等人类活动的影响,中国的主要草原均发生了重大改变。

黄土高原天然草原的开垦,最早可追溯到春秋战国时期。天然草原开垦辟为农田,从而引发了人为减少天然草原的先例。秦、西汉时期,先后向黄土高原北部和西部进行过几次大规模移民,陕北和鄂尔多斯高原的天然草原被大量开垦,乌兰布和沙漠北部也被开辟成重要的农业区,主要农耕区的北界已推进到阴山、贺兰山脚下。长期大规模的垦殖,使黄土高原的生态环境遭到破坏。到隋代和唐代,气候温暖,适宜农业生产,人口大幅度增加。其结果是生态环境遭到破坏,天然草原减少。北宋为了抵御辽、西夏的南侵,也在沿边地区派驻大量军队,为解决军粮，导致晋北、陕北、陇东、宁南、陇西沿边的天然草地被大量开垦。辽虽为游牧民族，但对农业很重视，于水草丰美之地实行屯田，森林草原被大量开垦。西夏也在清水河上游、无定河流域开垦草原，发展农业。大面积的草原被开垦，草原面积进一步减少。元代因残酷的屠杀和战争，黄土高原地区的人口大量减少，农耕地面积减少，开垦的草原得到恢复，草原面积相对增加。明代大兴军屯和民屯，从而使长城沿线的草原遭到大面积开垦。清代中期以后，全国人口大量增加，为解决粮食问题，便采取了鼓励出关垦荒的政策，明长城以北，尤其是毛乌素沙区成为重点开垦区，使天然草原面积大量减少，土地大面积沙化。民国以来，对鄂尔多斯高原天然草原的开垦进一步加大，草原面积持续减少。

辽代以前，河北坝上地区仍然以游牧为主，因为坝上地区地势高寒，适牧不适农。金、元、明初，在坝上设过军屯，仅为了满足军卒的需要。坝上最早的较大居住群落形成于清顺治—康熙年间，清朝雍正、乾隆之后，为适应当时人口上升至1亿～3亿的形势，坝上人口由南向北、由西向东扩增。当时地广人稀，人口密度为1人/km^2(东部)至5～6人/km^2(西部)，草原只是少量开垦，生态环境基本完好。较大面积的开垦草原是在清朝咸丰、光绪年间，人口密度上升到2人/km^2(东部)至13～15人/km^2(西部)。较大程度的开垦在民国后及伪满统治时期，村落大都在民国初建立，但直至新中国成立前人口密度还很低(8～10人/km^2)，草原虽遭开垦，但基本上还保存了连片的原生草原。

公元10世纪，与北宋同期的辽曾在西拉木伦河沿岸设置京、府、军，发展屯垦和农耕，科尔沁草原植被曾遭到一定程度的开垦，生态环境受到一定的破坏，开始出现土地沙化现象。13世纪蒙古封建主移居中原，明朝建立后，西辽河流域政治经济活动远不如此前那样活跃，草原植被得到天然恢复。在清朝初期，科尔沁还是林草植被完好的大草原。后经清政府的“招垦”，科尔沁大草原的面积在逐渐减少。民国初期，农耕延伸到今科尔沁沙地。北洋政府也积极推行放垦蒙地政策，农耕沿西拉木伦河、西辽河及洮河两岸延伸。到民国末期，农耕界限已推进到扎赉特旗、突泉县、阿鲁科尔沁旗、巴林左旗一线以西(秦大河 等，2005)。

近几十年来由于气候变化、鼠害等自然因素和过度开垦、超载放牧和滥樵采等人为因素的影响，草原面积进一步减少且退化。据不完全统计，全国有近1930多万公顷草原被开垦，占目前全国草原总面积的近5%，即全国现有耕地的18.2%源于草原。因长期的耕种及由此引起的草原沙化、退化，导致天然草原明显退缩。到20世纪90年代，中国的荒漠界线较60年代初向东部草原带推移了50 km，青藏高原中部河谷草原带向山地湿润的草甸带推进了约100 m，新疆荒漠区盆地的荒漠向山地草原带推进了100～200 m。1995—2000年间，中国干旱区草原面积减少了549万hm^2，河西走廊净减少5548 hm^2。到21世纪初，因大面积的耕种，阴山、燕山山脉以北的天然草原向北退缩了大约50 km。

近年来，全国各地全面实施生态环境保护规划，坚持退耕还林还草，加强草原保护和管理，草地面积有所增加，草场生态有所改善。2001—2015年间，北方草地面积整体呈现增加趋势，增加速率为0.19万km^2/a，其中青海省的草地面积增加最多，为0.8万km^2。2001—2015年间，北方草地年均NPP和总NPP分别为(164.58±10.87) Tg/(m^2·a)和(300.45±20.71) Tg/a，且两者均呈现波动式上升的趋势。从空间分布上来看，草地NPP呈增加趋势的地区占草地总面积的81.34%，主要分布在内蒙古东部、新疆阿尔泰山、天山及昆仑山部分地区、青海及陕甘宁部分地区，NPP下降的地区主要分布在新疆的西北地区、青海大部分地区、祁连山中部、宁夏北部和内蒙古毛乌素沙地等地区。降水量是影响北方地区草地NPP的主要限制性气候因子(赵婷 等,2018)。

青藏高原草地植被覆盖变化具有明显的时空格局。20 世纪 80 年代至 21 世纪初,高原东北部、东中部以及西南部湿润半湿润及部分半干旱地区植被趋于改善,而高原北部、西部半干旱和干旱地区植被呈退化趋势。草地覆盖趋于升高的区域主要分布在西藏的北部和新疆的南部;草地覆盖趋于下降的地区主要分布在青海的柴达木盆地、祁连山、共和盆地、江河源地区及川西地区。20 世纪 70 年代中后期至 21 世纪初,青藏高原部分地区草地退化较为严重。21 世纪初以来,随着气候条件的改善(暖湿化),藏北、三江源及川西地区草地也有变好的趋势,稀疏草地和草地面积增加。2001－2012 年间,三江源草地总面积增加了 6749 km^2(张颖 等,2017)。

内蒙古草地植被覆盖 21 世纪初以前呈整体退化趋势,在 2001—2015 年间草地覆盖呈波动上升趋势(缪丽娟 等,2014)。空间变化上,植被增加趋势最明显的草地主要分布在毛乌素沙地、浑善达克沙地、科尔沁沙地、呼伦贝尔市和大兴安岭南麓地区,而下降趋势最明显的草地主要分布在阴山山脉和锡林郭勒盟中部的典型草原区(穆少杰 等,2013)。

新疆草地植被覆盖在 1982—2012 年总体上呈增加趋势,但变化趋势也存在明显阶段性:1998 年前后分别呈增加和减少(杜加强 等,2015)。黄土高原草地在 20 世纪末的 20 a 里总体呈退化趋势,且后 10 a 退化速率更快。2000 年以来,黄土高原草地呈现变好态势(王丹云 等,2018)。

南方草地的变化趋势与北方草地不同:南方草山草坡 20 世纪 80 年代初到 90 年代草地植被增加趋势较为明显,而 21 世纪初 10 a 间只有四川、云南和青藏高原东南部的部分地区草地植被呈现增加的趋势,其他大部分地区呈现减小趋势。

模式模拟结果表明,未来大气 CO_2 浓度倍增后,中国北方草原区稀树草原面积增加,其余各类草地面积均减少,且大多数草地植被的分布界线都有西退北移的趋势。因此,不同草地生态系统对未来气候变化的响应可能存在差异。

(3)气候变化对草原的影响

中国草地植被覆盖的时空变异与气候变化关系密切,尤其是中国北方草地面积变化受水分条件的控制更为明显(赵婷 等,2018)。温度、降水和温室气体浓度变化均会对草场产生影响,其中降水量的变化尤其重要。中国广大温带草场大多位于半干旱、干旱区,降水的年际和年内变率大,这就从根本上决定了广大干旱、半干旱地区草场生产力的波动变化。对北方近几十年降水变化的观测表明,整体呈现干旱化的趋势,其中西北地区除新疆外,全部呈现出明显的干旱化趋势,这正是北方草地整体呈现退化趋势的重要原因之一。从 20 世纪 50 年代到 80 年代,中国北方年平均气温在波动中呈现升高的趋势,特别是从 80 年代以来,这种增温的趋势更为突出,这也从另一方面表明,由于气温变暖,使土壤水分损失增加,导致区域干旱化,进而加速了草地的退化过程。青藏高原高寒草地对温度升高极为敏感,脆弱的江河源区草地生态系统从 20 世纪 60 年代以来持续退化,高寒草甸面积减少了 17%,高寒沼泽湿地萎缩了 25.6%。同时,高山草甸物候也发生了显著的改变,主要禾本科优势牧草开花期提前 10～14 d,成熟期提前 20～24 d。

在气候变化的背景下,草原植物光合生理特征发生变化。植物的生长和生理活性存在一个最适温度或最适区间,温度过低过高都会抑制植物的代谢活性。研究表明,32°C 以上高温会抑制羊草的光合性能和碳素合成代谢活性。中国北方草原典型植物羊草和打针茅的生物量、光合性能和气孔导度对水分状况的响应的共同特征，随着水分条件的改善而快速增加，水分条件改善到一定水平时，其增加的幅度降低甚至停止乃至受抑。

气候变化还导致植被生产力变化，使得生产力显著降低，生物多样性丧失，植被类型发生不可逆的改变，生态系统稳定性降低，严重抑制了北方草原的服务功能。

未来气候变化将进一步改变中国草原生态系统的格局和构成。青藏高原、天山、祁连山等高山牧场草原界线可能上移 380～600 m。青藏高原高山草原面积明显减少，高山草甸和灌丛的面积略有增加。温带草原增幅较大，面积由 8.3 万 km^2 增至 25.4 万 km^2，温带草甸和灌丛的面积也由 13.9 万 km^2 增至 31.6 万 km^2。青藏高原荒漠面积将大幅减少，植被带向西北方向推移。全国北方型山地草原面积减少，温带地区的少量荒漠可能会转化为温带草原植被，高寒草原和草甸分别向北方和温带草原演变，而冻原植被也会演变成温带性山地草原(赵义海等，2000)。

未来气候变化影响到草原生物群落的生理生态，改变牧草的蒸散、光合和分解等过程，从而对牧草质量和草原生物群落的生产力产生影响。由于不同植物对气候变化的响应不同，气候变化导致群落总生物量的较大变异。自然条件下，羊草草原地上生物量的年度动态变化基本上与年降水量的变化相一致。草原地区绝大多数植物为 C3 植物，温度升高对其生长将产生不利影响(方精云，2000)。

13.4.2.3　荒漠化

(1)中国沙漠和沙漠化概况

中国是世界上沙漠和沙漠化土地分布较多的国家之一。中国的沙漠和沙地，从南始海南岛、北至内蒙古北部，东起台湾和大陆沙质海岸、西至南疆，从低海拔的吐鲁番盆地至高海拔的青藏高原都有不同程度的分布，但主要分布于 35°—50°N、75°—125°E 之间的温带内陆地区，是北半球温带沙漠的重要组成部分。中国著名的八大沙漠(塔克拉玛干沙漠、古尔班通古特沙漠、库姆塔格沙漠、柴达木盆地沙漠、巴丹吉林沙漠、腾格里沙漠、乌兰布和沙漠、库布齐沙漠)和四大沙地(毛乌素、浑善达克、科尔沁和呼伦贝尔)以及河西走廊沙漠和嫩江沙地等都分布在这里。从生物气候带看，大致以 200 mm、400 mm 年降水量等值线(等雨线)为界，沙漠主要分布在小于 200 mm 年等雨线的干旱荒漠和极干旱荒漠地带。沙地主要分布在大于 200 mm、200～400 mm 和 400～600 mm 等雨线之间的干旱荒漠草原、半干旱干草原和半湿润森林草原以及大于 600 mm 等雨线的湿润森林地带的河湖沿岸和海岸等地。从地貌部位看，主要分布于地表沙源相对丰富的盆地、平原和河、湖、海沿岸。在中国三大地势阶梯上，以第二地势阶梯的内陆盆地、高平原数量多、规模大，如南疆塔里木盆地、北疆准格尔盆地、甘肃河西走廊、内蒙古阿拉善高原、黄河前后套平原、鄂尔多斯高原、内蒙古高原东南部和呼伦贝尔高原等。因此，成为中国主要沙漠和沙地的分布区。第一阶梯地势的青藏高原，柴达木盆地沙漠面积较大，在青海共和盆地、青海湖盆地，黄河、长江源头，西藏狮泉河盆地、西藏雅鲁藏布江及其支流拉萨河、年楚河以及藏东南金沙江、怒江、澜沧江等流域的宽谷盆地也有大小不等的沙地分布。第三地势阶梯上的沙地主要分布在东北三江(西辽河、嫩江和松花江)流域，另在黄淮海平原黄泛区、长江中下游的若干江河沿岸以及除江、沪省市以外的大陆沙质海岸和台湾岛、海南岛西海岸甚至渤海庙岛列岛、东海舟山群岛、南海西沙群岛等地也有少量分布(秦大河 等，2005)。根据《第五次全国荒漠化和沙化监测报告》，截至 2014 年，全国荒漠化土地面积 26115.93 万

hm^2，沙化土地面积17211.75万hm^2（屠志方 等，2016）。

(2)沙漠和沙漠化的形成与变迁

沙漠演变是沙漠在时间上的生、消和在空间上的扩、缩过程，是由沙漠正过程和逆过程决定的。其中，正过程是在干旱气候条件下，风对沙质地表的作用所产生的风蚀、风沙流、流沙堆积、沙丘前移等一系列风沙活动导致的流动沙丘增多，流动沙漠出现或扩大的过程；逆过程是在湿润气候条件下，风对地表的侵蚀、搬运和堆积作用减弱或停止，流动沙漠经生草成土作用所引起的沙漠固定、缩小过程，亦即流动沙漠变为沙地的形成过程。目前，学术界对贺兰山以西干旱和极干旱区的沙漠形成于第四纪地质时期的总的看法一致，但对贺兰山以东半湿润、半干旱和干旱荒漠草原地区沙地形成时代分歧较大。中国北方沙漠沙地是经过白垩纪（110～65 MaBP）、第三纪（65～2.5 MaBP）和第四纪（2.5 MaBP）长期演变而来，其中末次盛冰期是奠定中国现代沙漠、沙地基本轮廓的关键时期。

末次冰盛期阶段（21～16 kaBP）是以万年尺度为主的沙漠化正过程强烈发展时期。此时中国各沙漠、沙地不仅正过程发展强烈，沙漠和沙地分布范围也最大。以流动沙丘为主的干旱荒漠与以半固定、固定沙丘为主的半干旱典型草原界线（200 mm等降水量线）向南到达淮河—秦岭一线以南，较现今200 mm等降水量线向南推进了8～10个纬度，而半干旱典型草原南界（400 mm等降水量线）大致在杭州—南昌以南—长沙—贵阳一线。在200 mm等降水量线内，不仅流动沙漠普遍扩大，而且固定、半固定沙丘普遍活化，在东南部内陆及长江流域甚至东南沿海和大陆架沙源丰富的地区，也普遍出现流沙堆积。200～400 mm等降水量线之间的河湖周围和低洼盆地等沙源丰富地区，流沙活动强烈，形成流动和半固定沙丘。在400 mm等降水量线及其以南地区，固定、半固定沙地同样活化，流沙明显增多。

距今1万a至19世纪中期阶段，是沙漠正逆过程以千年和百年尺度频繁波动时期。末次冰消期之后的全新世早期（10～8.5 kaBP）多数地方发育了一层厚度薄、成壤程度低的古土壤，显示沙漠、沙地逆过程趋于加强。特别是进入8.5～3.0 kaBP的全新世大暖期，东部和西北部沙区古土壤层数多、厚度大、发育程度高，反映总的是以沙丘生草成壤的固定、缩小的强逆转过程为主，尤其是鼎盛期沙漠逆转程度最强、固定范围最大。但从古土壤层中有风成砂夹层，说明此间也有过较明显的沙漠正过程出现。西部广大沙漠地区未发现古土壤，仅在丘间低地和河湖水域等低洼地区泛洪堆积明显增多，说明广大沙区主要仍处于正过程为主的流沙状态，仅在沙漠边缘、丘间低地及河湖水域附近存在沙漠缩小、固定或绿洲扩大的逆过程。此时，200 mm等降水量线较今向北推进了4～5个纬度，大致位于中蒙边界线—嘉峪关—柴达木盆地—青藏高原中北部一线，400 mm等降水量线大致向北推到二连浩特—河套北部—巴丹吉林沙漠东南部—西宁西北—拉萨西北一线，400～600 mm等降水量线及其以上的半湿润、湿润森林气候带也相应地北进，亚热带常绿与阔叶混交林北界可达秦岭以北，热带雨林达25°N附近。这时，除西部沙区外，西北部沙区和东部沙区（包括长江流域南昌、九江等甚至东南沿海沙源丰富的地区）及腾格里沙漠和巴丹吉林沙漠东南部、青海共和沙地、青海湖周围、柴达木盆地东南部等地的流沙绝大部分趋于固定状态。

大暖期之后的全新世晚期（3.0 kaBP—19世纪中期），中国北方沙区尽管也有过以砂质古土壤为代表的多次逆过程，但从风成砂厚度大、层次多等来看，整体上处于固定沙丘活化、流沙扩展的正过程，并有逐渐加强的趋势。其中15世纪—19世纪初（明朝初期—清朝中叶）的小冰期，沙漠和沙地发生、扩展的正过程达到相对较高程度。以流沙堆积为主的干旱荒漠与以半固定、固定沙丘为主的半干旱典型草原界线向南到达长春—沈阳北—北京北部—黄土高原中部一线，即 200 mm 等降水量线向南推进 2～3 个纬度，半干旱典型草原的南界(400 mm 等降水量线)大致在山东半岛—郑州—重庆一线，半湿润、湿润森林草原生物气候带也向南推进，热带雨林仅限于海南南部一隅。小冰期以后，中国沙漠、沙地分布的轮廓已与现代沙漠、沙地基本接近，沙漠和沙地演变过程特别是正过程波动都没有超出小冰期时奠定的空间框架。

19 世纪中期—20 世纪末，是小冰期之后以数年和数十年尺度的沙漠、沙地正逆波动时期，也是中国北方沙漠和沙地最后成型时期。此间，小冰期时所形成的流沙总的趋于生草固定的逆过程，但仍有正过程波动，而且主要表现在干旱荒漠草原、半干旱典型草原和半湿润森林草原地区及干旱—极干旱荒漠绿洲地区的土地沙漠化上。从 19 世纪下半叶—20 世纪末的 150 多年间可分为两个时期：20 世纪 50 年代以前，总体上是以沙漠化逆过程为主的时期；20 世纪下半叶土地沙漠化扩大的过程强度明显增大(董光荣，2002)。

2000 年以后，沙漠面积减少趋势显著。据《第五次全国荒漠化和沙化监测报告》，2014 年与 2009 年相比，荒漠化土地面积净减少 121.20 万 hm^2，年均减少 24.24 万 hm^2。其中，沙化土地面积净减少 99.02 万 hm^2，年均减少 19.80 万 hm^2。全国流动沙丘减少了 72.82 万 hm^2，半固定沙丘减少 128.41 万 hm^2，固定沙丘增加 155.06 万 hm^2(屠志方 等，2016)。

(3)气候变化对沙漠和沙漠化的影响

学术界对北方贺兰山以西沙漠主要是自然因素形成的看法基本一致，但对贺兰山以东沙地的成因究竟主要是自然因素还是人为因素分歧较大。有人认为东部沙地主要是历史时期人类滥垦、滥牧、滥砍、滥采等不合理经济活动造成的，干旱荒漠区绿洲沙漠化除了前述因素，主要是人类不合理利用水资源引起的。实际上沙漠、沙地演变或沙漠化是气候干旱和人类活动两者共同作用的结果，但随着时间尺度的不同，两者的作用程度也存在明显差异(董光荣 等，1998)。

当代气候变暖的趋势对土地沙漠化也有显著的影响。温度上升、降水增加对植被生长发育有利，可抑制沙漠化的扩展。风速减小有利于流动沙丘向半固定沙丘和固定沙丘转化，这是一些主要沙区如科尔沁沙区自 20 世纪 80 年代以来沙漠化势头逆转的主要气候原因。20 世纪 90 年代以来尽管北方农牧交错带和主要沙区气温持续上升，但 90 年代降水明显增加，且潜在蒸发和风速减小，使得 21 世纪初中国出现大范围沙漠化逆转的总趋势(秦大河 等，2012)。

近 30 a 来荒漠植被面积变化整体上不大，呈略有增加的趋势，且荒漠植被面积年际间的动态变化与降水年际变化规律一致，这在新疆尤其明显。近 50 多年来青藏高原持续增温，导致冻土退化，土地沙漠化持续发展。江河源区、西藏两江地区成为中国当代沙漠化扩张速率最大的地区之一。1982—2010 年柴达木盆地植被生长受生长季可利用降水量影响显著，两者间呈显著正相关性(徐浩杰 等，2013)。

13.4.2.4 水土流失

(1)中国水土流失概况

“水土流失”是指土壤及其地表组成物质，在内外营力和人力作用下发生的风化、运移和堆积的全部过程(董光荣，2002)。根据第一次全国水利普查成果，全国土壤侵蚀总面积 294.9 万 km^2，占普查总面积的 31.1%。其中，水力侵蚀面积 129.3 万 km^2，风力侵蚀面积 165.6 万 km^2。

中国是世界上水土流失最严重的国家之一，每年流失土壤 50 多亿吨，占世界总侵蚀量

(600 亿 t)的 1/12,每年的入海泥沙量约 20 亿 t,也占世界陆地入海泥沙总量(240 亿 t)的 1/12。黄河和长江的年输沙量分别占世界九大河流的第一位和第四位,单位面积产沙量分别占第一位和第五位(见表 13.2)。黄土高原土壤侵蚀模数平均为 2180 t/(km² · a),强度流失区高达 5000~10000 t/(km² · a),剧烈侵蚀区则在 20000 t/(km² · a)以上。南方花岗岩严重流失区,土壤侵蚀模数也在 13500 t/(km² · a)以上(秦大河 等,2005)。

表 13.2　世界主要河流输沙量比较(资料来源:秦大河 等,2005)

河　名	流域面积/万 km²	年径流量/亿 m³	年输沙量/亿 t	单位面积产沙量/(t/(km² · a))	平均含沙量/(kg/m³)	备　注
黄河	75.24	432	16.4	2180	37.6	三门峡以上
恒河	95.5	3710	14.1	1519	3.92	
布拉马普特拉河	66.66	3840	7.26	1090	1.89	
长江	180.72	9211	5.30	264.5	1.52	大通以上
密西西比河	323.00	5645	3.12	96.6	0.55	
伊洛瓦底江	43.00	4270	2.99	695	0.70	
密苏里河	137.00	6160	2.13	159	3.54	密西西比支流
科罗拉多河	63.70	490	1.35	212	27.5	
尼罗河	297.80	892	1.11	37.3	1.25	

土壤侵蚀类型是由不同侵蚀外营力作用于不同组成物质的地表所形成的侵蚀类别和形态。因此,根据外营力性质可分为水蚀、风蚀、重力侵蚀、冻融侵蚀和人为侵蚀(工程侵蚀)等主要类型。中国独特的地理和气候条件造成土壤侵蚀类型繁多,地带性和区域性特征明显,几乎包括了世界上所有主要的侵蚀类型。有代表寒温带、中温带的冻融侵蚀-水蚀类型;有代表半干旱气候的风蚀-水蚀类型;有代表干旱气候的风沙-风蚀类型;有代表热带、亚热带的水蚀类型;有代表高寒气候带的冻融-冰水侵蚀类型;还有在山地和黄土区广泛分布的重力侵蚀类型。根据不同侵蚀营力和区域差异,全国可划分为三大侵蚀类型区,即东部流水侵蚀区、西北风力侵蚀区和青藏高原冻融-冰水侵蚀区(秦大河 等,2005)。

(2)水土流失演化过程

水土流失的演化过程,首先从地被物消失开始,接着便引起表土冲刷,使土层变薄,从而导致土壤贮水量减少(抗旱能力也随之减弱),并促进地表径流增加,加剧水土流失的恶性发展。当土壤流失之后,也就失去了生长绿色植物的基础。因此,植被破坏必然伴随着水土流失,水土流失最终又劣化了植物的生存条件,二者是互相影响并互相制约的(董光荣,2002)。

西北黄土高原的土壤侵蚀举世瞩目。第四纪以来的黄土沉积期间,曾经过多次侵蚀和堆积轮回,从午城黄土、离石黄土、古土壤层和马兰黄土中的五个剥蚀面,可以得到证实,其中尤以中更新世晚期侵蚀更为剧烈。但这些侵蚀作用应属于地质时期的自然侵蚀范畴,其侵蚀速率必然低于黄土的沉积速度,这样才有可能形成深厚的黄土层。从埋藏古土壤和黑垆土的形成,足以证明当时(指成壤期)黄土沉积速率小于成土速率,也说明成土速率必然大于侵蚀速率。现代黄土区的土壤侵蚀率(包括自然侵蚀和加速侵蚀)每千年为 363.08 g/(cm² · a),折合 3630.8 t/(km² · a),相当于更新世以来平均堆积速率[93 t/(km² · a)]的 39 倍。若更新世也以这样的速率侵蚀,难以想象怎样形成今天的黄土高原(刘东生 等,1985)。如果黄土高原的总侵蚀量以 22 亿 t 计算(包括水土保持拦蓄的泥沙量),则现代侵蚀速率达 7965 t/(km² · a),

为黄土堆积速率的 85.6 倍。全新世中期黄土高原自然侵蚀总量为 10.75 亿 t/a，折合侵蚀率为 2438.5 t/(km^2 · a)，现代黄土区侵蚀率[7965 t/(km^2 · a)]约为其 3.3 倍。可见，加速侵蚀率在黄土高原占主导地位，对黄土高原生态环境变化的影响巨大。

热带、亚热带山地丘陵区，原是森林茂密、山清水秀的地方。由于历代战争的破坏和人口增加，森林减少，水土流失加剧。东晋、南宋两次北人南迁，人口逐渐增加，森林砍伐严重。明初鼓励开垦屯民，耕地面积不断扩大，森林植被遭到大量破坏，加剧了水土流失的发生与发展。至新中国成立前，南方地区已出现大面积的“红色沙漠”“白沙岗”和“光石山”等，成为中国仅次于黄土高原的严重水土流失区。随着土壤侵蚀面积的扩大，长江上游土壤侵蚀总量由以往的 13 亿 t 增加到 15.68 亿 t。

水土流失的演化过程也可以从三峡库区水土流失的发展得到验证。秦汉以前，长江两岸分布着茂密的亚热带常绿阔叶和针叶混交林，水土流失轻微。至东汉以后，长江流域人口逐渐增多，随着经济的发展，毁林开荒、刀耕火种日趋频繁，森林遭到破坏，水土流失有所发展，但大部分地区还是林木葱翠，山清水秀。唐代以后，长江流域经济得到进一步发展，陡坡垦殖、高山梯田日益增多，毁林现象有增无减，一直延续到明清乃至民国时期。这一时期内，水土流失则进一步加剧，侵蚀泥沙危害相应增多。唐代长江河道平均 18 a 溃决一次，宋、元代 5～6 a 溃决一次，至民国期间，不到两年即溃决一次。由于人为活动的破坏，导致三峡库区自然植被的退化(逆向发展和演替)，诱发水土流失的逐步发展，由自然侵蚀演变为人为加速侵蚀。植被退化规律大致为林地→林灌草地→草丛→农地等几个阶段，土壤流失量也随之由低到高。直接由林地或林灌草丛开垦为农地的也时有出现(董光荣 等，1999)。

(3)气候变化对水土流失的影响

水土流失是在自然侵蚀和人为加速侵蚀过程的作用下进行的。自然侵蚀是地表物质(土壤、母质、岩屑)在自然的外营力作用下发生分离、破坏和转运的过程。地质构造运动、冰川活动、气候变迁，都对其产生深刻影响。在正常的自然植被覆盖条件下，自然侵蚀量一般均小于成土作用造就的物质量，可以形成一种正常的土壤外观，它不仅不破坏土壤及其母质，而且可促进土壤更新和提高土壤肥力。加速侵蚀(或称人为加速侵蚀)即通常所称的土壤侵蚀(或水土流失)，由人为不当的经济活动如滥伐森林、开垦陡坡、过度放收、不合理耕作以及开矿、修路、采石、建房等引起的一种破坏性的侵蚀现象。在加速侵蚀中，人为活动加剧了自然侵蚀的速率，因而这种侵蚀总是过量的。它的速度大大超过土壤形成的速度，一年甚至几天内流失的表土，可相当于自然侵蚀几百年甚至几千年的流失量(秦大河 等，2005)。

20 世纪下半叶以来，中国水土流失趋势较为复杂。黄土高原是中国水土流失的典型地区，其侵蚀强度随年降水量具有非线性关系，即随着年降水量增大，侵蚀强度先是增大并达到峰值，然后再减小。黄土高原 115 个水文站输沙量和 276 个雨量站降水量数据表明，近 50 a 来黄土高原输沙强度的时空变化与降水量变化呈明显的一致性，即降水量减少越大，输沙量减少幅度也越大。研究结果还表明，在黄土高原地区，人类活动的水土保持措施对水土流失的相对贡献率平均为 72.6%，而降水贡献率平均仅为 27.4%(信忠保 等，2009)。由此可见，人类活动对水土流失的作用是第一位的，而气候变化是第二位的。未来，气候变化将加剧中国水土流失。

13.4.2.5　生物多样性

(1)中国生物多样性概况

生物多样性是地球环境因素中的重要组成部分，也是人类赖以生存的物质基础。中国的生物多样性非常丰富，主要原因有三个方面。第一，中国有从热带到寒温带的多样气候带，这样的多样性在世界上是独一的。第二，中国有极为复杂的地形，从东南沿海到世界屋脊的青藏高原有三级阶梯地势，最低点的吐鲁番地处海平面以下 154 m，最高点是海拔 8848.86 m 的世界最高峰——珠穆朗玛峰，地形的复杂性也是世界之最。这两个因素为生物多样性的发育和分化创造了非常好的条件。第三是在第四纪冰川期间，中国所处的东亚地区受冰川活动影响相对较弱，与欧洲和北美不一样，后者有阿尔卑斯山和墨西哥湾及墨西哥沙漠的障碍，而中国的生物可随冰川前进而向南退却，因此保留了大批第三纪及第三纪以前就有的古老生物。从而使中国成为生物多样性特别丰富的国家之一，居世界第八位、北半球的第一位(秦大河 等，2005)。

生物多样性包括生态系统多样性、物种多样性和遗传资源多样性，据《2018 中国生态环境状况公报 》(中华人民共和国生态环境部，2019)，中国生物多样性的数据如下。

生态系统多样性　中国具有地球陆地生态系统的各种类型，其中森林 212 类、竹林 36 类、灌丛 113 类、草甸 77 类、草原 55 类、荒漠 52 类、自然湿地 30 类；有黄海、东海、南海和黑潮流域 4 大海洋生态系统；有农田、人工林、人工湿地、人工草地和城市等人工生态系统。

物种多样性　中国已知物种及种下单元数 98317 种。其中，动物界 42048 种，植物界 44510 种，细菌界 469 种，色素界 2263 种，真菌界 6339 种，原生动物界 1883 种，病毒 805 种。列入国家重点保护野生动物名录的珍稀濒危陆生野生动物 406 种，大熊猫、金丝猴、藏羚羊、褐马鸡、扬子鳄等数百种动物为中国所特有。列入国家重点保护野生植物名录的珍贵濒危植物 246 种 8 类，已查明大型真菌种类 9302 种。

遗传资源多样性　中国有栽培作物 528 类 1339 个栽培种，经济树种达 1000 种以上，原产观赏植物种类达 7000 种，家养动物 576 个品种。

(2)生物多样性演化过程

生物多样性的演变不仅与生物的进化不可分割，也与地球的地壳运动、气候变化及人类活动密切相关。地球上的生物多样性并不是平稳地增长，而是随着地质史中发生的事件而几经波折，曾经出现过物种大爆发和多次物种大灭绝。地质时期，地球上温暖的时期占 90%以上，进入第四纪后，地球上出现多次冰期。冰川不仅覆盖极地和高山，并向中纬度地区和低海拔地区挺进，世界陆地面积的 1/3 曾被冰川覆盖。冰川南侵时，植物被冻死，野生动物栖息地被占领而被迫迁移，从而改变了野生动植物的分布。当气候转暖时，冰川向北退缩，野生动物又有了新的栖息地。

第三纪末到第四纪初期，受冰期气候和青藏高原及其周边山地隆升影响，中国自然环境产生了区域差异。早更新世(距今 250 万～78 万 a)青藏高原上升幅度达 2000 m 左右，北方气候逐渐变干，黄河中上游开始堆积黄土，广泛分布的森林被森林草原取代，秦岭已显示一定的分界作用。中更新世(距今 78 万～13 万 a)前期出现最大的一次冰期，西北山地、川西和西藏高原都发育了冰川，贵州和湖南也出现不少第四纪冰川的遗迹。中更新世晚期，青藏高原高度一般在 3000 m 左右，间冰期有针阔混交林。晚更新世(距今 13 万～1 万 a)时喜马拉雅山已高高隆起，成为印度洋季风难以逾越的屏障，高原内部强烈变干，冰川规模相对缩小，森林消失而形成草原等旱生植被。仅喜马拉雅山南翼雨量充沛，冰川较发育，雪线以下森林茂密、植被垂直带性明显（秦大河 等，2005）。

第四纪期间，由于冰期和间冰期的反复更迭所引起的气候波动，植被带曾发生多次南北迁移。亚洲北部寒带植物向南迁移 4～5 个纬度，寒温带落叶针叶林向我国北部地区发展，落叶松林甚至沿着阿尔泰山南下经北塔山，下降到平原，最远到达天山东端。暖温带南界也由于气温变冷而向南推移 3～5 个纬度。早期生长在亚热带的植物，如银杏、雪松、铁杉、枫杨、山核桃、木兰还能生长在秦岭以北的地区。到晚更新世，秦岭上升到现今高度，气候变得干凉，许多亚热带植物已不再生存在秦岭以北，秦岭成为我国东部亚热带和暖温带植被的主要分界线。西北和华北干旱的植被区域扩大，如早更新世时华北还有不少针阔混交林，到中更新世，草原扩展森林减少而成疏林草原，树种以榆、桑、栎、杨、松为主。到晚更新世，草原发展得更充分。温带和亚热带植被，由于气候波动而变化很大。冰期时，北方喜湿植被南移，云杉、冷杉等阴暗针叶林分布区扩大。而间冰期部分植物又作回流。如江浙的天目山和青岭岗在中、晚更新世的冰期，云杉-冷杉林一般也占优势，分布面积相应扩张。青藏高原随着不断的抬升而形成高寒荒漠和高山草甸（秦大河 等，2005）。

第四纪期间，动物区系也和植被演变一样发生了相应的变化。中纬度地区山地冰川扩大，迫使众多的南方型哺乳动物南迁，许多大型陆栖动物，如南方巨猿动物群的不少种类如乳齿象、大陆龟灭绝，同时也产生一些新的类型。多数哺乳动物体形增大。到更新世中期，灭绝的南方的巨猿动物区系演化为大熊猫－剑齿象动物区系。而象属、大熊猫属等的分布区已大为缩小。从更新世晚期开始，自华北向西延伸到新疆，森林动物中已出现如猕猴、麝、鹿、牛等属，草原动物中的旱獭、鼢鼠和野马、野驴等曾广为分布。喜冷的披毛犀在欧洲和西亚的分布曾达 36°N 一带，而在我国曾到达东部地区的上海一带。主要生活在苔原的猛犸象在欧洲的分布南界是 40°N，而在我国的分布则南达 38°N。到全新世初期，我国动物群的地区分化基本上已和现代相似（吴征镒，1980；孔昭宸 等 2001；蒋志刚，1997）。

进入全新世，中国自然植被的水平分布已经基本奠定，大致与现代相似，从东南向西北可分为森林、草原和荒漠三个植被区域。其中，分布于中国东南部的森林区从北到南又可分为 5 个森林植被地带：即大兴安岭北段的寒温带针叶林，小兴安岭、长白山地区的温带针阔混交林以及三江平原的沼泽，华北的暖温带落叶阔叶林，华东、华中、华南的亚热带常绿阔叶林，台湾、闽南、华南和滇南的热带林。加上分布于内蒙古和新疆的草原区域，以及分布于西北地区的荒漠区域，青藏高原高寒草甸、灌丛和高寒荒漠区域，共 8 个植被区域（吴征镒，1980）。但此期间的气候变化，仍导致自然植被的分布发生一定的变迁。如暖湿期气候带北迁，生物多样性空间分布扩大，物种数量增多；在寒冷期，气候带南撤，生物多样性分布范围缩小，物种数量减少。从全新世早期开始，气温在波动中逐渐升高，至全新世大暖期的鼎盛阶段（距今 7200～6000 a），植被带的分布格局与现今相比，东部植被发生纬向迁移，主要由落叶松组成的寒温带北方针叶林，向北推移了 2 个纬度。暖温带落叶阔叶林向北移动了 5 个纬度，现今的草原地带大部分被其占据（施雅风 等，1992）。

中国第四纪古动物群分为南方型和北方型。北方型中包括在河北泥河湾出土的长鼻三趾马－真马－剑齿虎动物群，其中近代动物种类中的羊、马、骆驼、象等初次发现，也有第三纪末期的残余种类，如后裂爪兽。晚更新世黄土期的马鹿—最后斑鬣狗动物群，包括原始牛、鸵鸟、纳玛古象、普氏原羚等，大多数种类现在还生存着。在周口店发掘到的中更新世中国猿人—肿骨大角鹿动物群，全新世的动物类群则与现代相似。而南方动物群有泥河湾剑齿虎—最后枝角鹿动物群，绝大部分现已灭绝。四川万县出土的大熊猫—东方剑齿象动物群，这个群体生活在中更新世，大部分种类为现代物种的化石亚种（蒋志刚，1997）。

历史时期以来随着人口的增加和社会经济活动的增强，也对生物多样性产生越来越大的影响。根据对旧石器的研究发现，中国古人类已有200多万年的历史，但当时人口稀少，以狩猎采集为生，原始落后，被破坏的生物多样性完全可以自然恢复，没有构成任何威胁。

新石器时代开始出现氏族部落，黄河流域、长江流域的原始居民较早由渔猎畜牧经济进入农耕经济，经营着原始农业、牧业及狩猎、捕鱼等各种经济活动。农业经济中木头首先成为生活之必需品，并开始纵火烧林、刀耕火种，同时各地的天然森林还遭到砍伐及战争的破坏，生物多样性在更多的利用中已有不同程度的毁损，少数破坏的森林已达到不可逆转的地步。

到夏、商、周时期，已开始利用林木做成器物，进而识别林木的种类。《诗经》诸篇中已记载松、柏、桑、杨、柳等20多种树名。当时梁州地方以熊罴、狐狸等动物作为贡品，对生物多样性的利用就更多了。到春秋战国时期，已开始有人认识到森林不可滥伐，已有保护山林、栽桑经验及绿化环境之举。但农田的发展及冶炼、烧陶等经济活动，使森林不断遭到破坏，黄河中下游一带的原始森林已逐步变为次生林带。当时中国从奴隶社会开始向封建社会过渡，人口增多，森林、草原以及栖息其中的动物面貌均已有较大的变化。到秦汉、魏晋、南北朝时期，随着人口不断增加和社会的发展，木材需求量剧增，森林、草原继续减少。如秦始皇修筑“万里长城”以及新建阿房宫和骊山行宫，消耗木材之多难以统计。生物资源的消耗达到不可逆转程度，出现荒山荒坡。秦汉时期的东北地区中部、东部和北部仍然是原始森林地带。森林大量破坏的原因除毁林垦殖外，军需、民需大量木材也是主要原因。

到隋、唐、宋、辽、金时期，农区又进一步扩大，加之手工业发展等因素，使森林地带继续向次生林、经济林、农田和荒山转化。特别是手工业的兴起使各种大型动物不仅用作狩猎，其皮、毛又是手工加工业的资源，陶瓷、造纸、井盐手工业都需大量木材，中原地带到8世纪时，有一半的山区已变成不可采伐的童山秃岭。

到元明时期，森林资源既有恢复、也有破坏，元朝的蒙古族以游牧为主，使大量耕田变为牧场。河南、河北、山东数千里的人民几乎被杀尽，四川、两淮、襄樊等地区因战争频繁而人口锐减，平原地区野草丛生，山区丘陵森林得以复苏，生物多样性也随之有所恢复。元朝统治时，天然森林时有增减。此外，元朝统治者还以天然竹林作为国家财源，当战祸或天下饥馑时，即大开山禁，任民采伐。上述这些原因都造成了乱砍滥伐、乱捕滥杀、过度放牧，生物多样性遭到浩劫，生态系统严重失调。

在明朝统治的300 a间，始终处于战火起伏之中，到明末国库空虚，只好大量开征木税，这就直接鼓励森林的乱砍滥伐。到清王朝，人口又急骤增长，开荒者放火烧山，毁林种田，甚至焚林狩猎都很普遍，东北森林被大量移民破坏。云南、贵州等地清初也开始大规模移民农垦。整个清王朝建都修陵，所消耗的木材和其他自然资源惊人。至此，生态系统已遭严重破坏，生态环境不断恶化。从明朝中叶和清初，除垦殖速度又大大加速外，动物变化也非常大（秦大河等，2005）。

20世纪下半叶以来，由于一系列人类活动干扰和全球气候变化的影响，中国的生物多样性受损严重。针对这种状况，党和政府采取有力措施，强化对生物多样性的保护。在国际上很早就签署了《生物多样性公约》，并制定《野生动物保护法》等一系列法律法规，还作出了退耕还林、退耕还草、退耕还湖等一系列决策。这些政策措施,无疑会对中国生物多样性的保护起到关键作用,但生物多样性保护的形势仍然严峻。全国 34450 种已知高等植物的评估结果显示,需要重点关注和保护的高等植物 10102 种,占评估物种总数的 29.3%,其中受威胁的 3767 种、近危等级(NT)的 2723 种。4357 种已知脊椎动物(除海洋鱼类)的评估结果显示,需要重点关注和保护的脊椎动物 2471 种,占评估物种总数的 56.7%,其中受威胁的 932 种、近危等级的 598 种。9302 种已知大型真菌的评估结果显示,需要重点关注和保护的大型真菌 6538 种,占评估物种总数的 70.3%,其中受威胁的 97 种、近危等级的 101 种、数据缺乏等级的 6340 种(秦大河 等,2021)。全国已发现 560 多种外来入侵物种,且呈逐年上升趋势,其中 213 种已入侵国家级自然保护区(中华人民共和国生态环境部,2019)。这些数据说明,生物多样性的保护工作任重而道远。

(3)气候变化对生物多样性的影响

气候变化极大地影响了中国区域动物的分布和丰度,导致中国物种迁徙和丧失十分严重。气候变暖使昆虫分布区域扩大,向高海拔和高纬度地区扩张。在爬行类中,由于气候变化导致的分布范围改变的物种有 100 多种,以向西、向北迁移为主(吴建国,2017)。在鸟类中,分布范围改变的物种有 400～600 种,多数向北部迁移,部分向西部迁移,个别向多个方向迁移,并同时影响到留鸟和候鸟。在哺乳类中,分布范围改变的约 120～200 种,其中翼手目蝙蝠类动物分布变化较大(吴建国 等,2011;吴建国,2017)。历史上广泛分布于湖南、湖北、四川、广东、广西和云南的绿孔雀目前仅分布于云南的西部、中部和南部。20 世纪早期广泛分布于中国东部的华南梅花鹿,到 20 世纪后期其分布范围已显著减小。20 世纪 90 年代前分布于渤海地区的瓣嘴呀原属于夏候鸟,其后已成为留鸟,而曾广泛分布于内蒙古、青海和甘肃等地区的普氏原羚,现仅存于青海地区。不少特有种如白眉长臂猿、矮峰猴等处于极危状态,数量在 150 只以下。野马在国内野生状态已经灭绝,朱鹮仅存数只。长江的鲥鱼这一特有种已濒临灭绝(秦大河 等,2005)。

气候变化对植物的分布范围和丰度也有显著影响。中东部地区 1983—2012 年间有 80% 的木本植物分布范围北移,平均移动 3.37°。从各植物类群看,苔藓植物对气候变化的响应较为敏感,1951—2010 年期间,有 300～500 种发生了分布范围的改变,主要表现为向高纬度迁移。气候变化还使得一些物种在局地消失。苔藓植物至少有 5 种已灭绝,蕨类植物约有 30% 处于濒危和易危。裸子植物崖柏已灭绝,另有 14 种是极度濒危物种。被子植物处于濒危或受威胁状态的物种估计占总数的 15%～20%,数十种已经灭绝,有的种剩下一株或几株(秦大河 等,2012)。总体上,20 世纪 70 年代以来,气候变化对植物多样性影响的贡献很可能在 0.1%～0.5%左右(吴建国,2017)。

在未来气候变化情景下,中国 91 种两栖类中分布范围丧失 40%～60%的物种最多,为 18～29 种。115 种爬行类中分布范围丧失小于 20%的数量最多,为 58～77 种,而丧失范围 60%以上的物种有 4～8 种。苔藓植物分布范围丧失小于 40%的将有 19～37 种,丧失 40%～60%的也有 24～34 种(吴建国,2017)。

13.4.3 中国土地利用和土地覆盖变化

13.4.3.1 20 世纪中国土地利用变化

葛全胜等(2000)根据民国时期的文献记载以及 1949 年以后的普查、调查与统计资料,分析了 20 世纪中国土地利用变化趋势。

(1)土地利用结构变化

20 世纪中国土地利用结构发生了明显的变化(表 13.3)。自 1927 年以来,耕地、林地、园地、居住工矿地及交通用地有明显增加。其中,耕地面积在 1949 年以前有较大的波动,但没有明显的增加趋势,50—80 年代增加显著,而 80 年代以后则略有下降;林地、园地、居住工矿地及交通用地则持续增加;草地、水体及未利用地等土地利用类型所占的比例逐年减少。这种结构变化趋势与全国人口增长及社会、经济的发展趋势是一致的(葛全胜 等,2000)。

表 13.3　20 世纪中国几个主要时期的土地利用结构比例(占国土面积的百分比)(资料来源:葛全胜 等,2000)

%

年份	1927	1935	1949	1986	1997
耕地	10.36	8.06	10.19	14.19	14.14
林地		8.43	13.02	21.51	23.65
草地		43.80	40.83	31.79	26.91
园地			0.11	0.75	0.85
居住工矿地			0.49	1.87	2.33
交通用地			0.21	0.50	0.53
水体			2.35	3.63	4.30
其他		49.71	32.80	25.86	27.29

(2)耕地与复种指数的变化

20 世纪,中国耕地面积增加了约 4.91×10^9 hm^2。其中,1914—1997 年年均增长了 0.52%,累计增长 56.8%;1927—1935 年和 1949—1986 年为 2 个增长幅度较大的时段,年均递增率分别达到 1.41% 和 0.89%;1935—1949 年为增长幅度较小时段,年均增长 0.35%;1914—1927 年和 1986—1997 年则为 2 个负增长时段。由于在 20 世纪全国人口增长了 2 倍多,使得人均耕地减少了一半多。1927 年,人均耕地和人均播种面积为 0.20 hm^2 和 0.21 hm^2,1993 年则减为 0.08 hm^2 和 0.09 hm^2。

从耕地结构变化看,在耕地中,粮食作物用地有减少的趋势,这种减少趋势自 20 世纪 50 年代以后表现得更为明显。1952 年,粮食作物面积占总耕地的比例为 87.8%,而 1980 年则减为 80.1%,比 1952 年减少了 7.7%,1987 年又减少至 76.8%。

复种指数的变化主要发生在 20 世纪 50 年代以后。20 世纪 50 年代以前,长江以北地区多是单作,南部才有双季作物种植。到 20 世纪后期长江以南地区以双季稻或双季稻三熟制占多数,长江以北、淮河以南及西南(青藏高原区除外)地区则以稻麦两熟为主,华北平原两熟制面积也不断扩大,西北地区一年一熟为主,兼有两年三熟,只有东北、青藏高原及北部中高原地区为一年一熟,因此复种面积明显扩大。1952 年全国的复种指数为 130.9%,1990 年则为 155.1%,38 年间复种指数增长了 24.2%,复种面积增加了 2.937×10^7 hm^2。同时,农作物单产从也 1952 年的 1029 kg/hm^2 增至 1990 年的 4131 kg/hm^2,从而使全国人均粮食占有量从 209 kg 增加到 390 kg(葛全胜 等,2000)。

(3)林地、草地与水体的变化

森林的变化　近百年来,由于战争破坏、帝国主义掠夺及其他政策上的原因,森林面积锐减。20 世纪初，日本经营南满、安奉铁路，掠走了沿铁路两侧的所有林木。清末至民国初年，日本通过鸭绿江采木公司掠走了我国大批木材。同期日本对我国台湾、海南等地的森林资源也进行了疯狂的掠夺。抗日战争期间，全国木材损失量超过全国总积蓄量的 10.0%，森林覆盖率降至 10.0%以下。1949 年，中国森林覆盖率为 7.5%。1949 年以后，虽然由于各方面原因，林地曾在个别时段出现大幅度下降。据 1949 年以后全国各次森林资源调查结果，1950—1962 年、1973—1976 年、1977—1978 年、1984—1988 年、1989—1993 年林地面积分别为 2.12×10^8 hm^2、2.58×10^8 hm^2、2.67×10^8 hm^2、2.67×10^8 hm^2 和 2.63×10^8 hm^2，其中森林面积为 8.547×10^7 hm^2、1.2217×10^8 hm^2、1.1528×10^8 hm^2、1.2465×10^8 hm^2 和 1.3370×10^8 hm^2，同期森林覆盖率分别为 8.9%、12.7%、12.0%、13.0%、13.9%。

草地的变化　20 世纪中国天然草地持续减少。1950 年全国草场约为 3.92×10^8 hm^2，1990 年则减至 3.27×10^8 hm^2。而且由于垦荒和过牧，许多优质草场急剧退化，致使可利用草场迅速减少。其中，草场面积减少最显著和退化最快的地区为北方农牧交错带。一方面可利用草场质量急剧退化，另一方面牲畜数量迅速增加，由 1949 年的 3×10^7 头增至 1990 年的 1×10^8 头，每头牲畜平均占有草场面积减少了约 70%，致使许多优质牧场质量严重退化，形成了可利用草场持续减少的恶性循环。

天然水体的变化　20 世纪中国天然水面不断减少。50—70 年代，东部平原和云贵高原兴起大规模围湖垦殖，使天然湖泊面积减少了 1.13×10^8 hm^2，因围垦而消亡的大小湖泊近 1000 个。1990 年与 1950 年相比，我国自然湖泊水面减少了 1.14×10^8 hm^2，水资源损失量达 3.5×10^{10} m^3（葛全胜 等，2000）。

(4)交通、居住与工矿地的变化

20 世纪 50 年代以后，运输业迅速发展，铁路总里程增长了 2.44 倍，公路总里程增长了 15 倍，运输密度从 1.08 km/(100 km^2)增加到 9.88 km/(100 km^2)。交通用地也相应迅速增加，从 1952 年的 3.73×10^6 hm^2 增至 90 年代中期的 5.11×10^8 hm^2，约占国土总面积的 0.53%。

20 世纪 50 年代初，全国仅有 160 个城市，除东北和沿海地区的一些城市外，全国其他地区几乎没有大型工矿企业。1994 年，全国城市增至 624 个，其中 100 万人以上的城市增至 31 个，建筑面积达 1.162×10^9 hm^2，是 50 年代初的 4.2 倍。工矿企业数达 800 多万个，其中 2500 余个是大型企业，较 1950 年增长了 3.4 倍，工矿用地扩展至 4.173×10^9 hm^2。居住用地也迅速增加。1997 年全国居住与工矿用地达 2217 hm^2，占国土总面积的 2.33%（葛全胜 等，2000）。

13.4.3.2 近几十年中国土地利用变化

刘纪远等(2014)以卫星遥感数据作为主要信息源，建成中国国家尺度土地利用变化数据库，并在此基础上实现 2010 年全国土地利用图更新，分析 20 世纪 80 年代末—2010 年 20 a 间中国土地利用变化的基本时空特征。

(1)耕地变化

耕地变化的基本特点是："南减北增，总量基本持衡，新增耕地的重心逐步由东北向西北移动"。20 a 中，耕地增加 1.82×10^6 hm^2，其中，旱地增加 2.99×10^6 hm^2，水田减少 1.17×10^6 hm^2。其中，2000 年前中国耕地增加 2.83×10^6 hm^2，新增耕地主要集中在东北、华北和西北农林交错区，减少耕地主要以东南沿海城镇居民工矿用地占用为主；2000 年后中国耕地减少

$1.02\times10^6\,hm^2$，新增耕地主要集中在西北地区，城镇居民工矿用地的扩张和中西部生态脆弱区退耕还林还草工程占用了大量耕地(刘纪远 等,2014)。

(2)林地、草地和未利用地变化

“林地前减后增，荒漠前增后减，草地持续减少”是非人工土地利用类型变化的主要特征。

20 a 中，林地减少 $8.52\times10^5\,hm^2$。其中，2000 年前林地减少 $1.089\times10^6\ hm^2$，主要集中在东北等重点林区有林地的砍伐和农耕区扩张对林地的占用；2000 年后，由于六大林业重点工程尤其是退耕还林工程的实施，林地面积增加 $2.37\times10^5\,hm^2$，主要集中在黄土高原、南方丘陵区等。

同期，草地面积减少 $5.32\times10^6\,hm^2$。其中，2000 年前草地减少 $3.44\times10^6\,hm^2$，以东北、华北和西北地区草地开垦为耕地，以及南方草地人工造林为主；2000 年后草地减少 $1.89\times10^6\,hm^2$，主要集中在西北地区草地开垦为耕地，以及南方地区草地转化为林地。

同期，未利用地减少 $1.15\times10^6\,hm^2$，集中在新疆和黑龙江等地区，主要是未利用土地开垦为耕地。同时，内蒙古地区草地退化导致未利用土地增加。2000 年前 10 a 未利用地减少了 $3.75\times10^5\,hm^2$，2000 年后 10 a 未利用地减少面积 $7.79\times10^5\,hm^2$(刘纪远 等,2014)。

(3)城乡建设用地变化

城乡建设用地变化的基本特点是：“扩展提速，东部为重心，向中西部蔓延”。20 a 中，建设用地增加 $5.52\times10^5\,hm^2$，主要集中在地形平坦、经济较发达、人口稠密的黄淮海平原、长江三角洲、珠江三角洲和四川盆地等地区，约有 $3.18\times10^5\,hm^2$ 的耕地被建设用地占用。其中，2000 年前建设用地增加 $1.76\times10^5\,hm^2$，2000 年后建设用地加速扩张，增加 $3.76\times10^5\,hm^2$，后 10 a 增速为前 10 a 的 2.14 倍(刘纪远 等,2014)。

13.4.3.3　近几十年中国陆地植物覆盖变化

刘宪锋等(2015)利用 GIMMS NDVI、MODIS NDVI 和气象数据，辅以趋势分析、分段回归及相关分析等方法，分析了 1982—2012 年中国植被 NDVI 时空变化特征及其驱动因素，得出如下结果。

(1)1982—2012 年中国植被 NDVI 呈缓慢增加趋势，增速为 0.2%/(10 a)，未通过显著性检验。近 30 a 植被变化的阶段性特征显著，其中 1982—1997 年和 1997—2012 年均呈显著增加趋势，增速分别为 1.2%/(10 a)和 0.6%/(10 a)，均通过了显著水平 0.05 的检验。

(2)空间上，陕北黄土高原、西藏中西部及新疆准格尔盆地等地植被 NDVI 呈显著增加趋势；而东北地区的大、小兴安岭，新疆北部的天山和阿尔泰山以及黄河源和秦巴山区等关键生态区和过渡带植被 NDVI 呈显著下降趋势，其中东北地区和新疆北部山区下降尤为显著，说明近年来我国中高纬度山区植被活动呈下降趋势。

(3)不同区域植被对气温、降水的响应存在差异，北方地区植被对气温具有较长的响应时间；而除云南外，南方地区植被对降水存在 1～3 个月的响应时间，并且随着滞后时间的延长，相关性逐渐加强。

(4)中国植被覆盖增加是气候变化和人类活动共同驱动的结果，尤其是 1999 年之后人类活动影响逐渐加强，其中我国东北地区和新疆北部等植被覆盖的下降可能是由降水的减少导致，东南沿海地区则受城市化的影响更为显著。

此外，Chen 等(2019)基于全球 LAI 数据研究发现，中国陆地 65.6%表现为变绿的趋势，远超世界平均面积 34.1%。2000—2017 年期间中国植被叶面积增加 17.8%(约 1.3×10^6 km^2),贡献了全球 25%的叶面积增加量,位居世界第一位。

13.4.3.4　未来中国土地利用和土地覆盖变化趋势

田贺等(2017)将中国划分为南部湿润生态区、东北部湿润半湿润生态区、北部干旱半干旱生态区和青藏高原生态区,在综合考虑社会经济和自然因素的前提下,通过建立一个考虑各种社会经济发展因素以及未来气候变化趋势的系统动力学模型,用以模拟预测不同情景下的中国 2010—2050 年的土地利用和土地覆盖变化情况(图 13.7)。

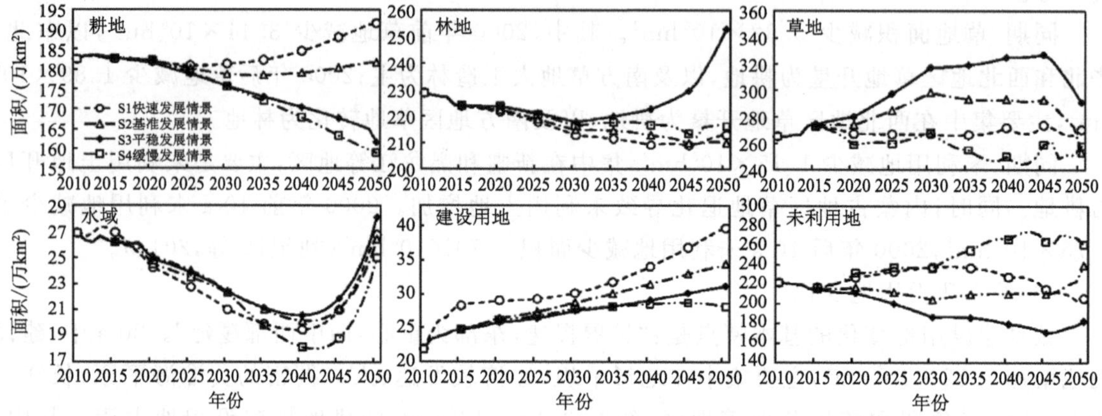

图 13.7　2010—2050 年中国土地利用和土地覆盖变化模拟结果(资料来源:田贺 等,2017)

(1)快速发展情景 S1 下模拟结果

快速发展情景 S1,为人口高速增长,GDP 增加迅速,技术进步迅速,应用 IPCC SRES A2 情景(气温增加缓慢,降水增加较快)进行模拟。

在 S1 情景下,城市不断扩张,耕地增长平稳,生态用地略有减少。建设用地和耕地都为增加的趋势,到 2050 年分别比 2010 年增加 81.4%和 4.9%。建设用地持续增加的主要原因是人口的迅速增长,而由于技术进步速度较快,粮食单产提高较多,所以耕地总面积变化不大。建设用地和耕地的持续扩张侵占了水域和林地,水域面积在 2040 年左右跌到最低水平,之后有所回升。草地的变化幅度不大,2050 年比 2010 年分别增加 1.9%。未利用地先增加后减少,主要受到其他用地类型发展的影响,2050 年比 2010 年减少 7.4%。

(2)基准发展情景 S2 下模拟结果

基准发展情景 S2,为人口和 GDP 中速增长,技术进步缓慢,应用 IPCC SRES B1 情景(气温和降水增加平稳)进行模拟。

在 S2 情景下,城市和耕地增长平稳,生态用地维持较好,整体发展较为合理。建设用地面积基本呈现线性增长,这是基于人口在此阶段基本处于线性增长的状态,到 2050 年建设用地面积比 2010 年增加 57.5%。耕地面积基本处于平稳波动状态,2035 年之前面积逐渐缩小,之后有所回升,2050 年比 2010 年减少 0.38%,基本可以认为没有变化。由于气温的升高及建设用地的扩张,对生态环境有所破坏,林地和草地的面积在 2050 年分别比 2010 年减少 8.22%和 4.6%,还有部分林地和草地退化为未利用地。此外,多种环境的影响导致水域面积不断缩小,在约 2045 年开始有所回升,2050 年比 2010 年减少 1.6%。

(3)平稳发展情景S3下模拟结果

平衡发展情景S3,为低人口增长,中GDP增长,技术进步迅速,应用IPCC SRES A1B情景(气温增加缓慢,降水增加较快)进行模拟。

在S3情景下,生态发展良好,人民消费水平增加,生态环境得到保护和发展,土地利用较为合理。建设用地增长缓慢,2050年比2010年增加42.5%。由于技术进步,粮食单产提高较多且人口增长缓慢,粮食过剩,故耕地面积持续缩减,2050年比2010年缩小11.4%。水域也出现面积先减少后增加的情况,2050年比2010年面积增加4.6%,是4种情景中唯一有所增加的情景。耕地面积的缩小和建设用地面积的缓慢增加使得生态发展良好,林地和草地面积都有所增加。其中,林地面积到2040年左右为减少,之后较快增加,2050年比2010年增加10.5%。草地在2045年以前缓慢增加,之后有所减少,2050年比2010年增加9.7%。

(4)缓慢发展情景S4下模拟结果

缓慢发展情景S4,为低人口增长,低GDP增长,技术没有进步,应用IPCC SRES Commitment情景(气温增加迅速,降水增加缓慢)进行模拟。

在S4情景下,城市发展缓慢,生态退化较为严重。建设用地先增长,到2045年左右出现下降趋势,这和人口的发展情况有很大关系,人口增长率低的情况下中国人口老龄化加重。2050年的建设用地比2010年增加28.6%,为4种情景中最低。耕地也持续减少,2050年比2010年减少了12.9%,人口老龄化及气候条件恶化导致耕地减少,粮食可能不能自给,需要更多的进口来满足粮食需求。草地和林地面积呈现波动,但整体处于减少趋势,草地2050年比2010年减少2.8%,林地减少5.4%。由于气温增加迅速,降水增幅小,水域面积大幅缩减,2050年比2010年减少了6.9%,为4种情景中最小。林地草地等生态用地退化为未利用地,导致2050年未利用地面积比2010年增加17.6%。

模拟结果表明,气候因子在不同生态区对水域、草地、林地及耕地4种用地有着不同的影响程度。在青藏高原地区,降水对于林地和草地等的影响占据主导地位;在东北部湿润半湿润生态区,气温为草地变化的主要驱动因子;在南部湿润生态区,气温是影响林地和草地变化的主要因子;在北部干旱半干旱生态区,4种用地的主要影响因子都为降水,同时林地和草地还受到气温的共同影响。在四大生态区中,降水仍是影响水域面积的主要因子,且技术进步对耕地面积的影响仍占据主要地位。

第 14 章　气候和水文预报预测

气象、水文预报预测是气象水文工作的关键环节，也是气象、水利部门开展服务工作的科学依托。气象、水文预报预测方法多种多样，其中气象、水文数值模拟方法越来越受到人们的重视。近年来，气象、水文的耦合模拟及预测、评估成为新的热点。

14.1　天气预报与气候预测预估

气象预报预测包括未来 0～2 h 一直到上百年各种时间尺度的预报预测。气象预报预测由天气预报、延伸期预报、短期气候预测和气候变化预估等组成。

14.1.1　天气预报

天气预报按时效通常分为临近天气预报(0～2 h)、短时天气预报(0～12 h)、短期天气预报(1～3 d)、中期天气预报(4～10 d)和延伸期天气预报(11～30 d)。短期天气预报主要由气象要素和灾害性天气预报构成，气象要素预报包括气温、湿度、降水相态、降水量等级、风向风速等基本预报内容；灾害性天气包括台风、暴雨、暴雪、寒潮、大风、沙尘暴、低温、高温、干旱、雷电、冰雹、霜冻、冰冻、大雾、霾等内容。中期和延伸期天气预报重点预报重要天气过程、降水趋势和冷暖趋势等。上述预报主要给出气象要素和灾害性天气的发生时间或时段、发生区域、发生强度、发展趋势等内容，灾害性天气预报预警还要给出防御指南。气象部门还与其他部门联合开展农用天气预报、水文气象预报、山洪地质灾害气象预报、草原森林火险预报、环境气象预报、交通气象预报等多项专业气象预报。

现代天气预报以数值天气预报为基础，以人机交互处理系统为平台，综合应用多种技术和方法。随着数值预报同化技术的发展和计算机能力的提高，数值天气预报的能力得到很大提高，可用预报时效延长，模式分辨率提高。同时，集合预报技术也得到广泛应用，概率图、面条图、箱须图、极端天气指数等多种集合预报产品应用于日常业务预报。另外，基于数值天气预报产品开发出多种预报技术方法，如多模式集成技术、逻辑回归强降水预报技术、配料法、降水相态预报技术等，也用于日常预报中(孙军，2016)。

随着数值预报技术的进步，探测手段的日臻完善和丰富，以及高性能计算机快速发展和应用，现代天气预报技术取得了显著的进步，其中快速更新同化分析和预报、集合预报、概率预报及数字化预报等新技术的应用，促进了中国天气预报业务水平的提高，在中国防灾减灾、保障社会经济发展和人民安康福祉的气象服务中发挥了重要作用(李泽椿 等，2014)。

未来，人工智能(Artificial Intelligence，AI)技术在天气预报领域的广泛应用前景，使人们看到了解决气象学难题的新途径。以数值预报技术为主的天气预报由于存在大气运动规律认识和表达、观测资料同化应用、模式物理参数化等方面的不足，导致误差。人工智能技术基于大数据学习的优势为天气预报的改进和技术革命提供了新的可能。未来的天气预报人工智能算法着眼于导致预报不确定性的非线性、混沌性的大气运动特点，不仅要完善基于数据驱动的输入—输出映射的框架，更要从数学与物理学的本质出发，实现数学、物理的混合建模，在实现人工智能理论突破的同时，推动天气预报瓶颈问题的解决（马雷鸣，2020）。

14.1.2　延伸期天气预报

延伸期天气预报是对未来 11～30 d 天气变化的预告。延伸期天气预报是介于常规天气预报和短期气候预测之间的天气预报，它主要针对气温、降水总体趋势及重大天气过程的预报，它填补了天气预报（1～10 d）和气候预测（月尺度以上）的“时间缝隙”。

欧美国家的延伸期天气预报业务开展较早，发展也较为成熟。美国国家环境预报中心（NCEP）自 1988 年 6 月开始对 6 d 以上的预报进行研究探索，其延伸期模式预报开始于 2004 年 8 月。欧洲中期天气预报中心（ECMWF）于 2004 年 10 月建立了首个实时延伸期天气预报业务系统，其预报产品主要基于集合预报系统的数值天气预报产品。从 2002 年开始，中国中央气象台利用历史资料、月动力延伸模式产品和中期数值预报产品，研发了国家级延伸期监测应用和预报模型，并建立了延伸期天气预报业务系统。目前延伸期天气预报主要有两方面内容：一是对气象要素（气温、降水）在延伸期时段内的平均值或距平值进行预报；二是针对持续的异常大气环流在延伸期时段造成的重大天气过程或极端天气事件进行预报。

虽然将中短期天气预报的数值模式延长时效至 2～3 周以上非常困难，但在延伸期时效内进行预报仍然具有可行性，主要原因是延伸期天气预报不仅受到初始条件的影响，还受大气外部一些强迫因子的影响，例如土壤湿度、植被、冰雪覆盖、反照率和海冰移动等，他们的作用将使误差的增长减慢或停止，使得几天或者更长时间的大气平均状态趋向于稳定；同时，一些长周期的大气现象如大气季节内震荡（MJO）、北极涛动（AO）等对天气尺度系统有明显影响，有助于提高可预报上限；另外对大气状态进行时间平均的方法去除了部分天气噪声，使得大气的缓慢变化特征更加明显，从而使这些要素平均值的延伸期预报成为可能。根据延伸期天气预报的理论基础和业务需要，目前延伸期天气预报所使用的方法不尽相同，主要有：基于 MJO（热带地区季节内的低频振荡）的延伸期预报方法，相似预报方法，集合预报方法，经验波传播方法，动力延伸方法，物理统计方法，综合集成预报方法等（章基嘉，1994；张峰，2016）。

14.1.3　短期气候预测

短期气候预测按时效通常分为月气候预测、次季节气候预测（30～90 d）、季节气候预测、年和年际（数年）气候预测、年代（10 a）和年代际（数十年）气候预测。中国对于汛期（6—8 月）气候预测极为重视，本质上是特定时期的季节预测。气候预测的内容不同于天气预报，不是对逐日的天气进行预报，而是对未来一段时间气象要素如温度、降水等或天气状况的平均状态（平均统计量）或偏离气候平均态的程度（距平）进行预测。根据气候服务的需要和科学发展的实际水平，目前中国短期气候预测的对象主要是针对全国和重点地区月、季节时间尺度的气候趋势，重点是干旱、洪涝和高温热浪、低温冷害等灾害性气候。具体预测项目包括：降水距平百分率、温度距平、冷空气过程、热带气旋频数、南方春播天气条件、北方初霜期、北方沙尘次数、森林草原火险等级以及重点地区雨季的起讫日期和强度，如华南汛期、江淮梅雨、华北雨季、华西秋雨等。气候异常往往受多种因素的影响，为了预测气候要素的未来趋势，除了分析气候要素自身的变化规律外，还要对影响气候要素异常的外强迫因素（如ENSO等气候事件）和大气内部的动力因子（季风等大气活动中心或大气环流系统等）进行预测（李维京，2012）。

短期气候预测的信号来源有外强迫作用、耦合强迫、内部变率，从而也确定其理论基础与气候变量的惯性或记忆、耦合系统不同的相互作用（如反馈）或变率的模态以及气候变量对外强迫的响应密切相关。外强迫信号有太阳和火山活动、温室气体和气溶胶、土地利用变化等，这些因子主要对季节以上尺度有一定作用，对季节以下尺度的预测一般不作为重要因子考虑。耦合强迫是气候系统的内部变率之一，包括海气耦合、陆气耦合，均是慢变过程。其中海气耦合中厄尔尼诺和南方涛动（ENSO）现象是年际变率的主要模态，通过全球遥相关影响各地的气候，是短期气候预测的强信号。陆气耦合涉及的陆面因素有土壤湿度、雪盖、植被、地下水位变化、陆地热容量、海冰等，均会对不同时间尺度的短期气候产生影响。初值信息主要来源于大气内部变率及大气环流异常的影响，包括热带大气低频振荡（MJO）、对流层－平流层相互作用、各种大气遥相关以及外强迫和耦合强迫下大气的响应等信息。

气候预测方法随着人们对自然界认识的深入和科学技术的进展而不断发展。早期受气象资料的限制和对气候系统认识的局限性，用简单的经验统计方法进行气候预测，以单相关、两元相关、列联表或点聚图为主。随着计算机的发展，逐步回归、判别分析、EOF分析、功率谱分析等各种统计方法逐渐得到普及。从20世纪80年代开始，随着数值预报的发展，动力气候模式预测方法开始应用。由于气候系统的复杂性及历史资料在气候预测中的重要性，近年来动力-统计相结合的理论和方法也逐渐得到发展和应用。

统计预测方法的科学基础来源于基于历史数据获得的预报因子和预报对象之间的统计关系。随着全球观测系统的发展，统计预测方法在20世纪也获得了长足的进步。在短期气候预测领域，统计预测技巧也强烈依赖于海温等影响气候异常的外强迫信号，多数的预测信号来源于热带海洋。

动力预测方法基于流体动力学方程组表征大气和海洋的运动规律，一些不能用该方程组表达的物理过程（例如湍流）则是用参数化方法来描述，然后利用计算机可以将方程组的解转变成气候动力模式。早期的气候动力模式主要是大气环流模式（AGCM），利用AGCM可以提供延伸期到多季节尺度的环流和要素预测，需要给大气环流模式提供的边界条件是海面温度（SST），SST可以是气候场或实况场，可以是统计方法提供的预报场或者是海洋环流模式提供的预报场。这种先提供SST预报，再驱动大气环流模式的方法为二步法（Tier two）。随着耦合海气模式（CGCMs）或海-陆-气-冰-生气候系统模式（CSM）的发展，直接利用气候系统耦合模式通过一步法（Tier one）在短期气候预测中的应用越来越广泛。这得益于气象学者对气候系统内多成员相互作用的认识以及在耦合模式中的应用。尤其是在海气或陆气相互作用显著的区域，利用Tier two模式系统无法反映二者之间真实的物理联系。

由于统计方法和动力方法各自的缺点，从而产生了综合二者优点的统计-动力相结合的方法。早在20世纪50年代，中国科学家就指出在数值预报中引入历史资料的重要性和可行性，后来经过近十多年的发展，在动力-统计的结合方面取得显著成绩。国际上也非常重视利用历史资料订正模式预报，从而发展了基于模式输出统计法（MOS）和完全预报法（PPM）等理念的动力-统计结合的方法（李维京，2012；陈丽娟，2016）。

14.1.4　气候变化预估

气候变化预估时间尺度与短期气候预测有一定交叉，通常指年代际（数十年）到上百年或更长时间的气候预测或展望。气候变化预估是在设定的自然因素（太阳活动、火山活动）和人类活动（人口变化与社会经济发展、人为排放温室气体和气溶胶、土地利用，等）等外源强迫下，对未来几十年至百年时间尺度上气候系统如何变化进行预测和估计。

气候变化预估分为近期（年代际）气候变化预估和长期气候变化预估。年代际气候变化预测主要关注近期 10～30 a 的气候变化，充分考虑海洋初始状态及大气强迫因子对气候预估的影响；而长期气候变化预估关注的是百年尺度的气候变化，主要考虑的是大气强迫因子的变化，不考虑初始条件的影响。气候变化预估的内容涵盖气候模式所有输出的地球系统各圈层物理变量的未来变化，包括大气、陆面、海洋和海冰模式分量中的各物理变量，过去科学家最为关注的是大气环流、温度和降水、海平面高度和海冰面积等的未来预估，随着气候模式和气候变化预估的发展，科学家更加关注的气候变化预估更加全面和具体，包括极端天气气候事件、季风、厄尔尼诺和南方涛动（ENSO）、经圈翻转环流等。

气候变化预估主要采用气候模式模拟的方法。预估未来气候变化需要构建未来社会、经济变化的情景，由此衍生出温室气体排放情景，可以是温室气体浓度情景、温室气体排放情景、辐射强迫情景等。依据不同的试验目的和方案设计，所采用的模式可以为大气环流模式、气候系统模式或者区域气候模式。在利用区域气候模式进行预估时，需要使用气候系统模式或者大气环流模式的预估结果提供侧边界强迫（赵宗慈，2006；辛晓歌，2016）。

14.2　气候模式与气候模拟

14.2.1　气候模式

气候模式由描述气候系统状态、运动和变化的一组偏微分方程构建。偏微分方程组主要包括气候系统各组成部分的动力学和热力学方程以及特定物质的状态方程和守恒定律。例如对于海洋、大气和海冰耦合环流模式，其偏微分方程组就包括海洋、大气和海冰的动力学和热力学方程以及特定物质（如大气中的水汽、CO_2、O_3，海洋中的盐分和其他的微量物质等）的状态方程和守恒定律（丁一汇，2016）。

气候模式是气候系统的数值表现形式，它建立在气候系统各部分的物理学、化学和生物学特性及其相互作用和反馈过程的基础上，并解释部分其已知特性。气候系统可用不同复杂程度的模式描述。即：对于任一分量或分量组合，均能够用模式的谱或格点层予以识别，但在某些方面有区别，如空间维度的数量、所明确代表的物理、化学或生物过程的范围，或经验参数化的应用水平等。耦合的大气-海洋环流模式（AOGCM）对靠近或达到当前现有频谱终点的气候系统作出了综合表述。目前有一种朝着化学和生物学相互作用的更复杂模式方向发展的趋势。气候模式不仅用作一种研究和模拟气候的工具，而且还有业务用途，包括月、季、年际气候预测。

为有效地模拟和预测各种时间尺度的气候，在气候模式中必须包括和表征以下气候过程及其相互作用：①辐射强迫，表征地球能量平衡或收支的变化；②能量与水循环过程，包括蒸发、凝结、平流和空间分布，水汽的反馈作用和能量(辐射加热与冷却、凝结加热等)的收支和分布等；③云与云辐射过程，关系到对流加热和云与辐射的相互作用，对气候模拟和预测至关重要；④海洋环流的影响，天气预报模式一般不包括海洋模式，因为几天的天气变化一般可不考虑海洋的作用，气候预测则不然，必须考虑海洋的影响；⑤海气相互作用，重点关注在海气界面上发生的物理过程、生物化学过程、温室气体的释放和吸收过程；⑥陆面过程与陆气交换，重点关注三方面的作用：一是影响太阳短波辐射的吸收量；二是不同的地表与其上大气边界层的动量、热量、水汽及温室气体交换过程和量值也不同，从而影响大气风场能量、水汽和温室气体浓度的变化和分布；三是通过植被根区与土壤的水分交换和热传导过程影响深层土壤特征的变化(丁一汇，2016)。

气候模式有多种分类方法。按复杂程度气候模式可分为：①简单气候模式，即模式的物理过程设计简单或简化，考虑0～2维或箱式、单点等，如利用能量守恒和转化原理求取气候平均态的能量平衡模式(EBM)、在垂直方向考虑辐射与对流相平衡的辐射对流模式(RCM)、混合层海洋模式、箱式陆面模式、热力学海冰模式等；②中等混合气候模式，一般考虑大气(或海洋)是复杂的动力学模式，而海洋(或大气)是简单的或统计学的模型，如全球大气耦合混合层海洋与海冰模式、统计大气动力海洋模式等；③复杂的气候模式，一般考虑全球气候系统的所有成员，根据物理方程组和计算数学方法求解，如全球(区域)大气环流模式(AGCM)、全球(区域)海洋环流模式(OGCM)、海冰模式、陆地生物圈模式、积雪模式及这些模式耦合嵌套后形成的全球气候系统模式。复杂的气候模式设计在三维空间，垂直与水平分辨率都很细(例如目前的全球大气和海洋环流模式的垂直分辨率一般在20层以上，水平分辨率一般在100 km左右)，考虑的物理过程更接近实际气候系统。按模式所模拟的范围可以将气候模式分为模拟全球气候的全球气候模式和模拟某一特定区域气候的区域气候模式(丁一汇，2016)。近年来，气候系统模式、地球系统模式发展很快，对模拟地球气候变化和环境变化发挥了重要作用。以下就对常见的气候模式逐一介绍。

14.2.1.1 大气环流模式

大气环流模式(AGCM)是现代气候模式最基本的形式，其发展要早于海洋等其他气候系统分量模式。大气环流模式基于牛顿运动定律、能量守恒定律、质量守恒定律等基本的物理定律，得到由大气运动方程、热力学方程、连续性方程、物质输送方程等组成的大气运动方程组，并在给定初、边值条件下将上述方程组在计算机上实现程序化求解后，就构成了大气环流模式。总体上看，大气环流模式是一种显式的动力学模式。它表示大气的主要特征量，如温度、压力、风向、风速、湿度、密度等之间的关系，以及这些变量同各种外部强迫(如辐射、海温等)之间的关系和相互作用。大气环流模式主要由动力框架和物理过程两部分组成，此外还包括初值和边界强迫的处理(丁一汇，2016)。

大气环流模式通常近似地球为圆球，采用球坐标系刻画平行于地球表面的大气运动方程组，垂直方向多采用地形追随坐标(如高度地形追随坐标、气压地形追随坐标)以简化复杂的大气运动下边界条件。全球大气模式空间离散化时在水平方向上一般采用谱方法或者格点有限差分方法，垂直方向采用有限差分法或者有限元法。考虑计算效率和稳定性，在时间离散化时多采用半隐式半拉格朗日方法或者快慢波分离的时间分裂算法。目前，全球大气模式的空间分辨率在10 km到百千米量级之间。控制方程组依据对大气运动的近似分为静力平衡原始方程组和非静力全可压方程组，前者对10 km以上较低分辨率的模式大气是一个很好的近似，后者适用于各种尺度的大气运动（缪启龙 等，2010）。

根据动力框架不同的处理方法可以对大气环流模式进行分类，如根据对垂直运动方程的处理可分为静力平衡模式和非静力平衡模式。常用的是按对方程组的空间离散方案将模式划分为谱和格点两类模式框架。谱模式框架基于解析谱函数的有限项展开来描述气象动力场的变化，而格点模式框架是在有限差分格点上描述空间和时间的动力气象变量。目前的格点框架除了传统的有限差分格点框架外，还研制出了基于半隐式时间积分方案的半拉格朗日格点框架和基于全球准均匀多边形网格的有限体积格点框架。

根据应用的领域不同，大气环流模式又可区分为短中期数值预报模式和气候模式。用于短中期数值预报的大气环流模式一般分辨率较高，故可以对大气及地表状况分辨得较仔细，但运行时间较短；模式所包括的有关非绝热加热的物理过程不需要十分复杂。气候模式用于气候及气候变化的模拟、气候预测，由于研究对象的时间尺度较长，非绝热物理过程的影响较重要。海温、冰雪、植被、温室气体、气溶胶的作用等都需包括进来。对于某些历史气候问题的模拟，太阳活动的变化、地球轨道参数的变化也需要加入模式。由于计算时间长，物理过程复杂，气候模式的分辨率不可能很高。

大气环流模式由数值天气预报模式发展而来。菲利普斯（Phillips，1956）最早进行了大气环流的数值模拟，他采用了一个包含静力学近似、地转近似及若干其他假设的两层模式，在一个区域上进行了大气环流的数值模拟。所选的区域南北相距 10000 km，东西方向 6000 km，所有要素均以 6000 km 为波长周期地重复，外部热源是纬度的函数。菲利普斯的试验在复制大气环流的某些特征方面取得很大成功。以后斯马格林斯基（Smagorinsky et al.，1965）用原始方程的数值模式进行模拟，1965 年真锅（Manabe et al.，1969）则在模式中加上了水汽，进行更真实的模拟。明茨（Mintz，1965）于 1964 年在模式中还加了大尺度地形及海洋和陆地。20 世纪 70 年代以后大气环流模式得到了更加进一步的发展。目前几乎所有较大国家的气象业务和研究部门都有了自己的大气环流模式，它们在模拟气候、预测天气和气候的变化方面发挥了极大的作用（王在志，2016）。

14.2.1.2　海洋模式

海洋模式建立在海水运动所遵循的基本物理定律之上，从这个角度看，海洋模拟的许多方面都类似于大气模拟。但是，海洋运动本身与大气运动存在显著的不同：一方面，海洋具有较大的热惯性，使得在海洋中占支配地位的时间尺度要比大气中长得多，而且海洋中有关的水平尺度大约只是大气中的 1/10；另一方面，海洋的运动还受到海底地形的重大限制。海洋模式是描写海洋环流和海水要素演变的模型，即海洋环流数值模式。海洋环流可以用海水的七个要素——位温、盐度、密度、压力、两个水平速度分量和垂直速度在三维空间的分布及其随时间的演变来描述。这七个要素在旋转球面上满足简化的 Navier-Stokes 方程组，其热动力驱动项为各种能量源（包括太阳辐射、风应力、蒸发和降水等）。这些复杂的方程可以借助数值方法利用计算机求解（缪启龙 等，2010）。

全球海洋模式只以实际存在的陆地为边界，由于包括高纬度和极区海洋，海洋环流模式必须考虑海水和海冰的相互转化过程，所以一个完整的海洋模式应当是海洋-海冰耦合模式。全球海洋-海冰作为一个整体存储海水、热量和 CO_2，成为控制全球变暖的主因。但由于计算机规模和运算速度有限，并且无法完整刻画内在物理过程（如湍流过程），目前难以建立一个“通用”的海洋模式以模拟全球各个海盆不同时空尺度的现象。

三维海洋模式的原始方程是在球坐标上简化和修改的 Navier-Stokes 方程组，满足能量守恒、体积守恒和动量守恒。方程组通过静力假定、Boussinesq 近似及不可压缩近似等进行简化。并且利用低阶有限差分方法来离散方程组。海洋模式网格离散化中有不能被模式网格所分辨的物理过程，称为"次网格"过程，需要进行参数化处理，包括动量(示踪物)方程中水平方向和垂直方向的黏性(扩散)项，高纬度深对流过程，太平洋短波辐射穿透项，海表湍流通量等。最重要的次网格参数化是沿等密度面扩散方案(Gent et al.，1990，简写为"GM90")用于刻画中尺度涡旋对于大尺度位温、盐度及其他示踪物的作用。GM90 方案涉及两个参数化过程：其一是主要沿着等位密度面，其二是涡旋诱发的输送过程。GM90 方案的引入全面改进主温跃层结构、经向热输送和对流发生区等方面。该方案已成为不能分辨中尺度涡的 z 坐标海洋环流模式必须引入的参数化方案(张学洪 等，2013)。

第一个三维海洋模式是 20 世纪 60 年代由美国地球物理流体动力学实验室(GFDL)的研究开发的。采用"刚盖"近似(rigid-lid)滤去自由表面重力波，这样海洋模式的时间步长可以增加到当时计算机的承受范围。从 70 年代中期开始，三维海洋模式得到了充分的发展、推广和应用，并在大尺度海洋环流和气候数值模拟中长期处于主导地位。自 80 年代末以来，由于算法改进，考虑海表面起伏(包含表面重力波)的自由面海洋模式获得了广泛应用。

超级计算机运算速度呈指数递增，各种现场观测资料、卫星资料采集时间间隔越来越短，空间越来越精细，有助于海洋模式提高时空分辨率模拟。美国地球物理流体动力实验室(GFDL)的模块化海洋模式(MOM)、德国马普气象研究所(MPI)的海洋模式(MPIOM)以及中国科学院大气物理研究所(IAP)大气科学和地球流体力学数值模拟国家重点实验室(LASG)发展的气候系统海洋模式(LICOM)等高分辨率海洋模式的水平分辨率均已达到 1/10°，MPIOM 垂直方向高达 80 层。

海洋模式首先是作为气候研究和模拟的工具。单独海洋模式不仅可以模拟海洋环流和海水物理属性的气候态特征，还可以理解海洋在不同时空尺度上对外强迫的响应，包括水团演变，热含量变化及海洋环流变化等。作为耦合模式分量，海洋模式可用于研究海气相互作用，如气候反馈、全球变暖等问题以及太阳轨道参数变化等带来的古气候变化问题。其次，海洋模式还可用于气候预测业务，利用客观分析、资料同化和给定大气强迫，进行月、季、年际甚至年代际尺度的气候预测。此外，强迫场时频的提高可利用海洋环流模式开展日变化研究(缪启龙等，2010)。

14.2.1.3　陆面过程模式

陆面模式描述土壤内部水热传输以及陆地-大气交界面物质和能量交换的物理、生化、生态等过程。陆面模式的物理过程描述植被、土壤、雪盖等下垫面的水、热传输以及与大气进行水分、热量、动量、辐射的交换；生化过程描述碳、氮等化学元素的循环，包括植被的光合作用及土壤的呼吸；生态过程则是描述时间尺度较长的生态系统结构、组成和成分的动态变化及生态系统演替。

陆面模式由若干个预报方程和诊断方程组成。预报方程描述植被冠层温度、冠层截留降水量、土壤温度、土壤湿度(或者土壤含水量)等物理量在近地层大气条件强迫下随时间的变化。对单层的"大叶"模型而言，方程的个数随着土壤垂直分层的个数变化。诊断方程则仿照电路理论中的电位势、电流强度和阻抗的关系来模拟土壤与植被、土壤与大气、植被与大气界面间的动量、能量和水分的湍流交换。这些通量的计算大多是根据零阶闭合的相似理论，用来诊断平均风速、温度、湿度和其他变量随时间变化的平衡关系。针对不同的研究对象，相似性尺度分析可以分为莫宁-奥布霍夫相似、混合层相似、局地自由对流相似和罗斯贝(Rossby)数相似等(孙菽芬，2005)。

用于气候数值模拟的陆面模式迄今大致经历了三个发展阶段：20 世纪 60 年代末至 70 年代发展的第一代陆面模式，基于水分质量守恒的假定，用空气动力学总体输送公式和几个均匀的陆地表面参数简单地描述土壤含水量、地表蒸发和地表径流，该简化模型模拟了一个形似水箱中的垂直方向均匀分布的土壤及其中的水分运动，故称为箱式模型。70 年代末到 90 年代，在 Deardorff 提出的"大叶"模型基础上，以 BATS、SiB 为代表的第二代陆面过程模式，显式地引入植被生理过程，将植被冠层近似处理为一个薄的叶片，基于一系列可以直接观测到的陆面参数，建立起关于植被覆盖上空辐射、水分、热量和动量交换以及土壤中水热传输过程的参数化方案，较为真实地描述了植被在陆面过程中的作用，特别是细致地刻画了植被生理过程(如蒸腾)对陆面水分和能量收支的影响。90 年代以后逐渐发展起来的第三代陆面模式，引入了植被吸收二氧化碳(CO_2)进行光合作用的生物化学过程，不仅更加真实地刻画了陆-气交界面的水、热交换过程，还可以模拟地表碳通量和大气 CO_2 浓度的变化，为植物动态生长并响应气候变化的生态模式研究打下基础，NCAR LSM 和 SiB2 是该阶段的代表(孙菽芬，2005)。

中国学者在陆面模式发展方面的工作始于 20 世纪 80 年代，先后建立起侧重点不同的陆面过程模式，比如大气-植被相互作用模式 AVIM 及其改进版本 AVIM2 在描述植被生长方面有特色，基于多孔介质混合扩散过程的 IAP94 模式及其升级版本 CoLM 模式在国内外得到广泛应用。此外，针对不同陆面物理过程还发展了各种参数化方案，比如简化的雪盖与大气相互作用方案 SAST、植被冠层内辐射传输方案、湖泊和湿地模型以及描述不同植被类型竞争演替的森林-草原-灌木竞争方案等。

陆面模式是气候系统模式的重要分量，既可以描述陆面状态的变化，又可以为大气模式提供陆地部分的下边界条件。陆面模式可以离线运行，在近地层气象场(包括传统观测和卫星遥感反演数据)的驱动下，产生时空连续的土壤温度、土壤湿度等再分析数据，模拟供陆面过程及其变化。陆面模式可以常与气候系统其他分量模式耦合运行，为相关模式提供下垫面条件，反映地表覆盖和土地利用变化等因素对大气环流、气候、水文、生态等影响，并进而模拟这些变化对未来陆地表面状况变化的综合作用(李伟平，2016)。

14.2.1.4　海冰模式

海冰模式根据质量、动量和热量守恒定律等建立起来的对海冰的运动、生长及消融等物理过程的数学描述。海冰与海洋、大气不同，海冰不是流体而是以多重裂缝、水道(浮冰之间)和冰穴所组成的复杂固体冰盖，其性质是不连续的；同时，从一个时期到另一个时期，海冰的分布存在重大变化。因此，海冰模式和海洋模式、大气模式存在明显不同。海洋和大气模式的计算重点在于确定海水和空气的分布性质，可是用于大尺度气候模拟的海冰模式，在每个地方和每个时间步长，第一个目标就是要确定海冰是否存在，如冰存在，则要确定冰量(包括冰的厚度和该区域内海冰的密集程度)。

海冰的厚度、密集度及流速等要素特征受动力学和热力学过程的直接影响，所以海冰模式一般包括动力学模式和热力学模式等主要组成部分。海冰动力学模式是描述海冰在大气风应力、海流应力和海冰内部应力作用下的运动及变化过程，海冰内部应力的计算是动力学模式的关键和难点。海冰热力学模式主要研究海冰与大气、海洋间的热力相互作用和海冰内部的热力过程，以及这些过程引起的能量收支对海冰温度、生长和融化的影响。为了描述海冰与大气及海洋间的物质及能量交换，海冰模式主要模拟密集度、厚度、漂流速度、反照率、热量通量、淡水通量等要素(储敏，2016)。

海冰动力学模式　早在20世纪60年代中期，Campbell(1964)发展了第一个以流变学计算海冰内部应力的海冰动力学模式，成功模拟出了波弗特涡旋，但未能模拟出穿极地的漂流。在随后的70年代，北极海冰动力学联合试验(AIDJEX)提出了海冰的弹塑流变学。在此基础上，Hibler(1979)考虑了海冰动力学和海冰厚度的作用关系，提出了黏塑流变学的动力学模式，并应用于北极海冰的模拟，计算了海冰的厚度、密集度和流速场等的季节变化，正确模拟出了北极海冰的主要流系波弗特涡旋和穿极流，但是，该模式在高分辨率的情况下有着计算效率差的不足。Hunke等(1999)对此模式做了进一步的改进，在海冰流变学中引入了类似弹性的成分，称为弹黏塑(EVP)流变学模式，从而改善了Hibler的方法，并显著提高了计算的效率，在当前的海冰模式中得到了广泛的应用。

海冰热力学模式　较为完备的海冰热力学模式最先由Maykut等(1971)建立起来，该模式考虑了冰面上的雪盖、冰的盐度以及太阳辐射在海冰内部的加热作用，通过对北极海冰的模拟表明，模拟得到的平均海冰厚度等与观测基本一致，但是计算过于复杂，难以适应大尺度模拟的需要。Semtner(1976)对此进行了简化，将垂直层数简化为三层，包括一层雪层和两层冰层，同时改变了差分方案，并对扩散方程进行了简化，提高了效率和适用性。随着认识的深入，新的热力过程(融池、冰内盐泡、黑炭等)不断加入到海冰模式中。

由于海冰厚度在空间上是分布不均匀的，因此，如何更好地描述离散网格内海冰厚度的分布情况也显得尤为关键。为此，Thorndike等(1975)发展了海冰厚度分布方案，定义了海冰厚度分布函数，提出了海冰厚度分布理论，很好地处理了由海冰热力学增长、消融及动力作用引起的海冰分布在厚度空间上的演化(Weeks，2010)。

海冰多位于高纬地区，受天气情况等诸多因素的限制而难以观测。因此，海冰模式可以有效地弥补观测在时间及空间上的不足，模拟海冰的分布及其物理特征，在此基础上，可以研究海冰变化的因素以及对大气、海洋边界条件的敏感性。同时，海冰模式是地球气候系统模式的一个重要组成部分，海冰模式与其他分量模式一起使得更深入地了解海冰在气候系统中的作用及相互影响成为可能，更为重要的是，这不仅为模拟历史的气候演变，更为预估未来的气候变化提供了有效的途径(储敏，2016)。

14.2.1.5　气候系统模式

气候系统模式是基于大气、海洋和陆面(包括海冰和积雪)等气候分量所遵循的动量、能量及水分循环过程中的物理定律而建立的数学模型，用来描述气候系统内部各个组成部分以及各部分之间复杂的相互作用。气候系统模式是更广泛意义上的气候模式的复杂形式，已经成为认识气候系统行为和预估未来气候变化的定量化研究工具。一般的气候模式可看成是气候系统理想化的数学表示，因此根据对气候系统理想化处理及数学表示的简单化程度可形成简单的全球平均模式(如全球平均温度和辐射收支相联系建立的零维模式、只在垂直方向上考虑辐射和对流效应的一维模式等)及复杂的大气和海洋耦合的全球三维环流模式。气候系统模式以地球流体(大气、海洋)为主体，并考虑了地球表面的陆面物理过程的复杂三维模式，主要目的是理解多圈层相互作用的物理规律，也称为“物理气候系统模式”。

气候系统模式的范围一般是全球性的，高度从陆面或海洋底层直到平流层(50 km左右)。

气候系统模式中关键的气候分量模式包括大气、陆面、海洋、海冰模式。这些模式分量首先是独立发展和完善，最后通过通量耦合器连接到一起，形成气候系统模式（参见图 14.1）。在耦合方案上，2000 年以前以采用“通量订正”技术为主，后来则主要采用直接通量耦合技术，这样能排除“人为调整”的主观影响，能更客观、更自然地描述圈层间的能量和物质交换。采用直接通量耦合方案，目前主要有两种方式：一种是采用“可插拔”的模块化框架，即通过耦合器把不同气候分量模式耦合在一起；另一种是采用没有耦合器的非模块化耦合框架，即在不同分量模式两两相交的界面上进行直接通量交换（王斌 等，2008；缪启龙 等，2010；王在志，2016）。

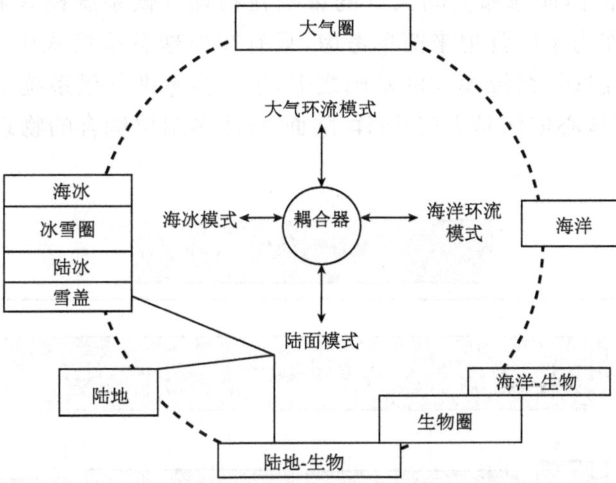

图 14.1　气候系统与气候系统模式示意图（资料来源：缪启龙 等，2010）

气候系统模式由数值天气预报模式发展而来，但又有别于数值天气预报模式。因为气候模式模拟的是事件平均统计量，而不是具体天气事件的演变。20 世纪 60 年代初，鉴于海洋在海气相互作用中的重要地位，真锅淑郎（Manabe et al.，1969）等首次给出了基于理想化的大陆-海洋构造的海气耦合模式结果。此后不久，第一个基于实况海陆分布的海气耦合模式产生了。经过最近几十年的发展，气候模式由简单逐渐到复杂，取得了飞速的进步，越来越多的物理、化学、生物过程被引入到模式系统中来，形成了由大气、海洋、冰雪圈、陆地等分量组成的气候系统模式。目前气候系统模式正向着积分时间更长、空间分辨率更高、对各子系统描述更全面的方向快速发展。

气候系统模式不仅可用于模拟历史气候的演变、当代气候的特征和行为，而且可用于模拟预测气候边界条件改变所引起的气候变化。气候系统模式另一个重要的应用是气候预测业务，即基于气候系统模式建立气候预测系统，对真实气候状态的演变进行预测（王在志，2016）。

14.2.1.6　地球系统模式

地球系统模式能够合理描述多圈层相互作用的物理和化学过程，使得大气科学和地球气候系统科学成为一门“可实验的科学”。地球系统模式是近 30 余年来地学领域发展最快的一个前沿方向，已经成为理解气候变化机理的重要工具和预测、预估未来气候的不可或缺的手段。地球系统模式是开展多学科、多圈层集成研究的重要平台，其发展是国际地学领域特别是全球变化领域竞争的前沿，模式发展水平的高低已经成为衡量一个国家科技综合实力的重要指标之一（周天军 等，2020）。

地球系统模式基于地球系统中的动力、物理、化学和生物过程等建立起来的数学方程组，以及为求解这些方程组而发展的计算方法和编写的计算机语言的综合系统。通过大型计算机对这些方程组进行数值计算可以定量描述地球系统各圈层的相互作用和变化，以及地球外层空间的性状，从而实现对地球系统复杂行为的模拟和未来可能情景的预测。简单而言，地球系统模式可以看成是传统意义上的气候系统模式与生物地球化学过程模式以及固体地球和外层空间（主要指太阳活动）模式的综合体，其基本组成包含五个功能模块：物理气候系统、生物地球化学系统、与人类活动影响相关联的人文（或社会科学）系统、固体地球、与太阳活动有关的空间天气（图 14.2）。固体地球和空间天气的影响在物理气候系统模式和地球气候系统模式中只是用已知的资料作为单向强迫来简单考虑，只有在地球系统模式中才能得到较客观的描述。地球系统模式是在气候系统模式的基础之上，进一步考虑气候系统中的碳、氮循环等生物地球化学循环过程，其核心依然是大气-海洋-陆面-海冰多圈层耦合的物理气候系统（王斌 等，2008）。

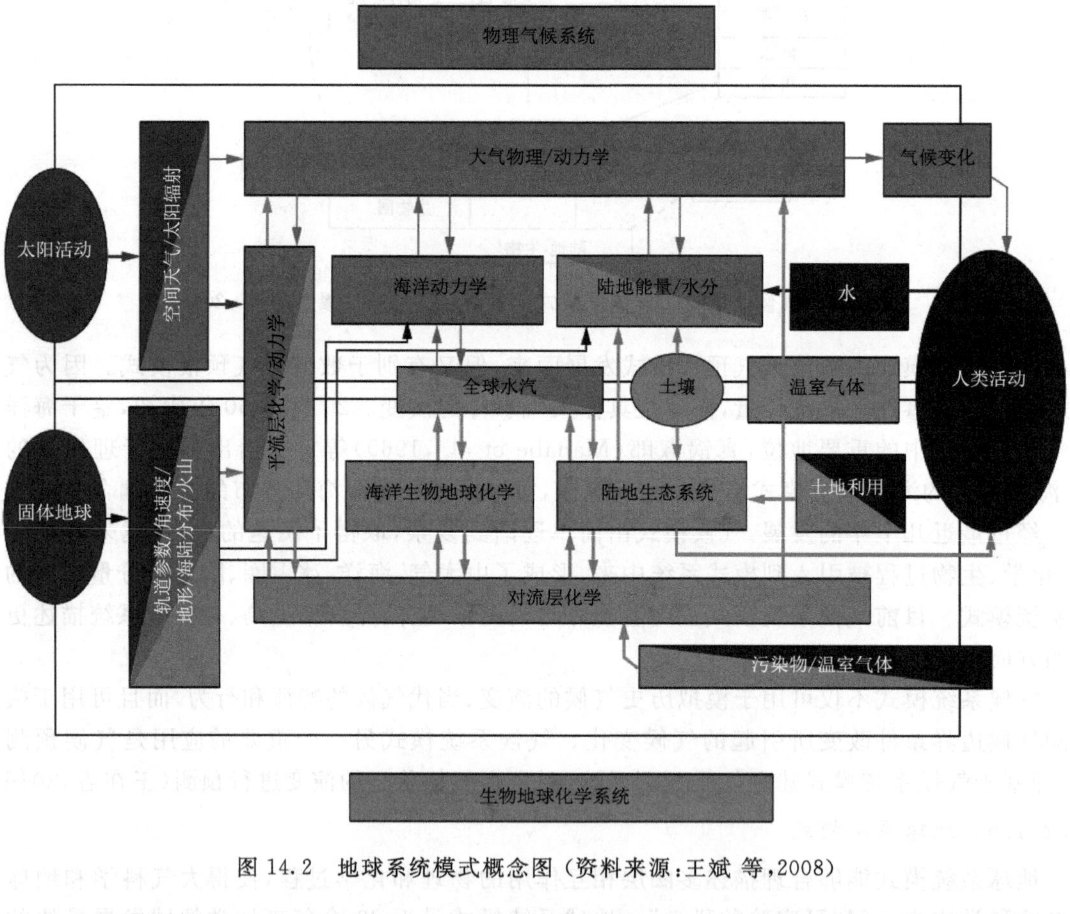

图 14.2　地球系统模式概念图（资料来源：王斌 等，2008）

2021 年 10 月 5 日，该年度诺贝尔物理学奖正式揭晓，其中一半授予两位气候学家真锅淑郎（Syukuro Manabe）和克劳斯 · 哈塞尔曼（Klaus Hasselmann），以表彰他们“对地球气候的物理模拟、量化变率和可靠地预测全球变暖”所做出的贡献。这是历史上诺贝尔物理学奖首次被授予气候学家。1967 年，真锅淑郎和理查德 · 韦瑟尔德（Richard Wetherald）基于辐射传输理论的最新进展，发展并利用一维辐射对流平衡模型，通过考虑辐射和对流的作用，重新分配了从地表往上垂直方向各层间的能量，真实地模拟重现了观测的大气垂直温度廓线。他们基于该模型，计算了大气中 CO_2 浓度从 150 ppm 增加到 300 ppm，以及从 300 ppm 增至 600 ppm 时的近地面气温变化，结果发现 CO_2 浓度每增加一倍，全球平均温度将会变暖约 2.3 ℃。1975 年，真锅淑郎和理查德·韦瑟尔德合作，研发了世界上第一个考虑了三维大气环流的气候模式，从而衍生发展出现代气候模式，开启了基于地球流体动力学和热力学规律的三维气候模式的发展，在气候变化研究中发挥了无可替代的作用。

自真锅淑郎和韦瑟尔德的模式创建以来，国际上气候模式的发展包括以下几个阶段(图 14.3)：一是 20 世纪 70 年代中期，大气环流模式得到快速发展；二是 80 年代中期，开始实现大气环流模式和陆面过程模式的祸合，而海冰则是给定的；三是 90 年代初期，大气环流模式实现与"沼泽"海洋耦合，并用于 IPCC 第一次评估(FAR)的气候预估试验；四是 1995 年前后，大气环流模式开始描述硫酸盐气溶胶和火山气溶胶，开始纳入完整的大洋环流模式，海-陆-气-冰耦合模式开始用于 IPCC 第二次评估(SAR)的气候预估试验；五是 2001 年前后，陆面模式引入径流过程以闭合水循环，大气模式对气溶胶的处理日臻完善，海洋模式能够再现经圈翻转环流，许多模式开始描述气候系统中的碳循环过程，支撑 IPCC 第三次评估(TAR)的模式系统在物理过程上得到完善；六是 2007 年前后，陆面模式开始引入动态植被，大气模式开始引入大气化学过程，海气耦合过程不再使用"通量订正"技术；七是 2013 年前后，气候系统模式开始向地球系统模式发展，海洋模式的生态系统模块、陆面模式的全球植被动力学模块对生物地球化学循环过程的模拟能力得到提升；八是随着高性能计算机性能的提高，模式的分辨率不断提高，IPCC 第六次评估(AR6)用到的模式中，大气平均分辨率接近 100 km，海洋分辨率接近 75 km，大气和海洋都达到 25 km 乃至 10 km 的海气耦合模式已经开始出现，大气模式逐渐向对流分辨率尺度、海洋模式逐渐向涡旋分辨率方向发展(周天军 等，2021)。

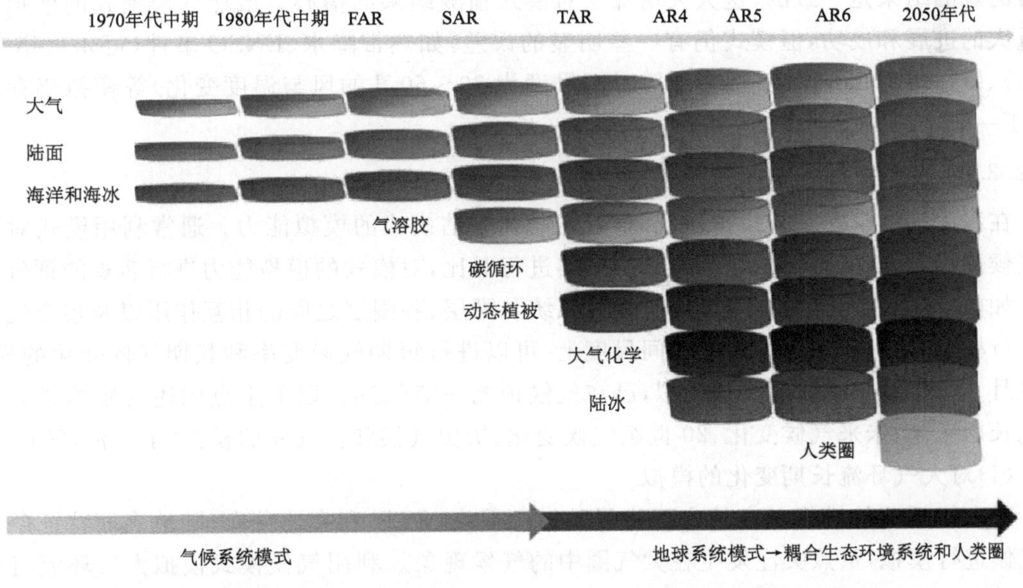

图 14.3　地球系统模式发展的历史、现状和未来（资料来源：周天军 等，2021）

14.2.2 气候模拟

气候数值模拟通过建立描述气候系统的状态、运动和变化的一组偏微分方程并进行数值求解，再现过去、现在和未来气候状态及其各种变化特征，揭示气候形成与演变规律，不仅可以对未来的气候变率和气候变化进行预测和预估，而且对气候系统各圈层的异常变化及各圈层之间的相互作用以及对全球气候变化的影响进行探索。

14.2.2.1 气候模拟特点

气候模拟之所以成为气候预测和气候变化研究的主要方法，其实质是气候模拟能够对未来的气候条件提供有物理依据、比较可信的客观、定量的预测结果。相对于其他预测方法，气候模拟有三方面的优势：一是气候模拟基于经典的质量、能量和动量守恒定律构建一套描述地球系统特征的数学方程组，从而构建气候模式，这就说明气候模拟具有充分的物理学和数学基础。此外，这套方程组计算的结果可以与较完备的全球观测资料进行比对，这也是其他方法不完全具备的。二是气候模拟有较高的模拟或复制现代气候的能力。气候模拟结果与大气、海洋、冰冻圈和陆面观测资料的大量比较和评估表明，气候模式在模拟许多重要的平均气候特征与不同时间尺度分布型和变率两个方面都显示出显著的和不断改进的技巧，因而具有气候预测的能力。平均气候特征包括大气温度、降水、辐射和风的大尺度分布以及海洋温度、海流和海冰覆盖等；气候变率包括重要季风系统的进退、温度季节变化、风暴路径和雨带以及中高纬地面气压（南北半球环状模）、半球尺度的振荡（北极涛动）等。三是气候模拟能够重现或复制过去气候和气候变化的特征。气候模式已用于模拟6000年前全新世中期温暖时期或2.1万a前末次冰盛期的古气候，并已模拟出诸如末次冰盛期海洋冷却数值和大范围分布的许多特征。模式也能够模拟仪器观测时期（1850年以后）气候变化的许多观测特征，如成功地模拟过去100 a的全球温度变化。此外值得一提的是，20世纪80年代气候模式预测的全球温度变化与以后的观测结果是一致的，这大大增加了对模式预测结果的信心。虽然气候模式的模拟取得了重大的进展和成功，但模式仍有一些明显的误差，如热带降水、ENSO事件（厄尔尼诺-南方涛动）、Maden-Julian振荡（热带地区时间尺度为30～60 d的风与温度变化）等模拟仍存在缺陷（丁一汇，2010）。

14.2.2.2 不同时间尺度的气候模拟

在利用气候模式进行模拟研究时，首先需要评估模式的模拟能力。通常利用模式对当代的气候进行模拟，并将模拟结果与观测事实进行对比，对模式的模拟能力进行客观的评价和检验。如前所述，利用气候模式可以对气候系统各圈层、各圈层之间的相互作用以及整个气候系统进行模拟（丁一汇，2010）。在时间尺度上，可以进行短期气候变率和长期气候变化的模拟。有关月、季、年和年际短期气候模拟，已在气候预测一节叙述。以下重点阐述气候模式对大气环流长期变化、未来气候变化、20世纪气候变化、历史气候和古气候的模拟（丁一汇，2010）。

(1)对大气环流长期变化的模拟

对大气环流的模拟是在给定下边界的海面温度（SST）和海冰分布、陆地表面特征条件下对气候进行模拟，重点关注发生在大气圈中的气候现象。利用气候模式模拟大气环流可分作两类：基于大气环流模式（AGCM）的模拟和基于“耦合的气候系统模式”（CGCM）的模拟。模拟大气环流的前提是假设大气变化受海洋的强迫，尽管海洋变化自身也是海气相互作用和各种强迫因子综合作用的结果。基于这个假设，模拟大气环流通常采用两种方法：第一种方法是利用平均的 SST 和海冰分布边界等来强迫气候模式；采用随时间变化的边界等来强迫气候模式。气候模式可以模拟大气要素的气候平均状态及变率和大气环流的特征及变化。

(2)未来气候变化的模拟和预估

对未来气候变化的模拟和预估，是在设定的自然因素（太阳活动、火山活动）和人类活动（人口变化与社会经济发展、人为排放温室气体和气溶胶、土地利用等）等外源强迫下，驱动气候模式进行模拟，对未来几十年至百年时间尺度上气候系统变化做出估计。未来气候变化模拟和预估需综合使用各层级气候模式，包括简单气候模式、中等复杂模式以及综合气候模式和地球系统模式(ESM)。这些模式可根据一套人为强迫情景模拟各种变化。

未来气候变化模拟和预估分为近期和长期两种时间尺度。年代际气候变化主要关注近期 10～30 a 的气候变化，充分考虑海洋初始状态以及大气强迫因子对气候预估的影响，而长期气候变化关注的是百年尺度的气候变化，主要考虑的是大气强迫因子的变化，不考虑初始条件的影响。

(3)20 世纪气候变化的模拟

工业革命以来，由于人类活动和自然变率的共同影响，全球气候呈变暖趋势，其中 20 世纪升温明显，所以 20 世纪气候变化模拟试验有着很重要的研究意义。一方面，利用其模拟结果与观测事实进行比较，考察模式的模拟能力，有助于对模式的改进和优化。另一方面，利用气候模式进行模拟试验，考查不同因子（例如温室气体浓度的增加、太阳活动、火山活动及土地覆盖改变等）对 20 世纪气候变化的影响，加深人们对于气候变化归因的理解（丁一汇，2010）。

(4)近千年气候变化模拟

近千年气候研究重点是中世纪气候异常期研究。中世纪气候异常期又称中世纪暖期和小冰期，是距今最近的典型气候冷暖异常时期。因其距现代相对较近，气候代用资料及相关历史记载较多。鉴于中世纪暖期和小冰期气候主要受自然外强迫因子的影响，气候模式根据公元 850 年至公元 1850 年逐年变化的地球轨道参数、温室气体、火山活动、太阳辐照度、臭氧、气溶胶、冰盖、植被覆盖等历史资料，驱动模式得到模拟结果。对比检验表明，大部分模式可以模拟出全球和北半球近千年温度变化的主要特征和多种时间尺度的变率。

(5)古气候模拟

古气候是指现代气候以前的气候，包括历史气候和地质时期气候。古气候的研究，对于了解气候变迁、现代气候的形成、自然地理环境的演变以及矿产资源成因和探测都有重要作用。古气候模拟利用气候模式对古气候时期的气候状况进行数值模拟，将模拟结果与古气候重建或代用资料进行比较，从而恢复古气候特征，进一步探讨古气候变化的原因和影响。控制古气候与现代气候的因子并不完全相同，有的因子在现代气候模拟中可以不考虑，但在古气候模拟中却是必不可少的，如地球轨道参数、大陆冰盖、海陆分布等。

(6)气候极端事件的模拟

通常来说，极端事件所涉及的时空尺度较小，而气候模式的分辨率较粗，因而目前只能对极端气候事件在较大尺度上的特征进行模拟。为了得到合理的较小尺度的特征，通常需要对气候模式的输出进行降尺度处理。对于极端温度事件的研究主要分析极端高（低）温发生的强度、频率和持续时间，以及与极端温度有关的指数（例如年霜冻日数、生物生长季节等）。大部分研究表明，目前的耦合模式已经可以较好地模拟出全球尺度上的统计特征。此外，模式对于热浪及冷空气暴发的事件也具有较好的模拟能力。但模式对于与降水有关的极端气候事件和热带气旋的模拟则存在着比较大的误差，这主要是由于模式分辨率不够与对流参数化方案不完善引起的。

14.2.3 气候模式与模拟研究进展

14.2.3.1 不同全球模式比较计划

(1)大气模式比较计划(AMIP)和耦合模式比较计划(CMIP)

“气候模式的可靠性如何”一直是一个基本的科学问题。科学家们的共识是，对气候模式一定要进行评估，而且要从多种时空尺度以及对多个气候变量进行全面考察。评估气候模式主要是将各模式的模拟结果与经过气候模式加工的模式化“分析资料”进行对比。为此，世界气候变化研究计划制定了一系列全球大气耦合海洋环流模式比较计划(AMIP，CMIP 1～6)。

大气模式比较计划(Atmospheric Model Intercomparison Project，AMIP)由世界气候研究组织于1989年发起，主要目标是对大气环流模式进行系统的检验、诊断和对比，从而评估大气模式的性能并识别其误差。为此，所有的模式都是在大气 CO_2 浓度和太阳辐射为常量的统一规定下，利用观测的大气和海冰月平均资料，从1979年开始对气候进行模拟。在后期，为了更好地理解模拟过程中出现问题的实际原因，加快模式发展速度，有关组织进一步开展了AMIPⅡ计划。AMIPⅡ的任务是运用改进了的诊断和试验方法，在增加变量和过程样本的基础上进行分析和比较。参加计划的有全世界从事气候模拟研究的10余个知名大气环流模式，用统一的强迫场资料驱动各自的模式，以统一的格式输出计划规定的各种变量，从而获得了丰富和系统的模式“资料”库。

AMIP为全球大气环流模式(AGCMs)提供了一个标准的试验框架，它为气候模型的诊断、验证、比对、文件和数据存取等提供了公用的基本框架。在这个框架下，不同的科学研究小组得以对大气环流模式进行系统的分析，而这一过程也有利于促进模式的改进。AMIP计划在世界气候研究组织数值试验工作组(WGNE)AMIP计划指导小组的指导下，由气候模式诊断和对比计划委员会(PCMDI)来执行。PCMDI是美国国家能源部在1989年成立于劳伦斯·利弗莫尔国家试验室(Lawrence Livermore National Laboratory，LLNL)的气候变化研究机构。任务是为诊断和比较大气环流模式及气候的模拟提供方法和工具。

AMIP试验本身的设计很简单，其中的模式配置使科学家们能够把重点放在大气模式，而不必过分考虑气候系统中海气反馈的复杂性。但从1979年到目前为止，大气环流模式一直受到实际海洋表面温度和海冰的限制，这就使得大气环流模式尽管具有服务于气候诊断研究的一整套数据场，却并不意味着它可用于气候变化的预测。为此，1995年，世界气候研究计划的分支机构，联合科学委员会/气候变化与预测耦合模型工作组，制定了耦合模式比较计划(Coupled Model Intercomparison Project，CMIP)。AMIP发展为现在的CMIP，并成为CMIP不可缺少的一个部分。

CMIP计划先后由气候变率与可预报性研究委员会(CLIVAR)和世界气候研究方案联合科学委员会管理。而气候模式诊断和对比计划委员会(PCMDI)则通过帮助耦合模式工作组(WGCM)确定项目的范围、维持该项目的资料库和参与数据分析等来支持CMIP计划。CMIP计划实施以来发展迅速，经历了CMIP1(1995年)、CMIP2(1997年)、CMIP3(2004年)、CMIP5(2008年)几个阶段的发展。

第一阶段的 CMIP 计划(CMIP1)的主要任务是从耦合环流模式控制试验中汇集模式结果,试验中 CO_2、太阳参数和其他气候外强迫均保持不变。在接下来的 CMIP2 阶段,收集了从控制试验及相应的 CO_2 以每年 1%递增的模式输出结果,不再考虑其他人为气候强迫因子。

到 CMIP3 阶段,主要收集由世界各地领先的模式中心提供的模式在 2005 年和 2006 年对过去、现在和未来气候模拟结果的输出。CMIP3 收集分发了工业化前气候模拟情景下,约 30 个耦合大气环流模式在 CO_2 每年以 1%速率递增的模拟结果,以及接近真实的气候强迫情景下的 20 世纪模拟(20C3M)等多种情景下的模拟结果。

到 CMIP5 阶段,模拟试验按照时间尺度分成长期预估和近期预测两大类,主要考虑以下几个方面:①控制试验和模式评估,认识历史气候;②未来温室气体排放情景;③对于碳循环-气候模式完全相互作用的模拟;④诊断"强迫"和"反馈"以及认识模式的差异;⑤在观测和模拟的 20 世纪气候之间评估差异的统计信度并且改善非强迫的气候变率的估计;⑥气候变化检测和归因研究;⑦近期试验集中在区域气候影响、极值变化、区域污染和几十年的可预报性几个方面。其中,前 6 项属于长期预估类,第 7 项则是近期预测类,也是以往 4 次所没有的。CMIP5 模式相对于 CMIP3,其构成模式的主体部分仍然是全球大气-海洋耦合模式(AOGCMs),在此基础上,CMIP5 的地球系统模式包括的 5 个圈层分量模式的分辨率更高,更重要的是加入了对气候变化有明显影响的生物地球化学循环,大多数地球系统模式包括多圈层相互作用的碳循环、相互作用的气溶胶过程和随时间变化的臭氧过程等。

参加 CMIP5 的 46 个地球系统模式,来自 12 个国家和欧盟的 23 个模式组;其中美国的模式最多,为 13 个,约占总数的 1/3。中国有 5 个单位的 6 个模式参加了对比计划,分别是 BCC-CSM1.1、BCC-CSM1.1m(中国气象局国家气候中心)、BNU-ESM(北京师范大学)、FGOALS-g2(中国科学院大气物理研究所大气科学和地球流体力学数值模拟国家重点实验室/清华大学地球系统科学研究中心)、FGOALS-s2(中国科学院大气物理研究所大气科学和地球流体力学数值模拟国家重点实验室)、FIO-ESMv1.0(国家海洋局海洋第一研究所)。

2012 年秋季,CMIP6 开始启动。CMIP6 建议参加对比的地球系统模式在 2013－2015 年期间发展模式,开展更多的数值试验,从而继续提高模式的分辨率,并且增加更接近实际的物理和生物地球化学等过程;2015—2018 年各个模式组将根据新的数值试验设计方案进行大量数值试验,发表大量研究文章,并且举行一系列研讨会,同时将模式组的计算结果提供给全世界研究者使用。CMIP6 全球模式的评估和预估结果在 2021 年发布的 IPCC WGI AR6 报告中得到了广泛应用。

(2)国际古气候模拟比较计划(PMIP)

国际古气候模拟比较计划(PMIP)是古气候领域里的一项长期开展的大型国际研究计划。该计划的主旨是利用气候数值模式,通过开展一系列针对古气候变化的模拟试验理解全球气候变化的机理,确定气候系统内部的各种影响气候变化的关键反馈因子;通过比较不同气候模式对不同于现代气候(古气候)的模拟能力评价模式的优劣,进而促进气候模式的发展;同时也为全球变化背景下利用气候模式预估未来气候变化提供借鉴。PMIP 自 1991 年酝酿开始经历了 PMIP1(1991—2001 年)、PMIP2(2002—2007 年)、PMIP3(2008－2017 年)、PMIP4(2018 年至今)几个阶段。

PMIP 第一阶段(PMIP1)的研究重点在两个典型的过去时间段:末次盛冰期(Last Glacial Maximum,简称 LGM;距今 2.1 万 a 前,即 21 kaBP)和中全新世(mid-Holocene;距今 6000 a

前，即 6 kaBP)。当时以全球大气环流模式为主，用给定的海面温度强迫，或者采用简单的板块海洋模型。在 PMIP2 期间，除了继续开展中全新世和末次盛冰期两个"基准时段"的模拟试验外，PMIP2 新增了对多个不同时段的模拟试验，包括从末次间冰期向末次冰期转变时期(距今 11.5 万 a 前，即 115 kaBP)、新仙女木时期(距今 12900～11500 a 前，即 12.9～11.5 kaBP)、全新世早期(9 kaBP)和 8.2 kaBP 冷事件及北大西洋冷水强迫试验。PMIP2 开始改用全球大气环流与多层海洋环流耦合模式，或者全球大气-海洋-陆地植被耦合模式。

PMIP3 又增加了近千年模拟，所使用的重建的外强迫数据较以前更成熟和全面。这个新目标与 CMIP5 的近期(年到年代)变率的模拟一致，所用模式的改进也与 CMIP5 相同。但是，这不是 PMIP3 的唯一改进，另一个改进方向是加强对暖期的研究。例如，对上新世、始新世、末次间冰期的模拟，以及对全新世与末次间冰期的瞬变模拟，这些均对未来变暖的预估有重要意义。此外，对末次冰消期不同强迫因子的瞬变模拟，为更好地了解地球系统各成员对外强迫反应的动力学、时间尺度，以及对历史气候变化进行归因检测分析均有重要意义。

PMIP4 致力于古气候资料数据的重建，从而为模式模拟性能的评估验证提供了保障，为减少模式不确定性提供了科学依据。PMIP4 中古气候模拟试验种类繁多，根据其科学问题的重要性分成不同的优先级。针对 CMIP6，基于以往 PMIP 试验和新的科学问题，PMIP4 选取 5 组试验作为 PMIP4－CMIP6 共同关注的古气候模拟试验，包括中全新世、末次盛冰期、过去千年模拟、末次间冰期和上新世暖期。其中中全新世试验和末次盛冰期是国际古气候模拟比较计划开始以来重点关注的两个时期。

(3)社会经济模式

人类社会经济发展会影响气候变化，气候变化对社会经济带来的影响也不容忽视。经济系统作为一个整体，需要利用综合评估模型的思想对气候变化的经济影响进行分析与评估。一般均衡模型(CGE 模型)是目前进行综合评估较为常见的经济模型。将局部均衡模型与一般均衡模型进行综合，既反映了气候变化对社会经济带来的影响，同时也反映出一定的适应措施带来的经济应对状况，这种动态的综合评价模型是目前国际发展的趋势。目前的研究多是气候变化对社会经济的单向影响，研究气候变化和社会经济的相互作用还需要进一步发展气候系统与社会经济系统的双向耦合模式。

14.2.3.2　全球模式结果的综合评估

IPCC AR6 报告(IPCC,2021)中采用的模式能够比以往更好地模拟地球气候系统；综合过程理解、器测记录、古气候数据和萌现约束等评估得到的平衡态气候敏感度(ECS)不确定范围缩小；结合实际观测的变化与模拟、简单模式模拟器的模拟结果等多重证据对温度、海洋热量和海平面进行了约束预估，改进了未来气候变化的评估结果(翟盘茂 等,2021)。

自 AR5 以来，气候模式的发展取得了明显的进展。在 AR6 中，更多地采用了地球系统模式(ESM)，能够更加全面、更加真实地模拟组成气候系统的各个圈层及各圈层之间的相互作用过程，从而更准确地再现导致气候变化的物理、生物和化学(包括碳循环)过程。在提升模式分辨率以求更好地模拟相应物理过程的同时，一些大的模式中心开展了单一模式-初始条件大样本集合模拟以更好地区分由人类活动主导的辐射强迫导致的变化和气候系统内部变率对人类活动信号的放大/削弱影响，这大大加深了对气候变化预估不确定性来源的理解，促进了不确定性的量化和溯源。

在情景设计上，与 CMIP5 中更加关注至 21 世纪末的辐射强迫幅度不同，CMIP6 采用了

“共享社会经济路径”的框架，在第一工作组的评估中采用与各个社会经济发展路径相匹配的多种排放情景，对区域尺度的人类活动和非温室气体强迫进行了更细致的区分和更为详细的描述。第一工作组报告中主要考虑 5 种假设情景：SSP1-1.9、SSP1-2.6、SSP2-4.5、SSP3-7.0 和 SSP5-8.5，分别代表极低、低、中、高、极高排放情景。

在 AR5 以后，为了减小模式预估的不确定性，更多的约束技术被开发、应用在研究中，如萌现约束(emergent constraint)技术，模式加权方法(model weighting)等。其中萌现约束技术在评估气候敏感性、结合观测数据与数值模拟结果，对地球系统模式(CMIP6)的预估结果进行约束订正，较 AR5 在未来气候变化预估方法上有巨大的进步。

约束预估的结果显示，21 世纪末，温升值的上限要比没有约束情况可能性范围明显缩小，提高了确定性程度。在低排放情景(SSP1-1.9 和 SSP1-2.6)下全球温升的最优估计分别为 1.4 ℃和 1.8 ℃，全球温升有可能在 21 世纪内分别限制低于 1.5 ℃和 2 ℃；在中等排放情景(SSP2-4.5)下全球温升为 2.7 ℃；但在高排放情景(SSP3-7.0，SSP5-8.5)下，温升可达 3.6 ℃和 4.4 ℃。此外，无论是哪种排放情景，到 21 世纪中期全球地表温度都将继续上升；21 世纪末在 SSP1-1.9 情景下温升可能控制在 1.5 ℃，而在 SSP1-2.6 情景下可能控制在 2 ℃以内，但在极高排放情景下(SSP5-8.5)温升将突破 4 ℃。由此反映出，除非在未来几十年里大力、迅速、持续减少温室气体排放，否则无法将全球温升限制在 1.5 ℃、甚至 2 ℃内。

对极端温度事件的分析表明，与 AR5 预估结论一致，AR6 结果揭示：在未来全球气候进一步变暖情形下，全球尺度和大陆尺度以及所有人类居住的区域，极端热事件(包括热浪)将继续增多，强度加强；极端冷事件将减少，强度将减弱，即使全球温升水平稳定在 1.5 ℃。未来全球增温幅度越大，预估结论的信度水平越高。在全球 1.5 ℃温升水平下，相对于 1995—2014 年，预估的大陆尺度极端热(冷)事件频次和强度增加(减小)的信度水平为很可能，在全球 4 ℃温升水平下提升至几乎确定。在区域尺度上，预估的极端温度事件频次和强度变化的信度水平在全球 1.5 ℃温升水平下为可能，在全球 4 ℃温升水平下为几乎确定。中美北部、北美中部和北美西部这 3 个区域，预估的极端冷事件变化的信度水平在全球 1.5 ℃温升水平下为中等信度，在全球 4 ℃温升水平下为很可能。在大多数陆地区域，极端温度事件强度的变化与全球增暖幅度成正比。TXx 上升幅度最大的区域位于中纬度和半干旱的一些区域以及南美季风区，为全球增暖幅度的 1.5～2 倍；TNn 上升幅度最大的区域位于北极区域，为全球变暖幅度的 3 倍(高信度)。与此不同，极端热事件频次变化随全球增暖幅度呈非线性增长，越极端的事件，其发生频率的增长百分比越大(周波涛 等，2021)。这是 AR6 的一个亮点结论。

对极端降水事件的分析表明，随着全球变暖加剧，强降水事件很可能变得更强、更频繁。全球尺度上，未来全球每增温 1 ℃，极端日降水事件的强度将增强 7％(高信度)。区域强降水强度变化与全球变暖幅度成近乎线性关系，未来全球变暖幅度越大，强降水增强就越大；强降水事件的频次随全球增暖幅度增加而加速增长，越极端的强降水事件，其发生频率的增长百分比就越大(高信度)。比如，在全球 1.5 ℃温升下，当前 20 a 一遇的强降水事件发生频率将增加 10％，100 a 一遇的强降水事件发生频率将增加 20％；在全球 2 ℃温升下，当前 20 a 一遇的强降水事件发生频率将增加 22％，100 a 一遇的强降水事件发生频率将增加 45％以上。这也是本次评估报告的一个亮点结论。强降水未来变化预估结果的信度水平与全球温升水平有关。全球温升水平越高，预估的强降水变化的信度水平就越高(周波涛 等，2021)。

14.2.3.3　区域气候模式与模拟

(1)降尺度技术方法

在进行气候变化预估模拟时,全球海气耦合模式由于其复杂性和需要多世纪时间尺度的长期积分,因此对计算机资源的要求很大,所取分辨率一般较低,如参与 IPCC AR5 的全球模式分辨率一般在一百千米至几百千米间。如要在更小尺度的区域和局地进行气候变化情景预估,有两种解决方案:一是发展更高分辨率的全球模式;另一个是采用降尺度法。由于提高全球模式分辨率需要的计算量很大,降尺度法成为更为可选的方法。

目前主要有两种降尺度法:一种是统计降尺度法,另一种是动力降尺度法。其中统计降尺度方法通过在大尺度模式结果与观测资料(如环流与地面变量)之间建立联系,得到降尺度结果。这种方法的计算量小,可以得到非常小尺度上的信息,还可以得到一些区域气候模式不能直接输出的变量。但统计降尺度法对观测资料的需求较大,如需要足够长的时间序列以调试和验证模型,在没有当代观测的地方较难进行未来气候变化的预估等。

动力降尺度一般使用区域气候模式进行。其基本思路是,在 GCMs 提供的大尺度强迫下,用高分辨率有限区域数值模式模拟区域范围内对次网格尺度强迫(例如复杂地形特征和陆面非均匀性)的响应,从而在精细空间尺度上增强大气环流的细节。动力降尺度一般使用区域气候模式进行。相比统计降尺度方法而言,动力降尺度有比较明确的物理意义,可以捕捉到较小尺度的非线性作用,所提供的气候变量之间具有协调性,并且能够应用于全球任何地方而不受观测资料的限制。此外,动力降尺度能够再现非均匀下垫面对中尺度环流系统的触发,体现大尺度背景场和局地强迫之间的非线性相互作用。动力降尺度可以捕捉到较小尺度的非线性作用,所提供的气候变量之间具有协调性。其缺点主要是计算量大,另外所使用的物理参数化方案在用于未来气候模拟时,超出了其设计范围,这也是全球模式存在的问题。

(2)区域气候模式概况

使用有限区域模式进行区域气候研究的想法,最早由 Dickinson 等(1989),Giorgi 等(1989)提出。其原理是将全球环流模式模拟的结果或大尺度气象分析资料作为初始场和边界条件,提供给区域模式,再用它来进行选定区域的气候模拟,以揭示大尺度背景场下区域气候更准确、更详细的特征。此后 RegCM、MM5 及 WRF(气候版)、PRECIS、RAMS 等区域气候模式不断地发展起来,并广泛应用于过去和未来气候变化的模拟和预估、短期气候预测、极端气候事件模拟分析、气候物理过程模拟等研究领域,而且逐步向业务应用方面推广。

区域气候模式在世界各地得到广泛应用的同时,其模式本身在各方面也进一步完善。以 RegCM 为例,从 20 世纪 80 年代末第一代区域气候模式 NCAR RegCM(Giorgi et al.,1989)在中尺度模式 MM4 基础上建立至今,已经发展到了第四版本 RegCM4(Giorgi et al.,2012)。相较于早期的版本,RegCM4 在技术和物理过程方面都进行了调整和改进。技术上的改进包括统一使用 FORTRAN95 编程语言及 Module 方法,前处理和后处理均使用同一个执行文件,简化了操作过程。物理过程的改进包括加入新的陆面过程选项 CLM(Community Land Model,Oleson et al.,2004)和 diurnal 海温方案,引入了一些新的方案,包括 UW PBL 边界层方案、Tiedtke 对流参数化方案、环热带模式等。

与全球模式比较计划(CMIP)类似,近年来以欧洲和美国为代表,研究人员在加强 AOGCM 集合模拟和预估的基础上,在 RCMs 集合方面的工作也在陆续开展,旨在提升全球和区域的气候预估水平,如 ENSEMBLES、NARCAP、CORDEX 等。

(3)区域气候模式的应用

①区域气候模式的评估

区域气候模式由于具有较高分辨率，在气候变化模拟和气候预估方面，近年来得到了广泛应用。Solman等(2013)基于ERA-Interim再分析资料驱动下的7组区域模式模拟试验对模式在南非地区的模拟性能进行了评估，其结果表明，区域模式集合很好地再现了气温和降水的分布特征，模拟的偏差分别在±2 ℃和±20%之间，多区域模式集合模拟偏差及不确定性在热带地区比亚热带地区要大。

熊喆等(2014)建立适用于黑河流域的高分辨率区域气候模式，并对其模拟的降水进行检验，结果表明模式进行动力降尺度后，弥补了观测站点少的缺陷。王美丽(2015)全面评估了新版区域气候模式RegCM4.4，嵌套欧洲中心再分析资料ERA-Interim，进行了25 km高分辨率的长期模拟积分，在此基础上全面评估了模式对中国地区气候的模拟性能。结果显示，模式改进了以往版本中的冷偏差，但对冷季高纬地区的暖偏差改进不明显，对夏季降水的模拟也有一定改进。总体来看，降水的模拟效果比气温要差。对极端事件的模拟也有一定的能力，并且气温极端事件的模拟效果比降水极端事件明显要好。

②区域气候模式在影响评估中的应用

气候模式输出的气候变化情景预估信息应用于影响评估模型中有两种途径。一是利用当代观测到的气候信息。影响评估模型将观测气候作为输入数据驱动影响评估模型能更好地再现当代的情况。从气候模式模拟结果里提取气候变化信息，叠加到当代观测气候上，即可获得影响评估模型所需的未来气候信息，以此驱动影响模型从而评估未来的状况。这种方法的优势是能尽可能地消除模式模拟气候时产生的系统误差。然而，由于当前影响评估和适应研究对气候变化情景信息的时空精度和要素种类需求日益提高，现有的观测资料甚至再分析资料或是空间分辨率较粗，或是时间分辨率不高，因此这种方法在实际应用中存在诸多障碍。第二种方法是在气候模式模拟效果良好的前提下，直接采用时空精度较高的气候模式数据，将当代和未来的气候模拟结果直接输入到影响评估模型中，则两个时期的响应差异即代表了气候变化对该领域的影响。随着区域气候模式模拟性能的改善，这种方法越来越多地被采用。

在水资源方面的影响评估研究较多，其一般是通过将气候模式结果驱动水文模型来实现的，即首先利用气候模式在假定情景下对未来气候变化进行预测，模拟出水文模型所需要的气象要素，然后将模拟出的气象要素经过一定的处理(通常是误差订正)后用于驱动水文模型从而模拟出流域的水资源情况。当前应用较广的水文模型有HBV，SWAT，VIC，TOPMODEL及新安江模型等，模拟研究涉及中国各区域的流域，如长江和黄河、西部的天山附近的台兰河和开都河、东部的金华江和钱塘江(Gao et al.，2017)。

此外，在气候情景数据制作方面，21世纪以来国家气候中心基于使用RegCM和PRECIS区域气候模式完成的中国区域长时间积分模拟结果，发布了多套气候情景数据(表14.1)，供影响评估研究人员使用。

表 14.1　部分中国 RCM 气候情景数据

单位	RCM	GCM	排放情景	分辨率
国家气候中心	RegCM3	FvGCM	SRES A2	20 km
		MIROC3.2	SRES A1B	25 km
	RegCM4	ECHAM5_MPI-OM	SRES A1B	50 km
		HadCM3-Q0	SRES A1B	50 km
		BCC_CSM1.1	RCP4.5/8.5	50 km
中国农业科学院	PRECIS	HadCM3	SRES A2/B2	50 km
		ECHAM5_MPI-OM	SRES A1B	50 km
		HadCM3-Q0	SRES A1B	50 km

14.3　气候预测进展与前沿

14.3.1　国际上气候预测的进展和前沿

14.3.1.1　国际上气候预测的发展阶段

国际上从 19 世纪末开展气候预测以来，大体上经历了四个发展阶段(缪启龙 等，2010)。

第一阶段为开创阶段。从 19 世纪末—20 世纪 30 年代，应用统计方法，以相关分析方法为主，预测局地气候要素，如用多元回归方法直接预测某一地点的月平均温度和降水距平。这一时期的预测单纯应用统计方法，缺少对天气学和大气动力学机理的认识，只能对局地气候要素进行预测，且预测正确率也不高。

第二阶段为天气学派发展阶段。从 20 世纪初—20 世纪 50 年代，主要有苏联的穆尔坦若夫斯基学派和美国的纳迈阿斯学派。穆氏学派把天气系统的概念引入长期天气预报(短期气候预测)，因此也称天气学派。中期天气预报是建立在对自然天气周期的分析之上，长期天气预报则是主要依靠韵律和位相，还有自然天气季节。纳迈阿斯学派是引入大气长波的概念，其主要思路是根据过去的天气图变化进行外推。他的近似图是把本月的距平加到下月的平均图上，即假定距平不变。纳迈阿斯学派主要贡献有三点。一是把 30 d 平均环流图作为预报的基本工具，二是指出月平均环流与月平均天气有密切的关系，三是指出 SST(海面温度)异常对大气环流有影响，反过来，大气环流异常也作用于 SST。纳迈阿斯学派这些理论为后来大气环流模式的创立和模拟提供了基础和依据。

第三阶段为统计分析阶段。第二次世界大战后，世界范围的气候预测从 20 世纪 60 年代开始进入统计分析时期。各种统计方法在气候诊断和预测中被广泛采用，如判断分析、典型相关、多元回归分析、相似聚类、时间序列分析等方法用于气候预测。

第四阶段为动力学模式模拟阶段。从 20 世纪 80 年代中期开始，用大气环流模式(AGCM)进行月延伸模拟预测，20 世纪 90 年代又发展到用耦合模式(CGCM)进行季节模拟预测。21 世纪初，通过各种模式的集合预测，成为气候模拟和预测研究的重要工具。此后，气候系统模式向地球系统模式的迈进，成为气候模拟预测和预估的前沿。

14.3.1.2　无缝隙预报预测的理念

正如前述，在过去很长时间内，天气预报和气候预测无论是在时间尺度上还是空间尺度上都不是连续的，存在很多的薄弱环节。在时间尺度上，10～30 d 的延伸期预报介于天气预报和短期气候预测之间，单纯用天气预报或短期气候预测的理论方法均难以奏效，所以至今仍是一个难题。月、季、年时间尺度的短期气候预测起步较早，但与天气预报准确率相去甚远。年代到世纪时间尺度的气候预测和预估正处于研究提升阶段，其预测的信率比短期气候预测还要低。在空间尺度上，天气预报的分辨率相对较高，气候预测预估分辨率普遍较低，往往只能对区域和全球的气候趋势进行展望。针对天气预报和气候预测时空尺度上的不连续和薄弱环节，国际科学界一直在寻求时空连续的天气和气候预报预测途径。

21 世纪初，世界气候研究计划（WCRP）制定了 10 a（2005—2015 年）战略规划。提出了“地球系统的协同观测与预报”（Coordinated Observation and Prediction of the Earth System，COPES）的战略框架，首次提出了对整个气候系统进行无缝隙预测（Seamless prediction）的理念，并确定了从数周天气预报到季节、年代、世纪气候预测的目标和行动计划。

WCRP 指出，无缝隙预测理念包括跨时空尺度（包含多尺度的相互作用）、跨学科（包含自然气候系统、生物地球化学循环、社会经济系统）、跨机构（研究、管理及各种合作）、跨地理边界（局地、区域、国家、国际）等方面的内涵，强调下述三方面的技术要点。

（1）无缝隙预测包括各种时间尺度的预报预测，重点是加强延伸期预报和年代际及世纪气候预测。延伸期预报介于天气预报和短期气候预测，年代和年代际气候预测则介于短期气候预测和长期气候变化预估。年代至世纪气候预估需要加深对整个气候系统的认识，为此，首先要加强对气候系统的观测，包括大气、海洋、冰雪圈、陆面过程（水循环、土壤湿度、植被等）的过程，改进模式模拟效果。

（2）加强气候与天气的融合。一方面，天气和短期气候对于较长时间尺度的气候状态具有重要影响；另一方面，社会大众对于较长时间尺度的气候变率和气候变化的感知，主要是通过天气和短期气候特征变化特别是极端天气气候事件发生频率和强度的变化而实现的。所以，应加强气候与天气的融合，大力提高气候模式分辨率，尽可能接近当前或几年前高分辨率天气模式。

（3）尽管无缝隙预测强调整体性和连续性，但最好的可操作方法并非是单一性而是统一性。不可能用一个模式实现无缝隙预测，而是用不同模式构建无缝隙预测，不同的模式对应不同的时间尺度。

自 WCRP 提出无缝隙预测理念以来，各相关国际组织和各国研究、业务机构对于无缝隙预测开展了大量的探讨和实践，丰富了无缝隙预测的内涵。美国国家海洋大气局（NOAA）据 WCRP 的理念制定了美国的无缝隙预测框架（图 14.4）。NOAA 将无缝隙预测划分为 9 个时间尺度，并分别给出相应的特征。

（1）数分钟时间尺度。重点是监测和预警，及时发布灾害性天气预警信息，确保公共安全，保护人民生命财产和社会福祉。

（2）数小时时间尺度。重点是监测、预报和预警，及时发布天气预报和灾害性天气预警信息，确保军事行动安全，提供航危报和航空服务。

（3）数天时间尺度。重点是预报和预警，及时发布天气预报和灾害性天气预警信息，开展专业和专项气象服务，包括提前 4 d 的突发灾害性天气预警信息和人员疏散服务，提前 5 d 的

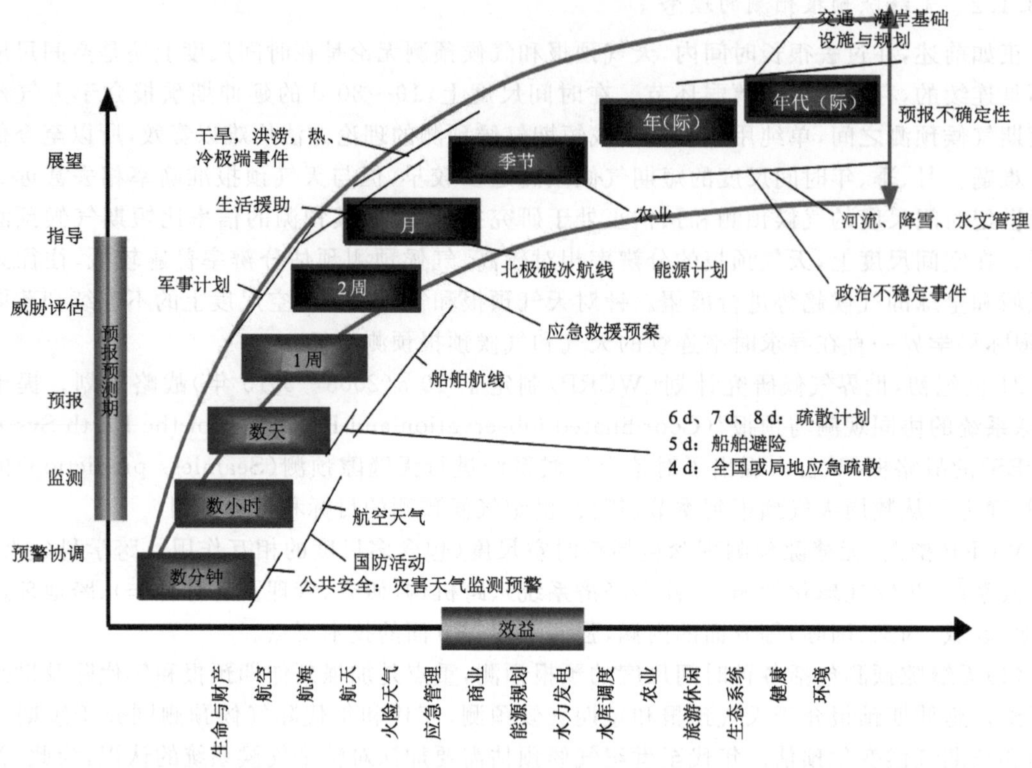

图 14.4　美国国家海洋大气局(NOAA)大气无缝隙预测的框架(资料来源：Uccellini，2006)

海军航行气象服务，提前 6 d 以上的突发灾害性天气人员疏散和海上交通建议方案。

(4)1 周时间尺度。重点是预报预警和专业气象服务，及时发布天气预报和灾害性天气预警信息，提供防灾预案，开展火险和航天、航海等气象服务。

(5)2 周时间尺度。重点是预报和风险评估，提供中期天气预报信息，对灾害性天气、高影响天气和极端事件进行风险评估，对军事部署和应急安排提供服务。

(6)月时间尺度。重点是预测和指导，对气候异常和极端事件进行展望和分析，对生产、生活、商业、军事、交通(包括北冰洋航行等)提供服务。

(7)季节时间尺度。重点是预测和服务，对季节大气环流特征和干旱、洪涝、热浪、低温等极端事件进行预测并分析对社会经济发展的影响，对农业生产、水资源调度、能源供应、交通旅游等提供服务。

(8)年和年际时间尺度。重点是预测和展望，对年景和冷热、旱涝趋势和分布等进行展望，为政府部门制定计划和规划提供科技支持。

(9)年代际及更长时间尺度。重点是预估和评估，对气候变化的幅度和特征进行预估，对气候极端事件趋势进行分析，评估气候变化对农业、水资源、能源、交通、海岸带、人体健康、生态环境等影响，为制定气候变化减缓和适应措施提供决策支撑(Uccellini，2006)。

14.3.1.3　天气气候预报一体化

无缝隙预测理念的提出，促进了天气气候预报的融合。天气气候预报一体化的内涵是实现中短期天气预报与延伸期到季节的预测亦即次季节到季节气候预测的连接，并采用统一的模式系统。20 世纪 80 年代以前，数值天气预报模式主要只考虑大气过程。到 80 年代，开始加入陆面过程。到 90 年代，又先后加入海洋、海冰和气溶胶过程。如此，数值天气预报的时间逐渐延长，预报准确率不断提高。但是，要进行次季节到季节气候预测，还需加入碳循环和大气化学过程。所以，为实现天气气候预报一体化，需加强天气模式和气候模式的连接。

实现天气气候预报一体化，关键是加强延伸期到季节的预测亦即次季节到季节气候预测。这不仅是无缝隙预测的关键时间尺度，而且在科学上具有很大的挑战。为此世界天气研究计划（WWRP）和世界气候研究计划（WCRP）于 2012 年共同发起次季节到季节预测科学计划（S2S），旨在集中世界优秀科学家和优势资源攻克这一世界难题。S2S 计划的总体目标是：加深对次季节到季节的科学认知并提高预测技巧，促进预测业务中心开展预测试验，鼓励政府和社会应用预测产品。S2S 重点关注极端天气气候事件的模拟和预测，包括热带气旋、干旱、洪涝、热浪、季风雨强弱等。S2S 目前有 6 个子计划，分别是遥相关计划、季节内震荡（MJO）计划、季风计划、非洲计划、极端事件计划、验证和产品计划。优先研究领域涵盖：①评估次季节天气气候事件可预测性，识别提高预测技巧的机遇和突破口；②认知次季节到季节预测系统误差；③比较、验证和测试多模式联合预测，给出不确定性定量化结果；④加强极端事件研究。

14.3.1.4 地球系统无缝隙预测

2014 年世界气象组织和国际科学联盟理事会（ICSU）等机构联合召开世界天气开放科学大会（WWOSC），其主题就是无缝隙预测。会议发布声明指出，当今的天气预报和气候预测正在朝着无缝隙的天气—气候及其影响预报的方向发展。WWOSC 确定未来的目标是地球系统无缝隙预测，涵盖从几分钟到几个月的时间尺度。地球系统无缝隙预报不仅仅是打破天气和气候预测的界限，而且是在天气、水、气候、环境到影响等领域各个维度上的无缝隙，概括起来就是时空尺度无缝隙，学科融合无缝隙，影响预报无缝隙。地球系统无缝隙预报的总体思路是：①加强对整个气候系统乃至地球系统的观测，建立气候系统乃至地球系统的大数据，在此基础上推进资料同化，支撑各种尺度的数值模拟；②加强数值天气预报、短期气候预测、长期气候变化预估、气候系统和地球系统模式的统一设计，实现整体性和统一性；③加强气候系统各圈层的联系，实现大气过程、陆面过程、海洋和海冰过程、水循环过程、碳循环过程、化学过程等方面的耦合模拟，支持地球系统无缝隙模拟预测（WMO，2015）。

2016 年，WWRP 根据 WWOSC 会议的精神制定了新的科学计划（WWRP 2016—2023），确立了未来研究的 5 个主题：①数据同化和观察研究主题，其目标是提升当前和未来的观测能力，并通过发展先进的数据同化技术，提高和优化高影响天气预报水平；②可预测性和动力/物理/化学过程的主题，其目标是对地球系统动力、物理和化学过程的理解，为地球系统的无缝隙预测奠定理论基础；③地球系统子系统相互作用主题，其目标是发展耦合模式及其验证技术，研究地球系统子系统相互作用的关键过程；④地球系统的数值预测主题，其目标是集成所有研究成果，发展、验证和应用耦合数值天气预报系统；⑤天气灾害和影响主题，其目标是不断推动不同学科之间、业务部门与科研院所之间、研究与应用之间的合作，集成观测系统、数值天气预报系统、新技术等研究成果，为天气灾害和影响提供决策信息（WMO，2015）。

为实现其总体目标下，WWRP 重点关注以下问题（WMO，2015）。

（1）对地球系统可预报性进行深入研究。可预报性与不可预报性是相辅相成的，预报领域就是可预报性与不可预报性的战场。可预报性包括较小尺度天气对大尺度天气的强迫、地表对大气的强迫、可预报性链的遥相关、长寿命的连贯性结构等。不可预报性包括大气上层能量传播和非稳定性注入混沌“噪声”、数值和物理近似误差、观测资料不足等。随着时间的顺延，可预报性与不可预报性战斗的结果是预报噪音的增加，导致可预报性的极限。在很长一段时间内，科学家们认为可预报性的极限大约为两周。但近来人们的认识在深化，可预报性的极限与预测何种信号及何种时间尺度有关，即在混沌“噪声”中可能潜藏着“音乐”信息。比如，长寿命的连贯性现象以及传播性罗斯贝波就具有超过两周的可预报性，并可提供独立的时空平均预测信号。这就意味着时空平均特性的可预报性具有更长的时间尺度。预期到2030年，全球数值天气预报的水平分辨率可达千米，准确可靠的高影响天气预报可提前两周，大尺度天气形态和机制转型的预测可提前一个月以上，全球环流距平的预测可提前一年以上。

(2)实现模式性能的突破。对于模式性能取得的进展，WWOSC从以下几个方面进行概述。

①模式的水平分辨率显著提高，而截断误差相对较小。水平分辨率提高，可更好地利用过程资料，降低模式初始场的误差，减少模式参数化的不确定性，这既有利于改进对大气过程的模拟，也有利于对陆面强迫(地形等)的模拟。高影响天气事件和灾害性天气事件往往具有较小空间尺度的特征，模式水平分辨率的提高，可显著改进对这些事件的模拟和预测。

②模式的垂直分辨率也明显提高，主要体现在两个方面：一是模式的顶部抬升，已达0.1～0.01 hPa(即距地面65～80 km)；二是模式垂直分层增加。这样，模式平流层的廓线就更加精细，可更好地利用卫星观测资料平流层描述的改进，可直接提升对流层的预报水平。对流层分辨率的提高，也有助于对物理过程和气象因子的预报。

③模式物理过程显著改进。在全球数值天气预报模式中，包括对流、辐射、湍流、重力波、云微物理过程，下垫面热量、水分和动量传输过程等。这些物理过程的改进，不仅提高了对大尺度大气环流的模拟能力，而且提高了对各种尺度热通量、水汽通量、动量通量的模拟能力，改进了对降水速率、边界场增长以及大气与下垫面相互作用的模拟性能。

④模式模拟圈层显著拓展。不仅气候模式逐渐包含气候系统各圈层，而且数值天气预报模式的复杂性也不断增加，其中也包括气候系统乃至地球系统的成分，如海洋、陆面、水文、大气成分、海冰等。近年来，多圈层耦合的气候系统模式也逐渐向地球系统模式方向发展，已经包含了大气、地表、海洋和海冰、气溶胶、碳循环、动态植被、大气化学和陆地冰盖等分量模式，而且随着分量模式不断丰富，更加注重多圈层、多过程、多要素的耦合。地球系统模式从只包含生态系统对环境变化的被动响应，扩展到包涵生态系统过程和人类活动对环境条件的反馈与影响。

对于未来模式性能的突破，WWOSC从以下几个方面进行了展望(WMO，2015)。

进一步提高模式的水平分辨率，减小网格尺度。水平分辨率持续提高，具有很多的科学挑战。首先，如何从网格参数化转变为直接模拟，这就需要解决深对流等问题。其次，如何处理在灰色区域(3～10 km)的关键过程。再次，资料同化如何开发多尺度全覆盖和多参数技术等。

进一步改进模式的物理过程。比如，如何更好地表述稳定边界层，既能得到近地表实际温度，又能很好地模拟天气尺度过程，这就涉及棘手的拖曳参数化问题。

进一步改进对热带对流的表述，至今在世界范围这一问题没有得到很好的解决。

进一步改进模式初始场，减少模式误差不确定性。

(3)要解决全球超级计算机系统结构严重不一致的问题。过去，预报预测的进展主要是科学推动的，辅之以算法的优化。现在，预报预测不仅需要科学推动，同时需要超级计算机系统的支撑，这就需要采用一致的超级计算机系统结构，以极大地提高计算效率。要实现这一目标，就需要全球的科学家和计算机专家通力合作。国际上一些著名预报、预测中心已尝试通过动力核心设计（网格选择、显式方法和隐式方法选择、平流方法选择等）对巨型机的设计和生产提出要求。

未来智能型气象信息综合分析和预报系统将朝着智能化、协同性、开放型方向发展。最近几年，大数据和人工智能技术已经被应用于模式和预报技术的发展，如结合人工智能算法和大数据，科学家开始尝试改进积云对流和云降水参数化，应用于对流系统的超短时预报等，这些计算方法的进步有助于显著降低模式中复杂参数化方案的不确定性。最近几年，AI 在深度学习领域取得了较大的进展。AI 的技术特点或优势主要体现在至少以下四个方面：第一，擅长图像识别和分类，比如基于图像或视频识别天气现象、基于数值模式输出要素识别台风、锋面等天气系统；第二，非线性建模，图像模拟、基于多源数据的融合分析；第三，时空降尺度，如利用高分辨率的实况观测对低分辨率的模式输出场进行训练，得到时空降尺度模型，实现低分辨率资料向高分辨率资料的转化，还可利用实况对数值模式输出的温度等要素进行建模，得到订正模型，进行实时订正，提高数值模式资料的应用能力；第四，时空预测，比如利用行业上发展较快的视频预测技术，对天气雷达观测资料进行外推预报。人工智能技术已经成为助力预报预测技术发展的有效手段。

14.3.2 中国气候预测和气候模式进展

中国气候预测也大体上经历了四个发展时期：第一阶段为简单的统计分析阶段，20 世纪 70 年代以前，主要依靠历史资料和天气气候分析，预报方法是较简单的天气气候学统计相关、相似和周期分析；第二阶段为数理统计方法应用阶段，20 世纪 70 年代到 80 年代，各种数理统计方法在短期气候预测中得到了广泛的应用，但物理因子的分析不足；第三阶段为物理统计方法发展阶段，20 世纪 80 年代以后，短期气候预测理论研究的进展、观测事实的发现以及对物理因子分析的深入，增强了短期气候预测的物理基础和预测能力；第四阶段为动力与统计相结合的阶段，20 世纪 70 年代以后提出动力—统计模式等，并在业务预报中开始试用，80 年代以来，气候动力学受到重视并得到很大的发展，开始用大气环流模式（AGCM）、耦合模式（CGCM）、气候系统模式和地球系统模式进行气候模拟预测（缪启龙 等，2010）。

如前所述，竺可桢（1934）、涂长望等（1944）、李宪之（1955a，1955b）早期的研究发现，阐述了东亚季风的基本特征及其和中国降水、气温变化的关系，并且提出了南、北两个半球存在气候相互影响，开创了中国季风研究之先河，也为后来利用统计和经验方法做季风和气候预测埋下了伏笔，奠定了物理基础（王会军 等，2020）。

杨鉴初（1953）提出了历史演变法的长期预报思路，并发表了关于应用气象要素历史演变规律制作一年以上长期预报的文章。1954 年第一次正式对外发布年度气候趋势展望，1958 年增加了月预报内容并易名为长期天气预报。但那时大多是以单站气象要素为预报对象。在预测实践中，结合对夏季风影响中国夏季降水研究的不断深入，发现中国夏季形成差异很大的多雨带（旱涝）分布类型，预报对象由单站转为全国旱涝分布趋势的预测，1961 年开始正式发布汛期预报和汛期旱涝趋势预测（赵振国，1999）。到了 20 世纪 70—80 年代，中国学者已经开始研究海区海面温度异常对气候的影响，并逐步形成了基于海温、陆面过程异常信息的短期气候预测方法(王会军 等,2020)。

为了构建有气候系统动力学基础的气候预测方法和模型,中国学者开展了大量的东亚气候系统变异特征、机制及模拟研究。时间尺度包括季节内至年代际;空间尺度包括局地、区域到东亚甚至全球;系统范畴从大气圈到海-气耦合系统、陆-气耦合系统、天文因素等;模式发展和应用从大气环流模式到气候系统模式和地球系统模式(王会军 等,2020)。

在发展动力-统计相结合的气候预测方法方面有重要创新并研制出系列高效能的预测模型。较早基于动力与统计相结合的预报方法是模式解释应用,主要包括模式输出统计量(MOS)和完全预报。中国学者在基于动力与统计相结合预报方法方面也有很多有益的探索和重要创新。在预测对象和预测方法方面,年际增量气候预测方法的提出和应用有重要的科学和实际价值(Wang et al.,2000),其关键在于该方法通过预测年际增量叠加前一年观测信息的途径,很好地解决了年代际趋势问题。同时,在综合运用动力模式和较全面历史资料发展气候预测方面也进行了新探索。中国学者还率先构建了适用于东亚区域的基于全球气候系统模式预测结果的统计降尺度预测方法。延伸期天气预报是世界气象组织季节内一季节气候预测计划(S2S)的关键内容,中国学者在这方面也有重要创新成果,研发了时空投影方法(STPM)和预测模型(Hsu et al.,2017),并应用于延伸期天气预报业务,取得了很好的预报效果(王会军 等,2020)。

通过几十年不懈的科研和业务努力,特别是国家气候中心的成立和国家"九五"计划"重中之重"项目"中国短期气候预测系统的研究"以及后续重大科技项目的支撑,中国已经建立起了结构较为完整、功能较为完善的气候预测业务体系,包括面向延伸期、月、季节、年际及年代际等不同时间尺度的气候预测,面向全球、亚洲、中国以及气候区、省、市、县等不同空间尺度的气候预测,面向气候要素、气候现象、气候事件及气候灾害等不同对象的预测。

14.4　水文预报

14.4.1　水文预报概述

水文预报是根据已知的信息(测验或分析的信息)对未来一定时期内水文要素的状态做出定量或定性的预测。水文预报在防汛、抗旱、水资源开发利用、国民经济建设和国防等领域都有广泛的应用,社会、经济、生态效益十分显著。水文预报依据水文学的基本原理和规律,基于水文气象等观测信息,运用经验、统计或数值模拟等方法,对未来一定时期内的水文状态作出定性或定量的预测。水文气象等观测信息,广义上指对预报水文状态有影响的一切信息,最常用的是水文与气象要素信息,如降水、蒸发、流量、水位、冰情、气温和含沙量等观测信息。预报的水文状态变量可以是任一水文要素也可以是水文特征量。不同状态量的预报,对观测信息的要求不同,预报方法不同,预见期也不同。目前通常预报的水文要素有流量、水位、冰情、水质和旱情等(《中国大百科全书》编委会,1987)。

水文预报有很多种类。按预见期的长短分类,水文预报可分为短期水文预报和中长期水文预报。按预报的项目分类,水文预报可分为径流预报、洪水预报、枯水预报、旱情预报、融雪预报、冰情预报、沙情预报、水质预报、潮汐预报等。以下对常见的几种水文预报逐一介绍。

14.4.1.1　洪水预报

洪水预报包括河段洪水预报和降雨径流预报。洪水预报有三种基本类型，一是河段洪水预报，二是流域降雨径流预报，三是以上两者的结合。根据河段上断面的水位或流量，推求下断面的水位或流量，称为河段洪水预报。根据流域上一场降雨量推求流域出口断面流量过程，称为流域降雨径流预报。为了提高洪水预报精度。有时需要将流域划分成由河槽相连结的若干个子流域，这时就需将流域降雨径流预报方法与河段洪水预报方法结合起来。当河段上、下断面区间面积较大时，为考虑区间降雨径流的影响，也需将流域降雨径流预报方法与河段洪水预报方法结合起来。

河段洪水预报是以河段为基本单元，以河槽洪水波运动的理论为基础。洪水波是沿河道向下游传播的。在河段上游某站测得水位与流量以后，就可预报河段下游某站的水位与流量。这种预报方法的预见期，就是洪水波在该河段间的传播时间。河段洪水预报的方法可分为相应水位流量法和流量演算法（包为民 等，2009）。随着数值模拟的引入和应用，数值洪水预报方法得到迅速发展，流域水文模型、产流模型、汇流模型、系统输入输出模型和动态实时校正模型等在洪水预报中发挥重要作用。

14.4.1.2　枯水径流预报

汛期过后，流域降雨量逐渐减少。当降雨量减少到一定程度且持续一定时间，流域出口断面将处于流量过程低且比较稳定的时期，这就称为枯水季节或枯水期，其间所呈现出的河流水文情势叫作枯水。枯水期不仅常会因水量不能满足生产和生活用水需求，而且由于河流稀释扩散能力的减弱，还可能因污染事故导致水质状况的严重恶化。因此，枯水预报有重要的生产、生活和环境意义。枯水期河中的流量主要由汛末滞留在流域中的蓄水量的消退而形成，其次来源于枯季少量的降水。流域蓄水量包括地面、地下蓄水量两部分。地面蓄水量存在于地面洼地、河网、水库、湖泊和沼泽之中，地下蓄水量存在于土壤孔隙、岩石裂隙、溶隙和层间含水带之中。由于地下蓄水量的消退比地面蓄水量慢得多，故长期无降水后河中水量几乎全由地下水补给。为了保障江河通航、河道疏浚工程和堤防岁修工程安全，需要预报江河控制站的枯季水位、流量过程。为了统筹安排江河、湖泊水资源和进行水库水资源调度，需要预报江河水库的枯季径流总量。过去常用退水曲线法、前后期径流相关法等经验、统计方法作预报枯水期径流，目前已有应用气候一水文模式嵌套模拟预测的尝试（黄锡荃，1993；包为民 等，2009）。

14.4.1.3　冰情预报

水体中冰的形成与消失过程，取决于水体与大气之间的热交换，大体上可归纳为成冰、融冰两个阶段或流凌、封冻、解冻三个时期。冰情预报主要内容是流凌、封冻和开河日期的预报。冰情预报的目的是利用历史和现时水文、气象资料，根据河流、水库和湖泊等水体的封冰和解冻的规律，预测未来冰情，以便提前制定应对计划和防范冰凌灾害事故发生的措施（杨开林，2018）。

中国北方地区秋末冬初，冷空气不断入侵，太阳辐射热量逐渐减弱，气温呈下降趋势。当气温下降到低于水温时，水体热量不断向空中散失。当水温降至 0 ℃时，水的表层开始出现水内冰和岸冰。水内冰是水体内部产生的过冷却水遇到凝结核而形成的冰。岸冰是沿河滩一岸或两岸冻结的冰带。水内冰的体积随气温下降而增大，当浮力大于重力和附着力时，上浮到水面与破碎的岸冰结合在一起，随水流向下游流动，这就是流凌。随着气温继续下降，冰厚和流凌密度不断增加，就会在水流排泄不畅的河段形成冰的壅塞，开始封冻。然后向上游发展，形成全河段封冻。封冻初期，冰盖较薄。随着低温的持续，冰盖不断增厚，一直到水体不能再向大气散热为止。这时各封冻河段之间尚未冻结的地方（称为清沟）仍不断产生水内冰，并向下游流动，使下游的封冻河段不断延伸。上游流动水内冰有时潜入下游冰盖以下，形成冰塞，使上游水位上涨。春季来临，太阳辐射开始增强，气温逐渐回升，冰盖上融下化，冰的结构逐渐解体。河流上下游的河道特征和水文气象条件各异，其解冻形势、解冻日期会有很大差别，解冻造成的危害程度也各不相同。河流解冻后，便进入畅流期，冰期即告结束。

影响冰情的因素主要有热力和动力两类。热力因素主要指太阳辐射热和大气与水体的热交换。动力因素主要包括水位、流量、流速、风速、风向、波浪作用等。此外，河道的特征如宽窄、深浅、陡缓、弯直等对冰情也有一定的影响。在以上各种因素中，气温和流量是关键因素。气温愈低，持续时间愈长，水体热量损失就愈快、愈多，流凌、封冻就愈快，冰的厚度就愈大；气温高，开河早。流量大，水温高，则封冻慢；反之，则快。分析影响冰情的具体因素，寻求恰当的反映指标，建立冰情要素与这些指标之间的关系，是制作冰情预报方案的有效途径。冰情预报的常用方法有指标法、点聚图法、回归分析法等（包为民 等，2009）。

由于天然河道断面尺寸、河势糙率系数等数据普遍存在实测资料不全或缺失，使得应用冰水力学数学模型进行冰情预报受到了极大限制。目前，中国实用冰情预报系统的开发仍然是基于人工智能算法。结果表明，人工神经网络技术可以提高对水位的模拟预测精度（杨开林，2018）。

14.4.1.4 沙情预报

为估计湖泊、水库淤积和河道的冲淤变化以及时、有效地采取措施控制泥沙，须对水体特别是多沙的河流进行沙情预报。沙情预报对于防洪、航运、水库调度、灌溉引水等工作具有重要作用。

根据泥沙形成过程，沙情预报可分为流域产沙预报和河段泥沙预报。前者类此降雨径流预报，是结合流域产流、会流研究产沙和输沙；后者类似河段洪水预报，由上游站的泥沙情况预报下游站的泥沙过程。水流是泥沙的载体，所以沙情预报常同水情预报相结合，且以水情预报为基础。也正因为如此，沙情预报比水情预报难度更大，精度也差（《中国大百科全书》编委会，1987）。

（1）泥沙总量预报

不同季节泥沙来源和总量有很大的差别。对于汛期洪水输沙量预报，既要考虑雨强的作用，又要考虑洪水来源地区下垫面状况对产沙的影响。枯季河川径流主要来自地下水补给，水源较清，河流通过对某些河段的冲刷而挟带泥沙，水量与沙量关系较为单纯，月径流量与月输沙量有较好的统计关系，可用统计曲线预报产沙量。当降雨产生的地面径流较大时，则也要考虑下垫面对输沙的影响。

（2）泥沙过程预报

泥沙过程预报情况十分复杂，常用泥沙相应涨差法和输沙瞬时单位线法进行预报。泥沙相应涨差法据上游站的泥沙情况预报下游站的泥沙过程。输沙瞬时单位线法根据流域产水、产沙和汇流、输沙混为一体的关系，类似用单位线推求径流过程那样，用输沙单位线由产沙过程推求出口的输沙过程。

14.4.1.5　水质警报与预报

随着工农业生产的发展，污染排放逐步增加，江、河、湖、库的水污染日益加重，严重影响到水资源的开发利用和国经济社会的可持续发展。为加强水资源的监督和管理，采取有效措施保护水资源，应及时作出水质警报及预报。水质预报根据污染物进入江河水体后水质的物理、化学和生物化学变化和转化规律，预测水体水质时空变化情势。由于各地排放到水体的污染源种类和程度都不相同，因此水质警报及预报的要素和预警级别应根据具体情况和要求加以选择。当发生突发性污染事故时，水质要素的变化更为复杂，应事先做好预案。水质警报及预报是当水质在短时间内发生重大的变化，如发生突发性污染事故时，为提前采取相应防范措施而发布的，具有很强的时效性。所以在发布警报及预报的同时，要进行跟踪调查和监测，并及时发布修正预报。

编制水质预报方案要依据预报的水质要素某项或几项水质指标、污染源状况和水文要素如水位、流量、流速、蓄水量等以及河道特性等情况，选定适合的方法。水质预报中方主要包括经验统计方法、经验相关方法和数学模型模拟方法。经验统计方法包括水质-流量相关法、上下游水质相关法和多元线性相关法等。水质模型是模拟污染物在水体中运动变化规律的数学函数或逻辑关系。水质模型按系统信息完备程度，可分为黑色、白色和灰色三种。按输入输出变量间的数学关系，可分为确定性模型和随机模型。按使用参数的时变性质，可分为稳态模型和动态模型。按污染过程的变化性质，水质预报模型可分为生化模型、纯输移模型、纯反应模型和输移与反应模型以及生态模型(《中国大百科全书》编委会，1987)。

14.4.1.6　施工水文预报

水利工程的施工以河槽为主要工作环境，工期一般远长于其他土木工程。施工期河流水情的变化对工程施工的进度与安全至关重要，所以，工程管理部门和施工单位都十分重视水文预报信息。施工水文预报是指对水电工程施工期受到施工回水影响河段的水文预报。施工水文预报主要内容包括坝址处流量预报、围堰水情预报和截流期水情预报等，

施工水文预报首先必须了解施工各阶段现场的实际情况和对预报的要求。在修筑围堰及导流建筑物阶段，要求预报围堰前及上游地区的水位、流量，以防止河水进入工区，妨碍施工。围堰和导流建筑物是分期修筑的，故河道情况会有几次大的变化。当大坝工程进展到一定程度后，就要进行截流。这时主要是预报流量，以便计算口门的落差与流速，作为制订截流措施的依据。截流以后，就进入边施工、边蓄水的阶段，此时，库内水位及出库流量就成为主要预报对象。另外，在整个施工期，对建筑物附近料场及生活区的水位都要及时作出预报，以保证生命财产的安全。在枯水季节作预报时，除了要预报枯水流量，还必须十分重视枯季降雨形成的小洪水，因为围堰的设计标准不高，稍有疏忽，就可能漫溢。施工水文预报包括短、中、长期预报。短期预报用于采取紧急措施，以保证安全施工。中、长期预报有助于拟订合理的施工进度计划，并为可能出现的不利情况制定好预案。施工水文预报对精度要求很高，因为工地内人力、设备、物资很多，工作、生活节奏也很快，水文预报的精度直接关系到生命财产的安全(包为民 等，2009)。

14.4.1.7　中长期水文预报

中长期水文预报通常指旬、月、季、年水文预报。防洪抗旱、水库调度、水电站运行、航运管理、农业生产、城乡供水等生产、生活活动，都要求水文预报有比较长的预见期，中长期水文预报愈来愈受到政府部门和社会各界的关注。随着水利部门和气象部门的通力合作和气象-水

文的逐步融合，中长期水文预报方法不断丰富，预报水平也在不断提高（张建云，2004；包为民等，2009）。

中长期水文预报方法主要有以下几种。

（1）天气学方法。根据前期大气环流特征以及表示这些特征的各种气象要素，建立与后期降水之间的定量关系，利用这种关系对未来降水和水文要素做出预报。

（2）经验性预测方法。经验性预测方法本质上与短期气候预测方法相同，主要依赖于影响气候异常和变化的物理因子，包括太阳活动（如太阳黑子）和月亮的作用、火山活动、积雪状况、海洋状况（尤其是厄尔尼诺/拉尼娜事件、暖池热力状况等）和陆面状况（如土壤温度和湿度）。利用有关资料建立上述物理因子与气候、水文过程之间的关系，找到与所用物理因子相关达到明显信度的预报对象，然后再根据这些物理因子预测气候、水文趋势。

（3）统计学方法。根据大量的历史资料，建立自回归模型或多元线性、非线性回归模型，用于预报。

（4）数值模拟方法。建立天气-水文耦合模式或气候-水文耦合模式，综合模拟全球或区域中长期天气、气候和水文状态和变化趋势。

14.4.2 水文预报的发展

14.4.2.1 国际上水文预报的进展

国际水文预报的发展，主要归结于三个方面的驱动：一是经济社会发展的驱动，经济社会发展对水资源的保护和合理利用以及防范水旱灾害的要求越来越高，进而对水文预报的内容和精度提出新的需求，促进了水文预报领域的拓展和水平的提高；二是科学技术的推动，随着水文科学及相关学科的发展，对水文预报的机理认识不断加深，计算机和模式技术的发展，使得水文预报的技术迅速提升；三是环境变化的强迫，环境变化改变了水文状况，给流域的水文预报带来了一系列新的问题和挑战。

近百年来，受到气候变化、自然变迁（自然）和人为活动（社会）等综合影响，全球大气、陆表生境发生了重大变化。气候变暖、厄尔尼诺等现象导致流域降水量和蒸发量发生显著改变，洪涝、干旱等极端事件不断凸显。人为活动也导致地表下垫面发生较大改变，进而导致流域河川径流发生突变。此外，水库工程和调水工程的建设也在影响着水资源分布，大大改变了水循环的特点，使得原来的水文序列失去一致性，原来率定的水文模型参数也失去了代表性，不能用于对未来的预测。下垫面的这些明显变化，直接影响流域的产流和汇流机制，影响到流域的水文预报模型和方法（张建云，2010；雷晓辉 等，2018）。

如何提高变化环境下气象水文的预报精度和延长其有效预见期，成为困扰气象与水文人员的难题和挑战。早期的努力集中在洪水预报中，主要体现为三个方面：第一是研究能满足洪水预报特殊要求的定量降水预报技术；第二是建立起定量降水预报和洪水预报有机结合的方式；第三是实时洪水预报方法，包括流域产汇流和河道洪水预报（彭涛 等，2010a）。后来则寻求气象水文的预报的整体突破，主要体现在四个方面。第一，针对落地降水的多源数据融合、针对预报降水的数值天气预报模型都是从源头上提高预报精度的重要方法。第二，在水文预报模型层面，不仅需深入研究高强度人类活动对流域洪水的影响机制以改进水文模型结构，还应分析模型参数的不确定性，研发出更能考虑参数不确定性的快速高效的参数率定算法，增加水文模型适用性。第三，在实时预报过程中利用数据同化技术还可进一步对水文模型预报变量和参数进行动态校正，进一步提高预报精度。第四，在模型输出方面，采用径流集合预报技术以及集合预报结果后处理技术，相比传统的单值预报，能获得总体最优、结果更为可靠的集合预报结果。上述技术及其在水文实时预报中的作用详见图 14.5（雷晓辉 等，2018）。

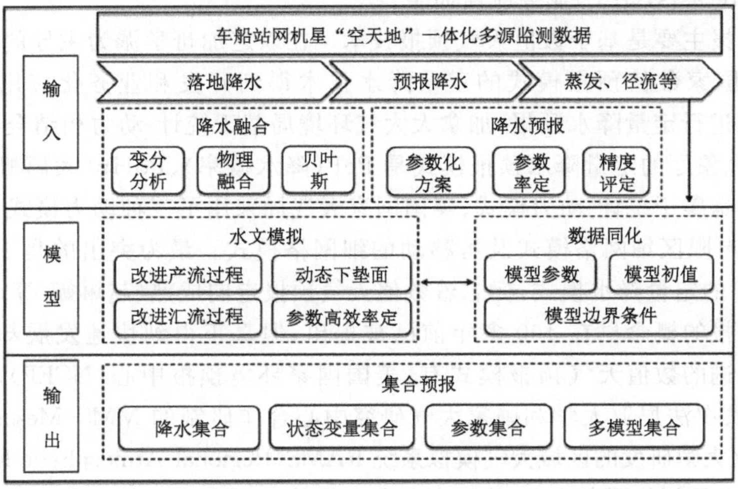

图 14.5　变化环境下气象水文预报关键技术框架（资料来源：雷晓辉 等，2018）

（1）定量降水观测与数据融合技术

定量降水估测是定量降水预报及精细化流域面雨量服务工作的基础，一直是国内外气象学与水文学研究的热点和难点之一，其方法可以分为实况插值方法、回归分析法及遥感方法。前两种方法受观测站密度、位置和空间代表的影响，估测精度不高。随着遥感探测手段的发展，雷达、卫星估测降水成为定量降水估算研究的主要手段。雷达能实时探测云和降水结构及系统发生、发展演变情况，根据雷达回波，能迅速了解一定区域的实时降水情况。随着雷达组网不断发展与气象卫星的发展，以非常规资料为主，结合常规雨量站，通过对多资料融合来估算流域面雨量已成为发展趋势。使用雷达估测降水可以分为直接使用雷达估测和雷达联合雨量计的校准估算两种。卫星估测降水则是通过微型传感器对云顶亮温等云团和大气辐射特征做出的降水估测，由于卫星估测降水是像素化的图像，因此理论上可以直接用于雨量的估测。水文气象学者在对卫星估测降水反演的过程中发现，因为卫星对雨区的识别不够准确，从而导致对降水的估测精度不足，为了获得更精确的 QPE 产品，对多源降水信息融合是提高降水估测精度的重要途径之一，但仍存在着二次订正误差，有待于进一步研究（赵琳娜 等，2012）。

不同来源的降雨观测数据均有自身的误差特征及其观测代表性时空尺度，合理利用多源观测信息是解决水文研究中普遍面临的时空变异过程与观测一模拟不确定性问题的潜在有效途径。因此，近年来多源数据观测信息综合利用与同化融合技术开发已发展成为国际水文研究中的关注热点。由于降水本身存在极大的时空变异性，多源降水融合方法的难点在于如何高效地识别不同来源相对有效的降水信息，同时能够定量化各个来源数据估测随时空尺度及位置的变化规律。目前围绕多源降雨观测的技术开发、定量评估、综合应用、信息融合等一系列关键问题，国内外广大学者仍在积极探索（雷晓辉 等，2018）。

（2）定量降水预报技术

降水的产生过程和物理机制非常复杂，它是由一系列同时出现的，从微尺度到天气尺度的不同尺度的复杂物理过程共同作用的结果。随着水文模型的高速发展，降水预报的空间和时间分辨率分别达到 10 km 和 1 h 才能满足洪水预报的要求，传统等级的降水预报已经无法满足需求，取而代之的是高时空分辨率、定量化、准确的降水预报，即定量降水预报（Quantitative Precipitation Forecasts，QPF）业务应需而生。

定量降水预报主要是基于数值天气预报技术。在以芝加哥学派为主导的气象科研工作者的推动下，多个国家数值预报模式的定量降水技术得到开发和业务化应用：澳大利亚采用 SLYH 动力模式进行定量降水预报；加拿大大气环境局基于统计-动力相结合的模式进行定量降水预报；日本气象厅的定量降水预报模式是 PoP（降水概率）、PoHp（大雨概率）和 PA（降水量），这些模式都是属于统计-动力模式；美国国家天气局采用了三种动力模式的定量降水预报方法-套网模式、有限区细网格模式及可移动的细网格模式。最为突出的是 1997 年投入业务运行的 ECMWF 的定量降水模式，标志着数值天气预报走向成熟（赵琳娜 等，2012）。

数值天气预报的概念早在 100 多年前已被提出，但真正得到快速发展却是在 20 世纪以后。目前较为先进的数值天气预报模式有：美国国家环境预报中心（NCEP）用于业务预报的 ETA 模式、美国宾夕法尼亚大学和国家大气研究中心合作研制的 MM5（Mesoscale Model 5）模式、科罗拉多州立大学研发的区域大气模拟系统 RAMS（Regional Atmospheric Modeling System）等。为了整合各方最新的研究成果，美国多所研究机构共同开发了新一代高分辨率数值天气预报模式 WRF 模式（Weather Research and Forecasting Model，WRF Model）。WRF 模式包含了一系列物理过程：云微物理、积云、边界层等，模式按照区域情况分类，研发并内嵌了多套参数化方案，即为各物理过程配置好多套不同取值的参数集，从而可将成百上千各参数的配置简化为若干套参数化方案的配置。WRF 模式已广泛应用于实时水文预报中（雷晓辉 等，2018）。

（3）流域水文模拟及数据同化技术

水文模型是研究水科学的重要手段与方法，是流域水文模拟的工具。流域水文模型的研究始于 20 世纪 50 年代，根据对水文过程的描述，结合流域的特征，模型可分为集总式和分布式模型，早期的模型多为集总式。由于基于观测资料的经验统计方法常常平均了流域径流过程，因而集总式模型的应用受到了较大的限制。随着计算机技术、GIS、DEM 和遥感技术（RS）的迅速发展，一系列分布式水文模型得到了迅速的发展和应用。分布式水文模型将整个流域离散成若干较小的单元，更好地考虑气候、地形、土壤和植被等元素的空间变异性，这与真实自然界中下垫面和降水的时空分布不均匀性更加符合，能更好体现流域产汇流的非线性特征（芮孝芳 等，2004；徐宗学，2010；徐宗学 等，2010）。有关水文模型及水文模拟的进展，将在下一节专门讨论。

水文模型的改进、高效参数率定等技术都是从单一方面来减少模型误差，而数据同化方法则可以充分考虑水文模拟中的各种误差来源，包括模型本身的误差。数据同化技术可通过不断引入的观测数据，不断校正模型参数、状态等信息，从而提高模拟精度。水文模型数据同化一般基于顺序同化方法即滤波算法实现。卡尔曼滤波（KF）作为该类方法的基础，已在水文模型参数实时校正中得到了大量应用（Kalman，1960）。数据同化方法可根据不断引入的实测数据，更新模型参数、预报的状态变量初值，甚至可以同化出准确的上游边界入流，追踪模型参数的变化等。随着监测水平的逐步提升，尤其是遥感技术的不断发展，水文模型中可用于同化的观测数据种类和数量都不断增多，如蒸发、土壤含水率等信息，因而多源数据同化将是水文模型数据同化技术发展一个主要趋势。与此同时，随着同化对象、观测数据源的增多，同化问题将更为复杂，同化问题的高效求解技术也将成为研究的热点和难点（雷晓辉 等，2018）。

(4)水文集合预报技术

针对复杂模拟对象,水文预报可分为不考虑预报不确定性的单值预报和考虑初始输入/预报过程不确定性的集合预报。集合预报思想起源于气象领域大气模式初始条件扰动对预报结果影响的研究。水文集合预报是一种既可以给出确定性预报值,又能提供预报值的不确定性信息的概率预报方法。集合预报有两种形式:①确定性预报,其输出是将集合成员进行平均,由于计算平均的过程中会将不可能预报的随机信息过滤掉,通常比单值预报、甚至比用高分辨率模式所产生的单值预报更准确;②概率预报,是指对于某个特定预报对象,计算出其发生的相对频率,概率分布包含了集合预报系统所能提供的所有信息,最大程度包含了实际大气可能发生的种种情况,较单值预报气候概率预报以及基于单一模式单一预报的 MOS 预报更准确(雷晓辉 等,2018)。

水文集合预报的发展大致可分为两个阶段:第一阶段是 1970 年至 20 世纪末进行的长期径流预报,第二阶段从 21 世纪开始,主要借鉴气象数值预报中集合预报的概念,在短期水文集合预报中应用发展(赵琳娜 等,2014)。随着现代计算机技术的进步,水文集合预报得到了快速的发展,以其概率预报优于传统确定性预报的优势成为水文预报发展的新方向。2004 年,美国国家海洋大气局(NOAA)、欧洲中期天气预报中心(ECMWEF)等机构发起水文集合预报试验(Hydrologic Ensemble Prediction Experiment,HEPEX)国际研究计划,主要关注 3 个科学问题:气象集合系统与水文集合系统耦合的关键技术;如何改进现有的水文集合预报系统使其能够包含所有的不确定性来源;用户使用集合预报的最佳方式。HEPEX 计划研究结果表明,集合预报系统可以考虑预报不确定性、延长预见期、更好地分析预报要素的可预报性。在 HEPEX 集合预报系统研究中,以集合预报在水文预报业务中的应用最多。研究发现,HEPEX 表明集合预报系统可以服务于洪水预报预警。美国高级洪水预报服务(AHPS)项目包含暴雨洪水预报、陆气祸合、概率集合预报基于网络的预报可视化等最新技术,研究人员正致力于改进暴雨洪水预报、提高水文集合预报,实现洪水预报的现代化(陆桂华 等,2012)。目前,除了单一预报中心的集合预报系统在水文集合预报中应用外,多个预报中心的集合预报大集合也逐渐被应用于流域水文预报,甚至一些小流域的洪水预报(赵琳娜 等,2014)。

至今,世界上使用集合预报进行水文业务化预报的国家还较少,仅有部分国家的气象部门在业务评估上使用该方法。此外由于集合预报需要处理由气候数值预报前期产生的大量数据,更需加强研究人员相互间协同工作的能力,以上各种因素限制了集合预报方法在全球范围的应用(雷晓辉 等,2018)。

14.4.2.2　中国水文预报的进展

新中国成立以来,中国的水文预报工作从无到有、由点到面迅速发展。20 世纪 50—60 年代中国引进、吸收原苏联和美国的洪水预报方法,奠定了中国水文预报工作的基础;70—80 年代,基于对不同区域的降雨径流关系的研究,成功地开展了中国具有不同流域特色的流域水文模型和预报方法的研究和应用;90 年代以来,随着计算机技术在水文预报领域中的应用推广和水文模拟技术水平的提高,中国在水文预报方法、预报系统建设和新技术应用等方面有了很大的提高;目前,分布式流域水文模型和资料缺乏地区的水文预报技术的研究在近几年有了显著的进展(张建云,2010)。

(1)定量降水观测与估测

气象、水文部门利用地面观测站、雷达站和卫星遥感开展定量降水观测,取得了大量的数据，并在此基础上开展降水数据融合和降水估测。国家气象信息中心采用概率密度函数与最优插值两步订正法建立了中国区域逐日 0.25°地面台站与 CMORPH 卫星降水资料融合的概念模型(赵琳娜 等，2012；雷晓辉 等，2018)。2010 年，国家气象中心专业气象台已经将 0.1°×0.1°的卫星估测降水与 27688 个地面区域实况站降水进行降水融合。另外，王登炎等(2003)用变分方法结合卫星估测降水和数值预报产品进行了面雨量预报研究；师春香等(2001)和徐晶等(2007)也分别使用神经网络方法和最优化方法进行了卫星降水反演研究；胡庆芳(2013)首次引入地理加权回归方法建立了赣江流域降水空间估计模型，改进了传统的空间插值中降水的局部空间自相关性以及与地理信息互相关性的定量描述方式。

基于多源降雨观测技术在中国水文研究中发展与应用的实际情况，可将相关研究中存在的代表性问题概括为：①对与流域暴雨一洪水响应密切相关的降雨小尺度时空变异规律研究不够，尤其缺乏在典型山区流域的系统观测与定量分析；②山区流域雷达定量降雨估计算法的研究相对不足，尤其缺乏雷达定量降雨产品在流域高分辨率分布式水文模拟中的应用检验；③在具有复杂水文气候条件与下垫面条件的大型流域，缺乏对最新卫星遥感降雨产品在区域水文应用中的全面评估与长期检验；④多源降雨观测信息融合技术还有待进一步深入探讨，需要发展能够明确地定量考虑降雨观测信息不确定性的融合分析框架。总的来看，基于多源信息进行降水空间估计在理论和方法上均具有很大的探索空间，尤其在复杂地形、地面资料匮乏地区更是如此(雷晓辉 等，2018)。

(2)实用水文预报方案

基于相关图法的实用水文预报方案是中国水文预报人员长期实践工作经验的总结和凝练，是行之有效的作业预报方法。它既有一定的理论依据，又有大量实测资料为基础，能充分结合本流域的特征，一般具有较高的预报精度。特别是在水位流量关系复杂、水利工程影响较大的流域和河段，实用水文预报方案仍然能发挥重要的作用。实用水文预报方案以图表形式汇编，计算简单，操作方便，运用灵活，并能够随时根据实际发生的情况进行修订(张建云 等，2006)。

目前，中国七大流域基本上都有比较完善的实用水文预报方案。全国 600 个水文预报站共拥有近 1000 套预报方案。归纳起来，水文预报方案主要包括 6 种方法：①考虑前期降雨量的降雨径流经验相关法，该方法以流域降雨径流物理机理为基础，以主要影响因子作参变量，建立降水量(P)与径流量(R)之间的定量相关关系；②相应水位法，该方法是建立下游(本站)下一时段水位与上游前一时段水位的相关关系；③合成流量法，建立上游合成流量与下游流量或洪峰水位的相关关系，通过预报下游流量再根据水位流量关系曲线推求水位；④水位(流量)涨差法，利用河道上下游水位或流量的涨落差建立相关关系，推算水位(流量)；⑤多要素合轴相关法，利用流域降雨总量、降雨历时、降雨强度和起涨水位等因素作为参数建立降雨、上游水位和下游水位的相关关系，计算洪峰水位；⑥降雨径流法，利用前期土壤含水量、涨洪段流量涨势等因素作为参数直接建立降雨与洪峰流量的相关关系，计算洪峰流量。这些方法是对大量的各种各样错综复杂情况下监测的数据的统计分析和科学归纳，以及大量预报经验的积累和运用，因而行之有效。但是，这些方案毕竟有其局限性(张建云，2010)。

(3)水文模拟预报

水文模拟预报有两种方式，一是应用大气模式直接进行降水、蒸发、土壤含水量、径流模拟预测，二是实现大气模式与水文模式的嵌套或耦合，进行大气、水文模拟预测。这里仅作简单讨论，下一节将作详细讨论。

目前，中国应用多种应用大气模式进行水文预报，其中 WRF 模式在实时水文预报中应用广泛。Tang 等(2013)验证了 WRF 模式与 VIC 的单向耦合在蒸发、土壤含水量、径流以及基流模拟预报中的有效性，其中径流模拟误差主要来源于 WRF 的降水模拟；郝春沣等(2012)利用 WRF 模式单向驱动 WEP 分布式水文模型，对降雨及径流模拟良好；高冰等(2012)采用 WRF 耦合分布式水文模型 GBHM，对三峡入库洪水进行了预报，结果具有一定精度且明显延长径流预见期。随着 WRF 模式在水文预报中的逐步应用，为提高预报精度，学者们对 WRF 模式中不同参数化方案的应用效果也开展了大量研究。为进一步提高 WRF 模式的适用性，Yang 等(2015)提出了模式的参数化方案动态优选技术，可根据历史暴雨应用经验对各物理过程的参数化方案进行配置，能明显提高降水预报精度(雷晓辉 等，2018)。

(4)水文集合预报

中国在水文集合预报方面的研究相对较晚，赵琳娜等(2010)在对 TIGGE 集合预报降水分析评估的基础上，建立淮河流域 TIGGE 水文-水力学耦合的水文集合预报模型，证明了集合预报可以应用于流域水文气象及洪水预报的可能性。近年来，水文集合预报方面的研究逐渐增多，如 Bao 等(2011)利用 TIGGE 驱动洪水预测模型，将集合预报中的多个预报降水并分别与洪水模型进行了单向耦合，并最终得到多个洪水预报结果；Xu 等(2012)通过对三个集合预报系统(NCEP，ECWMF，NMC)的降水数据利用全球/区域同化预报系统 GRAPES 进行降尺度，并驱动单一水文模型对淮河下游的临沂集水区进行径流预报，发现可有效提前预警期；吴娟等(2012)利用加拿大球谱模型 GEM、加拿大气候模式 MC2 及国家气象中心全球谱模式(T213L31)集合预报并驱动陆面模式，在淮河流域进行了暴雨洪水的验证。Xu 等(2012)利用淮河下游临沂流域对 NMC，ECMWF 和 NCEP 的集合预报系统，利用 GRAPES 中尺度模式降尺度得到 6 h 降水驱动水文模型进行洪水的早期预警是可行且有效的(赵琳娜 等，2014；雷晓辉 等，2018)。

数值天气预报模式与流域水文模型的双向耦合，既可提高水文预报预警预见期，又为数值预报模式提供了较为科学的陆面过程方案，改善数值天气预报模式的预报性能，这种双向耦合研究成为数值预报模式与水文气象预报的重要研究方向(赵琳娜 等，2012)。

(5)水文预报系统

随着计算机技术、网络技术的发展，中国水文预报系统的开发和应用取得了较快的进展。20 世纪 80 年代早期，中国开发出了第一代在 VAX 机上运行的实时洪水预报系统和单机版的洪水预报系统。受当时数据库管理和软件开发技术的限制，数据多以文件模式管理，联机预报系统的功能也很简单，主要是将预报方案和模型程序化。从 20 世纪 90 年代开始，不断开发应用具有数据库管理、模型参数率定和优化计算、作业预报、实时校正预报及数据和预报成果的可视化等功能的预报系统(图 14.6)，取得了很好的效果。国际合作开发在此期间取得了显著的成果，如通过世行项目引进并联合开发美国天气局的洪水预报系统 NWSFFS，在淮河、黄河等流域得到了较好的应用。又如，与意大利联合研究开发的 SCLS 洪水预报系统，在汉江、北江等流域得到很好的应用。

随着科学技术的发展，一些高新技术包括模型参数优化技术、降雨洪水联合预测技术、交互式预报技术、RS 和 GIS 技术、信息处理和数据管理技术等，被广泛地应用于中国的水文预报中，提高了预报软件及作业预报的水平(张建云，2010)。

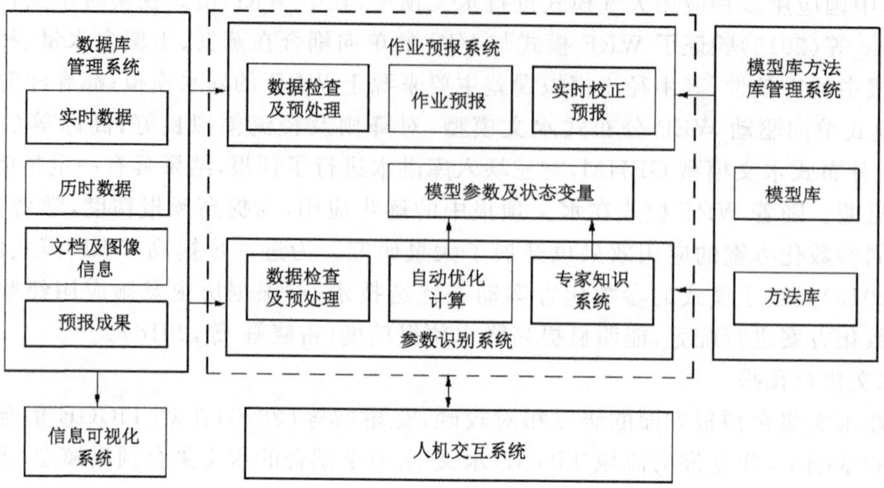

图 14.6　水文预报系统框图(资料来源:张建云,2010)

14.5　水文模型与水文模拟

14.5.1　水文模型

14.5.1.1　水文模型的发展

水文模型是用数学的方法近似描述自然界复杂的水文循环过程。水文模型的发展经历了漫长的岁月,水文学是水文模型发展的科学基础,社会需求是水文模型诞生和发展的根本动力,信息技术特别是计算机技术是水文模拟发展和完善的技术支撑。100 多年来,水文模型的发展经历了以下 3 个阶段(张建云 等,2006;徐宗学,2017)。

(1)萌芽阶段

水文模型的发展最早可以追溯到 1850 年 Mulvany 所建立的推理公式。进入 20 世纪,1932 年 Sherman 提出单位线概念,1933 年 Horton 提出下渗理论及入渗方程,1948 年 Penman 提出著名的 Penman 蒸发公式,标志着水文模型由萌芽向科学演化。因此,可以将 20 世纪 50 年代以前定义为水文模型的萌芽阶段。

(2)概念性水文模型发展阶段

20 世纪 50 年代以后,随着水文科学下渗理论、土壤水运动理论和河道水力学理论的发展和计算机技术的应用,使得对水文循环系统进行整体上的研究和模拟成为可能。50 年代后期提出"流域模型"的概念,此后一批概念性模型模式应运而生。Stanford 模型、API 模型、Sacramento 模型、新安江模型、Boughton 模型、SSSARR 模型、ARNO 模型、SCS 模型、HEC-1 模型和 Tank 模型等就是概念性水文模型的杰作。

概念性水文模式虽然具有整体性,但仅仅涉及水文现象的表面而不涉及水分运动的热力学和动力学。因而不能很好地描述水文循环的物理和化学过程。另外,概念性水文模式的结构与实际水文空间的分散性和不均匀性输入是不匹配的。流域的降水是分散的、不均匀的,各点产生的径流流到同一出口断面，亦即具有分散型输入和集中型输出的特点。对于水文循环的这些特征，只有按照水量平衡和能量平衡的原理，建立偏微分方程求解才能较好地描述，这一技术路线在当时是不可能实现的。

(3)分布式水文模型发展阶段

Freeze和Harlan于1969年首先提出分布式水文模型的概念，但限于当时的科学技术条件，分布式水文模型在20世纪80年代以前进展缓慢，到80年代以后才有了快速的发展。一个真正意义上的分布式水文物理模型是由英国、法国和丹麦的科学家联合研制的SHE模式。该模式考虑了截留、下渗、土壤蓄水量、蒸散、地表径流、壤中流、地下径流、融雪径流等水文过程，且主要的水文物理过程均可用质量、能量和动量守恒的偏微分方程的差分形式来描述。在SHE模式的带动下，此后出现了分布式水文模型研究的热潮。IHDM模式、TOPKAPI模式、SWAT模式、VIC模式、DHSVM模式等相继问世，且性能不断改进。近年来，分布式水文模型呈现四方面的发展趋势：一是向精细化尺度不断提升，空间尺度愈来愈小，时间尺度愈来愈短，分辨率愈来愈高；二是模型尺度不断拓展，从大流域到大陆尺度，进而到全球尺度，模拟的范围愈来愈大；三是功能不断增强，从起初单纯模拟降水径流过程，发展到现在模拟水循环全过程以及土壤侵蚀、泥沙输移、污染物运移等过程。四是模型界面更加友好，与地理信息系统(GIS)和遥感技术(RS)的结合改进紧密，有很多模型直接在GIS界面上开发，使用十分方便。

与传统的黑箱模式和概念性模型相比，分布式水文模型具有严格的物理基础，而且模型的参数是分别的。分布式水文模型采用当今先进的信息技术，形成了三方面方面的优势：一是因为地理信息系统(GIS)技术的引用和不断完善，使得描述下垫面因子复杂的空间分布有了强有力的工具；二是因为计算机技术和数值分析理论的进一步发展，为用数值方法求解描述复杂的流域产汇流过程的偏微分方程组奠定了基础；三是因为现代观测技术和卫星云图技术的进步，为提供降水量实时空间分布创造了条件，为分布式水文模型的发展铺平了技术道路。

14.5.1.2 水文模式的分类

水文模型数量繁多，分类方法也有很多，大约有如下几种分类方法。

(1)按学科分类

水文学科很多，几乎每个学科都有适合本学科发展的特定的水文模型。水文学科的分类方法也有很多，相应的就有较多的水文模型分类方法。

按照水体对象的不同，水文模型可分为：河流水文模型；湖泊水文模型；沼泽水文模型；冰川水文模型；水文气象模型；地下水文模型；海洋水文模型；冻土水文模型；生态水文模型；土壤水文模型等。

按照应用学科，水文模型又可分为：工程水文模型；农业水文模型；土壤水文模型；森林水文模型；都市水文模型等。

(2)按研究对象分类

按照研究对象，水文模型可分为：降水模型；气温模型；蒸散发模型；土壤水模型；地下水模型；地表径流模型；水资源模型；水质模型等。

按照研究对象的目标又可分为：水量模型；水质模型；管理模型等。

按照研究区域的不同，水文模式可分为：流域水文模型；河口水文模型；山地水文模型；坡地水文模型；平原水文模型；干旱地区水文模型；岩溶水文模型；寒区水文模型等。

(3)按模式性质分类

按照模型的性质划分，水文模型总体上可以分为两大类，即确定性模型和随机性模型。随机模型也叫统计模型，它是建立在水文现象的统计规律基础上，应用概率理论和随机性过程描述水文环节，其模拟结果多为条件概率的形式，应用上受到太多的局限。根据水文过程是经验性描述、概念性描述还是完全物理描述，确定性模型进一步划分为系统模型(黑箱模型)、概念性模型和物理模型。

(4)按模式结构分类

根据模式对复杂水文过程进行概化的假设、方式、程度以及由此形成的模式结构，水文模型又可分为集总式模型和分布式模型。集总式模型普遍将流域作为一个整体来进行研究，忽略了气候因子和下垫面因子均呈现空间分布不均匀的事实。分布式水文模型根据地理要素对水文过程的作用机理，把流域内具有一定的自然地理要素特性和水文特征的部位看作一个独立的个体，将研究区域划分为大量的基本单元(如栅格网、不规则三角网等)来考虑各种水文响应影响因素的空间分布，并以地理信息系统(GIS)、遥感(RS)和雷达等空间分布的信息为数据源，根据水文过程的形成机理计算流域内不同部位的水文过程，再根据空间分布格局和水文过程机理将流域不同部位的水文过程联合起来得到流域水文过程。相对集总式概念模型而言，分布式水文模型更能客观地反映气候和下垫面因子的空间分布对流域降雨径流形成的影响。分布式水文模型可以分为概念性分布式水文模型和具有物理基础的分布式水文模型。概念性分布式水文模型多为松散结构，即假设流域中各子流域或子单元的水文响应是相互独立的，整个流域的水文响应是通过对各子流域或子单元的水文响应进行叠加计算得到；具有物理基础的分布式水文模型具有紧密耦合的模型结构，即采用一组微分方程及其定解条件构成的定解问题描述流域产汇流规律。

14.5.1.3 概念性水文模型

概念性模型又称“灰箱”模型，用概化的方式描述水文现象，具有一定的物理基础，其中的参数虽具有一定的物理含义，但与流域物理特性间不是严格的推理关系，一般不能直接测定，需通过实测资料率定，具有相当的经验性和不确定性。因此，该类模型介于完全物理描述和经验式黑箱分析的中间位置。自 20 世纪 60 年代 Stanford 模型问世以来，概念性模型如雨后春笋般大量涌现，基本上都是利用简单的物理概念和经验的或半经验的函数关系，如通常采用简单的下渗经验公式、经验流域蓄水曲线或水箱侧孔、底孔出流等来模拟产流过程，采用单位线、线性或非线性水库来模拟汇流过程。代表性的概念性模型有：美国的 Stanford 模型、日本的 Tank 模型以及我国的新安江模型和陕北模型等。该类模型大量涌现使人们对流域水文过程的模拟迈入了一个新阶段，在实际应用中也取得了大批有用的成果，很多概念性模型直到今日仍被广泛采用。它的成功在于用概化的方法描述流域的水文过程，具有一定的物理基础，也具有一定的经验性，模型结构简单，实用性强；可借助于计算机的功能，同时也充分利用了已经积累的知识和信息。下面介绍几个典型的概念性模型。

(1)新安江模型

新安江水文模型是中国河海大学(原华东水利学院)赵人俊(1984)等于 20 世纪 60 年代初期构建的。其后，这支上百人的团队历经几十年的深入研究，使新安江模式不断完善，逐步丰富蓄满产流的概念和理论，先后构建二水源新安江模型、三水源新安江模型和改进的新安江模型。至今，新安江模型已成为理论上较为系统、结构较为完善、应用效果较好的，被联合国教科文组织列为国际推广模型，在世界范围得到广泛应用。二水源是仅考虑直接径流和地下径流，三水源则考虑地表径流、壤中流和地下径流三个水源。图 14.7 为三水源新安江模式流程图。不同的水源成分在向流域出口断面的运动过程中，流域对其的调蓄作用各不相同，因而直接影响产流和汇流过程，三水源的划分显然更接近实际状况（赵人俊，1984；赵人俊 等，1988；徐宗学，2017）。

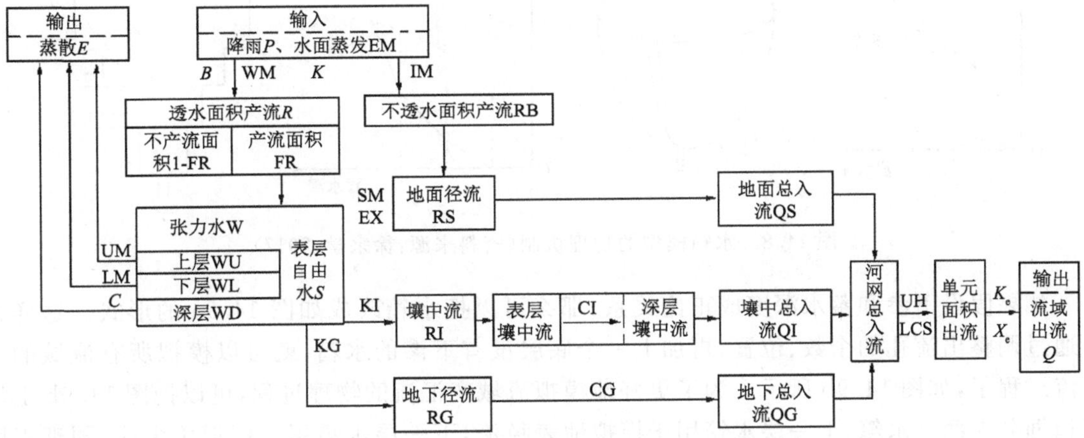

图 14.7　三水源新安江模型流程图（资料来源：张建云，2010）

新安江模型的结构设计为分散性的，即分为蒸散计算、产流计算、分水源计算和汇流计算 4 个层次。为了考虑降水和下垫面条件分布的不均匀性，计算时常将流域分为 N 个单元流域。新安江模型是个蓄满产流模型，即认为流域具有一定的蓄水能力（以田间持水量代替），并且这种持水能力在流域上是不同的。当降水满足蓄水能力（即蓄满）以后，全部降水转化为径流，但在蓄满之前，所有降水均被土壤吸收（张建云，2010）。

新安江模型在三水源模式开发和应用的基础上又作了几点改进。一是超渗产流结构改进。传统的产流计算有蓄满产流和超渗产流两种方法，分别适用于湿润地区和干旱地区，但是在干旱半干旱地区，既有超渗产流，也有蓄满产流，称为混合产流。混合产流至今还没有形成成熟的理论，改进型新安江模型尝试开发使用了面积比例法和垂直混合法。二是高寒地区融雪径流模拟结构的改进。高寒地区积雪和融化在流域水文循环中具有重要地位，但降雪产流十分复杂。对于一次降水过程，可以全部是雪，也可以是雨夹雪，改进型新安江模型据气温判别雨和雪并考虑了融雪径流结构，提高了模型在高寒地区模拟精度。三是地面坑洼截留结构改进。地面坑洼包括中小型水库、池塘、中小湖泊、湿地、水田及其他能储蓄径流的人工工程和天然低洼地，改进型新安江模型提出截留容量分布曲线及其估计方法，改进了地面坑洼截留的模拟。此外，改进型新安江模型还用地面线性水库取代单位线，改进地表径流汇流模拟（徐宗学，2017）。

(2)水箱模型

水箱模型（Tank Model）由日本菅原正巳博士构建，后来在国际上得到广泛应用。水箱模型以比较简单的形式模拟径流形成过程，把由降雨转换为径流的复杂过程简单地描述为流域的蓄水容量与出流的关系进行模拟。从这一点出发，将流域雨洪过程的各个环节（产流、坡面汇流、河道汇流等）用若干个彼此相联系的水箱进行模拟。以水箱中的蓄水深度为控制，计算流域的产流、汇流以及下渗过程，采用若干个相串联的直列式水箱模拟出流和下渗过程。

流域的出流和下渗是含水量的函数，出流会随着含水量的增加不断加速，下渗也会随着含水量的增加而增加但存在极限值。比较确切的关系如图 14.8a 所示；这种关系可以用图 14.8b 所示的水箱近似代替。

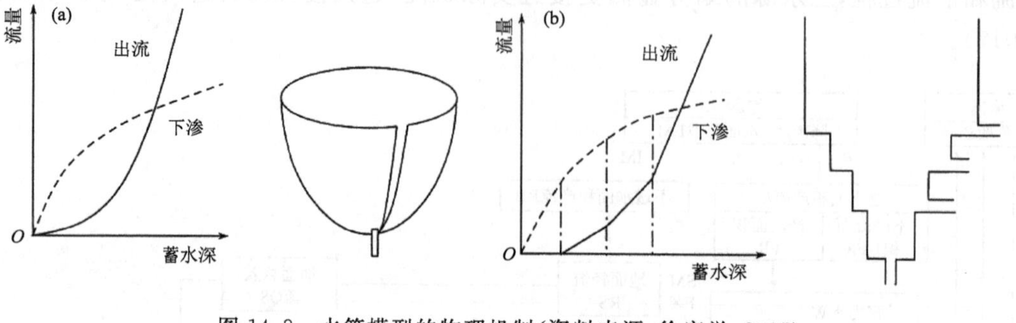

图 14.8　水箱模型的物理机制（资料来源：徐宗学，2017）

如果假设下渗和蓄水深度成正比关系，那么可以把水箱改成如图 14.9a 的形式。这样只要通过调整出流孔的个数、位置，再加上一个底层没有下渗的水箱，就可以模拟所有流域的产汇流过程了，如图 14.9b 所示。为了更好地模拟流域产汇流的物理过程，可以把图 14.9b 上层水箱划分为两个水箱，上一层水箱用于模拟地表径流，下一层水箱用于模拟壤中流；同理把图 14.8b 下面的水箱也划分为两个水箱，上一层水箱用于模拟浅层地下径流（sub-base runoff），下一层水箱用于模拟深层地下径流（也称基流，base runoff），如图 14.9c 所示。

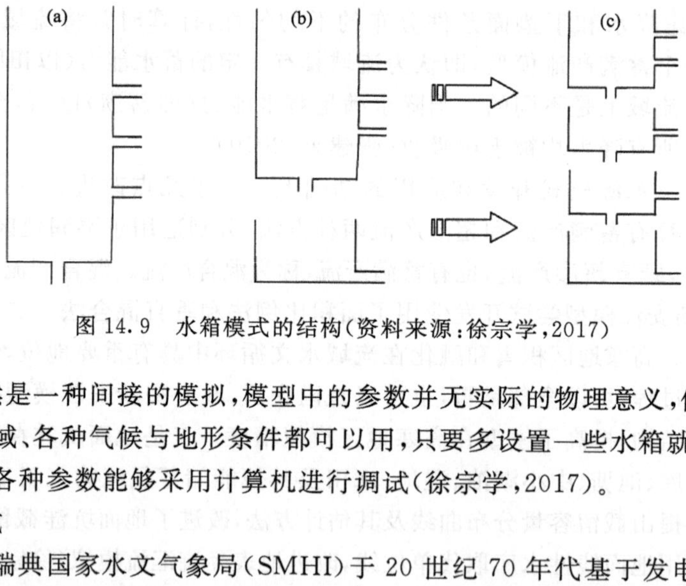

图 14.9　水箱模式的结构（资料来源：徐宗学，2017）

水箱模型虽然是一种间接的模拟，模型中的参数并无实际的物理意义，但是此模型的弹性甚好，各种大小流域、各种气候与地形条件都可以用，只要多设置一些水箱就可以了。此外，水箱模型操作简便，各种参数能够采用计算机进行调试（徐宗学，2017）。

（3）HBV 模式

HBV 模式是瑞典国家水文气象局（SMHI）于 20 世纪 70 年代基于发电厂洪水预报研发的模型，后经挪威等国的应用与改进，实现了由集总式模式向半分布式模式的转变，被世界上很多国家广泛应用于融雪模拟、径流模拟、洪水预报、水质模拟等方面。在中国，中国科学院寒区旱区环境与工程研究所等单位应用 HBV 模式开展了西北内陆河流域相关研究工作。

HBV 模式包括了流域尺度上的水文过程的概念性数值描述。一般水量平衡方程定义为

$$P - E - Q = \frac{d}{dt}(SP + SM + UZ + Lakes)$$

式中:P 为降水;E 为蒸散;Q 为流量;SP 为积雪;SM 为土壤含水量;UZ 为表层地下含水层;Lakes 为水体体积。

HBV 模式通常包括 3 个主要的子程序:积雪和融雪模拟;土壤含水量计算;河道流量演算。HBV 模式有一系列自由参数,其值可以通过率定得到。同时也包括一些描述流域和气候特征的参数,在模式率定时假定不变。子流域的划分使得在一个流域中可能有很多参数值。虽然在大多数应用中,各子流域之间参数值只有很小的变化,但仍应慎重选取这些参数值(徐宗学,2017)。

14.5.1.4　分布式和半分布式水文模型

20 世纪 70 年代以来,水文学家已经提出了众多的分布式水文模型,包括建立在经验模型和概念性水文模型基础上的分布式水文模型。按各单元面积形成的径流过程集合成流域出口断面过程的方法,分布式水文模型可以分为紧密耦合型和松散耦合型。对于前者通常采用一组微分方程及其定解条件构成的定解问题描述流域产汇流规律,水文物理动力学机制突出,便于研究水文循环对自然和气候变化的响应,能及时地模拟人类活动和下垫面因素变化对流域水文循环过程的影响,但结构复杂、计算烦琐,所需要的资料种类较多,并且对于数据的处理也有较高的要求,如 SHE 模型;而对于后者,通常应用现有的概念性模型在每一个网格单元(或子流域)上进行产流计算,然后再进行汇流演算,最后求得出口断面流量。这一类模型与传统模型类似,属于对集总式模型的分布式应用,资料具有空间分散性,但参数和模型结构却不一定是分布式的,其参数(尤其是产流参数)依然是对特定子流域综合下垫面特征的反映,未能反映不同植被、不同土壤组合下的下垫面对降水的拦截和入渗过程,也不能反映各种植被和土壤各自对蒸散发的作用,如 SWAT 模型。具有物理基础的松散耦合型分布式水文模型的优缺点正好介于两者之间,被认为是近期内具有较好发展前景的半分布式水文模型,相对而言结构简单,在集总式模型的基础上进行改造就可以实现,如 TOPMODEL 模式和 VIC 模式等。下面对国际国内广泛应用的典型分布式和半分布式水文模式作简要介绍。

(1)SWAT 模式

SWAT(Soil and Water Assessment Tool)模式是由美国农业部农业研究中心(USDA-ARS)Arnold 等(2018)研发的流域尺度模型。模型具有多种土壤、土地利用和管理条件的复杂流域,旨在模拟预测长期土地管理措施对水文、泥沙和农业污染物的影响。模型主要模块包括气候、水文、土壤温度和属性、植被生长、营养物、杀虫剂和土地管理等。SWAT 模型自 20 世纪末启用以来,经历了不断的扩展,推出了一系列的改进版本。SWAT 模型主要用于模拟地表水和地下水的水质和水量,长期预测土地管理措施对具有多种土壤、土地利用和管理条件的大面积复杂流域的水文、泥沙和农业化学物质产量的影响。

SWAT 包括两个主要部分:第一部分为水文循环的陆地阶段,控制进入河道的水、泥沙和营养物以及杀虫剂的量;第二部分为水文循环的河道演算阶段,可以定义为水和泥沙等在河道中运动至出口的过程。SWAT 由水文过程子模型、土壤侵蚀子模型和污染负荷子模型构成(徐宗学,2017)。

SWAT 水文循环的陆地阶段的结构如图 14.10 所示。模拟的水文循环基于以下水量平衡方程:

$$\mathrm{SW}_t = \mathrm{SW}_0 + \sum_{i=1}^{t}(R_{\mathrm{day}} - Q_{\mathrm{surf}} - E_{\mathrm{a}} - W_{\mathrm{seep}} - Q_{\mathrm{gw}})_i$$

式中：SW_t 为土壤最终含水量(mm)；SW_0 为土壤前期含水量(mm)；t 为时间步长(d)；R_{day} 为第 i 天降雨量(mm)；Q_{surf} 为第 i 天的地表径流(mm)；E_a 为第 i 天的蒸发量(mm)；W_{seep} 为第 i 天存在于土壤剖面底层的渗透量和侧流量(mm)；Q_{gw} 为第 i 天地下水出流量(mm)。

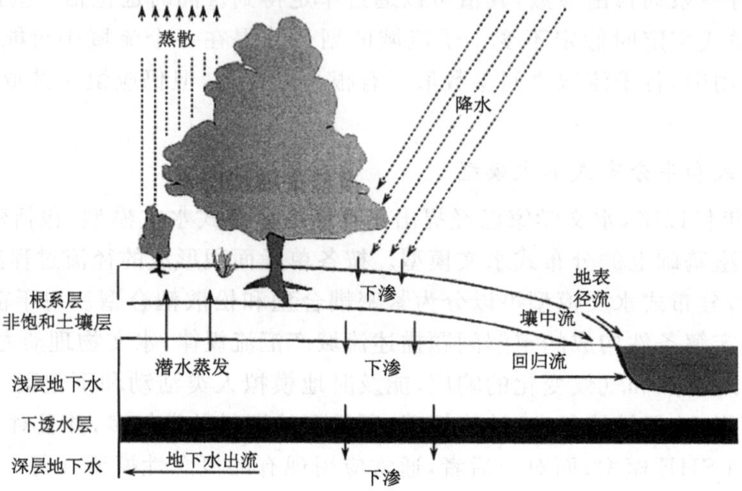

图 14.10　SWAT 模式水文循环陆面部分结构示意图
(资料来源：徐宗学，2017)

SWAT 对主要过程的模拟分述如下。

①天气和气候

SWAT 需要的气候变量有日降水、最高/最低气温、太阳辐射以及风速和相对湿度。模型可以读入实测数据，也可以由天气发生器自动生成。对于未来的水文模拟预测，还可以输入天气、气候模式模拟预测的数据。

②水文过程

降水在降落过程中，可能被截留在植被冠层或者直接降落到土壤表面。土壤表面的水分将下渗到土壤剖面或者产生坡面径流。涉及的物理过程包括：冠层存储、下渗、再分配、蒸散、侧向地下径流、地表径流和回归流等。

③土地利用/植被生长

SWAT 模型采用简化的 EPIC 植物生长模型来模拟所有植被覆盖类型。模型能够区分一年生和多年生植物。植物生长模型用来评价水分和营养物从根系区的迁移、蒸散及作物产量。

④侵蚀

降雨径流产生的侵蚀量采用修正的通用土壤流失方程(MUSLE)计算，公式为：

$$Y = 11.8\,(Q \times p_r)^{0.56} K_{USLE} \times C_{USLE} \times P_{USLE} \times LS_{USLE}$$

式中：Y 为土壤侵蚀量(t)；Q 为地表径流(mm)；p_r 为洪峰径流(m^3/s)；K_{USLE} 为土壤侵蚀因子；C_{USLE} 为植被覆盖和作物管理因子；P_{USLE} 为保持措施因子；LS_{USLE} 为地形因子。

$$sed = 11.8\,(Q_{surf} q_{peak} area_{hru})^{0.56} K_{USLE} \times C_{USLE} \times P_{USLE} \times LS_{USLE} \times CFRG$$

式中：sed 为土壤侵蚀量(t)；Q_{surf} 为地表径流(mm)；q_{peak} 为洪峰径流(m^3/s)；$area_{hru}$ 为 HRU 面积(hm^2)；K_{USLE} 为土壤侵蚀因子；C_{USLE} 为植被覆盖和作物管理因子；P_{USLE} 为保持措施因子；LS_{USLE} 为地形因子；CFRG 为粗碎屑因子。

⑤营养物质与杀虫剂

SWAT 模型能够跟踪流域内几种形式的氮和磷的迁移和转化，在土壤中氮从一种形态到另一种形态的转化是由氮循环来控制的，同样，土壤中磷的转化由磷循环来控制。营养物可以通过地表径流和壤中流进入河道，并在河道中向下游输移。SWAT 模型模拟地表径流携带杀虫剂进入河道（以溶液或吸附在泥沙的形式），通过渗漏进入土壤剖面和含水层（在溶液中）。

(2)DHSVM 模式

美国水文学者 Mark S. Wigmosta，Bart Nijssen 和 Pascal Storck 于 1994 年研发了的分布式水文-土壤-植被模式 DHSVM（The Distributed Hydrology Soil Vegetation Model）。DHSVM 基于流域数字高程模型 DEM，对蒸散、雪盖、土壤水和径流等水文过程进行动态描述。DHSVM 以 DEM 的节点为中心，流域被分成若干计算网格单元。流域的每个网格都被赋予了各自的土壤特性和植被特性。在整个流域上，这些特性随空间位置的不同而变化。在每一计算时段内，模型对流域内各网格的能量平衡方程和质量平衡方程提供联立解。各网格之间则通过坡面流和壤中流的汇流演算建立水文联系。地形特性用于模拟流域地形对短波辐射吸收、降雨、气温和坡面流的作用。DHSVM 分辨率很高，一般在几十到几百米之间，适合中小尺度流域的水文模拟，常用于开展气候变化对中小流域水文影响的模拟研究。

DHSVM 最初由 5 个模块构成，后来发展为 7 个模块，分别为：蒸散、地面降雪和融雪、冠层截雪和积雪融化、非饱和土壤水运动、饱和壤中流、饱和坡面流和河道流量演算，各模块将流域水量和能量平衡联立起来。DHSVM 模型采用 GIS ARC/INFO 软件自动建模，GIS 用于获取模型中 DEM 网格的输入参数，包括土地利用图、植被、土壤、河道等。ARC/INFO 软件将河网细分成若干段，计算各段的局部坡度和水流流向，给河道排定正确的水流路径。DHSVM 模式结构见图 14.11。该模式把模拟流域划分成若干网格点，每个网格点均赋予以不同的植被、土壤类型和特性，植被类型为上冠层、下冠层、裸土或岩石的组合。每个网格点上的气象要素（降水、气温、湿度、风向、风速等），规定取上冠层上空一定距离处的数值。

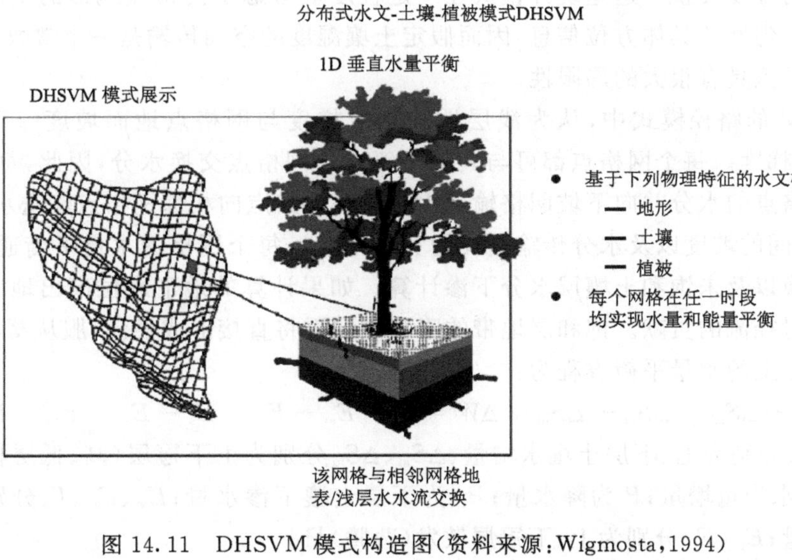

图 14.11　DHSVM 模式构造图（资料来源：Wigmosta，1994）

植被的蒸发和散发通过 Penman-Monteith（PM）公式计算模拟。上冠层可以从上层和下层土壤中吸取并蒸散水分，而下冠层则仅从上层土壤中吸取并蒸散水分。太阳辐射和风速的截留和减缓由两层植被的密度和叶面指数(LAI)决定。各冠层的随机阻抗通过各种植被的最小随机阻抗、气温、水蒸气压缺损、土壤温度和光合辐射通量计算。土壤水的蒸发由气候状态和土壤特性决定。

模式对上冠层、下冠层以及地面长波和短波辐射收支分别计算。上冠层截获的短波辐射量由LAI、地面上冠层覆盖系数、反向系数以及短波辐射的穿透性决定，对下冠层反射到上冠层的短波辐射也予以考虑，低冠层接收经过上冠层截留后的短波辐射以及直接来自空中的短波辐射，其对地面短波辐射的传输率由低冠层LAI决定。土壤表层吸收的短波辐射取决于下冠层的传输率以及地表层的反射率。上冠层与空气、雪盖和土壤交换长波辐射，下冠层与上冠层和土壤交换长波辐射，若没有上冠层，则与空气和土壤交换长波辐射。

积雪和融雪由一个单层的能量与质量模式模拟，其中能量平衡部分用于模拟融雪、再冻结以及积雪与热量的变化，质量平衡部分用于模拟积雪、消融、雪水当量以及雪盖的出水量。雪面与空气的能量交换由净辐射热传输决定，而净辐射热传输又与植被效应有关。显热传输由湍流对流、蒸发或升华过程的能量吸收、冷凝过程的潜热释放以及降雨或降雪对雪盖的热量传输决定，雪盖与地面之间的热传输忽略不计。

未饱和土壤湿度的变化由两层土壤根带模式模拟。上层土壤的厚度为下冠层根系的平均深度，下层土壤的厚度为上、下冠层根系的平均深度的差值。上冠层根系在上、下层土壤中的比例由经验公式计算。土壤蒸发仅限于上层土壤，对于下层土壤只考虑高冠层根系产生的蒸散。上、下层土壤的产流率取决于土壤种类、特性以及计算期间土壤平均湿度。产流通过Darcy定律计算。

浅层地下径流由准三维的路径模式模拟，该模式的创新在于发展了浅层土壤湿度传输方案，用于计算水分在传输过程中土壤湿度的再分布，亦即土壤湿度是通过逐个网格点连续计算的。这与以往的统计模式如TOPMODEL有本质的区别，因为统计动力学方法忽略了相邻网格点之间直接的湿度交换。这些统计模式在一定程度上考虑了网格点地形的空间变化，但没有给出地形非均匀性的具体方位信息，因而假定土壤湿度的空间传输是一个常数，这无疑对浅层地下径流的模拟具有很大的局限性。

在DHSVM的路径模式中，认为浅层地下水文梯度与网格点地面坡度一致，即可通过DEM确定水文梯度。每个网格点都可与其8个邻近的网格点交换水分，因此，每个网格点接收来自上坡网格点的水分并向下坡网格输送水分。各网格点向相邻网格点输送水分通过土壤导水率、网格之间的坡度以及水分传输路径的宽度计算。每个网格的水量平衡通过其与各邻近网格水分交换以及未饱和土壤层水分下渗计算。如果计算的地下水位高出地表，其超出地面的部分就是对径流的贡献。饱和层地带的降水或融雪将直接形成径流，服从蓄满产流机制。

模式网格点上的水量平衡方程为：

$$\Delta S_{s1} + \Delta S_{s2} + \Delta S_{io} + \Delta S_{iu} + \Delta W = P - E_{io} - E_{iu} - E_{s} - E_{to} - E_{tu} - P_2$$

式中：ΔS_{s1}、ΔS_{s2}分别为上、下层土壤水增量、ΔS_{io}、ΔS_{iu}分别为上下冠层(高、低层植被)截留水增量；ΔW为雪水当量增量；P为降水量；P_2为下层土壤下渗水量；E_{io}、E_{iu}、E_s分别为上、下冠层和土壤蒸发量；E_{to}、E_{tu}分别为上、下冠层散发(蒸腾)量。

(3) VIC模式

可变下渗能力水文模型VIC (Variable Infiltration Capacity)是Washington大学、California 大学 Berkeley 分校及 Princeton 大学共同研制的大尺度陆面水文模型(Liang et al, 1994;Liang et al.,1996)。它是一个基于空间分布网格化的分布式水文模型,其网格化特性便于同气候模式和水资源模型嵌套以评价气候变化对水资源的影响。VIC 模型中支配每个网格内植被和土壤结构的热通量、含水量和感热量过程包括:土壤层蒸发 E,蒸散 E_t,地表截留蒸发 E_c、侧向热通量 L、感热通量 S、长波辐射 R_L、短波辐射 R_s、地表热通量 τ_G、下渗 i、渗透 Q、径流 R 和基流 B(图 14.12)。

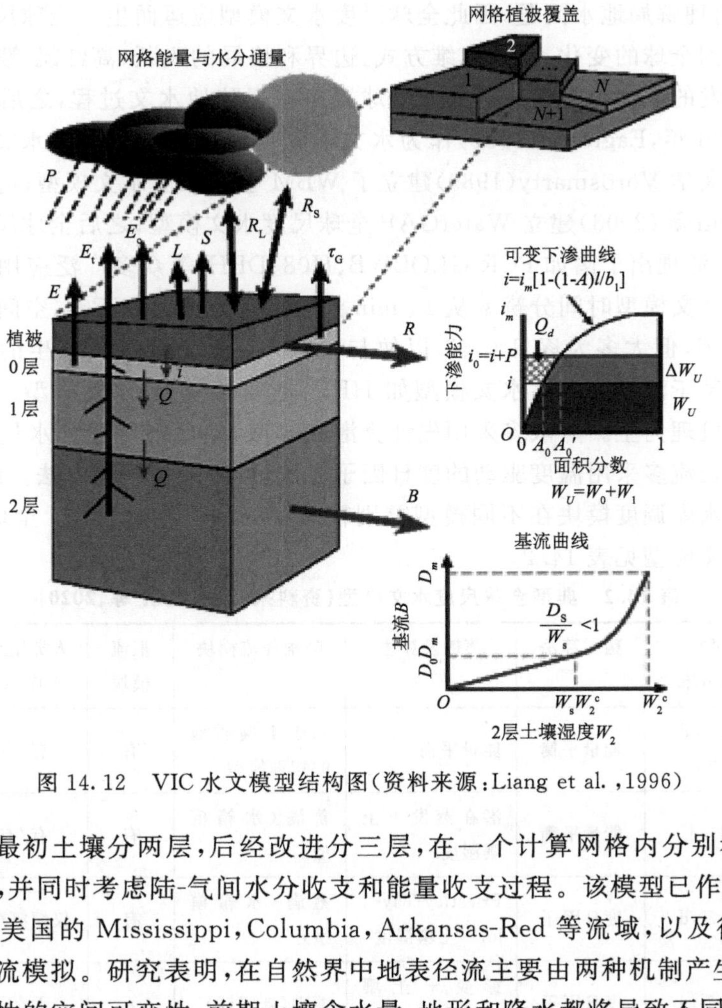

图 14.12　VIC 水文模型结构图(资料来源:Liang et al.,1996)

VIC 模型中最初土壤分两层,后经改进分三层,在一个计算网格内分别考虑裸土及不同的植被覆盖类型,并同时考虑陆-气间水分收支和能量收支过程。该模型已作为大尺度陆面水文模型分别用于美国的 Mississippi, Columbia, Arkansas-Red 等流域,以及德国的 Delaware 等大尺度区域径流模拟。研究表明,在自然界中地表径流主要由两种机制产生:超渗产流和蓄满产流。土壤特性的空间可变性、前期土壤含水量、地形和降水都将导致不同的暴雨洪水地表产流机制。在一个网格的不同部分,这两种产流机制一般会同时出现。忽略其中之一或者欠考虑土壤空间可变性都将导致过高或过低地估计地表径流,引起土壤含水量状态超过模型网格的大的直接误差。针对中国不同区域气候,国内外水文模型专家发展了新的地表径流机制,在 VIC 模型中引入一个新的动态地代表模型网格内蓄满产流和超渗产流机制的地表径流参数。新参数考虑了在蓄满产流和超渗产流机制中土壤非均质性的影响,是 VIC 模型的一个典型优势。此外,VIC 模型还包括融雪模型和冻土模型。融雪模型使用能量平衡的方法来表示地表的积雪和融化。假定低矮的植被完全被积雪覆盖,因此不影响地表积雪场的能量平衡。VIC 模型的冻土模型可以在寒冷的地区运行,冻土对于水文过程的影响非常重要。土壤中的冰减少了降水和融雪下渗入地表的总量，很高的含冰量可以让土壤近乎于不透水。冻土在冬季存储更多的土壤含水量，因此在春季，这些冻土地区比没有冻土的地区，土壤含水量将显著增加。VIC 模型为大尺度水文模式，适用于大流域、区域乃至全国范围的水文模拟。

14.5.1.5 全球尺度水文模型

传统水文学的研究多集中在流域尺度。但随着气候变化、经济全球化等强人类活动影响，局地的水循环势必受到全球水文大循环和非本地人类活动的影响，这要求水文学家跳出流域尺度，从全球视角理解局地水问题，因此全球尺度水文模型应运而生。全球尺度水文模型不仅仅是从流域尺度到全球的变化，更是思维方式、边界和格局的飞跃(高红凯 等，2020)。

气象学家开发的陆面过程模式率先从全球视角审视陆地水文过程，之后水文模型也在向这方面发展。1986 年，Eagleson(1986)作为水文学家首次提出全球尺度水文的概念；1989 年美国新罕布什尔大学 Vörösmarty(1989)建立了 WBM 全球尺度水文模型；进而 1997 年，德国斯图加特大学 Döll 等(2003)建立 WaterGAP 全球尺度水文模型；之后全球尺度水文模型进入了快速发展时期，涌现出了诸如 PCR-GLOBWB、H08、DBH 等众多广泛应用的全球尺度水文模型。全球尺度水文模型时间分辨率从 15 min 到逐日甚至月和年不等，空间分辨率从 0.1°到 0.25°、0.5°、1°不等，但大多为逐日 0.5°，以便与主流大气模式降尺度产生的气候驱动数据耦合。全球模型多基于流域概念性水文模型如 HBV、新安江模型、水箱模型、TOPMODEL 等，且多以蓄满产流机理为主。蒸散多采用先计算潜在蒸散，然后与土壤含水量结合计算实际蒸散的思路。融雪径流多采用温度驱动的度日因子方法，或者能量平衡方法。地下水模块、汇流模块、人类用水、水库调度模块在不同模型差别较大(高红凯 等，2020)。全球 11 个典型的代表性全球尺度水文模型见表 14.2。

表 14.2 典型全球尺度水文模型(资料来源：高红凯 等，2020)

模型	时空分辨率	融雪算法	蒸散发算法	降雨径流模块	汇流模块	人类用水/水库模块	参数率定	国家
DBH	0.5°，d 或 h	能量平衡	能量平衡	基于土壤质地的物理模型	有	有/有	无	日本/中国
H08	1°，d	能量平衡	潜在蒸发＋土壤湿度	蓄满（水箱模型）	有	有/有	无	日本
LPJmL	0.5°，d	度日因子	Priestley-Taylor＋土壤湿度	蓄满（水箱模型）	有	仅灌溉/有	无	德国
Macro-PDM	0.5°，d	度日因子	彭曼＋土壤湿度	蓄满(新安江)	无	无/无	无	英国
MATSIRO	1°，日(6 h 能量平衡)	能量平衡	彭曼＋土壤湿度	蓄满（TOPMODEL）	有	有/有	无	日本
MPI-HM	0.5°，d	度日因子	彭曼	蓄满(新安江)	有	无/无	有	德国
PCR-GLOBWB	0.5°，d	度日因子	Hamon＋土壤湿度	蓄满(HBV)	有	有/有	无	奥地利
VIC	0.5°，d	能量平衡	能量平衡	蓄满(新安江)	有	仅灌溉/有	有	美国

续表

模型	时空分辨率	融雪算法	蒸散发算法	降雨径流模块	汇流模块	人类用水/水库模块	参数率定	国家
WASMOD-M	0.5°,月	温度因子	气温＋空气相对湿度	基于土壤湿度的月水量平衡方程（WASMOD）	无	无/无	有	瑞典
WaterGAP	0.5°,d	度日因子	Priestley Taylor＋土壤湿度	蓄满(HBV)	有	有/有	有	德国
WBM	0.5°,d	度日＋降水量	彭曼	蓄满(植被决定相关参数)	有	有/有	无	美国

虽然全球尺度水文模型在径流量模拟、水资源评估、水旱灾害风险评价、气候变化影响预估、污染物和沉积物运移、水与经济社会系统耦合等多个方面已有广泛应用，但依然有众多关键科学和技术问题亟待解决。流域水文模型存在的诸如非线性、尺度效应、异参同效和不确定性等问题，在全球尺度水文模型中这些问题依然存在，甚至表现更为突出(Bierkens,2015)。此外，全球尺度水文模型还有一些特有的问题，主要包括：①模拟精度仍待提高，众多全球模型过于偏重全球尺度这一概念，较少考虑全球不同气候、生态系统、地形区的产汇流机理差异，这导致模型模拟结果的不确定性大；②模型参数率定难度大，全球模型产流机理弱，模型参数无法准确获取，导致广大无/缺资料区应用受限，严重制约了全球尺度水文模型的发展；③对重要水文过程的描述有缺失或过于简化，具体表现为全球尺度水文模型汇流过程缺失或过于简化，往往缺失地下水子模型或采用概念性的地下水出流模型来简化模拟退水过程(王蕊 等,2008)，缺少冰川径流的模拟会直接影响模型在冰川融水径流为主的寒区流域的模拟效果(尹振良 等,2016)，对复杂的人类活动对水循环系统的影响仍过于简化。这是由于全球尺度水文模型空间尺度大异质性强，输入输出的数据量极大，需要庞大的计算资源，从而限制了全球模型对水文过程精细的描述(高红凯 等,2020)。

针对全球尺度水文模型存在的突出问题，未来水文学家将在若干方面加强模型的创新与突破。首先是加强山坡-流域-全球多尺度水文机理研究，提升全球尺度水文模型的科学性(Beven et al.,2012)。具体讲，全球尺度水文模型对陆地水文过程的模拟至少需要包括五大子模块(图 14.13)：全球冰雪消融子模型、全球降雨产流子模型、坡面汇流子模型、地下水子模型、全球河网汇流子模型。每一部分都需要在机理上强化研究，进而完善各子模型和算法，同时还要兼顾在无资料或缺资料地区参数获取的问题。二是大幅提高全球尺度水文模型时空分辨率，精细化的水资源管理、防洪减灾等社会需求与日俱增，这对水文模型的空间和时间分辨率提出越来越高的要求。另外，随着计算机性能的空前发展，使得高空间-时间分辨率的全球尺度水文模型成为可能。全球尺度水文模型中利用次网格化等技术，精细化地描述地形和植被对水热再分配的影响，是建立从山坡到全球尺度水文模型联系的关键(Fan et al.,2019)。三是加强遥感大数据对模型的支撑，利用遥感技术可以观测或反演降水、蒸散、土壤水、雪冰、水体面积以及陆地水储量等几乎所有重要水循环变量(Biancamaria et al.,2016)。这些遥感的海量数据，为全球尺度水文模型的构建提供了极其重要的数据支持。四是应用人工智能等新技术，以深度学习为代表的新一代人工智能技术，将全面改进全球尺度水文模型的性能。五是多种模型的耦合。水作为联系自然和人类社会的重要媒介，具有自然－社会的二元性特点。在这一背景下，全球尺度水文模型必须考虑人类活动，如大坝、大堤、灌溉、工业用水等，对自然水循环的影响，而不是简单把人类用水作为自然水文过程的下游。因此，建立以水为核心内容的、多部门耦合的模型势在必行。德国波兹坦气候研究所发起的多部门影响模型对比计划（Yamazaki et al.，2019），试图耦合全球大气模型、水文模型、水质模型、农业模型、植被模型、健康模型、海岸工程模型、经济影响模型等。这些与水相关多学科、多部门模型的蓬勃发展，也说明了全球尺度水文模型广阔的应用前景（高红凯 等，2020）。

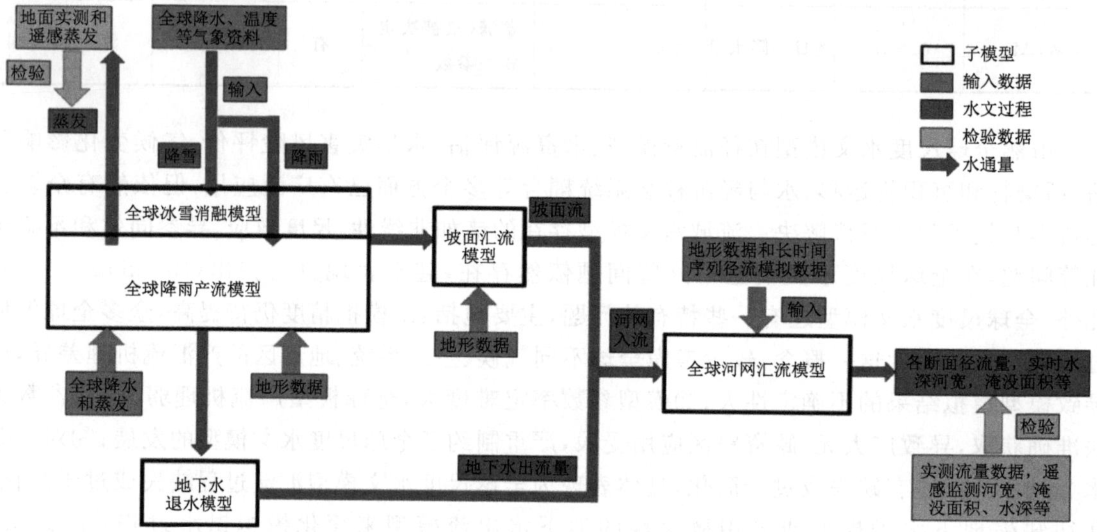

图 14.13　全球尺度水文模型结构及子模型（资料来源：高红凯 等，2020）

14.5.2　水文模拟

14.5.2.1　水文模拟概述

（1）水文模拟分类

水文模拟有多种分类方法。按水文空间尺度划分，可分为全球水循环模拟、区域水循环模拟和流域水循环模拟等。按水循环过程划分，可以分为水汽输送过程模拟、降水物理过程模拟、下垫面蒸散过程模拟、土壤水热运动过程模拟、植被在水循环中作用模拟、地下水过程模拟、产流汇流过程模拟等。按水文模拟的用途划分，一般可为以下几种类型。

①水文预报模拟。对未来一段时间全球、区域或流域水文情势、极端水文事件（洪水、干旱等）水质状况等进行模拟和预测，并向政府部门和社会大众提供预报信息和服务。

②水循环过程模拟。对未来一段时间区域或流域水循环过程及其变化趋势进行模拟，得到各种水文要素的数据，为科学研究和管理决策提供科学支撑。

③气候变化影响模拟。对未来一段时间气候变化对区域或流域水循环过程和水资源的影响进行模拟。这种模拟往往需要实现水文模型和气候模式的嵌套或耦合，模拟在一定气候变化情景下或气候变率条件下水文、水资源变化趋势，为应对气候变化提供决策依据。

④水资源评价模拟。依据区域或流域自然地理特征、社会特征和水循环特征，对未来一段时间区域或流域的水循环状态、供需水状况、水资源脆弱性等进行模拟，提供水文、水资源的综合数据，为水利工程设计、规划和水资源管理提供科学数据和依据。

(2)水文模拟步骤

不同类型的水文模拟，其模拟步骤亦不尽相同。究其大体规律，可归纳为如下几个步骤。

①分析模拟问题，确定模拟目标。首先要清楚解决什么问题，问题的不确定性和难度如何，现有的资料和技术条件可否支撑问题的解决。如果确实具备可操作性，再确定水文模拟的有限目标。

②分析模拟的社会、经济和环境约束条件。水文模拟不仅仅涉及水文、水循环相关的自然科学问题，而且与社会、经济和环境等问题交织在一起，具有非线性交互作用。比如模拟流域的水文过程，自然和人文作用就交织在一起，如果对社会、经济和环境约束条件不清楚，水文模拟结果的信度就不会高。

③收集相关资料和数据。水文模拟不仅需要气象、水文、地理等方面的资料，而且需要社会、经济和环境等方面的数据，包括认为建设的水利工程等数据。收集资料和数据的难度往往比模拟本身的难度还要大，资料和数据不仅仅要充足，而且还要可靠，往往需要认证和订正。

④选择合适的模式。水文模型没有最好，只有实用，要根据问题的目标和社会、经济和环境约束条件以及模拟需要的数据选择合适的水文模型。有时为了进行对比，还要选择两个或多个的模拟同时模拟。用于集合预报的模拟，更是需要多个模型的模拟结果。如果需实现水文模型和大气、生态等模式的耦合或嵌套，还需要综合考虑各方面的因素统筹选择模式系统的构成。

⑤率定模型，优选参数。无论是大气模式还是水文模型，其参数至关重要。其参数化方案选择和参数的确定直接关系到最终模拟的结果和质量。水文模拟往往分为率定期和模拟期两个阶段。率定期要足够长，即过去的相当长的时间，用模型模拟已经发生的过程，通过模拟结果和实测资料的对比，优化参数化方案，订正参数数据。然后再进行预订时间段的模拟。

⑥模拟结果分析和模型评价。对模拟结果进行综合分析，指出模拟结果的含义及作用。同时对模拟的精度和不确定性给出说明，为用户应用模拟结果提供参考。

14.5.2.2　水文模拟发展前景

随着科技创新步伐的加快，水文模型的构造更加复杂和完善，水文模拟的精度不断提升，水文模拟结果的应用也更加广泛。未来，水文模拟的发展步伐会进一步加快，其主要特征表现在如下几个方面。

(1)中尺度、大尺度分布式流域水文模型的发展。在小尺度或点尺度上建立的规律或水文过程关系如何推导和扩展到大中尺度流域，是建模研究的主要问题之一，探讨和研究大中尺度的水文过程规律和模型也是分布式水文模型研究的重点内容。而中尺度或大尺度模拟对于研究和决策来说是最合适的尺度选择，对管理与决策更有意义(徐宗学，2010；徐宗学 等 2010)。近年来，大尺度水文模型取得突破，促进了区域乃至全球尺度的水文模拟的发展(高红凯 等，2020)。

(2)水文模型与多种模型的耦合模拟。水循环过程与气候系统的其他重要物理过程如大气环流、碳循环、能量循环等过程具有紧密的联系，只有实现这些物理过程的耦合模拟，才能揭示气候系统各组成部分相互作用的本质，从根本上提高水文模拟预测水平。

(3)流域尺度生态水文过程模拟。生态水文过程模拟是水文模型亟待加强的环节。植被在土壤水分的时空变化中扮演着重要角色,它既是土壤水分动态变化的原因之一,也受土壤水分动态变化的影响。流域水文过程的生态过程方面不仅是生态水文学关注的热点问题,也是不同尺度流域水文模型建模过程中必须考虑且富于挑战的环节。当前能够很好模拟流域尺度上生态与水文过程耦合的模型还很少,因而需重点突破(徐宗学,2010;徐宗学 等,2010)。

(4)人类活动对流域水文循环影响的模拟。提高对灌溉、水库运行和取用水等人类活动对流域水文循环影响的耦合模拟能力,是水文模拟的必由之路。随着人类活动对自然系统干扰深度和广度的不断加深,流域生态水文过程越来越复杂,尤其是人口集中地区,形成了一种新的缺资料地区,大面积引水灌溉、取用地表水和地下水、水库、闸坝调度等对水文过程都产生了巨大的影响,仅仅包含坡面产汇流过程和河道演算的分布式水文模型已不能真实地描述这些地区的水文循环过程(徐宗学,2010)。国内外这方面的研究已有明显进展,不少学者对气候变化和人类活动的影响分别进行模拟并进行比较分析,未来会进一步加强。

(5)遥感数据及 AI 技术的应用。基于物理机制的分布式水文模型和大尺度水文模型等都需要大量时空分布数据的支持,使得遥感观测的数据逐渐成为分布式水文模型中必不可少的数据之一。而且随着遥感技术的发展,多元、更为可靠和更高时空分辨率的遥感数据已经成功地应用到了地学研究领域。如今,遥感不仅能够为分布式水文模型提供 DEM、土地利用/覆被、雪盖等空间信息,而且还能够利用遥感手段获取降雨时空分布、解译降水信息、遥测水位和水面变化、反演蒸散和土壤水等水文信息,极大地丰富了模型基础数据获取的手段和数据量。借助于 GIS 功能处理并利用多源时空分布数据不仅省时省力,而且能够极大地提高模型的交互能力,为研究和决策提供更为直接的信息和过程(徐宗学,2010)。

人工智能(AI)技术在天气预报领域取得明显进展且应用前景广泛,成为解决大气运动规律认识和表达、观测资料同化应用、模式物理参数化不足等方面气象学难题的新途径。AI 技术用于水文模拟以及大气-水文耦合模拟,必然是未来的发展方向。人工智能技术在水文信息提取、数据挖掘、预测模型建立、决策支持等各个方面都将产生前所未有的重要影响。

14.6　水文气象耦合模拟

在很长一段时间内,限于对气候和水文相互作用科学机理认识不足以及耦合技术不够成熟,气候模拟和水文模拟是独立进行的。随着具有动力特征的分布式水文模式的发展、大气模式分辨率的提升和降尺度技术的改进,使得气候模式与水文模式的嵌套和耦合模拟成为可能并快速发展。

14.6.1　水文气象耦合模拟机理

气候水文耦合模拟的理论依据主要有两点:一是气候与水文紧密关联,同属气候系统且相互作用,对气候系统的模拟必然要同时考虑气候和水文的作用;二是气候与水文条件共同决定不同尺度的大气过程、陆面过程和水循环过程,对这些重要过程的模拟也要同时考虑气候和水文的作用。气候水文模拟主要包括嵌套模拟和耦合模拟。

大气圈与水圈存在各种不同尺度的能量物质交换,因此气候变化与水文循环之间存在着相互影响、相互制约的关系。气候因素决定区域的降水量、蒸发量等,而区域水文循环的改变也影响水文过程对大气圈的反馈通量,从而影响局部乃至全球气候变化。随着人类活动作用的加剧,下垫面的改变、温室气体的大量排放、区域间的调水等造成区域水量的改变、水工建筑物对水文循环的人工干预等都大范围、高强度地改变了自然水循环系统,这些改变对气候系统的影响是不可忽视的。气候变化又进一步改变区域水量分配与区域水文循环,如气候变暖造成冰川融化、海平面上升等。因此,通过建立气候-水文耦合模式来研究变化的气候状况如何影响区域水文系统,以及水文循环的变化如何影响气候状况是十分必要的。通过研究气候与水文系统间的反馈作用机制,理解下垫面改变与人类活动对气候变化和水文循环的影响,实现水资源科学合理的管理是至关重要的。

气候和水文模拟均涉及不同尺度的大气过程、陆面过程和水循环过程,其中陆面过程是气候和水文的共同界面,也是模拟的难点。陆面过程包括地气间水分、热量和动量交换的作用过程,涉及地表水文过程、植被动力学过程、生物化学过程、边界层湍流输送过程、地气间辐射传输过程和土壤水分与热量传导过程。水分循环以蒸发、降水和径流的形式存在于多个物理过程中,成为地气系统能量和物质交换的主要载体。土壤-植被-大气之间有着复杂的交互作用,时空尺度不同的陆面过程会影响到局地直至全球不同尺度的大气环流、水分循环和气候变化。因此,合理描述土-植-气间各种交换过程对于水文模式和气候模式的改进都是至关重要的。

气候模式对陆面过程的模拟主要是通过对近地表的大气强迫描述能量收支和水量平衡,估算陆气之间的能量和水汽通量。气候模式虽然考虑了陆面的水文过程,但不能模拟完整的闭合水文循环,存在很多局限性,主要表现为:①气候模式将径流作为流域降水的响应,没有反映地表径流、壤中流和地下径流形成的时间差异;②未考虑下垫面次网格分布非均匀性对产流的影响;③未考虑土壤水侧向运动以及河流与地下水的相互作用,土壤湿度场不切合实际,进而影响气候模式的边界层结构和对降水的模拟。

水文模式重在陆面径流和水分收支的模拟,而对于能量平衡的模拟比较薄弱。加强气候水文的耦合模拟,可以克服大气模式和水文模型各自独立运行的不足,更加系统、客观地反映大气过程、陆面过程和水循环过程的相互作用。气候水文耦合模拟,集成了气候系统的概念,体现了气候学科和水文学科的融合,标志着数值模拟新的突破。气候水文耦合模拟的诞生和发展,既得益于气候学和水文学科学研究成果,又得益于信息科学特别是计算机技术的飞速发展,使得模拟极为复杂的大气、水文、陆面过程成为可能。

14.6.2　水文气象耦合技术研究进展

14.6.2.1　陆面过程模式改进

如前所述,在气候-水文耦合中,陆面模式是陆地水文与区域气候模式耦合的共同界面,如何更精确地模拟大尺度陆地水循环过程是陆地水文与区域气候耦合的重点(占车生 等,2018)。陆面水文过程研究的最终目的就是要发展和完善水文模型与陆面过程的双向耦合模式,建立描述陆气间水汽通量和能量通量相互传输的参数化方案,实现对地球流体的气候、生态、水文的模拟和预测以及对极端灾害事件的真正预警机制(雍斌 等,2006)。陆面过程模式的研究重点包括:水文过程模型和碳循环模型与气候模式间的耦合;尺度转换及陆面四维同化系统的研建;非均匀下垫面的参数化问题;中尺度通量的参数化及其转换表达;边界层与自由大气间能量与物质的交换等(薛根元 等,2005)。其中,陆气间的双向耦合、时空尺度转换、次网格非均匀下垫面的参数化等,是提高模式模拟精度的关键所在(雍斌 等,2006)。

随着观测资料的丰富和参数化方案等技术的发展，陆面模式不断更新，对陆面水文过程的描述和模拟水平逐步提升。20世纪90年代发起的陆面参数化方案比较计划(PILPS)，引入卫星遥感资料并发展考虑碳循环过程的第三代陆面模式，基本能够用于长期气候与陆地水资源变化模拟。代表模型有 Noah LSM(Noah Land-Surface Model)(Livneh et al.，2010)、CoLM(Common Land Model)(Dai et al.，2003)等。其中，通用陆面模型 CLM(Community Land Model)作为地球系统模型 CESM(Community Earth System Model)的陆面部分，成为应用最广泛的陆面模型之一(Decker et al.，2009)。以 CLM 为代表的陆面模型采用次网格设计，对土壤湿度、水热通量等方面模拟效果较好。鉴于水文-气候双向反馈的重要性，一些研究者通过将水文模型中关于产流、下渗、蒸发等算法直接移植到陆面模式内以改善陆面模式的水文过程，尝试水文-气候双向耦合模拟。例如，Habets 等(1999)将陆面模式 ISBA 与一个大尺度水文模型耦合，更新了模式的产汇流方案，结果表明，耦合模型在模拟日径流方面有所改善。一些研究者通过替换或改进气候模式内的整体陆地水文模块，以改进气候模式对水文过程的模拟。与单纯修改某一方案算法相比，整体改进水文模块能够增强系统的稳定性(占车生 等，2018)。

14.6.2.2 大尺度水文模型对陆面过程的改进

为了适应全球气候变化研究，更好地估算区域和全球水资源量和评估气候变化的影响，水文研究者在分布式水文模型基础上，通过提高网格空间尺度，探求水循环模型从流域尺度向大洲尺度或全球尺度的拓展。起初，大尺度水循环模型大多为基于水量平衡的概念性分布式或半分布式模型，主要用来模拟大流域的径流过程或评价气候变化对水文情势的影响，这些模型基于气候数据输入对大流域的径流过程进行模拟计算，能够满足评估气候变化对大流域水循环影响的要求。然而，这些水循环模型通常侧重降雨径流的模拟和水分收支的计算，缺乏对能量平衡的考虑，无法完整描述陆-气界面的水气能量交换过程(苏凤阁 等，2001)。近年来，大尺度水循环模型通过添加能量过程、生态过程、人类活动、土地利用变化等过程不断完善模型的参数化过程，代表性模型有 VIC 模型、IHMS 等。这些大尺度水循环模型参数化方案逐渐丰富，与陆面模式的差异逐渐减小，但其重点仍为水文过程模拟，在陆面生化过程模拟等方面仍有所欠缺，短期内难以代替陆面模式(占车生 等，2018)。

14.6.2.3 气候-水文双向耦合的探索

自20世纪90年代以来，国内外大气水文学界加强了大气模式与水文模型的嵌套和耦合研究，使大气模式与水文模型的优势互补，拓展大气模式在流域尺度的模拟应用。目前，天气水文耦合多为单向嵌套方法，天气水文双向耦合方法主要用于数值天气预报模式本身陆面过程模式的改进与完善(王莉莉 等，2013；Wang et al.，2016a)。鉴于流域洪水模拟及气候-水资源变化研究的重要性，陆地水文-区域气候的耦合研究已成为 IPCC 科学评估报告中专门论述和强调研究的新方向。

早期的气候-水文耦合研究大多集中在气候变化对流域水文过程的影响，采用方法多为单向嵌套方法，即将气候模式输出的结果，如降水、气温等气象要素，通过降尺度方法直接作为水文模型的驱动，模拟蒸发、径流等水文要素。这种单向嵌套方法操作简单，得到了广泛应用(Wilby et al.，2000；彭涛 等，2014)。然而，单向耦合方法由于缺乏流域水文要素变化对区域气候的进一步反馈，因而在一定程度上会影响流域水文过程的模拟精度。

鉴于水文-气候双向反馈的重要性，传统的单向嵌套方法逐步向双向耦合发展。在双向耦合研究中，一些研究者将水文模型中关于产流、下渗、蒸发等算法直接移植到陆面模式内，以改善陆面模式的水文过程模拟。通过替换或改进陆面模式内水文过程的研究工作能够改善陆面模式的模拟效果，但这种嵌入式耦合方法仍基于陆面模式的架构运行，难以体现水文模型在流域尺度上产汇流模拟过程的精度优势。为了兼顾气候模式的尺度与水文模型的流域水文模拟能力，一些研究者通过全耦合方式实现气候模式与水文模型的双向耦合，两者协同编译运行并保持各自的独立性。耦合过程中，水文模型与气候模式通过尺度转换等方法将实现变量交换，气候模式内气候要素通过降尺度作为水文模型的驱动，而蒸发、径流等水文要素则通过升尺度反馈至气候模式的陆面模块内。这种全耦合方式能够保留气候模式与水文模型的优势，是未来气候-水文双向耦合研究的主要发展方向(於凡 等,2008)。

14.6.2.4 陆地水文循环过程综合集成模拟

在气候变化、下垫面变化、经济社会用水及工程调控等多种因素的共同作用下，许多河流实测流量远远少于历史同期的天然径流量。以人类活动和气候变化为特征的环境变化通过作用于“社会需水—工程调节—生态用水”这一复杂联系来影响陆地水循环过程。因此，定量描述并综合集成“社会需水—工程调节—生态用水”等重要环节，是理解陆地水循环变化及其水资源效应的关键。

国内外学者尝试在模型中耦合“社会需水—工程调节—生态用水”等关键过程，并取得了重要进展。耦合模型大致可以分为两类：一类是以流域水文模型为基础耦合“社会需水—工程调节—生态用水”过程的相关模块，例如，我国学者开发流域水资源二元演化模型来模拟“天然-人工”驱动下流域水循环的变化过程；另一类是以陆面模型为基础耦合相关模块，如 NCAR 在陆面模式 CLM4 中耦合农业灌溉等过程来反映陆地表层系统的水分、能量过程变化。这两类耦合模型各具优势，也有各自的局限性。

当前水文气象耦合模拟对气候变化、下垫面变化及人类用水活动相关过程的描述仍不完善，各个模块之间的耦合依然不够紧密，为预估区域水循环变化带来很大的不确定性。吸收水文模型优点来发展陆面水文模型是大尺度陆地水循环过程综合集成与模拟的主要方法，其中关键任务之一是完善模型的人类活动参数化方案，并实现与其他模块的紧密耦合，构建考虑人类用水活动过程的陆地水循环过程综合集成模型(图 14.14)(汤秋鸿 等,2019a)。

14.6.3 水文气象单向耦合(嵌套)模拟

14.6.3.1 嵌套模拟概述

大气-水文单向耦合(嵌套)方法是用大气模式的模拟结果驱动水文模型进行水文模拟。对于全球模式 GCMs，由于其分辨率较低，与水文模型的细网格尺度不匹配，往往需要应用统计降尺度或动力降尺度方法，生成基于 GCMs 模拟结果的水文模型的细网格数据，然后再驱动水文模型进行水文模拟；对于中尺度天气模式或区域气候模式，则可应用数字高程模式(DEM)插值到水文模式的细网格，驱动水文模型进行水文模拟。与 GCMs 模式相比，中尺度天气模式或区域气候模式具有更高的分辨率，其模拟输出的降尺度(Downscaling)资料在时空尺度上更易于与水文模式嵌套或耦合。在水文模型中，分布式水文模型比概念水文模型或统计水文模型的物理过程更为全面。所以，大气-水文单向嵌套模拟多为中尺度天气模式或区域

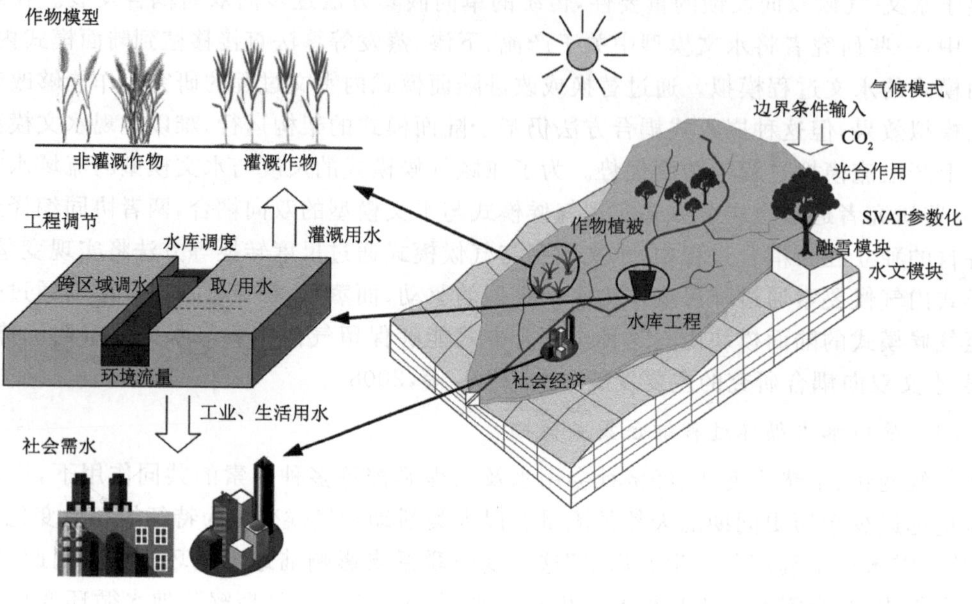

图 14.14　陆地水循环过程的综合集成模型示意图(资料来源:汤秋鸿 等,2019a)

气候模式与分布式水文模型的连接。以下以桑干河、滦河流域的气候-水文模拟为例(王守荣 等,2002a;王守荣 等,2002b),说明大气-水文单向耦合(嵌套)方法。

图 14.15 为桑干河、滦河流域的气候-水文模拟框架。首先用实测气象资料驱动水文模型进行模拟,以率定水文模拟的参数,然后用 NCAR RegCM2 生成未来气候变化情景,再用降尺度方法内插到滦河、桑干河流域的气象站点,最后再用数字高程模式 DEM 插值到水文模型的细网格,驱动水文模型模拟滦河、桑干河流域未来水文、水资源长期变化。

区域气候模式共进行了两个试验,一是控制试验,模式中的 CO_2 值取为现代值;二是 2× CO_2 敏感性试验结果。试验的积分时间均为 5 a,将两个试验的差值作为未来中国区域气候在 CO_2 加倍情况下的变化。

应用区域气候模式 RegCM2/China(高学杰 等,2003)模拟 CO_2 加倍情景下中国气候变化。模式中心点取为 110°E,37.5°N,模式水平分辨率取为 60 km×60 km,南北方向的格点数为 80,东西向的格点数为 150,计算区域包括了整个中国大陆及周边地区。模式垂直方向取 16 层,模式顶层的气压为 10 hPa。湿度方案为显式方案,时间积分步长取为 180 s,陆面过程采用 BATS 方案,对流参数化选用 Grell 方案。

嵌套区域模式需要给出模式的初始场及随时间变化的侧边界场,包括各层风场、温度场、湿度场及地面气温、气压场等。这些变量和场从澳大利亚 CSIRO AOGCMR$_{21}$ L$_9$ 海气耦合模式中得到。大气部分的水平分辨率大约为 5.6°(经度)×3.2°(纬度),垂直方向采用 σ 坐标,层数为 9 层。

使用双线性内插方法将区域模式模拟结果插值到滦河、桑干河流域的 8 个站点(承德、围场、丰宁、多伦和张家口、大同、怀来、五台山),生成每日的降尺度资料。嵌套接口 INPUT-RCM 将每日降尺度资料转换为 3 h 资料,并驱动水文模式 DHSVM 进行模拟运算。区域气候模式 RegCM2/China 降尺度资料集包括每日 U 向风速(m/s)、V 向风速(m/s)、地表气温

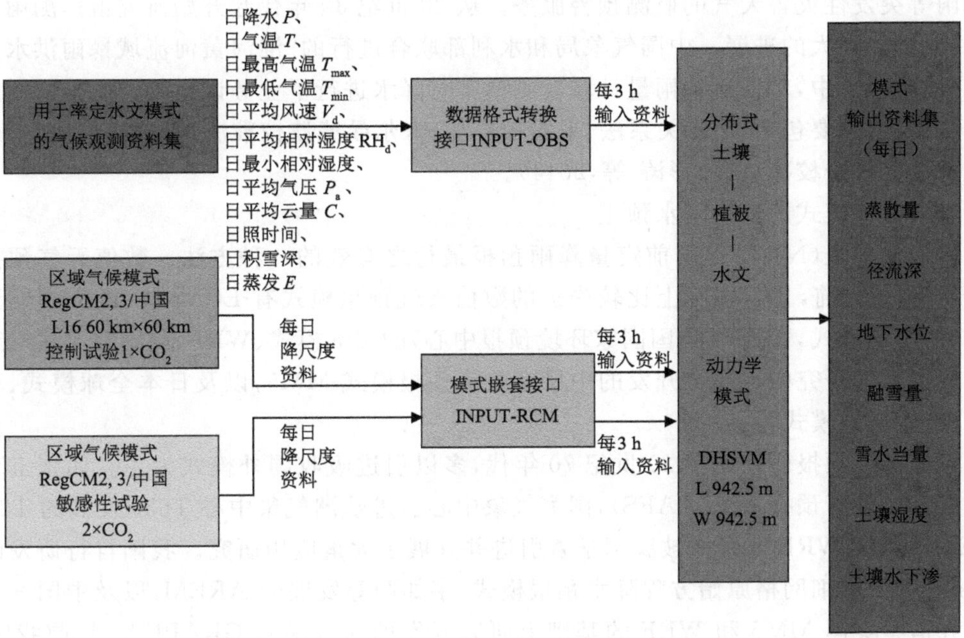

图 14.15　区域气候模式与水文模式嵌套框图(资料来源:王守荣 等,2002a)

(℃)、地表相对湿度(%)、地面气压(Pa)、降水累加值(mm)、地表入射太阳辐射(W/m²)、地表向上长波辐射(W/m²)等数据,水文模型输出每日蒸散、径流深、地下水位、融雪量、雪水当量、土壤湿度、土壤水下渗速率等水文要素量值。

14.6.3.2　数值天气模式与水文模型嵌套模拟进展

数值天气模式与水文模型嵌套模拟可以用于水文气象的许多方面,但主要是用于流域的降水特别是暴雨和洪水预报。20 世纪 90 年代以来,随着计算机网络、GIS、遥感、数值天气预报等现代技术在水文预报领域的推广应用,以及水文理论和方法的不断发展,当前基于雷达和数值模式的定量降水估算与预报技术、基于 DEM 的分布式水文模型研发、基于水文气象耦合的洪水预报、洪水实时预报系统的研发等正成为当前流域暴雨洪水预报技术研究和发展的方向。

(1)流域暴雨的定量降水估算与预报

在暴雨、洪水预报中引入降水预报信息,采用气象水文耦合方法延长预报预见期,可为防洪减灾赢得更多的应急响应时间。降水预报的精度成为洪水预报中影响有效预见期长短的关键因素。

①基于卫星、雷达等遥感手段的定量降水估算

利用卫星遥感资料估算降水,覆盖范围广,但是其空间分辨率不高,星下点的最高分辨率也只有 5 km。另外卫星遥感资料主要反映的是云的情况,它与具体到某一点、某一小区域的降水无必然联系,缺乏一定的理论依据。

雷达等遥感估算降水有时空分辨率高的优点,可以比较客观地反映降水量相对大小的分布趋势。目前在天气雷达资料的面雨量估算以及融合技术方面,欧美国家处于领先水平。我国从 20 世纪 60 年代开始布设天气雷达,目前已实现 6 min 一次的数据实时传输和拼图联网,

加强暴雨等突发性灾害天气的监测预警服务。从20世纪80年代起开始研究雷达测雨和卫星测雨，并取得了很大的进展。中国气象局和水利部联合进行的“淮河黄河流域暴雨洪水监测预报系统”试验项目中，对雷达和雨量计联合测量实时降水进行了业务试运行。此外就雷达估测降水方法而言，主要包括：*Z-R* 关系法、平均校准法、卡尔曼滤波校准法、最优插值法、卡尔曼滤波和最优插值联合校准法等（彭涛 等，2014）。

②基于数值模式的定量降水预报

数值天气预报（NWP）是目前定量降雨预报最行之有效的一种方法。数值天气预报模式研究开始于50 a前，目前国际上比较先进的数值天气预报模式有ECMWF（欧洲中期天气预报中心）的全球模式，NCEP（美国国家环境预报中心）的Eta模式、WRF、美国宾夕法尼亚州立大学和美国大气研究中心联合开发的中尺度数值预报模式MM5，以及日本全球模式、亚洲区域模式、日本区域模式等。

我国的数值预报研究始于20世纪70年代，多以引进吸收国外模式为主。如张玉玲等发展的有限区域分析预报系统（LAFS），国家气象中心引进欧洲气象中心T639发展的T213等。另外，Eta、MM5、WRF等模式被我国学者引进并开展了大量应用研究。我国自行研发的模式有：周晓平的5层细网格原始方程降水预报模式，宇如聪等发展的AREM，以及中国气象科学研究院在借鉴美国MM5和WRF的基础上研究开发的天气模式GRAPES。目前我国QPF预报水平逐年提升，空间分辨率越来越高，有限区域细网格业务化模式网格距已达10 km左右。七大区域中心已建立了高分辨率的区域精细化预报业务系统，如华中区域气象中心由中国气象局武汉暴雨研究所基于WRF模式搭建的3 km×3 km格距的区域精细化预报系统（彭涛 等，2014）。

进入21世纪，在国内外天气研究与业务中，均倾向于用集合预报来考虑“单一”确定性数值天气预报的不确定性。集合预报的发展，为降水预报、洪水预报及早期预警提供了新的思路，多模式集合预报降水集成已经成为定量降水预报的主要手段与依据。国外学者已经尝试将集合预报与水文模型、水力学模型结合应用于洪水预报及早期预警、洪灾风险评估中。我国在这方面的研究进步相对较晚，包红军在对TIGGE集合预报降水分析评估与降尺度的基础上，建立淮河流域耦合TIGGE水文水力学的洪水集合预报模型，探讨了集合预报应用于洪水预报的可能性（包红军 等，2016b）。

(2)流域洪水预报模型

目前，在国内外实时洪水预报业务作业中，仍然主要采用经验降雨、径流预报方案和流域水文模型（如新安江水文模型、Sacramento水文模型）进行降水、径流过程预报。用于洪水预报的流域水文模型研究方面，可分为三个阶段：经验方案、集总式水文模型、分布式水文模型。通过对研究结果分析比较可以得出以下几个主要结论：①按照现行标准，经过率定的分布式水文模型洪水预报效果优于或者至少相当于率定过的集总式水文模型；②充分的模型嵌套率定可以更好发挥分布式水文模型的优点；③分布式水文模型不但可以预报流域出口的流量过程，也可以预报流域内任意一个预报单元的水文过程，可以更好地用于流域精细化定量洪水预报；④使用精度较高的雨量资料，分布式水文模型能够得到很好的预报成果；⑤在湿润流域能取得不错的应用效果，在半湿润半干旱流域效果不太理想（包红军 等，2016b）。

随着水文科学的进一步发展，分布式水文模型虽然存在不少争论与分歧，但也在一些科学问题上达成一定的共识，可归纳如下（李致家 等，2004）：①由于土壤的各向异向性，应该考虑采用积分形式控制体积的质量和能量守恒方程作为新的分布式水文模型发展框架。②分布式水文模型的参数与单元流域尺度有关，目前还没有找到不同尺度之间的转换规律。③分布式水文模型的变量是单元流域的平均量，如土壤含水量、壤中流流速等，目前，难以测量每个单元流域的土壤含水量和壤中流流速等数值，能够实现的往往只有单点的地下水位、河道断面流量和河道水位等。因此分布式水文模型率定主要还是依赖于流域出口实测的水文过程。④用于洪水预报的分布式水文模型既要具有反映流域空间多样性与水文过程的物理机制能力，又要兼顾简单性与高效性的预报计算特点，应采用概念性的降雨径流模型与基于物理机制的分布式汇流模型相结合的方法（包红军 等，2016a）。⑤与湿润流域相比，半湿润半干旱流域分布式水文模型的预报精度仍然需要进一步提高。⑥用于洪水预报的分布式水文模型可以采用栅格型的单元流域，可以是正交的，也可以是任意三角形网格，如分布式新安江水文模型、GRID-GA 模型的流域计算单元为正交网格，而 tRIBS 模型的流域计算单元为三角网格。

(3)流域水文气象耦合关键技术

①流域水文气象耦合的降水降尺度技术

数值天气预报模式与流域水文模型在时间、空间分辨率上存在差异，制约了天气预报模式预报结果在水文预报中的应用和发展。基于在水文预报中充分有效地利用天气预报及气象信息这一目的，实现定量降水估算（QPE）、定量降水预报（QPF）与水文模型（HM）之间的结合，其首要任务就是解决降水信息场与水文模型时间和空间尺度上的匹配问题，缩小两者的尺度差异。为了有效地提高定量降水估算预报产品在水文预报中的应用，中国气象局武汉暴雨研究所（简称“武汉暴雨所”）等单位从“雷达资料同化＋模式嵌套＋高分辨的区域数值模式＋动力释用技术”的角度全面、系统地开展降尺度方法研究：在观测降水上基于新一代多普勒雷达探测技术和雨量计实测资料，采用卡尔曼滤波、最优插值、变分、统计权重等多种校正方法，研发了高分辨的定量降水估算校正新技术；在数值模式预报降水上通过资料同化、模式嵌套、动力释用等技术缩小了天气模式与水文模型网格尺度的差异（殷志远 等，2010）。

②雷达定量降水估算（QPE）与洪水预报的耦合

精确地掌握降雨量的空间分布，是使用分布式水文模型的先决条件。雷达测雨可直接测得降雨的空间分布，提供流域或区域的面雨量，并具有实时跟踪暴雨中心走向和暴雨空间变化的能力。雷达估算降水有时空分辨率高的优点，可以比较客观地反映降水量相对大小的分布趋势。

为了将雷达测雨资料用于洪水预报预警，国外学者首先展开了相关研究（杨扬 等，2003）。如美国已经建立了由多探测器降水估算技术和人机交互雨量订正技术共同构成的定量估算降水业务应用系统，并和水文预报模型结合，应用在山洪指导系统（FFGS）和美国天气局河流预报系统（NWSRFS）中。英国气象局开发了雷达资料实时处理和多部雷达联网工作，实现资料的实时质量控制，结合雷达和卫星资料，进行了气象和水文服务的短时定量降水预报，利用水文雷达系统（HYRAD）集成了雷达－雨量计估算面雨量和流域雷达降水预报的研究成果，用实时雷达和雨量计资料计算流域面雨量并进行未来两小时的流域面平均雨量预报，将计算和预报数据以时间序列的形式存入 RFFS 数据库用于河流预报（彭涛 等，2014）。

国内有关学者也开始了定量降水估算和洪水预报耦合技术的研究探讨：刘黎平等（1996）成功地应用天气雷达估算降雨技术来进行水文预报，提高了预报的精度；刘晓阳等（2003）利用雷达估测降雨对史灌河流域进行了径流模拟；Ren 等（2003）、Chen 等（2003）利用雷达降雨资料对水文过程进行了模拟研究；李致家等(2004)对从实时洪水预报的角度出发，将雷达遥感数据与水文模型进行耦合对淮河史灌河流域蒋家集站进行洪水预报；武汉暴雨所联合武汉大学(彭涛 等,2010b;张利平 等,2012)通过输入不同的降雨量估算结果(常规插值法得到面降雨量、雷达资料联合地面雨量站估算得到的降雨量)对比分析利用雷达资料联合雨量站估算得到的降雨量对洪水预报结果的影响。试验表明，综合平均确定性系数、预报洪峰流量合格率、峰现时差三个评价指标可以看出使用校准后的雷达降雨结果作为水文模型的输入总体洪水模拟水平是最优的。

③定量降水预报与洪水预报的耦合

目前随着数值预报理论与方法的飞跃发展，数值预报现正成为暴雨预报实现定点、定时和定量的科学手段，为水文模型预见期降水的预报提供了强有力的支撑(彭涛 等,2014)。

定量降水预报(QPF)应用于水文预报模型是被水文气象学界普遍认同的发展方向之一，也是目前研究的热点难点。对于预见期降雨与洪水预报耦合的研究国外相关学者以及国家气象中心、长江委、黄河委和武汉大学已开展过相关试验和调研：美国国家气象中心(NMC)基于数值模式预报降水开发了一系列洪水量化预报法；杨文发等(2003)考虑预见期内的降水预报信息，采用降水预报与洪水预报耦合的方法，对 1998 年汛期发生在长江上游三峡区间的一次暴雨洪水过程进行了预报试验；王庆斋等(2003)利用小浪底—花园口之间的暴雨洪水过程开展了洪水预报耦合技术研究；李超群等(2006)基于短期定量降水预报产品开展了清江隔河岩洪水预报的研究；郭靖等(2009)耦合 MM5 气象模式和 VIC 分布式水文模型构建了汉江流域水文气象耦合模型，并对丹江口以上流域开展模拟试验；Bao 等(2011)以淮河息县流域为试验流域，以 CMC、CMA、ECWMF、UKMO、NCEP 五个气象中心的 TIGGE 降水以及地面雨量计观测降水驱动新安江水文模型，在 2007 年 7 月的息县流域超警洪水预报中进行试验研究。崔春光等(2010)、彭涛等(2010a)开展了定量降水预报及其集合预报产品与水文预报耦合的预报试验，结果表明，考虑预见期内的降雨相对于未考虑预见期降雨对洪水预报结果提高具有明显的优势，能延长水文预见期，提高水文预报精度约 40%。

14.6.3.3 气候模式与水文模型嵌套模拟进展

传统的水文气候耦合研究大多集中在气候变化对流域水文过程的影响，采用方法多为单向耦合方法，即将气候模式输出的结果，如降水、气温等气象要素，通过降尺度方法直接作为水文模型的驱动，模拟蒸发、径流等水文要素。这种单向耦合方法操作简单，得到了广泛应用。然而，单向耦合方法由于缺乏流域水文要素变化对区域气候的进一步反馈，因而在一定程度上会影响流域水文过程的模拟精度。鉴于气候-水文双向反馈的重要性，传统的单向耦合方法正逐步向双向耦合发展。

(1)国际进展

随着计算机、地理信息系统、雷达、卫星遥感等技术和气候、水文理论方法的发展，气候和作物模拟技术迅速发展，也使得气候-水文耦合模拟成为可能。20 世纪后期，构建在数字高程模式(DEM)基础上的分布式水文模型已用于各种类型的陆面过程，实现了与中尺度气候模式的单向嵌套模拟。结果表明，提供模式水平分辨率和改进降水过程对气候模式的改进作用明显(杨传国 等,2007)。Lettenmaier 等(1990)研究了加利福尼亚 4 个小流域的水文过程响应，包括积雪和融化及径流，发现小流域水文响应对温度相关的变化较敏感，而对降水变化响应较小。Leung 等(1996)应用多个 RCMs 和 DHSVM 水文模型模拟了气候变化对美国西北部和加拿大西南部山区 3 个流域以及密西西比河的水文影响。Habets 等(1999)利用陆面机制 ISBA,通过能力和水分平衡计算实现气候模式 ARPEGE 和分布式水文模型 MODCOU 的耦合,在陆面模式中引入了更加详细的积雪模式和次网格径流机制。MIKE SHE 是一个较早出现的典型分布式水文模型,Overgaad 等(2003)在此基础上引入一个 MIKE SHE SVAT 组件,用于模拟土壤植被层的蒸散即两者的相互作用,加入大气模式控制 MIKE SHE 运行时间的交互功能,将区域预报系统 ARPS(Advanced Reginal Prediction System)耦合到完整的 MIKE SHE 中,形成了一个完整的大气水文耦合系统 MIKE SHE/ARPS。Evans(2003)在美国中部进行的 FIFE 试验中,用 4 个区域气候模式分别与同一个水文模型嵌套,模拟径流过程并加以比较。在 IPCC 的历次评估中,均有应用气候-水文单向嵌套方法(CMIP 全球气候模式或区域气候模式 RCMs 嵌套各种水文模型),模拟预估各种情景下世界各主要流域水文要素及水资源变化趋势,并在此基础上开展水资源脆弱性评估,提出具有针对性的适应措施。

大尺度水循环模型通过添加能量过程、生态过程、人类活动、土地利用变化等过程不断完善模型的参数化过程,代表性模型如 VIC(Variable Infiltration Capacity)模型(Liang et al.,1994)、Hanasaki 等(2008)建立的用于全球水资源评估的综合模型以及 Ragab 等(2010)建立的 IHMS(Integrated Hydrological Modeling System)等。这些大尺度水循环模型参数化方案逐渐丰富,与陆面模式的差异逐渐减小,被大量应用于大流域水文过程模拟,并取得较好的模拟效果。但这类模型在陆面生化过程模拟等方面仍有所欠缺,短期内难以代替陆面模式。另外,由于尺度的升高,这类大尺度水循环模型失去了水文模型的部分优势,大多用于月际、年际径流模拟或水资源研究;而对于精度较高的流域洪水模拟预测工作而言,目前研究者仍然以小尺度的流域水文模型为主要工具。因此,为了提高气候模式在流域水文过程方面的模拟精度,考虑气候-水文相互反馈影响,需要完善大尺度水循环模型物理过程,并优化耦合方法,实现陆地水文与区域气候间的双向反馈(占车生 等,2018)。

(2)国内进展

国内早期的研究多用全球气候模式 GCMs 与水文模式嵌套,模拟和预测区域或流域气候、水文变化。刘春蓁(1997,2003,2004)利用 GCMs 以及随机天气模式、流域蒸散模式、流域水文模式、水资源综合评价模式,系统地研究了未来全球气候变化对我国水文水资源及水资源供需的影响。金兴平等(2009)基于 IPCC 第 4 次评估报告中分析使用的 24 个 GCMs 的输出产品,分析计算在 A1B、A2 和 B1 三种典型排放情景下长江流域未来 100 a 间的降水、气温、径流量变化趋势。李志等(2010)应用 4 个 GCMs (CCSR/NIES,CGCM2,CSIRO-Mk2 和 HadCM3),基于 3 种排放情景(A2,B2 和 GGa),模拟未来气候变化趋势。然后用 GCMs 输出结果驱动水文模式 SWAT 模拟径流、土壤含水量和蒸散发变化。最后基于元胞自动机-马尔可夫模型(CA-Markov)建立未来土地利用情景,综合模拟气候变化和土地利用变化对水文的影响。郝振纯等(2006)以山西省和黄河源区为研究对象,建立了空间分辨率为 25 km×25 km 的分布式水文模式,嵌套 GCMs 输出研究未来地表径流过程和地表水资源可能的变化趋势。刘昌明等(2004b)应用 SWAT 模式,选取黄河河源区为典型流域,基于 DEM 模拟不同气候和土地覆被条件下黄河河源区地表径流的变化。夏军等(2003)基于 GCMs 多模式数据,实现中国天气发生器 BCCRCG-WG3.00 与水文模型 AWST 的嵌套,模拟滦河流域水文循环过程。王国庆等(1994)根据假定的暖干化气候方案和气候模式的输出结果,嵌套水文模式,分析了黄河上中游主要产流区水资源对气候变化的响应及其变化趋势。何新林等(1998)利用包含积雪融雪结构的水文评价模式计算未来不同气候变化情况下的月均流量过程，分析气候变化对玛纳斯河流域水文水资源的影响。游松财等(2002)以改进的水分平衡模式为基础，研究了不同气候变化情景下中国未来地表径流的变化。

进入21世纪以来，国内的研究则多用区域气候模式RCMs与分布式水文模式嵌套，系统模拟各大江河及主要支流过去和未来气候、水文变化趋势，研究气候、水文极端事件演变特征，评估气候变化对水循环和水资源的影响。王守荣等(2002a,2002b)、康丽莉等(2008)先后用区域气候模式RegCM2/China、RegCM3/China嵌套改进的水文模型DHSVM和大尺度水文模型VIC，分别模拟了不同气候变化情景下滦河、桑干河和钱塘江流域气候、水文变化。曾新民等(2005)结合VIC模型和新安江模型，开发了水文模型VXM，替代RegCM2中陆面模式BATS对径流描述，感热、潜热通量仍用BATS进行计算，实现了与区域气候模式的耦合模拟，提高了气候水文模拟与预测能力。陆桂华等(2006)用加拿大中尺度模式MC2的结果驱动集总式新安江水文模型，进行产流模拟计算。张建云等(2007)利用英国Hadley中心的RCM PRECIS，以1961—1990年为基准年，模拟分析了A1、A2、B1和B2情景下的气候要素，然后嵌套水文模型VIC，模拟计算了不同气候变化情景下全国和各省多年径流变化。钟冬梅(2008)采用GCMs的输出驱动高分辨率区域气候模式PRECIS，模拟IPCC SRES A1、A2、B1和B2情景下的气候要素，然后嵌套水文模型VIC，研究中国南水北调中线工程水源地汉江流域对气候变化的水文响应。

近期，柳春等(2013)、康丽莉等(2015)、Gao等(2017)利用区域气候模式RegCM4.0单向嵌套全球气候模式BCC_CSM1.1，动力降尺度到黄河流域的模拟结果驱动VIC模型，开展在新的RCPs排放情景下黄河流域未来气候和水文变化的模拟。模拟结果显示，在RCP4.5和RCP8.5两种排放情景下，黄河流域21世纪平均地表气温相对于1971—2000年均呈显著上升趋势，未来年平均降水量有微弱的增加，21世纪30年代增幅为6%左右，20世纪80年代增幅为1.4%～5.6%。未来蒸发量增加明显，21世纪80年代平均蒸发量最大可增加9.6%。21世纪30年代花园口水文站的年平均径流量增加3.4%～7.4%，80年代平均径流量转为减少，减幅为3.3%～5.3%。Lutz等(2014)、Su等(2016)、Zhao等(2019)、Luo(2018)等应用气候-水文嵌套技术方法，预估未来青藏高原气候、水文变化趋势。结果显示，青藏高原气温上升幅度明显大于全球平均升温幅度，这一趋势可能在未来还会持续，势必影响未来径流、蒸发等水文要素的变化，青藏高原河流源区径流未来几十年整体呈上升趋势(汤秋鸿 等,2019a;汤秋鸿 等,2019b)。黑河流域作为典型的干旱区内陆河流域，预计在2015—2024年间气候变化将使黑河上游水资源增加，比土地利用变化对水资源的影响更大(Zhang et al.,2016)。长江上游流域21世纪年均流量、季节性高流量和日最大流量相对基准期(1981—2010年)在四种RCPs排放情景(RCP2.6,RCP4.5,RCP6.0,RCP8.5)下均将有不同程度的增加，百年一遇的洪水将增加(Su et al.,2017)。整个长江流域至21世纪末，在RCP4.5情景下气温将升高1.5～3.4 ℃，在RCP8.5情景下气温将升高3.3～6.1 ℃，预计平均降水量将略有增加，不同全球气候模式之间存在较大差异，尤其是在旱季(Yu et al.,2018)。未来气候变化将导致长江干流水文站(寸滩、宜昌和大通)的未来年均径流量略有增加，特别是21世纪末极端水文事件(如洪水和干旱)显著增加。未来5 a、10 a、15 a和30 a一遇的洪水将呈增加趋势。黄淮海地区2021—2050年的水资源总量在RCP2.6情景下预计将相对基准期(1961—1990年)减少1.3%，其中河南、河北、山东和江苏北部的水资源减少，黄河中上游和淮河上游水资源增加；在

RCP4.5 情景下，大部分黄淮海地区的水资源预计将增加，相对基准期平均增加 1%；在 RCP8.5 情景下，黄淮海地区的水资源量平均将减少 2.3%，减少区域集中在淮河流域、海河流域的中南部、黄河流域的中下游(Wang et al.，2015)。

14.6.4 水文气象双向耦合模拟

14.6.4.1 双向耦合模拟技术进展

Mölder 等(1997)较早地开展了气候和水文双向耦合模拟，发展了一个陆面模块用于耦合气候模式 GEMSA 和水文模型 NASMO，模拟闭合循环过程。通过在大气模式 5 km×5 km 网格内细分 1 km 水文模型单元，解决气候模式和水文模型空间分辨率不一致的问题。对于径流和土壤湿度参数升尺度问题，则用网格平均算法实现。Seuffert 等(2010)在中尺度模式 Lokal Modell(LM)和陆面-水文模式 TOPLATS 双向耦合研究中，用 TOPLATS 代替了 LM 中未考虑土壤侧向水流及汇流过程的土壤模块 TERRA，在同一个交互界面上实现气候模式和水文模型的在线耦合。Yu 等(2006)用 GENESSGCM 中陆面模块 LSX 产流、蒸散、下渗等输出量驱动细网格大尺度水文模型 HMS，模拟地表水、土壤水、地下水相互作用的过程，并采用“基于土壤含水量”方法解决尺度转换问题，实现粗网格大气-陆面模式和细网格水文模型的双向耦合。在 IPCC 第 5 次评估(AR5)中，已有更多的专家开展耦合模拟并把成果写入评估报告，如 Falloon 等分别在哈德来中心全球气候模式 HadCM3 和全球环境模式 HadGEM1 中植入水文模块 TRIP，实现大气-水文耦合模拟，分别应用于全球 24 个主要流域的径流拟合。经过与实测数据的比较，HadGEM1-TRIP 的效果优于 HadCM3-TRIP(IPCC，2014a)。

近 10 a 来，气候-水文全耦合研究又取得了一些实质性的进展。如 Wagner 等(2016)将区域气候模式 WRF 与分布式水文模型 HMS 进行结合，发展了全耦合的中尺度气候-水文耦合模型，并在中国鄱阳湖流域进行应用和验证。Senatore 等(2015)将区域气候模式 WRF 与具有汇流机制的 WRF-Hydro 进行耦合构建了陆面气候-水文全耦合模型，并在地中海中部进行了应用和验证。Larsen 等(2014)将 HIRHAM 气候模式与 MIKE SHE 水文模型通过耦合器在丹麦斯凯恩河流域实现了气候-水文全耦合。在该研究中，为了保证气候模式与水文模型在 Linux 和 Windows 不同平台下的协同运行，Larsen 等(2014)利用并行算法对 MIKE SHE 模型进行大幅修改，使其能够利用耦合器与气候模式进行数据交换，HIRHAM 模式模拟的地表风速、气温、湿度、降水等变量通过双线性插值驱动 MIKE SHE 模型运行，而 MIKE SHE 模拟的潜热、感热通量则通过 HIRHAM 模式的陆面模块向大气反馈。该耦合模型既能够通过 MIKE SHE 输出流域尺度的径流模拟，也能够通过 HIRHAM 进行区域气候模拟，有效地保留了两者的优势(占车生 等，2018)。

气候-水文双向耦合仍有诸多问题有待解决，如模型耦合后的匹配与协调、不同尺度转换、次网格物理过程方案改进及参数不确定性、参数移植方法及区域适用性以及高分辨率模拟等。未来气候-水文双向耦合研究将进一步研究不同时空尺度水文-大气相互作用与转换问题；改进模式对动态土地利用、人类活动以及不同下垫面蒸散、土壤水、地表和地下水等要素的参数化描述；减少模型耦合过程的不匹配与不确定性；优化模型参数并研究无资料地区的参数移植方法；探索高分辨率甚至超分辨率下水文-气候耦合机理(占车生 等，2018)。

14.6.4.2 双向耦合模拟关键科学问题

目前，虽然气候-水文双向耦合模拟研究备受重视且进展较快，但仍有诸多问题有待解决，并且在编译运行方面存在一定难度。气候-水文双向耦合模拟既基于气候和水文的模拟，又不同于气候和水文的单独模拟，近期需要解决一些关键的科学问题（汤秋鸿 等，2019a；汤秋鸿 等，2019b；占车生 等，2018；杨传国 等，2007；王守荣 等，2002a）。

（1）驱动因子及相互作用

气候和水文变化有各自的驱动因子且存在相互作用。气候变化有其自然变率的规律，但同时又受到人类活动的驱动和干扰，工业革命以来的全球变暖就主要归因于人为温室气体排放的激增和土地利用的巨变。水文变化既受到气候自然变率的制约，又受到人为气候变化的驱动和人类活动的直接干预。在气候变暖的大背景下，气候和水文这些驱动因子交互作用和影响，构成了错综复杂的非线性关系。在气候水文双向耦合模拟中，如何在深化气候和水文变化科学机理认知基础上，客观合理地反映和描述驱动因子及相互作用的影响，综合构建系统的模式框架，改进模式的物理基础，体现交互作用和反馈，是必须要解决的首要课题。

（2）时空尺度和不同尺度的网格转换

大气和水文时空特性存在着很大差异。大气过程在空间尺度上的变化相对均匀，而在时间尺度上的变化十分显著。水文过程恰恰相反，时间变化相对均匀而空间变化明显。针对这些时空特性差异，如何一方面发展相应的技术方法，建立大气、水文耦合的界面，把陆面不均匀的属性准确地反馈到大气；另一方面在深化不同尺度水文规律研究的基础上，优化大尺度分布式水文模式，以便与大气模式耦合，就成了大气、水文耦合的关键课题。

大气模式次网格尺度较大，水文模型次网格尺度较小，但无论是大气模式还是水文模型，次网格内不同地域的地形、土壤、植被、土地利用等人类活动情况均有很大差异，对陆面水文过程具有重要影响。在水文-气候耦合过程中，由于气候模式与水文模型的分辨率存在较大差异，粗网格的气候模式数据需要通过降尺度处理作为水文模型的驱动强迫，而水文模型对蒸发、径流等要素的模拟结果则需要通过升尺度手段向气候模式反馈。其中，从粗网格至细网格的降尺度方法是目前的研究热点之一。从简单的数学插值、考虑地形等环境要素的插值至复杂的统计插值方法，不同插值方法均有其适用范围与限制，并不存在各方面均优于其他方法的插值方法。因此，如何根据研究区域进行尺度分割、遴选更为有效的尺度转换方法或适用范围更广泛的算法，减小次网格不均匀性所引起的模拟偏差，是未来气候-水文耦合研究的发展方向之一。

（3）模式参数化方案的改进

完善模式内物理参数化过程，提高模型模拟精度，是区域气候-水文耦合模型研究的基础。虽然水文模型和气候模式已取得了长足的发展，但在与水循环相关的物理参数化方案改进方面，仍有极大的进步空间。气候模式内土地覆盖、土地利用相对固定，大多未能考虑土地动态变化过程。少数模式引入了植被季节生长与植被年际演替过程，但有关人类的土地开发过程参数化目前仍在试验研究阶段；除了土地利用变化，对陆地水资源的开采、利用、调配活动也极大地影响了水循环过程。如何实现人类对陆地水资源再分配过程的参数化描述，改进植被生化过程以及冻土、城市、湖泊等下垫面类型的参数化描述，减少模型参数不确定性是气候水文耦合模拟的重要课题。

另外，气候模式与水文模型的参数化方案内存在大量经验参数，这些参数在实时传递与耦合模拟过程中存在不确定性，并在很大程度上影响着模拟效果。如何量化评估各参数可能引起的不确定性，并开展参数优化与数据同化技术研究，是减少模型参数不确定性途径之一。

(4)参数移植与区域适用性

水文模型的参数移植问题历来是水文学的研究难点之一,气候-水文耦合模型的区域适用性是其亟须解决的迫切课题。水文模型多采用统计算法描述各水文要素间的关系,其模拟效果在很大程度上依赖模型参数的率定。在更换研究流域后,水文模型需要大量观测数据重新进行参数率定。因此,气候-水文耦合模型通常仅针对特定流域进行模拟,更换研究区域需要繁重的参数率定与模型评估工作,使得耦合模型的区域适用性方面有所缺陷。许多研究者提出并比较了多种参数移植方法,提高水文模型的适用性,但与降尺度方法研究相似,目前仍不存在适用范围广泛的高效移植方法。Oubeidillah 等(2014)曾针对美国大陆建立了大尺度水文模型 VIC 的参数集,为水资源与气候变化研究做出了积极贡献。然而,对于其他小尺度水文模型而言,建立大陆或国家范围内的模型参数集仍然难以实现。

(5)模型匹配与适应性

水文模型与气候模式不同的运行平台为气候-水文耦合研究增加工作难度。通常而言,水文模型多采用 Windows 系统下的图形界面操作,而气候模式采用 Linux 系统下的并行算法。操作平台的差异使水文模型与气候模式的数据交换存在较大难度,因此两者耦合可以将水文模型代码进行并行化,并采用相应耦合器实现平台间的数据交换。另外,对水文模型进行平台移植,实现其在 Linux 系统下的编译运行也是实现气候模式与水文模型耦合的途径之一,但软件实现难度相对较大。除了运行平台的不匹配,气候-水文耦合模型强制修改陆面模型内的水循环要素可能引起模型整体的不协调。虽然双向全耦合方法的稳定性远优于修改模式内某一方案的做法,但是陆面模式内的水量平衡重新配置将进一步影响能量平衡、植被生长等过程,容易引起整体模型的不匹配。因此,在开展双向耦合工作时,需要详细评估模型内水量平衡改变所引起的次生变化。

(6)高分辨率模拟

为更加准确地解决全球变化下全球或区域水循环科学问题和应用需求,高分辨率甚至超分辨率(空间分辨率小于 1 km)的陆面模式或水文模型与气候模式的耦合将是未来研究的重点方向。如何科学刻画更高空间分辨率下植被、地形的下垫面状况下地表水-地下水相互作用机理,陆面-大气相互作用机理以及相应尺度下土壤湿度和蒸散发的时空分布信息是开展超级分辨率下模式构建的科学基础。同时,充分利用卫星、雷达遥感和 GIS 技术,提供准确的大气、地质、地貌、土壤、植被、土地利用等信息,建立适用于高分辨率模式的全球观测网络和遥感数据集。此外,使用高性能计算机和速度更优的算法乃至引进人工智能技术,将成为高分辨率陆面气候-水文双向耦合研究的前沿课题。

第15章 可持续发展与应对气候及水资源变化

可持续发展涉及可持续经济、可持续生态和可持续社会三方面的协调统一，人类应协调人口、资源、生态环境、社会、经济和发展等之间的相互关系，使之既能满足当代人的需要，又不对后代人构成危害的经济、社会发展模式。可持续发展的核心是发展，但要求在保持资源和环境永续利用的前提下实现经济和社会的发展，要求在发展中讲究经济效率、关注生态和谐、追求社会公平，最终达到人的全面发展。气候和水资源条件是实现全面和协调发展的基本条件，要实现可持续发展的目标，就必须科学应对气候变化和水资源问题，保护人类赖以生存和发展的基本条件。反之，要科学、有效地应对气候变化和水资源问题，也应围绕可持续发展的目标制定策略并付诸实施(王守荣 等，2007)。

15.1 在可持续发展框架下应对气候变化和水资源问题

15.1.1 可持续发展进程

15.1.1.1 可持续发展的由来

工业革命以来，人类社会发生了史无前例的深刻变化，这种变化以现代化工业、科学和技术革命为动力，实现从传统经济向现代经济、传统社会向现代社会、传统政治向现代政治、传统文明向现代文明等各个方面的转变。但工业革命以来的发展既有正面的社会经济效应，也伴随着负面的生态环境影响，如全球气候持续变暖，土地覆盖急剧改变，生态系统显著退化，空气、陆地和海洋严重污染，自然灾害和极端天气、气候事件的频率和强度增加等，已严重威胁地球系统包括人类自身的安全。20世纪50年代以来，由于人口的迅速增长，生产的大幅扩张，经济、社会发展的严重失衡，使得粮食短缺、能源紧张、资源破坏和环境污染等问题日益恶化，世界贫富差距进一步拉大，局部地区社会动荡不安。

严峻的全球生态环境形势，迫使人类重新审视自己在生态环境中的地位和作用，并努力寻求与自然环境和谐相处的发展道路。1962年，美国女科学家雷切尔·卡逊(Rachel Carson)发表《寂静的春天》，在世界范围内引发了人类对传统发展观念的反思。1972年，罗马俱乐部的丹尼斯·米都斯(D H Meadows)等学者首次提出“地球存在极限”的说法，出版了《增长的极限》，论述了现代社会人们无止境地追求经济和效益的增长，而忽视环境的承载力和人类社会的可持续发展。源于这种危机感，可持续发展的思想在20世纪70—80年代逐步形成。1972年6月，在瑞典斯德哥尔摩召开了第一次联合国人类环境会议，119个国家的高层代表第一次聚集在一起商讨严肃的环境问题，会议通过了《联合国人类环境宣言》和《人类环境行动计划》，并建立了联合国环境规划署。1980年3月，由联合国环境规划署(UNEP)、国际自然及自然资源保护联盟(IU-CN)和世界自然基金会(WWF)共同发起多国政府官员和科学家参与制定的《世界自然保护大纲》，初步提出了可持续发展的思想，强调"必须研究自然的、社会的、生态的、经济的及利用自然资源过程中的基本关系，以确保全球的可持续发展。"1983 年 11 月，联合国成立世界环境与发展委员会，该委员会主席、挪威首相布伦特兰夫人于 1987 年向联合国提交了题为《我们共同的未来》的报告，首次系统阐述了可持续发展的概念、思想、标准和对策。该报告将可持续发展定义为："既能满足当代人的需要，又不对后代人满足其需要的能力构成危害的发展"，随后被广泛接受和引用。可持续发展涉及可持续社会、可持续经济和可持续生态三方面的协调统一，要求人类在发展中讲究经济效率、保护生态环境和追求社会公平，最终实现人的全面发展。

1992 年联合国在巴西召开了环境与发展大会会议。大会通过了《里约热内卢环境与发展宣言》和《21 世纪议程》，绘制了全球可持续发展的蓝图，会后还专门成立了联合国可持续发展委员会。2000—2015 年，联合国提出并实施千年发展目标(Millennium Development Goals, MDG)(United Nations，2015a)，并设立了相应的时间表。2012 年 6 月，联合国可持续发展大会"Rio＋20"通过了由 193 个国家签署的题为《我们憧憬的未来》的成果文件。2015 年联合国再次召开可持续发展峰会，会议通过了纲领性性文件《改变我们的世界：2030 年可持续发展议程》(United Nations，2015b)。

15.1.1.2　千年发展目标实施与评估

在 2000 年 9 月联合国第 55 届首脑会议上，189 个国家代表和领导人就全球消除贫困、饥饿、疾病、文盲、环境恶化及妇女地位等问题达成了共识，通过了《千年宣言》。为促使其转化为切实的行动，联合国成立了一个专门的工作小组并于 2001 年公布了《执行＜联合国千年宣言＞的路线图》，形成了一套有完成时限的千年发展目标(MDG)。MDG 包括 8 个总体目标、18 个具体目标和 48 个技术指标，是 21 世纪初国际社会在发展领域最全面、最权威、最明确的目标体系。MDG 总体目标涵盖消灭极端贫穷和饥饿、普及小学教育、促进男女平等并赋予妇女权利、降低儿童死亡率、改善产妇保健、与艾滋病毒/艾滋病、疟疾和其他疾病做斗争、确保环境的可持续能力及全球合作促进发展等方面。MDG 的完成时限是 2015 年。

2015 年联合国在对 MDG 实施效果进行全面评估的基础上，发表了《千年发展目标报告》，系统分析了实施 MDG 的成就与不足。《千年发展目标报告》指出，MDG 的全球动员引发了有史以来最为成功的反贫困运动，使全世界的人们改善了他们的生活和未来。MDG 帮助 10 亿多人摆脱了极端贫困，开始减少饥饿，并保护了我们的地球。实施 MDG 主要成效包括：极端贫困率显著下降，1990 年发展中世界近一半的人口生活水准低于一天 1.25 美元，而到 2015 年这一比例下降至 14%；全球生活在极端贫困中的人数下降超过一半，从 1990 年的 19 亿下降至 2015 年的 8.36 亿；2015 年发展中国家和地区的小学净入学率达到 91%，比 2000 年的 83%有所提高；1990 年至 2015 年间，全球 5 岁以下儿童死亡率下降超过一半，从每 1000 名婴儿中有 90 人死亡降至 43 人死亡；2000 年至 2013 年间，新感染艾滋病毒的人数下降了约 40%，从大约 350 万人下降至 210 万人；1990 年以来，消耗臭氧物质基本上已消除，预计到 21 世纪中叶臭氧层即可恢复；1990 年以来，很多地区的陆地和海洋保护区大幅增加，1990 年至 2014 年间，在拉丁美洲和加勒比地区，陆地保护区覆盖率从 8.8%上升至 23.4%；2015 年全球 91%的人口使用经改善的饮用水源，而 1990 年只有 76%；2000 年至 2014 年间，来自发达国家的官方发展援助实际值增长了 66%，达到 1352 亿美元。

尽管全球实施千年发展目标取得了明显的成绩，但仍存在很多问题，且各地区和国家的进展也很不均衡。随着发展环境的变化，一些新的挑战逐渐凸显。这些问题和挑战主要包括：从不均衡来看，全球仍然有8亿多贫困人口，且日益向撒哈拉以南非洲集中，该地区集中了全球贫困人口的一半以上，贫困发生率高达35%；地区间及城乡间贫富差距急剧加大，发展中国家农村人口50%缺乏改进的卫生设施，16%没有清洁饮用水，而相应的城市人口比例仅为18%和4%，且收入差距在持续加大；性别不平等依然顽固，全球女性的报酬比男性低24%，女性贫困发生率高于男性，就业难于男性，政治参与度低；气候变化趋势加剧，极端天气和社会风险加大，生态系统持续恶化势头没有改变，森林仍在减少，生物多样性丧失的趋势没有逆转，世界上40%的人口受水资源短缺困扰；冲突依旧是人类发展中最大的威胁，各种冲突已迫使近6000万人放弃他们的家园，平均每天有4.2万人被迫流离失所；许多新的问题逐渐凸显，如慢性病、老龄化、资源瓶颈、恐怖主义等对全球发展的挑战加剧。

15.1.1.3　2030年可持续发展议程的制定

2013年9月，联合国大会召开了专门会议，呼吁国际社会面向未来，以普适性为基本原则制定"一个发展框架，一套发展目标"。会后经历一年多的政府间磋商，于2014年7月形成了关于全球可持续发展目标的建议。2015年1月联合国大会就2015年后发展议程召开特别会议，原则通过了可持续发展目标的建议。2015年8月各国谈判代表就2015年后发展议程的内容达成一致，最终名称确定为《改变我们的世界：2030年可持续发展议程》（以下简称《2030年可持续发展议程》）。2015年9月联合国峰会正式批准通过这一议程，并于2016年1月1日正式生效并付诸实施。

15.1.2　2030年可持续发展框架目标

《2030年可持续发展议程》包括宣言、可持续发展目标和具体目标、执行手段和全球伙伴关系、跟进和审查4个部分，共91个条款。其核心内容是可持续发展的愿景和框架目标（United Nations，2015b）。

15.1.2.1　可持续发展愿景

《2030年可持续发展议程》围绕经济、社会和环境三个方面提出三项愿景。

创建一个没有贫穷、饥饿、疾病、匮乏并适于万物生长的世界，一个没有恐惧与暴力的世界，一个人人都识字的世界，一个人人平等享有优质大中小学教育、卫生保健和社会保护因而身心和社会福祉都有保障的世界，一个重申我们对享有安全饮用水和环境卫生的人权的承诺和卫生状况得到改善的世界，一个有充足、安全、价格低廉和营养丰富的食物的世界，一个有安全、复原力强和可持续的人类生境的世界和一个每个人可以获得价廉、可靠和可持续能源的世界。

创建一个普遍尊重人权和人的尊严、法治、公正、平等和不歧视，尊重种族、民族和文化多样性，实行机会均等以充分发挥人的潜能和促进共同繁荣的世界，一个注重对儿童投资和让每个儿童在没有暴力和剥削的环境中成长的世界，一个每个妇女和女童都充分享有性别平等和一切阻碍她们享有权能的法律、社会和经济障碍都被清除的世界，一个公正、公平、容忍、开放、有社会包容性、最弱势群体的需求得到满足的世界。

创建一个每个国家都实现持久、包容和可持续的经济增长和每个人都有体面工作的世界，一个以可持续的方式进行生产消费和使用从空气到土地，从河流、湖泊和地下蓄水层到海洋的各种自然资源的世界，一个可持续发展，包括持久的包容性经济增长、社会发展、环境保护和消除贫穷与饥饿离不开民主、善治和法治及有利的国家和国际环境的世界，一个技术研发和应用顾及对气候的影响、维护生物多样性和有复原力的世界，一个人类与大自然和谐共处，野生生物和其他生物物种得到保护的世界。

15.1.2.2　可持续发展框架目标

《2030 年可持续发展议程》提出 17 个可持续发展目标和 169 个具体指标。

目标 1　在全世界消除一切形式的贫穷

具体指标包括：到 2030 年时，在全世界所有人口中消除极端贫穷(极端贫穷目前是指每人每日生活费不到 1.25 美元)；到 2030 年时，各国按其标准界定的陷入各种形式贫穷的不同年龄段男女和儿童人数至少减半；到 2030 年时，增强穷人和处境脆弱者的韧性，减少他们遭受极端气候事件及其他经济、社会和环境冲击及灾害的风险和易受其影响的程度等。

目标 2　消除饥饿，实现粮食安全，改善营养和促进可持续农业

具体指标包括：到 2030 年时，消除饥饿，让所有人，特别是穷人和处境脆弱者，包括婴儿，全年都有安全、营养丰富和足够的食物；到 2030 年时，建立可持续粮食生产体系，采用有韧性的农业方法，提高生产率和产量，帮助维护生态系统，加强适应气候变化、极端天气、干旱、洪涝和其他灾害的能力，逐步改进土地和土壤质量等。

目标 3　让不同年龄段的所有人都过上健康的生活，促进他们的福祉

具体指标包括：到 2030 年时，全球孕产妇死亡率每 10 万例活产减至低于 70 例，5 岁以下儿童每 1000 例活产的死亡率至少降至 25 例；到 2020 年时，全球道路交通事故造成的死伤人数减半；到 2030 年时，大幅减少因危险化学品以及空气、水和土壤污染死亡和患病的人数等。

目标 4　提供包容和公平的优质教育，让全民终身享有学习机会

具体指标包括：到 2030 年时，所有男女儿童都完成公平和优质的中小学义务教育，取得相关和有效的学业结果；到 2030 年时，所有男女都能平等获得费用低廉的优质技术、职业和高等教育，包括大学教育等。

目标 5　实现性别平等，增强所有妇女和女童的权能

具体指标包括：在全世界消除对所有妇女和女童的一切形式歧视；确保妇女在各级的政治、经济和公共生活中全面有效参与决策，并享有进入领导层的平等机会等。

目标 6　为所有人提供水和环境卫生并对其进行可持续管理

具体指标包括：到 2030 年时，人人都能公平获得安全和价廉的饮用水；到 2030 年时，每个人都享有适当和公平的环境卫生和个人卫生条件，消除露天排便现象；到 2030 年时，大幅提高所有部门用水效率，以可持续的方式抽取和供应淡水，大幅减少缺水人数；到 2020 年时，保护和恢复与水有关的生态系统，包括山麓、森林、湿地、河流、含水层和湖泊等。

目标 7　每个人都能获得价廉、可靠和可持续的现代化能源

具体指标包括：到 2030 年时，可再生能源在全球能源组合中的比例大幅增加；到 2030 年时，全球能效提高一倍等。

目标 8　促进持久、包容性的可持续经济增长，促进充分的生产性就业，促进人人有体面工作

具体指标包括：根据本国具体情况维持人均经济增长率，特别是将最不发达国家国内生产

总值年增长率维持在至少 7%；到 2030 年时，所有男女，包括青年和残疾人都有充分的生产性就业，并做到同工同酬等。

目标 9　建设有韧性的基础设施，促进具有包容性的可持续工业化，推动创新

具体指标包括：到 2030 年时，所有国家根据自身能力采取行动，更新基础设施和进行工业可持续性改造，提高资源利用率，更多地采用清洁的环保技术和工业流程；在所有国家，特别是发展中国家，加强科学研究，提升工业部门的技术能力，包括到 2030 年时，鼓励创新，大幅增加每 100 万人口中的研发人员人数，大幅增加公共和私人研发支出；大幅增加信息和通信技术的普及度，力争最不发达国家到 2020 年时能以低廉的价格为所有人提供因特网服务等。

目标 10　减少国家内部和国家之间的不平等

具体指标包括：到 2030 年时，逐步使最底层 40%人口的收入增长率达到并维持在高于全国平均数的水平；到 2030 年时，增强所有人的权能，促使他们融入社会、经济和政治生活等。

目标 11　建设包容、安全、有韧性的可持续城市和人类住区

具体指标包括：到 2030 年时，所有人都能获得适足、安全和价廉的住房和基本服务，开展贫民窟改造；到 2030 年时，大幅减少包括水灾在内的各种灾害造成的死亡人数和受影响人数，大幅减少灾害造成的直接经济损失在全球国内总产值中所占比重，重点注意保护穷人和处境脆弱群体；到 2030 年时，减少城市对环境造成的人均不利影响，包括特别关注空气质量以及城市废物和其他废物的管理；到 2020 年时，通过并执行统筹政策和计划，促进包容，提高资源使用效率，减缓和适应气候变化，建立抗灾能力，并根据《2015—2030 年仙台减少灾害风险框架》在各级建立和执行综合灾害风险管理等。

目标 12　采用可持续的消费和生产模式

具体指标包括：到 2020 年时，根据商定的国际框架，对化学品和所有废物进行全生命周期的无害环境管理，大大减少它们在空气、水和土壤中的释放量，尽可能降低它们对人类健康和环境造成的不良影响；到 2030 年时，世界各国人民都采用与大自然相和谐的可持续发展模式和生活方式等。

目标 13　采取紧急行动应对气候变化及其影响

具体指标包括：加强所有国家抵御和适应与气候有关的灾害和自然灾害的能力；将应对气候变化的措施列入国家政策、战略和规划；就减缓和适应气候变化、减少影响和预警问题加强教育、宣传及人员和机构能力；履行加入《联合国气候变化框架公约》的发达国家对目标做出的承诺，即到 2020 年时每年从各种来源联合筹资 1000 亿美元，在切实采取减缓行动和保持执行工作透明度的情况下，满足发展中国家的需求，并通过尽快对绿色气候基金注资，让该基金全面开始工作；促进在最不发达国家和小岛屿发展中国家建立增强能力的机制，以有效进行与气候变化有关的规划和管理，包括重点注意妇女、青年、地方社区和边缘化社区。

目标 14　养护和可持续利用海洋和海洋资源以促进可持续发展

具体指标包括：到 2025 年时，防止和大幅减少所有各类海洋污染，特别是陆上活动造成的污染，包括海洋废弃物污染和养分污染；到 2020 年时，对海洋和沿海生态系统进行可持续管理和保护，以免产生重大不利影响，包括加强其韧性，并采取行动助其恢复原状，以确保海洋健康且物产丰富；尽可能减少和处理海洋酸化的影响等。

目标 15　保护、恢复和促进可持续利用陆地生态系统，可持续地管理森林，防治荒漠化，制止和扭转土地退化，阻止生物多样性的丧失

具体指标包括：到 2020 年时，根据国际协议规定的义务，养护、恢复和可持续利用陆地和内陆的淡水生态系统，特别是森林、湿地、山麓和旱地；到 2030 年时，防治荒漠化，恢复退化的土地和土壤，包括恢复受荒漠化、干旱和洪涝影响的土地，努力建立一个不再发生土地退化的世界；紧急采取重大行动来减少自然生境的退化，阻止生物多样性的丧失，到 2020 年时，保护受威胁物种，不让它们灭绝等。

目标 16 创建和平和包容的社会以促进可持续发展，让所有人都能诉诸司法，在各级建立有效、可问责和包容的机构

具体指标包括：在全世界大幅减少一切形式的暴力，降低相关的死亡率；大幅减少一切形式的腐败和贿赂；在各级建立有效、可问责和透明的机构等。

目标 17 加强执行手段，恢复可持续发展全球伙伴关系的活力

具体指标包括：发达国家充分履行官方发展援助承诺，实现将其国民总收入的 0.7%用作对发展中国家的官方发展援助、将其国民总收入的 0.15%～0.20%用作对最不发达国家的官方发展援助的目标；在科学、技术和创新领域中加强南北、南南、三角区域和国际合作及获取科学、技术和创新成果的机会；加强国际社会支持在发展中国家开展有针对性的有效能力建设活动的力度等。

《2030 年可持续发展议程》的 17 个目标中，目标 1，2，5，6，10，15 和 17 是千年发展目标的延续和升级，其余 10 个目标均为新增目标。《2030 年可持续发展议程》以下几个方面的目标和内容备受关注。

(1)消除贫穷和饥饿。消除贫穷和饥饿是可持续发展的底线，只要有贫穷和饥饿存在，就不是真正的可持续发展。《2030 年可持续发展议程》目标 1 指出：到 2030 年时，在全世界所有人口中消除极端贫穷；到 2030 年时，各国按其标准界定的陷入各种形式贫穷的不同年龄段男女和儿童人数至少减半。这就为消除贫穷设定了可量化、可检查的目标和标准。目标 2 指出：到 2030 年时，消除饥饿，让所有人，特别是穷人和处境脆弱者，包括婴儿，全年都有安全、营养丰富和足够的食物；到 2030 年时，建立可持续粮食生产体系，采用有韧性的农业方法，提高生产率和产量；通过加强国际合作等方式，增加对农业基础设施、农业研究和推广服务、技术开发、植物和牲畜基因库的投资，以增强发展中国家，特别是最不发达国家的农业生产能力。这就为消除饥饿设立了目标和途径。

(2)实现社会公平。社会公平既是可持续发展的重点目标，也是人类文明的集中体现。《2030 年可持续发展议程》中目标 4“确保包容和公平的优质教育，让全民终身享有学习机会”、目标 5“实现性别平等，增强所有妇女和女童的权能”、目标 6“为所有人提供水和环境卫生并对其进行可持续管理”、目标 7“每个人都能获得价廉、可靠和可持续的现代化能源”、目标 8 中关于“人人获得体面工作”、目标 10“减少国家内部和国家之间的不平等”、目标 16“创建和平、包容的社会以促进可持续发展，让所有人都能诉诸司法，在各级建立有效、负责和包容的机构”等均是新增或扩展内容，无不体现出实现社会“公平”范畴和要求。

(3)应对气候变化。气候变化事关经济、社会和生态安全，应对气候变化已成为可持续发展的重要内容和前提。为此，《2030 年可持续发展议程》专门设立目标 13“采取紧急行动应对气候变化及其影响”，这是前所未有的。目标 13 提出：加强所有国家抵御和适应与气候有关的灾害和自然灾害的能力；将应对气候变化的措施列入国家政策、战略和规划；履行加入《联合国气候变化框架公约》的发达国家对目标做出的承诺，即到 2020 年时每年从各种来源联合筹资

1000 亿美元，满足发展中国家采取减缓行动的需求；促进在最不发达国家和小岛屿发展中国家建立增强能力的机制，以有效进行与气候变化有关的规划和管理。此外，在其他目标中还多次提及应对气候变化的内容。如：目标 1 提出，减少遭受极端气候事件和灾害的风险；目标 2 提出，加强适应气候变化、极端天气、干旱、洪涝和其他灾害的能力；目标 11 提出，减缓和适应气候变化，建立抗灾能力，并根据《2015—2030 年仙台减少灾害风险框架》在各级建立和执行综合灾害风险管理等。

(4)水资源安全。水资源安全是关乎人体健康和经济、社会、生态环境可持续的基本保障。为此，《2030 年可持续发展议程》专门设立目标 6“为所有人提供水和环境卫生并对其进行可持续管理”，对确保水资源安全提出要求。到 2025 年，全球将有 18 亿人生活在水资源稀缺的地区，其中欠发达国家的贫困人口面临的风险最大，而全球 80%的废水和在发展中国家中超过 95%的废水资源都没有经过污水处理被直接排进了环境中。因此，“人人都能公平获得安全和可负担的饮用水”是对水资源安全最低和最根本的要求。为实现这一目标，不仅要关注水资源数量，也要关注水资源的质量。目标 6 强调“到 2030 年时，通过以下方式改善水质：减少污染，消除倾倒废物现象，把危险化学品和材料的排放减少到最低限度，将未经处理废水的比例减半，大幅增加全球废物回收和安全再利用”。自然灾害危及水资源安全，对于防灾减灾，目标 6 指出“到 2030 年时，大幅减少包括水灾在内的各种灾害造成的死亡人数和受影响人数，大幅减少灾害造成的直接经济损失在全球国内总产值中所占比重，重点注意保护穷人和处境脆弱群体”。水资源安全与生态安全紧密关联，水资源的不合理开发利用使得河流、湖泊、湿地等水生态系统发生深刻变化，河道断流、湖泊和湿地萎缩、地下水水位下降、土地沙化、水土流失加剧、生物多样性减少等水生态问题严重。为减少生态风险，目标 6 要求“保护和恢复与水有关的生态系统，包括山麓、森林、湿地、河流、含水层和湖泊”。此外，目标 15 再一次强调“根据国际协议规定的义务，养护、恢复和可持续利用陆地和内陆的淡水生态系统，特别是森林、湿地、山麓和旱地，以及它们提供的便利”。

(5)能源安全。经济和社会发展离不开能源，获得充足的能源并减少环境污染，是可持续发展的两大命题。为此，《2030 年可持续发展议程》专门设立目标 7“确保人人获得负担得起的、可靠和可持续的现代能源”，一方面强调“扩大基础设施和进行技术升级，以便根据发展中国家，特别是最不发达国家、小岛屿发展中国家和内陆发展中国家自己的支助方案，在这些国家为所有人提供可持续的现代化能源服务”，另一方面要求“到 2030 年时，可再生能源在全球能源组合中的比例大幅增加，与此同时，全球能效提高一倍”。为实现这些目标，还在目标 12“采用可持续的消费和生产模式”和目标 13“采取紧急行动应对气候变化及其影响”中提出了相关的要求。

15.1.3 中国可持续发展国别方案

为加强中国可持续发展与联合国《2030 年可持续发展议程》的对接，推动创新、协调、绿色、开放、共享发展，中国于 2016 年 9 月制定发布了《中国落实 2030 年可持续发展议程国别方案》(以下简称《国别方案》)。《国别方案》回顾了中国落实千年发展目标的成就和经验，分析了推进落实可持续发展议程面临的机遇和挑战，明确了中国推进落实工作的指导思想、总体原则和实施路径，并详细阐述了中国未来一段时间落实 17 项可持续发展目标和 169 个具体目标的具体方案。《国别方案》将根据形势发展适时更新。

15.1.3.1　中国可持续发展的成就

在推进改革开放的进程中，中国在 21 世纪初 15 a 成功落实联合国千年发展目标，取得了令人瞩目的发展成就。

(1)经济快速发展，农业和减贫领域成就显著

国内生产总值从 2000 年的 10 万亿元人民币增加到 2015 年的 68.55 万亿元人民币，并从 2010 年起成为世界第二大经济体。农业综合生产能力稳步提升，粮食、蔬菜、肉类等主要农产品产量稳定增长。中国的贫困人口从 1990 年的 6.89 亿人下降到 2015 年的 0.57 亿人，为全球减贫事业做出了重大贡献。

(2)社会事业取得巨大进步

九年免费义务教育全面普及，文盲率由 2000 年的 6.7%下降到 2014 年的 4.1%。就业稳定增长，2003—2014 年全国城镇新增就业累计达 1.37 亿人。已逐步建立起政府主导、社会力量参与、较为健全的社会保障和救助制度体系，到 2015 年城乡居民基本养老保险制度已覆盖超过 5 亿人。5 岁以下儿童死亡率从 1991 年的 61.0‰降到 2015 年的 10.7‰，孕产妇死亡率从 1990 年的 88.8 人/10 万人下降到 2015 年的 20.1 人/10 万人。遏制艾滋病、肺结核等传染性疾病蔓延方面取得积极进展。

(3)环境保护和应对气候变化工作取得成效

与 2005 年相比，2014 年中国单位国内生产总值(GDP)二氧化碳排放下降 33.8%，非化石能源占一次能源消费比重达到 11.2%，单位 GDP 主要资源性产品消耗如石油、煤炭、水资源等都有显著下降。森林面积增加 3278 万 hm^2，森林蓄积量比 2005 年增加 26.81 亿 m^3，提前实现荒漠化土地“零增长”。

(4)积极推进南南合作

中国为 120 多个发展中国家实现千年发展目标提供力所能及的支持和帮助。2015 年 1 月 1 日起，正式实施给予与中国建交的最不发达国家 97%税目产品零关税待遇措施。先后 6 次宣布无条件免除重债穷国和最不发达国家对华到期政府无息贷款债务，金额共计 300 亿元人民币。

15.1.3.2　中国落实 2030 年可持续发展议程的总体路径

《国别方案》提出，以创新、协调、绿色、开放、共享的发展理念为指导，统筹推进经济建设、政治建设、文化建设、社会建设、生态文明建设和党的建设。通过落实《2030 年可持续发展议程》，为如期全面建成小康社会、实现“两个一百年”奋斗目标和中华民族伟大复兴的中国梦提供坚实保障，为推进国际发展合作、提升全球整体发展水平注入强劲动力。《国别方案》规划了中国落实《2030 年可持续发展议程》的总体路径。中国政府将从战略对接、制度保障、社会动员、资源投入、风险防控、国际合作、监督评估七个方面入手，分步骤、分阶段推进落实《2030 年可持续发展议程》。

《国别方案》指出：将联合国《2030 年可持续发展议程》17 项可持续发展目标和 169 个具体目标纳入国家发展总体规划，并在专项规划中予以细化、统筹和衔接。“十三五”规划纲要提出“积极落实 2030 年可持续发展议程”，实现了可持续发展议程与国家中长期发展规划的有效对接。各政府部门围绕“十三五”规划重要内容，将可持续发展目标转化为经济、社会、环境等领域的具体任务。比如经济领域制定了《国家创新驱动发展战略纲要》《全国农业可持续发展规

划(2015—2030年)》《国家信息化发展战略纲要》。社会领域出台了《中共中央国务院关于打赢脱贫攻坚战的决定》《"健康中国2030"规划纲要》。环境领域编制了《中国生物多样性保护战略与行动计划(2011—2030年)》《国家应对气候变化规划(2014—2020年)》等。

《国别方案》还专门制定了联合国《2030年可持续发展议程》17项目标的落实方案,其中对目标6"为所有人提供水和环境卫生并对其进行可持续管理"和目标13"采取紧急行动应对气候变化及其影响"的落实方案分别见表15.1和表15.2。

表15.1　中国针对目标6"为所有人提供水和环境卫生并对其进行可持续管理"落实方案

联合国《2030年可持续发展议程》目标6	中国落实举措
6.1　到2030年,人人普遍和公平获得安全和负担得起的饮用水	实施农村饮水安全巩固提升工程,到2020年,中国农村集中供水率达到85%以上,自来水普及率达到80%以上。到2030年,确保人人普遍和公平获得安全和负担得起的饮用水
6.2　到2030年,人人享有适当和公平的环境卫生和个人卫生,杜绝露天排便,特别注意满足妇女、女童和弱势群体在此方面的需求	推进水卫生基础设施的全覆盖,到2030年,全国基本完成农村户厕无害化建设改造,确保人人享有适当和公平的环境卫生和个人卫生
6.3　到2030年,通过以下方式改善水质:减少污染,消除倾倒废物现象,把危险化学品和材料的排放减少到最低限度,将未经处理废水比例减半,大幅增加全球废物回收和安全再利用	落实《水污染防治行动计划》,大幅度提升重点流域水质优良比例、废水达标处理比例、近岸海域水质优良比例。加强重点水功能区和入河排污口监督监测,强化水功能区分级分类管理
6.4　到2030年,所有行业大幅提高用水效率,确保可持续取用和供应淡水,以解决缺水问题,大幅减少缺水人数	全面推进节水型社会建设,落实最严格水资源管理制度,强化用水需求和用水过程管理,实施水资源消耗总量和强度双控行动。建立万元国内生产总值水耗指标等用水效率评估体系,持续提高各行业的用水效率。到2020年,全国农田灌溉用水有效利用系数提高到0.55以上,实现万元国内生产总值用水量和万元工业增加值用水量分别比2015年下降23%和20%
6.5　到2030年,在各级进行水资源综合管理,包括酌情开展跨境合作	完善流域管理与行政区域管理相结合的水资源管理体制,强化流域综合管理在水治理中的作用
6.6　到2020年,保护和恢复与水有关的生态系统,包括山地、森林、湿地、河流、地下含水层和湖泊	构建国家生态安全框架,保护和恢复与水有关的生态系统,地下水超采问题较严重的地区开展治理行动。到2030年,力争全国水环境质量总体改善,水生态系统功能初步恢复
6.a到2030年,扩大向发展中国家提供的国际合作和能力建设支持,帮助它们开展与水和卫生有关的活动和方案,包括雨水采集、海水淡化、提高用水效率、废水处理、水回收和再利用技术	积极开展水和环境等相关领域的南南合作,帮助其他发展中国家加强资源节约、应对气候变化与绿色低碳发展的能力建设,并提供力所能及的支持与帮助
6.b支持和加强地方社区参与改进水和环境卫生管理	继续推行用水户全过程参与的工作机制,支持、加强和督促用水户和地方社区参与改进水和环境卫生的管理

表 15.2　中国针对目标 13“采取紧急行动应对气候变化及其影响”落实方案

联合国《2030 年可持续发展议程》目标 13	中国落实举措
13.1　加强各国抵御和适应气候相关的灾害和自然灾害的能力	主动适应气候变化，在农业、林业、水资源等重点领域和城市、沿海、生态脆弱地区形成有效抵御气候变化风险的机制和能力。逐步完善预测预警和防灾减灾体系，加快实现气象灾害预警信息的全覆盖，全面提高适应气候变化的复原力建设
13.2　将应对气候变化的举措纳入国家政策、战略和规划	将落实“国家自主贡献”纳入国家战略和规划，制定《“十三五”控制温室气体排放工作方案》，把应对气候变化作为转变经济增长方式和社会消费方式，加强环境保护和生态建设的新的重要驱动力
13.3　加强气候变化减缓、适应、减少影响和早期预警等方面的教育和宣传，加强人员和机构在此方面的能力	做好应对气候变化和保护环境宣传教育工作，普及气候变化知识和低碳发展理念，引导全民积极参与应对气候变化行动。强化相关参与人员和机构的对外交流、宣传推广等各方面能力
13.a　发达国家履行在《联合国气候变化框架公约》下的承诺，即到 2020 年每年从各种渠道共同筹资 1000 亿美元，满足发展中国家的需求，帮助其切实开展减缓行动，提高履约的透明度，并尽快向绿色气候基金注资，使其全面投入运行	敦促发达国家就履行“到 2020 年，每年为发展中国家筹集 1000 亿美元气候资金”承诺制定明确的路线图和时间表，并对绿色气候基金进行切实注资
13.b　促进在最不发达国家和小岛屿发展中国家建立增强能力的机制，帮助其进行与气候变化有关的有效规划和管理，包括重点关注妇女、青年、地方社区和边缘化社区	通过中国设立的气候变化南南合作基金，帮助最不发达国家和小岛屿发展中国家加强应对气候变化能力建设，包括应对工作的整体规划和管理等方面。关注上述国家妇女、青年、地方社区和边缘化社区在应对气候变化领域的特殊困难，并提供力所能及的帮助

15.2　国际社会应对气候变化的策略和行动

联合国前秘书长潘基文曾强调，气候变化是人类在新世纪面临的最为复杂的挑战之一。没有哪个国家能够独善其身，也没有哪个国家能够独力应对。气候变化的挑战错综复杂，涉及敏感的政治决策、艰巨的技术变革，具有深远的全球影响，需要有非凡的智慧与合作精神。为此，国际社会进行了长期和艰辛的努力并取得了一定的成效。

15.2.1　国际社会应对气候变化的共识与行动

15.2.1.1　国际社会应对气候变化的共识

气候变化与人类的生存和发展相生相伴，历史上气候变化造成的社会悲剧不胜枚举。公元前 2200 年，西风带环境形势的改变和印度季风活动的减弱，带来印度到地中海地区连续 300 a 的降水锐减和低温气候，从爱琴海到印度河流域农业生产遭受重创，导致严重的社会动乱和政权更迭。气候变化摧毁了埃及金字塔建造的古老王国和美索不达米亚的萨尔贡大帝帝国，幼发拉底河的北部阿卡迪亚人的粮仓空空，大批难民流离失所。即使是昔日依仗灌溉而富饶的美索不达米亚南部，也无法对新情况做出足够快的反应。面临着干涸的灌溉沟渠和来自北方城市的移民，又断绝了从北方运来的灌溉谷物，帝国崩溃了(World Bank，2010a)。气候影响人类社会，人类活动反过来也会影响气候。工业化以来，人类消耗化石燃料排放的大量温室气体，人类对土地的开垦和利用，人类对环境的改变和破坏，导致了现代全球范围的气候变暖(秦大河，2014)。

随着对气候变化问题的认识逐渐深化，气候变化已逐渐由最初的气候科学问题转变为环境、科技、经济、政治和外交等多学科领域交叉的综合性重大战略问题。2010 年世界银行联合各有关国际机构，发布了专题世界发展报告《发展与气候变化》，系统阐述了应对气候变化的共识和措施(World Bank，2010b)。

报告指出，人类活动正在使全球变暖。在过去的 1000 a 中，地球平均温度变动范围小于 0.7 ℃。然而，在过去的 100 a 里，人类所排放的温室气体已使全球温度急剧上升。由于温室气体排放量日益增长，预计今后 100 a 内温度的升幅可能会使全球温度比工业化之前升高 5 ℃。人类从未经历如此急剧的气候变暖，而它产生的实际影响对世界可持续发展形成严重的制约，对发展中国家的冲击最甚。只有立即采取行动，大力控制温室气体的排放，才可能避免全球变暖的危险。

应对气候变化面临巨大的、多重的挑战，需要有非凡的智慧与合作精神。在我们当前所处的时代，“气候智能”社会已具备实现的可能，但正如本报告所述，要实现这种转变，我们需要立即行动、共同行动并以创新的方式行动。

我们必须立即行动，因为现在的行动将决定未来的气候和塑造未来的选择。我们今天排放的温室气体使得热量在大气中驻留的时间长达数十年甚至数百年。我们正在修建的发电站、水库、房屋、交通系统和城市，能存在 50 a 或更久。我们现在尝试的创新技术和农作物品种会影响能源和食物来源，用以满足 2050 年 30 亿新增人口的需求。

我们必须共同行动，因为气候变化是人类面临的共同危机。如不通过全球范围的国际合作来提高能效、开发和应用清洁技术，增加吸收温室气体的自然“碳汇”面积以促进全球环保进程，那么气候变化问题就很难得到解决。人类生命和生态资源都需要保护，我们必须以分别对待和公平的方式共同采取行动。过去发达国家是温室气体的主要排放者，其人均排放量也高于其他国家。因此，这些国家应带头大幅减少碳足迹并鼓励开发绿色替代方案。但是，世界未来碳排放量的大部分将产生自发展中国家。这些国家将需要充足的资金和技术转让机制，从而在不损害其发展的前提下推行低碳模式。这些国家还需要援助以便适应无法避免的气候变化。

我们必须以创新的方式行动，因为我们不能根据过去的气候规划未来。未来的气候变化要求我们做到以下几点：基础设施的建设要能够经受新环境的考验并服务于更多的人口；在保护生态系统的同时，利用有限的土地和水资源提供充足的食物和用作燃料的生物质；重新配置全球能源系统。这就要求我们根据温度、降水和物种变化模式的新信息制定适应措施。如此重大的变化将需要更多的资金，用来实施适应和减排措施、加强战略性研究以推广好方法并大胆探索新思路。

15.2.1.2 国际社会应对气候变化的进程

从 20 世纪 70 年代开始，国际社会采取了积极的响应行动，开展了一系列从科学研究到气候变化科学评估和制订相关国际条约的行动，其中比较有代表性的有三次世界气候大会、四大科学计划、未来地球计划(future earth)，政府间气候变化专门委员会(IPCC)科学评估和《联合国气候变化框架公约》(UNFCCC)履约活动。

第一次世界气候大会于 1979 年举行，主题为“气候与人类”，推动建立了“世界气候计划”(WCP)、“世界气候研究计划”(WCRP)和政府间气候变化专门委员会(IPCC)。1990 年举行的第二次世界气候大会主题为“全球气候变化及相应对策”，促成了《联合国气候变化框架公约》(UNFCCC)的出台以及全球气候观测系统的建立。第三次世界气候大会于 2009 年召开，主题是“气候预测和信息为决策服务”，推动建立了“全球气候服务框架”，使全世界的决策者都能获得准确和及时的气候信息和预测，更好地适应气候变化。

为有效地应对气候变化和全球生态环境问题，国际科学联盟(ICSU)在全球变化研究领域先后启动了全球气候研究计划(WCRP)、国际地圈生物圈计划(IGBP)、国际全球变化人文因素计划(IHDP)、国际生物多样性计划(DIVERSITAS)四大科学计划。2001 年这四大科学计划联合召开第一次全球变化开放科学大会，发表了《阿姆斯特丹宣言》，决定成立地球科学联盟(ESSP)，推进地球系统集成研究。2008 年科学联盟理事会(ICSU)对 ESSP 的进展进行全面评估，2010 年与国际社会科学联盟理事会(ISSC)共同制订了未来地球系统科学发展的整体战略，提出了“未来地球”(Future Earth)计划的动议。“未来地球”计划确立了动态星球、全球发展、可持续性发展转变三项研究主题，重点加强观测系统、资料系统、地球系统模拟能力、基础理论研究能力等八项交叉能力建设。

1988 年联合国大会通过了为当代和后代人类保护气候的决议。1988 年 11 月世界气象组织(WMO)和联合国环境规划署(UNEP)联合建立了政府间气候变化专门委员会(IPCC)，加强对气候变化的科学评估，为应对气候变化的国际谈判和行动提供科学依据。IPCC 自成立以来，先后于 1990 年、1995 年、2001 年、2007 年、2014 年和 2011—2023 年发布 6 次评估报告，在推动国际社会共同应对气候变化方面发挥了不可替代的作用。

1992 年在 180 多个国家出席的联合国环境与发展大会上，开放签署了联合国《气候变化框架公约》(UNFCCC)(简称《公约》)。《公约》的目标是控制大气中二氧化碳、甲烷等温室气体的排放，将其浓度稳定在使气候系统免遭破坏的水平上。《公约》确立了“共同但有区别”的原则，对发达国家和发展中国家规定的义务以及履行义务的程序有所区别，要求发达国家应率先采取措施，并向发展中国家提供资金和技术支持。《公约》缔约方自 1995 年起每年召开缔约方会议，评估应对气候变化的进展。1997 年达成《京都议定书》，使温室气体减排成为发达国家的法律义务。2007 年底召开的缔约方大会通过了《巴厘行动计划》，明确了应对气候变化的“四个轮子”，即适应、减缓、资金、技术，其中发达国家减排问题是最重要的内容之一。2012 年底的多哈会议就《京都议定书》第二承诺期、长期合作行动等重要问题达成了一揽子协议，要求在 2015 年前建立 2020 年后包括所有主要排放国的全球减排框架，并强化各国的减排行动(秦大河 等，2016)。

2015 年《公约》第 21 次缔约方会议在法国巴黎召开。大会通过了《巴黎协定》和相应的大会决定，并就 2020 年后全球共同应对气候变化的机制做出了安排。《巴黎协定》是一份全面、均衡、有力度、体现各方关切的协定，是继《气候变化框架公约》和《京都议定书》之后，国际气候治理历程中第三个具有里程碑意义的文件。《巴黎协定》确定了应对气候变化新的目标和机制，主要体现在四方面：①确定了全球应对气候变化的长期目标：将全球平均气温较工业化前水平升高的幅度控制在 2 ℃以内，并努力使其不超过 1.5 ℃。21 世纪下半叶实现温室气体源的人为排放与汇的清除之间的平衡，以达到近零排放。②2020 年后，减排以各国提交的国家自主贡献(INDC)为基础。2023 年开始，每 5 a 做一次盘点，评估进展情况。各国将以这种自下而上和盘点的方式为机制，加强行动和合作。③将共同但有区别的责任原则体现在减缓、适应、资金、技术、能力建设等各要素中。从2020年起，发达国家每年要动员至少1000亿美元支持发展中国家应对气候变化，并从2025年起增加这一金额。④《巴黎协定》具有法律约束力，但相关决议和各国减排目标不具法律约束力，而盘点调整机制具有法律约束力，以保证协定的执行。巴黎会议的成功，开启了气候变化全球治理的新阶段。但《巴黎协定》并不完美，它留下了不少需要研究、谈判的事项和问题，主要体现在：①2 ℃（或争取1.5 ℃）目标的内涵、可行性和实现途径；②5 a一次盘点的机制；③落实资金和技术支持；④对气候变化及其风险更深入的研究和评估；⑤更有效和互利的国际合作等（杜祥琬，2016）。

15.2.1.3 适应、减缓气候变化与协同效益

应对气候变化的主要途径包括适应和减缓两个方面。适应气候变化是在当前或未来气候变化速率和幅度下对经济、社会、环境各个领域采取的减少不利影响、降低风险的措施，减缓气候变化则是为减小未来气候变化速率和幅度而采取的措施。适应和减缓既有区别，也有联系，两者相互作用，在不同时间尺度上减少风险，是减轻和管理气候变化风险相辅相成的战略（秦大河 等，2016）。

适应气候变化是针对实际的或预计的气候及其影响进行调整的过程。在人类系统中，适应是力图缓解或避免危害，或利用各种有利机会减少风险。在某些自然系统中，人类的干预也许有助于适应预计的气候及其影响。适应能力是指某个系统、机构、人类及其他生物针对潜在的损害、机遇或后果进行调整、利用和应对的能力。适应可在目前和未来促进民众的福祉、财产安全和维持生态系统产品、功能和服务。适应具有特定的地域和背景。适应未来气候变化的第一步是降低对当前气候变率的脆弱性和暴露度。将适应纳入规划，包括政策设计和决策，可促进与发展和降低灾害风险的协同作用。

各管理层面的适应规划和实施取决于社会价值观、目标和风险认知。识别不同利益、境况、社会文化背景和预期有助于决策过程。本土、当地和传统知识体系及惯例（包括土著人对社区和环境的总体观点）是适应气候变化的主要资源。各种限制条件会相互作用，妨碍适应规划和实施。实施方面常见的限制条件源自以下方面：有限的财力和人力资源；有限的管理整合或协调；有关预估影响的不确定性；对风险的不同认知；对立的价值观；缺乏关键的适应领导者和倡导者；以及监测适应效果的工具有限。另一种限制条件包括对研究、监测和观测做得不够充分，维持这些工作的资金不足。

经济、社会、技术和政治决策及行动等方面的转型可加强适应并促进可持续发展。在国家层面，如果转型能够反映一个国家自身根据其国情和重点制定实现可持续发展的愿景和方法，则这样的转型是最有效的。在不考虑转型变化的情况下，限制对目前系统和结构增量变化的适应响应会加大成本和损失并丧失机会。转型适应的规划和实施能够反映出强化的、改变的或一致的范式，并可对管理结构提出新的和进一步的需求，以协调未来的不同目标和愿景，并实现可能的公平。适应路径的加强是通过反复学习、协商过程和创新。

适应气候变化有其局限性，当气候变化速率和幅度达到一定阈值，就会超过适应的极限。适应的极限源于气候变化和生物物理和社会经济制约因素的相互影响。此外，规划或实施不利、过度强调短期结果或未能充分地预见后果，均会导致适应不良，增加目标群体在未来的脆弱性或暴露度，或增加其他人群、地方或部门的脆弱性。所以，仅仅适应气候变化是不够的，还必须减缓气候变化。

减缓气候变化为减少温室气体的排放源或增加温室气体的汇而进行的人为干预。减缓也包括减少其他物质源的人为干预活动，这些活动可直接或间接地抑制气候变化，例如，可减少可直接改变辐射平衡的颗粒物质的排放，或者可用于控制一氧化碳、氮氧化物、挥发性有机化合物及其他污染物的措施，而这类污染物能够改变对气候有间接影响的对流层臭氧浓度。

在未来几十年显著减少温室气体排放可限制 21 世纪下半叶及之后的变暖，从而显著减轻气候变化的风险。经济和气候系统的惯性以及气候变化不可逆影响的可能性可提高近期减缓工作的效益，推迟采取更多减缓措施或对技术方案的限制都会增加长期减缓成本。近期减少能源需求是经济有效减缓战略的重要因素，可为能源供应部门降低碳强度提供更大的灵活性，可防止供应方的相关风险，避免锁定在碳密集型基础设施，同时也涉及显著的协同效益。林业方面最具成本效益的减缓方案是造林、可持续森林管理以及减少毁林，但其在各地区的相对重要性存在巨大差异，农业、农田管理、牧场管理和有机土壤的恢复等也是如此。

行为、生活方式和文化对能源使用和相关排放具有相当大的影响，在一些行业具有高减缓潜力，特别是在辅以技术和结构变革之后。通过改变消费模式，采用节能措施，饮食变化以及减少食物浪费，可显著降低排放量。

减缓与适应之间以及不同适应响应之间存在显著的协同效益、协同作用和权衡取舍。协同效益是指在未考虑对总体社会福利的净影响情况下，为了达到某一目标的政策或措施可能对其他目标产生的积极效果。协同效益常常具有不确定性，依赖于当地的实际情况和实施方式等其他因素。协同效益也称作附加效益。

适应和减缓均可带来巨大的共生效益，具有协同效益的行动范例包括：①提高能效和提高清洁能源水平，从而减少有损健康和影响气候的空气污染物排放；②通过城市绿化和水的循环利用减少城市地区的能源和水资源消耗；③可持续的农业和林业；④保护储存碳的生态系统及其他生态系统服务(秦大河 等，2021)。

气候变化带来的风险会对自然生态系统和人类社会产生影响，这种影响在很大程度上还取决于脆弱性和暴露度，而社会经济适应和减缓行动以及相关治理又将影响气候变化带来的风险。气候变化程度的加剧会导致适应极限的出现，减缓行动的延迟将减少未来气候的恢复，而经济、社会、技术和政治决策行动的转型将使气候恢复成为可能(图 15.1)。

15.2.2　国际社会适应气候变化的策略与措施

人类在适应气候变化方面具有长期的实践，积累了丰富的经验。在农耕文明产生之前，人类是无意识地注意物候和气候变化问题，被动地受气候变化影响；农耕文明产生之后，人类逐渐开始主动地认识物候和气候变化，通过采取适应行动与自然环境共生共处，如农业耕作制度的改变、水利工程的建设等都是人类适应气候变化的有效途径。中国古代在西汉武帝太初元年(公元前 104 年)制定的《太初历》中正式把二十四节气纳入历法，对促进农业生产的发展起到了重要作用。人类对气候变化的成功适应，是在对已经发生的气候变化规律的认识和对气候变化影响评估的基础上，因时因地制定并采取适应措施的结果。应对气候变化不仅要减少温室气体排放，也要采取积极主动的适应行动，通过加强管理和调整人类活动，充分利用有利因素，减轻气候变化对自然生态系统和社会经济系统的不利影响(黄磊，2016)。

15.2.2.1　适应气候变化的策略

适应气候变化需采取一体化方法，重点在政策、规划、工程实践和计划中综合考虑气候变

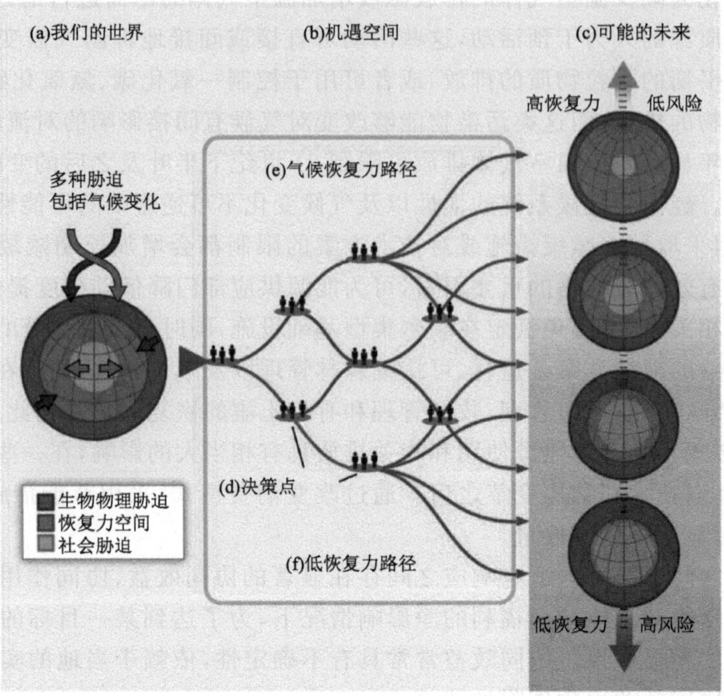

图 15.1　机遇空间和气候恢复力路径(资料来源:IPCC,2014a;IPCC,2014b)

(a)我们的世界受到多种胁迫因子的威胁,这里显示的仅仅是生物物理和社会胁迫因子。胁迫包括气候变化、气候变率、土地利用变化、生态系统退化、贫困和不平等及文化因子。(b)机遇空间指决策点和路径,它们可能导致一系列(c)不同恢复能力和风险水平下的可能未来。(d)决策点导致行动或失败的行为贯穿整个机遇空间,它们一同构成对气候变化相关风险的管理或失败的管理过程。(e)机遇空间内的气候恢复能力路径(绿色)通过适应学习、增加科学知识、有效适应和减缓措施以及其他降低风险的选择,使世界更具恢复能力。(f)降低气候恢复能力的路径(红色)包括缓解不足、适应不良、学习和运用知识失败以及其他降低恢复能力的行动,就可能的未来而言,它们是不可逆的

化适应性战略;需优先考虑弱势群体利益,帮助最需要帮助的人,避免出现不平等和环境公正性问题;需采取最易获得的理论和技术;需开展部门合作,在部门、地区、各级政府间达成协调一致的合作;需充分应用风险管理方法和工具,有效降低气候变化的风险。各国、各地区、各部门适应气候变化可以根据各地的综合影响和适应能力,针对减少脆弱性、灾害风险管理或主动适应规划等不同背景而采用不同的策略。

适应气候变化的措施包括制度措施、技术措施、工程措施等,如建设应对气候变化基础设施、建立对极端天气和气候事件的监测预警系统、加强对气候灾害风险的管理等。在制定适应气候变化的措施时应坚持突出重点、主动适应、合理适应、协同配合、广泛参与的原则,在全面评估气候变化影响和损害的基础上,在战略规划制定和政策执行中充分考虑气候变化因素,重点针对脆弱领域、脆弱区域和脆弱人群开展适应行动,提高全民适应气候变化的意识(黄磊,2016)。IPCC AR5(IPCC,2014a)指出,经济、社会、技术和政治决策及行动等方面的转型可加强适应并促进可持续发展,并在此基础上给出了适应气候变化和转型的典型策略措施及示例,具体见表 15.3。

表 15.3　适应气候变化和转型的典型策略(资料来源:IPCC,2014a)

类别	示例
人类发展	改进获取教育、营养、卫生设施、能源、安全住房和住区建筑以及社会保障机构;降低性别不平等和其他形式的边缘化
减贫	改进对本地资源的获取和控制;土地使用权;降低灾害风险;社会安全网和社会保障;保险计划
生计安全	收入、资产和生计多样化;改善基础设施;参加技术和决策论坛;增加决策权;改变耕作、畜牧和水产养殖实践;依靠社交网络
灾害风险管理	早期预警系统;灾害和脆弱性区划;多样化的水资源;改善排水;洪水和气旋避难所;建筑法规和实践;风暴和废水管理;改善运输及道路基础设施
生态系统管理	维护湿地与城市绿地;沿海造林;流域及水库管理;降低对生态系统的其他压力源、降低栖息地破碎化;维护遗传多样性;控制干扰状况;立足社区的自然资源管理
空间规划或土地利用规划	提供足够的住房、基础设施和服务;管理洪水多发地区或其他高风险地区的发展;城市规划和改造方案;土地分区法律;地役权;保护区
结构/物理	工程与建成环境方案:海堤和海岸防护设施;防洪堤;蓄水;改善排水;洪水和气旋避难所;建筑法规和实践;风暴和废水管理;改善运输及道路基础设施;水上房屋;发电厂与电网调整。 技术方案:作物和动物新品种;本土的、传统的和当地的知识、技术和方法;有效灌溉;节水技术;海水淡化;保护性农业;粮食储存与保质设施;危害和脆弱性区划与监测;早期预警系统;建筑保温;机械和被动冷却;技术开发、转让与推广。 基于生态系统的方案:生态恢复;水土保持;造林和再造林;红树林保护和补植;绿色基础设施(例如遮阴树和屋顶绿地);控制过度捕捞;渔业协同管理;辅助物种迁移和扩散;生态走廊;种子库、基因库和其他迁地保护;立足社区的自然资源管理。 服务:社会安全网和社会保障;粮食银行和余粮分配;包括供水和环卫在内的市政服务;疫苗接种计划;基本公共卫生服务;强化应急医疗服务
制度	经济方案:财政激励;保险;巨灾债券;有偿生态系统服务;对水定价以鼓励广泛提供和节约使用;小额信贷;灾害应急基金;现金调拨;公-私伙伴关系。 法律法规:土地分区法;建筑标准和规范;地役权;水法规和协议;支持降低灾害风险的法律;鼓励购买保险的法律;明确的产权和保障土地产权;保护区;捕鱼配额;专利库和技术转让。 国家和政府的政策及计划:包括主流化在内的国家和区域适应计划;省州和地方适应计划;经济多样化;城市改造计划;城市水管理计划;灾害规划和备灾;综合水资源管理;综合海岸带管理;基于生态系统的管理;立足社区的适应
社会	教育方案:增强意识和纳入教育;教育中的性别平等;推广服务;分享当地、传统和地方知识;参与式行动研究和社会学习;知识共享和学习平台。 信息选择:灾害和脆弱性区划;早期预警和响应系统;系统性监测和遥感;气候服务;使用本地气候观测资料;参与式情景开发;综合评估。 行为选择:家庭备灾和撤离规划;迁移;水土保持;暴雨排水道清理;生计多样化;改变种植、畜牧、水产养殖习惯;依靠社交网络
变化领域	实践:使结果产生重大变化的社会和技术创新、行为变化或体制和管理变化。 政治:与降低脆弱性和风险并支持适应、减缓和可持续发展相一致的政治、社会、文化和生态决定及行动。 个人:影响气候变化应对的个人和集体设想、信念、价值和世界观

15.2.2.2　主要领域适应气候变化的措施

全球气候变化导致极端天气气候事件频发，冰川和积雪融化加剧，水资源分布失衡，生态系统受到威胁；气候变化还引起海平面上升，海岸带遭受洪涝、风暴等自然灾害影响更为严重，一些海岛和沿海低洼地区甚至面临被淹没的风险；气候变化对农、林、牧、渔等经济活动和城镇运行都会产生不利影响，加剧疾病传播，威胁社会经济发展和人民群众身体健康。气候变化对全球带来严重的经济损失，发展中国家所遭受的损失将更为严重，特别是脆弱地区、部门与群体。在上述各领域适应气候变化的方式多种多样，可采取的适应气候变化措施也灵活多变(黄磊，2016)。IPCC AR5(IPCC，2014a)以农业、生物多样性、沿海和水资源管理，给出了适应气候变化的目标和方案及利弊权衡，具体见表 15.4。

表 15.4　适应气候变化目标和方案示例(资料来源：IPCC，2014a)

领域	具体适应目标	适应方案	利弊权衡取舍
农业	加强耐旱和耐虫害；提高产量。	生物技术和转基因作物	感知的公共卫生和安全的风险；将新的基因变体引入自然环境的相关生态风险。
	向农户提供金融安全网，保障农耕企业的持续性。	补贴抗旱设备；作物保险	如果管理不善会造成道德风险和不公平分配。
	维持或提高产量；抑制机会性农业虫害和物种入侵	增加化肥和农药的使用	排入环境的营养成分和化学污染增多了；农药使用对非目标物种的不利影响；温室气体排放增加；增加了人类对污染物的暴露度
生物多样性	加强自然对不断变化的气候条件的适应和迁移能力。	迁徙走廊；扩大保护区	功效不明确；对土地征用财产权利的关切；治理的挑战。
	加强对由于气候和非气候变化而可能面临风险的物种的监管保护。	保护脆弱物种关键栖息地	解决物种面临的次级而不是初级压力；对财产权的关切；对区域经济发展的监管壁垒。
	随着气候的变化，通过将宝贵物种群落转移到替代地区来促进对这些物种的保护	辅助迁徙	难以预测辅助迁徙最终成功与否；将物种引入新生态区域对当地动植物可能的负面影响
沿海	近期保护金融资产免遭海水倒灌和/或侵蚀。	海堤	高昂的直接成本和机会成本；公平问题；对沿海湿地的生态影响。
	允许自然沿海和生态过程推进；降低不动产和资产的长期风险。	有序撤退	破坏私人不动产权；在实施方面存在巨大的治理挑战。
	保护公共卫生和安全；最大限度地减少财产损失和滞留资产风险	迁出低洼地带	地域和文化认同的失落感；亲属和家庭纽带的侵蚀；接收社区的影响
水资源管理	提高水资源的可靠性和抗旱能力。	海水淡化	盐水排放生态风险；高能源需求和相关的碳排放；产生保护工作的反向激励。
	最大限度地发挥水资源管理和利用效率；提高灵活性	水交易	破坏了水的公益/社会方面的性质
	提升现有水资源的效率	水回收/再利用	对公共卫生和安全的感知风险

(1)农业领域适应的措施

农业领域适应措施主要有加强监测预警和防灾减灾措施，构建农业防灾减灾技术体系，运用现代信息技术改进农情监测网络，建立健全农业灾害预警与防治体系；加强气候变化诱发的动物疫病的监测、预警和防控，提升农作物病虫害监测预警与防控能力；提高种植业适应能力，开展农田基本建设、土壤培肥改良、病虫害防治等工作，推广节水灌溉、旱作农业、抗旱保墒与保护性耕作等适应技术；利用气候变暖增加的热量资源，细化农业气候区划，适度调整种植北界、作物品种布局和种植制度，在熟制过渡地区适度提高复种指数，使用生育期更长的品种；加强农作物育种能力建设，培育高光效、耐高温和抗寒抗旱作物品种，建立抗逆品种基因库与救灾种子库。

(2)水资源领域适应的措施

该领域适应措施包括加强水资源保护与水土流失治理，加强水功能区管理和水源地保护，在全面合理规划的基础上，将预防、保护、监督、治理和修复相结合，构建科学完善的水土流失综合防治体系；加大节水型社会建设力度，因地制宜修建各种蓄水、引水和提水工程，完善骨干水源工程和灌溉工程；实行水资源管理制度，严格规划管理、水资源论证和取水许可制度，合理开发利用雨洪、海水、苦咸水、再生水和矿井水等非常规水资源；健全防汛抗旱体系，加强重要江河堤防建设和河道整治，科学设置并合理运用蓄滞洪区，加强洪水风险管理。

(3)海岸带地区适应的措施

该领域适应措施包括合理规划涉海开发活动，开展覆盖海岸带地区及海岛的气候变化影响评估，开展海洋灾害风险评估与区划，各类沿海开发活动应充分考虑气候变化因素；加强沿海生态修复和植被保护，建设海洋保护区，实施典型海岛、海岸带及近海生态系统修复工程；保护现有海岸森林，加强海岸绿化和海岛植被修复，加大沿海防护林营造力度；加强海洋灾害监测预警，加强对风暴潮、海浪、海冰、赤潮、咸潮、海岸带侵蚀等海洋灾害的立体化监测和预报预警能力。

(4)森林和其他自然生态系统适应的措施

这方面的适应措施包括完善林业发展规划，加强气候变化对林业影响的监测评估；加强森林经营管理，根据气温、降水变化合理调整与配置造林树种和林种，优化林分结构，提升森林整体质量；提高森林灾害防控能力，减少森林火灾发生次数，控制火灾影响范围，加强林业有害生物监测预警，防控外来有害生物入侵。提高草原涵养水源、保持水土和防风固沙能力，促进草原生态良性循环；加强生态保护和治理，加强野生动植物栖息地环境和生物多样性保护。

(5)人体健康领域适应的措施

该领域适应措施包括加强疾病防控体系、健康教育体系和卫生监督执法体系建设，修订居室环境调控标准和工作环境保护标准，加强饮用水卫生监测和安全保障服务，普及公众适应气候变化健康保护知识和极端事件应急防护技能；开展气候变化对敏感脆弱人群健康的影响评估，加强对极端天气敏感脆弱人群的专项服务；加强卫生应急准备，制定和完善应对极端天气气候事件的卫生应急工作机制。

15.2.3 国际社会减缓气候变化的策略与措施

减缓气候变化是通过经济、技术、生物等各种政策、措施和手段，控制温室气体的排放或增强温室气体汇(黄磊，2016)。

15.2.3.1　减缓气候变化的目标和途径

2015 年 11 月在法国巴黎举行的第 21 次联合国气候变化大会（COP21）通过了《巴黎协定》，明确了将全球平均温度上升幅度控制在大幅低于工业化前水平 2 ℃之内的目标，确立了全缔约方参与、自下而上以“自主贡献＋审评”为中心、全面涉及减缓、适应及其支持的全球应对气候变化新模式。要实现在 21 世纪末 2 ℃温升的目标，需要将温室气体浓度控制在 450 ppm CO_2。为此，到 2030 年全球温室气体排放量要限制在 500 亿 t 二氧化碳当量，即 2010 年排放水平；2050 年全球排放量要在 2010 年基础上减少 40％～70％；2100 年实现零排放。这就要求对能源体系进行大规模改变。

图 15.2（彩）为 2010 年的二氧化碳（CO_2）、甲烷（CH_4）和氧化亚氮（N_2O）的全球净排放（之后没有任何排放）在未来 200 a 的时间尺度中造成的辐射强迫积分、未来给定时间点的升温结果以及在不同度量标准下各领域对温室气体排放总量的贡献。要实现上述到 2030 年、2050 年和 2100 年的减排目标，主要应在能源、工业、农业、运输、建筑、林业等领域减排和增加

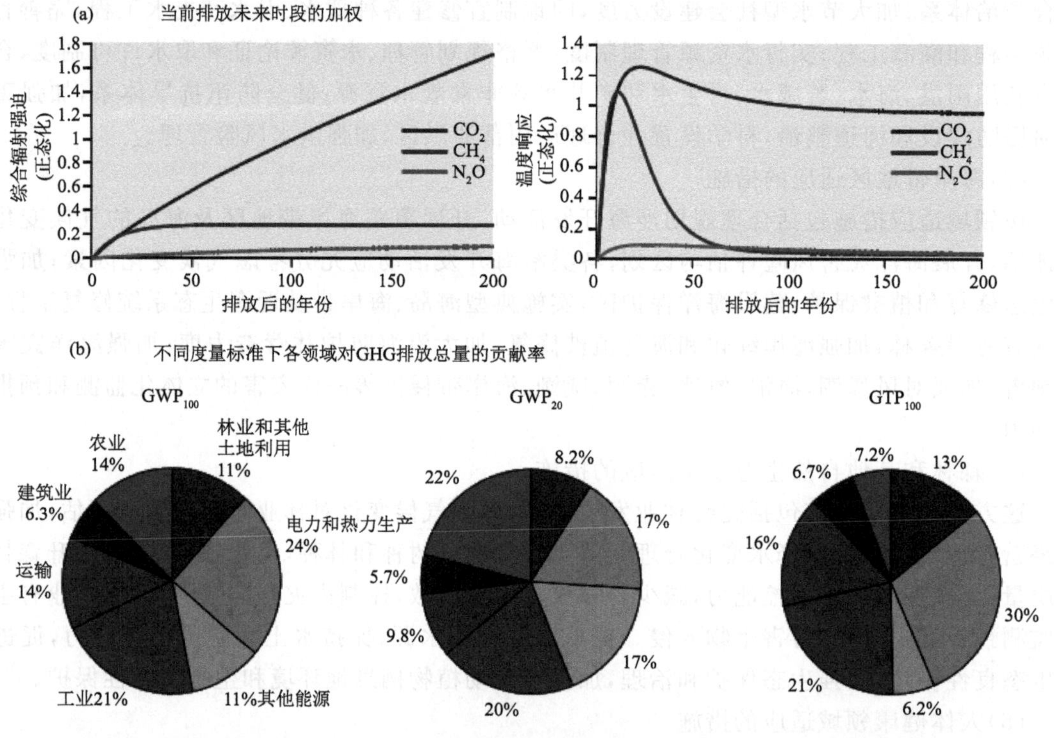

图 15.2（彩）　未来温室气体（GHG）排放加权以及各领域排放贡献率的影响（基于 2010 年排放水平）（资料来源：IPCC，2014c）

(a)2010 年的二氧化碳（CO_2）、甲烷（CH_4）和氧化亚氮（N_2O）的全球净排放（之后没有任何排放）在未来 200 a 的时间尺度中造成的辐射强迫积分（左图）和未来给定时间点的升温结果（右图），辐射强迫积分用于全球升温潜势（GWP）的计算，而未来时间点的升温幅度用于全球温度变化潜势（GTP）的计算。计算辐射强迫和升温的依据是 WGIII 5.2 的 2010 年全球排放数据和 WGI 8.7 的绝对 GWP 和绝对 GTP，根据 2010 年的 CO_2 净排放在 100 a 后将辐射强迫积分和升温分别正态化；(b)2010 年不同领域对度量加权后的全球 GHG 总排放量贡献率的图例，分别使用了 100 a GWP（GWP100，左图）、20 a GWP（GWP20，中图）和 100 a GTP（GTP100，右图）以及 WGIII2010 年排放数据库进行计算

碳汇的措施。减缓气候变化是世界范围的共同行动，发达国家通过向发展中国家转让技术和资金支持，有助于发展中国家自愿减排，从而有利于全球减排，这就需要发达国家切实履行承诺。

15.2.3.2　减缓气候变化的措施

减缓气候变化的必由之路是减少大气中的温室气体浓度。为此，一方面就要转变发展路径，改变生活方式，提高能源使用效率并开发利用清洁能源，以减少温室气体的排放；另一方面，通过植树造林和开发固碳技术，降低大气中的温室气体浓度。IPCC 强调要特别关注以下几个方面的减缓，并对相应的效果进行评估。

(1)减少能源需求。减少能源需求是经济有效减缓战略的重要要素，可为能源供应行业降低碳强度提供更大的灵活性、可防止供应方的相关风险、避免锁定在碳密集型基础设施，同时也涉及显著的协同效益。通过改变消费方式(如流动需求和方式、家庭能源使用、选择更耐用的产品)以及饮食变化和减少粮食浪费，能够大幅度降低排放量。

(2)创新低碳能源技术。能源供应部门的低碳化(即减少碳强度)需要扩大低碳和零碳发电技术的规模。在大多数低浓度稳定情景(450～500 ppm CO_2 当量，可能将升温控制在不超过工业革命前 2 ℃)下，低碳电力供给(包括可再生能源、核能及碳捕获和封存等)的份额将从当前的约 30%增至 2050 年的 80%以上和 2100 年的 90%。到 2100 年，不采用碳捕获和封存的化石燃料电力生产将几乎完全被淘汰。在这些低碳技术中，越来越多的可再生能源技术得到应用，而核能是一种成熟的低温室气体排放源、基底负荷电力，但自 1993 年以来在全球发电量中占比不断下降。通过高效天然气联合循环发电或热电联产替代当前的燃煤发电，可以显著降低能源供给产生的温室气体排放。

(3)转变行为和生活方式。人的行为、生活方式和文化对于能源利用及相关排放具有很大影响，并且在某些领域存在很高的减缓潜力。

(4)增加林业碳汇，减少农业排放。造林、可持续森林管理及减少毁林可以增加碳汇，降低大气中 GHG 浓度。农业最具成本效益的减缓方案是农田管理、牧场管理和有机土壤的恢复。饮食改变和减少粮食供应链的损耗等措施对于减少粮食生产造成的 GHG 排放具有显著的潜力。

(5)开发利用生物能源。生物能可以发挥重要的减缓作用，但需考虑确保开发利用生物能可持续性和有效性。生物能的大规模开发利用的障碍包括土地的温室气体排放、粮食安全、水资源、生物多样性保护等。

15.2.3.3　二氧化碳移除与地球工程

将全球平均升温在 21 世纪末控制在相对于工业革命前的 1.5 ℃或 2 ℃以内，对于世界各国的气候变化应对政策是巨大的挑战。1.5 ℃或 2 ℃温控目标通常需要在强减排基础上结合二氧化碳移除技术和太阳辐射管理技术。在 IPCC AR5 报告中，将二氧化碳移除技术和太阳辐射管理技术二者合称“地球工程”。在 IPCC AR6 报告中，则不再沿用“地球工程”的称谓。二氧化碳移除(Carbon dioxide removal，CDR)技术与地球工程指通过人为干预地球系统的物理、化学或生物过程，缓解人为因素引起的气候变化，减少并有效管理未来的气候变化风险。IPCC AR6 WGI 报告分别对二氧化碳移除和太阳辐射干预进行了评估。从应对气候变化的机制来说，二氧化碳移除和太阳辐射干预存在根本的不同：二氧化碳移除通过人为降低大气

CO_2 浓度减缓气候变化；太阳辐射干预通过人为改变气候系统的短波和长波辐射平衡来抵消温室气体的暖化作用。

(1)二氧化碳移除(CDR)技术

二氧化碳移除(CDR)技术指的是通过人工方法从大气中移除 CO_2，并且把移除的 CO_2 长时间储存在地下、陆地或海洋中。通常提出的 CO_2 移除技术包括植树造林、增加土壤碳汇、生物能源和碳捕捉与封存、海洋施肥、增加海洋碱性、加速岩石风化作用、大气 CO_2 直接捕捉与封存等(图 15.3)。基于陆地生物过程的 CO_2 移除方法目的是通过增加植被生产力或减少陆地向大气释放的 CO_2，增加陆地碳储量。这些方法主要包括基于森林的方法(造林、再造林、森林管理)、土壤固碳、生物碳、泥炭地固碳、生物能结合碳捕捉和封存等。基于海洋过程的 CO_2 移除方法主要包括海洋施肥(增加氮、磷、铁等营养盐)、人工上升流、恢复海岸带生态系统、增加海水碱性等。

IPCC AR6(IPCC,2021)对 CDR 的主要评估结论如下：CDR 有潜力从大气中去除 CO_2，如果 CO_2 移除量超过 CO_2 排放量，将实现净负 CO_2 排放，降低大气 CO_2 浓度，减缓海洋酸化；通过 CO_2 移除方法从大气中去除的 CO_2 会部分被海洋和陆地释放的 CO_2 抵消；如果净负 CO_2 排放可以实现并且持续，CO_2 引起的全球升温趋势将会逐渐扭转，但是气候系统的其他变化(例如海平面升高)仍会在未来的几十年到千年尺度上持续；不同 CO_2 移除方法会对生物化学循环和气候产生广泛的影响，这些影响会加强或减弱 CO_2 移除的降温潜力，并且影响水资源、食物生产和生物多样性(曹龙,2021)。

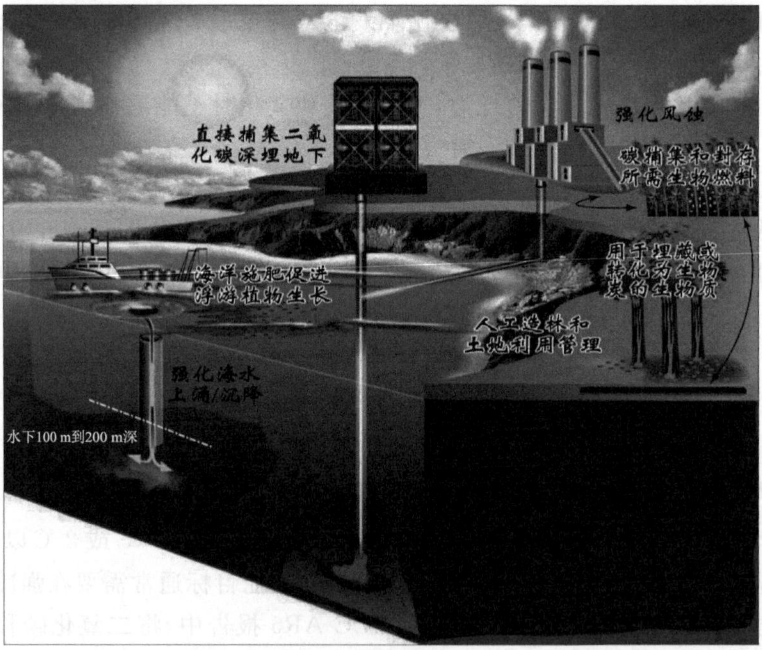

图 15.3　二氧化碳移除技术示意图(资料来源：黄磊,2016)

(2)太阳辐射管理技术(SRM)

太阳辐射管理技术(SRM)是通过提高地表反射太阳辐射的能力，减少地球吸收的太阳辐射，抵消人为增强的温室效应。虽然这类技术能够快速提高地球反射太阳辐射的能力，使地表温度迅速降低，但是不能减少大气温室气体的含量，不能解决海洋酸化的问题，且费用可能极其昂贵，安全性也得不到保证。此类技术主要包括：①天基技术，如安置“太空反射镜”，削弱到达地球的太阳辐射；②空基技术，如建造“人造火山”或“人造云层”，反射更多的太阳辐射回太空，使地表降温；③地基技术，如把建筑物的屋顶涂成白色、种植反射率高的植物、在地表覆盖反光物质等，增强地表对太阳辐射的反射能力，使地表降温（图 15.4）。

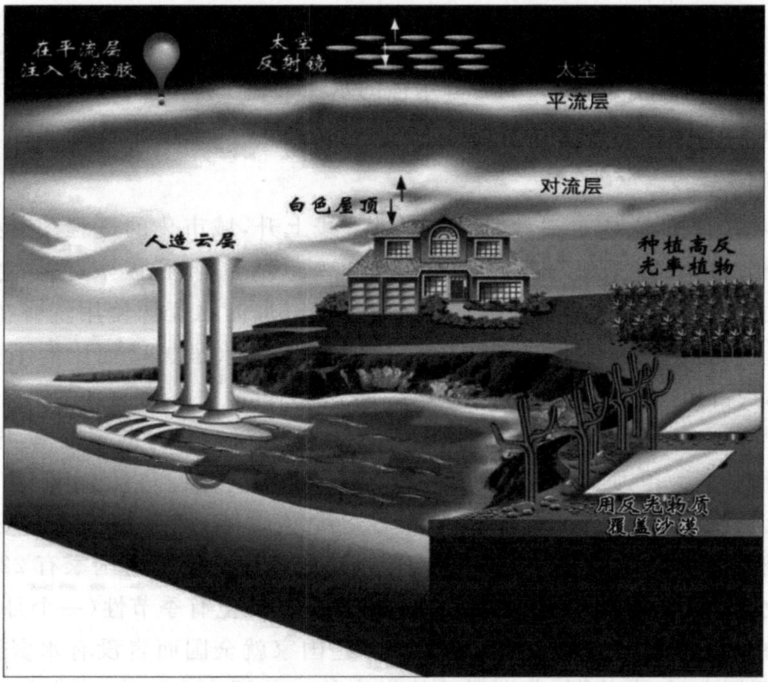

图 15.4　太阳辐射管理技术示意图（资料来源：黄磊，2016）

地球工程作为一种应对气候变化的备选方案，虽然有可能减缓当前地球的升温速率，进而降低全球变暖所带来的风险，然而地球工程所带来的“副作用”依然无法忽视。在 2010 年 10 月举行的联合国《生物多样性公约》第十次缔约方会议上，通过了延缓实施地球工程的决议。IPCC AR5 评估报告认为，有限的证据无法对太阳辐射管理和二氧化碳移除技术（CDR）及其对气候系统的影响进行全面定量评估。模拟表明，SRM 方法如果可以实现，有可能会显著抵消全球温度上升，但同时也会改变全球水循环，而且无法抵消海洋酸化。不管 SRM 以何种原因终止，具有高信度的是，全球表面温度会极快地上升，升幅与温室气体强迫相一致。SRM 和 CDR 会在全球尺度带来副作用和长期后果。

除科学和技术因素外，地球工程在很大程度上还会受到社会、法律和政治因素的制约。主要问题可归纳为以下四点：一是努力减排温室气体的政治动力可能削弱甚至消失；二是贸然实施地球工程所带来的环境和气候风险，可能引发国际紧张局势；三是地球工程的实施必将涉及法律、道德、外交和国家安全等方面的问题；四是涉及社会、自然以至经济、政治资源的再分配问题。更为严重的是，一旦终止地球工程，全球变暖将会加剧，后果可能更加严重。总之，地球工程尚处在实验性探索阶段，即使通过一定时间的努力完全掌握了部分技术，就其实际应用潜力和工程的具体实施而言，还需要考虑经济、社会、政治、安全等因素。其未来主要是一种技术储备,处于试验阶段,离大规模的应用为时尚早(黄磊,2016)。

15.3 国际社会应对水资源问题的策略和行动

15.3.1 全球水资源的主要问题

综前所述,全球可利用的水资源有限,气候变化又对水资源的供应增加了变数。工业化以来,人类对水资源的利用量急剧增加,各种水体的水质普遍下降,对社会、经济和环境可持续发展提出严重挑战。当前,人类主要面临如下一些关键的水资源问题。

15.3.1.1 水资源供需严重失衡

由于世界人口膨胀,人类对粮食的需求总量直线上升,城市化的进程、工业的发展和人们生活方式的改变,均导致水资源使用量不断推升。20 世纪 80 年代以来,世界对水资源的使用量平均每年增加 1%。预计这种趋势会持续到 2050 年,届时水资源使用量将在当前的水平上增加 20%～30%。工业用水和城市用水增加明显,农业用水虽然增加比例不大,但仍然是用水最多的部分,约占用水总量的 70%。

随着世界范围水资源需求量的不断提高,加之水资源时空分布的不平衡,导致许多国家和地区的人群面临水资源压力。按照国际通用标准,人均水资源拥有量 1000 m^3/a 为水资源压力的临界线,低于该标准的人群具有水资源压力。到 2018 年,世界上超过 20 亿的人口具有水压力。具有一般水资源压力的国家有 31 个,具有严重水资源压力的国家有 22 个。有些人群虽然年均没有水资源压力,但却有季节性水资源压力,世界上有季节性(一个月及以上)水资源压力的人口约有 40 亿,占世界总人口的 2/3。有些国家就全国而言没有水资源压力,但部分地区却有水资源压力,如南美洲、非洲撒哈拉以南的一些国家和澳大利亚就有不少这样的地区。有些国家人均水资源拥有量虽然不低,但用于农业灌溉等经济发展的水资源却很匮乏,即有经济水资源压力。

未来世界人口会继续增长,这样具有水资源压力的人口也会随之增加。未来气候变化会导致干旱的地区更加干旱,湿润的地区更加湿润,这样有季节性水资源压力的人口也会增加。据 WWDR(World Water Development Report 2019)(UNESCO,2019)估计,到 2050 年具有水资源压力的人口将达世界总人口的 52%。水资源压力将会对世界 GDP 的 45%和粮食产量的 40%构成威胁。

15.3.1.2 水资源质量普遍下降

人类活动包括土地利用、农业生产、污染排放托等对陆地和海洋水体造成了污染,气候因素包括高温、干旱、酸雨等又加剧了地表水、地下水水质下降,导致了海水酸化。工业化以来到如今,世界上已没有一条河流保持天然状态的水质,海水水质也在下降。水体污染和水质下降不仅对人体健康危害严重,而且对生态系统的安全构成严重威胁,是可持续发展的严重障碍。

导致水环境污染的来源众多,但主要是三种:一是有机物的注入,主要来自工业和生活废水;二是病原体和微生物污染,主要来自生活废水、家畜和动物粪便的注入以及自然环境的产生;三是水体富营养化,主要因农田、工业排放的营养物随径流进入水体造成。据 WWDR(World Water Development Report 2017)(UNESCO,2017)评估:有机物的注入水体导致生化需氧量增加，对渔业生产、水产养殖和粮食安全构成威胁；病原体和微生物污染对非洲、亚洲和拉丁美洲所有流域 1/3 左右的人口造成了严重影响；农业生产使得大量的氮、磷、钾物质排入水体，地表水和沿海海水富营养化越来越严重，不仅导致水质下降，而且威胁水生态安全，非洲和拉丁美洲大多数湖泊富营养化程度居高不下。

据 WWDR(World Water Development Report 2019)(UNESCO,2019)预计，未来随着社会经济的持续发展特别是城市化进程的加快，水质有进一步下降的可能，其中南亚地区、非洲大部和拉丁美洲中部仍是热点地区。气候变暖的趋势也会持续，对水质有负面影响。减轻污染，改进水质，任重而道远。

15.3.1.3 饮用水和水卫生安全受到威胁

在联合国千年目标的指导下，各国采取相关措施，饮用水安全状况有了好转，世界能够饮用基本上安全水源和安全水源的人口比例由 2000 年的 81%提升至 2015 年的 89%。然而，在那些比例未达 95%的国家中，到 2030 年也只有 1/5 的国家所有人均能饮用基本上安全和安全水源。按严格的标准衡量，到 2015 年世界上仍有 21 亿人不能饮用经严格管理的安全水源(占世界人口的 29%)，有 8.44 亿人甚至达不到基本上安全的标准。在能够饮用经严格管理的安全水源的人群中，90%生活在城市，只有 10%生活在农村。到 2015 年，仍有 1.59 亿人直接饮用未经处理的地表水，而其中 58%的人群生活在非洲撒哈拉以南地区。目前，世界上各区域严格管理的安全水源比例有很大的差异，欧洲和北美高达 94%，而非洲撒哈拉以南地区仅为 24%(WHO et al.,2017)。水卫生安全的形势比饮用水安全的形势更为严峻，世界上有很多地区具有基本上安全水卫生条件的人口比例相对基本上安全饮用水的比例更低，而且不同地区的差异更大。欧洲和北美洲的比例均在 85%以上，西亚和北非地区的比例仅为 76%，而非洲撒哈拉以南地区则低至 15%。

15.3.1.4 气候变化背景下水旱灾害愈加严重

如前所述，自然灾害中有 70%为气象灾害，而与水有关的自然灾害高达 90%。据经济合作与发展组织(OECD)预测，未来洪涝灾害风险和损失加大，2950 年灾害影响人数将比 2010 年增加 4 亿人，造成经济损失高达 450000 亿美元，比 2010 年增长 340%。

15.3.1.5 水资源治理压力加大

水资源管理不仅与上述水量、水质、卫生、灾害等要素密切相关，而且还受社会因素的影响。这些社会因素主要有 4 个方面。①消除贫困的压力。到 2013 年，世界上每日平均收入在 1.9 美元以下的贫困人口仍有 7.67 亿，占世界总人口的 10%；收入在 3.1 美元以下的贫困人口高达 21 亿，占世界总人口的 30%。贫困人口在城市多居住在贫民窟，他们得不到清洁饮用水，卫生条件也很差。生活在农村的贫困人口主要收入来自农业，而水资源的匮乏使他们长期以来摆脱不了贫困。②城市化加快的压力。在城市化的进程中，有大量的农村人口涌入城镇，他们大多在城乡接合部的一些简陋房屋中居住，生活设施不健全，水资源配置不到位，城市的管理压力剧增。③水资源投资的压力。虽然近 20 a 来世界上有一半以上的国家用于水利(包括设施、工程、服务、管理等)的投入不断增加，但总体而言，目前大多数国家投资仍有缺口，发展中国家这方面的问题更为突出，最不发达国家更是依赖国际援助，缺口最大(UN-Water,2013)。④水资源监测评估的压力。在联合国千年发展目标的激励下，有关国际组织和各国政府加强了水文观测、水资源监测和水资源状态和利用的信息管理和评估工作，但仍有很大的缺位和差距，不能为科学的决策提供有效的支持。

15.3.2　社会可持续发展相关水资源策略

可持续发展包括社会、经济和环境方面包容和健康发展，这三方面的发展均与水资源的合理使用和管理密切相关。社会可持续发展最突出的任务是消除贫困，实现社会公平。为此，国际社会制定了相关的水资源管理策略（World Water Development Report 2015）（UNESCO, 2015）。

15.3.2.1　确保贫困人口的生产生活用水

贫困人口大多生活在资源贫瘠的农村地区或城市的贫民窟，保证生产生活用水是他们维系生计和发展生产最基本的条件，为此，政府部门应通过水利工程、调水和地下水提取等措施，增加对贫困人口的供应和调配。生活在农村的贫困人口，脱贫的根本出路在于发展农业生产、增加畜牧业收入或水产收入，所有这些增产增收的出路，都离不开水资源的充足供应。生活在城市的贫困人口，首先要为他们提供充足的生活用水，还要为他们发展手工业、服务业等生计提供生产用水。

15.3.2.2　提升贫困人口的水卫生水平

贫困人口大多生活在水环境恶劣地区，他们中得到清洁饮用水的比例极低，水卫生条件更差。不清洁饮用水直接威胁他们的健康，导致很多人口生病和死亡。水卫生条件差，又加速了腹泻、疟疾、血吸虫、霍乱等疾病的流行和传播，导致大量的人群特别是妇女和儿童死亡。贫困人口收入低，营养不良，也导致健康状况的下降。政府部门要通过增加清洁饮用水供应、加强水污染治理、增加水卫生设施、强化疾病防治等手段，改进贫困人口的水卫生条件。

15.3.2.3　减少贫困地区的脆弱性

贫困人口大多居住在生态环境脆弱地区，防御极端事件和自然灾害能力差。强降水事件往往引发洪涝、山体滑坡、泥石流灾害，飓风、台风常常摧毁沿海简易的住所和薄弱的生活设施，长期的干旱会使得农村和牧区人畜饮水困难，农、林、牧、渔生产损失严重。气候变化又加大了极端事件发生频率，加重了自然灾害的强度和损失，使得贫困人口愈加贫困。为助力贫困人口脱贫，政府部门一是要加强防灾减灾基础设施建设，提升防御极端事件和自然灾害的能力；二是要采取治理生态环境的措施，降低贫困地区的脆弱性；三是要对自然灾害常发、自然环境险恶地区的人群采取移民安置措施，减少极端事件和自然灾害的暴露度。

15.3.2.4　提升贫困地区的发展能力

贫困人口脱贫首先要解决温饱问题，之后还要考虑发展问题，这两方面都离不开水资源条件。政府部门在制定脱贫规划时，要分别制定这两个阶段的水资源规划。水资源与农业、能源、水产、旅游、手工业密切关联，政府部门通过增加投入，兴建水利工程，建设基础设施，促进当地特色产业走上规模化、高质量、高收益的发展轨道，挖掘当地潜力资源和产业，引进适合当地发展的新项目，使水资源成为贫困地区发展的催化剂。

15.3.2.5　实现社会公平

实现社会公平是社会可持续发展的基本目标。社会公平体现人与人之间一种平等的社会关系，包括生存公平、产权公平和发展公平。水资源的开发、利用、调配和管理与各种人群的生存、生计和权益息息相关，完全涵盖生存公平、产权公平和发展公平。事实上，在水资源的开发利用方面还存在着诸多的不公平，发达国家与发展中国家之间、资源丰富地区与资源贫瘠地区之间、城市与农村之间、不同收入的人群之间、不同性别和年龄之间，在水资源供应和服务等方面有着明显的差异。国际社会和各国政府通过实施千年发展目标，在实现水资源相关的社会公平取得一些进展，但这方面的工作任重道远。在水资源相关的社会公平领域，国际社会十分关注性别公平问题。

15.3.3　经济可持续发展相关水资源策略

水资源是经济发展的基本资源和基础条件，水利设施和水利管理是经济运行的命脉。因此，要制定科学的水资源策略，实现经济可持续发展（World Water Development Report 2015）（UNESCO，2015）。

15.3.3.1　建设水资源基础设施

水资源不仅与城乡居民的生活息息相关，而且与经济发展密不可分，水资源是农业、能源、交通运输、城市化进程最基础的资源和条件。很多国家的经验表明，增加水资源基础设施的建设，不仅可以解决水资源匮乏的燃眉之急，还可以促进经济大幅度的增长。水资源合理调配和供应，实现了农业产量的成倍增长，农业产值不断提升。水力发电不仅可以增加清洁能源的份额，还带来很高的经济效益。航运、陆运方面基础设施均与水资源利用有关，这些交通设施是经济起飞的首要条件。世界各地普遍兴建的水库大坝，就其生态环境效益而言，人们褒贬不一，但其带来的社会和经济效益是十分可观的。非洲一些国家的实践还表明，防御水旱灾害的基础设施建设，不仅取得了明显的防灾减灾社会效益，而且减少经济损失在3%～5%甚至更高。

15.3.3.2　促进经济结构的转型

水资源基础设施的建设和水资源和合理调配使用，不仅带来直接的社会和经济效益，而且可以促进经济的转型，优化整体经济结构，带来长远的社会和经济效益。水利工程使得灌溉农业迅速发展，很多地区由传统农业转变为现代农业，农业的结构和布局发生了根本性的变化。水资源的合理调配和供应，促进了各种产业的协调，激发了新兴产业的问世和发展。政府和社会在水资源方面的投入，带动了国家、地区 GDP 和群众收入的增长，使得国家有更多的财力用于水资源再投资和其他经济领域的投资，国民有更多的资金用于生活消费和教育、医疗、卫生，不仅有利于当今的经济增长，而且激励国民整体素质的提高，有利于社会、经济的长远发展。

15.3.3.3　制定合理的投资政策

用于不同领域的投资其回报是不一样的。据世界银行对非洲撒哈拉以南地区的调查和统计分析，用于交通道路的投资回报率高达 138.8%，用于火力发电的投资回报率仅为 18.9%，用于水资源供应和灌溉的投资回报率分别为 23.3%和 22.2%。虽然用于水资源投资的直接回报并不高，但其对整个经济发展的作用是巨大的。政府部门应在经济发展进程中逐步加大对水资源的投入，以激发整个经济发展的活力。就水资源领域而言，有些国家重点投资水力发电和灌溉工程，有些国家则重点投资水资源的调配和供应，这与各国的资源禀赋和经济实力有关。从长远发展来看，这两方面的投入都很重要，应逐步实现合理的投资比例。

15.3.3.4　强化开源节流措施

面对水资源越来越大的压力，进一步开源节流是必然的选择，开源包括加大地下水利用、跨地域调水和海水淡化等措施。开源虽有一定的潜力，但也有很多掣肘。提取地下水可以缓解水资源紧缺，但地下水回填速率往往跟不上提取速率，很多地区已形成巨大的地下水漏斗。跨流域调水可以缓解水资源空间不平衡问题，但带来的生态环境问题也需要治理。海水淡化为拓展淡水资源开拓了广阔的空间，但成本较高，且主要适用于沿海地区。节流即提高水资源使用效率是当前更加紧迫和实用的措施。提高水资源使用效率是一个循序渐进的历史进程，发展中国家特别是最不发达国家首先要消除贫困和发展经济，往往不计效率大量使用水资源，当经济发展到一定阶段后就必然会采取节水措施。提高水资源使用效率需要相应的投入，需要开发先进的节水技术，还需要调整产业结构，权衡各部门的水资源供应，处理好经济发展和节约水资源的关系。

15.3.3.5 加强水资源保护

面对水资源日益短缺的趋势，加强对水资源的保护尤其重要。保护水资源要从源头做起，应保护好流域发源地的湿地和植被，保护好流域森林和草原，保护生态系统涵养水源和净化水源的功能。要严格控制对水体的各种污染排放，对已经污染的水体要大力治理，确保水质的改善。对于跨境河流要制定有约束、能实施、可检查的协议，加强对径流的保护，合理使用和调配水资源，国际组织应加强监督和协调。要加强对海水资源的保护，严格控制入海水质，防治海岸带污染。

15.3.4 生态可持续发展相关水资源策略

水资源不仅是水生生态系统的依托，而且是整个生态系统的源泉。要维系生态系统的安全，保障生态服务的可持续提供，就需要制定科学的相关水资源策略（World Water Development Report 2015）（UNESCO，2015）。

15.3.4.1 加强生态系统评价

开展生态系统评价，不仅可以科学地了解生态系统的现状和演变趋势，而且可以科学地评估有关投入产生的生态效应和社会、经济效益。据“全球生态服务价值变化”专项研究结果，在水资源等相关投入的带动下，全球生态系统状况有所好转，生态服务功能有所加强，未来要在联合国 2030 年可持续发展目标的指导下，系统开展全球、区域和国家的生态系统评价，评估水资源等相关投入的生态效应，权衡社会、经济发展与生态系统保护以及生态服务提供的关系，重点关注农业生产与水资源、土地利用与生物多样性、水资源利用与水生生物多样性之间的协调。

15.3.4.2 制定基于自然的解决方案

IPCC AR6 WGII（IPCC，2022）指出，生态系统的保护和改善，需要采取多种措施，包括工程措施和非工程措施。采取基于自然的解决方案（EbA），加强自然系统的修复和建设，就是一种十分有效的手段。例如，恢复海岸和河流系统以降低洪水风险和改善水质，以及在城市区域内创建自然区域，通过遮阳和蒸发冷却来降低温度。再如，为保护流域生态，从源头到入海口的山地、平原建立一条绿色走廊，既可以净化水源，也可以改善环境。水资源管理的主要任务是水资源的调配、水质调节和水旱灾害的防御，而这三方面均可采取基于自然设施的解决方案。在水资源的调配方面，通过对森林系统和湿地的保护和建设，可以涵养和存储水源，增强自然调节功能。在水质调配方面，同样可以通过对森林系统和湿地的保护和建设，同时开展流域草原的修复，建立洪涝缓冲区，可以减少污染物和泥沙注入水体，有利于净化水源。在水旱灾害的防御方面，森林系统和湿地的保护和建设，既可减缓洪涝的强度，也可为枯水期存储水源。在沿海地区，通过对包括红树林在内的海岸带生态系统的修复，可以减缓风暴潮的冲击和影响。越来越多的实践证明，EbA 可以提供一系列有效措施，以减少气候变化给人们带来的风险，同时造福于生物多样性，但前提是要经过精心规划，以适合当地生态和社会背景的方式部署和实施。

15.3.4.3 加强生态系统和生物多样性管理

为实现生态系统的可持续发展，需加强基于生态系统的管理(BEM)。BEM 包括签订和履行国际生态公约、加强国际协调和监督、加强各部门管理者的沟通、吸收有关业主参与政策制定等方面的内容。BEM 强调制定切实可行的生态系统和生物多样性措施并适时修订和补充。这些措施主要包括：①取消破坏生态系统服务的不当补贴，重新分配资金以保护生态系统服务；②加强水资源使用效率的技术研发，提升农业用水的生产率；③合理使用化肥，减少水资源营养负荷；④减少采掘业对环境的破坏；⑤纠正导致环境退化的市场行为；⑥加强业主的参与，进一步发挥其生态系统能力建设的作用，提高生态系统保护决策的透明度并建立严格的问责制度(Boelee，2011)。

15.4 中国应对气候变化策略和方案

15.4.1 中国应对气候变化的总体部署和策略

中国是一个发展中国家，人口众多、气候条件复杂、生态环境脆弱，易受气候变化的不利影响，应对气候变化已成为中国的迫切任务。同时，中国正处于经济快速发展阶段，面临着发展经济、消除贫困和减缓温室气体排放的多重压力，应对气候变化的形势严峻，任务繁重。

15.4.1.1 中国应对气候变化的原则立场

习近平主席 2021 年 4 月在“领导人气候峰会”上发表重要讲话，阐明中国应对气候变化的原则立场。习近平主席指出，人类进入工业文明时代以来，在创造巨大物质财富的同时，也加速了对自然资源的攫取，打破了地球生态系统平衡，人与自然深层次矛盾日益显现。气候变化、生物多样性丧失、荒漠化加剧、极端气候事件频发，给人类生存和发展带来严峻挑战。新冠肺炎疫情持续蔓延，使各国经济社会发展雪上加霜。面对全球环境治理前所未有的困难，国际社会要以前所未有的雄心和行动，勇于担当，勠力同心，共同构建人与自然生命共同体。

坚持人与自然和谐共生。“万物各得其和以生，各得其养以成。”大自然是包括人在内一切生物的摇篮，是人类赖以生存发展的基本条件。大自然孕育抚养了人类，人类应该以自然为根，尊重自然、顺应自然、保护自然。不尊重自然，违背自然规律，只会遭到自然报复。自然遭到系统性破坏，人类生存发展就成了无源之水、无本之木。我们要像保护眼睛一样保护自然和生态环境，推动形成人与自然和谐共生新格局。

坚持绿色发展。绿水青山就是金山银山。保护生态环境就是保护生产力，改善生态环境就是发展生产力，这是朴素的真理。我们要摒弃损害甚至破坏生态环境的发展模式，摒弃以牺牲环境换取一时发展的短视做法。要顺应当代科技革命和产业变革大方向，抓住绿色转型带来的巨大发展机遇，以创新为驱动，大力推进经济、能源、产业结构转型升级，让良好生态环境成为全球经济社会可持续发展的支撑。

坚持系统治理。山水林田湖草沙是不可分割的生态系统。保护生态环境，不能头痛医头、脚痛医脚。我们要按照生态系统的内在规律，统筹考虑自然生态各要素，从而达到增强生态系统循环能力、维护生态平衡的目标。

坚持以人为本。生态环境关系各国人民的福祉，我们必须充分考虑各国人民对美好生活的向往、对优良环境的期待、对子孙后代的责任，探索保护环境和发展经济、创造就业、消除贫困的协同增效，在绿色转型过程中努力实现社会公平正义，增加各国人民获得感、幸福感、安全感。

坚持多边主义。我们要坚持以国际法为基础、以公平正义为要旨、以有效行动为导向，维护以联合国为核心的国际体系，遵循《联合国气候变化框架公约》及其《巴黎协定》的目标和原则，努力落实 2030 年可持续发展议程；强化自身行动，深化伙伴关系，提升合作水平，在实现全球碳中和新征程中互学互鉴、互利共赢。要携手合作，不要相互指责；要持之以恒，不要朝令夕改；要重信守诺，不要言而无信。

坚持共同但有区别的责任原则。共同但有区别的责任原则是全球气候治理的基石。发展中国家面临发展经济、应对气候变化等多重挑战。我们要充分肯定发展中国家应对气候变化所作贡献，照顾其特殊困难和关切。发达国家应该展现更大雄心和行动，同时切实帮助发展中国家提高应对气候变化的能力和韧性，为发展中国家提供资金、技术、能力建设等方面支持，避免设置绿色贸易壁垒，帮助他们加速绿色低碳转型。

15.4.1.2 中国应对气候变化的战略目标

2020 年 9 月，习近平主席在第七十五届联合国大会一般性辩论上发表重要讲话。习近平主席向世界庄严宣布，中国将提高国家自主贡献力度，采取更加有力的政策和措施，力争 2030 年前二氧化碳排放达到峰值，努力争取 2060 年前实现碳中和。到 2030 年，中国单位国内生产总值二氧化碳排放将比 2005 年下降 65％以上，非化石能源占一次能源消费比重将达到 25％左右，森林蓄积量将比 2005 年增加 60 亿 m^3，风电、太阳能发电总装机容量将达到 12 亿 kW 以上。

15.4.1.3 中国应对气候变化的进展与成就

中国把应对气候变化作为推进生态文明建设、实现高质量发展的重要抓手，基于中国实现可持续发展的内在要求和推动构建人类命运共同体的责任担当，形成应对气候变化新理念，以中国智慧为全球气候治理贡献力量。中国是拥有 14 亿多人口的最大发展中国家，面临着发展经济、改善民生、污染治理、生态保护等一系列艰巨任务。尽管如此，为实现应对气候变化目标，中国迎难而上，积极制定和实施了一系列应对气候变化战略、法规、政策、标准与行动，推动中国应对气候变化实践不断取得新进步。中国坚持创新、协调、绿色、开放、共享的新发展理念，立足国内、胸怀世界，以中国智慧和中国方案推动经济社会绿色低碳转型发展不断取得新成效，以大国担当为全球应对气候变化作出积极贡献（中华人民共和国国务院新闻办公室，2021）。

(1)经济发展与减污降碳协同效应凸显

中国在经济社会持续健康发展的同时，碳排放强度显著下降。2020 年中国碳排放强度比

2015 年下降 18.8%，超额完成“十三五”约束性目标，比 2005 年下降 48.4%，超额完成了中国向国际社会承诺的到 2020 年下降 40%～45%的目标，累计少排放二氧化碳约 58 亿 t，基本扭转了二氧化碳排放快速增长的局面。与此同时，中国经济实现跨越式发展，2020 年 GDP 比 2005 年增长超 4 倍，取得了近 1 亿农村贫困人口脱贫的巨大胜利，完成了消除绝对贫困的艰巨任务。

(2)能源生产和消费革命取得显著成效

中国坚定不移实施能源安全新战略，能源生产和利用方式发生重大变革，能源发展取得历史性成就。

非化石能源快速发展。中国把非化石能源放在能源发展优先位置，大力开发利用非化石能源，推进能源绿色低碳转型。初步核算，2020 年，中国非化石能源占能源消费总量比重提高到 15.9%，比 2005 年大幅提升了 8.5 个百分点；中国非化石能源发电装机总规模达到 9.8 亿 kW，占总装机的比重达到 44.7%，其中，风电、光伏、水电、生物质发电、核电装机容量分别达到 2.8 亿 kW、2.5 亿 kW、3.7 亿 kW、2952 万 kW、4989 万 kW，光伏和风电装机容量较 2005 年分别增加了 3000 多倍和 200 多倍。非化石能源发电量达到 2.6 万亿 kW·h，占全社会用电量的比重达到 1/3 以上。

能耗强度显著降低。中国是全球能耗强度降低最快的国家之一，初步核算，2011—2020 年中国能耗强度累计下降 28.7%。2016—2020 年，中国发布强制性能耗限额标准 16 项，实现年节能量 7700 万 t 标准煤，相当于减排二氧化碳 1.48 亿 t；发布强制性产品设备能效标准 26 项，实现年节电量 490 亿 kW·h。

能源消费结构向清洁低碳加速转化。中国严控煤炭消费，煤炭消费占比持续明显下降。2020 年中国能源消费总量控制在 50 亿 t 标准煤以内，煤炭占能源消费总量比重由 2005 年的 72.4%下降至 2020 年的 56.8%。

(3)产业低碳化为绿色发展提供新动能

中国坚持把生态优先、绿色发展的要求落实到产业升级之中，持续推动产业绿色低碳化和绿色低碳产业化。

产业结构进一步优化。2020 年中国第三产业增加值占 GDP 比重达到 54.5%，比 2015 年提高 3.7 个百分点，高于第二产业 16.7 个百分点。

新能源产业蓬勃发展。随着新一轮科技革命和产业变革孕育兴起，新能源汽车产业正进入加速发展的新阶段。中国新能源汽车生产和销售规模连续 6 年位居全球第一。

绿色节能建筑跨越式增长。截至 2020 年底，城镇新建绿色建筑占当年新建建筑比例高达 77%，累计建成绿色建筑面积超过 66 亿 m^2。累计建成节能建筑面积超过 238 亿 m^2，节能建筑占城镇民用建筑面积比例超过 63%。

绿色交通体系日益完善。中国坚定不移推进交通领域节能减排，走出了一条能耗排放做“减法”、经济发展做“加法”的新路子。

(4)生态系统碳汇能力明显提高

中国坚持多措并举，有效发挥森林、草原、湿地、海洋、土壤、冻土等的固碳作用，持续巩固提升生态系统碳汇能力。中国是全球森林资源增长最多和人工造林面积最大的国家，成为全球“增绿”的主力军。2010—2020 年，中国实施退耕还林还草约 1.08 亿亩。“十三五”期间，累计完成造林 5.45 亿亩、森林抚育 6.37 亿亩。2020 年底，全国森林面积 2.2 亿 hm^2，全国森林覆盖率达到 23.04%，草原综合植被覆盖度达到 56.1%，湿地保护率达到 50%以上，森林植被碳储备量 91.86 亿 t，“地球之肺”发挥了重要的碳汇价值。

(5)绿色低碳生活成为新风尚

中国长期开展“全国节能宣传周”“全国低碳日”“世界环境日”等活动，向社会公众普及气候变化知识，积极在国民教育体系中突出包括气候变化和绿色发展在内的生态文明教育，组织开展面向社会的应对气候变化培训。“美丽中国，我是行动者”活动在中国大地上如火如荼展开。以公交、地铁为主的城市公共交通日出行量超过 2 亿人次，骑行、步行等城市慢行系统建设稳步推进，绿色、低碳出行理念深入人心。从“光盘行动”、反对餐饮浪费、节水节纸、节电节能，到环保装修、拒绝过度包装、告别一次性用品，“绿色低碳节俭风”吹进千家万户，简约适度、绿色低碳、文明健康的生活方式成为社会新风尚。

15.4.1.4　未来中国应对气候变化的总体部署

2021 年，中国颁布了《中华人民共和国国民经济和社会发展第十四个五年规划和 2035 年远景目标纲要》，包括对未来应对气候变化的总体部署。落实 2030 年应对气候变化国家自主贡献目标，制定 2030 年前碳排放达峰行动方案。完善能源消费总量和强度双控制度，重点控制化石能源消费。实施以碳强度控制为主、碳排放总量控制为辅的制度，支持有条件的地方和重点行业、重点企业率先达到碳排放峰值。推动能源清洁低碳安全高效利用，深入推进工业、建筑、交通等领域低碳转型。加大甲烷、氢氟碳化物、全氟化碳等其他温室气体控制力度。提升生态系统碳汇能力。锚定努力争取 2060 年前实现碳中和，采取更加有力的政策和措施。加强全球气候变暖对我国承受力脆弱地区影响的观测和评估，提升城乡建设、农业生产、基础设施适应气候变化能力。加强青藏高原综合科学考察研究。坚持公平、共同但有区别的责任及各自能力原则，建设性参与和引领应对气候变化国际合作，推动落实《联合国气候变化框架公约》及《巴黎协定》，积极开展气候变化南南合作。

15.4.2　中国减缓气候变化的措施

为减缓气候变化，中国主要采取以下控制温室气体排放等措施(秦大河 等，2016；黄磊，2016)。

15.4.2.1　调整产业结构

抑制高碳行业过快增长。控制高耗能、高排放行业产能扩张，制定重点行业单位产品温室气体排放标准，优化品种结构。优化工业空间布局，在符合国家产业政策的前提下，鼓励高碳行业通过区域有序转移、集群发展、改造升级降低碳排放。

推动传统制造业优化升级。运用高新技术和先进适用技术改造提升传统制造业，支持企业提升产品节能环保性能，打造绿色低碳品牌。

大力发展战略性新兴产业和服务业。实施产业创新发展工程，提高服务业增加值占国内生产总值的比重。

15.4.2.2　优化能源结构

调整化石能源结构。合理控制煤炭消费总量，加强煤炭清洁利用，优化煤炭利用方式，大气污染防治重点地区实现煤炭消费负增长。加快石油、天然气资源勘探开发力度，推进页岩气等非常规油气资源调查评价与勘探开发利用。

有序发展水电。科学规划建设抽水蓄能电站。

安全高效发展核电。在确保安全的基础上高效发展核电，提升核电厂安全水平，稳步有序推进核电建设。

大力开发风电。加快建设“三北地区”(东北、华北、西北)和沿海地区的风电基地，因地制宜建设内陆中小型风电和海上风电项目，加强各类并网配套工程建设。

推进太阳能多元化利用。建设一批“万千瓦级”大型光伏电站。开展以分布式太阳能光伏为主的新能源城市和微网系统示范建设，加快实施光伏发电建筑一体化应用项目。扩大太阳能热利用技术的应用领域，支持开展太阳能热发电项目示范。

发展生物质能。优先建设生物质多联产项目，加快发展沼气发电，推动城市垃圾焚烧和填埋气发电。实现生物质成型燃料产业化，加快生物质液体燃料产业化进程，积极发展生物质供气。

推动其他可再生能源利用。提高地热、海洋能等开发利用水平。建设地热能发电示范项目。鼓励因地制宜推进浅层地温能冬季供暖、夏季制冷示范。建设一批潮汐能、潮流能示范电站，结合海岛用能需求，建设海洋能与风能、太阳能发电等多能互补独立示范电站。

15.4.2.3　加强能源节约

控制能源消费总量。按照目标明确、责任落实、措施到位、奖惩分明的总体要求，建立能源消费总量控制和评价考核制度，强化政府责任和政策导向，严格执行固定资产投资项目节能评估和审查制度，实施终端用能产品强制性能效标识制度，制定和完善高耗能产品能耗限额标准。

加强重点领域节能。重点推进电力、钢铁、建材、有色、化工等行业节能。强化新建建筑节能，加大既有建筑节能改造力度，实施绿色建筑行动方案。推进交通运输节能，加快构建绿色低碳安全高效的综合交通运输体系。推进商业和民用、农业和农村以及公共机构节能。实施节能改造工程、节能产品惠民工程、合同能源管理推广工程、节能技术产业化示范工程等重大节能工程。继续开展万家企业节能低碳行动。

大力发展循环经济。在农业、工业、建筑、商贸服务等重点领域推进循环经济发展，从源头和全过程控制温室气体产生和排放。

15.4.2.4　增加森林及生态系统碳汇

增加森林碳汇。实施应对气候变化林业专项行动计划，统筹城乡绿化，加快荒山造林，推进城市园林绿化，深入开展全民义务植树活动，继续实施天然林保护、退耕还林、防护林建设、石漠化治理等林业生态重点工程。强化现有森林资源保护，切实加强森林抚育经营和低效林改造，减少毁林排放。

增加农田、草原和湿地碳汇。加强农田保育和草原保护建设，提升土壤有机碳储量，增加农业土壤碳汇。推广秸秆还田、精准耕作技术和少免耕等保护性耕作措施。建立草原生态补偿长效机制，进一步在草原牧区落实草畜平衡和禁牧、休牧、划区轮牧等草原保护制度，控制草原载畜量，遏制草场退化；继续实施退牧还草、京津风沙源草地治理等生态工程建设，恢复草原植被，提高草原覆盖度。加强湿地保护，增强湿地储碳能力，开展滨海湿地固碳试点。

15.4.2.5　控制工业领域排放

能源工业。在电力行业加快建立温室气体排放标准。开展整体煤炭气化燃气-蒸汽联合循环发电和燃煤电厂碳捕集、利用和封存示范工程建设。在石油天然气行业推广放空天然气和油田伴生气回收利用技术、油气密闭集输综合节能技术、利用二氧化碳驱油等技术。禁止新开发二氧化碳气田,逐步关停现有气井。煤炭行业加快采用高效采掘、运输、洗选工艺和设备,加快煤层气抽采利用,推广应用二氧化碳驱煤层气技术。

钢铁工业。严格控制产能规模,推动产品升级,推广高温高压干熄焦、焦炉煤调湿烧结余热发电、高炉炉顶余压余热发电、资源综合利用等技术。建设废钢回收、加工、配送体系,积极发展以废钢为原料的电炉短流程工艺,建设循环型钢铁工厂。

建材工业。优化品种结构,水泥行业、玻璃行业、陶瓷行业等进一步降低单位产品二氧化碳排放强度。

化学工业。重点发展高端石化产品。合成氨行业要重点推广先进煤气化技术、高效脱硫脱碳、低位能余热吸收制冷等技术。乙烯行业要优化原料结构,重点推广重油催化热裂解等新技术。电石行业要加快采用大型密闭式电石炉,重点推广炉气利用、空心电极等低碳技术。己二酸、硝酸和含氢氯氟烃行业要通过改进生产工艺,采用控排技术显著减少氧化亚氮和氢氟碳化物的排放。

有色工业。电解铝行业要推广大型预焙电解槽技术,重点推广先进低碳工艺。铜熔炼行业要采用先进的富氧闪速及富氧熔池熔炼工艺,铅熔炼行业要采用氧气底吹炼铅新工艺及其他氧气直接炼铅技术,锌冶炼行业要发展新型湿法工艺,镁冶炼行业要积极推广新型竖窑煅烧技术。

轻纺工业。造纸工业要推进林纸一体化,加大废纸资源综合利用,科学合理使用非木纤维。食品、医药等行业要加快生物酶催化和应用等关键技术推广。纺织工业要优化工艺路线,加强新型纺纱织造工艺技术及设备应用。

15.4.2.6 控制城乡建设领域排放

优化城市功能布局。加强城市低碳发展规划,优化城市组团和功能布局,提高建成区人口密度和基础设施使用效率,降低城市远距离交通出行需求。城市新区建设规划要探索进行碳排放评估。

强化城市低碳化建设和管理。建设以节能低碳为特征的煤、气、电、热等能源供应设施、给排水设施、生活污水和垃圾处理等城市基础设施。统筹城市低碳发展和绿色转型,协同治理城市大气污染物和温室气体排放。加强城市照明管理,实施城市绿色照明专项行动开展"节能暖房"工程。

发展绿色建筑。采用先进的节能减碳技术和建筑材料,因地制宜推动太阳能、地热能、浅层地温能等可再生能源建筑一体化应用。加快公共建筑节能改造,对重点能耗建筑实行动态监测。鼓励农村新建节能建筑和既有建筑的节能改造,引导农民建设可再生能源和节能型住房。

15.4.2.7 控制交通领域排放

城市交通。合理配置城市交通资源。积极发展城市公共交通,完善城市步行和自行车交通系统,加快建设公交专用道、公交场站等设施和公共自行车服务系统。积极推广天然气动力汽车、纯电动汽车等新能源汽车。

公路运输。完善公路交通网络。推广应用温拌沥青、沥青路面材料再生利用等低碳铺路技术和养护技术。重点推进公路集装箱多式联运、甩挂运输等高效运输组织方式。研究建立新车碳排放标准，提高燃油经济性，加快淘汰老旧车辆，鼓励发展低排放车辆。

铁路运输。完善铁路运输网络，加快铁路电气化改造，提高电力机车承担铁路客货运输工作量比重，提升铁路运输能力，推行铁路节能调度。加快淘汰老旧机车，发展节能低碳机车、动车组。加强车站等设施低碳化改造和运营管理。

水路运输。促进运输船舶向大型化、专业化方向发展。加快推进内河船型标准化。完善老旧船舶强制报废制度。推进船舶混合动力、替代能源技术和太阳能、风能、天然气、热泵等船舶生活用能技术研发应用。加强港口、码头低碳化改造和运营管理。

航空运输。完善空中交通网络，优化机队结构。积极推动航空生物燃料使用，加快应用节油技术和措施。加强机场低碳化改造和运营管理。

15.4.2.8 控制农业、商业和废弃物处理领域排放

控制农业生产活动排放。积极推广低排放高产水稻品种，改进耕作技术，控制稻田甲烷和氧化亚氮排放。开展低碳农业发展试点。鼓励使用有机肥。发展规模化养殖。推动农作物秸秆综合利用、农林废物资源化利用和牲畜粪便综合利用。积极推进地热能在设施农业和养殖业中的应用。控制林业生产活动温室气体排放。加快发展节油、节电、节煤等农业机械和渔业机械、渔船。加强农机农艺结合，优化耕作环节，实行少耕、免耕、精准作业和高效栽培。

控制商业和公共机构排放。开展低碳机关、低碳校园、低碳医院、低碳场馆、低碳军营等建设。针对商店、宾馆、饭店、旅游景区等商业机构，通过加强节能、可再生能源等新技术应用，加强资源节约和综合循环利用，加强运营管理，有效控制商业机构二氧化碳排放。严格执行夏季、冬季空调温度设置标准等用能管理制度。加强国家机关办公区和大型公共建筑节能管理。

控制废弃物处理领域排放。加大生活垃圾无害化处理设施建设力度。健全生活垃圾分类、资源化利用、无害化处理相衔接的收转运体系，对生活垃圾进行统一收集和集中处理。推进餐厨垃圾无害化处理和资源化利用，鼓励残渣无害化处理后制作肥料。在具有甲烷收集利用价值的垃圾填埋场开展甲烷收集利用及再处理工作。在具备条件的地区鼓励发展垃圾焚烧发电。

15.4.2.9 倡导低碳生活

鼓励低碳消费。抑制不合理消费，限制商品过度包装，减少一次性用品使用。各级国家机关、事业单位、团体组织等公共机构要率先践行勤俭节约和低碳消费理念。鼓励使用节能低碳产品，加快建设高效快捷的低碳产品物流体系，拓宽低碳产品销售渠道，设立低碳产品销售专区和低碳产品超市，建立节能、低碳产品信息发布和查询平台。

开展低碳生活专项行动。开展“低碳饮食行动”，推进餐饮点餐适量化，公务接待简约化，遏制食品浪费。倡导消费者减少不必要的衣物消费，加快衣物再利用。制定合理的住房消费标准，引导消费者使用绿色建筑。深入开展低碳家庭创建活动，提倡公众在日常生活中养成节水、节电、节气、垃圾分类等低碳生活方式。倡导公众参与造林增汇活动。

倡导低碳出行。鼓励公众采用公共交通出行方式，支持购买小排量汽车、节能汽车和新能源车辆。向公众提供专业信息服务。

15.4.3 中国适应气候变化的措施

针对中国气候变化的趋势和影响，中国主要采取以下气候变化适应措施(秦大河 等，

2016；黄磊，2016）。

15.4.3.1　提高城乡基础设施适应能力

城乡建设。城乡建设规划充分考虑气候变化影响，新城选址、城区扩建、乡镇建设要进行气候变化风险评估；积极应对热岛效应和城市内涝，合理布局城市建筑、公共设施、道路、绿地、水体等功能区，禁止擅自占用城市绿化用地，保留并逐步修复城市河网水系，鼓励城市广场、停车场等公共场地建设采用渗水设计；加强雨洪资源化利用设施建设；加强供电、供热、供水、排水、燃气、通信等城市生命线系统建设，提升建造、运行和维护技术标准，保障设施在极端天气气候条件下平稳安全运行。

水利设施。优化调整大型水利设施运行方案，研究改进水利设施防洪设计建设标准。继续推进大江大河干流综合治理。加快中小河流治理和山洪地质灾害防治，提高水利设施适应气候变化的能力，保障设施安全运营。加强水文水资源监测设施建设。

交通设施。加强交通运输设施维护保养，研究改进公路、铁路、机场、港口、航道、管道、城市轨道等设计建设标准，优化线路设计和选址方案，对气候风险高的路段采用强化设计；研究运用先进工程技术措施，解决冻土等特殊地质条件下的工程建设难题，加强对高寒地区铁路和公路路基状况的监测。

能源设施。评估气候变化对能源设施影响；修订输变电设施抗风、抗压、抗冰冻标准，完善应急预案；加强对电网安全运行、采矿、海上油气生产等的气象服务；研究改进海上油气田勘探与生产平台安全运营方案和管理方式。

15.4.3.2　加强水资源管理和设施建设

加强水资源管理。实行最严格的水资源管理制度，大力推进节水型社会建设。加强水资源优化配置和统一调配管理，加强中水、海水淡化、雨洪等非传统水源的开发利用。完善跨区域作业调度运行决策机制，科学规划、统筹协调区域人工增雨（雪）作业；加强水环境保护，推进水权改革和水资源有偿使用制度，建立受益地区对水源保护地的补偿机制；严格控制华北、东北、黄淮、西北等地区地下水开发。

加快水资源利用设施建设。继续开展工程性缺水地区重点水源建设，加快农村饮水安全工程建设，推进城镇新水源、供水设施建设和管网改造，加强西北干旱区、西南喀斯特地貌地区水利设施建设。加快重点地区抗旱应急备用水源工程及配套设施建设。在西北地区建设山地拦蓄融雪性洪水控制工程，实现化害为利。

15.4.3.3　提高农业与林业适应能力

种植业。加快大型灌区节水改造，完善农田水利设施配套，大力推广节水灌溉、集雨补灌和农艺节水，改造坡耕地控制水土流失，推广旱作农业和保护性耕作技术，提高农业抗御自然灾害的能力。根据气候变化趋势调整作物品种布局和种植制度，适度提高复种指数；培育高光效、耐高温和耐旱作物品种。

林业。坚持因地制宜，宜林则林、宜灌则灌，科学规划林种布局、林分结构、造林时间和密度。对人工纯林进行改造，提高森林抚育经营技术。加强森林火灾、野生动物疫源疾病、林业有害生物防控体系建设。

畜牧业。坚持草畜平衡，探索基于草地生产力变化的定量放牧、休牧及轮牧模式。严重退化草地实行退牧还草。改良草场，建设人工草场和饲料作物生产基地，筛选具有适应性强、高产的牧草品种，优化人工草地管理。加强饲草料储备库与保温棚圈等设施建设。

15.4.3.4　提高海洋和海岸带适应能力

加强海洋灾害防护能力建设。修订和提高海洋灾害防御标准，完善海洋立体观测预报网络系统，加强对台风、风暴潮、巨浪等海洋灾害预报预警，健全应急预案和响应机制，提高防御海洋灾害的能力。

加强海岸带综合管理。提高沿海城市和重大工程设施防护标准。加强海岸带国土和海域使用综合风险评估。严禁非法采砂，加强河口综合整治和海堤、河堤建设。控制沿海地区地下水超采，防范地面沉降、咸潮入侵和海水倒灌。

加强海洋生态系统监测和修复。完善海洋生态环境监视监测系统，加强海洋生态灾害监测评估和海洋自然保护区建设，推进海洋生态系统保护和恢复，大力营造沿海防护林，开展红树林和滨海湿地生态修复。

保障海岛与海礁安全。加强海平面上升对我国海域岛、洲、礁、沙、滩影响的动态监控，提高岛、礁、滩分布集中海域特别是南海地区气候变化监测观测能力。实施海岛防风、防浪、防潮工程，提高海岛海堤、护岸等设防标准，防治海岛洪涝和地质灾害。

15.4.3.5　提高生态脆弱地区适应能力

推进农牧交错带与高寒草地生态建设和综合治理。严格控制牲畜数量，强化草畜平衡管理；加强草地防火与病虫鼠害防治；严格控制新开垦耕地，巩固退耕还林还草成果，加强防护林体系建设。加强重点地区草地退化防治和高寒湿地保护与修复。

加强黄土高原和西北荒漠区综合治理。加强黄土高原水土流失治理，实施陡坡地退耕还林还草，大力加强小流域综合治理；加强西北内陆河水资源合理利用；严格禁止荒漠化地区的农业开发，实施禁牧封育；开展沙荒地和盐碱地综合治理，推广生物治理措施，探索盐碱地的资源化开发与利用。

开展石漠化地区综合治理。以林草植被恢复重建为核心，转变农业经济发展模式，发展特色立体农业，加快退耕还林还草、封山育林、人工造林步伐。坚决制止滥垦、滥伐、滥挖，推广坡改梯、坡面水系、雨水集蓄利用等工程措施和生物篱等生物措施，减轻山地灾害和水土流失。

15.4.3.6　提高人群健康领域适应能力

加强气候变化对人群健康影响评估。完善气候变化脆弱地区公共医疗卫生设施；健全气候变化相关疾病，特别是相关传染性和突发性疾病流行特点、规律及适应策略、技术研究，探索建立对气候变化敏感的疾病监测预警、应急处置和公众信息发布机制；建立极端天气气候灾难灾后心理干预机制。

制定气候变化影响人群健康应急预案。定期开展风险评估，确定季节性、区域性防治重点。加强对气候变化条件下媒介传播疾病的监测与防控。加强与气候变化相关卫生资源投人与健康教育，增强公众自我保护意识，改善人居环境，提高人群适应气候变化能力。

15.4.3.7　加强防灾减灾体系建设

加强预测预报和综合预警系统建设。加强基础信息收集，建立气候变化基础数据库，加强气候变化风险及极端气候事件预测预报。开展关键部门和领域气候变化风险分析，建立极端气候事件预警指数和等级标准，实现各类极端气候事件预测预警信息的共享共用和有效传递。建立多灾种早期预警机制，健全应急联动和社会响应体系。

健全气候变化风险管理机制。健全防灾减灾管理体系，改进应急响应机制。完善气候相关灾害风险区划和减灾预案。开发政策性与商业性气候灾害保险，建立巨灾风险转移分担机制。针对气候灾害新特征调整防灾减灾对策，科学编制极端气候事件和灾害应急处置方案。

加强气候灾害管理。科学规划、合理利用防洪工程。严禁盲目围垦、设障、侵占湖泊、河滩及行洪通道，研究探索水库汛限水位动态控制。完善地质灾害预警预报和抢险救灾指挥系统。采取导流堤、拦砂坝、防冲墙等工程治理措施，合理实施搬迁避让措施。

15.4.4 中国应对气候变化的科技支撑

15.4.4.1 加强基础研究

加强气候变化监测预测研究。加强温室气体本底监测及相关研究。建立长序列、高精度的历史数据库和综合性、多源式的观测平台，重点推进气候变化事实、驱动机制、关键反馈过程及其不确定性等研究，提高对气候变化敏感性、脆弱性和预报性的研究水平。在气候观测方面，完成国家基准气候站优化调整，建设一批基准气候站、无人自动气候站、辐射观测站和高空基准气候观测站。在大气成分观测方面，对已建全球大气本底站和区域大气本底站进行升级改造，根据需要新建若干区域大气本底站。在海洋基本气候变量观测方面，建设近海及海岸带基准气候站海洋基本气候变量观测系统及海洋气候观测站。在陆地基本气候变量观测方面，建设基准气候站陆地基本气候变量观测系统。

加强地球气候系统研究。重点推进气候变化的事实、机制、归因、模拟、预测研究，完善地球系统模式设计，开发高性能集成环境计算方法和高分辨率气候系统模式，实现关键过程的参数化和重要过程的耦合，模拟重要气候事件，为研究气候变化发展规律提供必要的定量工具。跟踪评估气候变化地球工程国际研究进展，有序开展相关科学研究。加强全球气候变化地质记录研究，揭示气候变化周期事件以及气候变化幅度、频率等差异性特征。

加强气候变化影响及适应研究。围绕水资源、农业、林业、海洋、人体健康、生态系统、重大工程、防灾减灾等重点领域和北方水资源脆弱区、农牧交错带、脆弱性海洋带、生态系统脆弱带、青藏高原等典型区域，加强气候变化影响的机理与评估方法研究，建立部门、行业、区域适应气候变化理论和方法学。

加强人类活动对气候变化影响研究。建立全球温室气体排放、碳转移监测网络，重点加强土地开发、近海利用、人为气溶胶排放与全球气候变化关系研究，客观评估人类活动对全球气候变化的影响。

加强与气候变化相关的人文社会科学研究。研究气候变化问题对人类社会政治、经济、社会发展、伦理道德、文化等各层面的影响，完善相关学科体系，加强系统性综合研究，为提升应对气候变化的公众意识和社会管理能力提供科学基础。

15.4.4.2 加强技术研发

能源领域。重点推进先进太阳能发电、先进风力发电、先进核能、海洋能、一体化燃料电池、智能电网、先进储能、页岩气煤层气开发、煤炭清洁高效开采利用等技术研发。研发二氧化碳捕集、利用和封存、干热岩科学钻探、人工储流层建造、中低温地热发电、浅层地温能高效利用等技术。

工业领域。重点推进电力、钢铁、建材、有色、化工和石化等高能耗行业重大节能技术与装备研发，开展能源梯级综合利用技术研发。

交通领域。重点推进新能源汽车关键零部件、高效内燃机、大涵道比涡扇发动机、航空动力综合能量管理、高效通用航空器发动机、航空生物燃料、节能船型、轨道交通等方面的技术研发。

建筑领域。重点推进集中供热、管网热量输送、绿色建筑、阻燃和不燃型节能建材、高效节能门窗、清洁炉灶、绿色照明、高效节能空调以及污水、污泥、生活垃圾和建筑垃圾无害化处置和资源化利用等技术研发。

农业和林业领域。重点推进农业生产过程减排、高产抗逆作物育种和栽培、森林经营、湿地保护与恢复、荒漠化治理等技术研发。发展生态功能恢复关键技术与珍稀濒危物种保护技术。加强农(林)业气候变化相关方法学研究。

加强适应气候变化技术研究，重点研发极端天气气候事件预测预警技术、非传统水资源开发利用技术、植物抗旱耐高温品种选育与病虫害防治技术、典型气候敏感生态系统的保护与恢复技术、气候变化影响与风险评估技术、应对极端天气气候事件的城市生命线工程安全保障技术、人工影响天气技术、媒介传播疾病防控技术和生物多样性保育与资源利用技术。

15.5　中国可持续发展水策略

15.5.1　水资源管理总体部署和战略目标

15.5.1.1　水资源管理战略部署

中国水资源总量虽然丰富，但人均占有量较低，人多水少、水资源时空分布不均是中国的基本国情水情，洪涝、干旱灾害频繁，水资源供需矛盾突出仍然是可持续发展的主要瓶颈。随着经济社会发展对水资源系统胁迫加大，气候变化对水资源影响，以及水资源管理的相对滞后，中国水资源短缺、水生态损害、水环境污染问题更加凸显。

针对水资源的突出问题，中国近年来作出一系列战略部署，保障经济社会可持续发展。2011 年中共中央、国务院发布《关于加快水利改革发展的决定》，提出到 2020 年，基本建成防洪抗旱减灾体系，基本建成水资源合理配置和高效利用体系，基本建成水资源保护和河湖健康保障体系，基本建成有利于水利科学发展的制度体系。2012 年国务院发布《关于实行最严格水资源管理制度的意见》，确立水资源开发利用控制、用水效率控制和水功能区限制纳污“三条红线”，实施包括用水总量控制、用水效率控制制度、水功能区限制纳污制度和水资源管理责任和考核制度在内的“四项制度”。2015 年国务院发布《关于印发水污染防治行动计划的通知》，重点从全面控制污染物排放、推动经济结构转型升级、着力节约保护水资源、切实加强水环境管理、全力保障水生态环境安全、明确和落实各方责任、强化公众参与和社会监督等方面提出实施具体意见。2016 年中共中央办公厅和国务院办公厅印发了《关于全面推行河长制的意见》，提出以保护水资源、防治水污染、改善水环境、修复水生态为主要任务，全面建立省、市、县、乡四级河长体系，构建责任明确、协调有序、监管严格、保护有力的河湖管理保护机制，为维护河湖健康生命、实现河湖功能永续利用提供制度保障。这一系列举措已经并将继续发挥重要作用，提高水资源对经济社会发展和生态文明建设的保障能力。

15.5.1.2　水资源管理战略目标

中共中央、国务院确立了水资源开发利用控制、用水效率控制和水功能区限制纳污“三条红线”：到2030年全国用水总量控制在7000亿 m^3 以内；到2030年用水效率达到或接近世界先进水平，万元工业增加值用水量降低到40 m^3 以下，农田灌溉水有效利用系数提高到0.6以上；到2030年主要污染物入河湖总量控制在水功能区纳污能力范围之内，水功能区水质达标率提高到95％以上。

15.5.2　严格实行用水总量控制

按照国务院的部署，中国加强水资源开发利用控制红线管理，严格实行用水总量控制（2012年国务院《关于实行最严格水资源管理制度的意见》）。

15.5.2.1　严格规划管理和水资源论证

开发利用水资源，应符合主体功能区的要求，按照流域和区域统一制定规划，充分发挥水资源的多种功能和综合效益。建设水工程，必须符合流域综合规划和防洪规划，由有关水行政主管部门或流域管理机构按照管理权限进行审查并签署意见。加强相关规划和项目建设布局水资源论证工作，国民经济和社会发展规划以及城市总体规划的编制、重大建设项目的布局，应当与当地水资源条件和防洪要求相适应。严格执行建设项目水资源论证制度，对未依法完成水资源论证工作的建设项目，审批机关不予批准，建设单位不得擅自开工建设和投产使用，对违反规定的，一律责令停止。

15.5.2.2　严格控制流域和区域取用水总量

制定主要江河流域水量分配方案，建立覆盖流域和省市县三级行政区域的取用水总量控制指标体系，实施流域和区域取用水总量控制。各地按照江河流域水量分配方案或取用水总量控制指标，制定年度用水计划，依法对本行政区域内的年度用水实行总量管理。建立健全水权制度，积极培育水市场，鼓励开展水权交易，运用市场机制合理配置水资源。

15.5.2.3　严格实施取水许可

严格规范取水许可审批管理，对取用水总量已达到或超过控制指标的地区，暂停审批建设项目新增取水；对取用水总量接近控制指标的地区，限制审批建设项目新增取水。对不符合国家产业政策或列入国家产业结构调整指导目录中淘汰类的，产品不符合行业用水定额标准的，在城市公共供水管网能够满足用水需要却通过自备取水设施取用地下水的，以及地下水已严重超采的地区取用地下水的建设项目取水申请，审批机关不予批准。

15.5.2.4　严格水资源有偿使用

合理调整水资源费征收标准，扩大征收范围，严格水资源费征收、使用和管理。各地要抓紧完善水资源费征收、使用和管理的规章制度，严格按照规定的征收范围、对象、标准和程序征收，确保应收尽收，任何单位和个人不得擅自减免、缓征或停征水资源费。水资源费主要用于水资源节约、保护和管理，严格依法查处挤占挪用水资源费的行为。

15.5.2.5　严格地下水管理和保护

加强地下水动态监测，实行地下水取用水总量控制和水位控制。各地核定并公布地下水禁采和限采范围。在地下水超采区，禁止农业、工业建设项目和服务业新增取用地下水，并逐步削减超采量，实现地下水采补平衡。深层承压地下水原则上只能作为应急和战略储备水源。依法规范机井建设审批管理，限期关闭在城市公共供水管网覆盖范围内的自备水井。抓紧编制并实施全国地下水利用与保护规划以及南水北调东中线受水区、地面沉降区、海水入侵区地下水压采方案，逐步削减开采量。

15.5.2.6 强化水资源统一调度

流域管理机构和地方水行政主管部门要依法制订和完善水资源调度方案、应急调度预案和调度计划，对水资源实行统一调度。区域水资源调度应当服从流域水资源统一调度，水力发电、供水、航运等调度应当服从流域水资源统一调度。

15.5.3 推进节水型社会建设

按照国务院的部署，中国加强用水效率控制红线管理，全面推进节水型社会建设(2012 年国务院《关于实行最严格水资源管理制度的意见》)。

15.5.3.1 加强节约用水管理

各地切实履行推进节水型社会建设的责任，把节约用水贯穿于经济社会发展和群众生活生产全过程，建立健全有利于节约用水的体制和机制。稳步推进水价改革。各项引水、调水、取水、供用水工程建设必须首先考虑节水要求。水资源短缺、生态脆弱地区要严格控制城市规模过度扩张，限制高耗水工业项目建设和高耗水服务业发展，遏制农业粗放用水。

15.5.3.2 强化用水定额管理

加快制定高耗水工业和服务业用水定额国家标准。各地要根据用水效率控制红线确定的目标，及时组织修订本地各行业用水定额。对纳入取水许可管理的单位和其他用水大户实行计划用水管理，建立用水单位重点监控名录，强化用水监控管理。新建、扩建和改建建设项目应制订节水措施方案，保证节水设施与主体工程同时设计、同时施工、同时投产(即“三同时”制度)，对违反“三同时”制度的，由县级以上地方人民政府有关部门或流域管理机构责令停止取用水并限期整改。

15.5.3.3 推进节水技术改造

制定节水强制性标准，逐步实行用水产品用水效率标识管理，禁止生产和销售不符合节水强制性标准的产品。加大农业节水力度，完善和落实节水灌溉的产业支持、技术服务、财政补贴等政策措施，大力发展管道输水、喷灌、微灌等高效节水灌溉。加大工业节水技术改造，建设工业节水示范工程。充分考虑不同工业行业和工业企业的用水状况和节水潜力，合理确定节水目标。有关部门要制定并公布落后的、耗水量高的用水工艺、设备和产品淘汰名录。加大城市生活节水工作力度，开展节水示范工作，逐步淘汰公共建筑中不符合节水标准的用水设备及产品，大力推广使用生活节水器具，着力降低供水管网漏损率。鼓励并积极发展污水处理回用、雨水和微咸水开发利用、海水淡化和直接利用等非常规水源开发利用。加快城市污水处理回用管网建设，逐步提高城市污水处理回用比例。非常规水源开发利用纳入水资源统一配置。

15.5.4 控制入河湖排污总量

按照国务院部署，中国加强水功能区限制纳污红线管理，严格控制入河湖排污总量。到 2020 年，长江、黄河、珠江、松花江、淮河、海河、辽河七大重点流域水质优良(达到或优于Ⅲ类)

比例总体达到70%以上，到2030年，全国七大重点流域水质优良比例总体达到75%以上，城市建成区黑臭水体总体得到消除，城市集中式饮用水水源水质达到或优于Ⅲ类比例总体为95%左右(2012年国务院《关于实行最严格水资源管理制度的意见》;2015年国务院《关于印发水污染防治行动计划的通知》)。

15.5.4.1　全面控制污染物排放

狠抓工业污染防治。专项整治十大重点行业。制定造纸、焦化、氮肥、有色金属、印染、农副食品加工、原料药制造、制革、农药、电镀等行业专项治理方案，实施清洁化改造。新建、改建、扩建上述行业建设项目实行主要污染物排放等量或减量置换。

集中治理工业集聚区水污染。强化经济技术开发区、高新技术产业开发区、出口加工区等工业集聚区污染治理。集聚区内工业废水必须经预处理达到集中处理要求，方可进入污水集中处理设施。新建、升级工业集聚区应同步规划、建设污水、垃圾集中处理等污染治理设施。

强化城镇生活污染治理。加快城镇污水处理设施建设与改造。现有城镇污水处理设施，要因地制宜进行改造，全面加强配套管网建设。强化城中村、老旧城区和城乡接合部污水截流、收集，推进污泥处理处置。

推进农业农村污染防治。防治畜禽养殖污染，科学划定畜禽养殖禁养区。控制农业面源污染，制定实施综合防治方案。调整种植业结构与布局，在缺水地区试行退地减水。地下水易受污染地区要优先种植需肥需药量低、环境效益突出的农作物。地表水过度开发和地下水超采问题较严重地区适当减少用水量较大的农作物种植面积，改种耐旱作物和经济林。

加强船舶港口污染控制，增强港口码头污染防治能力。

15.5.4.2　加强饮用水水源保护

各地依法划定饮用水水源保护区，开展重要饮用水水源地安全保障达标建设。禁止在饮用水水源保护区内设置排污口，对已设置的，责令限期拆除。要完善饮用水水源地核准和安全评估制度，公布重要饮用水水源地名录。加快实施全国城市饮用水水源地安全保障规划和农村饮水安全工程规划。加强水土流失治理，防治面源污染，禁止破坏水源涵养林。强化饮用水水源应急管理，完善饮用水水源地突发事件应急预案，建立备用水源。

15.5.4.3　推进水生态系统保护与修复

开发利用水资源应维持河流合理流量和湖泊、水库及地下水的合理水位，充分考虑基本生态用水需求，维护河湖健康生态。编制全国水生态系统保护与修复规划，加强重要生态保护区、水源涵养区、江河源头区和湿地的保护，开展内源污染整治，推进生态脆弱河流和地区水生态修复。建立生态用水及河流生态评价指标体系，定期组织开展全国重要河湖健康评估，建立健全水生态补偿机制。

15.5.5　加强水利基础设施建设和科技支撑

针对水利基础设施薄弱和科技支撑不足的现状，党中央和国务院要求把水利作为国家基础设施建设的优先领域，把农田水利作为农村基础设施建设的重点任务，健全水利科技创新体系，加强水利科技支撑(2010年中共中央、国务院《关于加快水利改革发展的决定》)。

15.5.5.1　加强农田水利等薄弱环节建设

大兴农田水利建设。到2020年，基本完成大型灌区、重点中型灌区续建配套和节水改造任务。结合全国新增千亿斤粮食生产能力规划实施，在水土资源条件具备的地区，新建一批灌区，增加农田有效灌溉面积。因地制宜兴建中小型水利设施，支持山丘区小水窖、小水池、小塘坝、小泵站、小水渠等“五小水利”工程建设。大力发展节水灌溉，推广渠道防渗、管道输水、喷灌滴灌等技术，扩大节水、抗旱设备补贴范围。积极发展旱作农业，采用地膜覆盖、深松深耕、保护性耕作等技术。稳步发展牧区水利，建设节水高效灌溉饲草料地。

加快中小河流治理和小型水库除险加固。中小河流治理要优先安排洪涝灾害易发、保护区人口密集、保护对象重要的河流及河段，加固堤岸，清淤疏浚，使治理河段基本达到国家防洪标准。巩固大中型病险水库除险加固成果，加快小型病险水库除险加固步伐，尽快消除水库安全隐患，恢复防洪库容，增强水资源调控能力。

抓紧解决工程性缺水问题。加快推进西南等工程性缺水地区重点水源工程建设，坚持蓄引提与合理开采地下水相结合，尽快建设一批中小型水库、引提水和连通工程，支持农民兴建小微型水利设施，显著提高雨洪资源利用和供水保障能力，基本解决缺水城镇、人口较集中乡村的供水问题。

提高防汛抗旱应急能力。尽快健全防汛抗旱统一指挥、分级负责、部门协作、反应迅速、协调有序、运转高效的应急管理机制。加强监测预警能力建设，加大投入，整合资源，提高雨情汛情旱情预报水平。建立专业化与社会化相结合的应急抢险救援队伍，着力推进县乡两级防汛抗旱服务组织建设，健全应急抢险物资储备体系，完善应急预案。建设一批规模合理、标准适度的抗旱应急水源工程，建立应对特大干旱和突发水安全事件的水源储备制度。加强人工增雨(雪)作业示范区建设，科学开发利用空中云水资源。

继续推进农村饮水安全建设。积极推进集中供水工程建设，提高农村自来水普及率。有条件的地方延伸集中供水管网，发展城乡一体化供水。加强农村饮水安全工程运行管理，落实管护主体，加强水源保护和水质监测，确保工程长期发挥效益。

15.5.5.2　加快水利基础设施建设

实施大江大河治理。进一步治理淮河，搞好黄河下游治理和长江中下游河势控制，继续推进主要江河河道整治和堤防建设，加强太湖、洞庭湖、鄱阳湖综合治理，全面加快蓄滞洪区建设，合理安排居民迁建。搞好黄河下游滩区安全建设。抓紧建设一批流域防洪控制性水利枢纽工程，不断提高调蓄洪水能力。加强城市防洪排涝工程建设，提高城市排涝标准。推进海堤建设和跨界河流整治。

加强水资源配置工程建设。完善优化水资源战略配置格局，在保护生态前提下，尽快建设一批骨干水源工程和河湖水系连通工程，提高水资源调控水平和供水保障能力。加快推进南水北调东中线一期工程及配套工程建设，确保工程质量，适时开展南水北调西线工程前期研究。积极推进一批跨流域、区域调水工程建设。着力解决西北等地区资源性缺水问题。大力推进污水处理回用，积极开展海水淡化和综合利用，高度重视雨水、微咸水利用。

搞好水土保持和水生态保护。实施国家水土保持重点工程，采取小流域综合治理、淤地坝建设、坡耕地整治、造林绿化、生态修复等措施，有效防治水土流失。进一步加强长江上中游、黄河上中游、西南石漠化地区、东北黑土区等重点区域及山洪地质灾害易发区的水土流失防治。继续推进生态脆弱河流和地区水生态修复，加快污染严重江河湖泊水环境治理。加强重要生态保护区、水源涵养区、江河源头区、湿地的保护。

合理开发水能资源。在保护生态和农民利益前提下，加快水能资源开发利用。统筹兼顾防洪、灌溉、供水、发电、航运等功能，科学制定规划，积极发展水电，加强水能资源管理，规范开发许可，强化水电安全监管。大力发展农村水电，搞好农村水电配套电网改造工程建设。

15.5.5.3　强化水文气象和水利科技支撑

加强水文气象基础设施建设，扩大覆盖范围，优化站网布局，着力增强重点地区、重要城市、地下水超采区水文测报能力，加快应急机动监测能力建设，实现资料共享，全面提高服务水平。健全水利科技创新体系，强化基础条件平台建设，加强基础研究和技术研发，力争在水利重点领域、关键环节和核心技术上实现新突破，获得一批具有重大实用价值的研究成果，加大技术引进和推广应用力度。提高水利技术装备水平。建立健全水利行业技术标准。推进水利信息化建设，全面实施“金水工程”，加快建设国家防汛抗旱指挥系统和水资源管理信息系统，提高水资源调控、水利管理和工程运行的信息化水平，以水利信息化带动水利现代化。

参考文献

安芷生，吴锡浩，卢演俦，等，1990. 最近2万年中国古环境变迁的初步研究[M]//刘东生. 黄土·第四纪地质·全球变化：第二集. 北京：科学出版社：1-26.

包红军，王莉莉，李致家，等，2016a. 基于Holtan产流的分布式水文模型[J]. 河海大学学报（自然科学版），44(4)：340-346.

包红军，王莉莉，沈学顺，等，2016b. 气象水文耦合的洪水预报研究进展[J]. 气象，42(9)：1045-1057.

包为民，李致家，李杰友，等，2009. 水文预报[M]. 北京：中国水利水电出版社.

邴龙飞，苏红波，邵全琴，等，2012. 近30年来中国陆地蒸散量和土壤水分变化特征分析[J]. 地球信息科学学报，14(1)：1-13.

布德科 М И，1960. 地表面热量平衡[M]. 北京：科学出版社.

蔡锋，苏贤泽，刘建辉，等，2008. 全球气候变化背景下我国海岸侵蚀问题及防范对策[J]. 自然科学进展，18(10)：1093-1103.

蔡榕硕，齐庆华，2014. 气候变化与全球海洋：影响，适应和脆弱性评估之解读[J]. 气候变化研究进展，10(3)：185-190.

曹建廷，秦大河，康尔泗，等，2005. 青藏高原外流区主要河流的径流变化[J]. 科学通报，50：2403-2408.

曹丽格，方玉，姜彤，等，2012. IPCC影响评估中的社会经济新情景（ssrs）进展[J]. 气候变化研究进展，8(1)：74-78.

曹龙，2021. IPCC AR6报告解读：气候系统对二氧化碳移除响应[J]. 气候变化研究进展，17(6)：664-670.

长江水利委员会，2019. 2018年长江流域及西南诸河水资源公报[M]. 武汉：长江出版社.

巢纪平，1993. 厄尔尼诺和南方涛动动力学[M]. 北京：气象出版社.

巢清尘，周波涛，孙颖，等，2014. IPCC气候变化自然科学认知的发展[J]. 气候变化研究进展，10(1)：7-13.

车涛，李新，2005. 1993—2002年中国积雪水资源时空分布与变化特征[J]. 冰川冻土，27：64-67.

陈飞，徐翔宇，羊艳，等，2020. 中国地下水资源演变趋势及影响因素分析[J]. 水科学进展，31(6)：811-819.

陈家琦，1986，现代水文学发展的新阶段：水资源水文学[J]. 自然资源学报，1(2)：46-53.

陈家琦，王浩，杨小柳，2002. 水资源学[M]. 北京：科学出版社.

陈俊仁，冯文科，赵希涛，1983. 南海北部50 m古海岸线的初步研究[J]. 地理学报，38(2)：176-187.

陈丽娟，2016. 气候预测方法[M]//郑国光，王守荣，许小峰，等. 中国气象百科全书：气象预报预测卷. 北京：气象出版社.

陈联寿，丁一汇，1979. 西太平洋台风概论[M]. 北京：科学出版社.

陈仁升，张世强，阳勇，等，2019. 冰冻圈变化对中国西部寒区径流的影响[M]. 北京：科学出版社.

陈亚宁，李稚，范煜婷，等，2014. 西北干旱区气候变化对水文水资源影响研究进展[J]. 地理学报，69(9)：1295-1304.

陈永利，王凡，白学志，等，2004. 东海带鱼（Trichiurushaumela）渔获量与邻近海域水文环境变化的关系[J]. 海洋与湖沼，35(5)：404-412.

陈志恺，王维第，刘国纬，2004. 中国水利百科全书：水文与水资源分册[M]. 北京：中国水利水电出版社.

成里京，2020. SROCC：海洋热含量变化评估[J]. 气候变化研究进展，16(2)：172-181.

程国栋，2003. 虚拟水——中国水资源安全战略的新思路[J]. 中国科学院院刊(4)：260-265.

储敏，2016. 海冰模式[M]//郑国光，王守荣，许小峰，等. 中国气象百科全书，气象预报预测卷. 北京：气象出版社.

丛振涛,倪广恒,杨大文,等,2008."蒸发悖论"在中国的规律分析[J].水科学进展,19(2):147-152.

崔春光,彭涛,沈铁元,等,2010.定量降水预报与水文模型耦合的中小流域汛期洪水预报试验[J].气象,36(12):56-61.

《第三次气候变化国家评估报告》编写委员会,2015.第三次气候变化国家评估报告[M].北京:科学出版社.

丁庆霞,陈文忠,2016.基于 VGPM 的中国近海净初级生产力的时空变化研究[J].海洋开发与管理,33(8):31-35.

丁一汇,2010.气候变化[M].北京:气象出版社.

丁一汇,2011.季节气候预测的进展和前景[J].气象科技进展,1(3):14-27.

丁一汇,2013.中国气候[M].北京:科学出版社.

丁一汇,2016.中国的气候变化及其预测[M].北京:气象出版社.

丁一汇,2019.太阳活动对地球气候和天气的影响[J].气象,45(3):297-304.

丁一汇,任国玉,2008.中国气候变化科学概论[M].北京:气象出版社.

丁一汇,王会军,2016.近百年中国气候变化科学问题的新认识[J].科学通报,61(10):1029-1041.

丁一汇,柳艳菊,宋亚芳,2020.东亚夏季风水汽输送带及其对中国大暴雨与洪涝灾害的影响[J].水科学进展,31(5):629-643.

丁永建,叶柏生,韩添丁,等,2007.过去 50 年中国西部气候和径流变化的区域差异[J].中国科学 D 辑:地球科学,37:206-214.

丁永建,张世强,2015.冰冻圈水循环在全球尺度的水文效应[J].科学通报,60:593-602.

丁永建,张世强,陈仁升.2017.寒区水文导论[M].北京:科学出版社.

丁永建,赵求东,吴锦奎,等,2020.中国冰冻圈水文未来变化及其对干旱区水安全的影响[J].冰川冻土,42(1):23-32.

丁仲礼,2006.米兰科维奇冰期旋回理论:挑战与机遇[J].第四纪研究,26(5):710-717.

董光荣,2002.生态环境的演变:下[M]//秦大河.中国西部环境演变评估:第一卷.北京:科学出版社.

董光荣,靳鹤龄,陈惠忠,1997.末次间冰期以来沙漠-黄土边界带移动与气候变化[J].第四纪研究(2):158-167.

董光荣,靳鹤龄,陈惠忠,等,1998.中国北方半干旱和半湿润地区沙漠化的成因[J].第四纪研究(2):136-144.

董光荣,吴波,慈龙骏,等,1999.我国荒漠化现状、成因与防治对策[J].中国沙漠,19(4):318-332.

董四方,董增川,陈康宁,2010.基于 DPSIR 概念模型的水资源系统脆弱性分析[J].水资源保护,26(4):1-3,25.

杜加强,贾尔恒·阿哈提,赵晨曦,等,2015.1982—2012 年新疆植被 NDVI 的动态变化及其对气候变化和人类活动的响应[J].应用生态学报,26(12):3567-3578.

杜祥琬,2016.应对气候变化进入历史性新阶段[J].气候变化研究进展,12(2):79-82.

段皎,刘煜,2011.近 20 年中国地区云量变化趋势[J].气象科技,39(3):280-288.

范航清,王文卿,2017.中国红树林保育的若干重要问题[J].厦门大学学报(自然科学版),56(3):323-830.

范建华,施雅风,1992.气候变化对青海湖水情的影响—I.近 30 年时期的分析[J].中国科学:化学,22(5):537-542.

方精云,2000.全球生态学气候变化与生态响应[M].北京:高等教育出版社.

方妍,2005.国外跨流域调水工程及其生态环境影响[J].人民长江,36(10):9-10,28.

符传博,冯锦明,彭静,2019.1960—2012 年中国地区总云量时空变化及其与气温和水汽的关系[J].大气科学,43(1):87-98.

高冰,杨大文,谷湘潜,等,2012.基于数值天气模式和分布式水文模型的三峡入库洪水预报研究[J].水力发电学报(1):22-28.

高歌,陈德亮,任国玉,等,2006.1956—2000 年中国潜在蒸散量变化趋势[J].地理研究,25(3):379-387.

高红凯,赵舫,2020.全球尺度水文模型:机遇、挑战与展望[J].冰川冻土,42(1):224-233.

高学杰,赵宗慈,丁一汇,等,2003,二氧化碳加倍对中国区域气候变化的影响,第二部分:中国区域气候的可能变化(敏感性试验)[J].气象学报,61(1):29-37.

高学杰,石英,GIORGI F,2010.中国区域气候变化的一个高分辨率数值模拟[J].中国科学 D 辑,40(7):911-922.

高学杰,石英,张冬峰,等,2012.RegCM3 对 21 世纪中国区域气候变化的高分辨率模拟[J].科学通报,57:374-381.

葛全胜,赵名茶,郑景云,2000.20 世纪中国土地利用变化研究[J].地理学报,55(6):698-705.

葛全胜,王绍武,方修琦,2010.气候变化研究中若干不确定性的认识问题[J].地理研究,29(2):191-203.

葛全胜,等,2011.中国历朝气候变化[M].北京:科学出版社.

耿冠楠,肖清扬,郑逸璇,等,2020.实施《大气污染防治行动划》对中国东部地区 $PM_{2.5}$ 化学成分的影响[J].中国科学:地球科学,50(4):469-482.

巩同梁,刘昌明,刘景时,2006.拉萨河冬季径流对气候变暖和冻土退化的响应[J].地理学报,61(5):512-526.

关道明,2012.中国滨海湿地[M].北京:海洋出版社.

郭金运,王建波,胡志博,等,2015.由 TOPEX/Poseidon 和 Jason-1/2 探测的 1993—2012 中国海海平面时空变化[J].地球物理学报,58(9):3103-120.

郭靖,郭生练,张俊,等,2009.汉江流域未来降水径流预测分析研究[J].水文,29(5):18-22.

郭生练,刘春蓁,1997.大尺度水文模型及其与气候模型的联结耦合研究[J].水利学报(7):37-41.

郭媛,2012.近 50 年来(1960—2010)长江流域实际蒸发量变化的时空格局及其影响要素分析[D].南京:南京信息工程大学.

国家林业局,2015.中国林业发展报告:2015[M].北京:中国林业出版社.

郝春沣,贾仰文,王浩,2012.气象水文模型耦合研究及其在渭河流域的应用[J].水利学报,43(9):1042-1049.

郝宁,王文祥,吕孙云,2008.澜沧的流域水资料量特征分析[J].人民长江,39(17):67-70.

郝振纯,王加虎,李丽,等,2006.气候变化对黄河源区水资源的影响[J].冰川冻土,28(1):1-7.

郝志新,郑景云,葛全胜,2010.过去 2000 年中国东部地区的极端旱涝事件变化[J].气候与环境研究,15(4):388-394.

郝志新,郑景云,葛全胜,等,2011.中国南方过去 400 年的极端冷冬变化[J].地理学报,66:1479-1485.

何大明,2007.中国西南国际河流水资源利用与生态保护[M].北京:科学出版社.

何大明,汤奇成,2000.中国国际河流[M].北京:科学出版社.

何新林,郭生练,1998.气候变化对新疆玛纳斯河流域水文水资源的影响[J].水科学进展,9(1):77-83.

贺仕昌,张远辉,陈立奇,等,2014.海洋酸化研究进展[J].海洋科学,38(6):85-93.

贺添,邵全琴,2014.基于 MOD16 产品的我国 2001—2010 年蒸散发时空格局变化分析[J].地球信息科学学报,16(6):979-988.

胡敦欣,吕良洪,熊庆成,等,1980.关于浙江沿岸上升流的研究[J].科学通报(3):131-133.

胡和平,田富强,2007.物理性流域水文模型研究新进展[J].水利学报,38(5):511-517.

胡庆芳,2013.基于多源信息的降水空间估计及其水文应用研究[D].北京:清华大学.

华莱士 J M,霍布斯 P V,1981.大气科学概观[M].王鹏飞,等,译,上海:上海科学技术出版社.

黄晖,尤丰,练健生,等,2012.珠江口万山群岛海域造礁石珊瑚群落分布与保护[J].海洋通报,31(2):189-197.

黄建平,陈文,温之平,等,2019.新中国成立 70 年以来的中国大气科学研究:气候与气候变化篇[J].中国科学:地球科学,49:1607-1640.

黄葵,卢毅敏,魏征,等,2019.土地利用和气候变化对海河流域蒸散发时空变化的影响[J].地球信息科学学报,21(12):1888-1902.

黄磊,2016.适应气候变化,减缓气候变化[M]//郑国光,王守荣,许小峰,等.中国气象百科全书:气象预报预测卷.北京:气象出版社.

黄磊,王长科,巢清尘,2020.IPCC《气候变化与土地特别报告》解读[J].气候变化研究进展,16(1):1-8.

黄荣辉,2001.大气科学发展的回顾与展望[J].地球科学进展,16(5):643-657.

黄荣辉,吴国雄,陈文,等,2014.大气科学和全球气候变化研究进展与前沿[M].北京:科学出版社.

黄荣辉,吴国雄,陈文,等,2016.大气科学和全球气候变化研究重大科学问题[M].北京:科学出版社.

黄锡荃,1993.水文学[M].北京:高等教育出版社.

黄镇国,杜碧兰,等,2005.中国近海及海岸带气候、生态与环境的变化[M]//秦大河,陈宜瑜.中国气候与环境演变.北京:科学出版社.

姜大膀,王娜,2021.IPCC AR6 报告解读:水循环变化[J].气候变化研究进展,17(6):699-704.

姜彤,等, 2015.全球水循环与区域气候异常[M]//气候变化国家评估报告编写委员会.第三次气候变化国家评估报告.北京:科学出版社.

姜彤,孙赫敏,李修仓,等,2020a.气候变化对水文循环的影响[J].气象,46(3):289-300.

姜彤,王艳君,苏布达,等,2020b.全球气候变化中的人类活动视角:社会经济情景的演变[J].南京信息过程大型学报(自然科学版),12(1):68-80.

蒋志刚,1997.影响生物多样性演化的宏观因素[M]//蒋志刚,等.保护生物学.杭州:浙江科学技术出版社.

金兴平,黄艳,杨文发,等,2009.未来气候变化对长江流域水资源影响分析[J].人民长江,4(8):35-38.

靖娟利,蔡江涛,耿仁方,等.2019.基于 MOD16 的珠江流域蒸散量时空分布特征[J].桂林理工大学学报,39(4):912-920.

康丽莉,王守荣,顾骏强,2008.分布式水文模型 DHSVM 对兰江流域径流变化的模拟试验[J].热带气象学报,24(2):176-182.

康丽莉,LEUNG L R,柳春,等,2015.黄河流域未来气候—水文变化的模拟研究[J].气象学报,73(2):382-393.

孔锋,杨萍,王品,等,2018.中国灾害性对流天气日数的时空变化特征[J].长江流域资源与环境,27(11):2518-2528.

孔兰,陈晓宏,杜建,等,2010.基于数学模型的海平面上升对咸潮上溯的影响[J].自然资源学报,25(7):1097-1104.

孔兰,陈晓宏,闻平,等,2011.2009/2010 年枯水期珠江口磨刀门水道强咸潮分析[J].自然资源学报,26(11):1858-1865.

孔兰,陈晓宏,2012.海平面上升的研究现状及其影响对策研究[J].人民珠江(5):35-42.

孔昭宸,陈之端,陈灵芝,2001.生物多样性起源和变化[M]//陈灵芝,马克平.生物多样性科学:原理与实践.上海:上海科学技术出版社.

雷晓辉,王浩,廖卫红,等,2018.变化环境下气象水文预报研究进展[J].水利学报,49(1):9-18.

李超群,郭生练,张洪刚,2006.基于短期定量降水预报的隔河岩洪水预报研究[J].水电能源科学,24(4):31-35.

李夫星,陈东,汤秋鸿.2015.黄河流域水文气象要素变化及与东亚夏季风的关系[J].水科学进展,26(4):481-490.

李清泉,2016.海气耦合[M]//郑国光,王守荣,许小峰,等,2016.中国气象百科全书:气象科学基础卷.北京:气象出版社.

李莎莎,孟宪伟,葛振鸣,等,2014.海平面上升影响下广西钦州湾红树林脆弱性评价[J].生态学报,34(10):2702-2711.

李淑,余克服,陈天然,等,2011.珊瑚共生虫黄藻密度结合卫星遥感分析 2007 年南沙群岛珊瑚热白化[J].科学通报,56(10):756-764.
李维京,2012.现代气候业务[M],北京:气象出版社.
李维京,张培群,2016.气候系统[M]//郑国光,王守荣,许小峰,等.中国气象百科全书:气象科学基础卷.北京:气象出版社.
李伟平,2016.陆面模式[M]//郑国光,王守荣,许小峰,等.中国气象百科全书:气象预报预测卷.北京:气象出版社.
李宪之,1955a.东亚寒潮侵袭的研究[M]//涂长望.中国近代科学论著选刊:气象学(1919—1949).北京:科学出版社.
李宪之.1955b.台风的研究[M]//涂长望.中国近代科学论著选刊:气象学(1919—1949).北京:科学出版社.
李晓玺,袁金国,刘夏菁,等,2017.基于MODIS数据的渤海净初级生产力时空变化[J].生态环境学报,26(5):785-793.
李兴宇,郭学良,朱江,2008.中国地区空中云水资源气候分布特征及变化趋势[J].大气科学.32(5):1094-1106.
李修仓,姜彤,温姗姗,等,2014.珠江流域实际蒸散发的时空变化及影响要素分析[J].热带气象学报,30(3):483-494.
李修仓,姜彤,吴萍,等,2016.珠江流域实际蒸散发与潜在蒸散发的关系研究[J].大气科学学报,39(5):692-701.
李原园,曹建廷,沈福新,等,2014.1956—2010年中国可更新水资源量的变化[J].中国科学:地球科学,44:2030-2038.
李媛,曲雪妍,杨旭东,等,2013.中国地质灾害时空分布规律及防范重点[J].中国地质灾害与防治学报,24(4):71-78.
李泽椿,毕宝贵,金荣花,等,2014.近10年中国现代天气预报的发展与应用[J].气象学报,72(6):1069-1078.
李泽椿,毕宝贵,郭安红,2020.自然灾害对公共安全的影响及防御对策[M].北京:科学出版社.
李志,刘文兆,张勋昌,等,2010.气候变化对黄土高原黑河流域水资源影响的评估与调控[J].中国科学:地球科学,40(3):352-36.
李致家,刘金涛,等,2004.雷达估测降雨与水文模型的耦合在洪水预报中的应用[J].河海大学学报(自然科学版),32(6):601-606.
李忠炉,金显仕,张波,等,2012.黄海大头鳕(Gadusmacrocephalus)种群特征的年际变化[J].海洋与湖沼,43(5):924-931.
连展,魏泽勋,方国洪,等,2013.气候变暖下海面高度变化的数值模拟[J].海洋科学进展,31(4):455-464.
梁军,陈长胜,秦玉琳,等,2016.1981—2011年中国近海海冰变化特征及其与东亚冬季风的关系[J].气象灾害防御,23(3):1-5.
梁缘毅,吕爱锋,2019.中国水资源安全风险评价[J].资源科学,41(4):775-789.
廖爱民,刘九夫,周国良,2013.1979—2010年中国流域水汽含量变化[J].水科学进展,24(5):626-633.
廖要明,2016.中国气候,中国气候带[M]//郑国光,王守荣,许小峰,等.中国气象百科全书:气象科学基础卷.北京:气象出版社.
林峰竹,王慧,张建立,2015.中国沿海海岸侵蚀与海平面上升探析[J].海洋开发与管理,32(6):16-21.
林更铭,杨清良,2011.全球气候变化背景下台湾海峡浮游植物的长期变化[J].应用与环境生物学报,17(5):615-623.
林建,杨贵名,2014.近30年中国暴雨时空特征分析[J].气象,40(7):816-326.
刘波,肖子牛,马柱国,2010.中国不同干湿区蒸发皿蒸发和实际蒸发之间关系的研究[J].高原气象,29(3):629-636.
刘昌明,2014.中国水文地理[M].北京:科学出版社.

刘昌明，张学成，2004a. 黄河干流实际来水量不断减少的成因分析[J]. 地理学报，59(3)：324-330.
刘昌明，夏军，郑红星，等，2004b. 黄河流域分布式水文模型初步研究与进展[J]. 水科学进展，15(4)：495-500.
刘昌明，张丹，2011. 中国地表潜在蒸散发敏感性的时空变化特征分析[J]. 地理学报，66(5)：579-588.
刘春蓁，1997. 气候变化对我国水文水资源的可能影响[J]. 水科学进展，3：220-225.
刘春蓁，2003. 气候变异与气候变化对水循环影响研究综述[J]. 水文，23(4)：1-7.
刘春蓁，2004. 气候变化对陆地水循环影响研究的问题[J]. 地球科学进展，19(1)：115-119.
刘春蓁，2008. 自然气候变异与人为气候变化对径流影响研究进展[J]. 水科学进展，4(3)：133-139.
刘春蓁，杨建青，2002. 我国西南地区年径流变异及变化趋势研究[J]. 气候与环境研究，7(4)：416-422.
刘春蓁，占车生，夏军，等，2014. 关于气候变化与人类活动对径流影响研究的评述[J]. 水利学报，45(4)：379-385.
刘春蓁，巢清尘，王守荣，等，2023. 水文气象学领域的水文循环研究进展[J]. 气候变化研究进展，19(1)：1-10.
刘丹，那继海，杜春英，等，2007. 1961—2003 黑龙江主要树种的生态地理分布变化[J]. 气候变化研究进展，3(2)：100-105.
刘东生，等，1985. 黄土与环境[M]. 北京：科学出版社.
刘国纬，1992. 西藏高原水文特征[J]. 水利学报(5)：1-9.
刘国纬，1997. 水文循环的大气过程[M]. 北京：科学出版社.
刘国纬，汪静萍，1997，中国陆地-大气系统水分循环研究[J]. 水科学进展，8(2)：99-107.
刘纪远，匡文慧，张增祥，等，2014. 20 世纪 80 年代末以来中国土地利用变化的基本特征与空间格局[J]. 地理学报，69(1)：3-14.
刘健，于革，陈星，等，2002. 中全新世和末次盛冰期东亚古气候的模拟[J]. 自然科学进展，12(7)：713-720.
刘黎平，钱永甫，王致君，1996. 双线偏振雷达在水文预报领域的应用—实时水文预报系统的研制[J]. 高原气象，15(4)：508-514.
刘绿柳，2002. 水资源脆弱性及其定量评价[J]. 水土保持通报，22(2)：41-44.
刘时银，姚晓军，郭万钦，等，2015. 基于第二次冰川编目的中国冰川现状[J]. 地理学报，70(1)：3-16.
刘时银，姚晓军，郭万钦，等，2017. 冰川分布与变化[M]//刘时银，张勇，刘巧，等. 气候变化影响与风险—气候变化对冰川影响与风险研究：第一版. 北京：科学出版社.
刘涛，刘莹，乐远福，2017. 红树林湿地沉积速率对于气候变化的响应[J]. 热带海洋学报，36(2)：40-47.
刘宪锋，朱秀芳，潘耀忠，等，2015. 1982—2012 年中国植被覆盖时空变化特征[J]. 生态学报，35(16)：5331-5342.
刘晓辉，孙丹青，黄备，等，2017. 东海沿岸海域表层海水酸化趋势及影响因素研究[J]. 海洋与湖沼，48(2)：398-405.
刘晓阳，毛节泰，李纪人，2003. 雷达联合雨量计估测降水模拟水库入库流量[J]. 水利学报(4)：51-55.
刘引鸽，王宁练，2014. 我国总云量时空特征及其影响因素分析[J]. 宝鸡文理学院学报(自然科学版)，34(1)：45-50，58.
柳春，王守荣，梁有叶，等，2013. 1961—2010 年黄河流域蒸发皿蒸发量变化及影响因子分析[J]. 气候变化研究进展，9(5)：327-334.
卢鋈，1946. 中国气候区域新论[J]. 地理学报：1-10.
卢鋈，1952. 中国气候总论[M]. 北京：商务印书馆.
陆桂华，吴娟，吴志勇，2012. 水文集合预报试验及其研究进展[J]. 水科学进展，23(5)：728-734.
陆桂华，吴志勇，LEI W，2006. 陆气耦合模型在实时暴雨洪涝预报中的应用[J]. 水科学进展，17(6)：847-852.
陆渝蓉，1999. 地球水环境学[M]. 南京：南京大学出版社.
罗亚丽，2012. 极端天气和气候事件的变化[J]. 气候变化研究进展，8(2)：90-98.
罗勇，巢清尘，徐影，等，2012. 气候变化业务[M]. 北京：气象出版社.

罗勇，姜彤，夏军，等，2017. 中国陆地水循环演变与成因[M]. 北京：科学出版社.

马雷鸣，2020. 天气预报中的人工智能技术进展[J]. 地球科学进展，35(6)：551-560.

马丽娟，效存德，康世昌，2022. 全球主要山地气候变化特征和异同——IPCC AR6 WGI 报告和 SROCC 综合解读[J]. 气候变化研究进展，18(5)：605-621.

马鹏里，韩兰英，张旭东，等，2019. 气候变暖背景下中国干旱变化的区域特征[J]. 中国沙漠，39(6)：209-215.

马荣华，杨桂山，段洪涛，等，2011. 中国湖泊的数量、面积与空间分布[J]. 中国科学：地球科学(3)：394-401.

马宗晋，张业成，1998. 灾害学导论[M]. 长沙：湖南人民出版社.

孟玉婧，2016. 影响评估的不确定性[M]//郑国光，王守荣，许小峰，等. 中国气象百科全书：气象预报预测卷. 北京：气象出版社.

孟智勇，张福青，罗德海，等，2019. 新中国成立 70 年来的中国大气科学研究：天气篇[J]. 中国科学：地球科学，49：1875-1918.

苗庆生，杨锦坤，杨扬，等，2016. 东海 30°E 断面冬季温盐分布及年际变化特征分析[J]. 中国海洋大学学报，46(6)：1-7.

缪丽娟，蒋冲，何斌，等，2014. 近 10 年来蒙古高原植被覆盖变化对气候的响应[J]. 生态学报，34(5)：1295-1301.

缪启龙，江志红，陈海山，等，2010. 现代气候学[M]. 北京：气象出版社.

缪启龙，江志红，陈海山，等，2018. 现代气候学：第二版[M]. 北京：气象出版社.

穆少杰，李建龙，杨红飞，等，2013. 内蒙古草地生态系统近 10 年 NPP 时空变化及其与气候的关系[J]. 草业学报，22(3)：6-15.

宁远，钱敏，王玉太，2003. 淮河流域水利手册[M]. 北京：科学出版社.

牛振国，宫鹏，程晓，等，2012. 1978—2008 年中国湿地类型变化[J]. 科学通报，57(16)：1400-1411.

牛振国，宫鹏，等，2009. 中国湿地初步遥感制图及相关地理特征分析[J]. 中国科学 D 辑：地球科学，39(2)：188-203.

欧阳自远，王世杰，肖志峰，等，1995. 新生代地外物体撞击事件诱发的古气候环境灾变[J]. 第四纪研究，15(5)：324-551.

潘良浩，史小芳，曾睿聪，等，2017. 广西滨海盐沼生态系统研究现状及展望[J]. 广西科学，24(5)：453-461.

庞海洋，孔祥生，孙志伟，等，2018. 基于遥感和气象数据对辽东湾海冰变化预测研究[J]. 海洋与湖沼，49(4)：725-733.

彭涛，李俊，殷志远，等，2010a. 基于集合降水预报产品的汛期洪水预报试验[J]. 暴雨灾害，29(3)：274-278.

彭涛，宋星原，殷志远，等，2010b. 雷达定量估算降水在水文模式汛期洪水预报中的应用试验[J]. 气象，36(12)：50-55.

彭涛，沈铁元，高玉芳，等，2014. 流域水文气象耦合的洪水预报研究及应用进展[J]. 气象科技进展，4(2)：52-58.

齐庆华，蔡榕硕，2017. 21 世纪海上丝绸之路海洋环境的气候变化与风暴灾害风险探析[J]. 海洋开发与管理，34(5)：67-75.

祁添垚，张强，王月，等，2015. 1960—2005 年中国蒸发皿蒸发量变化趋势及其影响因素分析[J]. 地理科学，35(12)：1599-1606.

气候变化国家评估报告编写委员会，2015. 第三次气候变化国家评估报告[M]. 北京：科学出版社.

秦大河，2014. 气候变化科学与人类可持续发展[J]. 地理科学进展，33(7)：874-883.

秦大河，丁一汇，苏纪兰，2005. 中国气候与环境演变：上卷[M]. 北京：科学出版社.

秦大河，丁永建，2009. 冰冻圈变化及其影响研究——现状，趋势及关键问题[J]. 气候变化研究进展，5(4)：187-195.

秦大河，丁永建，穆穆，2012. 中国气候与环境演变：2012[M]. 北京：气象出版社.

秦大河，周波涛，2014a. 气候变化与环境保护[J]. 科学与社会，4(2)：17-22.

秦大河，周波涛，效存德，2014b. 冰冻圈变化及其对中国气候的影响[J]. 气象学报，72(5)：869-879.

秦大河，巢清尘，2016. 应对气候变化[M]//郑国光，王守荣，许小峰，等. 中国气象百科全书：综合卷. 北京：气象出版社.

秦大河，姚檀栋，丁永建，等，2018. 冰冻圈科学概论[M]. 北京：科学出版社.

秦大河，丁永建，翟盘茂，等，2021. 中国气候与生态环境演变：2021[M]. 北京：科学出版社.

冉有华，李新，2018. 中国冻土分布图(2000)[Z]. 国家青藏高原科学数据中心. DOI：10.11888/Geocry.tpdc.270552. CSTR：18046.11.Geocry.tpdc.270552. [RAN Youhua，LI Xin. Frozen soil map of China(2000). National Tibetan Plateau Data Center，2018. DOI：10.11888/Geocry.tpdc.270552. CSTR：18046.11.Geocry.tpdc.270552].

任国玉，2007. 气候变化与中国水资源[M]. 北京：气象出版社.

任国玉，姜彤，李维京，等，2008. 气候变化对中国水资源情势影响综合分析[J]. 水科学进展，19：772-779.

任国玉，任玉玉，战云健，等，2015. 中国大陆降水时空变异规律-II 现代变化趋势[J]. 水科学进展，26(4)：451-465.

任国玉，柳艳菊，孙秀宝，等，2016. 中国大陆降水时空变异规律(Ⅲ)：趋势变化原因[J]. 水科学进展，27(3)：327-348.

芮孝芳，黄国如，2004. 分布式水文模型的现状与未来[J]. 水利水电科技进展，24(2)：55-58.

邵雪梅，方修琦，刘洪滨，2003. 柴达木盆地东缘山地千年祁连圆柏分析[J]. 地理学报，58(1)：90-100.

单秀娟，陈云龙，金显仕，2017. 气候变化对长江口和黄河口渔业生态系统健康的潜在影响[J]. 渔业科学进展，38(2)：1-7.

申双和，盛琼，2008. 45 年来中国蒸发皿蒸发量的变化特征及其成因[J]. 气象学报，66(3)：452-460.

沈永平，苏宏超，王国亚，等，2013a. 新疆冰川、积雪对气候变化的响应(I)：水文效应[J]. 冰川冻土，35(3)：513-527.

沈永平，苏宏超，王国亚，等. 2013b. 新疆冰川、积雪对气候变化的响应(Ⅱ)：灾害效应[J]. 冰川冻土，33：1355-1370.

盛芳，智海，刘海龙，等，2016. 中国近海海平面变化趋势的对比分析[J]. 气候与环境研究，21(3)：346-356.

师春香，卢乃锰，张文健，2001. 卫星面降水估计人工神经网络方法[J]. 气候与环境研究，6(4)：467-471.

施雅风，程国栋，1991. 冰冻圈与全球变化[J]. 中国科学院院刊(4)：287-291.

施雅风，孔昭宸，王苏民，等，1992. 中国全新世大暖期气候与环境的基本特征[M]//施雅风，孔昭宸. 中国全新世大暖期气候与环境. 北京：海洋出版社.

石强，2013a. 渤海温盐场季节循环时空参数模型[J]. 海洋通报，32(2)：152-159.

石强，2013b. 渤海冬季温盐年际变化时空模态与气候响应[J]. 海洋通报，32(5)：505-513.

石英，孙颖，2016. 气候模式的不确定性[M]//郑国光，王守荣，许小峰，等. 中国气象百科全书：气象预报预测卷. 北京：气象出版社.

时小军，刘元兵，陈特固，等，2008. 全球气候变暖对西沙、南沙海域珊瑚生长的潜在威胁[J]. 热带地理，28(4)：48-74.

史培军，1991. 灾害研究的理论与实践[J]. 南京大学学报(自然灾害成因与减灾对策专辑)，11：37-42.

水利部水利水电规划设计总院，2014. 中国水资源及其开发利用调查评价[M]. 北京：中国水利水电出版社.

水利部松辽水利委员会水文局，2006. 松辽流域水资源[M]. 长春：吉林科学技术出版社.

水利电力部水文局，1987. 中国水资源评价[M]. 北京：中国水利电力出版社.

宋春阳，张守文，姜华，等，2016. CMIPS 模式对中国近海海表温度的模拟及预估[J]. 海洋学报，18(10)：1-11.

宋晓猛，张建云，占车生，等，2013. 气候变化和人类活动对水文循环影响研究进展[J]. 水利学报，44(7)：779-790.

苏凤阁,郝振纯,2001.陆面水文过程研究综述[J].地球科学进展,16(6):795-801.

孙军,2016.现代天气预报[M]//郑国光,王守荣,许小峰,等.中国气象百科全书:气象预报预测卷.北京:气象出版社.

孙菽芬,2005.陆面过程的物理、生化机理和参数化模型[M].北京:气象出版社.

孙晓霞,孙松,吴玉霖,等,2011.胶州湾网采浮游植物群落结构的长期变化[J].海洋与湖沼,42(5):639-646.

孙颖,尹红,田沁花,等,2013.全球和中国区域近50年气候变化检测归因研究进展[J].气候变化研究进展,9(4):235-245.

孙颖,秦大河,周波涛,2015.未来气候变化科学研究的主要方向和挑战[J].气候变化研究进展,11(5):324-330.

孙志林,李光辉,许丹,等,2017.海平面上升对钱塘江河口盐水入侵影响的预测研究[J].中国环境科学,37(10):3882-3890.

谭红建,蔡榕硕,颜秀花,2018.基于CMIP5预估21世纪中国近海海洋环境变化[J].应用海洋学学报,37(2):151-160.

谭晓林,张乔民,1997.红树林潮滩沉积速率及海平面上升对我国红树林的影响[J].海洋通报(4):29-35.

谭云娟,邱新法,曾燕,等,2016.近50 a来中国不同流域降水的变化趋势分析[J].气象科学,36(4):494-501.

汤超莲,雄周,郑兆勇,等,2013.未来海平面上升对涠洲岛珊瑚礁的可能影响[J].热带地理,33(2):119-123.

汤秋鸿,黄忠伟,刘星才,等,2015.人类用水活动对大尺度陆地水循环的影响[J].地球科学进展,30(10):1091-1099.

汤秋鸿,刘星才,李哲,等,2019a.陆地水循环过程的综合集成与模拟[J].地球科学进展,34(2):115-123.

汤秋鸿,兰措,苏凤阁,等,2019b.青藏高原河川径流变化及其影响研究进展[J].科学通报,64(27):2807-2821.

唐国平,李秀彬,刘燕华,2000.全球气候变化下水资源脆弱性及其评估方法[J].地球科学进展,15(3):313-317.

唐启升,陈镇东,余克服,等,2013.海洋酸化及其与海洋生物及生态系统的关系[J].科学通报,58(14):1307-1314.

陶诗言,1949.中国各地水分需要量之分析与中国气候区域之新分类[J].气象学报,20(4):43-50.

田贺,梁迅,黎夏,等,2017.基于SD模型的中国2010—2050年土地利用变化情景模拟[J].热带地理,37(4):547-561.

田静,苏红波,陈少辉,等,2012.近20年来中国内陆地表蒸散的时空变化[J].资源科学,34(7):1277-1286.

童瑞,杨肖丽,任立良,等,2015.黄河流域1961—2012年蒸散发时空变化特征及影响因素分析[J].水资源保护,31(3):16-21.

涂长望,卢鋈,1936.中国气候区域[J].气象(9):487-518.

涂长望,郭晓岚,1938.Koeppen范式的中国气候区域[J].气象学报,14(2):51-67.

涂长望,黄仕松,1944.中国夏季风之进退[J].气象学报,18(1):81-92.

屠志方,李梦先,孙涛,2016.第五次全国荒漠化和沙化监测结果及分析[J].林业资源管理(1):1-5,13.

王斌,周天军,俞永强,等,2008.地球系统模式发展展望[J].气象学报,66(6):857-869.

王斌,李鹏,徐国策,等,2019.中国一级流域年气温的时空变化特征[J].资源科学,41(1):152-163.

王丹云,吕世华,韩博,2018.黄土高原春季植被变化分布与变化特征及其对春旱的响应研究[J].高原气象,37(5):69-80.

王登炎,李德俊,金琪,2003.变分法和卫星云图模式识别在强降水面雨量预报中的应用[J].气象,29(3):20-22.

王根绪,李元寿,王一博,2010.青藏高原河源区地表过程与环境变化[M].北京:科学出版社.

王国庆,王云璋,1994.气候变化对黄河中上游水量的影响[J].人民黄河(12):10-13.

王国庆,张建云,章四龙,2005. 全球气候变化对中国淡水资源及其脆弱性影响研究[J]. 水资源与水工程学报,16(2):7-10.

王国庆,张建云,贺瑞敏,2006. 环境变化对黄河中游汾河径流情势的影响研究[J]. 水科学进展,17(6):853-858.

王国庆,张建云,管晓祥,等,2020. 中国主要江河径流变化成因定量分析[J]. 水科学进展,31(3):313-323.

王国忠,2005. 全球海平面变化与中国珊瑚礁[J]. 古地理学报,7(4):483-492.

王浩,2010. 中国水资源问题与可持续发展战略研究[M]. 北京:中国电力出版社.

王浩,陈敏建,秦大庸,等,2003. 西北地区水资源合理配置与承载能力研究[M]. 郑州:黄河水利出版社.

王会军,徐永福,周天军,等,2004. 大气科学:一个充满活力的前沿科学[J]. 地球科学进展,9(4):525-532.

王会军,任宏利,陈活泼,等,2020. 中国气候预测研究与业务发展的回顾[J]. 气象学报,78(3):317-331.

王金星,张建云,李岩,等,2008. 近 50 年来中国六大流域径流年内分配变化趋势[J]. 水科学进展,19(5):656-661.

王莉莉,陈德辉,2013. GRAPES NOAH-LSM 陆面模式水文过程的改进及试验研究[J]. 大气科学,37(6):1179-1186.

王美丽,2015. RegCM4.4 区域气候模式对中国当代气候及极端事件的高分辨率数值模拟[D]. 北京:中国气象科学研究院.

王朋岭,黄磊,巢清尘,等,2020. IPCC SROCC 的主要结论和启示[J]. 气候变化研究进展,16(2):133-142.

王鹏飞,2001. 王鹏飞气象史文集[M]. 北京:气象出版社.

王庆斋,刘晓伟,许珂艳,2003. 黄河小花间暴雨洪水预报耦合技术研究[J]. 人民黄河,25(2):17-19.

王蕊,王中根,夏军,2008. 地表水和地下水耦合模型研究进展[J]. 地理科学进展,27(4):37-41.

王绍武,2000. 20 世纪气候学理论研究的十项成就[J]. 地球科学进展,15(3):277-282.

王绍武,2001. 现代气候学研究进展[M]. 北京:气象出版社.

王绍武,2011. 全新世气候变化[M]. 北京:气象出版社.

王绍武,2013. 地球科学的两次革命[J]. 气候变化研究进展,9(4):302-304.

王绍武,赵宗慈,龚道溢,等,2005. 现代气候学概论[M]. 北京:气象出版社.

王世金,丁永建,效存德,2019. 冰冻圈变化对经济社会系统的综合影响及其适应性管理策略[J]. 冰川冻土,40(5):863-874.

王世金,魏彦强,方苗,2014. 青海省三江源牧区雪灾综合风险评估与管理[J]. 草业学报,22(2):108-116.

王守荣,黄荣辉,丁一汇,等,2002a. 分布式水文-土壤-植被模式的改进及气候水文 Off-line 模拟试验[J]. 气象学报,60(3):290-300.

王守荣,黄荣辉,丁一汇,等,2002b. 水文模式 DHSVM 与区域气候模式 RegCM2/China 嵌套模拟试验[J]. 气象学报,60(4):421-427.

王守荣,朱川海,程磊,等,2003. 全球水循环与水资源[M]. 北京:气象出版社.

王守荣,姜海如. 2007. 气候变化对中国可持续发展的影响[M]. 北京:科学出版社.

王苏民,窦鸿身,1998. 中国湖泊志[M]. 北京:科学出版社.

王苏民,刘时银,等,2005. 冰冻圈与陆地水环境的变化[M]//秦大河,陈宜瑜. 中国气候与环境演变. 北京:科学出版社.

王文,谢志仁,2001. 从史料记载看中国历史时期海面波动[J]. 地球科学进展,16(2):272-278.

王文圣,张翔,金菊良,等,2011. 水文学不确定性分析方法[M]. 北京:科学出版社.

王艳君,姜彤,许崇育,等,2006. 长江流域 20cm 蒸发皿蒸发量的时空变化[J]. 水科学进展,17(6):830-833.

王艳君,姜彤,刘波,2010. 长江流域实际蒸发量的变化趋势[J]. 地理学报,65(9):1079-1088.

王艳君,刘波,翟建青,等,2011. 长江流域潜在蒸发量和实际蒸发量的关系[J]. 气候变化研究进展,7(6):393-398.

王永平，金会军，李国玉，等，2015.漠河—加格达奇段多年冻土区中俄原油管道运营以来的次生地质灾害研究——以MDX364处的季节性冻胀丘为例[J].冰川冻土，37(3)：731-739.

王在志，2016.大气环流模式[M]//郑国光，王守荣，许小峰，等.中国气象百科全书：气象预报预测卷.北京：气象出版社.

王政祥，部海晋，丁志立，2008.长江和西南诸河近10年水资源及利用状况分析[J].人民长江，39(17)：85-87.

王遵娅，丁一汇，2008.中国雨季的气候特征[J].大气科学，32(1)：1-13.

韦兴平，石峰，樊景凤，等，2011.气候变化对海洋生物及生态系统的影响[J].海洋科学进展，29：241-252.

温克刚，2006.中国气象灾害大典[M].北京：气象出版社.

温姗姗，姜彤，李修仓，等，2014.1961—2010年松花江流域实际蒸散发时空变化及影响要素分析[J].气候变化研究进展，10(2)：79-86.

吴吉东，傅宇，张洁，等，2014.1949—2013年中国气象灾害灾情变化趋势分析[J].自然资源学报，29(5)：1520-1528.

吴建国，2017.气候变化影响与风险——气候变化对生物多样性影响与风险研究[M].北京：科学出版社.

吴建国，周巧富，李艳，2011.中国生物多样性适应气候变化的对策[J].中国人口、资源与环境，21(3)：435-439.

吴娟，陆桂华，吴志勇，等.2012.基于多模式降水集成的陆气耦合洪水预报[J].水文，32(5)：1-5.

吴青柏，2009.中国冻土工程的进展和主要成就[M]//中国科学院寒区旱区环境与工程研究所.中国寒区旱区环境与工程50年.北京：科学出版社.

吴统文，宋连春，刘向文，等，2013.国家气候中心短期气候预测模式系统业务化进展[J].应用气象学报，24(5)：533-543.

吴霞，王培娟，霍治国，等，2017.1961—2015年中国潜在蒸散时空变化特征与成因[J].资源科学，39：964-977.

吴征镒，1980.中国植被[M].北京：科学出版社.

夏军，王纲胜，吕爱锋，等，2003.分布式时变增益流域水循环模拟[J].地理学报，58(5)：789-796.

夏军，左其亭，2006.国际水文科学研究的新进展[J].地球科学进展，21(3)：256-261.

夏军，陈俊旭，翁建武，等，2012.气候变化背景下水资源脆弱性研究与展望[J].气候变化研究进展，8(6)：391-396.

夏军，雒新萍，曹建廷，等，2015.气候变化对中国东部季风区水资源脆弱性的影响评价[J].气候变化研究进展，11(1)：8-14.

夏军，李原园，2016a.气候变化影响下中国水资源的脆弱性与适应对策[M].北京：科学出版社.

夏军，刘春蓁，刘志雨，等，2016b.气候变化对中国东部季风区水循环及水资源影响与适应对策[J].自然杂志，38(3)：167-176.

效存德，杨佼，张通，等，2022.冰冻圈变化的可预测性、不可逆性和深度不确定性[J].气候变化研究进展，18(1)：1-11.

谢伏瞻，刘雅鸣，2019.应对气候变化报告(2019)：防范气候风险[M].北京：社会科学文献出版社.

辛晓歌，2016.气候变化预估[M]//郑国光，王守荣，许小峰，等.中国气象百科全书：气象预报预测卷.北京：气象出版社.

信忠保，许炯心，余新晓，2009.近50年黄土高原水土流失的时空变化[J].生态学报，29(3)：1129-1139.

熊大桐，1989.中国近代林业史[M].北京：中国林业出版社.

熊向发，刘东生，丁仲礼，1996.东亚冬、夏季风变化的相位差及热带太平洋在季风变化中的驱动作用[J].第四纪研究(3)：202-210.

熊喆，延晓冬，2014.黑河流域高分辨率区域气候模式建立及其对降水模拟验证[J].科学通报，59：605-614.

徐浩杰，杨太保，2013.1981—2010年柴达木盆地气候要素变化特征及湖泊和植被响应[J].地理科学进展，32(6)：868-879.

徐晶.姚学祥,2007.流域面雨量估算技术综述[J].气象,33(7):15-21.
徐相华,2016.保护臭氧层维也纳公约[M]//郑国光,王守荣,许小峰,等.中国气象百科全书:综合卷.北京:气象出版社.
徐兴奎,2012.中国区域总云量和低云量分布变化[J].气象,38(1):90-95.
徐雪梅,吴金浩,刘鹏飞,2016.中国海洋酸化及生态效应的研究进展[J].水产科学,35(6):735-740.
徐影,2016.气候情景[M]//郑国光,王守荣,许小峰,等.中国气象百科全书:气象预报预测卷.北京:气象出版社.
徐雨晴,何吉成,2012.1951—1998年强降雨诱发的中国铁路洪水灾害分析[J].气候变化研究进展,8(1):22-27.
徐宗学.2010.水文模型:回顾与展望[J].北京师范大学学报(自然科学版),46(3):278-289.
徐宗学,2017.水文模型[M].北京:科学出版社.
徐宗学,李景,2010.水文科学研究进展的回顾与展望[J].水科学进展,21(4):450-459.
许凤娇,周德民,张翼然,等,2014.中国湖泊、沼泽湿地的空间分布特征及其变化[J],生态学杂志,33(6):1606-1614.
薛根元,周锁铨,孙照渤,等,2005.陆面过程研究的新进展[J].科技通报,21(4):378-385.
严登华,王坤,李相南,等,2020.全球陆地地表水资源演变特征[J].地球科学进展,31(5):703-712.
严中伟,丁一汇,翟盘茂,等,2020.近百年中国气候变暖趋势之再评估[J].气象学报,78(3):370-378.
阎俊岳,陈乾金,张秀芝,等,1993.中国近海气候[M].北京:科学出版社.
杨传国,林朝晖,郝振纯,等,2007.大气水文耦合研究进展[J].地球科学进展,22(8):80-83.
杨大文,徐宗学,李哲,等,2018.水文科学研究进展与展望[J].地球科学进展,37(1):36-45.
杨顶田,单秀娟,刘素敏,等,2013.三亚湾近10年pH的时空变化特征及对珊瑚礁石影响分析[J].南方水产科学,9(1):1-7.
杨鉴初,1953.运用气象要素历史变演的规律性作一年以上的长期预告[J].气象学报,24(2):100-117.
杨开林,2018.河渠冰水力学、冰情观测与预报研究进展[J].水利学报,49(1):13-17.
杨倩,刘登峰,孟宪萌,等,2019.环境变化对汉江上游径流影响的定量分析[J].水力发电学报,38(12):73-84.
杨文发,李春龙,2003.降水预报与洪水预报耦合应用初探[J].水资源调查,24(1):38-40.
杨秀芹,王国杰,潘欣,等,2015.基于GLEAM遥感模型的中国1980—2011年地表蒸散发时空变化[J].农业工程学报,31(21):132-141.
杨秀芹,王磊,王凯,2019.基于MOD16产品的淮河流域实际蒸散发时空分布[J].冰川冻土,37(5):1343-1352.
杨扬,张建云,戚建国,等,2003.雷达测雨及其在水文应用中的回顾及展望[J].水科学进展,11(1):92-98.
杨志刚,卓玛,路红亚,等,2014.1961—2010年西藏雅鲁藏布江流域降水量变化特征及其对径流的影响分析[J].冰川冻土,36(1):166-172.
姚翠鸾,GEORGE N Somero,2015.海洋暖化对海洋生物的影响[J].科学通报,60(9):805-816.
姚檀栋,秦大河,徐柏青,等,2006.冰芯记录的过去1000 a青藏高原温度变化[J].气候变化研究进展,3(3):99-103.
殷红,郭瑞,殷萍萍,等,2010.辽河中下游流域水资源时空演变特征分析[J].生态环境学报,19(2):394-597.
殷志远,赖安伟,公颖,等.2010.气象水文耦合中降尺度方法研究进展[J].暴雨灾害,29(1):89-95.
尹雄锐,夏军,张翔,等,2006.水文模拟与预测中的不确定性研究现状与展望[J].水力发电,32(10):27-31.
尹云鹤,吴绍洪,戴尔阜,2010.19712008年我国潜在蒸散时空演变的归因[J].科学通报,55(2):2226-2234.
尹振良,冯起,刘时银,等,2016.水文模型在估算冰川径流研究中的应用现状[J].冰川冻土,38(1):248-258.
雍斌,张万昌,刘传胜,2006.水文模型与陆面模式耦合研究进展[J].冰川冻土,28(6):961-970.
游松财,KIYOSHI T,YUZURU M,2002.气候变化对中国未来地表径流的影响[J].第四纪研究,22(2):

148-157.

于君,邱永松,2016.黑潮入侵对南海东北部初级生产力的影响[J].南方水产科学,12(4):17-27.

於凡,曹颖,2008.全球气候变化对区域水资源影响研究进展综述[J].水资源与水工程学报,19(4):92-97.

宇如聪,李建,陈昊明,等,2014.中国大陆降水日变化研究进展[J].气象学报,72(5):948-968.

曾新民,丁彪,宇如聪,2005.区域气候模式 $RegCM_3$ 产流方案的改进及数值试验[J].南京大学学报(自然科学),41(6):405-413.

曾燕,邱新法,刘昌明,等,2007.1960—2000 年中国蒸发皿蒸发量的气候变化特征[J].水科学进展,18(3):311-318.

曾燕,邱新法,刘昌明,2014.黄河流域蒸散量分布式模拟[J].水科学进展,25(5):632-540.

翟盘茂,刘静,2012.气候变暖背景下的极端天气气候事件与防灾减灾[J].中国工程科学,14(9):55-63,84.

翟盘茂,周佰铨,陈阳,等,2021.气候变化科学方面的几个最新认知[J].气候变化研究进展,17(6):629-635.

翟惟东,2018.黄海的季节性酸化现象及其调控[J].中国科学:地球科学,48:671-682.

占车生,宁理科,邹靖,等,2018.陆面水文—气候耦合模拟研究进展[J].地理学报,73(5):893-905.

张宝堃,1934.中国四季之分配[J].地理学报,1(1):1-18.

张宝堃,朱岗昆,1959.中国气候区划[M].北京:科学出版社.

张德二,1980.近 500 年来我国南部冬温状况的初步探讨[J].科学通报(6):270-272.

张德二,2013.中国三千年气象记录总集:第二版增订本[M].南京:江苏教育出版社.

张德二,2016.古气候,古气候代用记录,古气候事件,历史气候[M]//郑国光,王守荣,许小峰,等.中国气象百科全书:气象基础科学卷.北京:气象出版社.

张峰,2016.延伸期天气预报[M]//郑国光,王守荣,许小峰,等.中国气象百科全书:气象预报预测卷.北京:气象出版社.

张华,王菲,赵树云,等,2021.IPCC AR6 报告解读:地球能量收支、气候反馈和气候敏感度[J].气候变化研究进展,17(6):691-698.

张家诚,1991.中国气候丛书:中国气候总论[M].北京:气象出版社.

张家诚,林之光,1985.中国气候[M].上海:科学技术出版社.

张建云,2004.中国水文科学与技术研究进展[M].南京:河海大学出版社.

张建云,2010.中国水文预报技术发展的回顾与思考[J].水科学进展,21(4):435-443.

张建云,王国庆,1996.气候变化对水文水资源影响研究[M].北京:科学出版社.

张建云,章树安,2006.水文科技发展回顾及思考[J].水文,26(3):13-17.

张建云,王国庆,2007.气候变化对水文水资源影响研究[M].北京:科学出版社.

张建云,贺瑞敏,齐晶,等.2013.关于中国北方水资源问题的再认识[J].水科学进展,24(3):303-310.

张建云,王国庆,金君良,等,2020.1956—2018 年中国江河径流演变及其变化特征[J].水科学进展,31(2):153-161.

张杰,曹丽格,李修仓,等,2013.IPCC AR5 中社会经济新情景(SSPs)研究的最新进展[J].气候变化研究进展,9(3):225-228.

张静,方明强,2015.1993—2012 年中国海海平面上升趋势[J].中国海洋大学学报(自然科学版),45(1):121-126.

张兰生,1980.我国晚更新世最后冰期气候复原[J].北京师范大学学报(自然科学版)(1):101-118.

张兰生,1984.中国第四纪以来环境演变的主要特征[J].北京师范大学学报(自然科学版)(4):81-86.

张蕾,吕厚荃,王良宇,等,2016.中国土壤湿度的时空变化特征[J].地理学报,71(9):1494-1508.

张利平,杜鸿,夏军,等,2011.气候变化下极端水文事件的研究进展[J].地理科学进展,30(11):1370-1379.

张利平,张晓琳,徐霞,等,2012.基于水文模型的雷达监测降雨量误差传递研究[J].水文,32(1):13-17.

张丕远,王铮,刘啸雷,等,1994.中国近 2000 年来气候演化的阶段性.[J] 中国科学(B 辑),24(9):998-1008.

张人禾，刘栗，左志燕，2016. 中国土壤湿度的变异及其对中国气候的影响[J]. 自然杂志，38(5)：313-319.

张通，俞永强，效存德，等，2022. IPCC AR6 解读：全球和区域海平面变化的监测和预估[J]. 气候变化研究进展，18(1)：12-18.

张文君，周天军，宇如聪，2008. 中国土壤湿度的分布与变化 I. 多种资料间的比较[J]. 大气科学，32(3)：581-597.

张学洪，俞永强，周天军，等，2013. 大洋环流和海气相互作用的数值模拟[M]. 北京：气象出版社.

张颖，章超斌，王钊齐，等，2017. 气候变化与人为活动对三江源草地生产力影响的定量研究[J]. 草业学报，26(5)：1-14.

张永勇，张士锋，翟晓燕，等，2012. 三江源区径流演变及其对气候变化的响应[J]. 地理学报，67(1)：71-82.

张远辉，陈立奇，2006. 南沙珊瑚礁对大气 CO_2 含量上升的响应[J]. 应用海洋学学报，25(1)：68-76.

章基嘉，1994. 中长期天气预报基础：修订本[M]. 北京：气象出版社.

赵东升，吴绍洪，尹云鹤，2011. 气候变化情景下的中国自然植被净初级生产力分布[J]. 应用生态学报，22(4)：897-904.

赵健，范北林，2006. 全国山洪灾害时空分布特点研究[J]，中国水利，13：45-47.

赵林，盛煜，2015. 多年冻土调查手册[M]. 北京：科学出版社.

赵琳娜，吴昊，田付发，等，2010. 基于 TIGGE 资料的流域概率性降水预报评估[J]. 气象，36(7)：133-142.

赵琳娜，包红军，田付友，等，2012. 水文气象研究进展[J]. 气象，38(2)：147-154.

赵琳娜，刘莹，党皓飞，等，2014. 集合数值预报在洪水预报中的应用进展[J]. 应用气象学报，6：641-653.

赵其国，黄国勤，马艳军，2016. 中国生态环境状况与生态文明建设[J]. 生态学报，36(19)：1-8.

赵人俊，1984. 流域水文模拟——新安江模型和陕北模型[M]. 北京：水利电力出版社.

赵人俊，王佩兰，1988. 新安江模型参数的分析[J]. 水文(6)：2-9.

赵珊珊，等. 2016. 气象灾害[M]//郑国光，王守荣，许小峰，等. 中国气象百科全书：气象服务卷. 北京：气象出版社.

赵士洞，张永民，赖鹏飞，2007. 千年生态系统评估报告集(一)[M]. 北京：中国环境科学出版社.

赵天保，涂错，严中伟，2013. 大气水汽变化及其反馈效应研究进展[J]. 气候变化研究进展，9(2)：79-88.

赵婷，赵伟，张义，等，2018. 2001—2015 年北方草地净初级生产力动态及其与气候因子的关系[J]. 江苏农业科学，46(10)：243-248.

赵义海，柴琦，2000. 全球气候变化与草地生态系统[J]. 草业科学，17(5)：49-54.

赵振国，1999. 中国旱涝及环境场[M]. 北京：气象出版社.

赵振国，张先恭，1996. 东亚季风与我国雨带的关系[J]. 气象，22(4)：8-12.

赵宗慈，2006. 全球气候变化预估最新研究进展[J]. 气候变化研究进展，2：68-71.

郑国光，2019. 中国气候[M]. 北京：气象出版社.

郑国光，王守荣，许小峰，等，2016. 中国气象百科全书：综合卷[M]. 北京：气象出版社.

郑景云，2016. 气候区划[M]//郑国光，等. 中国气象百科全书：气象科学基础卷. 北京：气象出版社.

郑景云，王绍武，2005. 中国过去 2000 年气候变化的的评估[J]. 地理学报，60(1)：21-31.

郑景云，卞娟娟，葛全胜，等，2013a. 1981—2010 年中国气候区划[J]. 科学通报，58(30)：3088-3099.

郑景云，卞娟娟，葛全胜，等，2013b. 中国 1951—1980 年及 1981—2010 的气候区划[J]. 地理研究，32(6)：987-997.

中共中央，国务院，2010. 关于加快水利改革发展的决定[Z].

《中国大百科全书》编委会，1987. 中国大百科全书：大气科学、海洋科学、水文科学卷[M]. 北京：中国大百科全书出版社.

中国科学院《中国自然地理》编辑委员会，1981. 中国自然地理地貌[M]. 北京：科学出版社.

中国气象局气候变化中心，2020. 中国气候变化蓝皮书：2020[M]. 北京：科学出版社.

中华人民共和国国务院新闻办公室,2021. 中国应对气候变化的政策与行动(白皮书)[Z].
中华人民共和国生态环境部,2019. 2018 中国生态环境状况公报[R]. 北京:中华人民共和国生态环境部.
中华人民共和国水利部,2001—2018. 中国水资源公报[M]. 北京:中国水利水电出版社.
中华人民共和国水利部,2019a. 中国河流泥沙公报:2018[M]. 北京:中国水利水电出版社.
中华人民共和国水利部,2019b. 中国水资源公报:2018[M]. 北京:中国水利水电出版社.
中华人民共和国水利部,中华人民共和国发展和改革委员会,2006. 中国水资源及其开发利用调查评价[M]. 北京:中国水利水电出版社.
中华人民共和国水利部,中华人民共和国国家统计局,2013. 第一次全国水利普查公报[M]. 北京:中国水利水电出版社.
中华人民共和国自然资源部,2018. 中国海洋生态环境状况公报[R].
中华人民共和国自然资源部,2019a. 中国海平面公报[R]. 北京:中华人民共和国自然资源部.
中华人民共和国自然资源部,2019b. 中国海洋灾害公报[R]. 北京:中华人民共和国自然资源部.
钟冬梅,2008. 不同气候变化情景下水文响应研究[D]. 南京:河海大学.
钟秀丽,林尔达,2000. 气候变化对我国自然生态系统影响的研究综述[J]. 生态学杂志,19(5):62-66.
钟镇涛,黎夏,许晓聪,等,2018. 1992—2010 年中国积雪时空变化分析[J]. 科学通报,63(25):2641-2654.
周兵,2016. 中国雨带,中国气候带[M]//郑国光,等. 中国气象百科全书:气象预报预测卷. 北京:气象出版社.
周波涛,钱进,2021. IPCC AR6 报告解读:极端天气气候事件变化[J]. 气候变化研究进展,17(6):713-718.
周广胜,2016. 生态气象[M]//郑国光,王守荣,许小峰,等. 中国气象百科全书:气象科学基础卷. 北京:气象出版社.
周广胜,吕宪国,等,2015. 气候变化对生态系统的影响[M]//第三次气候变化国家评估报告编写组. 第三次气候变化国家评估报告[M]. 北京:科学出版社. 352-363.
周广胜,王玉辉,2003. 全球生态学[M]. 北京:气象出版社.
周天军,邹立维,陈晓龙,等,2019. 第六次国际耦合模式比较计划(CMIP6)评述[J]. 气候变化研究进展,15(5):445-456.
周天军,陈梓明,邹立维,等,2020. 中国地球气候系统模式的发展及其模拟和预估[J]. 气象学报,78(3):332-350.
周天军,陈梓明,陈晓龙,等,2021. IPCC AR6 报告解读:未来的全球气候——基于情景的预估和近期信息[J]. 气候变化研究进展,17(6):652-663.
周幼吾,郭东信,邱国庆,等,2000. 中国冻土[M]. 北京:科学出版社.
邹宁,王政祥,吕孙云,2008. 澜沧江流域水资源量特征分析[J]. 人民长江,39(17):67-70.
竺可桢,1922. 南京之气候[J]. 科学,7(3).
竺可桢,1924. 南宋时期我国气候之揣测[J]. 科学,9(2).
竺可桢,1931. 中国气候区域论[C]//气象研究所集刊(第一号). 南京:北极阁气象研究所.
竺可桢,1934. 东南季风与中国之雨量[J]. 地理学报. 1(1):1-27.
竺可桢,1973. 中国近五千年来气候变迁的初步研究[J]. 中国科学(2):168-189.
竺可桢,1979. 中国气候区域论[M]//《竺可桢文集》编辑小组. 竺可桢文集. 北京:科学出版社:124-132.
ABBOTT B W,BISHOP K,ZARNETSKE J P,et al,2019. Human domination of the global water cycle absent from depictions and perceptions [J] . Nature Geoscience,12(7):533-540.
AGASSIZ L,1840. Etudes sur les Glaciers:Translated into English and edited by A. V. Carozzi,1967,Studies on Glaciers,Preceded by the Discourse of Neuchâte[M]. New York:Hafner.
AMANAMBU A C,LI C,EGBINOLA N,et al,2019. Spatio temporal variation in rainfall-runoff erosivity due to climate change in the Lower Niger Basin,West Africa[J]. CATENA,172:324-334.
BAO H,ZHAO L N,HE Y,et al. 2011. Coupling ensemble weather predictions based on TIGGE database with

Grid-Xinanjiang model for flood forecast[J]. Advances in Geosciences,29:61-67.

BAO H J,ZHAO L N,2012. Development and application of an atmospheric-hydrologic-hydraulic flood forecasting model driven by TIGGE ensemble forecasts[J]. Journal of Meteorological Research,26(1):93-102.

BARTON A,WALDBUSSER G G,FEELY R A,et al,2015. Impacts of coastal acidification on the Pacific Northwest shellfish industry and adaptation strategies implemented in response[J]. Oceanography,28(2):146-159.

BAUMGARTNER A,REICHEL E,1975. The World Water Balance Mean Annual Global,Continental and Maritime Precipitation,Evaporation and Run-off[M]. Munchen:Oldenbourg Verlag GmbH.

BECKLEY B D,CALLAHAN P S,HANCOCK D W III,et al,2017. On the "Cal-Mode" Correction to TOPEX Sallelite Altimetry and Its Effect on the Global Mean Sea Level Time Series[J]. Journal of Geophysical Reserorch:Ocean,122(11):8371-8384.

BENISTON M,STEPHENSON D B,CHRISTENSEN O B,et al,2007. Future extreme events in European climate:An exploration of regional climate model projections[J]. Climate Change,81(S1):71-95.

BEVEN K,CLOKE H L,2012,Comment on"Hyperresolution global land surface modeling:Meeting a grand challenge for monitoring Earth's terrestrial water"by Eric F. Wood et al. [J]. Water Resources Research,48,W01801. DOI:10. 1029/2011WR010982.

BIANCAMARIA S,LETTENMAIER D P,PAVELSKY T M,2016. The SWOT mission and its capabilities for land hydrology[J]. Surveys in Geophysics,37:307-337.

BIERKENS M F P,2015. Global hydrology 2015:State,trends,and di-rections[J]. Water Resources Research,51(7):4923-4947.

BINDOFF N L,CHEUNG W W L,KAIRO J G,et al,2019. Changing Ocean,Marine Ecosystems,and Dependent Communities[R]//IPCC Special Report on the Ocean and Cryosphere in a Changing Climate.

BISKABORN B K,SMITH S L,NOETZLI J,et al,2019. Permafrost is warming at a global scale[J]. Nature Communications,10(1):264.

BLAZQUEZ A,MEYSSIGNAC B,MICHEL L J,et al,2018. Exploring the uncertainty in GRACE estimate of mass redistribution at the Earth surface:Implication for the global water and sea level badget[J]. Geophysical Journal International,215(1):415-430.

BOELEE E,2011. Ecosystems for water and food security[R]. Nairobi/Colombo:United Nations Environment Programme(UNEP)/International Water Management Institute(IWMI).

BOND G,SHOWERS W,CHESEBY M,et al,1997. A pervasive millennial-scale cycle in North Atlantic Holocene and glacial climates[J],Science,278:1257.

BOPP L,RESPLANDY L,ORR J C,et al,2013. Multiple stressors of ocean ecosystems in the 21st century:Projections with CMIP5 models[J]. Biogeosciences,10(10):6225-6245.

BRUNET G,JONES S,MILLS B,2015. Seamless prediction of the earth system:From minutes to months[EB/OL]. http://library. wmo. int/pmb_ged/wmo_1156_en. pdf.

BUREK P,SATOH Y,FISCHER G,et al,2016. Water Futures and Solution:Fast Track Initiative(Final Report)[R]. IIASA Working Paper. Laxenburg,Austria,International Institute for Applied Systems Analysis (IIASA). pure. iiasa. ac. at/13008/.

BYRNE M P,O'GORMAN P A,2018. Trends in continental temperature and humidity directly linked to ocean warming[J]. Proceedings of the National Academy of Sciences,115(19):4863-4868.

CAMPBELl W J,1964. On the Steady-state Flow of Sea Ice[R]. Department of Atmospheric Sciences,University of Washington,Seattle:167.

CANFIELD D E,GLAZER A N,FALKOWSKI P G,2010. The evolution and future of Earth's nitrogen cycle

[J]. Science, 330: 192-196.

CAO J T, LI Y Y, SHEN F X, et al, 2012. Drawing down our resources: Estimating the total appropriation of water in China[J]. Water Int, 37: 512-522.

CHAN D, WU Q, JIANG G, et al, 2016. Projected shifts in Köppen climate zones over China and their temporal evolution in CMIP5 multi-model simulations[J]. Advances in Atmospheric Sciences, 33(3): 283-293.

CHARCH J A, WHICE N J, 2011. Sea-level rise from the late 19th to the earty 21st Century[J]. Sumeys in Geophysics, 32: 585. DOI: 10. 1107/s10712-011-9119-1.

CHEN Y B, HU J Q, YU J, 2003. A flash flood forecast model for the Three Gorges Basin using GIS and remote sensing data[M]//Weather Radar Information and Distributed Hydrological Modeling. Proceedings of symposium HS03 held during IUGG2003 at Sapporo, July 2003. IAHS Publ. , Oxfordshire.

CHEN X Q, XU L, 2012. Temperature controls on the spatial pattern of tree phenology in China's temperate zone[J]. Agricultural and Forest Meteorology, 154-155: 195-202.

CHEN RSH, WANG G, YANG Y, et al, 2018. Effects of cryospheric change on alpine hydrology: Combining a model with observations in the upper reaches of the Hei River, China[J]. Journal of Geophysical Research: Atmospheres, 123: 3414-3442.

CHEN C, PARK T J, WANG X H, 2019. China and India lead in greening of the world through land-use management[J]. Nature Sustainability, 2(2): 122-129.

CHEUNG W W, WATSON L R, PAULY D, 2013. Signature of ocean warming in global fisheries catch[J]. Nature, 497: 365. DOI: 10. 1038/nature12156.

CHRISTIANSEN H H, ETZELMÜLLER B, ISAKSENK, et al, 2010. The thermal state of permafrost in the nordic area during the international polar year 2007—2009[J]. Permafrost and Periglacial Processes, 21(2): 156-181.

CHUNG E S, SODEN B J, SOHN B J, et al, 2014. Upper-tropospheric Moistening in Response to Anthropogenic Warming [M]. Proc Natl Acad Sci U S A, 111, 11636-11641. https: doi. org/10. 1073/pnas. 1409659111.

CHURCH J A, WHITE N J, 2011. Sea-Level Rise from the Late 19th to the Early 21st Century[J]. Surveys in Geophysics, 32, 585-602.

CLAUDIA Pahl-Wostl1, CHARLES V, ANIK B, et al, 2013. Towards a sustainable water future: Shaping the next decade of global water research[J]. Current Opinion in Environmental Sustainability, 5: 708-714.

DAI A G, 2011. Drought under global warming: A review[J]. Wiley Interdisciplinary Reviews: Climate Change, 2(1): 45-65.

DAI Y, ZENG X, DICKINSON R E, et al, 2003. The Common land model[J]. Bulletin of the American Meteorological Society, 84(8): 1013-1023.

DANGENDORF S, MARCOS M, WOPPELMANN G, et al, 2017. Rcassessment of 20th century global mean sea level rise[J]. Proceedings of the National Academy of Scienses, 114(23): 5946-5951.

DANGENDORF S, HAY C, CALAFAT F M, et al, 2019. Persistent acceleration in global sea-level rise since the 1960s[J]. Nature Climate Change, 9(9): 705-710.

DECKER M, ZENG X, 2009. Impact of modified Richards eguation on global soil moisture simulation in the Community Land Model (CLM 3. 5)[J]. Journal of Advances in Modeling Earth Systems, 1(5): 22.

DEMORY M E, VIDALE P L, ROBERTS M J, et al, 2013. The role of horizontal resolution in simulating drivers of the global hydrological cycle[J]. Clim Dyn, 42: 2201-2225.

DIAZ H F, BRADLEY R S, 1997. Temperature variations during the last century at high elevation sites[J]. Climatic Change, 36(3-4): 253-279.

DICKINSON R E, ERRICO R M, GIORGI F, et al, 1989. A regional climate model for the western U. S[J]. Climatic Change, 15(3): 383-422.

DING H F, BRADLEY R S, 1997. Temperature varialion during the last century at high elevation site[J]. Climate change, 36(3-4): 253-279.

DÖLL P, KASPAR F, LEHNER B, 2003. A global hydrological model for deriving water availability indicators: Model tuning and validation[J]. Journal of Hydrology, 270(1/2): 105-134.

DOUVILLE H, DECHARME B, RIBES A, et al, 2012. Anthropogenic influence on multi-decadal changes in reconstructed global evapotranspiration[J]. Nature Climate Change, 3: 59-62.

DOUVILLE H, DECHARME B, DELIRE C, et al, 2020. Drivers of the enhanced decline of land near-surface relative 1 humidity to abrupt 4xCO2 in CNRM-CM6-1[J]. Climate Dynamics, 55. DOI: 10. 1007/s00382-020-05351-x.

DU H B, LIU J, LI M H, et al, 2018. Warming-induced upward migration of the alpine treeline in the Changbai Mountains, Northeast China[J]. Global Change Biology, 24(3): 1256-1266.

DUNN R J H, WILLETT K M, CIAVARELLA A, et al, 2017. Comparison of land surface humidity between observations and CMIP5 models[J]. Earth System Dynamics, 8(3): 719-747.

DUTTON A, CARLSON A E, LONG A J, et al, 2015. Sea-level rise due to polar ice-sheet mass loss during past warm periods[J]. Science, 349(6244).

EAGLESON P S, 1986. The emengence of global-scale hydrology[J]. Water Resour Res, 22(9): 6S-14S.

EDWARD S S, MARK A C, 2010. The El Niño-Southern Oscillation Phenomenon[M]. Cambridge: Cambridge University Press.

ERLER A R, PELTIER W R, 2017. Projected hydroclimatic changes in two major river basins at the Canadian West Coast based on high-resolution regional climate simulations[J]. Journal of Climate, 30(20): 8081-8105.

EVANS J, 2003. Improving the characteristics of streamflow modeled by reginal climate models[J]. Journal of Hydrology, 284: 211-227.

FAN Y, CLARK M, LAWRENCE D M, et al, 2019. Hillslope hydrology in global change research and Earth system modeling[J]. Water Resources Research, 55(2): 1737-1772.

FANG J Q, 1991. Lake evolution during the past 30,000 years in China, and its implication for environmental change[J]. Quaternary Research, 36: 37-60.

FAO, 2003. Review of World Water Resources by Country. Water Report 23[R/OL]. ftp://ftp. fao. org/agl/aglw/docs/wr23e. pdf lvOct05.

FAO, 2011. The State of the World's Land and Water Resources for Food and Agricoulture[R]. Abingdon, FAO Publishing/Earthscan.

FAO, 2015. Global Forest Resources Assessments 2015[R]. Rome: Food and Agriculture Organization of the 40 United Nations.

FAO, 2016a. State of the World's Forests 2016. Forests 1 and agriculture: Land-use challenges and opportunities[R]. Rome.

FAO, 2016b. The State of World Fisheries and Aquaculture 2016[R]. Contributing to food security and nutrition for all, FAO, Rome.

FAO, 2017. The future of food and agriculture: Trends and challenges[R]. Rome: Food and Agriculture Organization of the United Nations.

FAO, 2018. The future of food and agriculture: Alternative pathways to 2050[R]. Rome: Food and Agricultural Organization of the United Nations.

FAO, 2019. Deep-ocean climate change impacts on habitates, fish and fisheries[M]. Rome: 186.

FAO,IFAD,UNICEF,et al,2018. The State of Food Security and Nutrition in the World 2018. Building climate resilience for food security and nutrition[R]. Rome.

FRANK D C,POULTER B,SAURER M,et al,2015. Water use efficiency and transpiration across European forests during the Anthropocene[J]. Nature Climate Change,5(6):579-583.

FREDERIKSE T,JEVREJEVA S,E M RIVA RICCARDO,et al,2018. A consistent sel-leuel reconstruction and its budget on basin and global scales over 1958—2014[J]. Journal of Climate,31(3):1267-1280.

FREDERIKSE T,LANDERER F,CARON L,et al,2020. The causes of sea-level rise since 1900[J]. Nature, 584(7821):393-397.

FUJIMORI T, YAMAMOTO S, YOSHIKAWA Y, et al, 2013. A global water scarcity assessment under Shared Socio-economic Pathways-Part 1: Water use[J]. Hydrology and Earth System Sciences 17(7): 2375-2391.

GAN R,LUO Y,ZUO Q T,et al,2015. Effects of projected climate change on the glacier and runoff generation in the Naryn River basin,Central Asia[J]. Journal of Hydrology,523:240-251.

GAO G,CHEN D L,XU C Y,et al,2007. Trend of estimated actral evapotranspiration over China during 1960—2002[J]. Journal of Geophysical Reasherch,112(11):11-16.

GAO X J,WANG M L,GIORGI F,2013. Climate change over Cliina in the 21st century as simulated by BCC_CSMl. l-RegCM4. 0[J]. Atmos Ocean Sci Lett,G:381-386.

GAO X,SHI Y,GIORGI F,2016. Comparison of convective parameterization in RegCM4 experiments over China with CLM as the land surface model. [J] Atmospheric and Oceanic Science Letters,9(4):246-254.

GAO X J,SHI Y,HAN Z Y,et al,2017. Performance of RegCM4 over major river basins in China[J]. Advances in Atmosphere Science,34:441-455.

GARCÍA-RUIZ J M,BEGUERíA S,NADAL-ROMERO E,2015. A meta-analysis of soil erosion rates across the world[J]. Geomorphology,239:160-173.

GARDNER A S,MOHOLDT G,COGLEY J G,et al,2013. A reconciled estimate of glacier contributions to sea level rise:2003 to 2009[J]. Science,340(6134):852-857. DOI:10. 1126/science. 1234532.

GENT P R, MCWILLIAMS J C,1990. Isopycnal mixng in ocean neneral circulation modela[J]. J Phys Oceanogy,20:150-155.

GIORGI F,BATES T,1989. The climatological skill of a Regional Model over complex terrain[J]. Mon Weather Rev,117(11):2325-2347.

GIORGI F,COPPOLA E S,SOLMON F,et al,2012. RegCM4:Model description and preliminary tests over multiple CORDEX Domains[J]. Climate Research(52):7-29.

GONZALES K R,SWAIN D L,NARDI K M,et al,2019. Recent warming of landfalling atmospheric rivers along the west coast of the United States [J]. Journal of Geophysical Research: Atmospheres, 124 (13):2018JD029860.

GUERRIERI R,BELMECHERI S,OLLINGER S V,et al,2019. Disentangling the role of photosynthesis and stomatal conductance on rising forest water-use efficiency[J]. Proceedings of the National Academy of Sciences of the United States of America,116(34):16909-16914.

HABETS F,NOILHAN J,GOLAZ C,et al,1999. The ISBA surface scheme in a macroscale hydrological model applied to the Hapex-Mobilhy area:Part II:Simulation of streamflows and annual water budge[J]. Journal of Hydrology,217(1):97-118.

HANASAKI N,KANAE S,OKI T,et al,2008. An integrated model for the assessment of global water resources:Part 1:Model description and input meteorological forcing[J]. Hydrology and Earth System Sciences,12(4):1007-1025.

HANSEN E , GERLAND S, GRANSKOG MA, et al, 2013. Thinning of Arctic sea ice observed in Fram Strait: 1990—2011[J]. Journal of Geophysical Research Oceans. DOI:10. 1002/jgrc. 20393.

HAY C C, MORROW E, KOPPR E, et al, 2015. Probabilistic reamalysis of twentieth-century sea-level rise[J]. Nature, 517(7535):481-484.

HELM K P, BINDOFF N L, CHURCH B J, et al, 2011. Observed decrease in oxygen content of the global ocean[J]. Geophysical Reseach letters, 38(23). DOI:10. 1029/2011GL049513.

HIBLER III W D, 1979. A dynamic thermodynamic sea ice model[J]. J Phys Oceanogr, 9:815-846.

HOEKSTRA A Y, CHAPAGAIN A K, 2007. Water footprints of nations: Water use by people as a function of their consumption pattern[J]. Water Resources Management, 21(1):35-48.

HSU P C, LEE J Y, HA K J, et al, 2017. Influences of boreal summer intraseasonal oscillation on heat waves in monsoon Asia[J]. J Climate, 30(18):7191-7211.

HUNKE E C, ZHANG Y, 1999. A comparison of sea ice dynamics models at high resolution[J]. Mon Wea Rev, 127(2):396-408.

IGBP, 2004. Global Change and the Earth System: A Planet Under Pressure. Executive Summary[R]//Steffen W, Eliott S. Stockholm: IGBP Secretariat. Royal Swedish Academy of Sciences.

IPCC, 1990. IPCC Climate Change: The IPCC Scientific Assessment 1990[M]. Cambridge : Cambridge University Press.

IPCC, 1995. Climate Change 1995. The IPCC Scientific Assessment[M]. Cambridge: Cambridge University Press.

IPCC, 2001. Climate Change 2001: The Scientific Basis [M]. Cambridge: Cambridge University Press.

IPCC, 2007. Climate Change 2007 [M]. Synthesis Report. Contribution of Working Groups I, II and III to the Fourth Assessment Report of the Intergovernmental Panel on Climate Change Core Writing Team. Cambridge: Cambridge University Press.

IPCC, 2008. Climate Change and Water[M]. Cambridge: Cambridge University Press.

IPCC, 2012. Managing the Risks of Extreme Events and Disasters to Advance Climate Change Adaptation: Special Report of the IPCC[M]. Cambridge: Cambridge University Press.

IPCC, 2013. Climate Change 2013: The Physical Science Basis. Contribution of Working Group I to the Fifth Assessment Report of the Intergovernmental Panel on Climate Change[M]. Cambridge: Cambridge University Press.

IPCC, 2014a. Climate Change 2014: Impacts, Adaptation, and Vulmerability. Contribution of Working Group II to the Fifth Assessment Report of the Intergovernmental Panel on Climate Change[M]. Cambridge: Cambridge University Press.

IPCC, 2014b. Climate Change 2014: Mitigation of climate change. contribution of Working Group III to the assessment report of the Intergovernmental Panel fifth assessment on climate Chang[M]. Cambridge: Cambridge University Press.

IPCC, 2014c. Climate Change 2014: Synthesis Report. Contribution of Working Groups I, II and III to the Fifth Assessment Report of the Intergovernmental Panel on Climate Change[M]. Cambridge: Cambridge University Press: 151.

IPCC, 2018. Global Warming of 1. 5 ℃. An IPCC Special Report on the impacts of global warming of 1. 5 ℃ above preindustrial levels and related global greenhouse gas emission pathways, in the context of strengthening the global response to the threat of climate change, sustainable development, and efforts to eradicate poverty[M]. Cambridge: Cambridge University Press.

IPCC, 2019a. Climate change and land: An IPCC special report on climate change, desertification, land degradation, sustainable land management, food security, and greenhouse gas fluxes in terrestrial ecosystems[M/OL]. [2019-11-02]. https://www.ipcc.ch/srccl/.

IPCC, 2019b. The Ocean and Cryosphere in a Changing Climate(SROCC)[R/OL]. https://www.ipcc.ch/site/assets/uploads/sites/3/2019/12/SROCC_FullReport_FINAL.pdf.

IPCC, 2021. Summary for Policymakers[M]// Masson-Delmotte V, Zhai P, Pirani A, et al. Climate Change 2021: The Physical Science Basis. Contribution of Working Group I to the Sixth Assessment Report of the Intergovernmental Panel on Climate Change. Cambridge: Cambridge University Press.

IPCC, 2022. Climate Change 2022: Impacts, Adaptation, and Vulmerability. Contribution of Working Group II to the Fifth Assessment Report of the Intergovernmental Panel on Climate Change[M]. Cambridge: Cambridge University Press.

ISAKSEN K, ODEGARD R S, ETZELMUELLER B, et al, 2011. Degrading mountain pernafrost in southern Norway: Spatial and temporal variability of mean ground temperature, 1999－2009[J]. Permafrost and Periglacial Processse, 22(4): 361-377.

ITO T, MINOBE S, LONG M C, et al, 2017. Upperocean O_2 trends: 1958－2015[J]. Geophy sical Research Letters, 44(9): 4214-4223.

JANSE J, KUIPER J J, WEIJTERS M J, et al, 2015. GLOBIO-Aquatic, a globel model of human impact on the biodiversity of inland auatic ecosystems[J]. Environmental Science & policy, 48: 99-114.

JEVREJEVA S, MOORE J C, GRINSTED A, et al, 2014. Trends and acceleration in global and Reginal sea lauels since 1807[J]. Global and Planetary Change, 113: 11-22.

JOHN H, 2009. Global Warming[M]. Cambridge: Cambridge University Press.

JONES D O, YOOL A, WEI C L, et al, 2014. Global reduction in seafloor biomass in response to climate change [J]. Glob Chang Biol, 20(6): 1861-1872.

JUNG H K, RAHMAN S M, KANG C, et al, 2017. The influence of climate regime shift on the marine environinent and ecosystem in the East Marginal Sea and their mechanisms[J]. Deep-sea Pesearch Part I, 143: 110-120.

KALMAN R E, 1960. A new approach to linear filtering and prediction problems[J]. Journal of Basic Engineering Transactions, 82: 35-45.

KAMAE Y, MEI W, XIE S P, et al, 2017. Atmospheric rivers over the Northwestern Pacific: Climatology and interannual variability[J]. Journal of Climate, 30(15): 5605-5619. DOI: 10.1175/jcli-d-16-0875.1.

KAUFMAN D, MCKAY N, ROUTSON C, et al, 2020. Holecene global mean surface temperature a multi-method reconstruction approath[J]. Saentific Data, 7(1): 201. DOI: 10.1038/s41597-020-0530-7.

KEMP A C, WRIGHT A, EDWARDS R, et al, 2018. Relative sea-level chage in Newfoundland, Canada during the past～3000 years[J]. Quaternary Science Rewieas, 201: 89-110.

KIRSTEN I, KATHERINA S, JOHN K, et al, 2021. Global climate indicators: Ocean heat content, acidification, deoxygenation and blue carbon[J]. WMO Bulletin, 70(1): 24-27.

LABAT D, GODDÉRIS Y, PROBST J L, et al, 2004. Evidence for global runoff increase related to climate warming[J]. Advances in Water Resources, 27(6): 631-642.

LARSEN M A D, REFSGAARD J, DREWS M, et al, 2014. Results from a full coupling of the HIRHAM regional climate model and the MIKE SHE hydrological model for a Danish catchment[J]. Hydrology and Earth System Sciences, 18(11): 4733-4749.

LEGEAIS J, ABLAINM, ZAWADZKI L, et al, 2018. An improued and homogencous allimeter sea level record from the ESA Climate Change Initiative[J]. Earth System Science Data, 10: 281-301.

LETTENMAIER D P, GAN T Y, 1990. Hydrologic sensitivities of the Sacramento-San Joaquin River Basin,

California, to global warming[J]. Wat Resour Res, 26(1): 69-86.

LEUNG L R, WIGMOSTA M S, GHAN S J, et al, 1996. Application of a subgrid orographic precipitation/surface hydrology scheme to a mountain watershed[J]. J Geophysical Res, 101(D8): 12803-12817.

LI X, GEMMER M, ZHAI J, et al, 2013. Spatio-temporal variation of actual evapotranspiration in the Haihe River Basin of the past 50 years[J]. Quaternary International, 304: 133-141.

LI A, YU F, DIAO X, 2015. Interannual salinity variability of the Northern Yellow Sea Cold Water Mass[J]. Chinese Journal of Oceanology and Limnology, 33(3): 779-789.

LIANG X, LETTENMAIER D P, WOOD E F, et al, 1994. A simple hydrologically based model of land surface water and energy fluxes for GSMs[J]. J Geophys Res, 99(D7): 14415-14428.

LIANG X, WOOD E F, LETTENMAIER D P, 1996. Surface soil moisture parameterization of the VIC-2L model: evaluation and modifications[J]. Glob Planet Change, 13: 195-206.

LIU X M, LUO Y Z, ZHANG D, et al, 2011. Recent changes in pan-evaporation dynamics in China[J]. Geophysical Research Letters, 38: L13404. DOI: 10.1029/2011GL047929.

LIU G, ZHAO L, LI R, et al, 2015. Permafrost warming in the context of step-wise climate change in the Tien Shan Mountains, China[J]. Permafrost and Periglacial Processes, 28(1): 130-139.

LIU X C, LIU W F, YANG H, et al, 2019. Multimodel assessments of human and climate impacts on mean annual streamflow in China[J]. Hydrol Earth Syst. Sci. 23: 1245-1261.

LIVNEH B, XIA Y, MITCHELL K E, et al, 2010. Noah LSM snow model diagnostics and enhancements[J]. Journal of Hydrometeorology, 11(3): 721-738.

LUI H K, CHEN C A, LEE J, et al, 2015. Acidifying intermediate water accelerates the acidification of seawater on shelves: An example of the East China Sea[J]. Cont Shelf Res, 111Part B: 223-233.

LUO Y, WANG X, PIAO S, et al, 2018. Contrasting streamflow regimes induced by melting glaciers across the Tien Shan-Pamir-North Karakoram[J]. Sci Rep, 8: 16470.

LUTZ A F, IMMERZEEL W W, SHRESTHA A B, et al, 2014. Consistent increase in High Asia's runoff due to increasing glacier melt and precipitation[J]. Nat Clim Change, 4: 587-592.

LVOVITCH M I, NACE R L, 1974. The global water balance(in Russian)[R]. Washington D C: American Geological Union.

MA N, ZILAGYI J, 2019a. The CR of evaporation: A calibration-free diagnostic and benchmarking tool for large-scale terrestrial evapotranspiration modeling[J]. Water Resources Research, 55: 7246-7274. DOI: 10.1029/2019wr024867.

MA N, SZILAGYI, ZHANG Y S, et al, 2019b. Complementary relationship based modeling of terrestrial evapotranspiration across China during 1982—2012: validations and spatiotemporal analyses[J]. J Geophys Res Atmos, 124(8): 4826-4851.

MAGNIN F, DELINE P, RAVANEL L, et al, 2015. Therimal characteristics of permafrost in the steep alpine rock wall of the Aiguille du Midi[J]. The Cryosphere, 9(1): 109-121.

MANABE S, WETHERALD R T, 1967. Thermal equilibrium of the atmosphere with a given 652 distribution of relative humidity[J]. J Atmos Sci, 24: 241-259.

MANABE S, BRYAN K, 1969. Climate circulations with a combined ocean-atmosphere model[J]. J Atmos Sci, 26: 786-789.

MARSHALL G J, ORR A, TURNER J, 2013. A Predominant Reversal in the Relationship between the SAM and East Antarctic Temperatures during the Twenty-First Century[J]. J Clim, 26: 5196-5204.

MARTIN R, DONALD R, JOHNSON, 2002. College and university earth system science education for the 21st (ESSE)[J]. IGARSS: 536-539.

MAYKUT G A, UNTERSTEINER N, 1971. Some results from a time-dependent thermodynamic model of sea ice[J]. J Geophys Res, 76(6): 1550-1575.

MICHAEL L R, GRAHAM D F, 2002. The cause of decreased pan evaporation over the past 50 years[J]. Science, 298(15): 1410-1411.

MIDERS N, RAABE A, 1997. Testing a two way coupling of a atmospheric and hydrologic model on the predicted local weather[J]. Atmospheric Research, 45: 81-107.

MILANKOVITCH M M, 1941. Canon of Isotation and the Ice Proklem[M]. Belgrade: Serbian Academy Special Publication (English Translation by the Iswael Program for Scientific Translations, Published for the U. S. Department of Commerce and the National Science Foundation, Washington, D. C): 121-567.

MILLENNIUM ECOSYSTEM ASSESSMENT, 2003. Ecosystems and Human Well-being: A Framework for Assessment[M]. Washington: Island Press.

MINOBE Ito, LONG M C, DEUTSCH C, 2017. Upper ocean O_2 trends: 1958—2015[J]. Geophysical Research Letters, 44(9): 4214-4223.

MINTZ Y, 1965. Very long-term global integration of the primitive equations of atmospheric motion: An experiment in climate simulation[J]. WMO Tech, 66: 119-143.

MOUGINOT J, RIGNOT E, 2015. Ice motion of the Patagonian Icefields of South America: 1984—2014[J]. Geophysical Research Letters, 42: 1441-1449.

MÖLDERS N, RAABE A, 1997. Testing the effect of a two-way-coupling of ameteorological and a hydrologica model on the predicted local weather[J]. Atmospheric Research, 45: 81-107.

NAN F, XUE H, CHAI F, et al, 2013. Weakening of the Kuroshio intrusion into the South China Sea over the past two decades[J]. Journal of Climate, 26(20): 8097-8110.

NAN F, YU F, XUE H, et al, 2015. Ocean salinity changes in the northwest Pacific subtropical gyre: The quasi-decadal oscillation and the freshening trend[J]. Journal of Geophysical Research: Oceans, 120(3): 2179-2192.

NEREM R S, BECKLEY B D, FASULLO J T, et al, 2018. Climate-change-driven acceleratcd sea-level rise detected in the altimeter era[J]. Proceeding of the National Acadeny of Sciences, 115: 201717312.

NI J, HERZSCHUH U, 2011. Simulating biome distribution on the Tibetan Plateau using a modified global vegetation model. Arctic[J]. Antarctic, and Alpine Research, 43(3): 429-441.

NOETZLI J, CHRISTIANSEN H, DELINE P, et al, 2018. Permafrost thermal state [in "state of the climate in 2017"][J]. Bulletin of the Amenican Meteorogical Society, 99(8): S20-22.

OKI T, KANAE S, 2006. Global hydrological cycles and world water resources[J]. Science, 313(5790): 1068-1072.

OLESON KW, DAI Y, BOSILOVICH U, et al, 2004. Technical description of the Community Land Model (CLM)[Z]. DOI: 10. 5065/D6N877R0.

OUBEIDILLAH A A, KAO S C, ASHFAQ M, et al, 2014. A large-scale, high-resolution hydrological model parameter data set for climate change impact assessment for the conterminous US[J]. Hydrology and Earth System Sciences, 18(1): 67-84.

OVERGAAD J, BUTTS M, ROSBJERK D, 2003. MIKE SHE/ARPS a fully coupled atmospheric and hydrological modeling system[J]. Geaphysical Research Abstracts, 5: A-08583.

PADRÓN R S, GUDMUNDSSON L, DECHARME B, et al, 2020. Observed changes in dry-season water availability attributed to human-induced climate change[J]. Nature Geoscience, 13(7): 477-481.

PALMER M D, POMINGUES C M, SLANGEN A B A, et al, 2021. An ensembel approach to quantify global mean sea-level rise over the 20th century from tide gauge reconstructios[J]. Environment Research Letters. http://iopscience. iop. org/antical/10. 1088/1748-9326/abdace.

PANDAY P K, THIBEAULT J, FREY K E, 2015. Changing temperature and precipitation extremes in the Hindu Kush Himalayan region: An analysis of CMIP3 and CMIP5 simulations and projections[J]. International Journal of Climatology, 35(10): 3058-3077.

PBL Netherlands Environmental Assessment Agency, 2018. The Geography of Future Water Challenges[M]. The Hague, BPL Netherlands Environmental Assessment Agency. www. pbl. nl/node/64678.

PENG H, WEI M, MU Y H, et al, 2015. Degradation characteristics of permafrost under the effect of climate warming and engineering disturbance along the Qinghai-Tibet Highway[J]. Natural Hazards, 75(3): 2589-2605.

PEPIN N C, LUNDQUIST J D, 2008. Temperature trends at high elevations: Patterns across the globe[J]. Geophysical Research Letters, 35(14): L14701.

PERMOS, 2016. Permafrost in Switzerland 2010/2011 to 2013/2014. Glaciological Report permafrost No. 12—15 of the Cryospheric Commission of Suriss Academy of Sciences[R]: 85.

PETERSON T C, GOLUBEV V S, GROISMAN P Y, 1995. Evaporation losing its strength[J]. Nature, 377: 687-688.

PHILLIPS N A, 1956. The general circulation of the atmosphere: A numerical experiment [J]. Quarterly Journal of the Royal meteorological Society, 82(352): 123-164.

PITMAN A J, 2003. Review: The evolution of, and revolution in, land surface schemes designed for climate models[J]. Int J Climatol, 23: 479-510.

POGLIOTTI P, GUGLIELMIN M, CREMONESE E, et al, 2015. Warming permafrost and active layer variability at Cime Bianche, Western Europen Alps[J]. The Cryosphere, 9(2): 647-661.

PURICH A, CAI W J, SULLIVAN A, et al, 2018. Impacts of broad-scale surface freshening of the Southern Ocean in a coupled climate model[J]. Journal of Climate, 31(7): 2613-2632.

QIU C J, DAN ZHU, PHILIPPE CIAIS, et al, 2020. The role of northern peatlands in the global carbon cycle for the 21st century[J]. Global Ecology and Biogeography. DOI: 10. 1111/geb. 13081.

RAGAB R, BROMLEY J IHMS, 2010. Integrated hydrological modelling system: Part 1. hydrological processes and general structure[J]. Hydrological Processes, 24(19): 2663-2680.

RALPH F M, DETTINGER M C L D, CAIRNS M M, 2018. Defining "Atmospheric river": How the glossary of meteorology helped resolve a debate[J]. Bulletin of the American Meteorological Society, 99(4): 1837-839.

RAUSER F M, ALQADI M, AROWOLO S, et al, 2017. Earth system science frontiers-an ECS perspective[J]. Bull Amer Meteor Soc, 98: 1120-1127.

RAY R D, DOUGLAS B C, 2011. Experiments in reconstructing twentith-century sea levels[J]. Progress in Oceanography, 91(4): 496-515.

REN L L, LI C H, WANG M R, 2003. Application of radar measured rain data in hydrological processes modeling during intensified observation period of HUBEX[J]. Advances in Atmospheric Sciences, 20(2): 205-212.

RODELL M, BEAUDOING H K, LECUYER T S, et al, 2015. The observed state of the water cycle in the early twenty-first century[J]. Journal of Climate, 28(21): 8289-8318.

RODERICK M L, FARQUHAR G D, 2002. The cause of decreasedpan evaporation over the past 50 years[J]. Science, 298: 1410-1411.

RODERICK M L, ROTSTAYN L D, FARQUHAR G D, et al, 2007. On the attribution of changing pan evaporation[J]. Geophysical Research Letters, 34(17): L17403.

RUSSO S, SILLMANN J, STERL A H, 2014. Atlas of Mortality and Economic Losses from Weather, Climate and Water Extremes(1979—2012)[R]. WMO-No. 1123(WMO, 2014): 4.

RUZEK M,JOHNSON D R,WAKE C,2002,College and university Earth System Science Education for the 21st century (ESSE 21)[J]. IGARSS:536-539.

SAFA M,JORGE R,EUGENIA K,et al,2016. Modeling sustainability:Population inequality,consumption,and bidirectionmal coupling of the Earth andd Human Systems[J]. National Science Review,3(4):470-494.

SANTER B D,TAYLOR K E,GLECKLER P J,et al,2009. Incorporating model quality information in climate change detection and attribution studies[R]. Proceedings of the National Academy of Sciences of the United States of America. DOI:10. 1073/pnas. 0901736106.

SCHMIDTKO S,STRAMMA L,VISBECK M,2017. Decline in global oceanic oxygen content during the past five decades[J]. Nature,542(7641):335-339.

SEMTNER A J,1976. A mode for the thermodynamic growth of ice in numerical investigation of climate[J]. J Phys Oceanogr,6:379-389.

SENATORE A,MENDICINO G,GOCHIS D J,et al,2015. Fully coupled atmosphere- hydrology simulations for the central Mediterranean: Impact of enhanced hydrological parameterization for short and long time scales[J]. Journal of Advances in Modeling Earth Systems,7(4):1693-1715.

SEUFFERT G,GIOSS P,SIMMER C,et al,2010. The influencing of a hydrologic modeling on the predicted local weather Tow way coupling of a mesoscale weather prediction model and a land surface hydrologic model [J]. Journal of hydrometeorology,3:505-522.

SHAKUN J D,CLARK P U,HE F, et al,2012. Global warming preceded increasing carbon dioxide concentrations during the last deglaciation[J]. Nature, 484:49-54. DOI:10. 1038/nature 19105.

SHAO X M,XU Y,YIN Z Y,et al,2010. Climatic implications of a 3585-year tree-ring width chronology from the northeastern Qinghai-Tibetan Plateau[J]. Quaternary Science Reviews,17-18:2111-2122.

SHAPIRO M,SHUKLA J,BRUNET G,2010. An earth system prediction initiative for the 21st century[J]. Bulletin of the American Meteorological Society. DOI:10. 1175/2010BAMS2944. 1.

SMAGORINSKY J,MANABE S,HOLLOWAY J L,1965. Numerical results from a Nine-level general circulation model of the atmosphere[J]. Mon Wea Rev,93(12):727-768.

SNYDER C W,2016. Evolution of global temperature over the past two million years[J]. Nature,538(T624): 226-268. DOI:10. 138/nature 19798.

SOLMAN S A, SANCHEZ E, SAMUELSSON P, et al, 2013. Evaluation of an ensemble of regional climate model simulations over South America driven by the ERA-Interim reanalysis:Model performance and uncertainties[J]. Climate Dynamics,41:1139-1157.

SONG Y F,LIU Y J,DING Y H,2012. A study of surface humidity changes in China during the recent 50 years[J]. Acta Meteorologica Sinica,26:541-553.

SPRATT R M,LISIECKI L E, 2016. A Late Pleistocene sea level stack[J]. Climate of the Past, 12(4): 1079-1092.

STEPHEN H S,TERRY L R,2011. Encyclopedia of Climate and Weather[M]. Oxford: Oxford University Press.

STEPHENS G,et al,2014. HiRes: A Proposal for a coordinated GEWEX initiative to advance projections of hydrological extremes[J]. GEWEX NEWS,24(1&2):23-26.

SU F,ZHANG L,OU T,et al,2016. Hydrological response to future climate changes for the major upstream river basins in the Tibetan Plateau[J]. Glob Planet Change,136:82-95.

SU B,HUANG J,ZENG X,et al,2017. Impacts of climate change on streamflow in the upper Yangtze River basin[J]. Climatic Change,141(3):533-546.

SUN S,LI Y,SUN X,2012. Changes in the small-jellyfish community in recent decades in Jiaozhou Bay,China

[J]. Chinese Journal of Oceanology and liminology. 30(4):507-518.

SWEET M J,BULLING M T,2017. On the importance of the Microbiome and Pathobiome in coral health and disease[J]. Frontiers in Marine Science,4(9). DOI:10.3389/fmars.2017.00009.

TANG C,DENNIS R L,2013. How reliable is the fully couple of WRF and VIC model? [C]//AGU Conference.

THOMAS R K,JERRY M M,THOMAS C P,et al,2009. Global Climate Change Impacts in the United States [M]. Cambridge: Cambridge University Press.

THORNDIKE A S,ROTHROCK D S,MAYKUT G A,et al,1975. The thickness of sea ice distribution[J]. J Geophys Res,80(33):4501-4513.

TRENBERTH K E,SMITH L,QIAN T,et al,2007. Estimates of the global water budget and its annual cycle using observational and model data[J]. J Hydrometeorol,8(4):758-769.

TRENBERTH K E,FASULLO J T,MACKARO J,2011. Atmospheric moisture transports from ocean to land and global energy flows in reanalyses[J]. J Clim,24(18):4907-4924.

TU CH W,1937. China weather and world oscillation with applications to longrange forecasting of floods and droughts of China during the summer[J]. Memoir of Inst of Meteor,11(4):1-54.

UCCELLINI L W,2006. NCEP Overview[R]. 31st Annual Climate Diagnostics and Prediction Workshop. NOAA.

UNDRR,2019. Global Assessment Report on Disaster Risk Reduction(GAR)[R]. Geneva.

UNISDR,2007. Hyogo Framework for Action 2005—2015:Baildinq the Resilience of Nations and Communities to Disasters[Z].

UNISDR,2015. Sendai Franework for Disaster Risk Reduction[Z].

UNITED NATIONS,2015a. The Millennium Development Goals Report 2015[R]. New York.

UNITED NATIONS,2015b. Transforming Our World; The 2030 Agenda for Sustainable Development(Vol. A/IiL;S/70/1:135)[R]. New York.

UN-WATER,2013. The Post-2015 Water Thematic Consultation Report: The World We Want[R]. New York,UN-Water.

UNESCO,2003. World Water Development Report 1. Water for People,Water for Life[M]. Paris/London: UNESCO Publishing/Earthscan.

UNESCO,2006. World Water Development Report 2. Water, a shared responsibility[M]. Paris/London: UNESCO Publishing/Earthscan.

UNESCO,2009. World Water Development Report 3. Water in a Changing World[M]. Paris/London: UNESCO Publishing/Earthscan.

UNESCO,2012. World Water Development Report 4. Managing Water under Uncertainty and Risk[M]. Paris/London:UNESCO Publishing/Earthscan.

UNESCO,2015. World Water Development Report 2015. Water for a Sustainable World[M]. Paris/London: UNESCO Publishing/Earthscan.

UNESCO,2017. World Water Development Report 2017. Wastewater:An untapped resource[M]. Paris/London:UNESCO Publishing/Earthscan.

UNESCO,2018. World Water Development Report 2018. Nature-Based Solutions(NBS) for Water[M]. Paris/London:UNESCO Publishing/Earthscan.

UNESCO,2019. World Water Development Report 2019. Leaving no one behind[M]. Paris/London:UNESCO Publishing/Earthscan.

UNESCO,2020. World Water Development Report 2020. Water and climate change[M]. Paris/London: UNESCO Publishing/Earthscan.

UNESCO,2021. World Water Development Report 2021. Valuing Water[M]. Paris/London: UNESO Publishing/Earthscan.

UNESCO,2022. World Water Development Report 2022. GROUNDWATER Making the invisible visible[M]. Paris/London: UNESCO Publishing/Earthscan.

VORÖSMARTY C J, MOORE B, GRACE A L, et al, 1989. Continental scale models of water Balance and fluvial transport: An application of South America[J]. Glob Biogeochem Cycles, 3: 241-265.

WAGNER S, FERSCH B, YUAN F, et al, 2016. Fully coupled atmospheric-hydrological modeling at regional and long-term scales: Development, application, and analysis of WRF-HMS[J]. Water Resources Research, 52(4): 3187-3211.

WANG H J, ZHOU G Q, ZHAO Y, 2000. An effective method for correcting the seasonal-interannual prediction of summer climate anomaly[J]. Adv Atmos Sci, 17(2): 234-240.

WANG G S, XIA J, CHEN J, 2009. Quantification of effects of climate variations and human activities on runoff by amonthly water balance model: A case study of the Chaobai River basin in northern China[J]. Water Resource Re-search, 45, W00A11. DOI: 10.1029/2007WR006768.

WANG S R, ZHANG Z Q, 2011. Effects of climate change on water resources in China[J]. Clim Res, 47: 77-82.

WANG G Q, ZHANG J Y, 2015. Variation of water resources in the Huang-huai-hai areas and adaptive strategies to climate change[J]. Quaternary International, s380-381: S1040618215000944.

WANG L L, CHEN D H, BAO H J, 2016a. The improved noah land surface model based on storage capacity curve and muskingum method and application in grapes model[J]. Atmos Sci Lett, 17(2): 190-198.

WANG X L, FENG Y, CHAN R, et al, 2016b. Inter-comparison of extra-tropical cyclone activity in nine reanalysis datasets[J]. Atmos Res. DOI: 10.1016/j.atmosres.2016.06.010.

WANG X Y, YI SH H, WU Q B, et al, 2016c. The role of permafrost and soil water in distribution of alpine grassland and its NDVI dynamics on the Qinghai-Tibetan Plateau[J]. Global and Planetary Change, 147: 40-53.

WANG Q X, WANG M B, FAN X H, 2018. Seasonal patterns of warming amplification of high-elevation stations across the globe[J]. International Journal of Climatology, 38(8): 3466-3473.

WANG C, WANG Z, KONG Y, et al, 2019. Most of the Northern Hemisphere permafrost remains under climate change[J]. Scientific Reports, 9(1): 3295.

WEEKS W F, 2010. Hibler III: On Sea Ice[M]. Fairbanks, Alaska: University of Alaska Press.

WENDLER G, GORDON T, STUEFER M, 2017. On the precipitation and precipitation change in Alaska[J]. Atmosphere, 8(12): 253.

WENZEL M, SCHRÖTER J, 2014. Global and regional sea level change during the 20th century[J]. Journal of Geophysical Research: Oceans, 119(11): 7493-7508.

WESTERHOLD T, NORBERT M, DRURY A J, et al, 2020. An astronomically dated record of Earth's climate and its predictability over the last 66 million years[J]. Science, 369(6509): 1383-1387.

WHO, UNICEF, 2017. Progress on Drinking Water, Sanitation and Hygiene: 2017 Update and SDG Baselines [R]. Geneva: Licence: CC BY-NC-SA 3.0 IGO.

WIGMOSTA M S, VAIL L W, LETTENMAIER D P, 1994. A distributed hydrology-vegetation model for complex terrain[J]. Water Resource Research, 30(6): 1665-1679.

WILBY R L, WIGLEY T, 2000. Precipitation predictors for downscaling: Observed and general circulation model relationships[J]. International Journal of Climatology, 20(6): 641-661.

WMO. 2015. Seamless Prediction of The Earth System: From Minutes to Months: WMO-No. 1156[R].

WMO,2021. State of the Globa Climate 2020 PROVISIONAL REPORT[R]. Geneva.

WORLD BANK,2010a. World Development Report 2010. Development and climate change[R].

WORLD BANK,2010b. The Economics of Adaptation to Climate Change[R]. Geneva.

WOUTERS B,GARDNER A S ,MOHOLDT G,2019. Global glacier mass loss during the GRACE satellite mission(2002—2016)[J]. Frontiers in Earth Science,7(96). DOI:10. 3389/feart. 2019. 00096.

WU Q,HOU Y,YUN H,2015. Changes in active-layer thickness and near-surface permafrost between 2002 and 2012 in alpine ecosystems,Qinghai-Xizang(Tibet)Plateau,China[J]. Global and Planetary Change,124: 149-155.

XIE B G,ZHANG Q H,YING Y. 2011. Trends in precipitable water and relative humidity in China:1979J2005 [J]. J Appl Meteor Climatol,50:1985-1994.

XU J W,ZHANG W C,ZHENG Z Y,et al,2012. Early flood warning for linyi watershed by the GRAPES/ XXT model using TIGGE Data[J]. Journal of Meteorological Research,26(1):103-111.

YAMAZAKI D,IKESHIMA D,SOSA J,et al,2019. MERIT Hydro: A high-resolution global hydrography map based on latest topography dataset[J]. Water Resources Research,55(6):5053-5073.

YANG M X,JIANG Y Z,LU X,et al,2015. WRF model evaluation for simulating heavy precipitation over the down-stream of Yalong River Basin[J]. Journal of Zhejiang University(SCIENCE-A),16(1):18-37.

YU G,XUE B,WANG S M,et al,2000. Lake-level records and the LGM climate in China[J]. Chinese Science Bulletin,45(3):250-255.

YU G,HARRISON S P,XUE B,2001. Lake Status Records from China:Data Base Documentation[R]. Academic Report in Max-Planck-Institute,No. 4. Jena,Germany.

YU Z,POLLAND D,CHENG L,2006. On continental scale hydrologic simulation with a coupled hydrologic model[J]. Journal of hydrology,331:110-124.

YU Z,GU H,WANG J,et al,2018. Effect of projected climate change on the hydrological regime of the Yangtze River Basin,China[J]. Stochastic Environmental Research and Risk Assessment,32(1):1-16.

ZANG X,BROXTOM P,DAWSON N,2018. Snowpack change from 1982 to 2016 over Cantarmincus United States[J]. Geophysioal Research Letters. DOI:10. 1029/2018gl079621.

ZEMP M,HUSS M,THIBERT E,et al,2019. Global glacier mass changes and their contributions to sea-level rise from 1961 to 2016[J]. Nature,568(7752)382-386.

ZENG Z,CHEN A,CIAIS P,et al,2015. Regional air pollution brightening reverses the greenhouse gases induced warming elevation relationship[J]. Geophysical Research Letters,42(11):4563-4572.

ZENG L,WANG D,XIU P,et al,2016. Decadal variation and trends in subsurface salinity from 1960 to 2012 in the northern South China Sea[J]. Geophysical Research Letter,43(23):12181-12189.

ZENG X, BROXTON P, DAWSON N,2018. Snowpack Change From 1982 to 2016 Over Conterminous United States[J]. Geophysical Research Letter. DOI:https://doi. org/10. 1029/2018GL079621.

ZHAI F G,HU D X,WANG Q Y,et al,2014. Long-term trend of pacific South Equatorial Current bifucation over 1950—2016[J]. Gephysical Research letters,41(9):3172-3180.

ZHANG H,MOISE A,LIANG P,et al,2013. The response of summer monsoon onset/retreat in Sumatra-Java and tropical Australia region to global warming in CMIP3 models[J]. Climate Dynamics,40(1):377-399.

ZHANG S Q,GAO X,ZHANG X W,2015. Glacial runoff likely reached peak in the mountainous areas of the Shiyang River basin,China[J]. Journal of Mountain Science,12(2):382-395.

ZHANG L,NAN Z,XU Y,et al,2016. Hydrological impacts of land use change and climate variability in the headwater region of the Heihe River Basin,Northwest China[J]. Plos One,11(6):e0158394.

ZHAO L,WU Q,MARCHENKO S,et al,2010. Thermal state of permafrost and active layer in Central Asia during the international polar ycar[J]. Permafrost and Periglacial Prossesses,21(2):198-207.

ZHAO T B,DAI A G,WANG J H,2012. Trends in tropospheric humidity from 1970 to 2008 over China from a homogenized radiosonde dataset[J]. J Climate,25:4549-4567.

ZHAO T B,WANG J H,DAI A G,2015. Evaluation of atmospheric precipitable water from reanalysis products using homogenized radiosonde observations over China[J]. J Geophys Res Atmos,120(20):10708-10727.

ZHAO Q,DING Y,WANG J,et al,2019. Projecting climate change impacts on hydrological processes on the Tibetan Plateau with model calibration against the glacier inventory data and observed streamflow[J]. J Hydrol,573:60-81.

ZHENG X T,HUI C,YEH S W,2018. Response of ENSO amplitude to global warming in CESM large ensemble:Uncertainty due to internal variability[J]. Climate Dynamics,50(11-12):4019-4035.

ZHOU B,WEN Q,XU Y,et al,2014,Projected changes in temperature and precipitation extremes in China by the CMIP5 multimodel ensembles[J]. J Climate,27:6591-6611.

ZHOU Y L,LAI C G,WANG Z L,et al,2018. Quantitative evaluation of the impact of climate change and human activity on runoff change in the Dongjiang River basin,China[J]. Water,10(5):571.

ZHU Z,PIAO S,MYNEMI R,et al,2016. Greening of the Earth and its drivers[J]. Nat Clim Change,6:791-795.

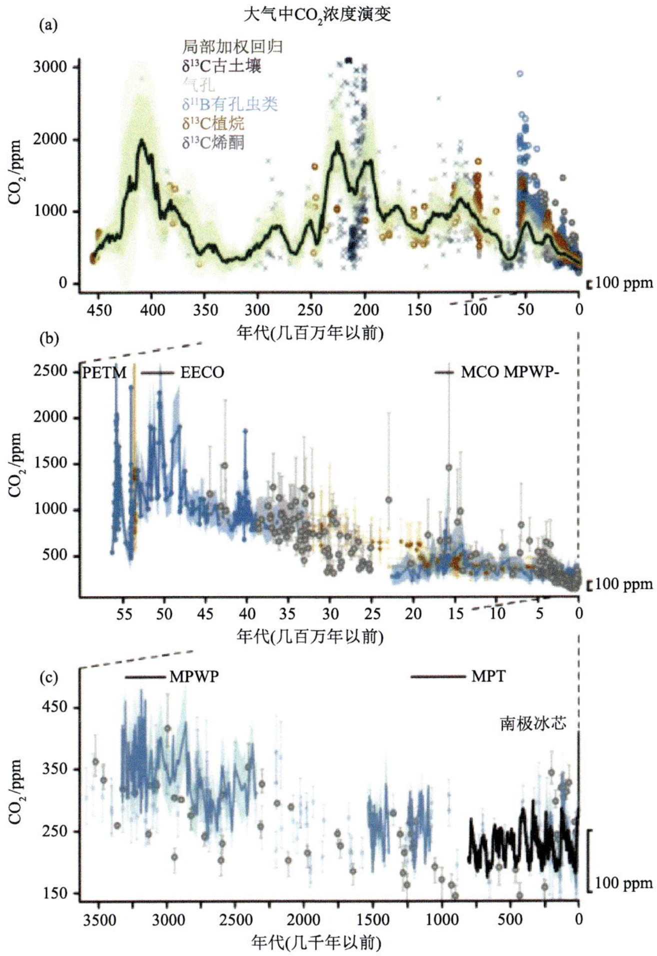

图 2.13　过去 4.5 亿 a CO_2 浓度演变趋势(资料来源:IPCC,2021)

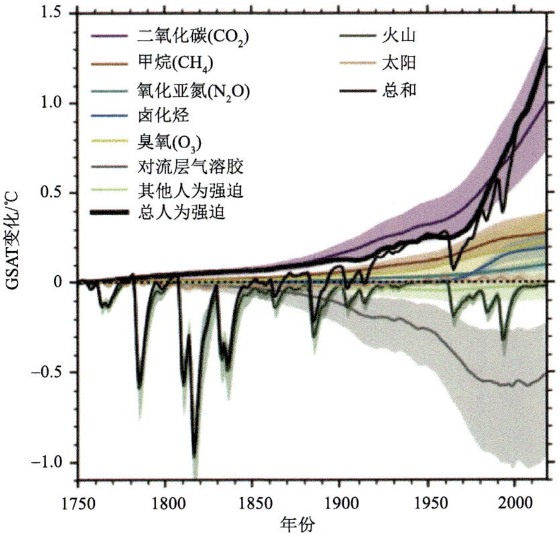

图 2.17　1750—2019 年间不同强迫因子对全球平均地表气温(GSAT)的贡献以及不确定性
(资料来源:张华 等,2021;IPCC,2021)

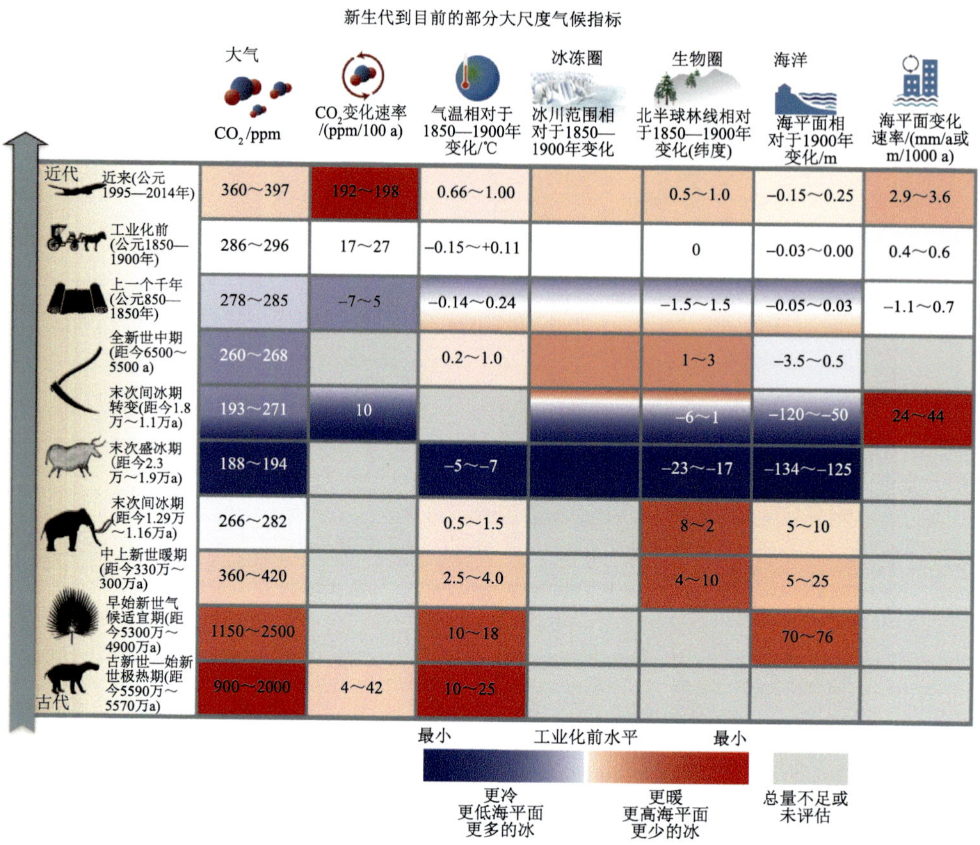

	CO_2/ppm	CO_2变化速率/(ppm/100 a)	气温相对于1850—1900年变化/℃	冰川范围相对于1850—1900年变化	北半球林线相对于1850—1900年变化(纬度)	海平面相对于1900年变化/m	海平面变化速率/(mm/a或m/1000 a)
近来(公元1995—2014年)	360~397	192~198	0.66~1.00		0.5~1.0	-0.15~0.25	2.9~3.6
工业化前(公元1850—1900年)	286~296	17~27	-0.15~+0.11		0	-0.03~0.00	0.4~0.6
上一个千年(公元850—1850年)	278~285	-7~5	-0.14~0.24		-1.5~1.5	-0.05~0.03	-1.1~0.7
全新世中期(距今6500~5500 a)	260~268		0.2~1.0		1~3	-3.5~0.5	
末次间冰期转变(距今1.8万~1.1万a)	193~271	10			-6~1	-120~-50	24~44
末次盛冰期(距今2.3万~1.9万a)	188~194		-5~-7		-23~-17	-134~-125	
末次间冰期(距今1.29万~1.16万a)	266~282		0.5~1.5		8~2	5~10	
中上新世暖期(距今330万~300万a)	360~420		2.5~4.0		4~10	5~25	
早始新世气候适宜期(距今5300万~4900万a)	1150~2500		10~18			70~76	
古新世—始新世极热期(距今5590万~5570万a)	900~2000	4~42	10~25				

图 2.23　新生代古气候期和近期参照期的大尺度典型气候指标(资料来源:IPCC,2021)

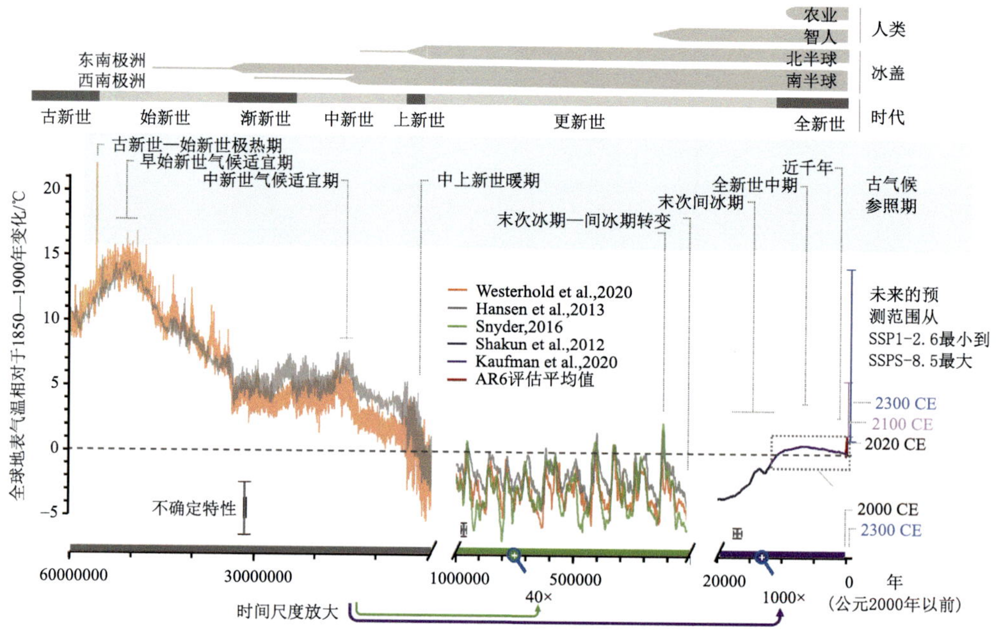

图 2.24　过去 6000 万 a 全球温度演变(资料来源：IPCC,2021)

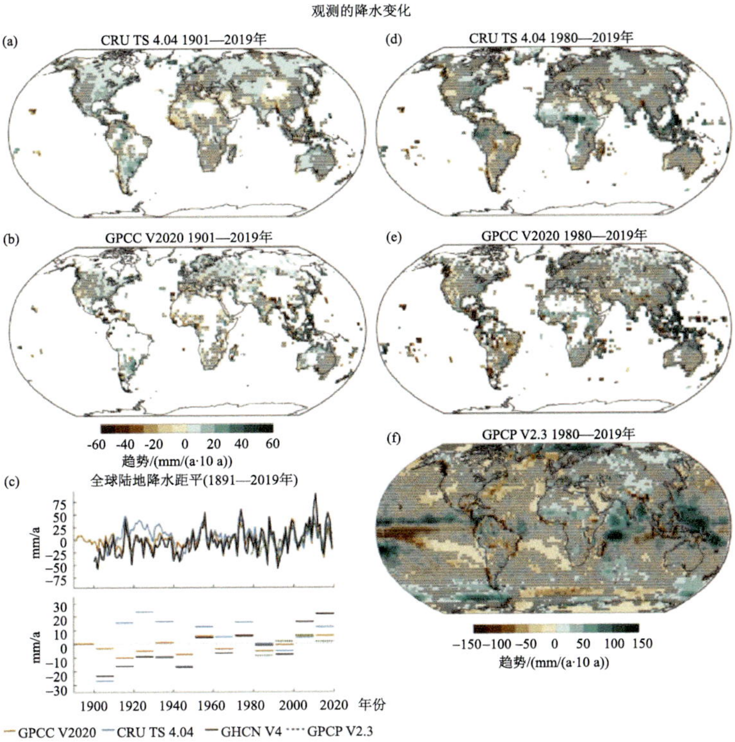

图 2.26　1901—2019 年和 1980—2019 年观测降水变化(资料来源:IPCC,2021)

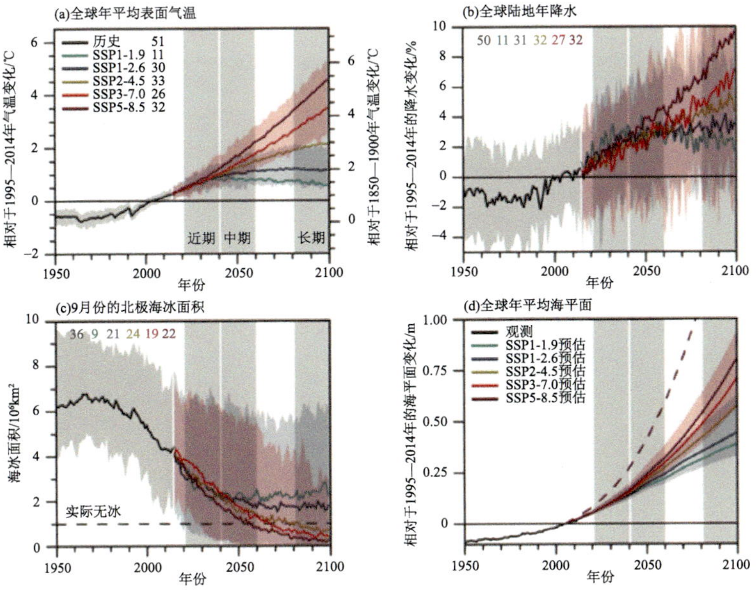

图 2.28　基于 CMIP6 的历史模拟和未来预估的试验所关注的全球气候变化的物理指标

(资料来源:IPCC,2021;周天军 等,2021)

(a)图中的全球平均表面气温为相对于 1995—2014 年的变化,如果相对于 1850—1900 年,整体提高 0.82℃。(a)、(b)图上的数字表示使用的模式个数。SSP1-2.6 和 SSP3-7.0 情景周围的阴影表示 5%～95%的范围

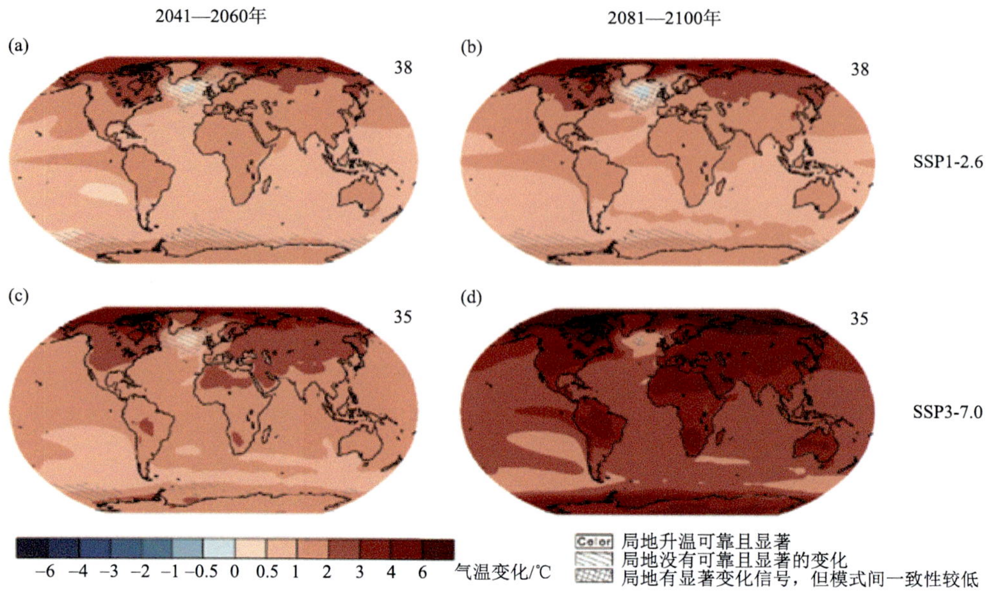

图 2.29 SSP1-2.6 和 SSP3-7.0 排放情景下未来气温变化(资料来源:IPCC,2021;周天军 等,2021)
图中全球平均地表气温的变化都是相对于 1995—2014 年的多模式集合平均的空间分布
右上角的数字表示采用的模式个数

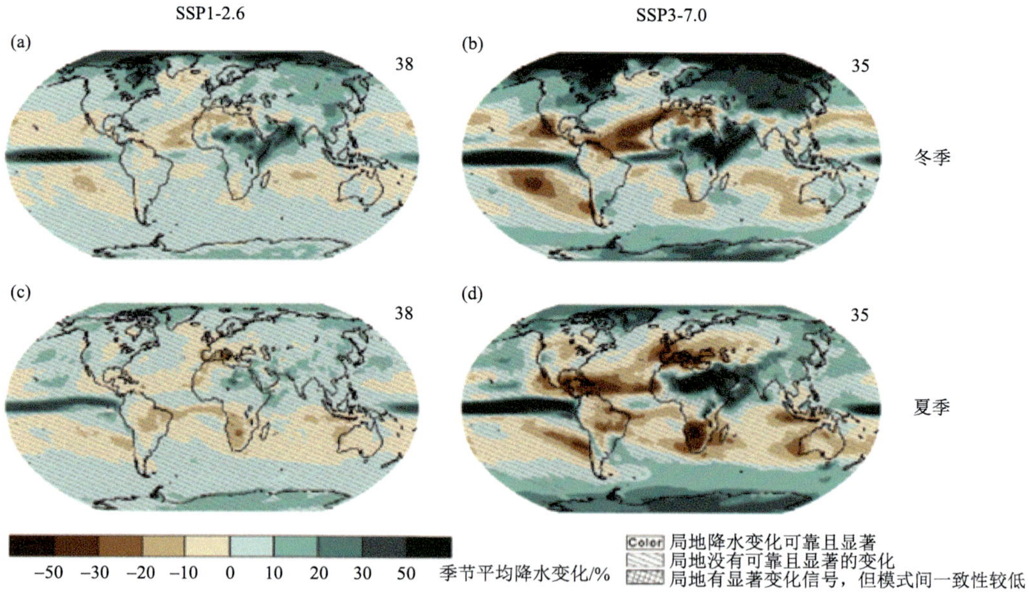

图 2.30 2081—2100 年季节平均降水变化预估(资料来源:IPCC,2021;周天军 等,2021)
图中预估的 2081—2100 年变化是相对于 1995—2014 年,冬季为 12 月—次年 2 月平均,夏季为 6—8 月平均

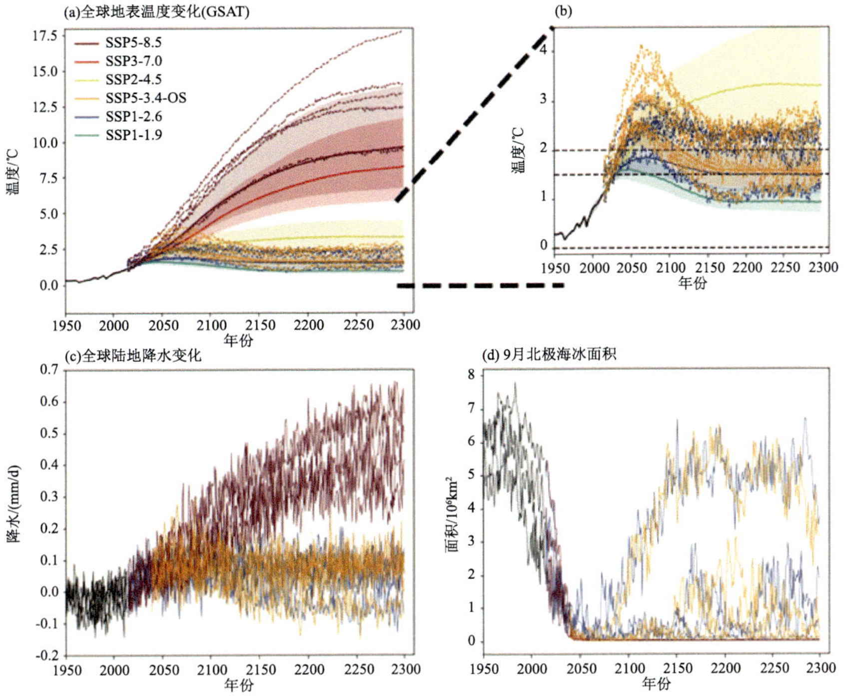

图 2.31　基于扩展 SSP 情景的 2300 年气候预估(资料来源:IPCC,2021)

(a)GSAT 相对于 1850—1900 年的变化;(b)低排放情景 GSAT 变化放大展示;

(c)全球陆地降水变化;(d)9 月北极海冰面积变化

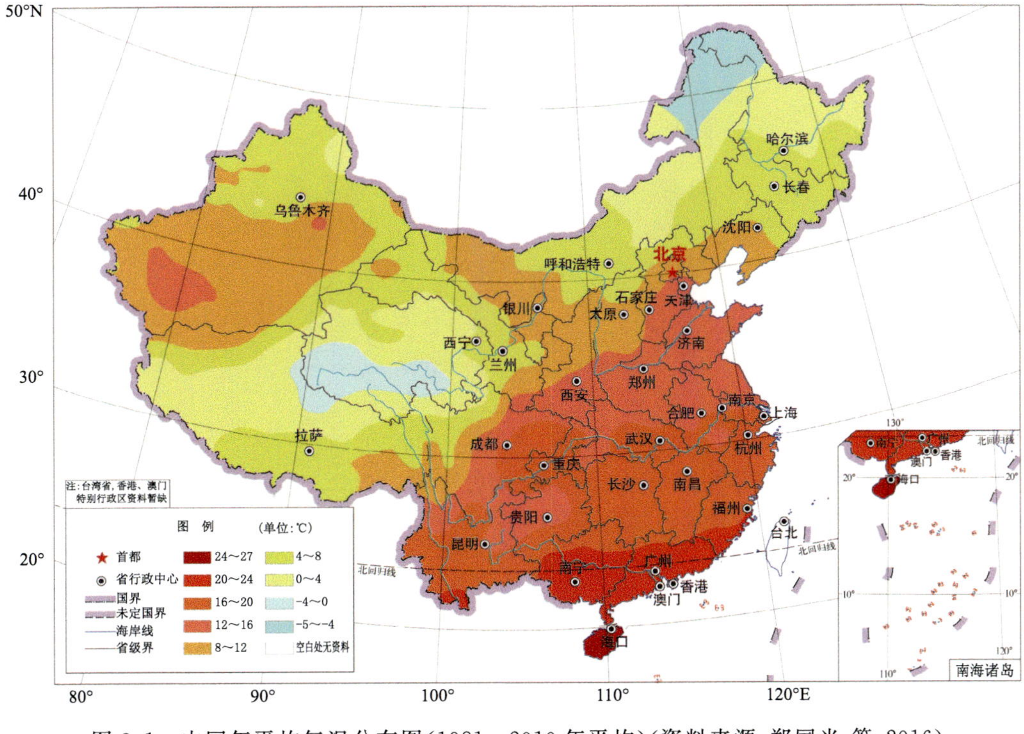

图 3.1　中国年平均气温分布图(1981—2010 年平均)(资料来源:郑国光 等,2016)

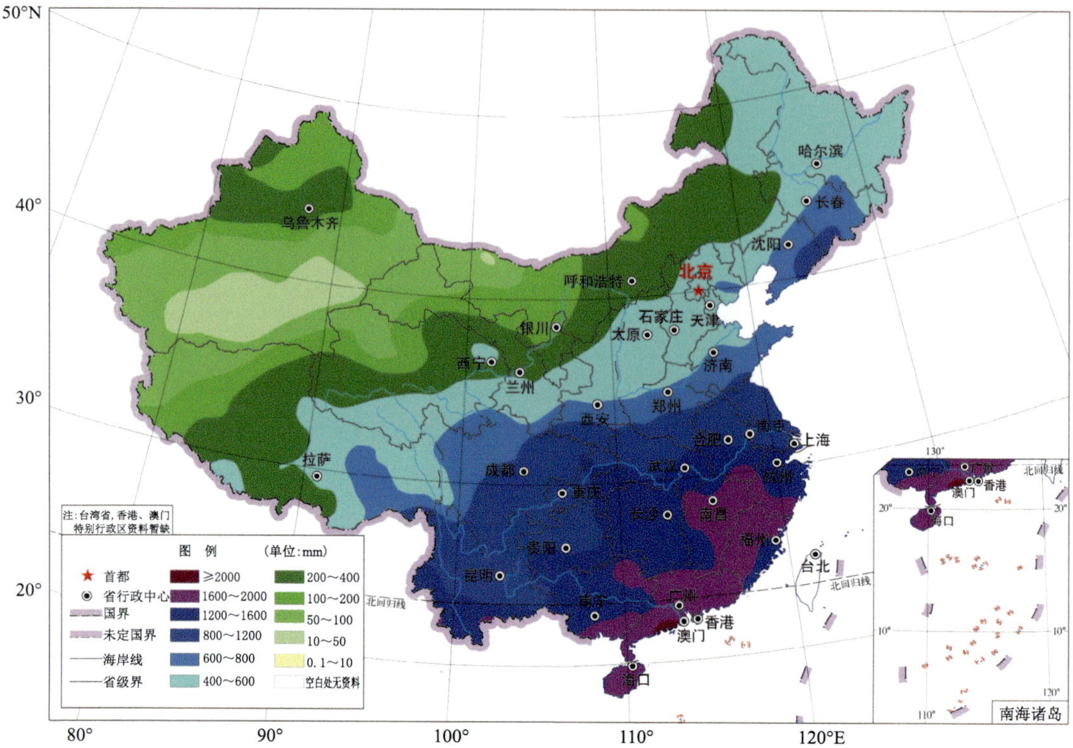

图 3.2 中国年平均降水量分布图(1981—2010 年平均)(资料来源:郑国光 等,2016)

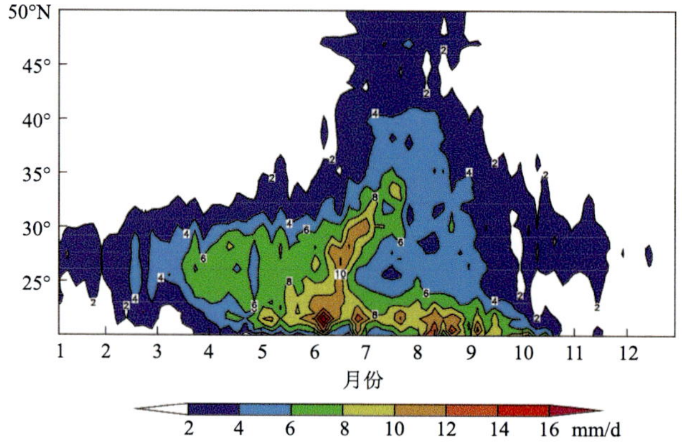

图 3.3 中国雨带进程时空分布图(资料来源:郑国光 等,2016)

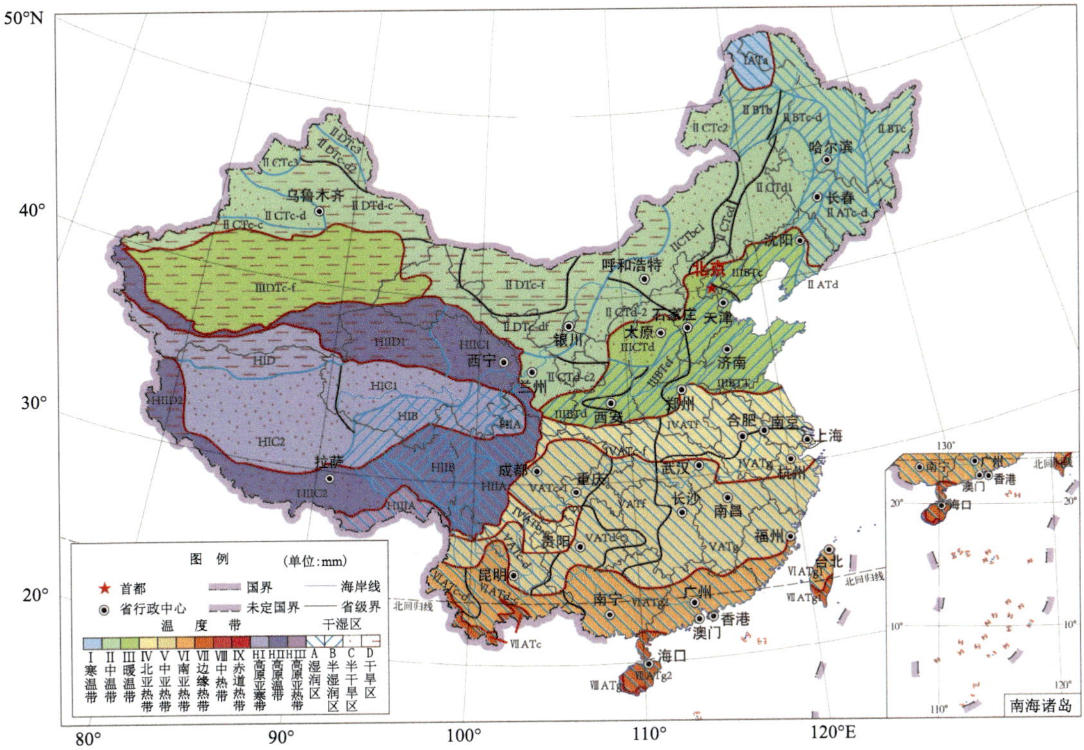

图 3.4　1981—2010 中国气候区划简图(资料来源:郑国光 等,2016)

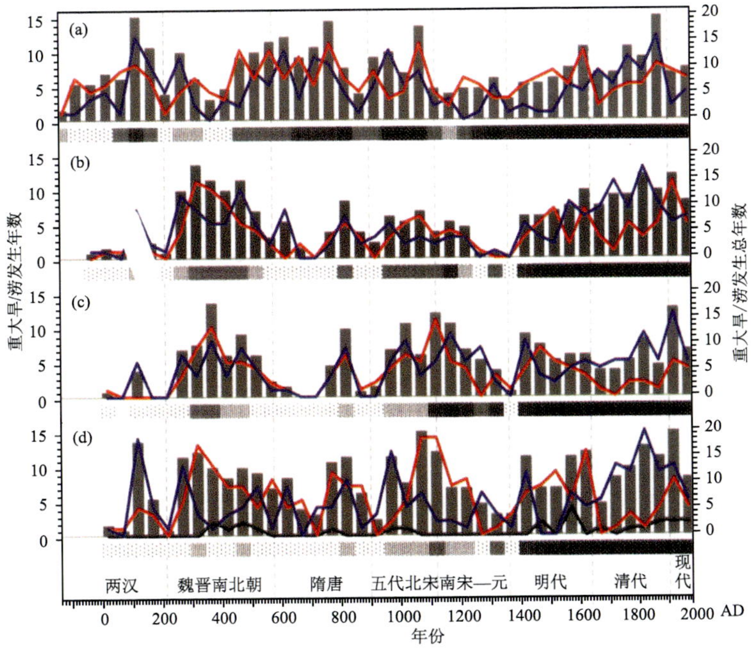

图 3.7　中国近 2000 a 东部每 50 a 重大旱涝事件发生年数(资料来源:葛全胜 等,2011)
(a)华北;(b)江淮;(c)江南;(d)东部。红线代表大旱,蓝线代表大涝,黑线代表东部旱涝并发,灰色竖柱为大旱大涝总年数,黑色横柱为置信度,颜色越深置信度越高

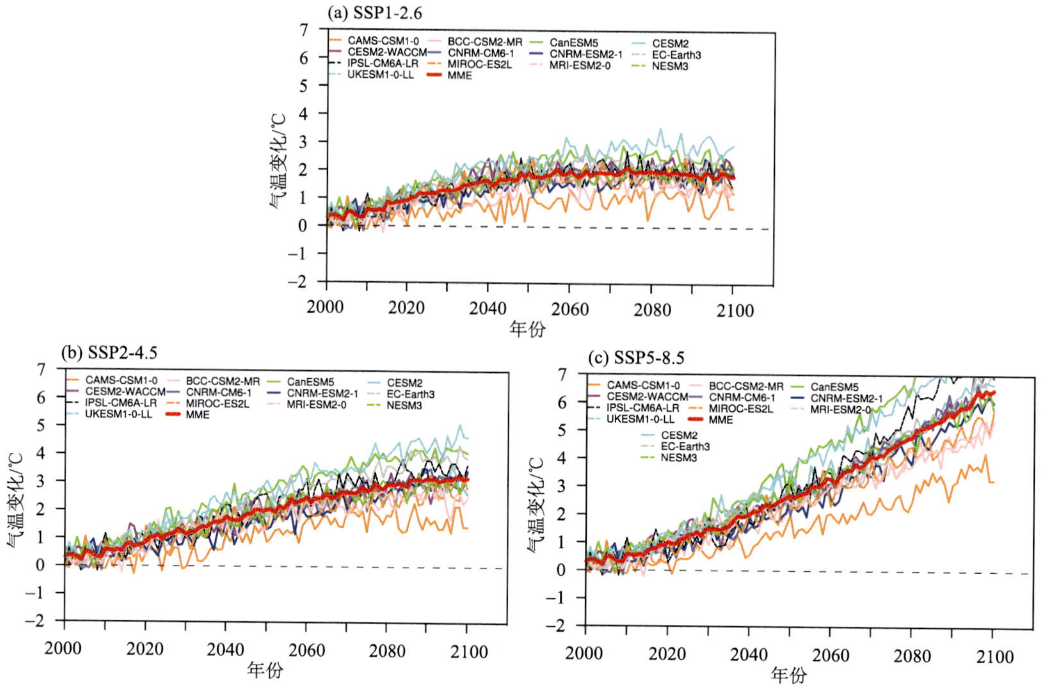

图 3.15 三种共享社会经济情景(SSP)下 CMIP6 全球气候模式对中国区域年平均气温变化趋势预估

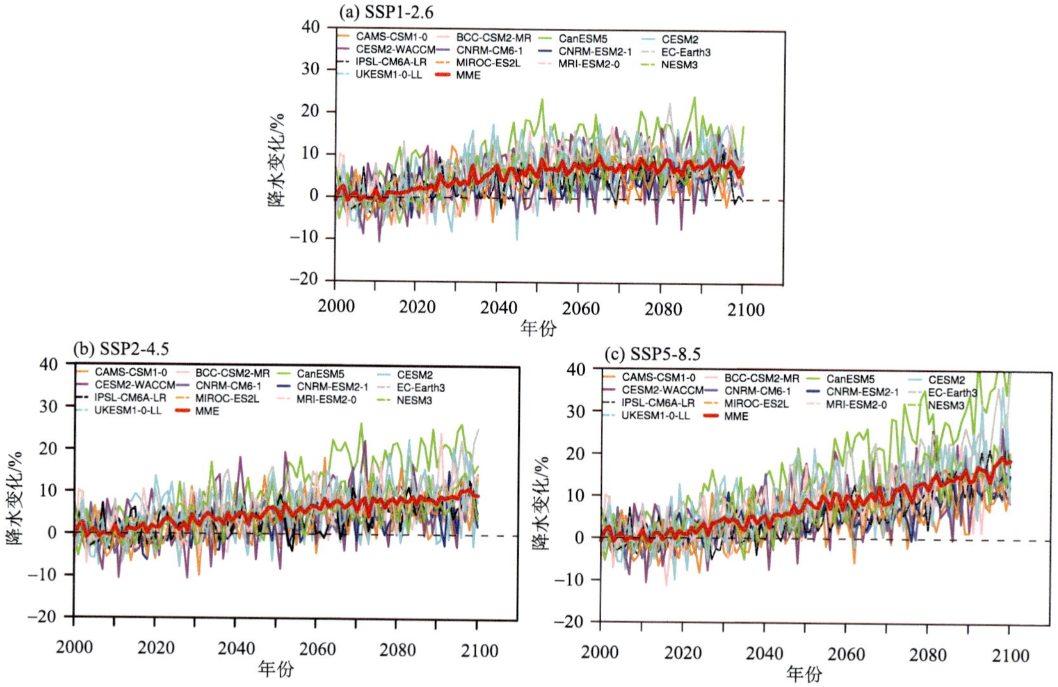

图 3.16 三种共享社会经济情景(SSP)下 13 个 CMIP6 全球气候模式对中国区域年平均降水相对变化(%)趋势预估

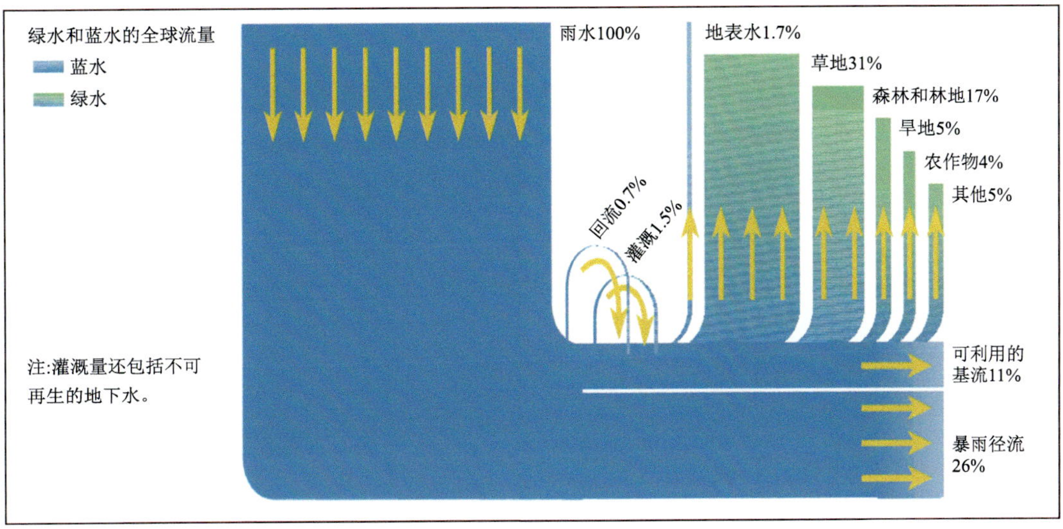

图 5.2　蓝水和绿水的流量和转化(资料来源:UNESCO,2009)

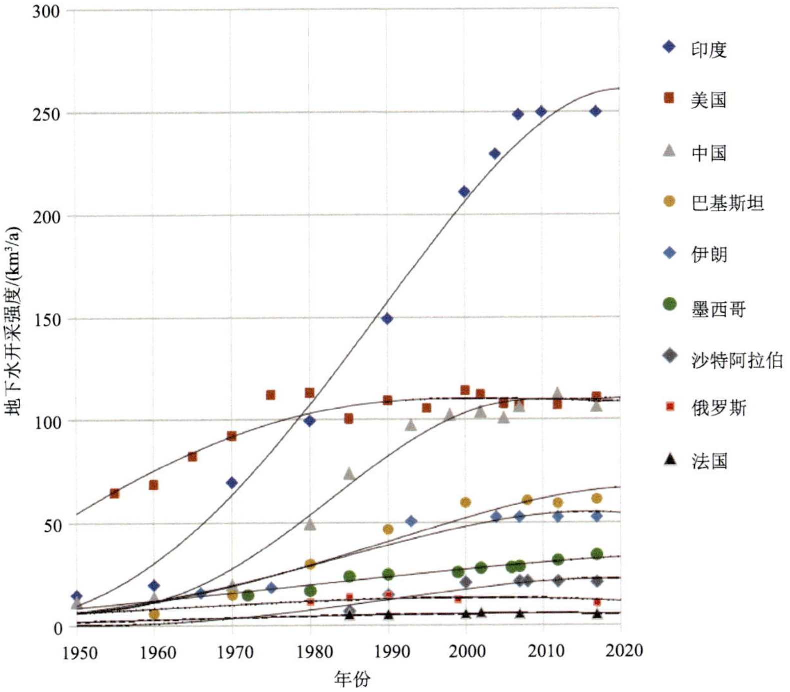

图 5.10　世界部分地下水高开采强度国家的增长趋势
(资料来源:UNESCO,2022)

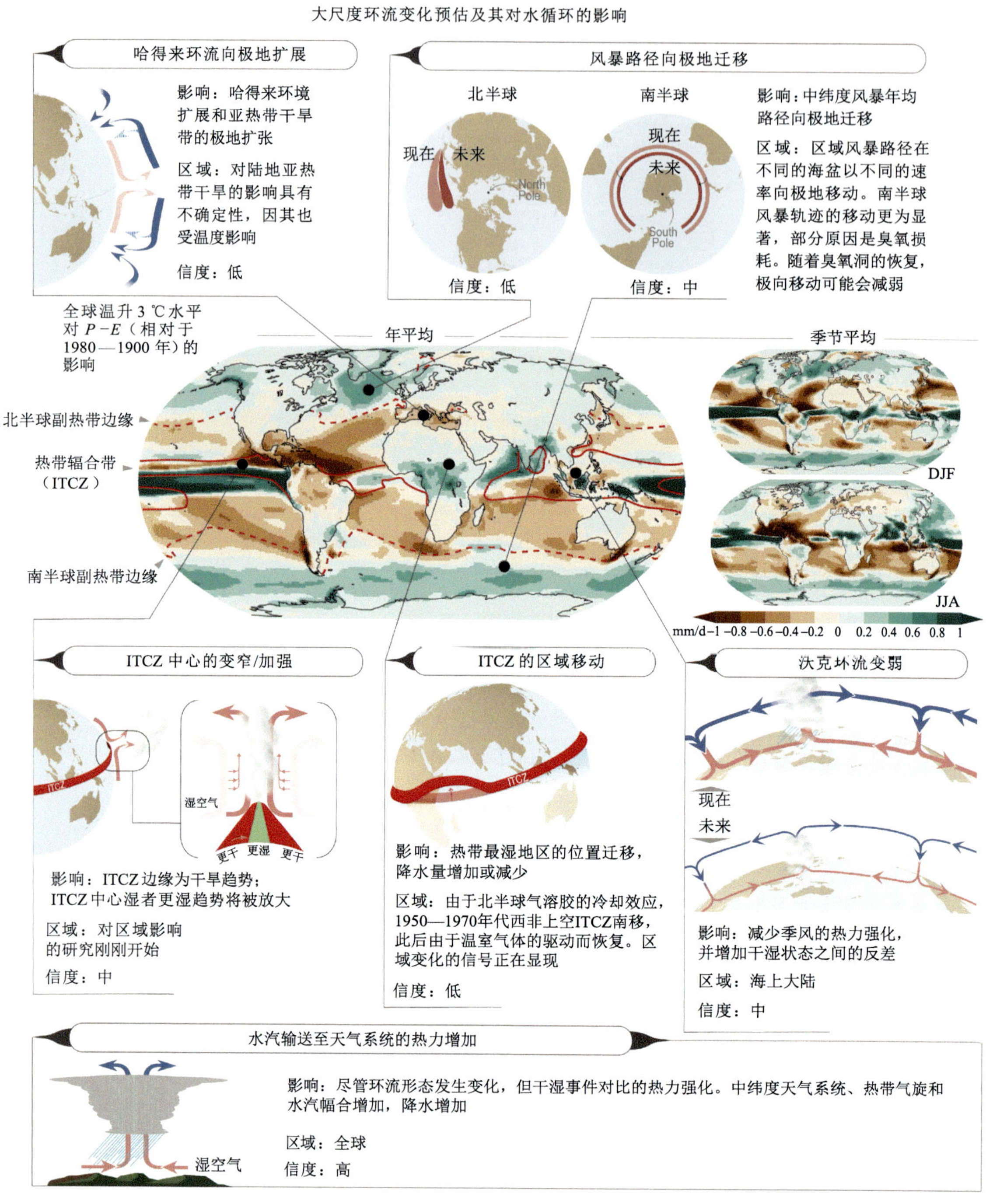

图 6.6 大尺度环流变化及其对区域水循环的影响图示（资料来源：IPCC，2021）

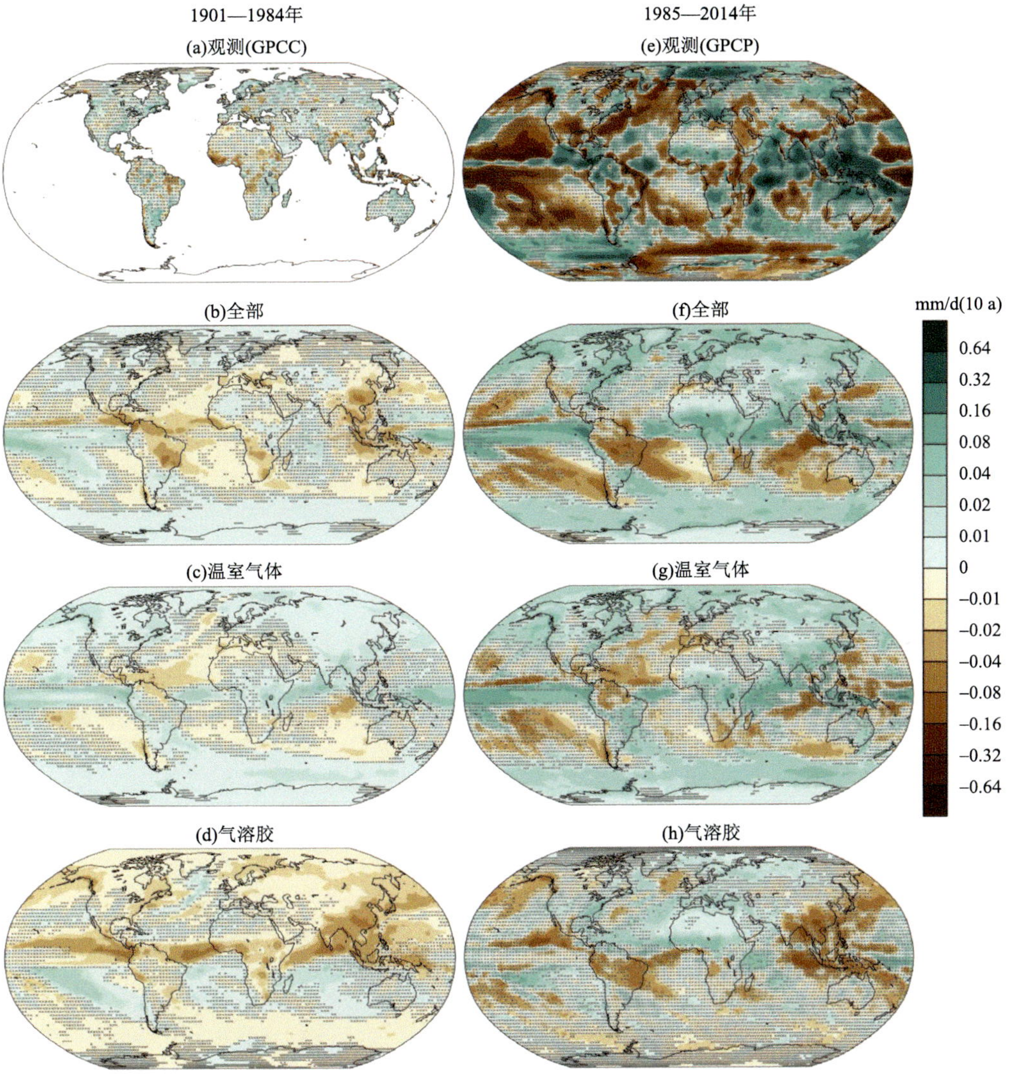

图 6.9 1901—2014 年全球年均降水变化趋势及归因分析(资料来源:IPCC,2021)

(a)、(e) 观测及 CMIP6 模拟的降水变化;(b)、(f) 所有强迫导致的降水变化;(c)、(g) 温室气体强迫导致的降水变化;(d)、(h) 气溶胶强迫导致的降水变化

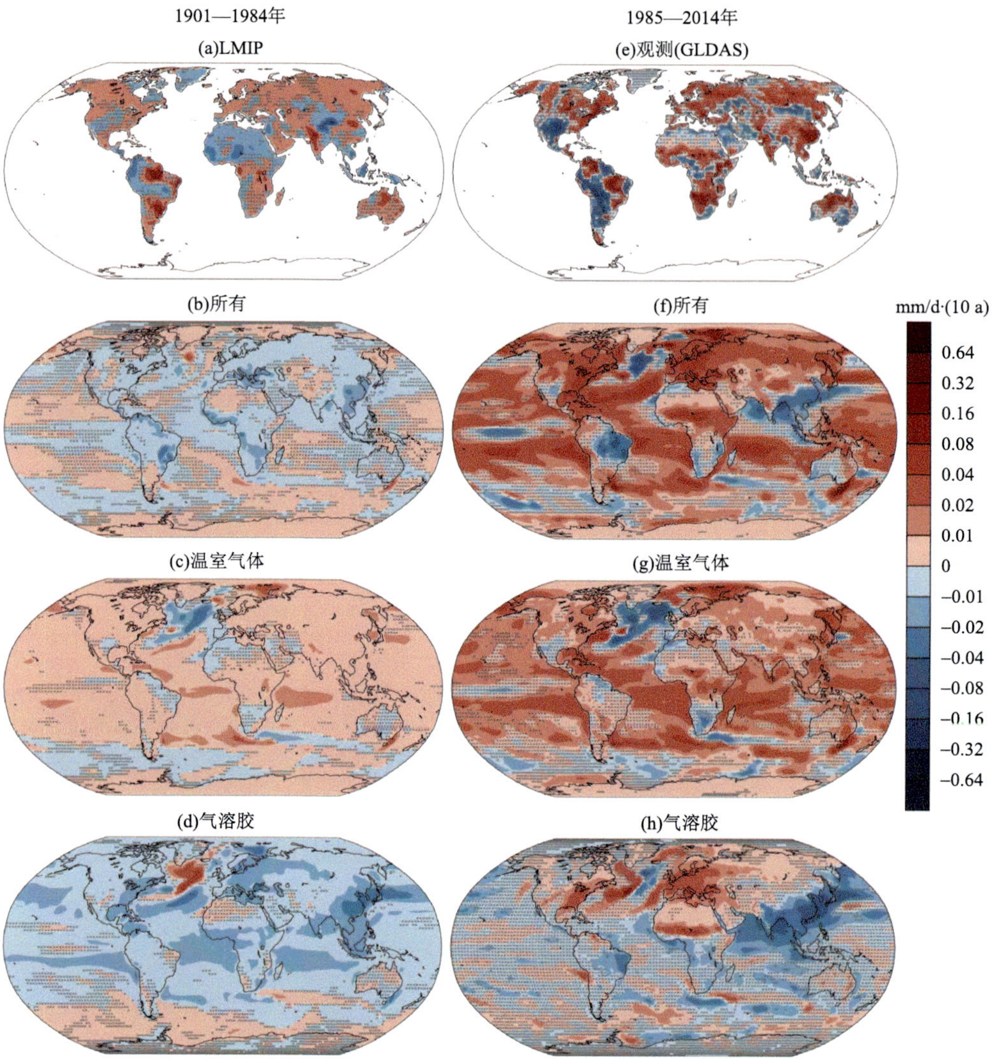

图 6.10　1901—2014 年全球年均蒸散变化趋势(mm/(d・10 a))及归因分析(资料来源:IPCC,2021)
(a)、(e) LMIP 资料集和观测资料;(b)、(f) 所有辐射强迫导致的蒸散变化;
(c)、(g) 温室气体强迫导致的蒸散变化;(d)、(h) 气溶胶强迫导致的蒸散变化

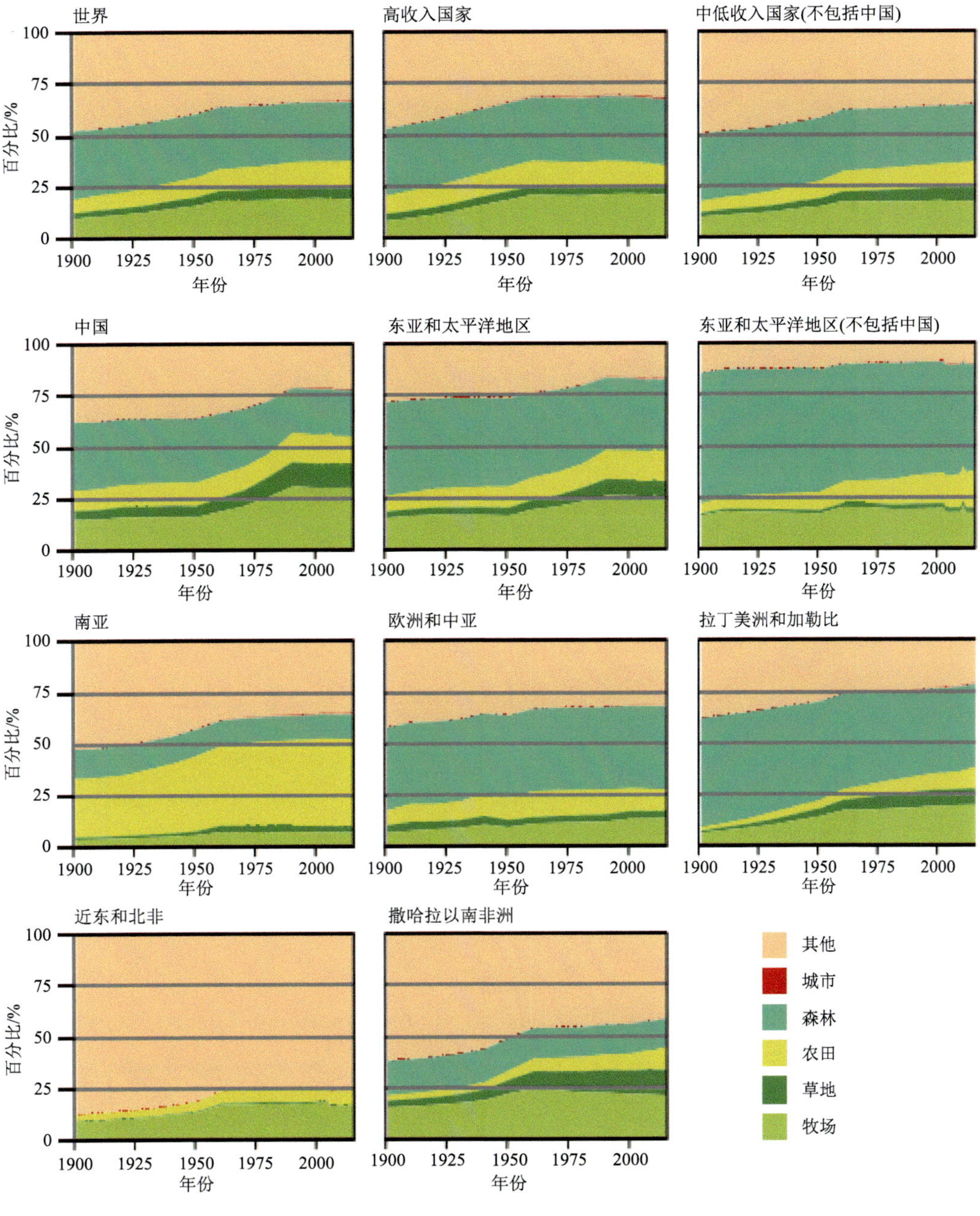

图 6.12　1901—2015 年世界和地区土地利用变化趋势(资料来源:FAO,2018)

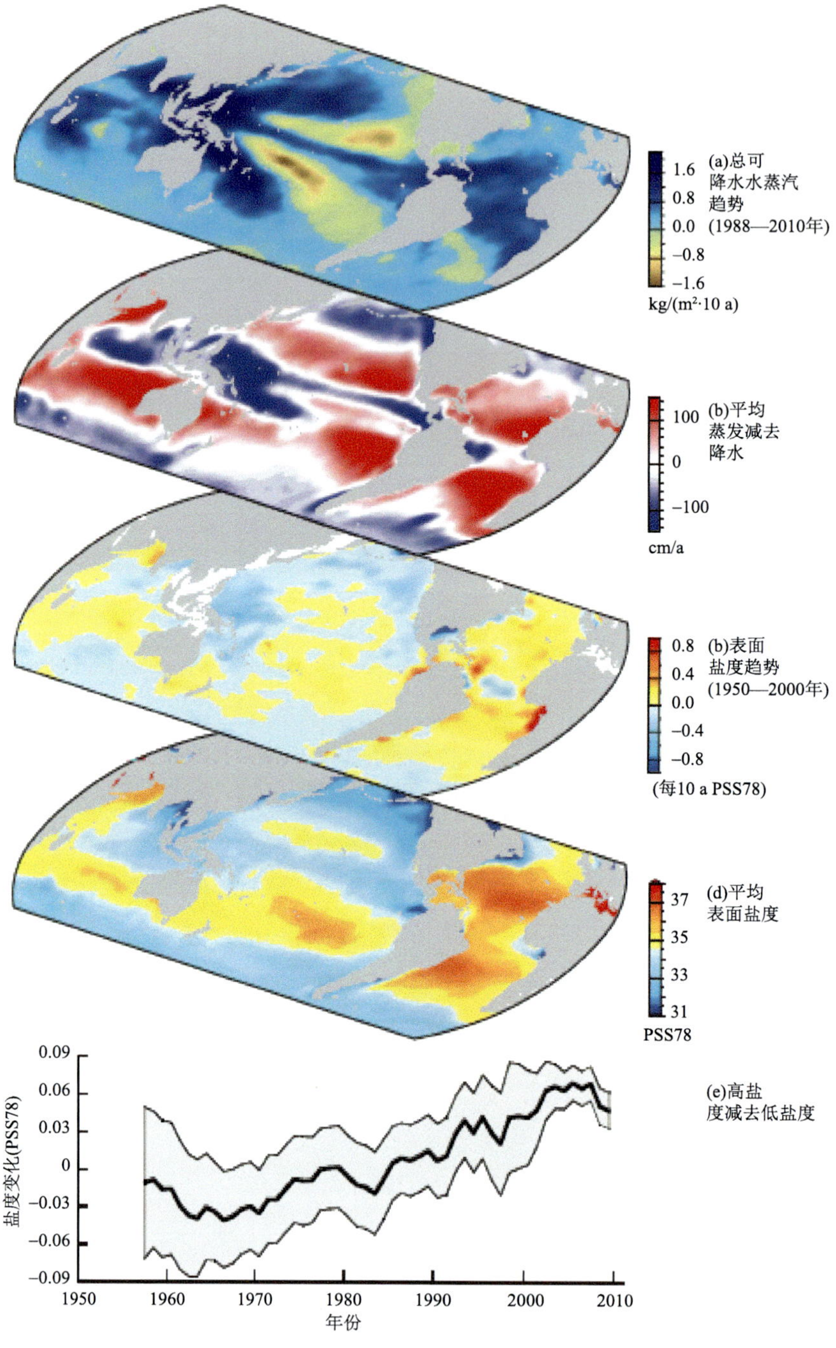

图 6.13 海表盐度变化与蒸发量减去降水量($E-P$)的大气型态以及与总降水趋势相关(资料来源:IPCC,2013) (a)卫星观测给出的总降水量(从地球表面至整个大气的水汽)(单位:kg/(m^2 · 10 a))的线性趋势(1988—2010 年);(b)气象再分析资料给出的 1979—2005 年气候平均净蒸发量减去降水量(单位:cm/a);(c)海表盐度(每 50 a 实用盐度 78(PSS78))的趋势(1950—2000 年);(d)气候平均海表盐度(PSS78);(e)按海表盐度高于全球平均海表盐度的海域平均的盐度(“高盐度”)与按平均盐度低于全球平均值的海域平均的盐度(“低盐度”)之间的全球差异

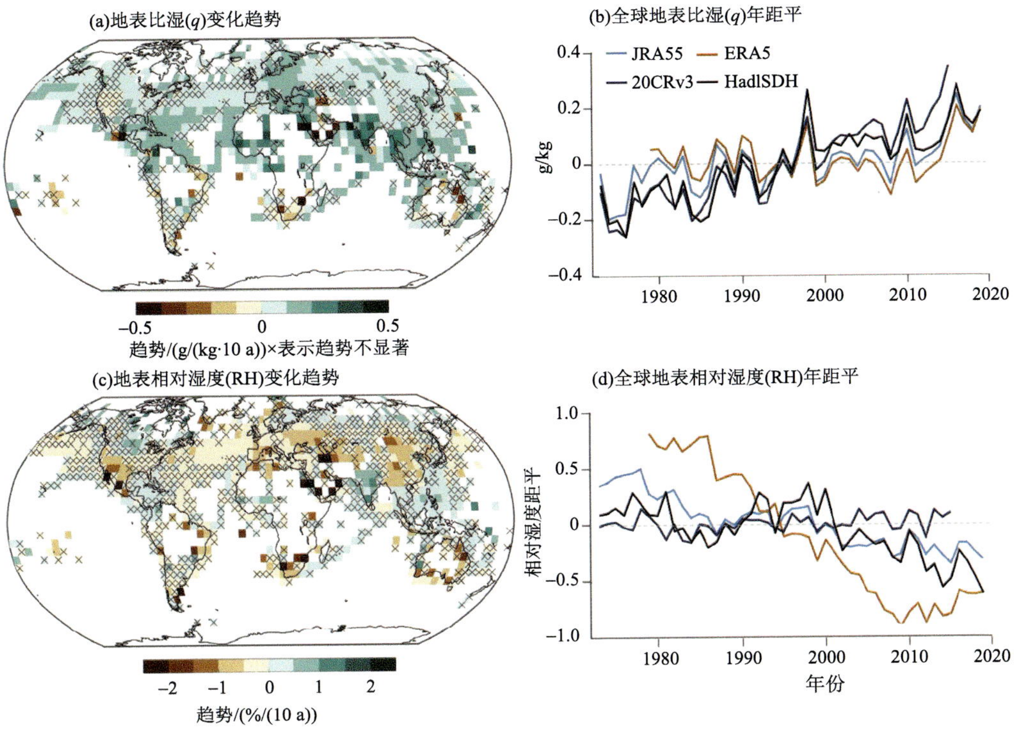

图 6.14　地表湿度变化(资料来源:IPCC AR6 WGI,2021)

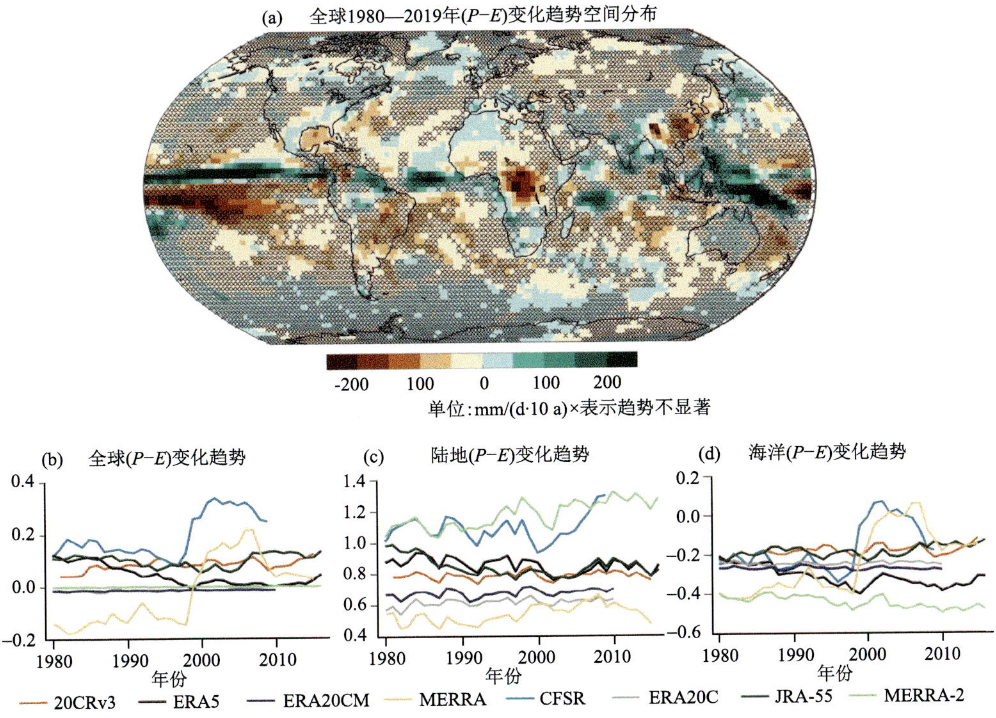

图 6.15　降水−蒸发(P−E)变化(资料来源:IPCC,2021)

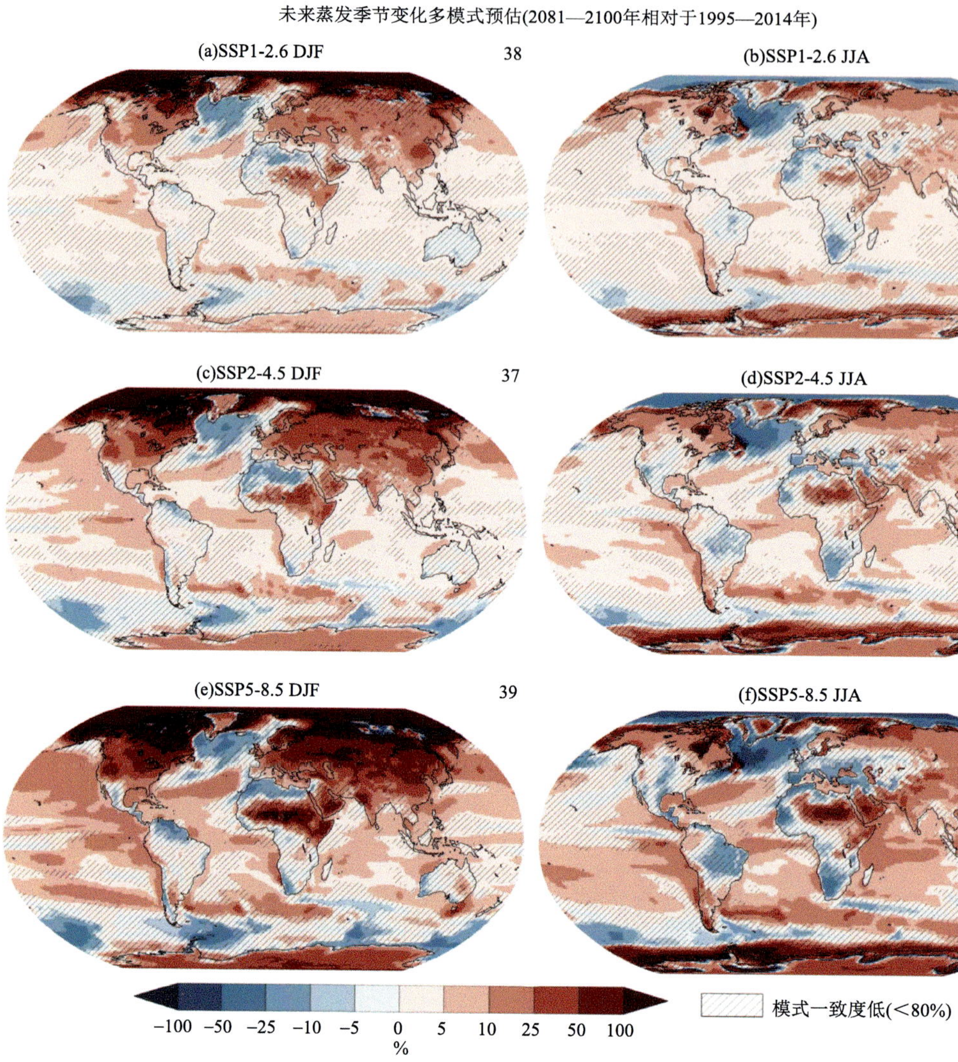

图 6.16 不同排放情景下未来蒸发季节变化多模式预估(资料来源:IPCC,2021)

DJ 表示冬季 12—次年 2 月,JJA 表示夏季 6—8 月

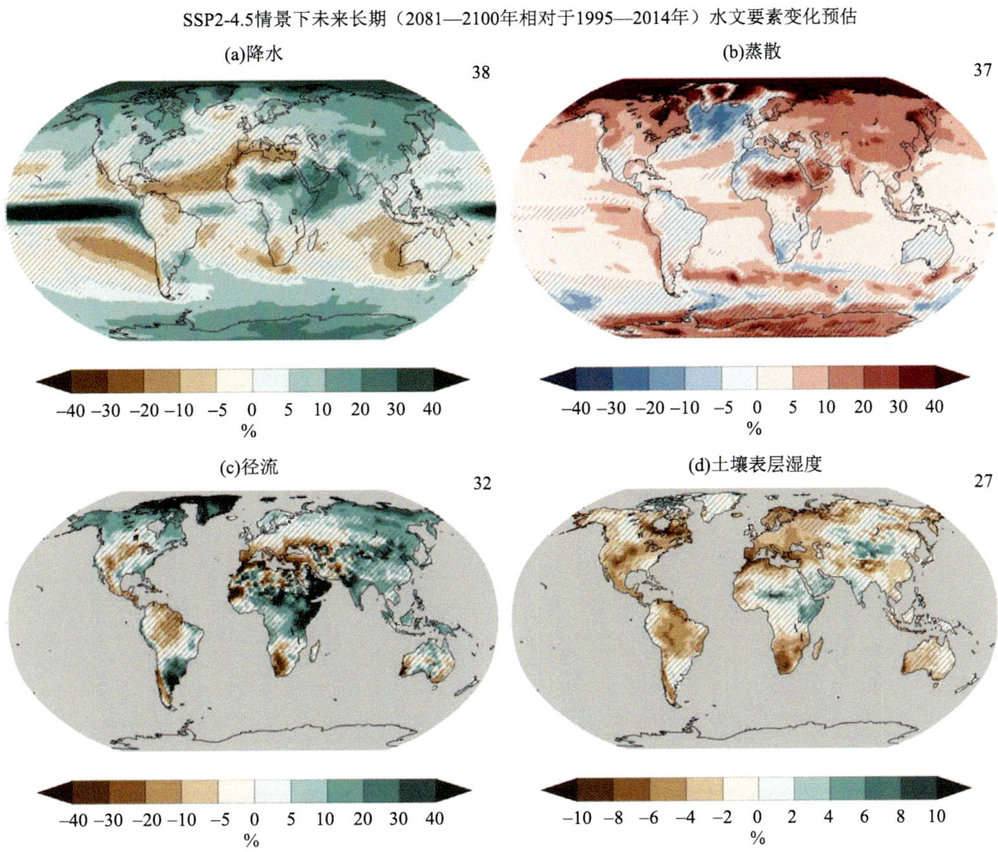

图 6.18　SSP2-4.5 情景下未来长期水文要素变化预估(资料来源:IPCC,2021)

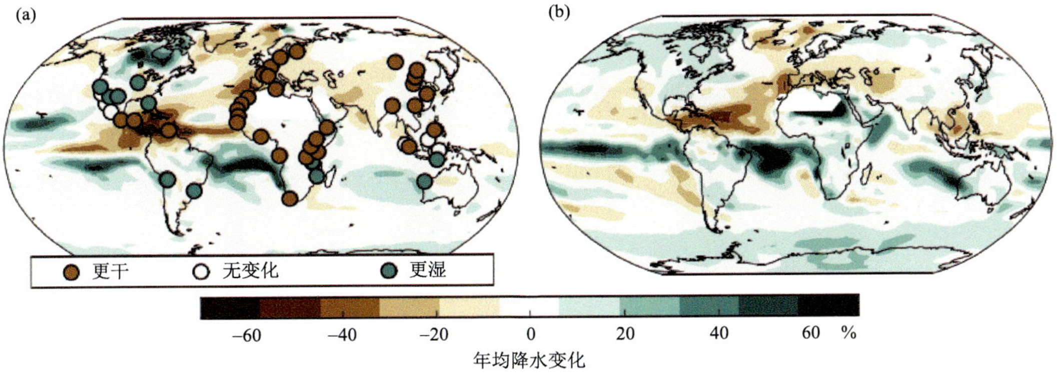

图 6.19　新仙女木事件 AMOC 崩溃于未来假设的 AMOC 崩溃降水分布对比(资料来源:IPCC,2021)
(a)新仙女木事件干湿分布重建;(b)AMOC 崩溃降水变化分布模拟

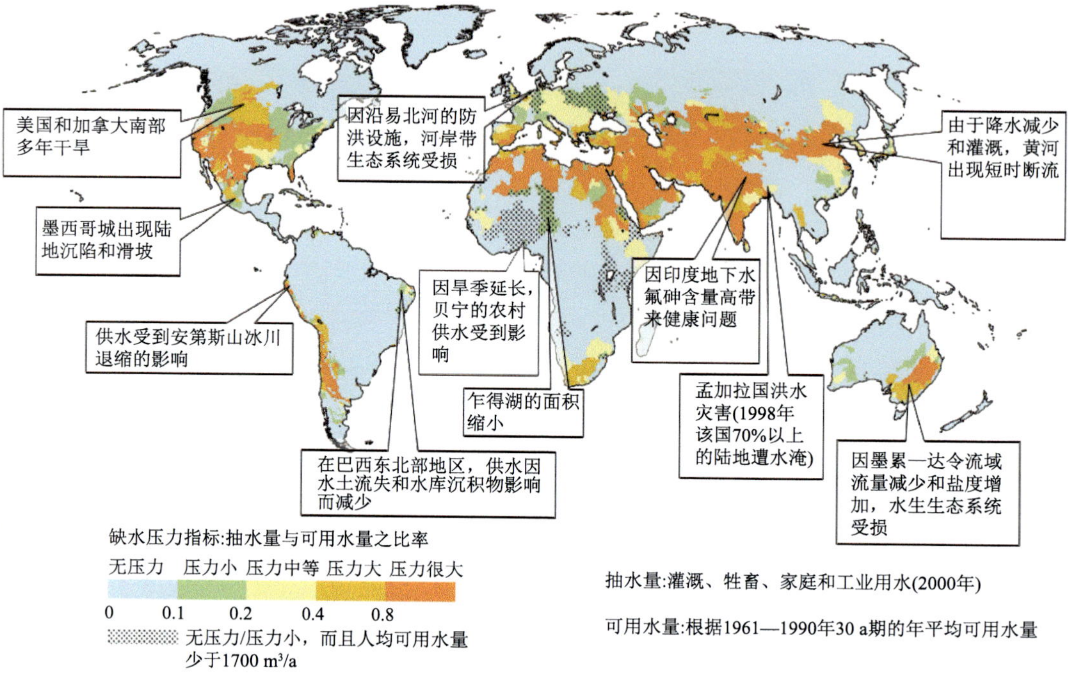

图 6.20　全球陆地水资源压力状况及脆弱地区(资料来源:IPCC,2008)

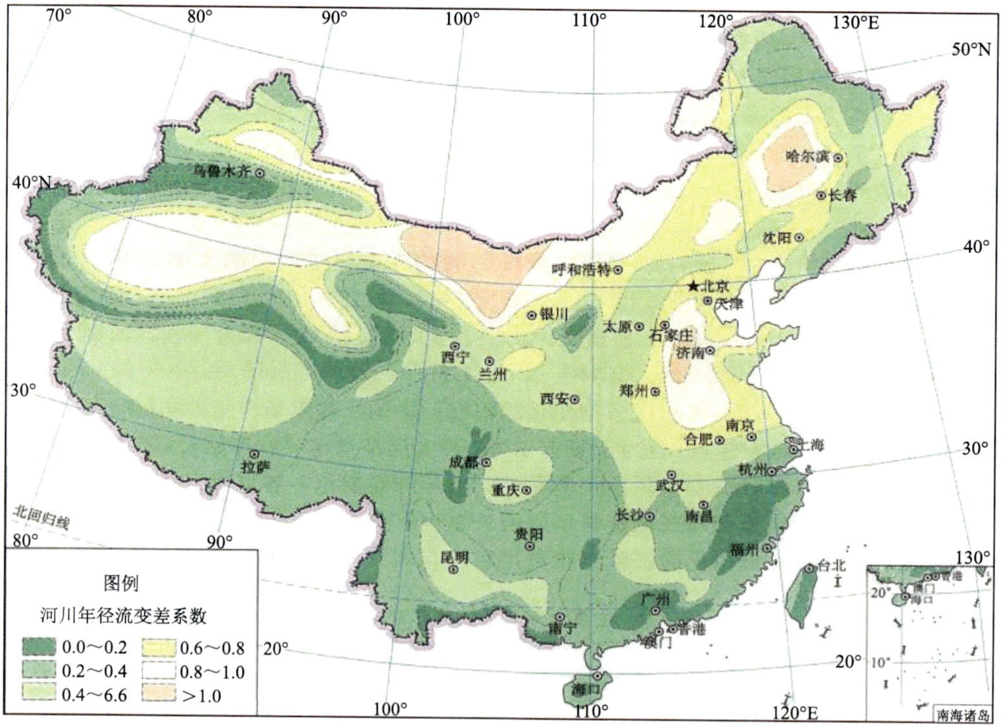

图 7.10　中国年径流变差系数(C_v)分布图(资料来源:刘昌明,2014)

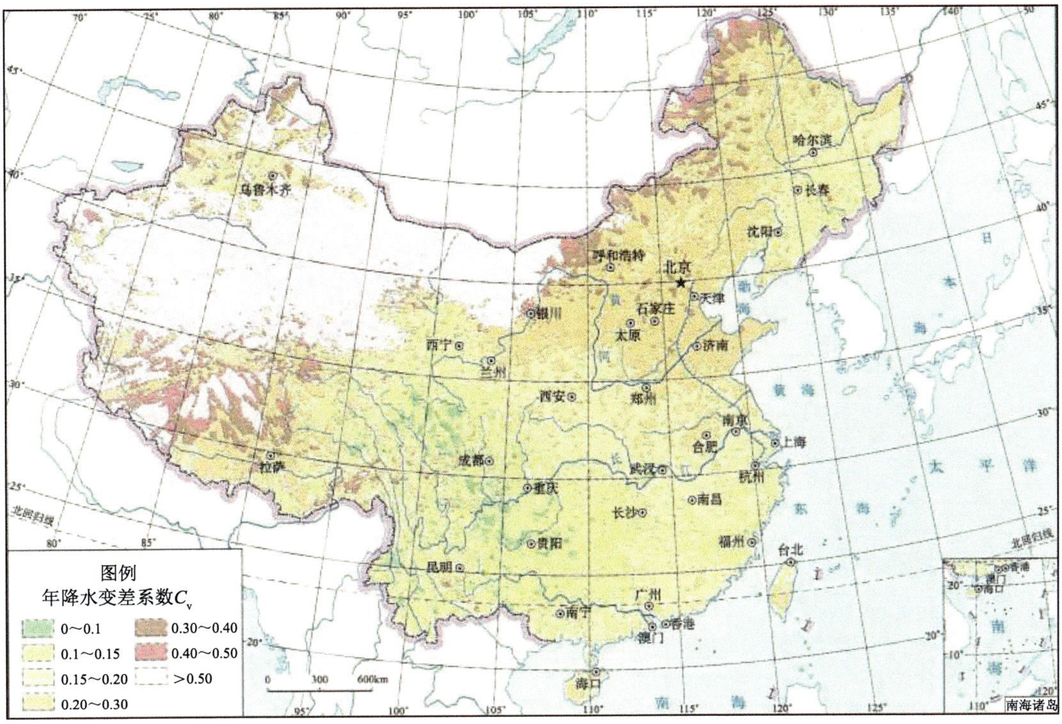

图 9.8 中国年降水变差系数分布图(1960—2001 年)(资料来源:刘昌明,2014)

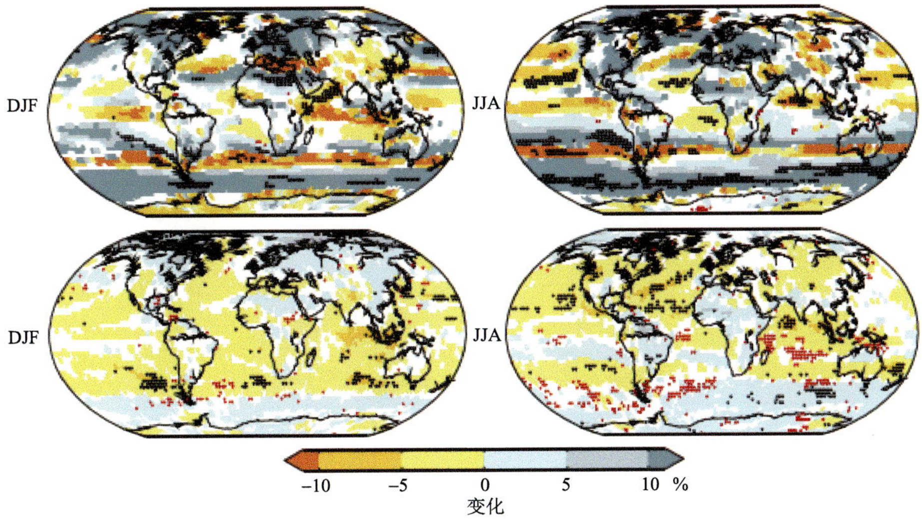

图 10.5 2081—2100 年相对 1981—2000 年 10 m 日平均风速(上部)和 99%百分位日平均风速变化(资料来源:IPCC,2012)

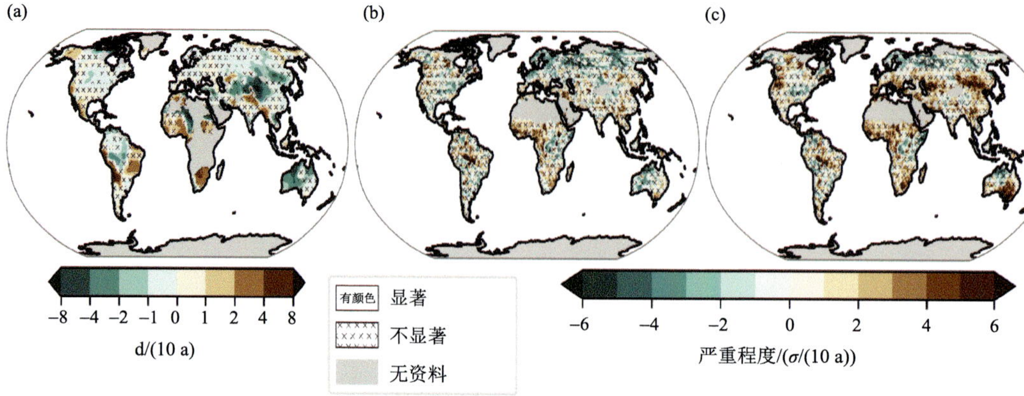

注:σ 为标准差。

图 10.6 观测到的干旱线性趋势(资料来源:IPCC,2021)

(a)1960—2018 年连续干旱日;(b)标准降水指标(SPI,12 月);

(c)1951—2016 年标准降水-蒸散指标(SPEI,12 月)

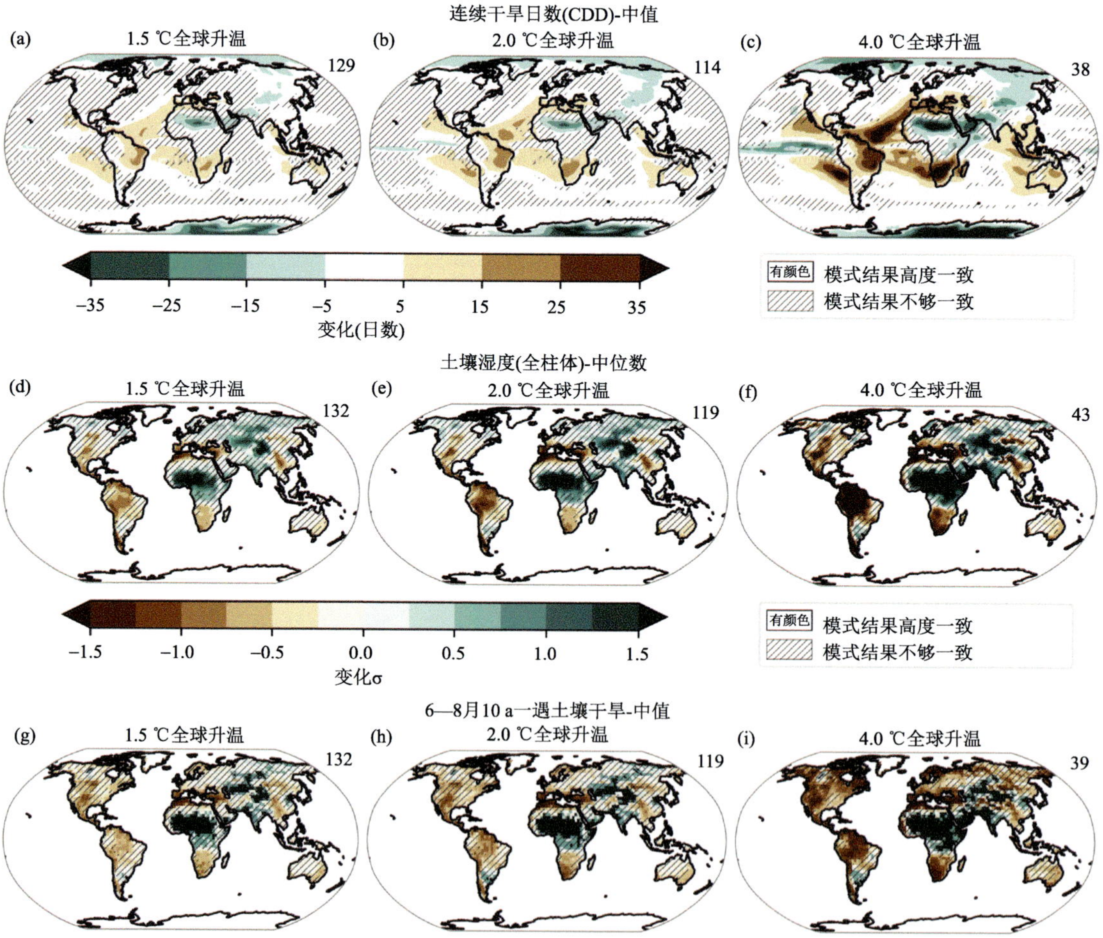

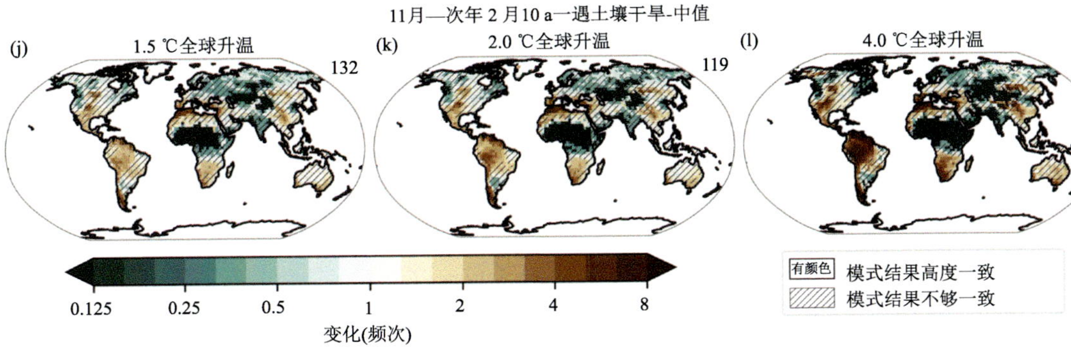

图 10.7 未来干旱趋势预估(相对于1851—1900年)(资料来源:IPCC,2021)
(a)—(c)连续干旱日数;(d)—(f)年均柱体总水汽量;
(g)—(l)升温1.5 ℃、2 ℃和4 ℃ 6—8月和12月—次年2月10 a一遇土壤湿度干旱频率与强度

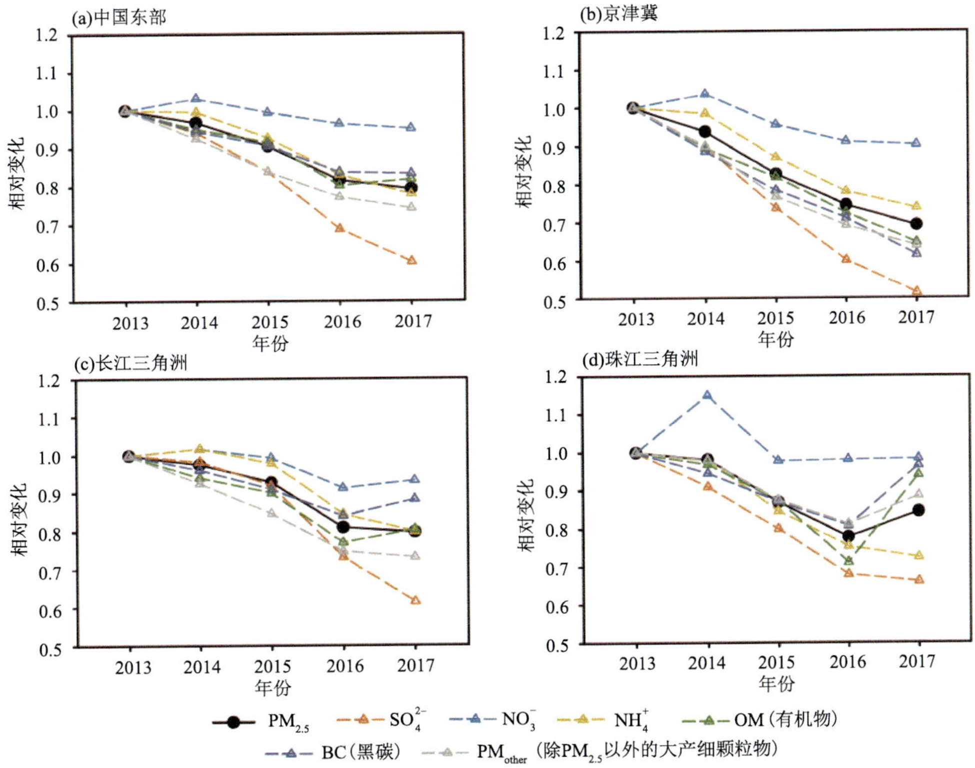

图 10.19 2013—2017年中国东部和三个重点区域 $PM_{2.5}$ 化学成分浓度的相对变化
(所有数据均为基于2013年的相对值,资料来源:耿冠楠,2020)

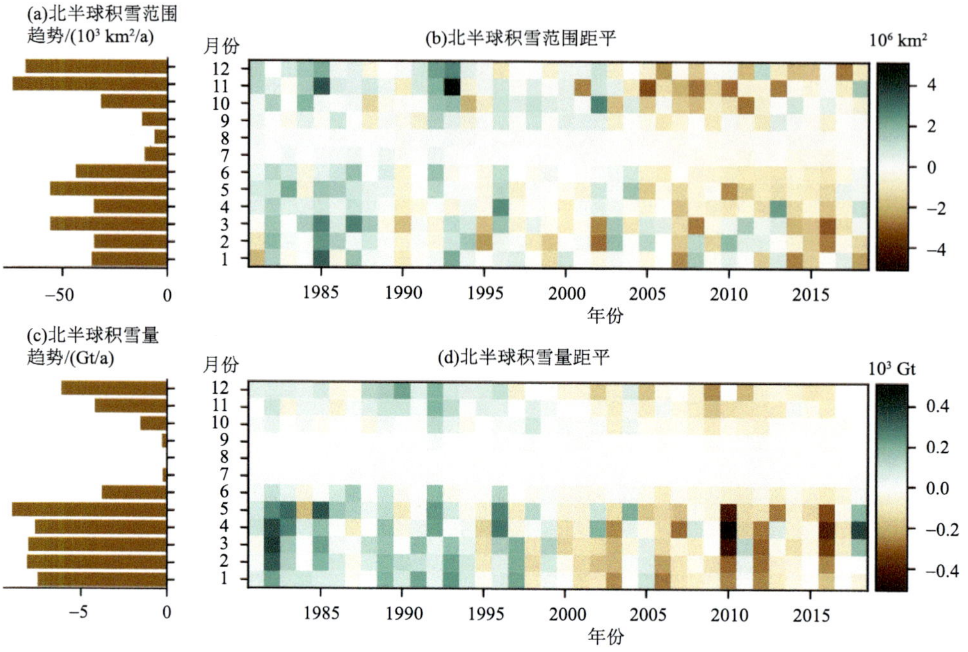

图 11.2 观测到的北半球逐月积雪范围趋势(a);积雪范围距平(b);积雪量趋势(c);积雪量距平(d)
(资料来源:IPCC,2021)

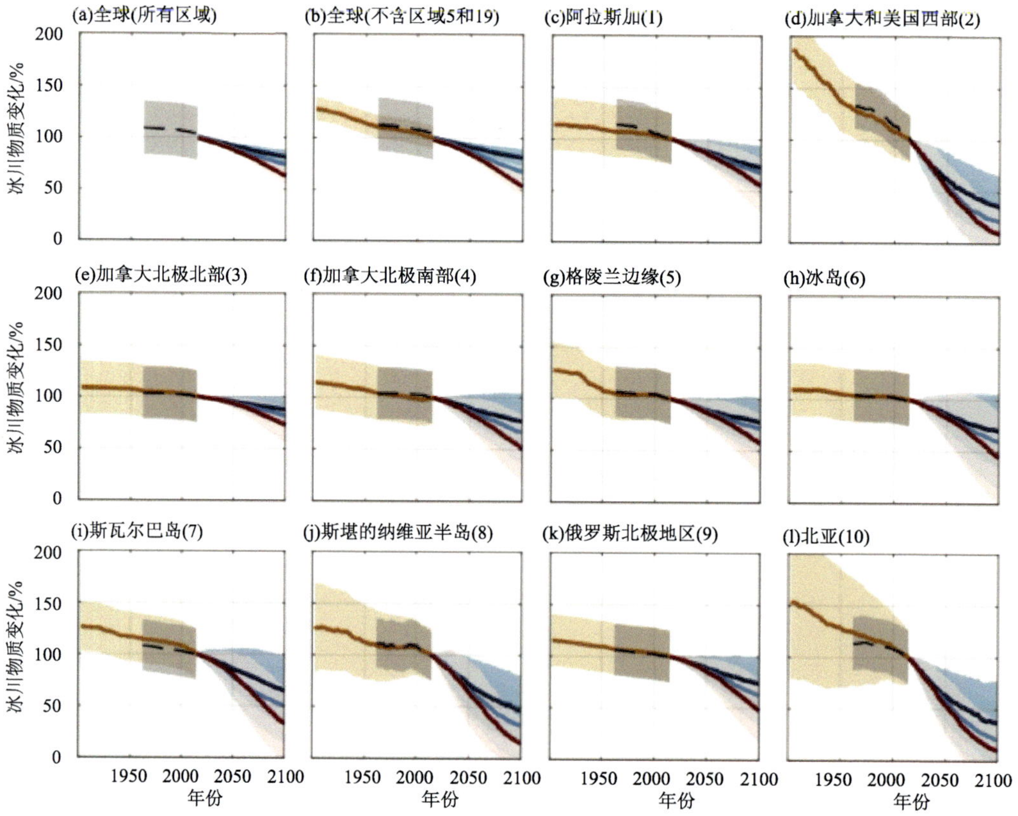

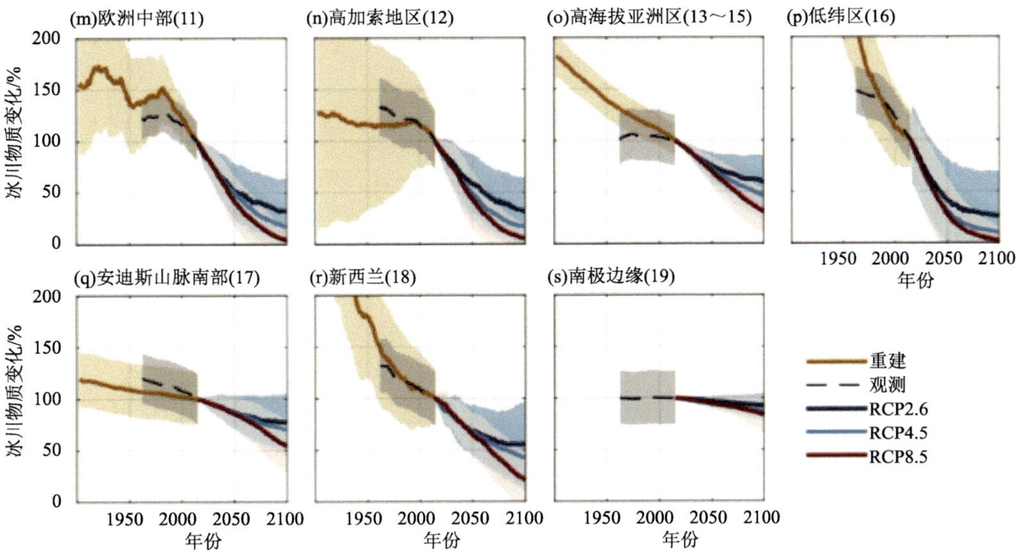

图 11.5 未来全球和不同区域冰川质量在 RCPs 情景下相对于 2015 年的变化趋势

(资料来源:IPCC,2021;效存德 等,2022)

注:图中冰川序号与图 11.1 中的序号完全对应

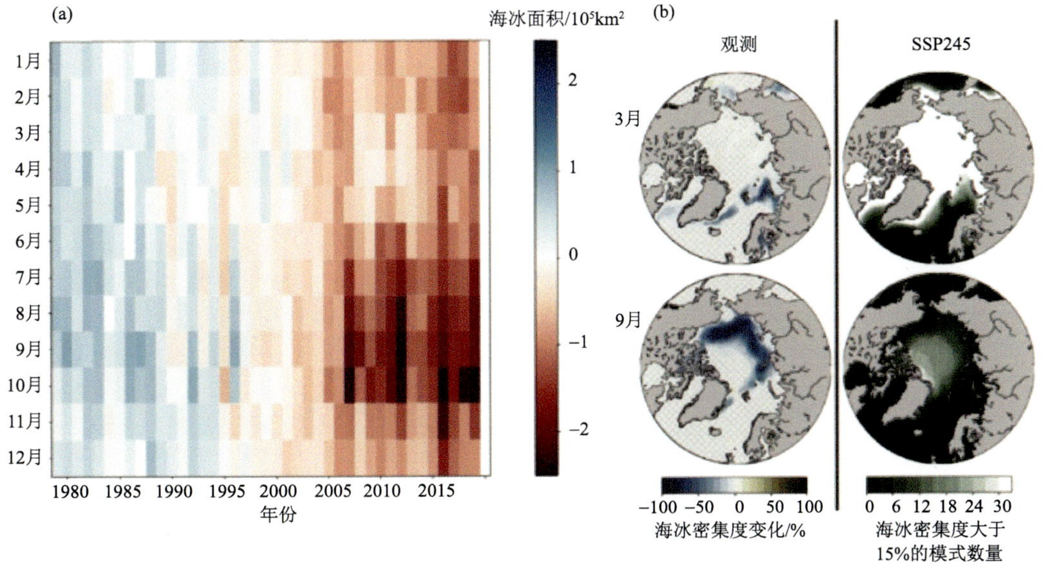

图 11.6 卫星观测和 CMIP6 预测的北极海冰变化(资料来源:IPCC,2021;效存德 等,2022)

(a)1979—2019 年北极海冰面积相对于 1979—2000 年的月平均异常;(b)3 月和 9 月的北极海冰密集度分布

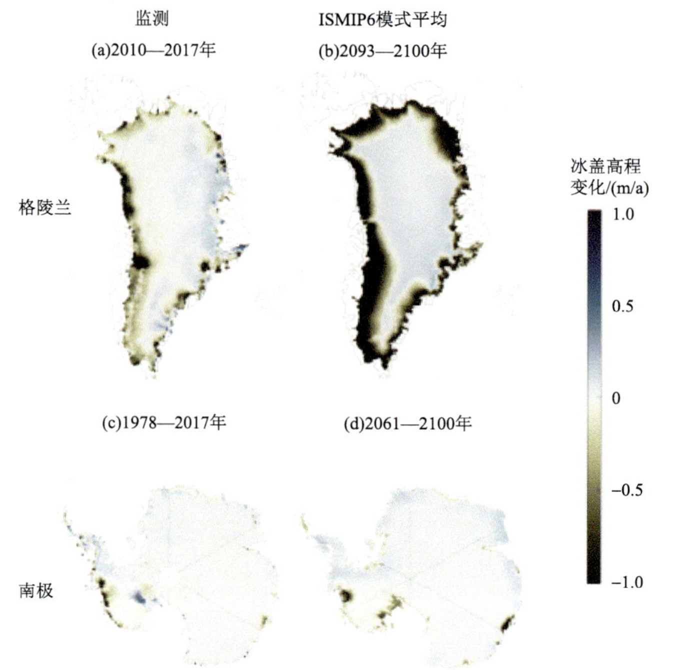

图 11.9 (a)2010—2017 年间 CryoSat 2 雷达高度计获取的格陵兰冰盖平均高程变化;(b)RCP8.5 情景下,基于 MIROC 5 气候模式输出模拟得到的 2093—2100 年格陵兰冰盖高程变化的模式平均;(c)1978—2017 年间卫星高度计获取的南极冰盖高程变化;(d)RCP8.5 情景下,基于 NorES M 1－M 气候模式输出模拟得到的 2061—2100 年南极冰盖高程变化的模式平均(资料来源:IPCC,2021;效存德 等,2022)

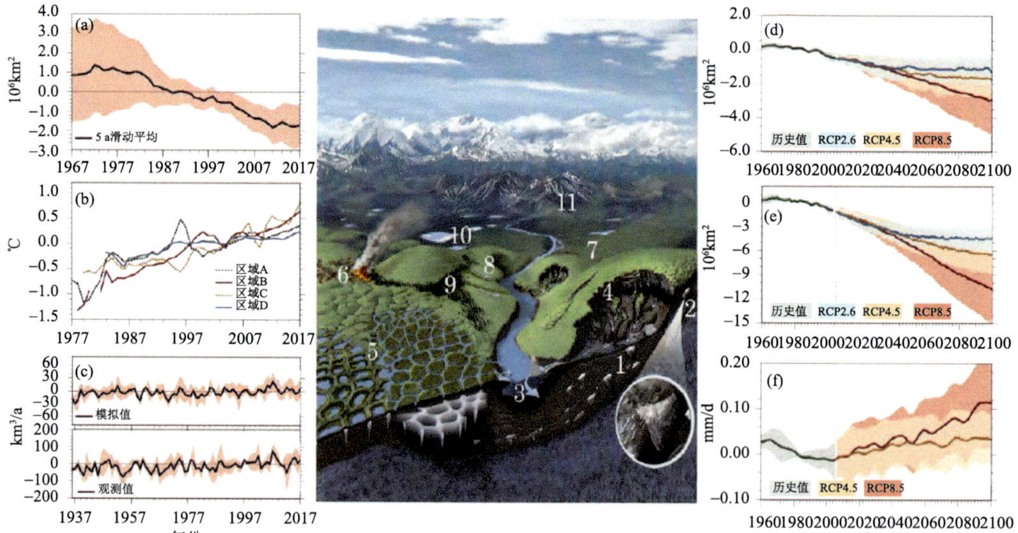

图 11.11 北极陆地冰冻圈变化及其对淡水系统的影响(资料来源:IPCC,2019b)

(a)1967—2017 年积雪范围变率;(b)1977—2017 年多年冻土温度变率;(c)1937—2017 年年径流量变率;(d)未来积雪范围变率预估;(e)未来多年冻土面积变化预估;(f)未来径流变化预估

中图:(1)多年冻土;(2)河流径流;(3)底冰;(4)突然消融;(5)地表水;(6)野火;(7)苔原;(8)灌木;(9)北方森林;(10)湖冰;(11)季节性积雪

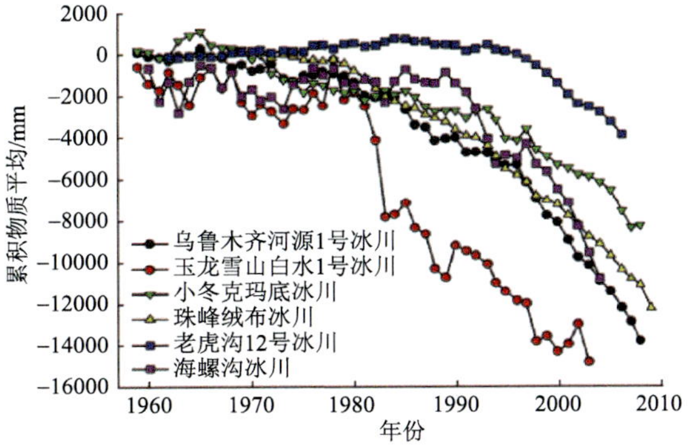

图 11.12 近几十年来中国某些冰川物质平衡变化(资料来源:秦大河 等,2012)

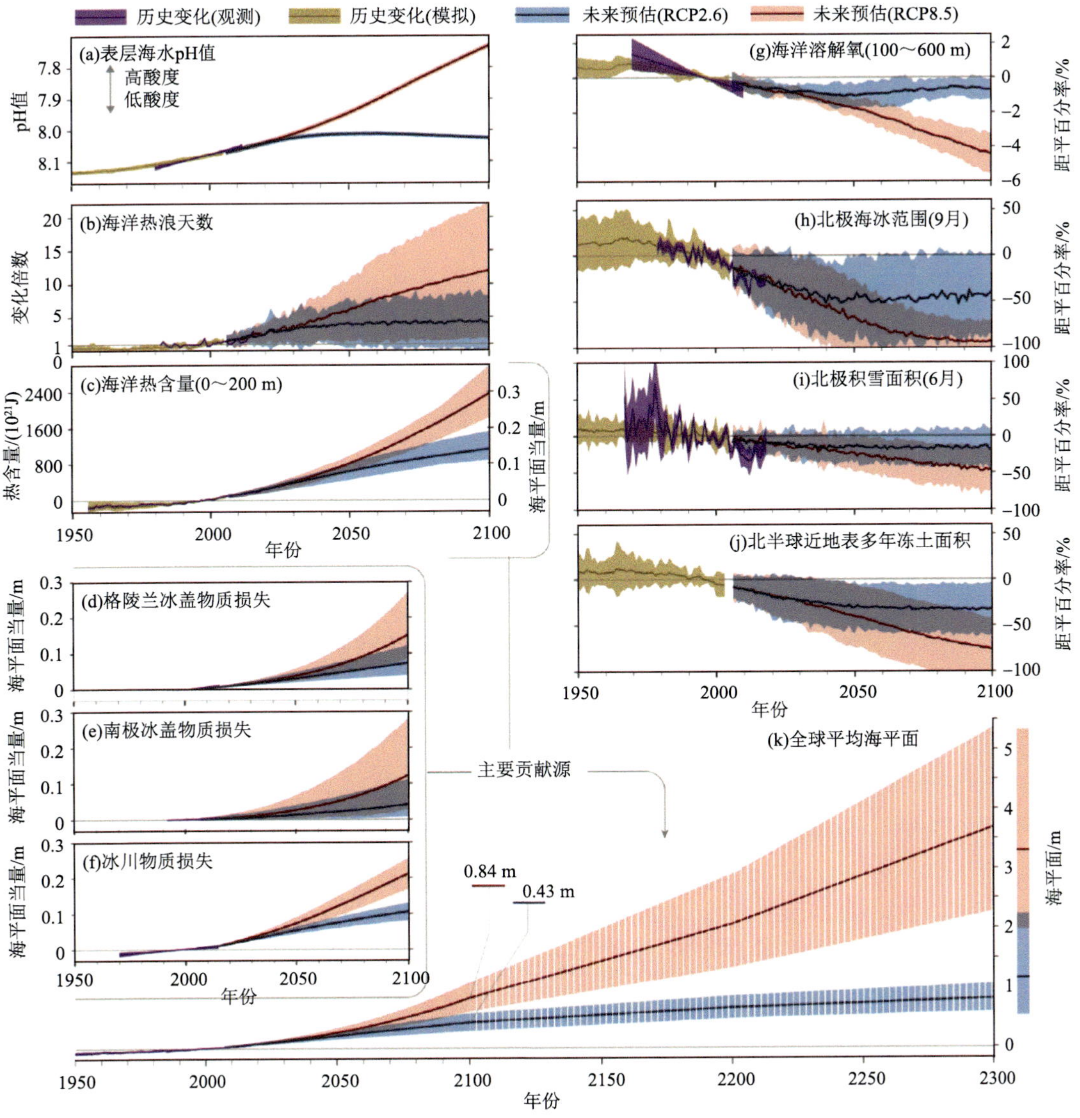

图 12.2 1950 年以来全球海洋和冰冻圈变化观测和模拟及未来变化预估(相对 1986—2005 年)
(资料来源:IPCC,2019b)

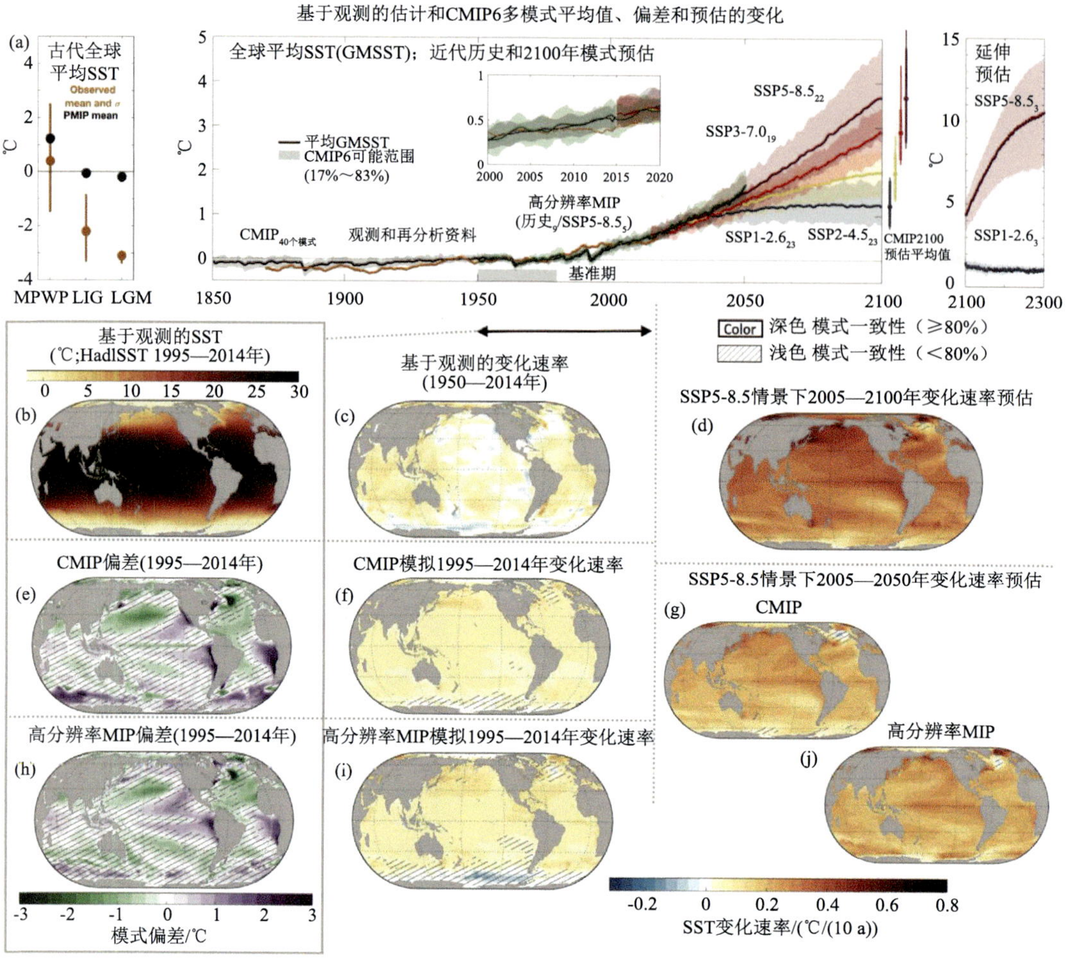

图 12.3　全球海面温度(SST)变化趋势(资料来源：IPCC，2021)

(a)全球 SST 相对 1950—1980 年的距平；(b)1995—2014 观测结果；(c)基于 1995—2014 年观测结果的变化速率；(d)SSP5-8.5 情景下 2005—2100 年变化速率预估；(e) CMIP 偏差；(f)CMIP 模拟 1995—2014 年变化速率；(g)SSP5-8.5 情景下 2005—2050 年变化速率预估；(h)高分辨率 MIP 偏差；(i)高分辨率 MIP 模拟 1995—2014 年变化速率；(j)SSP5-8.5 情景下高分辨率 MIP2005—2050 年变化速率预估

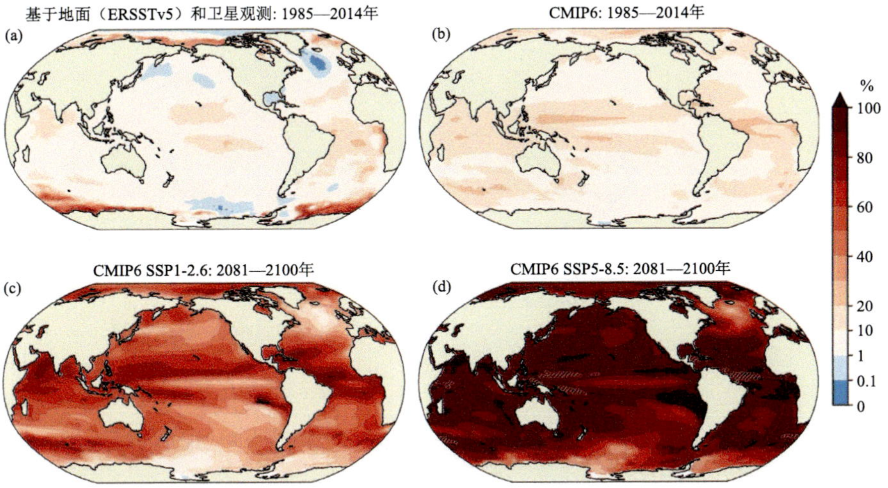

图 12.4　1985—2014 年海洋热浪(MHW$_s$)发生频率和 2081—2100 年海洋热浪发生频率预估
(资料来源:IPCC,2021)

(a)基于地面和 NOAA 卫星观测资料的 1985—2014 年 MHW 发生频率;(b)1985—2014 年 MHW 发生频率 CMIP6 模式模拟结果;(c)SSP1-2.6 情景下 2081—2100 年 MHW 发生频率 CMIP6 模式模拟结果;(d)SSP5-8.5 情景下 2081—2100 年 MHW 发生频率 CMIP6 模式模拟结果

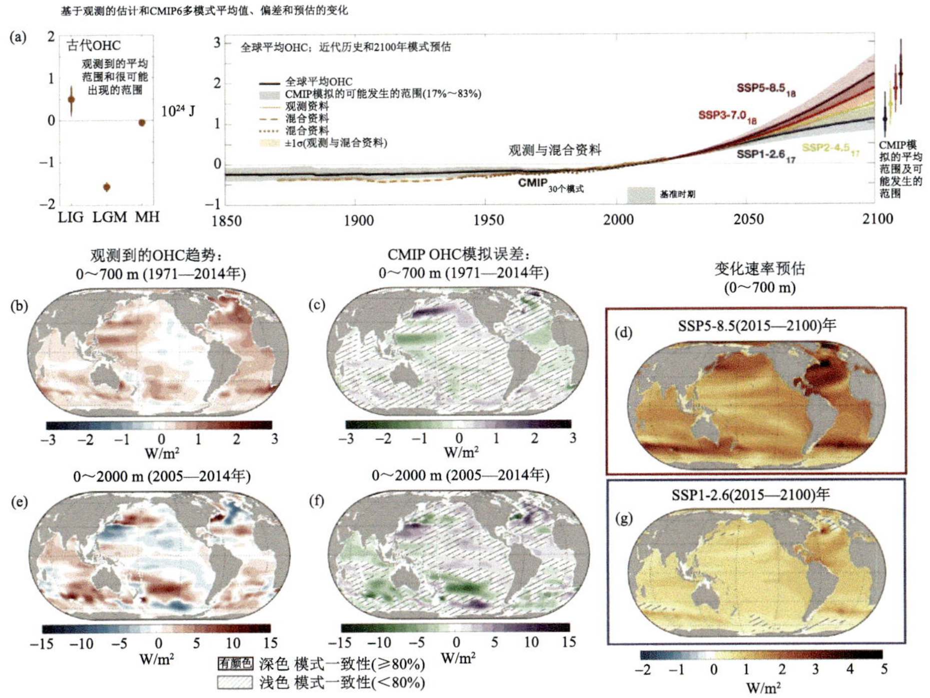

图 12.5　全球海洋热含量(OHC)变化趋势(资料来源:IPCC,2021)

(a)全球海洋 0～2000 m 热含量基于 2005—2014 年的距平;(b)观测到的全球海洋 0～700 m 热含量 1971—2014 年变化趋势;(c)CMIP6 模式对全球海洋 1971—2014 年 0～700 m 热含量模拟误差;(d)SSP5-8.5 情景下 CMIP6 模式对全球海洋 2015—2100 年 0～700 m 热含量模拟结果;(e)观测到的全球海洋 0～2000 m 热含量 2005—2014 年变化趋势;(f)CMIP6 模式对全球海洋 2005—2014 年 0～2000 m 热含量模拟误差;(g)SSP1-2.6 情景下 CMIP6 模式对全球海洋 2015—2100 年 0～700 m 热含量模拟结果

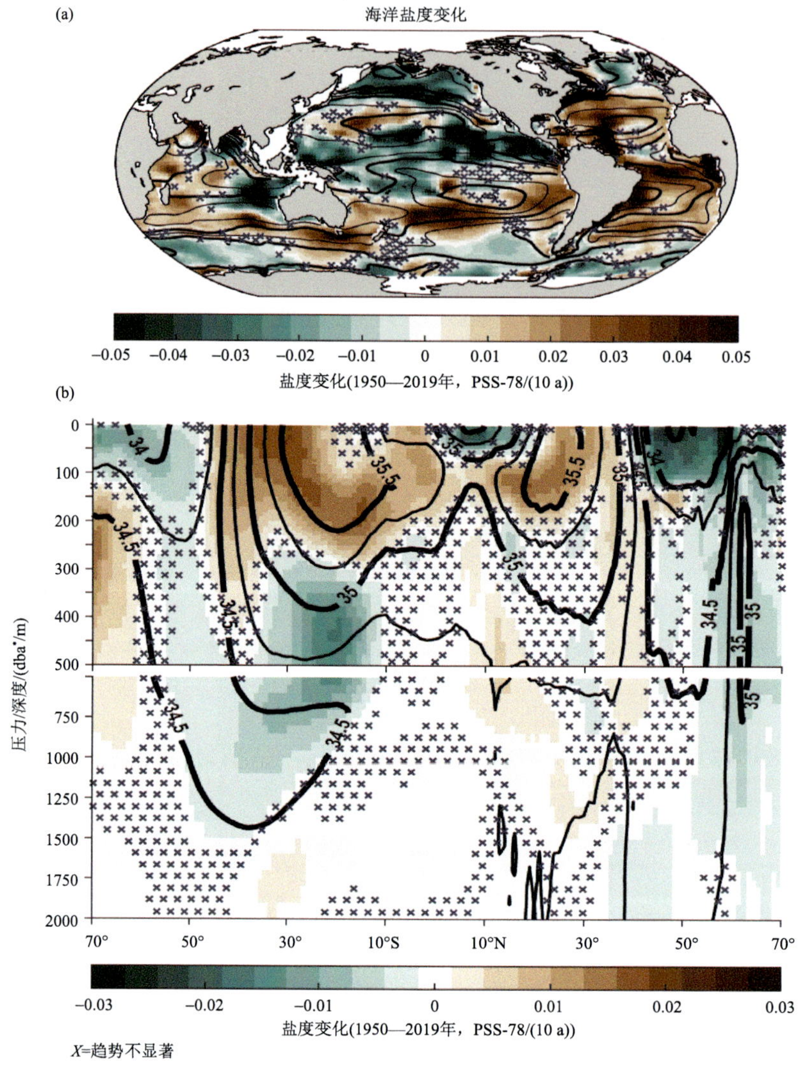

图 12.6 全球海洋盐度变化趋势(资料来源:IPCC,2021)

(a)全球海洋近海表盐度变化趋势;(b)全球海洋次海表纬向频率盐度变化趋势

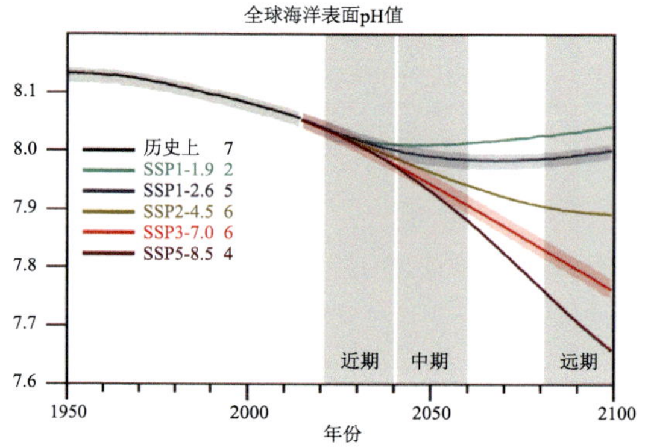

图 12.8 全球海表 pH 值变化趋势(资料来源:IPCC,2021)

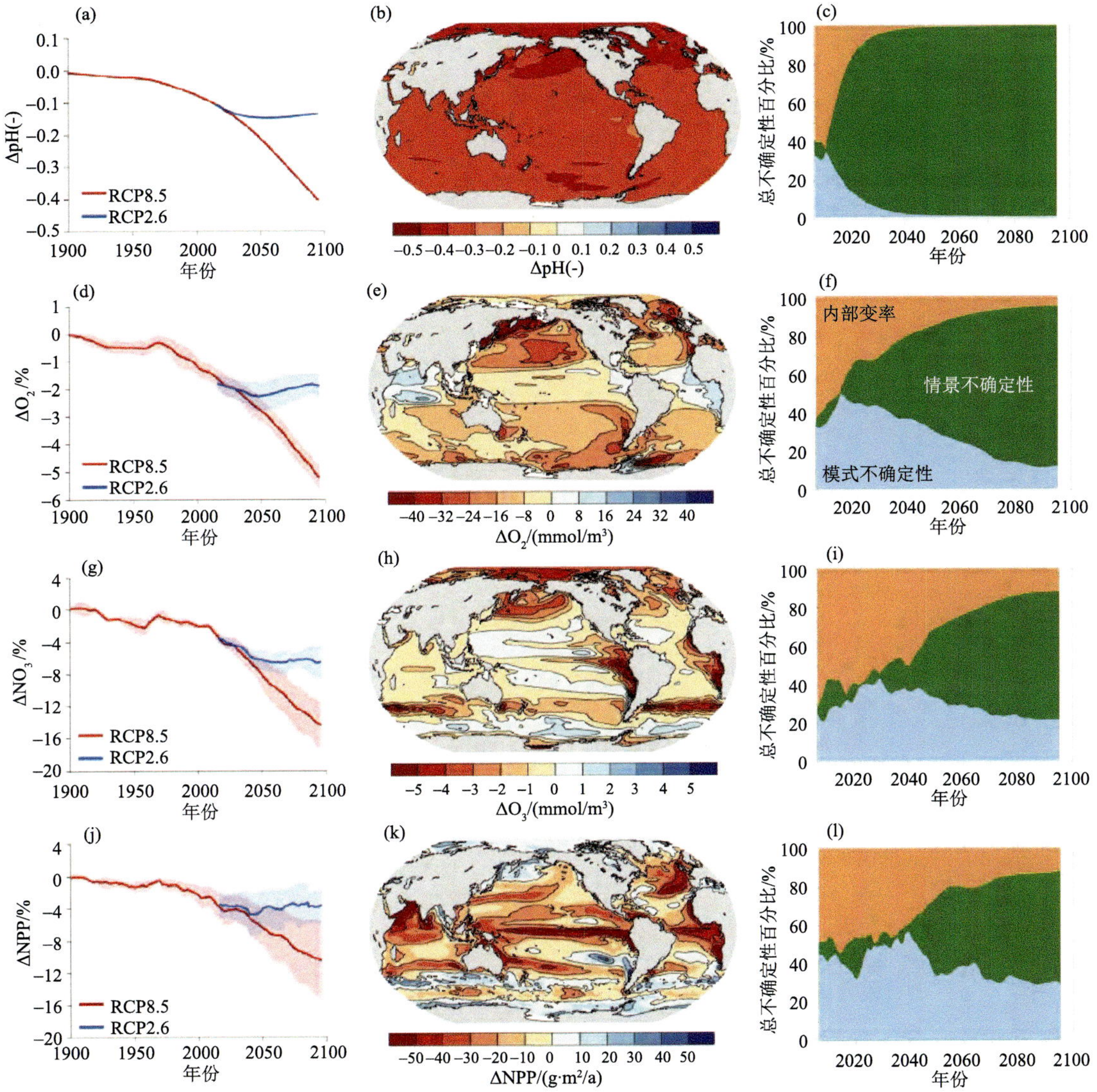

图 12.9 全球海洋 1990—2100 年酸度(海表 pH 值)、氧气含量(100～600 m O_2)、硝酸盐浓度(0～600 m NO_3)和初级净生产量(0～600 m NPP)变化模拟结果(资料来源:IPCC,2019b)

(a)、(d)、(g)、(j):1850—2100 年间全球海洋表面 pH 值、O_2、NO_3、NPP 时间序列变化;(b)、(e)、(h)、(k):2081—2100 年间(相对于 1850—1900 年)在 RCP8.5 情景下全球海洋 pH 值、O_2、NO_3、NPP 变化分布;(c)、(f)、(i)、(l):pH 值、O_2、NO_3、NPP 模拟结果不确定性(包括内部变率、模式和情景不确定性)

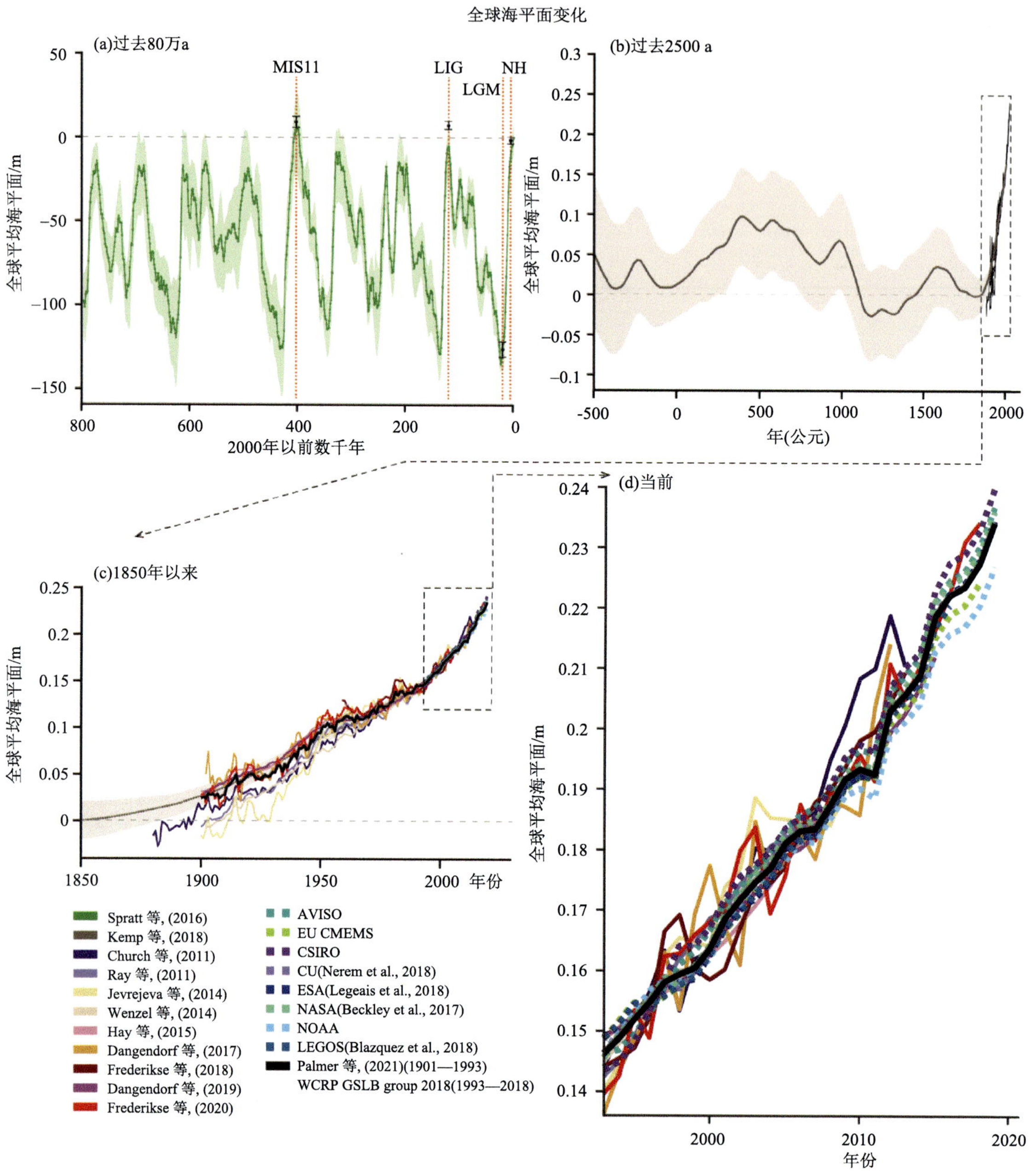

图 12.11 全球平均海平面高度变化趋势(资料来源:IPCC,2021)

(a)基于冰心氧同位素资料重建的过去 80 万 a 海平面高度变化趋势;(b) 基于多种代用资料和观测资料重建的过去 2500 a 海平面高度变化趋势;(c) 基于潮汐站和高度计观测资料的 1850 年以来海平面高度变化趋势;(d) 基于潮汐站和高度计观测资料的近 30 a 海平面高度变化趋势

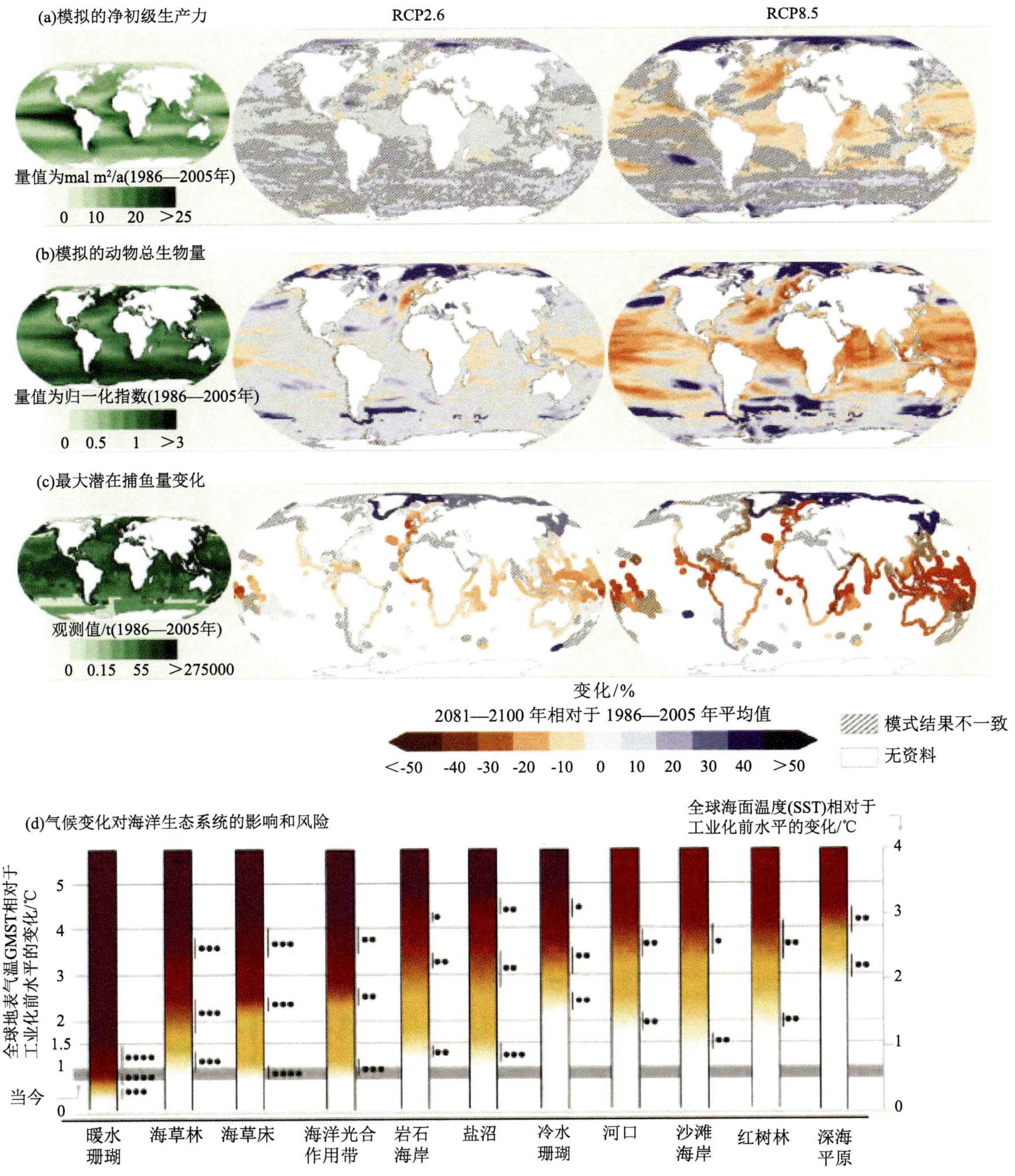

图 12.13　RCP2.6 和 RCP8.5 情景下 2081—2100 年相对于 1986—2005 年气候变化对全球海洋生态系统的影响及风险(资料来源:IPCC,2019b)

(a)海洋净初级生产力变化(%);(b)动物总生物量(包括鱼类和无脊椎动物)变化(%);(c)最大潜在捕鱼量变化(%);(d)气候变化(地表气温 GMST 和海表温度 SST 变化)对海洋和海岸带生态系统的影响和风险。风险等级分为极高、高、一般和不可探测,可信度分为极高(····)、高(···)、一般(··)和低(·)

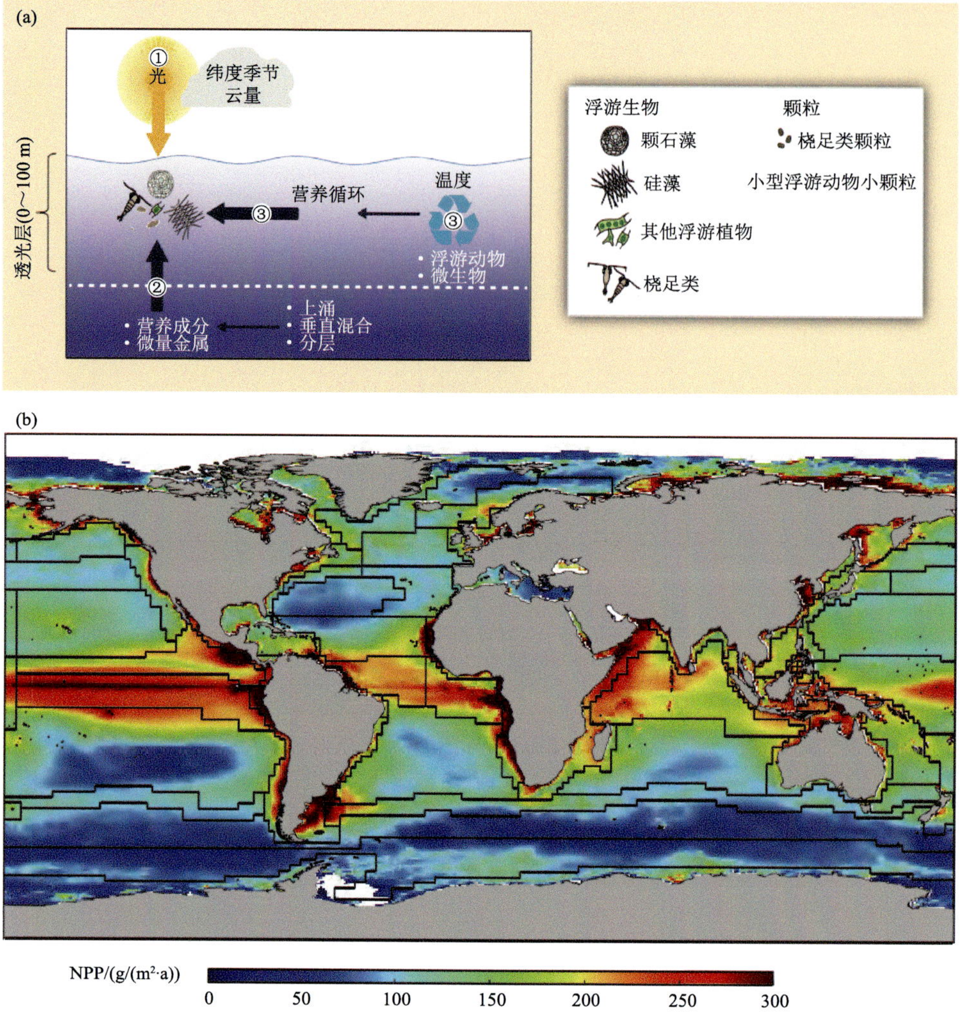

图 12.14　海洋净初级生产量 NPP 分布以影响机制(资料来源:IPCC,2013)

(a)环境因素影响海洋净 NPP 的机制;(b)全球区域 NPP 率年度复合图

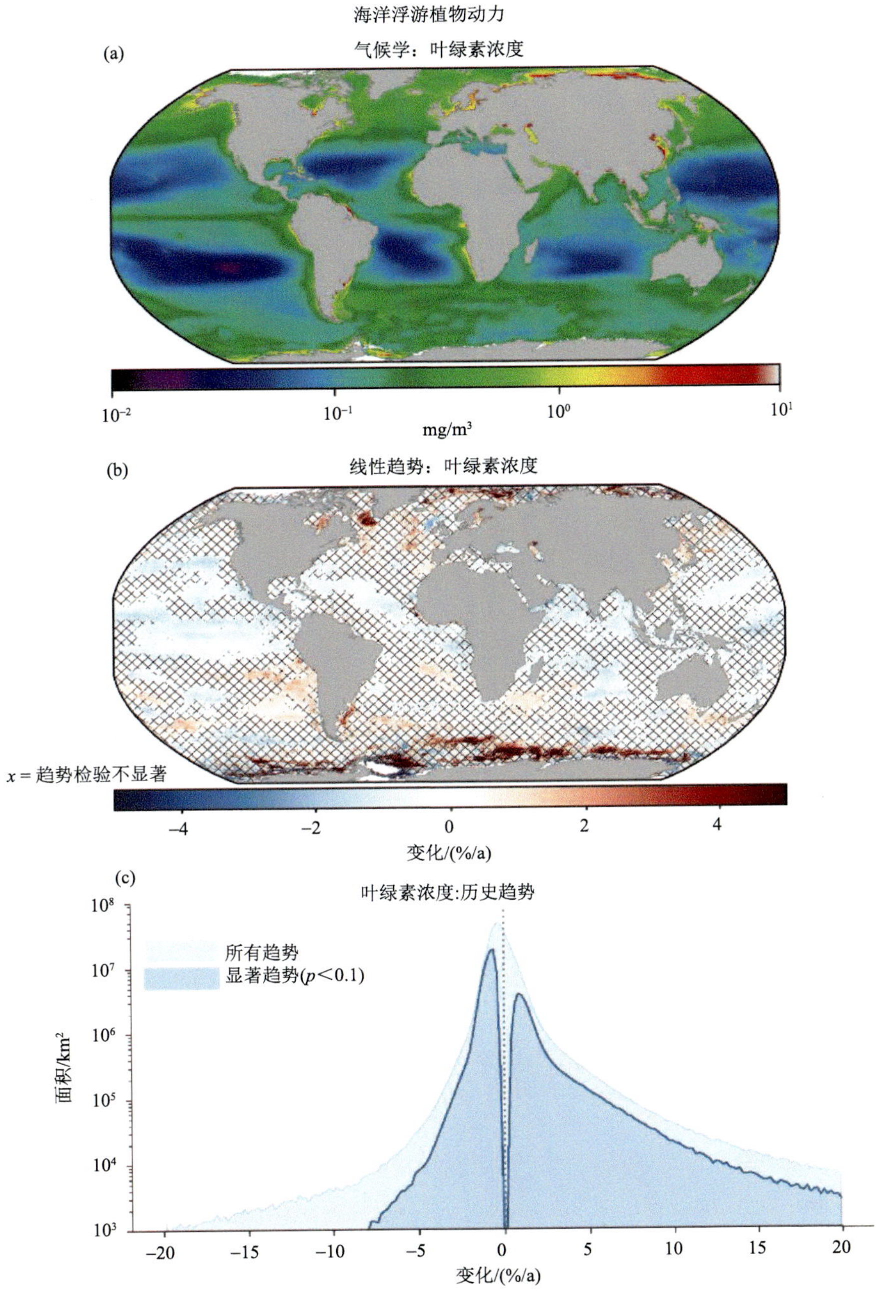

图 12.16 海洋浮游植物动态：叶绿素浓度(资料来源：IPCC,2021)
(a)1998—2018 年海洋叶绿素浓度分布；(b) 海洋叶绿素浓度趋势；(c) 海洋叶绿素浓度线性趋势直方图

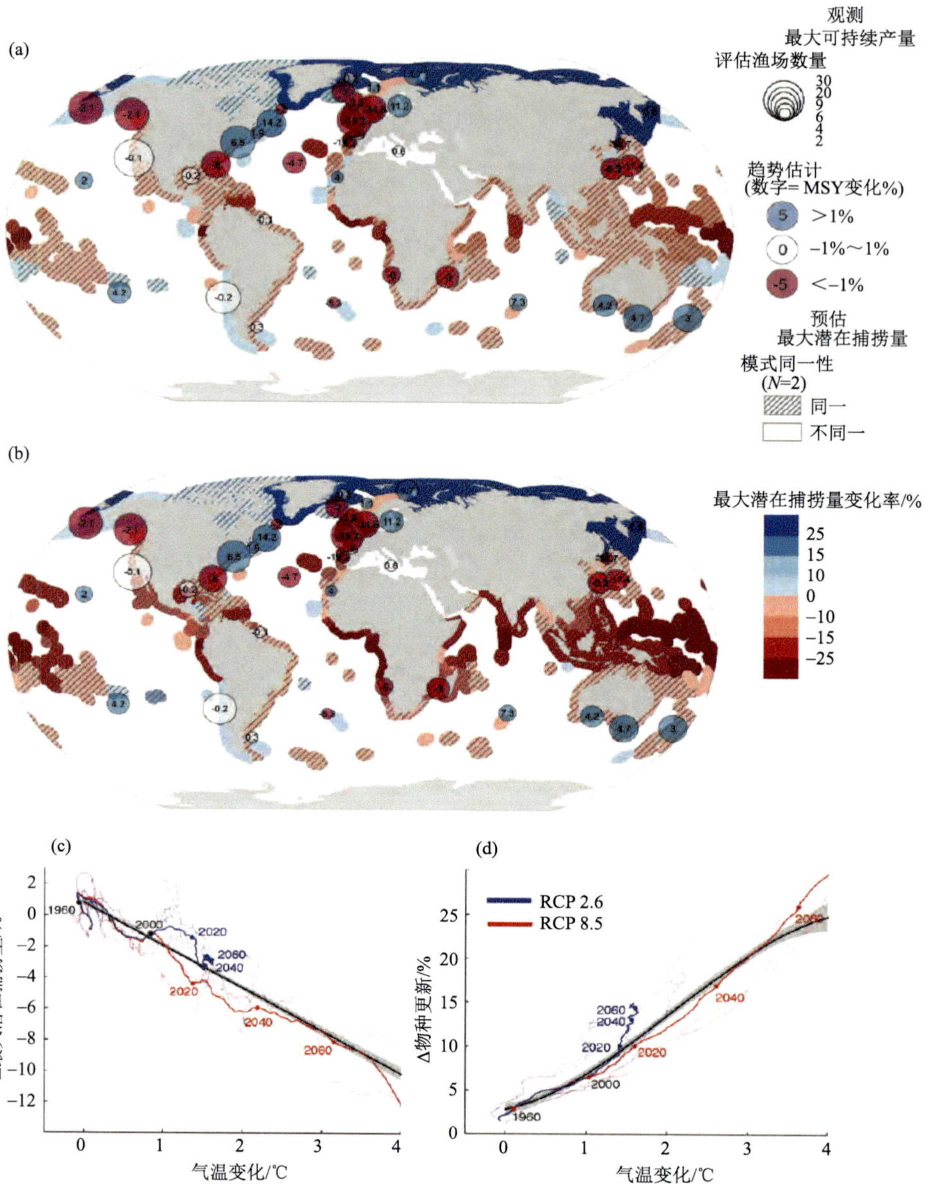

图 12.17 观测的海洋最大可持续鱼产量(MSY)和预估的最大潜在渔业产量变化趋势

(资料来源:IPCC,2019b)

(a)、(b)观测(20 世纪 30 年代以来)的海洋最大可持续鱼产量(MSY),圆圈的大小表示评估鱼类种类的多少,圆圈中的数字表示变化%;2050 年(2041—2060 年)相对于 2000 年(1991—2010 年)最大潜在渔业产量变化趋势预估,不同颜色表示变化趋势和程度,(a)和(b)分别为 RCP2.6 和 RCP8.5 情景下变化趋势;(c)未来大气变暖趋势(相对于 1950—1961 年)及最大潜在渔业产量变化趋势预估;(d)未来大气变暖趋势(相对于 1950—1961 年)及物种更新变化趋势预估

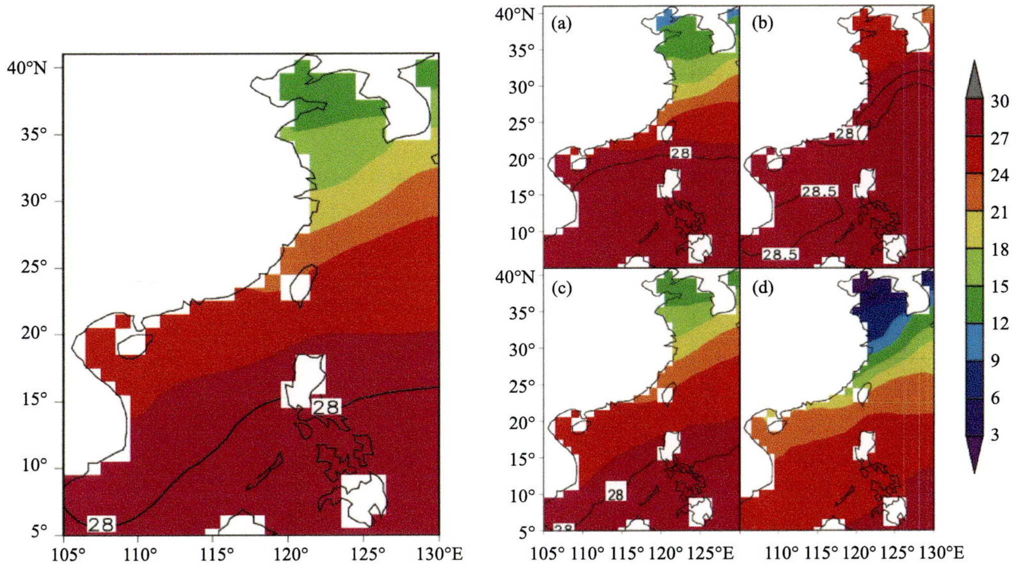

图 12.19　中国近海 1981—2010 年期间年(左)和四季(右)平均海面温度分布

(单位:℃;资料来源:丁一汇,2013)

(a)春季;(b)夏季;(c)秋季;(d)冬季

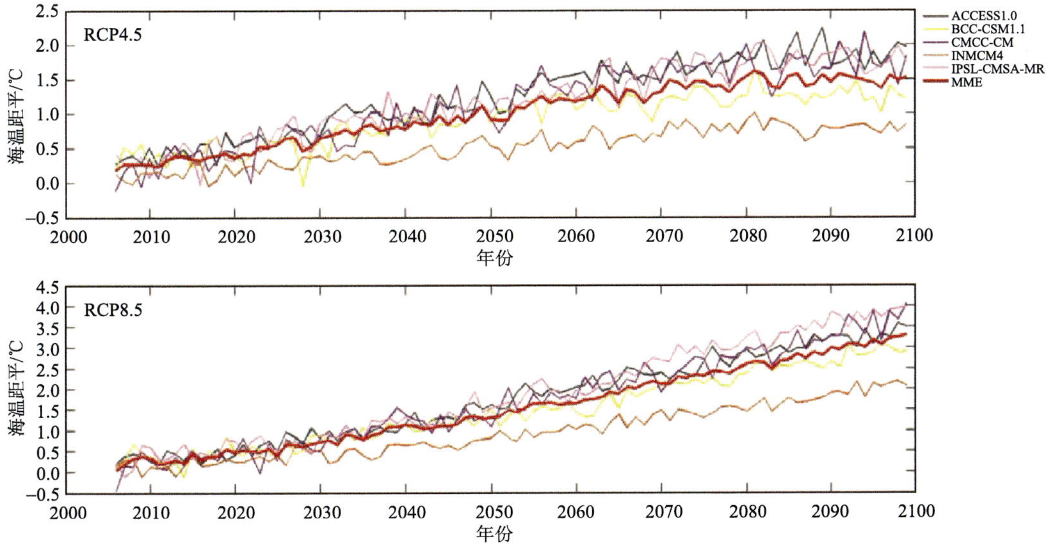

图 12.20　2006—2099 年中国近海年平均海温相对 1986—2005 年距平时间序列

(资料来源:宋春阳 等,2016)

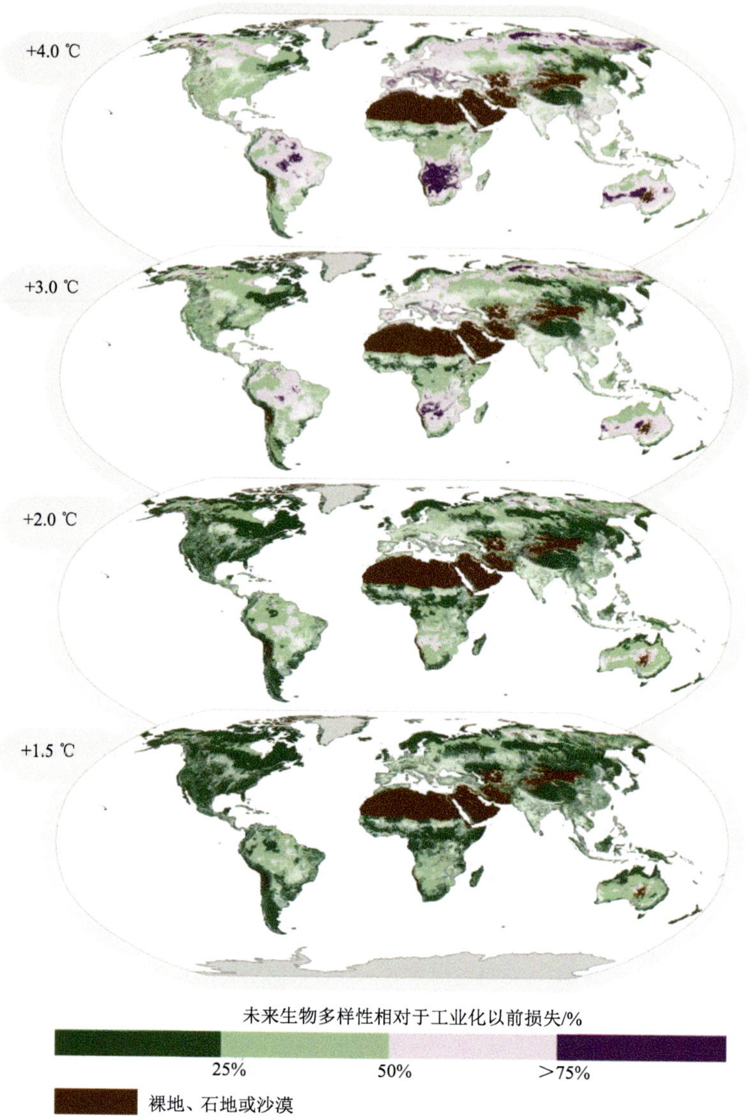

图 13.4 未来不同升温水平对应的生物多样性损失(资料来源:IPCC,2022)

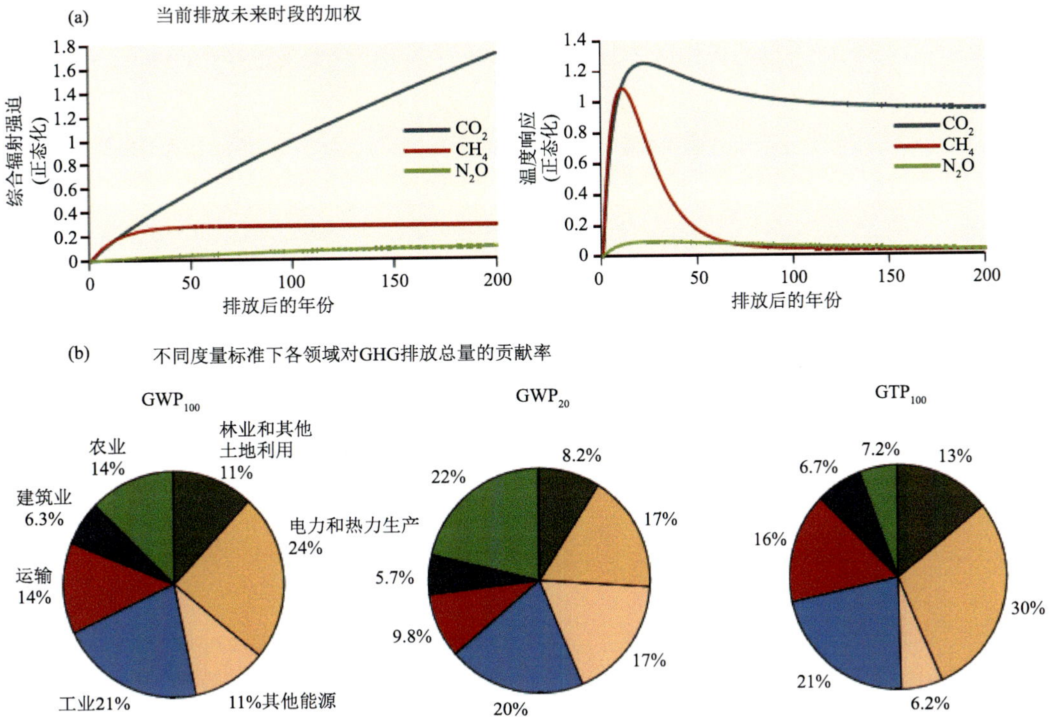

图 15.2　未来温室气体(GHG)排放加权以及各领域排放贡献率的影响(基于 2010 年排放水平)(资料来源:IPCC,2014c)

(a)2010 年的二氧化碳(CO_2)、甲烷(CH_4)和氧化亚氮(N_2O)的全球净排放(之后没有任何排放)在未来 200 a 的时间尺度中造成的辐射强迫积分(左图)和未来给定时间点的升温结果(右图),辐射强迫积分用于全球升温潜势(GWP)的计算,而未来时间点的升温幅度用于全球温度变化潜势(GTP)的计算。计算辐射强迫和升温的依据是 WGIII 5.2 的 2010 年全球排放数据和 WGI 8.7 的绝对 GWP 和绝对 GTP,根据 2010 年的 CO_2 净排放在 100 a 后将辐射强迫积分和升温分别正态化;(b)2010 年不同领域对度量加权后的全球 GHG 总排放量贡献率的图例,分别使用了 100 a GWP (GWP100, 左图)、20 a GWP(GWP20,中图)和 100 a GTP(GTP100,右图)以及 WGIII2010 年排放数据库进行计算